Conversion Factors between SI and BG Units

English	SI	SI symbol	To convert from English to SI multiply by	To convert from SI to English multiply by
		Area		
square inch	square centimeter	cm^2	6.452	0.1550
square foot	square meter	m^2	0.09290	10.76
acre	hectare	ha	0.4047	2.471
		Length		
inch	centimeter	cm	2.54	0.3937
foot	meter	m	0.3048	3.281
mile	kilometer	km	1.6093	0.6214
		Volume		
cubic inch	cubic centimeter	cm^3	16.387	0.06102
cubic foot	cubic meter	m^3	0.02832	35.32
gallon (US)	cubic meter	m^3	0.003785	264.2
gallon (US)	liter	L	3.785	0.2642
gallon (UK)	liter	L	4.546	0.21997
		Mass		
pound mass	kilogram	kg	0.4536	2.205
slug	kilogram	kg	14.59	0.06854
		Force		
pound	newton	N	4.448	0.2248
kip (1000 lb)	newton	N	4448	
		Density		
slug/cubic foot	kilogram/cubic meter	kg/m^3	515.4	1.94×10^{-3}
		Work, Energy, Heat		
foot-pound	joule	J	1.356	0.7376
Btu	kilojoule	kJ	1.054	0.9479
Btu	kilowatt-hour	kWh	0.000293	3413
therm	kilowatt-hour	kWh	29.3	0.03413

수리학

심명필 · 이경훈 · 윤병만
정관수 · 김형수 · 박성천 공역

Elementary Hydraulics

James F. Cruise
Department of Civil and Environmental Engineering
University of Alabama in Huntsville, Huntsville, AL

Mohsen M. Sherif
Department of Civil and Environmental Engineering
United Arab Emirates University, Al-Ain, UAE

Vijay P. Singh
Department of Biological and Agricultural Engineering
Texas A&M University, College Station, TX

CENGAGE   도서출판 동화기술

Andover • Melbourne • Mexico City • Stamford, CT • Toronto • Hong Kong • New Delhi • Seoul • Singapore • Tokyo

CENGAGE

***Elementary Hydraulics*, 1st Edition**

James F. Cruise
Vijay P. Singh
Mohsen M. Sherif

ISBN-13: 9788942590148

Cengage Learning Korea Ltd.
14F YTN Newsquare 76 Sangamsan-ro
Mapo-gu Seoul 03926 Korea
Tel: (82) 2 330 7000
Fax: (82) 2 330 7001

Cengage Learning is a leading provider of customized learning solutions with office locations around the globe, including Singapore, the United Kingdom, Australia, Mexico, Brazil, and Japan.
Locate your local office at: **www.cengage.com**

Cengage Learning products are represented in Canada by Nelson Education, Ltd.

To learn more about Cengage Learning Solutions, visit **www.cengageasia.com**

Printed in Korea
Print Number: 02 Print Year: 2021

Prefac
머리말

최근 인간과 환경과의 상호작용에 대한 관심이 점차 높아져가고 있다. 이러한 인식으로 말미암아 토목사업도 진행되기에 앞서 환경의 다양한 관점에 대한 토론이 빈번히 이루어지고 있다. 결과적으로 환경보호를 위한 더 강화된 기준들이 요구되고 있고, 환경의 질과 지속성이 강조되고 있다. 인간의 활동이나 토목사업으로 인한 환경적인 결과는 아주 다양하므로 이를 평가하기 위해서는 여러 분야를 포괄하는 접근이 필요하다.

환경보호와 관리는 공학 및 과학분야의 전 영역을 포함하고 있다. 수리학은 이러한 영역에서 가장 중심적인 학문이라 할 수 있다. 환경보호와 관리라는 측면에서 수리학의 중요성을 인식하게 되었고, 결과적으로 학부과정의 다양한 분야에서 수리학을 필요로 하게 되었다. 예를 들면, 농공학(農工學), 대기과학(大氣科學), 생물공학, 토목공학, 환경과학, 지구과학, 산림학, 군사과학(military science), 수자원공학 및 유역과학(流域科學)등이 있다. 일반적으로 수리학은 대학의 3학년 또는 4학년 과정에서 배운다. 어떤 전공에서는 수리학을 처음 접하게 되며, 대부분의 토목공학 전공은 2학년에서 유체역학을 통해 수리학과 관련된 내용을 배우는 것이 일반적이다. 일반적으로 수리학은 학부과정에서 한번만 배울지 모른다. 그러므로 수리학은 기초적인 수준에서 유체역학의 기본 개념과 수리학의 관계를 제시하여야 하고, 응용을 통해 환경문제 해결을 위한 해답을 구하는데 도움을 줄 수 있어야 할 것이다. 본 책은(교재는) 이러한 동기로 집필하였다.

“기초수리학(Elementary Hydraulics)”은 비교적 기초수준으로 집필하였으므로 학생들은 대부분의 내용을 스스로 이해할 수도 있을 것이다. 학습에 도움을 주고자 장의 끝부분에는 읽을 부분과 연습문제를 수록하였다. 이 책은 크게 유체역학(fluid mechanics)과 수리과학(hydraulic science) 및 응용과 설계를 다룬 수공학(hydraulic engineering)의 3부로 구성하였다. 제1부는 유체역학 내용으로서 수리학을 배우는데 필수적인 개념에 대해 자세히 설명하고 있다. 유체역학을 배우지 못했던 학생들에게는 필수적이나 이러한 개념을 배운 학생들은 건너뛰어도 될 것이다. 제2부는 1부의 내용을 기초로 토론하는 형식이며 토목공학과 학생들은 여기서부터 시작할 수도 있을 것이다. 제3부는 2부에서 배운 수리학적 지식을 실무적으로 응용하는 내용이다.

학부과정의 수리학을 수강하는 학생들은 다양한 과목 배경과 관심을 가지고 있을 것이므로, 교재로 채택하는 교과서는 이러한 다양한 학생들을 수용할 수 있는 충분한 자료가 포함되어야 한다. 본 책자에서는 이러한 점을 고려하였으며, 경험에 의하면 본 책의 70~80%는 학부과정에 다룰 수 있으며, 나머지 20~30%는 강사의 재량에 따라 보충자료로 활용할 수 있을 것이다. 물론 강좌의 수준이나 진도에 따라 각 장을 선택하여 가르칠 수도 있을 것이다. 저자는 본 책자가 수리학에 대한 흥미를 높이고 이 분야에 종사할 사람들에게 수리학적 기초 지식을 제공할 것으로 믿고 있다.

이 책은 3부로 구성되었으며 세부 내용은 다음과 같다. 제1부(Part One)는 4개의 장으로 구성되어 유체역학의 기초를 다루며 유체역학과 수리학의 관계를 설명한다. 1장에서는 수리학의 정의와 범위, 다른 학문과의 관계를 설명하였으며, 2장에서는 유체의 기본적 특성과 형태를 다룬다. 3장에서는 수로와 관로에서 접하게 되는 여러 종류의 힘과 운동 및 에너지를 살펴보고, 흐름의 유형 및 체계에 대해 간단히 알아본다. 또한 다양한 수리학 문제를 해결하는데 기본가정이 되는 정역학적 압력분포를 소개한다. 4장에서는 정수역학의 기초, 정수압과 부력을 다룬다.

제2부(Part Two)는 이 책의 핵심내용이라 할 수 있는 수리과학(hydraulic science)으로 10개의 장으로 구성하였다. 연속방정식, 운동량방정식, 에너지방정식은 수리학의 여러 문제를 해결하는 데에 필수적인 기본식이다. 5장에서는 이들 식을 유도와 기본형 및 응용을 다루며, 운동량방정식과 에너지방정식을 어떤 경우에 이용하는지도 설명한다. 여러 수리학 문제들은 간단한 방법으로 풀 수 있으며, 그러한 방법 중 하나가 차원해석법이라 할 수 있다. 6장에서는 차원해석법, 수리학적 모형, 상사의 종류와 조건 및 지배력에 대해 다루기로 한다.

전형적인 수리학 과정에서는 관수로과 개수로 흐름을 강조한다. 그러므로 다음 3개장에서는 관수로 부분을 다룬다. 7장에서는 수리학에서 가장 기본이 되는 개념 중의 하나인 흐름의 저항에 대한 개념과 그것에 영향을 미치는 요인에 대해 알아보고, 정상등류에서의 저항식과 속도분포를 설명한다. 나아가서 8장에서는 단일 관로나 관망에서의 층류와 난류, 흐름저항 및 경험식, 마찰외 손실, 수격작용에 대해 다루기로 한다. 펌프는 언제 어디서나 사용되는 만큼, 펌프에 관한 기본지식도 수리학을 이해하고 응용하고자 하는 사람들에게 중요하리라 사료된다. 9장에서는 전반적인 펌프의 효율성의 개념을 소개하고, 펌프의 종류와 선택, 설치 및 운영에 대해 설명한다.

다음의 5개장에서는 개수로의 정상류를 중점적으로 다룬다. 10장에서는 개수로의 종류와 형상특성에 대해 설명하고, 원격탐사 이미지나 수치고도모형, 그리고 이들과 관련된 오차와 같은 기하학적 자료에 대해 다루기로 한다. 11장에서는 개수로에서의 저항을 다루며 등류수심, 수로의 효율성, 정상등류, 그리고 정상부등류 상태에서의 저항에 대해서도 설명하고 있다.

12장은 개수로의 에너지원리를 다루며, 비에너지와 비에너지도, 한계류, 수위 - 유량관계, 그리고 에너지원리의 응용에 대한 내용을 담고 있다. 13장에서는 개수로에서의 운동량원리를 소개하기 위해 운동량함수(momentum function)와 운동량함수도를 설명하고, 도수를 중심으로 형상, 에너지 손실 및 형태에 대해 다루고 있다. 14장에서는 점변류를 중심으로 점변류 방정식, 수면곡선형, 지배단면, 도수위치를 다루고, 긴 수로에서 구간별 수면곡선형에 대해 설명한다.

이 책의 마지막인 제3부에서는 수리공학(hydraulic engineering)으로 수리학적 응용과 설계를 중심으로 2개장으로 구성하였다. 15장에서는 수치적분과 직접축차법 및 표준축차법을 이용한 수면곡선의 계산방법을 설명하고, 컴퓨터 모형인 HEC-RAS와 이와 관련된 지리정보시스템을 소개한다. 16장에서는 주요 수리구조물인 배수 및 제어 구조물(drainage and control structures)의 설계에 대해 설명한다. 여기서는 여러 형태의 암거, 저류시설 및 하도를 포함한다. 아울러 전체 앞 장에서 소개한 원리를 응용하는 내용이며 어떤 의미에서는 이전 장들을 종합한 내용이라 할 수 있다.

이 책에서는 많은 문헌을 참고하였으며 이들 자료의 도움이 없었다면 본 책자를 완성할 수 없었을 것이다. 다만 입문자에게는 세세한 자료의 소개는 부담을 줄 수 있으므로 주로 인용한 참고문헌만 수록하였다.

Prefac

역자 머리말

수리학은 오랜 역사를 가진 학문으로 수공학을 전공하는 이들에게 가장 기본이 되는 학문이다. 그동안 많은 수리학 서적이 출간되었지만 대부분 이론적인 면에 치중하여 내용을 이해하기에 어려움이 있었고 실무적으로 접근하기에는 다소 미흡한 점이 있었다. 또한, 근래에는 수리학 분야의 활용이 과거의 재해방재에 중점을 둔 내용에서 벗어나 환경친화적 기술에 대한 접근의 필요성이 대두되고 있다.

이 책은 이러한 새로운 수요에 부흥하기 위하여 쓰여 졌으며 누구나 쉽게 이해할 수 있도록 모든 것을 기초부터 설명하고 있다. 특히, 본문의 자세한 설명과 그림 및 예제를 통한 실무에 대한 응용능력을 배양할 수 있도록 쓰여졌다는 점에서 큰 가치를 두겠다. 이러한 점이 여러 번역자들의 뜻을 모아 번역에 임하도록 하였다.

이 책은 역자들이 다양한 토의를 갖고 각자의 전문분야를 나누어 번역하였다. 역자들은 가능한 원저자의 의도를 중시하기 위하여 원서의 내용을 첨삭없이 번역하도록 노력하였다. 번역과정에서 영어로 쓰여 있을 때는 아무렇지도 않고 멀쩡한 것들이 우리말로 옮기는 과정에서 어색한 단어나 문장이 되어 버리는 곳이 한두 군데가 아니었으며 무심코 써왔던 학술용어를 통일하는데도 상당한 시간이 소요되었다. 따라서, 번역이 이루어진 이후에도 전체적인 서술의 일관성을 검토하는데 많은 시간을 할애하였기 때문에 인쇄에 이르기까지는 장시간이 소요되었다. 그럼에도 불구하고 미흡하다고 생각되거나 수정할 부분에 대한 걱정은 사라지지 않는다. 책이 출판된 이후에도 잘못된 부분이 있다면 독자 여러분이 너그럽게 용서해 주시고 질책이 있다면 겸허히 받아들이며 추후 보완할 계획이다.

이 책의 원저자가 의도한 대로 수리학을 처음으로 공부하는 학부생들에게는 올바른 길잡이가 될 수 있기를 바라며, 이미 수리학의 현업이나 연구에 적용하고 있는 전문가 그룹에게도 도움이 되기를 바란다. 또한, 그 결과가 전체적으로 수공학 분야의 기술증진과 국민의 삶의 질 향상에 도움이 될 수 있기를 기원한다.

끝으로 한국어판 출간을 허락해 주신 원저자들을 비롯하여 번역에 도움을 주신 분들에게 감사의 뜻을 전하며, 특히 본 역서의 일관성을 검통해 준 이진희 박사와 강나래 박사 그리고 도서출판 동화기술 회장님을 비롯한 편집관계자 분들에게 감사드린다.

역자 대표 심명필

Contents

차 례

Chapter 03 힘, 운동 및 에너지

Chapter 04 정수역학

Chapter 05 지배방정식

Chapter 06 차원해석과 수리학적 상사

Chapter 07 흐름저항과 유속분포

Chapter 08 관수로 흐름

Chapter 09 펌 프

Chapter 10 수로의 형상과 흐름특성

Chapter 11 개수로에서의 저항

Chapter 12 개수로의 에너지 원리

Chapter 13 개수로의 운동량 법칙

Chapter 14 점변류

Chapter 15 수면곡선의 계산

Chapter 16 수리구조물의 설계

List of Notations

표기 목록

$A=$ 면적

$a=$ 가속도

$\alpha=$ 속도보정계수

$b=$ 바닥폭

$B=$ 수면폭

$\beta=$ 운동량보정계수, 압축률

$C=$ Chezy 계수, Francis 위어계수

$C_{HW}=$ Hazen-Williams 계수

$D=$ 수리수심

$d=$ 관경, 하도에 대한 수직깊이

$\gamma=$ 단위중량

$\xi=$ 탄성계수

$E_v=$ 체적탄성계수

$e=$ 편심도

$e_h=$ 펌프의 수리효율

$e_m=$ 펌프의 기계효율

$e_p=$ 펌프의 전효율

$e_v=$ 펌프의 부피효율

$\epsilon=$ 조도성분

$F=$ 힘

$F_n=$ Froude수

$f=$ Darcy 저항계수

$g=$ 중력가속도

$h=$ 수면으로부터의 수직거리

$\overline{h}=$ 수직평판의 도심까지의 거리

$h_{cp}=$ 수직평판의 압력중심점까지의 거리

$I_o=$ 유체표면의 관성모멘트

$I_c=$ 도심을 지나는 수평축의 관성모멘트

$H=$ 전에너지수두

$k_{(\,)}=$ 에너지 손실계수

$L=$ 길이

$M=$ 운동량함수

$m=$ 질량

$n=$ Manning의 조도계수

$\eta_s=$ 비속

$\omega=$ 각속도

$P=$ 윤변

$p=$ 압력

$p_v=$ 증기압

$Q=$ 유량

$q=$ 비유량

$R=$ 동수경사

$R_n=$ Reynolds수

$\rho=$ 유체밀도

$r=$ 관경

$\sigma=$ 표면장력

$S_f=$ 에너지 경사

$S_o=$ 하상경사

$S_w=$ 수면경사

$S.G.=$ 비중

$T=$ 시간 또는 토크

$t=$ 하천의 횡방향 경사에 대한 수평성분

τ= 전단응력

τ_o= 경계전단응력

ν= 동점성계수

μ= 역학적 점성계수

v= 점유속

v^* = 전단유속

V= 평균유속

V_{ol}= 부피

V_s= 비체적

y= 수면으로부터 평판까지의 거리

$\bar{y}$= 수면으로부터 평판의 도심까지의 거리

y_c= 한계수심

y_{cp}= 수면으로부터 압력중심점까지의 거리

z= 기준면에 대한 표고

Niagara Falls and Niagara River, NY.

Chapter 01

서 론

대부분의 종교 서적에는 물을 생명의 근원으로 기술하고 있다. 이는 지구상의 많은 생물들이 어떤 형태로든지 물에 의존하여 생명을 유지하고 있음을 의미한다. 물은 개인과 집단 그리고 국가의 생존을 위해 가장 기본적인 요소로써 동식물이 생명을 유지할 수 있도록 해주고, 오염물질을 운반하거나 불순물을 정화하는 역할을 하기도 한다. 물은 태양으로부터 오는 에너지를 전달하고 저장하는 역할을 하며, 물품의 운송, 강과 수로의 운항, 그리고 레크리에이션 활동 등을 위한 수단이 된다. 또한 물은 국가의 산업과 경제 발전을 위해서도 중요한 역할을 한다. 따라서 물의 과학인 수과학(水科學, science of water)을 배우고 연구하는 것은 매우 중요하다고 할 수 있다.

물은 재활용이 가능한 자원으로써 그림 1.1과 같이 끊임없이 순환과정을 반복한다. 물의 순환은 지속적으로 물을 정화하고 사용하기 위해 가동하는 자연적인 기계장치라고 할 수 있다. 태양에서 제공하는 열에너지는 중력과 함께 지속적으로 물이 이동할 수 있도록 한다.

구름은 응축(condensation)하여 물을 눈이나 비와 같은 강수(precipitation)의 형태로 바뀌어 대기에서 지상으로 이동한다. 지상으로 떨어진 물은 땅위로 흘러 지표수와 땅 속으로 침투한 지하수가 바다에 도달하기 전까지 증발과 증산작용에 의해 지상에서 대기로 이동하며, 바다로 유입된 물은 열에너지로 인한 증발작용에 의해 다시 대기로 이동한다(Singh, 1992).

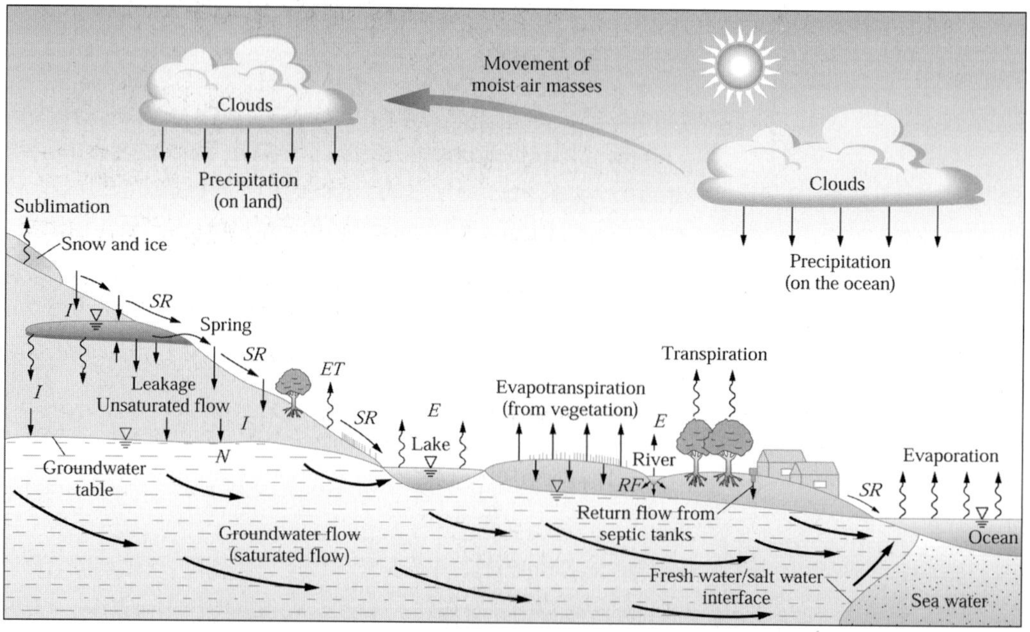

그림 1.1 물의 순환(Bear와 Verruijt, 1987로 부터 차용) ;
SR = 지표유출, E = 증발, I = 침투, RF = 회귀수 그리고 N = 지하수 보충

오늘날 존재하고 있는 물은 태초에 구름이 형성되어 비로 지상에 떨어지고 바다로 흘러 들어가 증발과 증산을 통해 다시 구름으로 되돌아갔던 그 물과 크게 다르지 않다. 지구상에 존재하는 대부분의 물은 바닷물이고 실제 담수의 양은 매우 적은 양으로 존재하고 있다. 담수는 하천, 호수, 늪, 빙하, 만년설과 같은 형태와 지질학적 조건에 따라 지하수와 같은 형태로 존재하고 있으나 사람들이 이용할 수 있는 물은 한정되어 있다. 지구상에서 물은 크게 지표수와 지하수로 존재하며 장소에 따라 정체되어 있기도 하고 이동하기도 한다.

1.1 수리학의 정의

수리학(hydraulics)이라는 용어는 "물"을 의미하는 "Hudour"라는 그리스 언어로부터 유래되었는데, 정지하고 있거나 움직이고 있는 물의 역학적인 거동(behavior)을 연구하는 학문이라고 정의할 수 있다. 역학적인 거동은 정지해 있는 유체(fluid)와 관련된 힘과 에너지의 계산, 움직이고 있는 유체의 운동량과 에너지의 계산, 하도와 홍수터의 수위 계산, 유량, 유속, 위치에너지, 유사와 오염물질 이동 등에 대한 계산을 수반한다.

수리학은 크게 정지해 있는 유체의 과학이라 할 수 있는 정수역학(hydrostatics)과 움직이는 유체의 과학인 동수역학(hydrodynamics)으로 분류할 수 있다. 수리학은 유체역학(fluid mechanics)의 응용과학으로 일반적으로 유체에 압력이 작용하여도 밀도가 변화하지 않는 비압축성 유체의 흐름을 고려한다.

1.2 유체역학, 수리학, 수문학의 구분

물의 과학은 유체역학, 수리학 그리고 수문학(hydrology)을 포함한다. 유체역학은 정지해 있거나 움직이고 있는 유체를 연구하는 학문으로, 물을 포함하여 기체 또는 액체 상태의 유체를 대상으로 한다. 물에 대한 유체역학의 접근법은 과학의 기본 원리를 이용하기 때문에 과학에 근거한 이론적 학문이라고 할 수 있다. 유체역학은 다양한 공학 분야에서 부딪힐 수 있는 많은 문제들에 대한 해결책을 제공한다.

수리학과 유체역학을 비교해보면, 유체역학은 모든 형태의 유체를 다루는 반면 수리학은 주로 액체상태의 물을 대상으로 한다. 유체역학적인 접근법은 보다 수학적이고 과학의 기본원리를 이용해 수리학적 시스템(hydraulic system)의 거동을 이해하는데 중점을 두며 수리학적 접근법은 보다 경험적이고 실무적인 해결책을 찾는데 중점을 두고 있다. 유체역학은 수리학의 어머니라고 할 수 있는데 이는 유체역학을 응용함으로써 수리학이 구성될 수 있기 때문이다. 수리학 또한 유체역학의 발전에 많은 기여를 하여 왔다. 따라서 수리학과 유체역학은 상호 보완적이라고 할 수 있다.

수문학은 지구상에 존재하는 물의 양과 빈도 특성(frequency characteristics)뿐만 아니라 그들이 시공간적으로 어떻게 생성되고, 이동하여 분포하는지, 그리고 그들이 어떻게 순환하고 저류되며 탐사와 개발이 이루어지는지 등에 대하여 연구하는 학문이라고 할 수 있다. 이러한 특성들은 물과 땅 사이의 관계에 의하여 결정된다.

수문학과 수리학을 비교해 보자면, 수리학은 주로 액체상태의 물을 다루는 반면, 수문학은 액체, 고체, 얼음, 눈, 수증기 등과 같은 모든 형태의 물을 다루는 학문으로 수리학보다 더 경험적인 분야라고 할 수 있다.

유체역학, 수리학, 수문학에 대해 시공간적 특성에 따라 보다 더 상세하게 분류할 수 있다. 유체역학은 공간적 측면에서 하도(channel)내의 아주 작은 한 개의 격자나 한 점과 같이 아주 작은 규모의 공간을 고려한다. 이러한 작은 규모의 공간을 고려하기 위해선 유체의 시간 및 빈도 특성에 대한 세밀한 연구가 수행되어져야 한다. 공간적 측면에서 수리학은 유체역학보다 더 큰 규모의 공간을 고려하는데 하도구간이나 지표수면(overland flow plane) 또는 하구(estuary)와 같은 크기를 대상으로 하며, 이러한 공간은 자연적으로 발생하는 수리현상을 공간적으로 평균하여 이용할 수 있을 정도의 크기이다. 따라서 물 흐름 거동에 대한 시간 및 빈도 특성을 조사하여 이용하여야 한다.

수문학은 통상 수리학의 공간적 규모보다 큰데 미시시피 하천유역(river basin)만큼 크거나 또는 그 보다 더 큰 유역(watershed)의 공간 규모를 가진다. 공간적 범위에 있어 수문학은 사실 지구 전체의 규모를 고려한다고 볼 수 있으며, 지구상의 물의 양과 질에 대한 시간 및 빈도특성 등 모든 관점에서 상세하게 조사되어져야 한다.

수문학은 물의 순환을 다루며 수권(hydrosphere), 대기권(atmosphere), 토양권(pedosphere) 및 암석권(lithosphere)과 연계되어 있다. 물의 순환은 수리학과 유체역학 영역 밖의 영역까지 포함하고 있다. 이는 수문학의 공간적 규모가 워낙 크기 때문이다. 어떤 특성에 대한 공간적인 평균을 얻기 위하여 수리학 보다 더 큰 규모의 공간적 범위가 필요하고 수리학 보다 더 경험적인 학문이라고 할 수 있다.

1.3 수리학의 분류

수리학은 다음과 같은 여러 가지 기준에 의해 분류되어질 수 있다. 즉, 분류 기준에는 (1) 수원(水源)과 유용성, (2) 관로의 형태, (3) 과학적인 내용, (4) 수질, (5) 환경의 유형, (6) 토지이용, (7) 해석기법, (8) 연구의 초점, 그리고 (9) 연구의 규모 등이 포함된다. 이들 기준에 따라 <표 1.1>과 같이 수리학을 분류할 수 있다.

표 1.1 수리학적 분류

구별 목록	정보의 근원	분류
수원	지표면, 불포화층, 포화대, 설원과 빙하	지표수수리학, 불포화층수리학, 지하수수리학, 빙설수리학
관로의 형태	개수로, 관, 분수계	개수로수리학, 관수로수리학, 분수계수리학
지표층	평지, 강, 호수(저수지), 운하, 하수도	평면-흐름수리학, 하천수리학, 운하수리학, 하수도수리학, 호수수리학
지표하층	불포화층과 포화층	불포화층 또는 토양수분수리학, 포화층 또는 지하수수리학
물의 성질	양과 질	수질수리학, 수량수리학
과학적 내용	화학, 생물, 물리	화학수리학, 생물수리학, 물리수리학
환경의 유형	농업, 해안, 습지, 산림, 도시, 호수, 생태계	농업수리학, 해안수리학, 습지수리학, 산림수리학, 생태수리학
토지이용	농업, 도시, 전원, 사막, 산림, 습지, 산악, 해안	농업수리학, 도시수리학, 전원수리학, 해안수리학, 산악수리학, 이동수리학
해석기법	수학, 통계, 실험	수학수리학, 통계수리학, 실험수리학
수학	분석적, 매개변수적, 수치해석적	분석수리학, 시스템수리학, 계산수리학
통계학	경험론적, 확률적 이론, 추계학적 과정	통계수리학, 확률수리학, 추계수리학
연구의 초점	강, 호수, 강어귀, 해안환경, 습지, 하수도	하천수리학, 호수수리학, 개안수리학, 습지수리학, 생태수리학
개수로	강, 운하, 빗물배수관, 하수도	흐름수리학, 하천수리학, 운하수리학, 하수도수리학, 빗물배수관수리학
평지	범람원, 주차장, 활주로, 해안지역	범람원수리학, 공항수리학, 해안수리학, 도시수리학
구조물	댐, 저수지, 고속도로, 철도, 물공급탱크와 장치	댐수리학, 저수지수리학, 이동수리학, 물공급수리학, 수리적 장치
규모	소규모, 중규모, 대규모	소규모수리학, 중규모수리학, 대규모수리학

(1) 수원

물은 지표면, 불포화층, 포화된 지질층, 그리고 적설(snowpack)과 빙하에서 이용 가능하며, 지표면에서 물을 이용할 수 있는 곳은 호수, 저수지, 하천, 개천, 늪지, 수로, 그리고 운하 등이 있다. 따라서 수리학은 지표수수리학(surface-water hydraulics), 불포화층수리학(vadose-zone hydraulics), 지하수수리학(groundwater hydraulics) 그리고 설빙수리학(snow and glacial hydraulics)으로 분류할 수 있다. 지표수수리학은 더 나아가 하천, 호수나 저수지, 그리고 운하 수리학으로 분류할 수 있다. 지하수수리학은 포화된 투수층에서 비피압, 피압 또는 준피압상태에서의 물의 흐름을 다룬다. 지하수수리학은 수면 아래의 모든 침투수의 이동을 연구한다.

(2) 관로의 형태

관로의 형태에 좌우되는 수리학은 (1) 개수로수리학(open channel hydraulics), (2) 관수로수리학(closed conduit hydraulics) 그리고 (3) 유역수리학(watershed hydraulics)으로 분류할 수 있다. 이들은 물의 물리적, 화학적, 생물학적 특징을 포함한다. 개수로수리학은 하도나 중력의 힘을 받는 관로에서의 물의 흐름을 다루는데 여기서 수면은 대기압을 받는다. 관수로수리학은 관수로에서의 압력 또는 폐쇄 단면에서의 압력에 의해 흐르는 물을 다룬다. 유역수리학은 도시지역, 농지, 산림지역, 산악지역, 연안, 그리고 습지와 같은 다양한 토지이용에 따른 수로와 지면에서의 지표수 흐름과 관계가 있다.

(3) 물의 성질

물의 성질에 따라 수리학은 (1) 수량수리학(water quantity hydraulics)과 (2) 수질수리학(water quality hydraulics)으로 분류할 수 있다. 수량수리학은 물리수리학이라 할 수 있으며, 수질수리학은 침전물질, 화학물질, 미생물질을 포함한 물이 운송하는 성분들에 대한 연구를 수행하는 것으로 화학적, 생물학적, 물리학적 수질수리학으로 분류할 수 있다. 하천수리학, 화학수리학, 생물수리학은 환경수리학이라는 새로운 분야를 만들어 낼 수 있다.

(4) 과학적인 내용

과학적 방향에 따른 수리학은 물리수리학(physical hydraulics), 화학수리학(chemical hydraulics), 생물수리학(biological hydraulics)으로 분류할 수 있다. 물리수리학은 도시와 수자원공학 설계시 어디서나 적용되기 때문에 전통적으로 매우 중요한 분야이다. 그러나 최근 화학수리학과 생물수리학이 환경적인 인식의 변화로 인해 점점 더 주목을 받고 있다.

(5) 환경의 유형

수리학을 특정 분야에 적용함에 따라 농업수리학(agricultural hydraulics), 연안수리학(coastal hydraulics), 사막수리학(desert hydraulics), 습지수리학(marsh and wetland hydraulics), 산림수리학(forest hydraulics), 산악수리학(mountainous hydraulics), 생태수리학(ecosystem hydraulics), 호소수리학(lake hydraulics) 그리고 하구수리학(estuary hydraulics)으로 분류할 수 있다.

(6) 토지이용

토지, 식생, 토지이용은 어떤 유역의 수리학적 거동을 결정하는데 중요한 역할을 수행한다. 그러므로 수리학은 농업수리학, 도시수리학, 산림수리학, 이동수리학, 전원수리학(rural hydraulics), 산악수리학, 습지수리학, 사막수리학과 같이 토지이용을 근거로 하여 분류할 수 있다.

(7) 해석기법

수리학적 문제를 해결하기 위한 기법으로 수학적 또는 통계적 기법으로 구별할 수 있다. 수학적 기법은 분석적, 수치해석적, 수치적, 체계적 분석 방법이라고 할 수 있으며, 통계적 기법은 경험적, 확률론적, 추계학적 분석 방법이다. 해석기법에 따라 수리학은 수학수리학과 통계수리학으로 분류할 수 있다. 수학수리학은 더 나아가 매개변수(parametric) 수리학, 계산(computational)수리학, 수치수리학, 시스템수리학으로 분류할 수 있다. 통계수리학도 경험수리학, 확률수리학, 그리고 추계수리학으로 분류할 수 있다.

수학수리학은 미분, 차분, 적분 방정식에 의해 수학적으로 설명할 수 있는 문제들을 다룬다. 이들 방정식들은 정확한 해가 존재하거나 수치적 방법으로 풀 수 있다. 확률수리학은 불확실한 매개변수나 임의의 변수를 갖는 수리현상을 다룬다. 이러한 변수를 다루기 위해 확률수리학은 확률적인 원리나 법칙을 사용한다. 예를 들면, 하천주변 마을의 범람과 댐의 월류는 무작위 현상으로 간주할 수 있다. 추계수리학은 자연의 무작위한 수리현상의 시공간적인 변동성에 대해 다루며 이를 위해 확률론적 법칙을 이용한다. 하천을 따라 발생하는 오염농도는 추계학적 과정의 한 예이다.

수리학적 모형은 개수로 흐름의 물리적 모의, 관로의 흐름, 강 수로의 흐름, 수리구조물, 수리학적인 기계 또는 장치, 지하수 흐름 또는 그밖에 물과 관계를 가지고 있는 것들을 포함한다.

(8) 연구의 초점

연구의 초점 대상에 따라 수리학은 하천수리학, 흐름수리학, 연안수리학, 호소수리학, 습지수리학, 생태수리학, 수리구조물, 수리학적 기계 또는 장치로 분류할 수 있다. 하천

수리학은 자연하천이나 수로의 수역으로 고체물질이 운송되는 것을 연구하며 침식, 퇴적, 침전물의 운송과 하상의 형태를 포함한다. 흐름수리학은 반경험적인(semiempirical) 학문으로 개수로에서 이상류(two-phase flow)와 경계류(interface flow)를 다룬다.

수리구조물은 물을 저장, 조절, 분배, 높은 곳으로 흐르게 하거나 또는 측정하기 위해 수로에 설치한 구조물과 관련된 수리학의 한 분야이다. 어떤 수리구조물들은 수로내의 항해를 향상시키기 위해서 지어지기도 한다. 수리구조물의 목적은 최소의 비용으로 좋은 결과를 이룰 수 있는 구조물을 만드는데 있다. 수리학의 한 분야인 수력기계는 어떤 수두(head)나 수위 또는 끌어올린 물에 의해 가동되는 장치를 다루는 것이다.

(9) 연구의 규모

연구의 규모에 따라 수리학은 소규모, 중규모 그리고 대규모 수리학으로 분류가 된다. 소규모 수리학은 인공수로(flume)에서의 수리학인데, 예를 들면, 여수로, 웨어 등의 위로 흐르는 흐름, 오리피스와 암거 등을 통과하는 흐름, 관수로에서의 흐름 등이 있다. 중규모 수리학의 예로는 주차장, 배수구, 관망, 운하의 흐름 추적, 또는 수로의 격자 등이 있다. 대규모 수리학으로는 하천, 댐, 하구(estuary), 홍수조절 구조물, 대규모 관개수로, 분류(diversion), 둑, 제방 등의 수리학적 분석을 예로 들 수 있다.

1.4 수리학의 대상에 대한 고찰

수리학의 영역은 매우 광범위하나 주어진 수리학의 분류에 따라 <표 1.1>과 같이 요약하였다. 수리학에 대한 연구는 지속가능한 국가 개발 입장에서 매우 중요한 분야 중 하나이며, 우리 생활속에 있는 다양한 분야에서 폭넓게 응용할 수 있다. 예를 들면 아리조나(Arizona)의 휘닉스(Phoenix) 근처의 선밸리(Sun of Valley)에 상당량의 물과 전력을 공급하는 솔트강(Salt River) 프로젝트와 같이 많은 수리학적 프로젝트를 통해 우리의 삶의 질을 향상시킬 뿐만 아니라 가뭄과 홍수와 같은 자연 재해를 경감시켜 주기도 한다.

수리학은 정적 또는 동적인 물의 흐름을 대상으로 하며, 물의 순환에서 3가지 주요 시스템 중 2가지인 지표수와 지표하 시스템을 포함하고 있다. 대기시스템에서의 강수, 증발산, 강우, 강설, 우박, 진눈깨비, 이슬, 이슬비, 안개 등의 물을 다루지는 않는다. 즉, 지표면 또는 지표하에서 물이 자연적 또는 인위적으로 흐르거나, 물리적 또는 화학적인 성분들을 운송할 때의 물의 흐름을 다룬다.

수리학의 주제는 개수로, 관로, 유역, 바다와 외해, 호수와 저수지, 하구 또는 강어귀, 습지, 적설, 토양, 지하수 등의 물에 대한 연구를 수행하는 것이다. 또한 수리학은 침전물, 화학적 물질, 미생물을 포함한 물에 의해 운반되는 성분들에 대한 연구를 포함한다. 수리시스템의 크기와 차원은 다양한데, 몇 센티미터의 작은 유속계(current meter)로부터 몇 백 km의 수로 길이와 수십 m^2의 단면적의 크기를 갖는다. 일반적으로 수리시스템과 수리구조물은 다른 공학 분야의 프로젝트에 비해 규모가 크다고 할 수 있다(Hwang와 Haughtalesn, 1996).

1.5 수리학의 응용이 필요한 환경과 수자원 문제

물은 삶을 영위하기 위하여 필수적인 요소이며 물 없이 사람은 살아갈 수가 없다. 현대사회는 다양한 방법으로 물을 이용하고 있으며 물에 대한 의존도는 날로 증가하고 있다.

수리학은 어떤 식으로든 모든 인류의 삶에 관여되어 있는데 어떤 사람들에게 물은 마시기 위해 필요로 하고, 다른 사람들에게는 경제적 목적으로 물을 필요로 하거나 어떤 편의를 위해 필요하기도 한다(Singh, 1992).

수자원의 개발과 이용을 위해서는 물을 저장, 분배, 규제, 조절 및 이용할 수 있는 시설에 대한 구상과 계획, 제작, 운영 방안 등이 필요하다. 수리학은 수자원과 환경분야의 실제 문제들을 광범위하게 취급하는데, 수로에서의 물의 거동을 주로 다루고 있다. 자연적인 거동에 의해 수원(즉, 하천, 호수, 지하저수지)은 변화하기도 하는데, 국가경제의 이익을 추구하고, 환경을 보호하기 위하여 수리학이 필요하게 된다. 수리학의 주요 관심사는 두 가지 측면에서의 물의 유용성이다(Grishin, 1987) : (1) 소비수량(즉, 물 공급, 관개, 물 배수, 토지간척 등과 같은 다양한 목적에 의한 물의 이용을 들 수 있고, 수원 또한 다양하다.) ; (2) 전력생산, 항해, 어장 등과 같은 자원개발이다.

수리학이 적용되는 환경과 수자원 문제들에는 홍수 조절, 가뭄 완화, 물 공급, 오염 조절, 도시개발, 산업개발, 농업생산, 수리과업의 설계, 에너지자원 개발, 토양보존, 환경영향평가, 토지이용변화, 산림과 야생생물 관리, 전원(rural)개발, 주운, 휴양, 그리고 어업 등이 포함되어 있다. 이러한 문제들은 수리학과 더불어 다양한 학문분야의 기본적인 지식을 통합한 방법론을 통하여 다루어져야 한다.

수리학은 홍수조절을 위해서도 필요한데 호수, 저수지 또는 하천이 물을 저류 또는 통수할 수 있는 능력이 없을 때 홍수가 발생하고 침수지역이 생기게 된다. 홍수는 댐, 제방, 둑과 같은 수리 구조물의 부족으로 발생하기도 하지만 보통 자연 발생적이다. 홍수 문제는 홍수의 지역적인 범위, 지속시간, 강도, 피해에 따라 분류할 수 있으며 수리구조물은 홍수범람과 홍수피해를 저감할 수 있도록 설계하여야 한다.

가뭄은 장기간에 걸쳐 어떤 지역의 물에 대한 수요가 공급할 수 있는 물의 양을 초과할 때 발생한다. 물의 저장시설, 지하수 양수, 유역간 물 이동은 가뭄을 완화시키기 위해 이용할 수 있는 방법들이다. 급수계획은 도시, 농업, 산업지역의 특성 및 의도한 목적에 따라 양질의 충분한 물을 공급할 수 있도록 하며, 급수의 중단은 최소화할 수 있도록 해야 한다. 수리학은 이러한 하수시스템과 급수계획의 설계와 구축과 관련이 있다.

물은 오염물질과 불순물질을 운반하는데 효과적일 뿐만 아니라 경제적으로 일정한 범위 내에서 자연적인 과정을 통해 오수를 처리하고 희석한다. 물론 하천, 호수, 저수지, 바다 등과 같은 물의 형태에 따라 오수를 처리하는 데는 한계가 있으며 이러한 문제를 다루는 분야가 환경수리학이다.

물은 도시와 산업 발전 등에도 필수적이다. 도시계획과 개발은 집, 학교, 스포츠와 레크리에이션 시설, 도로, 암거, 배수시스템, 급수계획 등을 포함한다. 산업은 엄청난 물을 필요하기 때문에 산업적인 측면에 수리학의 응용분야는 매우 많다.

물을 가장 많이 이용하는 분야는 농업으로 장거리의 물 운송이 필요한 대규모의 관개 사업을 찾아 볼 수 있다. 물 운송에 관한 분야는 개수로수리학으로 운하 시스템 설계와 안전한 물의 이용, 토양의 적절한 배수 등을 다룬다. 지하수수리학은 지표수 수원이 멀리 떨어져 있는 농장에서 우물 망(well network) 설계 등에 사용된다. 또한 댐, 암거, 여수로, 하천의 교량횡단(bridge crossing), 둑, 제방, 취수(diversion), 하천개수, 배수 작업 등은 수자원 개발과 관리를 위해 전형적으로 수리학이 요구되는 작업이다.

지하수자원의 개발은 지하수수리학의 이해를 필요로 한다. 대수층의 안전채취량과 수위 저하는 다공질 투수층의 흐름에 대한 수리학적 지식을 통해 추정된다. 해안지역의 지하수 자원은 바닷물의 침투로 위험하기도 하는데, 이 문제는 지하수의 과도한 양수로 인해 더 악화될 수 있다. 이상(two-phase)흐름 수리학은 바닷물에 의한 침식이 없다면 연안대수층의 안전채취량을 결정하는데 이용된다.

수력기계는 현대 생활에서 널리 사용하고 있다. 터빈은 수력을 기계적 힘으로 전환하고 발전기를 통해 전력으로 전환시킨다. 수력발전소는 환경적 문제가 최소화되어 가장 친환경적이고, 다른 형태의 발전소보다 매우 안전하다고 여겨지고 있다. 미국의 경우, 국가 전력의 약 15% 가량을 수력발전으로 생산하고 있다.

펌프는 물 수송 시스템에서 주요한 구성요소이다. 터빈과 달리 펌프는 기계적 힘을 수력으로 전환시킨다. 펌프장은 개수로(운하와 배수로), 하수시스템 등에서 물 흐름을 조절하기 위해 건설되어진다. 펌프는 위층으로 물을 끌어올리기 위해 대다수의 빌딩에서 이용하고 있다. 지하수에서 펌프는 우물에서 물을 끌어 올리고 급수시스템을 통해 물을 공급하는데 이용된다. 또한 펌프는 홍수에 의해 어떤 지역이 침수하는 것을 막는데도 이용된다. 예를 들면, New Orleans의 일부분은 해수위보다 낮았는데 2005년 9월에 허리케인 카트리나가 발생한 기간동안 펌프를 이용해 홍수로 인해 범람하는 낮은 지역의 물을 퍼냄으로써 홍수 피해를 줄인바 있다. 미국, 캐나다, 유럽 그리고 다른 여러 나라에서는 하천을 물류를 수송하는 수단으로 이용하고 있는데, 이는 석탄, 갱지, 목재, 광석들과 같은 부피가 큰 가공되지 않은 물질의 수송에 대해 가장 경제적이기 때문이다. 미국에서는 거의 26,000마일의 내륙 수로를 항로로 이용하고 있다(Singh, 1992). 가항성(navigability)을 유지할 목적으로 강에서는 최소한의 수심을 유지해야 하며, 강에 지어진 수문과 댐 시스템은 강의 교통 상황을 감시하기 위하여 지어지기도 한다. 수리학은 주운의 조건을 향상시키고 필요한 수리구조물을 설계하기 위하여 사용한다.

오늘날 레크리에이션(Recreation)은 주요 상업산업으로 변하고 있으며 다목적 수자원계획 발전에 있어서 중요한 사항이 되고 있다. 수리학은 레크리에이션 시설들을 설계하고 운영하는데도 필요하다.

또한 수리학은 많은 군사전술활동에서도 이용되고 있다. 댐의 파괴와 파괴로 인한 피해는 적에 대한 방어뿐만 아니라 공격전술계획에 있어서 중요하다(Wickham and Jourdan, 1985; Jourdan and Sullivan, 1987). 군사행동에서 수리학의 사용에 대한 좋은 예시는 세계 1차 대전 동안 네덜란드의 한 골짜기에서의 홍수를 들 수 있다.

1.6 수리학적 문제의 분류

<표 1.2>에서 보이고 있는 바와 같이 수리학적 문제들은 (1) 탐색(계측), (2) 예보, (3) 예측, (4) 검증, (5) 모의 5개의 그룹으로 분류할 수 있다. 이러한 문제들을 해결하기 위해서는 몇 단계에 걸친 모형화가 필요하다.

(1) 문제의 정의
(2) 문제의 범위(목적)
(3) 수리학적 시스템의 설명
(4) 모형개발
(5) 해석기법
(6) 모형의 과학적 근거
(7) 자료의 획득(연구실이나 현장)
(8) 모형의 검정(매개변수 추정)

(9) 모형의 타당성

(10) 오차분석 및 모형의 신뢰성

표 1.2 수리적 문제의 분류

문 제	입 력	수리적 시스템(기능)	결 과
탐색(Detection)	알 수 없음	알 수 있음	알 수 있음
예측(Prediction)	알 수 있음	알 수 있음	알 수 없음
예보(Forecasting)	알 수 있음	알 수 있음	알 수 없음
검증(Identification)	알 수 있음	알 수 없음	알 수 있음
모의/모형화(Simulation/Modeling)	알 수 있음	알 수 없음	알 수 없음

문제의 해결책은 하천 단면, 인공수로 단면, 관수로 단면, 하구, 배수구 등과 같은 수리학적 시스템의 형태에 따라 달라질 것이다. 예보(Forecasting)와 예측(Prediction)의 문제 사이에는 차이가 있다. 예보는 어떤 확률을 가지고 미래의 특정 시간에 대한 수리학적 시스템의 결과를 결정하는 것인데, 한 예로, 하천 수위(stage)의 예측을 들 수 있다. 예측은 어떤 주어진 설명과 입력을 가지고 시간과 관계없이(현재 또는 과거) 시스템의 결과를 결정하는 것이다.

어떤 해결책을 찾거나 모형화의 관점에서 수리학적 문제는 축척(scale), 분석범위, 입력의 위치, 출력의 위치, 입력이나 출력의 방향, 차원에 따라 구별되어질 수 있다. 분석의 범위는 시간, 공간, 빈도의 측면이고, 축척은 시간, 공간, 통계적 측면이다. 시간적 축척은 초, 분, 시간, 일, 주, 달, 년 등으로 예시한다.

공간 축척의 예로는 수로의 구성요소, 관수로 단면, 우물 단면, 하천, 하구 등이 있다. 반면 통계적 축척의 예로는 확률분포의 모멘트(moment), 확률분포의 고차모멘트(cumulate), 스펙트럼(spectral)의 성질 등이 있다. 수리학적 문제는 축척 및 분석 범위의 결합을 포함하고 있으며 개발될 해결책 또는 모형은 이러한 결합에 의존하게 된다.

같은 맥락에서 흐름의 방향과 크기와 같은 특성은 수리학적 문제와 범위를 정의한다. 유입과 유출은 한 점이나 분포형의 형태로 발생할 수 있다. 유입은 1차원, 2차원, 3차원이 될 수 있으며, 하류지점, 상류지점, 횡단지점에서 발생할 수 있다. 수리학적 문제는 지표흐름, 지표하 흐름 또는 양쪽이 다 발생할 수도 있다.

1.7 수리학적 문제의 연구를 위한 과학적 접근

수리학적 문제 해결을 위한 과학적 접근은 그림 1.2에 나타낸 바와 같이 3가지 요소를 포함하고 있다(Dooge, 1973; Singh, 1996): (1) 수리학적 시스템의 설명 (i) 기하학적인 설명, (ii) 물리 법칙에 의한 설명, (iii) 초기 및 경계조건의 설명을 들 수 있다. (2) 입력(또는 생성과 소멸(또는 소스와 싱크)(source and sink)) 그리고 (3) 출력 또는 결과이다. 공간 축척의 예로는 수로의 구성요소, 관수로 단면, 우물 단면, 하천, 하구 등이 있다. 이들 요소들에 대하여 아래에서 간략히 살펴보도록 하자.

1.7.1 수리학적 시스템의 설명을 위한 기하학

수리학적 시스템을 나타내는 첫 번째 요소는 시스템의 형상이다. 수리학적 시스템은 관로의 한 구간, 수로, 하구, 평지, 대수층 또는 일정한 유체를 함유하고 있는 토양 등과 관련이 있고, 이러한 토양은 다른 물질과 주변 환경과 관련이 있다. 물이 흐르는 관로의 형상은 흐름 특성에 커다란 영향을 미친다. 관로의 단면적은 하천 흐름의 수십 제곱미터로부터 지하수 흐름의 몇 제곱 밀리미터까지 다양하다. 압력 흐름은 보통 원형단면에서 볼 수 있다. 개수로의 흐름은 직사각형, 사다리꼴, 삼각형, 원형, 불규칙한 단면과 같이 단면형태에 따라 다르다. 지하수 흐름은 지하층의 매질의 공극을 통해 발생한다. 이 공극들은 다양한 기하학적 형태를 갖는다. 관로의 기하학 형상은 공간에 따라 변하므로 흐름 구간마다 흐름의 형태가 다를 수 있다. 이러한 흐름은 복잡하기 때문에 다른 접근방법을 이용해야 한다.

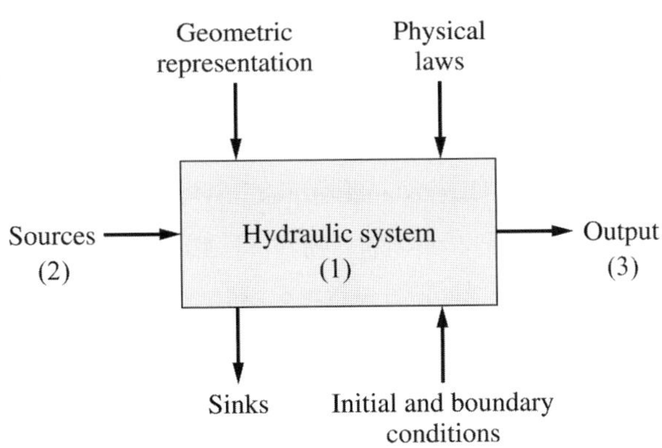

그림 1.2 수리학적 시스템의 요소(Singh, 1996)

수리학적 시스템은 서로 상호작용을 하는 요소들의 집합으로 구성되어 있다(Mays and Tung, 1992). 시스템의 경계는 한 요소가 시스템의 일부인지 주변 환경의 일부인지에 따라 결정되며 또한 시스템 요소들, 입력, 그리고 출력 사이에 상호 연계에 의해 결정된다.

1.7.2 지배방정식(물리적 법칙)

모든 수리학적 과정은 실제로 모든 물리 현상에 공통적으로 작용하는 기본원리에 의해 설명된다. 이들 기본원리들은 수리학적 과정들이 모든 수리학적 시스템에 적합하고 적용하기 위해서는 다음의 조건을 만족하여야 한다. (1) 원리를 포함하고 있는 수리학적 과정에 대한 제한조건 (a) 질량 보존, (b) 운동량 보존, (c) 에너지 보존; (2) 다음을 포함하고 있는 과정의 내부의 역학, 즉 (a) 엔트로피 증가의 법칙, (b) 공간 - 시간 - 질량 차원의 법칙으로 요약할 수 있다(Singh, 1996).

보존원리들은 질량-에너지 변환을 포함하는 과정을 제외하고는 보편적으로 타당하다. 이와 같은 경우, 질량과 에너지 원리는 질량-에너지 보존에 대한 보다 광범위한 법칙으로 결합된다.

여기에서 흐름과정의 내부역학에 대한 용어로 설명해 보도록 하자. 엔트로피(entropy)는 시스템의 무질서를 설명하는데 사용된다. 폐쇄된 시스템에 대하여 엔트로피(entropy)는 항상 증가하는 경향이 있다. 열역학에서 엔트로피(entropy)는 열의 비가역성분에 의해 정의된다. 수리학에서 유체가 계속해서 흐르기 위해서는 흐름에 저항하는 마찰력보다 큰 일을 수행해야만 한다. 이것은 마찰을 통해 흐름에너지를 열에너지로 변환하며, 이와 같은 에너지의 변환은 비가역성이다. 수리학적 시스템에서 엔트로피의 증가는 흐름에너지가 마찰을 통해 열에너지로 변화하는 비가역성의 변환 때문에 발생한다. 열에너지는 유체를 통해 전도되며, 경계선을 따라 대기로 전도되어 결국 공간 속으로 흩어지게 된다. 이렇게 전개된 에너지의 총량은 유체의 함수이고, 시스템의 기하학적 특성, 힘의 형태 또는 시스템에 영향을 미치는 에너지의 함수이다. 이 함수의 양적인 방정식이 과정방정식(process equation)인데 이로부터 수리학에서의 저항방정식(resistance equation)이 유도된 것이다.

그러므로 모든 흐름과정은 에너지 보존원리에 따라 보존과정(열역학 제1법칙)이며, 엔트로피 증가원리(열역학 제2법칙)에 따라 감쇠과정이라고 결론 지을 수 있다. 흐름과정은 질량, 시간, 공간적으로 연속체인 우주속에서 작용하기 때문에 공간, 시간, 질량의 차원속에서 나타낼 수 있다.

요약하자면, 수리학은 질량보존, 에너지보존, 운동량보존의 기본적인 세 개의 물리법칙을 기초로 한다(Chadwick and Morfett, 1993). 질량보존법칙은 물체의 상태는 변화하더라도 (즉, 화학적 과정을 통해) 질량에는 변화가 없다는 것을 나타내고 있다. 질량보존의 법칙은 연속방정식이나 질량평형방정식과 같이 수학적으로 표현할 수 있다.

에너지보존법칙은 에너지가 생성되거나 소멸되지 않지만 형태는 변환할 수 있음을 의미하는데 이것이 열역학 제1법칙이다. 정지에너지(static energy)는 운동에너지로 변환할 수 있고, 운동에너지는 정지에너지로 변환할 수 있다. 개수로에서 정지에너지의 감소(수위의 감소)는 운동에너지(유속의 증가)와 관련되어 있다. 마찬가지로, 수로의 폭이 일정할 때 수위가 증가하면 유속이 감소한다. 수리학적 시스템의 마찰은 에너지 손실을 가져오기 보다는 열에너지로 바뀌었음을 알아야 한다. 그러므로 에너지가 손실되어질 수 없고, 에너지보존법칙은 수학적으로 에너지방정식으로 나타낼 수 있다. 이 방정식은 에너지 수두로 표현되어지기도 한다. 이 방정식의 특별한 형태가 Bernoulli 방정식이고 본 교재에서도 이용할 것이다.

운동량보존의 법칙 또는 뉴턴의 제2의 운동법칙은 물체에 외부의 힘이 가해지지 않는다면 운동량의 획득이나 손실이 없다고 규정한다. 다시 말하면, 검사체적(control volume)에 작용하는 힘은 운동량의 변화율과 같다. 이 법칙은 수학적으로 운동량방정식이라고 하는데, 때로는 운동방정식 또는 동역학적 방정식으로도 표현된다. 이 교재에서는 보다 간단한 선형운동량방정식이 이용될 것이다.

수리학적 과정은 물의 흐름뿐만 아니라 물리적, 화학적, 생물학적인 오염물질의 이동에 대해서도 포함한다. 물의 흐름은 앞서 말한 질량, 운동량, 에너지 법칙을 사용하여 분석할 수 있다. 오염물질은 물에 의해 운반되기 때문에, 물 흐름분석을 위한 방정식들과 더불어 오염물질의 이송은 오염물질 질량보존의 법칙에 의해 분석될 수 있고, 오염물질 유동(flux)과 농도사이의 관계를 통해 분석할 수 있다.

1.7.3 초기조건과 경계조건

앞서 언급한 수리학적 시스템의 지배방정식을 풀게 되면 흐름형태(pattern)에 대해 무한히 많은 해(solution)가 얻어진다. 이들 각각의 해는 특정 문제에 개별적으로 상응되기도 하며, 오직 한 개의 특별한 해가 어떤 한 문제의 정답이 되기도 한다. 따라서 부가적인 정보(영역 기하학, 물리적 매개변수 등)가 특정 문제를 해결하기 위해 필요하고, 초기조건과 경계조건도 필요하다. 초기조건은 수리학적 시스템의 초기상태나 연구 영역에서의 미지의 값으로 가정하나, 실제문제에 있어서 초기조건들은 현장 관측으로부터 얻을 수 있다(Sherif and Singh, 1996). 예를 들어, 홍수기간 동안 하천의 어떤 구간에 대해 수위를 계산하는 문제를 보면 범람전의 수위는 초기조건이 된다. 경계조건은 연구영역의 물이 주변환경과 어떻게 상호작용을 하는지에 따라 설정되는데, 한 개의 수로 구역(segment)은 상류 또는 하류의 경계조건으로 정의된다.

1.7.4 유입 및 유출

유입과 유출은 어떤 시간 기간 내에 수리학적 시스템에 들어오거나 나가는 물의 질량 또는 체적으로써 정의된다. 질량은 변하지 않기 때문에 시스템에 들어오는 유량과 나가는 유량의 차이가 시스템 내에 저류되어 있는 체적의 변화와 같아야만 한다. 이것은 체적의 평형을 정의하는 것으로 다음과 같이 나타낼 수 있다.

$$(V_{ol})_{in} - (V_{ol})_{out} = \text{저류량의 변화} \tag{1.1}$$

$(V_{ol})_{in}$과 $(V_{ol})_{out}$은 일정 시간 동안 시스템에 유입과 유출되는 물의 체적이다. 가압 시스템들처럼 저류량의 변화가 없는 경우는 식(1.1)의 오른쪽 항이 0이 되고 식 (1.1)은 다음 식과 같이 나타낼 수 있다.

$$(V_{ol})_{in} - (V_{ol})_{out} = 0 \tag{1.2}$$

이것은 시스템에 유입되는 양과 유출되는 양은 같아야 한다는 것을 의미한다.

1.7.5 지배방정식의 공식

수리학적 시스템의 경계는 주변환경으로부터 시스템을 분리한다. 일반적으로 시스템 경계를 통해 횡단하는 흐름은 없으나 어떤 조건하에서는 시스템이 주변환경과 상호 작용은 할 수 있을 것이다. 수리학에서 우리는 보통 개수로, 수리학적 기계 또는 장치, 다공질의 매질 등등을 통해 흐르는 물을 연구한다. 우리는 어떤 고정된 질량에 관심을 갖기는 어렵지만 흐르는 물의 공간적인 체적에 대해서는 관심을 가질 수 있다. 따라서 지배방정식을 공식화하기 위해 우리는 검사체적이라고 하는 것을 이용한다. 검사체적은 공간적으로 흐르는 물의 임의의 체적이다. 검사표면(control surface)은 실제 또는 가상인 검사체적의 기하학적 경계이다. 예를 들면, 유적선(streamline)은 그림 1.3a에서처럼 어떤 주어진 시간에 모든 점에서 흐름 방향에 접선이 되도록 흐름장(flow field)으로부터 유도되는 가상의 선이다. 유선(path line)은 한 개의 유체 입자의 이동을 추적한 선으로써 정의된다. 「유속, 유량 또는 수심과 같은 변수의 값이 시간에 대하여 변하지 않는 정상류의 경우에 유선과 유적선은 일치한다.」 유적선은 모든 점에서 유속 벡터에 접선이기 때문에 흐름이 유적선을 횡단하지는 않는다. 그림 1.3b에 있는 것처럼, 유사하게 유적선의 집합은 유관(stream tube)이라고 하는 가상의 관을 형성할지 모른다. 유적선은 표면에 평행해야 하기 때문에 관수로의 내부 표면은 유관으로 작용할지 모른다. 그림 1.3b에 보인 짧은 유관은 검사체적과 같은 역할을 할

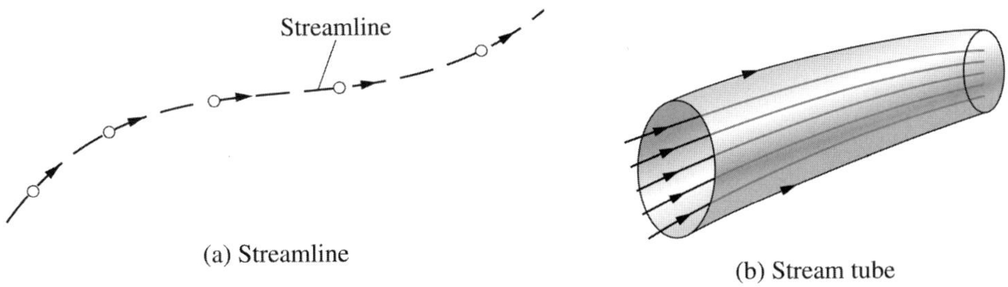

그림 1.3 유적선과 유관

수 있다. 관수로의 내부 경계는 실제 물리적인 검사표면을 형성한다. 검사표면의 연직부분은 가상적이고, 계산 목적을 위해 임의로 놓을 수도 있다. 검사표면은 해를 얻는 방법에 직접적으로 영향을 미치기 때문에 검사표면이 먼저 명확하게 정의되어져야 한다.

1.7.6 흐름 차원 : 1차, 2차, 3차원 흐름

자연흐름은 일반적으로 3차원의 방향(x, y, z)과 관련하여 흐름 특성이 변화한다는 점에서 3차원이다. 흐름장의 어떤 점에서 x, y, z방향으로 측정한 유속 v_x, v_y, v_z는 일치하지 않는다. 같은 점에서 흐름특성은 시간에 따라 변화한다. 흐름해석을 위한 적절한 정보의 부족과 3차원의 미분방정식을 푸는 지루한 수학적 계산 때문에 3차원의 흐름장을 다루는 것은 매우 어려운 일이다. 그러므로 대부분의 수리학적 문제는 1차 또는 2차원으로 근사적인 해석을 하게 된다. 이것은 지배방정식을 매우 단순화 하였지만 만족스러운 결과를 얻을 수 있다. 더구나 3차원 문제들과 해결하기 위해 1, 2차원에 대한 설명이 필요할 수도 있다. 예를 들면, 압력 시스템의 정상등류 흐름에서 관로의 유속과 압력의 변동은 무시되어질 수 있다. 그러므로 흐름은 관로의 중앙선을 따른 유적선에 의해 나타낼 수 있고, 흐름은 1차원 흐름이 된다.

1.8 과학적인 접근의 단순화

수리학적 문제를 풀기 위해서는 대상 수리학적 시스템을 계량화하여야 한다. 수리학적 과정은 복잡하기 때문에 시스템의 묘사는 여러 가지 방법으로 단순화되어진다. 예를 들면, 시스템 접근법을 이용하여 시간과 공간적으로 수리학적 과정을 집중화(lumping)하고, 3차원의 현상을 1차원으로 축소하기도 한다. 수리학적 시스템에 적용하는 과학법칙에는 질량

(mass), 에너지(energy), 운동량(momentum) 보존의 법칙들이 있다. 이들 법칙들은 각각 연속방정식, 에너지방정식, 운동량방정식으로 표현된다. 수리학적 문제들은 연속방정식과 에너지방정식을 이용하여 충분히 풀 수 있는 경우가 많이 있다. 종종 연속방정식과 함께 운동방정식의 근사치가 적절함을 알 수 있다.

일반적으로 어떤 수리학적 시스템에 대하여 지배방정식은 질량보존의 법칙과 흐름 법칙이 있다. 어떤 경우에는 이러한 법칙들이 결합하여 하나의 지배방정식이 되기도 하고 반면에 어떤 경우에는 이들 법칙들에 의해 주어진 방정식들이 해결해야 할 시스템을 구성하기도 한다. 지표면흐름의 경우, 흐름 법칙은 운동량방정식이나 단순화된 방정식에 의해 나타내어진다. 지하수의 흐름에 있어 플럭스 법칙은 연속방정식과 함께 확산방정식을 생성하는 Darcy 법칙에 의해 설명되어진다. Fick's 법칙은 연속방정식과 함께 동수역학의 분산방정식을 생성하는 플럭스 법칙이다.

어떤 시스템을 기하학적으로 표현할 때 지배방정식은 시공간에 따라 변화하는 시스템의 특성을 포함한다. 예를 들면, 개수로 흐름에서 조도 매개변수는 공간에 따라 변한다. 포화된 흐름의 수리전도도(hydraulic conductivity)는 공간에 따라 변하고, 불포화된 흐름의 수리전도도는 공간과 시간에 따라 변한다. 지배방정식들이 어떤 임의의 기하학으로 표현 가능하다 하더라도 수리학적 시스템은 어떤 고정된 기하학을 가진다. 결과적으로 이들 방정식들은 시스템의 기하학 또는 시스템을 최적으로 나타내는 기하학으로 표현되어야만 한다. 예를 들면, 어떤 하도구간의 단면적은 직사각형, 포물선, 또는 사다리꼴 모양으로 나타내어진다. 수리학적 시스템의 경계는 통상 가능한 한 고정된 경계와 일치하도록 만들어진다.

수리학적 시스템은 특별히 정의해야 하는 생성과 소멸이 있을 수 있다. 상류 지점의 흐름과 측방 유입은 생성의 예이고, 침투(infiltration), 측방유출, 증발(evaporation) 등은 소멸의 좋은 예로 개량화되어야 한다. 소스와 싱크는 종종 공간과 시간에 따라 변한다. 통상적인 단순화는 이들 수원과 함몰이 공간적으로 균등하다고 가정하는 것이다. 또 다른 단순화는 시간적 변동성에 대하여 고려하는 것일 수 있다.

만약 수리학적 시스템이 기지의 생성이 존재할 때 시스템이 초기상태에 종속적인 출력(output)이 생기면 시스템에는 소멸이 존재한다. 이 초기상태는 초기조건에 의해 결정된다. 시스템 출력은 경계조건을 만족해야만 할지도 모른다. 초기조건과 경계조건은 통상 알고 있다고 여겨진다. 그러나 어떤 시스템들의 경계는 사전에 알지 못하고, 계산과정에서 해를 결정해야만 한다. 그러한 경계를 자유경계(free boundary)라 한다. 통상적인 단순화는 초기조건이 수리학적 시스템을 통해 균등하다고 가정하는 것이다. 유사하게 경계조건이 간단하며 1차원적이라고 가정하는 것이다.

1.9 수리학적 모형화

보통 실험이나 수학적 분석을 통하여 수리학적 문제를 연구한다. 즉, 수리학적 시스템의 모형을 만들고 실험한다는 것이다. 그 결과 수리학적 시스템 연구에 대한 수많은 모형들이 존재한다.

1.9.1 수리학적 모형의 분류

수리학적 모형에는 물질모형(material model)과 형식모형(symbolic or formal model)의 크게 두 가지 유형의 모형이 있다. 물질모형은 유사한 특성을 가진 다른 시스템을 통해서 실제 수리학적 시스템을 표현하는 것이다. 물질모형은 유사모형(iconic or look-alike model)과 상사모형(analog model)으로 분류할 수 있다. 실험수로나 인공수로, 시험유역 등이 물질유사모형의 예이다. 상사모형은 물리적으로 원형 시스템을 닮은 것이 아니라, 상사모형은 원형 시스템과 상사 시스템을 서술하는 형식들이 얼마나 일치하느냐가 중요하다. 연안 대수층에 대한 Hele-Shaw모형과 유역반응에 대한 전기적 상사모형(electrical analog model)이 그 예이다.

형식모형은 원래 시스템의 구조적 성질들을 단순한 상태로 이상화하고, 이들을 논리적인 항목들로 나타낸 상징적인 표현이다. 또한 형식모형은 상징적(symbolic)이고, 지적(intellectual)으로 나타내어진다. 일반적으로 대부분의 형식모형은 수학적 모형이다. 이러한 수학적 모형은 매개변수와 변수들 사이의 관계를 표현하는 논리적 제시와 함께 방정식들의 집합에 의해서 시스템 거동을 표현한다. 수학적 모형은 많은 과학적 지식 체계를 근거로 하여 크게 3종류로 나눌 수 있다: (1) 경험적 모형, (2) 개념적 모형, (3) 동수역학적(hydrodynamic) 모형. 이들 모형은 결정론적, 추계학적이거나 부분적으로 결정론적이고 부분적으로 추계학적일 수 있다. 첫 번째 범주의 모형은 자료를 기반으로 하며 자료를 통하여 간접적으로 반영되는 과학적 지시 체계이다. 이 범주(카테고리)에서 새롭게 나타난 모형은 인공신경망과 퍼지논리이다. 두 번째 범주에서는 수리학적 시스템에 관하여 단순화가 이루어지고, 그 결과로 보다 더 단순한 형태의 과학적 법칙을 사용할 수 있다. 일반적인 단순화는 공간적 변동성을 다루고 나서 연속방정식을 표현하는 것이다(질량보존의 법칙). 이 연속방정식은 단지 시간적 변동성을 표현하는 양의 균형(volume balance)을 표현하는 형태이다. 세 번째 범주의 모형은 질량보존의 법칙, 운동량 보존의 법칙과 에너지 보존 법칙을 사용하나, 이들 방정식을 방정식의 완전한 형식으로 사용하면 그 모형들은 사용하기 어려울 수 있다. 그러므로 어떠한 가정이 만들어지며, 모형을 다루기 쉽게 하기 위해 단순화된다.

1.9.2 경계치 문제로서 공식화된 수리학적 문제

개념적 모형과 동수역학적 모형은 경계치 문제로서의 수리학적 문제를 공식화(formulating)하는 것이 기본이다. 경계치 문제는 수리학적 문제를 고려한 수학적 공식화이다. 어떤 면에서 이는 수리학적 문제에 대한 수학적 모형이다. 수학적으로 이 문제를 모형화하는데는 4단계로 이루어진다: (1) 수리학적 문제 조사, (2) 상응하는 수학적 문제를 통한 수리학적 문제의 대체(replacement), (3) 수학적 문제 해결, (4) 수학적 결과의 물리적 해석.

수리학적 시스템에서 흐름에 대한 일시적인(transient) 경계치 문제를 정의하기 위해서, 다음의 사항을 알아야 한다: (1) 흐름영역이나 수리학적 시스템의 크기와 모양, (2) 영역내의 흐름 지배 방정식, (3) 흐름영역 경계 주위의 상태, (4) 흐름영역의 초기 상태, (5) 흐름을 지배하는 수리학적 매개변수의 공간적 분포, (6) 수학적 해결 방법. 정상상태의 시스템에 대한 경계치 문제에서 (4)항은 필요하지 않다.

1.9.3 수리학적 자료 수집과 데이터베이스 관리

수리학적 분석과 모형화를 위해 필요한 자료는 기하학적 자료와 수리학적 자료로 나뉜다. 기하학적 자료는 하천, 하도와 인공수로에 대한 수심, 너비, 횡단면, 길이, 경사, 측면경사, 하상토의 입경, 조도의 크기, 하상형상, 만곡도, 만곡 형태 등이다. 수리학적 자료는 유속, 유출량, 외력, 에너지 손실이 포함된다. 기하학적 자료는 수로측량 조사와 원격 탐사와 위성기술을 사용하여 수집할 수 있다. 이렇게 수집된 자료는 방대해질 수 있으므로, 효율적으로 사용할 수 있도록 적절히 보관·관리되어야 한다. 현재는 많은 데이터베이스관리(Database Management) 기술을 이용할 수 있으며, 그리고 이런 데이터베이스관리의 컴퓨터 과학은 매력적인 분야이다.

1.9.4 양질의 수리학적 자료 확보

수리학적 분석을 수행하기 전, 정밀성과 정확성, 동질성과 일관성, 완결성과 기록의 길이에 관해서 자료를 주위 깊게 다루는 것이 필요하다. 많은 경우 실제 자료는 수리학적 모형 자체의 가용성 보다는 수행해야 할 분석형태를 설명하고 있다.

측정은 충분이 정확하거나 편차가 없어야 하며, 정밀하거나 확실하여야 한다. 측정치와 연계된 오차는 측정의 정확성 및 정밀성과 관련하여 설명되어질 수 있다. 정밀성은 각각 측정치가 다른 관측값과 서로 얼마나 근접한가를 나타낸다. 그러므로 정밀도는 (1) 양을 나타내는 중요한 숫자의 수나 (2) 특별한 값의 반복된 측정의 퍼짐의 정도를 처리한다. 불확실성이라 불리는 비정밀성 또한 흩어짐의 크기를 나타낸다. 편차로 불리는 부정확성은 실제

값과의 구조적(systematic) 편차로 정의한다. 그러므로 수리학적 자료는 (1) 부정확하고 비정밀하며, (2) 정확하고 비정밀하며, (3) 부정확하고 정밀하며, (4) 정확하고 정밀할 수 있다. 자료의 오차는 부정확성과 비정밀성 둘 다 나타낸다.

측정의 오차는 다음 세 원인 때문에 발생한다: (a) 기계적 결점, (b) 부적당한 측정장비의 위치, (c) 사람에 의한 오차. 임의 오차는 많은 시간 장경들에 대해 관측된 값의 과대추정이나 과소추정의 경향이 보이지 않을 때 발생한다. 자료에서 임의 오차는 의심할 여지없이 결과의 임의 오차를 발생시킨다. 구조적(systematic) 오차는 일련의 시간 간격동안 변화 없이 지속하는 경향을 나타낼 때 발생한다. 정확하지 않은 매개변수 값에서 주로 구조적 오차가 나타난다. 또 다른 중요 오차 중 하나는 수작업에 의한 오차이다. 수리학적 과정의 비선형성은 메커니즘 처리를 복잡하게 한다. 이는 자료의 오차가 모형의 매개변수로 옮겨지고 분석기간에 입력 오차와 결합하기 때문이며, 그리하여 모의된 결과에서 오차를 발생시킨다. 모든 오차는 모형의 매개변수로 전파되고, 다음 모형 결과로 전파되며 각각의 오차도 별도로 전파된다.

많은 수리학적 분석들은 장기간의 자료가 필요하다. 어떤 이유나 다른 이유로 측정장치를 본래의 위치로부터 옮기는 것은 측정의 일관성에 영향을 준다. 기록이 일관적이지 않으면 일관성을 위해 기록은 보정되어야 한다. 자료 일관성을 테스트하기 위한 도식적(graphical)이고 통계적인 기법들이 있다. 이 기법은 여러 다른 방법 중 이중누가분석(double mass curve analysis), von Newmann 비율시험(ratio test), 누적편차시험(cumulative deviation test), 우도비율시험(likelihood ratio test), run test 등이 있다(Singh 1988).

수리학에서 완전하지 못한 측정기록이 많이 존재하는데, 하루 이틀에서 여러 해까지 기록이 중단된 사례가 많이 있다. 중단된 자료를 이용하기 위해서는 결측 자료를 추정하는 것이 필요하며 특히 자료가 많이 부족한 지역에서는 중요한 일이다. 결측 자료를 추정하기 위해서 여러 방법으로는 산술평균법(arithmetic average method), 평균비율법(normal ratio method), 역거리법(inverse distance method), 수정역거리법(modified inverse distance method), 선형계획법(linear programming), 등우량법(isohyetal method), 라그랑지 방법(Lagrange method), 보간법(interpolation methods), 최대 엔트로피 스펙트럼 방법(maximum entropy spectral methods), 유한요소법(finite element method), 크리깅(kriging) 등이 있다(Singh, 1988).

수리학적 자료는 일반적으로 동등한 질을 가져야 한다는 조건이 수반되어야 한다. 모든 수리학적 시계열을 모형화 하기 위한 접근법은 자료가 정상과정(stationary process)을 반영한다고 가정하는 것이다. 이는 자연적 조건들을 반영하기 위해 과거의 자료를 변환하여 이용함으로써 자연적 과정(natural process)들이 신뢰성 있게 모형화 될 수 있다는 것을 의미한다. 자료 변환의 단계는 구조적 오차에 대한 과거 자료의 수정, 결측 자료의 보완, 자료의 확장, 자연조건에 따른 자료의 축소가 이루어진다.

1.9.5 수리학적 자료 처리

하천 시스템에서 수집된 수리학적 자료의 양은 많아질 수 있다. 최근 이 같이 많은 자료를 데이터베이스를 이용해 처리하고, 공간적으로 시각화(visualize)하며, 지도화 하기 위해서 매우 강력한 기법들이 개발되었다. 이와 같은 기법들은 공간적으로 자료를 처리하고 공간적 현상을 연구하기 위해 중요한데 대표적인 기법이 지리정보시스템(Geographic Information System, GIS)이다. GIS은 데이터를 시각화하거나 지도화 하고 분석하는데 이용할 수 있는 공간적 데이터베이스를 포함하는 정보시스템(Information System)이다. 지구위치정보시스템(Global Positioning System, GPS)와 같은 공간자료 입력장치의 개발에 의해 환경과 수자원 문제에 GIS의 적용이 급격히 증가하였으며 많은 소프트웨어 패키지를 이용할 수 있게 되었다. 가장 일반적인 GIS 소프트웨어 패키지는 ArcGIS이다. GIS는 4가지의 주요 부분으로 나눌 수 있다: (1) 지도나 GIS로 현장(field) 자료와 같은 정보를 입수하는 공간적 자료 입력; (2) 지도나 공간적 자료가 보일 수 있는 공간적 자료 처리; (3) 패턴을 인식하기 위해서 다른 공간적 분석 기법이 운용될 수 있는 공간적 자료 분석; (4) 공간적 자료 시각화. 공간자료는 지도와 같이 보여질 수 있어야 의미가 있다. GIS는 사용자로 하여금 이 지도들을 대화식으로 변경시킬 수 있게 한다. 그리고 여러 공간자료 레이어(layer)를 중첩할 수 있게 한다. 이 같은 지도는 스크린을 통해 보여지거나, 프린터를 통해 출력된다. GIS의 정보시스템 구성요소는 입수되고 존재하는 많은 양의 자료를 다루는데 유용한 방법이다.

1.9.6 수리학적 모형화의 오차

모형은 단지 수리학적 시스템의 원형에 대한 근사형태라고 정의된다. 그러므로 모든 모형은 완벽하지 않고 여러 원인의 오차가 존재한다: (1) 모형화 오차, 모형은 수리학적 시스템을 근사적으로 이상화된 표현이다; (2) 매개변수 오차, 모형 매개변수는 경험적이고 과거의 자료로부터 추정되고, 이와 같이 자료와 추정 오차가 있다; (3) 절단(truncation)의 오차, 모형의 해석은 직관적인 수행이 필요하고 함축적인 정의 때문에 절단의 오차를 수반한다; (4) 반올림(roundoff) 오차, 기존 수행에 있어서 절차에 따르는 연산은 반올림 오차를 발생시킨다. 이들 중 처음의 두 오차가 중요하다. 그 오차는 임의적이거나 구조적(systematic)일 수 있다. 오차 요소의 상대적 중요성은 모형화된 수리학적 시스템과 모형화된 크기(scale)에 따라 달라진다. 크기를 변화시킴으로서 시스템은 결정론적이 되거나 추계학적이 될 수도 있으며, 섞여 질 수도 있다. 이와 같이 크기는 시스템에 대한 모형의 특별한 형태를 선택하기 위한 기초를 제공할 수 있다. 대부분 자연의 수리학적 시스템은 확정론적이고 추계학적인 두 요소를 모두 갖는다. 그러므로 수리학적 시스템이 확정론적이고 추계학적으로 적절히 결합한 모형으로 모형화 되는 것이 필연적이라 할 수 있다.

1.9.7 민감도 분석

일단 모형이 만들어지면 모형의 구성요소, 입력값이나 매개변수 변화에 따른 결과의 변화를 분석하는 것은 매우 중요하다. 더불어 한 입력값이나 시스템 매개변수 변화에 따른 시스템 결과값의 변화율을 분석하기도 한다. 이들 변화에 대한 연구는 민감도 분석으로서 일반적으로 두 부분으로 구성된다: (1) 매개변수적 민감도 (2) 구성요소 민감도. 매개변수적 민감도는 모형의 매개변수 추정을 위한 적절한 알고리즘을 결정하기 위해 사용되어질 수 있다. 반면에 구성요소 민감도는 예측값을 심각하게 훼손하는 것 없이 모형의 어떠한 구성요소가 제외시킬 수 있는지 검토하는데 사용될 수 있으며, 모형 내의 각각의 구성요소의 상대적 중요성을 확인하는데 사용될 수 있다.

1.9.8 수리학적 모형의 선택

모형들 중에서 적당한 모형을 선택하는 것은 다음과 같은 여러 단계가 포함되어야 한다 (Singh, 1988):

1. 문제의 정의
2. 목적의 열거
3. 자료의 유용성 조사
4. 이용가능한 계산 설비(facilities) 결정
5. 경제적이고 사회적인 제한조건 나열
6. 수리학적 모형의 특정한 부류 선택
7. 주어진 부류로부터 특정한 종류 선택
8. 모형의 보정(이는 매개변수 추정임)
9. 모형 수행의 평가
10. 주어진 모형이 만족스럽다면, 예측 목적을 위해 모형 사용. 그렇지 않으면 6단계로 되돌아가 선택한 모형이 만족스러울 때까지 과정을 되풀이함
11. 더 일반적인 공학이나 수자원 모형의 적용

9단계가 매우 중요하다. 단지 모형이 객관적으로 보정되고 평가되었을 때, 자료를 잘 사용한다면 모형을 특정한 문제에 적용할 수 있으며, 예측의 정확성의 정도를 알 수 있다.

1.10 수리학을 위한 과학적 기초 지식

수리학을 공부하기 위해서는 공학적 메커니즘, 지형학, 지질학, 토양, 물리, 화학, 생물학, 수학, 통계학에 대한 다양한 이해가 뒷받침 되어야 한다. 예를 들어 하천에서의 흐름은 하천의 지형에 상당한 영향을 받고 이러한 지형은 곡선을 이루기도 하고, 합쳐지기도 하고, 하천의 침식에 따라 달라지기도 한다. 따라서 하천의 지형을 이해하기 위해서는 하천의 발달 과정에 대한 이해가 있어야 한다. 하천의 주된 지질구성과 하천만의 특수한 지형에 대한 이해는 우리로 하여금 하천의 특성과 흐름에 대한 정성적인 이해를 가능하게 하며 물리, 화학, 수학, 통계는 이러한 이해의 정량적 분석의 도구로 사용된다. 하천에서 흐름을 지배하는 주된 원리는 물리의 한 영역인 유체역학이다. 하천에서의 물의 흐름에 대한 화학적 진화 과정과 하천의 오염물질의 거동에 대한 분석을 위해서는 화학적 이론 또한 필요하다.

수리학은 정량적인 분석방법이기 때문에 수학이나, 분석 또는 수치적 접근에 대한 이해가 필요하다. 수리학은 불확실성이 매우 큰 자연 상태를 설명하고자 하기 때문에 통계학을 이용하는 것이 필수조건이 되었다. 또한 인공신경망, 퍼지, 인공지능과 같이 기존의 정보를 기초로 하는 기술들은 오늘날 수리학적 문제를 해결하는데 매우 유용하게 사용되고 있다.

1.11 차원

수리학에서는 물리적 특성에 대한 변동성을 다루기도 한다. 따라서 이러한 변동성을 정량적 또는 정성적으로 분석하는 것이 매우 중요하다. 여기서 정성적 측면은 길이, 체적, 유량, 힘 등으로 표현되는 자연계의 특성에 대한 성질을 나타낸다. 반면에 정량적 측면은 이들 특성들을 수치적인 계량화를 의미한다. 정량분석을 위해서는 다양한 수치들이 비교될 수 있도록 표준화된 기준이나 숫자를 필요로 하게 된다.

수리학에서 사용되는 기본 단위로는 길이(L), 시간(T), 질량(M), 온도(θ)가 있으며, 질량(M) 대신에 힘(F)이 쓰이기도 한다. 뉴턴의 운동 제2법칙에 의하면 힘은 질량과 가속도의 곱과 같으며 식으로 나타내면 다음과 같다.

$$F \equiv MLT^{-2}$$

여기서, $\equiv$는 차원(dimension)을 표현하는 기호이다. 위의 식과 같이 물리적 특성에 대한 차원을 표현하기 위해서 2개의 기본적인 단위계가 존재하며, 그 중 하나는 L, T, M, θ로 표현되는 질량단위계(Mass system)이고, 다른 하나는 L, T, F, θ로 표현되는 힘단위계(Force system)이다. 자연계의 법칙이나 정의 등에 사용되는 모든 다른 차원들도 이 두 개의 단위계를 이용하여 표현할 수 있다.

표 1.3 기본적인 물리 변수의 차원

종류	분량	MLT	FLT
기하학	길이	L	L
	면적	L^2	L^2
	체적	L^3	L^3
	관성모멘트	L^4	L^4
운동학	시간	T	T
	속도	LT^{-1}	LT^{-1}
	각속도	T^{-1}	T^{-1}
	각가속도	T^{-2}	T^{-2}
	빈도	T^{-1}	T^{-1}
	유출량	L^3T^{-1}	L^3T^{-1}
	운동점성계수	L^2T^{-1}	L^2T^{-1}
동역학	힘	MLT^{-2}	F
	밀도	ML^{-3}	$FL^{-4}T^2$
	에너지	ML^2T^{-2}	FL
	일	ML^2T^{-2}	FL
	힘모멘트	ML^2T^{-2}	FL
	토크	ML^2T^{-2}	FL
	압력	$ML^{-1}T^{-2}$	FL^{-2}
	응력	$ML^{-1}T^{-2}$	FL^{-2}
	탄성계수	$ML^{-1}T^{-2}$	FL^{-2}
	운동량	MLT^{-1}	FT
	동력	ML^2T^{-3}	FLT^{-1}
	비중량	$ML^{-2}T^{-2}$	FL^{-3}
	표면장력	MT^{-2}	FL^{-1}
	관성모멘트(질량)	ML^2	FLT^2
	동점성계수	L^2T^{-1}	L^2T^{-1}

차원을 결정하기 위해서 가장 좋은 방법은 각각의 특성치를 설명하는 정의로부터 접근하는 것이다. 예를 들어 유량(Q)은 단위시간당 흐르는 물의 체적이고 이를 차원으로 표현하면 다음과 같다.

$$Q \equiv L^3T^{-1}$$

또한 압력(P)는 단위면적당 작용하는 힘으로 $P \equiv FL^{-2}$로 표현할 수 있다. 이를 질량계로 표현하면 $P \equiv ML^{-1}T^{-2}$가 된다. 또한 회전력을 나타내는 T_q는 운동량의 변화량과 곡률반경의 곱으로 정의된다. 이를 차원의 관점에서 보면 회전력은 힘×길이의 차원과 같으며 $T_q \equiv FL$로 표현된다. 이를 질량계로 표현하면 $T_q \equiv ML^2T^{-2}$이 된다. <표 1.3>은 일반적인 물리적 특성치의 차원을 정리한 것이다.

물리현상을 표현하는 식에서 방정식의 각 항은 차원적으로 동일해야 하며 이것은 관계식의 우항과 좌항의 차원이 같아야 함을 의미한다. 일반적으로 물리적 차원이 다르면 사칙연산을 할 수 없으며, 같다고 표현할 수도 없다. 예를 들어 길이는 체적이나 유량과 더할 수 없다는 것이다. 다시 말해 모든 방정식의 성립 및 연산을 위해서는 각 항의 차원은 동차(Homogeneity)여야 한다. 마지막으로 일부 단위가 없는, 즉 무차원을 가지는 물리적 특성치들도 존재한다는 사실을 알아야 한다.

예제 1.1 일반적으로 등류일 때의 유속 V를 구하는 방정식은 다음과 같다.

$V = C\sqrt{RS_o}$ 이다.

C는 Chezy 계수, R은 동수반경(단면적 A를 윤변 P로 나눈 값), S_o는 하도경사이다. 방정식을 만족시키기 위한 Chezy 계수의 차원을 구하시오.

풀이

방정식의 각 항을 차원화한다.

$$V = \text{length/time} \equiv LT^{-1}$$

$$R = \text{Area/wetted perimeter} = A/P \equiv L^2L^{-1} \equiv L$$

$$S_o = \text{bedslope} \equiv \text{dimensionless}$$

좌측항과 우측항의 식을 차원으로 식을 만들면

$$LT^{-1} \equiv CL^{1/2}$$

그러므로

$C \equiv L^{1/2}T^{-1}$이 된다.

따라서 Chezy 계수의 차원은 $L^{1/2}T^{-1}$이 된다.

1.12 단위계

공학자들은 명확히 정의된 단어나 특정 양의 크기를 수치적으로 표현하여 정확히 제시할 필요가 있다. 차원이 있는 양의 크기는 숫자와 측정 단위를 가지고 표현되어야만 한다. 길이와 같은 양의 크기는 양을 표현하는 단위계에 따라 다르게 표현된다(예를 들어, 우리는 길이를 centimeters, feet, miles 등으로 표현할 수 있다). 1 meter와 1 foot의 관의 직경은 차이가 있다. 그러므로 우리는 주의를 기울여 양을 정의해야 하며, 보편적으로 받아들여지는 일련의 동일한 측정량을 사용하는 데에도 주의가 필요하다. 측정 단위는 모든 기본적인 양으로 표현될 수 있다(길이, 시간, 질량, 힘 그리고 온도). 특정 양의 단위는 다른 단위로 구성되기도 한다. 예를 들어, 시간의 단위는 길이와 시간의 단위 조합으로 이루어져 있고, 유량의 단위는 체적과 시간의 단위로 구성되며, 길이와 시간의 항으로 표현된다. 여러 가지 단위계가 사용되지만, 일반적으로 과학자와 공학자에게 많이 사용되는 단위계로는 국제단위계(SI)와 FPS단위계(또는 영국단위계)가 있다.

1.12.1 국제 단위계(SI)

SI단위계는 1980년 초 이후로 광범위하게 사용되었다. 미국만이 유일하게 FPS단위계를 고수하고 있지만, 세계 대부분의 나라들은 SI단위계로 전환하고 있으며, 많은 나라에서 SI단위계를 법적허용 단위계로 공표하고 있다.

SI단위계에서 길이의 단위는 meter(m), 시간의 단위는 second(s), 질량의 단위는 kilogram(kg), 온도의 단위는 Kelvin(K)을 기준으로 하며, Kelvin(K)의 단위는 다음 공식을 통하여 Celsius(C) 단위로 전환될 수 있다.

$$°\mathrm{K} = ℃ + 273.15$$

SI단위계에서의 힘은 기본단위로부터 유도되는 부차적인 차원으로 뉴턴의 제 2운동법칙으로 정의된다.

$$1\,\mathrm{N} = (1\,\mathrm{kg})\,(1\,\mathrm{m/s^2})$$

힘의 단위는 Newton으로 1 kilogram의 질량을 1 $\mathrm{m/s^2}$로 가속시키는데 요구되는 힘을 나타낸다. 즉, 1 kg 질량은 표준 중력(9.81 $\mathrm{m/s^2}$)에서 9.81 N의 무게를 갖는다. 1 dyne는 1 gram의 질량을 1 $\mathrm{cm/s^2}$로 가속시키는데 필요한 힘을 나타낸다. SI단위계에서 길이는

표 1.4 다중으로 계산되고 분류된 SI단위계의 접두사

곱해진 계수	접두사	기호
10^{12}	테라	T
10^{9}	기가	G
10^{6}	메가	M
10^{3}	킬로	k
10^{2}	헥토	h
10	데카	da
10^{-1}	데씨	d
10^{-2}	센티	c
10^{-3}	밀리	m
10^{-6}	마이크로	μ
10^{-9}	나노	n
10^{-12}	피코	p
10^{-15}	펨토우	f
10^{-18}	애토	a

밀리미터(mm), 센티미터(cm), 미터(m), 킬로미터(km)를 사용하며, 면적은 제곱 센티미터(cm^2), 제곱 미터(m^2), 제곱 킬로미터(km^2)로 나타낸다.

SI단위계에서는 각 단위의 양을 쉽게 나타내기 위해 10의 거듭제곱 형태로 표현하는데 단위의 배수와 분수의 접두사를 <표 1.4>와 같이 제시하고 있다.

1.12.2 FPS단위계

FPS단위계의 F, P, S는 각각 foot, pound, second를 나타낸다. FPS단위계에서 길이의 단위는 foot(ft), 시간의 단위는 초(s), 힘의 단위는 파운드(lb), 온도의 단위는 화씨(°F)를 기준으로 하며, 절대온도는 Rankine(°R)의 단위를 사용한다. Rankine은 다음 방정식을 통해서 화씨(°F)로 전환할 수 있다.

$$°R = °F + 459.67$$

FPS단위계에서 질량은 부차적인 차원으로 질량의 단위인 slug은 뉴턴의 운동 제2법칙으로부터 다음과 같이 정의된다.

힘 = (질량)(가속도)

$1\ \text{lb} = (1\ \text{slug})(1\ \text{ft/s}^2)$

1 lb의 힘은 1 slug의 질량 가해질 때, 그 힘은 1 ft/s^2의 가속도를 발생시키며, FPS단위계에서 무게 W는 다음과 같이 나타낸다.

$$W(\text{lb}) = \text{m}(\text{slugs})\text{g}(\text{ft/s}^2)$$

본 교재는 한 단위계에서 다른 단위계로의 변환인자를 제공하며, 국제단위계와 FPS단위계 둘 다 사용하는데, 국제단위계에 좀 더 중점을 두었다. 일치되지 않은 단위의 사용은 수많은 오차를 유발할 수 있기 때문에 주어진 문제의 조건을 통하여 일치된 단위계를 사용할 수 있도록 한다. meter와 feet나 Newton과 slugs를 혼용해서는 안 된다. 오차의 원인을 없애기 위해서 다음의 간단한 규칙들을 유념해야 한다.

1. 주어진 식에서 각 항의 동차성을 검토하시오.
2. 차원 없이 양을 표기하지 마시오(반드시 차원을 표시하시오).
3. 문제의 차원을 정답에서 요구되는 차원으로 바꾸고, 문제를 풀 때 하나의 차원계를 사용하시오.

예제 1.2 세계 물의 총 공급이 $326 \times 10^6 \text{mi}^3$이다. 이 물의 공급량을 ft^3, gallon, m^3, acre-feet, km^3, km-m, m^3, ℓ, t으로 표현하시오.

풀이

총 물 공급량$= 326 \times 10^6 \text{mi}^3$

$$\text{acre-feet} = 326 \times 10^6 \text{mi}^3 \times \left(\frac{5280\,\text{ft}}{1\,\text{mile}}\right)^3 = 4.8 \times 10^{19}\,\text{ft}^3$$

$$= 4.8 \times 10^{19}\text{ft}^3 \times \frac{1\,\text{acre-ft}}{43{,}560\,\text{ft}^3} = 1.1 \times 10^{15}\text{acre-ft}$$

$$= 1.1 \times 10^{15}\text{acre-ft} \times \frac{3.25 \times 10^5\,\text{U.S.gallon}}{1\,\text{acre-ft}}$$

$$= 3.58 \times 10^{20}\,\text{U.S.gallon}$$

$$= 4.8 \times 10^{19}\,\text{ft}^3 \times \frac{1\,\text{km}^3}{[3281\,\text{ft}]^3} = 1.36 \times 10^9\,\text{km}^3$$

$$= 1.36 \times 10^9\,\text{km}^3 \times \frac{10\,\text{m}^3}{1\,\text{km}} = 1.36 \times 10^{12}\,\text{km}^2\text{-m}$$

$$= 1.36 \times 10^{12}\,\text{km}^2\text{-m} \times \frac{10^6\,\text{m}^2}{1\,\text{km}^2} = 1.36 \times 10^{18}\,\text{m}^3$$

미국에서, 1 ton은 2000 lb에 해당한다. 그러므로

$$= 1.36\,\mathrm{m}^3 \times 10^{18}\,\mathrm{m}^3 \times \frac{1000\,\ell}{1\,\mathrm{m}^3} = 1.36 \times 10^{21}\,\ell$$

$$= 3.58 \times 10^{20}\,\mathrm{U.S.gallons} \times \frac{9.2\,\mathrm{lb}}{1\,\mathrm{U.S.gallons}} \times \frac{1\,\mathrm{t}}{2000\,\mathrm{lb}}$$

$$= 1.65 \times 10^{18}\,\mathrm{t}$$

미국 단위계로, 총 물 공급량 $= 1.646 \times 10^{18}\,\mathrm{t}$이다.

예제 1.3 지구표면의 어떤 물체의 중량이 200 N이다. 이 물체가 중력가속도가 $3.0\,\mathrm{m/s^2}$인 행성에 존재한다고 할 때, 이 물체의 중량과 질량을 구하시오.

풀이

중력가속도가 $9.8\,\mathrm{m/s^2}$인, 지구표면에서의 어떤 물체의 중량이 200 N 이다. 질량은 동일하므로, 뉴턴의 제2법칙을 사용하면,

$$200\,(\mathrm{N}) = m\,(\mathrm{kg})\,9.81\,(\mathrm{m/s^2})\text{이다.}$$

그러므로 물체의 질량 $= (200/9.81) = 20.387\,\mathrm{kg}$이다. 중력가속도가 $3.0\,\mathrm{m/s^2}$인 행성에서 20.387 kg의 질량을 갖는 이 물체의 중량은 $W = 20.387 \times 3 = 61.16\,\mathrm{N}$이 된다.
물체의 중량은 중력가속도가 변하면 한 장소에서 다른 장소로 옮겨질 때 변한다는 것을 명심하고, 질량 그 자체는 바뀌지 않는다.

1.13 책의 범위와 구성

앞부분에서 소개된 수리학은 이 수리학 책의 범위보다 훨씬 크다. 이 책의 주제(subject matter)는 세 부분으로 나눌 수 있다. 첫 부분은 유체와 흐름형태의 기본적인 특성을 나타내는 기본적인 유체역학을 다룬다. 두 번째 부분은 이 책의 핵심으로 수리과학이라 불리는 수리학적 원리에 대해 다룬다. 지배 방정식과 차원해석을 소개하고 관 수리학의 기초를 다룬 후 관 흐름, 저항, 그리고 펌프의 내용을 다루었다. 또한 개수로에서의 수리특성, 하도의 기하학적 형상, 하도 저항, 등류, 에너지, 운동량 이론, 점변류를 설명한다. 책의 마지막 부분은 수면곡선의 계산을 포함한 수리학적 적용과 설계를 다루고 수리학적 제어와 구조물의 설계를 다룬다. 수리학을 공부함으로써 수리학 발전에 기여할 수 있으며, 수리학 관련 직업이 도전적이고 만족스러운 직업이 되기를 희망한다.

도움말 Reading Aid

1.1 수리학을 정의하시오. 수리학의 다른 분야는 무엇인가? 각 분야를 정의해보고 각각 주어진 실제 예제를 들어보시오.

1.2 정수역학과 동수역학의 차이점은 무엇인가?

1.3 수리학적 응용의 다섯 가지 예와 수리구조물의 다섯 가지 유형을 들어보시오.

1.4 수리학적 시스템의 기본적인 구성 요소는 무엇인가?

1.5 유선과 흐름관을 표현하시오. 흐름관의 예를 제시하시오.

1.6 유적선의 의미는 무엇인가? 유선과 일치하는 유적선의 예를 두 가지를 제시하시오.

1.7 검사표면과 검사체적의 의미는 무엇인가? 그림을 통하여 예를 드시오.

1.8 물이 다른 구역을 통과하는 최소 두 가지의 예를 들어라. 관의 형상이 흐름 패턴에 영향을 주는가?

1.9 엔트로피(entropy)의 의미는 무엇인가? 닫힌 계 안에서 엔트로피는 보통 증가하는가 감소하는가?

1.10 수리학에 기반을 둔 물리학의 기본 법칙을 설명하시오.

1.11 초기조건과 경계조건의 의미가 무엇인가? 실제적인 초기조건을 얻기 위한 가장 좋은 방법은 무엇인가?

1.12 3차원 흐름의 의미가 무엇인가? 1차원, 2차원, 3차원 흐름의 예를 각각 드시오.

1.13 수리학의 적용이 포함되어 있는 환경적 자원과 수자원의 5가지 예를 드시오.

1.14 현대의 생활에 수리기계의 역할을 설명하시오. 지하수의 개발에서도 수리기계가 사용되고 있는가?

1.15 미국에서 주운과 운송에 사용되는 몇몇의 강의 예를 드시오. 강의 주운 기능을 강화하기 위하여 일반적으로 설치된 수리구조물에 대해서 언급하시오.

1.16 측정에 일반적으로 사용되는 두 가지 시스템의 명칭은 무엇인가? 그것들은 서로 연관이 있는가?

1.17 유량, 가속도, 힘, 동력, 표면장력, 점성계수의 차원을 두 가지 시스템으로 적어보시오.

1.18 질량 흐름률과 모멘텀 흐름률을 정의하고 그것들의 단위를 결정하시오.

1.19 수문학적 순환은 무엇인가? 수문학적 순환을 일으키는 힘을 논의하고 그것이 환경에 미치는 중요성에 대해서 설명하시오.

1.20 수리 시스템에서 질량, 운동량, 그리고 에너지 보존법칙을 설명하고 식을 적으시오.

1.21 수치 모델링에 포함된 주요 단계는 무엇인가?

1.22 경계값 문제를 정의하는데 필요한 조건은 무엇인가?

1.23 수리 모델에서 오차의 근원에 대해서 정의하시오. 어떤 오차가 더 중요한가?

1.24 수리 모델에서 변수 민감도와 구성요소 민감도의 유용성에 대해서 언급하시오.

1.25 몇몇의 모델로부터 적합한 모델을 선택하는데 필요한 단계를 정의하시오.

1.26 SI와 FPS 시스템에서 주요차원과 두 번째 차원에 대해서 언급하시오. 질량과 힘의 단위는 각각 무엇인가?

1.27 Newton을 정의하고, Newton의 kilogram과 중력가속도사이의 관계를 적으시오.

1.28 SI단위계에서 온도를 측정하는 Kelvin과 Celsius사이의 관계를 적으시오. FPS단위계에서 Rankine 단위를 Fahrenheit 단위로 연계시키는 식을 적으시오.

연습문제

1.1 다공성 매체(porous media)의 어떤 검사체적(control volume)에 10분 동안 $0.1\,m^3/s$의 유량이 들어간다. 유출량의 체적은 같은 기간 동안 $58\,m^3$으로 관측되었다. 식(1.1)을 사용하여 검사체적에서 저류량의 변화를 결정하시오.

1.2 문제 1.1에서, 만약 검사체적에서 저류량의 변화가 없다면, 유출량을 관측하는데 있어서 오차는 몇 퍼센트인가?

1.3 길이가 1 mile인 투수성 있는 개수로 하도가 만들어졌다. 이 하도로의 유입량이 $100\,ft^3/s$이고, 유출량이 $95\,ft^3/s$이다. 매년 이 하도를 통해 손실된 물은 얼마인가?

1.4 원통의 탱크에 $80\ell/min$의 유량의 물이 공급된다. 탱크에 바닥에는 2개의 유출관이 있는데, 이 관은 각각 $50\ell/min$과 $35\ell/min$의 물을 방출한다. 탱크 내부에서 분당 물 체적의 변화를 계산하시오. 만약 탱크의 직경이 60 cm이면, 1시간 후의 수위 변화를 결정하시오.

1.5 직경 8 mm의 수도꼭지에서 물이 흐르고 있고, 그리고 물은 10ℓ의 물병에 모아진다. 만약 물병이 (a) 30초, (b) 5분에 채워진다면, 수도꼭지로부터 물의 방출(exit) 속도는 얼마인가?

1.6 무차원 매개변수인 Reynolds수(R_n)는 $R_n = Vd/\nu$로 정의된다. 여기서 V는 유속, d는 관의 직경이며, ν는 물의 동점성계수이다($1005\times10^{-6}\,m^2/s$). 문제 1.5에서, (a)와 (b)의 경우에 대한 R_n을 결정하시오.

1.7 어떤 직경을 갖는 10 km 수평관의 마찰 손실은 다음의 관계로 구할 수 있다. $h_f = 0.005\ell$, 여기서 h_f는 마찰 손실수두이며, L은 관의 길이이다. 관의 끝에서 총 에너지 수두는 25 m이다. 관의 입구(inlet)에서 총 에너지 수두는 얼마인가?

1.8 다음의 식(ratios)들이 무차원임을 증명하시오.

$$\frac{Vy}{\nu},\ \frac{\rho Vy}{\mu},\ \frac{V}{\sqrt{gy}},\ \frac{p}{\rho V^2},$$

$$\frac{gy}{V^2},\ \frac{p}{\gamma y},\ \frac{\sigma}{\gamma y^2},\ \frac{Q}{y^2\sqrt{gy}}$$

여기서 V는 속도, y는 흐름깊이(flow depth), ν은 동점성계수(kinematic viscosity), ρ은 유체밀도, μ은 역학적 점성계수(dynamic viscosity), p는 압력, γ는 비중량, σ는 표면장력 그리고 Q는 유출량이다.

1.9 개수로에서 등류의 속도를 계산하기 위해서 일반적으로 사용되는 식은 $V = \frac{1}{n}R^{2/3}S_o^{1/2}$이다. 여기서 v는 등류의 속도 n은 Manning의 조도계수, R은 동수반경(hydraulic radius), 그리고 S_o는 하도경사(bed slope)이다. 이 식이 동일한 차원임(homogeneous)을 증명하는 Manning의 조도계수의 차원을 구하시오.

1.10 예제 1.1과 문제 1.9로부터, Chezy와 Manning의 조도계수 사이의 관계를 밝히시오. 그리고 이 관계에서 차원의 동일함(homogeneity)을 밝히시오.

1.11 펌프에 의한 수력(water power)은 식 $P=\gamma QH$로 구한다. 여기서 P는 동력(power)이며, γ은 비중량, Q는 유량, 그리고 H는 펌프에 의해 올라간 수두이다. 이 식에서 동일한 차원(homogeneity)의 조건을 밝히시오.

1.12 지하수 흐름에 대한 Darcy 방정식은 다음과 같다. $q=-K\frac{\partial h}{\partial x}$, 여기서 q는 비유량(specific discharge)(LT^{-1})이며, K는 수리적 전도율(hydraulic conductivity) 그리고 $\partial h/\partial x$는 피에조미터의 수두(piezometric head)변화이다. K차원을 구하시오.

1.13 다음 식에서 계수 A와 B의 차원을 결정하시오. $\frac{\partial^2 x}{\partial t^2}+A\frac{\partial x}{\partial t}+Bx=0$, 여기서 x는 길이이고 t는 시간이다.

1.14 다음 식이 차원적으로 동일한지, 그렇지 않은지를 결정하시오. $F=16.83\mu vd+29.78\rho Q^2 d^{-2}$, 여기서 F는 힘(force)이며, μ은 역학적 점성계수(dynamic viscosity), v는 속도, d는 직경, ρ는 밀도 그리고 Q는 유량이다.

1.15 관 흐름에 대한 손실수두는 $h_f=f\frac{L}{d}\frac{V^2}{2g}$로 표현된다. 여기서 f는 마찰계수이며, L과 d는 각각 관의 길이와 직경, v는 평균유속 그리고 g는 중력가속도이다. 마찰 요소인 f의 단위를 결정하시오. 만약 단위계(system of units)가 SI에서 FPS로 바뀐다면, f의 값에 어떠한 영향을 주는지 설명하시오.

1.16 지구 표면에서 한 사람의 무게는 150 lb이다. 그 사람의 질량은 slugs와 kilograms 단위로 얼마인가?

1.17 개수로에서 유량은 $10\,\mathrm{m^3/s}$이다. 그 유량은 ℓ/min와 gallons/min 단위로 얼마인가? 그리고 연간 이 수로에 의해 이동되는 총 물의 체적(gallons)은 얼마인가?

1.18 지구 표면에서 어떤 물체의 무게가 150 Newtons이다. 물체의 질량(kilograms)은 얼마이며, 중력가속도가 $4\,\mathrm{m/s^2}$인 행성에서 이 물체의 무게(Newtons)는 얼마인가?

1.19 총 질량이 80 kg인 사람이 엘리베이터를 탔다. 엘리베이터가 위로 $5\,\mathrm{m/s^2}$로 가속될 때, 엘리베이터 바닥에 가해지는 힘(Newtons)은 얼마인가?

1.20 문제 1.19에서, 만약 엘리베이터가 아래로 $5\,\mathrm{m/s^2}$로 가속된다면, 바닥에 가해지는 힘(Newtons)은 얼마인가?

1.21 문제 1.19에서, 엘리베이터 바닥에 가해지는 힘이 없다면, 엘리베이터의 방향과 가속도는 얼마가 되어야 하는가?

1.22 질량이 30 slugs인 기름 탱크가 있다. 지구 표면에서 pounds와 Newtons 단위로 무게는 얼마인가?

1.23 문제 1.22에서, 탱크가 중력이 지구표면의 1/6인 달 표면에 위치한다면, 그 탱크의 무게는 Newtons 단위로 얼마가 되는가?

1.24 면적 $1\,\mathrm{km^2}$는 몇 hectares인가? 그리고 몇 acres인가?

1.25 다음의 단위를 환산하시오.

(a) $60\,\mathrm{ft^3/min}$의 유량을 ℓ/s 단위로 바꾸시오.

(b) 20 pounds의 힘을 dynes 단위로 바꾸시오.

(c) 30 lb/ in^2 의 압력을 N/m^2 단위로 바꾸시오.
(d) 64.2 lb/ ft^3 의 비중량을 N/m^3 단위로 바꾸시오.
(e) 100 gram/cm-s 의 역학적 점성계수(dynamic viscosity)를 slug/ft-s 로 바꾸시오.

1.26 부록 A에 주어진 변환계수(conversion factors)를 사용하여, 다음 값들을 FPS단위계로 표현하시오.

(a) 16.7 km
(b) 9.3 N/m^3
(c) 1.95 slugs/ft^2
(d) 0.045 N-m/s
(e) 6.35 mm/hr
(a) 10.25 in/min
(b) 4.20 slugs
(c) 4.0 lb
(d) 82.2 ft/s^2
(e) 0.0315 lb-s/ft^2

1.27 부록 A에서 주어진 변환 계수를 사용하여 다음 값들을 SI단위계로 표현하시오.

(a) 10.25 in/min
(b) 4.20 slugs
(c) 4.0 lb
(d) 82.2 ft/s^2
(e) 0.0315 lb-s/ft^2

1.28 (a) 가속도, (b) 밀도, (c) 비중량 그리고 (d) 역학적 점성계수(dynamic viscosity)와 동점성계수에 대한 변환계수를 증명하시오. 1 ft = 0.3084 m, 1 lb = 4.4482 N 그리고 1 slugs = 14.594 kg의 기본적인 변환 관계를 사용하시오.

1.29 물이 배수관으로부터 1350 gal/min 의 유량으로 흐른다. m^3/s 와 ℓ/min 의 단위로 유량은 얼마인가?

1.30 어떤 유체의 점성이 3.5×10^{-4} poise 이다. 이 점성은 SI와 FPS단위계로 얼마인가?

참고문헌

Chadwick A., and Morfett J., 1993. Hydraulics in Civil and Environmental Engineering. Chapman & Hall, Inc., New York, 10119.

Dooge, J. I., 1973. Linear theory of hydrologic systems. Technical Bulletin No 1468, 327pp., Agricultural Research Service, U.S.Department of Agriculture, Washington,D.C.

Gerhart, P. M., Gross, R. J., and Hochstein, J.I., 1992. Fundamentals of Fluid Mechanics, 2nd ed. Addison-Wesley Publishing Company, Inc.

Grishin, M. M., editor, 1987. Hydraulic Structures, English translation from the Russian by Dang, P. K., Mir Publisher, Moscow.

Hwang, N. H. C. and Haughtalen P. J. 1996. Fundamentals of Hydraulic Engineering System. 3rd ed. Prentice Hall, Englewood Cliffs, N. J.

Jourdan, M. R., and Sullivan, G. J., 1987. Tactical Uses of Induced Flooding. The Military Engineer, 79(516):433-444.

Mays, L. W., and Tung, Y. K., 1992. Hydrosystems Engineering and Management. McGraw-Hill

Munsonm B. R., Young, D. F., and Okiishi, T.H., 1990. Fundamentals of Fluid Mechanics. John Wiley & Sons, New York.

Sherif, M. M., and Singh, V. P., 1996. Saltwater Intrusion, Chapter 10 in Hydrology of Disasters, Singh V. P. editor, Water Science and Technology Library, Kluwer Academic Publisher.

Singh, V. P., 1988. Hydrogic Systems, Vol.1: Rainfall-Runoff Modeling. Prentice Hall, Englewood Cliffs, N. J.

Singh, V. P., 1992. Elementary Hydrology. Prentice Hall, Englewood Cliffs, N. J.

Singh, V. P., 1996. Kinematic Wave Modeling in Water Resources: Surface Water Hydroloy. John Wiley & Sons, New York.

Wickham, M. P., and Jourdan, M. R., 1985. Military Hydrology Program : Tactical Environment Application. The Military Engineer, 77 (502): 468-469.

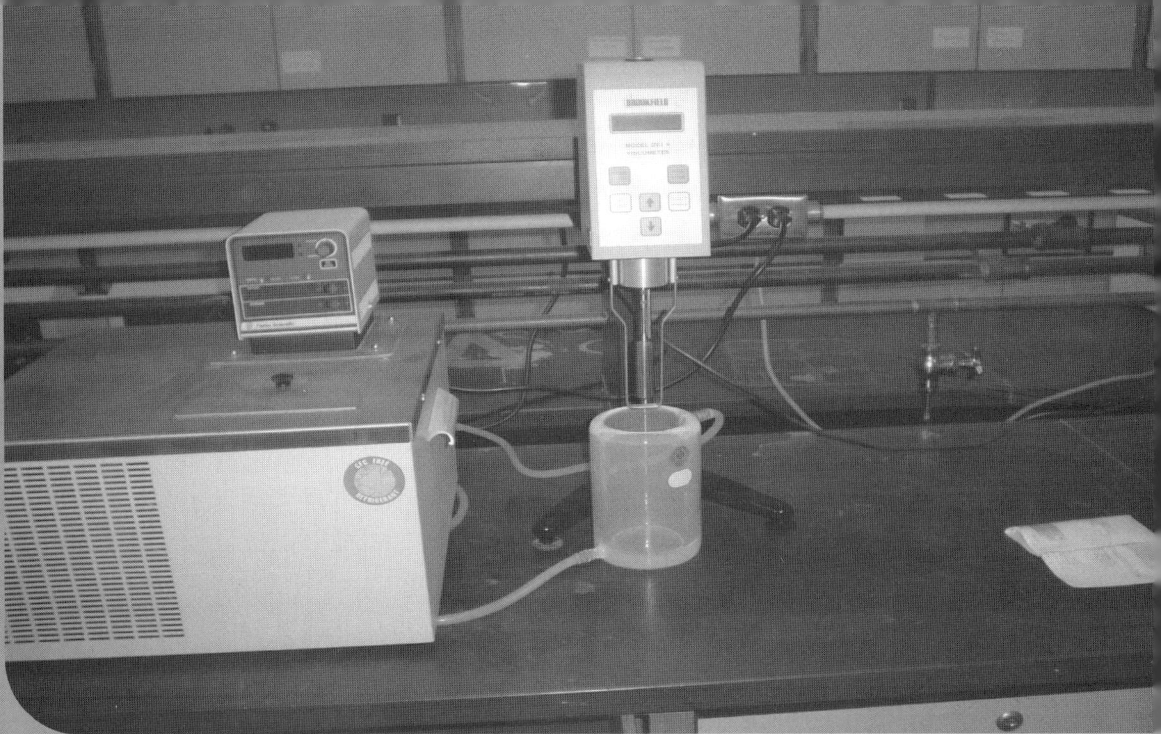

A desktop viscometer in the fluids lab at UAH

Chapter 02 유체의 특성

유체의 특성을 살펴보기 전에 우선 유체를 이해하도록 하자. 물질은 물리적인 형태에 따라 그 상태를 액체, 고체, 기체 또는 증기 상태로 구분할 수 있는데 유체는 액체 상태와 기체(또는 증기) 상태의 물질로 구성되어진다.

고체, 액체, 기체 상태의 차이점을 이해하기 위해서는 먼저 모든 물질은 특정 공간 내에 고정되어 있지 않고 동시에 상호영향을 주면서 움직이고 있는 분자로 이루어져 있다는 사실을 상기해야 한다. 이러한 분자들이 밀접하게 붙어 있으면 고체이고 약간 떨어져 있으면 액체, 그리고 보다 멀리 떨어져 움직이고 있으면 기체이다.

고체의 분자구조는 분자들이 서로 조밀하게 인접하여 있고, 분자 간에는 큰 응집력을 가지고 있어 쉽게 변형하지 않는 모양을 가지고 있다. 유체(물, 기름 등)의 분자구조를 보면, 각 분자간의 거리가 떨어져있고 분자 간 응집력(인력)도 고체의 경우보다 낮아 쉽게 변형이 가능하다(단, 압축되지는 않는다). 기체의 경우에는 분자간 거리가 보다 더 멀리 떨어져 있고, 분자간의 인력은 거의 무시할 수 있어 변형이 매우 쉽다. 정상적인 온도와 압력 하에서 기체의 분자간 거리는 $10^{-6}\,\mathrm{mm}$ 정도이고, 액체의 경우는 $10^{-7}\,\mathrm{mm}$ 정도이다. 기체는 부피 $1\,\mathrm{mm}^3$내에 10^{18}개 정도의 분자가 있고, 액체는 10^{21} 정도가 있다.

유체는 기체나 액체 상태로 존재하는데 기체는 외력에 의해 쉽게 압축되고 외력이 제거되면 쉽게 팽창한다. 반면에 액체는 기체에 비해 비압축성이고 액체 자체의 증기압을 제외한 모든 압력이 제거되어도 무한정 팽창하지 않는다. 이는 분자간의 응집력이 서로를 유지시켜주기 때문이다. 증기는 기체인데 온도와 압력에 관해서는 액체 상태에 가깝고, 증기와 기체의 체적은 압력과 온도의 변화에 따라 크게 영향을 받는다.

유체역학에서 고체, 액체, 기체는 외력에 대한 상태의 변형을 토대로 구분할 수 있으며, 유체는 크기에 상관없이 전단응력(단위면적당 힘)에 의해 끊임없이 변형하는 물질로서 정의할 수 있다. 본 교재의 후반부에서 다루겠지만 유체에 작용하는 응력의 크기는 각 변형률에 의해 설명할 수 있다. 반면에 고체는 작용하는 응력에 비례하여 변형하나 지속적으로 변형하지는 않는다. 고체가 외력에 의해 변형이 일어나면 인접하는 입자들 사이에 접선응력(tangential stress)이 작용하여 원래의 모습으로 되돌아가려는 경향이 생긴다. 액체의 경우 응력은 변형속도(velocity of deformation)에 달렸는데 변형속도가 0으로 수렴함에 따라 응력은 사라진다. 유체가 운동을 멈춤에 따라 접선응력은 사라지며 유체는 원래의 형태로 되돌아가지 않는다.

유체의 물리적인 성질들은 수리시스템의 거동에 영향을 미치므로 중요하다고 할 수 있다(Henderson, 1966). 유체의 성질(properties of fluids)은 유체가 어떤 특정 상태에 있을 때에 변화하지 않는 특성(characteristic)이다. 유체는 각 상태마다 유체의 조건이 독특하며 유체의 성질에 의해 특성을 나타낸다.

유체의 성질은 (1) 종량적 성질(extensive properties)과 (2) 강도성 성질(intensive properties)로 나눌 수 있다. 종량적 성질은 총 체적, 총 에너지, 총 무게 등과 같이 현존하는 유체의 양과 관련이 있는 성질이다. 강도성 성질은 온도, 압력, 점성, 표면장력등과 같이 현존하는 유체의 양과는 독립적인 성질이다. 같은 맥락에서 단위질량당 체적, 단위질량당 에너지, 단위체적당 무게 등도 강도성 성질에 해당한다. 강도성 성질을 나타내는 값들은 어떤 시스템의 한정된 체적과 질량 내에 있는 입자들에 따라 변화할지도 모른다.

본 장에서는 이들 성질들에 대하여 살펴보고자 하는데 유체가 별개의 입자들로 구성되어 있다할 지라도 연속체(continuum)의 특성을 가지고 있다고 고려하기로 한다. 즉, 개개 분자들의 특성에 의해 유체의 거동을 정의하는 것이 아니라 집합체로써 유체의 거동을 나타내고자 하는 것이며, 한 연속체의 집합 특성은 유체의 분자구조와 분자 상호간의 힘에 달려있다. 따라서 유체의 거동은 관심대상의 특성값을 평균과 거시적인 관점에서 나타내어야 하는데 이는 개개 분자들의 운동을 무시하는 것으로 여기에는 다음과 같은 두 가지 이유가 있다. 첫 번째는 수리학적 관점에서 거시적인 흐름 특성을 이해하기 위하여 개개 분자들의 상호작용은 중요하지 않다는 것이며, 두 번째는 분자의 운동을 기술하는 것은 자료의 부족으로 실제적이지 않고 범용적이지도 못하다. 본 장에서는 분자 상호작용에 대한 순효과를 설명하기 위하여 밀도, 압력, 점성과 같은 유체의 성질들을 소개하기로 한다.

많은 유체의 성질들이 온도, 압력 등에 의해 변화한다. 유체의 성질들이 어느 정도 상호 독립적이라 할지라도 수리학은 이들 성질들의 수치적인 크기가 온도 변화에 따라 어떻게 변화하는가에 주요 관심이 있다. 예를 들어, 미국의 큰 호수를 생각해 보면, 여름철에 호수의 수표면은 따뜻해지고 온도의 변화에 따라 호수의 밀도도 변화한다. 가을동안에는 수표면의 온도가 급격하게 떨어지고 수표면의 물은 호수 바닥으로 가라앉게 되며, 바닥면의 따뜻한 물은 상승하게 되어 역전현상이 발생하게 된다. 겨울철에는 물의 온도가 4℃ 이하로 떨어져 수표면은 결빙하게 되고, 따듯한 물은 그대로 바닥면에 머무르게 된다. 겨울동안에 형성되어진 층은 봄이 되면서 다시 역전 된다(Hwang and Haughtalen, 1996). 유사하게 표면장력의 변동은 호수와 같은 대규모 수체(water bodies)의 증발량에 영향을 미치며, 점성의 변동은 점성력에 의한 유체의 운동에 영향을 미친다.

유체는 밀도, 점성, 압축성의 세 가지 기본적인 성질이 존재하며(Chow, 1959), 이외의 유체의 많은 성질들은 이들 기본적인 성질들로 나타낼 수 있다. 예를 들면, 표면장력은 밀도와 흐름 및 관로의 특성에 의해 나타낼 수 있다. 수리시스템의 거동에 영향을 미치는 유체의 주요 성질들을 다음 절들에서 나타내기로 한다.

2.1 유체의 질량과 중량

2.1.1 밀도

유체의 밀도는 질량을 측정하거나 단위체적당 분자의 수에 분자량을 곱함으로서 얻을 수 있다. 다른 의미로 밀도는 물질의 집합정도를 측정하는 단위라고 볼 수 있다. 그러므로 유체의 밀도(ρ)는 단위체적당 질량으로 정의하며 밀도의 차원은 ML^{-3}이다.

$$\rho = \frac{m}{V_{ol}} \tag{2.1}$$

m은 질량, V_{ol}은 부피이며, ρ는 질량밀도라고 부른다. 밀도는 유체의 분자구조에 따른 고유한 속성값이다. 이것은 중력과 운동량 모두에서 나타나기 때문에 유체 흐름에 대한 대부분의 지배방정식에서 고려하고 있다. 밀도 ρ에 대한 단위로 FPS단위계에서는 $\mathrm{slug/ft^3}$로 표기하며 SI단위계에서는 $\mathrm{kg/m^3}$으로 나타낸다.

상이한 유체의 밀도값은 상태변화에 따라 그 변동 폭이 클 수 있는데, 액체의 경우는 온도와 압력의 변화에 따라 밀도에 미치는 영향이 작다. 물의 경우는 결빙되었을 경우 체적이 증가하는 몇 안 되는 유체 중 하나로, 4℃에서 물의 밀도는 $1000\,\mathrm{kg/m^3}$(또는 40°F에서 $1.94\,\mathrm{slug/ft^3}$)에 도달한다. 온도의 변화에 따른 밀도의 변화량은 <표 2.1>과 <표 2.2>에 나타내고 있다. 또한 물의 밀도는 물속에 용해되어 있는 염분에 의해서도 영향을 받으며, 이로 인해 동일온도 상에서는 해수가 담수보다 높은 밀도를 보인다.

비체적, V_s는 단위질량당 체적으로 정의되며 식(2.2)와 같이 질량밀도의 역수로 나타낸다.

$$V_s = \frac{V_{ol}}{m} = \frac{1}{\rho} \tag{2.2}$$

표 2.1 대기압 하에서의 물의 물리적 특성치(SI단위계)

온도, T (℃)	증기압, p ($\mathrm{kN/m^2}$, abs)	밀도, ρ ($\mathrm{kg/m^3}$)	단위중량, γ ($\mathrm{kN/m^3}$)	점성계수, μ ($\mathrm{N-s/m^2}$) $\times 10^{-3}$	동점성계수, ν ($\mathrm{m^2/s}$)$\times 10^{-6}$	표면장력, σ (N/m)	체적탄성계수, E_s ($\mathrm{kN/m^2}$)$\times 10^{6}$
0	0.61	999.8	9.805	1.781	1.785	0.0756	2.02
4	0.87	1000.0	9.807	1.518	1.519	0.0749	2.06
10	1.23	999.7	9.804	1.307	1.306	0.0742	2.10

온도, T (℃)	증기압, p (kN/m^2, abs)	밀도, ρ (kg/m^3)	단위중량, γ (kN/m^3)	점성계수, μ ($N-s/m^2$) $\times 10^{-3}$	동점성계수, ν (m^2/s) $\times 10^{-6}$	표면장력, σ (N/m)	체적탄성계수, E_s (kN/m^2) $\times 10^6$
15	1.70	999.1	9.798	1.139	1.139	0.0735	2.14
20	2.34	998.2	9.789	1.002	1.003	0.0728	2.18
25	3.17	997.0	9.777	0.890	0.893	0.0720	2.22
30	4.24	995.7	9.764	0.798	0.800	0.0712	2.25
40	7.38	992.2	9.730	0.653	0.658	0.0696	2.28
50	12.33	988.0	9.689	0.547	0.553	0.0679	2.29
60	19.92	983.2	9.642	0.466	0.474	0.0662	2.28
70	31.16	977.8	9.589	0.404	0.513	0.0644	2.25
80	47.34	981.8	9.530	0.354	0.364	0.0626	2.20
90	70.10	965.3	9.466	0.315	0.326	0.0608	2.14
100	101.33	958.4	9.399	0.282	0.294	0.0589	2.07

표 2.2 대기압 하에서의 물의 물리적 특성치(FPS단위계)

온도, T (°F)	증기압, p (psia)	밀도, ρ ($slug/ft^3$)	단위중량, γ (lb/ft^3)	점성계수, μ ($lb\text{-}s/ft^2$) $\times 10^{-5}$	동점성계수, ν (ft^2/s) $\times 10^{-5}$	표면장력, σ (lb/ft) $\times 10^{-3}$	체적탄성계수, E_s (psi) $\times 10^3$
32	0.09	1,940	62.42	3.746	1.931	5.18	293
40	0.12	1,940	62.43	3.229	1.664	5.14	294
50	0.18	1,940	62.41	2.735	1.410	5.09	305
60	0.26	1,938	62.37	2.359	1.217	5.04	311
70	0.36	1,936	62.30	2.050	1.059	4.98	320
80	0.51	1,934	62.22	1.799	0.930	4.92	322
90	0.70	1,931	62.11	1.595	0.826	4.86	323
100	0.95	1,927	62.00	1.424	0.739	4.80	327
120	1.69	1,918	61.71	1.168	0.609	4.67	333
140	2.89	1,908	62.38	0.981	0.514	4.54	330
160	4.74	1,896	61.00	0.838	0.442	4.41	326
180	7.51	1,883	60.58	0.726	0.385	4.27	318
200	11.52	1,868	60.12	0.637	0.341	4.13	308
212	14.70	1,860	59.83	0.593	0.319	4.04	300

2.1.2 단위중량

유체의 무게 또는 중량(weight), W는 아래와 같이 질량과 중력가속도, g의 곱으로 나타낸다.

$$W = mg \tag{2.3}$$

단위중량 또는 비중량(specific weight), γ는 단위체적당의 중량(FL^{-3})으로 정의되며 아래와 같이 나타낸다.

$$\gamma = \frac{W}{V_{ol}} \tag{2.4}$$

식(2.3)을 식(2.4)에 대입하면 식(2.5)와 같은 단위중량의 식을 얻을 수 있다

$$\gamma = \left(\frac{m}{V_{ol}}\right) g = \rho g \tag{2.5}$$

식(2.5)는 질량밀도(mass density)와 중량밀도(weight density) 사이의 관계를 나타내며, 단위중량은 유체시스템의 중량을 나타내기 위해 이용한다. 중량 또는 무게는 SI단위계에서 뉴턴(N)을 사용하며, FPS단위계에서는 파운드(lb)의 단위로 측정한다. FPS단위계에서 단위중량의 단위는 $\mathrm{lb/ft^3}$이며, SI단위계에서는 $\mathrm{N/m^3}$이다.

4℃에서 물의 밀도는 $1000\,\mathrm{kg/m^3}$이고, 중력가속도 $g = 9.81\,\mathrm{m/s^2}$이므로 물의 단위중량은 $9810\,\mathrm{N/m^3}$으로 나타낼 수 있으며, FPS단위계에서는 각각 $1.94\,\mathrm{slug/ft^3}$와 $g = 32.17\,\mathrm{ft/s^2}$이므로 물의 단위중량은 $62.4\,\mathrm{lb/ft^3}$이다.

밀도, ρ는 장소에 따라 변하지 않는 상수 값인 질량에 의존하므로 절대적인 유체의 성질이라고 할 수 있다. 반면에 단위중량, γ는 위치와 고도에 따라 변하는 중력가속도 g에 영향을 받으므로 절대적인 값이 아니며, 유체의 고유한 성질이라 할 수 없다.

2.1.3 비중

비중(sepcific gravity, S.G.)은 특정 온도에서 해당 유체의 밀도와 물의 밀도와의 비로 정의 되어진다. 온도는 일반적으로 4℃(39.2°F)를 사용하며, 이 온도에서 물의 밀도는 $1000\,\mathrm{kg/m^3}$ 또는 $1.94\,\mathrm{slug/ft^3}$이다. 또한, 동일한 중력가속도가 발생하는 경우, 액체의 단위중량을 물의 단위중량으로 나누어 줌으로서 정의할 수도 있다.

$$S.G. = \frac{\rho_{fluid}}{\rho_w} = \frac{\gamma_{fluid}}{\gamma_w} \tag{2.6}$$

비중은 무차원량이며, 4℃의 물의 온도와 대기압 하에서의 단위중량은 $9810\,\mathrm{N/m^3}$이다. 밀도, 단위중량, 비중은 서로 관련이 있으며, 세 값 중에서 하나를 알면 나머지 값들도 계산할 수 있다.

예제 2.1 $1\,\mathrm{m^3}$의 기름 질량이 $860\,\mathrm{kg}$일 때 기름의 단위중량, 밀도, 비중을 구하시오.

풀이

$$\gamma = \frac{W}{V_{ol}} = \frac{860}{1} \times 9.81 = 8436.6\,\mathrm{N/m^3}$$

$$\rho = \frac{m}{V_{ol}} = \frac{860}{1} = 860\,\mathrm{kg/m^3}$$

$$S.G. = \frac{\gamma_{fluid}}{\gamma_w} = \frac{8436.6}{9810} = 0.86$$

예제 2.2 어떤 액체 $6\,\mathrm{ft^3}$이 채워져 있는 컨테이너의 중량이 $5000\,\mathrm{lb}$이고, 빈 컨테이너의 무게가 $500\,\mathrm{lb}$일 때 액체의 밀도를 구하시오.

풀이

액체의 무게 $= 5000 - 500 - 4500\,\mathrm{lb}$

$$\gamma = \frac{W}{V_{ol}} = \frac{4500}{6} = 750\,\mathrm{lb/ft^3}$$

$$\rho = \frac{\gamma}{g} = \frac{750}{32.2} = 23.3\,\mathrm{slug/ft^3}$$

2.2 점성

앞 절에서 논의하였던 유체의 성질은 유체의 중량적인 측면을 다루었고, 유체의 거동에 관련한 특성은 아니었다. 예를 들어, 물과 기름 같은 두 유체는 비슷한 밀도를 가지고 있으나 두 유체의 흐름은 매우 다르게 거동한다. 이러한 유체의 거동을 이해하기 위해서 추가적인 유체의 성질이 필요하며, 이러한 특성 중에 하나가 유체의 점성이다. 점성은 전단응력이나

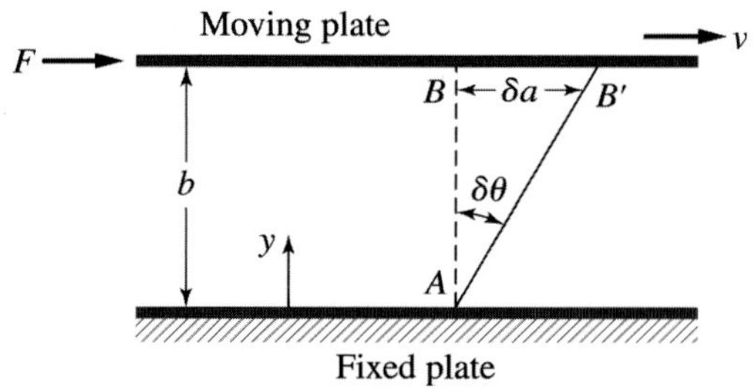

그림 2.1 두 평판 사이에 작용하는 유체의 전단응력

각 변형에 대해서 유체가 저항하는 정도를 측정하는 척도이며, 유체의 마찰력은 유체 속에 있는 분자간의 응집력과 운동량의 상호교환으로부터 생성되어진다. 온도 상승에 따라 분자간의 응집력과 움직임에 대한 저항력이 낮아지므로 점성도 감소한다.

그림 2.1과 같이 고정된 평판 위에 유체가 채워져 있으며, 상부에는 이동평판이 있다고 가정하자. 상부에 위치한 평판이 힘 F를 받아 속도 v로 이동할 때, 상부에 있는 유체는 상부평판과 같은 속도로 이동하고, 하부에 있는 유체는 하부평판과 같이 움직이지 않는다. 이 때 유체의 속도는 두 개의 평판 사이의 거리 b에 의해 결정된다(즉, 두 개의 평판 사이에 있는 유체의 속도는 그림 2.1에 나타낸 것과 같이 $v = v(y)$의 관계로 나타낸다). 선형관계식에 의해 $\frac{v}{b}$를 유체의 속도구배, $\frac{dv}{dy}$로 대체할 수 있으나 복잡한 경우에는 이러한 선형 구배관계가 성립하지 않는다.

δt시간 후(상부평판이 움직이기 시작한 시점에서부터), 가상적인 선분 AB는 $\delta\theta$만큼 회전하게 되며, $\delta\theta$는 식(2.7)과 같이 나타낼 수 있다.

$$\delta\theta \approx \tan\delta\theta = \frac{\delta a}{b} \tag{2.7}$$

여기서, $\delta a = v\delta t$ 이므로

$$\delta\theta = \frac{v\delta t}{b} \tag{2.8}$$

이 때, $\delta\theta$의 시간에 따른 변화율은 전단변형률(rate of shearing strain), ϵ로 정의되며 식(2.9)와 같다.

$$\epsilon = \lim_{\delta t \to \infty} \frac{\delta\theta}{\delta t} \tag{2.9}$$

식(2.9)는 식(2.10)과 같이 나타낼 수도 있다.

$$\epsilon = \frac{v}{b} = \frac{dv}{dy} \tag{2.10}$$

실험에 의하면 전단응력 τ는 상부평판의 운동속도 v가 증가함에 따라 증가한다(즉, 상부평판에 가해지는 힘 F의 증가함에 따라). 전단응력은 $\frac{F}{A}$와 같고(여기서 A는 유체와 접촉하고 있는 상부평판의 면적), 전단응력과 전단변형률의 비례관계를 이용하면 식(2.11)과 (2.12)와 같은 식을 쓸 수 있다.

$$\tau \propto \epsilon \tag{2.11}$$

$$\tau \propto \frac{dv}{dy} \tag{2.12}$$

물과 기름과 같은 일반적인 액체에 대한 실험을 통해 전단응력과 전단변형률(속도구배)은 식(2.13)으로 나타내는 뉴턴의 점성법칙과 관련이 있음을 밝혀왔다.

$$\tau = \mu \frac{dv}{dy} \tag{2.13}$$

여기서, μ는 동역학적 또는 절대점성계수라고 하는데 간단히 점성계수라고 한다. 식(2.13)은 $FL^{-2}T$의 차원을 가지며, FPS단위계에서는 $\mathrm{slug/ft\text{-}s}$, $\mathrm{lb\text{-}s/ft^2}$, SI단위계에서는 $\mathrm{kg/m\text{-}s}$, $\mathrm{N\text{-}s/m^2}$의 단위를 갖는다. 또한 τ와 dv/dy의 관계를 그래프로 도시하면 점성계수와 같은 기울기의 선형 관계로 나타나게 된다. 점성은 액체에 따라 변하며 어떤 특정한 액체도 온도 변화에 따라 변화한다. 전단응력과 전단변형률의 선형적인 관계를 갖는 유체를 뉴턴 유체(Newtonian fluids)라 하고 비선형적인 관계를 갖는 유체를 비뉴턴 유체(non-Newtonian fluids)라고 한다.

유체의 점성은 압력에 대해서 민감하게 반응하지 않지만 온도 변화에 대해서는 민감하게 반응한다. 유체의 온도가 40℃ 증가함에 따라 밀도는 1% 정도 감소하지만, 점성은 무려 40%나 감소한다. 종종 점성과 밀도를 함께 표현하기도 하는데, 점성계수를 유체의 밀도로 나눈 값을 동점성계수(kinematic viscosity), ν라고 정의하며, 동점성계수는 L^2T^{-1}의 차원을 갖는다.

$$\nu = \frac{\mu}{\rho} \tag{2.14}$$

SI단위계에서 점성계수는 dyne-s/cm^2(or poise)의 단위로, 동점성계수는 cm^2/s (or stoke)의 단위로 나타내며, 제1장에서 $1\,\text{dyne} = 1\,\text{cm/s}^2 \times 1\,\text{g}$임을 명시한 바 있다. <표 2.1>과 <표 2.2>에 온도 변화에 따른 물의 점성 및 동점성계수를 표시하였다.

점성은 이상유체(ideal fluids)와 실제유체(real fluids)를 구분하기 위하여 이용하기도 한다. 이상유체는 마찰력이 존재하지 않기 때문에 점성계수가 0이 되는데 이러한 유체는 어떤 내부단면에 작용하는 내력이 항상 단면에 직각인 법선방향으로만 작용하고, 움직이는 유체에서도 단면에 법선방향으로만 내력이 작용함을 의미한다. 이것은 이상유체에서는 압력만이 작용한다는 것을 의미하는데 사실상 실제유체에서는 존재하지 않는다. 실제유체는 유체가 움직일 때마다 접선력(tangential force) 또는 전단력(shearing force)이 항상 존재한다. 이는 유체입자들이 상호 반대방향으로 움직일 때 전단력에 의하여 마찰력이 생기고, 마찰력은 유체의 점성에 의해 발생한다. 이것은 앞에서 설명한 뉴턴 유체와 비뉴턴 유체의 경우와 같다.

예제 2.3 두 개의 고정평판 사이에서 흐르는 유체의 속도 분포가 아래의 식과 같다고 한다.

$$\frac{v}{v_{max}} = 1 - \left(\frac{2y}{b}\right)^2$$

v는 원점에서부터 y만큼 떨어진 지점에서의 유체속도이고, v_{max}는 유체의 최대 유속이며, b는 두 평판사이의 거리이다. 여기서, $v_{max} = 50\,\text{cm/s}$, $b = 0.2\,\text{cm}$이고 점성계수 $\mu = 0.01\,\text{poise}$ 일 경우 속도 분포를 도시하고, 상부평판에서의 전단응력을 계산하시오.

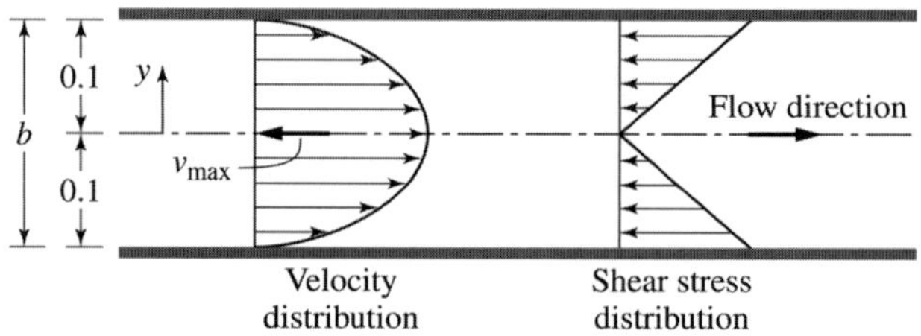

그림 2.2 속도분포와 전단응력(예제 2.3)

풀이

문제에서 주어진 식을 이용하면

$$v = v_{max}\left[1 - \left(\frac{2y}{b}\right)^2\right] = 50(1 - 100y^2)$$

식(2.13)을 이용해 전단응력을 구하기 위하여 우선 속도구배를 계산한 후 전단응력을 구한다.

$$\frac{dv}{dy} = v_{max}(-200y) = 50 \times (-200y) = -10000y$$

$$\tau = 0.01(-10000y) = -100y$$

여기서 음의 부호는 전단응력이 저항력임을 의미한다(즉, 흐름방향에 대하여 작용하는 저항력). 아래의 값들은 y값이 0에서 0.1까지 변화할 때 위의 두 방정식에 의해 v와 τ의 변화량을 나타내고 있다.

y(cm)	0	0.025	0.05	0.075	0.1
v(cm/s)	50	46.875	37.5	21.875	0
dyne(dyne/cm^2)	0	-2.5	-5.0	-7.5	-10.0

유속분포와 전단응력은 그림 2.2와 같고, $y = 0.1\,\text{cm}$ 일 때 상부평판에 작용하는 전단응력은 $-10.0\,\text{dyne/cm}^2$이다.

예제 2.4 점성계수가 $8.95\times10^{-4}\,\text{lb-s/ft}^2$인 원유가 두 개의 평판 사이에 있다. 하부평판은 고정되어 있으나, 상부평판은 그림 2.3과 같이 힘 F를 받으며 움직이고 있다. 두 평판 사이의 거리가 0.3in일 때, 상부평판이 3.6 ft/s의 속도로 이동하기 위한 힘 F를 구하시오. 상부평판의 유효면적은 $180\,\text{in}^2$를 이용하시오. 여기서 in은 inch를 나타낸다.

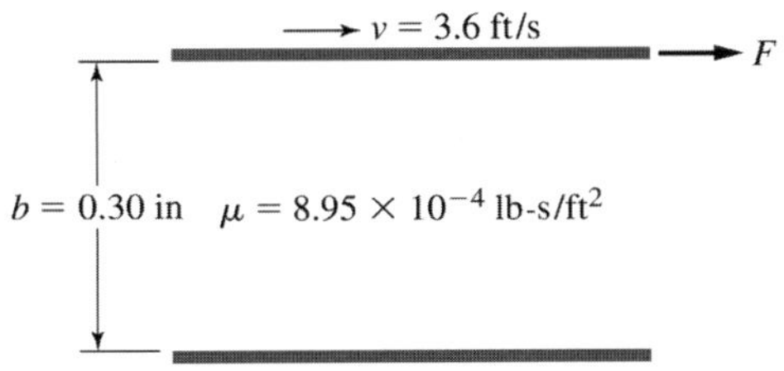

그림 2.3 상부평판에 작용하는 힘 F(예제 2.4)

풀이

$$\tau = \frac{F}{A} = \mu\frac{dv}{dy} = \mu\frac{v}{b}$$

그러므로,

$$\tau = 8.95\times10^{-4}\frac{\text{lb-s}}{\text{ft}^2}\times\frac{3.6\,\text{ft/s}}{(0.3/12)\,\text{ft}} = 0.12888\,\text{lb/ft}^2$$

따라서 힘 F는 아래와 같이 구할 수 있다.

$$0.12888\frac{\text{lb}}{\text{ft}^2} = \frac{F(\text{lb})}{(180/144)},\quad F = 0.1611\,\text{lb}$$

예제 2.5 15kg의 벽돌이 그림 2.4와 같이 경사면을 따라 미끄러지고 있다. 벽돌과 경사면 사이에 얇은 틈(0.2 mm)에는 60°F 온도의 SAE 30의 기름으로 채워져 있다. 벽돌과 기름이 접하고 있는 면적은 $0.15\,\text{m}^2$이다. 틈사이의 속도변화가 선형이라고 할 때 벽돌의 최종속도(terminal velocity)를 구하시오.

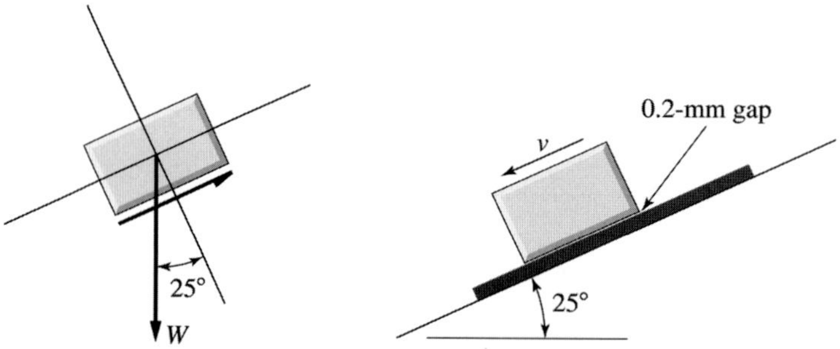

그림 2.4 매끄러운 경사면을 내려오는 블록(예제 2.5)

풀이

온도가 60°F일 때 SAE 30기름의 점성계수는 $3.8\times10^{-1}\,\text{N-s/m}^2$.

벽돌의 무게, $W=mg=15\,\text{kg}\times9.81\,\text{m/s}^2=147.15\,\text{N}$

벽돌의 수평방향 무게성분 F는 그림 2.4를 참고로 하면 다음과 같다.

$$F=W\sin25=147.15\sin25=62.19\,\text{N}$$

$$\tau=\frac{F}{A}=\frac{62.19\,\text{N}}{0.15\,\text{m}^2}=414.6\,\text{N/m}^2$$

$$\tau=\mu\frac{dv}{dy}=\mu\frac{v}{b}$$

$$414.6\,\text{N/m}^2=3.8\times10^{-1}\left(\frac{\text{N-s}}{\text{m}^2}\right)\frac{v(\text{m/s})}{0.2\times10^{-3}(\text{m})}$$

따라서 속도 $v=0.218\,\text{m/s}$

2.3 유체의 압축성

모든 유체는 실제로 압축성이지만 대부분 액체의 체적과 밀도는 높은 압력 하에서도 제한적인 변화나 압축성만을 보이는데 이러한 액체를 비압축성이라고 한다. 그러나 실제 압축파인 음파가 액체를 통과하는데 이것은 액체의 탄성을 나타내며, 기체의 경우에는 액체와는 다르게 대부분 압축성이다. 수리학에서는 주로 물과 같은 비압축성 유체를 다룬다. 다만, 수격현상(water hammer)과 같은 문제를 설명하기 위해서는 액체의 압축성을 고려할 필요가 있다.

2.3.1 체적탄성계수

체적탄성계수(bulk modulus), E_v는 유체의 압축성에 관한 계수로서 압력의 변화에 따른 체적과 밀도의 변화를 나타내며 식(2.15)과 같이 정의되어진다.

$$E_v = -\frac{dp}{dV_{ol}/V_{ol}} \tag{2.15}$$

dp는 체적변화에 대한 압력 변화량이며, dV_{ol}은 체적의 변화량, V_{ol}은 초기체적이다. 식(2.15)에서 음의 부호는 압력이 증가함에 따라 체적이 감소함을 나타낸다. 그리고 $m = \rho V_{ol}$, $V_{ol} = m/\rho$, $dV_{ol} = -md\rho/\rho^2$, $dV_{ol}/V_{ol} = -d\rho/\rho$ 임을 참고로 하면 체적탄성계수는 식(2.16)과 같이 나타낼 수 있다.

$$E_v = \frac{dp}{d\rho/\rho} \tag{2.16}$$

$d\rho$는 압력 변화로 인한 액체 밀도의 변화량이며, ρ값은 초기 밀도값이다.
$\rho = \rho_o$ 와 $p = p_o$ 의 초기조건을 이용하여 식(2.16)을 적분하면

$$\rho = \rho_o \exp[(p - p_o)/E_v] \tag{2.17a}$$

위의 식에서 만약, p_o가 대기압이라고 간주하면 식(2.17a)는 아래와 같이 나타낼 수 있다.

$$\rho = \rho_o \exp[p/E_v] \tag{2.17b}$$

체적탄성계수는 압력과 같은 차원을 가지고 있다(FL^{-2}), (즉, SI단위계에서는 N/m^2, FPS단위계에서는 lb/ft^2이다). 정상적인 압력과 온도에서 E_v값은 약 312,000 psi이다. 체적탄성계수가 커지면 커질수록 유체는 비압축성이 되는데 이는 미소의 체적변화를 유발하기 위하여 높은 압력이 필요함을 의미한다. 수리학의 실무 적용을 위하여 물은 비압축성으로 간주한다. 대기압과 60°F 의 온도에서 단위체적의 물을 1% 압축하기 위하여 3120 psi의 압력이 필요한데 이는 액체 압축성의 대표적인 결과이다. 대기 중의 공기는 물보다 약 20,000배 압축성이 높고, 강철의 압축성은 물의 1/100배이다. 온도와 압력에 따른 물의 체적탄성계수는 <표 2.3>와 같다.

유체의 체적탄성계수는 고체의 탄성계수(modulus of elasticity)와 유사한데 전자는 체적을 토대로 정의되어 있고 후자는 1차원적인 변형(strain)을 토대로 하고 있다. 기체는 E_v값

이 변화하고 압축성이 매우 높기 때문에 체적탄성계수의 개념은 주로 액체에 적용을 한다. 또한 체적탄성계수는 특히, 지반침하(land subsidence)를 다루는 지하수 수리학에 응용할 수 있다.

표 2.3 온도와 압력에 따른 물의 체적탄성계수($E_v/10^9$)(N/m^2)

압력× 10^5 N/m^2	0℃	10℃	20℃	50℃
1 ~ 25	1.93	2.03	2.07	
25 ~ 50	1.96	2.06	2.13	
50 ~ 75	1.99	2.14	2.23	
75 ~ 100	2.02	2.16	2.24	
100 ~ 500	2.13	2.27	2.34	2.43
500 ~ 1000	2.43	2.57	2.67	2.77
1000 ~ 1500	2.84	2.91	3.00	3.11

예제 2.6 체적 2.0 ft^{3}의 원통 속에 100 psi의 압력을 받는 액체가 있다. 압력이 180 psi로 증가하였을 때 액체의 체적이 1.8 ft^{3}로 변화하였다. 액체의 체적탄성계수는 얼마인가?

풀이

$$dp = p_2 - p_1 = 180 - 100 = 80\,\text{psi} = 11520\,\text{psf}$$

$$dV_{ol} = V_{ol2} - V_{ol1} = 1.8 - 2.0 = -0.2\,\text{ft}^3$$

$$E_v = \frac{-11520}{\dfrac{-0.2}{2}} = 115{,}200\,\text{psf}$$

2.3.2 압축계수

압축계수(compressibility)는 응력(stress)에 의한 물질의 변형(strain) 또는 체적변화를 설명하는 물질의 성질이며, 압력 변화량에 대한 체적 변화율로 정의할 수 있다. 압축계수는 응력/변형 보다는 변형/응력으로 나타내며 체적탄성계수의 역수로 나타낼 수 있다.

수리학에서는 크게 물과 고체 재료(즉, 흙댐, 제방 또는 포화상태의 지질구조와 같은 다공성 재료)에 대한 압축성을 정의할 필요가 있다. 예를 들면, 어떤 질량을 갖는 물의 체적을 V_{ol}라 할 때, 압력이 증가함 따라 체적은 감소하게 되고, 이에 대한 물의 압축계수 β는 식 (2.18a)와 같다.

$$\beta = -\frac{dV_{ol}/V_{ol}}{dp} \tag{2.18a}$$

식(2.18a)에서 음의 부호는 압축계수가 양수임을 나타내며, 체적변화량 dV_{ol}/V_{ol}과 압력변화량 dp가 선형적 관계를 가지고 있음을 보이고 있다. 다른 방향에서 생각하여 보면, β는 응력과 변형간의 관계에 대한 기울기라고 볼 수 있다. 이 기울기는 온도변화에 약간의 영향을 받지만 수리학에서 나타날 수 있는 압력의 범위를 고려하면 거의 일정하다고 할 수 있다. 체적은 밀도에 의해 나타낼 수 있고 응력이 작용하여도 질량이 일정하다는 것을 생각하면 식(2.18a)를 식(2.18b)와 같이 적을 수 있다.

$$\beta = -\frac{d(m/\rho)/(m/\rho)}{dp} = \frac{d\rho/\rho}{dp} \tag{2.18b}$$

위의 식(2.18b)를 적분하면 식(2.19)와 같이 물에 대한 상태방정식(equation of state)을 얻을 수 있다.

$$\rho = \rho_o \exp[\beta(p - p_o)] \tag{2.19}$$

여기서, ρ_o는 기준 압력 p_o에서의 물의 밀도이며, p_o을 대기압이라고 생각하면 식(2.19)는 아래와 같이 적을 수 있다.

$$\rho = \rho_o \exp[\beta p] \tag{2.20}$$

식(2.20)에서 물이 비압축성이라고 간주하면 $\beta = 0$이고 $\rho = \rho_o$이 된다. 즉, 압축 계수 β가 0의 값을 가지는지 아닌지에 따라 압축성 유체 또는 비압축성 유체를 분류할 수 있다.

예제 2.7 해수의 밀도는 해수면에서 $1025\,\mathrm{kg/m^3}$이다. 해저 1200 m 깊이에서의 압력이 15200.5 $\mathrm{kN/m^2}$일 때 해수의 밀도를 구하시오. 체적탄성계수는 $2.2\times10^9\,\mathrm{N/m^2}$이다.

풀이

해수면과 해저 1200 m 지점간에 압력값의 차이는

$dp = p - p_{atm}$, $dp = 15200.5 - 10.33\times9.81 = 15099.163\,\mathrm{kN/m^2}$이다.

$$dp = -E_v\frac{dV_{ol}}{V_o}$$

$$\frac{dV_{ol}}{V_o} = -\frac{dp}{E_v} = -\frac{15099163}{2.2\times10^9} = -0.00686$$

$$dV_{ol} = V_{ol} - V_o = \frac{m}{\rho_1} - \frac{m}{\rho_o}$$

$$\frac{dV_{ol}}{V_o} = \frac{\rho_o}{\rho} - 1$$

$$\rho = \frac{\rho_o}{1 + \frac{dV_{ol}}{V_o}} = \frac{1025}{1 + (-0.00686)} = 1032\,\mathrm{kg/m^3}$$

2.4 열팽창 계수

유체의 밀도는 온도 변화에 따라 변화하며, 대부분의 유체는 온도가 증가함에 따라 체적이 증가하는데 이것은 온도가 증가함에 따라 밀도가 감소한다는 것을 의미한다. 열팽창계수(α_T)는 이러한 온도 변화에 따라 액체가 팽창하고 감소하는 정도를 나타낸다. 액체의 초기 체적값 V_{ol}과 온도 변화량 dT, 온도변화에 따른 부피 변화량을 dV_{ol}이라고 하면 열팽창 계수는 다음과 같이 표현된다.

$$\alpha_T = \frac{dV_{ol}/V_{ol}}{dT} = \frac{1}{V_{ol}}\frac{dV_{ol}}{dT} \tag{2.21}$$

유체의 질량을 일정하다고 가정할 수 있기 때문에 팽창계수, α_T는 유체의 밀도 ρ에 의하여 아래의 식(2.22)와 같이 나타낼 수 있다.

$$\alpha_T = \frac{1}{\rho}\frac{d\rho}{dT} \tag{2.22}$$

일반적인 대기의 조건에서 물의 α_T값은 대략 $1.5 \times 10^{-4}\,°\mathrm{K}^{-1}$ 또는 $9 \times 10^{-5}\,°\mathrm{R}^{-1}$과 같다.

2.5 표면장력

액체는 분자간의 인력을 형성하고 있는 응집력과 부착력을 가지고 있다. 응집력은 인장응력에 저항하며, 부착력은 다른 물체에 달라붙는 역할을 한다. 강철바늘이 물 표면에 떠있는 것, 작은 수은 방울이 매끄러운 표면에 있을 때 원형 형태를 유지하는 것, 모세관 속에 있는 유체가 유체의 자유표면보다 위로 올라가거나 아래로 내려가는 현상들은 모두 유체표면의 유체분자들에 작용하는 응집력의 불균형으로부터 발생한다. 유체표면의 장력(tension)은 강철바늘을 지탱하고, 수은표면에 작용하는 응집력은 모든 분자들이 하나의 압축된 모양으로 유지될 수 있도록 하며, 유체와 고체표면 사이의 부착력은 모세관 현상을 일으킨다.

유체내부에서는 각 분자간의 힘이 동일하게 균형을 이루고 있으나, 유체의 자유표면은 공기와 접해있어 이 부분의 힘이 약해 유체 내부의 힘과 자유표면의 힘이 균형을 이루지 못하여 응집력이 한 방향으로 작용을 하게 된다. 이러한 유체표면의 불균형적인 힘은 마치 막이 형성되는 것처럼 표면에 변형이 생기게 하고, 이 힘으로 인해 액체의 자유표면이 최소화 되고 표면에 인장력이 작용하게 된다(Douglas et al., 1995).

비 혼합성의 두 가지 액체가 인접한 경계면에서 액체표면이 가상적인 막을 형성할 수 있도록 힘들이 액체표면에 작용한다. 분자들 사이의 인력은 두 액체의 경계면에서 장력에 저항할 수 있는 가상의 막을 형성하게 되며, 여기에 작용하는 힘, 즉 이러한 액체의 성질을 표면장력(surface tension)이라고 한다. 모든 액체표면의 분자는 평평한 평면의 표면을 변형시키고자 그 표면에 직각으로 작용하는 강한 인력을 경험하게 된다. 예를 들면, 공기 중의 물방울은 구(球, sphere)를 형성하기 위하여 스스로 변형을 하는데 이는 주어진 액체의 체적을 가지고 그 표면을 최소화 하고자 하는 성질 때문이다.

표면장력 σ는 액체표면의 어떤 선을 따라 단위길이당 분자인력의 강도로 정의되며, 단위길이당 힘의 차원, FL^{-1}을 가지고, 단위는 $\mathrm{dyne/cm}$이나 $\mathrm{N/m}$이다. 깨끗한 물의 표면장력은 <표 2.1>과 <표 2.2>에 표시되어 있는 것처럼 온도가 증가함에 따라 감소한다.

유체와 고체 표면사이의 부착력은 유체와 고체의 성질에 따라 다르나, 유체의 부착력이 내부 응집력보다 클 경우에는 그림 2.5a와 같이 표면에 부착되는 경향이 있으며, 반대로 내부 응집력이 더 클 경우에는 그림 2.5b와 같은 형상을 이룬다(Hwang, Haughtalen, 1996).

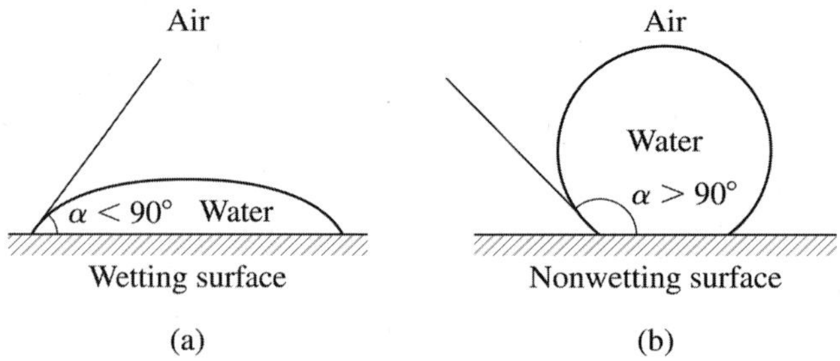

그림 2.5 습윤 상태에 따른 물방울 형상

모세관 현상의 경우는 이러한 응집력과 부착력 모두가 작용하여 일어난다. 내부 응집력이 부착력보다 낮을 경우에 유체는 고체의 젖은 표면을 따라 상승하게 되며, 반대로 부착력보다 응집력이 더 클 경우에는 자유표면보다 낮게 내려가게 된다. 물의 경우가 전자의 대표적인 형태이고, 수은의 경우는 자유표면보다 하강하는 형태이다. 물에 모세관을 세우면 그림 2.6a와 같이 물이 모세관을 따라 상승하며, 이것은 응집력보다 부착력이 더 강하다는 것을 의미한다. 만약, 물 대신에 수은으로 유체를 바꾸면, 그림 2.6b와 같이 모세관 내의 수은은 자유표면 아래로 하강하게 되는데 이는 응집력이 부착력보다 더 크다는 것을 의미한다(Douglas et al. 1995). 모세관 상승고 또는 하강고 h는 자유표면으로부터 물이 상승 또는 하강한 높이까지로 정의하고, 액체와 고체표면사이의 부착력과 상승고 또는 하강고 만큼의 액체 기둥 무게를 같게 놓음으로써 결정할 수 있다.

액체방울 내부의 압력은 자유 물체도를 이용하여 구할 수 있다. 만약 구(球, sphere)를 형성하고 있는 물방울을 절반으로 절단하였다고 가정하면, 구의 둘레를 따라 작용하는 표면장력은 $2\pi r\sigma$가 된다(r은 관의 내부 반지름이다). 이 때, 압력 p는 원형 단면 πr^2에 작용하므로, $2\pi r\sigma = p\pi r^2$이며, $p = 2\sigma/r$이 되고, p는 물방울의 내부 압력과 외부 압력의 차이다. 이것은 액체방울의 내부 압력이 외부 압보다 높다는 것을 의미한다.

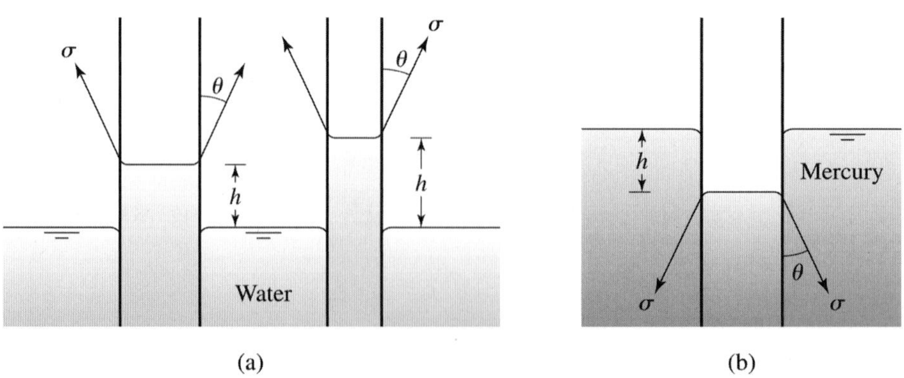

그림 2.6 모세관의 모세관 현상

모세관에서 액체의 막과 연직 고체표면사이의 접촉각(angle of contact) θ는 액체와 고체표면의 특성을 이용하여 결정할 수 있고, 세관내의 상승고 또는 하강고는 세관 내 액체표면에 작용하는 표면장력으로 인한 부착력의 연직분력과 액체표면 위로 상승 또는 하강한 액체의 무게를 같게 놓으면 계산할 수 있다. 상승 또는 하강고의 값은 각각 액체의 표면장력, 모세관의 반경, 유체 단위중량, 접촉각 등에 의하여 결정되며, 접촉각이 작을수록 h는 커진다. 그림 2.6a에서 보이는 세관 속 액체표면의 오목한 부분(curved meniscus)을 무시하고, 표면장력에 의한 양력($\pi d\sigma\cos\theta$)과 중력 또는 무게($\gamma\pi d^2 h/4$)를 같게 놓으면 식(2.23)과 같이 쓸 수 있다.

$$(\sigma\pi d)\cos\theta = \frac{\pi d^2}{4}(\gamma h) \tag{2.23}$$

위 식에서 σ는 표면장력이며, γ은 단위중량, h는 상승고이며, d는 모세관의 직경이다. 그러므로 식(2.23)으로부터 아래의 식(2.24)를 얻을 수 있다.

$$h = \frac{4\sigma\cos\theta}{\gamma d} \tag{2.24}$$

식(2.24)를 이용하여 모세관의 상승고를 구할 수 있고, 접촉각은 순수한 물의 경우 $\theta = 0°$이고 수은은 $\theta = 140°$이며 접촉각은 액체와 액체표면의 함수이다. 모세관의 직경이 12 mm 이상이 되면 모세관 현상은 무시할 수 있는데 모세관의 반경이 작을수록 모세관 현상을 확실하게 확인할 수 있다.

많은 수리학적 문제에서 표면장력의 영향을 대부분 무시하지만 불포화 토양(unsaturated soils)의 수리학, 소규모의 수리학적 모형 연구, 액체 분류의 분산(breakup of liquid jets), 버블과 물방울(bubbles and drops) 등을 다루는 문제에서는 중요하다고 할 수 있다.

예제 2.8 4.0 mm의 간격을 가지고 세워진 두 유리판 사이에 있는 물의 모세관 상승고를 구하시오. 접촉각 θ는 약 12°라고 가정하시오.

풀이

두 개의 유리판 사이의 모세관 상승고는 중력과 표면장력을 같게 놓으면 구할 수 있다. 유리판의 길이를 L이라 하고, 20℃의 온도에서 $\sigma = 7.28 \times 10^{-2}\,\text{N/m}$, $\gamma = 9789\,\text{N/m}^3$이라면, $Lbh\gamma_w = 2\sigma L\cos\theta$이다. 여기서 b는 유리판 사이의 거리이다. 따라서 상승고는

$$h = \frac{2\sigma\cos\theta}{b\gamma_w} = \frac{2 \times 7.28 \times 10^{-2} \times \cos 12°}{0.004 \times 9789} = 0.00364\,\text{m} = 0.364\,\text{cm}$$

예제 2.9 표면장력이 $5.03\times10^{-3}\text{lb/ft}$이고 접촉각이 $12°$, 단위중량이 62.4lb/ft^3일 때 모세관의 직경을 구하시오. 단, 모세관 상승고는 0.166in를 넘지 않아야 한다.

풀이

식(2.24)를 이용하면

$$0.166=\frac{4\times5.03\times10^{-3}\times\cos12°}{62.4\times d}$$

그러므로 $d=0.001899\,\text{ft}=0.0228\,\text{in}$

2.6 증기압

물, 가솔린, 포도주, 식초 등을 비롯한 모든 액체들은 대기 중에 노출되면 증발하게 되는데, 이는 액체 분자들이 액체의 표면으로부터 이탈하여 대기 중으로 날아감으로써 증발이 발생한다. 즉, 액체 분자들이 분자들 사이의 응집력을 극복할 수 있을 정도의 충분한 운동량을 가질 때 증발이 가능하다. 사방이 막힌 용기 속에 일부분은 액체로 채워져 있고 나머지 부분은 진공상태로 있다면, 이탈하려는 분자들은 용기 안에 갇혀 압력(부분압)을 가하게 될 것이다. 이 압력은 액체표면을 이탈하는 분자의 수와 액체표면으로 되돌아가려는 분자의 수가 같아질 때까지 증가한다. 이러한 상태를 평형상태라고 하며, 이때의 압력을 증기압 또는 포화증기압이라고 하는데 액체와 증기가 평형상태로 용기 속에서 함께 존재하게 된다. 액체의 증기압은 온도에 따라 변화하며, 온도가 증가하면 분자의 운동량이 증가하므로 증기압도 증가하게 된다. <표 2.1>과 <표 2.2>에 물의 온도에 따른 증기압이 표기되어 있으며, <표 2.4>는 여러 액체들의 증기압을 보여주고 있다. 액체 중에서 수은은 가장 낮은 증기압을 가지기 때문에 주로 기압계에 많이 이용한다.

표 2.4 온도 20℃(68℉)하에서 5가지 액체의 증기압

액체	압력(psia)	압력(N/m^2, abs)	압력(mbar, abs)
수은(Mercury)	0.000025	0.17	0.0017
물(Water)	0.339	2,340	23.4
시클로헥산(Kerosine)	0.26	3,200	32
사염화탄소(carbon tetrachloride)	1.76	12,100	121
가솔린(Gasoline)	8	55,000	550

어떤 주어진 온도에서 액체표면에 작용하는 압력은 포화증기압보다 높다. 액체표면의 압력이 낮아져서 포화증기압에 도달하면 액체 내부에서 증기 거품이 형성되어 끓기 시작한다. 이것은 액체의 끓는점이 해당 온도와 압력(포화증기압)에 영향을 받고 있음을 의미이며, 그 때문에 포화증기압을 비등점 증기압(boiled pressure)이라고 한다. 물의 경우에 일반적인 대기압 하에서 비등점은 212°F(100℃)이며, 증기압은 212°F에서 14.7 psi(abs)이다(abs는 절대압력을 나타낸다). 해발 10,000 피트 상공에서는 대기압이 10.1 psi(abs)가 되며, 비등점은 193°F가 된다. 이 때문에 높은 고도에서는 더 오래 동안 요리를 해야 정상적인 요리를 할 수 있다. 따라서 액체를 끓게 만들려면 온도를 높이는 방법 이외에도 대기압보다 압력을 낮게 만들면 낮은 온도에서도 끓게 만들 수 있다. 예를 들어, 물을 60℃에서 끓게 만들려면 압력을 0.22 bar나 0.2 atm 만큼 낮추면 된다. 이러한 증기압은 펌프 인양 시스템이나 기압계 등에서 중요하게 다뤄진다.

도움말 Reading Aid

2.1 유체의 물리적 특성이 유체 거동에 어떻게 영향을 미치는지 예를 들어서 설명하시오.

2.2 종량적 성질 유체와 강도성 성질 유체 특성의 차이점을 언급하고, 각각 예를 드시오.

2.3 밀도, 단위중량, 비체적, 비중에 대해서 정의하고, 밀도와 단위중량의 관계를 설명하시오.

2.4 다른 중력조건 하에서 밀도와 단위중량은 어떻게 변하는지 설명하시오.

2.5 무엇이 다른 재료로 이루어진 물의 밀도를 차이나게 하는가? 몇 도에서 물이 최대 밀도를 갖는가?

2.6 점성, 동점성 계수를 정의하고 서로의 연관성과 차원을 서술하시오.

2.7 온도와 압력 중에 어떤 조건이 점성에 영향을 주는지 서술하고 뉴턴(Newtonian) 및 비뉴턴(non-Newtonian) 유체의 차이점은 무엇인가?

2.8 압축 및 비압축성 유체가 의미하는 것은 무엇인가? 액체가 기체보다 더 압축성이 강한가?

2.9 체적 팽창계수를 차원과 관련지어 정의하고 압축성/비압축성 유체가 수리학적 문제에서 어떻게 고려되는지도 설명하시오.

2.10 팽창계수와 압축계수를 관련지어 비교 설명하시오.

2.11 열팽창 계수를 정의하시오.

2.12 표면장력과 그 차원을 정의하시오.

2.13 액체 중에 어떠한 요인이 표면장력을 발생시키며 온도에 따라서 어떻게 변화하는지 설명하시오.

2.14 표면장력의 영향이 중요한 부분을 차지하는 두 가지 현상을 제시하시오.

2.15 모세관에서 모관 상승을 일으키는 요인은 무엇인가? 모세관에서의 모관 상승고를 계산하는 식을 유도하시오.

2.16 증기압을 정의하고, 온도의 증감에 따른 증기압 변화를 설명하시오.

2.17 왜 높은 고도에서 요리하는데 시간이 오래 걸리는지 이유를 설명하시오.

연습문제

2.1 어떤 액체의 비중량이 $90.30 lb/ft^3$ 이다. 그 액체의 밀도와 비중을 구하시오.

2.2 제트기 연료의 밀도가 $760 kg/m^3$ 이다. 이 연료의 비중과 비중량을 구하시오.

2.3 체적이 $1.0 m^3$ 인 기름의 질량이 890 kg 이다. 그 기름의 비중량(γ), 밀도(ρ) 그리고 비중($S.G.$)을 구하시오.

2.4 컨테이너가 비어 있을 때, 부피가 $6 m^3$ 이고 무게가 1500 N 이다. 그리고 액체로 가득 채웠을 때, 무게는 56,000 N 이다. 액체의 밀도는 얼마인가?

2.5 직경이 80 cm 인 원통 탱크에 부분적으로 SAE 10 W 기름($\rho = 870 kg/m^3$)으로 채워져 있다. 탱크 안 기름의 질량이 340 kg 이라면, 탱크 안 기름의 높이를 구하시오.

2.6 길이, 폭과 높이가 각각 2 m, 2.5 m 그리고 1.5 m 인 고가 탱크가 있다. 물이 탱크 높이의 3/4까지 채워졌다면, 탱크 내 물의 질량과 무게는 얼마인가?

2.7 문제 2.6과 같은 탱크에서 질량이 4000 kg 인 기름이 문제 2.6과 같은 높이로 채워져 있다. 이 기름의 밀도와 비중을 구하시오.

2.8 체적이 6.2인 기름의 무게는 52,980 N 이다. 이 기름의 밀도와 비중을 구하시오.

2.9 어떤 액체의 밀도가 $1.82 slug/ft^3$ 이다. 이 액체의 비중량(γ)을 SI단위계로 구하고, 비중($S.G.$)을 구하시오.

2.10 80℃ 에서 수은의 비중은 13.4이다. 같은 온도에서 이 수은은 밀도와 비중량을 구하시오. 답은 모두 SI단위계와 FPS단위계로 나타내시오.

2.11 온도가 212°F 일 때, 물의 역학적 점성계수(dynamic viscosity)는 얼마인가? 답은 모두 SI단위계와 FPS단위계로 나타내시오.

2.12 액체의 동점성계수와 비중은 각각 3.8×10^{-4} 과 0.88 이다. 이 액체의 역학적 점성계수(dynamic viscosity)를 SI단위계로 나타내시오.

2.13 액체의 비중량이 $55 lb/ft^3$ 이고 역학적 점성계수(dynamic viscosity)가 $2.90 lb\text{-}s/ft^2$ 이다. 동점성계수는 얼마인가?

2.14 원통 탱크가 수직으로 매달려 있다. 그 탱크의 직경은 2.5 m 이며, 30℃의 물이 0.75 m 까지 채워져 있다. 이 탱크의 바닥이 받는 힘은 얼마인가?

2.15 어떤 액체의 점성계수가 3.5×10^{-4} poise 이다. 이 액체의 점성계수를 SI단위계와 FPS단위계로 나타내시오.

2.16 20℃ 물에 대한 역학적 점성계수(dynamic viscosity)(μ)는 0.01 poise 이고, 비중($S.G.$)은 0.98 이다. 이 물의 동점성계수(ν)를 구하시오.

2.17 점성계수(μ)가 0.006 Pa-s 이고, 밀도가 $870 kg/m^3$ 인 액체의 동점성계수는 얼마인가

(Pa는 pascal)?

2.18 점성계수가 0.002 Pa-s 이고, 비중이 0.8 인 액체의 동역학적 점성계수(dynamic viscosity)는 얼마인가?

2.19 60°F 인 어떤 기름이 평균유속 6 ft/s 로 직경이 2.5 m 인 관에서 흐르고 있다. 이 흐름에 대하여 Reynolds수(R_n)를 구하시오. 이 오일의 밀도는 1.77 slug/ft^{3}이고 역학적 점성계수(dynamic viscosity)는 8×10^{-3} lb-s/ft^{2}이다.

2.20 길이가 0.4 ft이고 무게가 110 lb이 고체의 정육면체가 수평선상으로부터 45°의 기울어진 부드러운 표면에서 미끄러지고 있다(그림 P2.20). 그 정육면체는 점성이 1.85×10^{-2} lb-s/ft^{2}인 기름 막 위에서 미끄러진다. 막에서 선형 속도 분포(linear velocity distribution)라는 가정 하에 정육면체의 속도가 1.2 ft라면, 기름 막의 두께는 얼마인가?

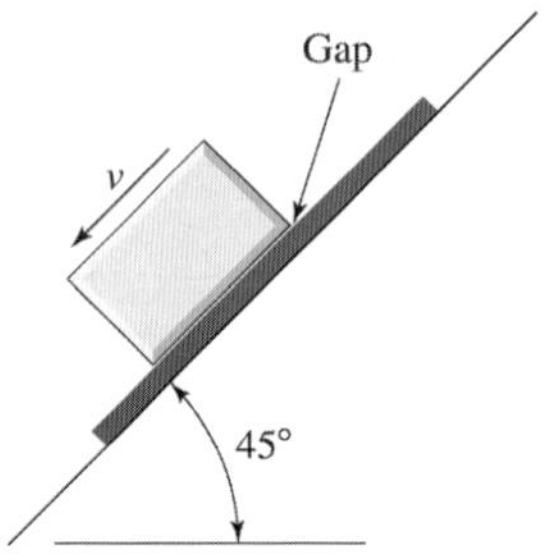

그림 P2.20

2.21 12 mm 떨어진 고정된 금속판이 설치되어 있다. 크고, 움직일 수 있는 얇은 금속판이 그림 P2.21과 같이 위의 고정된 금속판과는 4 mm, 아래의 고정된 금속판과는 8 mm 떨어진 두 고정된 금속판 사이에 위치한다. 위의 고정된 금속판과 움직일 수 있는 금속판 사이의 공간은 역학적 점성계수(dynamic viscosity)가 0.03 N-s/m^{2}인 액체로 채워졌다. 아래의 금속판과 움직일 수 있는 금속판 사이의 다른 공간은 역학적 점성계수(dynamic viscosity)가 0.015 N-s/m^{2}인 다른 액체로 채워졌다. 움직일 수 있는 금속판의 속도가 5 m/s 일 때, 고정된 금속판에 가해지는 전단응력의 크기와 방향을 구하시오. 두 오일의 공간에서 선형 속도 분포(linear velocity distribution)를 가정하고, 두 금속판의 두께는 무시한다.

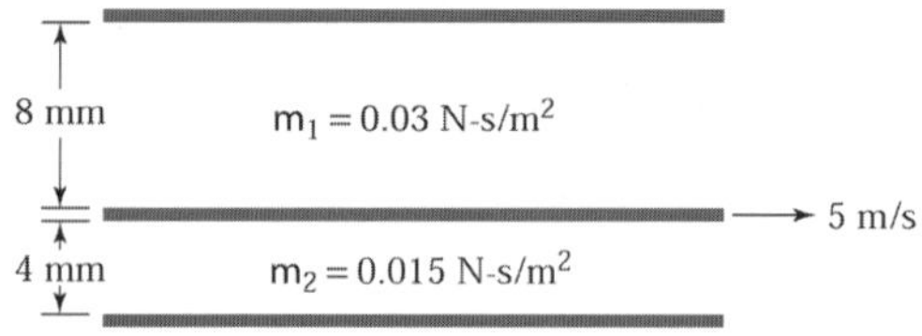

그림 P2.21

2.22 그림 P2.22와 같이 20 cm × 20 cm 의 금속판이 SAE 10 기름에서 수평으로 0.12 m/s 의 속도로 잡아 당겨지고 있다. 이 기름의 온도는 40℃ 이다. 힘 F를 구하시오.

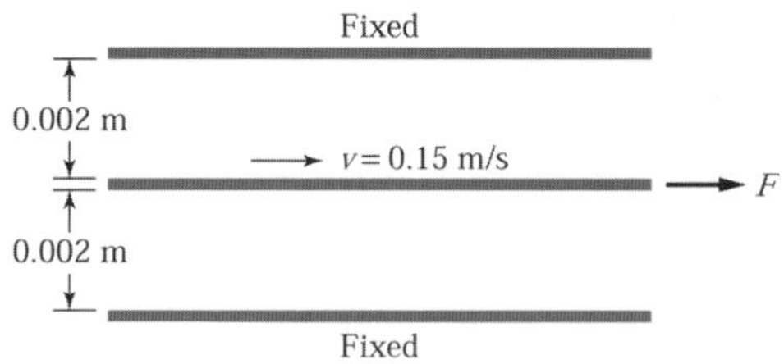

그림 P2.22

2.23 문제 2.22에서 금속판이 0.15 m/s 의 속도로 오른쪽으로 이동하였다. 그러나 그림 P2.23과 같이 위와 아래의 금속판도 왼쪽으로 0.10 m/s 의 속도로 움직인다면 힘 F는 얼마인가?

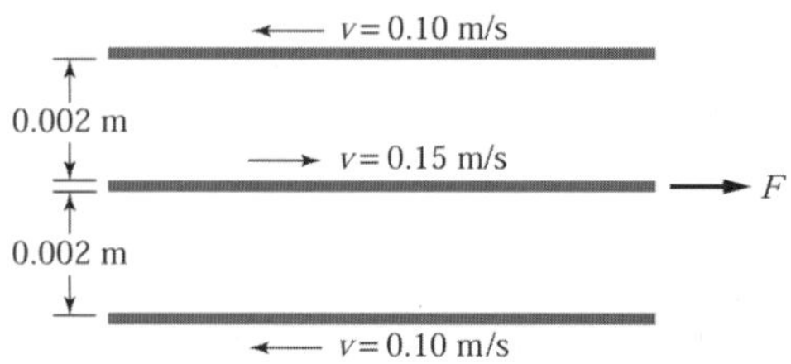

그림 P2.23

2.24 $4\,m/s$의 속도로 움직이는 금속판과 고정된 금속판, 두 개의 금속판이 $5\,mm$ 두께의 기름층에 의해 분리되었다. 이 기름은 비중이 0.8이고, 동점성계수가 $1.25 \times 10^{-4}\,m^2/s$이다. 기름 내의 평균 전단응력은 얼마인가?

2.25 문제 2.24에서 고정된 금속판이 다른 금속판의 반대 방향으로 $2\,m/s$의 속도로 움직인다면, 이 경우 기름의 평균 전단응력은 얼마인가?

2.26 그림 P2.26과 같이 세 개의 금속판이 에틸렌 글리콜(ethylene glycol)과 물의 얇은 층에 의해서 분리되어 있다. 위의 금속판은 $1.80\,m/s$의 속도로 오른쪽으로 움직인다. 가운데의 금속판이 움직이지 않게 하기 위해 아래의 금속판의 속도와 방향을 어떻게 해야 하는가?

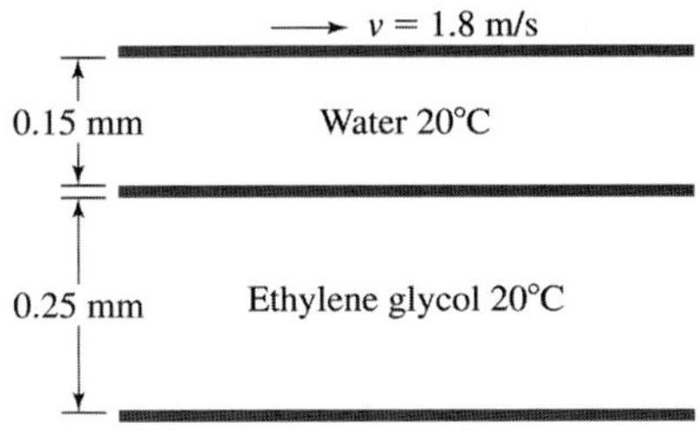

그림 P2.26

2.27 기름($\mu = 0.004\,lb\text{-}s/ft^2$)이 그림 P2.27과 같이 경계층(boundary layer)에서 흐르고 있다. (a) 판 표면에서, (b) 판 표면에서 위로 $0.01\,ft$ 위에서 전단응력을 계산하시오.

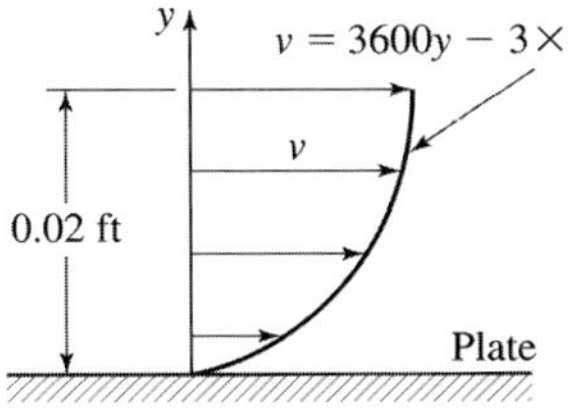

그림 P2.27

2.28 그림 P2.28과 같이 금속판이 30° 기울어진 평면에서 미끄러지고 있다. 금속판의 무게는 $15\,lb$, 크기는 $15\,in \times 30\,in$이며, 평균속도는 $0.65\,ft/s$이다. SAE 10 기름의 온도가 50°F라면 금속판과 평면사이의 SAE 10 기름의 두께는 얼마인가? 기름 막에서 선형 속도 분포(linear velocity distribution)를 가정한다.

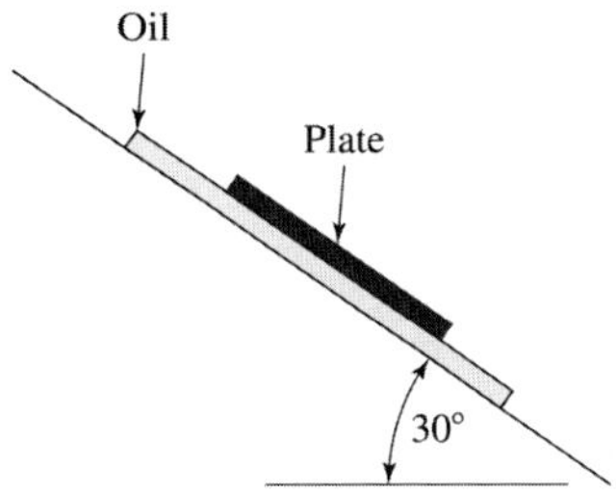

그림 P2.28

2.29 고정된 금속판으로부터 $0.6\,mm$ 떨어져 있는 금속판은 $0.3\,m/s$의 속도로 움직이고 있으며, 이 속도를 유지하기 위해서 $4\,Pa$의 단위 면적당 힘이 필요하다. 두 금속판 사이 물질의 점성을 구하시오.

2.30 고정된 경계(fixed boundary)에서 점성이 있는 액체($\mu = 0.9\,N\text{-}s/m^2$)의 속도 분포가 $v = 0.68y - y^2$으로 주어졌다면, 표면에서의 전단응력과 $y = 0.34\,m$에서 전단응력은 얼마인가? 여기서 v는 m/s단위로 경계 표면에서 위쪽으로 거리 $y(m)$에서의 속도이다.

2.31 얇은 금속판이 두 개의 평행한 금속판 사이에서 $20\,m/s$의 일정한 속도로 수직으로 움직인다. 두 경계사이의 거리는 $0.5\,cm$이고, 얇은 금속판은 경계의 한 면에서 $0.2\,cm$ 거리에서 움직인다. 금속판의 면적이 $1\,m^2$이고 $\mu = 0.08\,poise$라면, 금속판의 무게와 질량은 얼마인가?

2.32 직경이 $11.96\,cm$이고, 길이가 $14\,cm$인 피스톤이 직경이 $12\,cm$인 실린더 내에서 작동하고 있다. $0.65\,poise$의 점성을 가진 기름을 피스톤과 실린더 사이의 공간에 바르면, $0.8\,N$의 축하중이 작용하였을 때, 실린더를 통해 움직이는 피스톤의 속도를 얼마인가?

2.33 50 mm 직경과 600 mm 길이의 강철 실린더가 자체의 중력 때문에 약간 큰 직경의 관 내에서 0.2 m/s 의 일정한 속도로 떨어지고 있다. 일정한 두께의 castor-oil 막이 실린더와 관 사이의 공간을 채웠다. 관과 실린더 사이의 틈은 얼마인가? 온도는 38℃ 이고 강철의 상대적 밀도(relative density)는 7.85이다.

2.34 반경이 0.2 m 이고 길이가 1.3 m 인 실린더가 반경이 0.21 m 인 원통의 슬리브관에서 축을 중심으로 회전하고 있다. 80 rpm 의 회전을 유지하기 위해서 1.2 N-m 의 비틀림(torque)이 필요하다면, 실린더와 슬리브관 사이의 공간에 채워진 기름의 점성은 얼마인가?

2.35 수직의 축의 아래의 끝은 베어링(foot bearing)에 얹혀있다. 이 축은 직경이 1.5 m 이고, 두께가 0.08 cm 이며 $\mu = 0.5$ poise 인 기름 막에 의해서 베어링과 분리되어 있다. 축이 400 rpm 의 속도로 회전하고 있을 때, 축에 의해 흡수되는 동력(power)을 구하시오.

2.36 그림 P2.36과 같이 피스톤이 1 mm 의 틈을 갖는 실린더 내에서 움직이고 있다. 그 기름의 점성은 0.85 kg/m-s 이다. 피스톤이 6.0 m/s 의 일정한 속도로 움직이게 하기 위해서 얼마의 힘(force)이 필요한가?

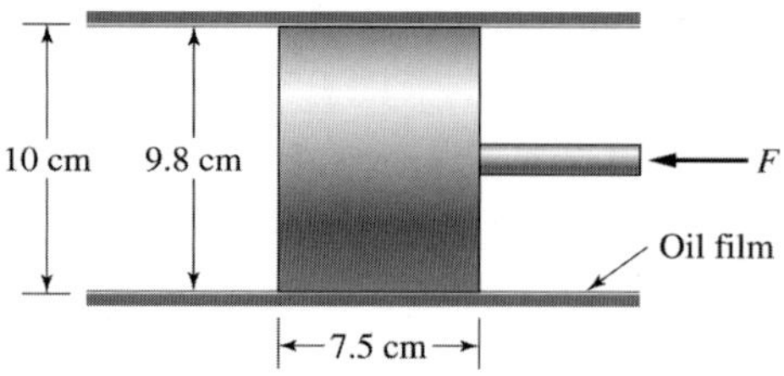

그림 P2.36

2.37 그림 P2.37과 같이 질량이 3 kg 인 피스톤이 중력으로 인하여 실린더에서 미끄러지고 있다. 피스톤과 실린더 사이는 점성이 0.29 kg/m-s 인 기름으로 채워졌다. 피스톤의 직경은 15 cm 이고 피스톤과 실린더 사이의 틈은 0.4 mm 이다. 피스톤이 (a) 5 m/s, (b) 0.5 m/s 로 움직이고 있을 때, 피스톤은 가속되는지, 감속되는지를 밝히시오.

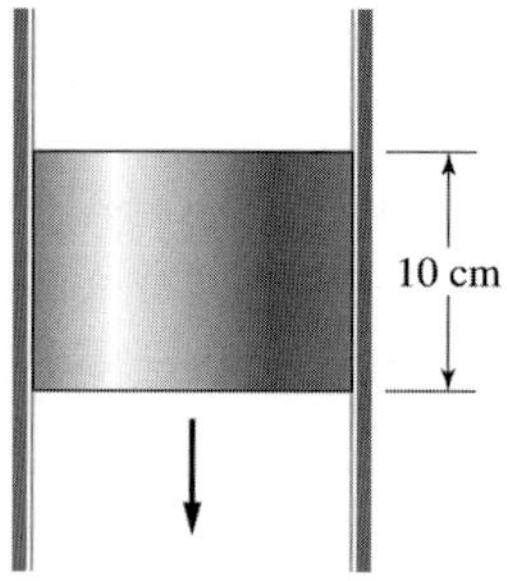

그림 P2.37

2.38 실린더에서 압축된 액체는 100 N/m^2 의 압력에서 1 ℓ 의 체적을 가지고 200 N/m^2 의 압력에서 995 cm^3 의 체적을 가진다. 이 액체의 체적탄성계수(bulk modulus of elasticity)는 얼마인가?

2.39 폐쇄된 강철 탱크의 체적이 5.0 ft^3 이다. 물의 체적탄성계수가 300,000 psi 이면, 체적탄성계수가 2,000 psi 일 때, 탱크가 담을 수 있는 물은 몇 pounds 인가?

2.40 실린더에 압축된 액체는 2000 kN/m^2 에서 995 cm^3 의 체적을 가지고 3000 kN/m^2 에서 990 cm^3 의 체적을 가진다. 이 액체의 체적탄성계수를 구하시오.

2.41 물이 40 bar 에서 1 m^3 의 체적을 가지며, 425 bar 에서 0.99 m^3 의 체적을 가진다. 물의 체적탄성계수를 구하시오.

2.42 표준대기조건에서 물의 체적탄성계수가 1.15×10^6 kN/m^2 이라 가정하자. 같은 온도에서 체적이 2% 감소시키기 위해 얼마의 압력의 증가가 필요한가?

2.43 $1840\,kN/m^2$의 압력의 증가가 있을 때, 물 1 cubic meter의 체적의 변화는? 체적탄성계수는 $2.16\times10^6 kN/m^2$라 하자.

2.44 공기로 찬 빈 실린더가 주위의 온도가 -15℃인 겨울동안 1기압의 압력으로 밀폐되어 있다. 주위의 온도가 50℃인 여름동안 실린더 내부의 압력은 얼마인가?

2.45 그림 P2.45와 같이 관 내부 직경이 2 mm라면, 물(20℃)은 유리관에서 물의 높이(reservoir level) 위로 얼마나 높이 올라가는가?

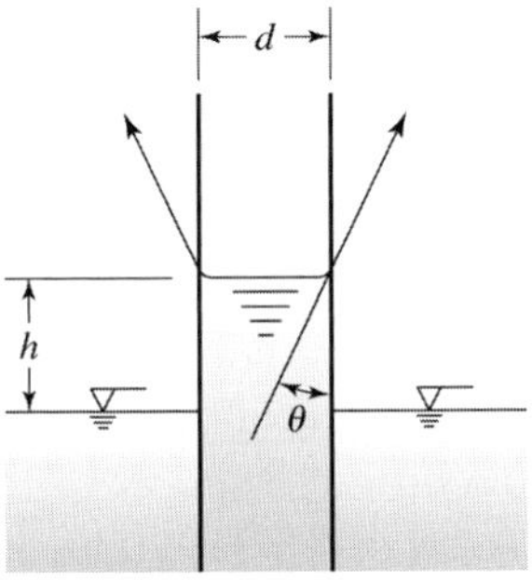

그림 P2.45

2.46 직경이 2.5 mm인 모세관에서 26.7℃의 물은 얼마의 높이까지 상승하는가? 표면장력 $(\sigma)=0.0718\,N/m$로 가정한다.

2.47 내부 직경이 6 mm인 모세관을 20℃ 물에 담갔다. 관에서 올라간 물의 높이는 얼마인가? 20℃에서 물의 비중량은 $998\,kg/m^3$라 하자. 그리고 표면장력$(\sigma)=0.08\,N/m$ 이고 접촉각(α)는 60°로 하자.

2.48 U자형 관은 직경이 각각 1.5 mm와 2.0 mm인 두 개의 모세관으로 만들어진다. U자형 관은 표면장력이 $0.07\,N/m$이고 접촉각이 0°인 물을 수직으로, 부분적으로 채웠다. 모세관 현상에 의해 발생하는 수위 차는 얼마인가?

2.49 직경이 6 mm인 유리관을 20℃의 (i) 물에 (ii) 수은에 담갔을 때, 유리관에서의 모세관 효과를 mm 단위로 구하시오. 물의 표면장력은 $73\times10^{-3}N/m$이고 수은의 표면장력은 $0.5\,N/m$라 가정한다. 물과 수은의 접촉각은 각각 0°와 130°이다.

2.50 물방울의 직경에 따라 액체 물방울 내의 계기압력(gauge pressure)이 반비례함을 보이시오.

2.51 직경이 0.06 mm인 작은 물방울이 공기와 접촉하였다. 물방울 내의 압력이 대기압보다 466 Pa이 더 크다면 표면장력의 값은 얼마인가?

2.52 비눗방울 막의 표면장력이 $0.5\,N/m$이면, 직경이 25 mm인 비눗방울의 내부 압력은 얼마인가?

2.53 (a) 직경이 0.3 cm인 물방울, (b) 직경이 0.3 cm인 물의 분출구(jet) 내에서의 계기압력과 절대압력을 구하시오. 물의 표면장력은 0.064 N/m라 가정한다.

2.54 물의 표면장력이 0.005 lb/ft이라면, 직경이 2 inch인 물의 분출구(free jet) 내의 압력강도는 얼마인가?

2.55 (a) 20℃ 물, (b) 20℃의 등유$(\theta=5°)$에 대해서 직경이 1 mm인 유리관에서 최대의 모세관 상승을 계산하시오.

참고문헌

Chow, V. T., 1959. Open-Channel Hydraulics. McGraw-Hill, New York.

Douglas, J. F., Gasiorek, J. M., and Swaffield, J. A., 1995. Fluid Mechanics(3rd ed.). John Wiley & Sons, Inc., New York.

Henderson, F. M., 1966. Open Channel Flow. Macmillan, New York.

Hwang, N. H. C. and Haughtalen, P. J., 1996. Fundamental of Hydraulic Engineering Systems (3rd ed.). Prentice Hall, Englewood Cliffs, N. J.

Hurricane Katrina surge in New Orleans, L.A.

Chapter 03

힘, 운동 및 에너지

모든 수리학적 시스템(hydraulic system)은 내적, 외적 제약조건을 만족시킨다. 외적 제약조건에는 질량방정식, 운동량방정식, 그리고 에너지보존방정식이 포함된다. 실제로 이러한 제약들은 수리학적 시스템에만 국한되지 않고 다양한 시스템 내에서 발생되는 모든 작용에 대해서도 만족된다. 운동량보존방정식은 다양한 형태의 힘을 포함하며, 에너지보존방정식은 다양한 형태의 에너지를 포함한다. 내부 제약조건 역시 수리학적 시스템이 반드시 만족되어야 하는 것으로 이 중 하나가 과정방정식(process equation)이라고 하는 것이다. 작용방정식은 시스템 경계 내의 유체 질량에 작용하는 에너지의 다양한 형태와 비회복성 열에너지로 변환되는 몇몇 에너지 간의 관계로 표현된다. 현실적으로 다양한 형태의 에너지에 대한 상호 작용은 너무 복잡하며, 과정방정식을 해석적으로 유도하기에는 너무 어렵다. 그러므로 이 방정식은 주로 실험을 통한 측정 등을 통해 경험적으로 발전되었다. 파이프내의 층류흐름 같은 몇몇의 경우에는 경험적인 관계가 잘 정립되어 있으며, 이 결과로 나온 방정식은 전적으로 타당하다고 할 수 있다.

흐름방정식(flow equation)이라 불리는 작용방정식은 차원을 고려한 다양한 형태의 에너지와 힘 사이의 관계를 나타낸 것이다. 이러한 관계 내에서는 특정한 형태의 힘에 대해 그에 상응하는 특정한 형태의 에너지를 가지며, 그 반대 또한 가능하다. 또한 간단하지는 않지만, 힘과 운동사이도 연결된다. 형태가 다른 힘들은 제한된 수리학적 시스템에 의해 다른 형태로 작용하며, 상대적인 크기도 다양하다. 이 힘들의 상대적인 크기는 흐름의 형태와 상태에 의해 결정된다. 이 장에서는 수리학에서 마주치게 되는 무차원수, 운동과 에너지를 통한 형태가 다른 힘, 힘의 결합에 대해 요약하였으며, 그들 간에 존재하는 관계에 대해 언급하였다.

3.1 수리학적 매개변수

수리학적 시스템의 거동과 특성을 이해하는데 있어 중요한 것은 다양한 형태의 매개변수가 있다는 것을 인식하는 것이다. 수리학적 시스템은 3가지 형태, 즉 기하학적, 운동학적 및 동력학적인 형태의 매개변수를 가지고 있다. 기하학적 매개변수는 차원과 계의 경계들로서 서술되며, 이것의 예로는 흐름 단면 A, 수리수심(水理水深) D, 수리반경(水理半徑) R, 흐름 폭 B, 수리 조도 ε, 입자 지름 크기 d, 흐름 방향에 대한 대표 차원 L 또는 유체 거동에 영향을 미치는 다른 차원 등이 있다. 기하학적 매개변수는 길이의 차원 L 또는 그것의 곱의 차원을 갖지만, 시간, 질량과 힘 등은 포함되지 않는다. 시스템의 설계, 구성과 상관없이 수리학적 시스템은 반드시 최소 하나이상의 기하학적 매개변수는 포함하게 된다.

운동학적 매개변수는 흐름의 운동으로 정의되므로, 길이와 시간은 포함되지만 힘과 질량은 포함되지 않는다. 유체의 속도(v)가 운동학적 매개변수의 한 예이며, 다른 예로는 가속도, 운동시간, 속력 등이 있다. 또한 속도 매개변수는 주어진 거리 L을 움직이는데 필요한 시간 T에 의해 $T=L/v$로 대체할 수 있으며, 또한 유량 Q에 의해 $Q=Av$ 형태로 대체할 수 있다.

동역학적 매개변수는 흐름 과정에 영향을 미치는 질량, 힘과 에너지로 표현할 수 있다. 동역학적 매개변수의 예로는 힘 F, 압력 p, 밀도 ρ, 비중 γ, 전단력 τ, 일 W, 점성 μ, 표면장력 σ, 압축률 β, 탄성계수 E 등이 있다.

일반적으로 수리학적 시스템의 완벽한 묘사는 동역학적 매개변수를 필요로 하지만, 많은 경우 단순화된 운동학적 매개변수로도 가능할 수 있다.

3.2 힘

수리학적 시스템의 거동은 다양한 형태의 힘에 의해 지배를 받는다. 각각의 힘은 어떤 형태의 운동을 일으키거나 지배한다. 수리학에 작용하는 주된 힘은 (i) 관성력 (ii) 위치력(압력, 위치) (iii) 점성력 (iv) 중력 (v) 표면장력(응력) (vi) 탄성력(압축) 등이 있다. 동수역학에서는 수리학적 시스템 내의 이들 힘을 일반적으로 관성력과 응용력으로 분류하며, 관성력과 외력, 중력, 압력, 점성력은 응용력에 포함된다.

3.2.1 관성력

Newton의 제2운동법칙에 따르면 질량 M은 가속도 $d\boldsymbol{V}/dt$를 갖기 위해 힘 $\boldsymbol{F}$가 필요한데, 이것은 수학적으로 나타내면 식(3.1)와 같다.

$$\boldsymbol{F}=M\left(\frac{d\boldsymbol{V}}{dt}\right) \tag{3.1}$$

여기서, $\boldsymbol{V}$는 속도벡터이다. 식(3.1)은 벡터적인 관계를 나타내고 있으며, 크기와 방향 모두에 대해 성립한다. $M(d\boldsymbol{V}/dt)$는 그것의 상태(운동 또는 정지)에 있어서 어떤 변화에 대한 자연적인 저항하려는 것을 특성 짓는 관성력으로 정의된다. 관성력이 응용력으로 수식화되어질 때 운동방정식은 얻어진다.

식(3.1)에서 질량 M은 유체의 단위체적 질량이며, 즉

$$M = \rho \cdot (\text{단위 체적}) = \rho \tag{3.2}$$

여기서, ρ는 밀도이다. 그러므로 식(3.1)은 단위체적에 대해서 식(3.3)과 같이 나타낼 수 있다.

$$\boldsymbol{F} = \rho\left(\frac{d\boldsymbol{V}}{dt}\right) \tag{3.3}$$

여기서, $\boldsymbol{F}$는 이제 단위체적당 힘이다.

3.2.2 응용력 : 내력과 외력

유체 요소 하나의 질량에 대한 응용력은 내력과 외력으로 구성된다. 내력은 유체 내 대상 질량 내부의 점의 상호작용의 결과로부터 얻어지는 힘이다. 동일한 상호작용이 이들 간에 작용하므로 평균과 합은 0이다. 하지만, 이들 내력에 있어서 중요한 것은, 일의 결과는 0이 아니라는 것이다. 예를 들어, 파이프에서의 손실수두는 내적 점성력이 한 일의 결과이다. 외력은 표면장력, 질량력(body force), 모세관력(capillary force), 편향력(geostrophic force)을 포함한다. 표면장력은 대상 체적의 외부 경계에 작용하는 힘이다. 그것은 분자 인력에 주로 기인한 것으로 그들의 영향이 폐쇄된 것이라기보다는 경계 부근의 매우 한정된 것에 의한 것이다. 이들 표면장력은 압력에 의한 수직력과 점성력에 의한 전단력으로 나눌 수 있다. 또한 이들 두 힘은 유체 내에 존재하지만 그들의 합은 0으로 같다.

관성력과 외력은 주어진 방향 내에서 대상 체적의 각 요소에 작용하는 중력이나 자기장 같은 외부장에 의해서 발달된 것이다(Le Mehaute, 1976). 이러한 이유로 이것을 질량력(body force)이라고 한다. 대다수의 문제에서 일반적으로 연직방향으로 작용하는 중력만이 고려되어야 한다. 드문 경우지만, 파도의 운동, 바다에서의 해류 순환에서의 중력가속도는 방사형으로 고려하기도 한다. 또한, 질량력은 그 자체의 질량에 항상 같은 방향으로 작용하고 균등하지 않기 때문에 체적력(Volume force)이라고도 한다.

모세관력은 유체입자와 유체입자 사이 또는 유체입자와 매개물 간에 작용하는 분자인력에 의해서 만들어지는 것이다. 모세관력은 지하 대수층에서의 지하수 흐름, 지하수면보다 높은 지대(Vadose zone)에서의 흐름 같은 몇몇의 경우에 있어서는 중요하다. 모세관력은 유체 입자의 경계에서 빠르게 감소된다. 지구의 자전에 기인한 편향 가속도에 의해 생기는 편향력도 때때로 질량력으로 취급된다.

3.2.3 중력과 질량력

단위체적당 중력(F_g)은 중력이 작용할 경우에서의 관성력과 비슷하게 유체중량과 같다.

$$F_g = \rho g$$
$$\text{그러므로 } F_g = Mg(\text{체적} = 1\text{에 대해서}) \tag{3.4a}$$

여기서, g는 중력가속도이다. 중력은 유체의 상태에 대해서 무관하며, 유체가 운동하거나 정지상태이거나 관계없이 일정하며 연직방향으로 작용한다. 단위질량당 중력의 힘은 중력가속도이다. 경사 수로에서 g는 각각 x, y 및 z방향에 대해 g_x, g_y 및 g_z의 값을 가지며, 아래 식으로 나타낼 수 있다.

$$\boldsymbol{g} = g_x\boldsymbol{i} + g_y\boldsymbol{j} + g_z\boldsymbol{k} \tag{3.4b}$$

여기서, $\boldsymbol{i}$, $\boldsymbol{j}$, $\boldsymbol{k}$는 단위벡터이다. 중력은 벡터 형태로 아래 식과 같이 나타낸다.

$$\boldsymbol{F_g} = -\nabla(\rho g Z) \tag{3.5}$$

여기서, Z는 연직방향이다. 수평한 개수로에서는 $g_x = 0$, $g_y = 0$이며, $F_{gz} = -\rho g = -\partial(\rho g Z)/\partial z$이다. 이에 대한 벡터 형태로는 식(3.5)에서 주어진 것처럼 $F_g = -grad(\rho g Z)$이며, $F_{gx} = -\partial(\rho g Z)/\partial x = 0$과 $F_{gy} = -\partial(\rho g Z)/\partial y = 0$이다.

x방향에 대한 질량력(body force)은 식(3.6)과 같다.

$$\rho d V_{ol} g_x = \rho d V_{ol}\left(-g\frac{\partial Z}{\partial x}\right) = -\rho g \frac{\partial Z}{\partial x} d V_{ol} \tag{3.6}$$

여기서, dV_{ol}은 단위체적이며, $g_x = -g(\partial Z/\partial x)$로 x방향에 대한 g이다. 만약 x-z평면에서 Z가 수직이라고 가정하면, 그림 3.1에 나타낸 것과 같으며, 식(3.7)과 같이 나타낼 수 있다.

$$Z = Z_x + Z_z = -x\sin\theta i + z\cos\theta k \tag{3.7}$$

여기서, $\boldsymbol{i}$, $\boldsymbol{k}$는 x, z방향에 대한 단위벡터이다. 식(3.7)은 다시 식(3.8)과 같이 나타낼 수 있다.

$$Z = z\cos\theta - x\sin\theta \tag{3.8}$$

따라서

$$\frac{\partial Z}{\partial x} = -\sin\theta = -S_o \tag{3.9}$$

여기서, S_o는 수로바닥경사이다. 따라서 x방향에 대한 단위체적당 중력은 $F_{gx} = \rho g S_o$가 된다.

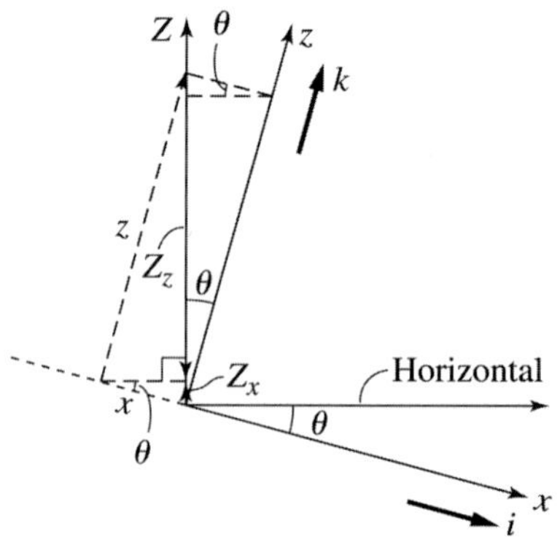

그림 3.1 질량력(Body force)의 분석

예제 3.1 원통형 수조에 물이 5m 깊이로 채워져 있다. 수조의 반경은 6.5m이다. 수조 바닥에 작용하는 중력을 계산하시오.

풀이

첫째, $F = \rho g z$를 이용하여 단위면적당 작용하는 힘을 계산한다. 여기서, $\rho = 1000\,\text{kg/m}^3$, $g = 9.81\,\text{m/s}^2$, $z = 5\,\text{m}$이다. 따라서 단위면적당 힘(F)은 아래와 같다.

$$F = 1000 \times 9.81 \times 5 = 49050\,\text{kg-m/s}^2/\text{m}^2$$

수로 바닥 면적 $= \pi r^2 = 6.5 \times 6.5 \times \pi = 42.25\pi\,\text{m}^2$

그러므로 바닥의 전체 힘 $= 49050 \times 42.25\pi = 6.51 \times 10^6\,\text{N}$

3.2.4 압력

압력은 단위면적당 힘으로 측정한다. 자유체로 독립된 물질의 체적을 고려해 보자. 체적에 작용하는 힘은 둘러싼 체적 면적의 모든 요소상의 표면력이다. 일반적으로 표면력은 표면에 수직, 평행한 두 개의 요소를 갖는다. 어떤 점에서 단위면적당 수직 요소는 연직응력이라고도 한다. 응력이 압축 형태라면, 이것은 압력강도 또는 단순히 압력이라고 한다. 그러므로 압력은 고려 대상 유체 질량 내 평면 위의 주어진 점에서의 단위면적당 연직력을 가르킨다. 압력은 대상 체적 경계 부근의 분자력의 연직 요소로부터 얻어진다. 그림 3.2에

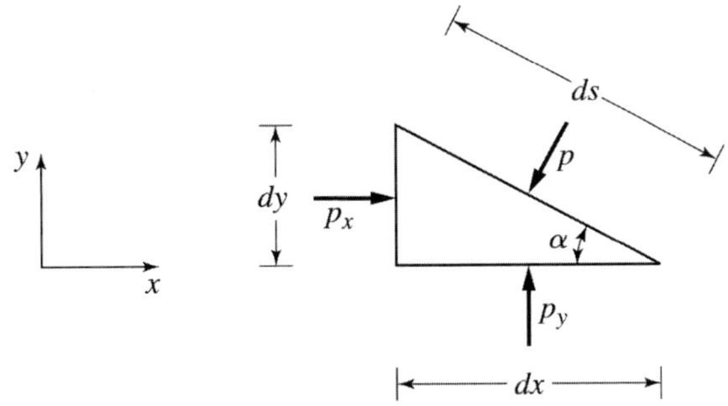

그림 3.2 면방향에 무관한 압력 크기

나타낸 것처럼 2차원 요소를 고려해 보자. 유체가 정지상태이기 때문에 관성력과 점성력은 존재하지 않고, 중력과 압력은 존재한다. 이들 요소가 균형을 이루고 있으므로, x, y방향에서의 힘 요소의 합은 0이어야 한다. 그러므로 x방향, y방향은 식(3.10a), (3.10b)로 나타낼 수 있으며, $dy = ds\sin\alpha$이며, $dx = ds\cos\alpha$이다.

$$p_x dy - pds\sin\alpha = 0 \tag{3.10a}$$

$$p_y dx - pds\cos\alpha = \frac{\rho g dx dy}{2} \tag{3.10b}$$

식(3.10b) 양변을 dx로 나누면 식(3.10c)와 같이 된다.

$$p_y - p = \frac{\rho g\, dy}{2} \tag{3.10c}$$

dy가 0으로 접근함에 따라 식(3.10c)의 우변은 0이 되고, 이로부터 식(3.11)을 얻는다.

$$p = p_x = p_y \tag{3.11}$$

식(3.11)은 압력이 방향에 무관한 스칼라라는 것을 나타내고 있다. 하지만, 압력 구배는 벡터이다. 동일하게, 면적에 대한 압력에 의한 힘(벡터)은 고려 대상 면적에 수직으로 방향이 바뀜에 따라서 방향이 변화한다. 주어진 압력에 대해 단위면적에 작용하는 힘은 면적 증분의 곱이고, 면적에 대해 수직이다. 한 점에서 압력의 크기는 면적 내 매우 작은 면적에 대해 수직력으로 나누어 계산된다. 유체 질량 내부의 한 점에서 압축력의 방향은 점을 통하여 자른 평면의 방향에 달려있다. 이것을 Pascal의 법칙이라고 한다. 정지하거나 움직이는 유체 내 한 점에서의 압력은 전단응력이 존재하지 않는 한 방향에 무관하다. 전단응력의 발달에 의해 입자들간 상대적 운동을 갖는 이동하는 유체에 있어서는 한 점에서의 연직응력(정지상태의 유체 내 압력에 상응하는)이 모든 방향에서 똑같을 필요가 없다.

전단응력이 작용하지 않는 유체에서의 압력(pressure)이 한 점에서 다른 점으로 어떻게 변화되는가를 생각해보자. 유체 요소는 그림 3.3에 나타낸 것과 같다. ABCD 면에 작용하는 압축력은 $p\,dy\,dz$이다. EFGH 면에 작용하는 압축력(pressure force)은 $\left(p+\frac{\partial p}{\partial x}dx\right)dydz$이다. 따라서 x방향에 대한 압축력은 식(3.12)와 같다.

$$p\,dy\,dz-\left(p+\frac{\partial p}{\partial x}dx\right)dy\,dz=-\frac{\partial p}{\partial x}dx\,dy\,dz \tag{3.12}$$

식(3.12)는 주어진 압축력과 반대방향에 작용하는 압축력 간의 차이이다. 또한, y방향, z방향의 압축력 차는 각각 $-\left(\frac{\partial p}{\partial y}\right)dxdydz$와 $-\left(\frac{\partial p}{\partial z}\right)dxdydz$이다. 따라서 단위체적당 압축력의 변화율은 벡터로 $-\nabla(p)$이다. 이동하는 유체 입자는 p의 절대값이 아니라 p의 구배에 영향 받는다는 것을 알아야 할 것이다. 이 사실은 수리학적 규모의 모델에서 매우 큰 의미를 갖는다. 압력은 절대압력이라고 불리는 절대 0값과 측정 위치에서의 대기압력과 관련하여 측정되며, 이를 계기압력이라고 한다. 따라서 계기압력은 절대압력-대기압력이다. 표준대기압력은 $14.696(\mathrm{abs})\mathrm{lb/in}^2$와 101.33 kPa(abs)로 정의된다.

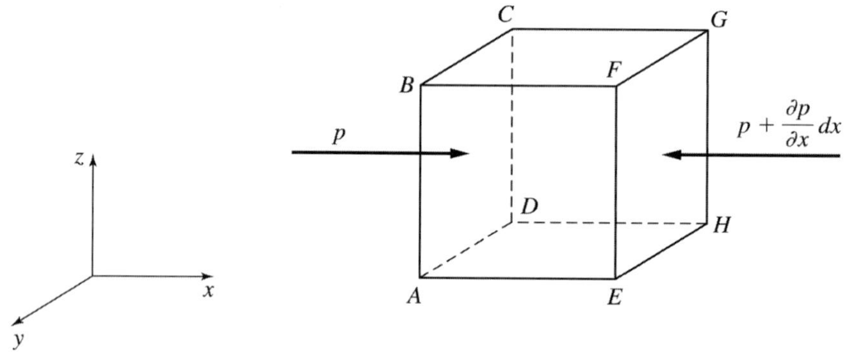

그림 3.3 단위체적의 압축력

예제 3.2 예제 3.1에서 수조 벽면에 작용하는 전체 압력을 구하시오.

풀이

압력은 수조의 수면에서 최소값 0으로부터 수로의 바닥에서 최대값 ρgh까지 다양하게 분포한다. 여기서, h는 물의 깊이이다. 폭 w(실린더의 주위)를 갖는 단면의 힘은 아래와 같이 주어진다.

$$F=0.5\rho gh\times wh=0.5\rho gwh^2$$

여기서, $w=2\pi r$

그러므로 벽에 작용하는 전체 힘 $= (2\pi r/2)\rho g h^2$

$$= \pi(6.5)\times 1000 \times 9.81 \times 5^2 \mathrm{m}\,(\mathrm{kg/m^3})(\mathrm{m/s^2})\mathrm{m}^2$$

$$= 5\times 10^6 \mathrm{N}$$

3.2.5 압력과 중력

압력과 중력은 결합될 수 있으며, 단위면적당 힘은 식(3.13)과 같이 나타낼 수 있다.

$$\mathrm{grad}(p) + \mathrm{grad}(\rho g z) = \mathrm{grad}(p+\rho g z) \tag{3.13}$$

여기서, grad는 구배(gradient)를 나타낸다. 정수역학(hydrostatic)에서 두 힘의 합은 상수이다. 식(3.13)을 ρg로 나눔으로써 아래와 같이 길이 L의 차원을 가진 수두의 항으로 나타낼 수 있다.

$$\mathrm{grad}\left(\frac{p}{\rho g}\right) + \mathrm{grad}\ z = \mathrm{grad}\left(\frac{p}{\rho g} + z\right)$$

여기서, $p/\rho g$항은 압력수두, z는 중력수두 그리고 $(p+\rho g z)/(\rho g)$는 위압수두(piezometric head)다. 또한, $\gamma = \rho g$ 이므로 위압수두는 $\left(\frac{p}{\gamma} + z\right)$로 나타낼 수 있다.

3.2.6 점성력

유체 입자간 작용하는 힘은 분자 인력에 의한 압력과 점성에 의한 마찰력이 있다. 주어진 방향에 대한 단위면적당 마찰력은 전단응력 τ이며, 이는 이상유체 또는 완전유체에서는 0으로 가정할 수 있다. 반면에, 유체 점성에 의한 전단응력은 동점성계수 μ와 각 변형률에 비례하며, 식(3.14)와 같이 나타낼 수 있다.

$$\tau = \mu \frac{dv}{dy} \tag{3.14}$$

식(3.14)는 Newton의 점성법칙이다. 분자 운동량과 전단응력에 의한 점성력을 스칼라로 변환해 보자. 텐서(Tensor)는 한 점에서 수직응력과 한 점에서 전단응력으로 구성된다.

그림 3.4에 주어진 것처럼 2차원 유체요소를 고려해보자. 한 변의 길이가 dx인 AB 면에서의 마찰력은 식(3.15)와 같다.

$$\tau dx = \mu\left(\frac{dv}{dy}\right)dx \tag{3.15}$$

점 C에서 속도는 $\left(v+\dfrac{\partial v}{\partial y}dy\right)$이다. 따라서 DC 면에서 마찰력은 식(3.16)과 같다.

$$\left(\tau+\frac{\partial\tau}{\partial y}dy\right)dx = \mu\frac{\partial}{\partial y}\left(v+\frac{\partial v}{\partial y}dy\right)dx = \mu\frac{\partial v}{\partial y}dx + \mu\frac{\partial^2 v}{\partial y^2}dy\,dx \tag{3.16}$$

AB 면과 DC 면의 점성력은 서로 반대 방향으로 작용하므로, 결국 전단력은 식(3.17)과 같다.

$$\frac{\partial\tau}{\partial y}dx\,dy = \mu\frac{\partial^2 v}{\partial y^2}dx\,dy \tag{3.17}$$

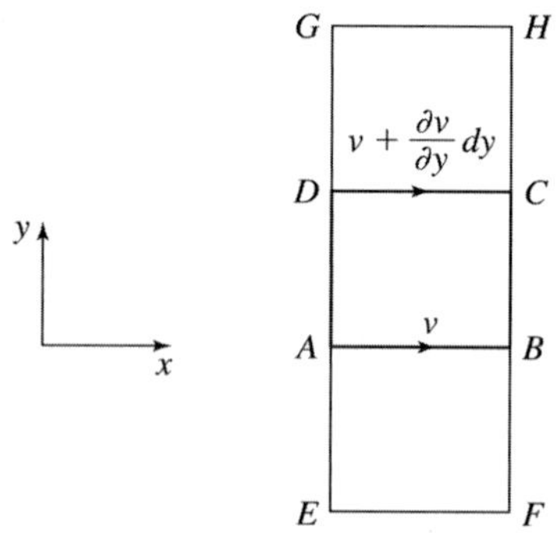

그림 3.4 2차원 유체 요소

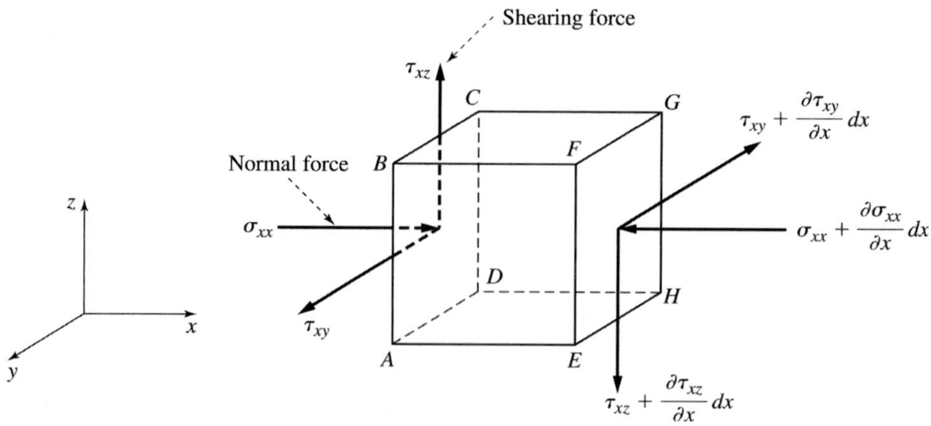

그림 3.5 표면력

따라서 단위면적당 마찰력은 면적 $dx\,dy$로 식(3.17)을 나누면 얻어진다.

$$\frac{\partial \tau}{\partial y} = \mu \frac{\partial^2 v}{\partial y^2} \tag{3.18}$$

동일한 방법으로 비압축성 유체에 있어서 x, y 및 z방향에 대한 단위체적당 마찰력 요소를 구할 수 있다. 다시 말해, 그림 3.5에서 보이는 것처럼 3차원 유체 요소에 대해, 식(3.18)과 비슷한 식을 유도할 수 있다.

예제 3.3 1 m×0.5 m의 나무박스를 부드러운 유성의 마루 바닥에 끌어보자. 박스가 얇은 기름막에 의해 0.2 mm 정도 분리되어 있다면, 2.5 m/s로 일정한 속도를 유지하기 위해 필요한 힘은 얼마인가? 여기서, 기름의 점성은 $0.15\ \mathrm{N\text{-}s/m^2}$

풀이

기름내의 속도는 선형분포를 한다고 가정해 보면, 단위면적당 힘은 식(3.14)로 부터 구할 수 있다. 여기서, $\mu = 0.15\,\mathrm{N\text{-}s/m^2}$, $dv/dy = 2.5/0.2\times10^{-3}$

$$\tau = 0.15\times2.5/(0.2\times10^{-3})\,\mathrm{N\text{-}s/m^2 m/s/m} = 1875\mathrm{N/m^2}$$

그러므로 박스를 미는데 필요한 전체 힘 = 1875×1×0.5=937.5 N

3.3 운동

유체입자는 일반적으로 주된 운동과 변형의 3가지 형태 하에 있다. 즉, (a) 속도 성분 $V(u,\ v,\ w)$를 갖는 이동(translation), (b) 속도 성분 방향으로 속도 성분의 변화에 대한 팽창(dilatation), 그리고 (c) 속도 성분의 방향에 대한 수직 방향으로의 속도 성분의 변화인 회전과 각변형이다. 수학적으로 유체 입자의 이동 경로상에서의 운동은 이와 같은 주된 운동의 중첩에 의해 얻어진다(Singh, 1996).

유체 입자 각각의 운동에 대해서는 관성력이 작용한다. 각각의 운동과 그에 상응하는 관성력의 관계는 식(3.1)에 의해 결정된다. 질량과 압력을 가지는 질량력(body force)은 유체가 운동하던 정지해 있던 존재한다. 유체의 운동은 압력의 절대적인 값에 기인하는 것이 아니라 그 자체의 구배에 의해 발생한다. 압력과 마찰력으로 구성되는 표면력(surface force)은 운동에 대해서도 적용된다(예를 들어, 점성 또는 무점성, 층류 또는 난류, 압축 또는 비압축). 병진운동(translatory motion)에 있어 속도 요소의 종속성은 비공간성을 수반하고 직선이나 곡선을 따를 수 있다. 예를 들어 평행한 직선상에서 속도가 일정한 입자의 흐름(층류)을 들 수 있다. x, y, z 축에 평행하고 dx, dy, dz의 변을 가진 직사각형 유체 입자를 고려할 때, 병진운동 하에서 변들은 축에 평행하고 일정한 길이를 유지한다. 즉, dt시간 동안 이동(translation)량은 x방향으로 $u\,dt$, y방향으로 $v\,dt$, z방향으로 $w\,dt$이다.

유체 입자가 변형될 수 있으며 각 입자는 다른 입자들과는 현저하게 다른 독특한 운동을 할 것이다. 유체 입자 사이에서 작용하는 힘은 압력과 마찰력이다. 유체 입자의 변형은 팽창운동(또는 선형)과 각운동으로 구분할 수 있다. 선형 변형의 경우 속도성분은 유체 입자의 방향에 따라서 변화한다. 예를 들어, 수렴되는 흐름에서의 속도는 입자의 경로에 따라 증가하는 경향을 가지며, 그 반대의 경우인 발산되는 흐름에서도 성립한다. 단위길이당 신축 변형의 속도는 $\frac{\partial u}{\partial x}$, $\frac{\partial v}{\partial y}$, $\frac{\partial w}{\partial z}$이다. 이 속도 도함수는 시간과 무관하다. 그들 자체가 고려된 것이라기 보다는 각각의 방향에 대한 속도의 도함수이다. 2차원의 경우(초기 좌표로 $x+dx$, $y+dy$를 가지는) $\partial u/\partial x+\partial v/\partial y$은 전체 신축비(伸縮比)이며, 단위면적당 면적의 변화율을 나타낸다. 선형 변형량은 x방향에서 $(\partial u/\partial x)dxdt$, y방향에서 $(\partial v/\partial y)dydt$이며, z방향에서 $(\partial w/\partial z)dzdt$이다.

각변형 또는 전단변형의 경우, 2차원 흐름에서 각속도는 $\partial u/\partial y$와 $\partial v/\partial x$이며, 이들 속도 도함수는 시간에 의존하지 않는다. 만약 두 변형이 동시에 존재하지 않는다면, 각 속도의 합 $(\partial u/\partial y)+(\partial v/\partial x)$은 각 변형률을 정의한다. 정사각형 유체 요소를 생각해 볼 때, 정사각형 유체 요소의 가장자리에 의해 만들어지는 각도의 이등분선은 그들 위치에 대해 평행을 유지하려는 경향이 있다. 다시 말하면, $\partial u/\partial y=\partial v/\partial x$ 로 이등분선은 회전하지 않는 각 변형이다. 만일 이것이 성립하지 않을 경우 운동은 회전이다. 예를 들어 파이프 내에서 만곡부 주위의 흐름을 들 수 있다. 마찰이 없다고 가정하면, 속도는 만곡의 바깥쪽에서보다 안쪽에서 더 큰 경향을 갖는다. 회전하지 않는 변형은 $(\partial u/\partial x)+(\partial v/\partial y)\neq 0$ 이고 $(\partial u/\partial y)-(\partial v/\partial x)=0$ 이다(Singh. 1996).

다시, 회전을 이해하기 위해 2차원 운동을 고려해 보자. 변형 각속도는 $\partial u/\partial y$과 $\partial v/\partial x$이다. 입자의 회전은 이들 각속도 간 차이에 비례하며, $(\partial u/\partial y)-(\partial v/\partial x)\neq 0$이다. 이등분선이 변하며, 초기 위치에 대해서 더 이상 평행하지 않는다. 이 경우, 각변형하면서 회전하던지 단지 회전하기만 한다. 변형되지 않고 단지 회전만 하는 경우, $(\partial u/\partial x)+(\partial v/\partial y)=0$이고 $(\partial u/\partial y)-(\partial v/\partial x)\neq 0$이다. 회전과 변형이 동시에 일어나는 경우는 $(\partial u/\partial y)-(\partial v/\partial x)\neq 0$이고 $(\partial u/\partial x)+(\partial v/\partial y)\neq 0$이다.

2차원 흐름에서 각 변형률은 x, y방향에 대해 $[(\partial u/\partial y)+(\partial v/\partial x)]/2$이며, 각 변형량은 x방향에 대해 변형비율$\times(dy\,dt)$이고, y방향에 대해 변형비율$\times(dx\,dt)$이다.

3.4 힘과 운동의 관계

유체입자는 3가지 형태의 운동으로 규정할 수 있다. 즉, 이동(translation), 팽창(dilatation) 그리고 회전(rotation)과 각변형(angular deformation)이다. 힘이 작용함으로서 운동이 발생되며, 관성력과 같다고 했을 때 운동량방정식이 산출된다. 2차원 흐름에 있어서 유체 입자의 기본이 되는 속도성분은 아래와 같이 요약된다.

이동 : u, v

팽창변환 : $\frac{\partial u}{\partial x}dx$, $\frac{\partial v}{\partial y}dy$

전단변환 : $\frac{1}{2}\left(\frac{\partial u}{\partial y}+\frac{\partial v}{\partial x}\right)dy$, $\frac{1}{2}\left(\frac{\partial u}{\partial y}+\frac{\partial v}{\partial x}\right)dx$

회전 : $-\frac{1}{2}\left(\frac{\partial v}{\partial x}-\frac{\partial u}{\partial y}\right)dy$, $\frac{1}{2}\left(\frac{\partial v}{\partial x}-\frac{\partial u}{\partial y}\right)dx$

이들 속도 성분의 각각에 ρ를 곱하면 관성력 성분이 산출된다는데 있어 가속도 성분과 같다. 관성력은 가속도 형태로 고려할 것인가, 기본적인 운동으로 고려할 것인가에 의해 두 가지 형태로 아래와 같이 구별된다(Le Mehaute, 1976).

1. 국부 가속도(Local acceleration) : 이동속도의 변량에 상응하는 것 또는 각각의 시간에 대해 유도된 속도. 국소 가속도는 불안정한 운동으로 특징지을 수 있다(예를 들어, 주어진 점에 대해 속도가 시간에 따라 변화되는 운동). 국부 가속도는 외부 힘이 가해짐으로써 유체 입자의 병진운동의 변화로부터 나온다.
2. 대류 가속도(Convective acceleration) : 변형, 회전속도에 상응하는 것 또는 각각의 공간에서 속도가 유도된 것. 대류 가속도는 부등류를 특징지을 수 있다(예를 들어, 주어진 시간에서 속도가 거리에 따라 변화). 이것을 때때로 필드 가속도(field acceleration)라고 한다. 대류 가속도는 외부에서 힘이 가해짐에 따라 유체입자의 회전 변화나 선형 또는 각변형되는 것으로부터 얻어진다.

3.5 에너지

에너지는 일하는 능력으로 정의되므로 일(work)과 같은 단위로 나타낸다. 일은 힘과 거리의 곱으로 정의된다. 그러므로 에너지는 SI단위계에서는 N-m로 FPS단위계에서는 lb-ft 항으로 나타낸다. 수리학적 시스템(hydraulic system)에서의 에너지는 적용된 힘에 따라 다른 형태로 존재한다. 어떤 문제에서 부딪히게 되는 동역학적인 항은 과정 내부에 영향을 미칠지도 모르는 에너지(또는 힘)의 유형으로 나타난다(Morris and Wiggert, 1972). 종종, 수리학에서의 에너지는 수두 또는 그에 상응하는 수심, 유체의 단위중량당 에너지 크기의 항으로 표현된다. 그 경우 에너지 수두는 m나 ft의 항으로 표현된다.

3.5.1 운동에너지

운동에너지는 항상 움직이는 유체에서 나타나고, 유체의 밀도 ρ로 상술된다. 질량은 유체 자체의 물질 내 고정된 에너지의 형태로 고려할 수 있으며, 관성의 특성에 의해 특징지을 수 있다. Newton의 법칙에서 관성력은 질량 M을 가속도 a가 되도록 하는데 요구되는 힘이며, $F = Ma$로 나타낼 수 있다. 그러므로 단위면적당 관성력은 식(3.19a)와 같다.

$$\frac{Ma}{A} \propto L^3 \frac{\rho}{L^2}\left(\frac{V}{2T}\right) \propto \frac{1}{2}\rho\left(\frac{L}{T}\right)V = \frac{1}{2}\rho V^2 \tag{3.19a}$$

여기서, L과 T는 각각 길이와 시간 차원을 나타내며, 면적과 속도는 이들 차원에 의해 나타낸다. T는 정지상태로부터 평균속도 V로 흐름이 가속되기 위한 힘에 필요한 시간이다. $\frac{1}{2}\rho V^2$항은 단위체적당 운동에너지 또는 $MV^2/2$이다. 이들 관계의 모두는 밀도 ρ가 분석에 포함되어 함축되어 있으며, 이로부터 운동에너지(kinetic energy)는 관성력과 관련된다. 식(3.19a)를 비중 γ로 나누면, 운동에너지 수두(KE Head)는 식(3.19b)와 같이 나타낼 수 있다.

$$\text{KE Head} = \frac{V^2}{2g} \tag{3.19b}$$

3.5.2 포텐셜에너지

포텐셜에너지(potential energy)는 두 가지 형태로 구성된다. (1) 고도에너지(elevation engery) 또는 위치에너지(position energy)와 (2) 압력에너지(pressure energy)이다. 단위체적당

위치에너지는 유체 압력과 위치로부터 얻어지는 단위면적당 힘과 같다. 물론, 전체 위치에너지가 도관(導管) 전체에 걸쳐 같다면, 유체는 정수(靜水) 방정식에 의해 정지상태이다. 이동하는 유체에 있어서 위치에너지의 차는 흐름의 방향 내에 존재해야만 한다. 개수로의 흐름에 있어 외부에서의 압력은 수로 전체에 걸쳐 대기압뿐이다. 위치에너지 수두(PE Head)는 고도와 압력수두의 합으로 식(3.20)과 같이 나타낸다.

$$\text{PE Head} = h + \frac{p}{\gamma} \tag{3.20}$$

여기서, h는 기준으로부터의 고도, p는 압력 그리고 γ는 비중이다. 포텐셜에너지 수두의 차는 $\Delta(p+\gamma h)$항으로 나타낸다.

3.5.3 점성에너지(전단 또는 마찰)

수리학적 시스템에서 흐름은 유체 입자간 그리고 유체입자와 흐름 경계간의 내부 전단응력에 의해 항상 저항 받는다. 이러한 마찰 효과는 유체의 역학적 에너지에 의해 하는 일에 의해 극복되어야만 하고, 이 에너지의 일부가 열에너지로 변환되어 벽경계를 통해 주변환경으로 방출된다. 이 열에너지는 열역학 제2법칙에 의해 유체 내 역학적 에너지로 재변환되어 환원될 수 없으며, 이것을 마찰손실로 취급한다. 에너지 손실률은 특정 유체의 분자구조에 기인하게 되며, 이것은 점성항 μ로 상술될 수 있다. 단위체적당 점성에너지(viscous energy)는 τ로 나타낼 수 있으며, 점성에너지 수두(VE Head)는 식(3.21)과 같이 나타낼 수 있다.

$$\text{VE Head} = \frac{\tau}{\gamma} \tag{3.21}$$

3.5.4 중력에너지(또는 중량)

모든 질량은 중력장 내에서 중량으로 또는 무게의 힘 Mg로 동일한 방식으로 반응한다. 여기서, g는 중력가속도이다. 이에 대한 영향은 어떤 수리학적 시스템 내에 유체비중 γ를 도입함으로써 상술할 수 있다. 중력에너지(gravitational energy)는 γ의 곱이고 유체가 상승하게 될 거리는 h이다. 수두의 항에서 이것은 h 자체의 크기가 될 것이다.

3.5.5 표면에너지(표면장력)

표면장력은 액체 내에 멀리 떨어져있는 입자들이 아니라 표면 부근의 입자들 간의 상호 인력의 차에 의해 발생된다. 표면장력에너지(surface tension energy)는 혼합이나 분산같은 경향에 반하여 자유표면(좀더 적당히 말하면, 두 유체 사이의 경계면)을 유지하기 위해 필요한 일로 이해할 수 있다. 이 일은 표면에 분자를 집결시키고, 에너지를 소비한다. 이것 또한 분자 현상이다. 경계면의 단위면적당 표면에너지(surface energy)는 경계면 내의 어떤 선을 따라 단위길이당 표면인장력(surface tensile force)과 힘이 같고, 단위 표면장력 σ의 항으로 상술한다. 그러므로 σ는 단위면적당 에너지 또는 단위길이당 힘(N/m 또는 FL-1)의 차원을 갖는다. 표면장력의 값은 온도뿐만 아니라 액체가 서로 다른 유체와 접촉하고 있는 경우 등에 의해 영향을 받는다.

표면장력과 관련한 일반적인 현상은 모세관 내에서 액체가 올라가거나 떨어지는 것이다. 만약 입구가 뚫린 작은 관(管)을 물에 넣으면 관 안의 수위는 관 밖의 수위 보다 높게 올라갈 것이다. 이것은 물분자와 관 벽 사이의 인력(부착력) 때문에 생기며, 이것은 물분자간의 상호 인력(응집력)을 이겨내기에 충분히 강하다. 이 같은 경우 액체가 벽 표면을 적셨다라고 부른다. 물의 상승 높이 h는 σ값, 관 반경 r, 액체의 비중 γ와 액체와 관 사이의 접촉각(angle of contact) θ에 의해 결정되며, 관 내 액체 기둥의 무게는 $\gamma\pi r^2 h$이다. 표면장력에 의한 수직력은 $2\pi r\sigma\cos\theta$이다. 이들 두 힘은 서로 평형을 이루어야 하며, 이들로부터 하나의 식을 얻을 수 있다.

$$h = \frac{2\sigma\cos\theta}{\gamma r} \tag{3.22}$$

식(3.22)는 $\theta > \pi/2$ 일 때 액체는 젖지 않으며, $\theta < \pi/2$ 일 때 액체는 젖는다. 예를 들어 수은의 접촉각은 130~150°이다. 표면장력은 토양과 다른 다공질 매체 내 액체의 운동과 얇은 필름의 흐름, 물방울과 기포의 형성, 액체 제트의 분산 등에서 중요한 역할을 한다.

3.5.6 탄성에너지

유체는 장력(tension)에 대해서는 저항하지 않지만, 체적 감소에 의한 압축응력에는 반응하고, 탄성에너지(elastic energy)의 저장력에 상응하며, 압축이 풀어진 경우에는 일을 수행한다. 이러한 효과는 유체의 체적탄성계수(bulk modulus of elasticity)에 의해 평가되고, 밀도의 단위 변화에 상응하는 압력의 증가율로 정의되며, 얼마나 유체가 압축될 것인가를 보여준다. 따라서 압축성(Compressibility)은 체적탄성계수의 항으로 정의할 수 있으며, 압력 또는 단위면적당 힘의 차원을 갖는다. 탄성(또는 압축)에너지는 압축성과 거리의 곱으로 나타낼 수 있다.

예제 3.4 물이 일정한 평균 속도 2.5 ft/s로 파이프 내에 흐르고 있다. 파이프의 직경은 3 ft이다. 파이프의 단위구간당 운동에너지를 계산하시오.

풀이

파이프 단면적 $= \pi r^2 = \pi \times 1.5^2 = 7.069\,\text{ft}^2$

운동에너지 $= 0.5 m V^2$

여기서, $m = 62.4 \times A \times 1 = 441.1\,\text{slugs}$ 이므로

운동에너지 $= 0.5 \times 441.1 \times 2.5 \times 2.5 = 1378.4\,\text{slugs-ft}^2/\text{s}^2$

예제 3.5 오리피스를 통해 물이 배출됨으로서 저장 탱크의 깊이가 12 ft로 일정하게 유지되고 있다. 유출 밸브는 탱크 바닥으로부터 2 ft 위에 있다. 마찰손실을 무시한다면, 유출구에서 유속은 얼마인가?

풀이

문제의 조건에서 마찰손실을 무시하였으므로, 포텐셜에너지는 운동에너지와 같다.

그러므로, $mgh = 0.5 m V^2$이 성립하며,

이것으로부터 $V = (2gh)^{1/2} = (2 \times 32.2 \times 10)^{1/2} = 25.38\,\text{ft/s}$을 얻을 수 있다.

3.6 힘과 에너지의 관계

이전 절의 논의로부터 에너지의 각각의 형태는 개개의 힘의 형태로 일대일로 대응하는 것을 확실히 알 수 있었다. 단위체적당 에너지는 단위 면적당 힘에 상응한다는 것과 단위면적당 에너지는 단위길이당 힘과 같다는 것을 상기할 필요가 있다. 이들의 상관관계는 아래와 같다.

에너지(Energy)	힘(Force)
운동에너지	관성력
포텐셜에너지	압력과 위치
중력에너지	중량
점성에너지	전단력
표면에너지	표면장력
탄성에너지	압축

3.7 질량, 운동량과 에너지 흐름률

일반적으로 양(quantity)의 흐름률(flux)은 단위면적당 양으로 정의된다. 예를 들어, 물의 흐름률은 단위 단면적당 체적유량이다. 마찬가지로 수리학에서도 흐름률을 단위시간당 양으로 정의하고 있다. 예를 들어, 질량 흐름률은 단위시간당 질량, 운동량 흐름률과 에너지 흐름률(energy flux)은 단위시간당 운동량과 단위시간당 에너지를 의미한다. 주의할 것은 운동량 흐름률은 힘의 단위이며, 에너지 흐름률은 동력(power)의 단위라는 것이다. 단면 평균속도가 V, 유량 Q(단위 시간당 통과하는 유체의 체적), 단면적 A인 개수로의 흐름을 생각해보자. 수로의 한 점에서 질량 흐름률은 다음과 같이 나타낼 수 있다.

$$\text{질량 흐름률(mass flux)} = \text{질량/시간} = \rho KAV = \rho KQ$$

여기서, K는 질량분포계수이다.

$$\text{운동량 흐름률(momentum flux)} = \text{운동량/시간} = \rho\beta AV^2 = \rho\beta QV$$

여기서, β는 운동량분포계수이다.

$$\text{운동에너지 흐름률(kinetic energy flux)} = \text{운동에너지/시간} = \rho\alpha AV^3 = \rho\alpha QV^2$$

여기서, α는 에너지분포계수이다.

흐름률의 개념은 제5장에 나타낸 수리학적 수식의 유도에서 사용되어질 것이다.

3.8 힘 또는 에너지의 상대적 크기의 의미

개수로에서 주된 힘은 중력, 관성력, 압력과 점성력이다. 표면장력은 어떤 환경 하에서는 흐름 작용에 영향을 미친다. 하지만, 실제로 마주치게 되는 개수로의 흐름 문제에서 표면장력은 중요하지 않으며 일반적으로 무시한다. 관로 흐름에 있어서는 실제 힘의 크기가 아니라 상대적인 힘의 크기에 지배받는다. 즉, 기하학적 매개변수에 대해서도 동일하게 흐름 패턴에 영향을 주는 인자는 개개의 크기가 아니라 상대적인 기하학적인 크기이다. 이 개념은 수리학적 상사의 근간이 되며 실험적인 수리학에서 널리 적용되고 있다. 관성력은 흐르는 유체에 항상 존재하므로 다른 힘에 대한 관성력의 비(比)로 나타내는 것이 적절할 것이다. 이들 비(比)들은 흐름 거동을 해석하는 데 상당한 영향을 미치며, 수리학에서 일반적으로 사용하는 무차원 수가 그 예일 것이다. 단위 관성력은 ρV^2으로 나타낼 수 있다. 각 비(比)들이 힘을 포함하지만, 이것들을 밀도로 분모, 분자를 나누어 제곱근을 취함으로써 운동학적인 매개변수(두 속도의 비)로 바꿀 수 있다. 이와 같이, 각 비율의 분모는 이것이 관계하고 있는 힘의 기준이라고 할 수 있는 속도를 나타낸다. 이것은 다음 절에서 밝히게 될 것이다.

3.8.1 점성의 영향

흐름 특성상 점성(viscosity)의 영향은 점성력에 대한 관성력의 비율로 나타내어진다. 이 비율은 Reynolds수에 의해 식(3.23)과 같이 주어진다.

$$R_n = \frac{V^2 D\rho}{\mu v} = \frac{DV}{\mu/\rho} = \frac{DV}{\nu} \tag{3.23}$$

여기서, ρ는 물의 밀도, V는 평균유속, D는 특성길이(예를 들어, 도관의 수리반경(R) = 면적(A)/윤변길이(P)), μ는 점성계수 그리고, $\nu(=\mu/\rho)$는 동점성계수이다. 식(3.14)와 관련하여 이용해보면, 식(3.23)은 전단속도 $v*$로 식(3.24)와 같이 나타낼 수 있다.

$$v* = \sqrt{\frac{\mu V}{\nu D}} = \sqrt{\tau_o/\rho} \tag{3.24}$$

만약, 점성력이 흐름의 특성을 지배한다면 흐름은 층류(laminar)라고 할 수 있다. 이와 같은 흐름에서는 마치 무한한 유체의 얇은 층이 상호 각 층에서 미끄러지듯이 물 입자는 유선 내에서 움직인다. 만약, 물 입자가 어떤 부드러운 경로를 따르지 않고, 무작위적으로 움직인다면, 흐름은 난류(turbulent)이다. 난류 흐름에서의 점성력은 관성력에 비해 상대적으로 작다. 경우에 따라 점성력과 관성력 양쪽이 흐름의 상태에 중요하게 영향을 미치기도 한다. 이러한 경우 흐름은 천이(遷移) 또는 혼합된다. 개수로에서 층류로부터 난류로의 천이는 Reynolds수(R_n)가 약 500일 때 발생한다. 여기서 R_n은 특성길이로써 수리반경에 기초한 것이다. R_n이 2000을 초과함에 따라 흐름은 완전한 난류가 된다.

실제로 개수로 상에서는 층류 흐름이 거의 없다. 관찰자에게 보이는 흐름의 외형이 매끄러운 유리판 같은 표면을 나타낸다고 해서 그 흐름이 반드시 층류라고는 할 수 없다. 대체로 표면속도는 그것이 표면장력파(capillary wave)를 형성하기 위해 요구되는 속도보다 낮다. 층류 조건은 지표면에서 박류(薄流, sheet flow) 내에서 또는 수리 모델 중에서 관찰될 수 있다. 흐름의 상태(층류, 천이, 또는 난류)를 실험실에서 개수로에 대해 모델링할 때 주의할 점은 원형(prototype)을 유지하는 것이다. 그렇지 않으면, 원형(prototype)과 모형(model) 간의 동역학적 상사는 만족스럽지 못할 것이며, 정확한 결과를 얻지 못할 것이다.

예제 3.6 수심이 2 m이고, 측면 구배가 1 : 1인 삼각형 수로의 유량은 $6\,m^3/s$이다. 물의 동점성계수가 $1.003\times10^{-6}\,m^2/s$라면, 흐름은 층류인가? 난류인가?

풀이

$A=ty^2=4.0\,m^2$, $P=5.657\,m$, $R=A/P=0.707\,m$ 그리고 $v=Q/A=1.5\,m/s$

$$R_n=vR/\nu=\frac{1.5\times0.707}{1.003\times10^{-6}}=1.057\times10^6$$

그러므로 흐름은 난류이다.

3.8.2 중력의 영향

흐름의 특성상 중력의 영향은 중력(gravity force)에 대한 관성력(inertial force)의 비(比)로 나타낸다. 이 비는 Froude수(F_n)로 주어지며, 식(3.25)와 같이 정의된다.

$$F_n^2=\frac{\rho V^2}{\gamma D}\quad \text{또는}\quad F_n=\frac{V}{\sqrt{\gamma D/\rho}}=\frac{V}{\sqrt{gD}} \tag{3.25}$$

여기서, V는 평균속도(平均速度)이고, g는 중력가속도(重力加速度)이며, D는 특성길이(特性長)(예를 들어, 도관의 수리 수심 = 면적(A) / 수면 폭(B))이다. 직사각형 단면에 있어서 수리수심은 흐름의 수심과 같다. Froude수(F_n)가 1이라면, 유속은 작은 진폭(振幅)을 가진 중력파의 속도와 같고 식(3.25)는 다음과 같이 쓸 수 있다.

$$V = \sqrt{gD} \tag{3.26}$$

이 흐름을 한계상태(critical state)에 있다고 말할 수 있으며, 한계속도(限界速度, V_c)는 gD의 제곱근과 같다.

유속이 한계속도 미만(즉, F_n이 1보다 작다)인 경우, 흐름은 상류(常流, subcritical flow)(또는 잔잔한 흐름)라고 부른다. 유속이 한계 속도보다 큰 경우(즉, F_n이 1보다 큰 경우)의 흐름을 사류(射流, supercritical flow)(또는 급속하게 빠른 흐름)라고 부른다. 따라서 Froude수(F_n)에 의해 $F_n < 1$ 면 상류(常流), $F_n = 1$ 이면 한계류이고 $F_n > 1$ 이면 사류(射流)로 흐름은 분류된다. 개수로 흐름은 중력의 영향에 의해 지배를 받기 때문에 개수로에서의 수리모델은 동일한 중력의 영향조건 하에서 실험되어야 한다. 즉, 모형(model)의 Froude수는 원형(prototype)의 것과 같아야만 한다.

예제 3.7 바닥 폭이 3 ft, 수심 1 ft이고 벽면 구배가 1 : 1인 사다리꼴(梯形)단면 수로에서의 유량은 50 ft^3/s 이다. 이때의 흐름은 사류인지 상류인지를 밝히시오.

풀이

$A = by + ty^2 = 4.0\,ft^2$

$B = b + 2ty = 5.0\,ft$

$D = A/B = 0.80\,ft$

$V = Q/A = 50/4 = 12.5\,ft$

$F_n = 12.5/(32.2 \times 0.8)0.5 = 2.45$ 이므로, 흐름은 사류(supercritical flow)이다.

예제 3.8 폭 4.0 m 이고, 수심 1.0 m 인 직사각형 단면 수로의 유량은 10.0 m^3/s 이다. 물의 동점성계수는 $1.10 \times 10^{-6}\,m^2/s$ 이다. Froude수와 Reynolds수를 구하시오. 흐름의 상태는 무엇인가?

풀이

$b = 4.0\,m$, $y = 1.0\,m$, $Q = 10.0\,m^3/s$, $\nu = 1.10 \times 10^{-6}\,m^2/s$ 이다.

따라서

$A = by = 4.0\,m^2$

$P = b + 2y = 4.0 + 2.0 = 6.0\,m$

$R = A/P = 4.0/6.0 = 0.667\,m$

$V = Q/A = 10.0/4.0 = 2.5\,m/s$

$$F_n = \frac{2.5}{\sqrt{9.81 \times 1}} = 0.798$$

F_n이 1보다 작은 흐름이므로, 상류(subcritical flow)이다.

$$R_n = \frac{VR}{\nu} = \frac{2.5 \times 0.667}{1.1 \times 10^{-6}} = 1.516 \times 10^6$$

$R_n = 1.51 \times 10^6$ 이므로 난류이다.

따라서 흐름의 상태는 상류-난류이다.

3.8.3 압력 및 위치력의 영향

압축력과 높이의 영향은 관성력에 대한 이들 힘의 비(比)를 통해서 평가할 수 있다. 이 비는 Euler수로 주어지며, 식(3.27)과 같이 정의된다.

$$E_n = \frac{\Delta(p + \gamma h)}{\rho V^2 / 2} \tag{3.27}$$

식(3.27) 내 분자를 ρ로 나누어 제곱근을 취하면, 결과는 여압실(與壓室, pressurized chamber)의 전체 위치에너지가 제트류(jet)의 운동에너지로 변환되어 얻어지는 유출속도(efflux velocity)이다. Euler수는 본질적으로는 운동에너지에 대한 위치에너지 차의 비(比)이다. 위치에너지 차는 수리학적 시스템(hydraulic system) 내 에너지의 어떤 또는 모든 형태에 의해서 발생할지도 모른다. 즉, 유체 압력은 중력, 탄성, 표면장력, 점성 또는 이들 에너지의 결합된 형태에 기인한 것일지도 모른다. Euler수는 유체 내에 항상 존재하므로, 그것은 흐름 작용 방정식(flow process equation) 도함수 내에서 종속 매개변수로써 얻어진다.

3.8.4 표면장력의 영향

흐름에 대한 표면장력의 영향은 표면장력에 대한 관성력의 비(比)로 평가할 수 있으며, 이 비를 Weber수라고 하며, 식(3.28)과 같이 나타낸다.

$$W_n = \frac{\rho v^2}{\sigma / D} = \left[\frac{v}{\sqrt{\sigma / \rho D}} \right]^2 = \frac{\rho D V^2}{\sigma} \tag{3.28}$$

여기서, $(\sigma/\rho D)^{0.5}$항은 표면장력파(capillary wave) 속도를 나타내고 있으며, 차원 D는 파장(波長) λ에 비례한다는 것을 나타낼 수 있다. 개수로 흐름에서는 이 비율을 거의 사용하지 않는다.

3.8.5 탄성(또는 압축)력의 영향

흐름의 성질 중 압축 에너지 또는 힘의 영향은 압축에 대한 관성력의 비(比)를 이용하여 평가할 수 있다. 이 비율은 Cauchy수로 주어지며, 식(3.29)와 같이 나타낸다.

$$C_n = \left[\frac{\rho V^2}{E}\right] \tag{3.29}$$

위 비율의 제곱근은 Mach수로 정의하며, 식(3.30)과 같이 나타낸다.

$$M_n = \left[\frac{\rho V^2}{E}\right]^{0.5} = \frac{V}{\sqrt{E/\rho}} = \frac{V}{c} \tag{3.30}$$

여기서, c는 유체에서의 소리와 같은 압력파의 속도이다. Mach수는 수력기계(hydraulic machinery)나 파이프 내의 수격(water hammer)에서 중요하지만, 일반적으로 개수로 흐름에서는 사용하지 않는다.

3.9 흐름 영역

흐름은 층류(層流), 천이류(遷移流), 난류(亂流)로 분류할 수 있으며, 이것은 Reynolds수에 의해 나타낼 수 있다. 다른 말로 이들에 대한 분류는 관성력과 점성력의 상대적 영향에 기초한 것이다. Froude수에 의하면, 흐름은 상류(subcritical flow), 한계류(critical flow)와 사류(supercritical flow)로 분류된다. 이 분류는 중력의 상대적 영향에 기초한 것이다. 관성력, 점성력 및 중력의 영향이 조합된 경우, 개수로 흐름은 그림 3.6에 나타낸 것과 같이 4개 영역으로 분류할 수 있다.

1. 상류(Subcritical) - 층류(Laminar) 영역 : F_n이 1보다 작고, R_n이 500 미만인 경우
2. 상류(Subcritical) - 난류(Turbulent) 영역 : F_n이 1보다 작고, R_n이 2000 이상인 경우
3. 사류(Supercritical) - 층류(Laminar) 영역 : F_n이 1보다 크고, R_n이 500 미만인 경우
4. 사류(Supercritical) - 난류(Turbulent) 영역 : F_n이 1보다 크고, R_n이 2000 이상인 경우

넓은 개수로에서 다양한 흐름 영역에 대한 수심-유심 관계를 그림 3.6에 나타내었다. 굵은선은 $F_n = 1$ 인 경우이고, 음영처리된 부분은 층류와 난류 사이의 천이 구간을 나타낸 것이다. 굵은선의 좌측에서의 흐름은 상류(常流)를 나타낸다. 또한, 우측의 흐름은 사류(射流)를 나타낸다. 음영구역 아래 흐름은 층류이고, 그 위의 흐름은 난류이다. 그러므로 전체 영역은 각각의 영역을 나타낸 4개 부분으로 분할된다. 그 외에 2개의 작은 영역이 상류 천이영역 및 사류 천이영역임을 그림 3.6에서 볼 수 있다.

하지만, 일반적으로 실제의 적용에 있어서는 상류 - 층류와 사류 - 층류뿐만 아니라 이 2개의 작은 영역도 찾아보기 힘들다. 이러한 영역은 단지 박류(薄流, sheet flow)와 같이 수심이 매우 얕은 흐름에서만 볼 수 있다.

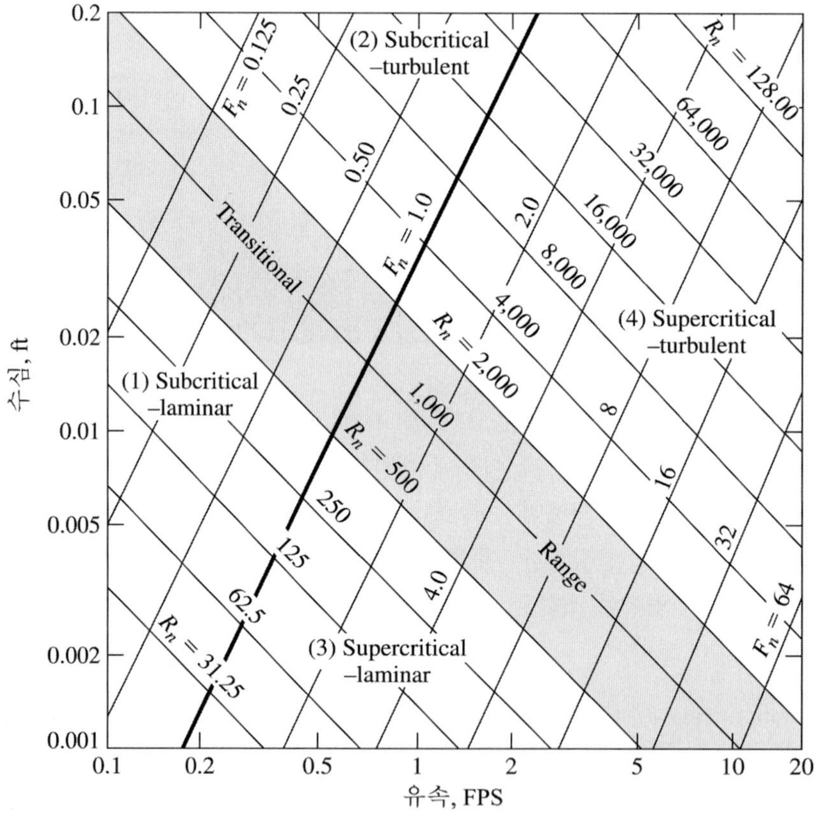

그림 3.6 개수로에서 흐름 영역

예제 3.9 폭이 4 ft, 깊이 2 ft인 직사각형 수로의 유량은 50 cfs 이다. 물의 동점성계수는 1.217 $\times 10^{-5}$ ft^2/s 이다. Froude수와 Reynolds수를 구하시오. 흐름의 영역은 무엇인가?

풀이

$b=4$ ft, $y=2$ ft, $Q=50$ cfs, ($\nu=1.217\times10^{-5}$ ft^2/s)이다.

그러므로

$$A=by=8\text{ ft}^2$$

$$P=b+2y=4+4=8\text{ ft}$$

$$R=A/P=8/8=1\text{ ft}$$

$$V=Q/A=50/8=6.25\text{ ft/s}$$

$F_n=\dfrac{V}{\sqrt{gy}}=\dfrac{6.25}{\sqrt{32.2\times2}}=0.78$, 이것은 1보다 작다. 그러므로 흐름 영역은 상류이다.

$R_n=\dfrac{VR}{\nu}=\dfrac{6.25\times1}{1.217\times10^{-5}}=5.136\times10^5$, 이것은 흐름이 난류라는 것을 보여주고 있다.

따라서 흐름 영역은 상류-난류 영역이다.

도움말 Reading Aid

3.1 수리학적 시스템(hydraulic system)이 만족해야 될 제약사항에 대하여 서술하시오.

3.2 과정방정식(process equation)을 정의하시오.

3.3 과정방정식은 수리학적 시스템(hydraulic system) 내에서 내적 제약인가? 외적 제약인가? 손실수두 함수는 과정방정식인가?

3.4 과정방정식은 일반적으로 어떻게 개발되는가? 그것을 분석적으로 개발하는 것은 가능한가? 이것에 대한 이유는?

3.5 과정방정식이 완전히 합리적인 것으로 여겨질 수 있는 경우의 예를 드시오.

3.6 어떠한 형태의 매개변수가 수리학적 시스템(hydraulic system)에 관계되어 있는가?

3.7 수리학적 시스템(hydraulic system) 내의 기하학적, 운동학적 및 동역학적 매개변수를 정의하고, 각각에 대한 예를 3가지씩 제시하시오.

3.8 다른 형태의 힘은 어떻게 수리학적 시스템(hydraulic system)에서 관계되어 있는가? 이들 힘은 어떻게 유체역학 내에서 분류되는가?

3.9 Newton의 제2운동의 법칙을 쓰고, 수학적인 형식으로 표현하시오.

3.10 수리학적 시스템(hydraulic system) 내의 내력(內力)이 어떻게 발달될 것인가 설명하시오. 왜 내력의 합계는 0이어야만 하는가?

3.11 외력(外力)의 예를 드시오. 압력과 점성의 속성을 가지는 표면장력을 제시하시오.

3.12 질량력(body force)와 체적력(volume force)의 의미는 무엇인가? 이들 힘은 항상 균형을 이루고 있는가?

3.13 모세관력과 편향력의 원인은 무엇인가?

3.14 유체가 운동중이든 정지상태이든 간에 중력은 유체 상태에 따라서 변하는가? 벡터 형식을 중력을 나타내시오.

3.15 압축력은 스칼라인가? 벡터인가?
유체 입자의 운동은 압력의 절대값 또는 압력구배에 의존하는가?

3.16 유체의 점성(Newton의 점성 법칙)에 기인한 전단응력에 대한 방정식을 쓰시오.

3.17 유체 입자에 있어 3가지 형태의 운동 및 변형은 무엇인가? 각각을 정의하시오.

3.18 병진(translatory) 운동 하에서 장방형 유체 요소의 끝은 축과 평행한 상태 그대로 일정한 길이를 유지한다. 이 문장이 진실인지, 아닌지 기술하시오.

3.19 수렴되는 흐름장에서 입자 속도는 경로를 따라서 증가하는가? 감소하는 경향이 있

는가?

3.20 각변형 또는 전단 변형을 갖는 흐름의 예를 드시오.

3.21 입자의 회전과 변형의 각속도 사이의 관계를 정의하시오.

3.22 내부력을 구별할 수 있는 가속도의 2가지 형식은 무엇인가?

3.23 응용력에 의해 분류되는 수리학적 시스템(hydraulic system) 내 에너지의 다른 형태는 무엇인가?

3.24 체적탄성계수를 정의하시오.

3.25 힘과 에너지의 관계를 정의하시오.

3.26 아래의 상황에서 흐름은 상류인가? 사류인가를 구하시오.
(1) 정확히 물 제어 구조물 직전의 흐름
(2) 소구경(小口徑) 수문 게이트 직후의 흐름

3.27 마찰이 없는 개수로에서의 흐름은 등류인가? 부등류인가? 이유는 무엇인가?

3.28 개수로에서 흐름이 층류, 난류, 상류와 사류를 분류하는 기준은 무엇인가?

3.29 개수로 흐름 영역의 다른 형태는 무엇인가?

연습문제

3.1 3m×4m인 직사각형 수조가 5m 깊이로 물이 채워져 있다. 수조 바닥에 작용하는 힘을 계산하시오.

3.2 문제 3.1의 수조 벽에 작용하는 전체 압력을 계산하시오.

3.3 바닥이 0.8m×0.6m인 박스를 기름칠 된 부드러운 바닥에서 끌었다. 만약 박스가 바닥과 0.25mm 얇은 기름 막으로 떨어져 있을 때 일정한 2.75m/s의 속도를 유지하기 위해 필요한 힘은 무엇인가? 기름의 점성은 $0.20\,\text{N-s/m}^2$

3.4 문제 3.3에서의 박스가 동일한 형태의 기름막이 0.2mm인 상태에서 1440N의 힘으로 끌고 있다면, 이때의 속도는 얼마인가?

3.5 물이 평균속도 8.5ft/s로 지름 1.0ft인 파이프를 흐르고 있다. 파이프의 단위길이당 운동에너지를 계산하시오.

3.6 오리피스를 통해 흘러 나감으로서 6ft의 일정한 깊이를 유지하고 있는 저장 수조가 있다. 유출구 밸브는 수조 바닥으로부터 1.0ft 위에 있다. 만약 마찰 손실을 무시한다면, 유출구에서 물의 속도는 얼마인가?

3.7 폭이 3m, 깊이가 2m인 직사각형 수로에서 유량이 $9\,\text{m}^3/\text{s}$로 흐르고 있다. 만약 물이 동점성계수가 $1.12\times10^{-6}\,\text{m}^2/\text{s}$이라면, 흐름이 층류인가? 난류인가?

3.8 바닥 폭이 6ft, 물의 깊이가 3ft, 측면 구배가 1 : 1인 사다리꼴 수로에서 $250\,\text{ft}^3/\text{s}$의 유량이 흐르고 있다. 흐름이 사류 흐름인지 상류 흐름인지 판단하시오.

3.9 다음의 흐름이 층류인가? 난류인가? (1) 넓은 장방형 수로에 수심 1.0m로 유속이 2.0 m/s로 흐르고 있다. 동수반경은 $y/2$로 가정한다. (2) 유속이 0.08m/s, 수심이 2.0mm로 넓게 얕게 흐르고 있다. 이 경우 동수반경은 y이다.

3.10 폭 10.0ft, 깊이 3ft인 장방형 수로에서 유량이 $225.0\,\text{ft}^3/\text{s}$이다. 이 흐름은 상류 흐름인가? 사류 흐름인가?

3.11 문제 3.10에서의 흐름은 층류인가? 난류인가? 동점성계수 ν는 $1.217\times10^{-5}\,\text{ft}^2/\text{s}$을 갖는다.

3.12 폭 8.0m, 깊이 0.5m인 장방형 수로에서 유량이 $2.0\,\text{m}^3/\text{s}$이다. 흐름의 영역을 결정하시오.

3.13 사다리꼴 수로에서 유량이 $200\,\text{ft}^3/\text{s}$이다. 수로는 바닥 폭이 5.0ft, 측면 구배가 3 : 2이고 수심은 4ft이다. Froude수와 Reynolds수를 찾으시오(단, 동점성계수 ν는 $1.059\times10^{-5}\,\text{ft}^2/\text{s}$이다). 흐름의 영역은?

3.14 측면 구배가 1 : 1, 수심이 2.0m인 삼각형 수로에서 유량이 $20.0\,\text{m}^3/\text{s}$이다. 흐름의 영역은?

3.15 폭이 4.0ft인 직사각형 수로에서 깊이

1.5 ft에서 유량은 100 ft^3/s이다. 흐름은 상류(subcritical)인가? 사류(supercritical)인가? 동일한 유량에 대해 한계류(critical flow)가 되기 위한 깊이는?

3.16 깊이 6 ft, 측면 구배 1 : 1인 삼각형 수로에서 유량이 200 ft^3/s로 흐르고 있다. 물의 동점성 계수가 1.1×10^{-5} ft^2/s이라면, Froude수와 Reynolds수를 구하고 흐름의 영역을 결정하시오.

3.17 높이가 0.5 m인 고가수조(overhead tank)가 지상으로부터 15 m에 있다. 지상 2 m에서 이 수조의 유출구로부터 제트류(jet)의 최대 유속을 구하시오.

3.18 체적이 64 m^3 입방체 수조가 4개의 사각형 기둥에 의해 지지되어 있다. 각각의 기둥의 기본 면적은 0.1 m^2이다. 만약 탱크에 물이 가득 찬다면, 지반 위 각 기둥에 의해 산출되는 힘을 구하시오. 수조 재질의 무게와 기둥의 무게는 무시한다.

3.19 흙댐(earth dam)이 120 m의 높이로 강물을 담고 있다. 터빈하우징으로부터 물이 빠져나가기 위해 필요한 수두가 5 m라면, 터빈을 돌리기 위해 필요한 제트류(water jet)의 단위체적당 최대 운동에너지를 구하시오. 또한, 제트류의 속도를 구하시오.

3.20 지표면 8.0 m의 어떤 점에서 파이프라인 내부 압력은 90 kPa이고 이때 흐름은 없다. 지표에서의 제트류(water jet)의 가능 속도를 구하시오.

3.21 질량이 6 kg인 블록이 경사면에 놓여 있다. 경사면은 그림 3.21에서와 같이 얇은 오일막이 0.1 mm로 덮여있다. 블록 표면적은 45 cm^2이다. 블록이 위 방향으로 2 m/s 속도로 움직이기 위해 필요한 힘 N을 구하시오.

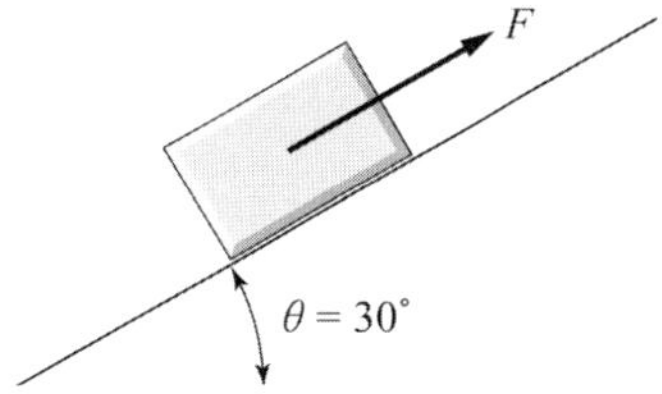

그림 P3.21

3.22 문제 3.21에서 만약 아래쪽으로 5 N의 크기로 힘을 주면 블록의 속도는 얼마인가?

3.23 노즐 전면에서 연직으로 위 방향으로 제트류(water jet)가 8 m/s의 속도로 분출되고 있다. 이 제트류가 올라갈 수 있는 높이를 구하시오.

3.24 일직선으로 수평한 파이프에 붙어있는 압력 게이지의 눈금이 248.4 kPa이다. 유량은 유량계를 이용하여 알 수 있으며, 35 ℓ/s 였다. 파이프의 지름이 8 cm라면 이 파이프 흐름의 Euler수를 구하시오.

3.25 다공질댐(porous dam)에서 1.5 m/day로 물이 새고 있다. 다공질의 평균 지름이 0.06 mm라면, Weber수를 구하시오.

3.26 거대한 풍동 터널 팬이 온도가 20℃인 장소에 고속 흐름을 측정을 위해 만들어졌다. 팬은 6000 rpm으로 회전하고 있다. 회전 중심으로부터 날개의 크기(blade size)가 1.5 m라면, 팬 날개의 끝에서 속도의 Mach수를 구하시오. 또한, 상응하는 Cauchy수를 구하시오. 힌트, 공기의 속도는 $20.04(T)^{0.5}$ m/s이며, 여기서 T는 Kelvin 온도이다.

참고문헌

Le Mehaure, B., 1976. An Introduction to Hydrodynamics and Water Waves. Springer- Verlag. New York.

Morris, H. M. and Wiggert, J. M., 1972. Applied Hydraulics in Engineering. Wiley, New York.

Singh V.P., 1996. Kinematic Wave Modeling in Water Resources: Surface-Water Hydrology. Wiley, New York.

Norris Dam and Reservoir Clinch River, USA

Chapter 04

정수역학

4.1 한 점에서의 압력
4.2 압력장
4.3 정지상태 유체 내의 압력의 변화량
4.4 표준 대기
4.5 수중의 정수역학적 힘
4.6 정수학적 힘의 도식적 표현
4.7 부력과 안정성
4.8 압력의 측정
4.9 액주계

정수역학(hydrostatics)은 유체 입자 사이의 상대적인 운동이 없는 정지상태에서의 유체에 대해 다루는 것이다. 유체 입자간 전단응력은 없으며, 유체입자 표면에 작용하는 유일한 힘은 압력이다. 압력의 항은 유체 내 주어진 평판 한 점에 대한 단위면적당 연직력을 지칭하는 것으로 사용된다. 이 장에서는 압력을 설명하고 유체 상에서의 압력 변동과 수중에서의 표면상의 압력 효과를 상세히 설명하고자 한다. 부력과 수중에 잠긴 물체와 떠있는 물체의 안정성에 대해서 논할 것이다. 또한, 기본적인 압력 측정 장치인 액주계(液柱計, manometer)를 다룬다.

4.1 한 점에서의 압력

압력의 정의를 생각해보면, 한 점의 압력이 한 점을 통과하는 평판의 방향에 따라서 어떻게 변화될 것인가라는 궁금증이 생긴다. 그 점에 대해 파악하기 위해, 그림 4.1에 나타낸 것처럼, 유체 내 임의 위치에서 임의의 삼각 쐐기 모양의 유체 요소를 고려해 보자. 전단응력이 없는 상태에서 쐐기에 작용하는 유일한 외부 힘은 압력과 무게이다. 비록 유체가 정지상태이지만, 유체 요소가 강성체로 움직이고 가속되어질 것이라고 일반화하여도 생각할 수 있다. 즉, 근접 유체 요소간 상대적 운동은 없고 전단응력이 없다는 의미이다. 그림에서 z는 연직방향, x는 길이방향이고, y는 횡단면에 수평한 방향이다. 요소의 면은 $\delta x \delta y$, $\delta y \delta z$, $\delta x \delta z$와 $\delta y \delta s$이다. 이들 면의 평균 압력은 각각 p_z, p_x, p_y와 p_s이다. 압축력(pressure force)

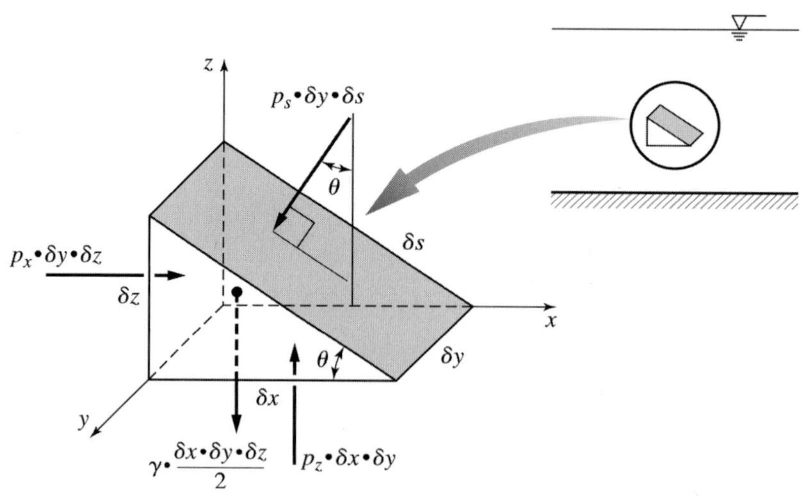

그림 4.1 임의의 쐐기형의 삼각형 유체요소에 대한 힘

에 적당한 면적을 곱하면 각 면에 생성되는 상응한 힘을 구할 수 있다. x, y, z 방향에 대한 가속도는 각각 a_x, a_y, a_z로 가정할 때, y방향의 힘은 상쇄되어 나타나지 않는다. Newton의 제2운동법칙을 적용하면, x방향에 대한 힘은 식(4.1a)와 같이 쓸 수 있다.

$$\sum F_x = p_x \delta y \delta z - p_s \delta y \delta s \sin\theta = \rho \frac{\delta x \delta y \delta z}{2} a_x \tag{4.1a}$$

동일한 방법으로, z방향에 대한 힘을 (4.1b)와 같이 나타낼 수 있다.

$$\sum F_z = p_z \delta x \delta y - p_s \delta y \delta s \cos\theta - \gamma \frac{\delta x \delta y \delta z}{2} = \rho \frac{\delta x \delta y \delta z}{2} a_z \tag{4.1b}$$

여기서, ρ는 밀도이고, γ는 단위중량이다. 그림 4.1을 참고해 나타내면, $\delta x = \delta s \cos\theta$이고, $\delta z = \delta s \sin\theta$이다. 식(4.1a), (4.1b)에 이 값을 대입하면, 식(4.2a), (4.2b)가 얻어진다.

$$p_x - p_s = \rho a_x \frac{\delta x}{2} \tag{4.2a}$$

$$p_z - p_s - \frac{\gamma \delta z}{2} = \rho a_z \frac{\delta z}{2} \tag{4.2b}$$

한 점에서의 압력 값을 구하기 위해 정리해 보면, 유체 요소의 면이 이루는 각도 θ는 변하지 않게 유지하면서, 요소 크기가 0값으로 근접하는 것으로 가정한다. 그러면, 식(4.2a)와 (4.2b)는 식(4.2c)와 같이 된다.

$$p_x = p_s \text{와 } p_z = p_s \text{ 또는 } p_x = p_z = p_s \tag{4.2c}$$

식 (4.2c)는 정지 또는 운동 상태에 있는 유체 내 한 점에서의 압력은 방향에 대해 무관하며, 전단응력이 존재하지 않는다는 것을 증명하고 있다. 이것은 후에 프랑스 수학자 Blaise Pascal(1623-1662)에 의해 Pascal의 법칙으로 알려졌다. 전단응력이 존재하는 상황에서의 Pascal의 법칙은 유효하지 않으며, 한 점에서의 압력은 한 점에서 상호 직각을 이루는 세 개의 연직응력(nomal stress)의 평균으로 정의된다(Munson et al., 1990). 이 개념에 대해서는 계속되는 절에서 분명히 확인할 수 있다.

4.2 압력장

유체 질량 내의 한 점에서 다른 점으로의 압력의 변동은 전단응력이 존재하지 않는다는 조건 아래에서 고려될 필요가 있다. 그림 4.2에서 나타낸 것처럼, 유체 질량 내 임의의 위치에서 작은 직사각형 요소를 떼어내 생각해 보자. 앞 절에서와 같이 이 요소에 작용하는 힘은 압력에 의한 표면력이며, 질량력(body force)은 요소의 무게와 같다. 요소 중심에서의 압력을 p로 나타내면, 요소 면(짧은 거리) 상의 평균 압력은 고차수 항이 무시된 Taylor 급수 형식을 이용하여 나타낼 수 있다. 이것은 p의 항으로 된 도함수로 표현되며, 이를 간략히 하면, y방향에 대한 표면력은 나타나지 않는다. 앞과 동일한 표기 방식을 이용하여, x방향에 대한 표면력의 합력은 식(4.3a)와 같이 나타낼 수 있다.

$$\delta F_x = \left(p - \frac{\partial p}{\partial x}\frac{\delta x}{2}\right)\delta y \delta z - \left(p + \frac{\partial p}{\partial x}\frac{\delta x}{2}\right)\delta y \delta z = -\frac{\partial p}{\partial x}\delta x \delta y \delta z \qquad (4.3a)$$

동일한 방식으로, y, z 방향에 대한 표면력의 합력을 식(4.3b)와 같이 각 방향에 대해 나타낼 수 있다.

$$\delta F_y = -\frac{\partial p}{\partial y}\delta x \delta y \delta z \ , \ \delta F_z = -\frac{\partial p}{\partial z}\delta x \delta y \delta z \qquad (4.3b)$$

요소에 작용하는 표면력의 합력은 3방향에 대한 벡터의 합이 된다.

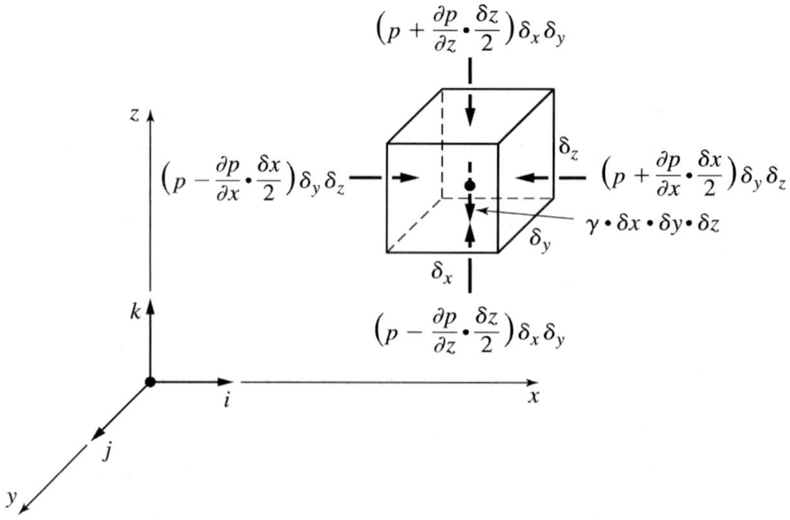

그림 4.2 미소 유체 요소에 작용하는 표면력과 질량력

$$\delta \boldsymbol{F}_s = -\left(\frac{\partial p}{\partial x}\boldsymbol{i} + \frac{\partial p}{\partial y}\boldsymbol{j} + \frac{\partial p}{\partial z}\boldsymbol{k}\right)\delta x \delta y \delta z = -\nabla p \delta x \delta y \delta z \tag{4.3c}$$

여기서, $\boldsymbol{i}$, $\boldsymbol{j}$와 $\boldsymbol{k}$는 x, y와 z방향에 대한 단위 벡터이고, ∇은 구배(Gradient)를 나타내는 벡터 연산자이다.

단위체적당 표면력의 합력은 식(4.4)와 같이 나타낼 수 있다.

$$\frac{\delta \boldsymbol{F}_s}{\delta x \delta y \delta z} = -\nabla p \tag{4.4}$$

아래 방향(또는 음의 z)으로 작용하는 요소의 중량 $\boldsymbol{W}$는 식(4.5)와 같이 쓸 수 있다.

$$\delta \boldsymbol{W} = -\gamma \delta x \delta y \delta z \boldsymbol{k} \tag{4.5}$$

요소의 가속도를 a라고 하고, 요소의 질량은 δm이라고 하여, Newton의 제2운동법칙을 적용하면, 식(4.6)을 얻는다.

$$\sum \delta \boldsymbol{F} = \delta \boldsymbol{F}_s + \delta \boldsymbol{W} = \delta m \boldsymbol{a} \tag{4.6}$$

식(4.6)은 식(4.7)과 같이 쓸 수 있다.

$$-\nabla p \delta x \delta y \delta z - \gamma \delta x \delta y \delta z \boldsymbol{k} = \rho \delta x \delta y \delta z \boldsymbol{a} \tag{4.7}$$

식(4.7)은 식(4.8)과 같이 간단히 줄여 쓸 수 있다.

$$-\nabla p - \gamma \boldsymbol{k} = \rho \boldsymbol{a} \tag{4.8}$$

식(4.8)은 전단응력이 존재하지 않는 유체에 대한 일반적인 운동 식이다.

4.3 정지상태 유체 내의 압력의 변화량

정지상태의 유체에서 가속도 $\boldsymbol{a} = 0$이다. 따라서 식(4.8)은 식(4.9)와 같이 나타낼 수 있다.

$$\nabla p + \gamma \boldsymbol{k} = 0 \quad \text{또는} \quad \frac{\partial p}{\partial x} = 0, \quad \frac{\partial p}{\partial y} = 0, \quad \frac{\partial p}{\partial z} = -\gamma \tag{4.9}$$

식(4.9)는 수평한 $x-y$평면 내에서의 압력은 위치에 따라 변화되지 않는다는 것을 보여주고 있다. 하지만, 압력은 유체 표면 아래에서는 위치에 따라 변화된다. 그러므로 정지상태의 유체 내의 압력 변화량에 대한 기초 방정식은 식(4.10)과 같이 일반적인 미분방정식으로 주어진다(Fox and McDonald, 1985).

$$\frac{\partial p}{\partial z} = -\gamma \tag{4.10}$$

여기서, p는 압력이며, γ는 단위중량으로 z(고려대상의 바닥으로부터 대상지점까지 측정된 값)에 따라 변할 수 있다. 연직방향에 대한(높이에 따른) 압력 구배는 음(–)이다(즉, 높이가 증가함에 따라 압력은 감소한다). 식(4.10)에서 γ는 항상 상수이다. γ은 밀도 ρ와 중력 g에 의한 가속도의 곱이기 때문에 대부분의 경우 이것을 상수로 취급한다. 그러므로 압력 구배는 일정한 단위중량을 가진 균질한 유체에서는 선형이므로 식(4.10)은 직접 적분할 수 있다.

$$\int_{p_1}^{p_2} dp = -\gamma \int_{z_1}^{z_2} dz \quad \text{또는} \quad p_1 - p_2 = \gamma(z_2 - z_1) \quad \text{또는} \quad p_1 = \gamma h + p_2 \tag{4.11}$$

여기서, p_i는 연직 높이 $z_i(i=1,\ 2)$ 에서의 압력이며, h는 높이 z_1, z_2 사이의 차 또는 점 z_2로부터 아래 방향으로 측정된 유체의 깊이이다. 따라서 두 점간의 압력차는 식(4.12)와 같이 수두의 항으로 나타낼 수 있다.

$$h = \frac{p_1 - p_2}{\gamma} \tag{4.12}$$

바꾸어 말하면, h는 압력차 $p_1 - p_2$에 의해 산출되는 단위중량 γ인 유체 기둥의 높이이다. 그러므로 압력차는 물이나 수은 기둥의 높이 항으로 나타낼 수 있다. 만약, $p_2 = p_o$ 로 대기압 상태라면, 어떤 점에서의 압력 p는 식(4.13a)와 같이 나타낼 수 있다.

$$p = \gamma h + p_o \tag{4.13a}$$

압력은 대기압에 대해서 측정된다. 따라서 $p_o = 0$ 이라면, 식(4.13b)와 같이 된다.

$$p = \gamma h \tag{4.13b}$$

불규칙한 표면을 가진 물체가 유체 내에 잠겨있다면, 수중 표면 위의 평균 압력 p_{av}는 각각의 부분에 작용하는 압력(p_i), 그에 상응하는 각 부분 면적(a_i)의 곱에 대한 총 합을 전체

표면적으로 나눈 것이다. 즉,

$$p_{av} = \frac{\sum p_i a_i}{\sum a_i} \tag{4.14}$$

예제 4.1 해수면 아래 50m 지점의 한 점에서의 압력을 구하시오. 바닷물의 밀도(ρ_s)는 1025 kg/m^3이다.

풀이

식(4.13b)로부터 $p = \gamma h$ 이다. 이 예제에서의 $h = 50m$ 이다. 그러므로

$$p = 1025 \times 9.81 \times 50 = 10{,}055.25 N/m^3 \times 50m = 502.76 kN/m^2$$

4.4 표준 대기

지구 대기상 압력은 평균 해수면 위에서 높이에 따라 변화된다. 온도, 참조 압력 등을 포함해 특정 조건 범위 내에서 고도에 따른 압력의 측정이 바람직하다. 미국 표준 대기는 지구 대기의 1년 중의 평균상태를 중간 위도로 이상화하여 표현한 값이다. 미국 표준 대기에 있어서 온도에 대해 생각해보면, 대류권(지구 표면에서 가장 가까운 구역으로 위로 약 11 km)에서는 높이에 따라 온도는 감소하고, 성층권에서는 기본적으로 일정하고, 그 다음 층에서는 초기에 높이가 증가함에 따라 온도가 상승한다는 것을 알 수 있다. 해수면 대한 미국 표준 대기의 특성을 <표 4.1>에 나타냈다. 해수면에서 중력 가속도는 $9.81 m/s^2 (32.174 ft/s^2)$ 이다.

표 4.1 평균해수면 대한 미국 표준 대기의 성질

성질	SI단위계	FPS단위계
온도(T)	288.14°K(15℃)	518.67°R(59°F)
압력(p)	101.33kPa(abs)	$2116.2 lb/ft^2$(abs) $14.696 lb/in^2$(abs)
밀도(ρ)	$1.225 kg/m^3$	$0.002377 slug/ft^3$
단위중량(γ)	$12.014 N/m^3$	$0.07647 lb/ft^3$
점성(μ)	$1.789 \times 10^{-5} N\text{-}s/m^2$	$3.737 \times 10^{-7} lb\text{-}s/ft^2$

4.5 수중의 정수역학적 힘

수중에 잠긴 물체의 표면은 정수압(hydrostatic pressure)의 영향을 받는다. 유체 수면 아래로 표면이 깊어질수록 압력의 강도는 더 커진다. 이러한 것은 수영장에서 수영하는 동안 쉽게 느낄 수 있다. 유체가 비압축성이라면 압력은 깊이에 따라 선형적으로 변화한다. 수중에 잠긴 물체의 표면은 일반적으로 수면에 대해 수평, 수직, 경사질 수 있다.

4.5.1 수면에 대한 수평면

그림 4.3과 같이 액체 속에 잠겨있는 물체의 수평면을 생각해 보자. 이 물체 표면상의 액체 전체 무게는 물체 표면 위의 액체의 체적과 액체의 단위중량의 곱과 같다. 따라서 수중에 잠긴 물체 표면은 그것 위의 있는 액체 전체 무게와 동일한 값의 수직력의 지배를 받는다.

$$F = \gamma A h \tag{4.15}$$

여기서, F는 수중 물체 표면에 작용하는 힘, γ는 액체의 단위중량, A는 물체 표면의 면적이고, h는 액체 수면에서 측정된 수평한 물체 표면까지의 깊이이다.

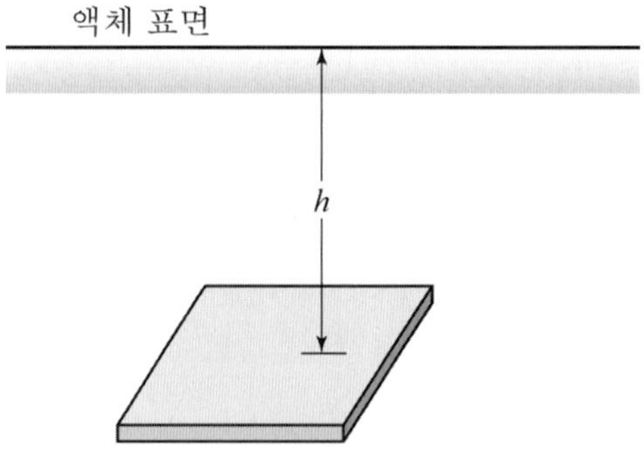

그림 4.3 액체 속에 잠긴 수평면

예제 4.2 길이가 4 ft인 정사각형 수조에 3 ft 깊이로 물이 채워져 있다. 수조의 바닥에 작용하는 전체 힘을 구하시오.

풀이

바닥의 면적은 $4 \times 4 = 16\,\text{ft}^2$ 이다. 식(4.15)를 이용하면, 전체 힘은

$$F = \gamma A h = 62.4(\text{lbs}/\text{ft}^3) \times 16(\text{ft}^2) \times 3(\text{ft}) = 2995.2\,\text{lb}$$

4.5.2 수면에 대한 수직면

앞 절에서 서술한 바와 같이, 압력은 액체 표면 아래의 깊이에 따라서 변화한다. 그러므로 수직으로 잠겨진 물체의 표면은 대상 점에 따라 다른 압력 수두의 영향을 받을 것이다. 그림 4.4에 나타낸 것과 같이 액체 속에 잠긴 수직면을 생각해 보자. 이 수직면은 그림에서 나타낸 것과 같이 수많은 평행한 띠로 나눌 수 있다. 폭이 b이고 중심이 수면으로부터 깊이 h에 위치해 있는 가늘고 긴 띠 δh를 생각해 보자. 이 조각의 중심에서 압력 p_o는 식(4.16)과 같이 주어진다.

$$p_o = \gamma h \tag{4.16}$$

이 띠의 면적은 $\delta A = b\delta h$ 이다. 그러므로 그 띠에 작용하는 힘은 식(4.17)로 주어질 수 있다.

$$F_o = p_o \delta A = \gamma h b \delta h \tag{4.17}$$

그 띠 표면에 작용하는 전체 힘은 식(4.17)을 적분하면 식(4.18)과 같이 얻어진다.

$$F = \sum \gamma h b \delta h = \int \gamma h b dh \tag{4.18}$$

$hb\delta h$의 적분값은 액체의 수면에 대한 면적의 1차 모멘트와 같다. 즉,

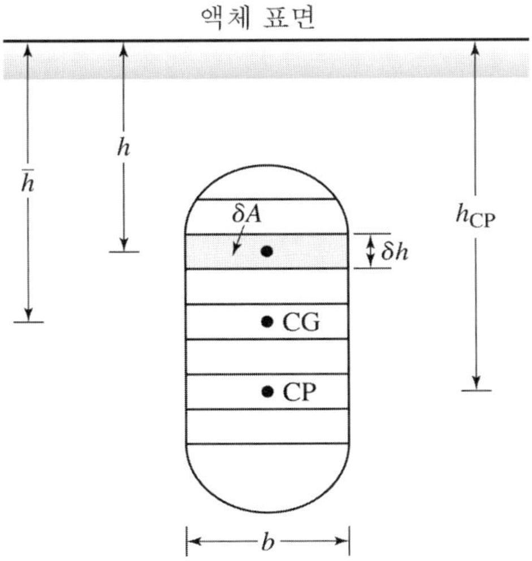

그림 4.4 액체 속에 잠긴 수직면

Glen Canyon 댐, 콜로라도강, 미국
(사진허가 : Doug Sokell)

$$\int hbdh = A\bar{h} \tag{4.19}$$

여기서, A는 액체에 잠긴 물체 표면의 면적이고 $\bar{h}$는 고려대상 물체 표면의 도심과 액체 표면 간의 연직거리이다. 그러므로 전체 힘은 식(4.20)과 같이 주어진다.

$$F = \gamma A\bar{h} \tag{4.20}$$

식(4.20)을 증명하기 위한 다른 간단한 방법은 수중 내 물체의 전체 면적을 미소한 면적 a_1, a_2, $\cdots$, a_n으로 나누는 것이다. 수면에서 이 미소 면적의 중심까지의 거리는 h_1, h_2, $\cdots$와 h_n이다. 어떤 미소한 조각(i)에 작용하는 힘은 식(4.21)로 계산할 수 있다.

$$F_i = \gamma a_i h_i \tag{4.21}$$

그러므로 연직면에 대한 전체 힘은 식(4.22)와 같이 주어진다.

$$F = \gamma a_1 h_1 + \gamma a_2 h_2 + \cdots + \gamma a_n h_n \quad \text{또는} \quad F = \gamma \sum_{i=1}^{n} a_i h_i = \gamma A\bar{h} \tag{4.22}$$

예제 4.3 잠수함의 $3\,\text{ft} \times 4\,\text{ft}$ 직사각형 문은 수면에 대해 연직면으로 개폐한다. 문의 중심은 해수면 아래 $300\,\text{ft}$에 위치해 있다. 바닷물의 비중은 $64\,\text{lb/ft}^3$이다. 문에 작용하는 전체 힘을 구하시오.

풀이

문의 면적은 $3\,\text{ft} \times 4\,\text{ft} = 12\,\text{ft}^2$ 이다. 식(4.20)을 이용하면, 문에 작용하는 전체 힘은

$$F = \gamma A\bar{h} = 64\,\text{lb/ft}^3 \times 12\,\text{ft}^2 \times 300\,\text{ft} = 230{,}400\,\text{lb}$$

압력은 수중에 잠긴 물체 표면의 낮은 부분일수록 커지기 때문에, 합성 압축력(pressure force)은 물체 표면의 중력 중심 아래의 어떤 점에 작용할 것이다. 합력이 위치하게 될 곳의 점을 압력 중심 CP(center of pressure)라고 부르며, 수면하 깊이의 항 h_{CP}로 표현한다. 그림 4.4에 나타낸 것과 같은 압력의 중심 CP에 대해 생각해 보자. 수면에 대한 압축력 모멘트 합은 식(4.23)으로 주어진다.

$$M = \int \gamma bh^2 dh = \gamma I_o \tag{4.23}$$

여기서, 적분은 면적의 2차 모멘트 또는 수면에 대한 관성 모멘트(I_o)로 표시한다.

또한, 압축력 모멘트의 전체 합은 Fh_{CP}이다. 그러므로

$$M = \gamma I_o = Fh_{\mathrm{CP}} \tag{4.24}$$

또는

$$\gamma I_o = \gamma A\bar{h}h_{\mathrm{CP}} \tag{4.25}$$

따라서

$$h_{\mathrm{CP}} = \frac{I_o}{A\bar{h}} \tag{4.26}$$

평행축 정리에 따르면 어떤 주어진 면적 A에 대한 어떤 수평축 주위의 면적 관성 모멘트(I_o)는 그것의 도심을 통과하는 수평축에 대한 관성 모멘트 I_c과 두 축 사이의 거리 $\bar{h}$의 제곱과 면적의 곱을 더한 것과 같다고 규정하고 있다. 그러므로

$$I_o = I_c + A\overline{h^2} \tag{4.27}$$

여기서, I_c는 표면의 중력 중심을 통과하는 수평 축에 대한 표면의 관성 모멘트이고, $\bar{h}$는 액체 표면과 수중 표면의 중력 중심간의 거리이다.

식(4.27)을 식(4.26)에 대입하면 식(4.28)을 얻는다.

$$h_{\mathrm{CP}} = \frac{I_c}{A\bar{h}} + \bar{h} \tag{4.28}$$

식(4.28)은 수중 표면의 압력 중심 CP는 항상 중력 중심 CG로부터 $I_c/A\bar{h}$ 거리만큼 아래에 있다는 것을 암시하고 있다.

4.5.3 수면에 대한 경사면

그림 4.5에 나타낸 것과 같이, 수중의 평판 표면이 수면과 θ각을 이루고 경사져 있는 경우를 생각해 볼 수 있다. 면적은 임의의 형상을 가지고 있다. 이 절의 목적은 수중에 있는 경사면의 한 면에 작용하는 합력의 방향, 위치와 크기를 구하는 것이다. 계산을 쉽게 하기 위해, y축은 수면에 대해 경사져 있으며, 축 O는 y축에 대해 수직이라고 가정해 보자. 전체 면적은 각각의 크기가 δA가 되도록 면적을 나눌 수 있다. 면적 δA에 작용하는 힘은

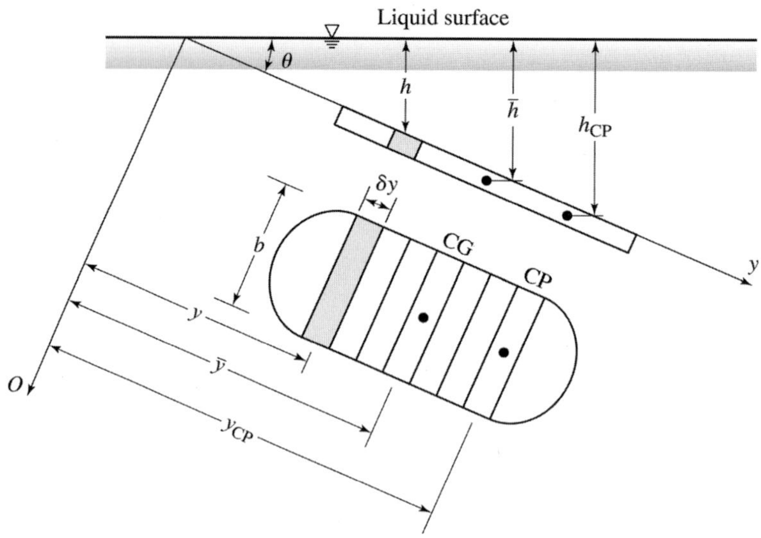

그림 4.5 액체 속에 잠겨있는 경사면

$\delta F = \gamma h \delta A$ 이고, 물체 표면에 대해 수직이다. 전체 면적에 대한 합력은 이들 작은 면적을 합산함으로써 얻을 수 있으며, 식(4.29)와 같이 나타낼 수 있다.

$$F = \sum \gamma h \delta A \int_A \gamma y \sin\theta dA \tag{4.29}$$

여기서, y는 O축에 대해서 수직하게 측정한 것이다. 액체의 비중 γ와 각도 θ는 상수이다. 그러므로 식(4.29)는 식(4,30)과 같이 나타낼 수 있다.

$$F = \gamma \sin\theta \int_A y dA \tag{4.30}$$

여기서, $\int_A y dA$의 크기는 O축에 대한 면적의 1차 모멘트이다. 즉,

$$\int_A y dA = \bar{y} A \tag{4.31}$$

여기서, $\bar{y}$는 O축으로부터 측정된 경사진 표면 중심의 y좌표이다. 식(4.31)은 식(4.32)과 같이 다시 쓸 수 있다.

$$F = \gamma A \bar{y} \sin\theta = \gamma A \bar{h} \tag{4.32}$$

여기서, $\bar{h}$는 수면으로부터 수중에 잠긴 물체 면의 도심까지 연직 거리이다. 식(4.32)에 나타낸 것처럼, 전체 압축력은 액체의 단위중량과 수중 잠긴 물체 표면의 면적 그리고, 수면으로부터 물체의 도심까지 깊이에 좌우되지만, 각도 θ에는 좌우되지 않는다. 합력은 물체 표면에 대해서 연직이다.

O축에 대한 모멘트의 합은 동일한 축에 대해 분포된 압축력의 모멘트와 같다. 또는,

$$Fy_{\mathrm{CP}} = \sum \delta F y = \int_A \gamma y^2 \sin\theta dA \tag{4.33}$$

식(4.32)를 식(4.33)으로 치환하면, 이것은 식(4.34)와 같이 쓸 수 있다.

$$y_{\mathrm{CP}} = \frac{\int_A y^2 dA}{A\bar{y}} \tag{4.34}$$

적분 $\int_A y^2 dA$는 면적의 2차 모멘트 또는 O축에 대한 관성모멘트 I_o이다. 따라서

$$y_{\mathrm{CP}} = \frac{I_o}{A\bar{y}} \tag{4.35}$$

평행축 이론을 이용하면, I_o는 식(4.36)과 같이 나타낸다.

$$I_o = I_c + A\bar{y}^2 \tag{4.36}$$

여기서, I_c는 면적의 도심을 통과하는 한 축에 대한 면적 관성모멘트이고, O축과는 평행하다. 따라서

$$y_{\mathrm{CP}} = \frac{I_c}{A\bar{y}} + \bar{y} \tag{4.37}$$

식(4.37)의 y_{CP}와 $\bar{y}$가 경사진 물체의 방향과 같고, 물체의 평판으로부터 측정되었다는 것을 주의하시오. 수면과 압력 중심 CP간의 연직 거리는 식(4.38)로 주어진다.

$$h_{\mathrm{CP}} = y_{\mathrm{CP}} \sin\theta \tag{4.38}$$

수중에 잠기는 깊이가 증가함에 따라, 식(4.37)의 $\bar{y}$는 증가하고, 합력이 작용하는 점(압력 중심)은 면적의 도심으로 점점 가깝게 이동한다. 평판이 액체 내에서 좀 더 깊게 잠기는

경우에서는, 식(4.37)의 오른쪽 첫 번째 항은 간략화를 위해 생략할 수 있다. 몇 가지 일반적인 면적의 기하학적 특성을 그림 4.6에 나타냈다.

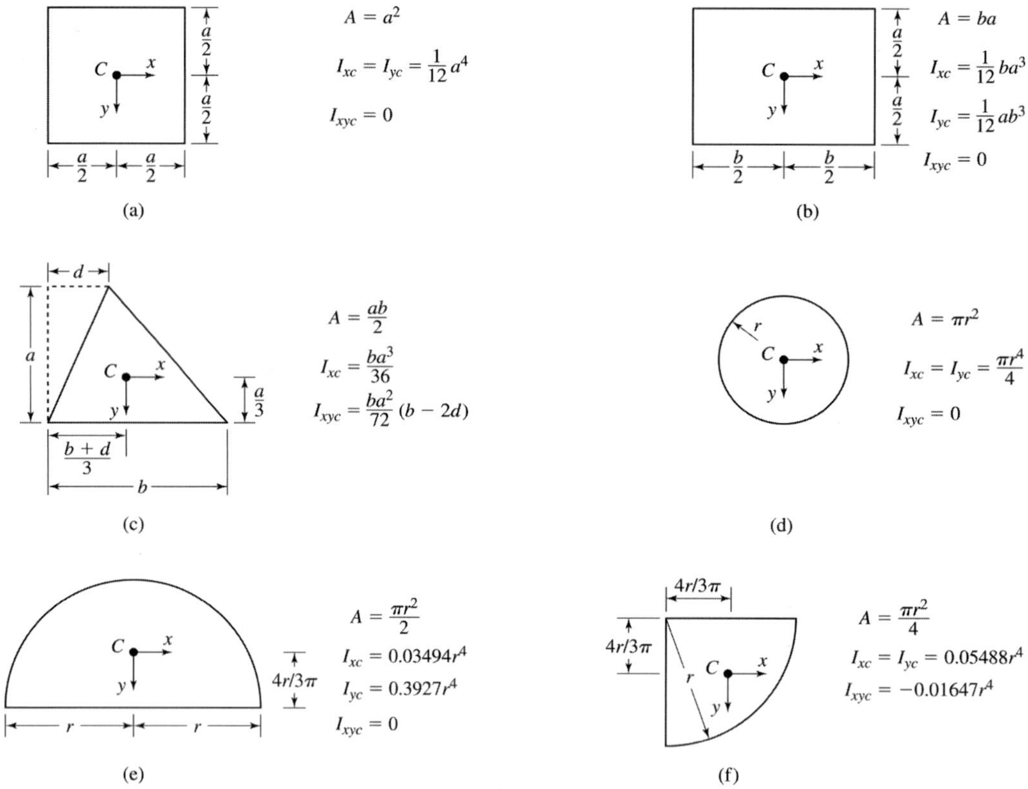

그림 4.6 일반적인 평면에 대한 기하학적 특성

예제 4.4 2 m 의 정사각형 수문이 그림 4.7에 나타낸 것과 같이 물이 담겨있는 거대한 저수조의 경사면에 위치해 있다. 벽은 45° 각도로 기울어져 있다. 수문은 그것의 수평축을 따라서 있는 샤프트(shaft) 상에서 작동한다. 샤프트 위 5 m 수심에 대해, 수문에 작용하는 합력과 위치를 계산하시오. 이 수문을 열기 위해서 필요한 모멘트는 얼마인가?

풀이

합력 F는 식(4.32)에 의해 다음과 같이 계산할 수 있다. $F = 1000(\text{kg/m}^3) \times 9.81(\text{m/s}^2) \times 4(\text{m}^2) \times 5(\text{m}) = 196{,}200\,\text{kg-m/s}^2 = 196{,}200\,\text{N}$. 합력이 작용하는 곳의 압력 중심 CP는 $h_{\text{CP}} = y_{\text{CP}}\sin 45°$에 의해 수면 아래에 위치한다.

여기서, $y_{\text{CP}} = \frac{I_c}{A\bar{y}} + \bar{y}$

$I_c = \frac{a^4}{12} = \frac{2^4}{12} = 4/3 = 1.333\,\text{m}^4$, 그리고 $\bar{y} = 5.0/\sin 45° = 7.07\,\text{m}$이다. 따라서

$$y_{CP} = \frac{1.333(\text{m}^4)}{4 \times 7.07(\text{m}^3)} + 7.07(\text{m}) = 7.117(\text{m})$$

압력 중심 CP는 y축을 따라 측정된 게이트 중심 아래 $y_{CP} - \bar{y} = 0.047\,\text{m}$ 거리에 위치한다. 그러므로 게이트는 압력중심에 작용하는 196.2kN의 힘의 영향을 받는다. 게이트를 열기 위해 필요한 모멘트는 아래와 같이 계산할 수 있다.

$$M = Fy_{CP} - F\bar{y} = F(y_{CP} - \bar{y}) = 196{,}200 \times 0.047 = 9221.4\,\text{N-m}$$

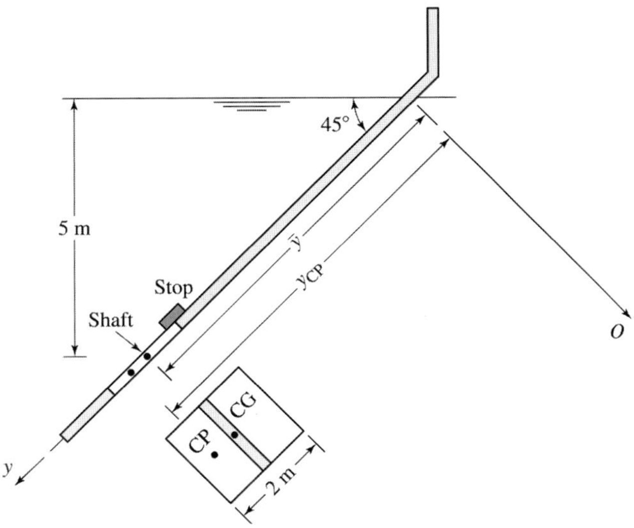

그림 4.7 경사진 벽에 고정된 정사각형 수문(예제 4.4)

4.6 정수학적 힘의 도식적 표현

평판 표면에 대한 압축력의 도식적 표현은 합력의 크기와 위치를 얻을 수 있는 정보를 제공해준다. 그림 4.8a에 나타낸 것과 같이 폭이 b인 수조의 연직벽 상의 정수역학적 압력 분포 생각해 보자. 이 수조 내부 액체의 단위중량은 γ이고, 액체의 표면은 대기압의 영향을 받고 있다. 압력은 바닥에서 최대값 γh을 가지며, 깊이에 따라 선형적으로 변한다. 압력의 평균값 p_{av}는 $\gamma h/2$이고, 깊이 $h/2$에 위치한다. 압력의 중심은 합력이 작용하는 바닥에서 $h/3$ 거리에 위치한다. 수조 벽면에 작용하는 합력 F는 식 (4.39)와 같다.

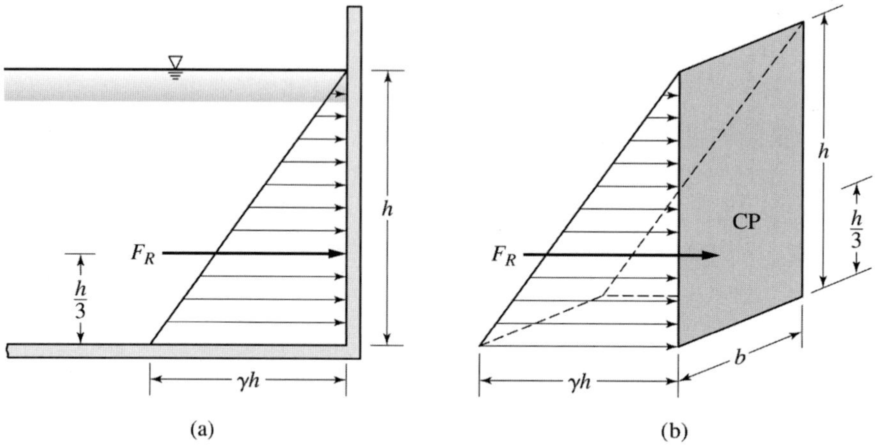

그림 4.8 정수학적 힘의 도식적 표현 (a) 수조의 연직벽 상의 정수압 분포 (b) 3차원 압력 분포

$$F = p_{av} \cdot A = \gamma(h/2)A \tag{4.39}$$

여기서, A는 수조 연직벽의 면적이다.

그림 4.8b는 3차원적 압력분포를 나타낸 것이다. 수조 벽면에 대하여 각 점에서의 높이에 따른 압력을 나타냈다. 이 체적을 압력 프리즘(pressure prism)이라고 부른다. 프리즘의 체적은 벽면에 작용하는 합성 압축력의 크기와 같다. 따라서

$$F = \text{압력 프리즘 체적} = (1/2)\gamma hbh = \gamma(h/2)A \tag{4.40}$$

똑같은 과정을 그림 4.9a에 나타난 수중에 잠긴 물체의 끝이 수면까지 도달하지 않는 경우에 대해서도 사용할 수 있다. 이와 같은 경우에 압력 프리즘의 횡단면은 사다리꼴 형이 되지만, 합력은 압력 프리즘 체적의 크기와 같으며, 프리즘의 압력 중심에 작용한다. 이러한 압력 프리즘은 그림 4.9b에 나타낸 것과 같이 $ABDE$와 BCD의 두 부분으로 나눌 수 있다. 전체 압축력 F_R은 각각의 부분에 작용하는 합력과 같다. 즉,

$$F_R = F_1 + F_2 \tag{4.41}$$

압력의 중심(y_{CP})는 식(4.42)로부터 얻을 수 있다.

$$F_R y_{CP} = F_1 y_{CP1} + F_2 y_{CP2} \tag{4.42}$$

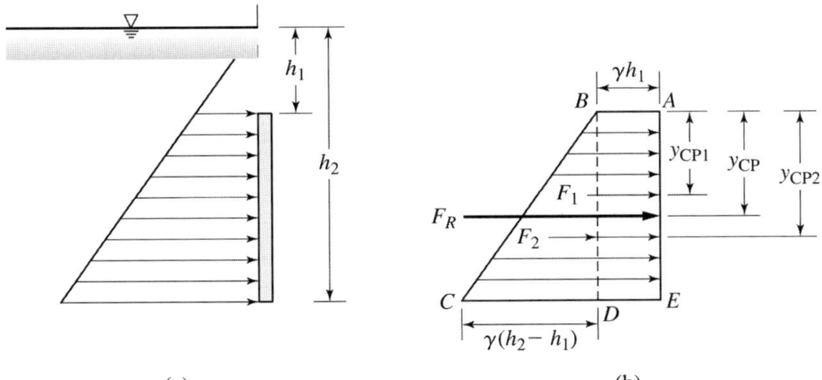

그림 4.9 수중에서 정수학적 힘의 도식적 표현 (a) 압력 프리즘의 단면 (b) 합력과 압력 중심

여기서, y_{CP}, y_{CP1}과 y_{CP2}는 각각 수면과 전 프리즘, 수면과 $ABDE$ 프리즘 그리고, 수면과 BCD 프리즘의 압력 중심점 사이의 거리이다. 위의 예에서 물체는 연직한 평판이고, 거리 y는 4.5.2절에 주어지 연직 거리 h와 동일하다. y는 일반적 논의를 유지하기 위해 적용된 것이다. 경사면 압력 프리즘은 일반적으로 삼각형이거나 사다리꼴이고, 그림 4.10에 나타낸 것처럼 수면까지 연장되지 않는다. 거리(y)는 일반적으로 경사면을 따라 측정되어지며, 압력은 연직거리(h)에 따라 변화된다.

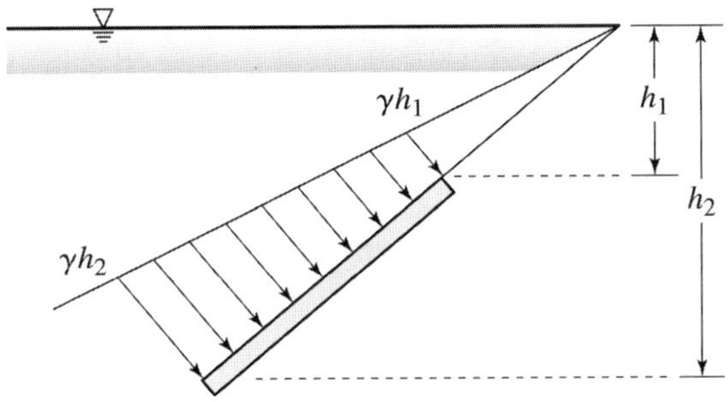

그림 4.10 경사면에서의 압력 프리즘

예제 4.5 깊이가 2m인 1m×1m의 정사각형 박스형 수조의 벽면에 작용하는 합력의 크기와 위치를 찾으시오. 수조의 반은 밀도가 $1500\,kg/m^3$인 액체, 나머지 반은 물로 채워져 있다.

풀이

그림 4.11a에 나타낸 것처럼, 수조에는 밀도가 $1{,}500\,kg/m^3$인 액체가 1m 깊이로 채워져 있고, 나머지 1m는 물로 채워져 있다. 그림 4.11b에 나타낸 것처럼 압력 프리즘은 3부분 ADE, $DBFE$와 EFC로 나뉜다. 압력 프리즘을 그리기 위해, 먼저 압력 DE(이것은 BF

와 같다)와 압력 FC를 계산할 필요가 있다. 그러므로

$DE = BF = \gamma_w h_1 = 1000(\text{kg/m}^3)\times 9.81(\text{m/s}^2)\times 1(\text{m}) = 9{,}810\text{kg-m/s}^2\text{-m}^2(\text{N/m}^2)$ 와

$FC = \gamma_2 h_2 = 1500(\text{kg/m}^3)\times 9.81(\text{m/s}^2)\times 1(\text{m}) = 14{,}715\,\text{kg-m/s}^2\text{-m}^2(\text{N/m}^2)$ 이다.

3개의 다른 프리즘의 도심에 작용하는 압축력 F_1, F_2와 F_3는 압력 프리즘에 상응하는 체적으로 계산할 수 있다. 그러므로

$$F_1 = 1/2\times 1{,}000\times 9.81\times 1.0\times 1.0 = 4{,}905\,\text{kg-m/s}^2(\text{N})$$

$$F_2 = 1{,}000\times 9.81\times 1.0\times 1.0 = 9{,}810\,\text{kg-m/s}^2(\text{N}),\ \text{그리고}$$

$$F_3 = 1/2\times 1{,}500\times 9.81\times 1.0\times 1.0 = 7{,}357.5\,\text{kg-m/s}^2(\text{N})$$

합력 F는 힘의 합이다. 그러므로 $F_R = 22{,}072.5\,\text{kg-m/s}^2(\text{N})$

합력의 작용 위치는 식(4.42)를 이용하여 얻을 수 있다. 따라서

$$F_R y_{CP} = F_1 y_{CP1} + F_2 y_{CP2} + F_3 y_{CP3}$$

여기서, y_{CP1}, y_{CP2}와 y_{CP3}는 액체 표면으로부터 측정된 값으로 각각 0.67 m, 1.50 m와 1.67 m이다. 그러므로

$$y_{CP} = \frac{4{,}905(\text{N})\times 0.67(\text{m}) + 9{,}810(\text{N})\times 1.5(\text{m}) + 7{,}357.5(\text{N})\times 1.67(\text{m})}{22{,}072.5(\text{N})} = 1.37\,\text{m}$$

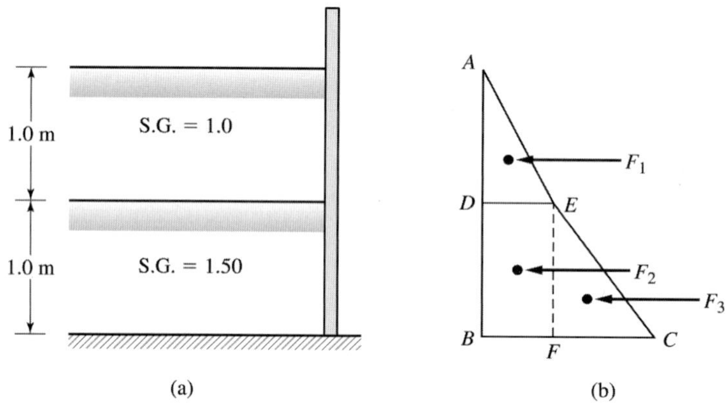

그림 4.11 (a) 예제 4.5에 주어진 수조 (b) 압력 프리즘

예제 4.6 그림 4.12a에 나타낸 것과 같이 삼각형 여수로는 저수조로부터 물의 흐름을 조절하는 데 이용된다. 그림에 나타낸 것과 같이 수위가 정부(頂部)로부터 3 ft일 때, 단위 feet 당 여수로 면에 작용하는 정수압이 얼마이며, 작용점의 위치는 어디인가?

풀이

압력 다이어그램을 그림 4.12b에 나타냈으며, x방향에 대한 정수압은 $F_H = \gamma \bar{h} A = 62.4\text{lb/ft}^3\times 13\,\text{ft}\times 20\,\text{ft} = 16{,}224\,\text{lb/ft}$ 이다. 힘의 위치는 그림에 나타낸 것처럼 직사각형 분포와 삼각형 분포의 결합에 등가인 사다리꼴 압력 분포를 계산함으로써 얻어진다.

따라서

$$F_1 y_{CP1} + F_2 y_{CP2} = F_R y_{CP}$$

그림 4.12b를 참고로 해보면, $a = 3\gamma = 187.2\ \mathrm{lbs/ft^2}$, $b = 23\gamma = 1{,}435.2\ \mathrm{lbs/ft^2}$와 $b - a = 20\gamma = 1{,}248\ \mathrm{lbs/ft^2}$이다.

따라서 $F_1 = 20a = 3{,}744\ \mathrm{lb/ft}$와 $F_2 = \dfrac{1}{2} \times 20(b-a) = 12{,}480\ \mathrm{lb/ft}$이다.

$$F_1 + F_2 = 16{,}224\ \mathrm{lb/ft}$$

수면을 통과하는 평판에 대하여 모멘트를 취하면,

$$3{,}744\left[\left(\frac{1}{2}20\right)+3\right] + 12{,}480\left[\left(\frac{2}{3}20\right)+3\right] = 16{,}224\, y_{CP} \quad \text{또는} \quad y_{CP} = 15.56\ \mathrm{ft}$$

합력이 사다리꼴 분포의 도심에 작용해야 한다는 것을 이 결과부터 검토할 수 있다. 즉, 바닥으로부터 측정해서 주어진 $Z_{CP} = \dfrac{h(2a+b)}{3(a+b)} = 7.44\ \mathrm{ft}$

Z_{CP}는 $23 - y_{CP}$와 같아야 한다.

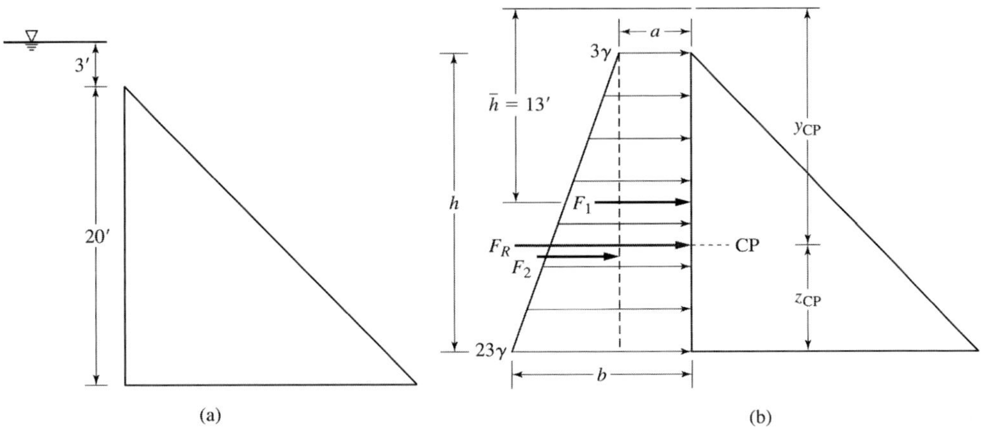

그림 4.12 (a) 예제 4.6 (b) 예제 4.6에 대한 압력 도식도

예제 4.7 예제 4.6의 여수로가 하류면에 대해 45°의 각도를 이루고 여수로가 비중이 2.55인 콘크리트로 만들어져 있다고 가정해 보자. 기초의 재질이 완전 침투성이라면, 여수로 기초의 반작용 합력은 얼마이며, 어디에 작용하는가?

풀이

상황은 그림 4.13과 같다. 면의 각도가 45°라면, 여수로 바닥은 높이와 같은 20 ft이고, 단면적 $A = bh/2 = 20(20)/2 = 200\ \mathrm{ft}$이다. 단위폭당 여수로의 무게 $W = 2.55\gamma(200) = 31{,}824\ \mathrm{lb/ft}$이다.

침투성 기초에 있어서의 양력(陽力, uplift force)은

$F_u = \frac{23\gamma}{2}A = \gamma(11.5)(20)(1) = 14{,}352\,\text{lb/ft}$로 주어진다.

그러면, 연직합력은 $F_v = W - F_u = 31{,}824 - 14{,}352 = 17{,}472\,\text{lb/ft}$이다. 앞의 예제로부터 수평력은 $F_H = 16{,}224\,\text{lb/ft}$이다. 기초의 반작용 합력은 $F_R = \sqrt{F_H^2 + F_v^2} = 23{,}843\,\text{lb/ft}$이다.

여수로 기초 상에서 이 힘의 작용점을 찾기 위해서 Morris와 Wiggert(1972)에 따르면, W와 F_u 작용점에 대한 모멘트의 합을 구하면 된다. 즉, $16{,}224(7.44) = 17{,}472\left(e + \frac{b}{6}\right)$이다. 여기서, e는 편심거리이다. e를 구하면, $120{,}706.5 - 17{,}472e - 58{,}240 = 0$ 또는 $62{,}466.5 = 17{,}472e$이다. 이것으로부터 $e = 3.57\,\text{ft}$이다. 상류단으로부터 $x_p = 10 + 3.57 = 13.57\,\text{ft}$이고, 여수로의 하류단부로부터는 $6.43\,\text{ft}$이다.

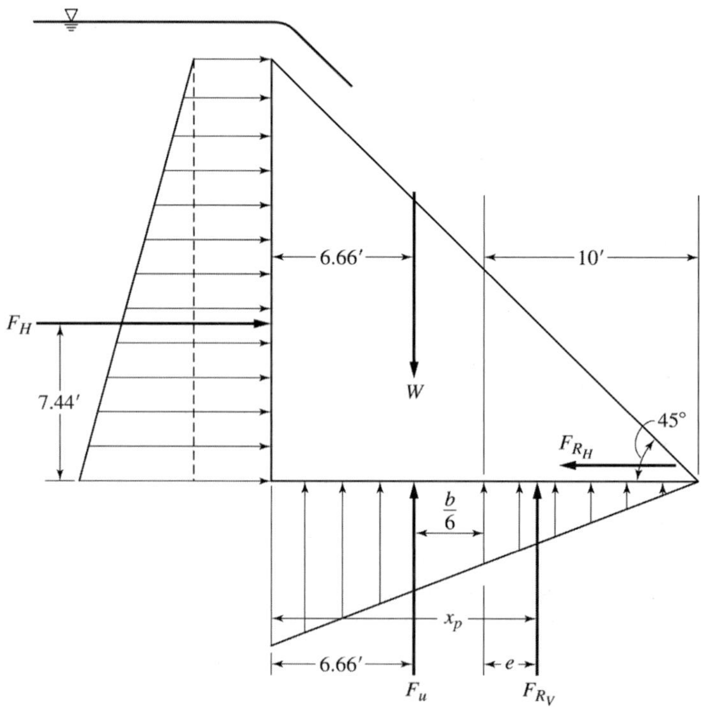

그림 4.13 예제 4.7에 대한 해 도식도

예제 4.8 그림 4.14와 같이 5m 길이의 칸막이벽으로 저수조가 나뉘어져 있다. 수조의 한쪽 면은 밀도가 $800\,\text{kg/m}^3$인 오일이 2m 깊이로, 다른 한쪽은 1m 깊이로 물이 채워져 있다. 합성 압축력과 그 작용점을 구하시오.

풀이

그림 4.14와 같이 연직판의 각면에 대해 두 개의 압력 프리즘이 마주치고 있다. 오일 면에 압축력의 크기는 그 면의 압력 프리즘의 체적과 같다. 즉,

$$F_1 = 0.5 \times 800(\text{kg/m}^3) \times 9.81(\text{m/s}^2) \times 2(\text{m}) \times 2.0 \times 5.0(\text{m})^2$$
$$= 78{,}480\,\text{kg-m/s}^2(\text{N})$$

이 힘은 바닥으로부터 $Z_1 = 0.67\,\text{m}$에 위치하고, 좌측에서 우측으로 향한다.

이와 동일하게,

$$F_2 = 0.5 \times 1{,}000(\text{kg/m}^3) \times 9.81(\text{m/s}^2) \times 1.0(\text{m}) \times 1.0 \times 5.0(\text{m}^2)$$
$$= 24{,}525\,\text{kg-m/s}^2(\text{N})$$

이 힘은 바닥으로부터 $Z_2 = 0.33\,\text{m}$에 위치하고, 우측에서 좌측으로 향한다. F_1과 F_2는 식(4.20)으로부터 계산할 수 있다. 합성 압축력 F_R은

$$F_R = 78{,}480 - 24{,}525 = 53{,}955\,\text{kg-m/s}^2(\text{N})$$

식(4.42)를 이용해서, O점에 대한 모멘트를 구하면,

$$F_R Z_R = F_1 Z_1 - F_2 Z_2$$
$$Z_R = (78{,}480(\text{N}) \times 0.67(\text{m}) - 24{,}525(\text{N}) \times 0.33(\text{m}))/53{,}955(\text{N})$$
$$= 0.825\,\text{m} \ \ (\text{바닥으로부터})$$

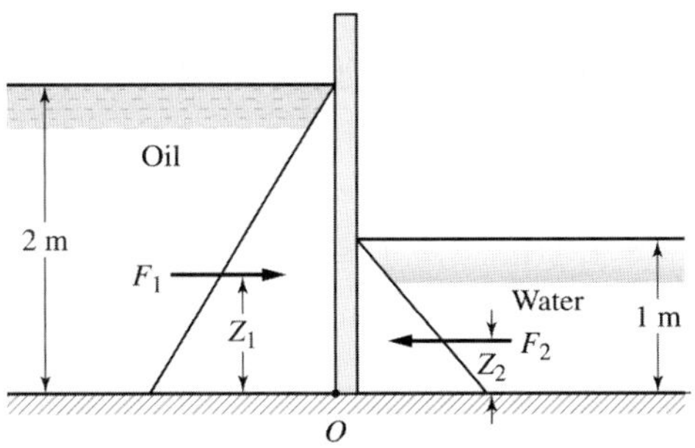

그림 4.14 예제 4.8의 칸막이벽의 표현

예제 4.9 2m 폭의 직사각형 수조에 대해서 그림 4.15a와 같이 물이 2m 깊이, 물 위에 오일이 3m 깊이로 채워져 있다. 오일의 비중은 0.8이다. 물과 오일이 접하고 있는 벽 부분의 두 힘과 작용점을 구하시오. 수조 벽면에서의 합력과 위치를 구하시오.

풀이

그림 4.15b를 참조하면, 벽면에서의 전체 힘 $ABC(F_{ABC})$ = 벽면 $AB(F_{AB})$ 부분의 힘+ 벽면 $BC(F_{BC})$ 부분의 힘이다. 첫째, 힘 F_{AB}를 계산한다.

$$F_{AB} = 0.5 \times 0.8 \times 1{,}000(\text{kg/m}^3) \times 9.81(\text{m/s}^2) \times 3(\text{m}) \times 3(\text{m}) \times 2(\text{m})$$
$$= 70.63 \times 10^3\,\text{kg-m/s}^2(\text{N}) = 70.63\,\text{kN}$$

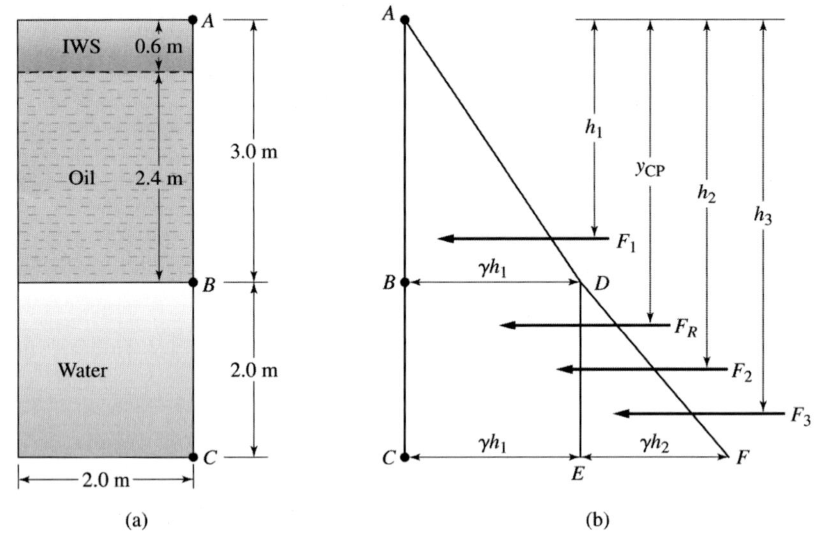

그림 4.15 (a) 물 층과 오일 층이 담겨진 탱크 (b) 정수학적 힘과 합력의 위치

이 힘은 위로부터 아래로 $2/3 \times (h=3) = 2\text{m}$ 지점이 작용점이다. 이제 힘 F_{BC}를 계산해보자. 물은 BC 부분에 작용하고 있고 윗부분의 오일은 물의 등가(等價) 깊이로 변환될 수 있다. 물에 대한 등가 깊이로 변환하기 위해 계산을 위한 이미지 상의 수면(IWS)을 고려한다. IWS는 B점 위로 $0.8 \times 3(\text{m}) = 2.4\text{m}$ 또는 A점이나 최상부 아래 0.6m에 위치한다.

$$F_{BC} = 9.81(\text{m/s}^2) \times 1{,}000(\text{kg/m}^3) \times (2.4+1)(\text{m}) \times (2\text{m} \times 2\text{m})$$
$$= 133.42 \times 10^3 \text{kg-m/s}^2(\text{N}) = 133.42\text{kN}$$

이 힘은 압력 중심 y_{CP}에 작용한다.

$$y_{\text{CP}} = \frac{I_c}{\bar{y}A} + \bar{y} = \frac{2(2)^3/12\text{m}^4}{(2.4+1)(\text{m})(2\text{m})(2\text{m})} + 3.4(\text{m}) = 3.5\text{m}$$

또는 $y_{\text{CP}} = 3.5 + 0.6 = 4.1\text{m}$ (A 또는 최상부로부터)

전체 합력 $= 70.63 \times 10^3 \text{kg-m/s}^2 + 133.42 \times 10^3 \text{kg-m/s}^2 = 204.05 \times 10^3 \text{kg-m/s}^2 = 204.05\text{kN}$ 이다. 전체 면적의 압력 중심에서 작용한다.

점 A에 대한 모멘트를 계산하면,

$$y_{\text{CP}} \times 204.05 \times 10^3 \text{kg-m/s}^2$$
$$= 2\text{m} \times 70.63 \times 10^3 \text{kg-m/s}^2 + 4.1\text{m} \times 133.42 \times 10^3 \text{kg-m/s}^2$$

최상부 또는 A지점으로부터 $y_{\text{CP}} = [141.26 + 547.02]/204.05 = 3.37\text{m}$ 이다.

이 문제는 또한 아래와 같이 풀 수 있다. 그림 4.15b를 참고하면,

$$F_1 = (1/2)\gamma hbh = 0.5 \times 800 \times 9.81 \times 3.0 \times 3.0 \times 2.0 = 70{,}632 \text{kg-m/s}^2(\text{N})$$

F_1은 오일 표면 아래 2.0m 지점에 위치한다.

$$F_2 = 800 \times 9.81 \times 3.0 \times 2.0 \times 2.0 = 94{,}176 \text{kg-m/s}^2(\text{N})$$

F_2는 오일 표면 아래 4.0m 지점에 위치한다.

$$F_3 = 0.5 \times 1{,}000 \times 9.81 \times 2.0 \times 2.0 \times 2.0 = 39{,}240\,\text{kg-m/s}^2(\text{N})$$

F_3는 오일 표면 아래 4.333m 지점에 작용한다.

합력 $F_R = F_1 + F_2 + F_3 = 204.048\,\text{kN}$ 이다.

오일표면에서의 힘의 1차모멘트를 구하면,

$$F_R y_{CP} = F_1 h_1 + F_2 h_2 + F_3 h_3$$

$$204.048\, y_{CP} = 70{,}632 \times 2.0 + 94.176 \times 4.0 + 39.24 \times 4.333$$

이로부터 $y_{CP} = 3.37\,\text{m}$ 이다.

예제 4.10 연직벽이 강어귀에서 상류의 민물과 바닷물을 분리하고 있다. 담수쪽의 깊이가 20 ft이고, 바닷물의 단위중량이 $64\,\text{lb/ft}^3$이라면, 합력이 0이 되기 위한 바닷물의 깊이는 얼마인가?

풀이

바닷물의 수심을 h라고 하자. 그러면, 바닷물쪽 벽에 있어 합성 압축력은 $F = \gamma h(h \times 1)/2$이고, 여기서, $\gamma = 64\,\text{lb/ft}^3$이다.

민물쪽에서의 압축력$= 62.4(\text{lb/ft}^3) \times 20(\text{ft}) \times 20(\text{ft})/2 = 12{,}480\,\text{lb/ft}$이다. 두 힘이 같다는 것으로 정리하면, $h^2 = 12{,}480\,\text{lb}/[32]$이다. 그러므로 $h = 19.75\,\text{ft}$이다.

4.7 부력과 안정성

물체가 액체 속에 잠긴 경우 압축력은 물체의 표면에 작용한다. 수중 물체 위의 압축력의 수평요소는 각기 다른 것에 의해 상쇄된다. 윗면과 아랫면의 윗방향과 아랫방향의 압축력은 그들이 서로 같지 않기 때문에 상쇄되지 않는다. 아랫면이 깊이에 따라 압력이 증가하기 때문에 좀 더 높은 압축력의 지배를 받는다. 그러므로 물체는 윗방향으로 작용하는 압축력으로 인해 노출된다. 이러한 윗방향으로 작용하는 힘을 부력(F_b)이라고 한다. 부력의 작용점을 부력의 중심이라고 하며 CB(center of buoyancy)로 표시한다.

4.7.1 부력

부력(buoyoncy)의 기본 원리는 2,200년전 Archimedes에 의해 밝혀졌다. 액체 내 잠긴 물체는 물체에 의해 배제되는 액체의 무게와 동일한 양력(uplift force)의 지배를 받는다. 다른 말로 하면, 수중에서의 물체는 그 자신의 무게와 균형을 이룰 때까지 액체를 배제한다. 부력은 배제된 체적의 도심에 있어 윗방향으로 작용한다.

그림 4.16과 같이, 평형상태인 액체에 잠긴 물체를 생각해 보자. 수평 압축력은 각기 상쇄된다(즉, $\sum F_x = 0$). 물체의 윗면은 아래쪽 연직 압축력 F_d의 지배를 받는다. 물체의 아래쪽 면은 일반적으로 F_d보다 좀 더 큰 윗방향 힘 F_u의 지배를 받는다. 평형상태에서 물체의 부력 F_b는 물체의 무게 W와 같아야 한다.

그림 4.16과 같이 액체에 잠긴 물체가 평형상태라면, 물체와 액체의 비중은 같아야만 한다. 물체의 무게가 배제된 액체의 무게보다 크다면(즉, 물체 또는 물건의 밀도가 액체의 것보다 크다), 물체는 물에 잠긴다. 물체의 무게가 부력보다 작다면, 물체는 평형점까지 상승할 것이고, 물체는 그림 4.17과 같이 액체의 표면에 뜰 것이다. 이 경우 액체 윗부분에 액체가

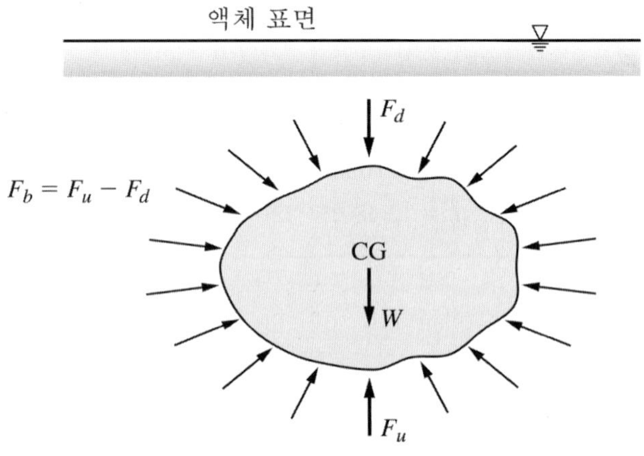

그림 4.16 평형 조건에서 수중의 물체

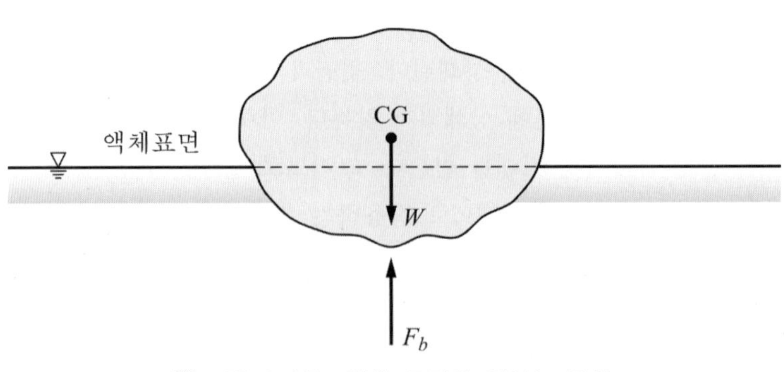

그림 4.17 액체 표면에 떠있는 물체

존재하지 않으므로, 아래쪽으로 작용하는 압축력은 존재하지 않는다. 물체는 부력(이 경우 윗방향으로의 압축력)이 물체의 무게와 동일해지는 단계까지 계속 떠 올라갈 것이다. 즉, 부유하는 물체는 부유하는 물체 고유의 무게와 같은 크기의 액체를 배제한다.

예제 4.11 공기 중에서 물체의 무게는 $490.5\,\text{kg-m/s}^2(\text{N})$이다. 수중에서의 물체의 무게는 $196.2\,\text{kg-m/s}^2(\text{N})$이다. 체적, 단위중량 그리고 이 물체의 밀도를 구하시오.

풀이

부력은 공기중에서와 수중에서의 물체 무게의 차와 같다. 그러므로

$$F_b = 490.5\,\text{N} - 196.2\,\text{N} = 294.3\,\text{N}$$

Archimedes의 원리에 의하면, 이 부력은 물체에 의해서 배제된 물의 무게와 같고, 그것은 배제된 물의 무게와 물의 단위중량의 곱과 같다. 따라서

$$F_b = V_{ol} \cdot \gamma_w$$

그러므로

$$V_{ol} = F_b/\gamma_w = 294.3/9{,}810 = 0.03\,\text{m}^3$$

따라서 물체의 체적은 $0.03\,\text{m}^3$이고 단위중량 γ는 단위체적당 무게로 정의된다. 즉,

$$\gamma = \frac{490.5\,\text{kg-m/s}^2}{0.03\,\text{m}^3} = 16.35\,\text{kN/m}^3$$

밀도는 밀도를 체적으로 나누는 것으로 정의되거나, $\rho = \gamma/g = 16{,}350\,\text{kg/m}^2\text{s}^2/9.81\,\text{m/s}^2 = 1{,}667.67\,\text{kg/m}^3$이다.

예제 4.12 수면에 떠있는 $0.5\,\text{m}$의 정육면체 목재를 그림 4.18에 나타냈다. 밀도가 $0.60\,\text{t/m}^3$인 목재가 수중에 잠기는 깊이를 구하시오.

풀이

부력은 배제된 액체의 무게와 같다. 즉, $W = F_b$이다. 여기서,

$$W = \gamma V = 0.60(\text{t/m}^3) \times 1{,}000(\text{kg/t}) \times 9.81(\text{m/s}^2) \times 0.5^3(\text{m}^3)$$
$$= 735.75\,\text{kg-m/s}^2(\text{N})$$

또한, F_b= 배제된 액체의 무게

$$735.75\,\text{N} = \gamma_w(0.5 \times 0.5 \times d) = 2{,}452.5d\,\text{N}$$

그러므로

$$d = 735.75/2{,}452.5 = 0.3\,\text{m}$$

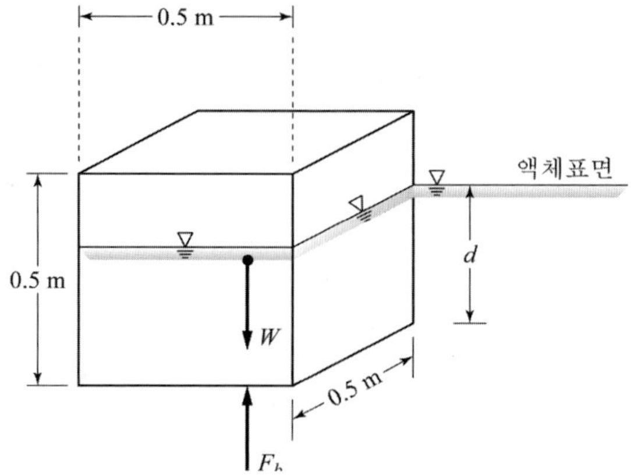

그림 4.18 물에 떠있는 목재(예제 4.12)

4.7.2 수중 물체의 안정성

물체가 원래 위치로부터 약간 움직인 후에 원래 위치로 되돌아간다면, 이것을 안정성이라고 말한다. 이 문제는 잠수함이나 함침조(sink chamber) 같은 것을 만드는데 있어서 매우 중요한 문제이다. 물의 흐름은 수평축에 대해 물체를 회전시키려는 경향이 있다. 수중의 물체가 회전한 후 원래 위치로 되돌아간다면 안정 상태에 있다고 하며, 그렇지 않은 경우 불안정 상태에 있다고 한다.

수중 물체의 안정성은 그림 4.19a에 나타낸 것처럼 부력의 중심 CB(부력의 작용점)가 항상 중력 중심 CG 위에 있는 한 안정성을 확보할 수 있다. 부력의 중심은 배제된 양의 도심에 위치한다. 일반적으로 안정성은 물체의 무게가 가능한 물체의 중력 중심 아래쪽으로 바닥 가까이로 집중됨으로써 확보될 수 있다. 그림 4.19b에 나타낸 것처럼, 어떠한 흐름이나 어떤 외부적인 힘이 물체를 시계방향으로 조금 회전하게 한다면, 물체 그 자체의 무게와 부력은 반시계 방향으로 회전 시키려고 하는 모멘트를 생성하게 된다. 물체가 원래의 위치로 되돌아감에 따라, 이 모멘트는 소실된다. 반대로, 그림 4.19c에 나타낸 물체처럼, 중력의 중심이 부력의 중심 위에 위치하는 경우, 어떤 것이 물체를 시계방향으로 조금 회전시킨다면, 추가적으로 시계방향 회전을 가해서 물체를 전복시키려고 하는 모멘트가 생성된다. 그러므로 이 물체는 불안정한 상태이다.

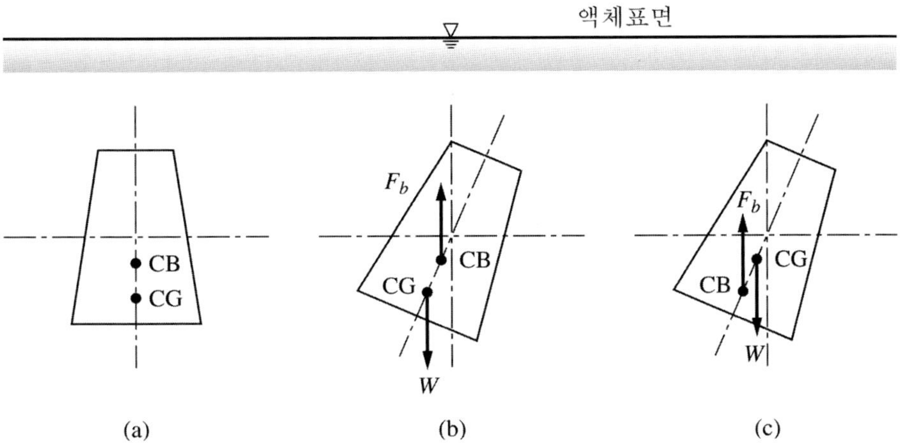

그림 4.19 수중 물체의 안정 (a) 중력 중심과 부력 중심 (b) 안정된 물체 (c) 불안정한 물체

4.7.3 부유체의 안정성

부유체의 예로는 배, 보트와 부표 등이 있다. 부유체는 수송기관에서 광범위하게 쓰이고 있으므로, 부유체의 안정성 확보는 대단히 중요하다. 부유체의 안정성 검토는 수중 물체에 대한 검토 방법과는 조금 다르다. 그림 4.20a에 나타낸 것과 같은 물에 떠있는 정육면체를 생각해보자. 중력의 중심 CG는 연직축 $A-A$에서 부력의 중심 CB 위에 위치하고 있다. 정육면체가 시계방향 회전할 때 중력 중심은 이동하지 않지만, 부력의 중심은 그림 4.20b에 나타낸 것과 같이 오른쪽으로 이동한다. 이것은 배제된 액체의 체적과 형상이 변화되는 속성이 있으므로 물체의 무게 W와 부력 F_b는 반시계방향 회전을 만드는 우력(偶力)을 발생시킨다. 그러므로 물체는 원래의 위치로 되돌아가게 되고 안정하게 된다.

상황에 따라서는, 그림 4.20c와 같이 중력의 중심이 부력이 작용하는 선의 우측에 위치할 수 있다. 이 경우, 물체의 무게와 부력에 의한 우력은 물체를 전도시키려는 경향이 있어 물체는 불안정하게 된다.

부유체의 안정성은 중력 중심과 부력 중심의 상대적 위치에 의해 결정된다. 시계 방향 회전하는 물체에 있어, 만약 중력의 중심이 부력 중심의 좌측에 위치해 있다면, 물체는 안정될 것이고, 그 반대의 경우 또한 마찬가지이다.

그림 4.20b, 4.20c에 나타낸 것과 같이 축 $A-A$와 부력 중심선 사이의 교점을 부력의 경심(傾心) mc라고 정의한다. 그림 4.20b에 나타낸 것처럼 경심이 중력 중심 위에 위치한다면, 부유체는 안정이다. 그림 4.20c에 나타낸 것처럼 경심이 중력 중심 아래에 위치한다면, 부유체는 불안정하다.

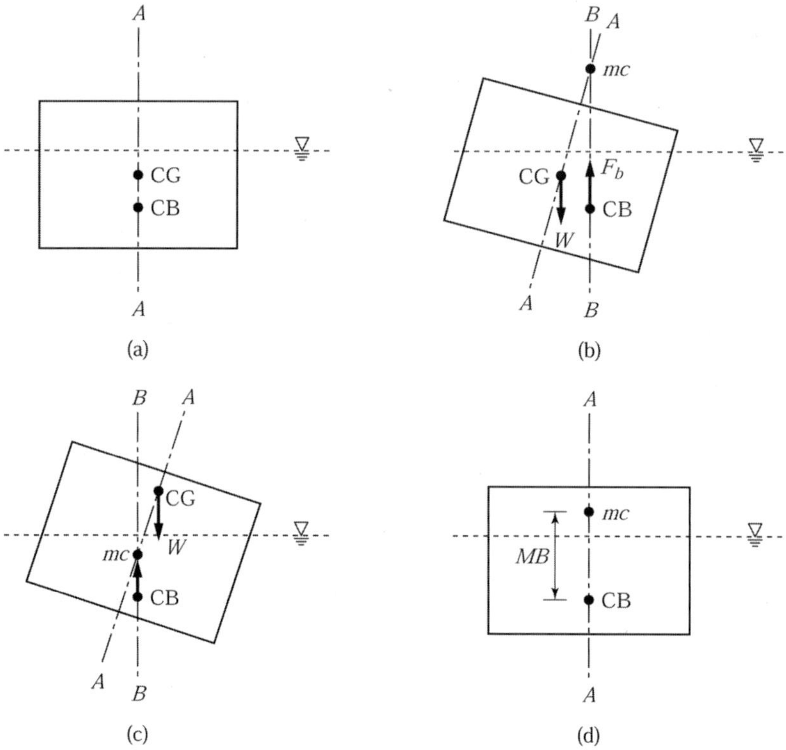

그림 4.20 부유체의 안정 (a) 중력 중심과 부력 중심 (b) 안정된 물체 (c) 불안정한 물체 (d) 부력 중심과 부력 경심 간의 거리

부력의 중심 CB와 경심 mc 사이의 거리 MB는 식(4.43)과 같이 얻을 수 있다.

$$MB = \frac{I}{V_{old}} \tag{4.43}$$

여기서, I는 흘수선이 평형인 상태에서의 액체 표면에서 계산된 부유체 수평면의 관성 모멘트이고, V_{old}는 배제된 액체의 체적이다.

예제 4.13 단단한 원통형 목재의 지름은 1.0 m 이고 높이는 2.0 m 이다. 이 원통의 수중에서 안정성을 검토하시오. 알려진 바와 같이 목재의 비(比) 밀도는 600.0 kg/m^3 이다.

풀이

그림 4.21에 문제를 나타냈다. Archimedes 원리에 의하면, 부력 F_b는 목재 원통의 무게 W와 같다. 여기서,

$$W = 600(\mathrm{kg/m^3}) \times 9.81(\mathrm{m/s^2}) \times \frac{\pi}{4}(1.0)^2(\mathrm{m^2}) \times 2(\mathrm{m}) = 2{,}943\pi\,\mathrm{kg\text{-}m/s^2}$$

$= 9{,}245.71\,\text{kg-m/s}^2(\text{N})$

그리고

$$F_b = 1{,}000(\text{kg/m}^3) \times 9.81(\text{m/s}^2) \times \frac{\pi}{4}(1.0)^2(\text{m}^2) \times D(\text{m}) = 7{,}704.76D\ \text{kg/s}^2$$

여기서, D는 물에 잠긴 깊이이다. W와 F_b를 풀면, $9{,}245.71 = 7{,}704.76D$ 이다. 그러므로 $D = 1.2\,\text{m}$ 이다. 부력의 중심 CB는 수중에 잠긴 부분 실린더의 중간에 위치하고 있다. 즉, 그림 4.21에 나타낸 것처럼, 원통 바닥으로부터 수면 방향으로 0.6 m 위에 위치하고 있다.

부력 중심과 경심 사이의 거리 MB는 아래와 같이 주어진다.

$$MB = \frac{I}{V_{old}}$$

여기서, $I = (\pi d^4/64) = \pi(1)^4/64 = 0.04909\,\text{m}^4$이고

$$V_d = (\pi/4) \times 1^2 \times 1.2 = 0.9425\,\text{m}^3$$

그러므로 $MB = 0.04909/0.9425 = 0.05208\,\text{m}$ 이다.

경심은 부력 중심 위 0.05208 m에 위치해 있으며, 원통 바닥으로부터는 $0.6 + 0.05208 = 0.65208\,\text{m}$ 상에 위치한다. 다른 한편으로, 원통의 중력 중심은 원통의 기하학적 중심(즉, 바닥으로부터 1.0 m 거리)에 위치한다. 따라서 중력의 중심이 경심보다 0.348 m 위에 있다. 그러므로 원통은 불안정이다.

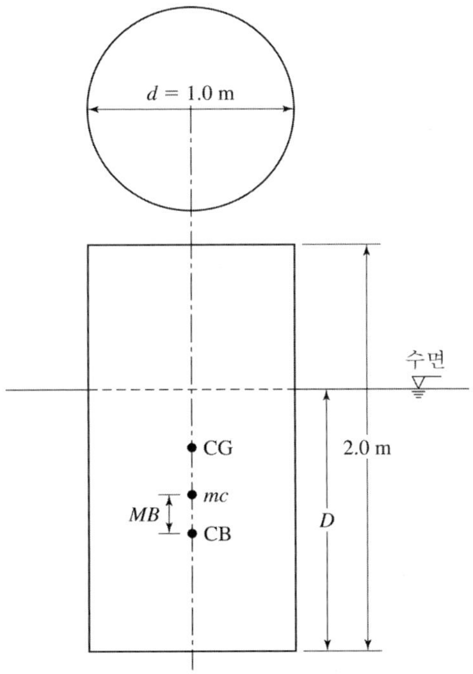

그림 4.21 예제 4.13에서 주어진 원통형 목재

4.8 압력의 측정

유체의 한 점에서의 압력은 절대압력과 계기압력으로 나타낼 수 있다. 절대압력은 완전한 진공 또는 절대 0 압력과 관련하여 평가하므로, 이것은 항상 양(positive)의 값을 갖는다. 계기압력은 국부 대기압과 관련하여 평가하므로 음일수도 양일수도 있다. 압력이 대기압보다 높다면 계기압력은 양의 값을 갖는다. 압력이 대기압보다 낮다면, 계기압력은 음의 값을 갖는다. 그러므로 0의 계기압력 값은 국부 대기압력에 상응한다. 음의 계기압력은 흡입 또는 진공 압력으로 일컬어진다.

압력은 단위면적당 힘이다. FPS단위계에서 단위는 lb/ft^2 또는 lb/in^2이고 일반적으로 간략하게 psf 또는 psi라고 한다. SI단위계에서는 단위가 N/m^2이고 일반적으로 간략하게 pascal 또는 $Pa(1N/m^2 = 1Pa)$로 쓴다. 종종 압력은 특정 액체(예를 들어, 물, 수은(Hg) 등) 기둥의 높이로 나타낸다. 그 경우 압력의 단위는 기둥의 높이인 in, ft, m, cm, mm 등으로 나타낸다. 표준 대기압은 760 mmHg(절대압)으로 나타낸다.

대기압은 그림 4.22에 나타낸 것처럼 일반적으로 한쪽은 닫혀있고, 다른 한쪽 끝은 수은 용기에 잠긴 유리관으로 이루어진 수은 압력계로 측정한다. 거꾸로 세워진 관에서 공간은 수은주(水銀柱) 위에서 형성된다. 수은주는 수은의 무게에 수은의 증기압을 합하여 생기는 힘과 대기압 사이에 균형을 이루는 평형 위치에 도달한다. 따라서, 이것은 식(4.44)와 같이 나타낼 수 있다.

$$p_{atm} = \gamma h + p_{vapor} \tag{4.44}$$

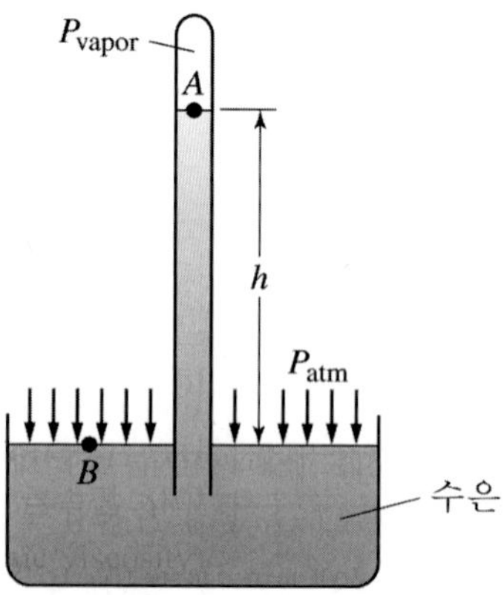

그림 4.22 수은 압력계

여기서, γ는 수은의 단위중량이다. 일반적으로, 수은 증기압은 매우 작으며, 무시할 수 있으므로 대기압은 관습적으로 수은의 높이 h(in 또는 mm)의 항으로 나타낸다. 14.7 psi 대기압은 수은에서 약 29.9 in이고 물에서 34 ft이다.

4.9 액주계(液柱計, manometer)

표준 압력 측정 기구는 수직 또는 경사진 관의 액체 기둥을 채용하고 있으며, 이를 액주계라고 부른다. 수은 액주계는 액주계의 한 형태이다. 일반적인 액주계의 3가지 형태는 위압관(Piezometer tube), U-튜브와 경사액주계이다. 이들 3가지 액주계 형태가 수리학에서 이용되고 있다. 처음 2개가 좀 더 일반적으로 이용되고 있으며, 여기서 간단하게 설명하고자 한다.

4.9.1 위압관

이 액주계의 형태는 그림 4.23에 나타낸 것과 같이 위쪽은 열려 있고, 압력을 측정할 용기가 연결된 수직관으로 이루어져 있다. 유체 기둥이 정지상태이기 때문에 식(4.13b)를 적용할 수 있다. 따라서 A점의 압력 p_A는 측정된 h_1으로 주어지면, $p_A = \gamma h_1$과 같다. 여기서, γ는 용기내 액체의 단위중량이다. 이 장치는 대기압보다 크고, 기둥의 높이를 작게 다루기 쉽게 유지하는 압력 측정에 있어서 안정적이다.

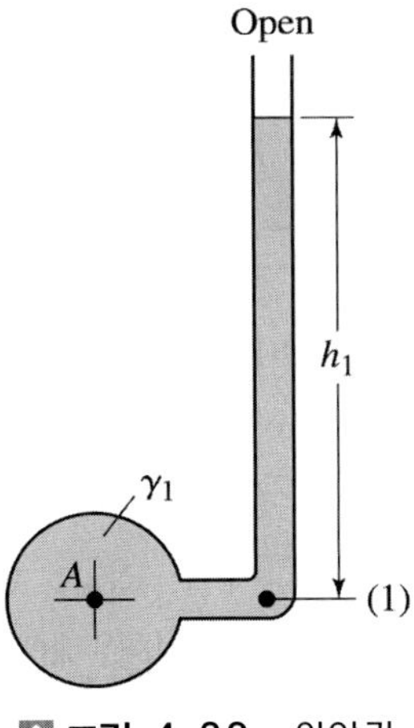

그림 4.23 위압관

예제 4.14 용기 A는 물로 채워져 있다. 관은 $0.5\,\mathrm{m}$ 높이까지는 수은(비중 13.6), 다음은 $0.2\,\mathrm{m}$의 물 층으로 채워져 있다. 그림 4.24에 나타낸 것과 같이 물 위에 $0.5\,\mathrm{m}$의 기름(비중 0.8)층이 위치하고 있다. 용기 안 A에서의 압력을 구하시오.

풀이

$$\begin{aligned} p_A &= \gamma_o h_o + \gamma_w h_w + \gamma_m h_m \\ &= 0.8 \times 9{,}810(\mathrm{N/m^3}) \times 0.5(\mathrm{m}) + 9{,}810(\mathrm{N/m^3}) \times 0.2(\mathrm{m}) \\ &\quad + 13.6 \times 9{,}810(\mathrm{N/m^3}) \times 0.5(\mathrm{m}) \\ &= 72{,}594\ \mathrm{N/m^2} \end{aligned}$$

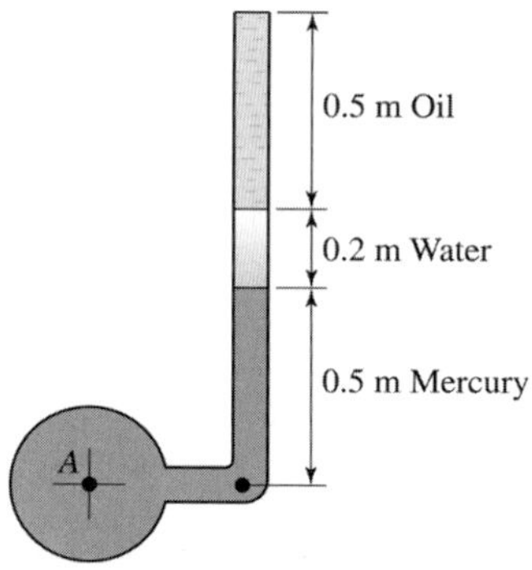

그림 4.24 예제 4.14의 위압관

4.9.2 U-튜브 액주계

그림 4.25에 나타낸 것과 같은 U자형 관이 널리 사용되고 있으며 관 내의 액체는 게이지 액체라고 통칭한다. U-튜브의 한쪽 끝은 열린 상태이고, 다른 한쪽 끝은 압력을 측정하는 용기에 연결되어 있다. 관과 용기 내의 액체는 같을 수도 다를 수도 있다. 다른 액체가 사용되었다면, 그들은 혼합되어서는 안 된다. 유체 기둥이 정지상태이기 때문에 식(4.13b)를 적용할 수 있다. 압력 계산을 위해 시스템 내의 적당한 한쪽 끝을 시작점으로 하여 다른 쪽 끝에서의 크기를 구한다. 그림 4.25에 나타낸 것처럼, 점 1, 2, 3을 선택하면, 이것은 식(4.45)와 같이 나타낼 수 있다.

$$p_A + \gamma_1 h_1 - \gamma_2 h_2 = 0 \tag{4.45}$$

이것으로부터 식(4.46)이 나온다.

$$p_A = \gamma_2 h_2 - \gamma_1 h_1 \tag{4.46}$$

U-튜브 액주계는 두 용기 사이의 압력이나 또는 시스템 내의 두 점 사이의 압력 차를 측정하는데 사용할 수 있다. 그림 4.26과 같이 두 용기 A, B가 액주계로 연결된 시스템을 생각해보자. 압력 차는 계의 한쪽 끝과 다른 쪽 끝의 값으로부터 계산할 수 있다. 점 A, 1, 2, 3과 4를 선택하면 식(4.47)과 같이 쓸 수 있다.

$$p_A+\gamma_1 h_1-\gamma_2 h_2-\gamma_3 h_3=p_B \tag{4.47}$$

이것으로부터 압력차를 끌어낼 수 있다.

$$p_A-p_B=\gamma_2 h_2+\gamma_3 h_3-\gamma_1 h_1 \tag{4.48}$$

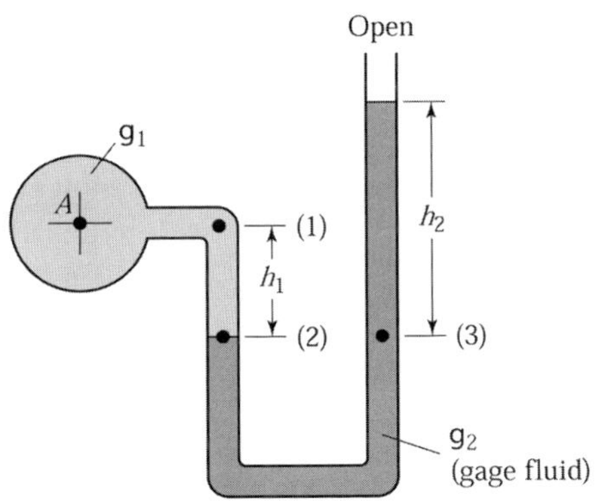

그림 4.25 U-튜브 액주계

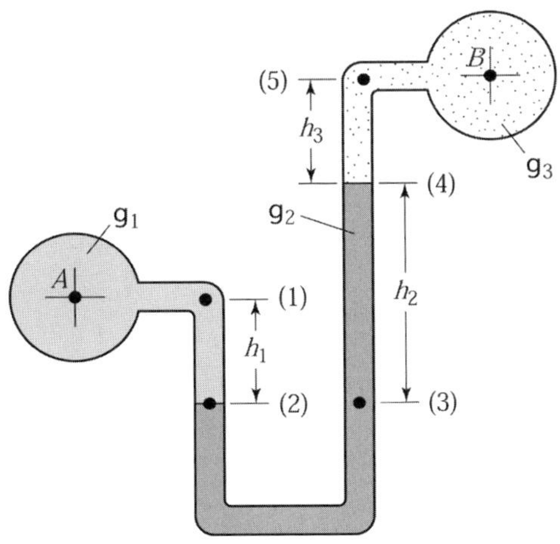

그림 4.26 차압 U-튜브 액주계

예제 4.15 그림 4.27에 나타낸 계에 대해 B에서 압력은 $200\,\text{lb/ft}^2$이다. 수은의 비중이 13.6일 때 A에서 압력을 psi로 나타내시오.

풀이

$$p_B + 62.4(\text{lb/ft}^3)\times 1(\text{ft}) + 13.6\times 62.4(\text{lb/ft}^3)\times 3(\text{ft}) - 62.4(\text{lb/ft}^3)\times 6(\text{ft}) = p_A$$

그러므로

$$\begin{aligned} p_A &= 200(\text{lb/ft}^2) + 62.4(\text{lb/ft}^2) + 2{,}545.92(\text{lb/ft}^2) - 374.4(\text{lb/ft}^2) \\ &= 2{,}433.92(\text{lb/ft}^2) \\ &= 16.9\,\text{psi} \end{aligned}$$

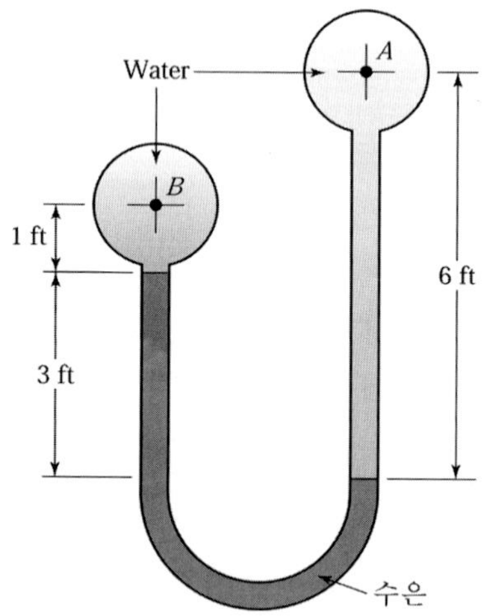

그림 4.27 예제 4.15에서 주어진 U-튜브 액주계

도움말 Reading Aid

4.1 정수역학의 의미는? 정지상태 유체에서 깊이에 따른 압력 변위의 기초 방정식을 쓰시오.

4.2 Pascal의 원리란? 그것의 제한 사항을 정의하시오.

4.3 압축성 유체에서는 압력이 깊이에 따라 선형적으로 변화하지 않는 이유를 설명하시오.

4.4 액체에서 수중에 있는 수평면에 작용하는 연직력은 어떻게 계산하는가?

4.5 액체 안의 수중에 있는 연직면에 작용하는 전체 수평 압력 계산을 위한 방정식을 전개하시오.

4.6 압력의 중심이란 무엇인가? 액체 잠긴 연직면에 있어서, 중력의 중심은 위에 위치할 것인가? 또는 아래 위치할 것인가? 그리고, 그 이유는?

4.7 수중에 잠긴 수직면에 있어서, 압력의 중심과 중력의 중심 사이의 거리가 $I_G/[A\bar{x}]$와 같다는 것을 증명하시오. 여기서, A는 표면의 면적, I_G는 수직면 중력 중심을 통과하는 수평축에 있어서의 관성모멘트이고, $\bar{x}$는 액체 표면과 중력 중심 사이의 거리이다.

4.8 액체 표면과 θ이 각을 이루는 경사면에 작용하는 압력을 계산하기 위한 방정식을 전개하시오.

4.9 수중에 잠긴 경사면에 있어서, 물속으로 잠기는 깊이가 증가함에 따라 중력의 중심과 압력의 중심 사이의 거리는 증가할 것인가? 아니면 감소할 것인가? 그 이유는?

4.10 수중의 물체에 대해 압력과 그 작용점의 평가에 있어서 도식적 방법을 쓰는 이점을 설명하시오. 압력 프리즘(pressure prism)은 삼각형과 사다리꼴 두 가지 예가 있다.

4.11 부력을 정의하고 그것은 어떻게 전개하는지 설명하시오. 부력은 수중 물체의 깊이에 따라 변화되는가? 변화된다면 왜 변화되며, 변화되지 않는다면 왜 변화되지 않는가?

4.12 부력과 안정성의 중요성을 세 가지로 예를 들어 설명하시오.

4.13 Archimedes의 원리란 무엇인가? 액체가 배제된 부유체는 자체의 체적과 균형을 이루는가? 아니면 무게와 균형을 이루는가?

4.14 물속에서 물체가 뜰 것인가? 잠길 것인가를 결정하는 변수는 무게, 체적, 밀도 중 어느 것이며, 이유는 무엇인가?

4.15 수중 물체의 안정성이란 무엇이며, 물체가 안정되어 있다는 것을 어떻게 확인할 수

있는가?

4.16 부유물체의 안정성은 수중 물체의 안정성과 어떤 차이점이 있는가?

4.17 부유물체가 안정인가? 불안정인가를 결정하는 주인자는 무엇인가?

4.18 부력의 경심은 무엇이며, 부력 중심과 경심간의 거리는 어떻게 산정할 수 있는가?

4.19 절대압력(absolute pressure)와 계기압력(gage pressure)의 정의는? SI단위계와 FPS 단위계에서의 압력의 단위는 무엇인가?

4.20 수리학적 응용에 일반적으로 사용되는 압력계의 형태는 무엇인가?

연습문제

4.1 길이 6 ft와 폭 3 ft의 직사각형 수조에 4 ft의 깊이로 물이 채워져 있다. 수조의 벽에 작용하는 전체 힘을 계산하시오.

4.2 길이 20 m와 폭 8 m의 수영장에 물이 2.5 m 깊이로 채워져 있다. 수영장의 각 면에 작용하는 합력의 크기와 위치를 결정하시오.

4.3 길이 20 m와 폭 8 m의 수영장이 1 : 10의 일정한 바닥 구배를 갖는다. 수영장의 말단부(swallow end)에서의 물의 깊이는 0.5 m이다. 수영장의 각 면에 작용하는 합력의 크기와 위치를 결정하시오.

4.4 길이 10 ft와 폭 3 ft의 직사각형 평판이 긴 부분이 물 표면과 평행, 3 ft 부분이 연직으로 수중에 연직으로 잠겨있다. 평판 한 면에 작용하는 전체 힘과 위치를 찾으시오.

4.5 지름이 50 cm인 원형판이 비중이 0.9인 기름 안에 수직으로 위치하고 있다. 원형판의 중심은 기름 표면 아래 2 m에 위치한다. 한 면에 작용하는 전체 힘과 작용점을 계산하시오.

4.6 10.0 m의 수직벽이 바닷물(비중(S.G.) = 1.025)과 민물을 분리하고 있다. 바닷물의 깊이가 8 m라고 하면, 합력이 0이 되기 위한 민물의 깊이는 얼마인가? 벽의 끝단에서의 모멘트를 계산하시오.

4.7 그림 P4.7에 나타낸 것처럼, 바닥이 2 m, 높이가 2 m인 이등변 삼각형 평판이 비중 0.85인 기름 안에 수직으로 잠겨있다. 합력과 작용점을 찾으시오.

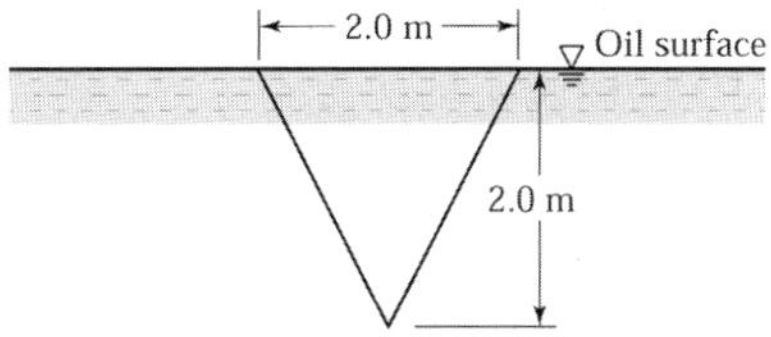

그림 P4.7 이등변 삼각형 평판

4.8 지름 2 m인 원형판이 수면 아래 수중에 상부, 하부 가장자리가 각각 2.0 m, 2.6 m에 위치하도록 잠겨있다. 원형판의 한면에 작용하는 합력과 압력 중심의 위치를 찾으시오.

4.9 정사각형 수문(4 ft × 4 ft)이 댐 면에 45° 각도로 위치해 있다. 수문의 상부 가장자리는 25 ft 수면 아래 있다. 수문상 물의 힘과 작용점을 결정하시오.

4.10 그림 P4.10에 나타낸 것과 같이 정사각형 수문이 A점에 연결되어 저수조의 물과 터널 내의 물을 분리하고 있다. 수문이 3 m × 3 m의 차원과 무게 15 t-m/s^{2}을 갖는다면, 수문이 닫힌 상태를 유지하기 위한 최대 높이 h는 얼마인가?

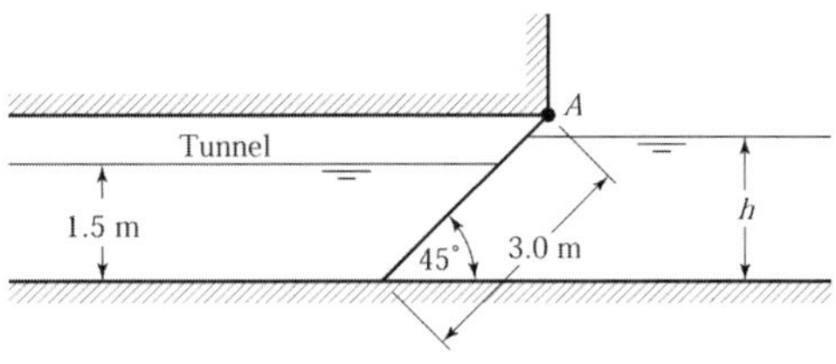

그림 P4.10 물을 분리하기 위한 정사각형 수문

4.11 그림 P4.11에 나타낸 것과 같은 삼각형 형태의 수문이 뚜껑이 없는 탱크의 연직면에 위치해 있다. 수문은 수평축 AB에 대해 연결되어 있다. 축 AB에 대해 수문상 물의 힘에 의해 산출되는 모멘트를 결정하시오.

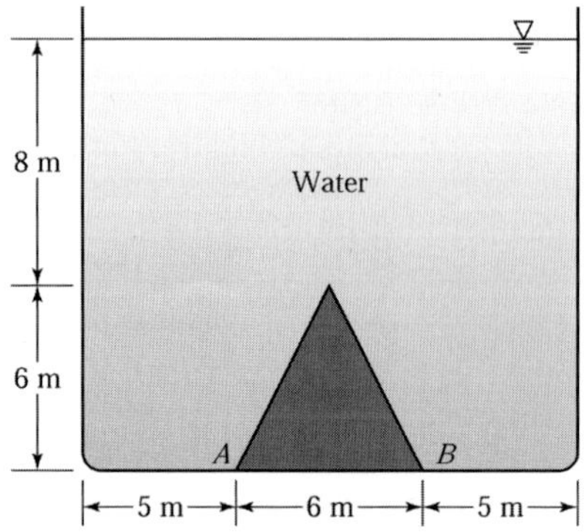

그림 P4.11 탱크 연직면의 삼각형 수문

4.12 지름 3 ft인 원형판이 가솔린이 들어있는 뚜껑이 없는 탱크의 연직면 상에 위치해 있다. 힘은 원형판 중심 3 in 아래 작용하는 가솔린에 의해 산출된다. 이 힘의 크기를 결정하시오.

4.13 그림 P4.13에 나타낸 직사각형 수문 CD는 폭이 2 m, 길이가 2.5 m이다. 연결점(hinge) C에서 마찰은 무시하고, 수위가 연결점 위로 2 m 올라갈 때까지 수문이 닫힌 상태를 유지하기 위해 필요한 수문의 무게를 결정하시오.

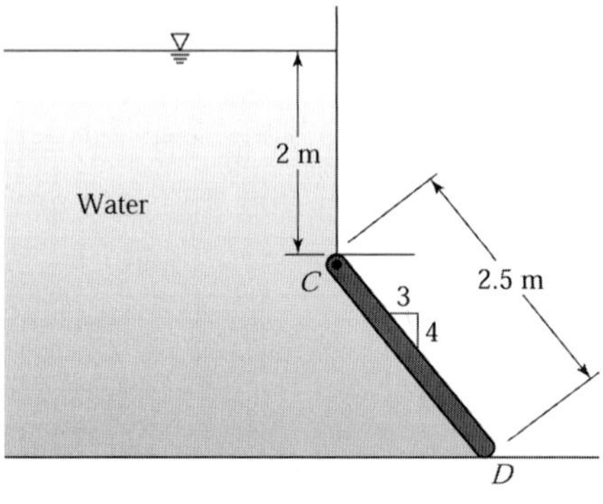

그림 P4.13 직사각형 수문 CD

4.14 그림 P4.14에 나타낸 것처럼, 폭 3 ft, 길이 7 ft이고 무게가 650 lb인 직사각형 수문이 수평 케이블에 의해 상태를 유지하고 있다. 연결점A에서 마찰은 무시할 때, 케이블의 장력(tension)을 결정하시오.

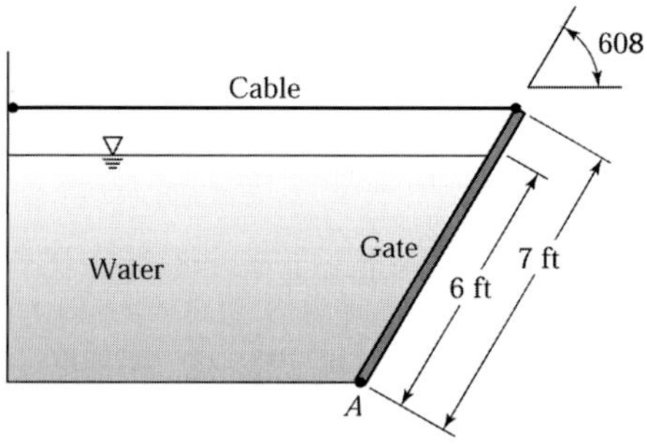

그림 P4.14 수평 케이블에 의해 지지되고 있는 직사각형 수문

4.15 그림 P4.15에 나타낸 것처럼, 폭 2 m의 게이트 OAB가 O점에서 연결되어 있고, B에서 단단히 고정되어 정지되어 있다. 수문이 닫힌 상태를 유지하기 위해 필요한 최소 수평력 P는 얼마인가? 수문의 무게는 무시하시오.

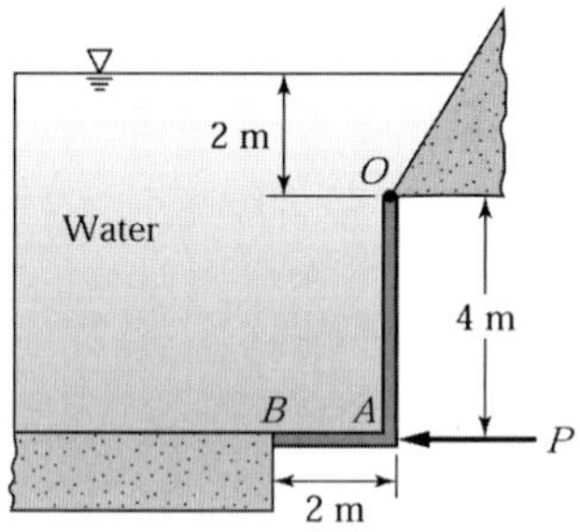

그림 P4.15 O점에 연결된 폭 2m의 수문

4.16 그림 P4.16에 나타낸 수문은 수평 샤프트(shaft)가 설치되 있다. (a) 수문의 직사각형 부분과 반원 부분에 작용하는 힘을 결정하시오. (b) 샤프트에 대해 반원 부분에 작용하는 힘의 모멘트를 결정하시오.

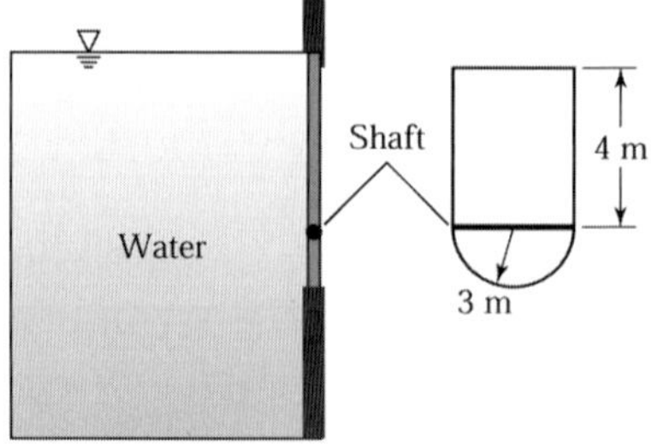

그림 P4.16 수문 설정

4.17 그림 P4.17에 나타낸 콘크리트 댐의 무게는 $23.6\,kN/m^3$이고 견고한 기초 위에 정지되어 있다. 미끄럼(sliding)으로부터 댐을 보호하기 위해 요구되는 댐과 기초사이의 최소 마찰계수를 결정하시오. 댐의 단위 길이에 기초하여 분석하시오.

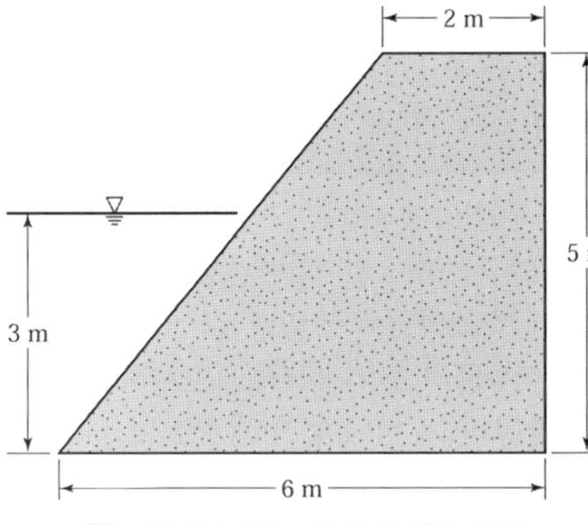

그림 P4.17 댐의 물리적 설정

4.18 그림 P4.18에서와 같이 직경 2m 수문은 수문의 중심 50mm 아래 C점이 위치한다. C점에 대해 불균형 시계방향 모멘트를 발생시키지 않고 상승할 수 있는 높이 h는 얼마인가?

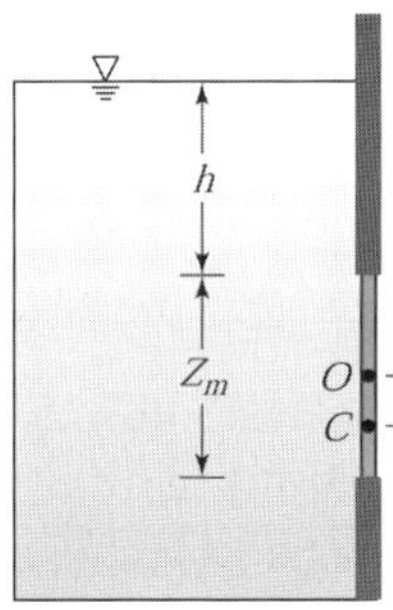

그림 P4.18 직경 2 m의 수문

4.19 각 변이 0.5m인 정육면체 블록이 체적의 1/10은 물 밖에 드러낸 체 물에 떠있다. 블록의 무게를 구하시오.

4.20 불규칙한 모양의 고체 물질의 조각은 공기 중에서 무게는 $98.1\,kg\text{-}m/s^2$이고 완전히 수중에 잠겼을 때는 $58.86\,kg\text{-}m/s^2$이다. 이 물질의 비중을 구하시오.

4.21 무게가 $9.81\,kg\text{-}m/s^2$이고, 속이 텅 빈 금속성 구체가 물에 떠있다. 이 구체의 절반이 물에 잠기려면, 이것의 외부 지름은 얼마이어야 하는가?

4.22 비중이 0.95이고 길이가 0.8m인 원통이 물과 비중이 0.84인 오일이 담겨 있는 용기에 축에 대해 수직으로 떠있다. 원통이 완전히 잠기기 위해 필요한 오일의 최소 깊이는 얼마인가?

4.23 각 변이 0.25m인 강철재품의 정육면체가 수은 위에 떠있다. 강철과 수은의 비중은 각각 7.6과 13.6이다. 정육면체가 잠긴 깊이를 구하시오.

4.24 문제 4.23에서 주어진 정육면체가 수은 내에서 상태를 유지하기 위해 필요한 힘 F의 크기와 방향을 구하시오.

4.25 각 변이 50cm인 금속성 정육면체의 비중은 8이다. 정육면체가 (a) 물속에서 (b) 수은 속에서 평형상태를 유지하기 위해 필요한 힘의 크기와 방향을 구하시오. 수은의 비중은 13.6이다.

4.26 오일 속에서 $15 \times 10 \times 4\,m$인 목재 블록의 비중은 0.8이다. 우력(偶力)은 그림 P4.26에 나타낸 상태로 블록을 유지하고 있다. 부력과 블록에 작용하는 우력의 크기 그리고, 부력의 경심(傾心)의 위치를 구하시오.

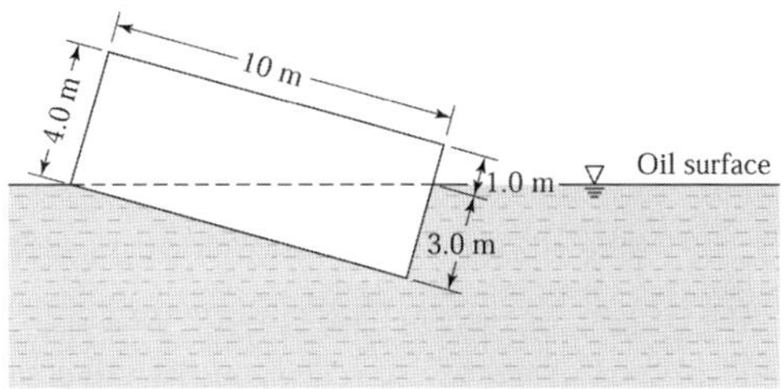

그림 P4.26 부유하는 목재 블럭

4.27 각 변이 1.0m 인 정육면체의 단단한 목재가 물속이 있다. 목재의 비중은 0.6이다. 만약 목재가 (a) 오일(비중 0.7), (b) 물 그리고 (c) 수은(비중 13.6) 속에 있다면, 각각의 상태에 대한 안정성을 검토하시오.

4.28 길이 6 ft, 폭 2 ft인 직사각형 블록이 1 ft 깊이로 물속에 떠있다. 이것의 무게가 9.81 kN이라면, 이것의 평형 상태를 구하시오.

4.29 단단한 목재 원통의 지름은 0.5m 이고 높이는 0.8m 이다. 목재의 비중은 0.6이다. 만약 원통이 오일(비중 0.8) 속에서 수직으로 위치하고 있다면, 이것은 안정적인가? 아닌가?

4.30 공기 중에서 무게가 100N 인 석재가 수중에서는 무게가 60N 이다(그림 P4.30 참조). 석재의 체적과 비중을 계산하시오.

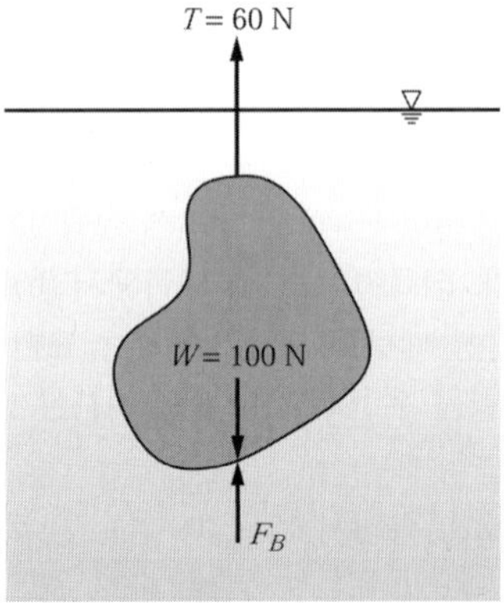

그림 P4.30 물속에 잠긴 돌

4.31 두께 6in, 폭 6in, 길이 14in인 프리즘 물체를 수중 20in 깊이에서 무게를 측정해보니 무게가 10lb였다. 이것의 공기 중 무게와 비중을 구하시오.

4.32 액체 비중계 무게는 0.022N 이고, 위쪽 끝에 지름이 2.5mm 인 원통형 봉이 있다. 이것은 비중이 0.821인 알코올에서보다 비중이 0.780인 오일에서 어느 정도 더 깊이 뜰 것인가?

4.33 비중 0.750이고, 정사각형 단면이 120mm, 길이는 1.5m 인 목재가 있다. 그것이 물 위로 0.3m 뜨도록 하기 위해, 무게가 100kN/m^{3}인 납이 얼마나(Newtons 으로) 목재의 끝에 고정되지 않으면 안 되는가?

4.34 비중 6.5인 금속성 고체 조각은 비중 13.57인 수은 용기 표면 위로 체적의 어느 정도가 뜰 것인가?

4.35 평면이 6.5m × 3.5m 이고, 깊이가 4m 인 무게는 360kN 의 위가 열린 직사각형 박스가 물에 떠있다. (a) 얼마나 깊이 물에 잠길 것인가? (b) 물의 깊이가 4m 라면, 어느 정도 무게의 돌이 박스 바닥에 놓아야만 박스가 이 정도 수심이 될 것인가?

4.36 목재 등변 블록이 물 표면 위로 60mm 돌출되어 물에 떠있다. 비중이 1.35인 글리세린 속에 있을 때 블록은 액체 표면 위로 85 mm 돌출되었다. 목재의 비중을 구하시오.

4.37 길이 80mm × 310mm 인 목재(비중 0.50)에 소금물(비중 1.025) 속에서 무게 445N 인 사람이 목재 위에 서 있을 때 지탱할 것인가?

4.38 그림 P4.38에 나타낸 것과 같이 바닥이 평평하고 끝이 직사각형인 바지선(길이 40 ft)에 완전히 짐이 채워졌을 때 6.0 ft의 흘수를 가지고, 수직한 상태로 떠있다. 바지선은 안정인가? 바지선이 안정 상태라면, 경사도가 15° 일 때 수중에서 복원 모멘트(righting moment)는 얼마인가?

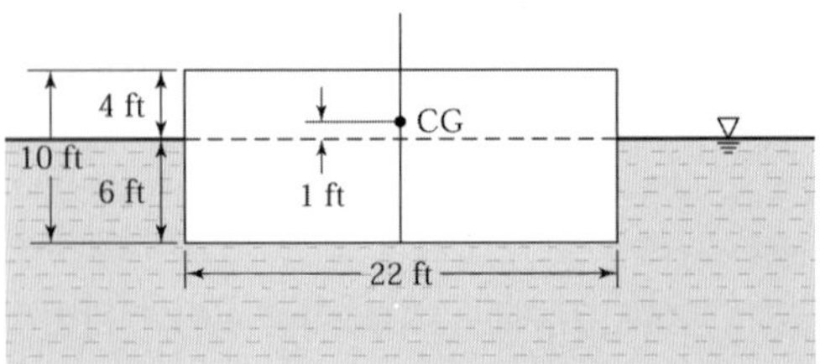

그림 P4.38 평평한 바닥과 끝이 직사각형인 바지(barge)

4.39 단단한 목재 원통(그림 P4.39)이 오일 속에서 연직으로 서있다면 안정 상태인가? 목재의 비중은 0.60이고 오일의 비중은 0.857이다.

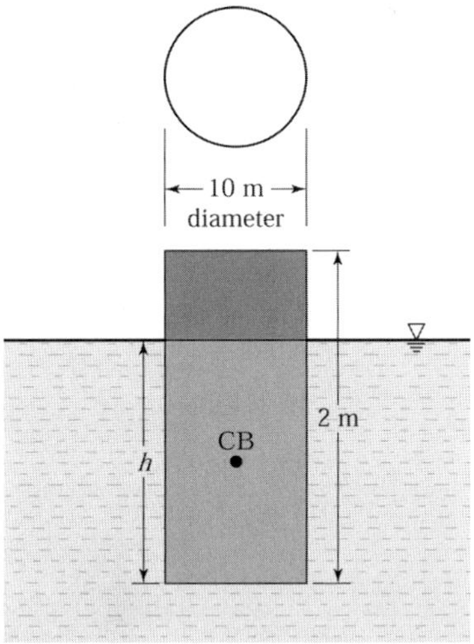

그림 P4.39 오일 속에 수직으로 서있는 원통형 목재

4.40 점 A에서의 계기압력을 구하시오(그림 P4.40 참조).

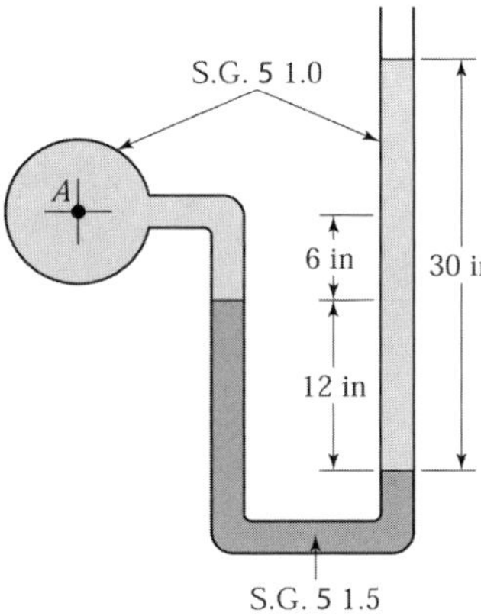

그림 P4.40 U-튜브 액주계

4.41 온도가 70℉일 때 평방인치당 파운드로 점 A(그림 P4.41)에서의 계기압력을 구하시오.

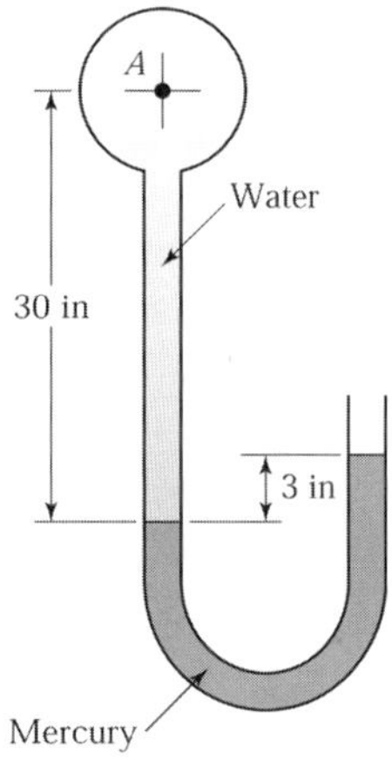

그림 P4.41 U-튜브 액주계

4.42 점 A에서의 계기압력을 구하시오(그림 P4.42 참조).

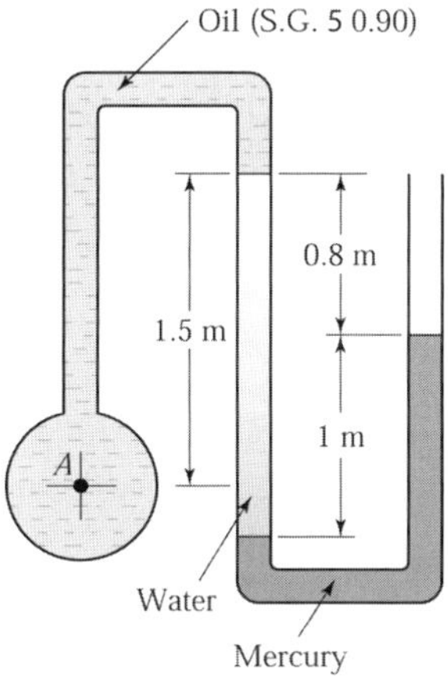

그림 P4.42 차압 U-튜브 액주계

4.43 문제 4.42의 차원이 미터(meters)가 아니라 피트(feet)일 때의 점 A에서의 계기압력을 구하시오.

4.44 kilopascals과 평방인치당 파운드로 점 A(그림 P4.44)에서의 계기압력을 구하시오.

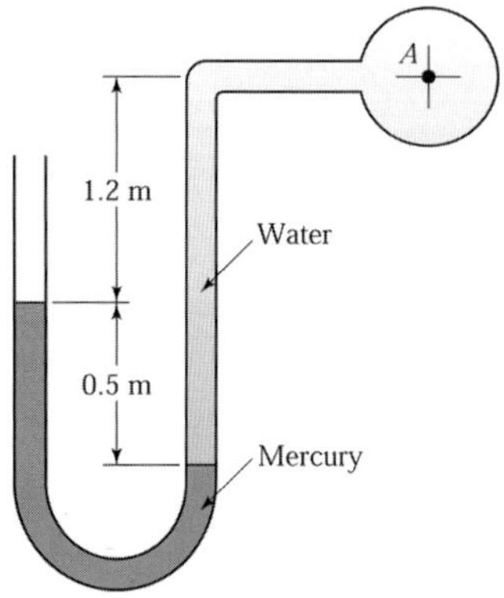

그림 P4.44 차압 U-튜브 액주계

4.45 점 A(그림 P4.45)에서의 계기압력은 얼마인가?

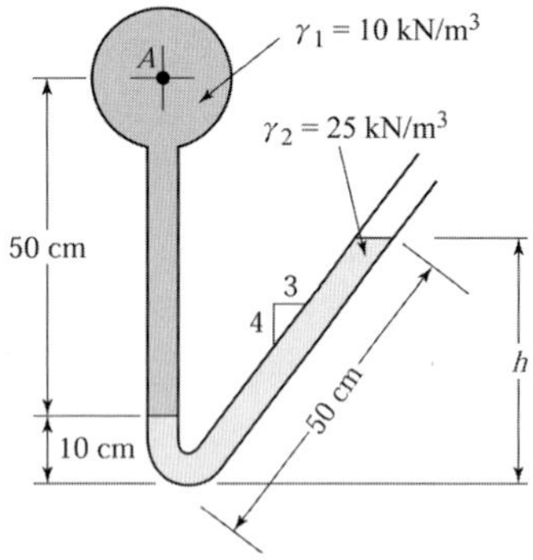

그림 P4.45 경사 피에조미터관

4.46 그림 P4.46에 나타낸 것처럼 튜브 속에 물을 튜브 길이가 15in가 될 때까지 채웠다. 그리고 오일을 물 체적의 1/3이 되게 오른쪽에 채웠다. 물과 오일의 표면차를 구하시오.

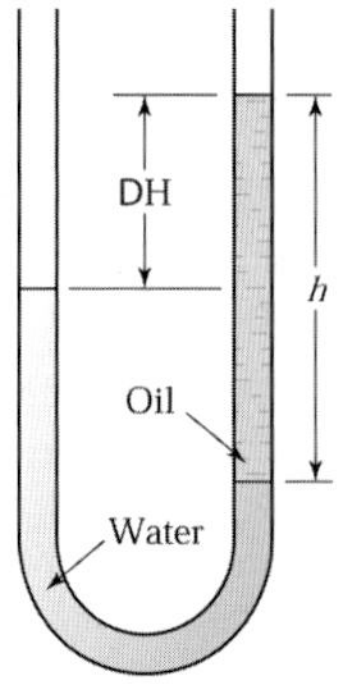

그림 P4.46 U-튜브 액주계

4.47 그림 P4.47에 나타낸 차압(差壓) U-튜브 액주계(液柱計)에 대해, $(P_A - P_B)$를 구하시오.

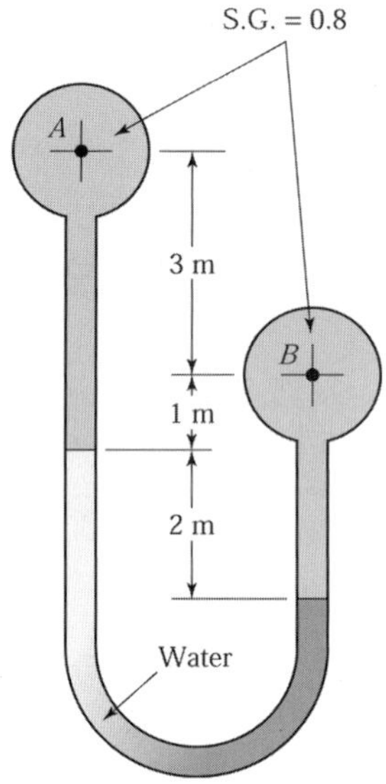

그림 P4.47 차압 U-튜브 액주계

4.48 그림 P4.48에 나타낸 차압액주계(差壓液柱計)에 대해, $(P_A - P_B) = 0.30\,\text{psi}$ 라면 z를 구하시오. 물의 비중은 $62.4\,\text{lb/ft}^3$를 갖는다.

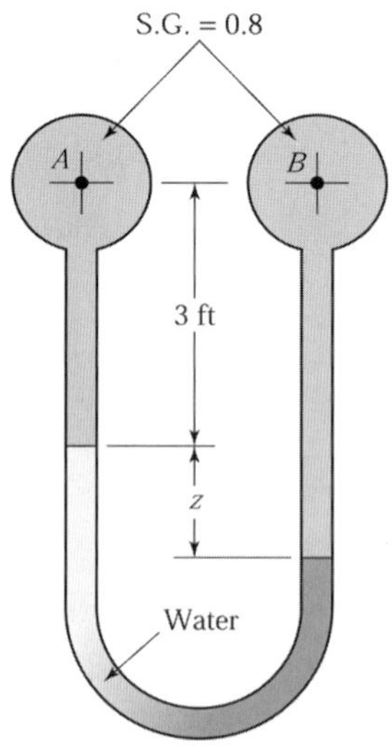

그림 P4.48 차압 U-튜브 액주계

4.49 온도가 10℃일 때, psi로 점 A(그림 P4.49)에서의 계기압력을 구하시오.

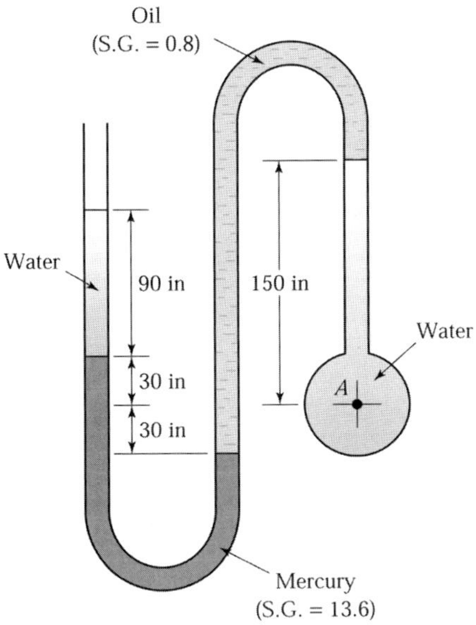

그림 P4.49 차압 U-튜브 액주계

4.50 그림 P4.50에 나타낸 것처럼, U-튜브 액주계(液柱計)가 급수관의 압력을 모니터 하기 위해 급수 파이프에 연결되어 있다. 액주계의 액체가 수은(비중 13.6)이고, 그림에 나타낸 것처럼 값을 읽었다면, 급수관의 점 A와 점 B사이의 압력차는 얼마인가?

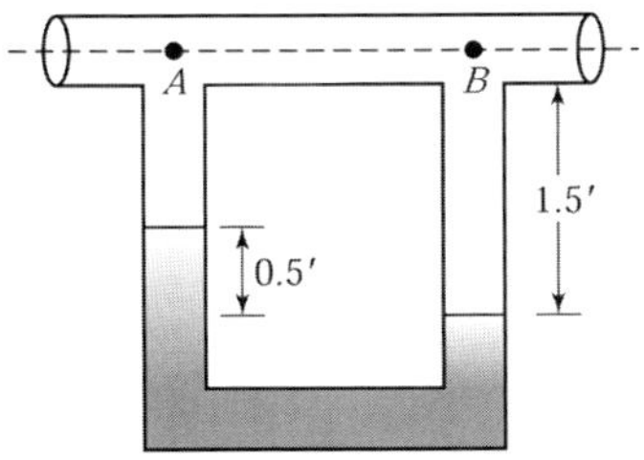

그림 P4.50 문제 4.50의 도식도

4.51 차압 액주계가 그림 P4.51에 나타낸 것처럼 벤튜리미터에 연결되어 있다. 벤튜리미터의 상류에 위치하고 있는 피에조미터 튜브의 읽은 값이 5 ft를 나타내고 있다. 액주계(液柱計)의 액체는 수은이다. 액주계의 읽은 값이 4 in라면, 점 B에서 압력은 psi로 얼마인가?

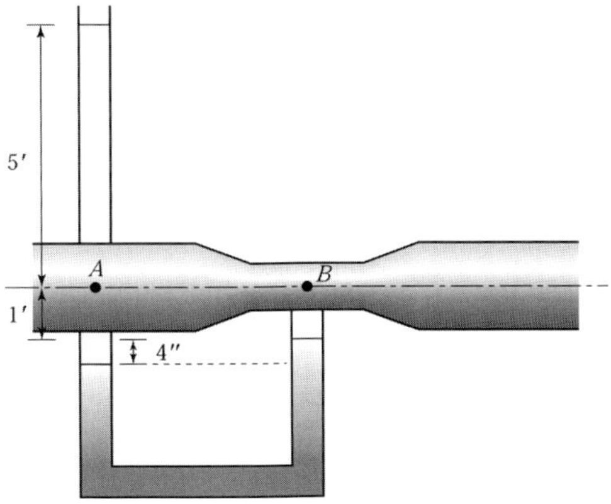

그림 P4.51 문제 4.51의 도식도

4.52 차압 액주계 그림 P4.52에 나타낸 것처럼 연직 파이프에 연결되어 있다. 액주계의 액체가 수은이고, 읽은 값과 차원이 그림에 나타낸 것과 같다면, 점 A와 점 B 사이의 압력 차는 psi로 얼마인가?

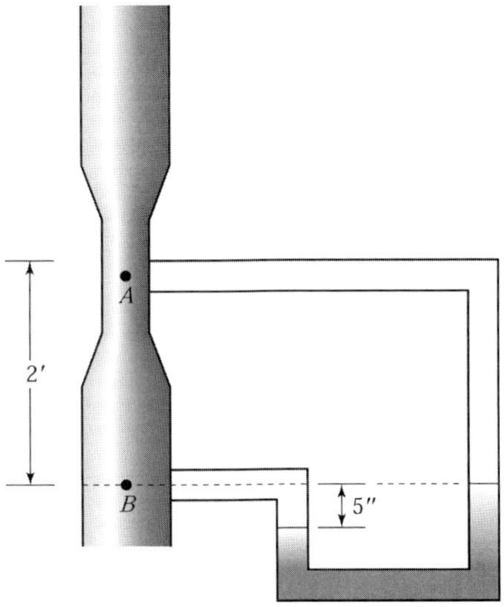

그림 P4.52 문제 4.52의 도식도

4.53 그림 P4.53에 나타낸 것처럼 포장된 둑 제방의 경사도는 45°이다. 둑 제방면에 6 ft의 네모난 직사각형 수문이 있고, 그것의 중심은 바닥으로부터 20 ft 지점이다. 강 수면이 바닥

으로부터 40 ft라면, 수문 위의 전체 정수압(靜水壓)은 얼마이며, 어디에 작용하고 있는가?

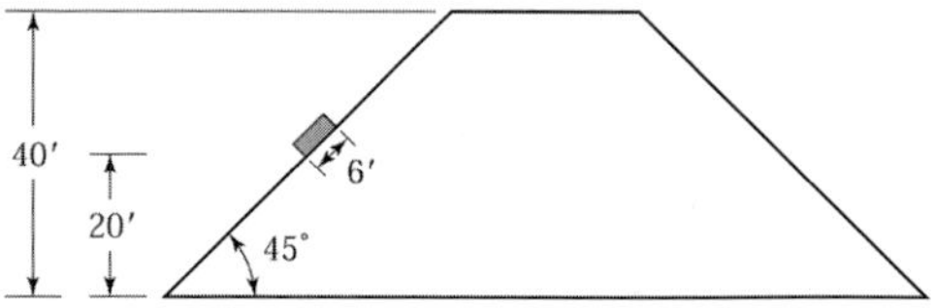

그림 P4.53 제방의 정사각형(6ft×6ft) 수문

4.54 그림 P4.54에 나타낸 것처럼, 여수로가 높이 30 ft로 삼각형 형태이며, 하류 면으로 45°의 각도를 이루고 있다. 콘크리트의 무게는 150 lb/ft^{3}이다. 여수로 뒤편의 수위가 35 ft, 기초는 불투수성이며, 방수된 물은 무시한다면, 반작용 합력은 얼마이며, 어느 곳에 위치하는가?

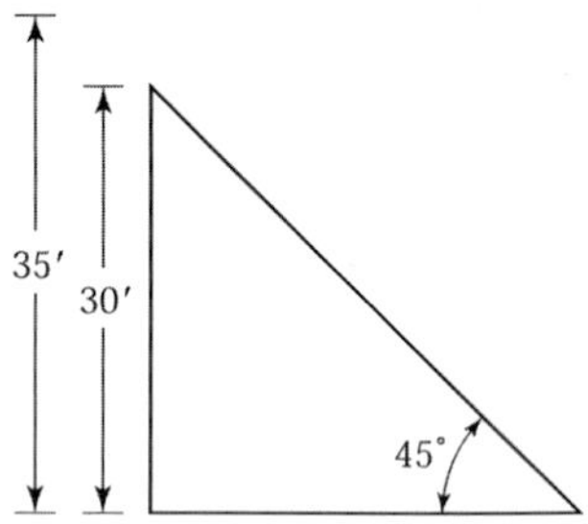

그림 P4.54 삼각형 여수로

4.55 완전 투과성 기초로 해서 문제 4.54를 다시 구하시오.

4.56 아래 그림 P4.56에 나타낸 유체의 분류에 대해서 만약 대기압이 101 kPa이고, 수조의 바닥에서 압력이 69 kPa라면 미상의 오일의 밀도를 구하시오. $H = 0.5\,\text{m}$.

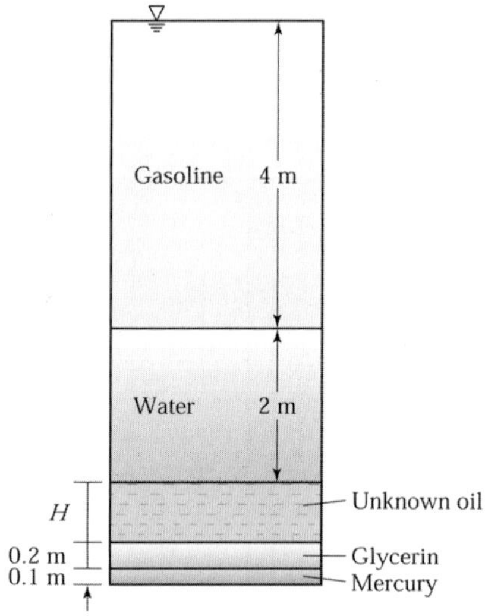

그림 P4.56 유체가 담긴 탱크

4.57 문제 4.56의 그림에서 미상의 오일의 밀도가 1100 kg/m^{3}이라면, 동일한 바닥 압력을 갖기 위해 필요한 높이 H를 구하시오.

4.58 그림 P4.58에서 경사진 파이프 내의 액체는 물이고, 액주계 내의 액체는 수은이다. 물이 아래쪽으로 흐른다면, 점 1과 점 2사이의 전체 압력 강하를 구하시오.

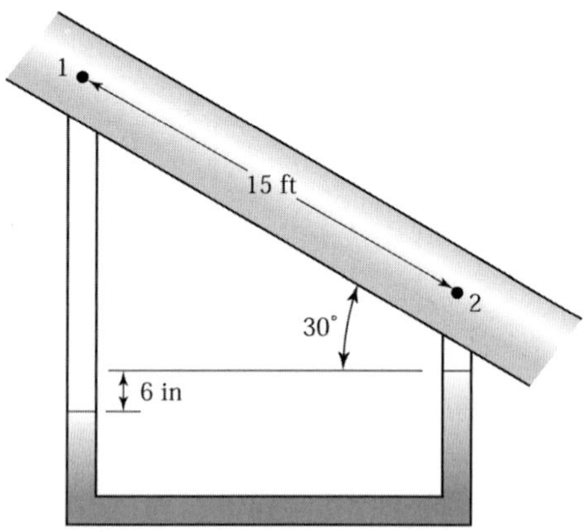

그림 P4.58 경사진 파이프의 급강하 액주계

4.59 그림 P4.59는 물과 오일을 담고 있는 저수조에 비스듬한 튜브가 연결되어 있는 것을 나타내고 있다. 튜브의 경사도가 45°라면, 튜브에 찬 물이 상승할 길이 L을 구하시오.

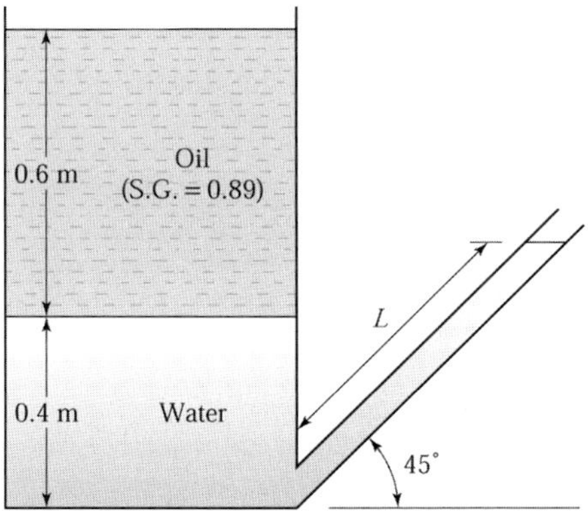

그림 P4.59 탱크에 연결된 경사진 파이프

4.60 그림 P4.60의 점 A와 점 B에서의 압력을 구하시오. 용기의 물은 20℃이다.

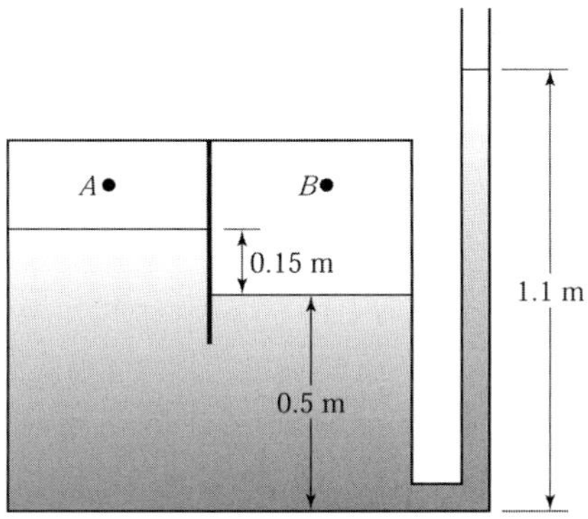

그림 P4.60 서있는 파이가 연결되어 있는 수조

4.61 문제 4.60의 물이 글리세린(비중 1.26)으로 바뀌었을 경우에 대해서 해를 구하시오.

4.62 그림 P4.62에 나타낸 문제에 대해서 FPS단위계로 미상의 유체의 밀도를 구하시오.

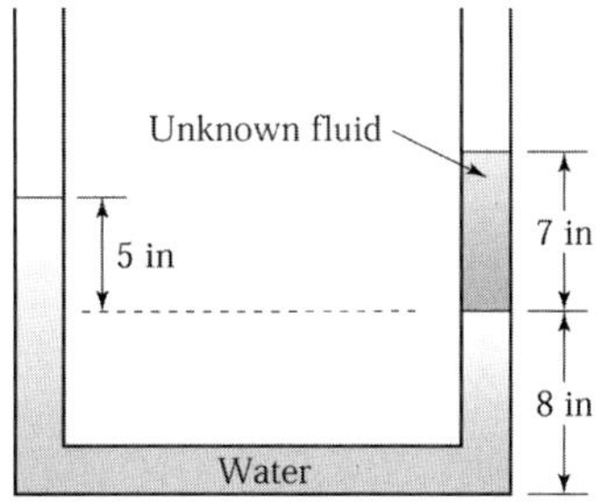

그림 P4.62 미지의 액체가 담긴 액주계

4.63 무게 2000lb인 수문이 그림 P4.63에 나타낸 것과 같이 5°로 경사지게 설치되어 있다. 수문의 중력 중심은 연결점으로부터 수문 쪽으로 45in에 위치해 있다. 수문이 열리는 순간의 수심을 구하시오.

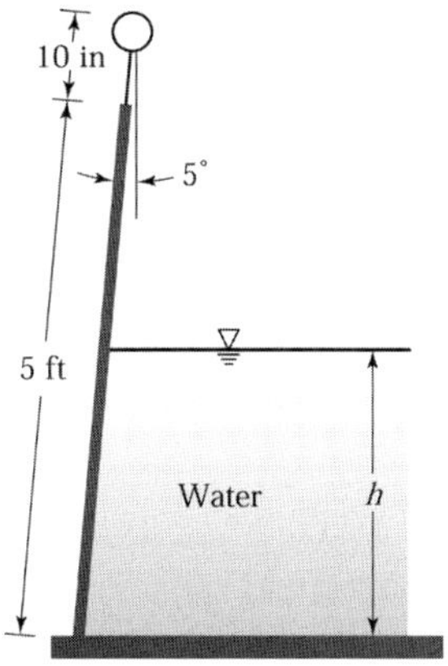

그림 P4.63 방조문

4.64 삼면의 폭이 50m 인 삼각형 댐이 콘크리트(비중 2.4)로 만들어졌다. 경사면 위에서의 정수역학적 힘과 이 힘에 기인한 점 A에서의 모멘트를 구하시오. 이 힘에 의해서 댐이 전도될 것인가?

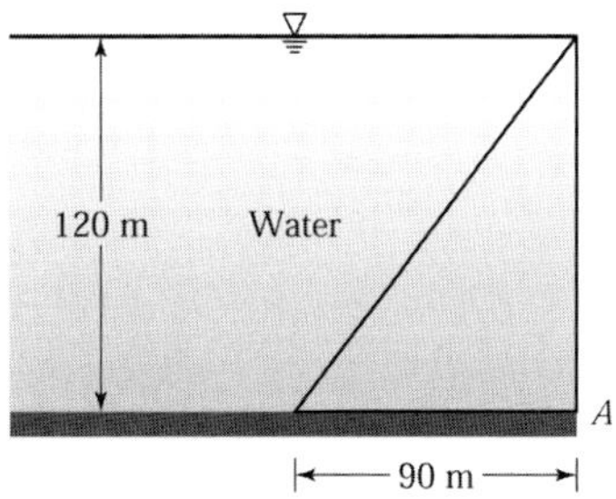

그림 P4.64 삼각형 댐

참고문헌

Fox, R. W. and McDonald, A. T., 1984. Introduction to Fluid Mechanics, Wiley, New York.

Morris, H. M. and Wiggert, J. M., 1972. Applied Hydraulics in Engineering, Wiley, New York.

Munson, B. R., Young, D. F., and Okiishi, T. H., 1990. Fundamentals of FI1!id Mechanics, Wiley, New York.

University Lake at the University of Alabama at Huntsville

Chapter 05
지배방정식

도관(導管)내 물의 흐름은 (1) 도관형상, (2) 유체 성질, (3) (1)과 (2)에 의한 외부 및 내부적 제약조건 등에 의해 지배 받는다. 면적, 윤변, 수리반경과 경계부의 조도 등 도관의 기하학적 특성에 대한 것은 10장에서 설명할 것이다. 유체 특성은 2장에서 서술된 밀도, 점성, 압력과 압축성을 포함한다. 실제로 물리적인 현상에서 일반적인 외부적 제약조건은 질량, 에너지 및 운동량보전의 법칙이 있다. 수리작용의 내부 제약조건은 엔트로피(entropy) 증가 법칙 및 공간 - 질량 - 시간 차원의 법칙을 포함하며, 수리학적 시스템(hydraulic system)의 내부적 메커니즘을 구성한다.

엔트로피 항은 시스템의 혼란 상황을 기술하기 위해 이용된다. 폐합시스템에 있어서의 엔트로피는 항상 증가하는 경향이 있다. 열역학에서의 엔트로피는 열의 비가역성(irreversible, 非可逆性) 성분으로 통상 정의된다. 수리학에서는 유체가 그 흐름을 유지하기 위해서 흐름에 저항하는 마찰력을 극복할 일을 하지 않으면 안 된다. 이것은 마찰에 의한 열에너지로 흐름 에너지의 비가역성 변환을 내포하고 있다. 따라서 수리학적 시스템 내의 엔트로피 증가는 흐름 에너지가 마찰에 의해 열에너지로 변환됨으로써 발생된다. 열 에너지는 유체와 경계벽을 통해 대기중으로 전도되어, 결국 공간 상에서 소멸된다. 따라서 전개된 에너지의 양은 흐름 시스템 기하학 및 시스템에 영향을 미치는 힘과 에너지의 형태의 작용이다. 이 작용의 정량적 공식화를 과정방정식(process equation)이라고 부르며, 그것은 수리학 내에서 저항방정식으로 연결된다.

따라서 모든 흐름과정은 에너지보존원리(열역학 제1법칙)와 엔트로피증가원리(열역학 제2법칙)에 의해 보존과정이라고 할 수 있다. 우주에서 일어나는 흐름과정이 공간, 질량과 시간의 연속체 영역 내에서 작용하고 있기 때문에, 과정방정식은 공간, 질량 및 시간의 차원(예를 들어, 미터, 킬로그램, 초의 SI단위계)으로 표현되어야 한다. 연속, 에너지, 운동량방정식은 흐름 문제를 설명하기 위해 사용되는 기본적인 도구이다. 따라서, 이러한 기초적 전제 및 필연적인 제한을 재확인하는 것은 중요하다. 이들 방정식은 1, 2 또는 3차원(Chiu et al., 1978 ; Singh, 1996 ; Taft and Reisman, 1965 ; Yen, 1973)으로 다른 방법으로 유도되었다. 계속되는 절에서 이들 방정식에 대해서 간략하게 서술하였다.

5.1 질량 보존 : 연속방정식

질량보존법칙에서 물질은 어떤 다른 형식으로 변환됨으로써 생성되거나 소멸되지 않는다고 말할 수 있다. 수리학적 시스템(hydraulic system)(예를 들어, 파이프나 개수로)에서 시스템 내에 물이 유입하거나 유출되지 않았다면, 물의 질량은 증가하거나 감소할 수 없다. 질량 보존의 수학적 표현은 연속방정식이다.

시스템에서 물질의 질량은 고정된 동일 입자의 집합으로 구성된다고 정의된다. 물질의 질량과 양은 시간 t에 대해 변화되지 않는다.

$$\left(\frac{dm}{dt}\right)_{system} = 0 \tag{5.1a}$$

여기서, 시스템의 질량은 식(5.1b)와 같다.

$$m_{system} = \int_{mass(system)} dm = \int_{V(system)} \rho d V_{ol} \tag{5.1b}$$

여기서, ρ는 밀도, V_{ol}은 체적, dV_{ol}은 미소요소 체적이고, dm은 미소요소의 질량으로 $\rho d V_{ol}$과 같다.

검사체적(檢査體積, control volume)에 있어서 연속방정식은 식(5.2)와 같다.

$$\{질량\ 유입률\} - \{질량\ 유출률\} = \{질량\ 누적률\} \tag{5.2}$$

일반적으로 질량보존법칙은 질량을 에너지 보존에 연계시키는 과정을 제외하고는 성립한다. 질량과 에너지 보존의 경우는 보다 광범위한 법칙에 적용된다. 질량보존법칙은 다양한 형태의 검사체적 및 여러 가지 좌표계에 적용할 수 있다. 그림 5.1에 나타낸 것과 같이 3차원

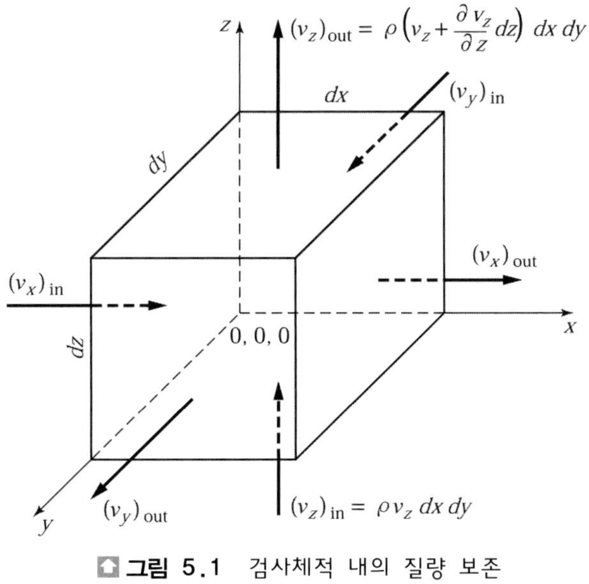

그림 5.1 검사체적 내의 질량 보존

고정 좌표계 x, y 및 z에서 dx, dy 및 dz차원을 가진 검사체적을 고려해 보자. 단위시간 당 검사체적의 임의의 면으로 또는 그 면으로부터 흐르는 유체의 질량은 밀도, 속도 및 흐름의 방향에 수직한 횡단면적의 곱과 같다. x, y 및 z방향에 대한 평균 유속을 각각 v_x, v_y 및 v_z라고 하자.

x, y 및 z축에 대한 검사체적(檢査體積) 내의 질량 유입은 각각 아래 식과 같다.

$$\rho v_x dydz \tag{5.3a}$$

$$\rho v_y dxdz \tag{5.3b}$$

$$\rho v_z dxdy \tag{5.3c}$$

Taylor 급수를 이용하여, x, y 및 z축에 대한 검사체적으로 부터의 질량 유출은 각각 아래와 같이 추정할 수 있다.

$$\rho v_x dydz + \frac{\partial}{\partial x}[\rho v_x dydz]dx \tag{5.4a}$$

$$\rho v_y dxdz + \frac{\partial}{\partial y}[\rho v_y dxdz]dy \tag{5.4b}$$

$$\rho v_z dxdy + \frac{\partial}{\partial z}[\rho v_z dxdy]dz \tag{5.4c}$$

x방향의 근사적으로 검사체적으로의 질량유입량(net mass inflow)(질량의 누적량)은 식(5.5a)와 같다.

$$-\frac{\partial}{\partial x}[\rho v_x dydz]dx \tag{5.5a}$$

동일하게, y방향의 질량유입량은 식(5.5b)와 같다.

$$-\frac{\partial}{\partial y}[\rho v_y dxdz]dy \tag{5.5b}$$

그리고 z방향의 질량유입량은 식(5.5c)와 같다.

$$-\frac{\partial}{\partial z}[\rho v_z dxdy]dz \tag{5.5c}$$

그러므로 3방향에 대한 검사체적으로의 근사 질량누적량은 식(5.6)과 같다.

$$-\left[\frac{\partial}{\partial x}\rho v_x+\frac{\partial}{\partial y}\rho v_y+\frac{\partial}{\partial z}\rho v_z\right]dxdydz \tag{5.6}$$

검사체적 dx, dy 및 dz의 차원을 없애면, 보다 정확한 근사값이 된다. 검사체적(檢査體積, control volume) 내의 질량변화율은 식(5.7)과 같다.

$$\frac{\partial\rho}{\partial t}dxdydz \tag{5.7}$$

여기서, $\partial\rho/\partial t$는 검사체적 내 밀도의 시간변화율이다. 검사체적으로의 순유입량은 검사체적 내의 질량변화율과 같다. 식(5.7)과 식(5.6) 같다고 하면, 식(5.8a)를 얻는다.

$$-\left[\frac{\partial}{\partial x}\rho v_x+\frac{\partial}{\partial y}\rho v_y+\frac{\partial}{\partial z}\rho v_z\right]dxdydz=\frac{\partial\rho}{\partial t}dxdydz \tag{5.8a}$$

식(5.8a)는 식(5.8b)와 같이 다시 쓸 수 있다.

$$\frac{\partial\rho}{\partial t}=-\left[\frac{\partial}{\partial x}\rho v_x+\frac{\partial}{\partial y}\rho v_y+\frac{\partial}{\partial z}\rho v_z\right] \tag{5.8b}$$

식(5.8b)는 3차원 연속방정식으로 흐름의 불안정성과 유체의 압축성에 대해 설명할 수 있다. 식(5.8b)를 2차원 흐름(x, y방향)에 대하여 나타내면, 식(5.9)와 같이 간략화할 수 있다.

$$\frac{\partial\rho}{\partial t}=-\left[\frac{\partial}{\partial x}\rho v_x+\frac{\partial}{\partial y}\rho v_y\right] \tag{5.9}$$

또한, 1차원 흐름(x방향)에 대하여 나타내면, 식(5.10)과 같이 된다.

$$\frac{\partial\rho}{\partial t}=-\left[\frac{\partial}{\partial x}\rho v_x\right] \tag{5.10}$$

정상상태 조건에 대해서는, 식(5.8)은 식(5.11)과 같이 된다.

$$\frac{\partial}{\partial x}\rho v_x+\frac{\partial}{\partial y}\rho v_y+\frac{\partial}{\partial z}\rho v_z=0 \tag{5.11}$$

비압축성 흐름에 대하여 나타내면, 식(5.11)은 식(5.12)와 같이 된다.

$$\frac{\partial v_x}{\partial x}+\frac{\partial v_y}{\partial y}+\frac{\partial v_z}{\partial z}=0 \tag{5.12}$$

위 식을 간단히 하면,

$$\nabla \cdot \boldsymbol{V} = 0 \tag{5.13}$$

여기서, ∇은 구배를 나타내는 벡터 연산자로 아래와 같이 나타낼 수 있다.

$$\nabla = \left(\frac{\partial}{\partial x}, \frac{\partial}{\partial x}, \frac{\partial}{\partial z} \right)$$

그리고 $\boldsymbol{V}$는 속도 벡터로 $\{v_x, v_y, v_z\}$이다.

흐름이 유관(stream tube)이나 유선(stream line) 상을 따른다면, 식(5,8a)의 $dydz$는 유관의 미소면적 δA로 바꿀 수 있으며, 이 때의 흐름은 1차원적, 비압축성 흐름이므로 정상상태 조건에 대해서 식(5.8a)는 식(5,14)와 같이 바꾸어 쓸 수 있다.

$$\frac{\partial}{\partial x}(\rho v_x \delta A) dx = 0 \tag{5.14}$$

그림 5.2와 같이 유한한 유관 상의 미소 유관을 가정하면, 유관에 대한 식(5.14)의 적분은 식(5.15) 또는 (5.16)과 같이 된다.

$$\rho v_x \delta A = \text{ 일정} \tag{5.15}$$

또는

$$(\rho v_x \delta A)_1 = (\rho v_x \delta A)_2 \tag{5.16}$$

여기서, 첨자 1, 2는 유관의 두 단면을 나타낸다. 유한한 유관의 전체 면적 A에 대해 속도가 단면에 대해서 수직이라고 가정하고, 식(5.16)를 적분하면 식(5.17)을 얻는다.

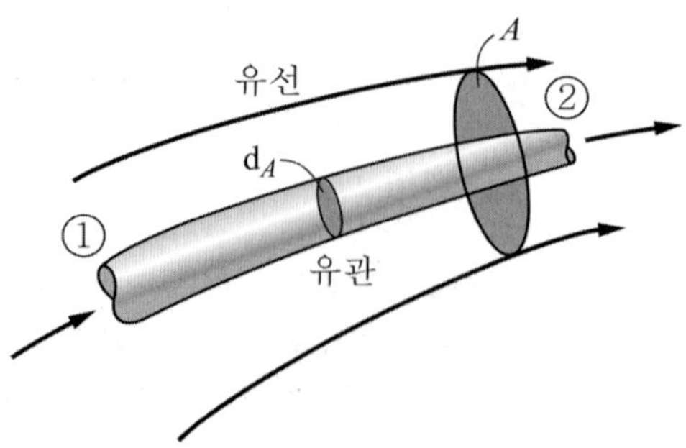

그림 5.2 유관

$$\rho_1 V_1 A_1 = \rho_2 V_2 A_2 = \frac{dm}{dt} \tag{5.17}$$

여기서, V_i는 단면 i에 수직한 평균속도를 나타내고, dm/dt는 질량 흐름률이다.

식(5.17)은 비압축성 흐름에 있어서 식(5.18)과 같이 쓸 수 있다.

$$A_1 V_1 = A_2 V_2 = AV = \text{일정} = Q \tag{5.18}$$

여기서, Q는 유량($L^3 T^{-1}$)이고, 이것은 단면적과 평균 유속의 곱으로 $Q = AV$이다.

실제 상황에서 유관 개념의 가장 일반적인 적용은 흐름의 전 영역으로 적용하는 것이다. 유관의 경계는 도관(즉, 파이프, 흐름 등)의 물리적 경계이다.

예제 5.1 직경이 20 cm 인 파이프에 유량이 $0.1\,m^3/s$로 흐르고 있다. 파이프의 직경이 끝에서 5 cm 로 줄어든다면, 파이프의 출구에서의 유속과 속도수두를 구하시오.

풀이

흐름을 비압축성(즉, 밀도가 일정)으로 가정하면,

$$A_1 V_1 = A_2 V_2 = Q$$

$$A_2 = \pi d^2/4 = 0.0019635\,m^2$$

$$V_2 = Q/A_2 = 0.1/0.0019635 = 50.930\,m/s$$

출구에서 유속은 $50.930\,m/s$이다. 파이프의 출구에서의 속도수두는 아래와 같다.

$$V_2^2/2g = \frac{(50.930)^2}{2 \times 9.81} = 132.20\,m$$

예제 5.2 그림 5.3에 나타낸 것과 같이 강에서 호수로 유량 $500\,ft^3/s$로 흘러들고 있다. 또한, 물은 호수로부터 $200\,ft^3/s$로 빠져나가고 있다. 호수의 표면적은 60 에이커(acres)이다. 하루 동안 호수의 상승률은 얼마인가?

풀이

그림 5.3에 나타낸 검사체적에 대해서 연속방정식을 적용하면,

$$Q_{in} = Q_{out} + Q_{rise}$$

$$500 = 200 + Q_{rise}\text{, 그러므로 } Q_{rise} = 300\,ft^3/s$$

$$Q_{rise} = A_{lake} \times v_{rise}$$

$$300 = 60\,acres \times 43{,}560\,ft^2/acres \times V_{rise} \text{ 또는 } V_{rise} = 1.14784 \times 10^{-4}\,ft/s$$

하루 동안 상승률 $= 1.14784 \times 10^{-4}\,ft/s\,(24 \times 60 \times 60) = 9.92\,ft/day$

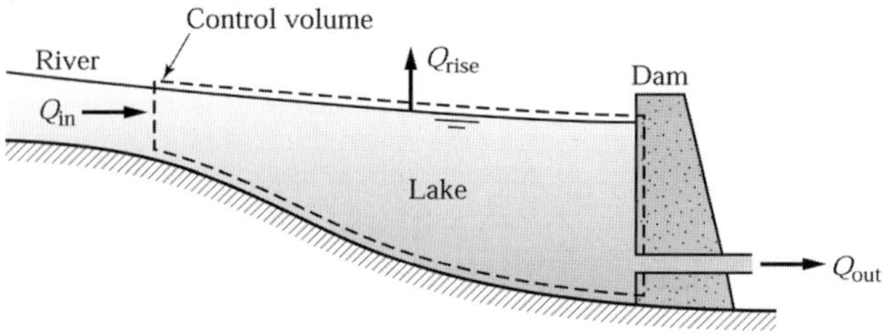

그림 5.3 호수 내의 검사체적(예제 5.4)

예제 5.3 유속 10.0m/s의 직경 5.0cm 파이프 내의 압력은 30.0psi이다. 파이프의 직경이 10.0cm, 압력이 15.0psi인 경우, 유속을 구하시오. 흐름은 등온상태(isothermal)이고, $\rho_1/\rho_2 = p_1/p_2$ 이다.

풀이

질량보존방정식은 아래와 같이 쓸 수 있다.

$$\rho_1 A_1 V_1 = \rho_2 A_2 V_2$$

그러므로 $V_2 = (\rho_1 A_1 V_1)/(\rho_2 A_2)$

등온 상태에서는 $\rho_1/\rho_2 = p_1/p_2$ 이므로 다른 단면에서의 유속은 아래와 같다.

$$V_2 = (p_1 A_1 V_1)/(p_2 A_2) = (p_1 d_1^2 V_1)/(p_2 d_2^2)$$
$$= (30.0 \times 5.0 \times 5.0 \times 10.0)/(15.0 \times 10.0 \times 10.0) = 5.0\,\text{m/s}$$

5.1.1 개수로의 연속방정식(連續方程式)

개수로에서 정상류에 대한 연속방정식은 식(5.19a)와 같이 나타낼 수 있다.

$$Q = Q_1 = Q_2 = \cdots = Q_n \tag{5.19a}$$

여기서, Q는 유량이고, 첨자 1, 2, …, n은 수로의 단면을 나타낸다. 식(5.19a)에 나타낸 것과 같이 식(5.18)은 비압축성 흐름을 가정하고 있다.

하지만, 개수로 상에서는 수위 변동에 따라 복잡하게 발생한다. 그림 5.4에 나타낸 것처럼 개수로의 모든 단면을 고려하기 위해, 그 전에 미소 길이 Δx를 갖는 유관을 가정해 보자. 유량 Q_1과 Q_2는 검사체적의 양 끝단에서 검사체적에 물이 저장되거나, 유출됨으로써 같지 않을 것이다. 검사 요소 내에서의 물의 체적이 $\partial Q/\partial x$의 비율로 변화된다고 가정하면, 이것은 식(5.19b)와 같이 나타낼 수 있다.

$$\frac{\partial Q}{\partial x}\Delta x = Q_2 - Q_1 \tag{5.19b}$$

유량 Q는 시간 또는 수로 길이에 따라서 변화될 것이다. 어떤 기준선으로부터 수면의 높이를 h라고 하자. 그러면, 단면 1과 2사이의 체적 증가율 $\partial V_{ol}/\partial t$는 식(5.20a)와 같이 나타낼 수 있다.

$$\frac{\partial V_{ol}}{\partial t} = B\frac{\partial h}{\partial t}\Delta x \tag{5.20a}$$

여기서, B는 수면폭(상수로 가정)이고, $\partial V_{ol}/\partial t = \partial Q/\partial x$ 이다. 식(5.19b)에서 구해진 두 항은 식(5.20a)에 대해서 크기는 같지만 부호는 반대이다. 그러므로

$$\frac{\partial Q}{\partial t} + B\frac{\partial h}{\partial t} = 0 \tag{5.20b}$$

식(5.20b)는 개수로에서 비정상류(unsteady flow)에 대한 연속방정식이다.

단위길이당 q_x의 비율로 물이 횡방향으로부터 유입되거나 유출되는 경우에 있어서는 식(5.20b)가 식(5.20c)와 같이 바뀐다.

$$\frac{\partial Q}{\partial t} + B\frac{\partial h}{\partial t} = \pm q_x \tag{5.20c}$$

q_x가 양수(+)인 경우는 수로에 추가적인 측면 유입이 있는 경우이며, 음수(–)인 경우는 수로로부터 측면 유출이 발생하고 있다는 것을 나타낸다.

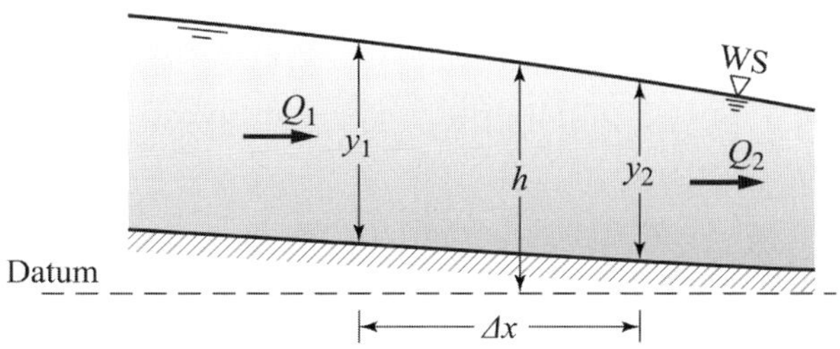

그림 5.4 개수로에서 연속방정식을 위한 정의 도식도

5.1.2 흐름의 형태

개수로의 흐름은 서로 다른 기준들에 의해서 여러 가지 형태로 분류된다. 공통적인 분류 방법은 시간과 공간에 관해서 수심, 유속 또는 유량의 변화에 기초한 것이다.

5.1.2.1 정상류(定常流)와 비정상류(非定常流)

개수로 흐름이 어떤 위치에서 수심(y)이 시간에 따라 변하지 않는 경우 정상류(steady flow)라고 말한다. 따라서 어떤 주어진 점에서의 유속(v)는 시간에 따라 변하지 않는다. 그러므로 정상류는 국부 가속도가 0(즉, $\partial v/\partial t = 0$)을 만족하는 흐름이다. 3차원 정상류에 있어서는 시간에 관한 모든 속도 성분의 편미분 값은 0이다. 반면, 시간에 따라 수심이 변한다면, 흐름은 비정상류(unsteady flow)이다. 비정상류의 전형적인 예는 홍수와 단파(surge)이다. 이러한 파(wave)가 진행함에 따라서 시간에 따라 수위는 변한다.

흐름의 시간적인 변위는 수리 구조물의 설계에 있어서 중요한 요소이다.

개수로에서 유량 Q는 식(5.21)과 같이 나타낸다.

$$Q = AV \tag{5.21}$$

여기서, A는 흐름 방향에 수직한 통수단면이고, V는 평균 유속이다. 개수로 내 각 구간에 대해 유량이 일정하다면, 식(5.22)와 같이 쓸 수 있다.

$$Q = A_1 V_1 = A_2 V_2 = A_3 V_3 = \cdots = A_i V_i \tag{5.22}$$

여기서, 첨자 1, 2, ⋯, i는 구간 번호를 나타낸다. 식(5.22)는 정상상태 조건 하에서의 연속방정식의 간단한 형태를 나타낸 것이다.

어떤 경우에는 비정상류를 정상류로 바꿀 수 있는데, 파(wave)가 전파되는 동안 파의 수위와 모양이 변하지 않는 경우로 한정된다. 단파(surge)의 절대 속도로 움직이는 기준좌표를 정의할 수 있다. 이와 같은 경우 많은 잇점이 있지만, 많은 경우 적용하기는 불가능하다. 파는 일반적으로 전파됨에 따라 변형된다.

5.1.2.2 등류(等流)와 부등류(不等流)

개수로에서 주어진 시간 동안 수심이 수로 구간에 걸쳐서 일정하다면, 이 구간 내에서 흐름은 등류(uniform flow)이다. 그렇지 않다면, 부등류(Nonuniform flow) 또는 변화류(varied flow)이다. 그러므로 개수로 흐름의 균등성을 정의하기 위해, 흐름은 동일한 시간에 다른 위치에서 측정하여야 한다. 수심의 차이가 없다면, 흐름은 등류이다. 그러므로 이 분류법은 특정 순간에서 공간에 따라 수심과 유속의 변화량에 기초한 것이다. x, y 및 z에 관한 유속 요소의 편미분은 이송가속도(移送加速度, convective acceleration)가 존재하지 않는다면 0이다. 적용에 있어서 많은 경우, $\partial v/\partial x = 0$, $\partial v/\partial y \neq 0$ 이고 $\partial v/\partial z \neq 0$ 로 가정한다. 즉, 이것은 흐름의 속도분포가 흐름 방향을 따라서는 일정하지만, 측면과 수직 방향에 대해서는 일정하지 않다는 것을 허용하는 것이다. 다시 말하면, 어떤 짧은 순간의 시간에 대해 수심과 유속이 변화되지 않는 한 흐름 방향에 대해서 흐름은 일정하다는 것으로 생각할 수 있다. 압력수두 p/γ와 속도수두 $v^2/2g$는 등류 구간에서는 변하지 않는다. 여기서, p는 압력이고 γ는 단위중량, g는 중력 가속도이다. 따라서 수로 바닥과 수면 또는 동수경사선과 전 에너지선(다음 절에 정의됨)은 서로 평행하다(모두 동일한 구배를 갖는다).

부등류 또는 변화류는 깊이 또는 속도변화의 정도에 의해 좀 더 세분화된다. 점변류(gradually varied flow)는 공간에 따라 수심이 조금씩 변화되며, 속도 변화가 점진적으로 조금씩 변화되는 것이다. 그림 5.5a에 나타낸 것과 같이, 수리 구조물 뒤의 배수곡선(backwater curve)이 점변류의 한 예이다. 이것은 수심이 1 m 변화되기 위해서는 거리가 10 km 이상 필요할 것이다. 바꾸어 말하면, 수심 변화가 상대적으로 짧은 거리에서 발생한다면, 흐름은 급변류(rapidly varied flow)이다. 많은 경우, 급변류는 국부적인 현상이다. 도수(跳水) 현상이 급변류의 한 예이고, 그림 5.5b에 나타낸 것과 같이 짧은 구간에서 수심이 2 m 또는 수 m이상 발생하기도 한다.

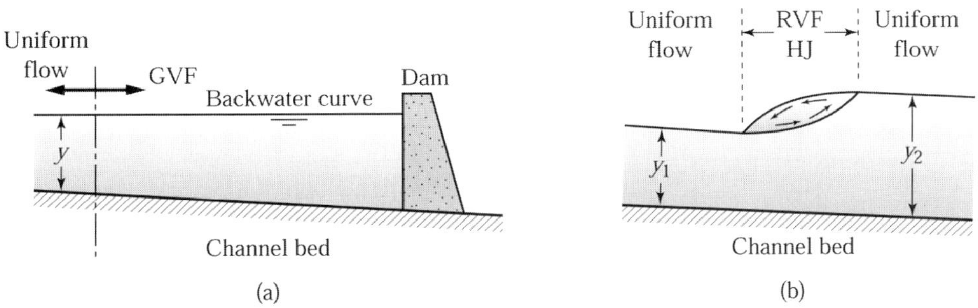

Note: GVF = 점변류(gradually varied flow), RVF = 급변류(rapidly varied flow), HJ = 도수(hydraulic jump)

그림 5.5 개수로의 부등류

5.1.2.3 비정상 부등류

정상류와 비정상류는 특정 위치에서 시간에 대한 수심과 유속의 변화의 여부에 의해 특징 지어진다. 등류 및 부등류는 특정 시간에서 공간에 대한 수심과 유속의 변화의 여부에 의해 특징 지어진다. 이상적(理想的)인 개수로 흐름의 경우 정상류와 부등류의 조건(즉,

$\partial v/\partial t = 0$ 이고 $\partial v/\partial x = 0$) 모두를 만족하며, 이 경우의 흐름은 정상 - 부등류이다. 개수로의 정상 - 부등류 흐름은 수심이 시간에 따라서는 변하지 않지만, 위치에 따라서는 변화되는 흐름이다. 비정상 - 등류의 기본은 수면이 수로 바닥에 대해서는 평행한 상태를 유지하지만, 시간의 경과에 따라 변동된다. 하지만, 실제로 이 조건을 만족하는 것은 불가능하다. 그러므로 비정상 - 등류는 자연상태에서 존재하지 않는다. 비정상 - 부등류 또는 변화류는 수심이 시간과 공간에 따라서 변하는 일반적인 경우이다.

5.1.2.4 현장에서 흐름 형태의 결정

현장에서 흐름의 형태는 공간과 시간에 따라 수심을 측정하는 것에 의해 결정할 수 있다. 거리 $x = x_1$, 시간 $t = t_1$에서 개수로의 수심이 $y = y_1$으로 측정되었다고 가정해 보자. 동일 지점 $x = x_1$에서 일정 시간 후 즉, $t = t_2$에서 수심이 그림 5.6b(a)에 나타낸 것처럼 $y = y_2$로 측정되었다. 만약 $y_1 = y_2$라면, 흐름은 정상류이고 그렇지 않다면, 흐름은 비정상류이다.

흐름이 등류인지 부등류인지를 결정하기 위해, 동일 시간에 다른 위치에서 수심을 측정하여야 한다. 앞에서와 같이 $x = x_1$이고 $t = t_1$에서의 초기 수심은 $y = y_1$이었다. 시간 ($t = t_1$)일 때 동일 지점에서 수심은 그림 5.6b(b)에 나타낸 것처럼 다른 지점 $x = x_2$에서 y_1'로 측정되었다. 만약 $y_1' = y_1$라면, 흐름은 등류이고, 그렇지 않다면 부등류이다.

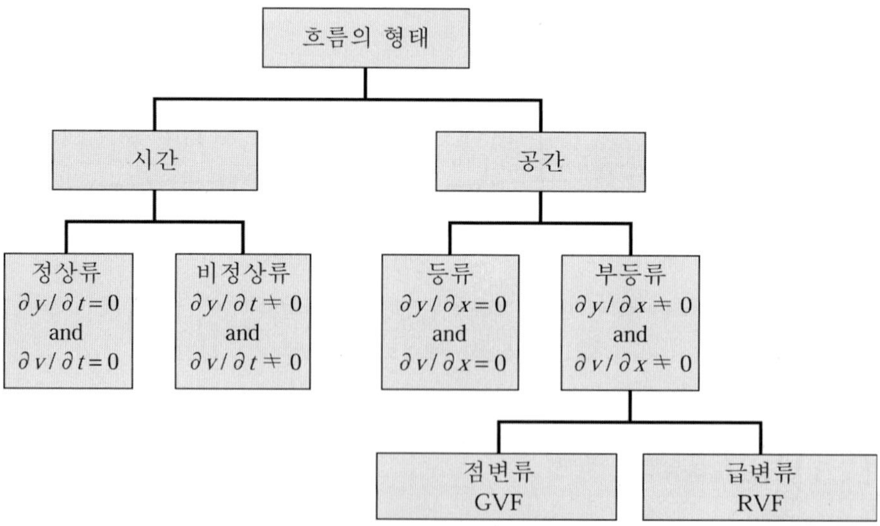

그림 5.6(a) 개수로의 흐름 형태의 차이

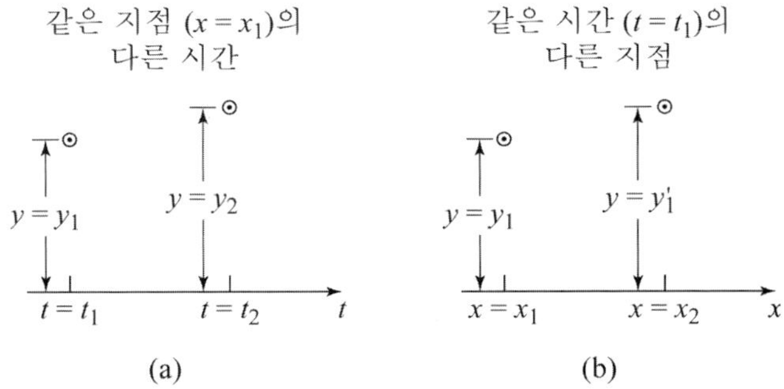

그림 5.6(b) 흐름 형태의 결정

예제 5.4 개수로의 연속방정식은 측면 유입이 있는 체적변화율(또는 유량)의 항으로 나타낼 수 있다. 식(5.20c)을 이용해서, 유량의 항으로 연속방정식을 나타내시오.

풀이

수로 구간이 $x=x_1$에서 $x=x_2$로 길이가 $L=x_2-x_1$이고, 폭이 $B=1$이라고 가정해 보자. dx를 식(5.20c)에 곱해 x_1에서 x_2까지에 대한 적분형으로 만들면,

$$B\frac{d}{dt}\int_{x_1}^{x_2} h\,dx+\int_{Q_i}^{Q_0} dQ=\int_{x_1}^{x_2} q_x\,dx$$

여기서, Q_i는 수로의 $x=x_1$ 에서 유입량, Q_o는 수로의 $x=x_2$ 로부터 유출량이고 q_x는 단위길이당 측면유입량이다. $h\,dx$의 양은 ds로 수로의 단위폭당 저류량의 변화이다. 그러므로

$$\frac{ds}{dt}=Q_i+q_xL-Q_0=Q_{i*}-Q_o$$

여기서, s는 단위폭당 저류량이다.

$$Q_{i*}=Q_i+q_xL$$

5.2 에너지 보존 : Bernoulli 방정식

에너지(Energy)는 일반적으로 스칼라 값이며, 일할 수 있는 능력의 항으로 정의할 수 있다. 일(Work)은 어떤 거리에 대해 힘이 작용함에 따라 변환되는 에너지로 정의할 수 있다. 에너지 보존의 법칙에서 에너지는 생성되거나 소멸되지 않지만, 한 형태에서 다른 형태로 변환될 수는 있다. 이 법칙의 수학적인 표현이 에너지방정식이다. 수리학의 적용에 있어서, 가장 일반적인 것은 운동에너지가 소실됨에 따라 즉 에너지가 손실됨에 따라서 열에너지가

발생하는 것이다. 에너지방정식은 다양한 형태의 에너지보존으로 취급된다. 이것은 5가지 본질적인 에너지 형태가 있다(Gerhart et al., 1992). 즉, 운동에너지, 위치에너지, 내부에너지, 화학에너지와 핵에너지이다. 운동에너지는 유체 운동에 의한 고유의 에너지이다. 위치에너지는 어느 특정 기준에 대한 유체 입자의 위치와 유체 압력에 기인한 것이다. 내부에너지는 시스템의 질량과 온도에 관계하는 것으로 시스템의 특성이다. 화학·핵 에너지는 일반적으로 존재하지 않고 대부분의 수리학적 문제에서는 무시된다. 에너지는 2개의 다른 과정, 열과 일에 의해서 시스템으로 전달될 것이다. 열 전달은 수리학적 시스템과 그것을 둘러싼 환경 사이의 온도 차에 기인한 것이다.

그림 5.7과 같이 검사체적(유관)을 생각해보자. 유관의 횡단면적 A가 압력 p를 받고 있다. 따라서 힘 F는 단면적에 대해서 식(5.23)과 같이 주어진다.

$$F = pA \tag{5.23}$$

유체 흐름이 시간 dt동안 유관 상에서 거리 dx만큼 이동함에 따라, dt시간 동안 한 일 dW는 식(5.24)와 같다.

$$dW = Fdx = pAdx \tag{5.24}$$

동일 시간 동안 시스템 내로 들어가는 질량 dm은 ρAdx이다. 그러므로 운동에너지 KE는 식(5.25)와 같이 정의된다.

$$dKE = \frac{1}{2}dmv^2 = \frac{1}{2}\rho Adxv^2 = \frac{1}{2}\rho A(vdt)v^2 = \frac{1}{2}\rho Adtv^3 \tag{5.25}$$

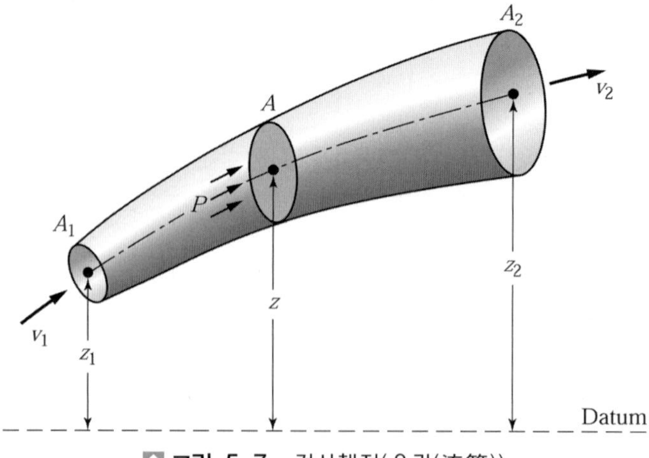

그림 5.7 검사체적(유관(流管))

시간 dt동안 들어가는 질량 ρAdx의 위치에너지는 $\rho Adxgz$이며, 여기서, g는 중력 가속도이고, z는 어떤 임의의 기준으로 부터의 높이이다. dt시간동안의 전체 에너지 dE_T는 한 일(work), 운동에너지 그리고 위치에너지의 합이다. 그러므로

$$dE_T = pAdx + \frac{1}{2}\rho Adxv^2 + \rho Adxgz \tag{5.26}$$

모든 흐름 면적에 대한 유체의 단위중량당 에너지(또는 에너지 수두 E)는 식(5.26)을 적분해서 $\rho Adxg$로 나누면 얻어진다. 모든 면에 대해서 한 일은 정확히 ρAdx(일정한 dx에 대해서)이고, 위치에너지는 $\rho Adxgz$이다. 운동에너지는 $\int_A dKE = \frac{1}{2}\rho dx \int_A v^2 dA = \frac{1}{2}\alpha\rho dx V^2 A$이 된다. 여기서, V는 단면 평균유속이다. 따라서 식(5.26)은 식(5.27)이 된다.

$$E = \frac{p}{\rho g} + \frac{\alpha V^2}{2g} + z \tag{5.27}$$

여기서, α는 에너지보정계수로 다음절에서 논의할 것이다. 이것은 보통 1에 가깝고 이 책에서도 일반적으로 1로 가정한다.

유관의 입구를 첨자 1로 나타내고, $\gamma = \rho g$ 그리고 $\alpha = 1$이라고 하면, 단위중량당 에너지는 식(5.28)과 같다.

$$E_1 = \frac{p_1}{\gamma} + \frac{V_1^2}{2g} + z_1 \tag{5.28}$$

동일하게 출구를 첨자 2로 나타내면, 단위중량당 에너지는 식(5.29)와 같이 된다.

$$E_2 = \frac{p_2}{\gamma} + \frac{V_2^2}{2g} + z_2 \tag{5.29}$$

에너지 손실이 없고 어떤 다른 형태로 변환되었다면, 입구에서 유체의 단위중량당 에너지는 출구에서의 단위중량당 에너지와 같아야만 한다. 더욱이, 수리학에서 적용하는 대부분의 경우는 비압축성 유체(즉, $\rho_1 = \rho_2 =$일정)로 제한되어 있다. 그러므로 에너지방정식은 식(5.30a)와 같이 쓸 수 있다.

$$E = \frac{p_1}{\gamma} + \frac{V_1^2}{2g} + z_1 = \frac{p_2}{\gamma} + \frac{V_2^2}{2g} + z_2 = Constant \tag{5.30a}$$

식(5.30a)는 Bernoulli 방정식(Bernoulli Equation)으로 잘 알려져 있으며, 이는 1738년의 "The science of fluid flow"의 저자 중 한사람인 Daniel Bernoulli(1700~1782)의 이름을 따서 명명한 것이다. Bernoulli 방정식의 각 항의 차원은 길이 L이고, 방정식의 각 항은 수두(head)라고 부른다. 따라서 Bernoulli 방정식은 압력수두, 속도수두와 위치수두의 합으로 유선상에서 압력, 속도와 높이와 관련된 것으로 매우 중요한 방정식이다.

흐름의 2점 사이에서 손실에너지가 없는 경우 식(5.30a)는 간단하게 식(5.30b)와 같이 나타낸다.

$$E_1 = E_2 = E \tag{5.30b}$$

하지만, 일반적으로 에너지손실이 있으므로 식(5.30b)는 식(5.30c)와 같이 된다.

$$E_1 = E_2 + h_L \tag{5.30c}$$

여기서, h_L은 손실수두(에너지)이다.

예제 5.5 그림 5.8에 나타낸 것과 같이 수평한 노즐을 통해 물이 흐르고 있다. 노즐의 입구 지름은 $6\,\text{in}$이다. 노즐의 출구에서는 대기압 작용하고 있고, 지름은 $2\,\text{in}$이다. 제트류 속도가 $40\,\text{ft/s}$가 되기 위한 노즐 입구에서의 압력수두를 구하시오. 마찰 손실은 무시하고, 비압축성 흐름으로 가정한다.

풀이

노즐의 입구에서 단면적은 $\dfrac{\pi D^2}{4} = \dfrac{\pi(0.5ft)^2}{4} = 0.196\,\text{ft}^2$이고, 노즐 출구에서의 단면적은 $0.0218\,\text{ft}^2$로 계산되었다. 연속방정식을 단면 1과 2에 대해서 적용하면,

$A_1 V_1 = A_2 V_2$ 또는 $v_1 = A_2 V_2 / A_1$

그러면, $V_1 = 0.0218 \times 40.0 / 0.196 = 4.44\,\text{ft}$ 이다.

Bernoulli 방정식을 적용하면,

$$z_1 + \frac{p_1}{\gamma} + \frac{V_1^2}{2g} = z_2 + \frac{p_2}{\gamma} + \frac{V_2^2}{2g}$$

여기서, $\gamma = \rho g$는 단위중량이며, $62.4\,\text{lb/ft}^3$이다. 또한, z_1과 z_2는 같은 값이므로 식으로부터 제거되고, p_2/γ는 노즐 출구에서의 압력수두로 값은 0이다. 그러므로

$$\frac{p_1}{\gamma} = \frac{V_2^2 - V_1^2}{2g} = \frac{1{,}600 - 19.71}{2 \times 32.2} = 24.54\,\text{ft}$$

그러므로 노즐에서 압력은 $1{,}531\,\text{lb/ft}^3$ 또는 $10.63\,\text{psi}$이다.

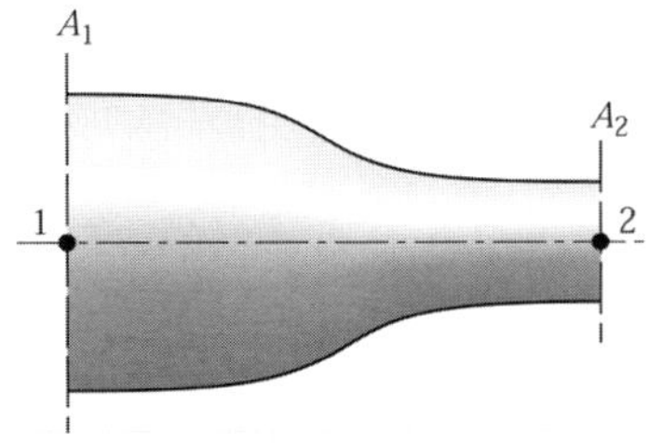

그림 5.8 수평한 노즐(예제 5.5)

예제 5.6 그림 5.9에 나타낸 것과 같이, 길이 300 m의 파이프는 구배가 1 : 100이고, 직경이 1.0 m인 위쪽 끝에서 압력은 6.87×10^4 kg/m·s^2(68.7 kN/m^2)이고 아래쪽 끝의 직경은 0.5 m로 바뀐다. 물이 5,400 ℓ/min으로 흐른다면, 아래쪽 끝에서의 압력을 구하시오. 파이프 내부의 마찰에 의한 에너지 손실은 무시한다.

풀이

유량 $Q=5{,}400\,\ell/\text{min}=0.09\,\text{m}^3/\text{s}$이다. 그림 5.9에 나타낸 것처럼, 파이프의 아래쪽 끝에서의 중심선과 교차하는 기준선을 가정해보자. 파이프의 위쪽 끝의 중심선과 기준선과의 높이는 3.0 m가 될 것이다. 연속방정식을 적용하면,

$$V_1=\frac{Q}{A_1}=\frac{0.09}{\dfrac{\pi\times0.5^2}{4}}=0.46\,\text{m/s}$$

$$V_2=\frac{Q}{A_2}=\frac{0.09}{\dfrac{\pi\times1^2}{4}}=0.115\,\text{m/s}$$

Bernoulli 방정식을 적용하면,

$$\frac{p_1}{\gamma}+\frac{0.46^2}{2\times9.81}+0=\frac{6.87\times10^4}{9{,}810}+\frac{0.115^2}{2\times9.81}+3$$

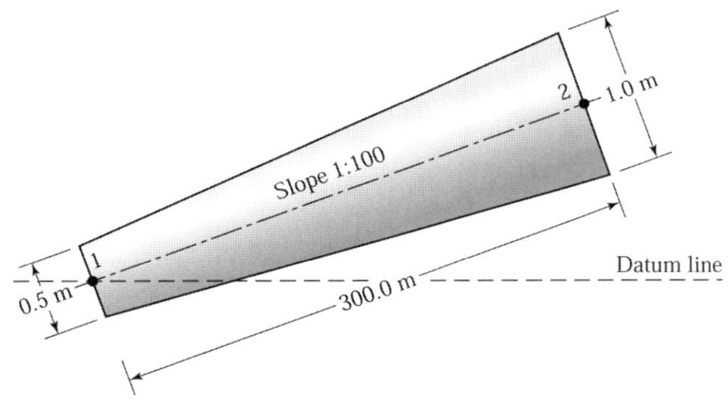

그림 5.9 경사진 파이프(예제 5.6)

$$\frac{p_1}{\gamma} = 7 + 0.674 \times 10^{-3} + 3 - 0.0108 = 9.99\,\text{m}$$

그러므로 압력 p_1은 $98{,}001\,\text{kg/m-s}^2$ 또는 $98\,\text{kN/m}^2$이다. 마찰에 의한 에너지 손실을 무시하기 때문에 흐름 방향은 윗 방향이든지 아랫방향이든지 결과에 영향을 미치지 않는다.

예제 5.7 그림 5.10에 나타낸 것처럼 여수로 위로 물이 흐르고 있다. 여수로 뒤쪽의 수심은 24 ft이고, 여수로와 하류 수로의 폭은 모두 50 ft이고 여수로 끝 지점에서의 수심은 0.41 ft이다. 여수로 뒤쪽의 표면 속도는 속도 수두를 무시할 정도로 매우 작으며, 여수로 표면 위의 마찰 손실을 무시한다면, 여수로 상의 유량은 얼마인가?

풀이

Bernoulli 방정식을 여수로 상류부와 하류 수로에 대해 적용하면,

$$24 = 0.41 + \frac{V^2}{2g}$$

여기서, V는 하류 수로 내의 유속이며, $V = 38.98$ 또는 39 ft/s이다. 그러므로

$$Q = VA = 39 \times 0.41 \times 50 = 799\,\text{cfs}$$

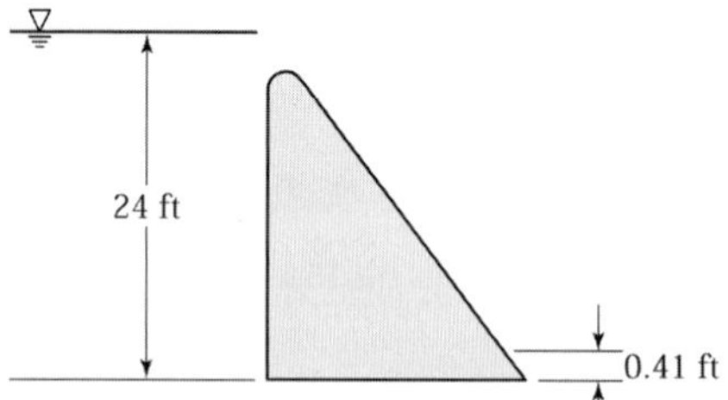

그림 5.10 여수로 상의 흐름

5.2.1 에너지보정계수

앞 절의 논의에서 물질량의 이동 중에 있어 모든 입자들은 동일한 평균 유속 v로 이동한다고 가정하였다. 그 때문에 질량(m)을 붙인 운동에너지는 $mV^2/2$로 표현되고, 단위중량당 운동에너지는 $V^2/2g$로 나타냈다.

하지만, 많은 경우에서 물 입자들의 속도는 서로 같지 않으며, 이들에 대한 속도 변화는 계산해야 한다. 따라서 운동에너지의 참 값을 얻기 위해서는 흐름의 모든 부분을 적분해야만 한다. 실제로 흐름의 적용에 있어서는 보정계수 α와 평균속도 V를 넣음으로써 속도 변화의 영향을 계산하기에 편리하며, 식(5.27)에서 이전에 나타낸 것과 같이 운동에너지(단위

중량당)의 참 값은 식(5.31a)와 같이 얻어진다.

$$KE = \alpha \frac{V^2}{2g} \tag{5.31a}$$

α에 대한 표현은 단면을 통과하는 속도의 변화를 비교함으로써 얻어진다. 흐름이 미소면적 dA로 분할되었다고 생각해보자. v가 x방향에 대한 한 점의 국부 유속이라면, 면적 dA를 통과하는 질량 흐름은 $\rho dQ = \rho v dA$이다. 따라서 면적 dA를 통과하는 운동에너지의 참 값은 $(\rho v dA)(v^2/2) = (\gamma/2g)v^3 dA$이다. dA를 통과하는 유량의 중량은 $\gamma dQ = \gamma v dA$이다. 따라서 모든 단면에 대해서는 식(5.31b)와 같이 나타낼 수 있다.

$$KE = \frac{True\ KE}{Weight} = \frac{\{\gamma/2g\}\int v^3 dA}{\gamma \int v dA} = \frac{\int v^3 dA}{2g\int v dA} \tag{5.31b}$$

식(5.31a)과 식(5.31b)를 비교 검토하면, α의 값을 식(5.32)와 같이 얻을 수 있다.

$$\alpha = \frac{1}{V^2}\frac{\int v^3 dA}{\int v dA} = \frac{1}{AV^3}\int v^3 dA \tag{5.32}$$

α의 값은 항상 1보다 크지만, 평균값의 3승보다는 크지 않다. 분명한 것은 단면을 통과하는 유속의 변위가 크면 클수록, α값은 더욱더 커질 것이다. 수리학에서는 대부분의 경우 α값을 1로 가정하지만, α가 현저하게 1에서 먼 경우에 대해서는 α의 고유값이 사용된다. 순환하는 파이프 내 층류에 있어서는 $\alpha = 2$이고, 파이프 내 난류에서는 1.01~1.15의 범위를 가지며, 공통적 범위는 1.03~1.06로 영향을 미친다.

5.2.2 개수로의 에너지방정식

개수로 내에서의 전 에너지(E_T)는 수두(water head)의 항으로 미터로 표현한다. E_T는 수평한 기준선으로부터 하상의 높이, 압력수두와 속도수두의 합이다. 그림 5.11에 나타낸 것과 같이 단면 1에서 전 에너지(수두)는 식(5.33a)과 같이 주어진다.

$$E_T = H = z_A + y_A + \frac{V_A^2}{2g} \tag{5.33a}$$

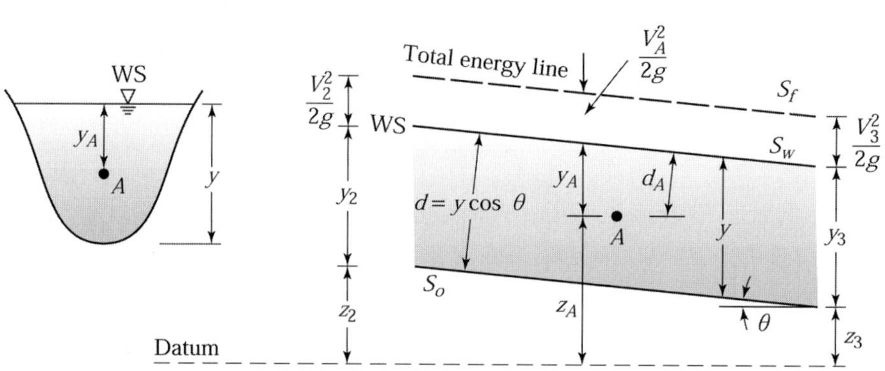

그림 5.11 개수로에서 에너지방정식을 위한 정의 도식도

여기서, z_A는 기준으로부터 점 A까지의 높이, y_A는 수면 하에서 연직방향으로 측정된 수심이고, V_A는 점 A에서의 유속이다. 수로바닥에 대해 수직방향으로의 수심은 $d_A = y_A \cos\theta$라는 것을 주의해야 하며, 여기서, θ는 바닥경사 각도이고, 바닥에 수직인 전체 수심은 $d = y\cos\theta$로 y는 연직방향으로 측정된 전체 수심이다.

유속은 측면·좌·우방향뿐만 아니라 연직방향에 있어서 어떤 한 점에서 다른 점까지 변한다. 하지만, 실제적인 사용에 있어서는 전 단면에 있어서 속도수두는 같다고 가정하며, 에너지분포계수는 부등류 유속분포를 설명하기 위해 도입되었다. 한 수로 단면에 있어 전 에너지수두 E_T는 식(5.33b)와 같이 쓸 수 있다.

$$E_T = z + y + \alpha \frac{V^2}{2g} \tag{5.33b}$$

그림 5.11의 전 에너지는 전 에너지선으로 나타내어져 있으며, 기울기는 에너지경사 또는 마찰경사 S_f라고 한다. 수면에서의 압력이 대기압이면, 동수경사선은 수면과 일치하며, 구배는 S_w로 나타낸다. 바닥경사를 S_o로 나타내면, 등류상에서는 수심이 공간에 따라 일정하므로 $S_f = S_w = S_o$이다.

에너지보존법칙에 의하면, 어떤 두 단면(손실의 고려를 함) 사이의 전 에너지는 동일해야만 한다. 그림 5.11에 나타낸 것과 같이, 단면 1이 상·하류 두 단면 2와 3에 대해 식(5.34a)와 같이 쓸 수 있다.

$$z_2 + y_2 + \alpha_2 \frac{V_2^2}{2g} = z_3 + y_3 + \alpha_3 \frac{V_3^2}{2g} + h_f \tag{5.34a}$$

여기서, h_f는 단면 2와 단면 3 사이의 손실수두이다. 주의할 것은 바닥경사가 작다면

($\cos\theta \approx 1$), 바닥경사의 영향은 바닥에 수직한 깊이 d가 대략 연직 깊이 y와 같기 때문에 무시할 수 있다. 더해서, 규칙적인 단면에 대해서는 $\alpha \approx 1$이므로, 식(5.34a)는 식(5.34b)와 같이 나타낼 수 있다.

$$z_2 + y_2 + \frac{V_2^2}{2g} = z_3 + y_3 + \frac{V_3^2}{2g} + h_f \tag{5.34b}$$

식(5.34b)에 대해서는 12장에서 좀 더 자세히 논할 것이다.

5.2.3 Bernoulli 방정식의 유효성 및 제한 사항

Bernoulli 방정식을 유도함에 있어서는 몇 가지 가정을 하였으며, 따라서 Bernoulli 방정식을 적용함에 있어서 다음과 같은 제약 사항을 유의해야 할 것이다.

(1) Bernoulli 방정식은 정상상태 문제에서만 적용 가능하다.

(2) 많은 실제적인 적용에 있어서, 흐르는 유체와 도관 사이에 발생되는 마찰력에 의해 어느 정도 에너지손실이 발생된다. 또한, 난류에서는 어떤 운동에너지는 점성 흐름에서 전단응력을 이겨내기 위해 어떤 에너지가 손실되는 동안 열에너지로 변환된다. 그와 같은 손실은 방정식 내로 합쳐져야 할 것이다.

(3) 유체의 모든 입자의 속도는 도관(導管)(1-D 흐름)의 임의 단면을 통해 일정하다고 가정되었다. Bernoulli 방정식은 흐름 단면을 통해 횡방향에 있어서 유속변화는 설명할 수 없다.

(4) 흐르는 유체에 작용하는 유일한 외부력은 중력이라고 가정했다. 이것은 마찰력뿐만 아니라 그 외 다른 외부력이 흐름 패턴에 영향을 미치는 많은 문제에 있어서는 항상 성립하는 것은 아니다.

(5) 곡면 경로상 있어서 원심력은 고려하지 않는다.

(6) Bernoulli 방정식은 프로펠러 장치에서는 적용할 수 없다. 방정식은 날개(vane)와 같이 이동하는 평면이 없는 것에 대해서 유관이나 유선을 따라서 적분함으로써 유도된다. 하지만, 이것은 장치의 전·후에서는 적용될 수도 있을 것이다. 그 경우, 이들 장치 내부의 에너지손실은 고려해야 한다.

5.3 운동량 보존 : 운동량방정식

운동량보존법칙은 운동체(運動体)에 어떤 외부적인 힘이 가해지지 않는 한 운동량을 얻거나 손실되지 않는다는 것으로 설명할 수 있다. 한 요소에 작용하는 힘은 운동량(또는 운동량 흐름률)의 변화율과 같다. Newton의 제2운동법칙은 힘을 질량과 가속도의 곱으로 정의하고 있다. 이것은 모든 입자가 동일한 가속도 비를 갖는 유체 연속체에 한해서만 유효하다. Newton의 제2운동법칙에 의하면, 운동량의 변화율은 적용된 힘에 비례하고 힘이 작용한 방향 내에서 발생한다. 수학적으로 이것을 표현하면,

$$\boldsymbol{F} = \frac{d}{dt}(m\boldsymbol{V}) \tag{5.35}$$

식(5.35)은 벡터 관계(크기와 방향 양쪽에 대해 참)이다. 일정한 질량 m에 대해서 운동을 발생시키거나, 기존의 운동상태를 변화시키기 위해서는 힘 $\boldsymbol{F}$가 적용되지 않으면 안되며, 이 힘은 가속도 $d\boldsymbol{V}/dt$를 발생시킨다. $md\boldsymbol{V}/dt$의 곱은 관성력이고, 이것은 운동상태 중 임의의 변화에 대한 유체의 자연 저항성을 묘사하고 있다. 문제의 질량은 유체의 단위체적당 질량(즉, $m = \rho$ (단위 체적) $= \rho =$ 유체밀도)이다. 따라서 한 물체의 질량×가속도는 물체에 작용하는 힘의 합과 같다.

$$\boldsymbol{F} = m\boldsymbol{a} \tag{5.36a}$$

여기서, a는 물체의 가속도이다. 시간에 대해서 식(5.36a)를 적분하면, 식(5.36b)가 산출된다.

$$\int_{t_1}^{t_2} \boldsymbol{F}dt = m\int_{t_1}^{t_2} \boldsymbol{a}dt = m\int_{t_1}^{t_2} \frac{d\boldsymbol{V}}{dt}dt = m(\boldsymbol{V}_2 - \boldsymbol{V}_1) \tag{5.36b}$$

식(5.36b)는 운동량방정식의 충격(衝動)-운동량(運動量)에 관한 관계를 나타낸 것이다.

그림 5.12에 나타낸 것과 같은 유관(流管)을 가정해 보자. 시간 간격 Δt동안 유관 내로 들어가는 운동량은 $\rho\Delta Q_1 \Delta t V_1$이고, 빠져 나가는 운동량은 $\rho\Delta Q_2 \Delta t V_2$이다.

연속방정식 원리에 의해 $\Delta Q_1 = \Delta Q_2 = \Delta Q$이다. 따라서 운동량 변화를 발생시키기 위해 필요한 힘은 식(5.37)과 같다.

$$\Delta\boldsymbol{F} = \frac{\rho\Delta Q\Delta t(\boldsymbol{V}_2 - \boldsymbol{V}_1)}{\Delta t} = \rho\Delta Q(\boldsymbol{V}_2 - \boldsymbol{V}_1) \tag{5.37}$$

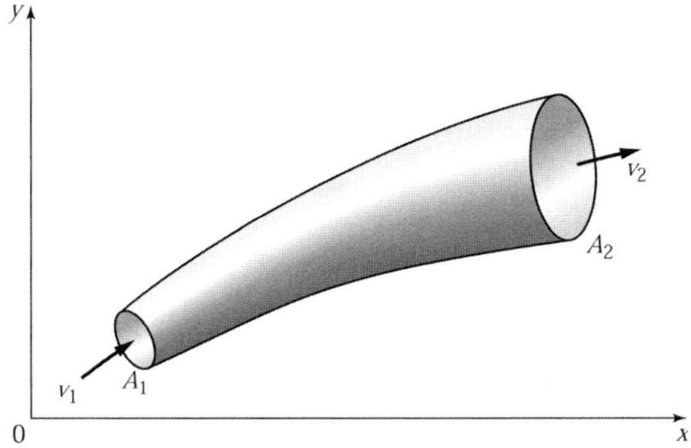

그림 5.12 유관 내에서의 운동량 변화

x방향에 대한 힘의 요소 F_x를 고려해 보면,

$$\Delta F_x = \rho \Delta Q (V_{2x} - V_{1x}) \tag{5.38}$$

식(5.38)을 적분하면, 식(5.39)가 산출된다.

$$F_x = \rho Q (V_{2x} - V_{1x}) \tag{5.39}$$

식(5.39)는 x방향에서의 운동량 흐름률(momentum flux) 방정식이다. 같은 방식으로, 다른 2개의 힘 요소 F_y와 F_z를 유도할 수 있다. 식(5.39)는 단면 내의 유속은 안정되고 일정하다는 가정에 기초한 것이다. 운동량력(momentum force)은 검사체적(檢査體積, control volume)에 작용하는 모든 외부력의 합으로 구성된다. 대부분의 문제에서 속도는 단면을 따라서 한 점으로부터 다른 점으로 변하며, 항상 속도분포를 알 수 있는 것은 아니다. 따라서 평균유속 v(유량을 단면적으로 나눔으로써 정의)는 에너지방정식과 운동량방정식 양쪽을 해결하는 데 있어서 사용될 것이다.

에너지계수 α와 운동량계수 β는 일정하지 않은 속도분포를 설명하기 위해 도입된다. 최종 해의 정도에 미치는 이들 계수의 영향은 상당히 제한적이며, 대부분의 경우 무시된다.

수리학에서 대부분의 문제들은 운동량방정식을 이용하여 해결된다.

파이프 내에 유량과 압력이 주어지고, 운동량방정식을 이용하여 시스템의 곡면부, 분기부, 수렴부와 시스템을 지탱하는 요소 상에 작용하는 힘을 구할 수 있다. 대부분의 문제에서 해를 얻기 위해 운동량방정식과 Bernoulli 방정식이 적용된다.

예제 5.8 그림 5.13에 나타낸 것과 같은 수평관 곡면에 작용하는 힘의 방향과 크기를 구하시오. 이 파이프의 직경은 20 cm 이고, 도심에서 상류 압력 수두는 5 m 이다. 또한, 파이프 내 유량은 $0.2\,\mathrm{m^3/s}$ 이다.

풀이

파이프의 직경이 곡면을 통과하는 동안 변하지 않으므로, 작용하는 힘은 흐름 방향의 변화에 의해서 생기는 것이다. 운동량력의 x, y성분은 $F_{Mx} = (\gamma/g)Q(V_{2x} - V_{1x})$와 $F_{My} = (\gamma/g)Q(V_{2y} - V_{1y})$이다. 곡면을 통과하는 유속은 일정하며, 연속방정식에 의해서 아래와 같이 구할 수 있다.

$$V = Q/A = 0.2/0.0314 = 6.366\,\mathrm{m/s}$$

곡면이 수평하므로, 입구와 출구의 정적 수두는 같다(Bernoulli 방정식). 그러므로

$$\frac{p_1}{\gamma} = \frac{p_2}{\gamma} = 5\,\mathrm{m}$$

$$p_2 = p_1 = 9.81 \times 1{,}000 \times 5 = 49{,}050\,\mathrm{N/m}$$

압축력 F_p는 압력에 면적을 곱한 것과 같다. 그러므로

$$F_{px} = p_1 A_1 - 0 = 49{,}050 \times [\pi(0.2)^2/4] = 49{,}050 \times 0.0314 = 1{,}540\,\mathrm{N}$$

$$F_{py} = 0 - p_2 A_2 = -1{,}540\,\mathrm{N}$$

운동량력(運動量力)은 아래와 같이 계산되어진다.

$$F_{Mx} = \rho Q(0 - V_1) = 1{,}000 \times 0.2 \times (0 - 6.366) = -1{,}273\,\mathrm{N}$$

$$F_{My} = \rho Q(V_2 - 0) = 1{,}273\,\mathrm{N}$$

x, y 방향에 대한 합력 F_{Rx}, F_{Ry}는 아래와 같다.

$F_{Rx} + F_{px} = F_{Mx} \qquad F_{Rx} = -1{,}540 - 1{,}273 = -2{,}813\,\mathrm{N}$이며,

$$F_{Ry} + F_{py} = F_{My} \qquad F_{Ry} = 1{,}540 + 1{,}273 = 2{,}813\,\mathrm{N}$$

따라서

$$F_R = \sqrt{F_{Rx}^2 + F_{Ry}^2} = 3{,}978\,\mathrm{N}$$

$$\theta = \tan^{-1}\frac{F_{Ry}}{F_{Rx}} = -45°$$

F_R은 물 위의 곡면의 힘이다. 곡면 상의 물의 힘은 크기는 같고, F_R 방향과 반대이다.

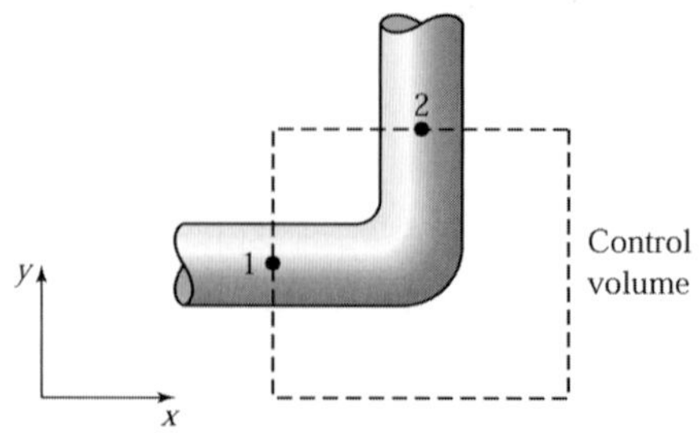

그림 5.13 수평 파이프 곡면(예제 5.8)

예제 5.9 그림 5.14에 나타낸 것과 같이 물이 일정한 속도 6 ft/s 로 회전하고 있는 마찰이 없는 날개에 분사되고 있으며, 날개는 60° 각도로 아래로 굽은 모양이다. 제트류의 속도는 40 ft/s 이고 그것의 단면적은 0.218 ft² 이다. 분사에 의해 날개에 미치는 힘을 구하시오.

풀이

제트류는 속도 V_r로 날개를 때리고 있다.

$$V_r = V_{jet} - V_{vane} = 40 - 6 = 34\ \text{ft/s}$$

출구에서 속도는 입구에서 방향은 다르지만, 유속은 같다.

$$F_x = \frac{\gamma}{g} Q(V_r \cos 60 - V_r) \qquad F_x = 1.94(34 \times 0.0218)(34\cos 60 - 34) = -24.45\,\text{lb}$$

$$F_y = \frac{\gamma}{g} Q(V_r \sin 60 - 0) \qquad F_y = 1.94(34 \times 0.0218)(34\sin 60 - 0) = 42.34\,\text{lb}$$

합력 $F = \sqrt{F_x^2 + F_y^2} = 48.9\,\text{lb}$이고, $\theta = \tan^{-1}\dfrac{F_y}{F_x} = -60°$이다.

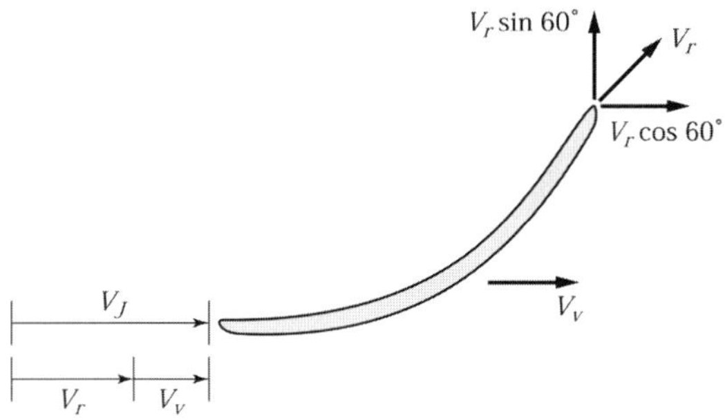

그림 5.14 회전하는 날개(예제 5.9)

5.3.1 각운동량방정식(角運動量方程式)

검사체적(檢査體積, control volume)을 빠져 나오는 흐름의 운동량 모멘트가 검사체적 내로 들어가는 것과 다르다면, 검사체적에 작용하는 토크(torque)가 발생할 것이다. 정상(定常) 유량이 검사체적 내로 절대 유속 V_1으로 유입되고, 절대 유속 V_2로 유출되고 있다고 가정하면, 흐름의 운동량은 각각 입구에서 $\rho Q V_1$와 출구에서 $\rho Q V_2$이다. 이 흐름은 입구에서 곡률반경 r_1, 출구에서 r_2의 곡률반경을 가지며, 입구와 출구에서의 운동량 모멘트는 각각 $\rho Q V_1 r_1$과 $\rho Q V_2 r_2$이다. 운동량의 모멘트 원리에 의하면, 발생되는 토크는 식(5.40)과 같다.

$$T = \rho Q(V_2 r_2 - V_1 r_1) \tag{5.40}$$

여기서, T는 회전축에 관한 토크고, 식(5.40)은 Euler 방정식으로 알려져 있다. 이 방정식은 실제 원심력 펌프(roto-dynamic machines), 정원 스프링클러 등의 흐름과 같이 단축 모멘트에 관한 문제에 적용하여 계산할 수 있다. 외부 모멘트가 존재하지 않는 경우($T=0$)에서는 식(5.41)과 같이 나타낼 수 있다.

$$V_1 r_1 = V_2 r_2 \tag{5.41}$$

여기서, V_1, V_2는 방사상의 위치 r_1, r_2에서 유·출입하는 유체의 절대원주방향속도(absolute circumferential velocity)이다.

예제 5.10 마찰이 없는 축을 가진 비대칭 스프링클러의 반경은 0.4m와 0.6m이다. 그림 5.15에 나타낸 것처럼, 두 노즐로부터 스프링클러를 빠져나가는 물은 스프링클러의 반경에 대해서 상대유속 10m/s로 빠져나가고 있다. 스프링클러의 유량은 10ℓ/min이다. rpm으로 스프링클러의 속도를 구하시오. 만일 정지하고 있도록 유지하면, 스프링클러는 어느 힘에 의해 토크를 얼마나 받는가?

풀이

외부 토크가 없으므로, 계를 빠져나가는 유체의 운동량 모멘트는 0이어야만 한다. 즉,

$$\frac{\gamma}{g} Q(V_1 r_1 - V_2 r_2) = 0$$

$0.4V_1 = 0.6V_2$, 여기서, $V_1 = 10 - 0.4\omega$이며, $V_2 = 10 - 0.6\omega$이다. 그러므로

$0.4(10-0.4\omega) = 0.6(10-0.6\omega)$이다. $\omega = 10\,\mathrm{rad/s}$

$$N = \frac{60\omega}{2\pi} = \frac{600}{2\pi} = 95.5\,\mathrm{rpm}$$

정지하고 있는 경우, 노즐의 작동에 의한 회전우력($\rho Q V_r$)은 아래와 같다.

$$T_1 = 1000\left(\frac{10\times10^{-3}}{60}\right)\times 6\times 0.4 = 0.40\,\mathrm{N\text{-}m}$$

$$T_2 = 1000\left(\frac{10\times10^{-3}}{60}\right)\times 4\times 0.6 = 0.40\,\mathrm{N\text{-}m}$$

스프링클러를 유지하는 필요한 회전우력 $= T_1 + T_2 = 0.80\,\mathrm{N\text{-}m}$이다.

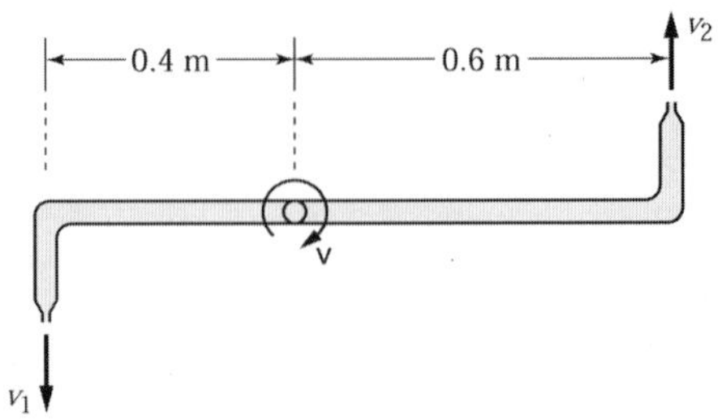

그림 5.15 비대칭 스프링클러(예제 5.10)

5.3.2 운동량 보정계수

물이 도관 내를 흐르고 있을 때, 임의의 단면을 횡단하여 흐르는 유속은 일정하지 않다. 이런 속도의 변화는 운동량 흐름률(momentum flux)과 이의 계산에 영향을 미친다. 일반적으로, 평균유속이 계산에 사용되지만, 단면을 통과하여 이송되는 단위 시간당 운동량(운동량 흐름률)은 평균속도를 이용하여 계산한 것보다 크다. 유속변화의 영향을 계산하기 위한 한 방법은 적분을 이용하여 단면 상 운동량 유출률을 계산하는 것이다. 하지만, 실제에서는 에너지보정계수의 경우와 마찬가지로 운동량보정계수(β)와 평균속도를 이용하여 계산한다. 이 보정계수는 아래와 같이 유도할 수 있다. 흐름 단면이 미소면적 dA로 분할되어 있다고 가정해보자. dA에서의 국소 유속은 v라고 하자. 미소면적 dA를 통과하는 운동량 이송률(또는 운동량 흐름률)은 $\rho v^2 dA$이다. 따라서 모든 단면에 대해 통과하는 운동량 흐름률은 식(5.42)와 같다.

$$\text{운동량 흐름률} = \rho \int_A v^2 dA \tag{5.42}$$

평균유속을 사용한 운동량 흐름률은 $\beta\rho QV = \beta\rho A V^2$ 이다. 이 운동량 흐름률이 식(5.42)와 같아졌을 때 β는 식(5.43)과 같이 된다.

$$\beta = \frac{1}{AV^2} \int_A v^2 dA \tag{5.43}$$

β의 값은 1보다 크다. 원형관에 대해 β는 층류에서는 4/3, 난류에서는 1.005~1.05이다. 개수로에서는 그 값이 보다 클 수 있다. 하지만, 대부분의 실제 상황에서의 운동량 보정계수(β)는 일반적으로 1로 취해진다.

5.3.3 개수로의 운동량방정식

Newton의 제2운동법칙은 모든 입자가 동일한 가속도를 가지는 연속체 내의 유체에 있어서 힘은 질량과 가속도의 곱과 같다는 것으로 규정한다. 다시 말하면, 흐름이 있는 수로에서 수체 내의 단위시간당 운동량의 변화는 그 체적에 작용하는 모든 외부 힘의 합력과 같다. 그림 5.16에 나타낸 것과 같은 개수로 내 어떤 단면 1과 2 수체의 흐름을 가정해 보자. 가정에서의 수로는 두 단면사이에서 측면 흐름이 없으며 일정한 단면을 갖는다고 하자. 수로 바닥은 각도 θ로 경사져 있고, 이러한 가정 내에서 수체의 중량은 W이다. 2개의 힘이 흐름에 대해 저항한다. 첫 번째는, 물과 수로 바닥과 측벽 간에 접촉하는 표면에 있어서의 마찰력(F_f)이다. 두 번째는, 대기에 노출된 자유수면을 따라 생기는 공기 저항에 의한 힘(F_a)으로, F_a는 일반적으로 F_f에 비해 매우 작다. 그림 5.16에 나타낸,

$$\text{단면1에서의 단위시간당 질량 유입량} = \rho Q \tag{5.44a}$$

이고, 여기서 ρ는 유체의 밀도이다. 단면1에서 평균속도는 V_1이라고 하자. 그러면,

$$\text{단면1에서의 단위시간당 운동량 유입량} = \rho Q \beta_1 V_1 \tag{5.44b}$$

이며, β_1은 비균질 유속분포를 설명하기 위한 운동량보정계수이다. 동일한 방식으로, 단면2에 대해서 쓸 수 있다.

$$\text{단면2에서의 단위시간당 운동량 유입량} = \rho Q \beta_2 V_2 \tag{5.44c}$$

그러므로 두 단면 간 단위시간당 운동량의 변화량은 식(5.44c)와 식(5.44b)사이의 차이와 같다. 즉,

$$\rho Q(\beta_2 V_2 - \beta_1 V_1) \tag{5.45}$$

$$\text{단면1에서의 압축력} = F_{p1} = \gamma A_1 \overline{h_1} \tag{5.46}$$

$$\text{단면2에서의 압축력} = F_{p2} = \gamma A_2 \overline{h_2} \tag{5.47}$$

여기서, $\overline{h}$는 수면에서부터 면적도심까지의 깊이(수심)이다.

식(5.46)과 (5.47)은 정수압 분포로 가정되었으며, $\overline{h}$는 $\overline{y}$와 같다.

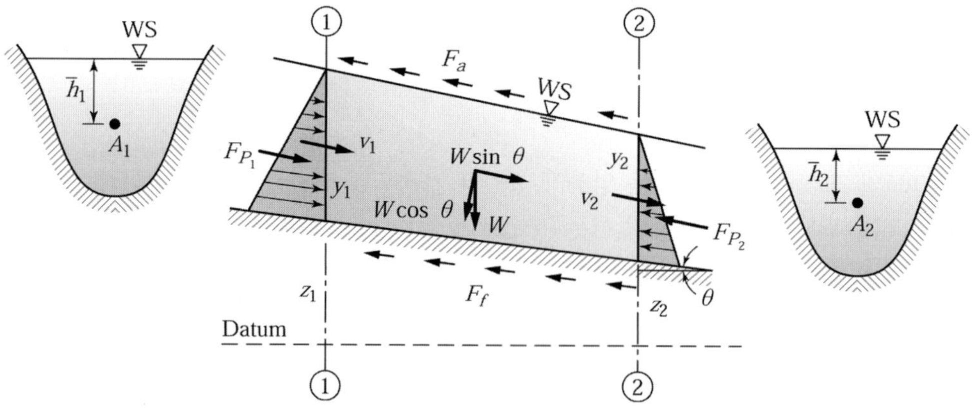

그림 5.16 개수로의 운동량방정식 유도를 위해 정의

흐름 방향에 있어 유체 중량 = $W\sin\theta$ (5.48)

이러한 가정 아래의 체적에 작용하는 외부력의 합력(F_r)은 전술한 모든 힘의 벡터 합이고, 식(5.49)와 같이 나타낸다.

$$F_r = \gamma A_1 \overline{h_1} - \gamma A_2 \overline{h_2} + W\sin\theta - F_f - F_a \tag{5.49}$$

Newton의 제2법칙에 따르면, $\gamma = \rho g$ 로 해서 식(5.50)과 같이 나타낼 수 있다.

$$\rho Q \beta_2 V_2 - \rho Q \beta_1 V_1 = \rho g A_1 \overline{h_1} - \rho g A_2 \overline{h_2} + W\sin\theta - F_f - F_a \tag{5.50}$$

F_a를 무시하고, 속도분포가 균등하다고 가정하면, 식(5.50)은 식(5.51)과 같이 쓸 수 있다.

$$\rho Q(V_2 - V_1) = \rho g(A_1 \overline{h_1} - A_2 \overline{h_2}) + W\sin\theta - F_f \tag{5.51}$$

수로 바닥이 수평이라면, 중량 요소는 0이 될 것이다. 수로 바닥과 측면이 부드러운 마찰이 없는 수로에 있어서는, F_f 또한 0이다. 따라서 식(5.51)은 식(5.52), (5.53)과 같이 줄여서 쓸 수 있다.

$$Q(V_2 - V_1) = g(A_1 \overline{h_1} - A_2 \overline{h_2}) \tag{5.52}$$

또는

$$\frac{Q^2}{gA_1} + A_1 \overline{h_1} = \frac{Q^2}{gA_2} + A_2 \overline{h_2} \tag{5.53}$$

식(5.53)은 운동량방정식으로 양변은 단면1과 단면2를 나타내는 첨자를 제외하고는 형태가 같다. θ가 작으면 $y\cos\theta \sim y \sim h$가 되는 것을 주의하라.

예제 5.11 물이 연직수문 후면의 직사각형 개수로에 수심 8 ft로 저장되어 있다. 수문 바로 직후에서 수심이 0.5 ft라면, 에너지 손실을 무시하고 수문을 통과하는 유량을 구하시오. 그림 5.17에 나타낸 것과 같이 수심 3.6 ft를 생성시키기 위해 콘크리트 블록이 설치되어 있다. 이 블록에 미치는 힘을 구하시오.

풀이

단면1과 단면2사이의 마찰 손실을 무시하면,

$$8.0 + \frac{V_1^2}{2g} = 0.5 + \frac{V_2^2}{2g}$$

또한 연속방정식으로부터, $y_1 V_1 = y_2 V_2$ (즉, $V_2 = 16 V_1$)이라고 쓸 수 있다. 따라서

$$8.0 + \frac{V_1^2}{2g} = 0.5 + \frac{256 V_1^2}{2g}$$

$$255 V_1^2 = 2g \times 7.5$$

그러므로 $V_1 = 1.37\,\text{ft/s}$, $V_2 = 22\,\text{ft/s}$ 이다.

그러므로 비유량 $q = y_1 V_1 = 10.96\,\text{ft}^2/\text{s}$ 이다.

단면2와 3사이에 운동량 원리(식(5.51))를 적용하면,

$$\rho q (V_3 - V_2) = \gamma (y_2 \overline{h_2} - y_3 \overline{h_3}) - F$$

여기서, $V_3 = q/y_3 = 3.04\,\text{ft/s}$ 이다.

$$\overline{h_2} = \frac{0.5}{2} = 0.25\,\text{ft}\ ,\ \overline{h_3} = \frac{3.6}{2} = 1.8\,\text{ft}$$

따라서

$$1.94\,\text{slugs/ft}^3 \times 10.96(3.04 - 22) = 62.4\,\text{lb/ft}^3 (0.5 \times 0.25 - 3.6 \times 1.8) - F$$

또는 $F = 6.583\,\text{lb/ft}$ 이다.

그러므로 블록상 힘은 6.583lb/ft이고, 오른쪽에서 왼쪽을 작용한다.

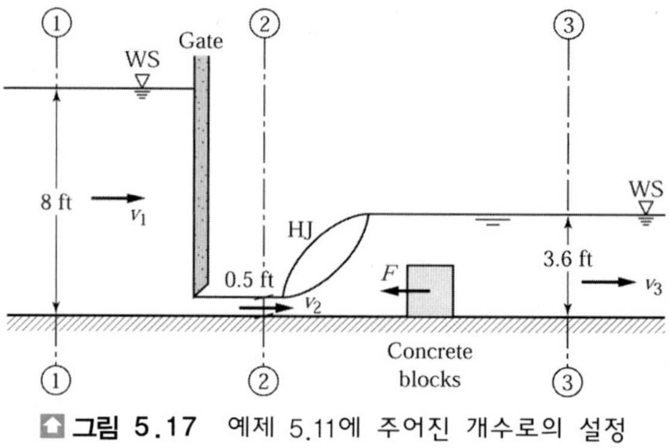

그림 5.17 예제 5.11에 주어진 개수로의 설정

5.3.4 충격 - 운동량과 에너지방정식과의 관계

유체내 특히 유수(流水)에 대한 운동 제2법칙의 적용을 상기해 보자. 이장 초기에 유도된 방정식에서 단순성과 적합성이 입증되었으므로 앞으로의 논의에서 1차원의 경우만을 고려할 것이다.

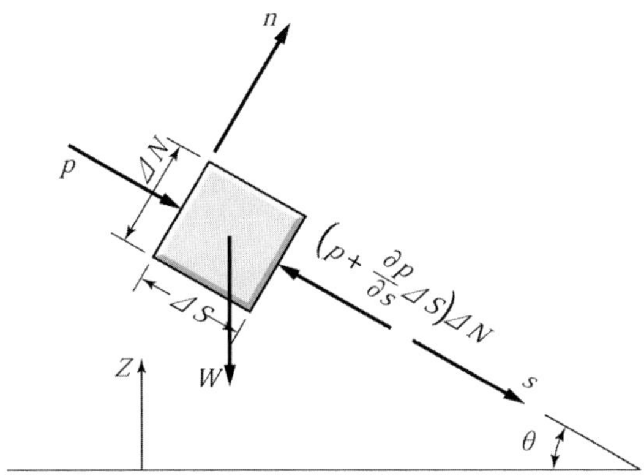

그림 5.18 흐름의 미소 요소 상의 힘

그림 5.18과 같이 미소요소를 생각해 보자. 흐름의 방향은 s이고, 연직방향은 n으로 나타내며, 그림에 나타낸 것과 같이 요소의 차원은 $\Delta S\Delta N$이다. 요소는 그림에 나타낸 것처럼 압력차가 존재하도록 하기위해 흐름체 내에 떠있다. 이 압력차에 의한 단위길이당 힘(F_p)는 식(5.36)으로부터 다음 식(5.54)와 같이 나타낼 수 있다.

$$F_p = p\Delta N - \left(p + \frac{\partial p}{\partial s}\Delta S\right)\Delta N \tag{5.54}$$

이상적인(마찰과 관성점성력을 무시) 경우, 요소에 작용하는 단위길이당 다른 유일한 힘은 중력 또는 요소의 중량 $W = \gamma\Delta S\Delta N$이다.

흐름에 방향에 대해 이들 힘을 합하면,

$$p\Delta N - p\Delta N - \frac{\partial p}{\partial s}\Delta S\Delta N + \gamma\Delta S\Delta N\sin\theta = -\frac{\partial p}{\partial s}\Delta S\Delta N + \gamma\Delta S\Delta N\sin\theta \tag{5.55}$$

그림 5.18에서 $\sin\theta = -\partial z/\partial s$이므로, 식(5.55)는 식(5.56)이 된다(Henderson, 1966).

$$\sum F_s = -\frac{\partial p}{\partial s}\Delta S\Delta N - \gamma\Delta S\Delta N\frac{\partial z}{\partial s} \tag{5.56}$$

식(5.36a)은 흐름에 방향에 대해 식(5.57)과 같이 쓸 수 있다.

$$ma = \rho\Delta S\Delta N a_s \tag{5.57}$$

여기서, a_s는 흐름방향에 대한 가속도를 나타낸다. 따라서 식(5.56)은 식(5.58)과 같이 된다.

$$-\frac{\partial p}{\partial s}\Delta S\Delta N-\gamma\Delta S\Delta N\frac{\partial z}{\partial s}=\rho\Delta S\Delta N a_s \tag{5.58}$$

또는

$$-\frac{\partial p}{\partial s}-\gamma\frac{\partial z}{\partial s}=\rho a_s$$

또는

$$-\frac{\partial}{\partial s}(p+\gamma z)=\rho a_s$$

또는

$$\frac{\partial}{\partial s}(p+\gamma z)+\rho a_s=0$$

식(5.58)은 Euler 방정식이라고 알려진 이상유체의 흐름에 대한 가장 일반적인 1차원 형태의 기본 방정식이다. 이 방정식은 1750년 방정식을 개발한 스위스 수학자 L.Euler이 이름을 딴 것이다. 위치에너지 항$(p+\rho z)$ 위압수두를 나타낸다. Euler 방정식에 가속도의 항(a_s)의 전개로 개발할 수 있다. 가속도가 시간과 공간에 대한 함수라는 것을 주의하면, 식(5.59)와 같이 나타낼 수 있다(Henderson, 1966).

$$a_s=\frac{dv}{dt}=\frac{ds}{dt}\frac{\partial v}{\partial s}+\frac{\partial v}{\partial t}=v\frac{\partial v}{\partial s}+\frac{\partial v}{\partial t} \tag{5.59}$$

여기서, v는 국부 유속, 공간 요소 $v(\partial v/\partial s)$는 이송가속도(移送加速度, convective acceleration)로 알려져 있으며, 시간의 항 $\partial v/\partial t$는 국부 가속도라고 불린다. 정상류 경우, 국부 가속도 항은 무시할 수 있고, 식(5.58)은 식(5.60)과 같이 된다.

$$\frac{\partial}{\partial s}(p+\gamma z)+\rho v\frac{\partial v}{\partial s}=0 \tag{5.60}$$

식(5.60)은 이상적인 흐름의 정상상태 1차원 지배방정식을 나타낸 것으로 Euler 방정식의 또 다른 형태이다. 이것은 Navier-Stokes 방정식이라고 불리는 유체 흐름의 복잡한 방정식을 줄여서 간단한 형태로 나타낸 것이다.

공간 s에 관해서 식(5.60)을 적분하면, 식(5.61)과 같이 간단한 형태를 얻을 수 있다.

$$p+\gamma z+\rho\frac{V^2}{2}=C \tag{5.61}$$

여기서, V는 횡단에서 적분된 평균유속을 나타내고, C는 상수이다. $\gamma=\rho g$이므로, 식(5.61)은 식(5.62)와 같이 Bernoulli 방정식이 된다.

$$\frac{p}{\gamma}+z+\frac{V^2}{2g}=\frac{C}{\gamma}=H \tag{5.62}$$

상기에서 유도된 식은 흐름에 대해 몇 가지 가정이 필요하지만, Bernoulli 방정식의 기본적인 1차원 정상류 특성을 설명할 것이다. 이러한 면이 Bernoulli 방정식의 적용 가능성을 제한하지만, 실제문제에 대해 놀랄 만큼 많이 적용되고 있다. 실제 흐름이 2차원이나 3차원이지만, Bernoulli 방정식의 1차원 정상류 흐름 가정은 공학문제에 적절하고 합리적인 해를 제공할 수 있다.

이 책에 소개된 모든 적용문제에 대해 Bernoulli의 근사해는 적절할 것이다. 하지만, 자연계에서 중요한 상황(예를 들어, 폭풍 해일, 댐 파괴, 수력발전(hydropower releases))에 있어서는 적절하지 않다는 것을 명심해야 할 것이다.

5.4 에너지와 운동량방정식 간의 선택

유량의 증감에 관계하는 공간적으로 변하는 흐름에 대한 에너지방정식과 운동량방정식의 적용에 있어 다소 혼동스러운 것이 있다(Yen and Wenzel, 1970 ; Yen et al., 1972). 이러한 혼동은 마찰경사 또는 평균경계전단응력에 관련한 구배와 소멸된 에너지의 구배 사이의 차이를 확실히 구별하지 못한데 있다고 할 수 있다. 마찰경사, 전 에너지(수두) 경사와 소멸된 에너지 구배는 다르다. 따라서 대응하는 마찰저항계수, 전 수두 손실계수 및 소멸된 에너지 계수는 상호 다르다. 측면 유입이 없는 정상-등류 흐름에서만 3개의 계수는 정확하게 크기가 같고, 경사는 수로 바닥 경사와 같다. 이론상 마찰저항은 단지 운동량방정식에서, 소멸된 에너지 구배는 에너지방정식에서 그리고 전 수두 손실계수는 전 수두 방정식에서만 사용된다. 하지만, 실제 정상류의 경우, 일반적으로 마찰경사는 그 차이를 무시함으로써 소멸된 에너지경사에 근접한다. 따라서 이 책에서는 마찰경사항은 소멸된 에너지구배를 나타내기 위해 사용된다.

따라서 측면 유입이 없는 경우에 있어서는 에너지방정식과 운동량방정식 사이를 구별할 필요가 없음을 알 수 있다. 비정상류(非定常流)를 다룰 수 있는 완전한 형태의 방정식 사이에는 작은 차이가 있지만, 이 차이는 경계전단응력(운동량방정식 내)과 에너지 소산(消散)(에너지방정식 내)의 표현에 관련한 불확실성의 관점에서 볼 때 그다지 중요하지 않다.

측면 유입 또는 유출이 있는 경우에서는 이 두 방정식이 이 영향을 취급하는데 있어 조금의 차이를 보이며, 선택을 해야만 한다. 측면 유입에 있어서 운동량방정식의 이용은 적절하다. 왜냐하면, 주 흐름 내로의 물의 유입이 일반적으로 상당한 에너지손실에 관계하고 있으며, 에너지 소산의 형태($S_f = \tau_o / \rho g R$)의 가정된 것에 의해서는 설명할 수 없기 때문이다. 측면 유출에 있어서 운동량방정식의 이용은 어떤 현저한 에너지 손실을 예상할 수 없기 때문에 에너지방정식도 적절한 것으로 볼 수 있다. Herderson(1966)은 측방여수로(側溝餘水路, side-channel spillway)와 세척수통의 경우에 대해서 운동량방정식의 적용 가능성에 대하여 논하였다. 이 둘은 모두 난류가 대부분의 비정상류 문제에서 보다 훨씬 높은 곳으로 측방 유입이 있다.

측방 유입의 해석에 있어서 에너지방정식과 운동량방정식의 차이는 빠른 변화에 의한 것이기 때문에, 놀랄만한 것은 아니다. 2개의 방정식은 서로 다른 개념에 기초한다는 점에서 다르고, 상호 보완하며 사용될 것이다. 따라서 물리적 통찰력으로 봤을 때 단순히 미세한 에너지 손실이 발생하는 것에 대해서는 에너지방정식을 사용하는 것이 나을 수도 있다. 그 외의 경우에는 에너지손실이 상당할 것이라고 예상되는 곳, 작용하는 힘이 평가 되어질 때에는 운동량방정식을 사용하는 것이 좋다.

에너지 원리가 일반적으로 사용하기 쉽지만, 급변류 문제에서와 같이 상당한 에너지 손실을 포함하는 문제에 적용할 때에는 운동량원리가 확실한 이점이 있다. 운동량방정식은 단지 외부 힘만을 다루기 때문에, 운동량방정식의 적용은 미지의 에너지 손실을 회피할 수 있다. 한편으로는, 짧은 구간상에서 발생하는 현상과 같이 외부력에 의한 마찰손실의 항은 생략할 수 있다.

에너지방정식은 운동량방정식에서보다 암거 흐름 내 광범위한 문제에 대해 적용성이 크다. 운동량방정식은 대체로 힘이 계산되어진 경우의 사용되어진다. 운동량방정식은 굽은관(elbow), 만곡부, 분기부, 합류부와 파이프의 지지대에 있어서 힘의 계산을 포함하는 적용문제에서 사용된다.

도움말 Reading Aid

5.1 모든 물리적 과정에서 공통적인 자연의 법칙을 정의하시오. 수리학적 시스템(hydraulic system)을 연구하는데 필요한 그 외의 정보는 무엇인가?

5.2 수리학적 과정에서 외부 제약조건의 의미는 무엇인가? 이러한 과정의 내부 역학 요소를 정의하시오.

5.3 엔트로피란 무엇인가? 엔트로피는 폐합시스템에 있어서 감소하는가? 증가하는가? 또한 그 이유는 무엇인가?

5.4 수리학적 시스템에서 과정(process)방정식의 의미는 무엇인가?

5.5 모든 흐름 과정은 보존 또는 소멸 과정 중에 하나로써 생각할 수 있다. 이 구절에 대해 설명하고, 과정(process)방정식이 표현되는 영역을 정의하시오.

5.6 연속성 원리를 정의하시오. 압축성 유체에 대한 순간 3차원 비정상 연속방정식을 유도하시오. 다음으로, 그것을 1차원 형식으로 쓰시오.

5.7 압축성 유체에 대한 정상(steady) 상태 연속방정식의 3차원 형태를 쓰시오. 다음으로, 비압축성 유체에 대한 2차원적 정상(steady) 형식을 추정하시오.

5.8 유한한 유관에 있어서의 정상 1차원 연속방정식을 유도하시오.

5.9 개수로에 대한 비정상 비압축성 흐름에 대한 연속방정식을 유도하시오. 다음으로, 측면 흐름과 만나는 곳에서의 연속방정식의 일반적인 형태를 쓰시오. 방정식의 동질성을 검토하시오.

5.10 에너지를 정의하시오. 그것은 스칼라량인가? 벡터량인가?

5.11 에너지의 다른 형태에 대해 논의하시오. 일을 정의하시오.

5.12 에너지와 운동량방정식이 적용 가능한 조건에 관해서 논하시오. 각각으로부터 어떠한 형태의 정보를 얻을 수 있는가?

5.13 에너지 보존의 의미를 쓰시오. 검사체적으로 해서 유관을 가정해서 Bernoulli 방정식을 유도하고 각 항의 차원의 동질성을 검토하시오.

5.14 Bernoulli 방정식의 유효성과 제한에 대해서 논하시오. Bernoulli 방정식을 적용할 수 없는 예를 몇 가지 드시오.

5.15 개수로의 에너지방정식의 함수를 도식적으로 유도하시오.

5.16 운동량 보존의 의미는? Newton의 제2운동의 법칙을 쓰고, 수학적으로 나타내시오.

5.17 운동량방정식을 적용함에 있어 통상 포함되는 힘에 대해서 기술하시오.

5.18 한 소방관이 불을 진화하기 위해 소방용 호스의 노즐을 잡고 있다. 노즐은 소방관

쪽으로 밀릴 것인가? 아니면 소방관으로부터 먼 쪽으로 밀릴 것인가? 이에 대해 설명하시오.

5.19 속도 변화에 의해 유관에 작용하는 운동량력(momentum force)의 함수를 유도하시오.

5.20 각 운동방정식을 이용하여 분석할 수 있는 문제의 형태는 무엇인가? 예를 2가지 드시오.

5.21 정원 스프링클러에 의해 생기는 회전우력을 계산하기 위한 방정식을 쓰시오. 회전우력을 0으로 만들기 위한 조건은 무엇인가?

5.22 개수로에서의 주 운동과 저항력에 대해서 논하시오. 개수로 내의 운동량방정식을 유도하시오. 이어서, 수평하고 마찰이 없는 수로의 형식을 추론하시오.

5.23 이상유체에 있어 1차원 흐름에 대한 Euler 방정식을 서술하시오. 이어서, Euler 방정식을 이용하여 Bernoulli 방정식을 유도하시오.

5.24 개수로 흐름 내 국소 속도, 이송가속도(移送加速度)와 국부 가속도를 정의하시오.

5.25 왜 마찰저항계수, 전 손실수두계수와 손실된 에너지 계수는 일반적으로 각각에 대해서 다른가? 이들 계수는 크기가 같을 수 있을까?

5.26 에너지방정식과 운동량방정식 중 어느 것이 안정된 공간에 다양한 흐름 계산에 좋은가? 이유는?

5.27 어느 방정식이 개수로 내 다음의 경우 계산에 있어서 적절한가? 즉, (a) 측면 흐름은 없다. (b) 측면의 유입은?
이유는 무엇인가?

5.28 개수로 내 도수의 공액수심(共軛水深) 계산에 있어서, 에너지방정식과 운동량방정식 중 어느 것이 정확한가? 이유는 무엇인가?

연습문제

5.1 물이 직경 10 in 인 파이프 내에서 유속 6 ft/s 로 흐르고 있다. 분사 속도가 50 ft/s 라면 파이프 끝에 붙은 노즐의 직경을 구하시오.

5.2 파이프의 직경이 50% 축소되어진다면, 얼마나 속도가 변화될 것인가?

5.3 폭이 일정한 직사각형 개수로에 물이 1 m/s 로 흐르고 있으며, 초기 수심은 2 m 이다. 어떤 수리 구조물 뒤에서의 수심은 1.2 m 로 측정되었다. 두 단면간 손실수두를 무시하고, 유속을 구하시오.

5.4 직경 12 in 인 관로 내 액체의 비중은 0.86 이고 유속이 10 ft/s 로 이동하고 있다. 다른 단면에서 파이프의 직경이 8 in 로 감소되어질 경우 유체의 속도와 질량 흐름률(mass flux)을 구하시오.

5.5 수조 옆면의 넓은 직사각형 구멍에서 물줄기가 나오고 있다. 물은 수평으로 10 m/s 로 유출되고 있으며, 물줄기의 두께는 2 cm 이다. 그림 P5.5에 나타낸 것처럼 중력하에서 속도와 제트류(jet)의 두께는 변한다. 수평에 대해 70° 의 각도를 갖는 단면에서 제트류의 속도와 두께를 구하시오.

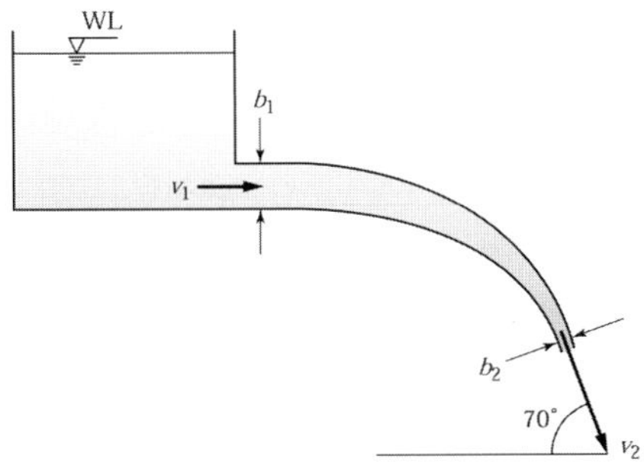

그림 P5.5 수형 측면의 넓은 직사각형 구멍

5.6 그림 P5.6에 나타낸 바와 같이, 지름이 A 에서 45 cm 인 관로가 두 부분으로 분기되는 B 에서 35 cm 로 축소되며 물이 흐르고 있다. 첫 번째 부분은 직경 15 cm 인 C에서 분출되고 있고, 두 번째 부분은 직경 22.5 cm 인 D에서 분출되고 있다. A와 D에서의 속도는 각각 1.8 m/s 와 3.6 m/s 이다. 단면 B와 C에서의 유속과 유량을 구하시오.

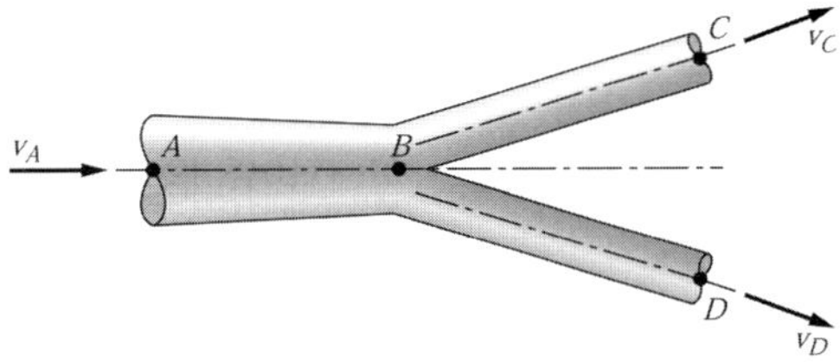

그림 P5.6 두 부분으로 분기하는 파이프

5.7 압축성 흐름장의 한 점에서의 유속 요소는 $V_x = 2xy + y^3 + b^{1/2}$ 와 $V_y = x^2 - y^2 + a^2$ 으로 주어진다면, 이들 요소가 흐름이 가능한 장(場)을 만든다는 것을 증명하시오. 여기서, a, b 는 상수이다.

5.8 x, y방향에 대한 비압축성 유체에 대한 속도 요소(즉, 연속방정식을 만족하는)는 아래와 같이 주어진다.

$$V_x = \frac{4xy^2}{3} - x^2 y\,, \qquad V_y = xy^2 - \frac{4x^2 y}{3}$$

주어진 유속분포가 연속방정식을 만족할 것인가, 아닌가를 논하시오.

5.9 x, y방향에 대한 비압축성 유체에 대한 속도 요소가 아래와 같이 주어진다.

$$V_x = \frac{xy^2}{2} - x^2 y\,, \qquad V_y = xy^2 - \frac{x^2 y}{2}$$

주어진 유속분포는 흐름이 가능한 장(場)인가, 아닌가?

5.10 2차원 흐름에 대한 속도요소는 $V_x = a(x^3 + xy^3)$와 $V_y = b(y^3 + yx^3)$이다. 여기서, a, b는 상수이다. 이와 같은 흐름장이 가능한가?

5.11 각각 직경이 1.5 ft와 0.8 ft인 2개의 파이프는 유량 $10\,ft^3/s$의 유량을 통수시키기 위한 일련의 세트이다. 각 파이프 내 유속을 구하시오.

5.12 수조로 직경 1 in이고 유속 30 ft/s인 제트류(jet)를 통해 물이 공급되고 있다. 만약 물이 $0.\,ft^2/s$의 비율로 수조로부터 유출된다면, 수조 내 물의 누적률은 얼마인가? 또한 2시간 후 누적된 물의 전체 체적은 얼마인가?

5.13 그림 P5.13에 나타낸 것과 같이 단면적이 $0.002\,m^2$인 제트류가 4 m/s의 유속으로 수조로 방출되고 있다. 물이 수조에서 일정한 비율 $0.01\,m^3/s$로 유출되고 있다. 수조 내 물의 체적이 $200\,m^3$이라면, 수조를 완전히 비우는데 필요한 시간은 얼마인가?

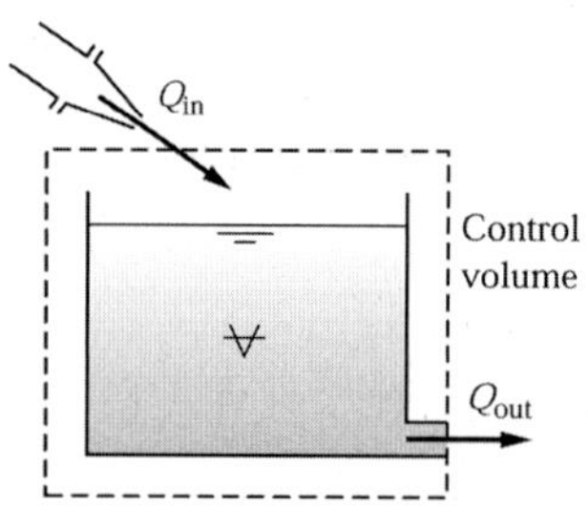

그림 P5.13 수조를 향해 방출되고 있는 분사수

5.14 직경이 2.5 ft인 원통형 수조에는 측면에 4 in의 구멍과 바닥에 6 in의 구멍이 뚫려있다. 그림 P5.14에 나타낸 것과 같이, 물은 측면으로 들어가고, 바닥으로부터 빠져나오고 있다. 출구에서의 유속은 $V = (2gh)^{0.5}$이며, 여기서 h는 출구로부터 수면까지의 높이이다. $h = 1.25$ ft인 어떤 시간의 수위는 0.5 in/s의 비율로 상승하고 있다. 유체가 비압축성이라면, 입구를 통해 유입되는 유속은 얼마인가?

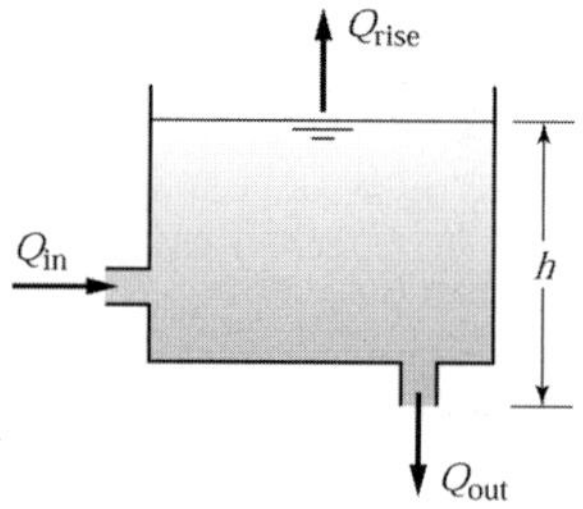

그림 P5.14 바닥과 측면에 2개의 구멍이 있는 수조

5.15 그림 P5.15는 직경이 0.5 m인 원통형 수조에 연결된 수평한 파이프를 나타내고 있고, 이 파이프 흐름에 의해 수조는 채워진다. 파이프 입구에서의 속도는 5 m/s이고, 반면에 출구에서는 3.5 m/s이다. 다음의 경우에 대해 구하시오.

(a) 수조내 물 높이의 변화율

(b) 수조가 처음 비워진 상태라면, 수조를 채우는데 필요한 시간

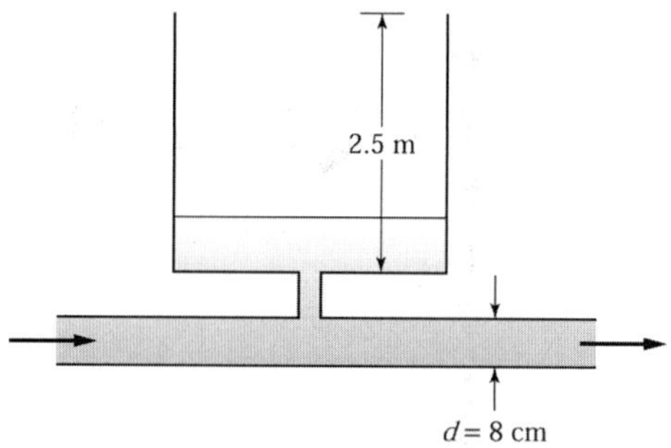

그림 P5.15 파이프와 연결된 원통형 수조

5.16 그림 P5.16에 나타낸 것처럼, 튜브내의 액주계 액체는 수은과 (a) 물, (b) 공기이다. 이때 (a), (b)의 경우 각각에 대해 튜브의 유량을 구하시오.

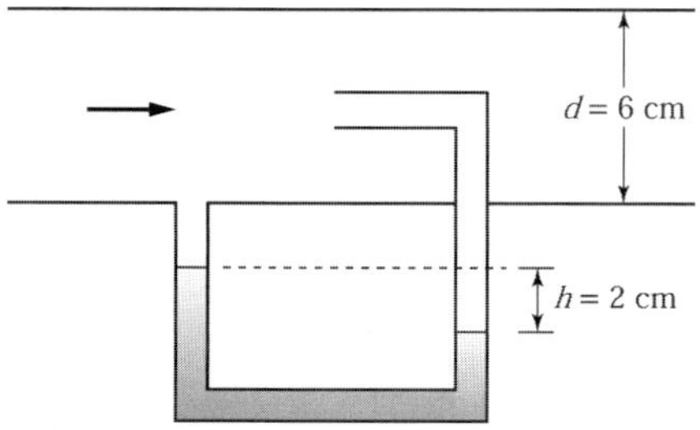

그림 P5.16 문제 5.16에 대한 액주계와 흐름 튜브

5.17 그림 P5.17에 나타낸 것처럼, 20℃의 물이 대기중으로 노즐로부터 방출되고 있다. 단면1에서 압력이 15.5psi(절대압력)이라면, 정체관(停滯管, stagnation tube) 내 (a) 유량과 (b) 높이 h를 구하시오.

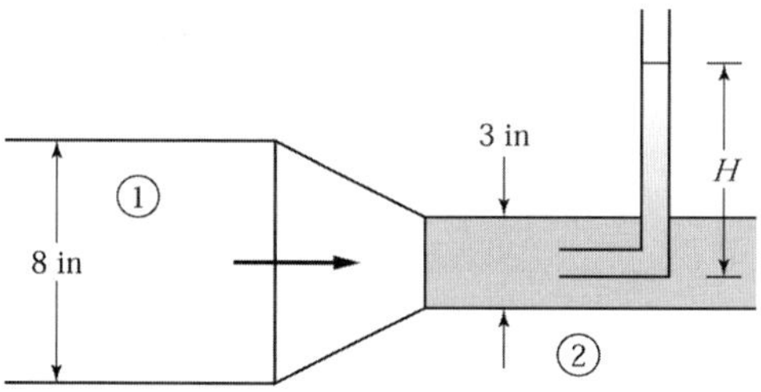

그림 P5.17 대기중으로 방출하고 있는 노즐

5.18 압력이 $294.3\,\mathrm{kN/m^2}$ 하에서, 유속이 $10\,\mathrm{m/s}$인 파이프 내를 흐르는 물의 전 에너지를 구하시오. 파이프의 중심선은 기준선으로부터 30m 위에 있다.

5.19 그림 P5.19에 나타낸 것과 같이 소화(消火) 노즐의 직경은 4in이다. 상태에 따라 세팅된 소화규칙에 의하면, 노즐은 최소 $1{,}000\,\mathrm{gal/min}$로 방출되어야 한다. 노즐이 직경 10in인 호스에 연결되어 있다면, 노즐의 직 상류에서 유지되어야만 할 압력 수두는 얼마인가?

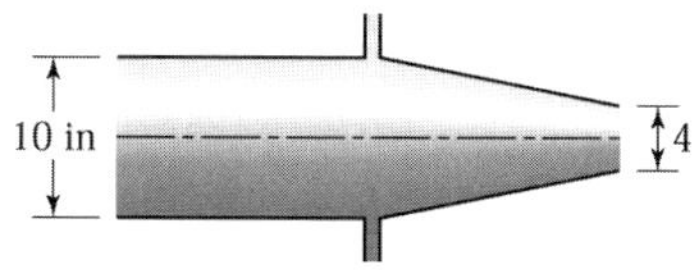

그림 P5.19 소화(消火) 노즐

5.20 직경 5cm 파이프는 $98.1\,\mathrm{kN/m^2}$의 압력에서 $1\,\mathrm{m^3/min}$의 유량을 이동시킨다. 물의 압력수두, 속도수두와 전 수두를 meter의 단위로 나타내라. 파이프의 중심선은 기준으로부터 10m 위에 있다.

5.21 그림 P5.21에 나타낸 것처럼, 물이 축소되는 파이프를 통해 흐르고 있다. 축소된 후 액주계의 높이는 0.1ft 떨어졌다. 액주계 액체가 수은이라면, 작은 파이프의 직경 D의 함수로 해서 유량을 구하시오.

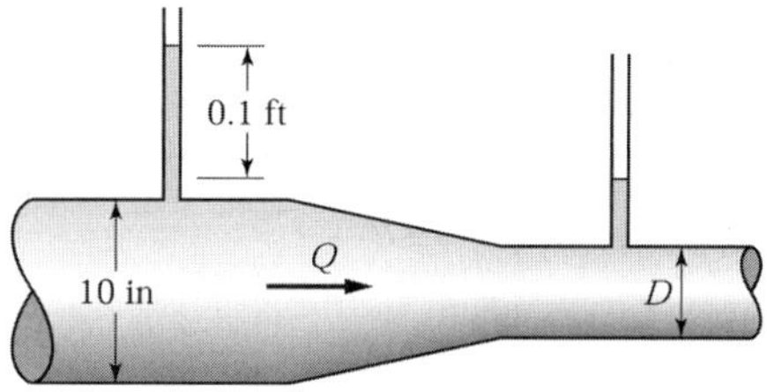

그림 P5.21 파이프 축소

5.22 그림 P5.22에 나타낸 것과 같이 직경 60inch, 길이 60ft인 파이프가 수직으로 고정되어 있다. 파이프의 위쪽 끝에서 압력수두는 20.0ft이고, 10ft/s의 유속으로 물이 흐르고 있다. 파이프의 전 마찰손실은 3ft이다. 흐름의 방향이 (a) 아래쪽 방향, (b) 위쪽 방향일 경우, 각각에 대해서 파이프 아래쪽 끝에서의 압력수두를 구하시오.

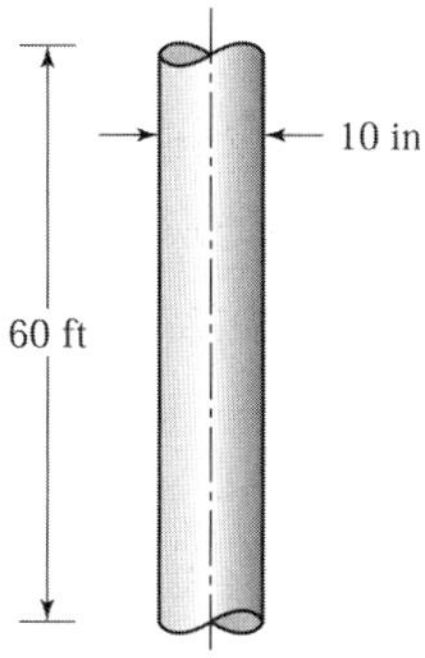

그림 P5.22 수직으로 고정된 파이프

5.23 그림 P5.23에 나타낸 것과 같이, 수조의 연직 측면에 수렴-발산하는 노즐이 붙어있다. 좁은 목 부분(throat)에서 압력수두는 $-1.9\,\mathrm{m}$이다. 수조 내 수위는 노즐 중심선으로부터 위로 $1.5\,\mathrm{m}$이고, 노즐에서의 유량은 $4.5\,\ell/\mathrm{s}$이다. 노즐이 수렴하는 부분에서 손실이 발생하지 않고, 발산하는 부분에서의 손실은 0.18×출구에서의 속도수두이다. 이때, 노즐의 좁은 통로부분과 출구에서의 직경을 구하시오.

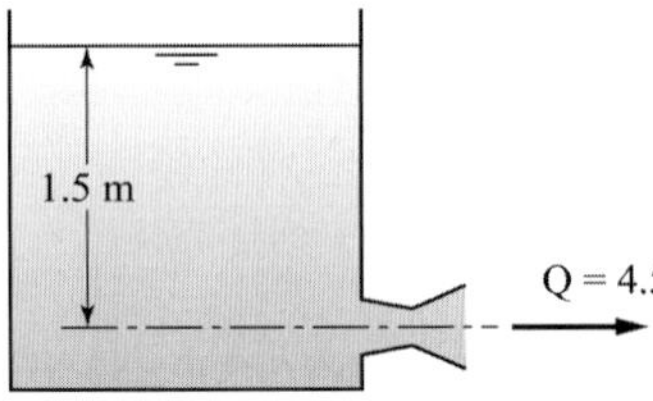

그림 P5.23 수조의 연직 측면에 있는 수렴 – 발산 노즐

5.24 그림 P5.24에 나타낸 것과 같이, 비중이 0.8인 오일이 큰 수조로부터 사이폰(siphon)을 통해서 $220\,\ell/\mathrm{s}$씩 대기중으로 방출하고 있다. 사이폰의 출구는 탱크 내 오일 표면에서 $3\,\mathrm{m}$ 아래에서 위치하고 있으며, 사이폰이 역으로 바뀌는 부분은 출구로부터 $8\,\mathrm{m}$ 위에 위치한다. 속도 수두의 항으로 사이폰 내 손실을 구하시오. 만약 손실의 2/3가 역으로 바뀌기 전에 생긴다면, 사이폰 내 최저 압력은 얼마인가?

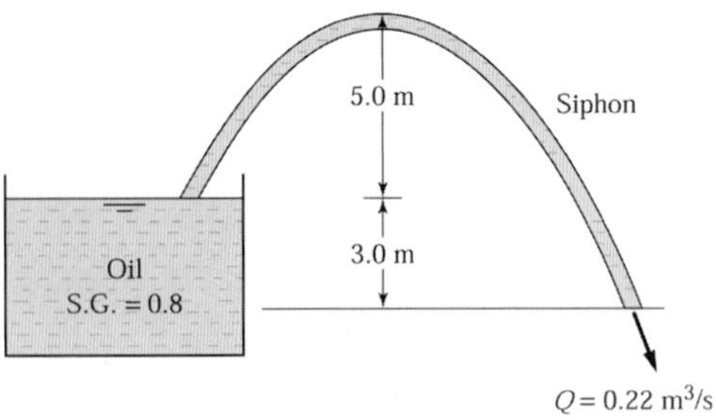

그림 P5.24 탱크에서 오일을 방출하는 사이폰

5.25 그림 P5.25에 나타낸 것처럼, 지름이 $6\,\mathrm{in}$인 파이프가 연결되어 있다. 파이프 끝의 노즐(지름 $2\,\mathrm{in}$)에서 물이 대기중으로 방출된다. 파이프와 노즐 내 모든 손실은 무시할 경우, A, B, C와 D에서 유량과 압력을 구하시오.

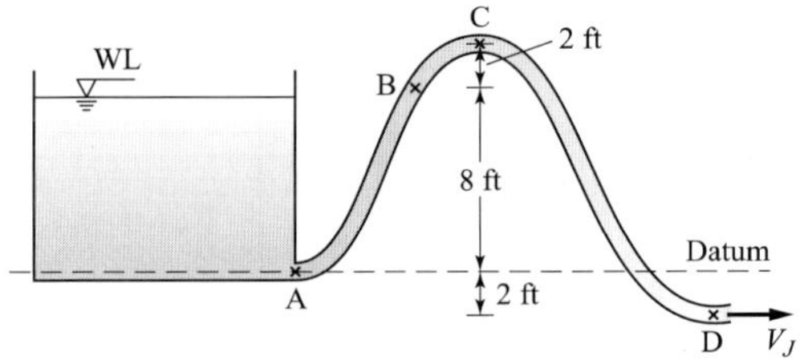

그림 P5.25 수조에 연결된 파이프

5.26 그림 P5.26에 나타낸 것처럼, 지름이 $12\,\mathrm{in}$, 길이가 $2{,}500\,\mathrm{ft}$인 수평한 파이프는 저수조로부터 화력발전소로 $0.25\,\mathrm{ft^3/s}$ 유량을 이송하고 있다. 저수조로부터 $1{,}000\,\mathrm{ft}$ 떨어진 거리에서의 파이프 내 압력을 계산하시오. 파이프 내 손실수두는 $h_L = 0.025(L/d)\,V^2/2g$로 주어지며, 여기서, L은 저수조로부터의 파이프의 길이, V는 파이프 내의 평균 유속, g는 중력 가속도이다.

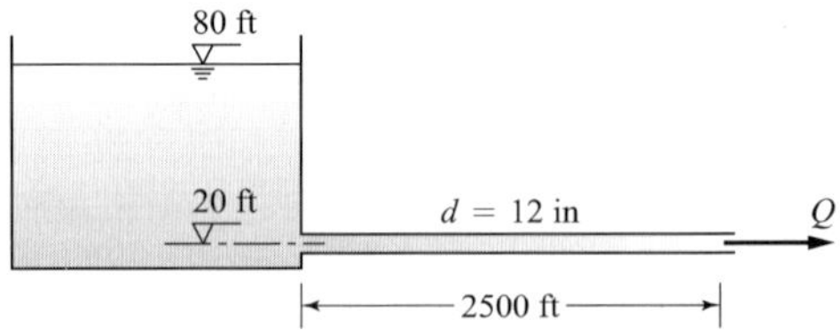

그림 P5.26 저수조로부터 화력발전수로 물을 내보내는 수평한 파이프

5.27 탄산가스가 입구의 직경이 $2\,\mathrm{in}$, 출구의 직경이 $4.5\,\mathrm{in}$인 확산기를 통과하고 있다. 입구에서 압력은 $46\,\mathrm{psi}$이고, 출구에서의 압력은 $10\,\mathrm{psi}$이다. 가스의 밀도는 입구와 출구에서 각각 $0.356\,\mathrm{lb/ft^3}$, $0.0774\,\mathrm{lb/ft^3}$이다. 출구에서 가스의 속도가 $350\,\mathrm{ft/s}$라면, (a) 질량 흐름률(유량)과 (b) 출구 속도를 구하시오.

5.28 그림 P5.28에 나타낸 것과 같이 물의 계기압력이 $p_1 = 90\,\mathrm{kPa}$인 물 웅덩이로부터 흘러나오고 있다. 그림에 나타낸 것과 같이, 지름이 $60\,\mathrm{cm}$인 위쪽의 두 원형판 사이 공간에서 물이 유출된다. 입구와 출구에서의 유속과 유량을

구하시오. 마찰손실은 무시한다.

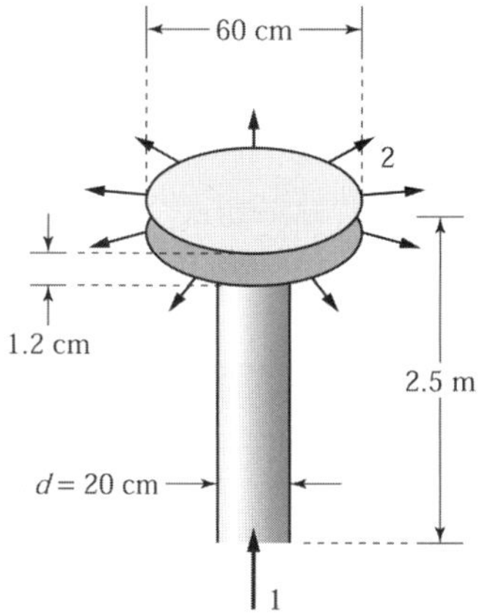

그림 P5.28 문제 5.28의 분수

5.29 4.0 cm 직경의 노즐에서 뿜어져 나오는 물 제트가 평판과 수직으로 부딪히고 있다. 유속이 50.0 m/s 라면, (a) 평판이 정지하고 있는 경우, (b) 평판이 제트와 같은 방향으로 20 m/s 로 움직이는 경우에 대해서 평판에 작용하는 힘을 구하시오.

5.30 그림 P5.30에 나타낸 것과 같이, 수평에 대한 그것의 경사각의 함수 형태로 물 분사에 의해 가해진 힘을 구하시오. 여기서, 제트의 단면적은 $8\,\mathrm{in}^2$이고, 유속은 경사진 평판상에서 20 ft/s 이다. 판의 표면은 매끄럽다고 가정하시오.

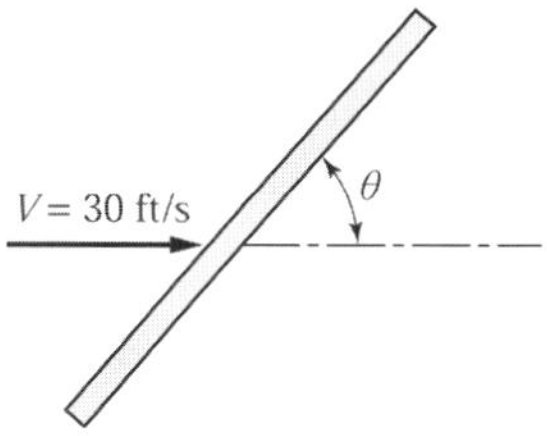

그림 P5.30 경사진 평판 상에 분사수(噴射水)에 의해 가해진 힘

5.31 그림 P5.31에 나타낸 것과 같은 일정한 두께의 정사각형 판은 측면 길이가 25 cm 이고, 끝 가장자리는 힌지(hinge)에 연직으로 매달려 있다. 수평한 제트가 평판의 중심에 부딪힐 경우, 판은 굽혀지고, 수직으로 30°의 각을 이루며 정지한다. 제트의 지름은 2 cm 이고, 유속은 8 m/s 이다. 평판의 질량을 구하시오. 아래쪽 가장자리가 연직 상태를 유지하기 위해, 얼마의 힘이 가해져야만 하는가?

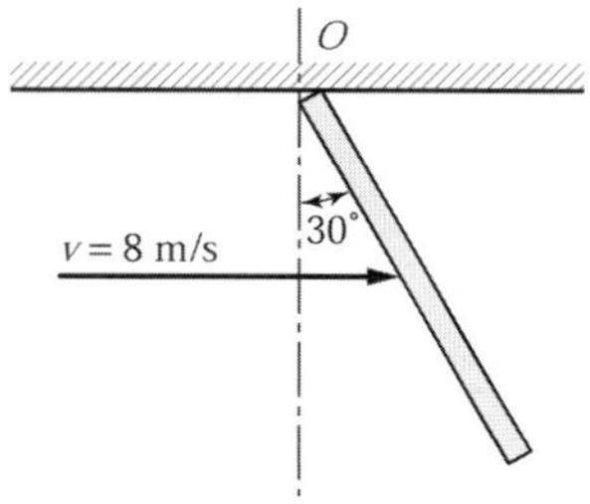

그림 P5.31 수평한 제트에 의해 굽어진 정사각형 평판이 연직으로 매달려 있다.

5.32 그림 P5.32에 나타낸 것과 같이, 직경이 4 in 인 노즐이 직경 10 in 인 관로의 끝에 연결되어 있다. 파이프의 끝(노즐 입구)에서 압력은 20 psi 이고, 노즐 출구 압력은 대기압이다. 관로 상 노즐에 가해지는 힘을 구하시오. 노즐의 수두손실은 무시한다.

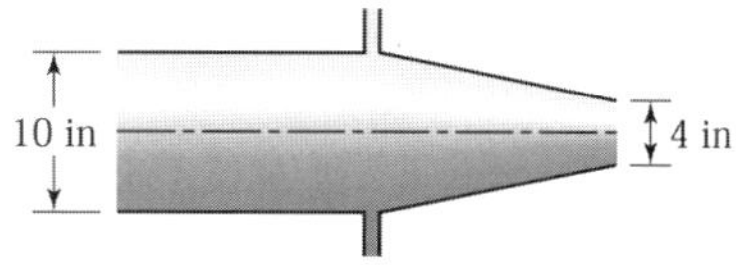

그림 P5.32 관로에 연결되어 있는 노즐

5.33 그림 P5.33에 나타낸 것처럼, 직경 20 cm 인 파이프와 직경 10 cm 인 파이프를 연결하는데 수평으로 감소하는 만곡부를 이용하였다. 흐름(첫 번째 파이프에서의 유속은 1.2 m/s)은 120° 각도로 꺾인다. 만곡부 유입부에서 압력은 $4{,}905\,\mathrm{N/m^2}$이다. 만곡부의 위치를 유지하기 위해 요구되는 힘의 크기와 방향을 구하시오.

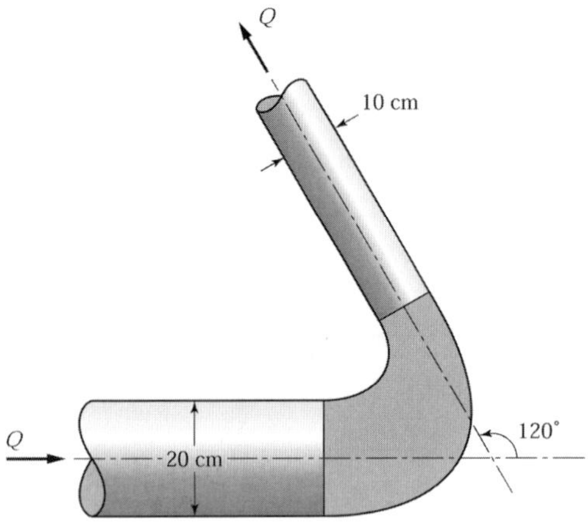

그림 P5.33 두 파이프를 연결하고 있는 수평으로 감소하는 밴드

5.34 그림 P5.34에 나타낸 것처럼, 주관으로부터2개의 분기가 이루어지고 있는 Y자형 수평한 파이프 시스템을 통해 물이 흐르고 있다. 주관에서 유속은 3 m/s 이고, 직경은 20 cm 이다. 각 분기관의 직경이 10 cm 이고, 주관의 축과 30°의 각도를 이룬다. 주관에서의 압력은 196.2 kN/m^2이고, 흐름은 두 분기관 간에 동일하게 나누어진다. Y자형 연결부에 작용하는 힘의 크기와 방향을 구하시오.

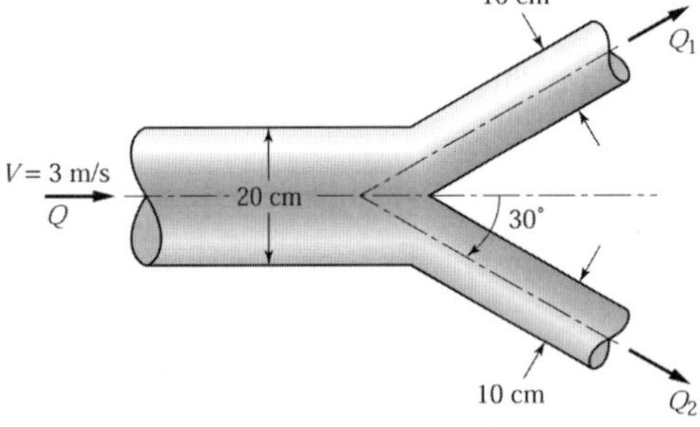

그림 P5.34 2개의 분기관으로 구성된 수평한 파이프 시스템

5.35 그림 P5.35에 나타낸 것과 같이, 물이 수평하게 180°로 만곡(彎曲)된 파이프를 통해 방출되고 있다. 파이프의 지름은 만곡 전·후에서 12 in로 동일하고, 만곡부를 통과하는 유속은 10 ft/s 이다. 만곡(彎曲, bend)에 의해 흐르는 물에 가해지는 수평한(x와 y) 힘의 요소를 구하시오.

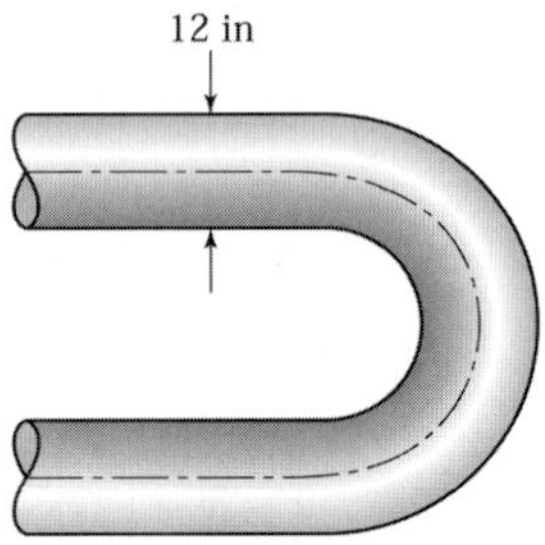

그림 P5.35 파이프 밴드를 통해 방출되고 있는 물

5.36 그림 P5.36에 나타낸 것과 같이 직경 20 in 파이프에 출구의 직경이 5 in인 수평한 노즐이 적합(適合)되어 있다. 노즐 입구에서의 압력수두는 20 ft이다. 노즐 내부의 수두손실은 무시하며, 파이프 내 노즐과 물의 중량은 250 lb로 가정할 때, 파이프 내 노즐이 상태를 유지하기 위해 필요한 힘은 얼마인가?

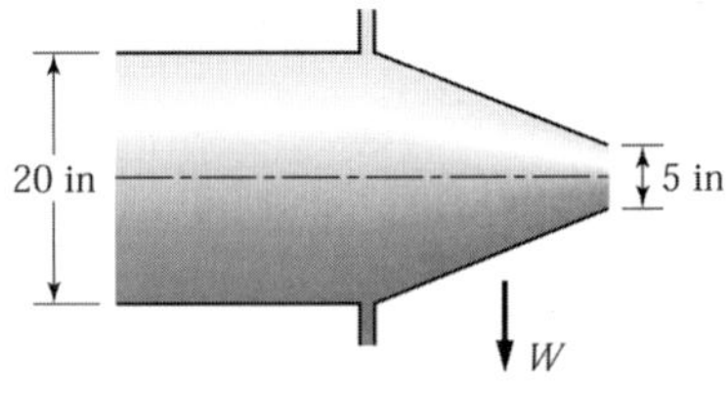

그림 P5.36 파이프에 적합된 수평한 노즐

5.37 그림 P5.37에 나타낸 것과 같이, 바닥폭 0.6 m, 무게 6000 N 인 3 m 높이를 가지는 정방형(正方形) 수조는 수로 바닥 10 cm 위에 8 cm^2의 유효면적(effective area, 実効面積)을 가진 측면 구멍이 있다. 수조는 2.5 m 수심으로 채워져 있으며, 수조의 바퀴와 땅 사이의 마찰 계수는 0.015이다. 수조 바퀴가 잠긴 상태(locked)라면, 수조를 이동시키기 위해 필요한 수면상에서의 압력을 구하시오.

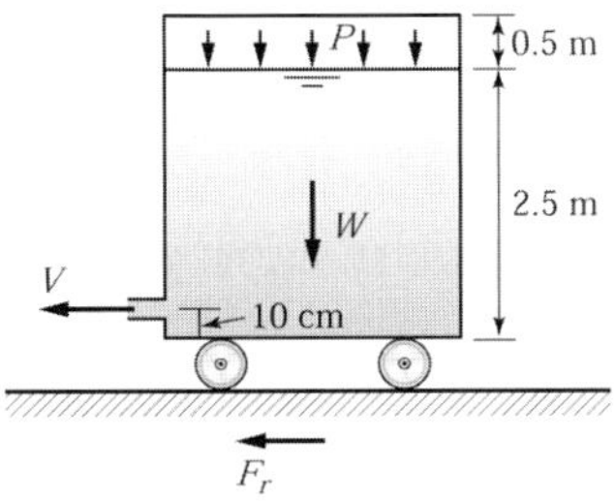

그림 P5.37 바퀴가 달린 수조

5.38 직경이 $8\,\mathrm{cm}$ 인 노즐에서 유속이 $6\,\mathrm{m/s}$ 인 제트류(jet)를 연직으로 뿜어내고 있다. 제트류가 수평하고 이동 가능한 중량 $156.96\,\mathrm{N}$ 의 원판(Disk)을 치고 있다. 원판이 평형상태를 유지하기 위한 노즐 출구 위로부터 거리를 구하시오.

5.39 직경 $8\,\mathrm{cm}$ 인 제트류(jet)가 연직한 평판을 $10\,\mathrm{m/s}$ 의 속도로 수직으로 치고 있다. 평판은 $5\,\mathrm{m/s}$ 속도로 제트류에 가까워지고 있다. 이 평판을 이동시키는데 필요한 힘(force)과 동력(power)을 구하시오.

5.40 문제 5.39 중에서, 평판이 제트로부터 멀어져 간다면, 평판을 이동시키는데 필요한 힘과 동력을 구하시오.

5.41 그림 P5.41에 나타낸 것과 같이, 초기 직경이 $20\,\mathrm{cm}$ 이고, 끝 직경이 $10\,\mathrm{cm}$ 인 수평한 감소 만곡관(reducer bend)이 이루는 각도는 45°이다. 만곡 구간을 통과하는 유량은 $0.1\,\mathrm{m^3/s}$ 이고, 만곡 입구에서의 압력수두는 물 $10\,\mathrm{m}$ 이다. 만곡 내부의 마찰손실은 만곡 출구에서 운동 에너지의 10%라고 가정하면, 만곡관이 제자리를 유지하기 위해 필요한 힘은 얼마인가?

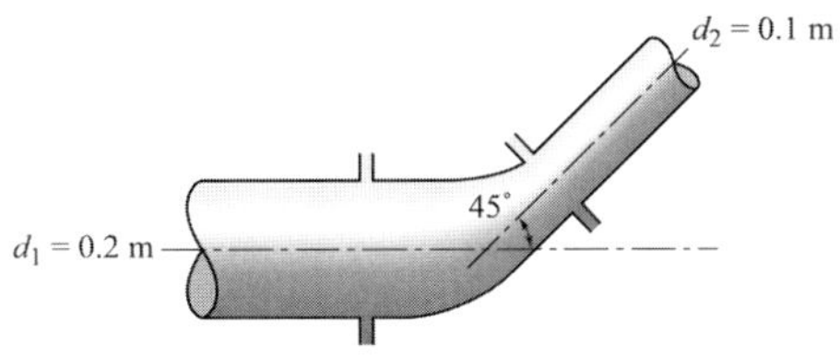

그림 P5.41 수평한 감소만곡관

5.42 문제 5.41에 대해서, 감소하는 만곡의 각도가 90°라면, 만곡이 제자리를 유지하기 위해 필요한 힘은 얼마인가?

5.43 그림 P5.43에 나타낸 것과 같이, 물이 180°로 연직 감소 만곡관을 통해 물이 유량 $0.1\,\mathrm{m^3/s}$ 로 방출되고 있다. 직경은 출구에서 $20\,\mathrm{cm}$ 에서 감소관의 출구에서 $10\,\mathrm{cm}$ 로 줄어든다. 만곡부의 입구의 중심선에서 압력수두는 물 $11\,\mathrm{m}$ 이다. 만곡부 내부의 물 체적이 $0.12\,\mathrm{m^3}$ 이고, 베르누이 방정식이 유효하다고 가정하면, 만곡이 제 위치를 유지하기 위해 필요한 반작용을 구하시오. 금속 만곡의 중량은 $900\,\mathrm{kg\text{-}m/s^2}$ 이다.

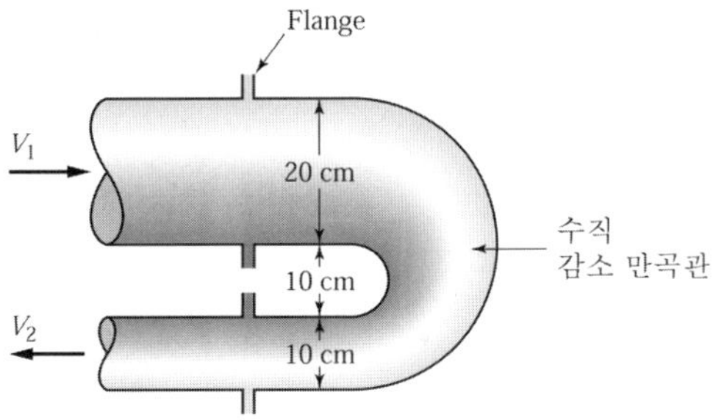

그림 P5.43 물이 방출되고 있는 180°의 연직 감소 만곡관

5.44 그림 P5.44에 나타낸 것과 같이 지름 $12\,\mathrm{in}$ 인 파이프는 수평에 대해 60° 각도로 만곡되고 있다. 파이프는 비중이 0.92인 유체를 $1.8\,\mathrm{ft^3/s}$ 의 흐름률로 이송시키고 있다. 굴곡관 내부 액체의 체적은 $2.5\,\mathrm{ft^3}$ 이고, 만곡의 무게는 $50\,\mathrm{lb}$ 이다. 만곡에서 압력이 $10\,\mathrm{psi}$ 로 균등하다면, 만곡이 제자리를 유지하기 위해 필요한 힘은 얼마인가?

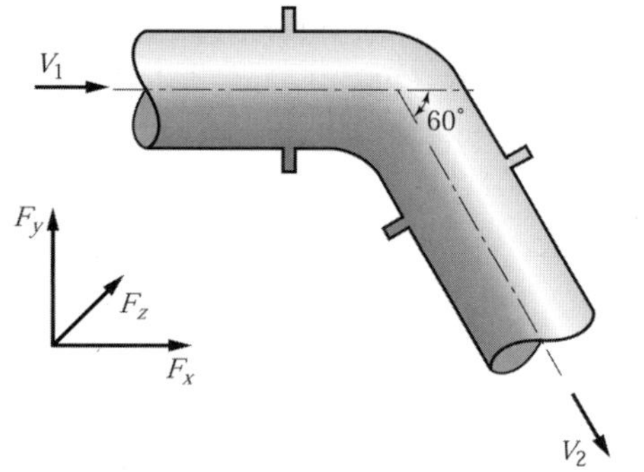

그림 P5.44 물이 방출되고 있는 60°의 수평한 만곡관

5.45 그림 P5.45에 나타낸 비대칭 스프링클러는 마찰이 없는 샤프트(shaft)을 가진다. 노즐에서의 유속이 $10\,\mathrm{m/s}$로 같다면, rpm으로 회전 속도를 구하시오. 노즐의 직경이 2cm라면, 스프링클러가 일을 계속하기 위해 요구되는 토크(torque)와 동력(power)을 구하시오.

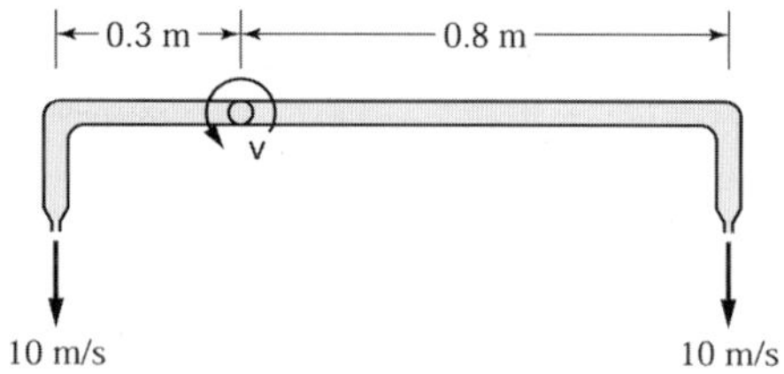

그림 P5.45 비대칭 스프링클러

5.46 문제 5.45을 참고해서, 스프링클러 짧은 쪽의 출구를 그림 P5.46에 나타낸 것과 같이 변경했을 경우, 스프링클러가 일을 계속하기 위해 요구되는 토크(torque)와 동력을 구하시오.

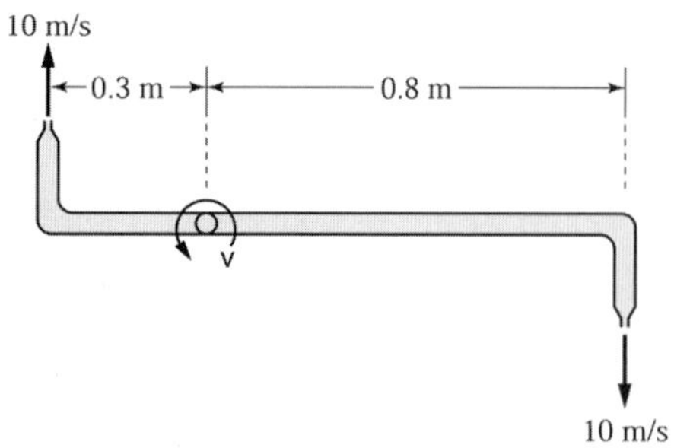

그림 P5.46 노즐의 출구가 반대인 스프링클러

5.47 그림 P5.47에 나타낸 스프링클러는 주어진 그림과 같이 3개의 분사속도를 갖는다. 샤프트(shaft)의 마찰이 없다고 가정할 경우, rpm으로 회전속도를 구하시오.

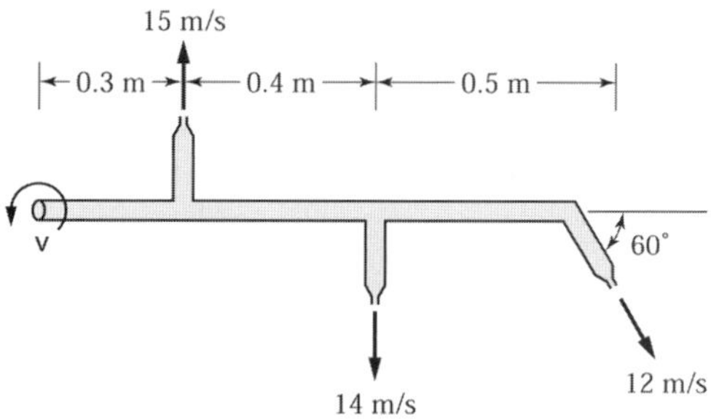

그림 P5.47 3개의 노즐을 갖는 스프링클러

5.48 그림 P5.48에 나타낸 것과 같이 수심이 15m인 직사각형 수로에 수문 게이트가 설치되어 있다. (a) 하류에 물이 새지 않도록 수문이 완전히 닫힌 경우와 (b) 수문이 1 ft 열려진 상태로 자유 조건하에 작동하고 있을 경우에 대해, 수문이 제자리를 유지하는데 필요한 버팀력(anchoring force)을 구하시오.

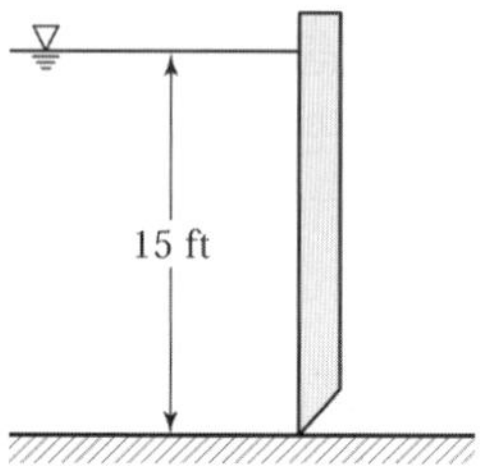

그림 P5.48 직사각형 수로에 설치된 수문 게이트

5.49 그림 P5.49에 나타낸 마찰이 없는 사이폰에 대해, A에서 유량과 압력 수두를 구하시오. 파이프의 직경은 20cm이고, 노즐의 출구 직경은 10cm으로 주어졌다.

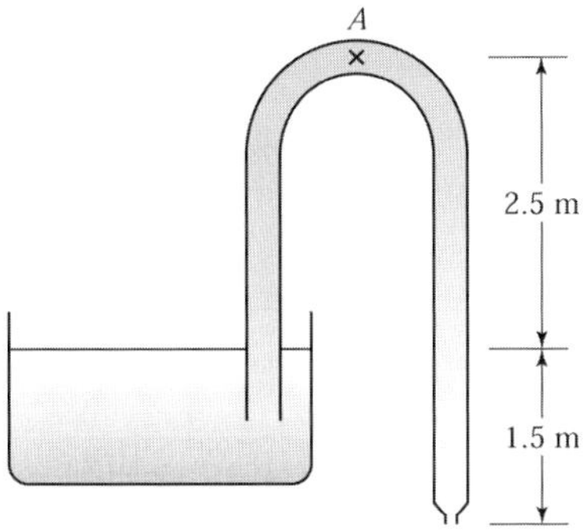

그림 P5.49 마찰이 없는 사이폰

5.50 직경 15cm인 파이프가 그림 P5.50에 나타낸 것과 같이 수조에 연결되어 있다. 파이프 끝에서 노즐(직경 5cm)을 통해 대기중으로 방출되고 있다. 파이프와 노즐의 모든 손실을 무시할 경우, A, B, C와 D에서 유량과 압력을 구하시오.

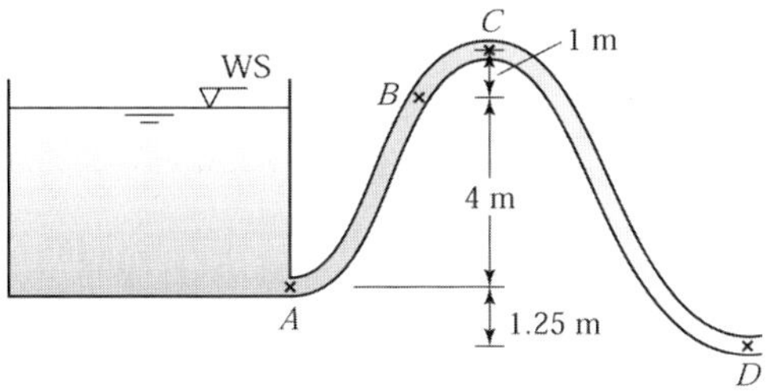

그림 P5.50 수조에 연결된 사이폰

5.51 그림 P5.51에 나타낸 것과 같이, 직경이 8inch이고 길이가 4000ft인 수평한 파이프가 20ft의 수위차를 갖는 두 저수조에 연결되어 있다. 파이프 내 에너지 손실이 10ft라고 가정하면, 파이프 내 유량은 얼마인가?

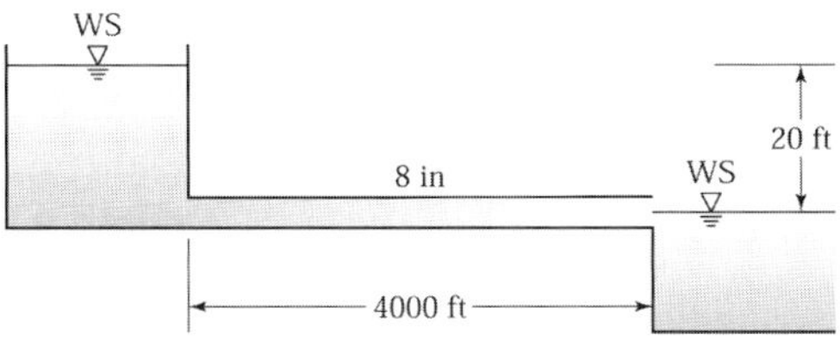

그림 P5.51 두 저수조를 연결하고 있는 파이프

5.52 그림 P5.52에 나타낸 유량이 1000gpm인 소화 호스를 유지하기 위해 필요한 힘을 구하시오. 노즐 입구 직경은 15in이고 출구는 3in이다. 입구에서 압력수두는 10ft이다.

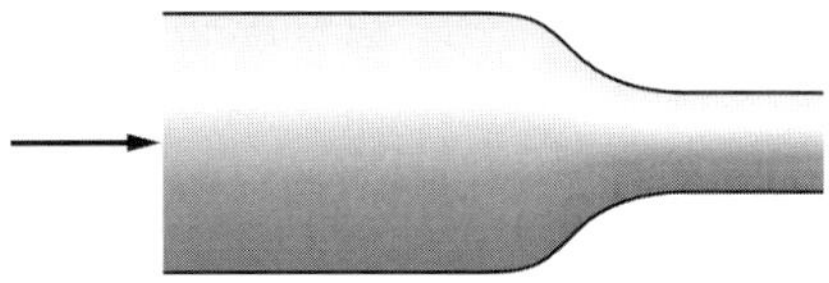

그림 P5.52 소화 호스

5.53 직경이 10cm인 노즐로부터 유속 8m/s의 제트류(jet)가 수직으로 분출되고 있다. 그림 P5.53에 나타낸 것처럼, 제트류가 수평하고, 이동 가능한 중량 196.2kgm/s^2의 원형판을 치고 있다. 노즐 출구 위로부터 원판이 평형상태를 유지하게 될 곳까지의 거리를 구하시오.

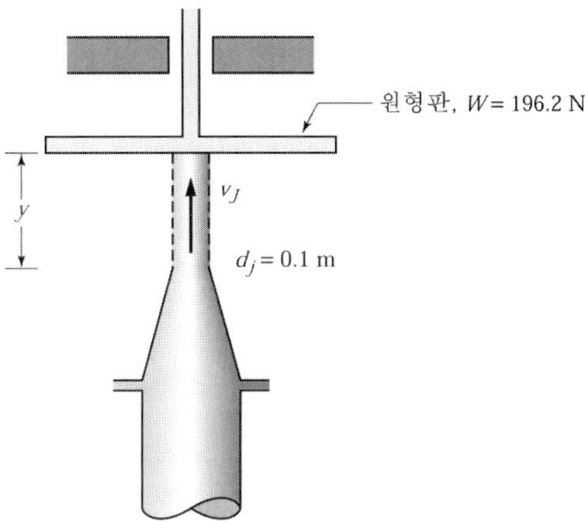

그림 P5.53 분사수에 영향 받는 이동 가능한 원형판

5.54 직경 6cm인 분사수가 유속 12m/s로 분출되고 있다. 그림 P5.54와 같이, 제트류는 연직 평판에 수직으로 분출되고 있다. 평판은 4m/s의 속도로 제트류 방향으로 움직이고 있다. 이 평판을 이동시키기 위해 필요한 힘(force)과 동력(power)을 구하시오.

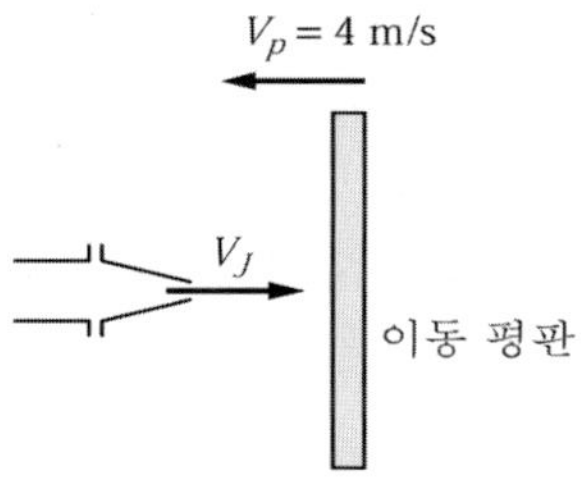

그림 P5.54 분사수를 받는 수직 평판

5.55 그림 P5.55에 나타낸 것과 같이, 수평한 관로에 연결된 벤튜리미터(Venturi meter)를 통해 물이 이송되고 있다. 벤튜리미터의 유입부 직경은 8 in 이고, 목부(throat section) 직경은 3 in 이다. 수은(비중 = 13.6)은 담긴 차압 액주계가 벤튜리미터에 붙어있으며, 2.5 in 의 읽은 값을 나타내고 있다. 또한, 상류 단면에 붙어있는 피에조미터(piezometer)는 관로 위에서 5 ft의 수위를 나타내고 있다. 벤튜리미터 내의 손실을 무시할 경우, 파이프 유량과 벤튜리미터 상의 합성 동수력(動水力, hydrodynamic force)을 구하시오.

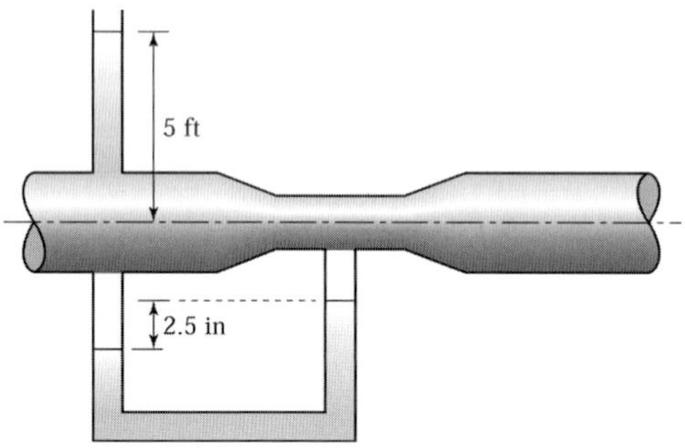

그림 P5.55 액주계가 부착된 벤튜리미터 (Venturi meter)

5.56 10 ft 폭의 직사각형 수로는 7 ft 수심에서의 유량은 500 cfs 이다. 그림 P5.56에 나타낸 것처럼, 높이 3 ft, 폭 3 ft인 턱이 수로 바닥에 위치하고 있다. 턱 직하류의 수로 수심이 6.5 ft라면, 턱에 작용하는 합성 동수력(動水力, hydrodynamic force)은 얼마인가?

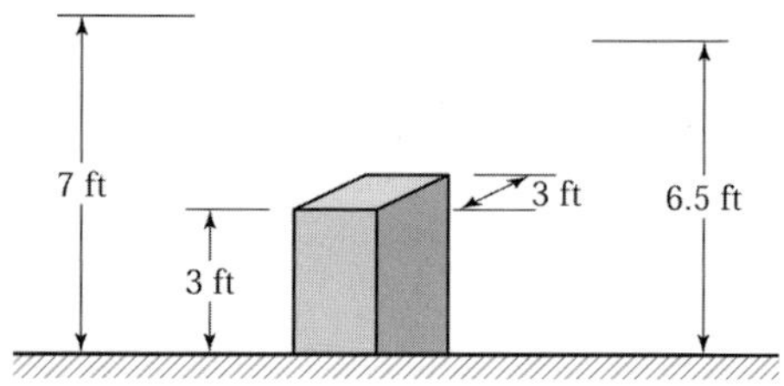

그림 P5.56 직사각형 수로 내의 턱(sill)

5.57 그림 P5.57에 나타낸 것처럼, 20 ft 폭의 직사각형 수로를 3 ft 정사각형 교각에 의해 지지되는 교량이 가로지르고 있다. 수로 내 유량은 1000 cfs 이고, 교각 상류의 수심은 10 ft이다. 교각 직후 하류 수심이 9.5 ft라면, 각 교각에 작용하는 전체 합력은 얼마인가? 또한, 각 교각 상에 작용하는 합성 동수력은 얼마인가?

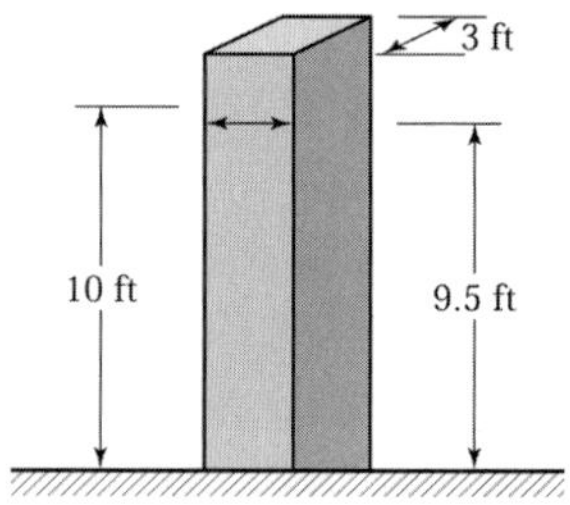

그림 P5.57 직사각형 수로내의 교각

5.58 그림 P5.58에 나타낸 것처럼, 불을 진화해야할 건물로부터 어느 정도 거리에 위치한 수조에서 소화 호스를 통해 물이 분출되고 있다. 수조의 수위는 불타고 있는 노면의 인버트(invert) 위로부터 20 ft이다. 호스의 노즐은 초기 12 in 에서 점점 가늘어져 마지막 출구에서의 직경은 3 in 이다. 유량은 1 cfs 이고, 수조에서 불까지의 손실수두는 8 ft라면, 노즐을 정지 상태로 유지하는데 필요한 힘은 얼마인가? 노즐 내 손실은 무시하시오.

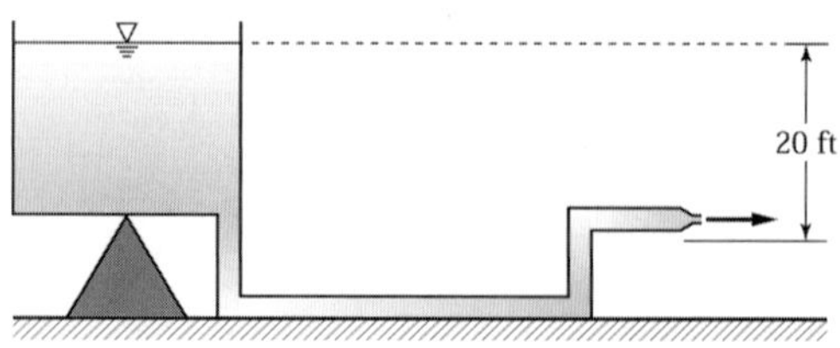

그림 P5.58 호스를 통한 수조로부터 물 방출

5.59 그림 P5.59는 쐐기(wedge)에 의해 나누어진 2차원 제트류를 나타내고 있다. 쐐기를 유지하는데 필요한 힘이 feet폭당 20lb인 경우, 쐐기의 각도 θ를 구하시오. 제트류의 유속은 15 ft/s로 일정하게 유지된다고 가정한다.

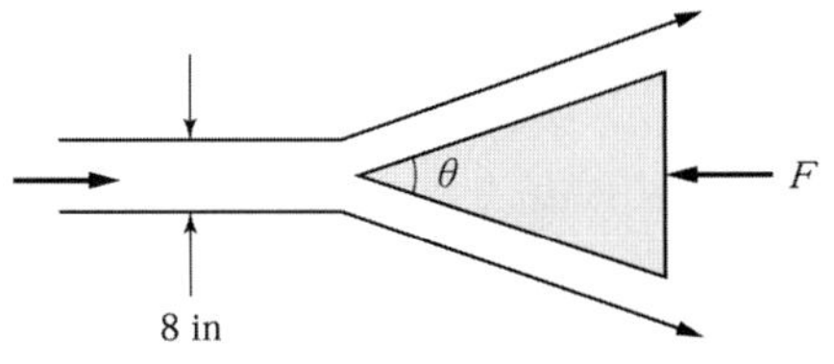

그림 P5.59 문제 5.59에 대한 제트류

5.60 직경 4 cm의 노즐에서의 분사수가 유속 15 m/s로, 그림 P5.60에 나타낸 것과 같이 벽에 고정된 만곡된 날개(curved vane)를 치고 있다. 이 날개에 의해서 벽에 가해지는 힘을 구하시오.

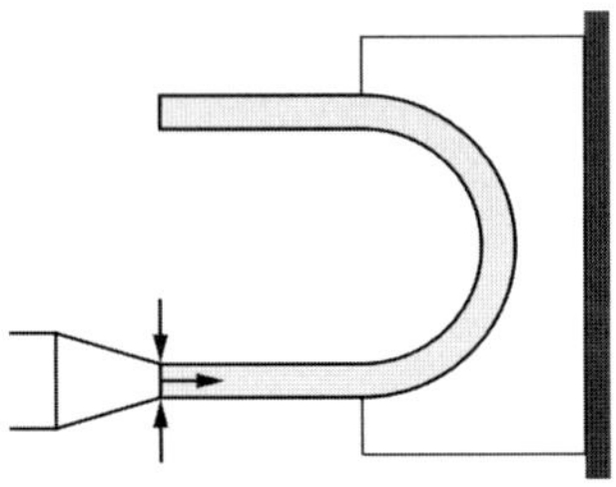

그림 P5.60 만곡된 날개에 분사되고 있는 노즐

5.61 그림 P5.61에 나타낸 것과 같은 실험 장치에 있어서, 원뿔의 각도 $\theta = 60°$인 원추형 표면을 치는 제트류의 충격에 의한 힘과 평행을 이루기 위해 필요한 이론 질량(theoretical mass)을 구하시오. 제트류의 유속은 0.5 m/s이다.

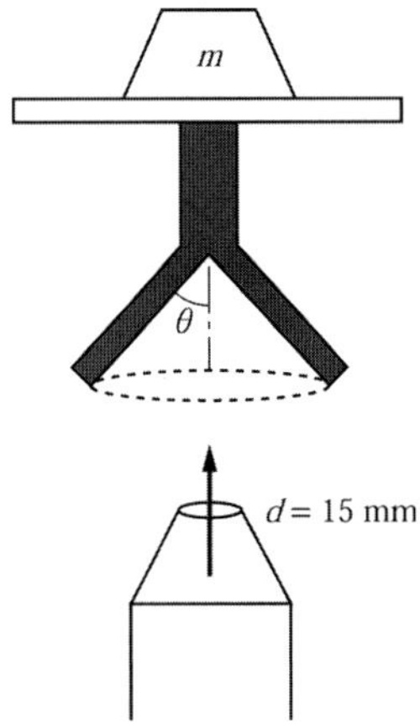

그림 P5.61 원추형 표면을 치고 있는 제트류

참고문헌

Chiu, C. 1., Hsiung, D. E., and Lin, H. c., 1978. Three-dimensional open channel Bow. Journal of the Hydraulics Division. ASCE, Vol. 104, No. HY8, pp. 1118-1136.

Gerhart, P. M., Gross, R. J., and Hochstein, J. 1., 1992. Fundamentals of Fluid Mechanics, 2nd ed. Addison-Wesley Publishing Company, San Francisco, CA.

Henderson, F. M., 1966. Open Channel Flow. Macmillan, New York.

Singh, V. P., 1996. Kinematic Wave Modeling in Water Resources: Suiface Water Hydrology. Wiley, New York.

Taft, M. 1. and Reisman, A., 1965. The conservation equations: a systematic look. Journal of Hydrology, Vol. 3, pp. 161-179.

Yen, B. c., 1973. Open channel Bow equation revisited. Journal of the Engineering Mechanics Division, ASCE, 99 (EMS): 979-1009.

Yen, B. C. and Wenzel, H. G., 1970. Dynamic equations for spatially varied flow, Journal of the Hydraulics Division, ASCEj 96(HY1): 801-813.

Yen, B. c., Wenzel, H. G., and Yoon, Y. N., 1972. Resistance coefficients for steady spatially varied flow.journal of the Hydraulics Division, ASCE, Vol. 98, No. HY8, pp. 1395-1410.

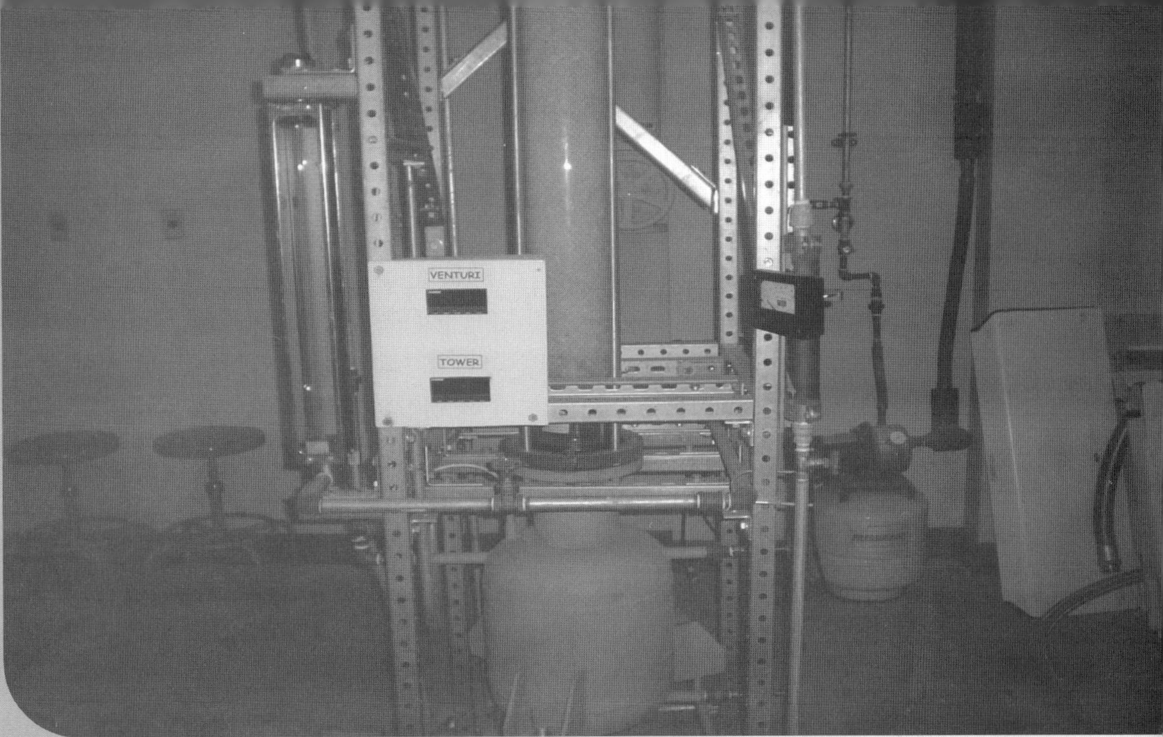

Porous media experiment at the Fluids Mechanics Lab at the University of Alabama at Huntsville.

Chapter 06

차원해석과 수리학적 상사

현장에서 발생하는 문제와 자연현상은 대부분의 경우 해석해나 닫힌해가 존재하지 않으며 근사해를 구하기 위해서도 많은 가정이 필요하다. 어떤 경우에는 실험을 해야만 하고, 실험적으로 입증된 경험적 관계를 이용해야 하기도 한다. 수리학은 어떤 공학 분야보다도 더 경험적이고 실험적인 학문이다. 수리학적 현상은 복잡한 기하학적, 운동학적, 동역학적인 변수와 기타 변수들을 구체화하는 것인데, 많은 변수들은 수리학적 현상을 실험적으로 설명하기에 너무 커서 현실적이지 못하거나 비용이 너무 많이 들 수도 있다. 그러나 특정문제에서 어떤 변수들은 실험 결과의 정확성에 심각하게 영향을 미치지 않기 때문에 무시되는 반면 또 어떤 변수들은 지배적인 영향을 미치기도 한다. 많은 경우에 차원해석은 주요한 변수들을 결정하고 덜 중요한 변수들을 제거하기 위하여 이용한다. 차원해석은 불필요한 시험비용을 줄이고, 차원적으로 정확한 방정식을 통하여 다양한 현상을 설명해준다. 관심대상의 주요 변수 수는 변수들을 의미있는 무차원 항(項)으로 그룹화함으로써 해석해야 할 변수의 수를 상당히 줄일 수 있다. 이러한 방법으로 차원해석은 자료와 정보를 최대화하고 실험을 위한 작업과 비용, 조사시간을 최소화한다.

6.1 차원, 단위계 그리고 수리학적 변수

제1장의 1.11절에서 서술한 바와 같이, 모든 변수는 길이(L), 시간(T), 질량(M), 온도(θ)와 같은 4개의 기본적인 양(quantity)으로 표현될 수 있다. 이들의 양적인 값들은 상호독립적이고, 그리고 다양한 변수들의 물리적 특성은 정량적이고 정성적으로 정의되어져야만 한다. 정성적인 면은 중량, 속도, 압력 등의 특성에 대한 본질을 설명하는 것이고, 정량적인 면은 다양한 양들을 서로 비교할 수 있도록 국제표준규격에 맞추어 구체적인 숫자로 표현하는 것이다(Munson et al, 1990).

여기에 두 개의 단위계가 존재하는데 하나는 L, T, M, θ를 포함하는 질량 단위계(mass system)와 질량 M을 F로 대체한 힘의 단위계(force system)가 있다. 질량과 힘을 토대로 한 두 단위계는 뉴턴의 제2법칙에 의해 서로 관련성이 존재한다. 힘은 질량에 가속도를 곱한 것으로 뉴턴의 법칙을 차원형태로 적으면 식(6.1)과 같다.

$$[F] = [MLT^{-2}] \tag{6.1}$$

여기서, 괄호는 괄호안의 양들에 상응하는 차원으로 나타내었다고 약속하도록 하고, 두 단위계는 다양한 변수들의 차원을 표현하기 위하여 사용된다.

다른 변수들의 차원은 그것들을 설명하는 물리적 법칙이나 기본 정의로부터 쉽게 표현할 수 있는데 어떤 변수들은 질량 단위계를 이용하고 또 다른 변수들은 힘의 단위계를 이용하여 정의할 수 있다. 식(6.1)은 한 단위계에서 다른 단위계로 전환할 때 이용할 수 있다.

예를 들어, 속도 V는 주어진 시간동안 움직인 거리로 나눔으로써 정의하는데 차원의 형태는 $[V]=[LT^{-1}]$과 같이 나타낼 수 있다. 표면장력 ρ는 단위길이당 힘으로 정의하며, $[\sigma]=[FL^{-1}]$과 같이 힘의 단위계로 표현할 수 있다. 힘의 단위계로 나타낸 표면장력 σ를 뉴턴의 법칙을 이용하여 질량 단위계로 나타내면, $[\sigma]=[MLT^{-2}L^{-1}]=[MT^{-2}]$과 같이 표현할 수 있다. 유사하게, 밀도 ρ는 단위체적당 질량으로 나타내고(즉, $[\rho]=[ML^{-3}]$), 반면에 단위중량 γ는 단위체적당 힘이나 중량으로 나타낼 수 있다(즉, $[\gamma]=[MLT^{-2}L^{-3}]=[ML^{-2}T^{-2}]$). 또한, 운동량은 질량에 속도를 곱한 것으로 정의되며, 일과 에너지는 거리에 힘을 곱한 것으로 정의된다.

위에서 제시한 변수들과 달리, 어떤 변수들은 차원이 명확하게 정의되어 있지 않다. 그러나 그 변수들을 설명하는 법칙으로부터 그 변수들의 차원을 쉽게 추론할 수 있다. 예를 들어, 점성계수(dynamic viscosity)의 차원은 뉴턴의 점성법칙으로부터 추론할 수 있다.

$$\tau=\mu\frac{dv}{dy} \tag{6.2a}$$

여기서, τ는 단위면적당 힘(FL^{-2})으로 정의되는 전단응력이고, dv는 속도(LT^{-1})의 변화량, dy는 y방향(L)의 거리이다. 힘의 단위계를 사용하여, 식(6.2a)는 다음과 같은 차원형태로 쓸 수 있다.

$$[FL^{-2}]=[\mu]\left[\frac{LT^{-1}}{L}\right] \tag{6.2b}$$

$$[\mu]=[FTL^{-2}] \tag{6.2c}$$

뉴턴의 법칙을 이용하면, 점성계수는 다음과 같이 질량 단위계로 표현할 수 있다.

$$[\mu]=[(MLT^{-2})TL^{-2}]=[ML^{-1}T^{-1}] \tag{6.2d}$$

동점성계수 v는 점성계수 μ를 유체 밀도 ρ로 나눈 것으로 정의되므로 식(6.3)과 같이 쓸 수 있다.

$$[v]=\left[\frac{\mu}{\rho}\right]=\left[\frac{ML^{-1}T^{-1}}{ML^{-3}}\right]=[L^2T^{-1}] \tag{6.3}$$

대부분의 변수들은 차원을 가지고 있지만, 그렇지 않은 변수도 있다. 경사(s)와 변형률(ε)은 무차원 수의 예이고, 각도 θ는 차원을 가지고 있으며, 수리학적 기계의 효율(η)도 차원을 가지고 있다. 탄성계수(E_v)는 응력을 변형률로 나눈 값이며, 응력과 같은 차원을 갖는다. 대부분의 유체역학과 수리학의 일반적인 수리학적 변수들의 차원은 <표 1.3>에 제시되어 있다.

임의의 방정식에 대하여 방정식 내의 모든 항의 차원은 동일한 차원이어야 한다. 즉, 힘이나 유량, 면적에 길이를 더할 수 없는 것처럼 같은 차원을 가져야만 서로 상호 가감이 가능하다.

수리학에서 다른 변수들은 그들의 차원에 따라 기하학적, 운동학적, 동역학적 변수로 분류할 수 있다. 기하학적 변수은 길이, 면적, 체적과 같이 기하학적 조건으로 설명할 수 있는 변수들을 포함하고 있는데, 이들은 L의 항으로 표현할 수 있다. 운동학적 변수는 질량이나 힘을 포함하지 않는다. 즉, 운동학적 변수들은 속도, 시간, 유량, 가속도, 각속도, 동점성계수를 포함한다. 동역학적 변수는 힘, 밀도, 단위 중량, 비틀림(torque), 동력, 압력, 표면장력, 그리고 점성계수를 포함한다.

6.2 일반 흐름 방정식의 경험적 공식

차원 해석은 독립변수들의 수에 관계없이 독립변수들 간의 경험적 관계를 이용하여 문제를 분석할 수 있는 매우 유용한 도구라 할 수 있다. 차원해석은 어떤 물리현상이 동질의 차원을 갖는 방정식을 통해 표현될 수 있다는 사실을 토대로 하고 있다. 경계면의 조도계수와 유체의 점성으로 인한 전단응력은 일반적으로 유체의 밀도, 표면장력, 체적탄성계수, 그리고 기타 다른 인자들에 의해 영향을 받는 흐름을 방해하는 경향이 있다. 개수로(open channel)내 흐름은 중력과 마찰력에 의해 지배되는 반면에 관수로(pipe)에서의 흐름은 압력과 점성력에 의해 지배된다. 특정 압력하에 있는 유체의 압축성은 흐름 형태에 상당한 영향을 미친다.

보다 일반적인 경우로 수리학적 변수가 모두 존재하는 경우를 살펴보면 흐름 방정식은 다음과 같이 쓸 수 있다.

$$f(D,\ V,\ \rho,\ L,\ \Delta(p+\gamma h),\ \mu,\ \gamma,\ \sigma,\ E,\ z,\ s,\ r,\ A,\ B,\ C,\ \cdots)=0 \tag{6.4}$$

여기서, f는 함수, D는 관수로의 직경, 개수로의 수리심(hydraulic depth) 또는 동수반경

(hydraulic radius)과 같은 관거의 기하학적 특성을 나타내는 매개변수, V는 평균 유속, ρ는 유체 밀도, L은 관거의 길이 차원을 나타내는 변수, $\Delta(p+\rho h)$는 길이 L에 걸쳐 단위 위치에너지를 미분한 값, p는 압력강도(pressure intensity), h는 특정 기준면위의 정압수두(static head), μ는 유체의 점성계수, γ는 유체의 단위중량, σ는 표면 장력, E는 탄성계수, z, s, r은 고도(높이), 길이방향 간격, 반지름과 같은 표면조도 요소들의 차원이다. 그리고 A, B, C는 만곡부(bend)의 직경, 수로의 천이 지점에 대한 폭, 웨어의 높이 등과 같이 경계면들의 기하학적 특성을 표현하는데 필요한 차원이다.

식(6.4)의 변수들은 다수의 무차원 군이나 항으로 그룹화될 수 있다(식(6.5)). 3개의 독립적인 차원단위(길이, 시간, 힘)가 있기 때문에, 다수의 무차원 그룹들은 변수들의 수에서 3을 뺀 것과 같다. 수리학에서 각각의 무차원 군 또는 항은 일반적으로 D, v, ρ로 선택되는 3개의 기본적인 변수의 지수승 형태로 나타낼 수 있다. 우리의 목적은 무차원 항을 형성하기 위하여 지수승의 값을 알아내는 것이다. 식(6.5)의 첫 번째 항을 고려할 때, $a_1=1$ 이고 b_1

$$f\left(\frac{D^{a_1}V^{b_1}\rho^{c_1}}{L},\ \frac{D^{a_2}V^{b_2}\rho^{c_2}}{\triangle(p+\gamma h)},\ \frac{D^{a_3}V^{b_3}\rho^{c_3}}{\mu},\ \frac{D^{a_4}V^{b_4}\rho^{c_4}}{\gamma},\ \cdots\right)=0 \tag{6.5}$$

과 c_1이 모두 0이라면, 첫 번째 항은 D/L이 된다.

다른 항들에 대해서는 무차원 항을 유도할 수 있는 지수값을 결정하기 위하여 힘, 질량, 시간 및 길이로 3개의 기본식을 쓸 필요가 있다. 그러므로 식(6.5)의 두 번째 항은 다음과 같이 쓸 수 있다.

$$\frac{D^{a_2}V^{b_1}\rho^{c_1}}{\Delta(p+\gamma h)}=(L)^{a_2}(LT^{-1})^{b_2}(ML^{-3})^{c_2}(ML^{-1}T^{-2})^{-1} \tag{6.6}$$

무차원 항을 만들기 위하여 각 기본차원의 지수의 합은 0이 되어야만 하며 다음과 같이 쓸 수 있다.

$$M^0L^0T^0=(L)^{a_2}(LT^{-1})^{b_2}(ML^{-3})^{c_2}(ML^{-1}T^{-2})^{-1} \tag{6.7}$$

그러면,

M에 관하여, $0=c_2-1$, $c_2=1$

T에 관하여, $0=-b_2+2$, $b_2=2$

L에 관하여, $0=a_2+b_2-3c_2+1$, $a_2=0$

그러므로 계산된 무차원 항은 $\rho V^2/[\Delta(p+\gamma h)]$이다.

동일한 절차로 다른 항에 대해서도 반복하면 식(6.5)는 다음과 같은 무차원항으로 다시 쓸 수 있다.

$$f\left(\frac{D}{L},\ \frac{\rho V^2}{\Delta(p+\gamma h)},\ \frac{\rho VD}{\mu},\ \frac{\rho V^2}{\gamma D},\ \frac{\rho V^2 D}{\sigma},\ \frac{\rho V^2}{E},\ \frac{D}{z},\ \frac{D}{s},\ \frac{D}{r},\ \cdots\right)=0 \tag{6.8}$$

식(6.8)은 식(6.4)의 모든 변수들을 포함하지만, 무차원 형태이고 항의 수가 더 적다. 식(6.8)에서 기하학적 항들을 보면 흐름 패턴이 기하학적 요소들의 실제값에 종속적이지 않고 기하학적 요소들의 비에 종속적임을 알 수 있다. 식(6.8)에서 다른 모든 비기하학적 변수들은 흐름 패턴이 정확한 힘들의 값에 지배되는 것이 아니고 각기 다른 형태를 가지 힘들의 상대적인 값들에 의해 지배를 받는다는 것이다. 식(6.8)의 비기하학적 변수는 다음과 같이 쓸 수 있다.

$$\frac{\rho V^2}{\Delta(p+\gamma h)},\ \frac{\rho VD}{\mu},\ \frac{\rho V^2}{\gamma D},\ \frac{\rho V^2}{\sigma/D},\ \frac{\rho V^2}{E} \tag{6.9}$$

식(6.9)에서 분자와 분모의 차원은 단위면적당 힘 또는 응력과 같고, 분자는 유체운동으로 인한 관성력이다. 분모는 각각 위치수두, 점성, 중력, 표면장력, 탄성으로 인한 단위면적당 힘들의 대표적인 사례이다. 그러므로 각 군들은 항상 흐르는 유체에 존재하는 관성력과 관거나 경계조건에 따라 달라지는 다른 힘들의 비를 나타내고 있다.

5개의 동역학적 항(힘의 비)들은 분자와 분모를 밀도 ρ로 나누고 제곱근을 취함으로써 5개의 운동학적 항(속도의 비)으로 수정할 수 있다. 여기에서 얻은 항들은 여전히 무차원임을 주의해야 하고, 결과적으로 무차원의 운동학적 항들은 다음과 같이 쓸 수 있다.

$$\frac{V}{\sqrt{\Delta(p+\gamma h)/\rho}},\ \frac{VD}{\sqrt{\mu/\rho}},\ \frac{V}{\sqrt{\gamma D/\rho}},\ \frac{V}{\sqrt{\sigma/\rho D}},\ \frac{\rho V}{\sqrt{E/\rho}} \tag{6.10}$$

식(6.10)의 무차원 항들은 각각의 이름을 가지고 있는데 이들 무차원항들의 중요성을 처음으로 알아낸 사람들의 이름을 딴 것이다(Morris and Wiggert, 1972). 이들에 대한 내용은 이미 3장에서 논의되었고, 여기서 다시 쓰면

$$\text{Euler수},\ E_n = 2\left[\frac{V}{\sqrt{\Delta(p+\gamma h)/\rho}}\right]^{-2} = \frac{\Delta(p+\gamma h)}{\frac{1}{2}\rho V^2} \tag{6.11}$$

$$\text{Reynolds수},\ R_n = \left[\frac{V}{\sqrt{\mu v/\rho D}}\right]^2 = \frac{DV\rho}{\mu} = \frac{DV}{\nu} \tag{6.12}$$

여기서, ν는 동점성계수, μ/ρ이다.

$$\text{Froude수},\ F_n = \frac{V}{\sqrt{\gamma D/\rho}} = \frac{V}{\sqrt{gD}} \tag{6.13}$$

$$\text{Weber수},\ W_n = \left[\frac{V}{\sqrt{\sigma/\rho D}}\right]^2 = \frac{\rho D V^2}{\sigma} \tag{6.14}$$

$$\text{Mach수},\ M_n = \frac{V}{\sqrt{E/\rho}} \tag{6.15}$$

Cauchy수는 Mach수의 제곱이며, $\rho V^2/E$로 나타낸다.
식(6.4)는 다음과 같이 쓸 수 있다.

$$f\left(E_n,\ R_n,\ F_n,\ W_n,\ M_n,\ \frac{D}{z},\ \frac{D}{s},\ \frac{D}{r},\ \cdots\right) = 0 \tag{6.16}$$

차원해석을 하는데 첫 번째 단계는 고려해야 할 지배적인 변수들을 결정하는 것이다. 예를 들어, 우리가 관수로 내에 흐르는 유체의 전단응력(τ)에 대한 식을 해석하고 싶다면, 우리는 주요 변수를 관수로의 직경(D), 관수로의 조도(e), 유체의 밀도(ρ), 유체의 유속(V), 점성계수(μ)로 가정할 수 있으므로 다음과 같은 식을 쓸 수 있을 것이다.

$$\tau = \phi(D,\ e,\ \rho,\ V,\ \mu) \tag{6.17}$$

식(6.17)의 변수들이 다른 차원들을 가지고 있기 때문에 동질성의 원칙에 따라 서로 가감할 수 없다. 이것은 변수들을 멱승(products of powers)의 조합으로 나타내는 차원해석의 적용을 제한하게 된다. 고려해야 할 변수들을 정의하고 식(6.17)과 같이 식을 나타낸 후에 아래에 제시할 두 가지의 방법 중 하나를 사용할 수 있을 것이다.

6.3 차원해석 방법

6.3.1 Rayleigh 방법

Rayleigh 방법은 일반적으로 5개나 6개의 제한된 변수들이 있을 때, 변수들을 연관시키거나 무차원 군을 유도하기 위하여 이용한다. 변수의 수가 많아지면 Rayleigh 방법은 적용하기에 어렵다고 할 수 있으며 아래의 예제를 통하여 설명하도록 한다.

예제 6.1 길이(L), 속도(V), 유체밀도(ρ), 그리고 점성계수(μ)를 가진 물체가 어떤 유체에 떠있다. 이 물체에 작용하는 힘을 고려하여 힘과 다른 변수들 사이의 관계를 알아보고, 무차원 군을 정의하시오.

풀이

주어진 매개변수의 함수 ϕ로 힘 F를 쓸 수 있다.

$$F=\phi[(L)^a(V)^b(\rho)^c(\mu)^d] \tag{6.18a}$$

위의 식에서, 힘은 각기 다른 멱승을 가진 모든 변수들에 종속적이라고 가정한다. 차원해석은 a에서 d까지의 값을 나타낸다. 예를 들어, 만약 F가 V^2에 비례한다면, b는 2가 된다. 반면에, 변수들이 F에 영향을 주지 않는다면, 멱승은 0이 된다. 차원해석의 관점에서 식(6.18a)가 동질성의 조건을 만족한다면 옳은 식이며 차원 형태로 쓰면 식(6.18a)는 다음과 같이 쓸 수 있다.

$$MLT^{-2}=(L)^a(LT^{-1})^b(ML^{-3})^c(ML^{-1}T^{-1})^d \tag{6.18b}$$

M, T, L의 멱승에 대한 3개의 기본 식은 다음과 같이 쓸 수 있다.

$$M: 1=c+d \quad \text{또는} \quad c=1-d \tag{6.18c}$$
$$T: -2=-b-d \quad \text{또는} \quad b=2-d \tag{6.18d}$$
$$L: 1=a+b-3c-d \tag{6.18e}$$

따라서 식(6.18c)와 식(6.18d)를 식(6.18e)에 대입하면,

$$1=a+(2-d)-3(1-d)-d=a-1+d \quad \text{또는} \quad a=2-d \tag{6.18f}$$

위의 단계를 거쳐 모든 지수를 d의 항으로 나타내면 식(6.18a)는 다음과 같이 쓸 수 있다.

$$F=\phi[(L)^{2-d}(V)^{2-d}(\rho)^{1-d}(\mu)^d] \tag{6.18g}$$

또는

$$F=L^2V^2\rho\phi\left[\left(\frac{\rho VL}{\mu}\right)^{-d}\right] \tag{6.18h}$$

여기서, ϕ는 함수이다. $(\rho VL/\mu)$은 Reynolds수, R_n으로 알려진 무차원의 수임을 유의한다. 어떤 무차원 수의 멱승을 제거하는 것은 식의 동질성에 영향을 미치지 않는다. 그래서 식(6.18h)는 다음과 같이 쓸 수 있다.

$$F=L^2V^2\rho\phi(R_n) \tag{6.18i}$$

또는

$$\frac{F}{L^2V^2\rho}=\phi(R_n) \tag{6.18j}$$

위의 식(6.18j)의 양변은 무차원의 수들이다.

예제 6.2 수위 H에 유량 Q를 가진 단위 중량 γ의 유체를 올리기 위해 펌프에 의해 전달된 동력에 대한 방정식을 얻기 위하여 Rayleigh 차원해석 방법을 사용하시오.

풀이

주어진 자료로부터, 변수들의 함수로서 동력에 대한 식을 다음과 같이 쓸 수 있다.

$$P = \phi[(\gamma)^a (Q)^b (H)^c] \tag{6.19a}$$

동력은 힘에 속도를 곱한 것으로 정의되며, 식(6.19a)는 차원의 형식으로 다음과 같이 쓸 수 있다.

$$ML^2T^{-3} = \phi[(ML^{-2}T^{-2})^a (L^3T^{-1})^b (L)^c] \tag{6.19b}$$

기본식은 다음과 같이 쓸 수 있다.

$$M: 1 = a \tag{6.19c}$$

$$T: -3 = -2 - b \quad \text{또는 } b = 1 \tag{6.19d}$$

$$L: 2 = -2a + 3b + c \quad \text{또는 } c = 1 \tag{6.19e}$$

따라서 식(6.19a)는 다음과 같이 쓸 수 있다.

$$P = \phi(\gamma QH) \tag{6.19f}$$

예제 6.3 자유낙하 하는 물체의 이동거리(z)는 시간, 물체의 무게, 중력가속도의 함수라고 가정할 때, z와 다른 변수 사이의 관계를 설명하시오.

풀이

주어진 자료로부터, 변수들의 함수로서 z를 쓸 수 있다.

$$z = \phi[(T)^a (W)^b (g)^c] \tag{6.20a}$$

식(6.20a)는 차원의 형식으로 다음과 같이 쓸 수 있다.

$$L = \phi[(T)^a (F)^b (LT^{-2})^c] \tag{6.20b}$$

기본식은 다음과 같다.

$$F: 0 = b \tag{6.20c}$$

$$L: 1 = c \tag{6.20d}$$

$$T: 0 = a - 2c \quad \text{또는 } a = 2 \tag{6.20e}$$

그러면, 식(6.20a)는 다음과 같다.

$$z = \phi(gT^2) \tag{6.20f}$$

이 예제에서, 이동거리는 물체 중량에 관계되지 않는다는 것을 알 수 있다. Rayleigh방법은 변수의 수가 4개에서 5개로 제한된 문제의 적용에 이상적이다. 그렇지 않다면, Buckingham 방법이 사용되어야 한다.

6.3.2 Buckingham-Pi(π) 방법

Buckingham의 π정리는 많은 변수들을 이용할 수 있는 이점 때문에 많이 사용되는 차원해석 방법이다. n개의 변수 각각이 m개의 차원으로 표시될 수 있다면 무차원 군의 수는 $(n-m)$으로 표현한다. m은 대상 문제에 포함된 기본차원의 수이며, 대체적으로 2나 3이 된다. 기본 차원(L, T 그리고 M이나 F)이 존재하는 대부분의 문제에서, m은 2이다. 이 방법에서는, 변수들이 무차원 군으로 정리될 뿐만 아니라, 변수들의 수는 $(n-m)$으로 감소된다. Pi(π)의 정리에 따르면, 어떤 물리현상에 n개의 변수, a_1, a_2, a_3, $\cdots$, a_n이 포함되어 있고, 변수 중 하나인 a_1이 종속변수이고 나머지 변수들은 독립변수라고 하면, 다음과 같이 일반적인 형태로 변수들 사이의 관계를 표현할 수 있다.

$$a_1 = \phi(a_2,\ a_3,\ a_4,\ \cdots,\ a_n) \tag{6.21}$$

여기서, ϕ는 함수를 표시하고, 식(6.21)은 다음과 같은 형태로 표현될 수 있다.

$$\phi_1(a_1,\ a_2,\ a_3,\ \cdots,\ a_n) = 0 \tag{6.22}$$

여기서, ϕ_1는 미지의 함수를 의미한다.

n개의 변수는 독립적인 $(n-m)$개의 무차원 군(π항으로서 미지인)으로 그룹화 될 수 있다.

$$\phi_2(\pi_1,\ \pi_2,\ \pi_3,\ \cdots,\ \pi_n) = 0 \tag{6.23}$$

결과적으로 식(6.23)은 다음과 같이 쓸 수 있다.

$$\pi_1 = \phi_3(\pi_2,\ \pi_3,\ \cdots,\ \pi_n) = 0 \tag{6.24}$$

ϕ_2와 ϕ_3은 모두 미지의 함수이며, 차원 해석으로부터 예측할 수 없다. 만약 π항이 모든 π항의 곱이나 몫으로 형성될 수 없다면, π항은 독립적인 것으로 고려할 수 있다.

6.3.2.1 해법을 위한 단계

첫 번째 단계는 고려중인 현상에 영향을 미칠 것으로 생각되는 변수들을 정의하는 것이다. 실무 경험은 이 단계에서 많은 도움을 주지만 변수들이 문제에 영향을 미칠 것인지 아닌지 여겨지는 변수들을 고려하여야한다. 만약 중요하지 않은 변수를 고려할 경우, 여분의 π항이 얻어질 수도 있으나 실험은 중요하지 않은 변수들을 설명해 줄 수도 있을 것이다. 불필요한 매개변수를 고려해도 문제를 발생시키지는 않지만 지배적인 변수들을 간과하게 되면 해석 결과에 나쁜 영향을 미칠 수 있다는 것이다.

따라서, 변수들 상호관계를 확인하고 π항을 유도하기 위해 다음과 같은 절차가 추천된다.

1. 고려중인 문제에 대해 중요한 변수들을 확인하고, 이러한 변수들의 수가 n이 되도록 한다. 분석의 최종 결과가 선택한 변수들에 의해 결정되므로 변수들의 선택은 매우 중요하다.
2. 풀이를 위해 이용할 기본차원의 집합을 정의하는데 그 집합은 M, L, T 또는 F, L, T로 구성되어질 것이다.
3. 선택할 반복변수(m)의 수는 1단계에서 선택한 변수들의 기본차원의 수와 정확히 같다. 만약 M이나 F가 선택한 변수들에서 발견된다면, m은 세 개의 기본차원을 나타내기 위해 3이 되어야만 한다. M과 F가 존재하지 않는 운동학적 문제에서 m은 2이어야만 한다. 그러므로 m은 문제의 기본차원에 따라서 2나 3이어야만 한다. 수리학적 문제의 대부분에서 m은 3과 같으나 항상 지정된 값을 확인해야만 한다.
4. 반복변수의 수를 결정한 후에, 아래의 규칙에 따라 변수의 전체집합으로부터 반복변수를 선택한다.
   (a) 첫 번째 반복변수는 문제의 기하학적인 면을 나타내야 한다. 즉, 길이 L의 차원이나 길이 차원의 곱의 차원을 가져야 한다. 첫 번째 반복변수의 예는 길이, 폭, 깊이, 면적, 체적, 조도의 크기와 같다.
   (b) 두 번째 반복변수는 문제의 운동학적인 면을 나타내야 한다. 즉, 시간 T를 포함해야 하며, 질량 M이나 힘 F를 포함해서는 안 된다. 두 번째 반복변수의 예로는 속도, 유량, 빈도, 가속도, 각속도, 동점성계수 등이 있다.
   (c) 세 번째 반복변수는 문제의 동역학적인 면을 나타내야 한다. 즉, 질량이나 힘을 포함하여야 한다. 세 번째 반복변수의 예로는 힘, 밀도, 단위중량, 압력, 비틀림(torque), 점성계수 그리고 에너지가 있다.
5. π항의 수는 $(n-m)$과 같으며, 각 π항은 4단계(2나 3)에서 선택한 반복변수와 또 다른 새로운 독립변수를 포함한다. 각의 π항의 변수들에 대한 차원방정식을 세고, 필요한 π항을 결정하기 위하여 차원 방정식을 푸시오.
6. 유도한 각 π항의 차원을 검토하여 모든 π항이 무차원인지 확인하시오. 그리고 필요한 형태로 π항을 놓고, 도출한 π항 사이의 함수적인 관계를 결정하기 위하여 실험적인 작업이 필요하다.

예제 6.4 Buckingham-π 방법을 이용하여, 관로 내에 흐르는 유체의 전단응력 τ를 유도하시오. 전단응력 τ는 직경 D, 관로의 조도 e, 유체의 밀도 ρ, 점성계수 μ 그리고 유체의 유속 v의 함수라고 가정하시오.

풀이

본 문제의 변수는 τ, D, e, ρ, μ 그리고 V이고, 변수들의 수 $n=6$ 이다. 변수들은 M과 F를 포함하고 있으며 반복변수의 수 m은 3이다. 따라서 π항의 수는 $(n-m)=6-3=3$ 이고, 아래의 절차에 의해 반복변수를 선택한다.

1. D : 문제의 기하학적인 면을 나타낸다.
2. V : 문제의 운동학적인 면을 나타낸다(T를 포함하는).
3. ρ : 문제의 동역학적인 면을 나타낸다(M이나 F를 포함하는).

각각의 π항은 위의 세 개의 반복변수 이외에 새로운 변수를 포함해야만 한다.

• 첫 번째 π항은 다음과 같이 나타낼 수 있다.

$$\pi_1=(D)^{a_1}(V)^{b_1}(\rho)^{c_1}(\tau)^{-1}$$

$M^0L^0T^0=(L)^{a_1}(LT^{-1})^{b_1}(ML^{-3})^{c_1}(ML^{-1}T^{-2})^{-1}$

M에 대하여, $0=c_1-1$, $c_1=1$

T에 대하여, $0=-b_1+2$, $b_1=2$

L에 대하여, $0=a_1+b_1-3c_1+1=a_1+2-3+1$, $a_1=0$

그러므로

$$\pi_1=V^2\rho\tau^{-1}=\frac{\rho V^2}{\tau} \quad \text{또는} \quad \pi_1=\frac{\tau}{\rho v^2}$$

• 두 번째 π항은 다음과 같이 표현할 수 있다.

$$\pi_2=(D)^{a_2}(V)^{b_2}(\rho)^{c_2}(e)^{-1}$$

$M^0L^0T^0=(L)^{a_2}(LT^{-1})^{b_2}(ML^{-3})^{c_2}(L)^{-1}$

M에 대하여, $0=c_2$, $c_2=0$

T에 대하여, $0=-b_2$, $b_2=0$

L에 대하여, $0=a_2+b_2-3c_2-1$, $a_2=1$

그러므로

$$\pi_2=\frac{D}{e} \quad \text{또는} \quad \pi_2=\frac{e}{D}$$

• 세 번째 π항은 다음과 같이 표현할 수 있다.

$$\pi_3=(D)^{a_3}(V)^{b_3}(\rho)^{c_3}(\mu)^{-1}$$

$M^0L^0T^0=(L)^{a_3}(LT^{-1})^{b_3}(ML^{-3})^{c_3}(ML^{-1}T^{-1})^{-1}$

M에 대하여, $0=c_3-1$, $c_3=1$

T에 대하여, $0=-b_3+1$, $b_3=1$

L에 대하여, $0=a_3+b_3-3c_3+1$, $a_3=1$

그러므로

$$\pi_3=\frac{\rho VD}{\mu}=R_n$$

• 모든 π항을 종합하면,

$$\phi(\pi_1, \pi_2, \pi_3) = 0 \quad \text{또는} \quad \pi_1 = \phi_1(\pi_2, \pi_3)$$

따라서

$$\frac{\tau}{\rho V^2} = \phi_1\left(\frac{D}{e}, R_n\right) \quad \text{또는} \quad \tau = \rho V^2 \phi_1\left(\frac{D}{e}, R_n\right)$$

예제 6.5 어떤 프로펠러의 효율 η가 직경 D, 유체의 밀도 ρ, 점성계수 μ, 각속도 ω, 유량 Q와 같은 변수들에 의해 결정된다고 하자. 차원해석법을 이용하여 η와 변수들의 관계를 전개하시오.

풀이

변수들은 η, D, ρ, μ, ω 그리고 Q이고, 변수들의 수는 $n=6$ 이며 반복변수 $m=3$ 이다. 따라서 π항의 수 = 6–3 = 3이고, 반복변수는 D, ω, ρ로 선택한다.

- 첫 번째 π항은,

$$\pi_1 = (D)^{a_1}(\omega)^{b_1}(\rho)^{c_1}(\eta)^{-1}$$

$$M^0L^0T^0 = (L)^{a_1}(T^{-1})^{b_1}(ML^{-3})^{c_1}(M^0L^0T^0)^{-1}$$

M에 대하여, $0 = c_1$, $c_1 = 0$

T에 대하여, $0 = -b_1$, $b_1 = 0$

L에 대하여, $0 = a_1 - 3c_1$, $a_1 = 0$

그러므로

$$\pi_1 = \frac{1}{\eta} \quad \text{또는} \quad \pi_1 = \eta$$

- 두 번째 항은,

$$\pi_2 = (D)^{a_2}(\omega)^{b_2}(\rho)^{c_2}(\mu)^{-1}$$

$$M^0L^0T^0 = (L)^{a_2}(T^{-1})^{b_2}(ML^{-3})^{c_2}(ML^{-1}T^{-1})^{-1}$$

M에 대하여, $0 = c_2 - 1$, $c_2 = 1$

T에 대하여, $0 = -b_2 + 1$, $b_2 = 1$

L에 대하여, $0 = a_2 - 3c_2 + 1$, $a_2 = 2$

그러므로

$$\pi_2 = \frac{D^2\omega\rho}{\mu}$$

- 세 번째 항은,

$$\pi_3 = (D)^{a_3}(\omega)^{b_3}(\rho)^{c_3}(Q)^{-1}$$

$$M^0L^0T^0 = (L)^{a_2}(T^{-1})^{b_2}(ML^{-3})^{c_2}(L^3T^{-1})^{-1}$$

M에 대하여, $0 = c_3$, $c_3 = 0$

T에 대하여, $0 = -b_3 + 1$, $b_3 = 1$

L에 대하여, $0 = a_3 - 3c_3 - 3$, $a_3 = 3$

그러므로

$$\pi_3 = \frac{\omega D^3}{Q}$$

- π항을 종합하여 다음을 얻을 수 있다.

$$\pi_1 = \phi(\pi_2, \pi_3) \quad \text{또는} \quad \eta = \phi\left(\frac{D^2\omega\rho}{\mu}, \frac{\omega D^3}{Q}\right)$$

예제 6.6 개수로에서 V-notch를 통과하는 유량이 차원해석을 통해 검토되었다. 고려할 변수들은 중력가속도(g), V-notch의 수두(h), 유체의 동점성계수(ν), 유체의 밀도(ρ), 표면장력(σ) 그리고 notch의 각도(θ)이다. 유량과 다른 변수들 간의 관계를 전개하시오.

풀이

변수는 $(Q, g, h, \nu, \rho, \sigma, \theta)$이므로 $n=7$ 그리고 $m=3$. π항의 수는 = 7−3 = 4. 반복변수는 h, g, ρ이다.

- 첫 번째 π항은,

$$\pi_1 = (h)^{a_1}(g)^{b_1}(\rho)^{c_1}(Q)^{-1}$$

$$M^0L^0T^0 = (L)^{a_1}(LT^{-2})^{b_2}(ML^{-3})^{c_1}(L^3T^{-1})^{-1}$$

M에 대하여, $0 = c_1$, $c_1 = 0$

T에 대하여, $0 = -2b_1 + 1$, $b_1 = 1/2$

L에 대하여, $0 = a_1 + b_1 - 3c_1 - 3$, $a_1 = 5/2$

그러므로

$$\pi_1 = \frac{g^{1/2}h^{5/2}}{Q} \quad \text{또는} \quad \pi_1 = \frac{Q}{g^{1/2}h^{5/2}}$$

- 두 번째 π항은,

$$\pi_2 = (h)^{a_2}(g)^{b_2}(\rho)^{c_2}(\nu)^{-1}$$

$$M^0L^0T^0 = (L)^{a_2}(LT^{-2})^{b_2}(ML^{-3})^{c_2}(L^2T^{-1})^{-1}$$

M에 대하여, $0 = c_2$, $c_2 = 0$

T에 대하여, $0 = -2b_2 + 1$, $b_2 = 1/2$

L에 대하여, $0 = a_2 + b_2 - 3c_2 - 2$, $a_2 = 3/2$

그러므로

$$\pi_2 = \frac{g^{1/2}h^{3/2}}{\nu}$$

- 세 번째 π항은,

$$\pi_3 = (h)^{a_3}(g)^{b_3}(\rho)^{c_3}(\sigma)^{-1}$$

$$M^0L^0T^0 = (L)^{a_3}(LT^{-2})^{b_3}(ML^{-3})^{c_3}(MT^{-2})^{-1}$$

M에 대하여, $0 = c_3 - 1$, $c_3 = 1$

T에 대하여, $0=-2b_3+2$, $b_3=1$

L에 대하여, $0=a_3+b_3-3c_3$, $a_3=2$

그러므로

$$\pi_3=\frac{\rho g h^2}{\sigma}$$

• 네 번째 π항은,

$$\pi_4=(h)^{a_4}(g)^{b_4}(\rho)^{c_4}(\theta)^{-1}$$

$$M^0L^0T^0=(L)^{a_4}(LT^{-2})^{b_4}(ML^{-3})^{c_4}(M^0T^0L^0)^{-1}$$

M에 대하여, $0=c_4$, $c_4=0$

T에 대하여, $0=-2b_4$, $b_4=0$

L에 대하여, $0=a_4+b_4-3c_4$, $a_4=0$

그러므로

$$\pi_4=\frac{1}{\theta} \quad \text{또는} \quad \pi_4=\theta$$

• 4개의 π항을 종합하면,

$$\pi_1=\phi(\pi_2,\ \pi_3,\ \pi_4) \qquad \text{또는} \qquad \frac{Q}{g^{1/2}h^{5/2}}=\phi\left(\frac{g^{1/2}h^{3/2}}{\nu},\ \frac{\rho g h^2}{\sigma},\ \theta\right) \qquad \text{또는}$$

$$Q=g^{1/2}h^{5/2}\phi\left(\frac{g^{1/2}h^{3/2}}{\nu},\ \frac{\rho g h^2}{\sigma},\ \theta\right)$$

예제 6.7 부체의 운동에 의해서 발생하는 표면파의 빈도(매 단위시간마다 특정 지점을 지나가는 파의 수)는 (V/l)에 비례한다. V는 물체의 속도이며, l은 특정 길이이다. 비례계수는 Froude수의 함수이다. Buckingham 정리를 이용하여, 위의 명제를 증명하시오.

풀이

위의 명제로부터 추론할 수 있는 변수는 빈도 f, 속도 v, 길이 L, 중력가속도 g이다. 이 3개의 변수들은 Froude수에 포함되어 있다. 그러므로 변수는 f, v, L, g이고, 변수는 힘이나 질량을 포함하고 있지 않다. 따라서 $n=4$ 그리고 $m=2$ 이며 π항의 수$=n-m$ $=4-2=2$이다. 반복 변수는 L과 V이다.

• 첫 번째 π항은,

$$\pi_1=(L)^{a_1}(V)^{b_1}(f)^{-1}$$

$$T^0L^0=(L)^{a_1}(LT^{-1})^{b_1}(T^{-1})^{-1}$$

T에 대하여, $0=-b_1+1$, $b_1=1$

L에 대하여, $0=a_1+b_1$, $a_1=-1$

그러므로

$$\pi_1=\frac{V}{lf}=\frac{fl}{V}$$

- 두 번째 π항은

$$\pi_2 = (L)^{a_2}(V)^{b_2}(g)^{-1}$$

$$T^0L^0 = (L)^{a_2}(LT^{-1})^{b_2}(LT^{-2})^{-1}$$

T에 대하여, $0 = -b_2 + 2$, $b_2 = 1$

L에 대하여, $0 = a_2 + b_2 - 1$, $a_2 = -1$

그러므로

$$\pi_2 = \frac{V^2}{gL}, \ \pi_2 = \frac{V}{\sqrt{gL}} = F_n$$

- π항을 종합하면, 다음을 얻는다.

$$\pi_1 = \phi(\pi_2) \ \text{또는} \ \frac{fL}{V} = \phi(F_n) \ \text{또는} \ f = \left(\frac{V}{l}\right)\phi(F_n)$$

6.3.2.2 유용한 힌트

1. 차원해석 방법을 사용하는 데 있어서 무차원항의 정확한 값을 고려할 필요가 없으며 무차원 특성을 유지하는데 관심을 가져야 한다. 따라서 어떤 π항은 또 다른 π항에 의해 곱해지거나 나눠어질 수 있다. 즉,

$$\pi_1 = \phi(\pi_1^2) = \phi_2(\sqrt{\pi_1}) = \phi_3\left(\pi_1\left(\frac{\pi_2}{\pi_3}\right)\right) = \phi_4\left(\pi_1\sqrt{\frac{\pi_3}{\pi 1}}\right)$$

2. 어떤 무차원 수는 다른 무차원 수의 함수이다. 즉,

$$\pi_1 = \phi_1(\pi_2, \pi_3, \pi_4)$$

유사하게,

$$\pi_3 = \phi_2(\pi_1, \pi_2, \pi_4)$$

또한, 다음과 같이 쓸 수 있다.

$$\frac{\pi_2}{\pi_3} = \phi_3(\pi_1, \pi_4) \ \text{또는} \ \frac{\pi_1}{\pi_3} = \phi_4\left(\pi_2, \frac{\pi_4}{\pi_1}\right)$$

3. 반복변수를 선택하는 다른 방법들이 있는데 방법들 중 하나는 기하학적인 면을 나타내는 첫 번째 반복변수를 선택하는 것이고, 유체의 특성(ρ, v, γ, σ, μ)을 나타내는 두 번째 반복변수, 유체의 흐름 특성(V, g, P, F)을 나타내는 세 번째 반복변수를 선

택하는 것이다. 마지막 방정식이 차원해석에 의해 증명된다면, 반복변수는 주어진 방정식으로부터 추론할 수 있다. 어떤 변수가 다른 π항에서 한 번 이상 나타난다면 이는 반복변수이다. 그러나 반복변수는 한번 이상 꼭 나타날 필요는 없다.

4. (방정식의 양변 중 한쪽 변에 놓여 있는) 종속변수는 절대적으로 반복 변수로 선택되어서는 안 된다. 그렇지 않으면, 다른 π항에 나타날 수 있으며, 한쪽 변으로 분리하기가 어렵다.
5. 차원에 대해 의심이 가는 변수는 반복변수로 선택하지 마라. 반복변수는 모든 π항에 나타나므로 항상 반복변수의 차원을 확인해야 한다.
6. 어떤 변수가 반복변수의 차원을 가지고 있다면, π항은 후자를 전자로 나눈 것과 같다. 어떤 변수가 무차원이라면, 그 변수자체가 π항이 된다.

예제 6.8 Kaplan 터빈(turbine)에 의해 생산되는 동력 P가 아래의 식과 같음을 증명하시오.

$$P=\rho D^5 N^3 \phi\left(\frac{H}{D},\ \frac{\rho D^2 N}{\mu},\ \frac{DN^2}{g}\right)$$

여기서, ρ는 유체의 밀도, D는 터빈날개(vanes)의 평균직경, N은 속도(rpm : rovolution per minute), H는 작동 수두(operation head), μ는 점성계수, g는 중력가속도이다.

풀이

주어진 공식으로부터, 변수는

$P,\ \rho,\ D,\ N,\ H,\ \mu,\ g$이고 $n=7$, $m=3$

π항의 수 $= n-m = 7-3 = 4$

동력 P는 종속변수이기 때문에, 반복변수의 선택에서 제외한다. 주어진 공식으로부터 ρ, D 그리고 N이 π항에서 한번 이상 나타난다는 것을 알 수 있으며 이들이 변수가 된다. 2개의 π항이 반복된다. 반면에 $P/[\rho D^5 N^3]$는 π항이고, P는 종속변수라 반복변수로 선택될 수 없기 때문에, 다른 변수들이 반복되어야만 한다.

- 첫 번째 π항은 다음과 같이 쓸 수 있다.

  $$\pi_1=(\rho)^{a_1}(D)^{b_1}(N)^{c_1}(P)^{-1}$$

  차원해석으로부터,

  $$M^0 T^0 L^0=(ML^{-3})^{a_1}(L)^{b_1}(T^{-1})^{c_1}(ML^2T^{-3})^{-1}$$

  M에 대하여, $0=a_1-1$, $a_1=1$

  T에 대하여, $0=-c_1+3$, $c_1=3$

  L에 대하여, $0=-3a_1+b_1-2$, $b_1=5$

  그러므로

  $$\pi_1=\frac{\rho D^5 N^3}{P} \quad 또는\ \pi_1=\frac{P}{\rho N^3 D^5}$$

- 두 번째 항은 다음과 같이 쓰여진다.

$$\pi_2 = (\rho)^{a_2}(D)^{b_2}(N)^{c_2}(H)^{-1}$$

D와 H는 같은 차원을 가지고 있기 때문에,

$$\pi_2 = \frac{D}{H}$$

- 세 번째 항은 다음과 같다.

$$\pi_3 = (\rho)^{a_3}(D)^{b_3}(N)^{c_3}(\mu)^{-1}$$

$M^0T^0L^0 = (ML^{-3})^{a_3}(L)^{b_3}(T^{-1})^{c_3}(ML^{-1}T^{-1})^{-1}$

M에 대하여, $0 = a_3 - 1$, $a_3 = 1$

T에 대하여, $0 = -c_3 + 1$, $c_3 = 1$

L에 대하여, $0 = -3a_3 + b_3 + 1$, $b_3 = 2$

그러므로 $\pi_3 = \dfrac{\rho D^2 N}{\mu}$

- 네 번째 π항은 다음과 같다.

$$\pi_4 = (\rho)^{a_4}(D)^{b_4}(N)^{c_4}(g)^{-1}$$

$$M^0T^0L^0 = (ML^{-3})^{a_4}(L)^{b_4}(T^{-1})^{c_4}(LT^{-2})^{-1}$$

M에 대하여, $0 = a_4$, $a_4 = 0$

T에 대하여, $0 = -c_4 + 2$, $c_2 = 2$

L에 대하여, $0 = -3a_4 + b_4 - 1$, $b_4 = 1$

그러므로 $\pi_4 = \dfrac{DN^2}{g}$

- μ항을 종합하면,

$$\pi_1 = \phi(\pi_2,\ \pi_3,\ \pi_4) \text{ 또는 } P = \rho D^5 N^3 \phi\left(\frac{H}{D},\ \frac{\rho D^2 N}{\mu},\ \frac{DN^2}{g}\right)$$

6.4 수리학적 축척 모형

수리학과 관련된 사업은 그 규모가 크고, 비용이 많이 들고, 복잡할 수 있으며 댐, 제방, 둑, 여수로, 수로의 변경, 조절지, 암거, 방파제, 항구 사업 등이 있다. 심지어 상대적으로 작은 수리학적 사업에서도 모형 연구의 수행 없이는 수리구조물에 작용하는 정확한 흐름의 형태(pattern), 실제의 동역학적인 힘들, 응력을 예측하기가 불가능하다. 산업 지역이나 온천 지역의 출구에서 방출하는 오염물질을 포함하는 보다 복잡한 사업에서 모형실험은 거의 필수적이라고 볼 수 있다(Sharp, 1981). 이러한 사업과 관련된 수리학적 문제는 정확한 수학 방정식과 수치기법으로 묘사하거나 풀기에는 너무 복잡하다. 더욱이, 수리학은 많은 경험적 관계를 포함하고 있으며 대부분의 수리학적 문제는 정확한 해석적인 해를 구할 수 없다. 그러므로 수리학적 지배 방정식은 일반적으로 여러 가정들을 통해 단순화되고, 근사적인 수치해를 얻기 위해 이상적인 경계조건들을 세운다. 예를 들면, 여수로 흐름에 대한 수학적 방정식의 적용은 지형이 매우 복잡하지 않다는 가정에서만 정확한 답을 얻을 수 있다. 만약, 계획 중인 여수로에 굴곡이 있다면, 물 흐름의 대부분이 수로에 고르게 분포하지 않거나 수로의 한쪽 면으로 치우칠 가능성이 있다. 만약 감세지(減勢池, stilling basin)의 도수(jump)를 향상시키기 위해 감세용 블록(baffles)이나 다른 장치들을 사용하고자 할 때, 에너지 감세의 효과나 요구되어지는 에너지 감세를 제공하기 위해 필요한 배플의 수, 크기, 간격 등을 예측하기 위해 수학적 기법은 적절하지 않다(Sharp, 1981).

모형은 실제 크기의 원형(原型, prototype)에서 발생할 수 있는 현상을 다른 축척에서 그 현상을 재현하고 예측하는 도구라고 할 수 있다. 원형과 모형은 크기는 서로 다르지만 같은 물리적 시스템을 가지고 있고 일반적으로 보통 모형은 원형보다 크기가 작다. 차원 해석처럼 모형도 어떤 문제들에 대한 완벽한 해답을 줄 수는 없지만 복잡한 자연 현상을 보다 잘 이해하고 다른 기법들을 보완하는 역할을 한다. 모형은 효과적이고 적절한 설계를 얻기 위하여 다른 기법들의 대안이나 다른 기법들과 결합하여 이용되어 질 수 있다. 수리학적 모형은 설계를 위해 꼭 필요한 도구이며 수리학의 여러 분야에서 오랫동안 이용하여 왔다.

모형에서는 실제 원형에 있는 유체와 다른 유체가 사용될 수도 있고, 원형에서 발생하는 압력과 다를 수도 있다. 수리모형은 발생 가능한 다양한 조건들 때문에 원형을 시험하는데 있어 융통성이 필요하다. 수리모형을 구축하는데 드는 비용은 그 모형이 제공할 수 있는 정보나 이익을 감안하는 것이 합리적이다.

미국 루이지애나 주립대학에 있는 미시시피강의 축척 모형

6.5 상사의 종류

모형이 원형과 완전한 상사를 이루고 원형을 정확히 나타내고 있음을 확인하기 위해 모형과 원형 간에 3가지의 상사(similarity)가 존재하여야 한다. 3가지의 중요한 상사는 기하학적 상사(geometric similarity), 운동학적 상사(kinematic similarity), 동역학적 상사(dynamic similarity)가 있다. 또한, 추가적으로 2가지의 조건이 사용될 수 있는데 하나는 원형과 모형의 같은 위치에 대한 온도 비율이 같아야하는 열(熱) 상사(thermal similarity)와 다른 하나는 농도의 비율을 다루는 화학적 상사(chemical similarity)가 있다. 그러나 수리학적 모형(hydraulic model)들은 대부분이 위에서 제시한 3가지 상사에 기반을 두고 수행되어진다. 3가지 상사에 대해 설명하면 다음과 같다.

6.5.1 기하학적 상사

모형은 원형과 모양이 비슷해야 하고, 어떤 비전공자가 보더라도 크기는 다르지만(보통의 경우 원형보다 작음) 원형으로부터 만들어졌다는 것을 인정할 수 있도록 해야 한다. 원형의 모든 크기는 고정된 축척 비(scale ratio)에 의해서 축소된다. 1/50 모형은 원형의 크기를 1/50로 축소한 것을 의미한다.

예를 들면, 그림 6.1a에 주어진 배를 생각해 보자. 이 배는 길이 L_p, 너비 B_p, 총 높이 d_p의 인자들이 있다. 모형은 파도로 인한 배의 측면이 동역학적인 힘을 수용할 수 있는 배의 운항성능과 능력을 시험하기 위해 실험실에서 제작될 수 있을 수 있다. 제안된 모형의 길이, 너비, 총 높이는 그림 6.1b에서 제시된 바와 같이 각각 L_m, B_m, d_m으로 나타낼 수 있다. 기하학적 상사(geometric similarity)를 확인하기 위해서는 식(6.25)에 제시된 조건을 만족해야 한다.

$$L_r = \frac{L_m}{L_p} = \frac{B_m}{B_p} = \frac{d_m}{d_p} \tag{6.25}$$

여기서, L_r은 길이 비율로서 1보다는 작고 보통 1/1,000이거나 그보다 더 작다. 본 절에서는 첨자 p와 관련된 모든 단어는 원형을 나타내고, 첨자 m은 모형을 뜻하며, 첨자 r은 축척 비율을 의미한다. 만약, 식(6.25)가 성립된다면, 다음 식을 유도할 수 있다.

$$A_r = \frac{A_m}{A_p} = \frac{L_m^2}{L_p^2} = L_r^2 \tag{6.26}$$

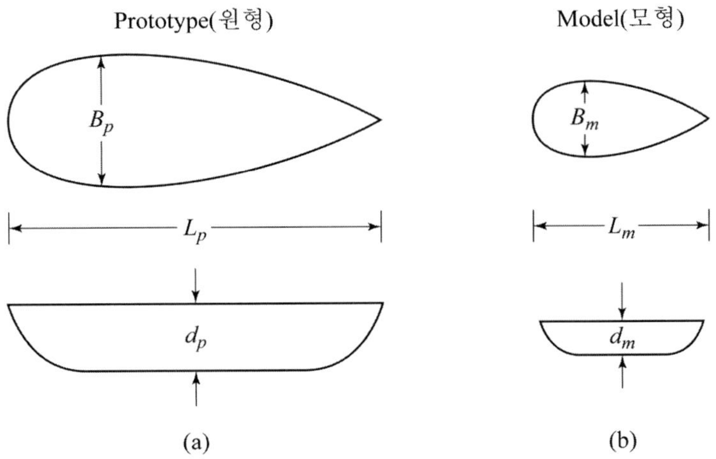

그림 6.1 수리학적 시스템에서 기하학적 상사

여기서, A_r은 축척 비율이고, A_m과 A_p는 각각 모형과 원형의 면적이다. 수평 면적의 경우, $A_m = L_m B_m$, $A_p = L_p B_p$이고, 수직 면적의 경우 $A_m = L_m d_m$, $A_p = L_p d_p$이다.

마찬가지로 체적에 대해 다음과 같이 쓸 수 있다.

$$\overline{V_r} = \frac{\overline{V_m}}{\overline{V_p}} = \frac{L_m^3}{L_p^3} = L_r^3 \tag{6.27}$$

여기서, $\overline{V_r}$은 체적비이고, $\overline{V_m}$과 $\overline{V_p}$는 각각 모형과 원형의 체적이다. 또한, $\overline{V_m} = L_m B_m d_m$이고, $\overline{V_p} = L_p B_p d_p$이다. 만약, 두 개의 물리학적 시스템, 즉 원형과 모형 사이에 기하학적 상사가 존재 한다면, 길이의 차원을 갖는 모든 변수는 식(6.25)와 식(6.27)을 통해서 상호간의 관계를 알 수 있다.

예제 6.9 물을 순환시키기 위한 거대한 암거모형을 제작하고 있다. 원형의 직경은 $5.0\,\mathrm{m}$이고 콘크리트 벽의 조도 높이 e는 $3.0\,\mathrm{mm}$이다. 모형의 축척 비는 1/10이고 모형의 길이는 $4.0\,\mathrm{m}$이다. 모형의 직경과 단면적, 조도 높이를 계산하고, 원형의 길이를 추정하시오.

풀이

길이의 축척 비를 생각하면, 원형과 모형에서의 직경 비는

$d_r = L_r = \frac{1}{10} = \frac{d_m}{d_p} = \frac{d_m}{5.0}$이고 이로부터 $d_m = 0.5\,\mathrm{m}$

면적 비를 구하기 위해 우선 원형의 면적을 구하며

$$A_p = \frac{\pi d_p^2}{4} = 19.635\,\mathrm{m}^2$$

면적 비는

$A_r = L_r^2 = \frac{1}{100} = \frac{A_m}{19.635}$ 이고, 모형의 면적 $A_m = 0.19635\,\mathrm{m}^2$

조도의 높이 e는 L의 차원이므로 조도 비는

$$e_r = L_r = \frac{e_m}{e_p} = \frac{e_m}{3.0}$$

그러므로 모형의 조도 높이는 $e_m = 0.3\,\mathrm{mm}$

$$L_r = \frac{1}{10} = \frac{4.0}{L_p}$$

따라서, 원형의 길이 $L_p = 40.0\,\mathrm{m}$

예제 6.10 체적이 $1.0\,\mathrm{m}^3$인 수리 모형으로부터 원형의 체적이 $1000\,\mathrm{m}^3$임이 조사 되었다. 만약 모형의 길이가 $2.25\,\mathrm{m}$ 라면, 원형의 길이는 얼마인가?

풀이

$$\overline{V_r} = L_r^3 = \frac{\overline{V_m}}{\overline{V_p}} = \frac{1}{1000}$$

여기서, $\overline{V_r}$은 모형과 원형의 체적 비이다. 그러므로

$$L_r = \frac{1}{10}$$

$$L_r = \frac{L_m}{L_p} = \frac{2.25}{L_p}$$

그러므로 $L_p = 22.5\,\mathrm{m}$

6.5.2 운동학적 상사

운동학적 상사(kinematic similarity)는 기하학적으로 유사한 두 시스템(원형과 모형) 사이에 있어서의 운동의 상사로서 정의된다. 운동학적 상사는 임의 시간에 있어서의 유선과 2개의 임의 대응점들에 대한 유선의 모양이 원형과 모형의 시스템에서 같아야 함을 의미한다. 따라서 두 시스템의 경계들은 정확하게 같은 모양과 변형을 가져야만 한다. 기하학적 상사는 운동학적 상사를 보존하지 않지만 운동학적 상사는 기하학적 상사를 보존하여야 한다.

운동학적으로 유사한 두 시스템의 상응하는 어떤 두 점들 사이의 유속 비는 일정해야 한다. 유량, 가속도, 시간, 동점성 계수, 시간을 포함하고 있는 모든 변수들의 차원은 같다.

운동학적으로 유사한 시스템들에 대하여 식(6.28)과 같은 식을 쓸 수 있다.

$$V_r = \frac{V_m}{V_p} = \text{일정} \tag{6.28}$$

또한,

$$Q_r = \frac{Q_m}{Q_p} = A_r V_r = L_r^2 V_r \tag{6.29}$$

$$T_r = \frac{T_m}{T_p} = L_r V_r^{-1} \tag{6.30}$$

$$a_r = \frac{a_m}{a_p} = V_r T_r^{-1} \tag{6.31}$$

여기서, a는 가속도이다. 식(6.30)의 T_r을 식(6.31)에 대입하면

$$a_r = V_r^2 L_r^{-1} \tag{6.32}$$

비슷한 방법으로, 다른 운동학적 변수들의 모든 비는 L_r과 V_r에 의해 변수들의 기본차원으로부터 결정되어질 수 있다.

6.5.3 동역학적 상사

동역학적 상사(dynamic similarity)는 운동학적으로 유사한 원형과 모형(두 시스템)에 대한 힘들의 상사성으로 정의되며, 두 시스템은 기하학적으로 유사하다. 운동은 하나 또는 그 이상의 힘들의 작용에 의해서 야기된다. 힘은 유체입자를 가속 또는 감속시키며, 움직이는 입자를 정지시키려 하는 점성이나 마찰력으로부터 속도를 일정하게 유지시켜 준다. 힘과 운동사이의 관계(제3장에서 논의되었던)는 모형과 원형에서 작용하는 힘이 동일시되어야 한다. 모형 유체입자에 작용하는 힘의 다각형은 원형 유체입자에 작용하는 힘의 다각형과 기하학적으로 유사하여야 한다. 즉, 다시 말해서 모형에서 작용하는 어떤 두 힘의 비는 원형에 작용하는 두 힘의 비와 같아야만 한다.

일반적으로, 수리학적 시스템에는 세 종류의 힘이 작용한다. 즉, (1) 중력이나 관수로의 압력수두로 인한 힘 등과 같은 외력(external force), (2) 점성력과 표면장력과 같은 유체 자체의 물리적 특성을 포함하는 내력(internal force), (3) 유체에서 움직이는 물체에 작용하는 항력(drag force) 또는 수리구조물에 대한 압력과 같은 합력(resultant force)으로 구분된다.

관성력(inertial force)은 합력과 크기는 같지만 방향이 반대인 가상적인 힘이다. 가속과 감속은 시스템에 작용하는 합력의 불균형으로부터 발생하기 때문에 가속하거나 감속하는 모든 유체의 시스템은 관성력을 경험해야만 한다.

동역학적으로 유사한 두 시스템(모형과 원형)내에 작용하는 두 힘 사이의 비는 일정해야만 한다. F_I, F_g, F_v, F_σ, F_p와 F_e는 각각 관성력, 중력, 점성력, 표면장력, 압력, 탄성력을 나타내며 다음과 같이 나타낼 수 있다.

$$F_r = \frac{(F_I)_m}{(F_I)_P} = \frac{(F_g)_m}{(F_g)_p} = \frac{(F_v)_m}{(F_v)_p} = \frac{(F_\sigma)_m}{(F_\sigma)_p} = \text{일정} \tag{6.33}$$

어떤 특정 힘에 관계없이 힘의 차원은 질량(M)에 가속도(a)를 곱한 차원과 같다. 그러므로

$$F_r = M_r a_r = (\rho_r L_r^3)(V_r T_r^{-1}) = \rho_r L_r^2 V_r (L_r T_r^{-1}) = \rho_r L_r^2 V_r^2 \tag{6.34}$$

식(6.34)를 토대로 모든 동역학적 변수의 비는 두 시스템의 유체 밀도비(ρ_r), 기하학적 비(L_r), 속도비(V_r)에 의하여 확인되어 질 수 있다. 예를 들면, 일(W)의 차원은 힘에 거리를 곱한 것과 같다. 그러므로

$$W_r = F_r L_r = \rho_r L_r^2 V_r^2 \cdot L_r = \rho_r L_r^3 V_r^2 \tag{6.35}$$

동력(P)의 차원은 힘에 속도를 곱한 것과 같다. 즉,

$$P_r = F_r V_r = \rho_r L_r^2 V_r^2 \cdot V_r = \rho_r L_r^2 V_r^3 \tag{6.36}$$

압력(p)의 차원은 힘을 면적으로 나눈 것과 같다. 즉,

$$p_r = F_r L_r^{-2} = \rho_r L_r^2 V_r^2 \cdot L_r^{-2} = \rho_r V_r^2 \tag{6.37}$$

또한, 단위중량(γ)의 차원은 힘이나 무게를 체적으로 나눈 것과 같다. 즉,

$$\gamma_r = F_r L_r^{-3} = \rho_r L_r^{-1} V_r^2 \tag{6.38}$$

따라서 동역학적으로 유사한 두 시스템의 모든 변수들의 비는 ρ_r, L_r, V_r로 표현되어 질 수 있다는 것은 명백하다. 대부분의 모형들은 원형(일반적으로, 물)과 같은 유체를 사용하기 때문에, 유체의 밀도 ρ_r은 원형과 모형에서 같게 된다. 그러나 두 시스템에서 밀도 비가 다를 경우는 식(6.39)와 같이 쓸 수 있다.

$$\rho_r = \frac{\rho_m}{\rho_p} \tag{6.39}$$

유체의 성질을 알고 있기 때문에, 유체의 밀도 ρ_r은 식(6.39)를 이용할 수 있다. 길이 비 L_r은 이용가능한 실험실(유량, 수두, 재료 등)의 시설이나 공간에 따라 결정해야 하는데 대부분의 경우, 길이 비는 모형실험을 하기 전에 주어지거나 결정되어진다. 그 다음 결정되지 않은 것은 속도비 V_r이 남게 되는데, 속도 비가 결정되면 다른 모든 변수들의 비는 평가되어질 수 있다. 속도 비를 결정하기 위해서는 먼저 지배적인 힘이 정의되어야만 한다.

6.6 지배적인 힘

수리학적 모형은 검토할 문제에 따라 각기 다른 형태의 힘들을 고려할 수 있으며, 특별한 경우에는 많은 힘들이 존재할 수 있지만, 하나 또는 두 개의 힘들이 지배적인 경우가 보통이다. 예를 들면, 관수로의 경우, 점성력과 탄성력이 존재하지만, 점성력의 영향이 탄성력의 영향보다 훨씬 더 지배적이라는 것을 알고 있다. 우리는 일반적으로 비용을 줄이고 문제를 간단하게 하기 위하여 어떤 현상을 지배하는 하나 또는 두 개의 힘만을 고려하고 나머지 다른 힘의 영향은 통상 무시하기로 한다.

6.6.1 중력

중력은 수많은 수리학적 모형에서 매우 보편적인 힘이다. 중력이 지배적인 힘의 예를 들어보면, 개수로, 자연하천, 수리 구조물, 파랑, 토사의 이동 등이 있다. 물론 중력이 지배적인 문제들에서 표면장력과 점성력이 존재 할 수도 있지만, 그 힘의 영향은 상대적으로 매우 적다.

동역학적 상사를 보장하기 위하여 두 시스템에 작용하는 관성력과 중력의 비는 일정해야만 한다. 즉,

$$\left(\frac{F_I}{F_g}\right)_m = \left(\frac{F_I}{F_g}\right)_P \tag{6.40}$$

또는

$$\left(\frac{F_I}{F_g}\right)_r = 1 \tag{6.41}$$

여기서, $F_I = \rho L^2 V^2$, $F_g = \gamma L^3$ 이다.
따라서,

$$\left(\frac{\rho L^2 V^2}{\gamma L^3} \right)_r = 1 \tag{6.42}$$

이것은 다음과 같이 다시 쓸 수 있다.

$$\left(\frac{V^2}{gL} \right)_r = 1 = (F_n^2)_r \tag{6.43}$$

또는

$$(F_n)_r = \left(\frac{V}{\sqrt{gL}} \right)_r = 1 \tag{6.44}$$

식(6.44)는 중력이 지배적인 힘일 때, 모형의 Froude수가 원형의 Froude수와 같아야 한다는 것을 보여준다. 중력 문제에 대한 속도 비는 식(6.44)로부터 다음과 같이 주어진다.

$$V_r = \sqrt{g_r L_r} \tag{6.45}$$

거의 대부분의 경우 모형과 원형에 있어서 중력가속도는 똑같이 작용한다($g_r = 1$). 따라서

$$V_r = L_r^{1/2} \tag{6.46}$$

만약, 모형과 원형에서 작용하는 중력가속도가 같지 않다면 중력가속도 비 g_r은 다음과 같이 쓸 수 있다.

$$g_r = \frac{g_m}{g_p} \tag{6.47}$$

예제 6.11 1 : 10의 축척을 가지고 어떤 수리 구조물의 모형이 만들어지고 있다. 힘과 압력의 비를 결정 하시오. 만약 모형에 작용하는 힘과 압력이 각각 $1.90\,\mathrm{kN}$ 과 $500\,\mathrm{N/m^2}$이라면, 원형에 작용하는 힘과 압력은 얼마인가? 원형과 모형에서 사용하는 유체는 같다고 가정한다.

풀이

$$L_r = \frac{1}{10}$$

식 (6.34)를 사용하면,

$$F_r = \rho_r L_r^2 V_r^2$$

여기서,

$$\rho_r = 1\,,\ \ V_r = L_r^{1/2}$$

$$F_r = L_r^3 = \frac{1}{1000}$$

$$p_r = \frac{F_r}{A_r} = \rho_r L_r^2 V_r^2 L_r^{-2} = \rho_r V_r^2$$

$$p_r = \frac{1}{10}$$

$$\frac{F_m}{F_p} = \frac{1}{1000} = \frac{1.9}{F_p}$$

그러면,

$$F_P = 1.9 \times 1000 = 1900\,\mathrm{kN}$$

$$p_r = \frac{p_m}{p_p} = \frac{1}{10} = \frac{500}{p_p}$$

$$p_p = 5\,\mathrm{kN/m^2}$$

예제 6.12 1 : 25 축척의 모형 보트를 2.5 m/s 의 속력으로 끄는데 필요한 힘은 0.6 N이다. 원형에서 보트를 끄는데 필요한 힘과 속력은 얼마인가? 만약 모형에서 어떤 조작을 하는데 필요한 시간이 20초라면, 원형에서 그에 상응하는 시간은 얼마인가?

풀이

$$L_r = \frac{1}{25}$$

$$V_r = L_r^{1/2} = \frac{1}{5} = \frac{V_m}{V_P}$$

$$V_p = 2.5 \times 5.0 = 12.5\,\mathrm{m/s}$$

$$F_r = \rho_r L_r^2 V_r^2 = L_r^3 = \frac{F_m}{F_p} = \left(\frac{1}{25}\right)^3$$

$$F_P = 0.6 \times (25)^3 = 9.375\,\mathrm{kN}$$

$$T_r = L_r V_r^{-1} = L_r^{1/2} = \frac{1}{5}$$

$$\frac{T_m}{T_P} = \frac{1}{5}\,,\ \ T_P = 20 \times 5 = 100\,\mathrm{seconds}$$

예제 6.13 축척 1 : 20인 모형 여수로가 만들어지고 있다. 원형 여수로의 높이는 3.0 m 이고 유량은 1,200 m^3/s 이다. 실험실에서 원형 여수로에 상응하는 높이와 유량은 얼마인가? 만약 모형에서 도수에 의해 감세된 마력이 0.75 HP 라면, 원형에서 감세된 마력은 얼마이겠는가?

풀이

$$L_r = \frac{1}{20}$$

$$Q_r = A_r V_r = L_r^{5/2} = \left(\frac{1}{20}\right)^{5/2} = 0.00056$$

$$Q_r = \frac{Q_m}{Q_p}\,,\ \ Q_m = 0.00056 \times 1200 = 0.672\,\mathrm{m^3/s}$$

$$H_r = L_r = \frac{1}{20}$$

$$H_m = 3.0 \times \frac{1}{20} = 0.15\,\mathrm{m}$$

$$(HP)_r = F_r V_r = \rho_r L_r^2 V_r^3 = L_r^{7/2} = \left(\frac{1}{20}\right)^{7/2}$$

여기서, $\rho_r = 1$

$$(HP)_P = 0.75(20)^{7/2} = 26832\,\mathrm{HP}$$

6.6.2 점성력

점성력은 일반적으로 관수로의 흐름이나 부분적으로 잠긴 물체(배, 보트) 주변의 흐름에서 중력과 결합하여 발생한다. 점성력은 층류에서 더욱 중요한 요소가 되고, 잠수함과 같이 전체가 물속에 잠긴 물체의 주변 흐름에서는 점성력이 지배적인 힘이 된다. 뉴턴의 점성법칙을 참고하면,

$$\tau = \mu \frac{dv}{dy}$$

여기서, τ는 점성력의 영향으로 발생한 응력이고, μ는 점성계수, 그리고 $\frac{dv}{dy}$는 거리의 변화에 따른 속도의 변화이다. 뉴턴의 점성법칙을 차원으로 나타내면 다음과 같다.

$$\frac{F_v}{L^2} = \mu \frac{v}{L} \tag{6.48}$$

따라서, 점성력 F_v는 다음과 같이 쓸 수 있다.

$$F_v = \mu v L \tag{6.49}$$

원형과 모형에서 동역학적 상사에 대해, 관성력과 점성력 사이의 비는 일정하다. 즉,

$$\left(\frac{F_I}{F_v}\right)_m = \left(\frac{F_I}{F_v}\right)_p = \text{일정} \tag{6.50}$$

또는

$$\left(\frac{F_I}{F_v}\right)_r = 1 \tag{6.51}$$

그러나 아래와 같이 관성력과 점성력의 비는 Reynolds수가 된다.

$$\frac{F_I}{F_v} = \frac{\rho L^2 V^2}{\mu VL} = \frac{\rho VL}{\mu} = \frac{VL}{\nu} = R_n \tag{6.52}$$

따라서, 동역학적으로 유사한 원형과 모형에서 흐름을 지배하는 힘이 점성력이라는 것을 알 수 있고, 다음과 같은 식을 쓸 수 있다.

$$(R_n)_r = \left(\frac{\rho VL}{\mu}\right)_r = 1 \tag{6.53}$$

또는

$$V_r = \mu_r \rho_r^{-1} L_r^{-1} = \nu_r L_r^{-1} \tag{6.54}$$

원형과 모형에서 같은 유체가 사용된다면,

$$V_r = L_r^{-1} \tag{6.55}$$

흐름에 대해 점성력이 지배적일 때, 식(6.45)와 식(6.46)을 각각 식(6.54)와 식(6.55)로 대체할 수 있을 것이다. 만약, 다른 유체가 사용된다면, μ_r과 ρ_r은 사용된 유체의 물리학적 성질로부터 추정할 수 있다.

예제 6.14 실험실에서 축척 1 : 10인 잠수함 모형을 시험하고자 하고 있다. 잠수함이 바다 50 m 아래에서 12 mph의 속도로 움직이고 있을 때, 잠수함의 시험이 필요하다. 모형에서 이용하는 물과 바다의 점성비 v_r이 0.95일 때, 상응하는 모형의 깊이와 속도는 얼마인가?

풀이

지배적인 힘은 점성력이다.

$$d_r = L_r = \frac{1}{10} = \frac{d_m}{d_p} = \frac{d_m}{50}$$

$$d_m = 5.0\,\text{m}$$

$$V_r = \nu_r L_r^{-1} = 0.95 \times 10 = 9.5$$

$$V_r = \frac{V_m}{V_P} = \frac{V_m}{12}$$

$$V_m = 9.5 \times 12 = 114\,\text{mph}$$

예제 6.15 직경 1.20 m 이고 길이가 10 km 인 관수로의 에너지 손실을 결정하기 위하여 모형을 만들고자 한다. 관수로는 밀도 0.8 g/cm^3, 점성계수 0.02 poise 인 액체를 1.8 m^3/s 로 통수하고 있다. 실험은 20℃($\rho = 0.998$ g/cm^3, $\mu = 0.01$ poise)의 담수를 이용하여 직경 12 cm 의 모형 관수로에서 수행하려고 하며, 모형의 길이 20 m 에서 수두손실은 150 cm 이다. 모형의 유량과 전체 관수로에 대한 수두손실을 구하시오. 만약 모형의 어떤 지점에서의 압력이 700 kN/m^2 이라면, 실제 관수로에서 그 지점에 상응하는 압력은 얼마이겠는가?

풀이

본 문제는 점성력이 지배적인데, 동역학적 상사가 성립하기 위해서 Reynolds수는 원형과 모형에서 같아야 한다. 그러므로

$$L_r = \frac{d_m}{d_p} = \frac{0.12}{1.2} = \frac{1}{10}$$

$$V_r = \mu_r \rho_r^{-1} L_r^{-1} = \left(\frac{0.01}{0.02}\right) \times \left(\frac{0.998}{0.8}\right)^{-1} \times \left(\frac{1}{10}\right)^{-1} = 4$$

$$Q_r = A_r V_r = L_r^2 V_r = \frac{1}{100} \times 4 = 0.04$$

$$Q_m = Q_r Q_p = 0.04 \times 1.8 = 0.072\,\text{m}^3/\text{s}$$

관수로에서의 수두손실(h_L)은 다음과 같이 계산된다.

$$h_L = \frac{f L V^2}{2gd}$$

여기서, f는 마찰계수(무차원)이다. 그러므로

$$(h_L)_r = \frac{L_r V_r^2}{L_r} = V_r^2 = 16$$

여기서, $g_r = 1.0$

원형에서 수두손실 $= \dfrac{150}{16} = 9.375\,\text{cm}$

이 수두손실은 $20 \times 10 = 200\,\text{m}$ 관의 길이에서 발생한다.

전 관수로에서의 수두손실 $= 9.375 \times \dfrac{10000}{200} = 468.75\,\text{cm} = 4.7\,\text{m}$

압력비 p_r은 힘의 비를 면적의 비로 나눈 것과 같다.

$$p_r = \frac{\rho_r L_r^2 V_r^2}{L_r^2} = \rho_r V_r^2 = \frac{0.998}{0.8}(4)^2 = 19.96$$

원형에서의 압력 $= \dfrac{700}{19.96} = 35.07\,\text{kN/m}^2$

6.6.3 중력과 점성력

물위에 떠 있는 배나 보트와 같은 물체에 작용하는 항력은 두 가지인데 이는 (a) 파랑(wave)에 의한 저항과 (b) 마찰 또는 점성에 의한 저항이다. 따라서, 관성력과 함께 중력과 점성력이 존재하게 되며 본 문제에 있어서 동역학적 상사를 이루기 위해 중력과 점성력은 매우 중요한 영향을 미친다. 항력 F, 유체의 유속 V, 움직이는 물체의 특성길이 L, 밀도 ρ, 유체의 점성계수 μ와 중력가속도 g의 변수들을 고려하면 차원 해석을 위해 다음과 같이 쓸 수 있다.

$$F = \rho L^2 V^2 \phi(F_n,\ R_n) \tag{6.56}$$

그러므로 동역학적 상사가 성립하기 위해 F_n과 R_n은 원형과 모형에서 같은 값을 가져야 한다. 즉,

$$(F_n)_m = (F_n)_p \quad \text{또는} \quad (F_n)_r = 1 \tag{6.57a}$$

그리고

$$(R_n)_m = (R_n)_P \quad \text{또는} \quad (R_n)_r = 1 \tag{6.57b}$$

$g_r = 1$ 이라는 가정하에 속도비 V_r은 식(6.45) 또는 식(6.54)에 의해 계산될 때 같은 값을 가져야만 한다. 따라서

$$V_r = L_r^{1/2} = \nu_r L_r^{-1} \tag{6.58}$$

또는

$$\nu_r = L_r^{3/2} \tag{6.59}$$

그러므로 중력과 점성력은 모형에서 원형과 다른 유체가 사용된다는 조건하에서도 식

(6.59)에 의해 만족되어질 수 있다. L_r이 결정되고, 원형에서 유체의 물리적 성질(μ, ρ 또는 ν)을 안다면, 모형에 사용되는 유체의 성질을 알 수 있다. 식(6.59)에서 $\nu_r = 1$일 때, 즉, 두 시스템에서 같은 유체를 사용할 경우는 실용적이지는 않지만 원형과 크기가 같을 때 성립한다. 경우에 따라서 길이 비 L_r은 모형에서 이용 가능한 유체에 따라 영향을 받는다.

예제 6.16 400 ft 길이의 배가 강에서 30 mph의 속도로 순항하고 있으며, 이 때 물의 동점성 계수는 $1.217\times10^{-5}\,\text{ft}^2/\text{s}$이다. 축척 1 : 100인 모형 배가 비중이 0.92인 액체로 찬 모형 견인항에서 실험을 하고 있다. 모형에서 사용하는 액체의 동점성 계수를 구하시오. 실험할 모형은 어느 정도의 속도를 가지져야만 하는가? 만약 모형에 2.4 lb의 힘이 가해진다면, 원형에서 그에 상응하는 힘은 얼마인가?

풀이

$$\nu_r = \frac{\nu_m}{\nu_p} = L_r^{3/2} = 0.001$$

$$\nu_m = 0.001\times1.217\times10^{-5} = 1.217\times10^{-8}\,\text{ft}^2/\text{s}$$

모형에서 사용하는 액체의 동점성 계수는 $1.217\times10^{-8}\,\text{ft}^2/\text{s}$이어야 한다.

$$V_r = L_r^{1/2} = \frac{1}{10} = 0.1$$

$$V_m = 0.1\times30 = 3\,\text{mph}$$

$$F_r = \rho_r\times L_r^2V_r^2 = 0.92\,L_r^3 = 0.92\times10^{-6}$$

$$F_P = \frac{2.4}{0.92\times10^{-6}} = 2.61\times10^6\,\text{lb}$$

6.6.4 압력

압력 F_P가 지배적인 힘일 때, 동역학적 상사는 다음을 만족할 때 성립할 수 있다.

$$\left(\frac{F_I}{F_P}\right)_m = \left(\frac{F_I}{F_P}\right)_P \tag{6.60}$$

여기서, F_P는 압력강도 p에 면적을 곱한 것이므로,

$$\frac{F_I}{F_P} = \frac{\rho L^2V^2}{pL^2} = \frac{\rho V^2}{p} = \frac{V^2}{p/\rho} \tag{6.61}$$

Euler수 E_n은 $\sqrt{F_I/F_p}$로 정의되며 다음과 같이 쓸 수 있다.

$$E_n = \frac{V}{\sqrt{p/\rho}} \tag{6.62}$$

어떤 현상에서 압력이 지배적인 경우, Euler수는 원형과 모형에서 같은 값을 가져야 한다. 즉,

$$(E_n)_r = \frac{V_r}{\sqrt{p_r/\rho_r}} = 1 \tag{6.63}$$

또는

$$V_r = \sqrt{p_r/\rho_r} \tag{6.64}$$

터빈의 흡출관(吸出管, draft tube)에 대한 모형이나 관수로의 공동현상(cavitation)을 모의하기 위해 제작할 장치들을 위한 모형은 점성과 압력의 제한조건들을 만족해야만 하고, Reynolds수와 Euler수도 두 시스템에서 같은 값을 가져야 한다.

6.6.5 탄성력

물의 압축성이 중요한 현상에 대해서는 탄성력 F_E를 고려하여야 한다. 매우 빠른 유체의 흐름과 대기중에서 초음속으로 움직이는 물체와 같은 예는 탄성력이 고려되어야 하는 경우들이다. 이러한 경우 동역학적 상사는 다음과 같을 때 성립할 수 있다.

$$\left(\frac{F_I}{F_E}\right)_m = \left(\frac{F_I}{F_E}\right)_p \tag{6.65}$$

F_E는 체적탄성계수 E_v에 면적을 곱한 것과 같으므로 다음과 같은 식을 얻을 수 있다.

$$\frac{F_I}{F_E} = \frac{\rho L^2 V^2}{E_v L^2} = \frac{V^2}{E_v/\rho} \tag{6.66}$$

Mach수는 관성력과 탄성력의 비에 대한 제곱근인 $\sqrt{F_I/F_E}$로 정의되며 다음과 같이 쓸 수 있다.

$$M_n = \frac{V}{\sqrt{E_v/\rho}} \tag{6.67}$$

동역학적 상사가 성립하기 위해 다음과 같은 식을 만족해야 한다.

$$(M_n)_r = \frac{V_r}{\sqrt{E_v/\rho_r}} = 1 \tag{6.68}$$

또는

$$V_r = \sqrt{E_{v/}\rho_r} \tag{6.69}$$

6.6.6 표면장력

표면장력이 지배적인 힘일 때, 관성력과 표면장력의 비는 모형과 원형에서 같아야 한다. 하천의 얕은 흐름지역에서 발생할 수 있는 점성과 모세관현상에 의한 영향을 막기 위해서 일반적으로 하천과 개수로의 흐름 실험에서는 수심이 너무 낮으면 안 된다. 표면장력은 물이 공기와 접촉해 있고 흐름의 규모가 아주 작을 때에 중요한 역할을 하게 된다. 표면장력이 지배적인 힘일 경우, 동역학적 상사가 성립하기 위해서 다음을 만족하여야 한다.

$$\left(\frac{F_I}{F_\sigma}\right)_m = \left(\frac{F_I}{F_\sigma}\right)_p \tag{6.70}$$

여기서, F_σ는 표면장력이며 σL과 같다.

$$\frac{F_I}{F_\sigma} = \frac{\rho L^2 V^2}{\sigma L} = \frac{V^2}{\sigma/\rho L} \tag{6.71}$$

Weber수는 $\sqrt{F_I/F_\sigma}$로 정의되며 다음과 같이 나타낼 수 있다.

$$W_n = \frac{V}{\sqrt{\sigma/\rho L}} \tag{6.72}$$

동역학적 상사의 성립을 위하여 아래의 조건을 만족해야 한다.

$$W_n = \frac{V_r}{\sqrt{\sigma_r/\rho_r L_r}} = 1 \tag{6.73}$$

또는

$$V_r = \sqrt{\sigma_r/\rho_r L_r} \tag{6.74}$$

<표 6.1>은 각각의 수리학적 모형에 작용하는 주요 힘들과 각각의 지배적인 힘들하에 동역학적 상사가 성립하기 위한 속도 비를 나타내고 있다. 만약, 중력과 점성이 지배적인 힘이라면, 속도 비는 중력이나 점성력 둘 중 하나에 의해 계산할 수 있고 두 속도 비는 같은 값을 가진다. 하지만, 식(6.59)를 만족시키기 위해서는 모형의 유체는 원형의 유체와 달라야 한다.

표 6.1 수리학적 모형들의 주요 힘과 속도 비

힘	무차원 수	속도 비	적용
중력	$F_n = \dfrac{V}{\sqrt{gL}}$	$V_r = g_r^{1/2} L_r^{1/2}$	개수로, 하천, 항구, 파랑, 여수로, 웨어, 감세지, 하도의 변환점, 토사이동
점성력	$R_n = \dfrac{\rho VL}{\mu}$	$V_r = \mu_r \rho_r^{-1} L_r^{-1} = \nu_r L_r^{-1}$	관수로 흐름, 수리학적 기계, 잠수함, 수중 물체의 주변 흐름
압력	$E_n = \dfrac{V}{\sqrt{p/\rho}}$	$V_r = p_r^{1/2} \rho_r^{-1/2}$	관수로의 공동현상, 터빈의 흡출관
탄성력	$M_n = \dfrac{V}{\sqrt{E_v/\rho}}$	$V_r = E_v^{1/2} \rho_r^{-1/2}$	고속의 유체흐름, 비행기, 로켓
표면장력	$W_n = \dfrac{V}{\sqrt{\sigma/\rho L}}$	$V_r = \sigma_r^{1/2} \rho_r^{-1/2} L_r^{-1/2}$	개수로와 하천의 매우 얕은 흐름, 모세관의 흐름, 불포화 지하수 연구

6.7 왜곡모형

지금까지 우리는 한 개의 축척비 L_r에 의해 나타낼 수 있는 정상적인 모형에 대해 다루었다. 그러나 어떤 경우에는 완전한 기하학적 상사 조건을 만족하지 못할 때도 있다. 예를 들면, 평균 하폭이 1 km, 평균 수심은 4 m 그리고 한 구간의 길이가 10 km인 하천의 모형을 만든다면 우리는 먼저 실험을 수행하기 전에 가능한 실험실의 공간을 조사해야 한다. 이용 가능한 공간이 100 m × 30 m라고 가정하면, 10 km의 거리는 100 m, 혹은 100 m 보다 더 짧게, 1 km의 하폭은 30 m 혹은 그 보다 더 짧게 줄일 수 있다. 만약, L_r을 1 : 100으로 선택한다면 하천의 폭과 구간 길이는 실험실의 크기를 넘지는 않을 것이다. 즉, 모형의 크기는 폭이 10 m이고 길이가 100 m가 될 것이기 때문이다. 하지만, 연직방향으로도 같은 비율을 적용한다면, 흐름의 깊이는 4 cm가 되는데, 어떤 경우에는 흐름 깊이가 밀리

미터 단위로 작아지는 경우도 있을 수 있다. 결과적으로, 원형에서는 별로 중요하지 않은 힘이 모형에서는 지배적인 힘이 될 수 있다는 것이다. 또한 표면장력과 같이 원형에서는 존재하지 않는 힘이 모형에서는 생겨날 수 있고, 원형에서 실제 영향을 미치는 힘이 모형에서 반영되지 않을 수도 있다. 표면장력이 발생하는 것을 막기 위해서는 높은 Weber수의 값을 유지하도록 해야 한다. 모형에서 수심이 얕기 때문에 발생하는 또 다른 문제는 측정의 작은 오차가 결과 값에 큰 영향을 미칠 수 있다는 점이다.

만약에 경제적, 실용적, 또는 물리적인 이유로 모형이 정상적인 기하학적 상사를 만족하지 못할 경우에 그 모형은 왜곡되었다고 말한다. 왜곡모형은 두 개의 축척비율을 이용하는데 수평 축척비율 L_r과 연직 축척비율 Z_r이다. 수평방향의 모든 차원은 L_r에 의해서 축소되고, 연직방향의 모든 차원은 Z_r에 의해서 축소된다. L_r과 Z_r의 비에 의해 수평방향 변수(즉, 길이와 폭)에 대한 차원을 축소하는 것은 불가능하다. 연직방향의 축척비 Z_r은 연직방향에서만 적용을 해야 한다.

왜곡모형은 하천이나 항만 또는 하구 등의 실험을 위하여 주로 이용하는데 면적과 같은 수평적 차원에 비해 수심과 같은 연직방향의 규모가 매우 작을 때 이용한다. 예를 들면, 수평방향의 축척비율이 1 : 200 또는 1 : 500일 때, 연직방향의 축척비율은 1 : 100을 이용할 수 있다.

완전한 수리학적 상사가 성립할 수 없는 경우가 많이 있다. 즉, 모형의 크기와 모양이 원형과 비슷하다 할지라도, 그것이 완벽한 수리학적 상사를 의미하는 것은 아니다. 예를 들면, 모형과 원형의 두 시스템에서 표면조도도 다른 변수들처럼 기하학적 상사의 조건을 만족해야 하지만 이는 매우 어렵다. 예를 들면, 원형에서 매우 매끄러운 표면을 가진 표면조도의 높이를 모형에서 어떤 축척비를 가지고 재현한다는 것은 거의 불가능하기 때문이다.

본 절에서는 중력이 지배적인 힘일 경우에 대한 왜곡모형에 대해서 살펴보고자 한다. 대부분의 왜곡모형은 중력의 힘이 주가 되는 하천, 항구, 파랑, 그리고 다른 시스템들의 실험을 위하여 제작되어진다. 그러므로

$$V_r = g_r^{1/2} Z_r^{1/2} \tag{6.75}$$

식(6.75)는 식(6.45)와 비슷해 보이지만, L_r이 Z_r로 바뀌었다. 유체의 유속은 연직수두에 의해서 발생하기 때문에 우리는 속도비를 알기 위해서는 연직방향의 축척비를 고려해야 한다. 이것은 왜곡되지 않은 정상적인 모형에도 적용할 수 있는데 단순히 Z_r 대신 L_r로 대체하면 된다. 만약 $g_r = 1$ 이면,

$$V_r = Z_r^{1/2} \tag{6.76}$$

하지만, 왜곡모형일 때에는 항상 수평방향 축척비와 연직방향의 축척비를 염두에 두어야 한다. 예를 들면, 수평 면적비 A_{r_h}는 식(6.77)과 같다.

$$A_{r_h} = L_r^2 \tag{6.77}$$

그리고 연직 면적비 A_{r_v}는 아래의 식과 같다.

$$A_{r_v} = L_r Z_r \tag{6.78}$$

식(6.78)이 연직방향에 대한 면적비를 다루고 있지만, 한 쪽 변은 수평방향이고, 한 쪽 변은 연직방향이기 때문에 L_r항도 존재한다. 그러나 V_r은 항상 연직방향의 축척비 Z_r이 적용된다.

이와 비슷한 과정이 모든 다른 변수들의 비에서도 적용된다. 예를 들면, 유량비가 필요하다면, 우리는 먼저 개수로의 흐름처럼 유량이 수평방향으로 발생하는지 아니면, 중간에 하도가 끊겨 물의 흐름이 하상으로부터 갑자기 떨어지는 유량처럼 연직방향인지를 알아야 할 필요가 있다. 연직방향 흐름은 수평면적을 통해서 발생하는 반면, 수평방향 흐름은 연직면적을 통해서 발생한다. 그러므로

$$Q_{r_h} = A_{r_v} \cdot V_r = L_r Z_r \cdot Z_r^{1/2} = L_r Z_r^{3/2} \tag{6.79}$$

반면에

$$Q_{r_v} = A_{r_h} \cdot V_r = L_r^2 Z_r^{1/2} \tag{6.80}$$

수평방향으로 움직이는 어떤 입자의 시간비는 다음과 같이 나타낼 수 있다.

$$T_{r_h} = \frac{L_r}{V_r} = L_r Z_r^{-1/2} \tag{6.81}$$

연직방향으로 움직이는 어떤 입자의 시간비는 다음과 같이 나타낼 수 있다.

$$T_{r_v} = \frac{Z_r}{V_r} = Z_r^{1/2} \tag{6.82}$$

수평방향의 힘의 비 F_{r_h}는 다음과 같다.

$$F_{r_h} = \rho_r Q_{r_h} V_r = \rho_r A_{r_v} V_r^2 = \rho_r (L_r Z_r) Z_r = \rho_r L_r Z_r^2 \tag{6.83}$$

그리고 연직방향의 힘의 비 F_{r_v}는 다음과 같다.

$$F_{r_v} = \rho_r Q_{r_v} V_r = \rho_r A_{r_h} V_r^2 = \rho_r L_r^2 Z_r \tag{6.84}$$

수평방향에 대한 일의 비 W_{r_h}는 다음과 같다.

$$W_{r_h} = F_{r_h} \cdot L_r \tag{6.85}$$

식(6.85)의 F_{r_h} 대신에 식(6.83)을 대입하면

$$W_{r_h} = \rho_r L_r^2 Z_r^2 \tag{6.86}$$

연직방향의 동력비 P_{r_v}는

$$P_{r_v} = F_{r_v} \cdot V_r \tag{6.87}$$

식(6.87)의 F_{r_v} 대신에 식(6.84)를 대입하면 동력비는 다음과 같다.

$$P_{r_v} = \rho_r L_r^2 Z_r^{3/2} \tag{6.88}$$

위의 과정은 다른 매개변수에도 적용할 수 있다.

예제 6.17 $5\,\mathrm{km} \times 5\,\mathrm{km}$ 항구에 대한 왜곡모형이 $7.5\,\mathrm{m} \times 7.5\,\mathrm{m}$ 공간의 실험실에 만들어질 예정이다. 실험실에서 이용할 수 있는 펌프는 $60\,\ell/\mathrm{s}$의 유량을 제공한다. 항구의 흐름 깊이는 $5.0\,\mathrm{m}$이고 유량은 $6 \times 10^5\,\ell/\mathrm{s}$이다. 수평 및 연직방향의 축척비와 수평방향의 시간비, 그리고 수평방향의 동력비를 구하시오. 항구에서 $10\,\mathrm{km/h}$의 속도에 상응하는 실험실(또는 모형)의 속도는 얼마인가? 모형에서 사용한 유체는 바닷물이라고 가정한다.

풀이

$$L_r = \frac{7.5}{5000} = 0.0015$$

$$Q_{r_h} = \frac{Q_m}{Q_p} = \frac{60}{6 \times 10^5} = 1 \times 10^{-4}$$

$$Q_{r_h} = A_{r_v} \cdot V_r = L_r Z_r^{3/2}$$

$$1 \times 10^{-4} = L_r Z_r^{3/2} = \frac{7.5}{5000} \times Z_r^{3/2}$$

$$Z_r = (0.0667)^{2/3} = 0.164$$

$$T_{r_h} = \frac{L_r}{V_r} = \frac{L_r}{Z_r^{1/2}} = \frac{0.0015}{(0.164)^{1/2}} = 0.0037$$

$$P_{r_h} = \rho_r Q_{r_h} V_r^2 = A_{r_v} V_r^3 = L_r Z_r^{5/2} = 0.0015(0.164)^{5/2} = 16.34 \times 10^{-6}$$

$$V_r = \frac{V_m}{V_p} = \frac{V_m}{10} = Z_r^{1/2} = (0.164)^{1/2}$$

그러므로 $V_m = 4.05\,\text{km/h}$

예제 6.18 왜곡모형이 수평 축척비 1 : 200, 연직 축척비 1 : 50의 어떤 조절장치를 제작하고 있다. 만약, 원형에서 유량이 $12.0\,\text{m}^3/\text{s}$ 라면, 모형에서의 유량은 얼마인가? 만약, 유체입자가 어느 수평거리를 이동하는데 걸리는 시간이 44초라면, 원형에서 그에 상응하는 시간은 얼마인가? 모형에서 수문에 작용하는 힘이 $45.0\,\text{kg} \cdot \text{m/s}^2$이라면, 원형에서 그에 상응하는 힘은 얼마인가?

풀이

$$L_r = \frac{1}{200}, \quad Z_r = \frac{1}{50}$$

$$Q_{r_h} = A_{r_v} V_r = L_r Z_r^{3/2} = \frac{1}{200}\left(\frac{1}{50}\right)^{3/2} = 14.1 \times 10^{-6}$$

$$14.1 \times 10^{-6} = \frac{Q_m}{12 \times 10^3}, \text{ 그러면 } Q_m = 0.169\,\ell/\text{s}$$

$$T_{r_h} = \frac{L_r}{V_r} = L_r Z_r^{-1/2} = \frac{1}{200}\left(\frac{1}{50}\right)^{-1/2} = 35.35 \times 10^{-3}$$

$$35.35 \times 10^{-3} = \frac{44}{T_p}, \text{ 그러면 } T_p = 1.24 \times 10^3\text{s}$$

$$F_{r_h} = \rho_r Q_{r_h} V_r = L_r Z_r V_r^2 = L_r Z_r^2 = \left(\frac{1}{200}\right)\left(\frac{1}{50}\right)^2 = 2 \times 10^{-6}$$

그러므로

$$F_p = \frac{F_m}{2 \times 10^{-6}} = \frac{45}{2 \times 10^{-6}} = 22.5 \times 10^6\,\text{kg} \cdot \text{m/s}^2 = 22.5 \times 10^3\,\text{kN}$$

예제 6.19 최대 유량이 $3\times10^4\,\mathrm{m^3/s}$ 이고, Manning의 조도계수 n이 0.04인 폭이 넓은 하천의 모형을 제작하고 있다. 실험실의 최대 유량은 $0.105\,\mathrm{m^3/s}$ 이고, 연직방향의 크기가 수평방향 크기의 1/5이라고 가정할 때, 수평방향과 연직방향의 축척을 구하시오. 만약, 모형에서 $0.03\,\mathrm{m/s}$ 의 속도가 관측되었다면, 하천에서의 속도는 얼마인가? 모형에서 Manning의 조도계수는 얼마인가? Manning 공식은 다음과 같다.

$$V=\frac{1}{n}R^{2/3}S_o^{1/2}$$

여기서 V는 유속이고, n은 조도계수, R은 하폭이 넓은 수로(광폭 수로)에서는 수심과 같아지는 동수반경이며, S_o는 하상경사이다.

풀이

광폭의 수로에서는 동수반경 R이 수심 Y와 같으므로, R_r은 Z_r과 같다.

$$Z_r=5L_r$$

$$Q_{r_h}=\frac{Q_m}{Q_p}=\frac{0.105}{3\times10^4}=A_{r_h}V_r=L_rZ_r^{3/2}=\frac{Z_r^{5/2}}{5}$$

$$Z_r=\frac{1}{80}\quad \text{그리고}\quad L_r=\frac{Z_r}{5}=\frac{1}{400}$$

$$V_r=Z_r^{1/2}=\frac{V_m}{V_p}$$

$$V_p=\frac{0.03}{\left(\frac{1}{80}\right)^{1/2}}=0.268\,\mathrm{m/s}$$

Manning 공식을 이용하면,

$$V_r=\frac{1}{n_r}Z_r^{3/2}S_r^{1/2}=\frac{1}{n_r}Z_r^{3/2}\frac{Z_r^{1/2}}{L_r^{1/2}}$$

$V_r=Z_r^{1/2}$ 로 바꾸어 쓰면,

$$n_r=\frac{Z_r^{3/2}}{L_r^{1/2}}=\frac{(400)^{1/2}}{(80)^{3/2}}=0.0.2795$$

$$n_m=n_rn_p=1.118\times10^{-3}$$

도움말 Reading Aid

6.1 유체역학과 수리학에서 차원해석 적용의 주요 장점은 무엇인가?

6.2 두 개의 단위계를 정의하시오. 이 두 개의 단위계는 서로 어떤 관계가 있는가?

6.3 질량계를 이용하여, 밀도, 표면장력, 점성, 토크, 운동량, 일의 차원을 써보시오.

6.4 무차원 수는 무엇을 의미하는가? 무차원 수에 대한 예를 들어 보시오.

6.5 차원 해석하는데 Rayleigh 방법의 주요 제한조건은 무엇인가?

6.6 Buckingham 방법이 널리 쓰이는 이유는 무엇인가? 질량을 포함하는 두 개의 매개변수를 가진 11개의 매개변수 중 얼마나 많은 π항이 전개될 수 있는가?

6.7 Buckingham 방법에서 반복변수들은 어떻게 결정되는가? 반복변수로서 같은 차원을 갖는 두개의 변수를 선택할 수 있는가?

6.8 수리학의 적용에 있어서 물리 모델의 유용함을 설명하시오. 모델들이 독립적 또는 다른 기법과 함께 이용되는가?

6.9 기하학적, 운동학적, 동역학적 상사는 무엇을 의미하는가? 만약 동역학적 상사가 존재한다면, 기하학적 상사도 만족되는가?

6.10 모형과 원형에 같은 유체가 사용된다고 가정했을 때, 길이비 L_r, 속도비 V_r의 관점으로 다음 변수들의 비를 적어 보시오. 유량, 시간, 각속도, 에너지, 표면장력, 압력 그리고 중력이 지배적으로 작용하는 것을 고려하시오.

6.11 수리학적 시스템에 발생하는 힘의 종류에 대해서 논의해 보시오. 관성력의 역할은 무엇인가?

6.12 중력이 지배적으로 작용하는 문제에 적합한 모형의 예를 들고, 그러한 모형에서 길이비 관점으로 속도비와 압력비를 유도하시오.

6.13 점성력이 지배적으로 작용하는 문제에 적합한 모형의 예를 들어 보시오. 그러한 모델에서 속도비를 유도하시오.

6.14 만약, 모형과 원형에서 상사가 존재한다면, Reynolds와 Froude수가 같다는 가정하에 두 시스템의 동점성계수 차원으로 축척비를 구하시오.

6.15 압력이 지배적인 힘으로 작용하는 예를 들어 보시오. 또한 압력과 밀도의 차원으로 속도비를 구하시오.

6.16 만약 표면장력이 지배적인 힘으로 작용한다면, 표면장력비, 밀도비, 길이비로 속도의 비를 정의하시오.

6.17 왜곡 모형은 무엇인가? 왜곡 모델이 유용한 사례를 찾아보시오.

6.18 왜곡 모형에서 속도비를 구할 때, 수평 축척비를 사용해야 하는가? 아니면 수직 축척비를 사용해야 하는가? 왜 그러한가?

6.19 왜곡 모형에서 수평과 수직 방향의 유량비를 수평 축척비 L_r과 수직 축척비 Z_r을 이용하여 구하시오.

6.20 왜곡 모형의 장점과 단점을 설명하시오.

연습문제

6.1 다음 그룹의 차원을 정의하시오.

(a) $\frac{\partial p}{\partial x} \cdot \frac{D^4}{\mu Q}$ (b) $\frac{T}{\rho N^2 D^5}$

(c) $\frac{N\sqrt{P}}{H^{5/4}}$ (d) $\frac{V^2 \rho L}{\sigma}$

여기서, p는 압력, D는 관의 직경, μ는 역학적 점성계수(dynamic viscosity), Q는 유량, T는 비틀림(torque), ρ는 유체의 밀도, N은 rpm 단위의 속도, P는 동력(power), H는 수두, V는 속도, L은 길이 그리고 σ는 표면장력이다.

6.2 Rayleigh 방법을 사용하여 밀도(ρ)와 점성(μ)의 액체가 있는 큰 용기에 늦은 속도(V)로 구가 떨어지고 있다. 직경이 d_o인 구의 끄는 힘(drag force)(D)를 표현하시오.

6.3 Rayleigh 방법을 사용하여 요트의 움직임에 의해 발생하는 파동(wave)의 빈도(frequence)가 V/l과 비례함을 증명하시오. 여기서, V는 요트의 속도, l은 요트의 길이이며, 비례 계수는 Froude수이다.

6.4 미터계에서 어떤 개수로에 대한 Chezy 공식은 다음과 같다. $V = 50\sqrt{RS}$, 여기서, V는 물의 속도, R은 동수반경(hydraulic radius), S는 하도경사이다. FPS단위계에서 동일한 공식을 구하시오.

6.5 일정한 수두 H, 오리피스 직경 D, 유체의 밀도 ρ, 역학적 점성계수 μ 그리고 중력가속도는 g라는 조건에서 Rayleigh 방법을 사용하여 예연 오리피스를 통하여 대기로 흐르는 유량에 대한 합리적인 공식을 구하시오.

6.6 Saybolt 점도계의 변수는 밀도(ρ)와 점성(μ)을 가진 기름을(기름의 체적) 비우는데 필요한 시간(t), 점도계의 차원을 나타내는 길이(L) 그리고 중력가속도(g)이다. π정리를 사용하여 다음 식을 증명하시오.

$$\frac{t}{\sqrt{L/g}} = \phi\left(\frac{\mu}{\rho\sqrt{gL^3}}\right)$$

6.7 발사체(projectile)의 저항력(drag resistance) (D)은 그 발사체의 직경(d), 속도(V), 유체의 밀도(ρ), 점성(μ) 그리고 용적계수(bulk modulus)(k)에 따른다. 다음 식을 증명하시오.

$D = C_D A \frac{1}{2} \rho V^2$, 여기서 C_D는 drag 계수이며, A는 흐름 방향과 수직인 발사체의 가장 큰 횡단면 면적이다.

6.8 관 내에서 감압을 알기 위해서는 다양한 변수들이 고려된다. 이 변수들은 압력의 증감(dp/dx), 관의 직경(d), 유체의 밀도(ρ)와 점성(μ), 유체의 속도(V) 그리고 관 벽의 조도(e)이다. π정리를 이용하여 압력의 변호와 다른 매개변수들과의 관계를 밝히시오.

6.9 차원 분석(dimensional analysis)을 사용하여 터널 실험(test tunnel)에 필요한 동력(P)이 $P = \rho l^2 V^3 \phi(R_n)$ 임을 증명하시오. 여기서 ρ는 밀도, l은 터널의 선형 차원(linear dimension), V는 터널과 관계된 유체의 속도 그리고 R_n은 Reynolds수이다.

6.10 차원 분석을 사용하여 관 벽이 받는 전단응력, τ과 유체의 밀도 ρ, 점성 μ, 속도 V 그리고 관 직경 d와의 관계를 밝히시오.

6.11 유체에서 움직이는 프로펠러의 미는 힘 F는 프로펠러의 직경 d, 속도 V, 유체의 밀도 ρ, 프로펠러의 속도 N 그리고 유체의 역학적 점성계수 μ에 따라 달라진다. 다음의 식을 증명하시오.

$$F=\rho d^2 V^2 \phi\left[R_n,\ \frac{dN}{V}\right]$$

6.12 수두 H, 여수로 입구에서의 깊이 D, 흐름의 속도 V, 중력가속도 g의 함수로 여수로에서 유량 Q를 구하는 관계를 유도하시오.

6.13 직사각형 수로(notch)에서 유량이 다음과 같이 표현됨을 보이시오.

$Q=bg^{1/2}h^{3/2}\phi\left(\frac{Q\rho}{b\mu},\ \frac{\sigma}{\rho h^2 g}\right)$, 여기서 Q는 유량, b는 수로(notch)의 폭, g는 중력으로 인한 가속도, ρ는 밀도, μ는 유체의 점성 그리고 σ는 표면장력이다.

6.14 유체에 담겨져 있는 얇은 원형 디스크가 회전하고 있을 때, 비틀림(torque)은 마찰저항보다 크도록 디스크에 작용하여야 한다. 차원 분석을 통하여 다음을 증명하시오.

$T=\rho N^2 D^5\phi\left(\frac{\mu}{D^2 N\rho}\right)$, 여기서 T는 작용된 비틀림이고, D는 점성이 μ이고 밀도가 ρ인 유체 내에서 N의 속도로 회전하는 디스크의 직경이다.

6.15 주사기로 부터의 흐름은 액체 방울인 물보라(spray)를 형성한다. 물보라에서 형성된 방울의 평균 직경은 d이다. 이 직경은 주사기 관의 직경 D, 액체의 속도 V, 중력가속도 g 그리고 밀도 ρ, 점성 μ, 표면장력 σ를 포함한 액체의 특성에 따라 달라진다. 차원 분석을 사용하여 다음 식을 증명하시오.

$$\frac{d}{D}=\phi\left(\frac{\rho VD}{\mu},\ \frac{\rho V^2 D}{\sigma},\ \frac{gD}{V^2}\right)$$

6.16 작은 직경의 관에서 액체의 올라오는 모세관 오름 h는 관의 반경 r, 중력가속도 g 그리고 밀도 ρ, 점성 μ, 표면장력 σ을 포함한 유체의 특성에 따라 달라진다. h/r과 다른 변수들과 관계하는 무차원 군들(dimensionless groups)을 포함하는(encompassing) 식을 만드시오.

6.17 삼각형 수로(notch)의 유체의 유량이 다음과 같이 표현됨을 보이시오.

$Q=H^2\sqrt{gH}\phi\left(\rho H\frac{\sqrt{gH}}{\mu},\ \theta\right)$, 여기서 H는 수로의 수두, g는 중력가속도, ρ와 μ는 각각 유체의 밀도와 점성이고, θ는 수로의 각이다.

6.18 보통 개수로에서 유사이동을 알기 위해 사용되는 Shield 관계는 다음과 같이 쓰여진다.

$\frac{\tau}{D(\gamma_s-\gamma)}=\phi\left(\frac{DU_*}{\nu}\right)$, 여기서 τ는 물과 흙 사이 전단응력, D는 흙 입자의 대표 직경, $(\gamma_s-\gamma)$는 고체 입자와 물 사이의 비중량 차이, U_*는 전단속도, 그리고 ν는 물의 동점성계수이다. 차원 분석을 사용하여 이 관계를 증명하시오.

6.19 주어진 길이/직경 비의 실린더는 유체의 속도가 V인 등류 흐름에서 Nrpm의 규칙적인 회전을 유지하고 있다. 움직임을 유지하기 위해서 필요한 동력 P는 유체의 밀도 ρ, 유체의 동점성계수 ν, 실린더의 직경 D 그리고 V와 N에 따라 달라진다. 차원 분석을 사용하여 다음 관계를 유도하시오.

$P=\rho\nu^3 D^{-1}\phi\left(\frac{VD}{\nu},\ \frac{ND^2}{\nu}\right)$, 여기서 ϕ는 임의의 함수이다.

6.20 직경이 d인 오리피스 메타(orifice meter)에 의해 측정하였을 때, 직경이 D인 관을 통과하는 유량 Q가 다음과 같음을 증명하시오.

$Q=cd^2\sqrt{\frac{p}{\rho}}$, 여기서 c는 Reynolds수의 함수이고 관과 오리피스 직경의 비이다. p는 오리피스의 압력차 그리고 ρ와 ν(Reynolds수에서 구해짐)는 유체의 밀도와 동점성계수이다.

6.21 개수로 흐름에서 전단응력에 대한 조도의 효과를 증명하기 위해서 다음 변수들이 고려된다 : 평균유속 V, 수직 깊이 d, 유체의 밀도와 점성 ρ와 μ, 중력으로 인한 가속도 g, 경계(boundary) 전단응력 τ 그리고 조도 높이 e. Buckingham 방법을 사용하여 (g/C^2)이 Reynolds수, Froude수, 그리고 상대 조도의 함수임을 보이시오. 여기서 C는 Chezy 계수이다.

6.22 차원 분석을 사용하여 밀폐된 도관(conduit)에서 수두손실 h_f를 구할 수 있는 관계를 유도하시오. 수두손실은 도관의 직경 d, 유속 V, 중력가속도 g 그리고 고려할 관의 길이 l에 따라 달라진다고 가정한다.

6.23 수로(notch)에서 유출량 Q는 수두 H, 중력가속도 g, 밀도 ρ 그리고 역학적 점성계수 μ에 따라 달라진다. 다음을 증명하시오.

$$Q= g^{1/2}H^{5/2}\phi\left(\frac{\rho g^{1/2}H^{3/2}}{\mu}\right)$$

수로(notch)에서 $0.5\,\mathrm{m}$의 수두를 가진 기름의 흐름과 동일한 물의 유량을 구하시오. 기름의 비중은 0.8이고, 역학적 점성계수는 물의 8배이다. 수로(notch)에서 기름의 유출량은 $Q=1.5\,H^{5/2}$로 계산된다.

6.24 길이가 $15\,\mathrm{m}$인 댐이 $3\,\mathrm{m}$ 수두(head)하에서 $114\,\mathrm{m^3/s}$로 유출시킬 계획이다. 실험실에서 유출량을 $30\,\ell/\mathrm{s}$로 고정한다면, 이 모형의 일치하는 길이와 높이를 구하시오.

6.25 바닷물의 밀도 $1030\,\mathrm{kg/m^3}$에서 그 배들의 성능을 실험하기 위해 배에 대한 모형의 크기를 1/12 비율로 축소하였다. 모형과 원형 사이의 속도 비율, 힘(force)의 비율, 그리고 동력(power) 비율을 계산하시오.

6.26 항구에서 파도(waves)와 힘(forces)을 연구하기 위해서 조류 유역(tidal basin)은 크기 1 : 100 비율로 만들어 졌다. 모형에서 속도가 $0.15\,\mathrm{m}$라 하면, 원형에서 일치하는 속도는 얼마인가? 원형에서 하루(1day)와 일치하는 모형의 기간은 얼마인가? 만약 모형에서 방파제의 힘이 $20\,\mathrm{N}$이라 가정한다면, 원형에서 일치하는 힘은 얼마인가?

6.27 일본의 Machio 댐이 1/60 크기로 모형화 되었다. 원형은 $3200\,\mathrm{m^3/s}$의 홍수를 처리할 수 있도록 만들어진 여수로(ogee)이다. 모형에서 일치하는 홍수량을 $\mathrm{m^3/s}$ 단위로 구하시오. 원형에서 하루로 나타나는 시간은 모형에서는 얼마인가?

6.28 하천의 한 지점에서 수심과 속도는 각각 $3.25\,\mathrm{m}$와 $1.5\,\mathrm{m/s}$로 측정되었다. 하천에서 흐름을 실험실에서 1/50의 모형으로 모의하였다. 모형에서 일치하는 수심과 속도는 얼마인가?

6.29 직경이 $4\,\mathrm{m}$, 길이가 $50\,\mathrm{m}$인 소형 연식 비행기의 항력 특성(drag characteristic)이 1/10의 크기의 모형의 풍동장치에서 실험된다. 공기를 통과하는 소형 연식 비행기의 속도가 $8\,\mathrm{m/s}$라 하면, 유사한 조건을 만족시키기 위해서 풍동장치에서 필요한 공기의 속도를 얼마인가? 공기의 압력과 온도는 모형과 원형이 동일함을 가정한다.

6.30 여수로에 대해서 1/30의 모형이 만들어졌다. 2.0 수두(head)하에서 원형의 실제 유출량은 $20.0\,\mathrm{m^3/s}$ 이다. 모형에서 수두(head)와 유출량을 구하시오. 이 모형에서 0.05마력이 손실된다면, 원형에서 손실된 에너지는 얼마인가?

6.31 교량 부두(bridge pier) 주변의 흐름을 1/10 크기의 모형을 사용하여 알아본다. 모형에서 속도가 $0.8\,\mathrm{m/s}$ 일 때, 부두 돌출부(nose)에서 정상파도(standing wave)의 높이는 $1.0\,\mathrm{m}$로 관측되었다. 원형에서 일치하는 값들과 파도 높이를 구하시오.

6.32 조수가 밀려드는 강어귀(estuary)가 1/200의 크기로 모형화 된다. 실제 강어귀에서 조수기간은 14시로 추정되는 동안 최대 유속은 $4\,\mathrm{m/s}$ 로 관측되었다. 모형에서 일치하는 값들은 얼마인가?

6.33 댐 설계의 적합성을 결정하기 위해 실험실에서 모형화 되었다. 모형화 될 하천의 길이는 $1500\,\mathrm{m}$ 이며, 하천의 가장 큰 너비(댐의 너비)는 $300\,\mathrm{m}$ 이다. 댐의 여수로에서 예상되는 최대 유량은 $3600\,\mathrm{m^3/s}$ 인 반면 실험실에서 최대 유출량은 $1.0\,\mathrm{m^3/s}$ 이다. 이 실험을 수행하기 위해서 이용 가능한 실험실의 공간은 $50\,\mathrm{m} \times 25\,\mathrm{m}$ 이다. 모형을 위해 실행 가능한 가장 큰 비율을 구하시오.

6.34 모형에서 유속과 수심이 각각 $0.5\,\mathrm{m/s}$, $8\,\mathrm{cm}$ 이면, 원형에서 일치하는 유속과 수심을 구하시오. 시간과 압력의 비율은 얼마인가? $\rho_r = 1$ 로 가정한다.

6.35 여수로 1/20 비율의 모형은 실험실에서 $5.0\,\mathrm{m^3/s}$ 의 유출량이 필요하다. 동력 손실이 $0.2\,\mathrm{HP}$ 로 측정된 모형에서 도수가 발생하였다. (a) 점성과 표면장력 효과를 무시하였을 때, 원형에서 유출량을 계산하시오. (b) 모형에서 $0.5\,\mathrm{m/s}$ 의 속도와 일치하는 원형에서의 속도를 계산하시오. (c) 원형에서 손실된 마력을 계산하시오.

6.36 잠긴 면적이 $800\,\mathrm{m^2}$ 인 배의 1/25 모형이 $2.0\,\mathrm{m/s}$ 의 속도로 수역으로 끌어진다. 이 모형은 $20\,\mathrm{N}$ 의 저항력이 존재한다. (a) 원형의 속도를 계산하시오. (b) 파도로 인한 배의 항력(drag)을 계산하시오. (c) 모형에 대한 표면항력계수(skin- drag coefficient)가 0.004이고 원형에 대한 표면항력계수가 0.015라 가정하였을 때, 표면 마찰을 계산하시오. (d) 배에서 총항력(drag)을 계산하시오. (e) 배를 추진하기 위한 동력을 계산하시오.

6.37 동점성계수가 $1 \times 10^{-6}\,\mathrm{m^2/s}$ 인 물이 20 cm 직경의 관에서 흐른다. 같은 관을 $1.5\,\mathrm{m/s}$ 의 속도로 흐르고 동점성계수가 $1 \times 10^{-5}\,\mathrm{m^2/s}$ 인 기름과의 역학적 유사성을 설명하기 위한 관에서 물의 속도를 구하시오.

6.38 문제 6.37에서 기름은 직경이 $10\,\mathrm{cm}$ 인 관을 흐르고 있다면, 물의 속도는 얼마인가? 이에 따른 유출량 비, 시간 비, 힘의 비, 압력 비를 결정하시오. $\rho_o/\rho_w = 0.8$ 이라 가정한다.

6.39 동점성계수가 $4.8 \times 10^{-6}\,\mathrm{m^2/s}$ 인 기름이 직경이 $5.0\,\mathrm{cm}$ 인 관에서 $3.2\,\mathrm{m/s}$ 의 속도로 흐르고 있다. 동점성계수가 $4.0 \times 10^{-6}\,\mathrm{m^2/s}$ 로 다른 기름이 직경이 $2.5\,\mathrm{cm}$ 인 관을 흐르고 있다. 이 때 두 번째 관에서 기름은 유사한 조건(condition of similarity)을 만족시키기 위해서 속도가 얼마이어야 하는가?

6.40 잠수함의 키의 모멘트(moment acting)가 1/50 비율의 모형에 의해 구해진다. 속도가 8 m/s 에서 모멘트가 3 Nm 인 지하수로(tunnel)에서 모형을 실험한다. 모두 바닷물에서 작용한다고 가정하였을 때, 원형에서 일치하는 모멘트와 속도는 얼마인가?

6.41 입구(inlet)직경이 75 cm 인 큰 밸브에서 $2.0\,\mathrm{m^3/s}$ 의 유출량이 흐른다. 실험실에서 이 모형을 실험하며, 원형처럼 같은 온도에서 같은 물이 사용된다. 실험 밸브의 입구직경이 5 cm 이다. 이 모형에서 필요한 유출량을 구하시오.

6.42 잠수함 선체의 항력(drag)은 1/10 비율의 모형을 사용하여 수표면 아래로 깊이 움직일 때 구해진다. 잠수함이 10 km/h 로 움직인다면, 모형에서 속도는 얼마인가? 모형에서 항력 3 kN 과 일치하는 원형에서의 항력은 얼마인가?

6.43 90 m 길이의 배를 1/50의 비율로 모형화한다. 그 배는 동점성계수가 $1\times10^{-6}\,\mathrm{m^2/s}$ 인 하천에서 40 km/h 속도로 돌아다닌다. 이 모형은 비중이 0.94인 액체가 담겨있는 견인유역(towing basin)에서 실험된다. 중력과 점성의 제한조건을 만족시키기 위해 모형에서 사용된 액체의 동점성계수를 구하시오. 실험된 모형에서 속도를 얼마인가? 그리고 모형에서 $64\,\mathrm{kg\text{-}m/s^2}$ 의 힘과 일치하는 원형에서의 힘은 얼마인가?

6.44 모형 실습(modeling exercise)에서 중력과 점성력을 만족시키려 한다. 모형에서 액체와 원형에서의 액체의 동점성계수는 각각 1 stock ($\mathrm{cm^2/s}$)과 8 stock이다. 크기 비율, 속도 비율, 유출량 비율을 구하시오. 모형에서 손실된 동력이 0.22 HP이라면, 원형에서 마찰에 의해 손실된 동력을 구하시오. $\rho_r = 1.2$ 라 가정한다.

6.45 문제 6.28에서 수직적 크기를 1/20으로 줄이고 반면 수평의 크기를 그대로 유지시킨다면 모형에서 일치하는 수심과 속도는 얼마인가?

6.46 터빈에 대한 왜곡된(distorted) 모형이 1/10의 수평의 크기로 만들어 졌다. 50 m 수두(head)하에서 원형의 속도가 400 rpm 이다. 10 m 수두(head)하에서 작동될 때, 모형의 속도는 얼마인가?

6.47 15 m 수두(head)하에서 1/4 크기의 모형이 실험되고 있다. 원형의 터빈은 30 m 에서 작동되고, 420 rpm 의 속도로 운영되어야 한다. 실험되는 모형의 속도는 얼마인가? 모형이 1177.20 HP을 발생시키고 $0.8\,\mathrm{m^3/s}$ 의 물을 사용한다면, 원형의 전반적 효율이 모형의 효율보다 5%가 좋다고 가정하였을 때, 원형으로부터 발생하는 동력은 얼마인가?

6.48 왜곡된(distorted) 항구의 모형이 수평과 수직방향으로 각각 1 : 900과 1 : 100의 크기로 만들어 졌다. (a) 물로 흘러가는 입자에 대해 원형에서 5초와 일치하는 모형의 시간은 얼마인가? (b) 항구를 가로지르는 파도의 대해 원형에서 10초와 일치하는 모형의 시간은 얼마인가? (c) 수직방향에서 동력비를 얼마인가? (d) 수평방향에서 동력비는 얼마인가?

6.49 최대유출량이 $8000\,\mathrm{m^3/s}$ 인 넓은 하천의 왜곡된(distorted) 모형이 만들어진다. 실험실에서 최대유출량이 $0.27\,\mathrm{m^3/s}$ 이다. 모형에서 수직 크기는 수평 크기의 6배이다. 하천에 대한 Chezy 계수는 50이다. 수평과 수직의 크기 비율과 모형에서 Chezy 계수를 구하시오. 만약 모형에서 0.2 m/s 로 속도과 관측되었다면, 원형에서 일치하는 속도는 얼마인가?

6.50 문제 6.49에서 하천의 하도경사가 20 cm/km 라면, 모형에서 하상계수는 얼마인가? 입자가 흐름방향으로 움직이는 시간비와 수직 방향으로 움직이는 시간비를 구하시오. 수평과 수직 방향에서 힘의 비를 구하시오. $\rho_r = 1$ 이라 가정한다.

6.51 평균 깊이가 15 m 이고 유량이 3000 m^3/s 인 $6 \times 6\,km^2$ 지역의 항구에 대한 왜곡된 (distorted) 모형이 만들어 진다. 실험실에서 이용할 수 있는 면적과 깊이는 각각 $30\,m \times 25\,m$ 과 0.6 m 이다. 수평과 수직방향에서 크기 비와 실험을 위해 필요한 유량은 얼마인가? 원형에서 입자가 수평과 수직방향으로 10분동안 움직일 때 모형에서 시간은 얼마인가?

참고문헌

Morris, H. M. and Wiggert, J. M., 1972. Applied Hydraulics in Engineering. Wiley, New York

Munson, B. R., Young, D. F., and Okiishi T. H., 1990. Fundamentals of fluid Mechanics. Wiley, New York.

Sharp, J. J., 1981. Hydraulic Modeling. Butterworth Publishers Inc., London.

A natural channel in poor condition

Chapter 07 흐름저항과 유속분포

실제 유체흐름에서 저항과 유속분포(velocity distribution)에 대한 연구는 유체역학(fluid mechanics)의 이론적인 연구에서부터 실질적인 문제 해결까지 매우 중요한 역할을 한다. 경계내 유체의 저항이 알려지지 않았다면 유체의 흐름속도는 일정하고 유속분포의 원리는 발전되지 않은 상태로 남아 있었을 것이다. 이 장에 제시된 저항과 유속분포의 원리에 대한 공식들은 실제 흐름에서 에너지보존법칙(Bernoulli)의 설명과 적용 그리고 에너지 손실의 추정을 가능하게 한다. 기술자에게 유속과 저항의 관계 연구는 매우 중요하며, 본 주제에 대하여 많은 연구를 수행한 Prandtl, von Karman, Nikuradse의 관찰과 이론이 저항과 유속분포를 이해하는 기본으로 여겨지고 있다.

유체 흐름저항은 경계면의 상태와 유체가 가지고 있는 점성 등의 특성에 의하여 많은 영향을 받는다. 대부분 흐름저항은 경계면에서 발생되는 유체의 전단응력에 기인한다. 물이 흐를 때 발생되는 전단응력은 열 형태로 물에 에너지가 전달되고 전달된 에너지는 물의 흐름을 통하거나 대기 중에 열을 발산하는 형태로 에너지를 소모하게 된다. 이와 같은 방법으로 물이 가지고 있는 에너지가 흐름저항에 의하여 손실된다. 실제적으로 물이 계속해서 흐르려고 한다면, 어떤 특정한 지점에서도 흐름저항을 극복하는 충분한 에너지가 있어야 가능하다. 그러므로 흐름저항에 의한 에너지 손실은 펌프체계나 압력탱크 등의 설계에서 매우 중요한 역할을 한다.

저항에 대한 수리분석은 체계적으로 100년이 넘게 연구되어 왔으나 아직도 현실적인 문제 해결에 어려움이 있다. 우리가 사용하는 흐름 문제 해결에 필요한 대부분의 지식은 순수 경험주의론적이며 지난 60년간 이론적으로 많은 향상을 하게 되었다. 관로 흐름에 대한 이론과 실험은 응용 유체역학의 중요한 분야이다. 본 7장은 8장과 마찬가지로 저항과 유속분포에 대한 기본이론과 다음 장들에서 취급할 실제적인 응용문제를 해결할 수 있는 연결고리를 제공하는 것을 목표로 한다.

7.1 흐름저항에 영향을 주는 요소

관수로(pipes)와 개수로(channels)의 흐름저항은 유체의 특성 및 상태의 조합 그리고 단면의 기하학적인 구조와 형태, 경계면의 특성과 관련된 여러 요소들에 의해 영향을 받는다. 또한 흐름저항에 영향을 주는 일부 요소는 시간적으로나 공간적으로 변화될 수 있으며 이러한 변화성은 흐름에 관한 저항문제를 복잡하고 다루기 어렵게 만든다. 앞에서 언급 했듯이 저항에 영향을 주는 요소들의 시간적이나 공간인 특성 변화는 관수로보다 개수로와 분수계에 대한 문제해결에서 많은 어려움을 가져온다. 이러한 경우의 문제를 다루기 위해 가정을 통해 단순화 하는 것이 필요하다.

흐름저항에 있어서 가장 중요한 유체의 특성은 물의 점성(viscosity)이다. 뉴턴(Newton)의 점성에 관한 관계식은 흐름에 있어 점성의 역할과 점성의 중요성을 이해하는데 매우 중요하다. 점성은 난류에서 현저하게 나타나는 내부 변형과 전단력을 분석하고 추정하는데 중요한 역할을 한다.

이와 비슷하게 유속, 수심, 균일성 그리고 난류(turbulence)의 강도와 같은 물의 흐름 상태는 저항으로 인해 발생되는 에너지 손실을 판단하는데 중요한 역할을 한다. 흐름저항은 흐름의 균일성이 감소할수록 증가하고, 강도가 높은 난류는 큰 에너지 손실을 유도한다. 게다가, 경계면에서의 조도(roughness)와 관계있는 흐름의 깊이는 저항으로 인하여 발생되는 에너지 손실을 판단하는데 중요한 역할을 한다. 유속의 역할을 보면 높은 유속은 변형을 통해 좀 더 많은 에너지 손실을 유도하고 있으며, 어떤 흐름에 있어서 유속수두가 에너지손실의 주된 요소로 표현되는 경우도 있다.

마지막으로 흐름저항에 영향을 미치는 요소로는 횡단면 형상과 경계면의 특성이 있다. 하천과 같은 개수로에서 큰 바위나 크게 자라난 초목처럼 높은 조도는 흐름에 장애가 될 것이고 큰 저항을 일으킬 것이다. 파형강관(metal pipes)과 같은 주름관은 일반 금속관과 같은 매끈한 관보다 더 많은 에너지 손실을 일으킬 것이다. 경계면에서의 불규칙성은 저항 손실을 증가시키고, 좀 더 큰 난류 흐름으로 유도한다. 마지막으로 흐름의 단면 형상 불균일성은 관수로에서 갑작스런 압력변화와 에너지 손실을 야기하고, 개수로에서 즉각적인 수심변화와 수리학적 제어 방식에 영향을 준다. 관의 연결부분이나 밸브, 급격한 관의 축소나 확장 그리고 개수로의 수문과 같은 물체들은 수로의 기하학적인 불균일성에 의한 에너지 손실을 야기한다. 하지만 이러한 단면형상의 변화로 인한 손실들은 보통은 저항으로 발생되는 손실과는 관련이 없다.

위에서 논의된 저항요소에 의한 물의 흐름에서의 에너지 손실은 열로 전환된 일부 에너지의 손실로 발생한다. 층류(laminar flow)에서 에너지 손실은 서로 인접한 층의 유속 편차로 기인되는 전단응력에 의해 발생된다. 이러한 층류는 Reynolds수가 2000 이하인 경우이다. 상대적으로 빠른 유체의 흐름과 상대적으로 느린 유체의 흐름이 접촉하고 있을 때 내부에 난류의 특징인 작은 소용돌이(eddy)들이 생성된다. 난류의 특징은 이러한 소용돌이가 계속되어 다각적으로 발생하고 소멸하며 이로 인하여 난류에서 에너지 손실이 일어난다고 설명되고 있다. 만약 에너지 손실이 층류와 난류의 에너지 손실 메커니즘의 조합으로 설명될 수 있다면 그 흐름은 천이영역으로 분류되며 흐름은 층류와 난류의 중간 범위에 나타날 것이다.

저항에 영향을 받지 않는다면 암거나 수로에서 정상류의 유속분포는 일정할 것이다. 수로 경계면에 접한 유체 입자는 움직이지 않고 있으며 흐르고 있는 유체에 대한 유속차이를 유발시킨다. 이러한 유속의 차이는 유체 전체에 있어서 전단응력을 발생시키고 발생된 전단응력은 난류발생과 에너지 손실의 주된 원인으로 작용한다. 수리학에서 주로 사용되는 유체의 연직방향 유속분포는 대수(log)와 지수(power)꼴 형태의 공식으로 나타난다. 다음 절에서는 저항손실(resistance losses)에 있어 유속분포의 역할에 대해 설명할 것이다.

7.2 정상등류

전단응력과 유속분포에 대한 논의를 시작하기에 앞서 공간 및 시간적으로 변화되는 흐름의 특성에 대해 정의할 필요가 있다. 앞 장에서 저항에 영향을 미치는 흐름의 특성이 시간과 공간적으로 변화될 수 있음을 언급하였다. 무엇보다 초기가정에서 정상류(steady flow) 조건과 균등한 공간흐름만을 고려하기로 하였다. 유속과 저항의 분포에 대한 분석 이론의 발전은 반드시 정상류와 균일한 흐름조건에서 생각해야 한다. 어떤 지점의 흐름이 시간적으로 변화되는지 여부에 따라 정상류(steady flow)와 부정상류(unsteady flow)로 나뉘며 어떤 시간에 있어 공간적으로 흐름의 변화가 있는지 여부에 따라 등류(uniform flow)와 부등류(non-uniform flow)로 분류된다. 흐름의 유속분포와 저항과의 관계 분석을 위하여 흐름의 상태가 정상류이면서 등류인 상태라고 가정을 한다.

그림 7.1에서와 같이 균일하고 곧은 관에서의 흐름 상태가 지속되고 있다고 가정할 때 기준선과 관련하여 관로의 한 지점에서 사용가능한 총 에너지는 5장에서 언급되었던 Bernoulli 방정식에 의해 주어진다.

$$E_T = z + \frac{p}{\gamma} + \alpha\frac{V^2}{2g} \tag{7.1}$$

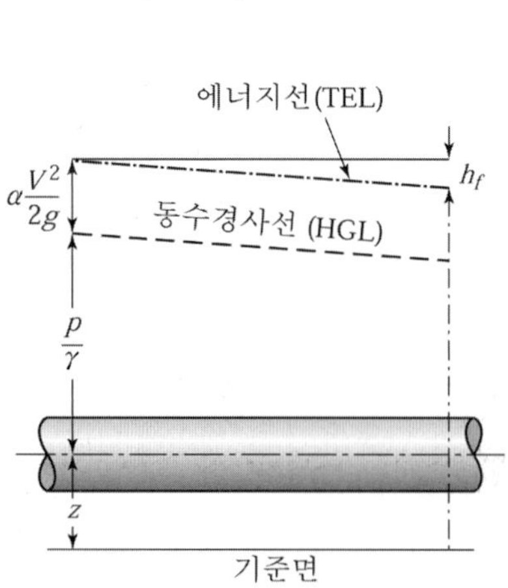

그림 7.1 관수로에서의 정상 등류

대구경 강관의 내부

여기서, z는 위치수두(position head), p/γ은 압력수두(p는 유체압력, γ는 단위중량), $V^2/2g$는 속도수두(V는 평균유속, g는 중력가속도) 그리고 α는 운동에너지를 보정하는 유속계수(velocity coefficient)이다. 직사각형, 원형 그리고 사다리꼴 단면에서의 유속계수는 보통 1.0에 근접한 값을 가진다. 위치수두와 압력수두(pressure head)의 합을 위압수두(piezometric head)라고 하며 관의 길이 방향으로 계산된 위압수두의 구배를 동수경사선(hydraulic grade line)이라 한다. 만약 관의 직경이 일정하면, 평균유속은 일정하고, 관의 길이 방향으로 속도수두(velocity head)가 일정할 것이다. 이 경우 동수경사선과 에너지경사선(energy grade line)은 평행하고, 에너지 손실은 동수경사선의 변화로 설명될 수 있다. 이런 흐름을 등류(uniform flow)라고 한다.

그림 7.2의 관로 흐름이 정상 등류라고 하자. 관로 구간에 대하여 검사체적(control volume) 개념을 적용하고, 검사체적에 작용하여 모든 힘의 동역학적 균형을 고려할 때 다음과 같은 식으로 표시할 수 있다.

$$p_1A - p_2A + \gamma LA\sin\alpha - \tau_o PL = 0 \tag{7.2}$$

여기서, τ_o는 경계면 전단응력($\mathrm{N/m^2}$), p_1은 제1단면에서의 평균압력($\mathrm{N/m^2}$), p_2는 제2단면에서의 평균압력($\mathrm{N/m^2}$), γ = 물의 단위중량($\mathrm{N/m^3}$), P는 윤변길이(wetted perimeter) = $\pi d(\mathrm{m})$, d는 관경(m), L은 관길이(m) 그리고 A는 단면적($\mathrm{m^2}$)이다.

식(7.2)를 단면적 A로 나누어 다시 쓰면 다음과 같다.

$$p_1 - p_2 + \gamma L\sin\alpha - \tau_o (P/A) L = 0 \tag{7.3}$$

여기서, A/P는 단면의 형상을 나타내는 계수로서 수리반경(hydraulic radius, R) 혹은 단면저항 길이(cross-sectional resistance length)라고 한다. 식(7.3)을 물의 단위중량(γ)을 이용하여 다시 정리하면,

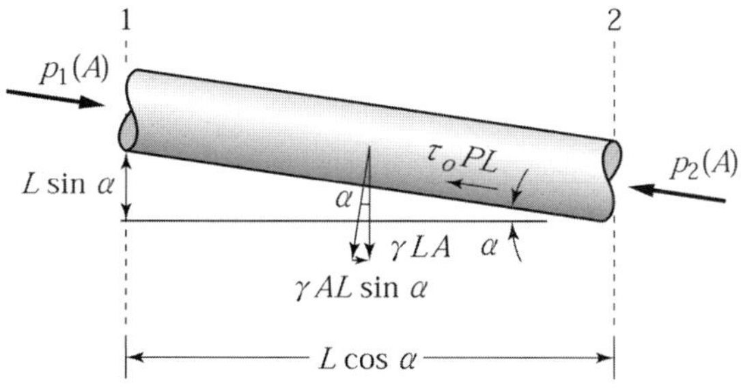

그림 7.2 관수로 정상류 흐름에 작용하는 힘

$$\frac{p_1-p_2}{\gamma}+L\sin\alpha-\frac{\tau_o L}{\gamma R}=0 \tag{7.4}$$

삼각함수로부터 $\tan\alpha=(\sin\alpha/\cos\alpha)=S_o$이며, 여기서 S_o는 관의 기울기이다. 따라서 $\sin\alpha=S_o\cos\alpha$가 된다. 이를 이용하여 식(7.4)는 아래와 같이 된다.

$$\frac{p_1-p_2}{\gamma}+S_o L\cos\alpha=\frac{\tau_o L}{\gamma R} \tag{7.5}$$

길이 방향의 수평 기준선에 대한 관의 높이가 변해 $L\sin\alpha=S_o L\cos\alpha=\Delta z$의 관계가 성립되므로, 식(7.5)는 (7.6a)과 (7.6b)과 같이 표현할 수 있다.

$$\frac{\Delta p}{\gamma}+\Delta z=\frac{\tau_o L}{\gamma R} \tag{7.6a}$$

$$\Delta\left(\frac{p}{\gamma}+z\right)=\frac{\tau_o L}{\gamma R} \tag{7.6b}$$

그림 7.1로부터 $\Delta(p/\gamma+z)$는 관로의 양 단면 1과 2에서 기준점에 대한 동수경사선의 변화와 같고 관로 내 에너지 손실과 동일하다. 따라서 이 손실은 마찰손실(h_f ; friction loss)로 표현할 수 있으며 다음과 같다.

$$h_f=\frac{\tau_o L}{\gamma R} \tag{7.7}$$

원형 관에서 관 직경을 d라 하면, $R=A/P=\dfrac{\pi d^2}{4\pi d}=d/4$이 된다. 따라서

$$h_f=\frac{4\tau_o L}{\gamma d} \tag{7.8}$$

식(7.7)을 길이로 나누고, 에너지경사선(h_f/L) 기울기를 S_f로 표시하면,

$$\tau_o=\gamma R S_f \tag{7.9}$$

식(7.9)는 관수로의 설계처럼 실질적인 설계에 자주 이용되며, 다음 장에서도 살펴볼 것이다.

개수로의 경우도 이와 유사한 해석이 가능하며, 식(7.7)과 식(7.9)의 적용이 가능하다. 개수로는 그림 7.3과 같이 자유표면을 갖는 흐름(free surface flow)의 경우이며 식(7.6a)에서

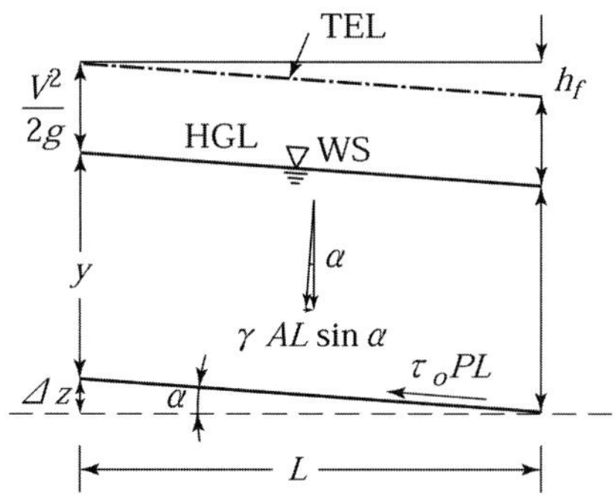

그림 7.3 개수로에서의 정상등류 흐름

압력수두 항($\Delta p/\gamma$)이 0이 되는 흐름이다. 또한 위압수두의 변화는 기준면에 대한 하상의 변화(Δz)와 같다. 한편 흐름이 정상등류라고 하면 개수로에서의 균등한 흐름, 하상경사, 동수경사, 에너지경사선이 모두 동일하다. 이러한 관계로부터 개수로에서는 수심의 변화가 없다는 것이다. 수리학에서 이러한 정상등류 수심을 등류수심(y_o ; normal depth)이라고 한다. 개수로에서 정상등류의 흐름 조건은 식(7.2)의 결과에서 압력 관련항을 소거함으로서 얻을 수 있다. 그리고 개수로를 이끄는 힘인 중력은 흐름에 저항하는 마찰응력인 전단응력과 힘의 균형을 이룬다.

그림 7.3에서 뉴턴의 법칙을 적용해 보면,

$$\sum F = Ma$$

여기서, F는 흐름방향의 힘을 나타내고, M은 유체 질량, 그리고 a는 유체의 가속도를 나타낸다. 그러나 흐름에서 동역학적 평형(dynamic equilibrium)이 이루어짐을 가정하였으므로, 가속도(a)는 0이다. 따라서 위의 식은 $\sum F = 0$이 된다. 위에서 언급된 것과 같이 흐름의 방향에서 두 힘의 평형은 다음 식을 이끌어낼 수 있다.

$$A\cos\alpha\ L\sec\alpha\ \gamma\sin\alpha = \tau_o\ P\cos\alpha\ L\sec\alpha \tag{7.10}$$

만약 α값이 작다면 $\cos\alpha \approx \sec\alpha$가 되고, $A\gamma\sin\alpha = \tau_o P$이거나 다음과 같이 된다.

$$\tau_o = \gamma R\sin\alpha \tag{7.11}$$

여기서, R은 A/P이다. $S_f = h_f/L = S_o = \Delta z/L = \tan\alpha$에서 h는 에너지수두이며, $\tan\alpha = \sin\alpha/\cos\alpha$이므로 $\sin\alpha = S_o\cos\alpha$가 된다. 따라서

$$\tau_o = \gamma R S_o \cos\alpha \tag{7.12}$$

α값이 작으면 $\cos\alpha \simeq 1$이므로,

$$\tau_o = \gamma R S_o \tag{7.13}$$

등류에서 하상경사는 에너지 경사와 같으며, $S_o = S_f$이기 때문에 식(7.13)은 식(7.9)은 같다고 볼 수 있다.

예제 7.1 직경이 $0.3\,\text{m}$, 길이가 $100\,\text{m}$인 관수로에 유량 $0.5\,\text{m}^3/\text{s}$를 흐르게 하는데 $100\,\text{N/m}^2$의 압력강하가 일어난다면 관의 경계면에서 발생되는 전단응력은?

풀이

수평 관로이므로,

$$\frac{p_1}{\gamma} + \frac{V_1^{\,2}}{2g} = \frac{p_2}{\gamma} + \frac{V_2^{\,2}}{2g} + h_f$$

여기서, $V_1 = V_2$이며, $\Delta p/\gamma = h_f = S_f L$ 이다. 그러므로

$$\frac{\Delta p}{\gamma} = \frac{100\,\text{N/m}^2}{9{,}810\,\text{N/m}^3} = 0.0102\,\text{m}$$

$$S_f = \frac{0.0102\,\text{m}}{100\,\text{m}} = 0.000102\,\text{m/m}$$

따라서, $\tau_o = \gamma R S_f = 9{,}810\,\text{N/m}^3(0.3\,\text{m}/4)(0.000102\,\text{m/m}) = 0.075\,\text{N/m}^2$

예제 7.2 사다리꼴 수로에 수심 $5.2\,\text{ft}$의 물이 흐른다. 수로의 바닥 폭은 $10\,\text{ft}$이고 측면의 구배는 $1\,V : 2\,H$이며 수로경사는 $0.005\,\text{ft/ft}$이다. 이 흐름에 의해 수로 바닥에 가해지는 전단응력(shear stress ; lb/ft^2)은 얼마인가?

풀이

흐름의 단면적 $A = by + ty^2 = 10(5.2) + 2(5.2)^2 = 106.08\,\text{ft}^2$이며, 윤변(wetted perimeter) $P = b + 2y\sqrt{1+t^2} = 10 + 2(5.2)(2.236) = 33.255\,\text{ft}$이다.

또한 수리반경 $R = A/P = 106.08/33.255 = 3.19\,\text{ft}$이다. 따라서 바닥에 적용되는 전단응력 $\tau_o = \gamma R S_o = 62.4(3.19)(0.005) = 0.995\,\text{lb/ft}^2$이 된다.

예제 7.3 물이 그림 7.4와 같이 기울기 0.1 ft/ft로 기울여진 직경 6인치의 관로를 통하여 흐르고 있다. 관로에 가해지는 전단응력이 $0.975\,\mathrm{lb/ft^2}$라고 할 때, 수리경사선의 기울기는 얼마인가? 또한 관로 길이(ft)에 따른 압력강하(pressure drop)는 얼마인가?

풀이

흐름 조건의 상태는 아래 그림과 같다.

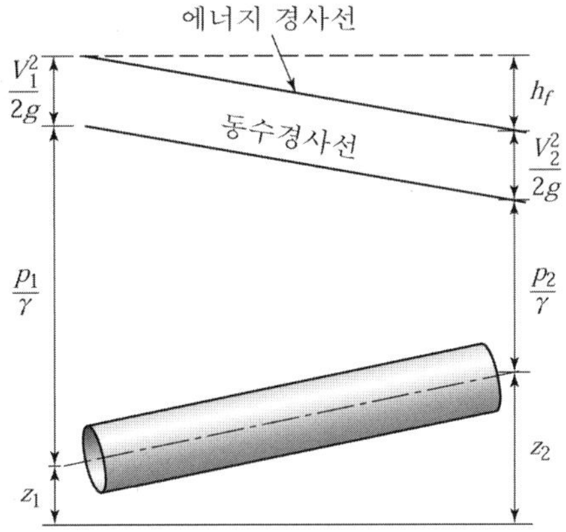

그림 7.4 예제 7.3의 풀이

단면적 $A = \pi d^2/4 = 0.196\,\mathrm{ft^2}$, 수리반경 $R = A/P = 0.125\,\mathrm{ft}$이다. 따라서, 전단응력 $\tau_o = \gamma R S_f$ 또는 $0.975 = \gamma(0.125)S_f$ 또는 $S_f = 0.125\,\mathrm{ft/ft}$이다. 관로 경사각은 $\alpha = \tan^{-1}(0.1) = 5.71°$, $\cos\alpha = 0.995$이다. 따라서 1 ft의 관로 길이를 교차시의 수두손실 $h_f = 0.125 \times 1 = 0.125\,\mathrm{ft}$이다.

관로의 양 단면 1과 2에서 $V_1 = V_2$이며, 단면 1과 2에 Bernoulli 방정식을 적용하면,

$$(z_2 - z_1) + \left(\frac{p_2}{\gamma} - \frac{p_1}{\gamma}\right) = -h_f$$

$$\Delta z + \frac{\Delta p}{\gamma} = -h_f = 0.1 + \frac{\Delta p}{\gamma} = -0.125$$

혹은 $\dfrac{\Delta p}{\gamma} = -0.225\,\mathrm{ft}$

따라서 압력손실 $\Delta p = -14.04\,\mathrm{psf}$ 또는 $-0.0975\,\mathrm{psi}$이다.

7.3 정상등류의 저항 방정식

일반적인 정상등류의 흐름조건에서 적용할 수 있는 전단응력과 압력손실 관계는 앞에서 기술하였다. 이 절에서는 같은 흐름조건에서 전단응력과 유속(velocity)과의 관계식을 유도

하고자 한다. 차원해석으로부터 경계면의 전단응력과 유체 밀도 그리고 유속의 관계는 다음과 같다(Henderson, 1966).

$$\tau_o = a\rho V^2 \tag{7.14}$$

여기서, a는 경계층의 표면조도(boundary roughness)의 특징에 비례하는 무차원수이며, V는 횡단면에 대한 평균유속($\mathrm{m/s}$)이다. 따라서 식(7.9)과 식(7.14)로부터

$$a\rho V^2 = \gamma R S_f \tag{7.15}$$

$\gamma = \rho g$이며 V에 대하여 정리하면,

$$V = \sqrt{\frac{g}{a}}\sqrt{RS_f} \tag{7.16}$$

$\sqrt{\dfrac{g}{a}}$가 C와 같다고 할 때, 식(7.16)은 다음과 같다.

$$V = C\sqrt{RS_f} \tag{7.17}$$

식(7.17)은 1770년대 위의 방정식을 처음으로 유도한 프랑스 엔지니어 Antoine Chezy (1718~1798)의 이름을 따 Chezy 방정식으로 명명하였다.

6장에서 논의된(예제 6.15 참고)바 있는 차원해석 관점으로부터, 관수로 흐름에 대한 위압수두(piezometric head)와 흐름에 대한 매개변수를 이용하면 일반적인 흐름에 대하여 다음과 같이 전개할 수 있다.

$$\Delta\left(\frac{p}{\gamma}+z\right) = f\frac{L}{d}\frac{V^2}{2g} \tag{7.18}$$

여기서, f는 마찰계수로서 경계면의 조도와 흐름의 상태를 반영하는 무차원 수이다. 정상등류 흐름에서 $h_f = \Delta(p/\gamma + z)$이며 식(7.18)은 다음과 같이 전개된다.

$$h_f = f\frac{L}{d}\frac{V^2}{2g} \tag{7.19}$$

식(7.19)와 유사한 방정식은 Henri Darcy(1803~1858)가 실험을 통해 19세기 중반에 처음으로 전개하였다. 이 방정식은 Julius Weisbach(1806~1871)에 의해 현재와 같은 방정식의 형태로 변화되었으며, 이는 Darcy 방정식 또는 Darcy-Weisbach 방정식으로 알려져 있다.

원형 관로에서 $d=4R$ 이며, 식(7.19)는 유속에 관하여 다음과 같이 쓸 수 있다.

$$V=\sqrt{\frac{8g}{f}}\sqrt{RS_f} \tag{7.20}$$

식(7.17)과 식(7.20)을 비교해보면, 만약 Chezy 상수 $C=\sqrt{8g/f}$ 인 경우, Darcy 공식은 Chezy 공식의 특별한 경우라고 볼 수 있다. 이러한 경우, Chezy 비례상수 a는 $f/8$와 같다. Chezy 방정식은 저항요소 C 또는 f가 결정되면 유속흐름의 에너지손실과 관련된 평균값을 제공한다. 한 가지 합리적인 분석은 유체의 움직임에 의해 생성된 경계전단응력(boundary shear stress)과 관련 있는데, 사실상 Chezy 공식은 유속으로 표현된 일반적인 전단변형의 대체 방정식으로 해석할 수 있다. 마지막으로 전단응력공식과 같은 Chezy와 Darcy 공식은 모든 정상류 흐름에 적용할 수 있다. 다음 장에서 다루게 되겠지만 Darcy 방정식은 몇 가지 이유에 의해서 관수로의 경우에서도 적용할 수 있다. Chezy와 Darcy 공식의 중요한 차이점은 Chezy 계수(C)는 반드시 단위($L^{1/2}/T$)를 포함하고, 반면 Darcy의 마찰계수(f ; friction factor)는 무차원으로 단위가 없다는 것이다. 따라서 Darcy 방정식은 사용되는 단위에 상관없이 사용이 가능하다는 장점을 가지고 있다.

우리는 지금까지 저항손실과 관련된 수많은 함수들을 등류의 경우로 제한하여 전개하였다. 식(7.8)은 물리적인 힘과 모멘트 원리에 기초하여 유도되었다.

다음은 벽면전단응력(τ_o ; wall shear stress)과 마찰계수(f) 혹은 Chezy 계수(C)에 의한 유속과의 관계를 살펴보기로 한다. 원형관 직경 $d=4R$임을 이용하여 식(7.7)과 식(7.19)를 연결시켜 전개하면, 식(7.21)을 얻을 수 있다.

$$\frac{\tau_o L}{\gamma R}=f\frac{L}{4R}\frac{V^2}{2g} \tag{7.21}$$

여기서, $\gamma=\rho g$이며, 8로 양변을 곱하고 양변에서 L, R 그리고 g항을 소거하면,

$$\frac{8\tau_o}{\rho}=fV^2 \tag{7.22}$$

식(7.22)는 마찰계수가 경계면에 작용하는 전단응력에 비례한다는 것을 나타낸다. τ_o/ρ는 유속의 제곱 차원을 나타내며 이는 차후 자주 언급하게 되는 전단유속(shear velocity)의 제곱(v^{*2})으로 정의된다. 따라서 식(7.22)는 다음과 같이 다시 쓸 수 있다.

$$\frac{V}{v^*}=\sqrt{\frac{8}{f}} \tag{7.23}$$

식(7.23)은 무차원 마찰계수(f)를 통한 평균 유속, 전단응력 사이의 관계를 정의한다. 차후 이 관계식은 유속분포와 관련하여 경계면 전단응력과 함께 에너지 손실을 이해하는데 도움이 될 것이다.

예제 7.4 폭 $5\,\mathrm{m}$, 경사도 $0.0025\,\mathrm{m/m}$를 갖는 직사각형 수로에서 등류수심 $3\,\mathrm{m}$로 $10\,\mathrm{m^3/s}$의 유량이 흐르고 있다. 이 수로에서 Darcy의 마찰계수(f)와 Chezy 계수(C)를 계산하시오. 이 때 물의 밀도는 $998.2\,\mathrm{kg/m^3}$이다.

풀이

$$A = By = 5(3) = 15\,\mathrm{m^2};\, v = Q/A = 10/15 = 0.667\,\mathrm{m/s}\,;\, v^* = (\tau_o/\rho)^{0.5}$$

$$\tau_o = \gamma R S_f = 9810\,\mathrm{N/m^3}[15/2(3)+5)]\,\mathrm{m}\,(0.0025)\,\mathrm{m/m} = 33.44\,\mathrm{N/m^2}$$

$$v^* = (33.44/998.2)^{1/2} = 0.183\,\mathrm{m/s}$$

식(7.23)에서의 f는

$$f = (8v^{*2}/V^2 = 8(0.183)^2/(0.667)^2 = 0.602$$

$$C = (8g/f)^{1/2} = (8(9.81)/0.602)^{1/2} = 11.418\,\mathrm{m^{0.5}/s}$$

7.4 정상, 등류 흐름에서의 유속분포

앞에서 언급된 것과 같이, 흐름의 유속분포는 먼저 대수법칙(logarithmic law)과 지수법칙(power law)을 고려해야 한다. 관수로에서의 전형적인 층류와 난류의 대수 유속분포를 그림 7.5에 나타내었다. 이들 유속분포는 관의 중심에서 경계면까지의 거리와 경계면의 전단응력에 관계가 있음을 유추할 수 있다. 이는 층류에서부터 난류 상태까지 무한한 수의 유속분포가 존재할 수 있음을 의미한다.

대수 유속분포는 뉴턴의 점성법칙으로 시작할 수 있다.

$$\tau = \mu \frac{dv}{dy} \tag{7.24a}$$

이를 극좌표로 표시하면,

$$\tau = -\mu \frac{dv}{dr} \tag{7.24b}$$

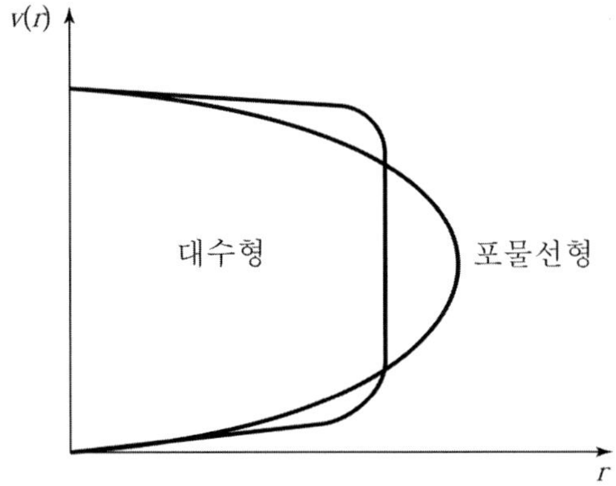

그림 7.5 관로내의 포물선과 대수 유속분포

층류의 상태에서 뉴턴의 점성법칙은 직접적으로 유속분포에 영향을 주고 있다. 층류와 비슷한 형태로서 난류상태에 대하여 방정식을 쓰면,

$$\tau = \eta \frac{dv}{dy} \tag{7.24c}$$

여기서, η은 와점성(eddy viscosity)으로 알려진 양이다. 이것은 식(7.24a)에서 유체의 특성에 의하여 결정되는 동점성과는 달리 난류의 동역학과 유체의 유속변화에 따라 변화된다. 와점성은 보통 확률적인 이론체계로 평가된다.

7.4.1 층류

층류의 경우 뉴턴의 점성법칙에 의해 직접적으로 영향을 받는다. 식(7.8)을 단위길이 dL에 대하여 적용하고 τ에 대하여 정리하면 다음과 같은 식을 얻는다.

$$\tau_o = \left(\frac{dE}{dL}\right)\frac{\gamma r}{2} \tag{7.25}$$

$dE/dL = h_f$이며 $d = 2r$이다. 식(7.25)는 층류의 경우를 포함하여 모든 정상 등류흐름의 경우에 대해 적용이 가능하다. 경계면에서의 전단응력 $\tau = \tau_o$임을 적용하고, 식(7.25)를 식(7.24b)로 치환한 후, dv로 다시 정리하면 층류에 대한 또 다른 유속 관련 공식을 얻을 수 있다.

$$dv = -\frac{dE}{dL}\frac{\gamma}{2\mu} r dr \tag{7.26}$$

그리고 식(7.26)을 적분하여 정리하면 반지름 r에 대한 유속공식을 얻을 수 있다.

$$v = \int_r^{r_o} dv = \frac{dE}{dL}\frac{\gamma}{4\mu}(r_o^2 - r^2) \tag{7.27}$$

여기서, r_o는 관의 반지름이다. 식(7.27)로부터 층류의 유속분포는 포물선(paraboloid)이고, 관의 중앙일 때 최대값을 갖는다(즉, $r = 0$). 그리고 포물선 형태의 함수로 나타나는 평균유속은 최대함수 값의 1/2이 된다. 평균유속 V를 이용하면,

$$\frac{dE}{dL} = \frac{32\mu V}{\gamma d^2} \tag{7.28}$$

식(7.28)은 층류에서의 평균유속과 수두손실(head loss)의 관계를 나타낸다. 에너지 손실경사 $\left(\frac{dE}{dL}\right)$는 경계면의 전단응력(boundary shear stress)이나 마찰에서 기인하는 에너지가 소진되는 비율을 나타내기 때문에 이것을 마찰경사(friction slope)라고 한다. 또한 등류일 경우 마찰경사는 위압경사선(piezometric grade line)이나 동수경사(hydraulic gradient)의 기울기와 동일하다.

7.4.2 난류의 유속분포

앞 절에서 정상 등류 층류(steady, uniform laminar flow)의 조건에서 에너지 손실(energy loss), 전단응력(shear stress) 그리고 유속의 관계에 대해 언급하였다. 다음으로 난류(turbulent flow)에 있어서 유속분포를 살펴보기로 한다. 난류의 경우 경계면에서의 전단응력과 유속분포의 관계는 층류의 경우 보다 더 복잡하다. 이러한 문제에 대한 접근은 독일의 학자 Ludwig Prandtl(1875~1953), Theodor von Karman(1881~1963), 그리고 Johnann Nikuradse (1894~1979) 등에 의해 수행되어 왔다. Plandtl은 1901년 경계층(boundary layer)에 대한 개념을 소개하였다. Prandtl은 모든 흐름에서 경계면 근처에서 층류저층(laminar sublayer)이라는 얇은 층이 존재함을 알아냈다.

그림 7.6은 층류저층 구역에 존재하는 전단응력(τ_l)과 난류층에 존재하는 전단응력(τ_t)의 변화를 보여준다. 난류의 경우 통계학과 차원해석을 통하여 von Karman은 전단응력과 유속분포 사이의 관계를 다음과 같이 발전시켰다(Henderson, 1966).

$$\tau = \rho k^2 \frac{(dv/dy)^4}{(d^2v/dy^2)^2} \tag{7.29}$$

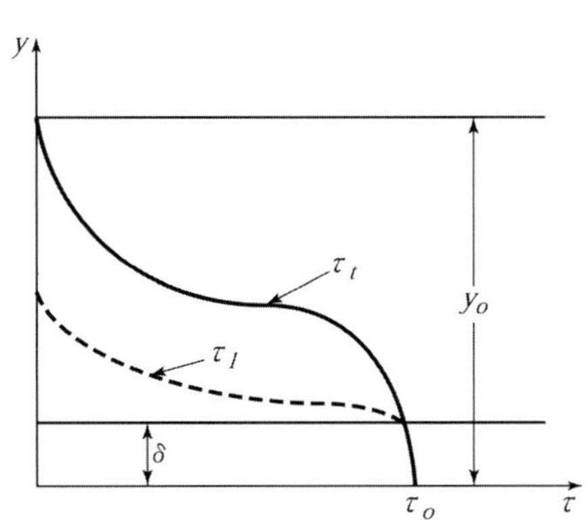

그림 7.6 난류일 때 관벽 근처의 전단응력(Singh, 1996)

여기서, k는 난류에서의 von Karman의 상수로서 순수한 물에서 대략적으로 0.4의 값을 갖는다. 식(7.29)는 식(7.24b)를 기반으로 내부 난류 동력학(internal turbulence dynamics)의 통계학적 해석을 통하여 제안되었다. von Karman에 의하여 제안된 해는,

$$\frac{v}{v^*} = \frac{1}{k}\ln\frac{y}{y_o} + C \tag{7.30}$$

여기서, y는 경계면으로 부터의 거리이고, y_o는 유체의 깊이, 그리고 C는 상수이다. 보통 수로에서 y_o는 등류수심(normal depth)이고, 관수로에서는 반지름을 나타낸다.

식(7.30)은 그림 7.5와 같이 난류에서의 대수유속분포(logarithmic velocity distribution)를 나타내는 공식이다. 또한 이 식은 관수로뿐만 아니라 개수로에도 적용할 수 있다.

층류저층(laminar sublayer)의 두께는 흐름에 있어 난류강도(intensity of turbulence)와 경계층의 거친 정도를 알려주는 조도에 영향을 받는다. 경계면의 조도는 일반적으로 ϵ/y_o로 정의되는 상대조도(relative roughness)에 의해 표시된다. 여기서 ϵ은 흐름의 경계면을 이루고 있는 물질 입자와 동일한 크기의 모래 입자의 직경을 말한다. 에너지손실은 경계층의 두께(δ)와 경계벽면의 상대조도(ϵ)에 영향을 받는다. 관로에서 자주 사용되는 등가조도(equivalent roughness)는 <표 7.1>과 같다. Hwang과 Houghtalen(1996)은 $\delta > 1.7\epsilon$ 흐름조건에서 층류저층이 우세하게 작용하며 경계 벽면은 수리학적으로 매끈하다는 것을 보여주었다. 층류저층이 우세한 경우 벽면 조도입자는 층류저층 아래에 묻히고 벽면과 층류저층 그리고 저층 밖의 물입자 간에 부드러운 상호작용이 일어난다. 반면 $\delta < 0.08\epsilon$인 경우 층류저층의 중요성은 작아지고 경계 벽면은 수리학적으로 거친 상태가 된다. 이러한 경우 표면의 거친 입자는 층류저층 높이보다 높게 되며 층류저층 밖의 물입자와 매우 거친 상호작용을 하게 된다. 거친 표면은 또한 흐름의 저항을 크게 하고 흐름의 상태가 난류가 되도록 한다.

표 7.1 각종 재질의 관에 대한 등가조도표

관의 재질	ε(mm)	ε(ft)
유리, 구리 황동관	0.0015	0.000005
연철관(wrought iron pipe)	0.045	0.00015
아연도금강관	0.15	0.0005
주철관(cast iron pipe)	0.26	0.00085
목관(매끈한 표면)	0.18	0.0006
목관(거친 표면)	0.9	0.003
콘크리트관(매끈한 표면)	0.3	0.001
콘크리트관(거친 표면)	3.0	0.01
리벳 철관(소량 리벳)	0.9	0.003
리벳 철관(다량 리벳)	9	0.03
파형(골)강관	45	0.15

7.4.2.1 매끈한 벽에서의 난류흐름

앞에서 언급한 바와 같이 흐름의 경계 벽면에서의 등가조도가 층류저층 두께보다 훨씬 작은 경우 수리학적으로 매끈하다. 이런 경우 층류저층의 두께는 주로 Reynolds수에 의해 결정되며, 표면은 흐름의 상태에 따라 매끈하거나 거칠다라고 정의될 수 있다.

식(7.30)으로 표현되는 유속분포를 층류저층 특성치의 함수로 나타내는 것이 편리할 때가 있다. 층류저층에서의 유속경사가 거의 일정하면 전단응력(τ)은 $\mu v/y$으로 정의되는 상수와 같다(즉, $\tau = \mu v/y$). 식(7.24a)의 뉴턴의 점성법칙을 재정리한 후 전단유속 v^*로 나누면 층류에 대한 무차원(dimensionless) 유속분포 공식을 얻을 수 있다.

$$\frac{v}{v^*} = \frac{yv^*}{\nu} \tag{7.31}$$

여기서, ν는 동점성계수(kinematic viscosity)이다. 우측항의 yv^*/ν는 Reynolds수 항으로서 벽면 Reynolds수(wall Reynolds number)라고 알려져 있다. 이러한 유사성으로부터 층류 흐름이 난류 흐름으로 변하는 한계점이 존재함을 알 수 있다. 식(7.31)을 식(7.30)에 대입하고 $y = \delta$ 지점에 대하여 정리하면,

$$\frac{v}{v^*} = \frac{1}{k}\ln\frac{yv^*}{\nu} + C_1 \tag{7.32}$$

Nikuradse는 관의 여러 가지 조도계수의 경우에 대한 연구를 위해 관 내부 표면에 모래를 부착한 실험을 통해 C_1의 값을 5.5로 정하였으며, $k = 0.4$일 때, 매끈한 관에서의 난류흐름에 대한 유속분포는 다음과 같이 정리된다.

$$\frac{v}{v^*} = 2.5 \ln \frac{yv^*}{\nu} + 5.5 \tag{7.33a}$$

$$\frac{v}{v^*} = 5.75 \log \frac{yv^*}{\nu} + 5.5 \tag{7.33b}$$

Singh(1996)에 의하면 식(7.31)로 표현되는 층류저층에서의 전단응력과 유속의 관계는 yv^*/ν값이 4 내지 5까지 유효하며, 그 이상에서는 완전 층류에서 완전 난류로 점진적으로 천이영역이 있다고 하였다. Morris와 Wigger(1972)는 Nikuradse의 실험과 Schliching(1968)의 연구결과를 기반으로 식(7.31)에서의 yv^*/ν값이 11.6임을 결론지었다. 이러한 해석을 토대로 $y=\delta$가 되는 지점에 대하여 다음과 같은 식을 제안하였다.

$$\frac{\delta v^*}{\nu} = 11.6\,,\ \ \delta = \frac{11.6\,\nu}{v^*} \tag{7.34}$$

식(7.23)에서 사용된 $v^* = V\sqrt{f/8}$ 관계식을 식(7.34)에 적용하고 재정리하면 다음 식과 같이 경계층은 Reynolds수에 영향을 받고 있음을 알 수 있다.

$$\frac{\delta}{d} = \frac{11.6\,\nu}{dV\sqrt{f/8}} = \frac{11.6\sqrt{8}}{R_n\sqrt{f}} \tag{7.35}$$

Singh(1966)은 또한 전체가 층류였다가 전체가 난류가 되는 흐름변화가 발생하는 경계면은 없다고 결론짓고, 다음과 같은 제안을 하였다.

층류저층 $0 \le yv^*/\nu \le 4$
천이영역 $4 \le yv^*/\nu \le$ 30에서 70
난류영역 $yv^*/\nu \ge 4$

Schiliching(1968)은 식(7.31)과 식(7.33)에 관한 많은 실험을 통하여 그림 7.7과 같은 결과를 얻었다. 그림 7.7은 층류에서 난류로 변화되는 천이영역과 완전하게 난류로 발달된 영역에서의 유속분포를 보여주고 있다.

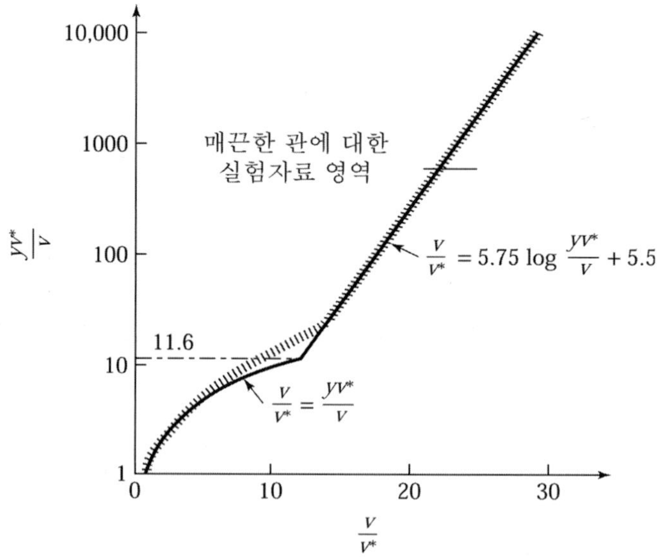

그림 7.7 매끈한 관에서의 유속분포

매끈한 유리관

예제 7.5 그림 7.8과 같이 아래 방향으로 10% 경사지고 직경이 0.2 m, 길이가 100 m 인 관로에서 물이 $0.3\,m^3/s$ 로 흘러가고 있다. 물의 온도는 20℃다. 지점 1에서 측정된 압력수두는 0.5 m 이며 기준면으로부터 측정된 높이는 20 m 이다. 지점 1로부터 100 m 떨어져 있는 지점 2에서 측정된 압력수두는 0.35 m 이다. Morris와 Wiggert의 기준을 적용한 경계층의 두께와 Singh의 기준을 적용한 층류저층 두께를 구하시오. 만일 관로가 리벳 철관이라면 매끈한 관이라고 간주될 수 있는가 판단하시오.

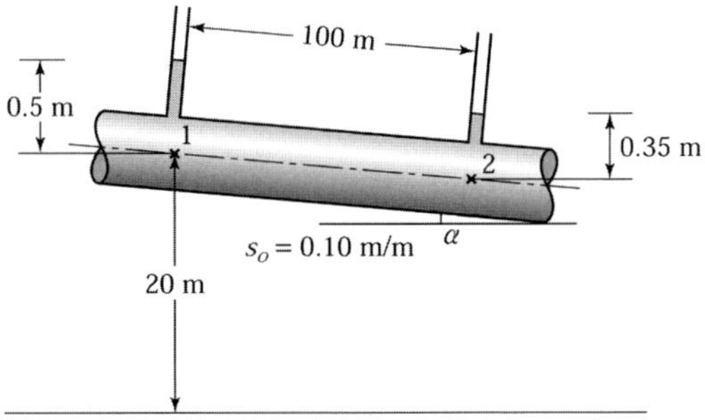

그림 7.8 예제 7.8의 관로 개요도

풀이

마찰경사 $S_f = [\Delta(p/\gamma + b)]/[L\cos\alpha]$, 여기서 α는 관의 내부기울기이다. 이때 $\tan\alpha = 0.1$, $\alpha = 5.71°$, $\cos\alpha = 0.995$, 따라서 지점 1과 지점 2의 기준면으로부터의 높이 차는 $0.1(99.5) = 9.95$ ft이다.

$(p_1/\gamma) + z_1 = 0.5 + 20 = 20.5\,\text{m}$

$(p_2/\gamma) + z_2 = 0.35 + 10.05 = 10.4\,\text{m}$

$S_o = \Delta(p/\gamma + z) = 10.1\,\text{m}$, 이때 $S_f = 10.01/99.5 = 0.102\,\text{m/m}$

$\tau_o = \gamma R S_f = 9789(0.2/4)(0.102) = 49.92\,\text{N/m}^2$

$v^* = (\tau_o/\rho)^{0.5} = (49.92/998.2)^{0.5} = 0.223\,\text{m/s}$

Morris와 Wiggert의 기준을 적용하면, $\delta = [11.6\nu/\nu^*]$

$\delta = 11.6(1.003 \times 10^{-6})/0.223 = 0.0000522\,\text{m}$

Singh 기준으로부터 $yv^*/\nu = 4$; $y(0.223)/1.003 \times 10^{-6}) = 4$

$y = 0.000018\,\text{m}$

<표 7.1>에서 리벳 철관의 최소 $\varepsilon = 0.9\,\text{mm} = 0.0009\,\text{m}$,

따라서 $\delta/\varepsilon = 0.0000522/0.0009 = 0.058$

δ/ε이 $0.058 \ll 1.7$ 때문에 이관은 매끈한 관이라고 판단할 수 있다.

7.4.2.2 거친 벽의 난류 흐름

앞에서 서술한 바와 같이, 층류저층(laminar sublayer) 두께(δ)가 경계층의 거친 요소보다 작아 층류저층의 영향을 무시할 정도라면 거친 표면으로 인한 흐름은 완전한 난류흐름 상태라고 말할 수 있다. 이 경우 식(7.31)과 식(7.32)는 전단응력-속도 관계를 가지게 되고 상대적인 유속분포를 형성한다. 그러나 식(7.32)를 표현하는데 있어, 경계면의 두께보다는 거친 정도를 나타내는 조도의 함수로 표현하는 것이 좋다(Roberson et al., 1988).

$$\frac{v}{v^*} = \frac{1}{k}\ln\frac{y}{\varepsilon} + B \tag{7.36a}$$

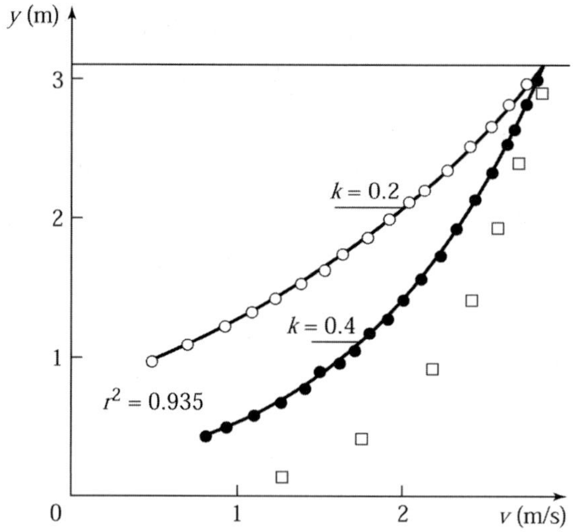

그림 7.9 개수로의 대수 유속분포(Barbe, 1990)

표면이 거친 연철(wrougnt iron)관 단면(Jon Schladweiler 제공, www.sewerhistory.org.)

여기서, B와 k는 상수이다. k가 0.4이므로 위의 식을 상용대수 식으로 전환하면,

$$\frac{v}{v^*} = 5.75\log\frac{y}{\varepsilon} + B \tag{7.36b}$$

Nikurade의 거친 관 실험으로부터 상수 B가 8.48과 같다는 결론이 도출되었으므로,

$$\frac{v}{v^*} = \frac{1}{k}\ln\frac{y}{\varepsilon} + 8.48 \tag{7.37}$$

거친 표면에서 완전한 난류흐름은 일반적인 개수로 흐름의 경우와 같다. 이러한 경우 Nikuradse-van Karman의 대수 유속분포(logarithmic velocity profile)가 적용된다. 일반적으로 유속분포는 다음과 같이 표현된다.

$$\frac{v}{v^*} = \frac{1}{k}\ln\frac{h}{y} + \frac{v_m}{v^*} \tag{7.38}$$

여기서, h는 수로 저면에서부터의 수직 거리, y는 흐름 깊이, v_m은 최대 유속이다. 그림 7.9는 Barbe(1990)에 의한 유속분포도(velocity profile)로 제안된 식과 거의 일치함을 나타낸다.

예제 7.6 직경 $0.25\,\text{m}$의 연철관(wrought iron pipe)에 유량 $0.15\,\text{m}^3/\text{s}$의 물이 흐른다. 관의 길이방향으로의 동수경사는 $0.0343\,\text{m/m}$이며, 물의 온도는 20℃이다. 이러한 경우의 매끈한 관과 거친 관의 유속분포를 계산하고, 어떠한 경우가 맞는지 검토하시오.

풀이

이러한 관수로의 경우 동수경사는 마찰경사와 같다. 따라서 $S_f = 0.0343$이다.

$$\tau_o = 9789(0.25/4)(0.0343) = 20.98\,\text{N/m}^2$$

$$v^* = (20.98/998.2)^{0.5} = 0.145\,\text{m/s}$$

매끈한 관에 대하여

$$\frac{v}{v^*} = 5.75\log\frac{yv^*}{\nu} + 5.5$$

거친관에 대하여

$$\frac{v}{v^*} = 5.75\log\frac{y}{\varepsilon} + 8.48$$

온도 $T = 20$℃에 대해 $\nu = 1.003\times10^{-6}$ 그리고 <표 7.1>의 연철에 대한 조도 $\varepsilon = 0.045\,\text{mm} = 0.000045\,\text{m}$. 이 값을 매끈한 관과 거친관의 공식에 적용하면 다음과 같은 결과가 나온다.

y(m)	매끈한 관 v(m/s)	거친 관 v(m/s)
0.01	3.43	3.19
0.05	4.01	3.77
0.10	4.27	4.02
0.125	4.35	4.10

이제 경계층의 두께가 Morris and Wiggert 기준으로 계산될 수 있다.

$$\delta = \frac{11.6\nu}{v^*} = \frac{11.6(1.003\times10^{-6})}{0.145} = 0.0000802\,\text{m}$$

Singh 기준으로 계산하여 보면

$$\frac{yv^*}{\nu} = 4\,,\quad \frac{y(0.145)}{1.003\times10^{-6}} = 4 \quad \text{따라서 } y(\delta) = 0.0000276\,\text{m}$$

연철의 $\varepsilon = 0.000045\,\text{m}$ 값과 비교하면 첫 번째 기준으로 계산된 δ값이 $1.7\varepsilon(0.0000765\,\text{ft})$보다 큰 것을 알 수 있다. 따라서 관의 벽면이 매끈하다고 말할 수 있다. 그러나 두 번째 기준은 이런 조건을 만족시키지 못하여 관이 매끈하지도 거칠지도 않다고 말할 수 있다.

예제 7.7 물이 반경 2 ft, 경사가 0.0025 ft/ft인 반원형 형태의 개수로를 통하여 흐르고 있다. 유량은 25 cfs, 수심은 1.5 ft, 관찰된 최대유속은 9 ft/s 이다. 거친 관으로 가정하여 수직 유속분포를 계산하시오.

풀이

수로 단면은 그림 7.10과 같다.

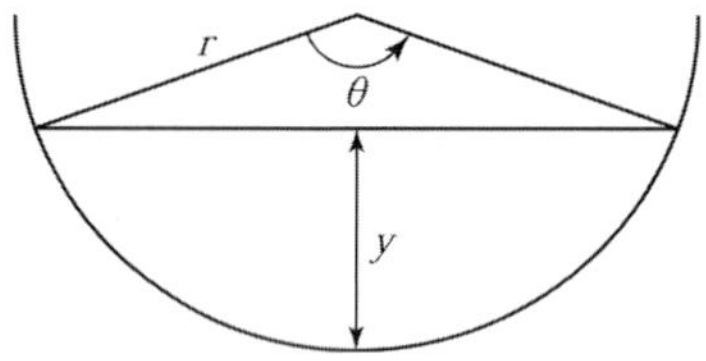

그림 7.10 예제 7.7의 수로단면도

직경이 4 ft이며 깊이는 1.5 ft일 때, <표 10.1>로부터,

식 $\theta = 2\cos^{-1}(1-2(y/d)) = 2\cos^{-1}(1-2(1.5/4)) = 2.636$ radians 에 의해서, 각도를 찾을 수 있다. <표 10.1>에서 다음과 같이 흐름 깊이에 대한 단면적을 구한다.

$$A = (d^2/8)(\theta - \sin\theta) = ((4)^2/8)(2.636 - 0.484) = 4.30\ \text{ft}^2$$

또한 <표 10.1>로부터, 윤변(wetted perimeter) $P = (d/2)\theta = 2(2.636) = 5.27$ ft이다. 따라서 수리반경 $R = A/P = 4.30/5.27 = 0.815$ ft이며, 평균유속 $V = Q/A = 25\ \text{cfs}/4.30\ \text{ft}^2 = 5.81$ ft/s 이다. 따라서,

$$\tau_o = \gamma R S_o = 62.4(0.815)(0.0025) = 0.127\ \text{lb/ft}^2$$

$v^* = (\tau_o/\rho)^{0.5} = 0.256$ ft/s 이다. 거친 관에 대한 공식으로부터,

$$\frac{v}{v^*} = \frac{1}{k}\ln\frac{h}{y} = \frac{v_{\max}}{v^*} = 2.5\ln(h/1.5) + 35.15$$

위의 식을 이용하여 높이 h에 대한 유속은 다음 표와 같다.

h(ft)	v(ft/s)
0.1	7.26
0.25	7.85
0.50	8.25
0.75	8.55
1.00	8.67
1.25	8.88
1.45	8.97

7.5 지수법칙의 유속분포

난류의 일반적인 유속분포를 나타내는 지수법칙(power law)은 다음과 같다(Singh, 1996).

$$\frac{v}{v_m} = \left(\frac{y}{D}\right)^{m/(2-m)} \tag{7.39}$$

여기서, v_m은 최대유속이며, D는 평균수리심(hydraulic depth)을 의미한다. 지수법칙 분포는 오직 경계층 표면으로부터 상당히 떨어진 거리의 난류 지역(turbulent region) 안에서만 적용이 가능하다. 만약 m이 상수(constant)라면, 모든 분포도에서 같아질 것이라는 단점을 가지고 있다. 이러한 이유로, 이 법칙은 m이 Reynolds수 R_n에 따라 바뀌는 경우에서만 물리학의 관점에서 성립된다. 실험에 의하여 위 식은 $m = 1/4$이고 Reynolds수가 $3,000 \le R_n \le 70,000$ 범위일 때, 식(7.39)은 다음과 같이 정리될 수 있다.

$$\frac{v}{v_m} = \left(\frac{y}{D}\right)^{1/7} \tag{7.40}$$

위 공식에서 1/7승(지수)은 수리학에서 가장 일반적으로 사용되는 지수법칙 공식이다. 이 공식은 비교적 작은 Reynolds수($R_n < 10^5$)의 흐름에 적용 가능한 지수법칙이므로 일반적으로 매끈한 관의 경우에만 적용될 수 있다. 이러한 사실로부터 Morris와 Wiggert(1972)는 매끈한 관에 대한 지수법칙을 다음과 같이 표현하였다.

$$\frac{v}{v^*} = 8.7\left(\frac{yv^*}{\nu}\right)^{1/7} \tag{7.41}$$

사실 Wooding et al.(1973)은 작은 지수 값을 이용한 지수법칙(power law)이 대수법칙(logarithmic law)과 본질적으로 동일하다는 것을 보여 주었다. Schlichting (1968)은 지수법칙이 위에서 설명한 것과 같이 작은 R_n의 범위에서만 타당성을 가지는 반면, 대수법칙은 매우 큰 Reynolds수들에 점근선적인 분포(asymptotic distribution)로써 적용가능하다고 언급하였다.

예제 7.8 예제 7.6의 자료를 이용하여 1/7 지수법칙을 이용한 유속분포를 계산하고 매끈한 관에 대한 대수법칙을 이용한 유속분포와 비교하시오.

풀이

$$R_n = \frac{Vd}{\nu} = \frac{3.06(0.25)}{1.003\times 10^{-6}} = 7.627\times 10^5$$

이 문제에서 Reynolds수는 지수법칙(1×10^{-5})을 적용할 수 있는 조건의 범위보다 훨씬 더 크다. 식(7.40)으로 얻어지는 매끈한 면에 대한 최대유속 v_m을 식(7.33b)에 사용하여 다음 결과를 얻는다.

y(m)	지수법칙 v(m/s)	매끈한 관 법칙 v(m/s)
0.01	3.03	3.43
0.05	3.82	4.01
0.10	4.21	4.27
0.125	4.35	4.35

<표 7.11>에서 두 법칙에 의한 유속분포는 벽면에서 멀어질수록 서로 접근하며 벽면에 가까울수록 차이가 더 나타남을 알 수 있다.

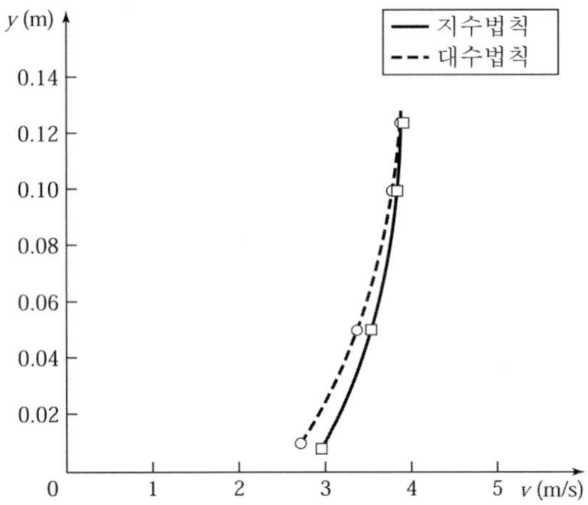

그림 7.11 1/7 지수법칙과 대수법칙을 이용한 매끈한 면에서의 속도분포도

도움말 Reading Aid

7.1 유속분포에 있어서 흐름저항(flow resistance)의 효과에 대해 토론하시오. 실생활 문제에서 흐름의 모든 단면에 대하여 속도는 등류(uniform)일 수 있는가?

7.2 모든 흐름의 문제에서 가장 지배적인 저항력(dominant resistance force)은 무엇인가?

7.3 흐름저항이 어떻게 에너지의 손실로 전환되는지 설명하시오.

7.4 수리학적 시스템(hydraulic system)에서 흐름저항의 연구나 분석은 이론적인 개념을 바탕으로 한 것인가? 아니면 경험적인 개념을 바탕으로 한 것인가?

7.5 수리학적 시스템에서 흐름저항에 영향을 미치는 주요 요인들을 토론하시오. 이 요인들이 같은 시스템 내에서 장소와 시간에 따라 변화될 수 있는가?

7.6 흐름저항에 영향을 주는 요인들이 공간적으로나 시간적으로 변화되는 것을 피하기 위하여 어떻게 간소화될 수 있는가?

7.7 층류(laminar flow)와 난류(turbulent flow) 조건에서 흐름저항과 에너지 손실의 관계에 대하여 토론하시오.

7.8 수리학적 시스템에서 발생되는 가장 일반적인 두 가지의 유속분포에 대해 설명하시오.

7.9 관로의 수리경사선(hydraulic grade line)과 에너지 경사선(energy grade line)이 어떠한 흐름 상태에서 서로 평행한가?

7.10 그림 7.2에 사용된 기호를 이용하여, 유체의 비중량(specific weight), 수리반경(hydraulci radius), 총에너지경사선(total energy line)의 개념으로부터 경계층 전단응력(boundary shear stress)을 추론하시오.

7.11 그림 7.3에 사용된 기호를 이용하여, 개수로 흐름에서 경계층 전단응력을 계산하기 위한 방정식을 추론하시오.

7.12 Chezy 방정식과 Darcy-Weisbach 방정식을 쓰고 두 방정식에서 사용되는 모든 변수를 정의하시오. Darcy방정식이 Chezy 방정식보다 더 일반적인 공식인가?

7.13 Chezy 계수 C(조도계수)와 Darcy 계수 f(마찰계수)의 차수를 설명하시오. C와 f의 차원적 동질성이 있는지 확인하시오.

7.14 전단속도(shear velocity)를 정의하고 평균 유속(average flow velocity)과 전단속도의 관계를 설명하시오.

7.15 동점성계수(dynamic viscosity)와 난류의 와점성계수(eddy viscosity)의 주요한 차이점은 무엇인가? 와점성계수가 점도계(viscometer)에 의해 측정될 수 있는가?

7.16 관수로 흐름이 정상 등류, 층류(steady, uniform, laminar flow)일 경우 수두손실(head loss)에 대한 방정식을 평균유속과 관련하여 추론하시오.

7.17 층류 경계층(laminar boundary layer)은 모든 관수로 흐름에서 존재하는가? 이 층의 두께는 Reynolds수에 의해 어떠한 영향을 받는가?

7.18 유속분포에 대한 전단 응력과 관련된 von Karman 방정식을 쓰시오. 직사각형과 원형 수로의 흐름이 난류 상태일 때 유속분포를 나타내는 대수법칙(공식)의 계수를 정의하시오.

7.19 상대 조도(relative roughness)는 무엇을 의미하는가? 흐름의 경계가 수리학적으로 매끈한(hydraulically smooth) 상태로 평가되는 조건에 대해 서술하시오.

7.20 벽 Reynolds수(wall Reynolds number)에 대하여 정의 하시오. Singh의 이론을 바탕으로 완전한 층류일 경우와 완전한 난류일 경우에 대하여 벽 Reynolds수의 한계를 정의하시오.

7.21 어떤 상태 하에서 층류저층(laminar sublayer)의 효과가 무시되고, 난류효과가 흐름을 지배할 것으로 추정되는가?

7.22 흐름지역(flow region)을 고려하여 지수법칙 유속분포의 응용가능성, 그리고 지수법칙의 약점을 기술하시오.

연습문제

7.1 10 psi의 압력강하(Pressure drop)로 직경이 1 ft이며 Darcy의 마찰계수(f)가 0.018이며 길이가 1000 ft인 수평 파이프에 물을 흐르게 할 수 있다. (a) 이러한 조건의 관수로 흐름에서 유량은 얼마인가? (b) 관수로 흐름의 경계에서 발생되는 전단응력은 얼마인가?

7.2 직경 0.25 m, 길이 150 m의 수평 관수로에 0.5 m^3/s의 유량이 흐르고 있다. 관로 경계에 0.15 N/m^2의 전단응력이 작용하고 있다면 얼마만큼의 압력저하가 발생하는가?

7.3 문제 7.2에서 만약 관수로가 흐름 방향으로 경사져 관로 끝점이 시작점보다 1 m 높다고 가정하고 할 때 압력저하를 계산하시오.

7.4 그림 P7.4에서와 같이 아래쪽으로 10% 경사진 직경 12 in의 관로를 통하여 물이 흐른다. 유량이 1000 gpm이고, 30 ft 떨어진 두 지점에서 측정된 위압수두의 차이는 0.1 ft이다. (a) 관수로 길이 30 ft에서 발생되는 압력강하는 얼마인가? (b) 관로 경계에 가해지는 전단응력은 얼마인가? (c) 전단속도(shear velocity)는 얼마인가? (d) Darcy의 마찰계수 f는 얼마인가?

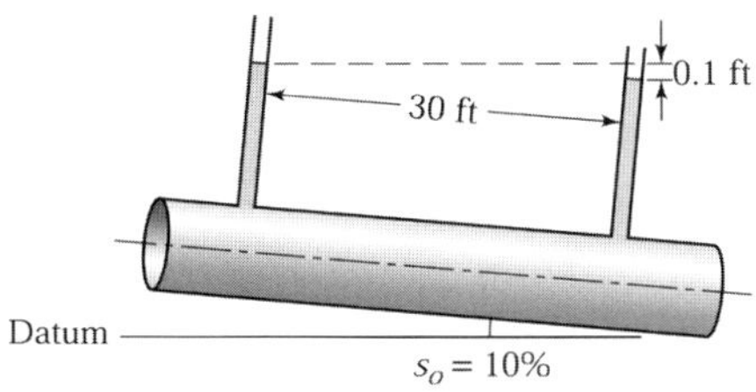

그림 P7.4 문제 7.4의 관수로 개요도

7.5 문제 7.4의 관로 표면은 매우 매끄럽고, 물의 온도는 65°F이다. (a) 관로 중앙에서의 유속과 (b) 경계층 두께(thickness of the boundary layer)를 계산하시오.

7.6 바닥 폭이 10 ft, 측면 경사도가 $2H/1V$인 사다리꼴 단면의 수로경사가 0.00778 ft/ft이다. 수로 바닥(channel bed)에 발생되는 전단응력이 1.5 lb/ft^2라고 할 때 수심을 계산하시오.

7.7 만약 문제 7.6의 수로에 대한 Darcy의 마찰계수가 0.3으로 추정되는 경우, 이 수로에 대한 Chezy 계수 C값은 얼마가 될 것인가? 또한 문제 7.6과 같은 흐름의 조건에서의 유량은 얼마인가?

7.8 폭 3 m 직사각형 수로에 등류수심 2 m로 물이 흐른다. 수로경사가 0.004 m/m일 때 수로벽면에 가해지는 전단응력을 계산하시오.

7.9 바닥 폭 2 m, 측면 경사가 1 : 1이며 수로경사가 0.0040 m/m인 사다리꼴 수로에서 등류수심 1.2 m을 유지하며 8.5 m^3/s의 유량이 흐른다. 이 경우 Darcy의 마찰계수 f와 Chezy 계수 C값을 계산하시오.

7.10 그림 P7.10에서와 같이 위쪽으로 경사도 0.01 ft/ft로 기울어진 직경 6 in의 관로에 물이 흐른다. 관로 경계에 작용되는 전단응력이 0.975 lb/ft^2라고 할 때, (a) 수리경사선(hydraulic grade line) (ft/ft)의 기울기는 얼마인가? (b) 만약 Darcy의 마찰계수 f가 0.088이라면, 이 관로의 유량은 얼마인가? (c) 이 관로의 1 ft 길이에서 발생되는 압력강하는 얼마인가?

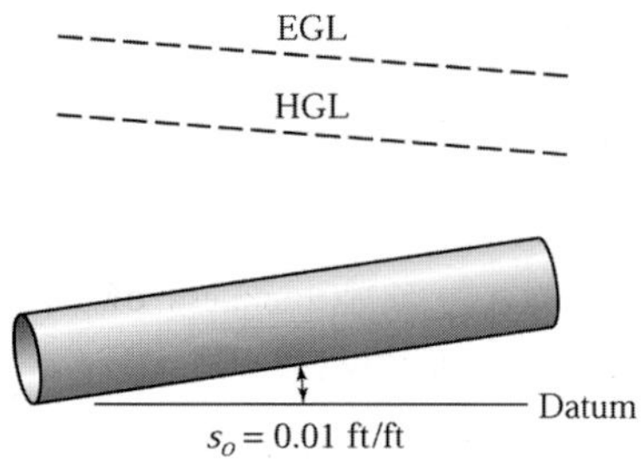

그림 P7.10 문제 7.10의 관수로 개요도

7.11 폭 3m, 수로경사 0.0025m/m의 직사각형 수로에 등류수심 2m를 유지하며 물이 흐르고 있다. Chezy 계수 C의 값이 90이라고 할 때, (a) 이 수로의 유량(m^3/s)은 얼마이며, (b) 이 흐름으로 인해 수로바닥에 가해지게 될 전단응력은 얼마인가?

7.12 그림 P7.12에 보이는 것과 같이 위쪽으로 15% 기울어진 직경 0.25m, 길이 50m의 관로에 물이 흐르고 있다. 이 관로의 시점과 종점에서 측정된 위압수두의 차이는 0.1m이며 물의 온도는 25℃이다. (a) Morris와 Wiggert, Singh의 기준에 맞추어 경계층의 두께를 계산하시오. (b) 만일 관로 소재가 주철(cast iron)이라면, 이 경우 관로표면이 매끄럽다, 거칠다, 혹은 둘 다 아니라고 간주되는가? (c) 압력강하를 계산하시오.

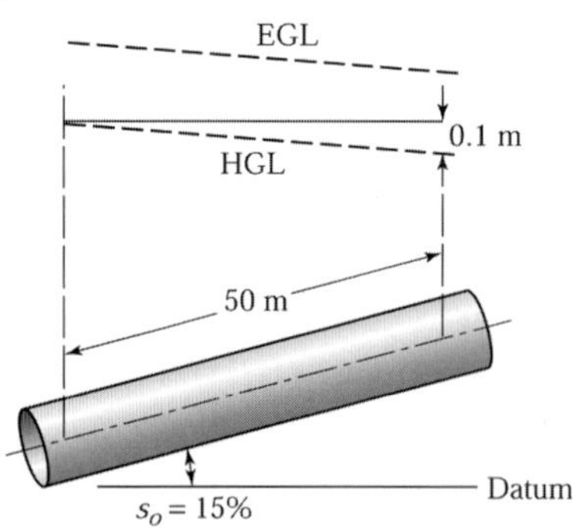

그림 P7.12 문제 7.12의 기울어진 관로 개요도

7.13 20℃의 물이 5% 아래쪽으로 기울어진 직경 0.25m, 길이 120m의 관로를 흐른다. 관로 양 끝의 위압수두는 그림 P7.13과 같이 1.6m와 1.25m이다. (a) Morris와 Wiggert 기준을 이용하여 대략적인 경계층의 두께를 추정하시오. (b) Singh의 기준으로 저층(sublayer) 두께는 얼마인가? (c) 만일 관로가 아연도금을 한 철로 만들어졌다면, 이 경우에서 매끄러운 관로로 여겨질 수 있는가?

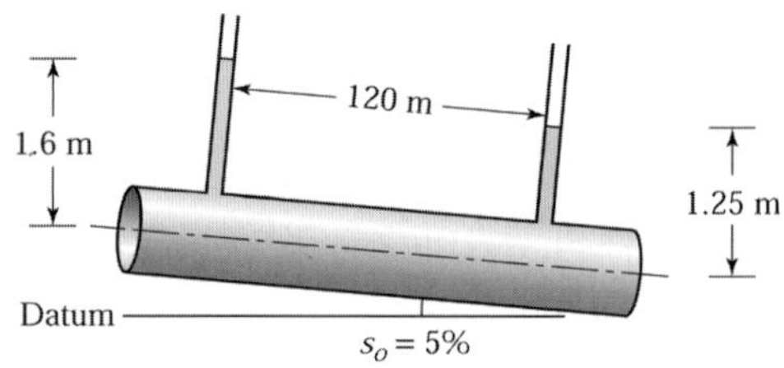

그림 P7.13 문제 7.13의 기울어진 관로 개요도

7.14 저면 폭이 8ft, 측면 기울기가 $2H/1V$인 사다리꼴 수로에 물이 흐르고 있다. 유량이 200cfs이고, 수심이 4ft, 수로경사가 0.005ft/ft라고 할 때, Chezy 계수 C와 Darcy의 마찰계수 f값은 얼마인가?

7.15 문제 7.12에서 유량이 $0.05m^3/s$라면 Darcy의 마찰계수(f)의 값은 얼마가 될 것인가? 또한 이 경우에서의 Chezy 계수 C를 계산하시오.

7.16 직경 0.20m, 길이 75m의 수평한 연철관(wrought iron pipe)에 유량 $0.2m^3/s$의 물이 흐르고 있다. 이 관로에서 발생되는 압력강하는 $120N/m^2$이며, 물의 온도는 25℃이다. (a) 매끄러운 관로라는 가정 하에 이 흐름의 유속분포 윤곽을 계산하고, 그리시오. (b) 거친 관로라는 가정 하에서 이 흐름의 유속 윤곽을 계산하고, 그리시오. (c) 어떤 경우의 유속분포가 더 적당한가?

7.17 그림 P7.17에서와 같이 흐름의 진행방향으로 10%의 기울기로 높이 올라간 직경 6 in, 길이 200 ft의 주철관(cast iron pipe)을 따라 흐른다. 유량은 300 gpm (U.S)이며, 관로에서 발생되는 위압수두 손실은 1 ft, 물의 온도는 65℉이다. (1) Morris와 Wiggert 기준을 사용하여, 경계층 두께를 계산하시오. (b) 관로 소재가 주철(cast iron)이라면, 이것은 매끄러운 관이라고 여겨질 수 있는가? (c) 관로 소재가 연철(wrought iron)이라면, 이것은 매끄러운 관이라고 할 수 있겠는가?

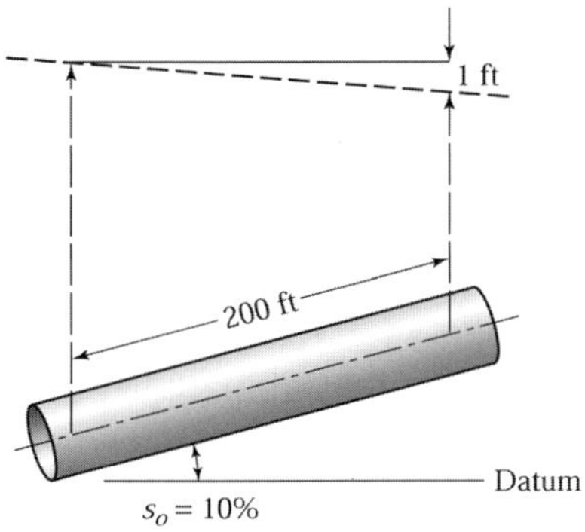

그림 P7.17 문제 7.17의 기울어진 관로 개요도

7.18 매끄러운 관로의 경우와 거친 관로의 경우에 대하여 문제 7.17의 흐름 조건으로 유속분포를 계산하시오. 문제 7.17에서 구한 값과 이 결과들을 어떻게 비교할 수 있는가?

7.19 Morris와 Wiggert 공식의 1/7 지수법칙(power law)을 이용하여 문제 7.17의 흐름조건에 대한 유속분포를 계산하시오.

7.20 직경 0.30 m의 무쇠 관로에 0.20 m^3/s의 물이 흐르고 있다. 이 때 물의 온도는 20℃이며 관로에 가해지는 전단응력이 30 N/m^2이라 할 때, 매끄러운 관인 경우와 거친 관의 경우를 가정하여 유속분포를 계산하고 그리시오. 이 경우에 어떤 가정이 더 정확한가?

7.21 문제 7.20의 자료를 이용하여, 1/7 지수법칙(power law)을 이용하는 경우 유속분포를 추정하고 거친 벽면의 흐름에 적용하는 대수법칙(logarithmic rough wall law)과 비교하시오.

7.22 폭 5 m의 직사각형 수로에 수심 3 m로 22.5 m^3/s의 물이 흐르고 있다. 수로경사가 0.0005 m/m이며 바닥의 조도 ϵ는 0.01 m이다. (a) 이 수로에서의 Chezy의 C값을 측정하시오. (b) 수로 경계면에 가해지는 전단응력의 값을 계산하시오. (c) 완전히 거친벽에 대한 유속분포 관련 식을 이용하여 조도 ϵ와 함께 유속분포를 계산하시오. (d) 바닥으로부터 2.5 m 거리에서 v_m이라고 측정되는 속도를 이용하여, 1/7 지수법칙을 이용하여 유속분포를 계산하고, (c)의 결과와 비교하시오.

7.23 측면 기울기 1 : 1 삼각형 수로에 수심 2.5 m를 유지하면서 유량 15 m^3/s가 흐르고 있다. 수로바닥 기울기가 0.003 m/m이며 경계면의 대표적인 조도크기는 0.24 in이다. 측정된 최대 속도가 3.8 m/s일 경우, 거친 면에 대한 1/7 지수법칙을 이용하여 유속분포를 계산하시오.

7.24 그림 P7.24에서처럼 4800 ft 떨어진 곳에 위치한 곳의 빌딩에 물을 공급하기 위해 고가수조가 사용된다. 물은 직경 12 in 주철관을 통하여 공급될 것이며, 유량은 1000 gpm이다. 화재법규에 의하면 빌딩 부지의 관로에서는 30 psi의 압력을 이용할 수 있어야 한다. 이 조건을 만족시키기 위하여 고가수조 내의 수위는 얼마이어야 하는가? 이 때 관 연결을 위해 추가적으로 필요한 길이는 200 ft이고, 물의 온도는 60℉로 가정하시오.

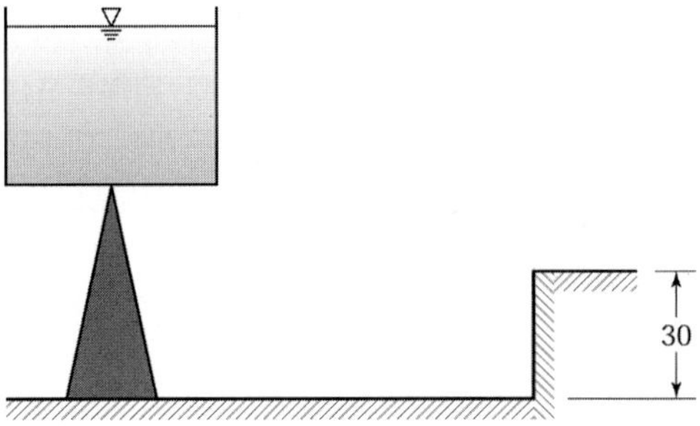

그림 P7.24

7.25 20℃의 물이 직경 10mm, 길이 10m의 관로를 흐른 후 대기에 방출된다. 관에 유입되는 압력은 500kPa이고 방출되는 압력은 1atm이다. 관이 (a) 수평한 경우, (b) 20° 위쪽으로 기울어진 경우, (c) 20° 아래쪽으로 기울어진 경우에 대하여 초당 리터의 단위(ℓ/s)로 유량을 측정하시오.

7.26 그림 7.26에서와 같이 관경 3mm인 관로를 통하여 아래 수조로 운반되는 유량을 ℓ/s의 단위로 계산하시오. 수조 내 물의 온도는 20℃이다.

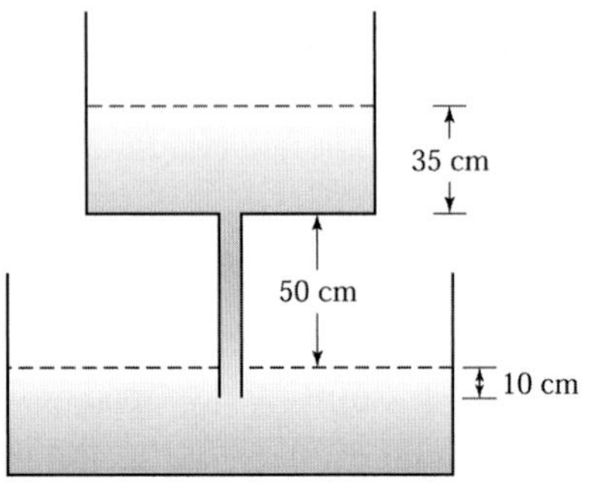

그림 P7.26 관로로 연결된 수조

7.27 문제 7.26에서 관로의 유속에 대한 한계 Reynolds수가 2,000이 되도록 유지하기 위한 관로 직경을 계산하시오.

7.28 관로 내 유속분포에 대한 실험을 위하여 관로 벽면에서 1cm 떨어진 지점 1과 2cm 떨어진 지점 2에서 유속을 측정한다. 지점 1에서 지점 2까지의 유속 증가량이 16%라면, 관로 표면조도(ε)를 추정하시오.

7.29 마을 주민에게 물을 공급하기 위하여 폭 2m, 높이 1m의 직사각형의 콘크리트관을 사용하고자 한다. 콘크리트관의 표면조도(ϵ)는 2mm이며 마을에 공급되어야 할 유량은 8000 gal/min이다. 이 조건을 달성하기 위한 콘크리트관의 기울기를 추정하시오.

7.30 길이가 L인 수평관로의 수두손실이 h_f라고 할 때 관로 내에서 완전히 발달된 층류(fully developed laminar flow)에서의 유속 $v(r)$과 중심선 유속(v_c)과의 관계를 도출하시오.

참고문헌

Barbe, D. E., 1990. Probabilistic Analysis of Bridge Scour Using the Principle of Maximum Entropy, Ph.D. dissertation, Louisiana State University, Baton Rouge, LA.

Henderson, F. M., 1966. Open Channel Flow, Macmillan, New York

Hwang, N. H. C. and Houghtalen, R. J., 1996. Fundamentals of Hydraulic Engineering Systems, 3rd edition. Prentice-Hall, Upper Saddle River, N. J.

Morris, H. M. and Wiggert, J. M., 1972. Applied Hydraulic in Engineering, 2nd edition. Wiley, New York

Roberson, J. A. Cassidy, J. J., and Chaudhry, M. H., 1988. Hydraulic Engineering. Houghton Mifflin, Boston. Mass.

Schlichting, H. 1968. Boundary Layer Theory, 6th edition, McGraw-Hill, New York.

Singh, V. P. 1996. Kinematic Wave Modeling in Water Resources, Surface-Water Hydrology, Wiley, New York.

Wooding, R. A. Bradley, E. F. and Marshall, J. K., 1973, Drag due to regular arrays of roughness elements of varying geometry, Boundary Layer Meteorology, 5(3); 285-308.

A large slurry pipe

Chapter 08

관수로 흐름

관수로(closed conduit) 흐름에서, 주어진 여건에 따라 필요한 유량을 원하는 지점까지 송수할 수 있는 기능은 매우 중요하다. 관수로에서 흐름이 발생하는 경우 질량(mass), 운동량(momentum), 에너지(energy) 보존 법칙을 적용할 수 있다. 유량이나 관경(pipe diameters)을 결정하기 위해서는 질량 보존의 법칙(연속법칙), 에너지 보존의 법칙이 항상 적용되며, 관수로에서 흐름에 의해 발생되는 힘에 대한 해석은 앞 장에서 다루었던 운동량 법칙이 적용된다. 본 장에서는 관수로에서 흐름이 발생하는 경우 앞서 5장과 7장에서 다루었던 에너지, 유속, 흐름저항 법칙을 적용하는 경우에 대하여 다룰 것이다. 관수로에서의 흐름을 설명하기 위해 앞 장에서는 유속분포와 흐름의 저항에 관한 이론의 몇 가지 실제 적용성에 대하여 설명하였다. 특히 20세기 초 독일 학자들에 의해서 얻어진 이론과 실험 결과가 실제 관수로 흐름 문제를 해결하는데 있어 얼마나 유용한지에 대해 보여주었다. 그러나 위의 결과는 관수로의 흐름에 있어 정상류(steady flow)와 등류(uniform flow)인 경우로 한정되어 있다. 관수로의 흐름을 등류해석으로 해결하기 어려운 경우 같은 직경의 관들로 분류 조합하고, 관경이 변화되는 부분은 본 장 8.4절의 미소손실(minor losses)을 이용함으로서 해결된다. 관수로의 초기 흐름이나 경계조건에 의하여 야기되는 부정상류(unsteady flow)의 해석은 일반적으로 본 교재의 범주를 벗어나는 동역학 법칙의 응용이 필요하므로 본 장에서는 제외하였다. 그러나 부정상류의 일종인 수리학에서의 수격(water hammer) 현상에 대해서는 본 장 8.6절에서 다루었다.

8.1 일반적인 에너지 개념

관수로 흐름을 해석하는데 있어 가장 중요한 사항은 관수로 흐름에 필요한 에너지 발생과 흐름시 발생하는 에너지 손실 간의 관계이다. 관수로 흐름에서 발생하는 에너지는 그림 8.1에서 보는 바와 같이 위치, 압력, 속도 수두의 합이다. 즉,

$$E_1 = z_1 + \frac{p_1}{\gamma} + \frac{\alpha V_1^2}{2g} \tag{8.1}$$

여기서, z는 기준점으로부터 관로 중앙까지의 높이, p는 압력, V는 유체의 평균유속, γ는 유체의 단위중량, α는 운동에너지를 보정하는 유속계수(velocity coefficient)이다. 7장에서 언급한 바 있는 중심축에 대하여 대칭적이며 일정한 단면을 가진 관로의 경우 유속계수는 1(unity)이다. 관로의 1점에서 2점까지의 에너지 공식은 다음과 같이 Bernoulli 방정식이 성립된다(5장 참조).

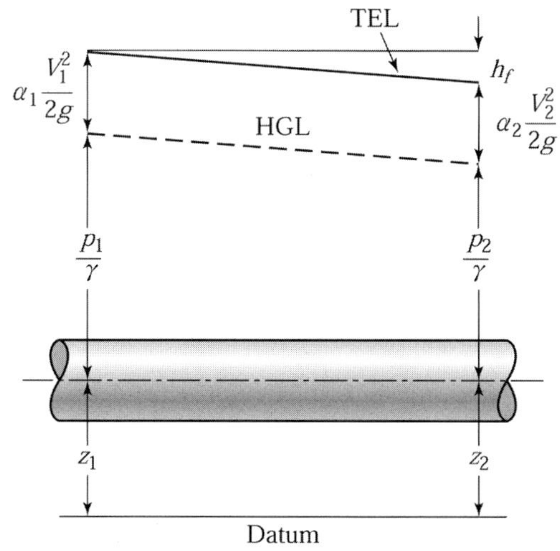

그림 8.1 관수로에서의 정상 등류

$$z_1 + \frac{p_1}{\gamma} + \frac{V_1^2}{2g} = z_2 + \frac{p_2}{\gamma} + \frac{V_2^2}{2g} + h_f \tag{8.2}$$

여기서, h_f는 7장에서 설명되었던 흐름의 저항에 의한 손실수두이다. $z + \frac{p_1}{\gamma}$는 위압수두(piezometric head)라 하며, 이 값의 경사(gradient)를 위압경사선(piezometric grade line) 또는 동수경사선(hydraulic grade line)이라 한다. 식(8.1)에서 얻어진 에너지 합의 경사는 에너지경사선(energy grade line)이라 하며, 때로는 마찰력 때문에 손실된 에너지경사를 의미하므로 마찰경사(friction slope)라고도 한다. 그림 8.1에서와 같이 동일 직경을 갖는 관로에서는 유속 변화가 없는 정상류(steady flow) 흐름이 발생하므로 수리경사와 에너지경사는 같아질 것이다. 7장에서는 이러한 흐름의 조건을 정상류 또는 등류(uniform flow)라고 하였다. 이러한 관수로 흐름에서 발생하는 손실수두(head loss)는 동수경사선(hydraulic grade line)의 감소로부터 계산할 수 있으며, 이는 관에서의 압력 손실 및 손실수두와 직접적으로 연관되어 있다.

일반적으로 지점 1에서의 관로길이, 유출량 그리고 지점 2의 위치수두 z_2가 주어진다면, 가장 중요한 사안은 가장 효율적이고 적은 비용으로 설계 수두를 만족하는 유량을 송수할 수 있는 관종(pipe materials)과 관경(diameter)을 선택하는 것이다. 특히 지점 1의 조건과 관경이 주어진다면 유출량을 산출할 수 있으며, 지점 2의 조건이 주어진다면 지점 1에서 송수하는데 필요한 에너지를 결정할 수 있다. 한편 대부분의 실제 문제는 Bernoulli 방정식을 적용하고 손실수두를 추정하는 것으로 귀결된다.

예제 8.1 어떤 건물에 물을 공급하기 위하여 그림 8.2와 같이 대기압에 접하고 있는 고가수조를 사용한다. 송수할 유량은 $0.15\,\mathrm{m^3/s}$이며, 건물위치에서 필요한 관로수압은 $20\,\mathrm{kN/m^2}$이다. 지표면을 기준으로 건물의 위치가 고가수조보다 $20\,\mathrm{m}$ 높으며, 사용되는 관로길이는 $250\,\mathrm{m}$, 관경은 $25\,\mathrm{cm}$이다. 관로 상에서 발생하는 손실수두는 $7.5\,\mathrm{m}$라 한다. 이 때 고가수조의 수위는 얼마인가?

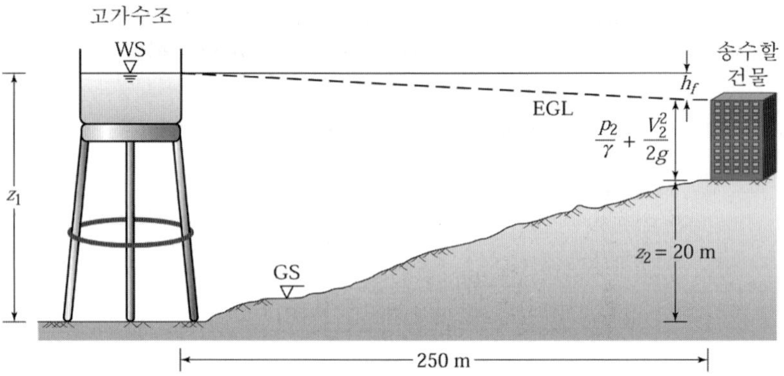

그림 8.2 예제 8.1의 개요도와 수리학적 수두(hydraulic heads)

풀이

$d = 0.25\,\mathrm{m}$, $A = \dfrac{\pi d^2}{4}$, $V = Q/A = 0.15/0.049 = 3.06\,\mathrm{m/s}$이며, 에너지 공식을 적용하면,

$$z_1 + \frac{p_1}{\gamma} + \frac{V_1^2}{2g} = z_2 + \frac{p_2}{\gamma} + \frac{V_2^2}{2g} + h_f$$

고가수조의 수위를 기준면으로 잡으면, 고가수조의 p_1, V_1은 0이 된다. 이를 간단하게 정리하면,

$$z_1 = \frac{p_2}{\gamma} + \frac{V_2^2}{2g} + z_2 + h_f$$

$$z_1 = \frac{20000\,\mathrm{N/m^2}}{9789\,\mathrm{N/m^3}} + \frac{(3.06\,\mathrm{m/s})^2}{2 \times 9.81\,\mathrm{m/s^2}} + 20\,\mathrm{m} + 7.5\,\mathrm{m}$$

$$z_1 = 30.0\,\mathrm{m}$$

8.2 관수로에서의 저항과 마찰 손실

앞 장에서 서술한 바와 같이 정상 등류 흐름에 적용하는 일반적인 저항 방정식에 대한 공식은 관로 내에서 동역학적 평형(dynamic equilibrium) 상태에서의 전단응력을 고려함으

로 다음과 같이 표현할 수 있다.

$$\tau_o = \gamma R S_f \tag{8.3}$$

여기서, τ_o는 경계면 전단응력(N/m^2), γ는 물의 단위중량(N/m^3), R은 단면적과 윤변(wetted perimeter)의 비로 표시하는 수리반경(A/P), S_f는 흐름방향으로 발생한 에너지 변화를 흐름 길이로 나눈 마찰경사(friction slope)이다. 또한 차원해석을 이용하면, 저항 공식은 다음과 같이 평균유속으로 표현할 수 있다.

$$V = C\sqrt{RS_f} \tag{8.4}$$

여기서, C는 저항계수이며, 식(8.4)는 Chezy 공식으로 알려져 있다. 이 공식은 정상 등류(steady, uniform flow)의 경우에 적용할 수 있으며, 경계층 전단공식(boundary shear formula)의 교환식으로 쓰이기도 한다. 한편 관수로 마찰에 의한 에너지 손실을 계산하는 경우 아래 식(8.5)와 같은 Darcy-Weisbach 방정식을 사용한다.

$$h_f = \frac{fL}{d}\frac{V^2}{2g} \tag{8.5}$$

7.3절에서처럼 만약 $C = (8g/f)^{0.5}$이라면, Chezy와 Darcy-Weisbach 방정식은 같아진다. 20세기 초반 Prandtl, von Karman과 Nikuradse는 실험을 통해 Darcy방정식이 넓은 범위에 적용할 수 있음을 증명하였다. 위의 실험 결과 7장에서 논의되었던 유속분포(velocity distribution)에 기초한 Darcy의 마찰계수 f에 대해 몇 가지의 공식이 도출되었다. 또한 Henderson(1966)은 위와 같은 실험을 통해 Chezy 상수 C가 쉽게 변화될 수 있음을 보여주었다. 이전 장에서 언급한 것처럼 Chezy 계수는 단위(units)가 있는 반면 Darcy의 마찰계수 f는 단위가 없다.

예제 8.2 예제 8.1과 같은 조건일 때, 건물과 고가수조에 연결된 관수로에서의 Darcy 마찰계수 f와 Chezy 상수 C는 얼마인가?

풀이

손실수두(h_f)는 7.5 m이며, 식(8.5)와 예제 8.1의 조건을 대입하면,

$$h_f = \frac{fL}{d}\frac{V^2}{2g} \quad \text{혹은} \quad 7.5 = \frac{f(250)(3.06)^2}{0.25(2)(9.81)}$$

$$7.5 = 477.2477f$$

따라서 $f = 0.0157$, $C = 70.7\,\mathrm{m}^{0.5}/\mathrm{s}$

예제 8.3 가압수조에 설치되어 있는 관경 1 ft, 길이가 1000 ft인 관로를 통해 수조의 관로 배출 지점으로부터 50 ft 위에 있는 지점까지 송수하려고 한다. 탱크 내부압력은 30 psi, 관로의 Darcy 마찰계수는 0.035이다. 만약 관로 끝단에 요구되는 압력이 5 psi라면, 관로를 통한 유량은 얼마인가?

풀이

예제 8.3에 대한 기본조건은 그림 8.3과 같다. 수조의 에너지수두(energy head)는 압력수두(pressure head)와 같으며, 그 값은 $30(144)/62.4 = 69.23$ ft 이다. 이 수조의 에너지수두를 계산하면 관로에서의 손실수두를 구할 수 있다. 관로의 위치수두는 50 ft이고, 압력수두는 11.54 ft이므로 속도수두(velocity head)를 무시할 경우 손실수두는 7.69 ft가 된다. Darcy-Weisbach 식으로부터 흐름속도를 계산하면,

$$7.69 = \frac{0.035(1000)\,V^2}{1 \cdot (2 \times 32.2)}$$

흐름속도 $V = 3.76$ ft/s 이며, $(V^2/2g) = 0.22$ ft 가 된다. 처음에 산정했던 손실수두를 계산된 손실수두로 빼면 손실수두는 $h_f = 7.47$가 된다. 속도수두 V를 다시 계산하면, 0.21 ft가 되며, 이 값은 처음 계산했던 0.22 ft에 거의 수렴하였음을 알 수 있다. 따라서 유량은

$$Q = VA = 3.71\left(\frac{\pi(1)^2}{4}\right) = 2.91\,\text{cfs}$$

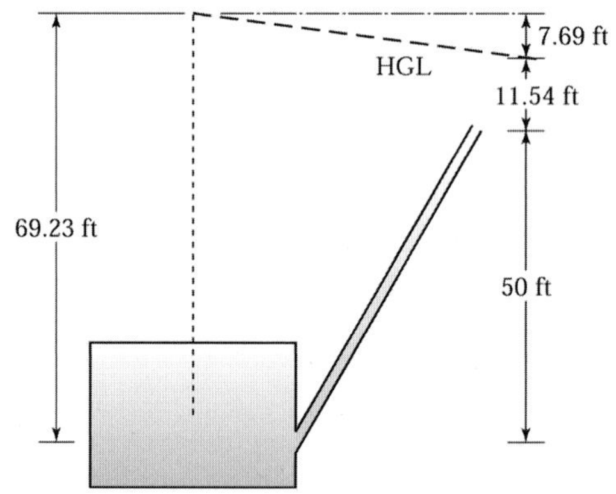

그림 8.3 예제 8.3의 관로와 연결된 가압수조

8.2.1 관수로에서의 층류

7장에서는 뉴턴의 점성법칙(law of viscosity)에 기초한 층류(laminar flow)에 대한 에너지 손실과 평균 유속간의 간단한 관계식을 전개하였다. 관로의 길이 L에 대해 식(7.28)을 다시 쓰면,

$$h_f = \frac{32\mu VL}{\gamma d^2} \tag{8.6}$$

식(8.6)을 Poiseuille 공식이라고 하며 다음과 같이 쓸 수 있다.

$$h_f = \frac{64\,V^2 L}{R_n 2gd} \tag{8.7}$$

여기서, $R_n = [\rho Vd]/\mu$은 유체의 Reynolds수이다.

식(8.7)과 Darcy식(8.5)를 비교하면, 층류의 경우 Darcy 마찰 계수 $f = 64/R_n$이고, 이는 관 내부 표면 조도와 무관하다는 것을 알 수 있다. 이러한 현상은 앞 절에서 언급했던 층류저층(laminar sublayer)의 발달 관점에서 보면 당연한 것으로 층류저층이 관로 단면 전체에 걸쳐 발달함을 의미한다. 또한 Darcy식은 차원해석에 의해 유도할 수 있으며, 층류의 경우 전단응력(shear stress)과 에너지 손실(energy loss)의 계산은 경험식과 관련이 없으며, 전적으로 흐름 매개체(flow medium)와 관련이 있다.

8.2.2 관수로에서의 난류

7장에서 논의했던 것과 같이 대부분의 실제 문제들은 난류(turbulence flow)와 관련이 깊다. 관로 내에서 발생하는 난류에 대한 연구는 Prandtle 학파의 실험주의자(Prandtl school of experimentalists)들의 업적이 매우 크게 작용한다. 난류 유속분포(turbulence velocity disturbance)에 대한 일반식은 식(8.8)과 같이 표현할 수 있다.

$$\frac{v}{v^*} = \frac{1}{k}\ln\frac{y}{D} + C \tag{8.8}$$

여기서, v는 경계로부터 y까지의 순간속도(instantaneous)이고, v^*는 전단속도(shear velocity ; m/s), D는 수리수심(hydraulic depth), k는 von-Karman 상수(정수의 경우, 0.4), 그리고 C는 상수이다. 관수로의 경우 D는 관로의 반경이다. 층류저층의 두께와 벽의 조도에 의해 완전히 다른 두 조건에서의 난류가 발생되는데, 이는 무차원 유속분포로서 매끄러운 벽면 수로에서의 난류와 거친 벽면 수로에서의 난류로 분류할 수 있다.

매끄러운 벽면 수로의 경우 :

$$\frac{v}{v^*} = 5.75\log\frac{yv^*}{\nu} + 5.5 \tag{8.9}$$

거친 벽면 수로의 경우 :

$$\frac{v}{v^*}=\frac{1}{k}\ln\frac{y}{\epsilon}+8.48 \tag{8.10}$$

여기서, 매끄러운 벽면 수로에서의 유속분포는 층류저층의 특성(벽 Reynolds수)에 대한 함수이고, 거친 벽면 수로의 경우 유속분포는 벽면 조도 ϵ의 함수이다. 위의 개념으로부터, 이러한 분포는 난류조건 하에서 Darcy 마찰 계수의 거동을 결정하는데 사용될 수 있다.

8.2.2.1 매끄러운 관에서의 난류

식(7.23)에 포함되어있는 전단응력-속도 관계와 식(8.9), 식(8.10)의 유속분포 식을 이용하면, 다음과 같이 마찰계수를 간단히 구할 수 있다.

$$\frac{V}{v^*}=\sqrt{8/f} \tag{8.11a}$$

$$f=8\left(\frac{v^*}{V}\right)^2=8\left(\frac{Av^*}{\int vdA}\right)^2 \tag{8.11b}$$

von Karman과 Prandtle (Prandtle, 1926 ; von Karman, 1934)은 식(8.9)에 유속분포를 대입하고, 관로 반경에 대하여 적분하여 매끄러운 관로에서의 난류에 대한 마찰계수 f를 식(8.12)와 같이 유도하였다.

$$\frac{1}{\sqrt{f}}=2\log(R_n\sqrt{f})-0.80=2\log\left(R_n\frac{\sqrt{f}}{0.627}\right) \tag{8.12}$$

이 경우 층류저층이 지배하기 때문에 매끄러운 관로에서의 난류에 의한 에너지 손실은 Reynolds수만의 유속함수이며, 관로의 조도(roughness)와는 관계가 없다. 또한 위의 식에서 Reynolds수가 증가하면 마찰계수는 감소함을 알 수 있다. 만약 평균 횡단면 속도(average cross sectional velocity)를 이용하면, 단면에 따른 유속분포의 적분이 가능하다. 이는 속도분포(velocity profile)를 직접 다룰 필요가 없어 연산시 유용한 가정 중에 하나이다.

예제 8.4 물이 1,000 gpm의 유량으로 직경 6 in인 관을 따라 흐르고 있다. 이 때 물의 온도는 70°F이며, 관로는 수리학적으로 매끄럽다고 가정할 때, 관로의 길이가 75 ft인 경우, Darcy 마찰계수와 손실수두를 계산하시오.

풀이

$d=0.5\ \text{ft}$; $A=\pi d^2/4=0.196\ \text{ft}^2$, $Q=1000\ \text{gpm}=2.23\ \text{cfs}$,

$V = Q/A = 2.23/0.196 = 11.38\,\text{ft/s}$.

70°F의 온도에서 $\nu = 1.059 \times 10^{-5}\,\text{ft}^2/\text{s}$.

$$R_n = \frac{Vd}{\nu} = \frac{11.38(0.5)}{1.059 \times 10^{-5}} = 5.37 \times 10^5$$

따라서

$$\frac{1}{\sqrt{f}} = 2\log(R_n\sqrt{f}) - 0.8$$

시행착오법(trial and error)으로 계산한 결과, 마찰계수는 $f = 0.013$이며, 이 때 손실수두는

$$h_f = \frac{fL}{d}\frac{V^2}{2g} = \frac{0.013(75)(11.38)^2}{0.5(2)(32.2)} = 3.92\,\text{ft}$$

8.2.2.2 거친 관에서의 난류

식(8.11b)와 거친 벽면에 대한 유속분포 식(8.10)을 이용하여 관로 반경에 대해 적분하면, 마찰계수에 대한 Nikuradse의 거친 벽면 공식을 유도할 수 있다.

$$\frac{1}{\sqrt{f}} - 2\log\frac{r}{\epsilon} = 1.74 \tag{8.13a}$$

식(8.13a)를 적분하면 상대거리의 항 y는 상대거리의 한계값(r)으로 치환되고 자연로그가 상용로그로 변환되어 다음과 같이 관로 직경에 대한 항으로 표현된다.

$$\frac{1}{\sqrt{f}} - 2\log\frac{d}{\epsilon} = 1.14 \tag{8.13b}$$

식(8.13a)과 (8.13b)는 거친 벽면 관에서의 난류에 대한 마찰계수가 관로의 조도(상대조도 ϵ/d항으로 표현)만의 함수이며, 난류의 강도(intensity)나 또는 난류의 정도(degree)를 나타내는 Reynolds수의 함수가 아님을 의미한다. 이는 거친 관로의 경우 난류는 조도(roughness)에 의해 지배되며, 층류저층의 효과는 무시될 수 있음을 보여준다. 흐름의 특정 조건에 따라 관로가 매끄러운 관이나 또는 거친 관(또는 둘 모두 아님) 처럼 거동할지라도 층류저층의 두께 자체는 매끄러운 관로에서와 같이 Reynolds수의 함수가 되는 것을 다시 한 번 확인할 수 있다.

예제 8.5 실험실에서 직경 $0.15\,\text{m}$인 관을 통하여 $0.1\,\text{m}^3/\text{s}$의 유량의 물이 흐르도록 하였다. 이 때 물의 온도는 20℃이다. 동수경사선(hydraulic grade line) 기울기는 $0.217\,\text{m/m}$로 측정되었다. 이 때 Darcy 마찰계수를 구하고, 이 관로가 매끄러운 관로와 거친 관로 중 어떤 관에 더 가까운지 결정하시오.

풀이

$d = 0.15\,\text{m}$, $A = \pi d^2/4 = 0.0177\,\text{m}^2$, $V = Q/A = 0.1/0.0177 = 5.65\,\text{m/s}$이며

이때 $T = 20℃$, $\nu = 1.003 \times 10^{-6}$이므로

$$R_n = \frac{Vd}{\nu} = \frac{5.65(0.15)}{1.003 \times 10^{-6}} = 844{,}965$$

$\tau_o = \gamma R S_f = 9789(0.15/4)(0.217) = 79.66\,\text{N/m}^2$이며,

$$v^* = \sqrt{\frac{\tau_o}{\rho}} = \sqrt{\frac{79.65}{998.2}} = 0.282\,\text{m/s},\ \frac{V}{v^*} = \sqrt{\frac{8}{f}} \Rightarrow \frac{5.65}{0.282} = \sqrt{\frac{8}{f}} \Rightarrow f = 0.02$$

제7장에서 논의된 경계층의 두께에 대해 Morris와 Wiggert 규준을 이용하면,

$$\delta = \frac{11.6\nu}{v^*} = \frac{11.6(1.003 \times 10^{-6})}{0.282} = 0.0000413\,\text{m}$$

거친 관로의 관계식으로부터,

$$\frac{1}{\sqrt{f}} - 2\log\left(\frac{d}{\epsilon}\right) = 1.14\text{이므로}\quad \frac{1}{\sqrt{0.02}} - 2\log\left(\frac{0.15}{\epsilon}\right) = 1.14$$

따라서 $\epsilon = 0.000162\,\text{m}$이며, 제7장에서 논의된 Hwang and Houghtale 규준에 의하여 $\delta/\epsilon = 0.25$를 얻을 수 있으며, 만약 관의 $\delta/\epsilon < 0.08$이라면, 거친 관로로 판단할 수 있다. 따라서 만약 저층의 두께에 Singh 규준을 적용하면,

$$\delta = \frac{4\nu}{v^*} = \frac{4(1.003 \times 10^{-6})}{0.282} = 0.0000142\,\text{m}$$

계산 결과 $\delta/\epsilon = 0.0877$이며, 본 거친 관로의 규준($\delta/\epsilon < 0.08$)에 근접함으로, 거친 관로라고 할 수 있다.

8.2.2.3 천이영역

이전의 예제에서 매끄러운 관로와 거친 관로에서 적용되는 공식의 판단구분을 쉽게 결정할 수 없는 상황에서 유체의 흐름 체계를 통해 쉽게 구분할 수 있는 방법을 보여주었다. 사실 대부분의 실제 상황에서도 위와 마찬가지로 판단할 수 있다. 일반적으로 이용되는 관로의 손실수두에 대해 조사한 결과로부터 von Karman과 Nikuradse에 의해 전개된 관계에 따르지 않는다는 결과가 도출되었다. 이는 그들의 실험에서 쓰인 등입경의 모래를 관로의 거친 요소와 같은 것으로 가정하였으나, 실제 관에서는 모래가 거친 요소와 같은 요소로서 작용하지 않기 때문이다. 이에 대해 영국의 Colebrook과 White(1937)는 매끄러운 관로와 거친 관로에서 점근적(asymptotic)으로 적용할 수 있는 반경험적 함수(semiempirical function)를 제안하였다.

매끄러운 관에 대한 식 (8.12)에서 $2\log(r/\epsilon)$을 빼면 (8.13a)와 유사한 다음 식으로 표현할 수 있다.

$$\frac{1}{\sqrt{f}} - 2\log\frac{r}{\epsilon} = 2\log\left(\frac{R_n\sqrt{f}}{r/\epsilon}\right) - 0.80 \tag{8.14}$$

식(8.14)와 거친 관로에 대한 식(8.13a)을 조합하면 다음과 같이 표현할 수 있다.

$$\frac{1}{\sqrt{f}} - 2\log\frac{r}{\epsilon} = 1.74 - 2\log\left(1 + 18.7\frac{r/\epsilon}{R_n\sqrt{f}}\right) \tag{8.15}$$

위 식의 마지막 항은 본래의 식(Singh, 1996)에서 발생한 편차를 설명하기 위해서 von Karman과 Nikuradse가 경험적으로 유도하여 추가한 항이다. 해석 결과 Reynolds수가 적은 값을 갖는 경우 그 관로는 매끄러운 관로를 의미하며, Reynolds수가 큰 값을 갖는 경우 거친 관로를 의미한다.

마찰계수를 결정하기 위해 앞 절에서 언급했던 대다수의 해석식들은 비선형(nonlinear)이다. 이러한 이유로 모든 경우에 대해 적용시켜 이를 해결하려는 것은 매우 힘들뿐만 아니라 어려운 일이다. 실제 적용되는 문제들은 대부분 주어진 수두에 대하여 일정 유량을 송수하기 위해 가장 적합한 관 직경과 재질을 선택할 때 시행착오법을 이용한다. Lewis Moody (Henderson,1966 참조)는 실제 상황에서 사용될 수 있는 마찰계수의 결정을 쉽게 하기 위하여 마찰계수 f의 경로를 그림 8.4와 같이 그래프로 도시하였으며 이를 Moody 도표라 한다. 그림 8.4에서 Reynolds수 R_n과 상대조도계수 ϵ/d의 함수로서 f가 주어지며, 그림과 같은 곡선 군(family)으로 나타난다. 도표는 크게 세 영역으로 분류되며, 층류 영역에서 Reynolds수는 2000까지이며, 직선 $f = 64/R_n$에 의해 경계를 이룬다. 천이영역과 매끄러운 관로 영역에서 f는 R_n과 ϵ/d의 함수이고, R_n의 값은 약 10^6을 갖는다. 마지막으로 완전한 난류 영역은 선형 Nikuradse의 거친 관로에서의 공식이 적용되며, f는 오직 ϵ/d의 함수이다.

만약 Moody 도표를 이용하여 예제 8.5의 결과를 다시 풀이하면, Reynolds수가 8.5×10^5이고 f가 0.02인 지점은 도표 상에서 천이영역과 거친 관로 영역의 경계에서의 흐름으로 판단할 수 있다. 결과적으로 앞서 푼 결과를 확인할 수 있다. Moody 도표는 관수로에서 많은 실제 설계문제를 해결하는데 있어 아주 유용하게 사용된다.

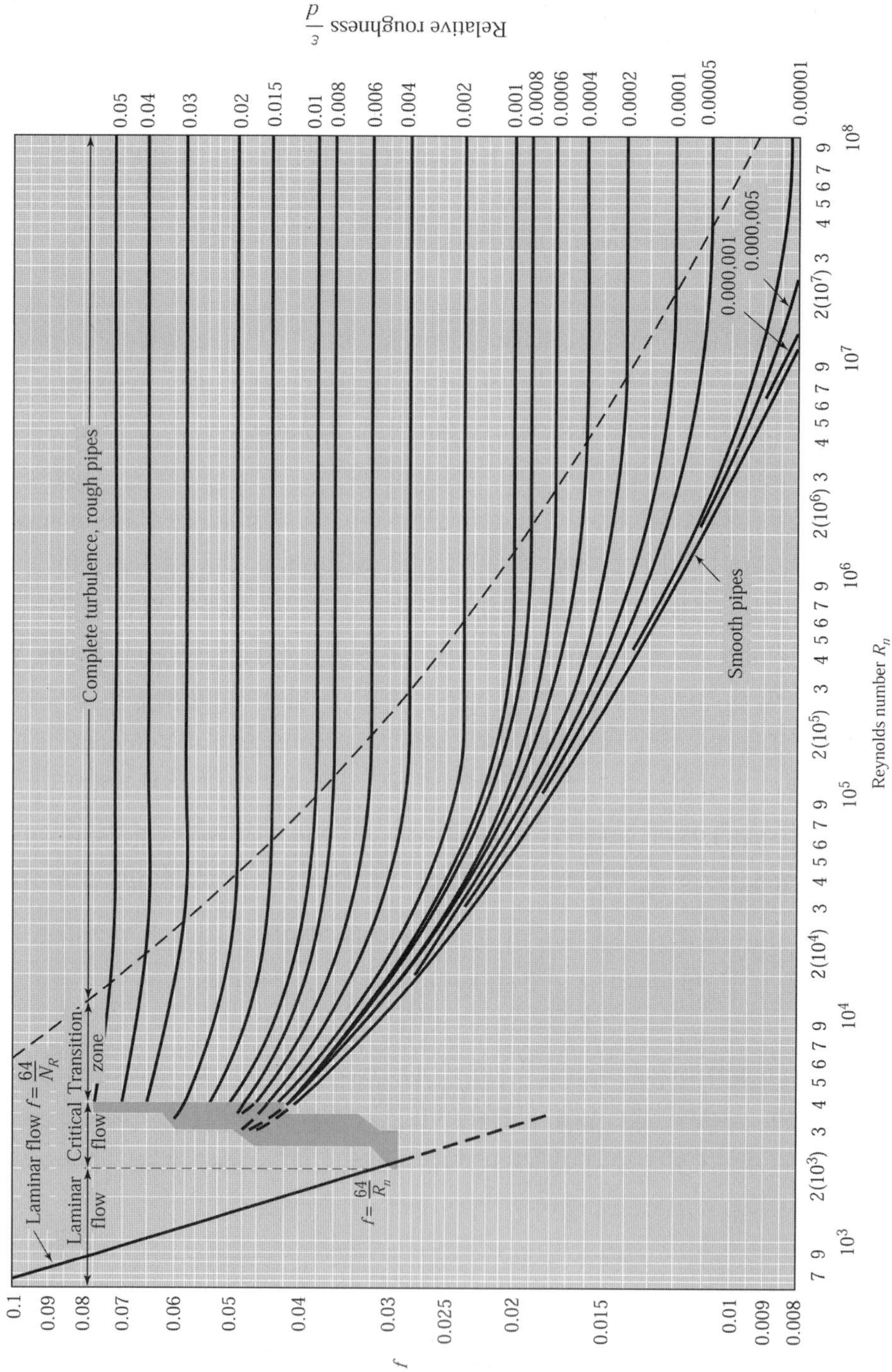

그림 8.4 관로 흐름에 대한 마찰계수(Moody 도표)

(출처 : L.F. Moody, "Friction factors for pipe flow." Trans.ASME, Vol. 66, 1944)

예제 8.6 길이가 500 m 인 연철관(wrought iron pipe)을 통해 $0.1\,\mathrm{m^3/s}$ 의 유량을 송수하려고 한다. 만일, 손실수두가 1.5이고 물의 온도가 25℃이면 이 작업을 달성하기 위한 관로의 최소크기는?

풀이

$$h_f = \frac{fLV^2}{d2g} = \frac{fL[Q/(\pi d^2/4)]^2}{d2g} = \frac{8fLQ^2}{g\pi^2 d^5} = 1.5\,\mathrm{m}$$

$f = 0.015$를 가정하면,

$Q = 0.1\,\mathrm{m^3/s}$, $L = 500\,\mathrm{m}$, 계산하면 d: $1.5 = \dfrac{8(0.015)(500)(0.1)^2}{g\pi^2 d^5}$

이 때 $d = 0.33\,\mathrm{m}$ 이므로

$A = \pi(0.33)^2/4 = 0.085\,\mathrm{m^2}$; $V = Q/A = 1.18\,\mathrm{m/s}$. $T = 25℃$ 이므로

$\nu = 0.893\times10^{-6}\,\mathrm{m^2/s}$

따라서 $R_n = \dfrac{Vd}{\nu} = \dfrac{1.18(0.33)}{0.893\times10^{-6}} = 4.36\times10^5$

<표 7.1>에서 연철관의 $\epsilon = 0.26\,\mathrm{mm} = 0.00026\,\mathrm{mm}$, 따라서 $\epsilon/d = 0.00079$이다.

Moody 도표에서 위의 $R_n = 4.36\times10^5$ 과 $\epsilon/d = 0.00079$를 이용하면, $f = 0.0195$임을 알 수 있다. 다음으로 f를 이용하여 계산된 $d = 0.35\,\mathrm{m}$를 다시 계산한다.

그 결과 $A = 0.096\,\mathrm{m^2}$, $V = 1.04\,\mathrm{m/s}$, $R_n = 4.07\times10^5$, $\epsilon/d = 0.000743$. 따라서 Moody 도표 $f = 0.019$인 지점을 읽으면 $d = 0.35\,\mathrm{m}$이다. 이는 이전의 d값과 같은 값을 나타낸다.

예제 8.7 $0.15\,\mathrm{m^3/s}$ 유량을 송수하기 위한 길이 750 m 의 아연도금관의 최소직경은 얼마인가? 이 때 허용 손실수두는 1 m 이고 물의 온도는 20℃이다.

풀이

<표 7.1>에서 아연도금 강판의 $\epsilon = 0.00015\,\mathrm{m}$이며, $\nu = 1\times10^{-6}\,\mathrm{m^2/s}$이고 손실수두는 1 m 이다. Darcy-Weisbach 관계를 적용하면, 관의 지름을 산출할 수 있다.

$$1 = \frac{8fLQ^2}{g\pi^2 d^5} = \frac{8f(750)(0.15)^2}{9.81\pi^2 d^5} = \frac{1.394f}{d^5}$$

여기서, $d^5 = 1.394f$이다. $f = 0.02$라고 가정하면, $d = 0.49\,\mathrm{m}$, $A = 0.1885\,\mathrm{m^2}$, $V = 0.795\,\mathrm{m/s}$, $R_n = 3.89\times10^5$, $\epsilon/d = 0.000306$이고, 그림 8.4로부터 $f = 0.0165$로 가정했던 값보다 작게 산출되었다. 만약 $d = 0.47\,\mathrm{m}$라고 가정하면, $A = 0.173\,\mathrm{m^2}$, $V = 0.867\,\mathrm{m/s}$이고, $R_n = 4\times10^5$이며 $f = 0.0165$이다. 이는 초기 가정 값과 거의 비슷한 값을 갖는다. 따라서 관 직경은 0.47 m 이다.

8.3 경험 저항 공식

8.3.1 Blasius 공식

마찰계수(f)에 대한 가장 간단하고 정확한 경험식을 표현하기 위하여 Prandtl과 Paul Blasius(1913)는 다음과 같이 매끄러운 관로에서의 마찰계수 경험식을 제시하였다.

$$f = \frac{0.316}{R_n^{0.25}} \tag{8.16}$$

Blasius 공식은 이전에 논의된 바 있는 유속분포에 대한 1/7 지수법칙을 따른다. 이 공식은 매끄러운 관로에서 Reynolds수가 100,000인 범위까지 잘 적용되는 것으로 알려져 있다. Singh(1996)은 Moody 도표상의 $R_n < 100,000$ 이하 영역에서 Blasius 공식이 Colebrook-White 공식보다 더 정확함을 증명하였다.

Singh(1996)은 Blasius 공식이 얼마나 더 보편적으로 사용할 수 있는가를 보여주었으며, 유속분포의 지수법칙(power law)과의 직접적인 연관성을 보여주었다. 식(8.16)은 일반식으로서 다음과 같다.

$$f = aR_n^b \tag{8.17}$$

여기서, a와 b는 경험적으로 결정되는 계수이다. 지수인 b의 값은 다음 식에 의해 결정된다.

$$b = -\frac{2}{n+1} \tag{8.18}$$

여기서, n은 지수법칙에서의 성분(component)이다. 만약 $R_n = 10^5$이고 $n = 7$이면, Blasius 공식에서 $b = -0.25$이다. Singh(1996)에 의해 인용된 매끄러운 관로의 계수 a값은 0.192에서 0.687까지 다양한 값을 갖는 것을 알 수 있다. b값이 −0.25로 고정되면, a는 0.281~0.345의 범위를 갖는다. 따라서 a의 평균값인 0.316이 가장 적합한 값으로 간주된다.

8.3.2 Manning 공식

Darcy 방정식과 같이 Manning 공식은 Chezy 공식의 특별한 경우이다. 1769년 Chezy 공식이 발표된 후 많은 시간 동안 저항계수 C의 경험적인 방정식에 중점을 두고 연구되어 왔다. 최근 Chezy 공식은 자유수면(free surface)에서도 자주 사용된다. 이 절에서는 C를 결정하기 위한 여러 가지의 경험적인 공식을 제안하였다. 1890년 Robert Manning은 매우 간단한 관계식을 제안하고 수년 동안 전 세계에서 몇 사례에 대해 적용하였다. 개수로(open channel)에 사용하기 위해 가장 처음 제안한 Manning 공식은 세계 여러 곳의 많은 수로와 강들을 관찰한 결과에 기초한 경험식이다. 그 관계는 SI단위계로 표시하면 다음과 같다.

$$C = \frac{1}{n} R^{1/6} \tag{8.19}$$

여기서, n은 계수로서 어떤 범위에서의 수리반경(hydraulic radius)과 경계 조도(boundary roughness)의 함수이다. 이 관계를 Chezy 공식에 대입하면 Manning 공식을 유도할 수 있다.

$$V = \frac{1}{n} R^{2/3} \sqrt{S_f} \tag{8.20a}$$

또는 FPS단위계에서 $(3.28)^{1/3} = 1.485$이므로 Manning 공식은

$$V = \frac{1.485}{n} R^{2/3} \sqrt{S_f} \tag{8.20b}$$

$Q = VA$이므로, SI단위계를 사용한 Manning 공식으로부터

$$Q = \frac{1}{n} A R^{2/3} \sqrt{S_f} \tag{8.21a}$$

또는 FPS단위계에서,

$$Q = \frac{1.485}{n} A R^{2/3} \sqrt{S_f} \tag{8.21b}$$

위에서 말한 바와 같이 Manning의 n값은 일반적으로 주어진 상황에 대해 일정한 값을 갖는다. Chezy 상수 C와 같진 않지만 단위를 가지며, 수리반경 R과 함수관계에 있기 때문에 식(8.20a)에서 식(8.20b)로 전환될 수 있다. Henderson(1966)은 C에 대한 Manning 공식이 Nikuradse의 거친 관로에 대한 실험 자료로부터 매우 적합하다는 것을 보여주었다. 이러한 사실에 근거하여 조도계수(roughness coefficient) n값이 왜 난류 특성이나 Reynolds 수의 함수가 아니고 흐름 깊이(flow depth)에 따라 조금씩 변하는지 쉽게 이해할 수 있다. 이러한 관점에서, 비록 이 식이 관로에서 일반 저항공식에 사용된 적이 있다 할지라도, Manning 공식은 오직 거친 관로의 경우에서만 적용할 수 있다. 그러나 개수로의 경우에 더 많이 사용된다. Manning 공식에 대한 더욱 심화된 내용은 11장 1절을 참고하기 바란다.

<표 8.1>은 일반적으로 접하는 관로 문제에서 적용되는 전형적인 Manning의 n값이다. 이 외에 Manning 공식에 대한 논의와 수로에 대한 값은 11장에서 논의될 것이다.

표 8.1 다양한 관재질에 대한 manning n값

관재질	Manning n
매끈한 유리, 동, 구리	0.01
점토도기 (vitrified clay)	0.01 ~ 0.017
주철 (cast iron)	0.015 ~ 0.02
연철 (wrought iron)	0.01 ~ 0.017
리벳강 (riveted steel)	0.015 ~ 0.02
철근콘크리트 (reinforced concrete)	0.012 ~ 0.014
파형(주름) 강 (corrugated steel)	0.022 ~ 0.026

8.3.3 Hazen-Williams 방정식

Williams와 Hazen은 1905년에 상수도와 관개(irrigation) 사업에 널리 사용될 수 있는 경험식을 제시하였다(Williams and Hazen, 1933). 이 방정식은 난류 상태의 흐름에서만 유효하다.

$$V = C_{HW} R^{0.63} (S_f)^{0.54} \tag{8.22}$$

여기서, R은 관로의 수리반경이고(원형인 경우 $d/4$), S_f는 에너지 경사선의 기울기나 마찰 경사이고, C_{HW}는 관 재질과 조도(roughness) 상태에 따른 저항계수이다. Hazen-Williams 공식이 오래전에 확립된 이후 Chezy 계수가 확립되었다. Chezy 공식은 다음과 같다.

$$V = C\sqrt{RS_f} \tag{8.23}$$

여기서, C는 Chezy 계수이다. 그리고 식(8.23)에 따르는 식(8.22)를 정립할 목적으로, Hazen-Williams 공식의 V와 Chezy 공식의 V가 같다고 놓고 방정식을 전개하면,

$$C_{HW} R^{0.63} S_f^{0.54} = C R^{0.5} S_f^{0.50} \tag{8.24}$$

식(8.24)의 본래의 목적은 $C_{HW} = C$를 정립하기 위한 것이므로, 두 개의 계수가 같다는 것에 대하여 어떤 요소 b값이 존재해야만 한다. 따라서 다음의 식과 같이 표현할 수 있다.

$$R^{0.5} S_f^{0.5} = b R^{0.63} S_f^{0.54}$$

위의 식을 b에 대하여 정리하면,

$$b = \frac{R^{0.5}S_f^{0.5}}{R^{0.63}S_f^{0.54}} = R^{-0.13}S_f^{-0.04} \tag{8.25}$$

그리고 일반적인 상수도시설에서 사용되는 경우와 같이 $R = 1\,\mathrm{ft}(0.3\,\mathrm{m})$, $S_f = 1/1000$ 라고 가정하면 b의 값은 1.318이 된다. 따라서 Hazen-William 방정식의 V(FPS단위계에서)는 다음과 같다.

$$V = 1.318\,CR^{0.63}S_f^{0.54} \tag{8.26a}$$

또는 SI단위계로

$$V = 0.849\,CR^{0.63}S_f^{0.54} \tag{8.26b}$$

비록 이 절에서는 Hazen-Williams 계수 C_{HW}를 주로 사용하였지만, 식(8.26a)와 식(8.26b)의 방정식에서 변수 C는 Chezy 계수이다. 이 계수의 전형적인 값은 <표 8.2>에 주어져 있다. Hazen-Williams 공식은 관 직경에 대해 독립적인 것으로 고려되며, 이는 일반적으로 대구경 관($R \geq 1$)에 대하여 유효하다.

마지막으로, Manning 공식은 관로에서 많이 사용하듯이 Hazen-Williams 공식은 일반적으로 하수도(sewer)와 배수암거(culvert)에 적용된다. 하수도나 배수암거의 일반적인 단면 형상은 타원형(elliptical) 관과 아치형(arch) 관과 같이 비원형이다. 이러한 형상을 가진 관의 수리분석과 사용은 16장의 우수 관거(storm sewer)와 암거 설계(culvert design) 부분에서 논의될 것이다.

표 8.2 다양한 관 재질에 따른 Hazen-Williams계수의 값

관재질	C_{HW}
주철(신관)	130
주철(매설관로)	100 ~ 130
주철(년경 10년)	107 ~ 113
주철(년경 20~30년)	75 ~ 100
리벳강(코팅)	90 ~ 110
리벳강(용접)	100 ~ 140
콘크리트	130 ~ 140
목재(wood stave)	130
플라스틱	130 ~ 140
점토도기(vitrified clay)	110 ~ 140

8.4 관로에서의 미소손실

앞에서 언급한 바와 같이, 관에서 발생하는 모든 에너지 손실이 경계면 마찰에 의한 것은 아니다. 순간손실(Instantaneous losses)은 밸브와 고정 장치와 같은 조절 장치나 관의 직경과 형상의 변화에 의해 발생한다. 이러한 부속물들은 미소에너지 손실(minor energy losses)과 관로(conduit)의 흐름에서 부등성(nonuniformities)을 야기시킨다. 보통 미소손실은 관의 입구와 출구부분에서 발생한다. 일반적으로 미소손실은 속도수두의 단위로 표현된다.

$$h_l = k_l \frac{V^2}{2g} \tag{8.27}$$

여기서, k_l은 미소손실의 발생 원인과 관련된 손실계수이다. 미소손실은 일반적으로 수축, 확장, 곡관, 밸브, 내부장치, 입구, 출구 등에서 발생하며, 보통 $k_l = f\,(R_n,\ R/D$, 곡관의 각도, 밸브의 종류 등)로 추정된다. 단면적이 확장되는 경우의 손실함수는 운동량 조건에 따른 본래의 속도수두와 확장된 부분의 속도수두 간의 관계로서 나타낼 수 있다.

$$h_l = k_e \frac{(V_1 - V_2)^2}{2g} \tag{8.28}$$

여기서, k_e는 확장계수이다.

관 직경의 확장이나 수축의 경우, 손실수두는 관의 압력수두의 급격한 증가나 감소에 의해 발생된다. 근본적으로, 에너지 손실의 크기는 두 관의 직경비와 수평면에 대한 각도로부터 직경의 변화와 각의 변이에 따른 함수로서 나타난다. 관의 접합연결부(pipe fittings)는 흐름의 급격한 변화(abrupt transition)를 조장하고 이는 일반적인 변화구간 보다 훨씬 높은 손실계수를 갖는다. <표 8.3>은 대표적인 접합연결부에 대한 손실계수를 보여주고 있다.

또한 입구와 출구에서의 손실은 식(8.27)에서와 같이 관의 속도수두의 항으로 표현된다. 입구 손실계수는 입구의 형상에 따라 많은 영향을 받는다. 입구모서리가 직각이던지 아니면 곡선형태로 다듬어져 있으면 돌출한 입구보다 더 효율적이며, 원형입구는 사각형입구보다 더욱 효율적이다. 여기서, 원형입구에서의 손실계수는 관 직경과 입구 반경에 대한 함수이다. 관 입구 계수들의 대표적인 값은 그림 8.5에 표시하였다. 일반적으로 출구 손실계수는 1이다. 다시 말하면 출구손실은 속도수두 1과 같다.

곡관부 손실은 각도와 곡관의 반경(r), 관의 직경(d)에 대한 함수이다. 가장 일반적인 곡관부 각도는 주로 45°, 60°, 90°이다. 일반적인 곡관부 손실계수는 <표 8.4>와 같다.

표 8.3 관 접합장치와 단면 축소 및 확대에 대한 손실계수

수축	d_2/d_1	$k_c,\ \theta = 60°$	$k_c,\ \theta = 180°$
	0.0	0.08	0.50
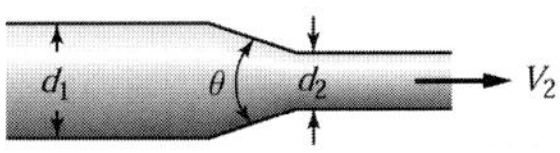	0.20	0.08	0.49
	0.40	0.07	0.42
	0.60	0.06	0.32
$h_l = k_c V_2^2/2g$	0.80	0.05	0.18
	0.90	0.04	0.10
확장	d_1/d_2	$k_e,\ \theta = 10°$	$k_e,\ \theta = 180°$
	0.0		1.00
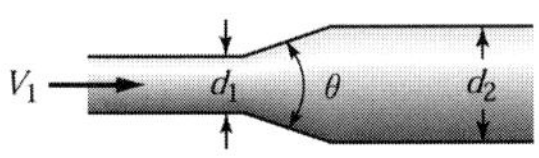	0.20	0.13	0.92
	0.40	0.11	0.72
	0.60	0.06	0.42
$h_l = k_e V_1^2/2g$	0.80	0.03	0.16
Threaded pipe fittings	Globe valve-wide open	$k_v = 10.0$	
	Angle valve-wide open	$k_v = 5.0$	
	Gate valve-wide open	$k_v = 0.2$	
	Gate valve-half open	$k_v = 5.6$	
	Return bend	$k_b = 2.2$	
	Tee	$k_t = 1.8$	
	90° elbow	$k_e = 0.9$	
	45° elbow	$k_e = 0.4$	

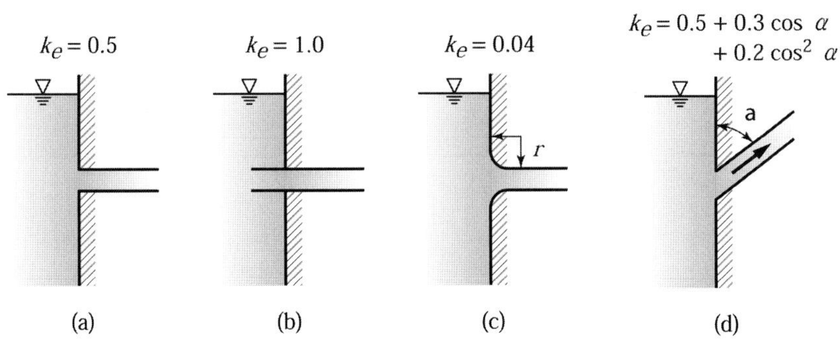

그림 8.5 관의 단면 급축소 손실계수(1979년 이후)

표 8.4 곡관부 손실계수(Beij, 1938)

r/d	1	2	4	6	10	16	20
k_b	0.35	0.19	0.17	0.22	0.32	0.38	0.42

관로의 연결, 곡관, 감속기(reducers)

sleeve 밸브(TVA 제공)

표 8.5 일반적인 밸브에 대한 손실계수 k_v 값

A. Gate valves		
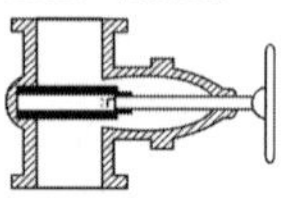	Closed	
		$k_v = 0.15$ (fully open)
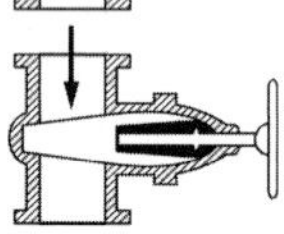	Open	
B. Globe valves		
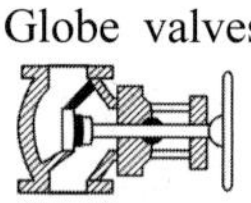	Closed	
		$k_v = 10.0$ (fully open)
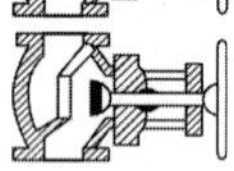	Open	
C. Check valves		
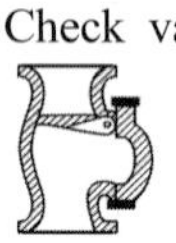	Closed	
		Swing type $k_v = 2.5$ (fully open)
	Hinge(Swing type)	Ball type $k_v = 70.0$ (fully open)
		Lift type $k_v = 12.0$ (fully open)
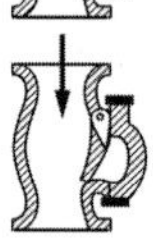	Open	
D. Rotary valves		
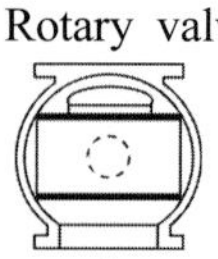	Closed	
		$k_v = 10.0$ (fully open)
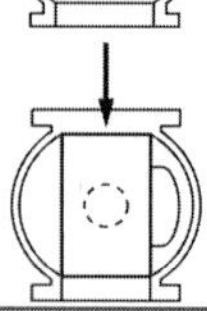	Open	

밸브 손실계수는 밸브의 개방형식과 형상에 따라 변화한다. 밸브는 부분 폐쇄일 때 보다 완전히 개방되었을 때가 더 효율적이며, 직선 형태의 밸브가 나선형의 밸브보다 더 효율적이다. 대표적인 밸브 형태에 대한 손실계수는 <표 8.5>에 나타내었다.

예제 8.8 강에서 저수지로 $0.05\,m^3/s$의 유량을 송수하기 위해 펌프를 이용하였다. 이 펌프는 반경이 $0.75\,m$이고 $90°$의 곡관과 직경 $0.15\,m$, 길이 $500\,m$의 주철관으로 구성되어 있고, 관경변이장치에 의해 관경이 변화된 부분은 그림 8.6에서 나타난 바와 같이 $L=100\,m$, $d=0.1\,m$의 주철관이다. 만일 강에서의 수위와 저수지의 수위의 차이가 $20\,m$이고 물은 저수지에서 완전 개방된 게이트 밸브를 통해 밖으로 배출된다고 하면 펌프는 몇 마력이 필요하겠는가? 물의 온도는 20℃로 가정하시오.

풀이

$Q=0.05\,m^3/s$, $T=20℃$, 따라서 $\nu=1.003\times10^{-6}\,m^2/s$.

$A_1=\pi(0.15)^2/4=0.0177\,m^2$; $A_2=\pi(0.1)^2/4=0.00785\,m^2$; $V_1=Q/A_1=2.82\,m/s$; $V_2=Q/A_2=6.36\,m/s$.

$$R_{n1}=\frac{2.82(0.15)}{1.003\times10^{-6}}=4.22\times10^5;\ R_{n2}=\frac{6.36(0.1)}{1.003\times10^{-6}}=6.34\times10^5$$

<표 7.1>의 주철관에서 $\epsilon=0.00026\,m$; $\epsilon/d_1=0.0017$; $\epsilon/d_2=0.0026$.

그림 8.4에서 $f_1\approx0.022$, $f_2\approx0.025$이다.

[마찰손실]

$$h_{f1}=\frac{f_1L_1V_1^2}{d_12g}=29.7\,m,\ h_{f2}=\frac{f_2L_2V_2^2}{d_22g}=51.5\,m$$

[미소손실]

수 축 : 큰 관에 대한 작은 관의 관경비: $d_2/d_1=0.1/0.15=0.67$,

0.1 m관의 속도 $=6.36\,m/s$.

<표 8.3>에서 $\theta=60°$에 대해 $k_c\approx0.054$, $h_{lc}=k_cV^2/(2g)=0.11\,m$.

곡관부 : 관경에 대한 곡률의 비 $r/d=0.75/0.15=5$.

<표 8.4>에서 $k_b=0.20$, $h_{lb}=k_bV^2/(2g)=0.08\,m$.

밸 브 : <표 8.5>에서 게이트 밸브에 대해 $k_v=0.15$, $h_{lv}=k_vV^2/(2g)=0.31\,m$.

그러므로 총 양정 $H_p=\Delta Z+h_{l1}+h_{l2}+h_{lc}+h_{lb}+h_{lv}$

$=20+29.7+51.5+0.11+0.08+0.31=101.7\,m$

동력 $P_o=\gamma Qh_p=9{,}790\,N/m^3\times0.05\,m^3/s\times101.7\,m$

$=49{,}782\,N\cdot m/s\approx49{,}800\,\text{Watts}\ (1\,N\cdot m/s=1\,\text{Watt})$

$=49.8\,kW=66.7\,HP\ (1\,kW=1.34\,HP)$

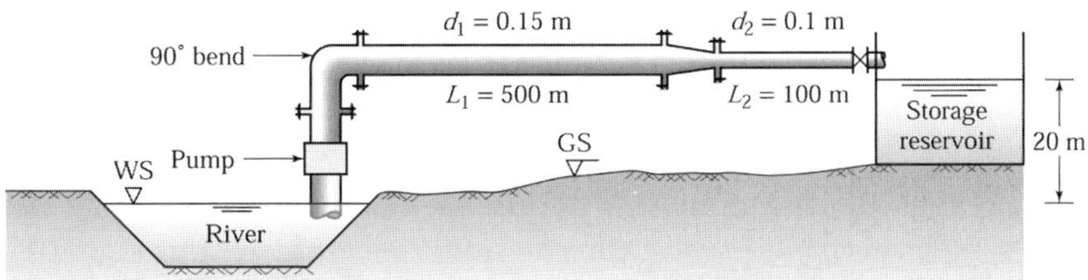

그림 8.6 예제 8.8의 물공급 시스템 개요도

8.5 배수 관망

수자원 시스템 관리자들의 중요한 과제 중 하나는 관공서 및 기업, 일반가정 등의 모든 사용자에게 물을 공급하기 위한 관리 및 공정 등을 설계하는 것이다. 이 작업에 필요한 계산과 분석은 본문의 첫 부분에서 언급했던 일반적인 원리에 의존하지만, 실제 적용시 일반적인 원리와 많은 차이가 날 것이다. 따라서 본 장에서는 삼조 저수지(three-reservoir) 문제의 해석과 병렬 관 설계와 방법 그리고 도시나 지자체 등에서 사용되는 관망에 대해 다루기로 한다.

8.5.1 삼조 저수지 문제

그림 8.7과 같이 삼조 저수지(three-reservoir)는 각각의 관로에 의해 D로 표시된 절점에서 서로 연결되어 있다. 여기서 문제는 각 관의 재질, 직경, 길이와 각 저수지의 수위에 따른 각 관로에서의 흐름의 방향과 유출량을 결정하는 것이다. 저수지는 이 시스템에서 일정한 수두로 물을 공급한다고 가정한다. 흐름은 수두나 위치가 높은 저수지로부터 낮은 수두나 위치의 저수조로 흘러갈 것이므로, 그림 8.7에서와 같이 흐름은 최종적으로 C 저수지를 향해 흘러간다. 따라서 C 저수지에서의 유량은 다음과 같이 표현할 수 있다.

$$Q_C = Q_A + Q_B \tag{8.29}$$

위 식은 에너지와 연속방정식을 이용한 시행착오법으로 해결할 수 있다. 절점 D에서 가정된 압력수두에 따라 각 저수조와 절점 D사이의 허용손실수두를 계산하고, 각 관로의 수두손실에 대하여 Darcy 법칙을 적용하면 식(8.30)과 같다.

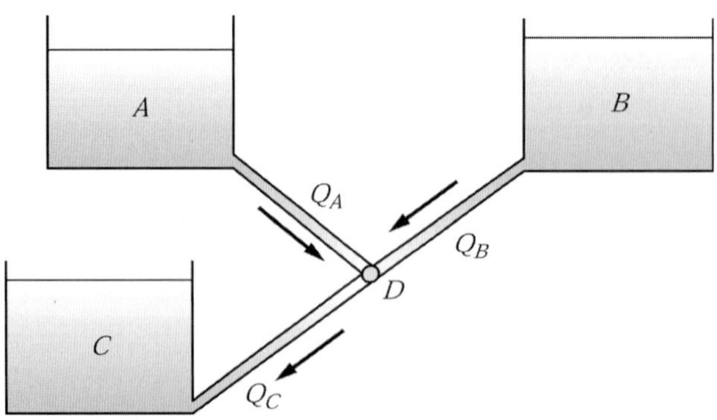

그림 8.7 삼조 저수지 문제의 개요도

$$h_f = \frac{fL}{d}\frac{V^2}{2g} \tag{8.30}$$

위 식의 풀이는 전 장에서와 같이 Darcy 계수 f값을 가정하여 이에 대한 V의 해를 시행착오를 거쳐, 그 해의 범위를 점차 감소시키는 방식으로 진행한다. 이는 각 저수조에 대해 반복적으로 수행되며, 연속방정식에 대한 해는 식(8.29)를 이용하여 검토한다. 만약 연속성이 만족하지 않을 경우, 절점 D에서 다른 수두를 가정하고, 위의 과정을 반복한다.

예제 8.9 그림 8.8과 같이 삼조 저수조가 서로 연결되어 있다. 그림을 참조하여 관로를 통한 유출량과 흐름 방향을 결정하시오.

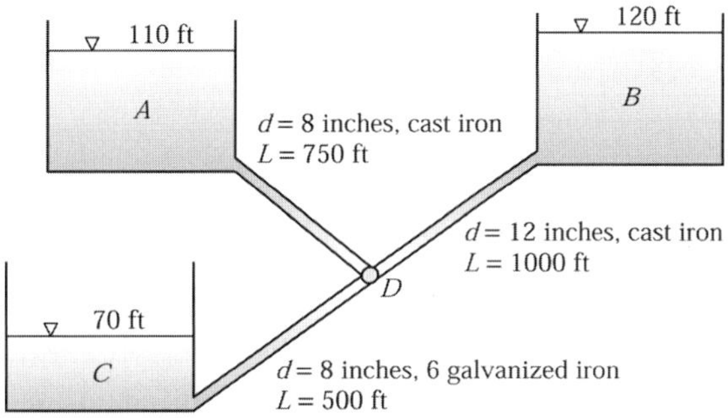

그림 8.8 예제 8.9의 그림

풀이

절점 D에서의 수두가 중간의 저수조와 같다고 가정하면, 이 때 중간 저수조에서의 흐름은 발생하지 않는다. 따라서 나머지 두 저수조에서의 유출량을 계산하여 비교해 보면 절점 D의 수두를 구할 수 있다. $D = 110\,\text{ft}$라 가정하고 계산을 시작한다. 이 때 허용손실수두는

$$h_{fB-D} = 120 - 110 = 10\,\text{ft}$$

$$h_{fD-C} = 110 - 70 = 40\,\text{ft}$$

그리고 관로를 저수조 B에서 D를 연결하려면,

$$\frac{f(1000)}{1}\frac{V^2}{2g} = 10$$

따라서 $fV^2 = 0.644$이다. 위와 유사한 방법으로 관로를 절점 D에서 저수조 C로 연결하려면, $\frac{f(500)}{0.667}\frac{V^2}{2g} = 40$, 따라서 $fV^2 = 3.43$이다. 직경이 $12\,\text{in}$인 주철관(cast iron pipe)의 Darcy 마찰계수 f는 0.02임을 알 수 있다. 그리고 $(0.02)\,V^2 = 0.644$이므로 $V = 5.67\,\text{ft/s}$이며, 물의 온도는 65°F이라 할 때 이 가정을 검토하면 <표 2.2>로부터 동점성계수(kinematic viscosity) $\nu = 1.138 \times 10^{-5}\,\text{ft}^2/\text{s}$이다.

주철의 경우, <표 7.1>에서 조도 값은 $\epsilon = 0.00085\,\text{ft}$이므로, $\epsilon/d = 0.00085$가 된다.

Reynolds수 $R_n = \dfrac{(5.67)(1)}{1.138\times10^{-5}} = 4.982\times10^5$이다.

Moody 도표(그림 8.4)에서, $f=0.02$이므로 위 계산은 유효하다. 그리고 $Q=VA=5.67(0.785)=4.45\,\text{cfs}$가 된다. D-C 관로에서 아연강관에 대하여 계산하면 마찰계수는 0.02이므로 $(0.02)V^2=3.43$이며, $V=13.09\,\text{ft/s}$가 된다.

$R_n = \dfrac{Vd}{\nu}$이므로 $R_n = \dfrac{(13.09)(0.667)}{1.138\times10^{-5}} = 7.67\times10^5$이다. <표 7.1>에서 아연강관은 $\epsilon=0.0005$임을 찾을 수 있다. 그러므로 $\epsilon/d=0.00075$이다. Moody 도표로부터 $f=0.019$를 알 수 있다. 따라서 $(0.019)V^2=3.43$ 이므로 $V=13.43\,\text{ft/s}$이고, $Q=13.43(.349)=4.69\,\text{cfs}$이다. 비교하여 보면 $Q_{DC}>Q_{BD}$로 0.24cfs의 차이를 보이며, B에서 D의 흐름을 증가시키고 D에서 C의 흐름은 감소시키기 위해 D의 수두를 조금 낮춰야 한다. 물론 이는 A에서 D로의 흐름을 야기한다.

다음으로 D의 수두를 109.5 ft라 가정하면,

$$h_{fB-D} = 120 - 109.5 = 10.5\,\text{ft}$$

$$h_{fA-D} = 110 - 109.5 = 0.5\,\text{ft}$$

$$h_{fD-C} = 109.5 - 70 = 39.5\,\text{ft}$$

그리고 이미 수행했던 절차들을 다시 반복하고 우리가 얻은 값을 사용하여 이전 의 시도에서 정확하다고 발견된 초기 f의 값을 다음과 같이 계산할 수 있다.

for B-D: $(0.02)V^2=10.5/15.52=0.676$; $V=5.82\,\text{ft/s}$; $Q=4.56\text{cfs}$, $R_n=5.11\times10^5$

for A-D: $(0.02)V^2=0.5/17.46=0.0286$; $V=1.19\,\text{ft/s}$; $Q=0.41\,\text{cfs}$, $R_n=7.0\times10^4$

for D-C: $(0.019)V^2=39.5/11.64=3.39$; $V=13.36\,\text{ft/s}$; $Q=4.66\,\text{cfs}$, $R_n=7.8\times10^5$

f에 대한 계산 수치를 검토하면, A-D를 제외하고 모든 것이 정확하다는 것을 알 수 있고, Moody 도표에서 $f=0.022$ 이므로 $\epsilon/d=0.00075$이다. 이 f의 값을 사용하면 관로 A-D의 $V=1.14\,\text{ft/s}$, $Q=0.39\,\text{cfs}$, $R_n=6.68\times10^4$임을 알 수 있다. 그리고 유량을 합산하면, $4.56+0.39-4.66=0.29\,\text{cfs}$

이 계산값은 관로 D-C로 너무 많은 유량의 유입을 나타내므로 D에서의 수두를 많이 줄일 필요가 있다. 따라서 수두 D의 값에 109.9 ft값을 적용하면

$$h_{fB-D} = 120 - 109.9 = 10.1\,\text{ft}$$

$$h_{fA-D} = 110 - 109.9 = 0.1\,\text{ft}$$

$$h_{fD-C} = 109.1 - 70 = 39.9\,\text{ft}$$

위와 같은 값을 사용하면 다음과 같다.

B-D구간 :

$(0.02)V^2=10.1/15.52=0.650$; $V=5.7\,\text{ft/s}$; $Q=4.47\,\text{cfs}$, $R_n=5.0\times10^5$

A-D구간 :

$(0.022)V^2=0.1/17.46=0.0057$; $V=0.51\,\text{ft/s}$; $Q=0.18\,\text{cfs}$, $R_n=2.98\times10^4$

D-C구간 :

$(0.019)V^2=39.9/11.64=3.42$; $V=13.43\,\text{ft/s}$; $Q=4.68\,\text{cfs}$, $R_n=7.87\times10^5$

f에 대한 계산을 검토하면, $A-D$가 부정확하다는 것을 발견할 수 있다. Moody 도표에서 $f=0.025$이다. 이 값을 사용하여 관로 $A-D$를 계산하면 $V=0.48\,\mathrm{ft/s}$, $Q=0.16\,\mathrm{cfs}$, $R_n=2.8\times10^4$이다. 유출량을 더하면 $4.47+0.16-4.68=-0.05\,\mathrm{cfs}$이다. 이 계산결과는 해답에 수렴해 가는 것을 알 수 있다.

복잡한 반복문제 풀이는 컴퓨터 상용프로그램을 사용함으로써 쉽게 풀 수 있다. 위 예제 풀이에 대한 결과는 다음 표와 같다.

Line	L(ft)	d(ft)	A(sq ft)	L/d	f	$fL/2gd$	h(ft)	V^2	V(ft/s)	R_n	Q(cfs)	Error
$A-D$	750	0.667	0.349	1124.43			0	0	0	0	0	
$B-D$	1000	1	0.785	1000	0.02	0.31	10	32.2	5.6745	498638	4.454	0.239
$C-D$	500	0.667	0.349	749.625	0.02	0.22	40	180.9	13.449	767225	4.694	

Line	L(ft)	d(ft)	A(sq ft)	L/d	f	$fL/2gd$	h(ft)	V^2	V(ft/s)	R_n	Q(cfs)	Error
$A-D$	750	0.667	0.349	1124.43	0.025	0.44	0.1	0.229	0.4786	250854	0.167	
$B-D$	1000	1	0.785	1000	0.02	0.31	10.1	32.52	5.7028	501125	4.477	
$C-D$	500	0.667	0.349	749.625	0.019	0.22	39.9	180.4	13.432	787253	4.688	0.0439

이러한 프로그램에 의한 시행착오법의 첫 번째 계산의 예가 표의 처음 4행에 정리되어 있으며, 계산 결과 오차 값이 0.239 cfs임을 보여 주고 있다. 두 번째 시도되는 시행착오법은 첫 번에 얻은 값(표의 처음 4행)을 아래표로 옮겨 기입하고, D점의 수두를 조정하여 관로의 각 구간별로 발생되는 수두손실 h와 이에 따른 유속, Reynolds수, 그리고 마찰계수 값과 유량을 계산한다. 각 구간별 유량이 계산되면 최종적으로 절점 D에서의 유입, 유출량에 대한 오차값을 검토한다. 시행착오법에서 마찰계수 f의 값이 정확한지 부정확한지를 결정하기 위해 Moody 도표를 참조하여 검토하고, 새로운 정확한 f값으로 표를 수정하고 이에 따른 손실수두와 유량 등 다른 계산 값들이 산정된다.

8.5.2 병렬관

그림 8.9와 같이 두개의 관을 병렬로 연결한 상황을 고려해 보자. 두 관들의 직경, 길이, 재질 등의 특성들이 주어지고 절점 A로 물 유입되고 B로 유출된다고 하자. 이 때 문제는 두 관로에 어떻게 물이 배분되는 유량을 아는 것이다. 이 문제는 두 A, B 두 지점사이의 수두손실은 경로와 상관없이 일정하며, 분지점에서 연속의 법칙이 유지된다는 것으로부터 해결할 수 있다. 그림 8.9에서 볼 수 있듯이 지점 B에서의 압력은 각 분관들에서의 압력과는 다르고, 이 때 각 관에서의 수두손실은 같은 압력차를 얻기 위해서 A와 B사이에서의 수두손실은 같아야만 한다. 따라서

$$h_{fC}=h_{fCC} \tag{8.31}$$

여기서, h_{fC} = 시계방향의 수두손실, h_{fCC} = 반시계방향의 수두손실이다.

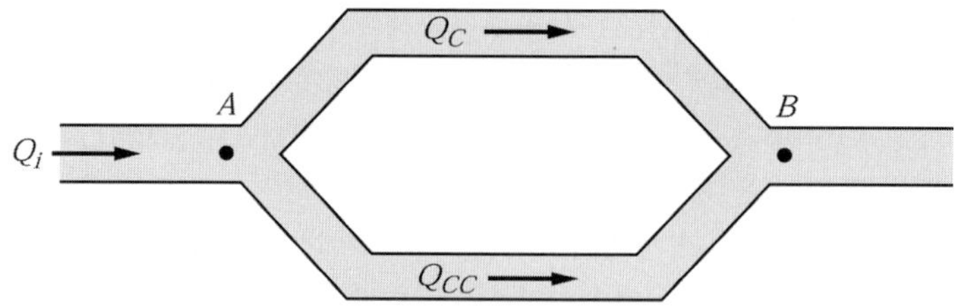

그림 8.9 병렬관

그러므로

$$\frac{fL_C}{d_C}\frac{V_C^2}{2g}=\frac{fL_{CC}}{d_{CC}}\frac{V_{CC}^2}{2g} \tag{8.32}$$

여기서, d_C = 시계방향 관경, L_C = 시계방향 관 길이, d_{CC} = 반시계방향 관경, L_{CC} = 반시계방향 관 길이이다.

위 과정은 시행착오법의 하나로서, 우선 각 관에 대한 마찰계수(f)의 값을 가정하고, 유속과 유량을 계산함으로써 얻을 수 있다. 이전 삼조 저수조처럼 절점 A 또는 B점의 연속성을 유량을 이용하여 검토하고, 오차가 허용 오차이내 일 때 이 문제는 해결될 수 있다.

예제 8.10 그림 8.10과 같이 두 개의 관이 평행으로 놓여 있다. 관의 특성과 방향은 그림과 같다. 만약 총 유량이 $0.35\,\mathrm{m^3/s}$이고 물의 온도가 25℃이면, 각 관로에서 유출되는 유량은 얼마인가?

풀이

식 (8.32)와 같이,

$$\frac{f_1(100)}{0.2}\frac{V_1^2}{2g}=\frac{f(100)}{0.3}\frac{V_2^2}{2g}$$

$$25.484 f_1 V_1^2 = 16.989 f_2 V_2^2$$

여기에서 $f_1 = f_2 = 0.02$이면, 다음과 같이 쓸 수 있다.

$$V_1^2 = 0.666\, V_2^2 \quad \text{또는} \quad V_1 = 0.816\, V_2$$

연속방정식으로 부터 $V_1A_1 + V_2A_2 = 0.35\,\mathrm{m^3/s}$ 또는 $0.816\,V_2(0.0314) + 0.0707\,V_2 = 0.35$

이것을 풀면, $V_2 = 3.63\,\mathrm{m/s}$, $V_1 = 2.96\,\mathrm{m/s}$

계산된 f값을 검토하기 위해

$$R_{n1} = \frac{2.96(0.2)}{0.893\times10^{-6}} = 6.629\times10^5 \quad \text{그리고} \quad \epsilon/d = 0.0013 \text{이며}$$

Moody 도표로부터 $f = 0.021$임을 알 수 있다.

마찬가지로 $R_{n2} = \dfrac{3.63(0.3)}{0.893 \times 10^{-6}} = 1.219 \times 10^6$ 그리고 $\epsilon/d = 0.00015$에 대하여 $f = 0.0145$임을 알 수 있다.

이 f값을 사용해서 속도를 다시 계산하면 $V_2 = 3.80\,\mathrm{m/s}$, $V_1 = 2.57\,\mathrm{m/s}$이고 $Q_2 = 0.269\,\mathrm{m^3/s}$, $Q_1 = 0.081\,\mathrm{m^3/s}$이다.

새로 구한 f값을 검토하기 위해 $R_{n1} = 8.5 \times 10^5$, $R_{n2} = 8.63 \times 10^5$을 계산하고 Moody 도표를 사용해 마찰계수를 대략적으로 구할 수 있다.

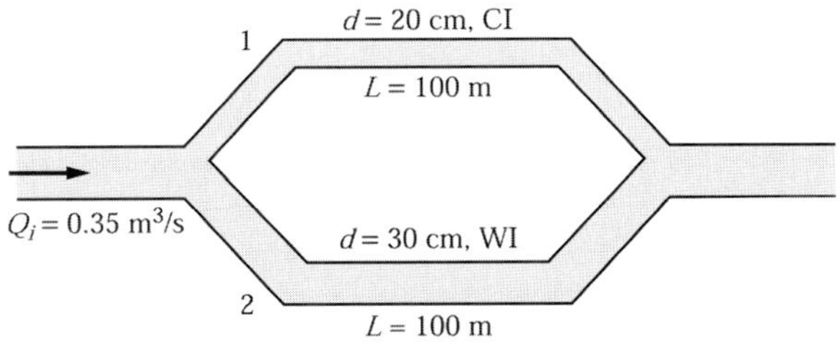

그림 8.10 예제 8.10의 그림

8.5.3 관망

앞 절에서 설명된 복합 관로 문제를 해결하는 방법론은 적어도 2개 내지 그 이상으로 구성된 관망(network)에 적용할 수 있다. 하지만, 이 방법을 수작업으로 계산으로 한다면 무척 지루하고 힘든 작업이 될 것이다. 그러나 다양한 소프트웨어를 이용하면 급배수관망(water distribution network)의 설계에 큰 도움이 될 것이다. 문제는 기본 관망의 설계나 기존 관망에 절점을 추가하는 경우일 것이다. 만약 기존의 급배수관망시스템에 관망의 구성요소를 추가하여 관망이 확장된다면, 이 때 주된 사항은 관망의 각 절점에서의 유량과 압력을 검토하는 하는 것이다. 그림 8.11은 관망해석이 필요한 관망을 보여주고 있다.

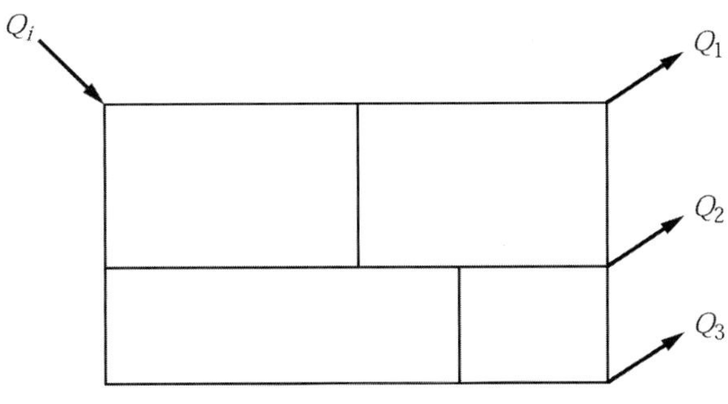

그림 8.11 관망의 예

컴퓨터의 활용이 증가됨에 따라 시행착오법에 따른 연산이 가능하게 되었다. 하지만 고전적이고 잘 알려진 방법은 Hardy Cross(1936)에 의해 제안된 방법으로서, 부정정 보에서의 응력 분포를 해석하는 방법과 유사하다. 이 방법을 Hardy Cross 법이라고 한다.

Hardy Cross 법은 앞장에서 주어진 두 가지 기본 원칙과 동일하게 적용된다. 각 절점에서 연속성이 유지되어야 하고, 두 절점(node) 사이의 수두손실은 경로(route)와 상관없이 같아야 한다. 이러한 조건들은 아래에 주어진 식과 같이 요약된다.

$$\sum Q_i = 0 \tag{8.33}$$

$$\sum h_{fC} = \sum h_{fCC} \tag{8.34}$$

각각의 식에 대한 내용은 전 8.5.1절과 8.5.2절에서 설명한 바와 같다. 관망 해석은 위의 두 조건을 만족할 수 있는 폐합관로를 이루고 있는 루프(loop) 대하여 연속적으로 추정하는 방법이다.

유입과 유출 절점을 하나씩 갖고 있는 그림 8.12와 같은 이원관망(two-loop network)을 고려해 보자. 유입량과 유출량 그리고 관의 직경, 길이, 특성 등이 모두 주어졌다. 먼저 루프 $ABCD$에서 최초의 각 관로에 대한 유입은 Q_i에서 시작하고, 각 절점에서의 연속성은 유지된다고 하자.

루프를 구성하는 각 관의 수두손실은 Darcy 공식 또는 다른 수두손실 함수에 의해 산정된다. 유량 Q의 관점에서 수두손실을 표현하는 방법은 다음과 같다 :

$$h_f = \frac{fL}{d}\frac{V^2}{2g} = \frac{fL}{d}\frac{Q^2}{2gA^2} = \frac{fL}{2gdA^2}Q^2 = kQ^2 \tag{8.35}$$

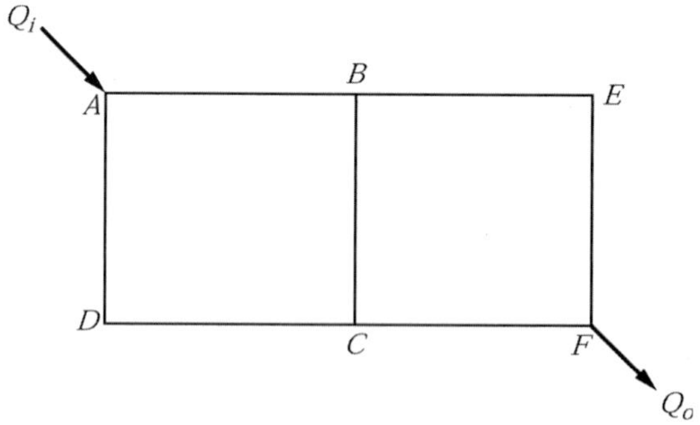

그림 8.12 이원관망

한편 루프에서의 손실수두의 관계를 상기하면, $\sum h_{fC} = \sum h_{fCC}$ 또는 $\sum k_{CC} Q_C^2 = \sum k_{CC} Q_{CC}^2$ 이다. 위 식에서 k값은 Darcy 공식에서 산정되나, 다른 저항 공식에 의해서도 산정할 수 있다. 이 때 주어진 데이터를 이용하여, 각 관로에서의 수두손실과 총 수두손실을 계산할 수 있다. 루프에서 시계방향과 시계반대방향으로 계산된 수두손실의 차를 폐쇄오차(closure error)라 하며 그 값은 다음과 같다(Hwang and Houghtalen, 1996).

$$\text{폐쇄오차} = \sum k_C Q_C^2 - \sum k_{CC} Q_{CC}^2 \tag{8.36}$$

먼저, 처음 가정된 유량 Q가 부정확하여 폐쇄오차가 발생하였다고 가정하자. 이는 루프의 유입량과 유출량을 통해 가정했던 Q를 ΔQ만큼 재조정하고 폐쇄오차가 작아지도록 계산하여 관망을 해석한다. 이러한 계산방법이 Hardy Cross 방법이다. 시계방향과 반시계방향의 흐름에 추가되는 ΔQ만큼 조정하면 루프에서 수두손실이 균형을 이룬다고 생각할 수 있다. 따라서 아래와 같이 쓸 수 있다.

$$\sum k_C (Q_C - \Delta Q)^2 = \sum k_{CC} (Q_{CC} + \Delta Q)^2 \tag{8.37}$$

Taylor의 정리를 확장하여 위 식을 정리하면,

$$\sum k_C (Q_C^2 - 2Q_C \Delta Q + \Delta Q^2 - \cdots) = \sum k_{CC} (Q_{CC}^2 + 2Q_{CC} \Delta Q + \Delta Q^2 + \cdots) \tag{8.38}$$

여기서, ΔQ의 차수가 높은 항의 값은 매우 작으므로 이를 무시하고 ΔQ에 대하여 정리하면,

$$\Delta Q = \frac{\sum k_C Q_C^2 - \sum k_{CC} Q_{CC}^2}{2\left(\sum k_C Q_C + \sum k_{CC} Q_{CC}\right)} \tag{8.39}$$

Hwang과 Houghtalen(1996)은 식(8.35)를 Q로 나누어서 $kQ = \dfrac{h_f}{Q}$ 를 표현하여 수두손실의 보정계수를 제안했다. 이걸 사용하여 식(8.39)를 다시 쓰면,

$$\Delta Q = \frac{\sum h_{fC} - \sum h_{fCC}}{2\left(\sum \dfrac{h_{fC}}{Q_C} + \sum \dfrac{h_{fCC}}{Q_{CC}}\right)} \tag{8.40}$$

첫 번째 루프 $ABCD$에서 수두와 유량이 평형을 이루고 있다면. 다음 루프 $BEFC$로 이동한다. 이때 두 루프에는 동일한 1개의 관로 BC가 있다. 그러므로 루프 $BEFC$가 평형이 되도록 수두와 유량을 계산한 뒤 다시 루프 $ABCD$에서 대한 평형 관계를 재검토해야 한다. 이 방법을 이용하여 다음의 예제를 풀 수 있다.

예제 8.11 그림 8.13과 같은 관망이 있다. 관망을 구성하는 관의 제원과 절점에 대한 유입 유출량이 그림에 주어져 있다. 물의 온도는 70°F라 한다. 관망의 각 관로에서의 유량을 결정하시오.

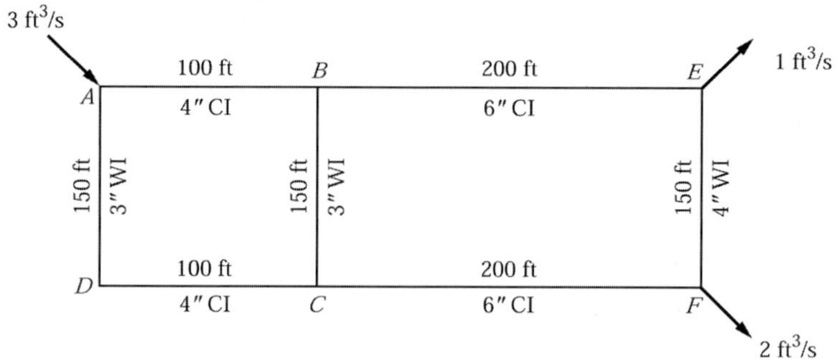

그림 8.13 예제 8.11의 관망도

풀이

본 문제의 해석은 예제 8.9의 경우에서와 같이 매트릭스정산표(spreadsheet) 프로그램을 사용하면 용이하게 해결된다. 다음 설명은 각 단계별로 매트릭스정산표 프로그램인 액셀을 효과적으로 사용한 방법을 보여준다. 실제로, 각각의 초기 루프를 형성하면 해답은 예제 8.9에서 h의 값을 전환(toggle)하여 해를 얻었던 것과 유사한 방법으로 Q값으로 전환함으로서 얻을 수 있다.

첫째 우리는 이 문제를 풀기 위해 필요한 모든 관련된 자료를 표로 만든다.

관로	d(in)	Type	ε(ft)	ε/d	A(ft^2)
AB	4	CI	0.00085	0.00255	0.087
BC	3	WI	0.00015	0.0006	0.049
CD	4	CI	0.00085	0.00255	0.087
AD	3	WI	0.00015	0.0006	0.049
BE	6	CI	0.00085	0.0017	0.196
EF	4	WI	0.00015	0.00045	0.087
CF	6	CI	0.00085	0.0017	0.196

그 다음 루프 $ABCD$부터 풀이를 시작한다. 절점에서의 연속성을 유지하도록 유의하면서 각각의 루프에 대한 흐름의 방향과 유량을 가정한다. 우선 AB의 유량을 2cfs로 가정하여 시작한다(AD와 DC에서는 1cfs가 남는다). 이 때 BC는 1cfs이다. 이러한 가정을 통해 다음과 같은 표가 작성된다.

관로	Q(cfs)	V(ft/s)	$R_n\times10^5$	f	h(ft)
AB	2	22.99	7.23	0.0245	60.93
AD	1	20.4	4.81	0.018	69.79
DC	1	11.49	3.61	0.025	15.39
BC	1	20.4	4.81	0.018	69.79

수두손실은 Moody 도표(<표 8.4>)로부터 얻어진 마찰계수에 따른 Darcy 방정식을 이용하여 계산한다. Reynolds수의 계산은 <표 2.2>로부터 수온에 따른 동점성계수(kinematic viscosity) 값 $1.059\times10^{-5}\,\mathrm{ft^2/s}$을 이용하여 계산된다.

$$\sum h_{fC}=60.93+69.79=130.72\,\mathrm{ft}$$

$$\sum h_{fCC}=69.79+15.39=85.18\,\mathrm{ft}$$

따라서 시계방향 수두손실(head loss)이 최고치가 되면서 폐쇄오차(closure error)값은 45.54 ft이다. 그러므로 보정은 루프의 시계방향 쪽을 차감시키고 반시계방향 쪽을 더하여 해주야 한다.

$$\Delta Q=\frac{\sum h_{fC}-\sum h_{fCC}}{2\left(\sum\frac{h_{fC}}{Q_C}+\sum\frac{h_{fCC}}{Q_{CC}}\right)}=\frac{45.54}{2(100.255+85.18)}=0.123\,\mathrm{cfs}$$

이 보정값을 적용함으로서, 다음 표와 같이 각각의 관로에서의 새로운 Q값을 찾을 수 있다.

관로	Q(cfs)	V(ft/s)	$R_n\times10^5$	f	h(ft)
AB	1.877	21.57	6.78	0.0245	53.15
BC	0.877	17.9	4.22	0.0182	54.33
AD	1.123	22.92	5.41	0.018	88.1
DC	1.123	12.9	4.05	0.025	19.4

루프 $ABCD$에서 시계방향과 반시계방향 흐름에 대한 손실수두는 각각 $\sum h_{fC}=107.48\,\mathrm{ft}$와 $\sum h_{fCC}=107.5\,\mathrm{ft}$이며, 평형을 이루고 있는 것을 알 수 있다.

다음으로 유출량이 E와 F에 이르도록 이전 루프에서 전개된 유량을 사용하여 절점에서 연속성이 유지되도록 유의하면서 루프 $BEFC$에 적용한다. 이 결과 주어진 표와 같이 관로에 대한 유량을 산출할 수 있다.

관로	Q(cfs)	V(ft/s)	$R_n\times10^5$	f	h(ft)
BC	0.877	17.9	4.22	0.0182	54.33
BE	1	5.1	2.4	0.023	3.71
CF	2	10.2	4.81	0.022	14.21
EF	0				0

시계방향과 반시계방향에 대한 손실수두의 합은, $\sum h_{fC}=3.71\,\mathrm{ft}$과 $\sum h_{fCC}=68.54\,\mathrm{ft}$이며, 폐쇄오차(closure error)는 $-64.83\,\mathrm{ft}$이다. 보정항은 반드시 루프의 시계방향 쪽으로부터 차감시키고 반시계방향 쪽으로 합산시켜야 한다.

ΔQ를 계산하면, $\Delta Q=\dfrac{64.38}{2(3.71+69.05)}$를 구할 수 있다. 위의 유출량을 적용하면, 아래의 표와 같이 새로운 유량을 계산할 수 있다.

관로	Q(cfs)	V(ft/s)	$R_n \times 10^5$	f	h(ft)
BC	0.432	8.81	2.08	0.0195	14.12
BE	1.445	7.37	3.48	0.022	7.42
CF	1.555	7.93	3.74	0.022	8.59
EF	0.445	5.11	1.61	0.0195	3.56

만약 루프에서의 손실수두를 합하면, $\sum h_{fC}=10.98\,\text{ft}$, $\sum h_{fCC}=22.71\,\text{ft}$이며, 수정항을 산정할 수 있다. $\Delta Q=\dfrac{11.73}{2(37.81+13.52)}=0.114\,\text{cfs}$이며, 루프의 시계방향 쪽으로부터 차감시키고 반시계방향 쪽으로 합산시켜야 한다. 유량의 분배 결과는 다음과 같다.

관로	Q(cfs)	V(ft/s)	$R_n \times 10^5$	f	h(ft)
BC	0.318	6.49	1.53	0.02	7.84
BE	1.559	7.95	3.75	0.022	8.63
CF	1.441	7.35	3.47	0.022	7.38
EF	0.559	6.42	2.02	0.0195	5.62

전과 같이 합산하면, $\sum h_{fC}=14.25\,\text{ft}$, $\sum h_{fCC}=15.22\,\text{ft}$이며, 폐쇄오차는 0.97 ft이다. 이 차이는 0.01 cfs의 ΔQ를 도출한다. 이 결과를 근거로 여기서 멈추거나 되돌아가서 이전의 루프에 대한 결과를 검정하는지에 대해 결정해야 한다. 루프 $ABCD$의 최종적 유량 분배 결과는 다음 표와 같다.

관로	Q(cfs)	V(ft/s)	$R_n \times 10^5$	f	h(ft)
AB	1.877	21.57	6.78	0.0245	53.15
BC	0.318	6.49	1.53	0.02	7.84
AD	1.123	22.92	5.41	0.018	88.1
DC	1.123	12.9	4.05	0.025	19.4

손실수두를 합산하면, $\sum h_{fC}=60.99\,\text{ft}$와 $\sum h_{fCC}=107.5\,\text{ft}$이며, 폐쇄오차는 46.51 ft이다. 이 오차를 이용하여, 반시계방향과 추가된 루프의 시계방향으로부터 감소된 보정계수 $\Delta Q=0.156\,\text{cfs}$ 을 계산할 수 있다. 계산된 관로별 유량분배는 다음의 표와 같다.

관로	Q(cfs)	V(ft/s)	$R_n \times 10^5$	f	h(ft)
AB	2.03	23.33	7.33	0.025	63.39
BC	0.474	9.67	2.28	0.019	16.55
AD	0.967	19.73	4.65	0.018	65.28
DC	0.967	11.11	3.49	0.0245	14.10

각 방향에서의 손실수두의 합은, $\sum h_{fC}=79.94\,\text{ft}$와 $\sum h_{fCC}=79.38\,\text{ft}$이며, 이때 해당 루프는 평형을 이룬다. 다음 단계로 루프 $BEFC$를 다시 점검하면, 다음 표와 같은 최종 결과를 얻는다.

관로	Q(cfs)	V(ft/s)	$R_n \times 10^5$	f	h(ft)
BC	0.474	9.67	2.28	0.019	16.55
BE	1.556	7.95	3.75	0.022	8.63
CF	1.441	7.35	3.47	0.022	7.38
EF	0.556	6.39	2.00	0.0195	5.57

이 루프에서의 손실수두를 합산하면, $\sum h_{fC}$= 14.2 ft와 $\sum h_{fCC}$= 23.93 ft임을 알 수 있다. 이 때 폐쇄오차는 9.73 ft이다. 이 값을 사용하여, 반시계방향과 추가된 루프의 시계방향으로부터 ΔQ= 0.087 cfs 임을 계산할 수 있다. 이 연산은 다음과 같은 관로 흐름에 도달한다.

관로	Q(cfs)	V(ft/s)	$R_n \times 10^5$	f	h(ft)
BC	0.387	7.89	1.86	0.02	11.6
BE	1.643	8.38	3.95	0.022	9.59
CF	1.354	6.90	3.25	0.022	6.5
EF	0.643	7.39	2.32	0.019	7.25

루프의 손실수두를 합산하면, $\sum h_{fC}$= 16.84 ft와 $\sum h_{fCC}$= 18.1 ft이며 폐쇄오차는 1.26 ft이다. 이 차이를 사용하여, ΔQ= 0.012 cfs 임을 추정할 수 있다. 이 유량이 허용할 수 있는 오차 이내라면, 관망의 최종 유량을 산정할 수 있다.

관로	Q(cfs)
AB	2.03
BC	0.375
AD	0.97
DC	0.97
BE	1.655
CF	1.342
EF	0.655

이러한 유량 모두가 이전 단계 계산과정에서 얻어진 값으로부터 얻어졌음을 인지하고, 보정 유량이 충분히 허용오차 이내의 범위에 있으므로 관망이 평형에 있다고 결론지을 수 있다. 또한 관망해석은 유량을 이용하는 방법뿐만 아니라 절점의 압력수두(pressure head)를 이용한 방법이 가능하다. 압력수두를 이용하는 방법은 절점의 초기 수두값을 추정하고, 이를 이용하여 각 관로를 통한 손실수두를 계산한다. 관망을 이루고 있는 관의 유량은 이 손실수두와 Darcy 공식 또는 Hazen-Williams 공식이나 다른 마찰 방정식을 이용하여 계산할 수 있다. 다음 계산단계에서 수두의 보정량은 계산된 유출량과 각 절점에서 적용된 폐쇄오차로부터 계산되어진다. 이러한 계산 과정은 상기 내용처럼 관망의 수두와 유량값이 충분히 수렴할 때까지 반복되어 계산된다.

8.6 관수로에서의 천이흐름

본문에서 처음에 정상류 상태에 대해 다루긴 했으나, 이는 부정상류나 천이흐름(transient flow)의 일종이며, 이들 부정상류나 천이흐름은 매우 일반적인 흐름이다. 펌프가 작동하는 도중 전력공급에 문제가 생겨 양수가 중단되거나 밸브의 폐쇄가 발생하는 경우 짧은 시간 내에 관내에서 매우 불안정한 흐름이 야기될 수 있다. 예를 들어, 물이 관로 안을 자유롭게 흐르다가 밸브가 갑자기 닫혔다고 가정하자. 이 때 밸브 근처의 속도는 초기 값 V_o에서 속도는 0으로 급격히 감소할 것이다. 운동 방정식의 적용으로 앞서 발생한 현상을 설명할 수 있다.

$$\sum F = \rho Q(V_2 - V_1) \tag{8.41}$$

V_2의 크기만큼 V_1의 크기가 감소하면, 부압(negative of force)이 발생된다. 이 부압은 관로에서 흐름의 시작점을 향하여 역류할 때 증가된 압력으로서 파동(wave)의 형태로 나타날 것이다. 이 파가 시작점에 도달할 때, 위와 반대로 감소된 압력의 파동은 관에서 밸브 방향으로 전파될 것이다. 이 과정이 수리학의 수격(water hammer)현상을 일으킨다.

그림 8.14의 관로에서의 흐름을 살펴보자. 그림 8.14(a)에서 물은 저수조에서 목적지까지 자유롭게 흐르며, 압력과 에너지는 그림과 같은 관계를 갖는다. 그러나 그림 8.14(b)와 같이 밸브가 갑자기 닫히는 경우, 밸브 근처까지 이동한 물은 정지할 것이며, 밸브로부터 압력의 증가가 발생하고 저수조쪽으로 파동의 형태로서 전파될 것이다. 이 때 이 파동은 전파속도(celerity) c라고 불리는 속도로 전파된다. 관 내의 물과 관수로 자체는 완전 강성체가 아니므로, 그림 8.14(b)에서와 같이 물기둥은 약간의 압축이 발생하며, 관 벽에서는 확장이 발생하는 것을 볼 수 있다. 이와 같은 거동을 탄성물주이론(elastic water column theory ; Parmakian, 1963)이라 하며, 송수관 시스템에서 탄성은 수격작용의 영향을 저감시키는 역할을 한다. 그림 8.14(c)에서처럼 파동이 저수조에 도달하고, 관을 통과하는 속도가 0에 근접했을 때, 관은 그림에서와 같이 전체적으로 팽창된다. 그러나 관로 내의 에너지 경사선이 저수조보다 큰 값을 가지므로, 물은 그림 8.14(d)에서와 같이 관로에서 저수조로 이동하기 시작한다. 그 다음 관내의 에너지 경사선은 저수조에서 감소하며, 감소된 압력은 그림과 같이 밸브를 향하여 이동하기 시작하면 이전의 증가되었던 압력과 같아진다. 이 과정이 바로 수격작용이다. 반사된 파가 밸브에 도달하면, 위의 과정은 다시 시작되며 관내의 마찰에 의해 에너지 손실이 소실될 때까지 계속하여 반복된다.

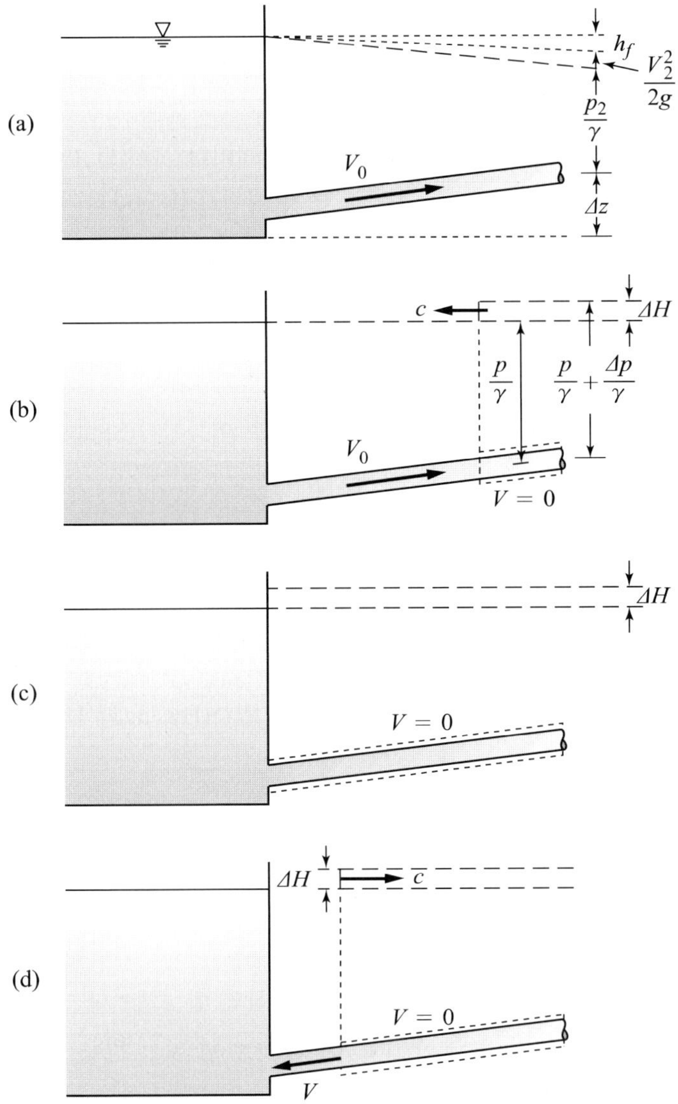

그림 8.14 수격작용 진행 개요도

간단한 운동량 해석으로 압력파의 크기는 밸브의 폐쇄시간이 중요하게 작용함을 설명할 수 있다(Hwang and Houghtalen, 1996).

$$\sum F = ma = m\frac{dV}{dt} \tag{8.42}$$

만약 밸브가 순간적으로 닫힌다면($dt = 0$), 이 때 발생한 힘은 무한대가 된다. 그러나 조작자의 의도와 상관없이 밸브나 수문이 극히 짧은 시간 내에 닫히는 것은 기계적 한계로서 불가능하다. 이와 같이 관에서 발생한 압력의 크기는 파의 속도만큼이나 폐쇄시간에 비례한다. 문제는 어떻게 됐든 초기 파가 관로를 따라 전파되고 밸브 또는 수문까지 왕복하는 동안 완전히 폐쇄되는 것이다. 만약 밸브가 충격파가 돌아오는 시간까지 완전히 폐쇄되면, 수격작용(water hammer)압력은 최대 크기에 도달할 것이다. 하지만 만약 초기 파가 돌아올 때까지 밸브가 부분 개방되어 있으면, 흐름의 초기 방향으로 얼마간의 일정한 속도를 유지할 것이다. 만약 밸브의 폐쇄가 반사된 파의 시간보다 더 빠르다면, 이 경우를 급폐쇄(rapid closure)이라 하고 그렇지 않은 경우를 완폐쇄(slow closure)이라고 한다(Simon and Korom, 1997).

파의 속도(c')는 물의 탄성계수와 관 재질의 함수로서 나타난다. 이론상, 무한히 확장되는 유체에서 충격파는 뉴턴(Newton)이 제시한 속도로 이동한다(Simon and Korom, 1997).

$$c' = \sqrt{\frac{E_v}{\rho}} \tag{8.43}$$

여기서, c' = 이론적인 파의 속도(L/T)이며, E_v = 유체의 탄성계수(F/L^2), ρ = 유체의 밀도이다. 그러나 제한된 공간에서의 흐름의 경우, 경계면의 탄성 또한 고려되어야 한다. 유체-관 시스템의 탄성계수는 다음과 같이 추정할 수 있다(Hwang과 Houghtalen, 1996).

$$\frac{1}{E_s} = \frac{1}{E_v} + \frac{d}{E_p \varepsilon} \tag{8.44}$$

여기서, E_s = 유체 관 체계에서의 합성 탄성계수이며, d = 관 직경, E_p = 관의 탄성계수, ε = 관벽의 두께이다. E_v값은 <표 2.3>에서와 같으며, 일반적인 관 재료들에 따른 E_p의 대표값은 <표 8.6>과 같다. 식(8.44)와 식(8.43)을 이용하면 탄성체이나 제한된 관에서 압력파의 속도를 구하기 위한 식을 도출할 수 있다(Roberson et al. 1998).

표 8.6 다양한 관 재질에 따른 탄성계수

관재질	E_p(N/m^2)	E_p(psi)
주철(cast iron)	1.1×10^{11}	16×10^{6}
강철(steel)	1.9×10^{11}	28×10^{6}
납(lead)	3.1×10^{9}	4.5×10^{4}
철근콘크리트	1.6×10^{11}	25×10^{6}
유리(glass)	7.0×10^{10}	10×10^{6}
동(copper)	9.7×10^{10}	14×10^{6}

$$c = \sqrt{\frac{c'^2}{1+\frac{E_v d}{\varepsilon E_p}}} \tag{8.45}$$

여기서, 관으로 돌아오는 밸브로부터 시작점까지 파가 이동하는데 걸리는 시간을 간단하게 표현하면, $t_L = L/c$가 되며, L은 관의 길이다. 그 다음 밸브로부터 저수조까지 파가 이동하는데 요구되는 시간은 $t_{2L} = 2L/c$가 된다. 따라서 관에서의 압력 크기는 밸브가 닫히는 시간(T_v)과 파가 밸브에서 저수조로 이동하는 시간 t_{2L}와의 관계에 의해 계산될 것이다.

이는 갑작스런 흐름의 중단에 의해 관에서 발생되는 최대 압력을 계산하기 위해 매우 중요하다. 상기와 같은 식으로부터, 주어진 조건에 대하여 $T_v < t_{2L}$인 경우 최대 압력이 발생할 것이다. 이러한 압력 크기의 계산은 운동량 - 충격(momentum-impulse) 이론을 적용함으로써 수월해진다. Hwang & Houghtale(1996)의 이론에 따라, 그림 8.15와 같은 관을 고려해보자. 관내에서 물은 자유롭게 흐르고 있을 때 시간 $t = t$일 때 밸브가 갑자기 닫혔다고 가정하자. 이전에 설명된 바와 같이, 밸브와 인접한 물의 유속 V는 0으로 감속될 것이며, 밸브가 닫힘으로 발생된 초기 파는 관로를 통하여 시간 $t = t$부터 $t = t + t_L$까지 밸브에서 저수조(source) 방향으로 전파된다. 이 때 압력파가 전달되지 않은 구간의 관로에서는 소량의 물이 밸브방향으로 흐를 것이다. 관의 하단에서 물의 흐름을 막아 발생하는 물기둥의 압축은 압력의 증가를 발생시킨다. 이러한 상태는 그림 8.15에서 이 상태에 대해 운동량방정식으로부터 압력증가(Δp)에 대한 관계식을 도출할 수 있다.

$$\Delta F = \Delta M \frac{dV}{dt} = \rho A L' \left(\frac{dV}{dt}\right) \tag{8.46}$$

여기서, ΔF =관 내의 초기 압력과 압력 증가분(Δp)에 의한 합성력이며, $\Delta M = \Delta t < L/c$시간 동안 관 내에서 증가된 물의 부피이며, L = 시간($t = t + \Delta t$)에 $\Delta F = \Delta p A$서 부피의 증가에 의한 관의 길이와 본래 관의 길이의 합을 말한다. $L' = c\Delta t$, $V_2 = 0$를 식(8.46)에

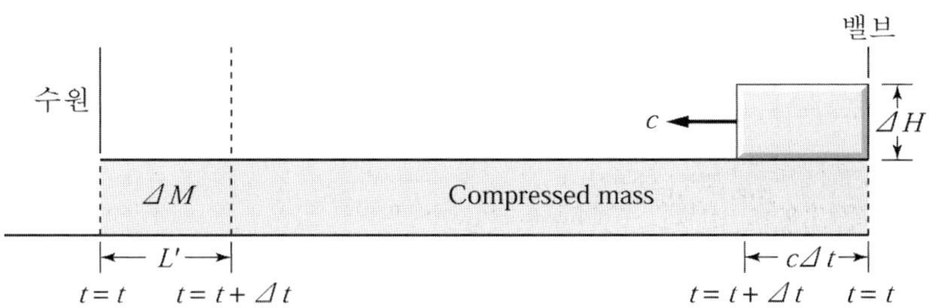

그림 8.15 수격 현상 동안의 원통형 물의 압축

대입하면 다음 식을 산출할 수 있다.

$$\Delta pA = \rho Ac\Delta t\left(\frac{V_o}{\Delta t}\right) = \rho AcV_o \tag{8.47}$$

또는

$$\Delta p = \rho cV_o \tag{8.48}$$

식(8.48)은 흐름을 갑자기 중단하는 경우 최대압력파가 발생함을 보여준다. 최대압력파는 다음과 같이 표현할 수 있다.

$$p_{\max} = p_o + \rho cV_o \tag{8.49}$$

또한, Simon & Korom(1997)이 지적하였듯이, 압력은 시간($t = 2L/c$)에서 $p = p_o \pm \Delta p$로서 각 주기에 따라 변동될 것이다. 그러나 압력은 관 마찰에 의해 각각의 주기에 따라 점차 감소될 것이다.

밸브가 천천히 닫히는 경우의 압력 변화에 대한 관계식은 Lorenzo Allievi(1929)에 의해서 제안되었다.

$$\Delta p = p_o\left(\frac{N}{2} + \sqrt{\frac{n^2}{4} + N}\right) \tag{8.50}$$

여기서, $N = (\rho LV_o/p_oT_v)$이며, 전압력 $p = p_o + \Delta p$이다.

예제 8.12 2000 m 길이의 강화 주철관(reinforced cast iron)으로 유량 $Q = 100\ell/\text{s}$이 송수되고 있다. 관의 직경은 25 cm, 관 두께는 1 cm이며, 관 내의 초기 압력은 250 kN/m^{2}이다. 만약 밸브가 2 sec 동안에 닫힌다면, 관로에서의 압력은 얼마가 되겠는가? 만약 밸브 폐쇄시간이 3.5 sec까지 증가된다면, 압력은 얼마나 증가하겠는가? 이 때 물의 온도는 25℃로 가정하시오.

풀이

주어진 조건으로부터 $d = 0.25$; $A = 0.049\,\text{m}^2$, $V_o = \dfrac{Q}{A} = \dfrac{0.1}{0.049} = 2.04\,\text{m/s}$.

<표 2.3>으로부터 $E_v = 2.2\times10^9\,\text{N/m}^2$, <표 8.6>으로부터 $E_p = 1.6\times10^{11}\,\text{N/m}^2$이다.

그리고 이론적 파의 속도는 식(8.43)을 적용하여 계산하면, $c' = \sqrt{E_v/\rho} = 1483.23\,\text{m/s}$가 된다. 실제 속도는 식(8.46)로부터,

$$c = \sqrt{\frac{c'^2}{1+\dfrac{E_vd}{\varepsilon E_p}}} = \sqrt{\frac{(1483.23)^2}{1+\dfrac{2.2\times10^9(0.25)}{(0.01)(1.6\times10^{11})}}} = 1279.5\,\text{m/s}$$

밸브로 되돌아오는 파의 시간은 $t=2L/c=3.12\text{sec}$로 밸브 폐쇄시간 2sec보다 늦으므로, 최대압력파는 식(8.48)로부터 전개될 수 있다.

$$\Delta p=\rho c V_o=1000\,\text{kg/m}^3(1279.5\,\text{m/s})(2.04\,\text{m/s})=2.61\,\text{kN/m}^2$$

증가된 압력수두는 $(\Delta p/\gamma)=266.07\,\text{m}$ 이다.

여기서, 만약 밸브 폐쇄시간이 3.5sec로 증가되었다면, 이 시간은 파의 전달시간인 3.12sec를 초과하므로 압력은 Allievi과정에 의해 계산될 수 있다.

$$N=\left(\frac{\rho L V_o}{p_o T_v}\right)=4.66$$

$250\,\text{kN/m}^2$의 초기 압력 p_o에서 $\Delta p=p_o\left(\frac{N}{2}+\sqrt{\frac{N^2}{4}+N}\right)=1.375\,\text{kN/m}^2$이 된다.

위의 과정 결과 140.16m의 압력수두의 증가가 발생하였으며, 최대값의 53%에 해당한다.

8.7 조압수조

앞 절에서 논의된 것처럼, 수격작용은 급격하게 폐쇄된 관 내에서 거대한 압력을 발생시킨다. 관망에서 수격작용을 감소시키기 위하여 완만하게 밸브를 조작하는 것을 포함하여, 압력완화 밸브(relief valve)의 설치, 관망에 조압수조를 조합하는 방법 등 다양한 방법이 고안되었다. 압력완화 밸브와 대조적으로, 조압수조는 물이 관망에서 새어나가는 것을 막아준다는 이점을 갖는다. 조압수조는 일반적으로 관 하단에 설치되며, 밸브 또는 수문은 다음 그림 8.16과 같이 작동할 것이다. 조압수조의 구조를 살펴보면, 물은 관을 따라 수조로 흐르고 밸브가 다시 열리면 관으로 다시 흘러가도록 되어 있다. Morris and Wiggert(1972)은 압력파로 인해 물이 수조 내에서 상승할 때 최대수위를 추정하는 방법에 대해 제안한 바 있다. 에너지와 압력이 같은 경우는 그림 8.16에서처럼, 초기 동수경사선이 p_o/γ높이이고 수조의 수위가 동수경사선과 같은 수위일 때 이다. 이 때 조압수조와 저수조 사이의 마찰손실은 무시된다. 조압수조가 개방되어 수위가 초기 수위에서 S만큼 상승할 때 조압수조에 증가되는 압력을 추가하여 단면적 A에 대한 운동량방정식을 써보면 다음과 같다.

$$\Delta F=ma \quad \text{또는} \quad -\gamma SA=\rho AL\frac{dV}{dt} \tag{8.51}$$

또는

$$\frac{dV}{dt}=\frac{dv}{dS}\frac{dS}{dt}=-\frac{gS}{L} \tag{8.52}$$

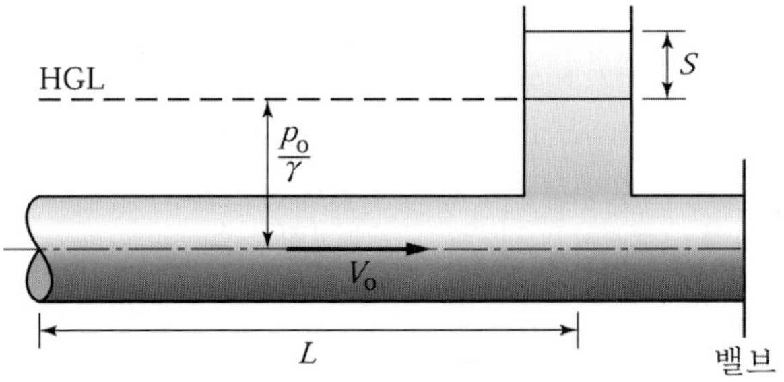

그림 8.16 조압수조 장치의 개요도

이제 관과 수조 사이의 연속방정식을 만족시키기 위해, 다음 식을 전개할 수 있다.

$$\frac{dS}{dt} = \frac{AV}{A_t} \tag{8.53}$$

여기서, A_t = 수조의 면적이다.

식(8.52)와 식(8.53)에서 얻은 방정식을 연립하면,

$$\frac{dV}{dS} = -\frac{A_t}{AV}\frac{gS}{L} \quad \text{또는} \quad V\frac{dV}{dS} = -\frac{A_t}{A}\frac{g}{L}S \tag{8.54}$$

경계조건을 $V = V_o$, $t = t_o$일 때, 식(8.54)를 S에 대해 적분하면, 다음 식을 얻을 수 있다.

$$V^2 = -\frac{A_t}{A}\frac{g}{L}S^2 + V_o^2 \tag{8.55}$$

최대조압(maximum surge) S_{max}는 관 내 유속 V가 0일 때 발생하며, S_{max}는 식(8.55)를 이용하여 구할 수 있다.

$$S_{max} = V_o\sqrt{\frac{AL}{A_t g}} \tag{8.56}$$

도움말 Reading Aid

8.1 관수로 설계시 주요 기준을 서술하시오. 보존 방정식이 적용되는가?

8.2 관망 설계시 부등류 상태는 등류상태를 이용하여 어떻게 접근할 수 있는지에 대하여 설명하시오.

8.3 위압수두(piezometric head)와 총에너지의 차이점을 설명하시오. 등류에서 총에너지 경사선과 동수경사선(hydraulic grade line)은 평행한가 아니면 평행하지 않는가? 그렇다면 이유는 무엇인가?

8.4 단면이 축소되는 관로에서 총에너지선의 기울기는 위압수두선(piezometric head line)의 기울기보다 급경사인가? 완경사인가? 그 이유는 무엇인가?

8.5 관수로에서 수두손실 계산은 Darcy 공식과 Chezy 공식 중 어느 것이 더 유용하게 사용되며, 그 이유는 무엇인가?

8.6 Reynolds수를 조합한 Poiseuille 방정식을 쓰시오. 층류의 경우 Darcy 마찰계수 f는 관 재질의 조도에 영향을 받는가?

8.7 매끄러운 관에서 난류에 의한 에너지 손실은 오직 Reynolds수에 의해서만 결정되는 이유는 무엇인가? Reynolds수의 증가에 따라서 마찰계수 f가 증가하는가 아니면 감소하는가?

8.8 거친 관에서 난류가 발생하는 경우, 마찰계수는 Reynolds수에 의해 영향을 받는가? 그 이유는 무엇인가?

8.9 Reynolds수가 다른 값을 갖는 경우 전이함수(transition fuction)는 매끄러운 관과 거친 관 공식에 얼마나 근접하는가에 대해 설명하시오.

8.10 Moody 도표를 설명하시오. 적용될 수 있는 흐름의 유형은 무엇인가?

8.11 Reynolds수가 1.0×10^6 이상인 경우, Moody 도표(Colebrook-White식)를 이용하는 방법과 Blasius 공식을 이용하는 방법 중 더 정확한 방법은 어느 것인가?

8.12 SI단위를 사용한 Manning의 조도계수 n, Chezy 계수 C의 관계를 서술하고, 이들의 차원에 대하여 설명하시오.

8.13 Manning의 조도계수는 Reynolds수나 암거(channel)의 수리반경 R에 의해 영향을 받는가?

8.14 Chezy 계수를 사용하여 Hazen-Williams 방정식을 나타내시오(영국단위와 SI단위).

8.15 각기 다른 유형의 미소 수두손실에 대한 예를 들고, 속도수두 항을 이용하여 미소손실함수를 표현하시오.

8.16 삼조 저수조의 문제점을 해결하기 위하여 일반적으로 사용되고 있는 방법을 설명하시오.

8.17 병렬로 연결된 지름이 다른 두 관이 있을 때 다음의 내용 중 어느 것이 사실인가? (a) 두 관은 같은 유출량을 갖는다, (b) 두 관은 같은 수두손실을 갖는다, (c) 두 관은 같은 유출량과 수두손실을 갖는다.

8.18 수평한 관수로에서 관의 직경이 증가하면, 속도수두는 증가할 것인가? 아니면 감소할 것인가?

8.19 임의의 두 절점의 사이의 관망을 설계할 때 만족되어야 하는 주요 요건은 무엇인가?

8.20 Hardy Cross 방법을 이용하여 관망의 폐쇄오차(closure error) 계산을 어떻게 하는지 설명하시오. 수두손실의(head loss)항을 이용하여 보정계수(correction factor)를 나타내시오.

8.21 관에서 수격작용의 발생하는 주요 원인에 대하여 설명하시오.

8.22 밸브의 갑작스런 폐쇄에 의해 발생되는 파의 속도를 정의하시오.

8.23 탄성물주이론(elastic water column theory)의 의미는 무엇인가? 관수로 내에서 발생하는 반사파의 과정을 설명하시오.

8.24 파동(wave) 속도에 영향을 미치는 요인들을 상술하시오. 관망을 운영할 시 밸브를 천천히 또는 급격히 조작하는 것 중에서 무엇을 추천하겠는가?

8.25 관망에서 밸브의 폐쇄에 권장되는 최소 시간은 얼마인가?

8.26 유체-관(fluid-pipe)시스템에서 합성탄성계수(composite modulus of elasticity)를 산정하기 위한 식을 쓰시오.

8.27 폐쇄 수리 체계(closed hydraulic system)에서 수격작용(water hammer)이 발생되는 위험성을 감소시키기 위하여 사용되는 방법들에 대해 상술하시오.

8.28 관망에서 조압수조(surge tanks)를 사용하는 경우 두 가지 주요 이점을 설명하시오.

8.29 조압수조의 용량이 어떻게 결정하는지 설명하시오.

연습문제

8.1 그림 P8.1과 같이 수온이 20℃인 물이 채워진 두 저수조가 직경 10 mm, 길이 5000 m 인 매끄러운 관으로 연결되어 있다. 유량 0.5 ℓ/min 을 유지하기 위한 최소 높이 H는 얼마가 되어야 하는가? 이때의 흐름은 층류(層流)인가?

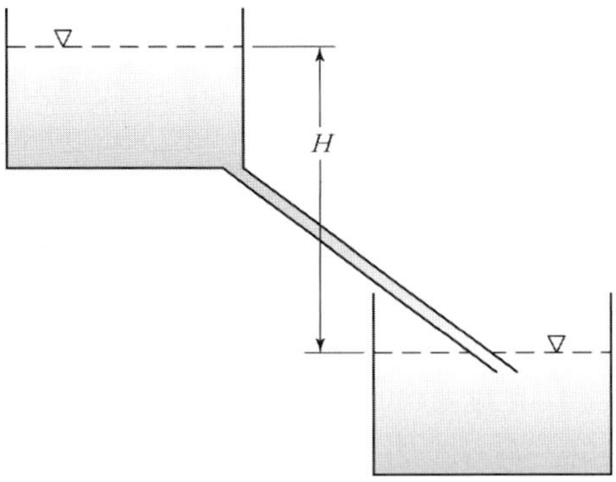

그림 P8.1 예제 8.1의 모식도

8.2 문제 8.1에서, 유량 5 ℓ/min을 유지하기 위한 최소높이 H를 찾으시오. 관의 재질이 (a) 매끄러운 관(smmoth pipe)일 때, (b) 주철관(cast iron pipe)일 때

8.3 수영장의 물을 비우기 위하여 수영장 바닥에 연결된 길이 20 ft, 직경이 3/4 in 인 아연도금강관(galvanized iron pipe)을 이용하여 중력식으로 물을 버리고자 한다. 수영장 수온은 65℉이며, 유량이 12 gal/min 라면 수영장 수위는 얼마이겠는가?

8.4 수온이 70℉인 1.5 cfs 의 물이 직경 6 in, 길이 1200 ft인 강관(steel pipe)을 따라 흐른다면, 마찰손실수두는 몇 ft인가?

8.5 그림 8.5와 같이 5000 ft 떨어진 건물에 물을 공급하기 위해 야외저수조(open air tank)가 사용된다. 물은 1000 gpm 의 유량으로 직경 12 in 의 주철관을 통해 송수된다. 소방 기준에 따르면 2층 건물 바닥 높이인 기준면으로부터 20 ft 높이에서 30 psi 의 압력이 요구된다. 이때 수온은 70℉이다. 소방법 기준에 부합되려면 수조내의 수위는 얼마가 되겠는가?

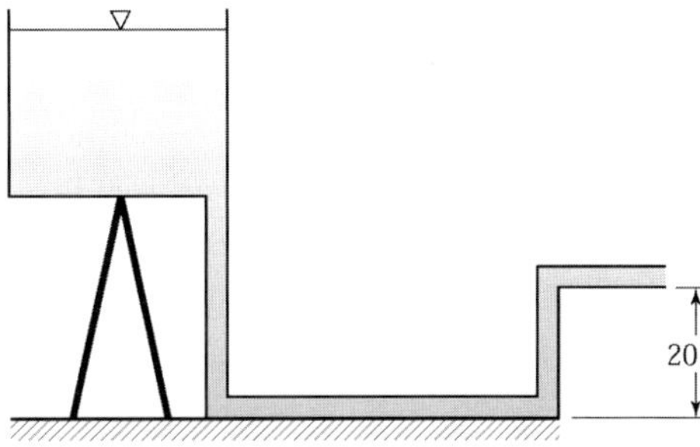

그림 P8.5 예제 8.5의 모식도

8.6 건물보다 높게 설치된 저수조에서 물이 관로를 통하여 건물로 중력에 의하여 흐르고 있다. 관로는 직경 10 in, 길이 2000 ft의 주철관이며, 흐르는 유량은 2500 gpm 이며, 수온은 65℉이다. 만일 저수조의 수위가 건물 슬래브의 250 ft 위에 설치되어 있다면 건물 슬래브에서의 압력은 몇 psi 인가?

8.7 A지점과 B지점을 연결하는 직경 6 in, 길이 300 ft의 강관(steel pipe)이 있다. 수온 60℉의 A지점에서 B지점으로 물 750 gpm 의 유량으로 방류한다. B지점은 A지점보다 60 ft 위에 위치한다. 만약 B지점의 최소압력이 50 ψ라면 A지점의 압력은 얼마인가?

8.8 직경이 40 mm 이고 길이가 750 m 인 수평으로 순환하는 관로의 흐름을 유지하기 위하여 요구되는 힘과 마찰에 의한 수두손실을 계산하시오. 단, 관의 조도는 0.08 mm 이며 물의

밀도 $\rho = 1000\,kg/m^3$, 점성계수 $\mu = 1.14 \times 10^{-3}\,Ns/m^2$이다.

(a) 유량이 $66.7\,cm^3/s$일 때

(b) 유량이 $500\,cm^3/s$일 때

8.9 직경이 5cm, 길이가 50m인 정원 호스를 이용하여 수온이 20℃인 물을 농장에 공급하고자 한다. 6시간동안 농장에 $20\,m^3/hr$의 유량으로 관개해야 할 때, 만약 호스의 조도가 0.2mm라면 호스 입구에 걸리는 적정 압력을 구하시오.

8.10 직경 18in의 연철관(wrought iron pipe)을 사용하여 2000ft 떨어져 있으며 10ft 높은 곳으로 물을 공급하기 위해 10HP(마력) 펌프가 사용된다. 공급하는 유량은 1500gpm이며 수온이 70℉일 때 최종 목적지에서 관로내의 압력은 psi 단위로 얼마가 되겠는가?

8.11 물이 그림 8.11과 같이 야외저수조(open air tank)로부터 직경 1ft, 관의 길이는 1000ft를 통하여 이동된다. 관의 재질은 리벳강철(reveted steel)이며, 수온은 65℉이다. 관로를 따라 1000ft를 이동 했을 때 손실수두가 5ft라면 (a) 관에서의 유출되는 유량은 얼마인가? (b) 관 경계면에서의 전단응력은 얼마인가? (c) 관로 끝에서의 압력은 얼마인가? 그리고 (d) 이 관은 관의 표면이 매끈한 관, 거친 관 또는 둘 다 아닐 경우 중 어떤 경우로 고려될 수 있는가?

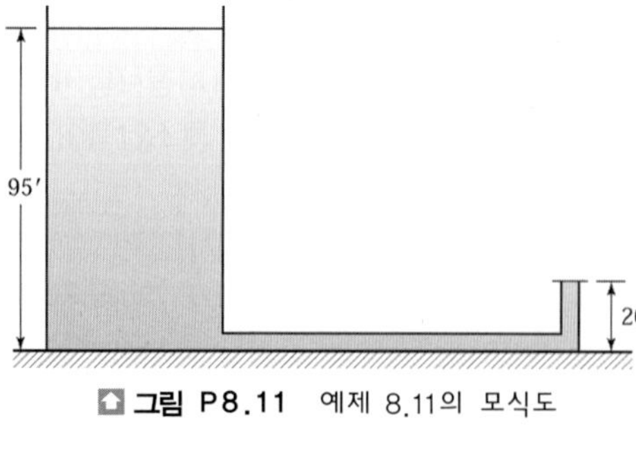

그림 P8.11 예제 8.11의 모식도

8.12 물이 직경 0.25m인 관을 통하여 $0.2\,m^3/s$의 유량으로 유출되고 있다. 수온은 25℃이며, 관의 길이는 300m, 관의 재질은 연철(wrought iron)이다. (a) 이때의 수두손실은 얼마인가? (b) 이 관은 매끈한 관, 거친 관, 또는 둘 다 아닐 경우 중 어떤 경우로 고려될 수 있는가?

8.13 직경 0.3m인 관이 10%의 기울기로 경사져 있으며 유량은 $0.35\,m^3/s$로 흐른다. 관을 따라 측정된 동수경사는 0.125m/m를 나타낸다. 이 때 수온은 25℃이다. (a) 경계면에서의 전단응력은 얼마인가? (b) 이 상황에서의 전단속도는 얼마인가? (c) 이론적인 Darcy 마찰인자(friction factor)를 구하시오(Darcy 공식을 이용하지 말 것).

8.14 문제 8.13에서 관의 표면이 거칠며, 흐름이 난류라고 가정할 때 다음을 계산하시오. (a) 거친 등입경 모래의 직경, ε (b) 7장에서 언급한 난류의 Singh 규준을 사용하여 경계층의 두께를 구하시오. (c) 거친 관으로 가정하여 계산 값이 맞는가?

8.15 아래로 5% 경사진 직경 6in 관을 통해 유량 1000gpm의 물이 흐른다. 이 관을 따라 150ft를 흘렀을 때 1psi 압력손실이 측정되었다. 이 때의 수온은 70℉이다. (a) 벽의 전단응력은 얼마인가? (b) 전단속도를 계산하시오. (c) 이론적으로 Darcy 마찰인자를 구하시오(Darcy 공식을 이용하지 말 것). (d) 이 흐름의 Reynolds수를 계산하시오.

8.16 문제 8.15에서 관 표면이 매끈하다고 가정할 때 (a) 이 관 중앙에서의 속도를 계산하시오. (b) Morris and Wigger 규준을 이용하여 경계층의 두께를 계산하시오. (c) 매끈한 관 공식을 이용하여 Darcy 마찰계수 f를 계산하시오. (d) 매끈한 관의 가정이 옳다고 판단되는가?

8.17 수은을 이용한 액주계가 수평하게 설치된 직경 20mm 관로의 두 지점과 연결되어 있다. 두 지점은 관로에서 10m 서로 떨어져 있다. 만약 물이 2.0ℓ/s로 유출되고 있고, 액주계의 높이 차가 6.0cm이라면 Darcy 마찰계수는 얼마인가?

8.18 관이 수리학적으로 매끈하다고 할 때, 0.001m/m 경사와 직경 0.25m, 길이 500m인 관에서 관 1m당 $0.01\,N/cm^2$의 압력저하(pressure drop)가 발생한다면, 이 때의 유출량은 얼마인가? 단, 수온은 20℃이다.

8.19 문제 8.18과 같은 조건에서 만약 관이 아연도금강관(galvanized iron pipe)이며, 수리학적으로 거칠다면 이 때의 유출량은 얼마가 되겠는가?

8.20 폭이 2m이며 높이가 1m, 길이가 2.0km인 직사각형 콘크리트 도관을 이용하여 중력식으로 어떤 도시에 물을 공급하려고 한다. 이 도시에 공급하고자 하는 유량은 8000gpm이다. 공급할 물을 저장하는 탱크의 높이는 얼마가 되어야 하는가? 콘크리트 도관의 표면조도 $\varepsilon = 2.0\,mm$이다.

8.21 만약 손실수두의 한도가 10ft라면 직경 6in인 수리학적으로 거친 파이프를 통해 2000ft의 거리만큼 이송될 때, 이때의 유량은 얼마가 되겠는가?

8.22 수온이 25℃이고, 수평으로 놓여졌으며 $1.5\,m^3/s$의 유량을 갖는 직경 1m, 길이 10,000m의 아연도금강관에서의 수두손실을 구하시오.

8.23 0.001ft/ft 기울기로 1mile의 거리에 있는 목적지로 5cfs의 유량을 송수하려고 한다. 이 때 직경 24in인 주철관(cast iron pipe)을 통해 송수한다면, 관에서 발생되는 총 에너지 손실은 얼마인가? 수온은 70℉이다.

8.24 연철관(wrought iron pipe)이 0.005m/m 기울기 1000m의 거리에 설치되어 있다. 만일 $5000\,N/m^2$ 압력손실 이하로 $1\,m^3/s$ 유량을 송수하려고 하면 관의 최소 직경은 얼마로 하여야 하는가?

8.25 그림 P8.25와 같이 야외저수조에서 5000ft 떨어진 건물까지 수평하게 설치된 아연도금강관(gavanized iron pipe)를 통하여 물이 공급된다. 수조의 수위는 지면에서 50ft 위에 있다. 필요한 유량은 1500gpm이며, 건물의 관로에서 필요로 하는 압력은 15psi이다. 만약 수온이 65℉라면 이러한 요구 조건을 충족하기 위한 관로의 최소 직경은 얼마인가?

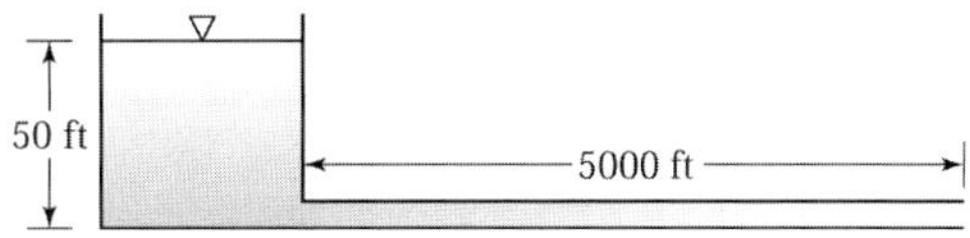

그림 P8.25 예제 8.25의 모식도

8.26 20마력의 펌프가 그림 P8.26 같이 하천으로부터 하천 수위보다 75ft 높은 곳에서 1500ft 떨어진 야외에 설치된 곳에 있는 수조로 물을 운반하려고 한다. 관로는 주철관이며 수온이 60℉인다. 만약 요구되는 유량은 1000gpm이라면 이러한 요구 조건을 충족하기 위한 관의 최소 직경은 얼마인가?

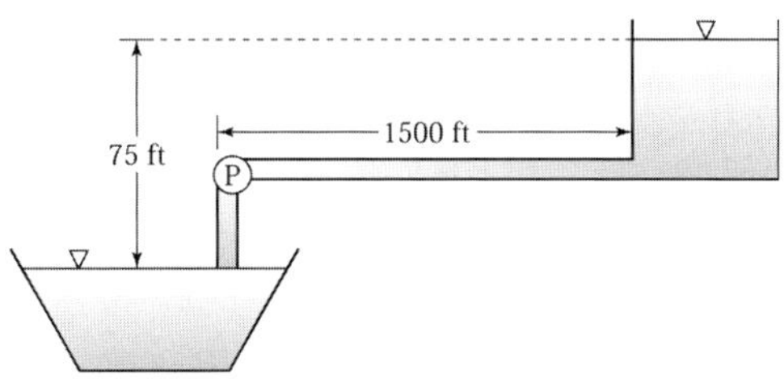

그림 P8.26 예제 8.26의 모식도

8.27 직경이 15cm, 길이가 150m인 매끈한 관이 단면급축소입구(flush entrance)와 단면급확장출구(sharp exit)를 가지고 있다. 만약 수온이 20℃이고, 흐름의 속도가 5m/s라면 수두손실의 합계는? Blausius 공식을 사용하여 f를 구하시오.

8.28 Hazen-Williams 공식을 사용하여 중력에 의하여 직경 0.5m의 리벳강관(reveted steel pipe)으로 0.001m/m의 기울기를 갖는 하수관로(strom sewer line)에서 흐르고 있는 유량을 결정하시오.

8.29 0.005ft/ft의 기울기를 갖고, 중력에 의해 흐르고 있는 주철(cast iron) 재질의 하수 관로를 통해 5cfs의 유량이 송수된다. Hazen-Williams 공식을 사용하여 위의 조건을 충족하기 위한 관의 최소 직경을 구하시오.

8.30 10년간의 서비스 기간 이후 문제 8.29에서 설계된 관로의 유출 유량은 얼마인가?

8.31 그림 P8.31과 같이 관망이 A, B, C와 D에 연결되어 있다. 모든 관의 Hazen-Williams 계수는 110이며 다른 관과 흐름의 변수는 다음과 같다.

A-B : $L = 1000\text{m}$, $d = 0.5\text{m}$, $Q = 1000\ell/\text{s}$
B-C : $L = 500\text{m}$, $d = 0.4\text{m}$, $Q = 500\ell/\text{s}$
C-D : $L = 2000\text{m}$, $d = 0.3\text{m}$, $Q = 220\ell/\text{s}$

어느 절점에서도 역류는 없으며 흐름의 방향을 A부터 D까지 유지하기 위하여 어느 절점에서든지 물이 추가되거나 제거될 수 있다. 만약 미소손실이 무시될 정도이고 관로의 어느 곳에서라도 최소한도로 허용될 수 있는 압력이 100kN/m^2이라면 A점의 압력은 얼마가 되어야 하는가? 그리고 A점에서의 위압수두 높이는 얼마인가?

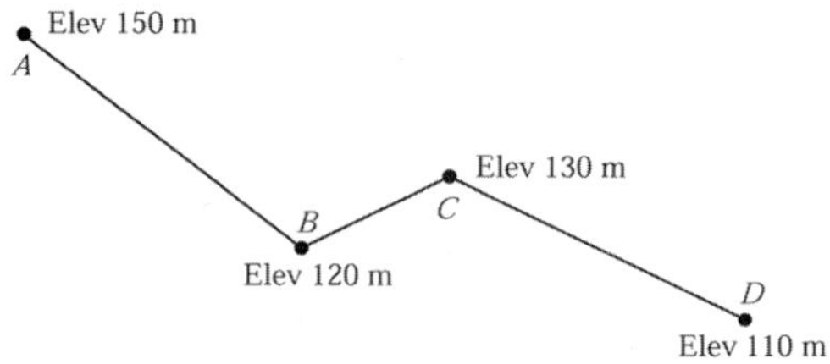

그림 P8.31 예제 8.31의 모식도

8.32 그림 P8.32와 같이 압력탱크로부터 직경 0.5m, 길이 1000m인 주철관을 통해 0.4 m^3/s의 유량으로 물이 흐른다. 수조에 연결된 관로입구는 단면급축소 입구(flush inlet)이며, 곡률반경 0.5m인 두 개의 90° 곡관부(bends)를 통과하여 물이 완전히 개방된 게이트밸브를 통하여 대기 중으로 빠져나간다면 관로의 수두손실의 합계는 얼마인가? 이 때 수조의 압력은 얼마인가? 수온은 20℃로 가정하시오.

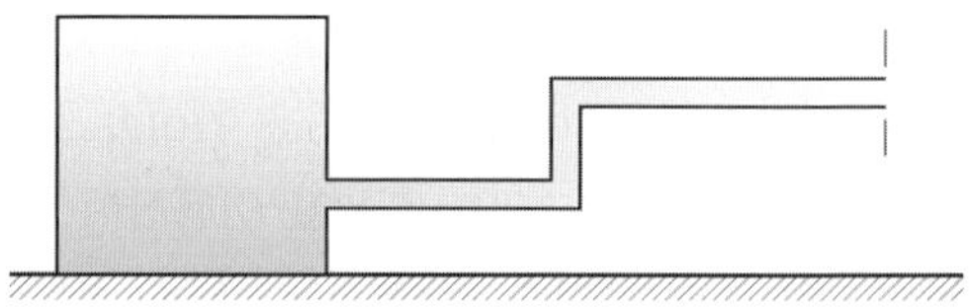
그림 P8.32 예제 8.32의 모식도

8.33 고가수조로부터 주택으로 길이 20m인 매끄러운 관을 통하여 물을 공급하고 있다. 이 관로는 4개의 90° 표준곡관(elbows), 1개의 T형관, 1개의 완전개방 상태의 글로브밸브(globe valve)로 이루어져 있다. 수온이 20℃인 물을 30ℓ/min의 유량으로 일정하게 송수하려 할 때, 관의 크기를 결정하시오. 이 때 사용가능한 수두는 5m이다.

8.34 직경 6in 길이 300ft의 강관을 통하여 수온 100℉인 물을 500gpm의 유량으로 송수하려고 한다. 이 관로는 두 개의 6in 강곡관(steel elbow)과 두 개의 완전개방 상태의 게이트밸브(gate valve) 그리고 스윙체크밸브(swing check valve)로 구성되어 있다. 만약 관로의 유

출구 끝단이 유입구보다 20 ft 위에 위치한다면, 두 관 끝단 사이의 압력차는 얼마인가?

8.35 직경비가 2 : 5인 두 개의 관로가 직렬로 연결되어 있다. 만약 직경이 작은 쪽의 관로에서 12 m/s 의 유량이 송수될 때, 다음의 경우에 대해 각각의 수두손실의 구하시오. (a) 급수축(sudden contraction)일 경우 (b) 급확장(sudden enlargement)일 경우

8.36 10 ft의 높이 차이를 갖는 두 개의 저수조가 직경 6 in 관에 의해 연결되어 있다. 만약 관로의 길이가 110 ft이고 관로 내 마찰손실계수 $f = 0.032$라면 이 때 유량은 얼마이겠는가? 만약 이 관의 끝단의 10 ft 정도의 길이가 10°의 원뿔형 확장관으로 대체되었다면, 이때의 유량은 얼마인가?

8.37 삼조 저수조가 그림 P8.37처럼 연결되어있다. 관로에 대한 정보는 그림 P8.37과 같다. 수온이 20℃라면, 각 관로에서의 유량과 흐름방향을 결정하시오.

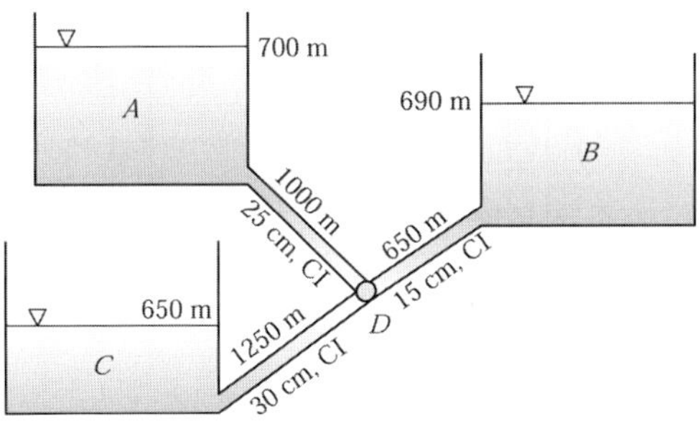

그림 P8.37 예제 8.37의 모식도

8.38 삼조 저수조가 그림 P8.38과 같이 서로 연결되어있다. 관로에 대한 정보는 그림과 같다. 만약 수온이 70℉라면, 각 관로에서의 유량과 흐름방향을 결정하시오.

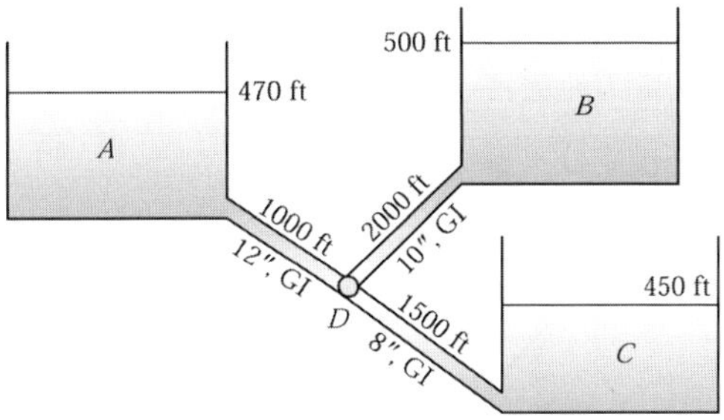

그림 P8.38 예제 8.38의 삼조 저수조의 모식도

8.39 삼조 저수조가 그림 P8.39와 같이 연결되어있다. 관로에 대한 정보는 그림 P8.39와 같다. 만약 미소손실을 무시하고 모든 관에서의 Darcy의 마찰계수가 0.02라면, D점에서의 흐름의 방향과 압력을 구하시오.

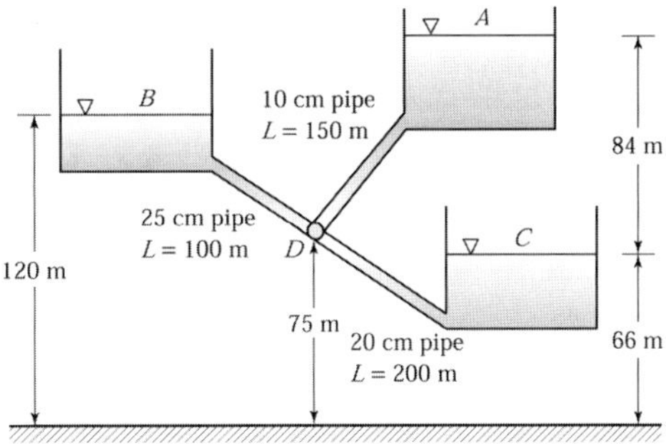

그림 P8.39 예제 8.39의 삼조 저수조의 모식도

8.40 관로가 그림 P8.40에서처럼 두 개의 병렬관으로 분관되어 있다. 만약 관로를 통한 유량이 0.5 m³/s 라면, 분관된 각 관로에서의 유량은 얼마인가? 이 때 수온은 20℃로 가정한다.

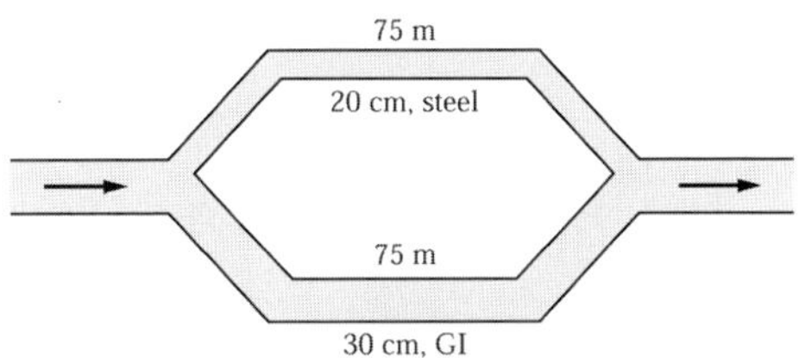

그림 P8.40 예제 8.40의 모식도

8.41 관로가 그림 P8.41과 같이 두 관이 병렬 배치되어 있다. 분관을 통해 1000 gpm 의 유량

이 송수된다면, 이 때 각 관로에서의 유량은 얼마인가? 수온은 70℉이다.

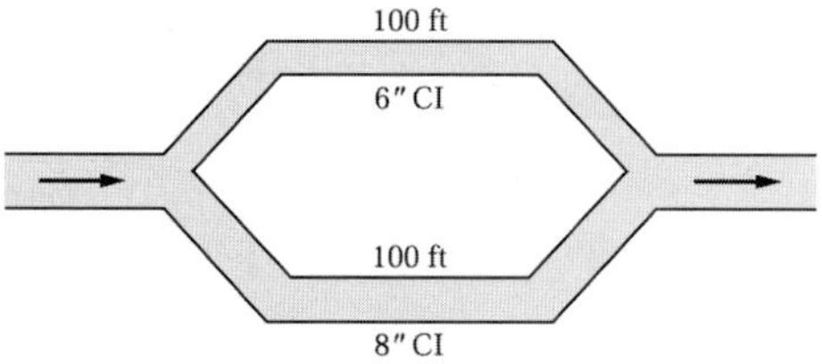

그림 P8.41 예제 8.41의 모식도

8.42 매끄러운 동관 1,2,3이 그림 P8.42와 같이 설탕정재소에서 사용되고 있다. 세 관의 길이는 각각 550 ft, 350 ft, 600 ft이며 직경은 2 in, 3 in, 4 in이다. 만약 전 유량이 $0.7\,ft^3/s$ ($\nu = 1.08 \times 10^{-5}\,ft^2/s$)라면, 각 관에서의 유량은 얼마인가? 또한 유입에서 유출에 이르는 과정에서 발생하는 손실수두는 얼마인가?

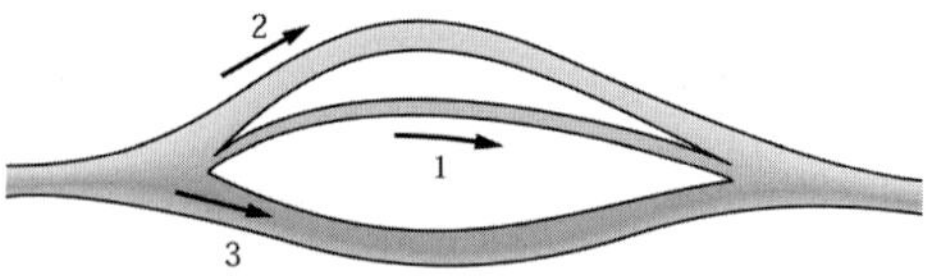

그림 P8.42 예제 8.42의 모식도

8.43 그림 P8.43과 같은 관망이 있다. 각 관로에 대한 모든 정보는 그림과 같다. 수온이 20℃일 때 주어진 정보를 이용하여 각 관로에서의 유량과 흐름방향을 구하시오.

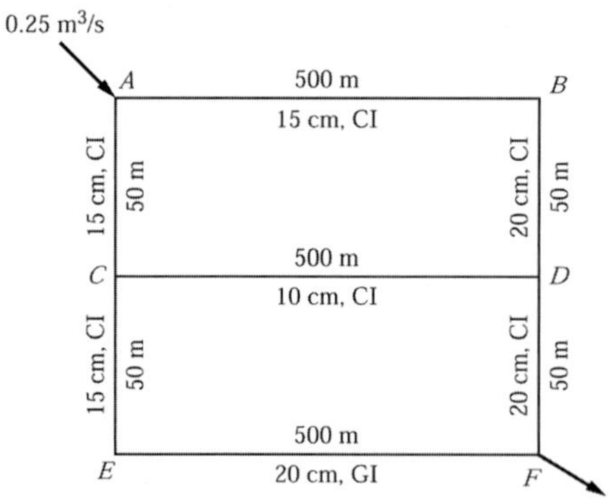

그림 P8.43 예제 8.43의 모식도

8.44 그림 P8.44와 같은 관망이 있다. 각 관로에 대한 모든 정보는 그림과 같다. Chezy의 수두손실 공식을 이용하여 각 관로에서의 유량과 흐름방향을 구하시오.

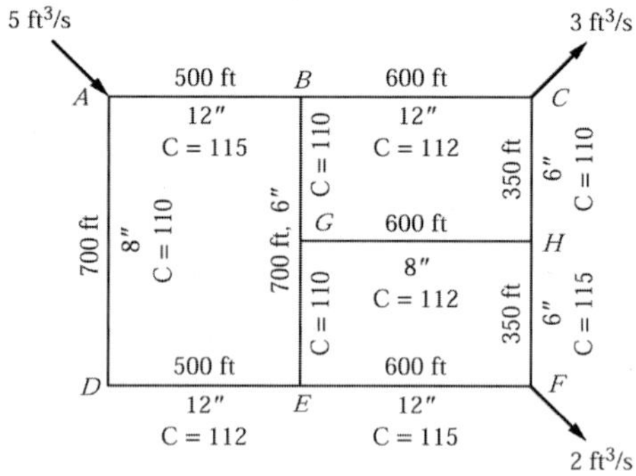

그림 P8.44 예제 8.44의 모식도

8.45 20℃의 물이 그림 P8.45와 같은 관망을 따라 흐르고 있다. 각 관의 길이는 $AB = 2000$ ft, $BD = 1500$ ft 이고, 직경은 6 in로 동일하며 마찰계수 또한 0.022로 동일하다. 만약 A점에서의 압력이 $90\,lb/in^2$일 때 점 B, C, D에서의 유량과 압력을 구하시오.

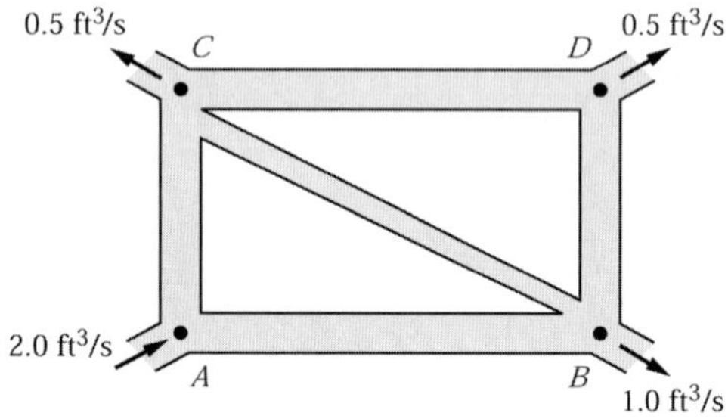

그림 P8.45 예제 8.45의 모식도

8.46 그림 P8.46과 같은 관망에서 각 관에서의 유량을 구하시오. 손실수두는 $h_f = kQ^2$로 구하며, 각 관의 k는 다음과 같다.

$k_{AB} = k_{CD} = 1.0$,

$k_{AC} = k_{BD} = 2.0$,

$k_{BC} = 3.0$

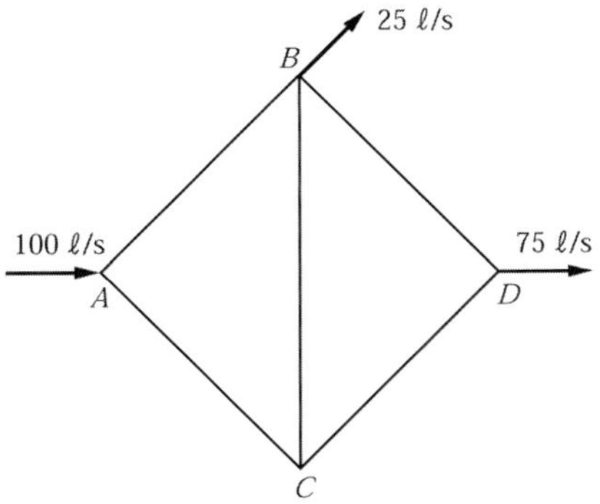

그림 P8.46 예제 8.46의 모식도

8.47 그림 P8.47과 같은 단일폐관로 관망(single-loop pipe network)이 있다. 각 합류점 사이의 거리는 1000 ft이며 모두 같은 높이에 위치하고 있다. 만약 모든 관의 C_{HW} 값이 100일 때, 관망의 각 관로별 유량과 흐름방향을 구하시오. 또한 오차범위 2 gpm 이내의 정확도로 유량을 산출하시오.

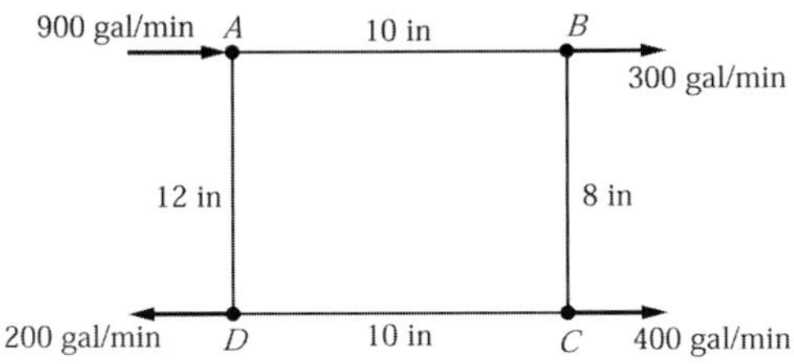

그림 P8.47 예제 8.47의 모식도

8.48 그림 P8.48과 같은 이원폐관로 관망(double-loop pipe network)이 있다. 모든 관의 길이가 700 ft이고 C_{HW}계수가 110이며, 각 절점별 높이는 A(200 ft), B(150 ft), C(300 ft), D(150 ft), E(200 ft), F(150 ft)이다. 만약 절점 C점에서의 수압이 40 psi일 때, 각 관로별 유량과 흐름 방향을 구하고 각 절점별 수압을 산출하시오.

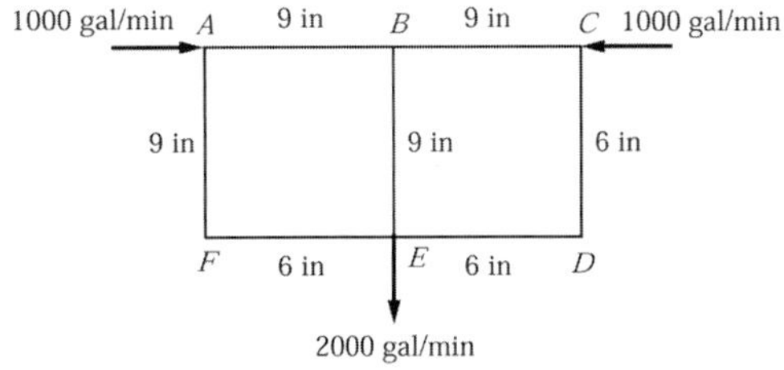

그림 P8.48 예제 8.48의 모식도

8.49 주철관의 내경은 18 in이고, 두께는 0.5 in이다. 관로의 길이는 1000 ft이며, 유속은 5 ft/s, 수온은 70℉이다.

(a) 만약 관로 끝단의 밸브가 순간적으로 닫혔을 경우, 관내의 압력은 얼마나 증가하는가?

(b) 순간폐쇄(instantaneous closure)에 상응하는 수압의 증가를 위하여 밸브를 폐쇄하는데 걸리는 시간은 얼마가 되는가?

8.50 그림 P8.50과 같이 저수조로부터 250 m 길이의 강관(steel pipe)이 연결되어 있다. 이 관의 직경은 0.5 m, 두께는 20 mm이다. 관으로부터 $1\,m^3/s$의 유량이 흐르고 있다. 저수조의 수면은 관으로부터 50 m 위에 있으며 수온은 20℃이다.

(a) 만약 관의 끝단에 밸브가 있으면, 최대 압력파(maximum pressure surge)를 피할 수 있는 밸브폐쇄에 걸리는 최소의 시간을 구하시오.

(b) (a)에서 계산된 시간보다 먼저 밸브를 폐쇄하였을 때 관로의 최대 수압은 얼마인가?

(c) (a)에서 계산된 시간보다 2배가 지난 후 밸브를 폐쇄하였을 때 관로의 압력파는 얼마인가?

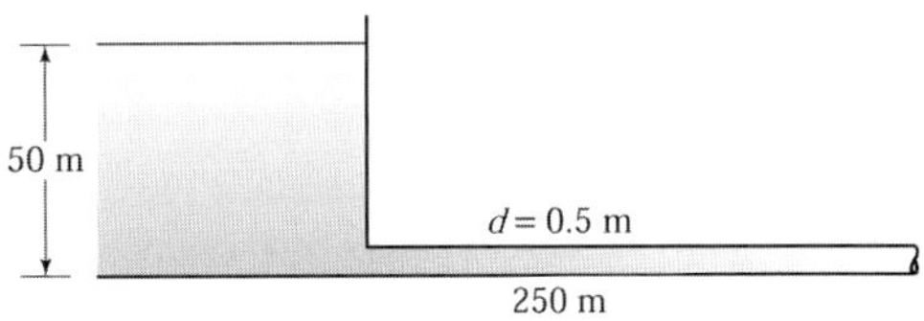

그림 P8.50 예제 8.50의 모식도

참고문헌

Allievi, L. Theory of Water hammer (translated by E.E. Halmos), Transactions of the ASME: 1929.

Beij, K. H., 1938. Pressure losses for fluid flow in 90° pipe bends, Journal of Research of National Bureau of Standards, 21.

Blasius, H., 1913. Das Aehnlichkeitsgessetz bei bei Reibungsvorgangen in Flussigkeiten, Forschung im Ingenieurwesen, No. 131.

Colebrook, C. F. and White, C. M., 1937. Experiments with fluid friction in roughened pipes. Proceedings, Royal Society of London, Series A, Vol. 161, pp. 367-81.

Fair, G. M., Geyer, J. C., and Okun, D. A., 1971. Elements of Water Supply and Waste Water Disposal, Wiley, New York.

Henderson, F. M., 1966. Open Channel Flow. Macmillan, New York.

Hwang, N. H. C. and Houghtalen, R. J., 1996. Fundamentals of Hydraulic Engineering Systems, Third Edition. Prentice Hall, Upper Saddle River, N.J.

Manning, R., 1891. On the flow of water in open channels and pipes, Transactions of the Institution of Civil Engineers of Ireland, Dublin, Vol. 20, pp. 161-207

Moody, L. F., 1944. Friction factors for pipe flow. Transaction, American Society of Mechanical Engineers, Vol. 66, pp. 671-84.

Morris, H. M. and Wiggert, J. M., 1972. Applied Hydraulics in Engineering. Wiley, New York.

Parmakian, John, 1963. Waterhammer Analysis. Dover Publication, Inc., New York.

Prandtl, L., 1926. Uber die ausgebildeter Turbulenz. Proceedings of the Second International Congress on Applied Mechanics, Zurich, Switzerland, pp. 62-74.

Roberson, J. A., Cassidy, J. J., and Chaudhry, M. H., 1998. Hydraulic Engineering, Second Edition. Wiley, New York.

Simon, A. L. and Korom, S. F., 1997. Hydraulics, Fourth Edition, Prentice Hall, Upper Saddle River, N.J.

Singh, V. P., 1996. Kinematic Wave Modeling in Water Resources: Surface Water Hydrology. Wiley, New York.

von Karman, T., 1934. Turbulence and skin friction. Journal of Aeronautical Science 1(1):1-20.

Williams, G. S. and Hazen, A., 1933. Hydraulic Tables, Third Edition, Wiley, New York.

Wu, C., et al., 1979. Hydraulics. The Chengdu University of Science and Technology Press, Cheng여, Sichuan, China.

Pumps operating in a chilled water handing unit at the University of Alabama at Huntsville.

Chapter 09

펌 프

펌프는 배수관망 및 배수시스템, 폐수 처리와 처분, 홍수제어 등과 같이 어느 곳에서나 사용된다. 본 장에서는 가장 일반적인 펌프의 기본적인 개념뿐만 아니라 주어진 설계 조건에서 적합한 것을 선택하기 위한 방법론에 대하여 중점적으로 살펴보도록 한다.

9.1 서론

수력기계(hydraulic machines)는 기계에너지(mechanical energy)와 수력에너지(hydraulic energy)간의 상호변환을 위해 제작되었다. 펌프(pumps)는 주로 전기에너지로부터 발전된 기계에너지를 위치, 압력, 운동에너지로 구성되는 수력에너지로 변환한다. 특수한 모터들은 전기에너지를 기계에너지로 변환하여 펌프를 구동하기 위해 제작되기도 한다. 펌프와 달리 수차(water turbine)는 수력을 기계에너지로 바꾸기 위해 제작되었다. 또한 기계에너지는 전기를 발생시키는 발전기를 돌리는데 이용된다. 그림 9.1은 수력기계의 주요 구성요소의 배치를 나타낸 것이다.

수차(water turbine)는 수력발전소의 건설 목적에 따라 제작되며, 각각의 발전소는 그 자체의 조건과 변수(수두, 방류, 요구되는 물과 전력 등등)들을 가지고 있기 때문에, 터빈(turbine)은 그 발전소의 목적에 따라 특수하게 설계되고 제작된다. 수력발전소는 일반적으로 국가사업이고, 대규모이며 많은 투자가 요구되기 때문에 주로 정부 주도하에 추진된다.

펌프는 어디에서나 사용 가능하고 많은 사람들이 여러 가지 방법으로 다루어 왔다. 펌프는 물을 높은 곳으로 양수하기 위해 건물에 설치된다. 일반적으로 차량은 워터펌프, 오일펌프, 그리고 가스펌프가 설치되어 있으며, 차량을 세차하고 연료를 주입하기 위해서 주유소에도 설치되어 있다. 또한 지하의 물을 지상으로 끌어올리기 위하여 지하수 관정(groundwater wells)에도 설치되어 있다. 이처럼 우리 일상생활에서 펌프의 활용은 쉽게 접할 수 있다.

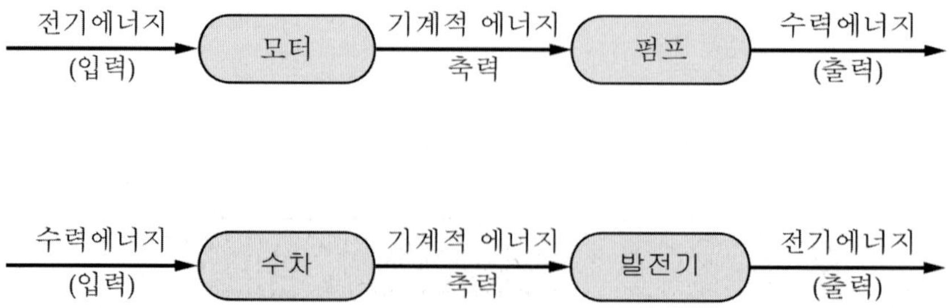

그림 9.1 수력기계의 주요 구성 요소

대부분의 펌프들은 거의 같은 원리에 의해 작동된다. 진공압(vacuum pressure)은 펌프 내의 공기를 제거함으로써 발생되며, 구동중인 펌프 내부 챔버(chamber)의 압력이 펌프아래에 위치한 집수지(sump) 수면에 작용하는 대기압력(atmospheric pressure) 보다 낮아 흡인력이 발생되고, 물은 압력 차이에 의해 집수지로 부터 펌프 챔버로 이동될 것이다. 펌프 챔버로 이동된 물은 변위 또는 압력수두에 의하여 펌프의 토출부를 통하여 양수된다.

양수되어야 할 물의 특성(characteristics)이나 투명도(clarity) 등은 적합한 펌프를 선택하는데 있어서 반드시 고려되어야 할 사항이다. 폐수 이송용 펌프의 경우 침전물이나 부스러기, 부식성 제품과 같은 것들도 처리할 수 있어야 한다. 토목기술자들은 펌프 사용 목적과 양수하여야 할 물이나 유체의 특성에 적합한 펌프를 선정할 수 있어야 한다. 또한 기계기술자들은 케이싱(casing)의 모양, 러너(runner) 크기, 유도장치의 날(blade), 방향을 잡아주는 날개(vane)의 각, 확산(diffuser) 링 그리고 기계적이고 종합적인 효율성을 고려한 펌프의 기계적 설계를 할 수 있어야 한다. 본 장에서는 토목기술자에게 필요한 펌프와 관련된 내용을 다루고자 한다. 일반적으로 펌프는 토목분야에서 물의 공급과 배분(distribution), 배수시스템(drainage system) 그리고 담수화(desalination) 시설, 폐수 처리와 처분 그리고 우수 제어 등에 이용된다.

9.2 수력기계의 종합 효율

종합 효율, e_o는 기계에 제공하고 얻어지는 에너지 또는 동력(power)의 비로 정의할 수 있다. 그림 9.1에서처럼 터빈에 제공되는 수력(WHP ; water horsepower)이 축력(SHP ; shaft horsepower)으로 변환되어 얻어진다. 펌프에서는 이 과정이 반대로 나타난다. 펌프에서 사용되는 모터(motor)의 효율 e_m은 전기력(EP ; electrical power)과 축력의(SP ; shaft power) 비로서 나타낼 수 있다.

$$e_m = \frac{\text{출력}}{\text{입력}} = \frac{SP}{EP} = \frac{T\omega}{V_e I} \tag{9.1}$$

여기서, T는 축(shaft)에 의해 발생하는 회전력(torque), ω는 축($2\pi N/60$)의 각속도이며, N은 분당 회전속도(rpm), V_e는 모터에 공급되는 전압이며, 그리고 I는 전류에서의 전기적인 흐름이다.

한 대의 펌프에 대한 종합효율 e_p는 수력(WP ; water power)과 축력(SP ; shaft power)의 비로서 계산할 수 있다.

$$e_p = \frac{\text{출력}}{\text{입력}} = \frac{WP}{SP} = \frac{\gamma QH}{T\omega} \tag{9.2}$$

여기서, γ는 유체의 단위중량, Q는 펌프의 유출량 또는 유출률, 그리고 H는 펌프의 전 수두(total head)이다. 전 수두는 상승되는 정수두(static head)와 시스템 내에서 발생될 수 있는 모든 손실수두를 포함한다. 펌프의 종합 효율은 시스템 내에서의 수리학적 손실, 베어링(bearing)과 기계의 움직이는 부품들이 만들어 내는 기계적인 마찰, 흐르는 유체가 경계면으로부터 이탈하는 박리(separation)현상과 이차 흐름(secondary current)에 의한 와류(eddy) 손실, 그리고 러너(runner)와 하우징 챔버(housing chamber) 사이의 간극을 통하여 야기되는 유체의 손실에 의한 용적 효율 등 몇몇의 요소들에 의해 좌우된다. 종합 효율은 일반적인 형태로서 다음과 같이 표현할 수 있다.

$$e_o = e_h e_v e_m \tag{9.3}$$

여기서, e_h는 수리학적 효율(hydraulic efficiency), e_v는 용적 효율(volumetric efficiency) 그리고 e_m은 기계적 효율(mechanical efficiency)이다.

9.3 펌프의 분류

펌프는 정변위식(positive displacement) 펌프와 동압식(dynamic pressure) 펌프로 분류된다. 정변위식 펌프에서 유체는 변위(displacement)에 의해 흡입되고 방출된다. 펌프는 양수되는 유체의 채움과 비움이 반복되는 한 개 또는 다수의 챔버(chamber)를 가지고 있다. 이때 챔버 내의 공기가 먼저 제거되며, 제거된 체적을 유체가 채우는 동작을 반복하며 펌프가 동작한다. 이러한 펌프의 유출량은 대부분 왕복운동의 속도와 왕복운동에 의하여 발생되는 압력(working pressure)에 의해 결정된다. 정변위식 펌프에는 여러 종류가 존재한다. 피스톤식 왕복(reciprocating) 펌프와 기어(gear) 펌프는 정변위식 펌프의 대표적인 예이다. 정변위식 펌프는 회전력을 이용한 동압식 펌프에 비해 제한적이긴 하나 매우 유용하다.

회전력을 이용한 동압식 펌프에서는 축(shaft)이 가지고 있는 기계 에너지가 압력 에너지로 변환되고, 흡입부와 토출부의 사이에서 압력차가 발생한다. 발생된 압력차로 인하여 관로내의 유체는 흡입부에서 토출부로 이동한다. 펌프의 특성에 따라 다르나, 동압식 펌프는 정변위식 펌프보다 실용적이고 다양하게 활용된다. 동압식 펌프는 유동경로에 따라 (1) 방사(radial) 펌프 또는 원심(centrifugal) 펌프, (2) 축차(axial) 펌프나 프로펠러(propeller) 펌프, (3) 방사 펌프와 축차 펌프의 조합으로 구성된 사류 펌프, 세 가지 형태로 분류된다. 그림 9.2는 펌프의 일반적인 분류를 나타낸다.

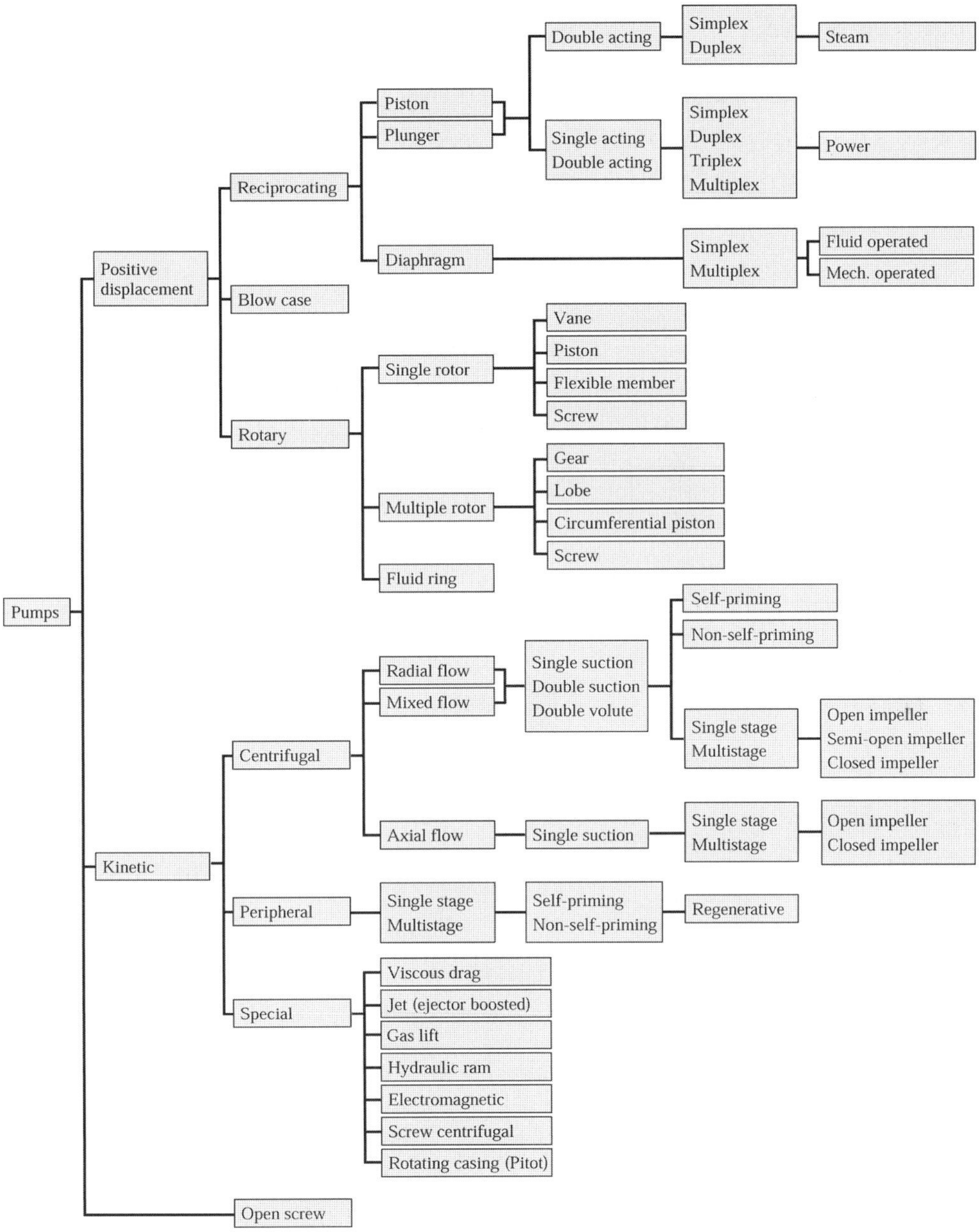

그림 9.2 펌프의 일반적인 분류(Hydraulic Institute 제공)

9.4 정변위식 펌프

9.4.1 왕복 펌프

일반적인 단동식(single-acting) 왕복(reciprocating) 펌프의 주요 구성요소와 설계도는 그림 9.3과 같다. 펌프는 램(ram)이나 플런저(plunger)로 구성되어 있고, 이 장치들은 원운동으로 움직이는 로드(rod)와 연결되어 있으며, 반대쪽 로드 끝에서 선형 교차운동에 의해 램으로 전달된다. 반지름(편심거리)이 R인 크랭크(crank)는 로드와 연결되어 있다. 램은 흡입구에서 토출구로 흐르도록 허용하는 두 개의 자동 개폐밸브(흡입밸브 S_v와 배출밸브 D_v)가 설치된 실린더(cylinder) 내에서 앞·뒤로 움직인다. 흡입관과 배출관은 그림 9.3에서와 같이 실린더의 양 측면에 연결되어 있다.

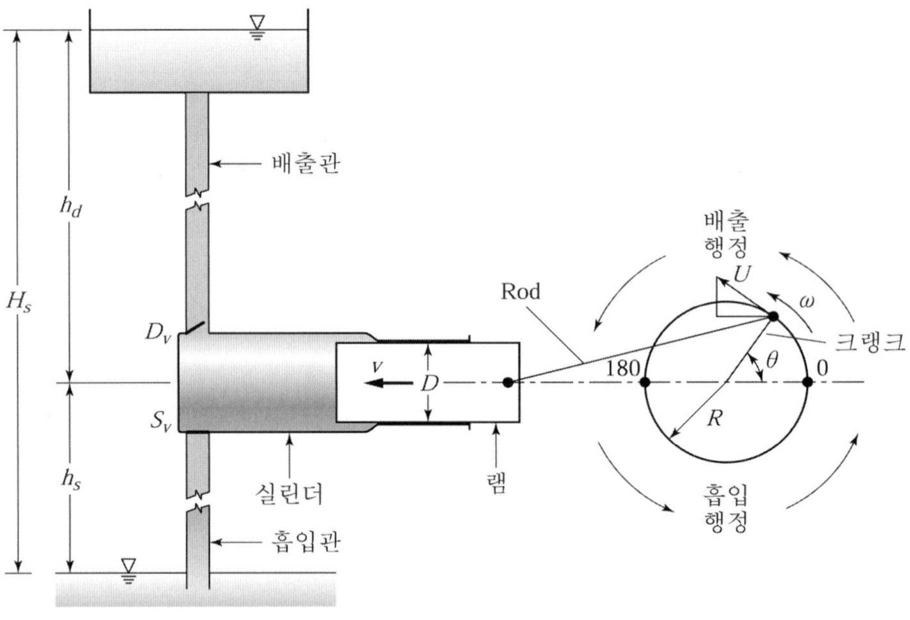

그림 9.3 단동식 왕복 펌프의 주요구성요소

크랭크가 반시계 방향으로 회전운동을 한다면, 회전각 $\theta = 0°$에서 $\theta = 180°$로 변하며, 이 때 램은 실린더 내에서 앞으로 움직이고 이러한 반주기(half-cycle)를 배출행정(delivery stroke)이라 한다. 배출행정 동안 배출밸브(D_v)는 자동으로 올라가고 흡입밸브(S_v)는 자동으로 닫힌다. 이 때 실린더 내의 물은 배출관으로 이동하게 된다. 이후 크랭크는 $\theta = 180°$에서 $\theta = 360°$의 회전운동(흡입행정 ; suction stroke)을 하며, 이 때 램은 역행운동을 하며, 흡입밸브(S_v)가 올라가는 동안 배출밸브(D_v)는 닫힌다. 따라서 흡입행정 과정 동안 램은 왼쪽에서 오른쪽으로 이동하고 실린더 내에는 유체가 채워지는 반면, 배출행정 과정 동안 램은 오른쪽에서 왼쪽으로 움직이고 유체는 실린더에서 배출밸브를 통해 방출된다. 이러한 과정은 반복되며, 흡입 및 배출밸브의 개폐 순서는 역행하지 않는다.

그림 9.3에서 h_s는 흡입수두, h_d는 배출수두, $H_s = h_s + h_d$는 정수두, R은 크랭크의 반지름, N은 크랭크 속도(rpm), 그리고 D는 램의 지름(실린더의 내부 지름과 거의 같음)이다.

따라서,

$$\text{1회 회전에 배출되는 물의 체적} = \frac{\pi D^2}{4} 2R \tag{9.4}$$

밸브가 닫히면서 지체되는 과정에서 다른 밸브에서 물의 유출이 없다고 가정하면, 이론적인 유출량은 다음과 같다.

$$Q_{th} = \frac{\pi D^2}{4} 2R \frac{N}{60} \tag{9.5}$$

밸브의 누수에 의한 실제 유출량 Q_a는 이론적 유출량보다 적으므로,

$$Q_a = e_v Q_{th} = e_v \frac{\pi D^2}{4} 2R \frac{N}{60} \tag{9.6}$$

여기서, e_v는 용적 효율이며 다음과 같이 표현된다.

$$e_v = \frac{Q_a}{Q_{th}} \tag{9.7}$$

변환하여, e_v는 다음과 같이 쓸 수 있다.

$$e_v = \frac{100 - \text{누출량}}{100} \tag{9.8}$$

누출(slip)량은 일반적으로 적으나(2%보다 적다), 높은 배출압력수두에서는 누출이 증가하기도 한다. 흡입과 배출행정 동안 램의 힘은 흡입수두(h_s)과 배출수두(h_d)에 영향을 받는다. 이러한 힘들의 손실이 없다고 가정하면,

$$\text{흡입행정 동안 램에 작용하는 힘} = \gamma h_s \frac{\pi D^2}{4} \tag{9.9}$$

$$\text{배출행정 동안 램에 작용하는 힘} = \gamma h_d \frac{\pi D^2}{4} \tag{9.10}$$

$$\text{펌프가 양수하는 힘(출력)} = \gamma Q H_s \tag{9.11}$$

식(9.11)에서는 흡입관과 배출관에서의 수두손실과 미소손실은 고려하지 않았다.

예제 9.1 램의 지름이 20 cm, 크랭크 반지름이 30 cm 인 단동 왕복펌프가 분당 40 rpm 속도로 작동한다. 이 때 물의 손실이 2.5%라고 가정할 때, 펌프의 실 유출량을 계산하시오.

풀이

$$Q_{th} = \frac{\pi D^2}{4} 2R \frac{N}{60}$$

$$= \frac{\pi (0.2)^2}{4} \times 2 \times 0.3 \times \frac{40}{60} = 0.012566\,\text{m}^3/\text{s} = 12.566\,\ell/\text{s}$$

$$e_v = \frac{100 - 2.5}{100} = 97.5\%$$

$$Q_a = 0.975 \times 12.566 = 12.25\,\ell/\text{s}$$

예제 9.2 단동 왕복펌프가 55 rpm 의 속도로 운동할 때 유출량은 15 ℓ/s 이다. 이 때 램의 지름은 25 cm, 용적 효율은 96%이다. 배출행정 동안 발생되는 배출수두(delivery head)가 5.2 m 일 때 크랭크의 반지름을 결정하고 발생하는 램에 작용하는 힘을 구하시오. 만약 흡입수두가 3.8 m 이고 펌프의 종합 효율이 85%라면 펌프를 작동하는데 필요한 동력을 계산하시오.

풀이

$$Q_a = e_v Q_{th} = e_v \frac{\pi D^2}{4} 2R \frac{N}{60}$$

따라서

$$0.015 = 0.96 \frac{\pi (0.25)^2}{4} 2R \frac{55}{60}$$

그러므로 $R = 0.1736\,\text{m} = 17.36\,\text{cm}$

배출행정 동안의 램에 작용되는 힘 $= 9810 \times 5.2 \times (\pi/4)(0.25)^2 = 2504\,\text{N}$

펌프가 송수하는 동력 $= (\gamma Q H_s)/745 = \{9810 \times 0.015 \times (5.2 + 3.8)\}/745 = 1.78\,\text{HP}$

펌프를 작동하는데 필요한 동력 $= 1.78/0.85 = 2.09\,\text{HP}$

9.4.1.1 순간 유출률

배출관에서의 실제 유출률(rate of discharge)은 전 흡입행정 과정 중에 0(zero)이 되며 배출행정의 중간에 최대값에 도달하며, 시간에 따라 변한다. 어느 시점에서의 q와 V는 각각 순간 유출량, 유출속도이고, v는 램의 속도, θ는 크랭크가 사점(dead center)에서 회전하여 통과할 때의 각, U는 크랭크 핀(crank-pin)의 등선형속도(uniform linear speed) 그리고 d가 배출관 (그림 9.3)의 직경이라고 가정하면, 램의 순간선형속도(instaneous linear velocity)는 다음과 같다(Karassik, et al. 2001).

$$v = R\left[1-\cos\theta + L\left(1-\sqrt{1-\frac{R^2}{L^2}}\right)(\sin\theta)^2\right] \tag{9.12a}$$

만약 로드의 길이가 L이고 R에 비해 상대적으로 크다면, 이 때 램의 순간선형속도는 다음과 같다.

$$v = U\sin\theta \tag{9.12b}$$

식(9.12b)는 램이 주기적인 운동을 하거나 개략적인 단순조화 운동을 하는 경우 모두 적용된다. 물질균형(mass balance) 정의에 의해 손실이 없다고 가정하면 램에 의하여 흡입되는 물의 양은 배출관(delivery pipe)을 통해 유출되는 물의 양과 같을 것이다. 그러므로

$$\frac{\pi D^2}{4}v = \frac{\pi d^2}{4}V \tag{9.13}$$

또는

$$\begin{aligned} V &= v\left(\frac{D}{d}\right)^2 = U\sin\theta\left(\frac{D}{d}\right)^2 = \omega R\sin\theta\left(\frac{D}{d}\right)^2 \\ &= \frac{2\pi NR}{60}\sin\theta\left(\frac{D}{d}\right)^2 \end{aligned} \tag{9.14}$$

배출관을 통한 유출량 Q_p는,

$$Q_p = A_p V = \frac{\pi}{4}d^2\frac{2\pi NR}{60}\sin\theta\left(\frac{D}{d}\right)^2 = \frac{\pi}{4}D^2\frac{2\pi NR}{60}\sin\theta \tag{9.15}$$

여기서, A_p는 배출관의 단면적이다.

순간속도와 유출량은 식(9.14)와 식(9.15)에서 θ가 $90°$일 때 최대값이 된다. 따라서

$$V_{\max} = \frac{2\pi NR}{60}\left(\frac{D}{d}\right)^2 \tag{9.16}$$

$$(Q_p)_{\max} = \frac{\pi D^2}{4}\frac{2\pi NR}{60} \tag{9.17}$$

평균관로유속(mean pipe velocity)은 다음과 같이 구할 수 있다.

$$V_{mean} = \frac{Q_{th}}{A_p} = \frac{\frac{\pi D^2}{4} 2R\left(\frac{N}{60}\right)}{\frac{\pi d^2}{4}} = \left(\frac{D}{d}\right)^2 2R\left(\frac{N}{60}\right) \tag{9.18}$$

식(9.16)과 식(9.18)을 이용하여,

$$\frac{V_{\max}}{V_{mean}} = \pi \tag{9.19}$$

같은 방법으로 식(9.5)와 식(9.17)을 이용하여 다음과 같은 식을 얻을 수 있다.

$$\frac{(Q_p)_{\max}}{Q_{th}} = \pi \tag{9.20}$$

그림 9.4는 크랭크의 회전각이 θ일 때 배출관에서의 유속 변화를 나타낸다. 크랭크의 θ가 0°에서 180°로 회전하는 동안(배출행정) 램은 앞쪽으로 이동하고 물은 배출관에서 배출밸브(D_v)를 통과하여 유출된다. 식(9.14)에서 유속은 $\theta = 0°$일 때 $V = 0$에서 시작하여 $\theta = 90°$일 때 최대값을 가지며 $\theta = 180°$가 되면 처음과 같이 다시 유속은 0(zero)이 될 것이다. 흡입행정은 $\theta = 180°$부터 $\theta = 360°$까지이며, 흡입행정 동안에는 배출관에서 유속은 0(zero)이 된다. 크랭크가 $\theta = 0°$에서 $\theta = 360°$까지 1회전할 때 마다 같은 유속과 유출량을 갖는 주기가 반복된다. 그림 9.4에서 살펴볼 수 있듯이 흡입행정에서의 유속 변화는 배출행정에서의 유속 변화와 반전된 형태로 나타난다.

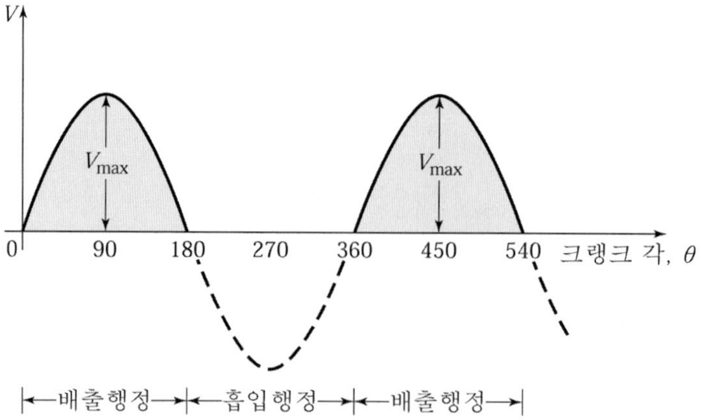

그림 9.4 단동식 왕복펌프의 배출관에서의 유속 변화

9.4.1.2 공기조

공기조(air vessels)는 폐쇄된 공간(closed chamber)으로써 왕복펌프의 흡입관과 배출관에 연결되어 있다. 공기조로 인한 이점은 다음과 같다.

1. 유출량이 지속적으로 유지되고 흡입관과 배출관에서 유속이 거의 일정하게 유지된다. 따라서 관수로(pipe system)내의 흐름이 가속되고 감속되는 현상을 줄일 수 있다.
2. 흡입관과 배출관 내에서 발생하는 마찰손실을 많이 감소시킨다.
3. 흡입관에 공기조가 연결됨으로서 펌프가 빠르게 가동될 수 있으며, 펌프가 저수조 수위 표면보다 상당히 높은 위치에 설치될 수 있게 한다.

그림 9.5는 흡입관과 배출관에 공기조가 설치된 단동(single-acting) 왕복펌프를 나타내고 있으며, 공기조에는 물과 압력을 받는 공기로 채워져 있다. 흡입부에 연결된 공기조는 대기압보다 낮은 압력의 공기로 채워져 있어 하부 저수조에서 물을 끌어 올리는 작용을 한다.

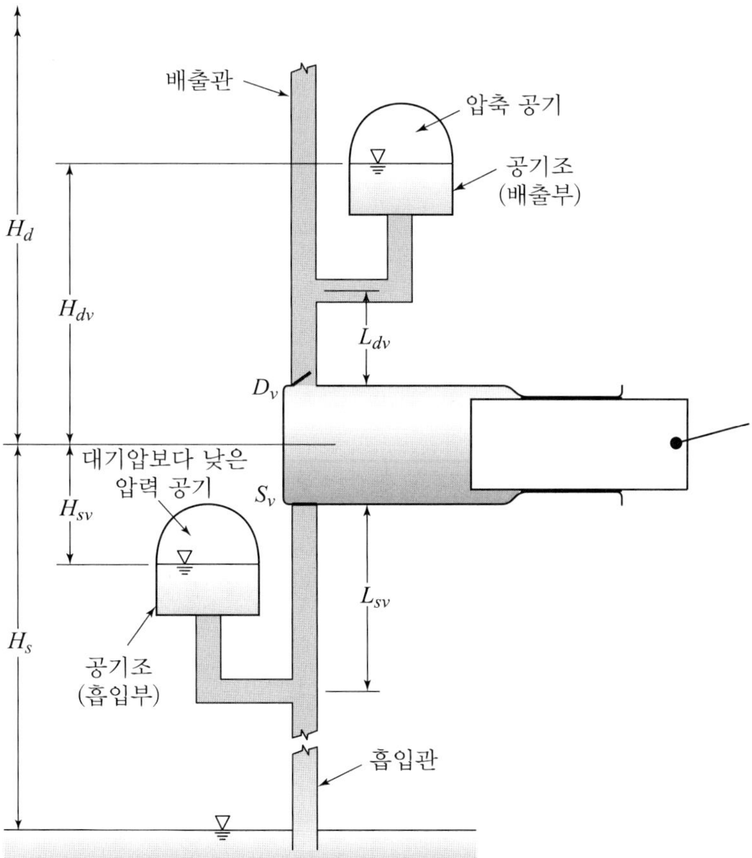

그림 9.5 흡입관 및 배출관에 연결된 공기조

배출부에 연결된 공기조의 공기는 어느 정도의 압력으로 압축된다. 흡입관과 배출관내의 압력의 조건에 따라 물은 관으로부터 공기조에 유입되거나 공기조에서 관(pipe)을 통하여 유출된다. 그림 9.6a에서 보여지는 것처럼 배출행정 동안 펌프로부터 과도하게 유출되는 유량의 일부는 배출관에 연결된 공기조로 유입되어 저장된다. 흡입행정이 진행되는 동안 배출행정 중에 공기조에 저장되었던 물은 배출관을 통해 유출되며 펌프의 유출량이 일정하게 유지되게 한다. 이와 같은 과정의 개념은 흡입부에 연결된 공기조에도 적용된다. 공기조 내의 공기압의 조정은 배출관에서 유출되는 유량이 일정하게 유지될 수 있도록 조정되어야 한다.

일반적으로 공기조 내의 수위와 공기압은 자연적으로 변동하나 공기조의 용량을 증가시킴으로서 어느 정도 조정할 수 있다. 단동식 왕복펌프에서 공기조의 용량은 일반적으로 펌프에서 변화되는 체적의 6배에서 9배 정도이다. 그림 9.6b는 공기조가 있는 경우와 없는 경우에서 흐름의 변화 양상을 나타낸다.

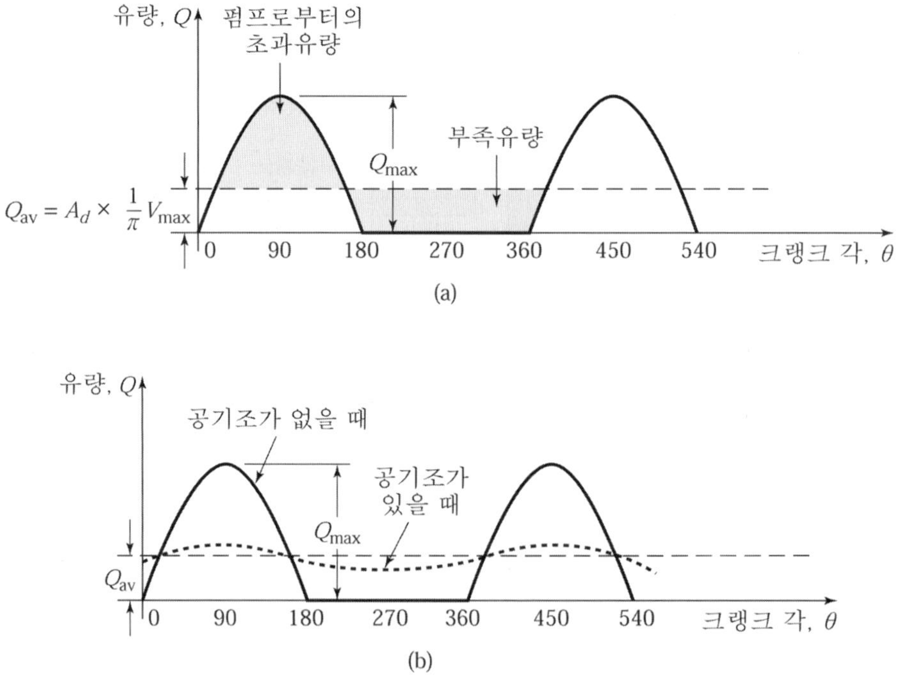

그림 9.6 (a) 단동식 왕복펌프의 유출량 변화(공기조가 없을 때) (b) 배출관에서의 유출량 변화

9.4.2 복동식 왕복펌프

단동식 왕복펌프에서 물은 램의 한쪽 면(또는 피스톤)과 접하나 복동식 왕복펌프(double-acting reciprocating pump)에서는 물은 피스톤 양면에 접하게 된다. 복동식 왕복펌프는 피스톤에 의하여 펌프 실린더가 양분되고, 양분된 실린더의 한쪽 부분은 흡입행정을 담당하고 다른 쪽 부분은 배출행정을 담당한다. 양분된 실린더의 흡입과 배출 담당 역할은 주기적으로 반복 변화된다. 그림 9.7에서 살펴볼 수 있듯이 펌프의 주 흡입관은 두 개의 관으로 분리되며, 분리된 각 관은 흡입과 배출행정을 담당하는 양분된 실린더에 각각 연결된다. 또한 주 배출관도 주 흡입관과 마찬가지로 분리되어 실린더에 연결된다. 주 흡입관과 주 배출관으로부터 실리더에 연결된 4개의 관에는 물의 움직임으로 자동 개폐가 되는 밸브가 설치되어 펌프 내에서 흐름방향을 조절하고 있다. 그림 9.7에서 피스톤이 오른쪽에서 왼쪽으로 이동하면, 흡입밸브 S_{v1}와 배수밸브 D_{v1}는 개방되고 이 과정동안 다른 밸브들은 닫혀 있다. 따라서 물이 오른쪽 실린더에 채워지는 동안 왼쪽 부분에서는 실린더에 있는 물이 배출관을 통하여 배출된다.

이론상의 유출량은 다음과 같다.

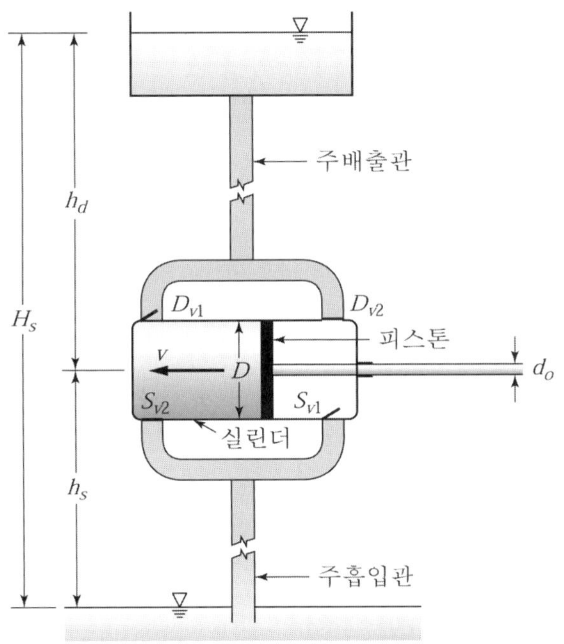

그림 9.7 복동식 왕복펌프

$$Q_{th} = \frac{\pi D^2}{4} 2R\frac{N}{60} + \frac{\pi}{4}(D^2 - d_o^2) 2R\frac{N}{60}$$
$$= \frac{\pi}{4} 2R\frac{N}{60}(2D^2 - d_o^2) \qquad (9.21)$$

여기서, D는 피스톤의 직경이고 d_o는 피스톤 로드의 직경이다. D가 d_o보다 매우 크다면,

$$Q_{th} \cong 2\frac{\pi D^2}{4} 2R\frac{N}{60} \qquad (9.22)$$

실제 유출량 Q_a는 식(9.22)에 용적효율 e_v를 곱함으로 구할 수 있다. 그림 9.8은 크랭크 각에 따른 유출량의 변화를 나타낸다. 공기조가 설치되어 있으면 유량의 변화가 적은 좀 더 균등한 흐름이 될 것이다.

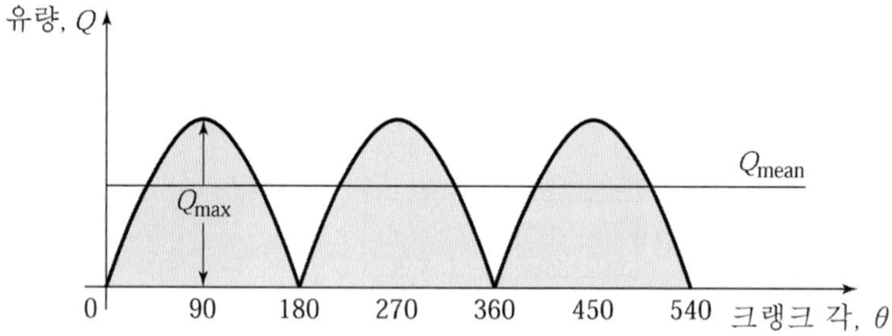

그림 9.8 복동식 왕복펌프의 크랭크각과 유출량 관계

예제 9.3 크랭크 반경이 25 cm 이고 직경 20 cm, 80 rpm 의 속도로 작동하는 피스톤을 가진 복동식 왕복펌프가 있다. 피스톤 로드의 직경은 3 cm 이다. 이 때 정수두(static head)는 8 m 이고 펌프의 종합 효율이 84% 라면 펌프를 작동시키는데 필요한 동력과 유출량을 결정하시오. 물의 손실과 관로에서의 다른 손실은 무시한다.

풀이

식(9.21) 사용하여,

$$Q_{th} = \frac{\pi}{4} \times 2 \times 0.25 \times \frac{80}{60}\{2(0.2)^2 - (0.03)^2\}$$
$$= 0.04146\,\mathrm{m^3/s} = 41.461\,\ell/\mathrm{s}$$

배출에 필요한 동력 $= \frac{\gamma QH}{745} = \frac{9810 \times 0.04146 \times 8}{745} = 4.36\,\mathrm{HP}$

펌프 작동에 요구되는 동력 $= \frac{4.36}{0.84} = 5.19\,\mathrm{HP}$

9.4.3 다중실린더 왕복펌프

다중실린더 왕복펌프(multicylinder reciprocating pump)는 하나의 크랭크가 두 개 또는 그 이상의 실린더에 램을 작동할 수 있도록 설계되어 있다. 단동식 이중 펌프(single-acting duplex pump)라고 불리는 복실린더 시스템에서 두 램의 스트로크(stroke) 사이의 각도 차이는 180°이다. 따라서 한쪽 실린더에서 흡입행정이 발생하면 다른 쪽 실린더에서 배출행정이 발생한다. 이 경우 두 실린더는 마치 복동식 왕복펌프와 같이 작동할 것이다.

한 크랭크에서 세 개의 실린더가 작동하는 왕복펌프의 경우, 이를 삼중펌프라 하며 이때 세 개의 실린더에 작용하는 스트로크(stroke) 사이의 각은 120°이다. 단동식 펌프는 한 사이클당 한 번의 압축과 한 번의 흡입과정이 반복된다. 복동식 펌프는 사이클당 두 번의 압축과 두 번의 흡입 행정을 갖는다. 달리 말하자면 실린더의 수는 펌프가 단식(하나의 실린더)인지, 복식(두 개의 실린더)인지, 삼식(세 개의 실린더)인지, 또는 그 이상의 실린더를 사용하는 펌프인지를 결정한다. 그림 9.9는 크랭크 각도차가 120°인 삼식 실린더를 가진 왕복운동 펌프에서의 흐름 특성을 나타낸다. 그림 9.10은 각기 다른 실린더 구성을 갖는 왕복펌프의 흐름 특성을 보여주고 있다. 다중실린더 왕복펌프에서도 유출량을 균등하게 유지하기 위하여 공기조가 흡입관과 배출관에 설치될 수 있다.

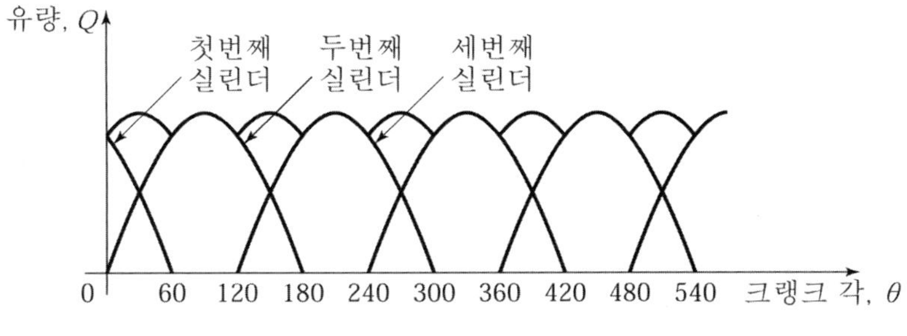

그림 9.9 크랭크 각–유출량 관계 : 세번째 실린더의 크랭크 각 차이가 120°일 때

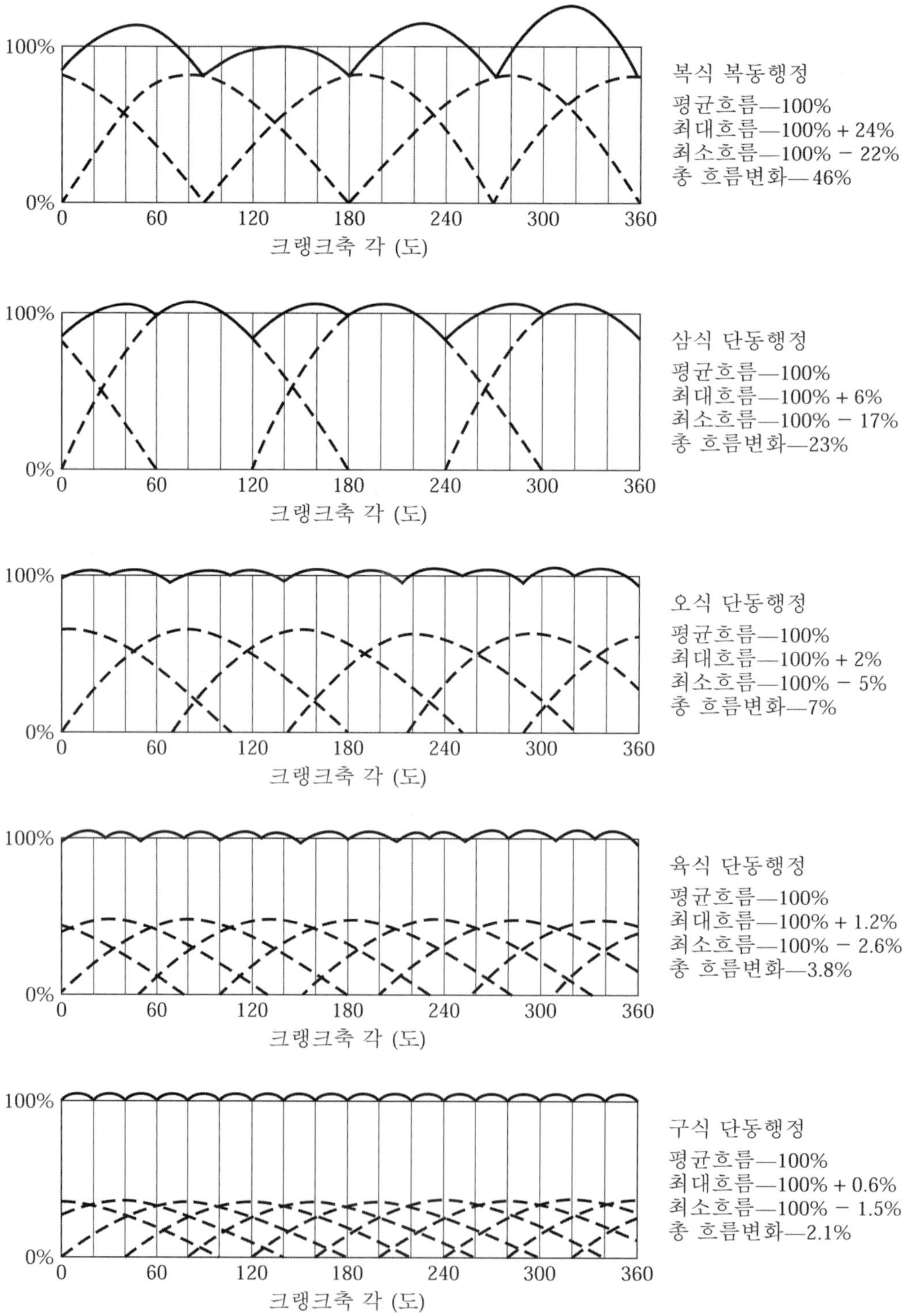

그림 9.10 왕복펌프의 흐름 특성(Rayner, R., Pump User Handbook, 1995.)

9.5 동압펌프

동압펌프(dynamic pressure pump)는 펌프의 흡입부와 배출부에 발생하는 압력 차이로 펌프와 연결된 관로를 통하여 유체를 이동시킨다. 압력 차이는 베인(vane) 또는 프로펠러(propeller) 날(blade)에 의하여 유체에 작용되는 외력이 증가됨으로서 발생한다. 이 힘은 펌프를 조립하는 하우징(housing) 내부에서 압력수두(pressure head)로 변환된다. 축류펌프(axial flow pump)의 경우 압력수두로 발생된 힘은 펌프로 유입되는 유체의 방향으로 작용하며, 방사(radial)펌프 또는 원심(centrifugal)펌프는 원심력 또는 방사력(radial force)으로 압력차이를 증가시켜 펌프가 작동된다. 혼류(mixed-flow)펌프는 위의 두 방식이 모두 적용된다(즉, 힘의 원심력 방향과 같은 방향으로 작용한다). 혼류펌프는 일반적으로 원심펌프로 분류되나, 원심펌프와 같이 많은 수두 차이를 발생하지 못하고 대신 많은 유량을 송수할 수 있는 기능을 가진다. 다음절에서는 원심펌프와 축류펌프에 대해 상세히 알아보기로 하는데 동일한 개념이 혼합류펌프에서도 적용될 수 있을 것이다.

9.5.1 원심(방사)펌프

원심(centrifugal)펌프의 기본원리는 1730년도에 Demour(Hwang and Houghtalen, 1996)에 의해 소개되었다. 단순한 T자 모양의 관의 하단부는 물에 잠겨 있는 상태에서 원심력을 발생하기 위하여 암(arm)이 회전된다. 이 때 원심력이 물에 작용하는 중력보다 커지면 물은 상승하여 T의 수평 암(arm)을 통하여 유출된다. 이는 원심펌프의 기본 작동원리이며 오늘날에는 이를 개량하여 사용한다. 현대식 원심 펌프의 단면도는 그림 9.11과 같다. 그림과 같이 원심펌프는 간단하게 임펠러(impeller)라 부르는 회전자와 내부의 압축된 물을 둘러싸는 하우징(housing)으로 구성된다. 하우징은 펌프를 통한 흐름 방향으로 유도되도록 날개(vane)를 포함할 수 있다. 동력은 모터(motor)에 의하여 회전되는 축을 통하여 임펠러에 공급된다. 원심펌프의 수리학적 동작 원리는 그림 9.12와 같다.

임펠러의 회전운동은 임펠러 중심부의 저압부(대기압 보다 낮음)를 통하여 물을 끌어 들이고, 펌프 하우징 바깥쪽에 가깝고 높은 압력이 발생되는 부분으로 물을 이동시킴으로서 물이 유출되도록 한다. 하우징은 최소의 손실이 발생하도록 중심부에서 배출부로 단면을 확대하여 설계하고, 유체가 갖는 속도수두가 압력수두로 변환될 때 효율이 증대되도록 한다.

원심펌프의 에너지 변환 원리는 각운동량(angular momentum)의 일부로서, 선운동량은 다음과 같이 정의된다.

$$Mom = mV$$

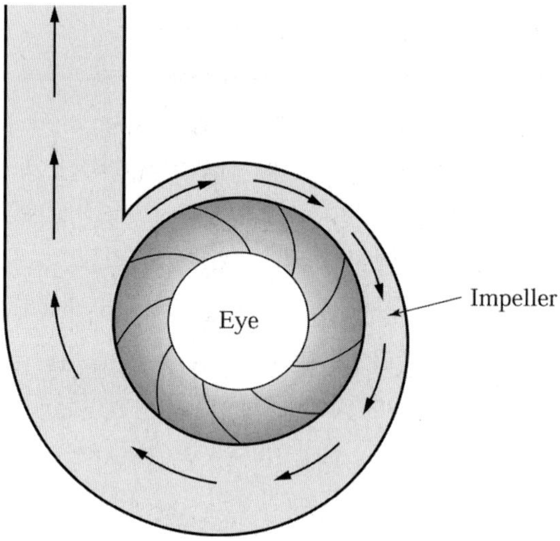

그림 9.11 현대식 원심펌프의 단면도

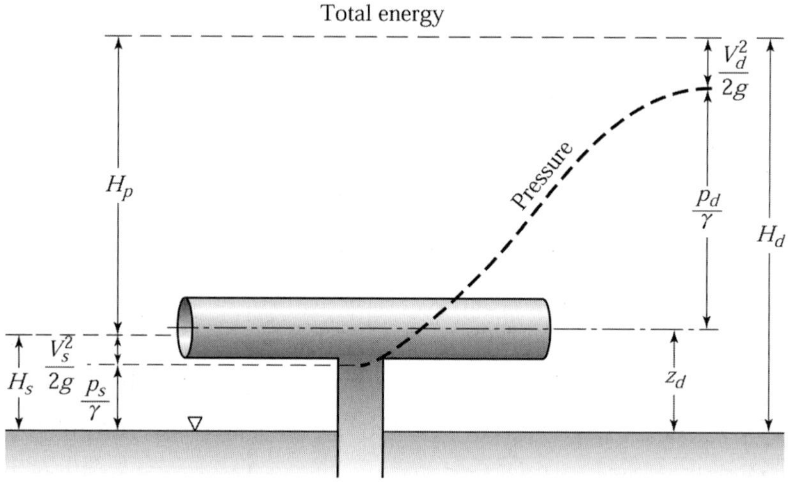

그림 9.12 원심펌프의 수리학적 원리

여기서, Mom은 운동량, m은 질량 그리고 V는 평균속도를 말한다. 각운동량은 고정 축에 대한 선형 운동량의 모멘트이다. 따라서

$$\text{Angular } Mom = r \times Mom = r \times m \times V \tag{9.23}$$

여기서, Angular Mom은 각운동량, r는 반지름이다. 각운동량 보존법칙은 유체의 각운동량의 시간에 대한 변화율이 토크(torque)라고 일컬어지는 유체에 작용하는 외적 모멘트(external moment)와 같다는 것을 의미한다.

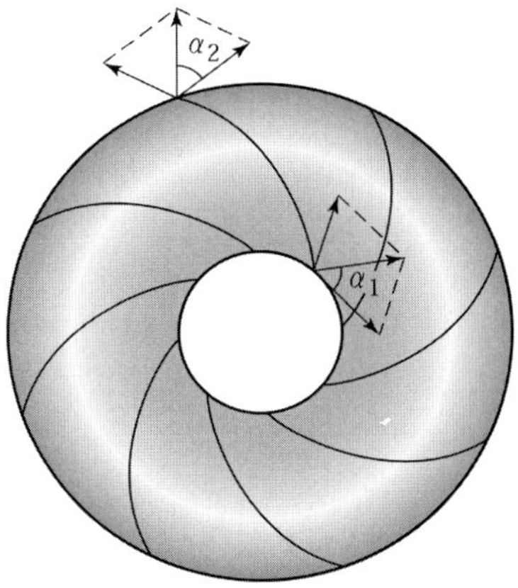

그림 9.13 각운동량의 기하학적 관계

$$T = \frac{V}{t} = r\rho QV \tag{9.24}$$

여기서, T는 작용된 토크, Q는 유출량 그리고 ρ는 밀도이다. 흐름의 기하학적 형태는 그림 9.13과 같이 중심부 부근에서 하우징 외부로의 방향성을 보인다.

제5장에서 선형 운동량 보존법칙에 대해 서술한 바 있으며, 다음과 같이 표현된다.

$$\sum \boldsymbol{F} = \rho Q(\boldsymbol{V}_2 - \boldsymbol{V}_1) \tag{9.25}$$

그림 9.13에서의 각운동량 경우 축에 적용된 토크는,

$$T = F_{t(2)}r_2 - F_{t(1)}r_1 = \rho Q(V_2 \cos\alpha_2 r_2 - V_1 \cos\alpha_1 r_1) \tag{9.26}$$

여기서, F_t는 접선방향의 힘으로 접선속도($V_t = V\cos\alpha$, 여기서 각 α는 그림에서 나타난 펌프 유입구나 하우징의 내부에 접하는 각의 한 요소이다.)

9.5.1.1 동력, 수두, 그리고 효율

펌프에 입력되는 동력은 축(shaft)의 초당 각속도(ω)에 토크를 곱한 것이다.

$$P_i = \omega T = \rho Q\omega(V_2 \cos\alpha_2 r_2 - V_1 \cos\alpha_1 r_1) \tag{9.27}$$

축의 각속도는 분당 회전수 rpm(revolutions per minute)을 다음 식을 이용하여 초당 회전각속도로 변환될 수 있다.

$$\omega = \frac{2\pi}{60} \times (\text{rpm}) \tag{9.28}$$

펌프의 출력은 발생된 수두량에 대한 양수될 수 있는 유출량의 항으로 표현된다. 그림 9.12는 에너지 관계에서 원심펌프와의 연관성을 나타낸다. 그림에서 한 개의 펌프에 의해 발생되는 순수두는 배출구와 흡입구에서의 에너지 차로 표시할 수 있다. 이는,

$$H_p = H_d - H_s = \frac{V_d^2 - V_s^2}{2g} + \frac{P_d - P_s}{\gamma} + z_d \tag{9.29}$$

이 값은 펌프의 작동에 의해 유체에 전달되는 에너지양을 나타낸다.

펌프의 출력은 다음과 같이 나타낼 수 있다.

$$P_o = \gamma Q H_p (\text{ft} - \text{lb/s}) \tag{9.30a}$$

여기서, $(\text{ft} - \text{lb/s})$는 동력의 FPS단위이다. 이를 마력(horsepower)으로 표시하면

$$P_o = \frac{\gamma Q H_p}{550} \text{ (마력)} \tag{9.30b}$$

$$\text{SI단위계에서 } P_o = \frac{\gamma Q H_p}{745} \text{ (마력)} \tag{9.30c}$$

식(9.30b)와 (9.30c)와 같이 펌프에서 출력되는 동력을 수마력(water horsepower)이라 한다.

펌프의 효율은 펌프에 입력되는 동력과 출력되는 동력의 비로서 나타낼 수 있다.

$$e_p = P_o / P_i = \frac{\gamma Q H_p}{\omega T} \tag{9.31}$$

펌프를 구동시키기 위해 모터(motor)에 필요한 동력은 제동마력(break horsepower)이라 하며 다음과 같이 계산된다(Simon and Korom, 1997).

$$\text{제동마력} = \frac{\text{수마력}}{e_p} \tag{9.32}$$

펌프를 구동시키는데 있어서 모터의 효율은 매우 중요한 인자로 작용한다. 이 효율은 전기나 화석 연료를 통해 발생하는 모터의 동력(P_m)과 전동기 가동에 의해 펌프에 공급되는 동력(P_i)의 비로소 계산할 수 있다. 따라서 펌프-모터 시스템에서의 종합 효율은 다음과 같다.

$$e = e_p e_m = \frac{P_o}{P_i} \cdot \frac{P_i}{P_m} = \frac{P_o}{P_m} \tag{9.33}$$

예제 9.4 펌프의 유출량은 1.1 cfs, 수두는 30 ft이다. 만약 펌프가 75%의 효율을 갖는 5 kW 모터에 의해 구동된다면 펌프의 전체효율과 브레이크 마력은 얼마인가?

풀이

펌프에 발생하는 동력은 식(9.30b)에 의해 구할 수 있다.

$$P_o = \gamma Q H_p / 550 = \frac{\gamma(1.1)(30)}{550} = 3.744\,\text{HP}$$

이 때 1 kW = 1.34 HP이므로 $P_o = 2.79\,\text{kW}$이다.

식(9.33)로부터 $e = P_o / P_m = 2.79/5 = 56\%$

식(9.33)로부터 $e = e_p e_m,\ e_p = 74.5\%$

식(9.32)로부터 제동마력 $= 3.744/0.745 = 5.025\,\text{HP}$

9.5.1.2 펌프 유사성 관계

예제 6.5에서, 펌프 특성과 관련한 두 가지 함수적 관계가 차원해석을 통해 유도된다.

$$e_p = \varphi\left(\frac{D^2 \omega \rho}{\mu},\ \frac{Q}{\omega D^3}\right) \tag{9.34}$$

여기서, D는 임펠러 직경이고, 다른 용어는 앞에서 정의한 것과 같다.

펌프에 의하여 시스템의 증가된 압력을 고려하고 이에 관련된 수리학적 인자를 추론하면 다음과 같다.

$$\eta = \varphi(\omega,\ D,\ \Delta P,\ \rho^{-1}) \tag{9.35}$$

식(9.35)의 관계에서 예제 6.5의 방법론을 이용하여, 다음과 같이 세 번째 항을 유도할 수 있다.

$$e_p = \varphi\left(\frac{\Delta P}{\rho \omega^2 D^2}\right) \tag{9.36}$$

다음으로 $\rho = \gamma / g$ 관계를 이용하여 압력을 수두항으로 변환시키면,

$$e_p = \varphi\left(\frac{\Delta H g}{\omega^2 D^2}\right) \tag{9.37}$$

식(9.34)에서 첫 번째 항은 점성력(viscous force)의 영향을 나타내고 있으나 Reynolds수가 매우 높은 난류상태에서는 이러한 점성력의 영향은 사실상 무시된다. 이러한 경우 다음과 같이 쓸 수 있다.

$$e_p = \varphi\left(\frac{\Delta Hg}{\omega^2 D^2},\ \frac{Q}{\omega D^3}\right) \tag{9.38}$$

따라서 기하학적으로 유사한 두 펌프에 대하여 다음과 같이 쓸 수 있다(Wurbs and James, 2002).

$$\left(\frac{\Delta Hg}{\omega^2 D^2}\right)_1 = \left(\frac{\Delta Hg}{\omega^2 D^2}\right)_2 \tag{9.39a}$$

그리고

$$\left(\frac{Q}{\omega D^3}\right)_1 = \left(\frac{Q}{\omega D^3}\right)_2 \tag{9.39b}$$

식(9.39a)는 수두계수(head coefficient)이며, 식(9.39b)는 유량계수(discharge coefficient)를 나타낸다. 펌프 비속도(specific velocity)는 축(shaft)의 속도, 수두, 유출량의 조합으로 표현할 수 있다.

$$\eta_s = \frac{\omega Q^{0.5}}{(H_p g)^{0.75}} \tag{9.40}$$

여기서, η_s는 펌프 비속도, ω는 축의 속도(rad/sec), Q는 유출량($\mathrm{m^3/sec}$)이며 H_p는 양수(pumping) 수두이다. 비속도는 펌프해석에서 많이 사용되는 무차원 매개변수로서 서로 다른 펌프들의 작동 조건을 비교하거나 동일한 펌프에서 수두와 유출량 조건이 다를 경우 작동되는 특성을 비교하는데 주로 사용된다.

원심(radial)펌프의 경우, 최대 효율로 작동되는 축의 속도가 존재한다. 펌프가 최적의 축속도가 아닌 상태로 작동될 경우 펌프 효율은 떨어진다. 그림 9.14는 펌프 효율과 비속도간의 관계를 나타낸다. 일반적으로 낮은 비속도를 갖는 펌프는 고수두를 얻는 반면 양수량이 작다. 반면에 높은 비속도를 갖는 펌프는 이와 반대로 작동된다. 원심펌프는 비속도가 500~3500에서 작동되며 양수량이 1000 gpm 이내일 경우 사용된다. 축류(axial) 펌프는 비속도가 7500~15000이며 양수량이 5000 gpm 이상일 경우 사용되나 일반적으로 12 m 보다 적은 동수두(dynamic head)가 발생한다(Gupta, 1989 ; Hwang and Houghtalen, 1996). 혼류

(mixed) 펌프는 원심펌프와 축류펌프의 중간 용도로 사용되는 펌프로서 일반적으로 비속도 3500~7500에서 작동되며 양수량은 1000 gpm 보다 크다. Gupta(1989)에 따르면, 일반적으로 펌프 효율은 비속도가 1000보다 작아지면 현저하게 감소하고, 모든 펌프와 모든 비속도에 대하여 작은 용량의 펌프일수록 효율은 감소한다고 한다. 펌프수두(pumping head), 양수량, 효율과 동력사이의 관계는 제조자에 의해 제공되는 펌프특성도표(pump characteristic charts)와 곡선을 통해 알 수 있다.

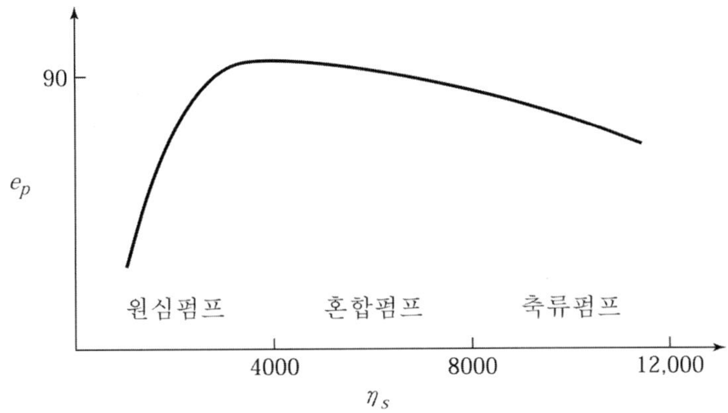

그림 9.14 비속도와 효율의 관계

예제 9.5 펌프가 10 m의 전 수두로 500 ℓ/s의 유량을 양수하기 위해 1200 rpm 속도로 작동한다. 만약 rpm이 1500까지 증가하면, 같은 수두일 때 양수되는 유출량은 어떻게 변하는가? 또한 이 펌프의 비속도는 얼마인가?

풀이

식(9.39b)로부터 $\left(\dfrac{Q}{\omega D^3}\right)_1 = \left(\dfrac{Q}{\omega D^3}\right)_2$ 임을 알고 있다. 같은 펌프를 사용했기 때문에 임펠러직경(D)은 같으므로 식은 다음과 같이 정리된다.

$$\frac{Q_1}{Q_2} = \frac{\omega_1}{\omega_2} = \frac{500}{Q_2} = \frac{1200}{1500} = 0.8$$

이 때 $Q_2 = 625\,\ell/\mathrm{s}$ 이므로 비속도는 식(9.40)으로부터 얻을 수 있다. 우선 회전속도 rpm을 rad/sec로 변환시킨 후 비속도를 구하면 다음과 같다.

$$\omega = \frac{2\pi}{60} \times 1200 = 125.66\,\mathrm{rad/sec}$$

$$\eta = \frac{\omega \times Q^{0.5}}{(H_p \times g)^{0.75}} = \frac{125.66 \times (0.5)^{0.5}}{(10 \times 9.81)^{0.75}} = 2.85$$

예제 9.6 예제 9.5에서의 펌프 수두가 15m로 상승하고 같은 양수량을 유지하려면 펌프의 회전속도는 얼마가 되겠는가? 또한 이 경우 비속도는 얼마인가?

풀이

식(9.39a)로부터 $\left(\dfrac{\Delta Hg}{\omega^2 D^2}\right)_1 = \left(\dfrac{\Delta Hg}{\omega^2 D^2}\right)_2$ 임을 알고 있다.

임펠러 직경(D)은 같으므로, 위 식은 $\dfrac{\Delta H_1}{\Delta H_2} = \dfrac{\omega_1^2}{\omega_2^2}$ 정리할 수 있다.

이 때 $\dfrac{10}{15} = \dfrac{(1200)^2}{\omega_2^2}$ 이므로, $\omega_2 = 153.9\,\mathrm{rad/sec}$이다.

식(9.40)으로부터, $\eta_s = \dfrac{153.9 \times (0.5)^{0.5}}{(15 \times 9.81)^{0.75}} = 2.57$

앞의 예제에서 펌프수두(pumping head)가 증가하는 경우 비속도가 감소함을 살펴보았고, 그림 9.14에서 효율과 비속도와의 관계를 추정할 수 있다. 따라서 최적 효율로서 작동하는 펌프를 선택하기 위한 방법으로 펌프유사성(pump affinity relation)과 비속도를 적절하게 활용하여야 한다.

9.5.1.3 펌프수두

실제로 엔지니어는 높은 에너지 효율로 원하는 유량을 가지며 원하는 목적지까지 양수할 수 있는 펌프를 원한다. 일반적으로 사용되는 펌프시스템의 전형적인 예를 그림 9.15에서 볼 수 있다. 그림에서 양수에 필요한 펌프수두를 살펴보면 펌프수두는 위치수두(station head) ; $z_d + \Delta z$, 속도수두 ; $V_2^2/2g$, 압력수두 ; p_2/γ, 손실수두 ; h_f로 이루어짐을 알 수 있다. 여기에서 손실수두는 관로의 마찰손실과 굴곡부, 밸브 등에 의한 미소손실을 포함한다. 펌프는 물 또는 유체를 필요로 하는 목적지점에 요구되는 압력수두를 유지하면서 유량을 공급할 수 있어야 한다. 펌프가 설치목적과 용도에 맞게 운용되기 위한 최소한의 조건으로 설치된 펌프를 통하여 양수하는데 필요한 펌프수두(또는 에너지)가 확보되어야 한다.

펌프 적용의 여러 개념과 관련된 펌프수두의 계산은 8장에서 언급하였다. 다음 예제는 펌프수두를 계산하는 방법을 보여준다.

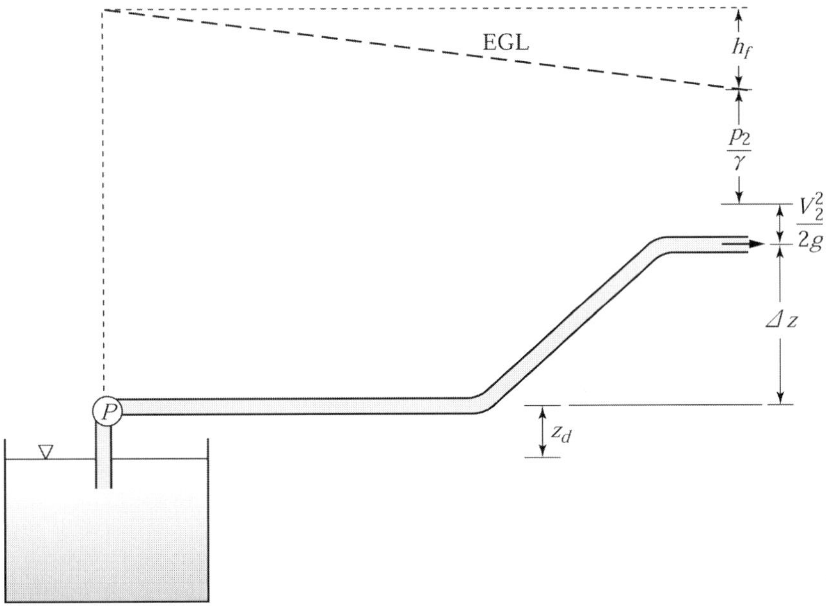

그림 9.15 물을 공급하는 펌프시스템 개요도

예제 9.7 12 in의 직경과 1000 ft 길이를 갖는 주철관(cast iron pipe)을 이용하여 수면에서 10 ft 높이 위로 1000 gpm의 유량을 송수하려고 한다. 또한 목적지점의 관내압력으로 10 psi가 요구된다. 송수하는데 요구되는 펌프수두를 결정하시오.

풀이

그림 9.16에서, 요구되는 펌프수두는 다음과 같이 계산될 수 있다.

$$H_p = \Delta z + \frac{p_2}{\gamma} + \frac{V_2^2}{2g} + h_L$$

그러므로 압력수두(에너지)는 $p_2 = 10\,\text{psi} = \dfrac{10(144)}{62.4} = 23.07\,\text{ft}$이고, 1000 gpm의 유출량 $= \dfrac{1000}{60(7.5)} = 2.22\,\text{cfs}$이다. 주철관의 면적은 $\pi d^2/4 = 0.785\,\text{ft}^2$이며 강관내의 유속은 $Q/A = 2.83\,\text{ft/s}$이다. 여기서 유출량에 의해 손실수두가 발생하였다. <표 7.1>로부터 강관의 조도 ε 은 0.00085 ft이므로, 상대조도 계수 $\varepsilon/d = 0.00085$이다. 따라서 Reynolds수는 다음과 같다.

$$R_n = \frac{\rho V d}{\mu}$$

물의 온도가 65°F라면, 동점성계수(μ)는 $2.196\times10^{-5}\,\text{lb}\cdot\text{s/ft}^2$이다. 이 값을 이용하여 Reynolds수를 2.50×10^5로 계산한 뒤, 그림 8.4에서 주어진 Moody 도표를 사용하여 Darcy의 마찰계수 f가 0.0205임을 알 수 있다.

Darcy 방정식에 따라 마찰손실을 구하면,

$$h_f = \frac{fL}{d}\frac{V^2}{2g} = \frac{0.0205(1000)}{1}\frac{(2.83)^2}{2g} = 2.55\,\text{ft}$$

곡선부와 관계된 미소손실을 무시하면 펌프수두는 다음과 같다.

$$H_p = 10 + 23.07 + 0.12 + 2.55 = 35.74\,\text{ft}$$

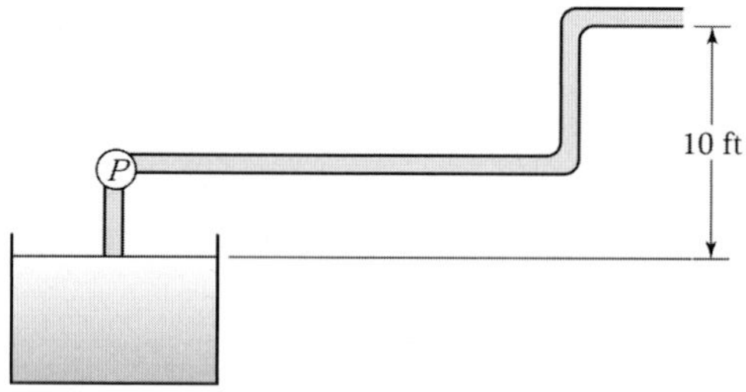

그림 9.16 예제 9.7의 펌프시스템 개요도

9.5.1.4 펌프의 선택

특정 유량(flow)과 수두(head) 요구량을 만족하는 가장 효과적이고 적합한 펌프의 선택은 토목기술자에게 있어서 중요한 부분이다. 토목기술자는 수도 공급체계(water supply system), 상수 또는 하수 처리시설, 또는 배수 관망과 관련된 직업에 종사한다. 공통적으로 위의 같은 직업은 수요유량분석과 펌프의 선택과 관련이 있다.

펌프의 선택에 있어서 첫 번째 단계는 펌프시스템(pumping system)에 적합한 요구 조건을 알아야 한다. 이 시스템은 관로, 부속품(밸브, 수문 등등), 정수두 요구량 그리고 최종 양수량(압력, 속도 포함) 등이 요구된다. 만약 이러한 항목들을 알면, 손실을 포함하여 요구되는 수두에 따른 유출량을 계산하고 도면에 작성함으로써 고유한 수두와 양수량의 관계를 보여주는 곡선($H-Q$)을 구할 수 있다. 이러한 곡선은 그림 9.17과 같다.

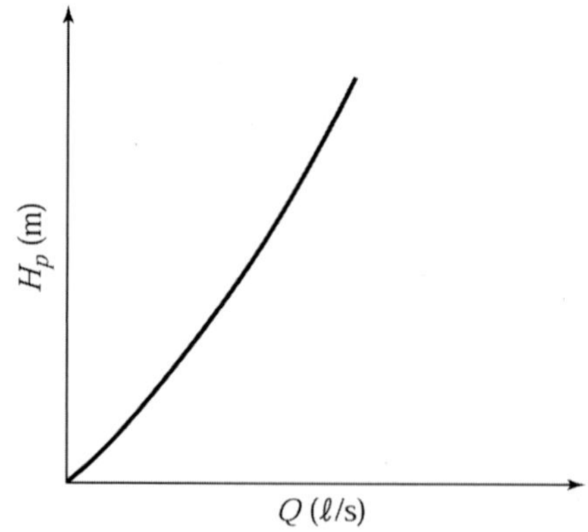

그림 9.17 펌프의 전형적인 H–Q 곡선

펌프 제조자는 펌프에 대한 성능곡선(때때로 특성곡선 또는 표라고 함)을 제공한다. 이와 같은 성능곡선은 표나 곡선 등 다양한 형태로서 제공되며, 어느 정도범주까지 펌프수두, 양수량, 수마력(water horsepower), 축속도와 효율에 대한 완전한 정보를 제공한다. 펌프의 성능곡선은 주어진 일정한 조건 하에서 실험을 실시함으로서 결정된다. 어떤 경우 성능곡선은 성능에 맞는 최적펌프를 선별하는데 필요한 정보를 모두 제공하기도 하지만 어떤 경우는 펌프의 수마력이나 축속도 만을 제공하기도 한다. 그림 9.18은 여러 펌프에 대한 특성곡선이며, 그림 9.19와 9.20은 주어진 축속도에 따른 펌프의 특성곡선이다. 어떤 주어진 상황에 맞도록 만들어진 $H-Q$ 곡선은 펌프의 성능표에 겹쳐서 조사할 수 있으며, 이러한 조사 방법은 적합한 펌프를 선택하도록 도움을 준다. 가장 적합한 펌프란 최소의 운용비와 최소의 작업만으로 최상의 효율을 낼 수 있는 펌프를 의미한다.

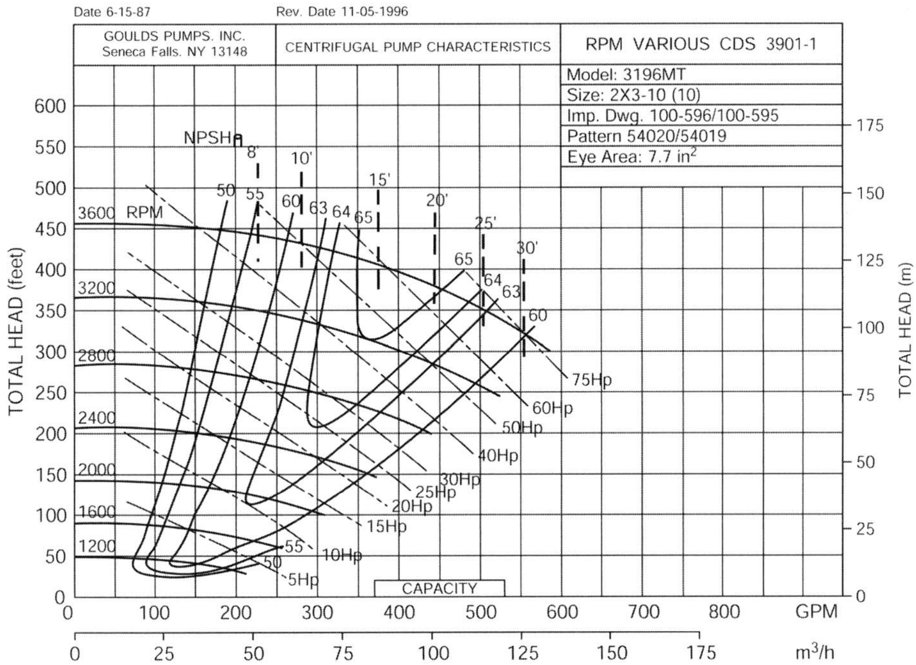

그림 9.18 다양한 펌프에 대한 특성곡선

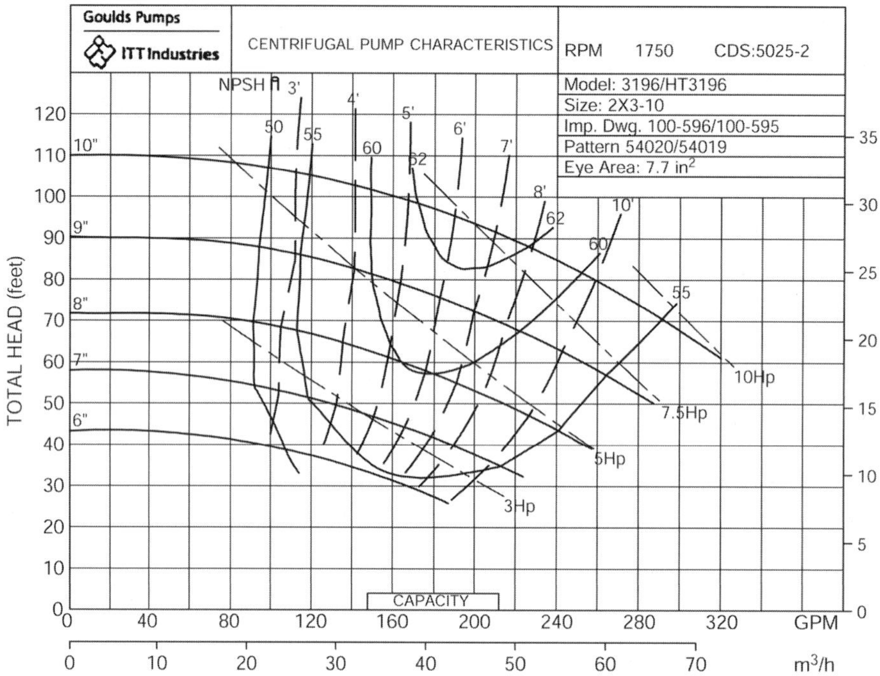

그림 9.19 1750 rpm의 축속도의 펌프에 대한 특성곡선

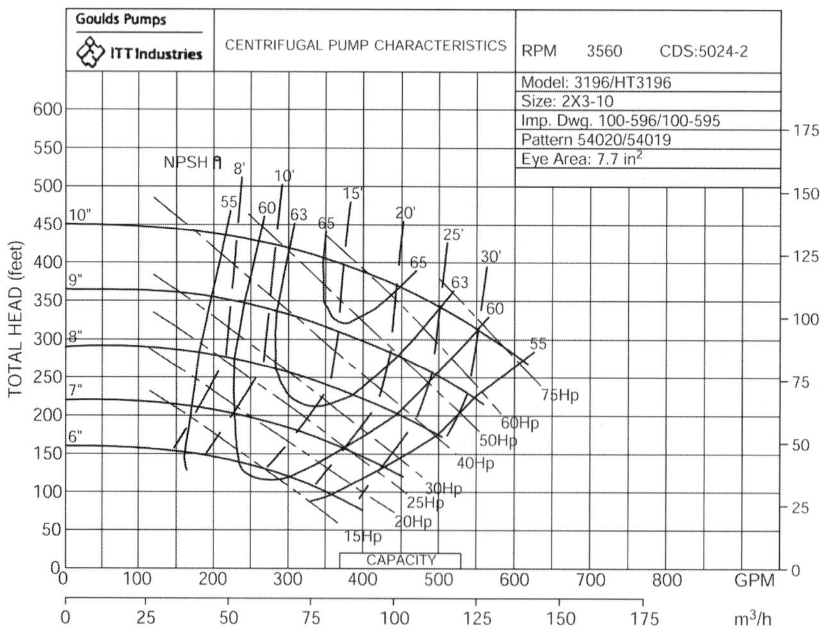

그림 9.20 3560 rpm의 축속도의 펌프에 대한 특성곡선

예제 9.8 수원으로부터 높이가 25 m 인 지역까지 물을 양수하기 위하여 펌프가 필요하다. 직경이 0.25 m 이고 길이가 1000 m 의 주철관(cast iron pipe)을 사용하고, 관에서 요구되는 압력은 50,000 N/m^2이다. 이 때 요구되는 유량은 25 ℓ/s 이고, 수온은 20℃ 이다. 그림 9.18에 주어진 펌프 특성 곡선을 이용하여, 이 경우 최적의 펌프동력(HP)을 결정하시오.

풀이

본 문제는 그림 9.21과 같은 조건이다. 우선 $H-Q$ 곡선을 그린다. 요구되는 정수두는 두 지점의 위치(레벨)차이이며 압력이 요구된다. 따라서

$$H_s = 25 + \frac{p}{\gamma} = 25 + \frac{50000}{9810} = 30.1\,\mathrm{m}$$

작은 손실을 무시하면, 총 펌프수두는 다음과 같다.

$$H_p = 30.1 + h_f + (V^2/2g)$$

수온은 20℃ ; $\mu = 1.002 \times 10^{-3}\,\mathrm{N \cdot s/m^2}$, $A = 0.049\,\mathrm{m^2}$

$$Q = 36\,\mathrm{m^3/hr} = 0.01\,\mathrm{m^3/s},\ V = Q/A = 0.01/0.049 = 0.2\,\mathrm{m/s}$$

따라서 $R_n = \dfrac{\rho V d}{\mu} = \dfrac{1000(0.2)(0.25)}{1 \times 10^{-3}} = 5 \times 10^4$

<표 7.1>을 사용하여, 강관의 ε값이 0.26 mm 혹은 0.00026 m 인 것을 찾으면 $\varepsilon/D=$ 0.00104이다. Moody 도표(그림 8.4)를 이용하면, 이 때의 Darcy 마찰계수 f는 0.0246이 된다. 따라서 $h_f = \dfrac{0.0245(1000)}{(0.25)}\dfrac{(0.2)^2}{2g} = 0.2\,\mathrm{m}$ 이다. 유출률에 대한 총 펌프수두는 $30.1 + 0.2 + 0.002 = 30.3\,\mathrm{m}$ 이다.

이와 같은 과정을 통하여 다음 표를 작성할 수 있다.

$Q(\ell/s)$	$Q(m^3/hr)$	$H(m)$
10	36	30.3
25	90	31.2
40	144	32.9

표로부터, 31.2 m 의 전체 수두에 대해 25 ℓ/s 유출량에 대한 최소 필요조건을 알 수 있다. 따라서 그림 9.22와 같이 $H-Q$ 곡선을 펌프 특성곡선 위에 겹쳐서 그려볼 수 있다. 펌프와 관련하여 주어진 조건이 일정하다면 효율이 약 54%, 2400 rpm 의 축속도를 갖는 25 HP펌프가 가장 적합함을 파악할 수 있다.

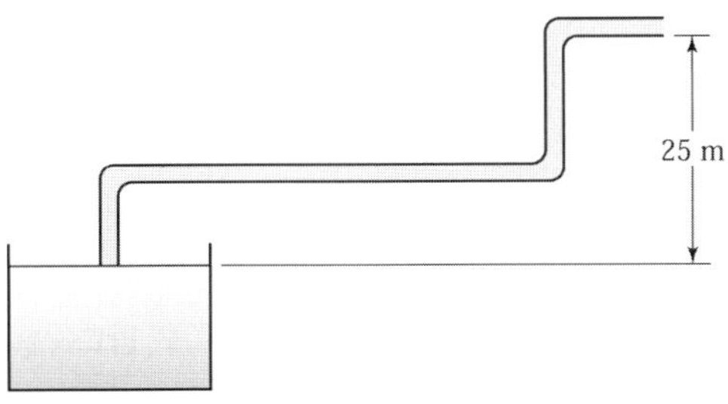

그림 9.21 예제 9.8의 펌프시스템 개요도

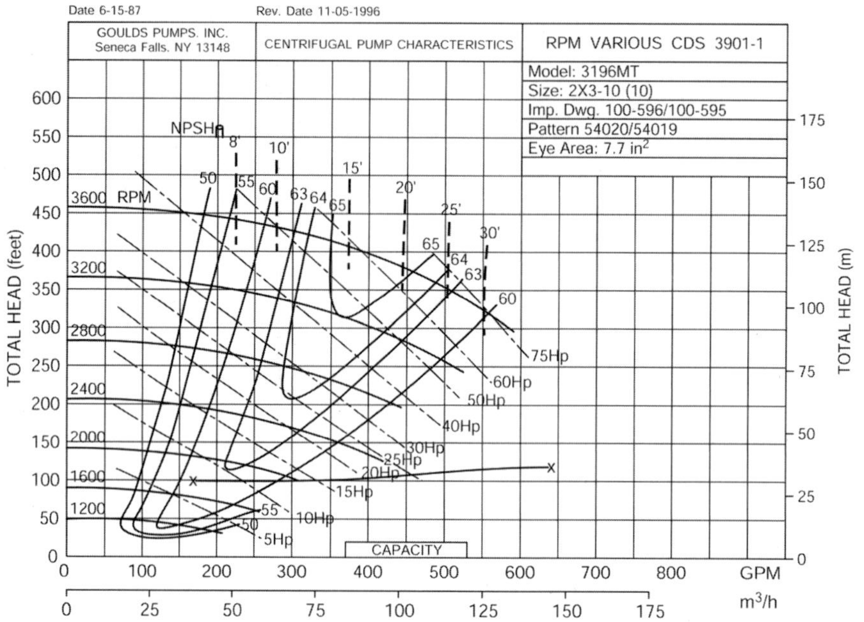

그림 9.22 예제 9.8의 풀이

9.5.1.5 펌프의 설치와 위치

앞에서 풀어본 예제에서, 펌프는 실제로 수원 수위(water level) 보다 임의의 높이 위에 위치한다. 이는 펌프 설계에 있어서 중요한 사항이다. 펌프 유입구(inlet)의 압력은 대기압이나 흡입부 관로내의 압력보다 작다. 이러한 펌프입구에서의 낮은 부압(negative pressure)은 물을 수원에서 펌프 입구 쪽으로 끌어올리기 위함이다. 또한 마찰로 인해 관 유입구에서 약간의 에너지 손실이 발생한다. 펌프 흡입부에서의 총수두(즉, 수위로부터 펌프의 위치 + 속도수두 + 에너지 손실)를 총흡입수두(H_s)라 부른다. 만약 펌프 흡입관에서 총흡입수두가 작동 조건에서 특정 온도에서의 물의 증기압보다 낮다면, 물은 증기로 변할 것이고, 공동현상(cavitation)이 발생한다. 이러한 조건에서 증기기포는 유체 안에서 형성되고, 증기 기포들이 펌프 케이싱(casing)의 고압부에 도달하면 폭발적으로 없어지게 된다. 그 결과로 발생되는 힘은 펌프 하우징(housing)에 과대한 진동을 야기할 수 있고, 펌프에 상당한 손상을 줄 수 있다.

공동현상(cavitation)이 발생하면, 실제 유입구에서 수압은 증기압으로 감소된다. 펌프 흡입관에서의 총절대 수두(total absolute head)와 증기압 수두(vapor pressure head) 사이의 차이는 순흡입 수두(net positive suction head : NPSH)로 정의할 수 있다. 펌프의 흡입관에서 수두는 그런 측면에서 모든 에너지 항을 포함한다. 따라서,

$$NPSH = \left(\frac{p_s}{\gamma} + \frac{V_s^2}{2g}\right) - \frac{p_v}{\gamma} \tag{9.41}$$

식(9.41)에서 펌프 높이 항 z_s는 흡입력과 증기압 수두 양쪽 항에서 나타나기 때문에 소거되었다. p_s와 p_v항은 각각 펌프의 유입구에서의 압력과 유체의 증기압이다. 유체 증기압은 온도에 대한 함수로서, <표 2.1>과 <표 2.2>에 주어졌다. 따라서 순흡입수두(NPSH)를 이용하여 펌프 수원으로부터 최대 안전 위치가 결정된다. NPSH 곡선은 또한 그림 9.18에서 그림 9.20과 같이 펌프 성능 곡선에 나타난다.

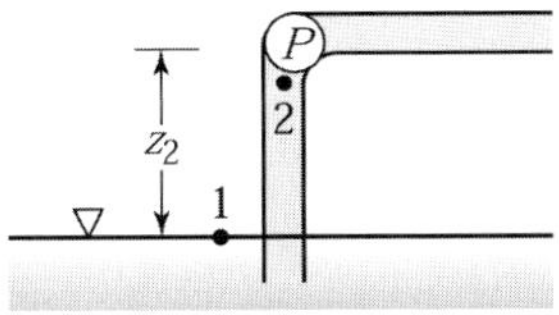

그림 9.23 장소에 따른 펌프 배치

그림 9.23에서와 같이 수원 표면으로부터 펌프 흡입관까지 과정은 Bernoulli 방정식을 적용할 수 있다. 그러므로

$$z_1 + \frac{p_1}{\gamma} + \frac{V_1^2}{2g} = z_2 + \frac{p_s}{\gamma} + \frac{V_s^2}{2g} + h_L \tag{9.42}$$

이때, 속도가 없다고 가정하면, Chin(2000)에 의해,

$$NPSH = \frac{p_1}{\gamma} - \left(\Delta z + h_L + \frac{p_v}{\gamma}\right) \tag{9.43}$$

여기서, h_L은 수원과 펌프 사이 관로내의 누적수두손실(cumulative head losses)이다.

수중에 설치할 수 있는 펌프

펌프와 관련하여 언급하여야 할 또 다른 문제는 펌프의 마중물(priming)에 대한 것이다. 펌프 흡입부에서의 에너지 관계 때문에, 흡입관과 펌프의 하우징(housing) 그리고 임펠러(impeller)가 물로 가득 채워져 있어야 정상적인 펌프 작동이 가능하다. 따라서 펌프가 가동되기에 앞서 물로 채워져야 하며, 펌프에 채워 넣는 물을 마중물이라 한다. 일반적으로 펌프가 작동하지 않을 때 펌프내의 물은 배수되며 마중물이 손실되게 된다. 이러한 이유에서, 펌프의 마중물이 자동으로 준비되는 펌프시스템이 아닌 이상 펌프에 마중물을 채울 때 흡입관을 통하여 물이 빠져나가지 않고 유지될 수 있도록 흡입관 끝에는 물이 수원에서 펌프 방향으로만 움직이고 수원쪽으로 물이 흘러내리지 않도록 하는 풋밸브(foot valve)가 설치된다.

예제 9.9 물은 다음 조건하에 수원으로부터 끌어올려진다. 대기압 $p_{atm} = 14.1\,\text{psia}$, 수온 $T = 68°\text{F}$, 유량 $Q = 1000\,\text{gpm}$ 이다. 이 때 펌프의 주어진 하중조건(위치수두, 목적 압력 등)을 가정하시오. 펌프 성능 그래프로부터 펌프를 선택하고 펌프의 $NPSH$가 $20\,\text{ft}$인 것을 찾은 다음, 흡입구배관의 직경이 $6\,\text{in}$가 되도록 하면 위의 주어진 조건하에서, 펌프가 수원 수위로부터 설치될 수 있는 최대 높이는 얼마인가?

풀이

주어진 조건으로부터 $Q = 1000\,\text{gpm} = 2.22\,\text{cfs}$; $A = \dfrac{\pi(0.5)^2}{4} = 0.196\,\text{ft}^2$; $T = 68°\text{F}$ 일 때 $p_v = 0.34\,\text{psia}$(<표 2.2>), $V_1 = 0$; $V_2 = 2.22/0.196 = 11.37\,\text{ft/s}$, 수원으로부터 펌프 유입구에 지점에 대하여 Bernoulli 방정식을 이용하면,

$$z_1 + \frac{14.1(144)}{\gamma} + 0 = z_2 + \frac{p_2}{\gamma} + \frac{(11.37)^2}{2g} + h_L$$

그리고, 식 (9.41)로부터

$$NPSH = 20 = \frac{p_2}{\gamma} + \frac{V_2^2}{2g} - \frac{p_v}{\gamma} = \frac{p_2}{\gamma} + \frac{(11.37)^2}{2g} - \frac{(0.34)(144)}{\gamma}$$

2점에서 제한된 압력수두를 찾으면; $\dfrac{p_2}{\gamma} = 18.785\,\text{ft}$

따라서 $z_1 + 32.54 = z_2 + 18.785 + 2 + h_L$.

따라서, $(z_2 - z_1) + h_L = 11.75\,\text{ft}$이다. 펌프시스템에 사용된 관로의 재료 특성을 알지 못하므로, 총 수두손실이 어느 정도인지 확실히 알 수 없다. 그러나 $f = 0.02$ (상당히 적절한 가정임)라 가정하고, $L = 11\,\text{ft}$라고 하면, $h_f = \dfrac{(0.02)(11)}{0.5}(2) = 0.88\,\text{ft}$임을 알 수 있다. 입구부의 미소손실계수를 0.1로 가정하면, 이때의 총 손실은 $0.88 + 0.1(2) = 1.08\,\text{ft}$일 것이다. 그러므로 Δz는 약 $10\,\text{ft}$에서 $11\,\text{ft}$ 사이이다. $NPSH$ 곡선에서 만약 펌프가 수원 표면으로부터 계산된 Δz값 보다 더 높은 위치에 놓여있다면, 공동현상(cavitation)이 일어날 것이다.

9.5.2 축류(프로펠러)펌프

축류(axial flow)펌프의 기본원리는 원심펌프와 같으나 실제 작동방식에 있어 약간의 차이를 보인다. 운동량 보존법칙에 따라 펌프가 작동되더라도, 축류펌프의 경우 운동량이 펌프의 축 평면(plane)을 따라 보존된다. 그림 9.24는 축류펌프의 원리를 나타낸다.

이 경우에서의 작동원리는 단순 선형 운동량 보존법칙이 성립한다.

$$\sum \boldsymbol{F} = \rho Q(\boldsymbol{V}_2 - \boldsymbol{V}_1) \tag{9.44}$$

정의된 항들을 이용하여, 그림 9.24에 나타난 펌프단면을 검사체적(control volume)으로 간주하면, 다음과 같이 나타낼 수 있다(Hwang and Houghtalen, 1996).

$$p_1 A_1 - p_2 A_2 + F_p = \rho Q(V_2 - V_1) \tag{9.45}$$

여기서, F_p는 프로펠러에 의해 물에 전해지는 힘을 나타낸다. $A_1 = A_2$이라고 가정하면, 식(9.45)는 다음과 같다.

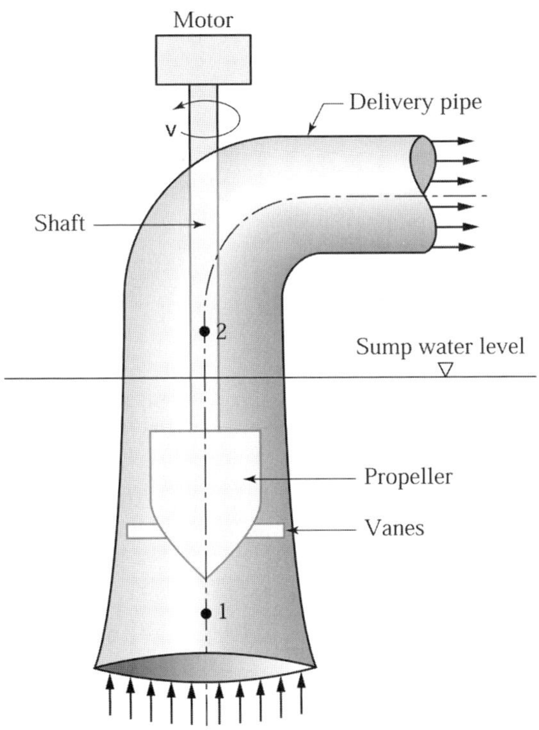

그림 9.24 축류펌프의 개요도

$$F_p / A = p_2 - p_1 \tag{9.46}$$

식(9.46)은 프로펠러에 의해 물에 작용된 힘이 1지점에서 2지점으로 가는 동안(즉, 프로펠러 전과 후)압력이 증가함을 의미한다. 따라서 펌프에 의해 발생한 총에너지(수두)는 다음과 같다.

$$H_p = \frac{p_2}{\gamma} - \frac{p_1}{\gamma} \tag{9.47}$$

물론 펌프에 의해 발생되는 동력은 일반적인 방법(즉, $P_o = \gamma Q H_p$)에 의해 계산되고 펌프의 효율은 일반적으로 입력과 출력의 비로서 나타낸다.

9.5.1.2절에서 언급한 바와 같이, 축류펌프는 상대적으로 낮은 수두에서 비교적 큰 유출량이 필요한 경우에 이용된다. 축류펌프의 비속도는 일반적으로 7500~15,000이며 유출량은 다른 펌프에 비하여 상대적으로 큰 5000 gpm 이상이며, 펌프수두는 12 m보다 작은 경우에 속한다.

9.6 펌프의 조합

경우에 따라 하나의 큰 펌프를 이용하는 것보다 몇 개의 펌프를 조합(combination)하여 사용하는 복합식 펌프(multiple pumps)가 더욱 효과적일 수 있다. 이러한 상황은 종종 발생한다. 필요한 유출량이나 펌프수두와 같은 조건들이 시간에 따라 다양하게 변화하기 때문에 이러한 경우 조합 작동되는 펌프는 어느 순간에서의 특정 유출량과 수두가 필요한 경우에 이용되며 이 때 다른 펌프는 동력을 보전하기 위해 차단되기도 한다. 앞 절에서 논의된 바와 같이 만약 펌프의 비속도가 고속으로 유지되면 이 때 효율은 증가한다.

펌프시스템에서 가장 일반적인 조합으로 그림 9.25a와 같은 병렬조합을 들 수 있다. 병렬조합의 펌프(이후 병렬펌프)는 주관로에서 분기된 다기관(manifold)에 펌프가 연결된 형태로 배치된다.

서로 같은 특성을 가진 펌프가 조합될 경우 병렬펌프의 유출량은 증가하나 수두의 경우 하나의 펌프에서 발생하는 수두가 병렬조합 이후에도 동일하게 유지된다. 병렬펌프의 유출량은 일정한 수두에 대하여 하나의 펌프에서 얻을 수 있는 유출량을 합산하여 산출할 수 있다. 그리고 다기관의 분리로 인해 발생한 수두손실의 증가 또한 유출량 합산에 포함되어야 한다. 한편 병렬 배치되어 작동되는 두 펌프에서의 유출량은 주어진 수두에서 단일펌프

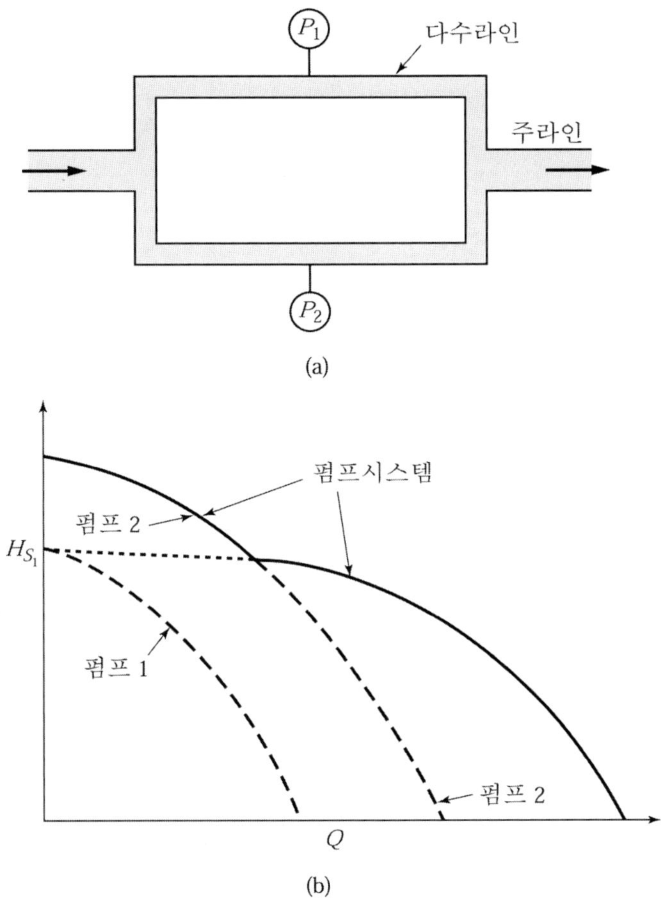

그림 9.25 (a) 병렬로 연결된 두 펌프 (b) 병렬펌프에서의 특성곡선

의 유출량의 두 배가 되지 않는다. 일반적인 병렬펌프의 특성곡선의 형태는 그림 9.25b와 같다. 그림 9.25a는 수두 조건에 의해 1번 펌프(H_{s1} 혹은 "수두의 제한")의 작동이 제한되는 경우 2번 펌프가 작동되는 병렬펌프를 나타낸 그림이며, 두 펌프 모두 H_{s1}보다 적은 수두에서 작동한다.

반대로 그림 9.26a와 같이 직렬로 배치되어 되는 두 펌프(직렬펌프)는 유출량이 변하지 않고 하나의 펌프를 사용할 때와 같은 유출량을 가지나 수두를 높이는데 매우 유용하게 활용된다. 직렬펌프의 각각 펌프의 특성곡선(그림 9.26b)을 중첩하여 얻을 수 있다. 직렬펌프의 수두는 특수한 경우의 유출량에 대응하는 각 펌프에서의 수두를 합산하여 산출할 수 있다. 그림 9.26b은 직렬펌프에 대한 $H-Q$ 특성 곡선이다. 그러나 직렬 배치되어 작동하는 동일한 두 펌프에서의 압력수두는 단일펌프에서 관(line)의 저항력의 증가로 발생하는 압력수두의 두 배가 되지 않는다.

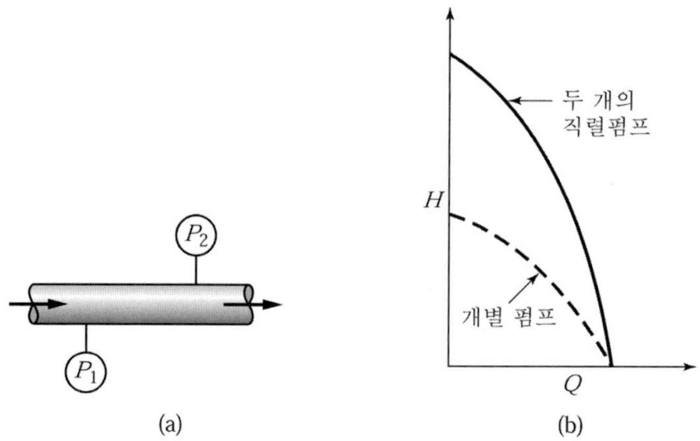

그림 9.26 (a) 직렬로 연결된 두 펌프 (b) 직렬펌프에서의 특성곡선

조합된 펌프의 효과는 펌프의 조립을 통해 단일 펌프로 조합함으로써 나타난다. 복흡입식(double-suction) 펌프는 양쪽에서 유체의 흐름이 가능한 두 개의 임펠러를 가지며, 병렬펌프와 마찬가지로 수두가 일정하게 유지되는 동안 유출량은 증가한다. 이 펌프의 장점은 에너지 손실이 단일펌프와 거의 같은 반면 유출량은 거의 두 배라는 점이다. 다단계식(multistage) 펌프는 하나의 하우징에 둘 또는 그 이상의 임펠러를 갖는다. 한 임펠러에서의 흐름은 직접 혹은 간접적으로 흡입부에 공급된다. 이러한 운영방식은 직렬펌프의 운영방식과 유사하며 유출량은 수두가 임펠러에서 증가하는 동한 일정하게 유지된다. 그림 9.14에서와 같이 단일펌프의 효과는 낮은 비속도를 갖는 경우 일반적으로 낮은 효율을 갖는다. 다단계식 펌프에서 비속도는 높게 유지되며, 고 수두에서 최적의 효율(optimum efficient)을 유지한다.

조합된 펌프의 분석 절차는 단일펌프와 같다. 펌프시스템에 대한 특성곡선은 그림 9.25와 9.26과 같고, 펌프의 운영곡선(operating curve)은 예제 9.8에서와 같이 파이프시스템의 요건에 따라 계산된다. 펌프의 운영곡선은 특성곡선에 그려질 수 있으며, 펌프조합의 운영조건은 그래프로부터 해석할 수 있다.

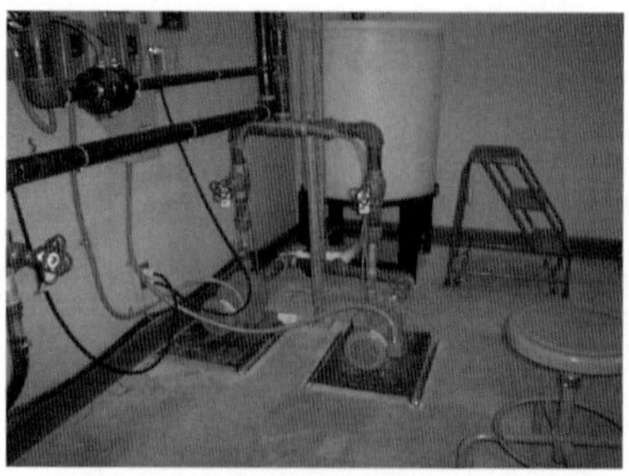

병렬로 운용되는 두개의 원심펌프

도움말 Reading Aid

9.1 수력기계(hydraulic machines)들의 주요한 기능은 무엇인가? 수력에너지를 기계에너지로 전환하는데 이용되는 기계는 무엇인가?

9.2 우리의 일상생활에서 사용되는 펌프에 대한 몇 가지 예를 들어라. 인간의 심장이 펌프처럼 간주될 수 있을까?

9.3 펌프 유형별로 주요 작동과정에 대해 서술하여 보시오. 양수하여야 할 물이나 액체의 특성이 펌프의 선택에 영향을 미치는가?

9.4 수력기계들의 전반적인 효율에 관한 사항을 정의하시오. 펌프와 터빈의 전반적인 효율에 관한 공식을 작성하시오.

9.5 펌프의 종합 효율에 영향을 주는 요소들은 무엇인가?

9.6 정량식 펌프와 동력식 펌프의 주요 차이점은 무엇인가? 유동 경로에 따른 동력 펌프를 분류하시오.

9.7 단동식 왕복운동 펌프를 그려보고 펌프의 작동원리에 대해 기술하시오. 왕복운동 펌프의 흡입밸브와 배출밸브의 주요 기능은 무엇인가?

9.8 그림 9.3의 표기법을 이용하여, 왕복운동 펌프의 이론적인 유출량에 대한 방정식을 유도하시오.

9.9 단동식 왕복운동 펌프의 유출량이 균등하지 않으며 연속적이지 않은 이유는? 크랭크의 회전각에 의한 펌프의 이론적 유출량을 기술하시오. 펌프의 최대 유출량과 이론적 유출량간의 관계는 무엇인가?

9.10 왕복운동 펌프시스템에서 공기조(air vessels)가 설치되는 경우 발생되는 이점에 대해 기술하시오. 공기조는 흡입관이나 배출관과 연결되어 있는가?

9.11 공기조와 연결된 단동 왕복운동 펌프의 흐름형태에 대해 도시하시오. 펌프의 변위용적과 비교하여 공기조의 대략적인 크기는 얼마인가?

9.12 복동식 왕복운동 펌프의 흐름은 연속적이며 균등한가? 복동식 왕복펌프에 설치되는 흡입밸브의 수량은 얼마나 되겠는가?

9.13 다중실린더(multicylinder) 왕복운동 펌프의 주요 장점은 무엇인가? 삼중식(triplex) 왕복운동 펌프의 흐름 특성에 대해 도시하시오.

9.14 동력식 펌프에서 유입부(inflow)과 유출부(outflow)의 압력 차이는 어떻게 발생되는가?

9.15 축류펌프, 방사펌프, 사류혼합류 펌프의 작동원리에 대해 기술하시오. 위 3종류의 펌프의 장점에 대하여 토의하시오.

9.16 원심펌프(centrifugal pump)의 케이싱 본체(casing; housing)를 설계할 때 임펠러(impeller)의 중심에서 멀어지는 방향으로 통수면적(flow area)을 점진적으로 증가시키는 이유는 무엇인가?

9.17 그림 9.13에서 주어진 기호와 운동량(momentum) 법칙을 이용하여 원심펌프에서 축에 발생하는 토크(torque)를 전개하시오.

9.18 수마력(water horsepower)과 제동마력(break horsepower)이 의미하는 바는 무엇인가? 두 마력은 어떻게 산정되는지를 서술하시오.

9.19 모터의 출력(output power; shaft power)을 제동마력이라 하는 이유는?

9.20 차원해석개념을 이용하여, 기하학적으로 유사한 2개의 펌프에서의 수두계수(head coefficient)와 유출계수(discharge coefficient)를 구하시오.

9.21 식(9.39)와 유사한 조건일 때 동일한 펌프를 양수량과 수두가 다를 경우에도 사용할 수 있는가?

9.22 펌프의 비속도(specific velocity)를 계산하고 비속도의 차원(dimension)을 해석하시오.

9.23 원심펌프, 혼합펌프, 축류펌프의 비속도의 범위에 대해 논의하시오. 10 ft의 수두가 요구되는 대량의 물을 송수하기 위해 어떤 펌프를 선정하면 좋겠는가?

9.24 지하 탱크에서 지상의 탱크로 송수할 때 총 양수 수두는 어떻게 산정하는지 서술하시오.

9.25 원심펌프에서의 NPSH에 대해 정의하시오. 펌프 흡입부와 연결된 저수조 수위를 가능한 펌프보다 낮게 하는게 좋은가? 그 이유는 무엇인가?

9.26 원심 펌프의 흡입부나 토출부 관로에 밸브나 유량계를 설치하는 것이 적합한가? 그 이유는 무엇인가?

9.27 원심펌프의 흡입관에서 발생하는 공동현상(cavitation)을 감소시키기 위한 방법을 설명하시오. 흡입관의 어느 지점에서 가장 작은 압력을 받는가?

9.28 축류 펌프는 흡입관 없이 작동할 수 있는가? 설명하시오.

9.29 병렬 배열된 펌프시스템을 이용할 때 얻을 수 있는 이점은 무엇인가? 만약 요구되는 펌프수두가 펌프가 가진 전체 수두보다 크다면, 펌프를 병렬로 연결하여야 하는가 아니면 병렬로 연결하여야 하는가?

9.30 복흡입(double-suction) 펌프와 다단식(multistage) 펌프의 장점은 무엇인가? 이 펌프 중 깊은 대수층에서 지하수 양수를 할 때 어떤 펌프를 선택할 것인가?

연습문제

9.1 25 cm의 램 직경과 40 cm의 크랭크 반경을 갖는 단동 왕복운동 펌프가 50 rpm의 속도로 작동한다. 실제 유출량이 32.07 ℓ/s이라면, 펌프의 용적 효율을 계산하시오.

9.2 25 cm의 램 직경과 20 cm의 크랭크 반경을 갖는 단동 왕복운동 펌프가 97%의 용적효율로 200 ℓ/s의 유출량을 송수한다고 할 때, 펌프의 구동속도(operating speed)는 얼마인가? 흡입수두가 3.0 m, 종합 효율이 85%인 펌프의 구동에 필요한 동력(power)이 25 HP라고 할 때 펌프의 최대 배출수두(delivery head)를 구하시오. 배출행정(delivery stroke)동안 램에 작용하는 동력은 얼마인가?

9.3 25 cm의 크랭크 반경과 22 cm의 피스톤 직경을 갖는 복동 왕복운동 펌프가 85%의 전체(overall) 효율로 작동한다. 펌프의 구동에 필요한 동력은 50 HP이고 피스톤 로드(rod) 직경이 3 cm, 정수두(static head)가 7.5 m일 때 펌프의 구동속도(operating speed)는 얼마인가? 누수(water slip) 영향은 무시하시오.

9.4 30 cm의 크랭크 반경과 20 cm의 피스톤 직경을 가진 복동 왕복운동 펌프가 75 rpm의 속도로 작동한다. 이 때 피스톤 로드의 직경은 2.5 cm이다. 정수두가 8.5 m이고 종합 효율이 87%라면 펌프 구동에 필요한 동력과 발생되는 유출량을 결정하시오. 누수(water slip) 영향은 무시하시오.

9.5 어떤 펌프에서의 수두-유출량 관계가 $H = 28 - 9Q^2$로 나타났다. 펌프는 강의 수면 위 2.5 m 지점에 설치되어 있고 펌프의 양수수두는 7.8 m가 되도록 하였다. 흡입관과 토출관은 각각 16 m와 764 m 길이를 가지며 각 관(pipe)의 직경은 0.8 m이며, 관의 마찰계수는 0.005이다. 이 펌프를 이용하여 강에서 1,500 ton의 물을 양수할 때 소요되는 시간을 추정하시오. 양수를 위한 펌프 시스템의 동수경사선(hydraulic grade line)과 총 에너지선(total energy line)을 도시하시오.

9.6 70%의 효율로 구동되는 펌프와 80%의 효율로 구동되는 75 kW 모터가 있다. 만약 에너지 수두(energy head)가 75 ft를 넘을 경우 펌프의 유출량(flow rate)을 결정하시오.

9.7 문제 9.6에서 펌프가 50 ft의 에너지 수두를 넘는다면 같은 유출량에 대한 펌프의 효율은 얼마인가? 또한 수두가 85 ft로 증가된다면 펌프의 효율은 얼마가 되는가?

9.8 75%의 효율을 가진 100 kW 모터가 양수수두 30 m에 대하여 100 ℓ/s 유량을 송수하는 원심력 펌프를 구동하는데 된다면 펌프의 효율은 얼마인가?

9.9 다음 표와 같은 특성을 갖는 수중펌프가 직경이 6 m인 원형 연못의 수중에 설치되어 있다. 펌프 토출부의 관로 길이는 100 m, 관경은 20.5 cm이다. 토출관로는 펌프로부터 수직하게 올라와 지표면에 수평하게 설치되어 있다. 관의 마찰계수는 0.0075이며, 연못의 수위는 지표면 4 m 아래에 있다. 연못으로 유입되는 유량이 없다고 가정하면, 수위가 16 m 더 감소할 때까지 소요되는 시간을 구하시오.

수두(m)	30	25	20	15	10	5
유출량(ℓ/s)	10	70	105	125	135	140

9.10 병렬 4단계(pump with four stages in parallel)로 구성된 원심펌프는 25 m 의 수두에 유량 180 ℓ/s 로 양수한다. 이 때 임펠러의 직경은 23 cm, 펌프의 속도는 1700 rpm 이다. 다른 펌프들도 첫 번째 펌프와 유사하게 다단계로 제조되었고(같은 비속도), 1250 rpm 속도와 245 m 의 수두에 대하여 240 ℓ/s 유량을 양수할 수 있도록 설계되었다. 첫 번째와 그 이외의 펌프에 사용된 임펠러의 직경과 요구되는 단계의 수를 구하시오.

9.11 펌프가 8 m 의 수두와 0.12 m^3/s 의 유출량을 가지며 2000 rpm 의 속도로 구동될 때 사용될 수 있는 펌프의 종류를 결정하시오.

9.12 펌프가 0.5 HP 모터에 의해 구동될 때 1750 rpm 속도를 갖는다. 펌프 속도가 2000 rpm 이 될 때 모터에서 요구되는 동력의 등급(power rating)은 얼마가 되겠는가?

9.13 물이 1100 ℓ/s 로 양수되는 펌프가 900 rpm 속도로 구동된다, 펌프의 수두가 7 ft 증가된다면,

(a) 펌프의 비속도는 얼마인가?

(b) 만약 펌프가 같은 조건하에서 구동되는 복흡입(double-suction) 펌프라면, 비속도는 얼마인가?

9.14 1500 rpm 의 속도로 가동되는 다단계(multistage) 펌프를 이용해 지하 480 m 에 자유수면 수위를 갖는 지하수를 지상 14 m 에 자유수면을 갖는 수조로 유량 Q= 50.0 ℓ/s 로 양수하려고 한다. 펌프는 85 m/s 의 비속도와 75% 의 전체효율을 가진다. 펌프시스템에 사용된 관로 길이는 500 m, 관경이 22 cm, 관의 마찰계수가 0.008이다. 요구되는 모터의 동력을 계산하시오. 만약 펌프가 하루 10시간씩 구동되고, 1 HP당 에너지 비용이 0.01 $/hr이라면 한 달 동안 소요되는 에너지 비용을 계산하시오.

9.15 수온이 70℉인 물이 관로 길이 700 ft, 직경 4 in 인 강관(steel pipe)을 통하여 탱크 바닥으로부터 1.25 cfs 만큼 양수되고 있다. 관로는 양정 높이 50 ft와 두 개의 90°엘보(elbow), 하나의 완전개방된 게이트밸브 그리고 하나의 스윙체크 밸브를 포함하고 있다. 관로의 유입부 압력은 50 psi 이고 토출부의 관로 끝단에서 20 psi 의 압력이 구된다. 이러한 일을 수행하기 위해 펌프에서 필요로 하는 동력(kW)은 얼마인가?

9.16 80℉인 80 gpm 의 물이 그림 P9.16과 같이 관경 2 in, 길이 50 ft인 동관(copper line)을 통하여 펌프에 의해 수직으로 12 ft 양수되었다. 토출부의 관로 끝부분은 8 ft의 자유수면하에 위치하고 있다. 펌프에 의해 상승된 수두는 얼마인가?

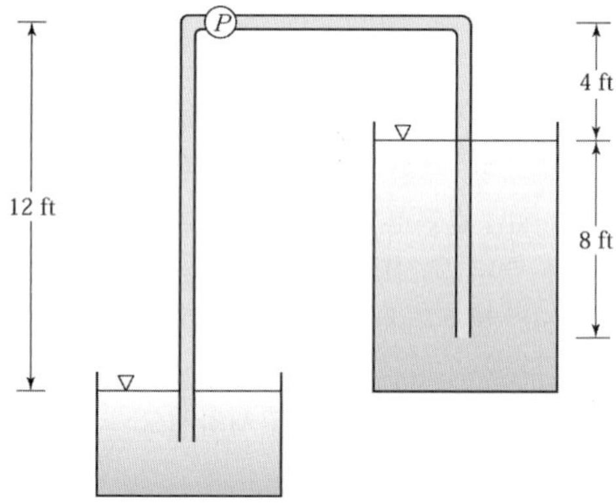

그림 P9.16 예제 9.16의 펌프 시스템

9.17 20 HP 인 모터가 효율 70%로 원심펌프를 구동한다. 펌프는 직경 6 in 인 강관(steel pipe)을 통해 12 ft/s 의 속도로 60℉의 물을 양수한다. 흡입부는 지경 8 in 강관(steel pipe)이다. 펌프 흡입압은 대기압 보다 5 psi 낮으며 펌프시스템에서의 마찰손실은 10 ft이다. 흡입부(suction)와 토출부(discharge)의 관로의 고도는 같다. 표준 대기압에서 펌프 흡입부로 물이 상승될 수 있는 최대 높이는 얼마인가?

9.18 펌프시스템은 그림 P9.18에서와 같이 호수 아래에서 언덕 위의 탱크를 채우는데 이용된다. 16℃ 온도에서 펌프의 유출률은 10.5ℓ/s 이다. 펌프는 호수보다 4m 위에 위치하고 탱크의 수위는 펌프보다 115m 위에 위치한다. 흡입(suction)관과 유출(discharge)관은 10.2cm 직경을 갖는 강관(steel pipe)이다. 호수와 펌프를 연결하는 유입관로의 동치길이(equivalent length)는 100m 이고 호수와 탱크를 연결하는 관로의 동치길이는 2300m 이다. 펌프와 모터의 종합 효율은 70% 이다.

(a) 모터에 제공하여야 할 동력은 몇 kW 인가?

(b) 이 경우 *NPSH* 는 얼마인가?

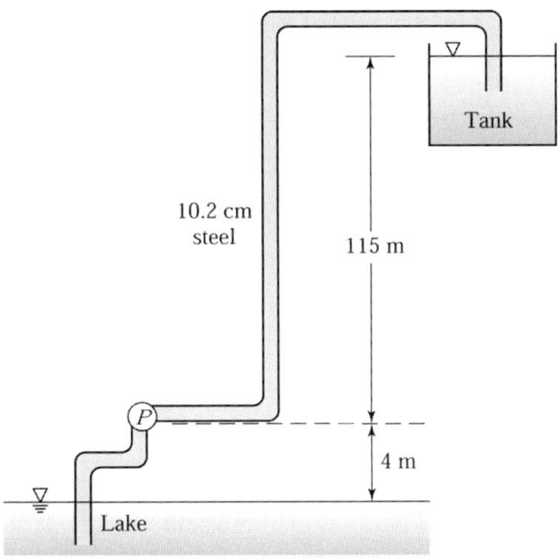

그림 P9.18 예제 9.18의 펌프시스템

9.19 펌프는 그림 P9.19에서와 같이 10 ft × 20 ft 모래 여과지를 이용한 청정 우물에서 우물의 수위 보다 45 ft 높은 곳으로 3.5mgd의 물을 양수하고 있다. 펌프효율은 85% 이고 모터의 효율은 90% 이다. 마찰손실과 미소손실은 무시한다.

(a) 이 경우 정흡입 수두(static suction head)는 얼마인가?

(b) 정유출 수두(static discharge head)는 얼마인가?

(c) 펌프에서 요구되는 총 동수두(dynamic head)는 얼마인가?

(d) 모터에 공급하여야 할 동력은 얼마인가?

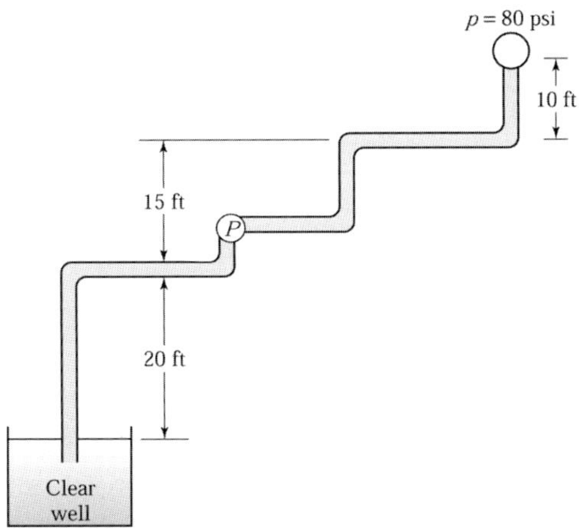

그림 P9.19 예제 9.19의 청정우물의 펌프시스템

9.20 펌프를 이용하여 수원의 표면으로부터 30m 위로 직경 10cm, 길이 1000m 인 관로를 통해 20ℓ/s 의 유출률로 양수하였다. 수온은 20℃이고 관로는 새로 주조된 주철관(cast iron pipe)을 이용하였다. 그림 P9.18을 이용하여 효율과 동력 면에서 최상의 선택이 될 수 있는 펌프를 선택하시오.

9.21 수원으로부터 15m 높이에 위치한 목적지까지 10ℓ/s 의 물을 양수시킬 수 있는 펌프가 필요하다. 물은 100m 길이와 10cm 직경을 갖는 연철관(wrought iron pipe)을 통해 흐른다. 이 때 수온은 20℃이다. 그림 9.19를 이용하여 위의 일을 수행하는데 효율과 동력 면에서 최상의 선택이 되는 펌프를 결정하시오.

9.22 그림 P9.18을 이용하여, 30ℓ/s 유출량으로 수원지에서 목적지까지 물을 송수시키는데 필요한 펌프를 예비단계적(임시적)으로 선택하시오. 수원과 목적지 사이의 위치수두(station head)의 차이는 20m 이고, 물은 100m 길이의 직경 15cm 인 아연도금강관(galvanized iron pipe)을 통해 양수된다. 흐름은 관로(pipeline)에 설치된 체크밸브에 의해 제어된다.

9.23 원심펌프는 수원으로부터 50 ft 위에 위치한 건물에 물을 공급하기 위하여 이용된다. 관로는 직경 12 in, 길이 1000 ft이다. 유출량이 500 gpm 일 때, 관 말단에서 30 psi 압력이 요구된다. 본 교재에서 적합한 그림을 이용하여 위의 일을 수행하기 위해 적절한 펌프를 선택하시오. 펌프선택에 있어 사용된 펌프속도, 효율, 동력을 제시하시오.

9.24 1400 rpm 으로 구동되는 원심펌프의 특성곡선은 그림 P9.24와 같다. 펌프의 수두(head) 관련 요구조건은 시스템 곡선식 $H = 30 + 2Q^2$ 으로부터 알고 있으며, 펌프는 현행 관로(existing line)에 따라 설치될 것이다. 여기서, H는 ft 단위의 시스템 수두이고 Q는 cfs 단위의 유출량이다. 펌프의 효율은 86%이다.

(a) 펌프가 1400 rpm 으로 구동된다면 유출량은 얼마인가?
(b) 펌프의 구동에 필요한 소요 동력은?
(c) 펌프가 1200 rpm 으로 구동되는 경우 유출량은 얼마인가?

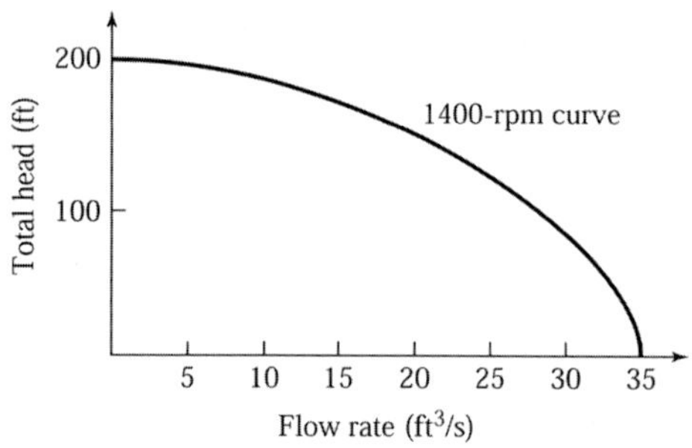

그림 P9.24 예제 24의 1400 rpm으로 구동중인 펌프의 성능 곡선

9.25 만약 문제 9.20의 명시된 조건으로 구동하는 펌프의 *NPSH*가 10 ft라고 할 때, 이 펌프에서 공동현상(cavitation)이 발생되지 않게 하려면 수면으로부터 어느 정도 높이까지 설치될 수 있는가? 이 때 수온은 20℃라 가정한다.

9.26 만약 연습문제 9.21과 같은 조건에서 구동되는 펌프의 *NPSH*가 7 ft라면, 이 펌프에서 공동현상(cavitation)에 의한 피해를 발생되지 않게 하려면 수면에서 얼마 정도 높이까지 펌프가 위치할 수 있는가?

9.27 만약 연습문제 9.23에서 선택된 펌프의 *NPSH*가 15 ft라면, 이 펌프에서 공동현상(cavitation)에 의한 피해가 발생되지 않게 하려면 수면에서 얼마정도의 높이까지 펌프가 위치할 수 있는가? 이때의 수온은 68℉라 가정한다.

9.28 아래의 표와 같은 특성을 갖는 원심펌프가 그림 P9.28의 그림과 같이 설치되었다.

$Q(\ell/s)$	18.9	25.5	31.5	37.8	44.0
H_m(m)	39.0	37.8	36.0	33.2	28.0
NPSH requied(m)	0	1.5	3.4	5.5	8.2

(a) 만약 마찰계수 f가 0.005라면 시스템에 의하여 발생되는 유출량은?
(b) 증기압수두가 0.715 m 이고 물의 대기압 수두가 9.25 m 이다. 이 때 펌프에서 공동현상이 발생하는가? 만약 공동현상이 발생한다면, 이를 피하기 위한 방법을 기술하시오.
(c) z_s의 최대 허용값은 얼마인가?

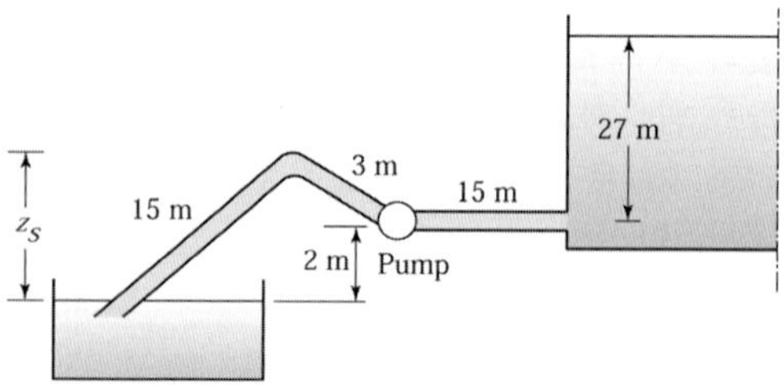

그림 P9.28 예제 9.28의 양수시스템

9.29 이 때 흡입부에서 수면으로부터 20m 상부에 있는 탱크로 양수하기 위하여 펌프와 마찰계수 f가 0.005, 직경이 15.0cm이며 300m의 길이의 관로를 사용하고자 한다. 펌프는 1160rpm으로 구동되며, 펌프의 특성은 다음과 같다.

H_m(m)	0	14	19	23	26	29	30
Q(ℓ/s)	142	127	113	85	57	28	0
NPSH requied(m)		9.1	6.7	4.3	3.6	3.0	

펌프는 수면보다 2.75m 위에 위치하고 펌프 흡입부에 사용된 관의 길이는 55m이며, 흡입부를 포함한 전체 관 길이는 300m이다.

(a) 펌프 구동 시의 양수량과 수두를 결정하시오.

(b) 만약 펌프의 작동이 정지되어 1250rpm속도를 가진 비상용 디젤엔진에 의하여 작동된다면 이 경우의 유출량은 얼마가 되겠는가?

(c) 대기압이 9.705m이고 증기압이 0.375m라 가정할 때, 펌프가 디젤엔진에 의하여 구동된다면, 공동현상이 발생하는가?

(d) 이 펌프의 구동시 최대 효율은 얼마인가?

9.30 수온 70℉, 압력 80psi 조건하의 수원으로부터 직경 1.5in, 30ft 길이의 강철관을 통하여 2psi 탱크 안으로 100gpm씩 양수된다. 흡입구와 토출구는 탱크가 가득 채워져 있을 때 수면 20ft 아래에 있다. 유입부 관로는 하나의 정사각형의 흡입구와 두 개의 게이트 밸브로 구성된다. 이 경우 펌프의 $NPSH$는 10ft이다. 펌프에 공동현상이 발생하겠는가?

참고문헌

Chin, David A., 2000. Water-Resources Engineering. Prentice Hall, Upper Saddle River, N.J.

Gupta, Ram S., 1989. Hydroogic and Hydraulic Systems. Prentic Hall, Englewood Cliffs, N.J.

Hwang, N.H.C and R. J. Houghtalen, 1996. Fundamentals of Hydraulic Engineering Systems, 3rd editiuon. Prenice Hall, Upper Saddle River, n.J.

Karassik, I.J., Messina, J.P., Cooper, P. and Heald, C.C.(editors), 2001. Pump Handbook, 3rd Edition. McGraw-Hill, New York.

Rayner, R., 1995. Pump User Handbook. Elsevier Science Publishers LTD.

Simon, Andrew L. and Scott F. Korom, 1997. Hydraulics, 4th edition. Wiley, New York.

A channelized stream in poor condition

Chapter 10 수로의 형상과 흐름특성

물의 흐름과 유사 및 오염 물질의 이동은 수로 또는 도수관(conduit)이라 통칭되는 자연적 또는 인위적인 시스템에서 발생한다. 수로는 중력이나 압력을 이용해 물을 한 지점에서 다른 지점으로 운반하는 구조물 또는 흐름통로라고 정의할 수 있다. 수로는 압력의 영향이 지배적인 관수로(管水路)와 중력의 영향을 주로 받는 개수로(開水路)로 나눌 수 있다. 개수로 흐름은 관수로 흐름과 많은 면에서 비슷하나 다른 점도 있다. 수로 내 흐름의 특성은 수로의 기하학적 특성들에 의해 크게 영향을 받는다. 따라서 수로 내 흐름을 연구할 때는 이러한 특징들을 반드시 고려해야 한다. 관수로 중에서 관은 쉽게 정의할 수 있는 형상을 가지고 있고 대부분 원형이므로 이 장에서는 개수로와 그 기하학적 특성에 초점을 맞추기로 한다.

10.1 수로흐름

개수로는 완전히 고정된 경계로 둘러싸여 있지 않고, 윗부분이 개방되어 물이 흐를 경우 수표면은 대기압의 영향을 받는다. 개수로에서는 하상경사로 인해 중력이 흐름의 주된 추진력으로 작용한다. 개수로에서 흐름을 발생시키기 위해서는 하상고의 차이가 있어야 하며, 이때 물은 하상고가 높은 단면에서 낮은 단면으로 흐르게 된다. 이와 같은 흐름을 흔히 자유표면 흐름(free-surface flow) 또는 중력 흐름(gravity flow)이라고 한다. 관이 가득 차서 흐르는 경우 흐름은 주로 압력의 지배를 받는다. 따라서 대기와의 직접적인 상호작용은 없다. 관수로에서 흐름은 고정된 경계로 완전히 둘러싸여 있다. 개수로 흐름에서 흐름 단면적은 시·공간적으로 변할 수 있다. 즉, 유량이 시간이나 공간에 따라 변하면 흐름 단면적도 변하게 된다. 반면, 수로에 가득 차서 흐르는 관수로의 경우, 흐름 단면적은 시간이나 유량에 따라 변하지 않는다. 그러나 관경이 구간마다 변한다면 그 단면적은 변할 수 있다.

개수로 흐름은 관수로 흐름보다 훨씬 복잡하다. 실제로, 압력을 받는 대부분의 관수로 시스템은 원형이나 사각형 또는 말굽형 등과 같은 규칙 단면으로 구성되어 있는 반면, 개수로는 대부분 자연수로와 같은 불규칙한 단면을 가지고 있다. 따라서 개수로에서는 무수히 많은 단면 형태가 존재할 수 있다. 개수로에서 조도계수는 관수로에 비해 변화폭이 상당히 넓다. 조도계수는 경계의 종류가 같더라도 수심에 따라 변하며, 시간에 따라서도 변하게 된다. 이러한 시간 종속성은 조도계수 뿐 아니라, 개수로 흐름에 영향을 주는 대부분의 매개변수에 대해서도 마찬가지로 성립한다. 개수로에서는 대부분의 기하학적, 수리학적, 물리적 매개변수들이 서로 연관이 있기 때문에 흐름이 복잡한 특성을 지니게 된다. 더욱이 이러한 매개변수들은 어느 정도의 불확실성까지 포함하고 있다. 수심과 같은 가장 간단한 매개변수조차 측정오차가 존재할 수 있다. 반면에, 관수로에서는 관경의 측정오차는 거의 없다.

폐쇄된 관 속을 흐르는 흐름이라도 대기압과 같은 자유 수면이 존재한다면 개수로 흐름으로 분류된다. 따라서 폐쇄된 관 속에서는 경우에 따라 개수로 흐름이 발생할 수도 있고 관수로 흐름(압력 흐름)이 발생할 수도 있다. 물론 이와 같은 두 가지 흐름 형태는 서로 다른 두 지점에서 동시에 나타날 수도 있다. 이러한 상황에서는, 모든 흐름이 가능하도록 시스템을 설계하여야 한다. 이와 같은 경우의 좋은 예로 일반적으로 개수로로 설계되는 우수관거 시스템을 들 수 있다. 그러나 이렇게 개수로로 설계된 시스템도 돌발 홍수가 와서 관거가 완전히 차서 흐를 경우에는 압력의 지배를 받는 관수로 흐름이 된다. 일반적으로, 관거에서는 지점에 따라 자유표면 상태와 압력 상태가 나타날 수 있다. 이와 같은 경우는 보통 관거 하류 끝단이 물에 잠긴 경우에 나타난다.

10.2 개수로의 종류

개수로라는 용어는 수리학에서 광범위한 의미로 사용된다. 개수로는 대기압 하의 유체를 운반하는 모든 시스템을 포함한다. 강, 만(bayous), 지류(creeks), 하천(streams), 개천(brooks), 운하(canals), 하수구, 도랑(ditches), 도로, 공항, 활주로, 주차장, 건천(wadis), 홍수터, 골프장(golf course), 농경지, 정원, 잔디밭, 공원 등이 개수로의 예라고 할 수 있다. 흐름의 단면적은 규칙적이거나 불규칙적인 형상을 가질 수 있다.

개수로는 크게 자연수로와 인공수로의 두 가지 유형으로 분류할 수 있다. 자연수로 또는 자연적인 물 흐름의 경로는 인간의 방해를 받지 않고 주로 자연적인 과정을 통하여 형성되었다. 지구상 대부분의 강이 여기에 해당되며 이외에도 지류, 만, 조수가 드나드는 강어귀 등도 자연수로에 속한다.

인공수로는 특정한 목적을 위하여 지침에 따라 설계되고 건설된다. 관계용 운하, 배수용 도랑, 우수홈통(gutter), 암거, 홍수 조절용 수로, 그리고 주운수로 등과 같은 인공수로는 인간의 노력에 의해 개발되었다. 양쪽에 제방이 있는 자연하도는 위의 두 가지 범주에 모두 포함될 수 있다. 운하는 일반적으로 완경사의 긴 수로로 표면을 자연 상태로 둘 수도 있고, 물의 침투를 막기 위해 얇은 막과 같은 것으로 피복할 수도 있다. 수로는 균일할 수도 있고 균일하지 않을 수도 있다. 균일 수로(prismatic channel)는 수로 길이방향으로 단면과 하상경사가 일정하다(Chow, 1959). 비균일 수로(nonprismatic channel)는 단면과 하상경사중 적어도 하나는 수로 길이 방향으로 변한다. 플륨(flume)은 물을 보내기 위해 지상보다 높은 곳에 설치한 경사수로를 말하며, 슈트(chute)는 경사가 아주 급한 급경사수로를 말한다. 낙차공(Drop)은 짧은 급경사 수로를 말한다. 암거(culvert)는 통상 도로, 철도, 활주로 등의 밑으로 가로질러 물을 보내는 구조물을 말한다. 수로터널(open channel tunnel)은 언덕이나 지상의 방해물을 관통하여 물을 보내는 수로를 말한다.

지표면 역시 수리학적으로 개수로에 포함될 수 있다. 주차장, 잔디, 활주로, 골프장, 정원, 과수원, 농경지, 습지대, 노면, 고수부지, 해안평야, 홍수터 등이 그 예라고 할 수 있다. 지표면의 흐름은 강이나 운하와 다르다. 지표면의 수심은 1 cm보다 작을 수도 있는 반면에 폭은 수 킬로미터에 달할 수 있다. 지표면은 그림 10.1에서 보는 것과 같이 길이 L과 폭 W로 나타낼 수 있다(Singh, 1996). 지표면은 수평하거나 경사지고, 직사각형이거나 삼각형, 볼록하거나 오목하고, 모이거나 갈라지는 모양을 나타낼 수 있다. 길이(L)은 폭(W)보다 크지 않을 수도 있다. 유로길이는 흐름방향을 따르는 지표면의 길이를 의미한다. 지표면 흐름의 단면은 경사, 유로길이, 그리고 면적으로 충분히 정의할 수 있다.

홍수터는 일반적으로 강, 해안, 기타 수체에 인접한 지대가 낮고 범람하기 쉬운 지역이다. 홍수로 인해 범람하는 정도는 홍수의 크기에 따라 달라진다. 계곡에서 홍수터는 칼로 자르는 것처럼 지나가는 수로 옆의 평평한 부분이다. 수위가 제방을 넘어서는 순간 이 부분은 범람하게 된다. 그러나 제방과 홍수터를 정확히 정의하는 것은 어렵다. 홍수터의 올바른 표현은 범람이 빈번히 일어나기 쉬운 곳이다. 미국의 동부와 중부의 홍수터는 평균 3년에 2번 범람한다. 대략 미국의 7%가 100년 빈도 홍수로 범람할 수 있다. 이는 대략 Texas 정도의 면적이다(Singh, 1996).

첨두홍수의 용량에 따라 홍수터는 홍수로(floodway)와 저류지(pondage area)로 나눌 수 있다. 홍수로 또는 범람원(flowage land)은 원래의 하천 단면에 물이 주로 흐르는 부분이다. 방수로에 있는 어떠한 방해물에도 홍수위가 증가할 수 있다. 저류지는 홍수기에 물을 가두어 놓는다. 저류지는 유수단면의 일부가 아니고 대부분 홍수터 주변에 위치한다. 방수로와 저류지의 경계는 하나로 고정되어 있지 않고 홍수의 크기에 따라 변한다.

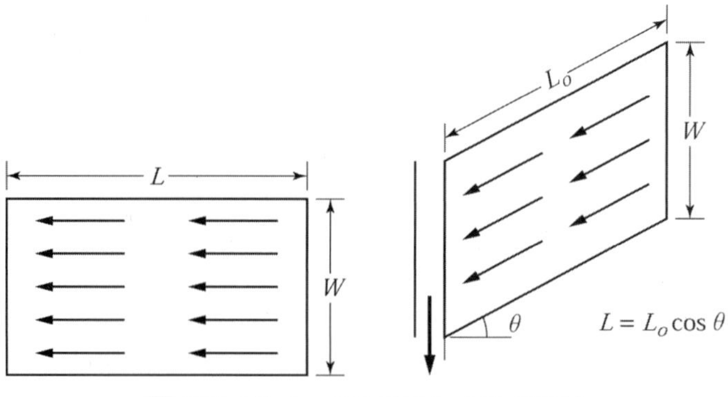

그림 10.1 유로길이가 L인 지표면

관리되지 않는 자연수로

잘 관리된 수로

자연수로에서의 개수로 흐름은 이 책의 여러 곳에서 토의되고 있지만, 자연수로에서의 흐름에 대한 집중적인 논의는 이 책에서 다루는 범위 밖의 문제이다. 자연수로에 대한 좀 더 심층적인 논의를 원하는 독자들은 Chow(1959)와 Henderson(1966) 등의 연구결과를 참고하기 바란다.

10.3 수로형상

수로형상은 수로의 형태를 정의하는 모든 특성들을 포함한다. 하도형상은 대부분의 경우 시간과 마찬가지로 공간적으로 변하기 때문에, 긴 시간대의 하도의 특성은 하도를 따라서 뿐만 아니라 특정 지점에 대해서도 정의되어야 한다. 한 지점에서 이러한 특성에는 단면적, 수심, 윤변(wetted perimeter), 수면폭(top width), 바닥폭(bottom width), 측면경사(side slope), 마찰(friction) 등이 있다. 전 수로 구간에 대해 이들은 길이, 평균 수면폭과 바닥폭, 경사, 평균 마찰, 평균단면, 그리고 평균수심을 포함한다.

수로의 횡단면은 흐름 방향의 직각인 수로단면을 의미한다. 수로의 종단면은 횡단면의 가장 낮은 지점을 연결한 측면도이다. 위에서 언급한 바와 같이, 수로 전 구간에 걸쳐 일정한 단면과 하상경사를 유지하도록 만들어진 수로는 균일수로(prismatic channel)라고 하며 그렇지 않은 경우를 불균일수로(non-prismatic channel)라고 한다. 가변 하폭(variable width)과 곡면부(curved alignment)를 가진 여수로는 비균일수로라고 할 수 있다. 자연수로의 단면은 일반적으로 매우 불규칙적이며, 이러한 단면은 시간과 공간에 따라 변한다. 자연하천의 단면은 시간이 지남에 따라 유사의 퇴적 및 하상과 경계면에서의 침식으로 인하여 변할 수 있다. 일반적으로 이러한 단면의 형태는 개략적인 포물선형에서 사다리꼴 모양까지 변할 수 있다.

자연하천은 홍수가 일어나기 쉬우며, 유량은 홍수위에 따라 급격하게 증가한다. 이러한 경우에 수로는 대부분의 유량을 운반하는 주수로와 범람된 물(over flow)을 수용하는 하나 또는 다수의 홍수터(side channel section)로 구성되어 있다.

인공수로는 일반적으로 특정 형상의 단면으로 설계된다. <표 10.1>은 일반적으로 사용하고 있는 다양한 단면들을 나타내고 있다. 단면의 형상은 안정성과 가능성을 고려해 피복되지 않은 제방을 가진 사다리꼴 단면이 대부분이다. 직사각형이나 삼각형 단면은 사다리꼴 단면의 특별한 경우이다. 직사각형 단면의 경우 암반이나 금속처럼 연직측벽의 안정성을 확보할 수 있는 경우에 적용된다. 삼각형 단면은 드물게 사용되며 일반적으로 작은 도랑, 작은 홈통, 그리고 실험수로로 사용한다. 하수구나 암거는 지하에 만들어진다. 따라서 토압에 저항하기 위하여 원형단면이 주로 사용된다.

표 10.1 일반적인 수로 단면에 대한 특성과 기하학적 요소

Section	단면적, A	윤변, P	동수반경, R	수면폭, B	수리수심, D	횡단면
직사각형	by	$b+2y$	$by/(b+2y)$	b	y	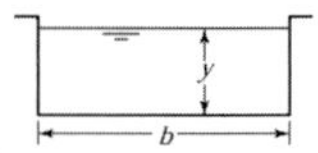
사다리꼴	$(b+ty)y$	$b+2yw$, $w=(1+t^2)^{0.5}$	A/P	$b+2ty$	A/B	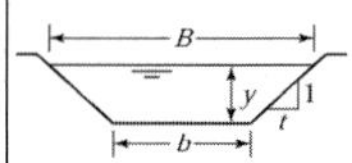
삼각형	ty^2	$2yw$	$ty/(2w)$	$2ty$	A/B	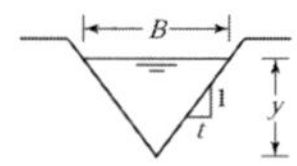
원형	$(\theta-\sin\theta)\dfrac{d^2}{8}$	$r\theta$	$\left(1-\dfrac{\sin\theta}{\theta}\right)d/4$	$2r\sin(\theta/2)$	A/B	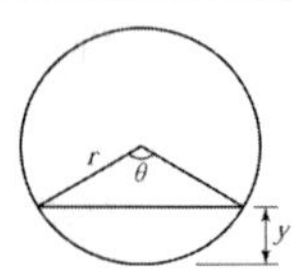
반원형	$\pi r^2/2$	πr	$r/2$	$2r$	$\pi r/4$	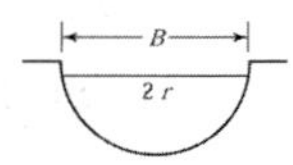
포물선	$2/3By$	$B+(8/3)y^2/B^*$	$2B^2y/(3B^2+8y^2)$	$3A/(2y)$	$2/3y$	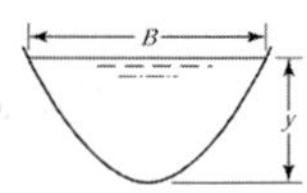

* $0<\dfrac{4y}{B}<1$ 에 대한 근사값

콘크리트 사다리꼴 단면수로
(사진 허가 : Dr. Mohammad Al-Hamdan.)

10.4 형상 요소

수로의 단면형상에 따라 유속분포, 경계면 전단응력, 수로에서의 2차 순환, 유출용적, 윤변, 수면폭, 단면계수 등이 변하게 된다. 이들 형상 요소(Geometric Elements)는 유량에 따라 변하는 수위의 함수이다.

다양한 형태의 수로단면을 정의하는 매개변수들을 형상 요소라고 할 수 있다. 이러한 매개변수로 단면을 정의하는데, 이들 매개변수들은 길이(L)의 차원이나 길이와 곱으로 나타낸다. 형상 요소는 흐름 계산 시 매우 중요하다. 간단한 직사각형 단면에서 기하학적 요소는 수심과 단면의 폭으로써 나타낼 수 있을 것이다. 각 단면은 그 기하학적인 형상을 대표하는 고유한 요소를 가지고 있다. 자연하천의 단면에서는 형상을 대표하는 간단한 법칙이나 요소가 없다. 따라서 이와 같은 단면 형상요소를 나타내기 위해서는 곡선식이나 방정식이 이용된다. 앞으로 형상 요소들에 대하여 몇 가지 용어와 정의가 소개될 것이다. 이 용어의 정리는 이 단계에서 매우 중요하다.

수심(y)은 자유수면에서 수로바닥까지의 연직거리를 말한다. 수심은 수로바닥에서 자유수면까지 수직으로 측정된다. 단면수심(d)은 그림 10.2에서 보는 것과 같이 수면에서 수로바닥에 수직하게 측정된 수심을 말한다. 종단하상경사가 ϕ인 수로에서 단면수심(d)은 수심(y)과 $\cos\phi$(ϕ : 수로경사)의 곱과 같다(즉, $d = y\cos\phi$).

만약 수로경사가 작다면, 단면수심은 대략적으로 수심과 같아진다. 일반적으로 개수로의 수리계산을 하는 데 수심이 사용된다. 수위(Z)는 기준면에서 수면까지의 높이를 나타낸다. 만약 기준면이 수로 바닥이면 수위는 수심과 같아진다.

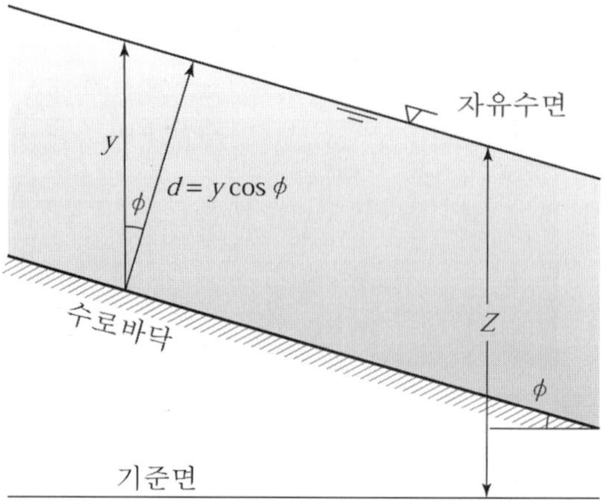

그림 10.2 수심과 단면수심

수면폭(B)은 수면에서 수로 단면의 폭을 나타낸다. 바닥폭(b)은 수로바닥에서 수로 단면의 폭을 나타낸다. 직사각형 단면에서는 수면폭과 바닥폭이 같다(즉, $B=b$). 삼각형이나 원형 단면에서는 바닥폭이 0이 된다. 사다리꼴 단면의 경우 수면폭은 바닥폭과 수로 경계를 이루는 측면경사와 관계가 있다.

횡단면적(A)는 흐름 방향에 직각으로 자른 면적을 말한다. 자연 수로에서, 횡단면적은 일반적으로 소단면적의 적분이나 합으로 계산된다. 단면들은 현장에서 측정하여 그려진 다음 면적을 계산하게 된다. 보통의 수로에서 단면적은 간단한 공식들에 의하여 계산된다.

윤변(wetted perimeter, P)은 흐름방향을 직각으로 가로지르는 단면과 수로에 물이 고여 있는 부분과 맞닿는 경계선의 길이를 말한다. 동수반경(hydraulic radius, R)은 단면적 A와 윤변 P의 비를 말한다.

$$R = A/P \tag{10.1}$$

수리수심(hydraulic depth, D)은 단면적 A와 수면 폭 B의 비를 말한다.

$$D = A/B \tag{10.2}$$

직사각형 단면에서 단면적은 By와 같다. 따라서 이 경우에 수리수심 D는 수심 y와 같아진다. 수리수심은 단면적이 동일한 직사각형 단면에서 수심이 된다. 즉, 직사각형이 아닌 단면의 경우 면적이 동일한 직사각형 단면으로 변환하여 비교할 수 있다.

단면계수(section factor, M)는 단면적 A와 수리수심 D의 제곱근의 곱으로 정의된다.

$$M = A\sqrt{D} = A\sqrt{\frac{A}{B}} \tag{10.3}$$

단면별 주요 기하학적 요소는 <표 10.1>과 같다.

만약 직사각형이나 사다리꼴 또는 자연 단면에서 단면의 폭이 수심에 비해 매우 큰 경우, 수면폭은 바닥폭과 같아진다. 이 때 흐름의 단면적은 by와 같아지고, 윤변은 바닥폭과 같아진다. 윤변 계산 시 수로의 양 측면은 무시된다. 따라서 동수반경은 수심과 같아진다. 폭이 넓은 단면에서는 $B = b = P$이고, $R = D = y$이다. 이 근사값은 계산을 상당히 줄이게 될 것이다. 이러한 가정은 B가 $10y$보다 큰 경우에만 적용할 수 있다. B/y값이 증가함에 따라 정확한 결과를 얻을 수 있다. 그러나 이러한 가정은 측면 경사나 수로폭을 모르는 경우에만 적용되어야 한다. 이 경우에, 유량은 수로의 단위폭당 유량으로 계산된다.

개수로의 주요한 기하학적 요소는 종종 수심 y의 멱함수로 표현된다(Ackers, 1988 ; Allen et al., 1944 ; Cahoon, 1995 ; Lane and Foster, 1980 ; Singh, 1996).

$$X = \alpha y^{\beta}, \quad X = A,\ P,\ R \tag{10.4}$$

여기서, A는 면적, P는 윤변, R은 동수반경, 그리고 α와 β는 계수이다. 직사각형 단면에 식(10.4)를 적용하면, $\beta = 1$, $\alpha = b$(바닥 폭)이 된다. 삼각형 단면에 식(10.4)를 적용하면, $\beta = 1$, $\alpha = \frac{1}{2}B$ 또는 $\beta = 2$, $\alpha =$ 측면경사가 t: 1(수직성분 : 수평성분)일 때의 수평성분이 된다. 보통 수면폭이 부드럽게 변하는 오목한 단면의 경우에는 식(10.4)를 만족한다. 이는 해석해를 이용하기 때문에 해를 계산하는 관점에서는 매우 효과적이다. 하도추적의 경우에는 유량에 따라 변하는 수위와 같은 기하 요소의 계산을 반복해야 하며, 이 경우에 식(10.4)는 매우 편리하게 적용된다. 배수위를 계산하는 경우에도 마찬가지이다.

예제 10.1 그림 10.3에 주어진 사다리꼴 수로에 대하여 동수반경, 수리수심, 그리고 단면계수를 계산하시오. 수로의 수심은 5 m, 바닥 폭은 15 m 그리고 측면경사는 2(수평) : 1(수직)이다.

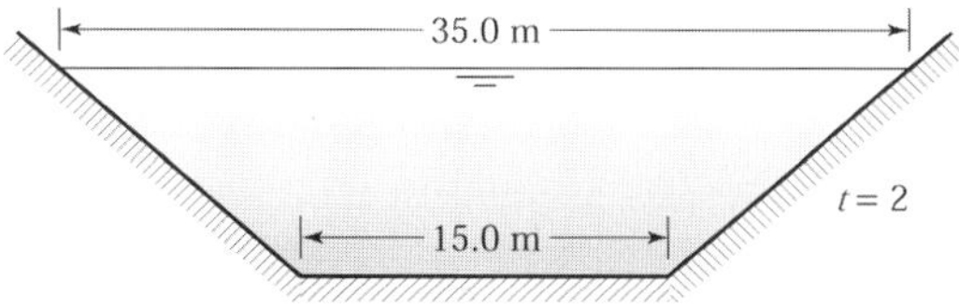

그림 10.3 사다리꼴 수로 단면(예제 10.1)

풀이

$B = b + 2ty = 15 + 2 \times 2 \times 5 = 35.0\,\text{m}$

$P = b + 2y\sqrt{1+t^2} = 15.0 + 2 \times 5\sqrt{5} = 37.36\,\text{m}$

$$A=\frac{1}{2}(15+35)\times 5=125\,\text{m}^2$$

$$R=\frac{\text{A}}{\text{P}}=\frac{125}{37.36}=3.35\,\text{m}$$

$$D=\frac{A}{B}=\frac{125}{35}=3.57\,\text{m}$$

$$M=A\sqrt{D}=125\sqrt{3.57}=236.23\,\text{m}^{2.5}$$

예제 10.2 폭이 4.0 ft이고 하상경사가 10 ft/mi인 사각형 수로가 있다. 단면 1에서 하상고와 수면고는 120 ft와 124.2 ft이다. 흐름은 등류로서 유속이 3 ft/s 이다. 단면 2에서의 수면고를 구하여라(단면 2는 단면 1으로부터 5.0마일 하류에 위치해 있음). 그리고 유량과 총 에너지선을 그리시오.

풀이

흐름이 등류이므로 수심은 거리에 따라 일정하다. 총 에너지수두는 위치수두, 압력수두, 속도수두의 합으로 나타낼 수 있다.

수심, $y=124.2-120.0=4.2\,\text{ft}$

단면 2에서의 하상고 $=120-((10/5280)\times 5(5280))=70\,\text{ft}$

단면 2에서의 수면고 $=70+4.2=74.2\,\text{ft}$

유량 $=A\times V=by\times V$

$\quad=4.0\times 4.2\times 3.0=50.4\,\text{ft}^3/\text{s}$

속도수두 $=V^2/2\text{g}=0.14\,\text{ft}$

총 에너지선은 그림 10.4에서 보는 것과 같이 수면에서 0.14 ft 위에 위치한다.

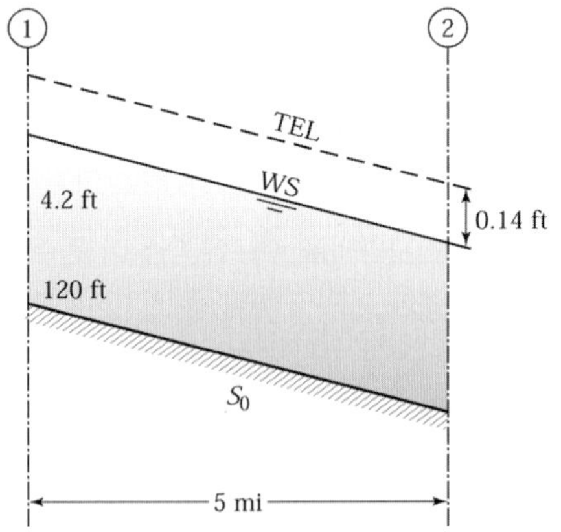

그림 10.4 예제 10.2를 위한 수표면 선과 총 에너지선

예제 10.3 수면폭이 5.0 ft이고 측면경사가 3 : 2인 삼각형 수로가 있다. 단면, 윤변 그리고 동수반경을 수심의 멱함수 형태로 표시하시오.

풀이

$$A = ty^2 = 1.5y^2 \ ; P = 2y\sqrt{1+t^2} = 3.61y \ ; R = \frac{A}{P} = \frac{1.5y^2}{3.61y} = 0.416y$$

10.5 단면 비대칭

일반적인 자연하천은 단면 형태가 비대칭으로 나타나는 경향이 있으며 곡류하도의 경우가 대표적인 경우이다. Leopold and Wolman(1960)에 따르면, 곡류 수로의 약 90%는 단면이 비대칭이다. Knighton(1981)은 비대칭의 정도를 표현하는 세 공식을 제안하였다.

$$A^* = \frac{A_R - A_L}{A} \tag{10.5}$$

$$A_1 = \frac{2xh_{\max}}{A} \tag{10.6}$$

$$A_2 = \frac{2x(h_{\max} - h)}{A} \tag{10.7}$$

여기서, A_R과 A_L은 각각 수로 중심선에서 우측 횡단면적과 좌측 횡단면적(하류방향으로) ; $A = A_R + A_L$는 수로의 총 횡단면적 ; $h_{\max}$는 최대수심 ; x는 최대수심의 종단선으로부터의 수평거리(중심에서 우측이 양이며, 좌측은 음) ; h는 평균수심이다.

식(10.5)에서 지수 A^*는 수로 단면적의 비대칭을 나타낸다. $A^* = -1$이면, 완전 좌측 비대칭이며, $A^* = +1$이면, 완전 우측 비대칭을 나타낸다. A^*와 A_R/A_L의 관계를 그래프로 나타내면 지수함수 형태가 된다.

$$A^* = \frac{A_R - A_L}{A_R + A_L} = +1 - \frac{2}{1 + (A_R/A_L)} \tag{10.8}$$

자연수로에서 A^*의 실제 범위는 (–0.65, 0.65)가 된다(Knighton, 1981).

식(10.6)과 (10.7)의 지수 A_1과 A_2는 면적대신 상대 수심의 변화를 기초로 하고 있다. 따라서 종횡의 비대칭 형태 모두 명백하게 이들 지수에 포함되어 있다. 그러나 만약 $A_1 = 0$

이면 단지 수평방향으로 대칭을 의미하며, 이것이 전 수로를 가로질러 수심이 균등하거나 중심선에 의해 갈라진 수로의 수심이 같다는 것을 의미하지는 않는다. 반면에 $A_2 = 0$이면 수평방향으로 대칭($x = 0$)이거나 수직대칭($h_{max} = h$) 또는 두 가지 모두인 경우를 의미하는데, 이와 같은 경우는 완전한 직사각형 수로일 경우에만 해당되기 때문에 $h_{max} = h$는 $x = 0$을 의미하기에 충분한 조건이 될 수 있다. Knighton(1981)에 따르면, A_1과 A_2의 범위는 각각 (–2, 2)와 (–1, 1)이다.

수로 단면의 비대칭은 교호세굴(alternating scour hole)과 곡류흐름의 발달에 중요한 요소라고 할 수 있다. 이로 인해 하상이 변형되며 이는 곡류의 근본적인 원인이 된다. 따라서 단면의 비내칭(cross-sectional asymmetry)은 수로 형태의 기본적인 두 요소인 수로의 형태와 단면형상과 사이에 연결고리 역할을 하고 있다.

예제 10.4 폭이 304 m 인 하천의 한 단면에서 최대수심은 단면의 중심으로부터 오른쪽으로 19.0 m 떨어진 곳으로 7.63 m 였다. 중심선으로부터 오른쪽 단면적과 왼쪽 단면적은 912m²와 560m²이다. 단면의 비대칭을 고려하여 A^*, A_1 그리고 A_2를 구하시오.

풀이

$A_R = 912\,\text{m}^2$, $A_L = 560\,\text{m}^2$, $x = 19.0\,\text{m}$, $A = 912 + 560 = 1472\,\text{m}^2$;

$$A^* = \frac{912 - 560}{1472} = 0.239\ ;\quad A_1 = \frac{2 \times 19 \times 7.63}{1472} = 0.197$$

$$A_2 = \frac{2 \times 19(7.63 - 4.84)}{1472} = 0.072\ ;\quad \text{평균수심},\ h = \frac{A}{B} = \frac{1472}{304} = 4.84\,\text{m}$$

10.6 복단면

자연수로는 복단면(compound sections) 또는 불규칙단면을 가지고 있다. 이러한 단면에서는 식(10.4)와 같은 간단한 멱함수꼴로 나타내기에는 무리가 있다(Cunge, 1975a, b ; Cunge et al., 1980). 주수로 흐름과 범람원 흐름에 대한 두 개의 계수(α와 β)를 이용한 간단한 표현으로 범람원 흐름을 설명할 수 있다. 하지만, 자유수면이 범람원의 높이와 같아지거나 초과할 때 계수들이 변하게 되는데 이때 불연속점이 발생하게 된다. 이것이 흐름 추적 방정식의 수치해석에 불안정을 가져오는 원인이 된다. 이러한 문제를 해결하기 위하여 Garbrecht(1990)는 복단면의 수로에 적용할 수 있는 대안 멱함수를 제안하였다. 그의 이론에 따르면, 복단면은 그림 10.5에서 보는 것과 같이 하나의 주수로 소단면과 좌우측 범람원의 소단면으로 구성되어 있다고 가정한다. 주수로에서 자유수면이 범람원이나 제방의 높이를 초과하게 되면 범람원 흐름의 발생한다. 이는 직사각형이나 삼각형의 인공수로의 경우가 아니고, 수심에 따라 수면 폭이 부드럽게 변하는 자연수로 단면의 경우에 해당한다.

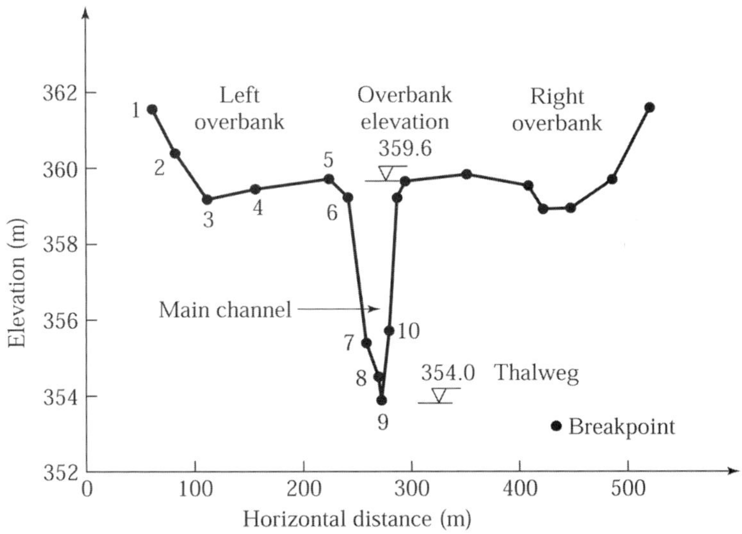

그림 10.5 복단면(Garbrecht, 1990)

An asymmetrical natural channel.

복단면에 대한 멱함수방법은 두 멱함수에 의해 기하학적 특징을 나타낸다. 한 가지는 주수로 흐름에 대한 식이며 다른 한 가지는 범람원 흐름에 대한 식이다. 복단면의 주수로 흐름에 대한 식은 다음과 같다.

$$h < h_o \text{일 때 } X = m_1 y^{p_1} \tag{10.9}$$

여기서, m_1과 p_1은 주 수로에서 X의 실측치에서 유도되는 계수이다. 식(10.9)는 식(10.4)와 같다는 것을 알 수 있다. 범람원 흐름에 대한 식은 다음과 같다.

$$h > h_o \text{일 때 } X = m_2(h - h_o)^{p_2} + X_o \tag{10.10}$$

여기서, m_2와 p_2는 범람원에서 X의 실측치에서 유도되는 계수이며, h_o는 범람원 높이(수심), X_o는 h_o에서의 X값(기하학적 성분)이다.

식(10.9)와 (10.10)은 m_1, m_2, p_1 그리고 p_2의 4개의 매개변수로 이루어져 있으며, 현장자료로부터 유도되었기 때문에 X값은 차례로 계산된나. X값의 효율적인 계산을 위하여, 복단면은 간단한 요소로 나누어진다. 하나의 요소는 두 개의 연속되는 불연속점(break point)들 사이에 단면부분이다. 그림 (10.5)에서 보는 것과 같이 한 쌍의 (x, y)좌표가 불연속점을 나타낸다. 이 때 x는 무작위적인 기준점 x(원점)으로 부터의 수평거리이며 y는 기준면으로부터의 수직거리이다.

범람원은 불연속점에 의해 주수로와 구분된다. 주로 좌우측 범람원의 높이는 같지 않다. 이러한 경우에 낮은 높이가 범람원 흐름의 시작을 나타낸다.

흐름에 직각인 전체 통수단면적(A)은 각각의 소단면적의 합으로 나타낼 수 있다.

$$A = \sum_{i=1}^{N} A_i \tag{10.11}$$

마찬가지로 윤변과 동수반경은 다음과 같이 계산된다.

$$P = \sum_{i=1}^{N} P_i \tag{10.12}$$

$$R = \frac{A}{P} \tag{10.13}$$

첨자 i는 i번째 소단면의 성분을 나타내며, A_i와 P_i는 A와 P의 i번째 성분이다. N은 단면의 수를 나타낸다.

통수능(通水能) K는 횡단면의 유출용적의 척도이며, Manning의 등류공식에서 구할 수 있다.

$$K = \frac{1}{n} A R^{2/3} \tag{10.14}$$

여기서, n은 Manning의 조도계수이다. 여기서 주의해야 할 점은 K값은 각 소단면별로 구해야 하며 소단면별 값의 합이 아니라는 것이다. 복단면에서 총 통수능 K_c는 주수로의 통수능 K_m과 범람원의 통수능 K_o의 합으로 계산된다(Chow, 1959 ; Posey, 1950). 이와 같은 논리는 홍수기에 강에 물이 가득차서 흐를 때 주수로의 흐름(깊은 흐름)과 범람원의 흐름(얕은 흐름)이 분명히 다르게 관찰되었으며, 이에 따라 주수로와 범람원의 흐름은 반드시 구분되어 계산해야 한다는데 그 근거를 두고 있다. 그러므로

$$K_c = K_m + K_o \tag{10.15}$$

복단면의 동수반경 R_c는 통수능을 가중치로 하여 소단면별로 합산된다.

$$R_c = \frac{K_m R_m + K_o R_o}{K_c} \tag{10.16}$$

여기서, 아래첨자 c는 복단면을 의미하며, m은 주수로 소단면을, o는 범람원 소단면을 나타낸다.

이 때의 등가조도(equivalent roughness)는 식(10.14)로부터 다음과 같이 나타낼 수 있다.

$$n_e = \frac{AR_c^{2/3}}{K_c} \tag{10.17}$$

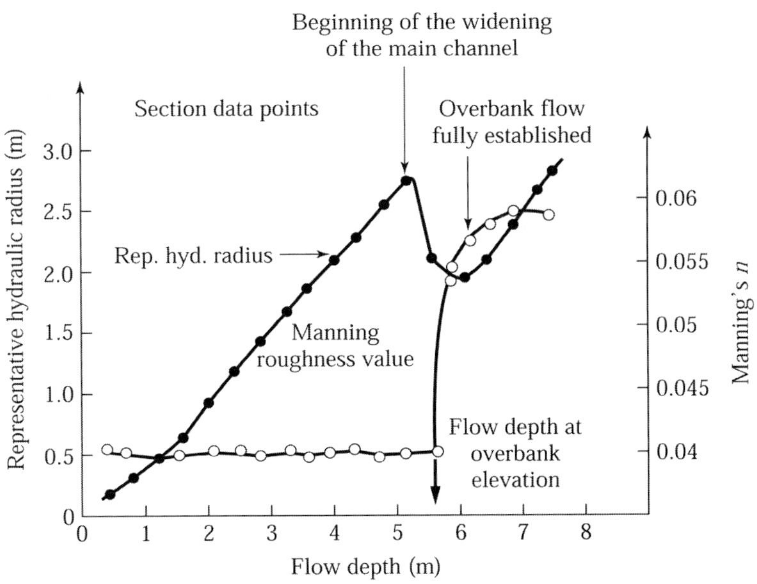

그림 10.6 수심의 함수로서 대표동수반경(Garbrecht, 1990)

이 때 등가 동수반경은 복단면에서 수심에 따라 단조롭게 증가하지 않을 것이다. 그림 10.6에서 보는 것과 같이, R_c는 주수로 흐름이 지배하는 단면(큰 동수반경)에서 범람원 흐름이 지배하는 단면(작은 동수반경)까지 흐름이 변하는 구간에서 감소할 것이다. 천이구간 흐름에서 R_c값은 높은 값으로부터 낮은 값으로 점진적으로 변화한다. 그러나 지속적인 수심 증가로 인해 감소하던 R_c값은 다시 증가한다. 복단면에서 주수로의 등가조도는 변하지 않는다. 범람원 흐름이 전체 흐름을 지배하기 시작하면 등가조도는 그림 10.6에 보여준 것처럼 식(10.17)에 의해 주어진 값과 같아진다.

미 공병단(U.S. Army Corps of Engineers River Analysis System)의 수문기술연구소(HEC; Hydrologic Engineering Center, 1998)에서는 하도추적을 위한 수면곡선을 계산하기 위하여 개발한 프로그램인 HEC-RAS(Hydrologic Engineering Center-River Analysis System)를 이용하여 수로 단면 요소들을 보간하였다. 횡단면들 사이에 보간된 자료는 정류상태의 개수로 수면형을 계산하는데 사용되었다. Traver and Miller(1993)는 하천에 대한 기하학적 표현에 포함된 오차의 범위는 단면을 측정하는데 사용한 최신 방법에 포함된 오차의 범위와 동등하다는 것을 발견하였다. 따라서 측정된 단면의 기하학적 특징의 변화가 일정하다면 보간된 자료를 사용하는 것도 좋다고 판단하였으며, 또한 추가적인 어느 형태의 수치적인 오차를 범하는 것보다 전반적으로 보간법을 사용함으로서 얻어지는 이점이 크다는 결론을 내렸다.

예제 10.5 그림 10.7에 주어진 복단면에 대하여 수심의 멱함수로써 단면적을 표시하시오.

풀이

주수로의 단면적

$$A = 10y\ ;\ y \le 3.0\,\text{ft}$$

홍수터의 단면적

$$A = 16(y-3) + 30\ ;\ y > 3.0\,\text{ft},\quad \text{또는}$$

$$A = 16y - 18\ ;\ y > 3.0\,\text{ft}$$

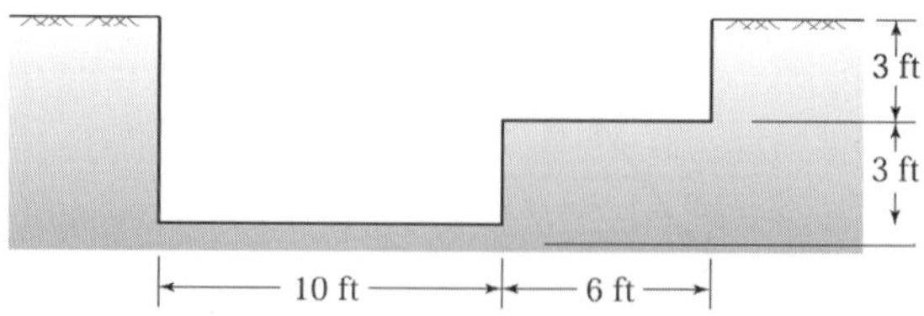

그림 10.7 예제 10.5를 위한 복단면

예제 10.6 그림 10.8에 주어진 복단면에 대하여 단면계수, 등가동수반경, 등가조도를 구하시오. 이때 Manning의 조도계수 n은 0.02이다.

풀이

주어진 단면은 그림 10.8에서 보는 것과 같이 4개의 소단면으로 나뉘어진다. 각 소단면의 면적, 윤변, 동수반경, 통수능을 계산한 표는 다음과 같다.

Section	$A(\text{m}^2)$	$P(\text{m})$	$R(\text{m})$	K
1	0.5	1.41	0.355	12.53
2	6.0	4.0	1.5	393.12
3	16.0	5.66	2.857	1610.76
4	9.0	6.0	1.5	589.66
Total	31.5	17.07		2606.07

$K_c = \sum K_i$

$K_c = 2606.07$ 식(10.16)을 이용하면

$$R_c = \frac{4.45 + 589.65 + 4601.94 + 884.51}{2606.07} = 2.33$$

$$n_c = \frac{31.5(2.33)^{2/3}}{2606.07} = 0.0212$$

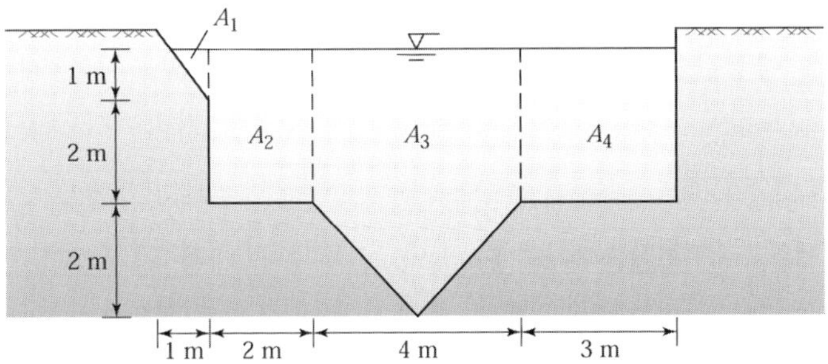

그림 10.8 예제 10.6을 위한 복단면

10.7 수로경사

수로경사(channel slope) 또는 하상경사 S_o는 수로의 유속에 영향을 주며, 결과적으로 배수유역 유출의 흐름특성에 영향을 준다. 수로경사는 Manning 공식과 Chezy 공식을 이용하여 유량과 유속을 계산 시 가장 먼저 결정되어야 한다. 경사는 길이방향으로 변화가 크기 때문에 대상수로 구간에서 경사의 평균값은 반드시 결정되어야 한다.

방법 1 : Manning 또는 Chezy 공식을 사용하기 위하여, 등류라 가정하면 수로경사는 한 지점에서 측정한 경사와 같으며 개략적으로 에너지 경사와 같다. 따라서 수로경사 S_o는 다음 식으로부터 계산된다.

$$S_o = h/L \tag{10.18}$$

여기서, h는 하상의 고도차를 나타내며 단위는 m이고, L은 고도차가 발생한 구간의 수평거리(길이)이다. 대상 하천구간의 고도차는 실측된다. 그러나 이와 같이 측정된 수로경사는 수로의 일부 구간에서의 경사이므로 배수유역의 모든 구간에 적용하기에는 무리가 있다. 단면적, 수로 조도, 그리고 단면 형상 등이 유속에 영향을 미치기 때문에 일반적으로 생각하는 것처럼 배수유역의 다양한 구간에서 유속의 차는 그렇게 크지는 않다.

방법 2 : 산술적 경사(arithmetic slope)는 수로의 시작점으로부터 수로의 출구까지 고도차를 구한 다음 대상 수로구간의 수평거리로 이 고도차를 나누어서 계산하는 방법이다. 이 방법은 대상구간 중 일부구간의 지역적인 수로경사를 계산하기에는 좋지 않으며 전체 수로구간에 대하여 단 하나의 경사를 계산하는 경우에 이용된다.

방법 3 : 기하학적 경사(geometric slope)는 거의 사용되지 않는다. 먼저 주수로의 종단고도의 정 중앙값을 찾고, 이점으로부터 출구까지의 고도차를 계산한다. 수로의 길이는 정 중앙 고도값을 가지는 지점으로부터 출구까지의 거리이다. 이 때 경사는 식(10.18)을 이용하여 계산한다.

방법 4 : Benson(1962)은 New England의 홍수에 대한 연구에서 "85-10"이라는 경사 수치를 발견하였다. 이 수치는 유역 출구점에서 유역경계점까지 수로를 따라서 85%(상위 15%를 제외한)에서 10%(하위 10%를 제외한)의 거리에 해당하는 경사이다. 이때 거리는 유역의 출구까지가 아니고 유역의 경계점까지 측정한 것이라는 점을 주의해야 한다. 따라서 고도차와 수평거리를 이용하여 경사를 구하기 위해서는 식(10.18)을 이용한다.

방법 5 : Johstone and Cross(1949)가 제안한 방법으로 수로를 균등경사 S_i를 가지는 N개의 구간으로 나누어 경사를 계산한다. 이 때, 등가 균등경사 S_m은 다음과 같다.

$$S_m = \left[\frac{\sum_{i=1}^{N} L_i S_i^{1/2}}{\sum_{i=1}^{N} L_i} \right]^2 \tag{10.19}$$

실제 하천에서 경사를 제외한 길이, 조도, 수로단면, 그 외 관련된 요소들이 변하지 않는다면 이 방법은 동일한 총 유하시간을 갖는 경사를 구하는데 이용될 수 있다.

방법 6 : Laurenson(1962)이 제안한 방법으로 위의 방법과 마찬가지로 하천을 N개의 균등경사를 가지는 구간으로 나눈다. 또한, 전 구간에서 조도와 동수반경의 유속에 대한 효과가 동일하다고 가정하였다. 이 가정은 문제가 될 수 있으나 다른 연구자에 의하여 사용되어져 오고 있다(Taylor and Schwarz, 1952). 이 가정은 방법 1에도 포함되어 있다. 임의의 i번째 구간에서의 유속 V_i는

$$V_i = aS_i^{0.5} \tag{10.20}$$

여기서, a는 상수이다. 이때의 시간 t_i는

$$t_i = \frac{L_i}{V_i} \tag{10.21}$$

따라서 총 유하시간(流下時間) T_c는

$$T_c = \frac{1}{a}\sum_{i=1}^{N}\frac{L_i}{S_i^{0.5}} \tag{10.22}$$

평균유속 V_m은

$$V_m = \sum_{i=1}^{N}\frac{L_i}{T_c} = \frac{a\sum_{i=1}^{N}L_i}{\sum_{i=1}^{N}L_i/S_i^{0.5}} \tag{10.23}$$

또는

$$V_m = aS_m^{0.5} \tag{10.24}$$

따라서

$$S_m = \left[\frac{\sum_{i=1}^{N}L_i}{\sum_{i=1}^{N}L_i/S_i^{0.5}}\right]^2 \tag{10.25}$$

예제 10.7 그림 10.9는 길이 10,000 ft인 자연하도의 일부를 보여주고 있다. 강의 하상경사를 결정하기 위하여 그림에서 보여주는 것처럼 강을 여러 개의 구간으로 나누어 조사하였다. 아래 주어진 표는 강의 중심에서 수평거리와 하상고를 나타내고 있다.

Section	1	2	3	4	5	6	7	8	9	10	11
Horizontal distance(ft)	0	700	1500	2300	3500	5000	6150	7050	7900	9000	10,000
Bed level(ft)	79.2	78.15	76.5	74.3	72.3	71.6	70.3	68.9	67.3	66.5	65.4

1. 각 단면 사이의 하상경사를 계산하시오.
2. 산술적 하상경사를 계산하시오.
3. 방법 4와 5를 이용하여 하상경사를 계산하시오.

풀이

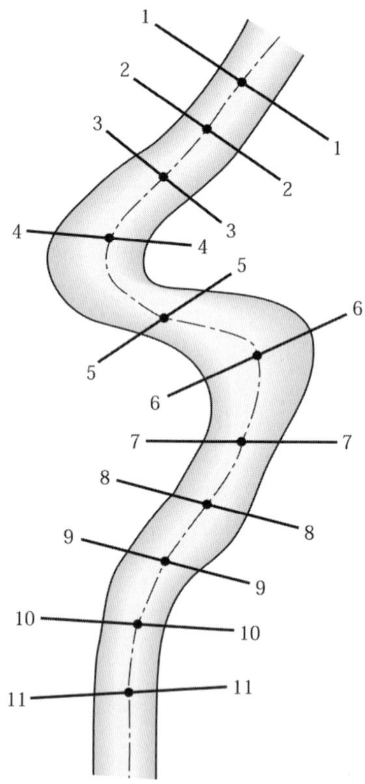

그림 10.9 예제 10.7을 위한 자연하도

각 단면사이의 하상경사는 식(10.18)로부터 구할 수 있으며, 그 결과는 아래의 표와 같다.

Reach	1–2	2–3	3–4	4–5	5–6	6–7	7–8	8–9	9–10	10–11
Drop(ft)	1.05	1.65	2.2	2.0	0.7	1.3	1.4	1.6	0.8	1.1
Length(ft)	700	800	800	1200	1500	1150	900	850	1100	1000
Bed slope($\times 10^{-4}$)	15	20.6	27.5	16.7	4.7	11.3	15.6	18.8	7.27	11
$LS^{1/2}$	27.11	36.31	41.95	49.04	32.55	38.66	35.55	36.86	29.66	33.17

$$\sum L_i S_i^{1/2} = 360.83$$

산술적 하상경사는 주어진 하도 전체에 대하여 적용한다.

$$\frac{79.2-65.4}{10,000} = 13.8\times 10^{-4}$$

방법 4를 이용하여 하상경사를 구하면 다음과 같다.

$$\frac{76.5-66.5}{7,500} = 13.3\times 10^{-4}$$

방법 5를 이용하여 하상경사를 구하면 다음과 같다.

$$S_m = \left(\frac{360.83}{10,000}\right)^2 = 13.0\times 10^{-4}$$

이번 예제에서 서로 다른 방법으로 계산된 하상경사의 값이 비슷한 것을 알 수 있다. 이는 전 하도에 걸쳐 각 단면의 하상경사가 비슷하기 때문이다. 만약 각 단면의 하상경사가 일정하지 않다면 각 방법별 하상경사의 값이 다르게 나타날 것이다.

10.8 하천 수리형상

수리형상(hydraulic geometry)이라는 용어는 수문학적으로 균질한 유역에서 하천망을 따라 한 지점과 그 하류지점의 유량과 평균 하천수로 형상 사이의 관계를 내포한다. 수로형태는 평균 단면형상(폭, 깊이 등)을 포함하고, 수리학적 변수들은 평균경사, 평균마찰, 유입되는 물과 유사의 평균속도, 그리고 수로 경계조건을 포함한다. Leopold and Maddock(1953)는 수로의 수리형상을 유량에 대한 멱함수로 표현하였다.

$$B = aQ^b \tag{10.26}$$

$$y = cQ^f \tag{10.27}$$

$$V = kQ^m \tag{10.28}$$

여기서, B는 하천 단면의 수면폭(m 또는 ft), y는 하천 단면의 평균수심(m 또는 ft), V는 단면의 평균유속(m/s 또는 ft/s), a, c, k는 매개변수 또는 비례상수, b, f, m은 지수

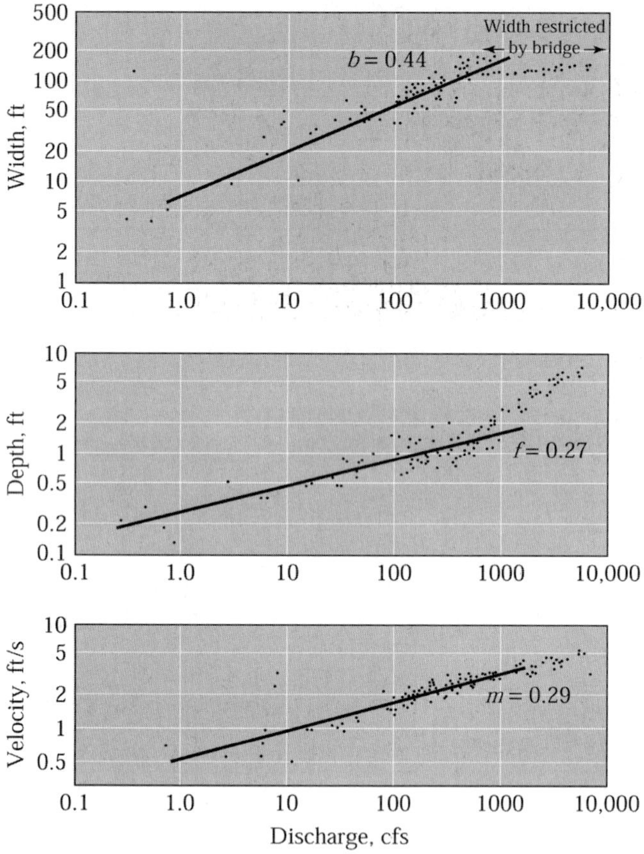

그림 10.10 와이오밍주 Arvada에 위치한 Power강의 수리형상

또는 반대수지 그래프의 기울기를 나타낸다. 식(10.26)에서 (10.28)까지의 관계는 그림 10.10에서 보는 것과 같다.

수리학적 변수인 폭, 수심 및 유속은 연속방정식을 만족한다.

$$Q = ByV \tag{10.29}$$

따라서 식(10.26)에서 (10.28)까지 식들에 있는 계수와 지수들은 아래와 같이 유도된다. 위 관계들을 식(10.29)에 대입하면 다음과 같다.

$$Q = aQ^b \times cQ^f \times kQ^m \tag{10.30}$$

또는

$$Q = ackQ^{b+f+m} \tag{10.31}$$

여기서,

$$ack = 1 \tag{10.32}$$

그리고

$$b + f + m = 1 \tag{10.33}$$

식(10.32)와 (10.33)은 특정 하천수로의 형상과 유량사이의 수학적 관계를 푸는데 검증하기 위해 쓰인다. 그림 10.10에서 각 직선의 기울기는 하천수로가 갈라진 곳에서의 토양과 암반의 특성에 의해 결정되고 이 기울기 b, f, m에 의해 세로좌표의 절편이 결정된다.

수리형상 관계를 이용하면 자연 하천에서의 연평균유량과의 어떠한 관계도 설명이 가능하며, 연유출량(年流出量)과 하천폭, 수심, 평균유속 사이의 독특한 관계까지도 설명이 가능하다. 그러나 연평균유량을 초과한 유량에 대해서는 약간 다르다. 하천의 수리형상은 유역의 하천에 물과 유사의 공급 및 배수가 평형상태에 있다고 가정한다(Singh, 1992).

하천의 수리형상은 하천의 배수 환경이 변하지 않는 한 일정하게 유지된다. 도시화, 농지개발(agricultural development), 또는 어떠한 배수환경을 변화시키는 요소들은 하천의 수리형상을 변화시킬 것이다. 만약 수리형상이 변하게 되면, 유량과 수로의 폭, 수심, 유속사이의 새로운 관계는 정립된다. 유역내에 도시화나 농지개발 등 어느 형태의 개발이 진행되면 수리형상은 정적상태가 재정립될 때까지 유동상태를 유지한다.

그림 10.10에서 폭, 수심, 유속에 대한 기울기는 각각 $b = 0.44$, $f = 0.27$, $m = 0.29$이고, 이들의 합은 1이 되어 식(10.33)을 만족한다. 절편값 a, c, k들의 곱 역시 1이 된다.

수리형상의 관계는 세굴이나 채움(fill) ; 수로변형 ; 하천 단련(training) 작업의 레이아웃 ; 안정수로, 운하, 취수구 설계 ; 하천흐름의 통제 ; 관개계획과 하천개선 ; 수로관리 ; 하천복원 ; 수생물군 생산시스템 모델링(modeling aquatic biota production system) ; 흐름과 유사의 추적 ; 홍수추정(estimation) ; 배수망 구성과 같은 충적수로 거동의 예측에 매우 중요한 요소이다. 또한 지수들을 이용하여 이와 같은 관계는 서로 다른 하천 단면과 자원에 대한 계획 및 영향 평가를 구분하는 도구로 사용될 수 있다. 따라서 수리형상 관계는 수리학과 수문학 문헌에서 많은 관심과 논쟁의 대상이 되었다. 식(10.26)에서 (10.28)까지의 수리변수의 평균값은 수리 법칙과 최소 에너지 소산율 법칙을 따르는 것으로 잘 알려져 있다. 이러한 평균값들은 수로의 평형상태에 부합하는 값들이다. 이는 충적하천에서 폭, 수심, 경사, 유속, 마찰 등이 최대 유사 이송량을 만족하는 안정상태로 변해가는 것을 의미한다. 일반 하천체계는 수로와 물 및 유사 사이에 개략적인 평형상태로 발전해 가는 경향이 있다. 단위소류력의 변화율이 하천폭에 대하여 최소가 될 때 충적수로(沖積水路)가 안정된 폭에 도달한다는 가정을 이용하여 충적수로의 안정 폭을 결정할 수 있다. 이것은 안정 단면을 가진 충적하천

수로는 단위시간의 단위폭당 에너지의 소비가 최소일 때 하폭을 변화시킬 수 있는 능력을 가지고 있다는 것을 의미한다.

하천의 수리형상은 매우 복잡한 문제이며 유사이송 및 이 책의 범위를 넘는 다른 요소들을 포함하고 있다. 하천의 기하학적 특징 그 자체가 유역의 유출량을 예측하는 데 도움을 주는 수리형상과 관련이 있는 정보를 제공한다.

예제 10.8 아래 자료는 자연하천으로부터 얻은 것이다. 수심과 단면요소인 A, R, D 그리고 Z와의 관계를 보여줄 수 있는 곡선을 작성하시오. 작성된 곡선으로부터 $y = 1.2\,\mathrm{m}$일 때의 기하학적 요소를 정하시오.

Distance from a Reference Point near Bank(m)	Stage(m)
−1.5	1.67
−1.2	1.38
−0.6	1.20
0.0	0.57
0.3	0.24
0.6	0.06
0.9	0.09
1.5	0.06
2.1	−0.03
2.7	−0.03
3.3	−0.15
3.9	−0.03
4.5	0.21
5.1	0.78
5.7	0.96
6.0(right bank)	1.23

풀이

우선, 주어진 자료로부터 그림 10.11에서 보는 것과 같이 거리에 따른 수심을 그릴 수 있다. 이 그림은 하도 단면을 나타낸다. 다음의 공식을 이용하여 계산된 수위에 따른 기하학적 요소의 값들은 아래의 표와 같다.

$$R = \frac{A}{P}\ ;\ D = \frac{A}{B}\ ;\ Z = A\sqrt{D}$$

Stage Height(m)	A(m^2)	P(m)	B(m)	R(m)	D(m)	Z(m$^{5/2}$)
0.00	0.11	2.12	2.1	0.05	0.05	0.02
0.25	0.99	4.39	4.25	0.23	0.23	0.47
0.50	2.11	5.11	4.75	0.41	0.44	1.40
0.75	3.36	5.79	5.24	0.58	0.64	2.69
1.00	4.78	6.88	6.15	0.69	0.78	4.22
1.25	6.38	7.67	6.80	0.83	0.94	6.19

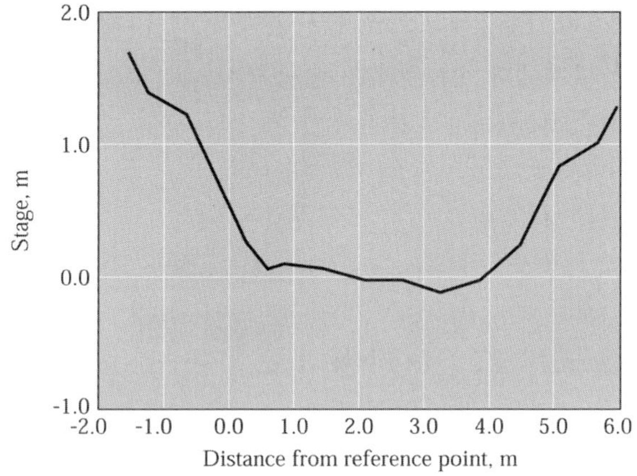

그림 10.11 자연하천단면(예제 10.8)

A, R, D 그리고 Z에 따른 수심과의 관계에 그림 10.12에 나타나 있다. 이로부터 $y = 1.2\,\text{m}$일 때의 기하학적 요소의 값들은 다음과 같다.

$A = 5.3\text{m}^2$, $R = 0.74\,\text{m}$, $D = 0.84\,\text{m}$, $Z = 4.85\,\text{m}^{5/2}$.

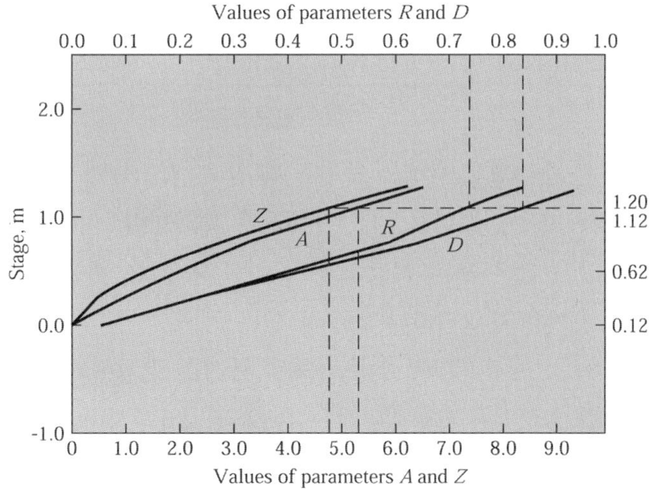

그림 10.12 자연하천의 수위에 따른 수리학적 요소(예제 10.8)

10.9 유역의 수리형상

수로구간에서 얻은 B, y, V, A의 평균값들로 수생 서식지를 평가하거나 전체 하천망에서 미계측 구간의 서식지 적정성과 하천수(streamflow) 변동성과의 상호관계를 평가하기에는 충분하지 못하다. Singh and Broeren(1989)와 McConkey and Singh(1992)는 Illinois의 Sangamon강과 South Fork Sangamon강 유역의 약 14개 지점의 관측 자료로부터 유역 수리형상의 관계를 밝혀냈다. 이 관계는 수문학적으로 균질한 유역 안에 주어진 하천에 대하여 유역면적의 대표하는 하천관측소 자료를 이용하여 유도되었다.

$$\log x = a + bF + c\log A_d \tag{10.34}$$

$$\log x = A_f + B_f \log A_d \tag{10.35}$$

여기서, $x = B$, y 또는 V, F는 기간, A_d는 유역면적(mi^2), a, b, c, A_f, B_f는 계수이다. 이 계수의 값들은 아래와 같이 밝혀졌다.

	Sangamon River Basin			South Fork Sangamon River Basin		
x	a	b	c	a	b	c
B	0.55	−0.77	0.53	0.68	−0.93	0.55
y	−0.32	−1.17	0.41	−0.31	−1.22	0.45
V	−0.0054	−0.53	0.13	−0.025	−0.59	0.067

이와 같은 유역 수리형상 관계는 주어진 Q 또는 F, A_d에 대하여 B, y, V값들을 정의한다. F가 일정하면 A_d에 따라 다른 변수들은 변화한다. 식(10.34)와 (10.35)에서 언급한 것과 같이 B, y, V값은 모든 F값에 대하여 A_d와 같은 비율로 변하는 것을 알 수 있다. 현장자료는 이 가정을 뒷받침하는 경향이 있다.

Bhowmik(1984)는 홍수터에서의 수리형상 관계를 확립하기 위하여 미국(Bhowmik and Stall, 1979)의 13개 하천유역(유역면적은 $1,828 \sim 28,275\,\mathrm{km}^2$까지 변함)의 자료를 사용하였다. 홍수터 폭, 단면적, 표면적, 수심, 만곡, 그리고 절개(incision)는 하천차수(河川次數)와 관계가 있다. 각 하천구간에서 단면적과 홍수터의 수심과의 관계를 증명하기 위하여 많은 단면(10~60개)이 선택되었다. 홍수터의 단면들은 등고선의 고도치를 계산하여 결정되었다. 홍수터의 단면적은 각 단면에서 계산되었고, 단면적 A의 평균값은 전 구간에 걸쳐 계산되었다. 홍수터 각 구간 평균폭 B는 평면도상의 하류계곡의 길이(각 하천 구간에서 계곡의 중심에서 물이 흘렀던 거리)로 측정된 홍수터 면적의 비율로 계산된다. 홍수터의 평균수심 Y_F는 평균면적 A와 평균폭 B로부터 계산된다. Bhowmik(1984)가 주장한 홍수터에 대한 기본방정식은 다음과 같다.

$$\ln Y_F = a + bU \tag{10.36}$$

여기서, a와 b는 계수, U는 하천차수이며, $Y = f(A,\ D,\ B,\ V,\ Q,\ A_D)$이다. 이 때 V는 유속, Q는 100년 빈도 유량이다. A_D는 Stall and Fok(1968)와 Stall and Yang (1970)의 연구에 적용된 모든 하천에서 하천차수 U와 관계가 있는 것으로 밝혀졌다. 따라서 식(10.36)에서 U는 A_D로 치환될 수 있다. a와 b의 평균값은 Bhowmik(1984)에 의해 <표 10.2>와 같이 제안되었다. Klein(1981)은 유역면적과 수로형상의 관계를 이용하여 수로폭과 수로수심의 변화가 간단한 유량(또는 면적)의 멱함수로 표현되지 않음을 발견하였다. 그리고 작은 유역에서 지수의 적정 평균치는 0.5이다.

표 10.2 미국 13개 하천에 대한 식(10.36)의 a, b 계수값

Definition of Y_F	a	b
B	4.680	0.52
A	5.440	0.66
D	0.898	0.14
Q_{100}	1.835	0.85
A_D	−2.378	1.45

예제 10.9 양수표를 이용하여 자연하천의 기하학적 요소들을 측정하였다. 아래 표는 그 결과를 나타내고 있다. 표를 이용하여 하천의 동수반경과 단면적을 구하시오.

Distance from the Left Bank(m)	Water Depth(m)	Distance from the Left Bank(m)	Water Depth(m)
0.0	0.00	140	4.20
20	1.25	160	5.10
40	1.82	180	3.10
60	2.30	200	1.90
80	3.12	220	0.70
100	3.90	240	0.30
120	4.10	252	0.00

풀이

주어진 단면은 그림 10.13과 같이 나타낼 수 있다. 주어진 자료로부터, 전체의 단면은 13개의 소단면으로 나눌 수 있다. 각 소단면의 단면적과 윤변은 아래의 표와 같이 계산된다.

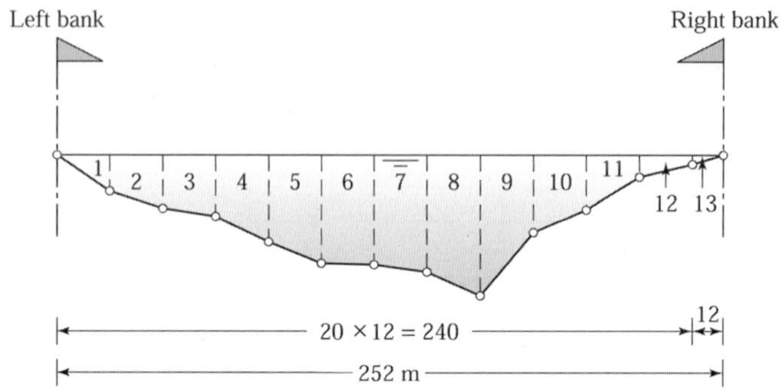

그림 10.13 하천단면(예제 10.9)

No. of Subarea	Area(m^2)	Wetted Perimeter(m)
1	12.5	20.04
2	30.7	20.01
3	40.2	20.00
4	43.2	20.05
5	70.2	20.02
6	80.0	20.00
7	83.0	20.00
8	93.0	20.02
9	82.0	20.10
10	50.0	20.04
11	16.0	20.04
12	10.0	20.00
13(right bank)	1.80	12.00
Total	612.6	252.29

$$R = \frac{A}{P} = \frac{612.6}{252.29} = 2.428\,\text{m}$$

10.10 자연하천의 기하학적 요소의 측정

앞에서 언급한 바와 같이, 개수로와 하천 수리학의 연구는 하천길이, 하상경사, 하도추적, 유역특성, 토지이용, 유역면적, 지형형태 등의 기하학적 요소와 관계있는 수많은 매개변수의 결정을 필요로 한다. 자연하천은 그림 10.13에서 보는 것과 같이 불규칙한 경계면을 가지고 있다. 자연하천의 경계는 유역의 다양한 개발과 관련된 흐름조건에 따라 시간에 따라 변할 수 있다. 고수위의 흐름은 침식의 원인이 될 수 있고, 저수위의 흐름은 부유물질의 퇴적 원인이 될 수 있다. 자연하천의 수리학적 매개변수들은 흐름조건에 따라 변한다. 돌발홍수는 특정 수로단면에서 상당한 기하학적 변화를 가져올 수 있다. 자연하천에서 유속, 유량, 수면형의 계산은 정확한 측정 또는 기하학적 요소의 자료 없이는 이루어질 수 없다. 자료는 주요 자료(primary source)와 보조 자료(secondary source)로 구분할 수 있다. 주요자료는 현장에서의 직접 측정한 자료를 포함하며, 보조 자료는 지도, 항공사진, 디지털 데이터베이스와 관련이 있다.

10.10.1 주요 자료

자연하천의 형상 요소는 하천을 따라 단면별로 다양하게 변한다. 현장조사에서는 일반적으로 단면형태를 결정해야 한다. 이러한 조사의 목적은 특정 단면에서 하천폭을 가로지르는 하상의 형태를 결정하는 것이다. 전통적인 방법으로 수동으로 조작하는 양수표(staff gage)와 와이어 게이지(wire gage)가 주로 사용되고 있다. 그림 10.14에서 보는 것과 같이 양수표는 하상형태를 측정하는 가장 간단한 방법이다. 이 게이지는 측정지점의 수위를 이용하여 하상고를 구할 수 있다. 게이지의 측정치는 수위와 하상과의 높이차를 나타낸다. 하천단면을 따라 여러 지점의 측정을 반복하면 만족할 만한 하천하상 형태를 얻을 수 있다. 측정된 하상형태를 이용하여 도면을 작성하면, 측면경사, 바닥 폭, 수면 폭, 윤변, 동수반경, 수심 등을 결정할 수 있다.

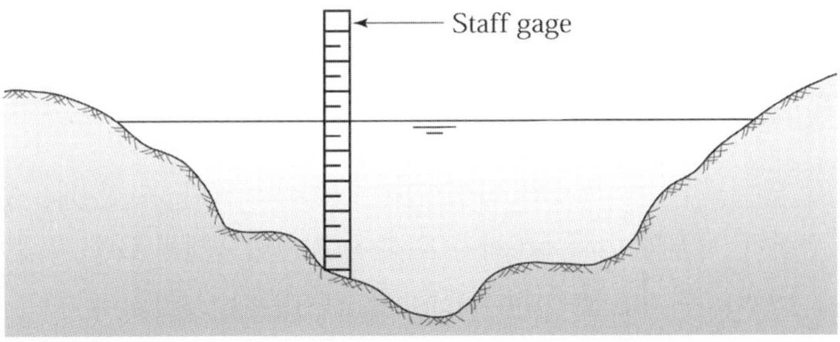

그림 10.14 자연하천의 일반 단면과 staff gage

와이어 게이지, 또는 측연선(lead line)은 다리나 고가의 구조물, 또는 보트 등의 위에서 사용할 수 있다. 이 게이지는 1 m 또는 1 ft의 원주를 가진 드럼이 장착되어 있어 구조물 위에서 추를 내려 수면에서부터 하상바닥까지의 높이차를 원통의 회전수를 이용하여 측정하게 된다. 와이어-추(wire-weight) 게이지의 측정범위는 약 25 m(75 ft)이다.

근래는 수중 음파 탐지기(sonar)와 같은 음파측량 기술이 수로단면의 형태를 측정하는데 많이 사용된다. 수심 측량방법(bathymetry)은 레이더나 수중 음파탐지기를 이용하여 보트에서 수로 하상의 음파를 측정하고, 이 자료들은 자동으로 수신기에 기록되고 처리된다. 수심측량 지도를 거의 실시간으로 만들어 낼 수 있다. 이러한 작업은 보정위성항법시스템(Differential Global Positioning Systems ; DGPS)와 같은 시스템을 통하여 좀 더 정확하고 신속하게 이루어질 수 있다.

10.10.2 보조 자료

현장에서 자료를 수집하는 과정은 지겹고 시간을 소비하는 작업일 뿐만 아니라 비싸고 특별한 장비를 필요로 한다. 반면에, 자료의 정확성이나 이용도는 설계문제나 그와 관련된 결정을 할 때 매우 중요한 요소라고 할 수 있다. 게다가, 길이가 수백 킬로미터에 달하는 중국의 양자강 사업(Three Gorges River project)나 미국의 미시시피강과 같은 대규모 계획에서 인력으로 자료를 수집한다는 것은 거의 불가능할 것이다.

최근 자료수집과 처리과정이 강력하고, 정확하며 효과적인 도구들이 선보이고 있다. 위성항법시스템(Global Positioning System ; GPS), 원격탐사영상(Remote Sensing Images ; RSI), 수치고도모형(Digital Elevation Models ; DEM), 수치지형모형(Digital Terrain Models ; DTM), 지리정보시스템(Geographical Information Systems ; GIS) 등의 방법이 지난 20년간 널리 사용되었다. 이러한 기술들은 사실상 대규모 계획에서 꼭 필요하나 규모가 작은 계획에서도 사용이 가능하다.

10.10.2.1 GPS

위성항법시스템(GPS)은 미국 DOD(Department of Defense)에서 개발하였으나, 현재 세계적으로 사용하고 있으며, 미군에서도 여전히 이 시스템을 사용하고 있다. 이 시스템은 지구 궤도를 12시간 단위로 도는 24개의 위성들로 구성되어 있다. 수신기는 주어진 시간에서 x, y, z좌표와 수신기 시계의 time offset을 위하여 최소한 4개의 GPS 위성 신호를 고정시켜야 한다(Dana, 1999). 위치선정(Positioning)은 간단히 그 시간의 위치와 신호의 속도를 알고 있는 위성간에 삼각측량에 기초한다. 이상적인 조건하에서 간단한 GPS는 정확하고 신뢰할 수 있는 위치와 고도자료를 제공할 수 있으며 GPS 수신기의 사용자는 실제 자신의 위치를 몇 미터 이내에서 알아낼 수 있다.

x, y, z좌표계의 위치는 수신기 내부에서 측지 위도, 경도, 지오이드 높이로 변환된다. 수평과 수직 위치는 GPS를 기초로 하는 측지 기준면에 표현된다(예를 들어, UTM). 수신기는 사용자가 필요로 하는 다른 기준면으로 변환할 수 있다. 정확하지 않은 기준면을 사용하는 것은 수백 미터의 위치 오차를 발생시키는 결과를 초래하기도 한다. GPS의 사용자는 획

득된 정보의 질을 떨어뜨리는 오차의 원인을 주의해야 한다(August et al., 1994).

GPS 자료는 DGPS를 통하여 좀 더 정확하게 만들 수 있다. USGS(United States Geological Survey) 수준점과 같은 높은 정도를 가진 위치에 수신기나 기지국을 세운다. 기지국에서는 기지의 좌표로 각 위성 신호의 정확도를 계산한다. 이 때의 오차는 정확한 자료를 수집하기 위하여 이동하는 GPS 수신기에 전달된다. 하천을 따라서 혹은 가로질러서 수 킬로미터에 걸쳐 위치와 고도의 오차는 거의 같게 나타나므로, DGPS는 정확한 수로의 기하학적 특성들을 결정하는데 사용될 수 있다. DGPS의 정확도 범위는 수평으로 1미터보다 작고 수직으로 몇 센티미터에 불과하다.

10.10.2.2 RSI

원격탐사영상(RSI)은 넓은 지역의 공간정보와 주기적인 정보를 제공하고 지역적인 정보를 수집하는데 강력한 시스템이다. 원격탐사(remote sensing)라는 용어는 관심 대상의 특성을 탐색하고 측정하는 도구로써 다양한 대역폭(visible, near-infrared [IR], thermal 등)에서 관측된 전자기 에너지를 이용하는 방법을 말한다. 항공촬영은 원격탐사의 원시적인 형태이며 여전히 널리 사용되고 있는 방법이다. 최근 원격탐사 기술의 발전과 그 수용능력은 하천 특성을 이해하는데 많은 도움을 주고 있다.

RSI의 해상도는 1 m 에서 1 km 보다 큰 범위까지 다양하다. 정확도가 요구되는 연구에서는 RSI의 사용이 적당하다. RSI를 통하여 토양종류, 표면조도, 수로경사 등의 전형적인 정보를 얻을 수 있다. 유역패턴, 특성, 토지피복, 토지이용 역시 RSI를 통하여 얻을 수 있다. 그림 10.15는 United Arab Emirates의 Wadi Tawiyean에 대한 RSI를 보여주고 있다. 녹색원 부분은 지표수가 흐르는 영역을 나타낸다. 주요 지류의 배수 패턴 역시 이미지로부터 알 수 있다. 수문 프로그램인 HEC-HMS(Corps of Engineers Hydrologic Modeling System)에서는 이와 같은 이미지를 배수 시스템에서 지표수 유출을 모의하기 위하여 배수망, 토지피복, 토양종류 등과 같은 수문학적 매개변수들을 알아내는데 사용하였다(Sherif et al., 2005). 원격탐사는 하천의 수위와 유량을 추정하는데 유용하게 사용하고 있다(Bradley et al., 2005).

위성자료는 홍수영향 지역을 나타내는데 사용할 수 있으며, 구호단체에 실시간 정보를 제공할 수 있다. 인도에서는 독립 이후 농업 생산량과 생산성을 향상시키기 위하여 수많은 관개시설이 건설되었다. CAD(Command Area Development) 프로그램을 이용하여, NRSA (National Remote Sensing Agency)에서는 농작물과 토양조건을 고려한 토지활용의 평가와 지난 10년동안 운하와 지류의 행적을 나타내기 위하여 Andhra Pradesh, Assam, Maharashtra, Rajasthan, West Bengal의 14개의 관개시설에 대한 평가가 이루어졌다.

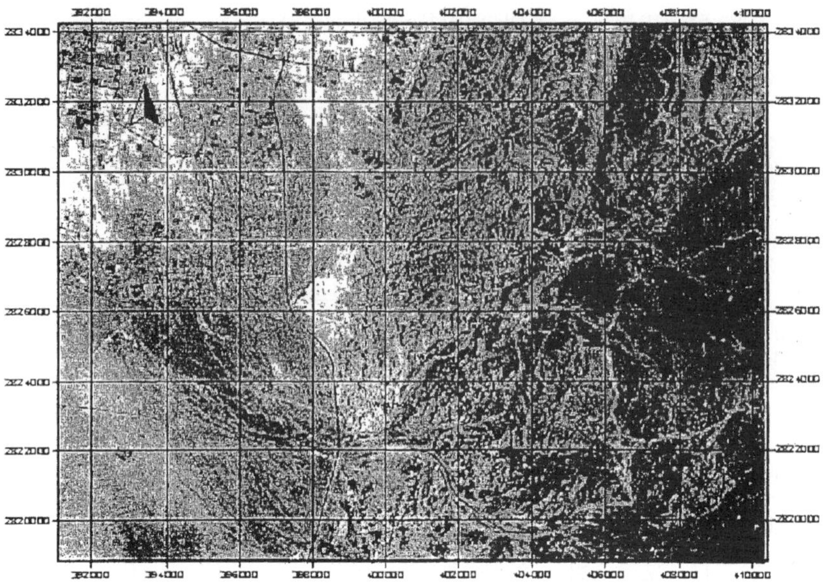

그림 10.15 아랍 에미레이트의 Wadi Tawiyean에 대한 원격탐사 이미지(Sherif et al., 2005)

10.10.2.3 DEM

지형자료는 두 가지 기본형식의 디지털형태를 얻을 수 있다. 수치선형그래프(DLG) 파일은 단순히 벡터형식의 이미지로 일반적인 지형도를 나타낸다. 반면에, 수치고도모형(DEM) 파일은 그리드(grid)나 래스터(raster)형식의 지형자료를 구현한다. DEM의 생성방법에는 항공사진이나 위성사진을 스테레오 매칭(stereo-matching)하는 방법과 지형도를 보간하는 방법이 있다. DEM은 유용성이 크고 간단한 자료 구조로 인하여 디지털 지형 모델링과 유역특성을 나타내는 기초자료로 널리 이용되고 있다.

DEM은 다양한 격자 사이즈와 고도 해상도를 구현할 수 있다. 30 m 격자의 사이즈가 일반적이나 더 작거나 큰 사이즈도 가능하다. 생성된 DEM자료의 정확도는 샘플자료의 해상도와 기초자료에 달려있다. DEM자료의 정확도는 수준점의 위치와 이에 대응하는 DEM에서 선형 보간된 좌표점을 비교하거나 표준편차(standard derivation)나 RMSE(root-mean-square error)를 계산하여 알아낼 수 있다. 일반적으로 DEM의 정확도는 RMSE로 나타낸다.

유출해석이나 배수패턴에 대한 연구는 DEM의 응용분야로 널리 알려져 있다. 경사의 방향과 기울기는 DEM에서 픽셀이나 격자의 클러스터(cluster)를 이용하여 계산한다. 이러한 계산을 하는 이유는 격자로 이루어진 유역에서 물의 흐름 경로를 결정하기 위해서이다. 흐름방향은 계산된 방향과 기울기에 기초하여 각 격자에 결정된다. 실제 물의 흐름경로와 가장 비슷한 결과를 얻기 위하여 다양한 크기의 격자 클러스터가 이용된다. 유효강우나 유출은 경사방향과 기울기에 따라서 반드시 하류방향의 다음 격자로 흘러야 한다.

흐름방향의 격자는 GRASS(Geographic Resources Analysis Support System), ARC/ INFO, ArcView Spatial Analyst, ASCII(American Standard Code for Information System)형식을 지원하는 프로그램과 같은 GIS(Geographical Information System)를 이용하여 활성화된 DEM지역으로부터 계산할 수 있다. 각 격자에 할당된 흐름방향을 기초로 하여 각 격자에 흐르는 흐름을 계산할 수 있다. 각 격자에서의 흐름은 일시적으로 지나가는 흐름의 수로 결정된다. 예를 들어 하천에 포함되는 격자는 흐름이 많을 것이다. 하천은 사용자가 정한 경계보다 높은 흐름 값을 가지는 모든 격자를 도시화하여 나타낼 수 있다.

하천의 단면과 하상경사는 GIS기반의 DEM자료를 불러들여 생성할 수 있다. 생성된 경사와 단면은 HEC-RAS와 같은 어떠한 수리모델에도 적용이 가능하다.

10.10.3 GIS

지리정보시스템(GIS)은 많은 자료와 간단한 방식의 정보를 저장, 정리, 검색, 분류, 조작, 해석할 수 있는 컴퓨터 기술이다. GIS 데이터베이스는 좌표(위치)자료와 속성(설명)자료를 포함하고 있다. GIS 소프트웨어는 자료를 도시하고 해석하기 위해 현재의 정보로부터 새로운 정보를 만들어내는 데에 사용할 수 있다. GIS 역시 정보시스템(information system)이다. GIS는 공간자료의 입력, 조정, 해석 및 도시의 네 부분으로 구성되어 있다. GPS와 같은 공간자료 입력 장치의 발전과 더불어 GIS 기술의 도시와 해석 기능은 수리학뿐만 아니라 실질적으로 거의 모든 분야에 적용될 수 있다. 현장자료는 GIS로 통합될 수 있고, 수로측량에서 얻어진 대부분의 하천의 지형자료는 이용 가능하며 공간자료로 보간이 가능하다(즉, 각 격자는 공백이 없는 유효한 값을 가진다). 수위, 수심, 흐름폭, 토양의 간극률, 유사크기 등은 점 자료(point data)가 될 수 있다. 연구의 목적에 따라서 정보자료 중 중요한 레이어는 다른 레이어에 중첩할 수 있다.

여러 가지 레이어를 포함한 GIS 데이터베이스는 효율적으로 접근, 검색, 조직, 조작과 정보 분석이 가능하도록 개발되어야한다. 등고선 또는 분포지도는 연구 범위에서 다양한 지역구분을 더 이해하기 쉽게 하기위해 제공되었던 입력 자료들을 이용하여 개발할 수 있다. 최근 많이 사용되고 있는 GIS 소프트웨어들은 제품의 분석 능력과 모델링 능력을 향상시키기 위하여 노력하고 있다. HEC-RAS를 개발한 미공병단과 몇 몇 소프트웨어 제품업자들은 다양한 수리모델링에 필요한 기능을 가진 독자적인 GIS 모듈을 개발하고 있다. ESRI (Environmental Systems Research Institute)의 ArcStorm과 ArcGrid and Integraphs의 InRoads 같은 GIS 소프트웨어 패키지에는 일부 수리모델링 기능이 장착이 되어있다. 이 방법은 GIS 소프트웨어 패키지 사업의 주류를 이루고 있으며 이것은 수리모델링 기능을 포함한 다양한 기능들을 GIS 안에 장착함으로서 사용상 최대의 장점을 취하고 있다.

도움말 Reading Aid

10.1 수리학적 도수관은 무엇을 의미하는가? 관수로와 개수로 흐름의 주요한 작용력은 무엇인가?

10.2 관수로 흐름보다 개수로 흐름의 문제가 훨씬 복잡한 이유를 설명하시오.

10.3 개수로 흐름의 주요한 형태를 기술하시오. 관에서의 흐름이 개수로 흐름이 될 수 있는 경우는 언제인가?

10.4 개수로의 예를 몇 가지 제시하시오. 개수로의 주요한 두 가지 유형은 무엇인가?

10.5 범람원(flowage land)과 저류지(pondage area)의 차이점을 설명하시오.

10.6 균일(prismatic) 수로와 비균일(nonprismatic) 수로는 무엇을 의미하는가?
플룸(flume)과 암거(culvert)의 차이점을 설명하시오.

10.7 인공 수로에서 주로 사용되는 세 가지 단면 형태를 기술하고, 각각의 지형요소를 제시하시오.

10.8 개수로에서 수심, 윤변, 동수반경, 수리수심, 단면계수를 정의하시오.

10.9 면적, 윤변, 수리수심을 수심에 대한 멱함수 형태로 나타내시오.

10.10 단면 비대칭(cross-sectional asymmetry)은 무엇을 의미하는가? 단면 대칭을 나타내는데 사용하는 요소는 무엇인가?

10.11 복단면은 무엇을 의미하는가? 복단면에서 면적은 수심에 대한 멱함수 형태로 어떻게 나타낼 수 있는가?

10.12 복단면의 통수능은 무엇을 의미하는가? 복단면의 등가동수반경과 등가조도는 어떻게 계산되는가?

10.13 수로 하상경사를 계산하는 세 가지 방법을 기술하시오. 개수로에서 하상경사를 정의하는 이유는 무엇인가?

10.14 자연하도의 지형요소를 측정하는 방법은 무엇인가?

10.15 하천 수로의 형상과 그에 따른 유량과의 관계를 수학적으로 증명하시오.

10.16 하천에서 B, y, V, A의 평균값이 수생 서식지로서의 흐름상태를 표현하는데 충분한지 토론하여라. 추가되어야 할 요소는 무엇인가?

10.17 자연하도의 지형요소와 관련된 자료의 주 기초자료와 보조 기초자료에 대한 예를 드시오.

10.18 하천수리학에서 강조되는 수자원에 대하여 GPS(Global Positioning system), RSI (Remote Sensing Image), DEM(Digital Elevation Model), GIS(Geographic Information System)등을 이용하는 이점에 대하여 토론하시오.

연습문제

10.1 $10\,ft^2$인 도수관에 $10\,ft^3$의 유량이 흐르고 있다. 유량이 두 배가 되면 유속도 두 배가 된다. 이 도수관의 형태는 무엇인가? 이 때 유속을 구하시오.

10.2 특정 단면에서 바닥이 기준면보다 2.0 m 높은 개수로가 있다. 흐름의 단면적(직사각형 단면)이 $4.0\,m^2$, 유량이 $8.0\,m^3$, 총에너지가 3.0 m(기준면으로부터)이다. 수로에서의 수심을 구하시오.

10.3 폭이 10.0 ft, 수심이 4 ft인 직사각형 수로가 있다. 동수반경, 수리수심, 단면계수를 구하시오. 동일한 면적과 1 : 1의 측면경사를 가지는 직사각형 단면에서 수심은 무엇을 나타내는가? 단면의 기하학적 요소를 구하시오.

10.4 하상 폭(bed width)이 5.0 ft, 깊이가 2.5 ft, 측면경사가 1 : 1인 사다리꼴 단면이 있다. 기하학적 요소를 구하시오.

10.5 단면적이 $10.0\,m^2$, 수면 폭이 4 m인 포물선형 단면의 기하학적 요소를 구하시오. 만약, 이 단면이 하상폭이 4.0 m, 측면경사가 3 : 2인 사다리꼴 단면으로 교체된다면, 이때의 수심, 수면 폭, 동수반경, 단면계수를 구하시오.

10.6 바닥폭이 2.5 m, 측면경사가 1 : 1인 사다리꼴 단면의 수심은 얼마가 되겠는가? 이 수로는 유량이 $4\,m^3$이고, 유속이 1.44 m/s이다.

10.7 폭이 6 ft, 수심이 1.5 ft인 직사각형 수로가 있다. 직사각형 단면적과 동일하면서 한 변이 사선인 사각형 수로의 수심은 얼마인가? 이 직사각형 수로의 측면은 4 ft이다.

10.8 통수단면적이 $30\,ft^2$, 사각형 측면이 6 ft인 직사각형 단면의 지형요소를 구하시오.

10.9 측면경사가 1 : 1인 삼각형 수로의 유량이 $4\,m^3/s$, 유속이 0.74 m/s이다. 수로의 지형요소를 구하시오.

10.10 단면적이 $0.15\,m^2$, 직경이 1.0 m인 원형 단면의 지형요소를 구하시오.

10.11 유속 5 ft/s, 유량 475 cfs를 수용하는 직사각형 운하를 설계하려 한다. 바닥폭이 수심의 두 배가 되기 위한 단면의 요소들을 결정하시오.

10.12 폭이 4 m, 깊이가 2.5 m인 직사각형 수로가 있다. 수심이 1.75 m이고, 이 때 유량이 $21\,m^3/s$이다. 통수면적, 윤변, 동수반경을 구하시오. 흐름은 층류인가 난류인가?

10.13 폭이 40 ft인 자유수면을 가진 정삼각형 수로가 있다. 평균유속이 7 m/s일 때, 동수반경과 유량을 구하시오.

10.14 정삼각형 단면의 도관에 유량이 1.5배 증가했을 때 최대수심을 보였다. 유속이 20% 증가하였을 때 면적, 수리수심, 유량의 변화를 구하시오.

10.15 측면경사가 20°(세로방향으로)이고 폭이 150 m인 사다리꼴 수로가 있다. 수심이 6 m일 때, 동수반경, 수리수심, 단면계수를 구하시오.

10.16 문제 10.15에서 유량이 $800\,m^3/s$일 때, 유량에 대한 Reynolds수와 Froude수를 구하시

오. 흐름영역은 어떻게 되는가?

10.17 단면형이 포물선형에 가까운 자연하도가 있다. 좌측제방과 우측제방 사이의 거리가 100 m 이고, 최대수심은 8 m 이다. 평균유속이 0.5 m/s 일 때, 유량과 흐름영역을 구하시오.

10.18 최대수심의 85%까지 흐를 수 있는 원형단면의 하수관이 있다. 유속이 0.8 m/s 일 때, 2.25 m^3/s 의 유량이 흐르기 위해 필요한 관경은 얼마인가?

10.19 그림 P10.19와 같이 좌측과 우측제방이 있는 균일한 단면의 수로가 있다. a, b, c가 각각 4 m, 2 m, 5 m 이며 평균유속이 2 m/s 일 때, 동수반경과 유량을 구하시오.

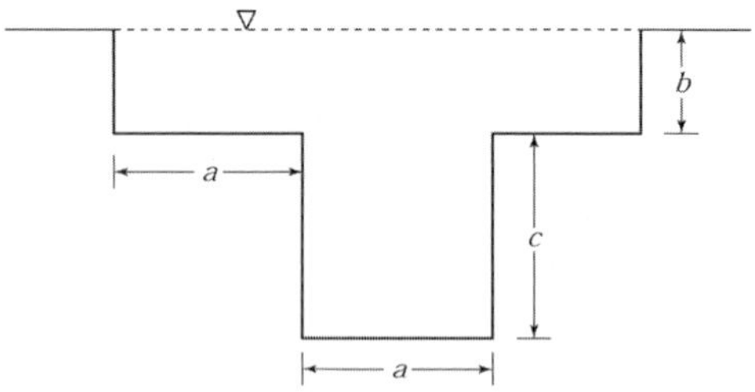

그림 P10.19 문제 10.19를 위한 단면형태

10.20 그림 P10.20과 같이 동일한 크기의 5단으로 만들어진 균일한 인공수로가 있다. 각 단의 b와 y가 각 각 20 in와 16 in일 때, 수로의 수리수심과 동수반경을 구하시오(최대수위의 유량이 흐른다고 가정하시오).

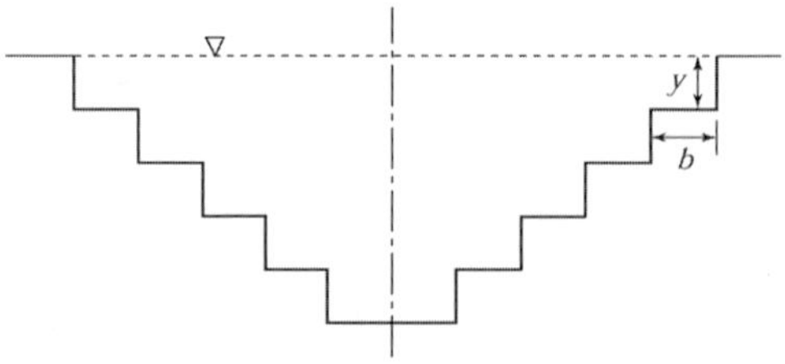

그림 P10.20 문제 10.20을 위한 단면형태

10.21 자연하천의 상류단에서 하류단까지 1.5 km 에 이르는 거리에 대한 자료를 수집하였다. 식(10.30)의 상수 a가 12.6일 때, 하천의 등가하상경사와 유량을 구하시오. 이 때, 두 지점을 통과하는데 걸리는 시간을 구하시오.

Section	1	2	3	4	5	6	7	8
Horizontal distance(m)	0	150	350	520	700	1000	1230	1500
Bed level(m)	38	35	33.8	33.5	31.3	29.8	28	26

10.22 다음의 표는 자연하천의 단면에서 수집한 것이다.

Section	1	2	3	4	5	6
Distance (km)	0	0.35	0.57	0.8	1.1	1.25
Bed level (m)	86	83.2	82	79.5	76	75.8

산술경사와 등가하상경사를 구하시오.

10.23 다음의 표는 하천 단면에서 수위가 40 m 일 때, 좌측 제방에서 시작하여 우측 제방까지의 수심을 측정한 자료이다. 하천단면을 도시하고, 하천의 동수반경과 수리수심을 구하시오.

Distance from Left Bank(m)	Water Depth(m)
0	0
40	1.2
80	4.9
120	6.9
160	9.2
200	11.7
240	14
280	16.5
320	18.8
360	21
400	17
440	15.8
480	14
520	12.5
560	10.2
600	7.3
640	2.3
680	1
705	0

참고문헌

Ackers, P., 1988. Alluvial channel hydraulics. Journal of Hydrology, Vol. 100, pp. 177-204.

Allen, P. M., Arnold, J. G., and Byars, B. W., 1994. Downstream channel geometry for use in planning-level models. Water Resources Bulletin. Vol. 4, pp. 663-671.

August, P., Michaud, J., Labash, C., and Smith, C., 1994. GPS for environmental applications: Accuracy and precision of lacation data. Photogram. Engrg. and Remote Sensing Vol. 60, No. 1, pp. 41-45.

Benson, M. A., 1962, Evolution of methods for evaluating the occurrence of floods. Water Supply Paper 180-A. 30 pp. U.S. Geological Survey, Washington, D.C.

Bhowmik, N. G., 1984. Hydraulic geometry of flood plains. Journal of Hydrology, Vol. 68, pp. 369-401.

Bhowmik, N. and Stall, J. B., 1979. Hydraulic geometry and carrying capacity of flood plains. Contibution Report 225, 147 pp., Illinois State Water Survey, Champaign, Ill.

Bradley, A. A., Holly, F. M., Lakshmi, V., Kruger, A., and Birkett, C., 2005. Coupling remote sensing and unsteady flow modeling for discharge estimation. Research Project funded by NASA Land Surface Hydrology Program, The University of Iowa, Iowa City, Iowa.

Cahoon, J. E., 1995. Defining furrow cross-section. Journal of Irrigation and Drainage Engineering, Vol. 121, No. 1, pp. 114-119.

Chow, V. T., 1959. Open Channel Hydraulics. Macmillan, New York.

Cunge, J. A., 1975a. Rapidly varying flow in power and pumping canals. In: Unsteady Flow in Open Channels, Vol. II, edited by K. Mahmood and V. Yevjevich, Chapter 14, pp. 529-586. Water Resources Publications, Fort Colins, Colo.

Cunge, J. A., 1975b. Applied mathematical modeling of open channel flow. In: Unsteady Flow in Open Channels, Vol. I, edited by K. Mahmood and V. Yevjevich, Chapter 14, pp. 539-586. Water Resources Publications, Fort Collins, Colo.

Cunge, J., Holley, F. M., and Verwey, A., 1980. Practical Aspects of Computational River Hydraulics. Pitman, London.

Dana, P., 1999. Global positioning system overview. Department of Geogaphy, University of Texas at Austin, Tex.

Garbrecht, J., 1990. Analytical representation of cross-section hydraulic properties. Journal of Hydrology, Vol. 119, pp. 43-56.

Henderson, F. M., 1966. Open Channel Flow. Macmillan, New York.

Hydrologic Engineering Center, 1998. HEC-RAS: River Analysis System: Hydraulic Reference Manual. U.S. Army Crops of Engineers, Davis, Calif.

Johnstone, D. and Cross, W. P., 1949. Elements of Applied Hydrology. Ronald Press, New York.

Klein, M., 1981. Drainage area and the variation of channel geometry downstream. Earth surface Processes and Landforms, Vol. 6, pp. 589-593.

Knighton, A. D., 1981. Asymmetry of river channel-cross sections. I. Quantitative Indices. Earth Surface Processes and Landforms, Vol. 6, pp. 581-588.

Lane L. J. and Foster, G. R., 1980. Modeling channel processes with chaging land use. Proceedings of the ASCE Symposium on Watershed Management, Vol. 1, Boise, Idaho.

Laurenson, E. M., 1962. Hydrograph synthesis by runoff routing. Report 66. Water Research Laboratory, the University of New South Wales, Manly Vale, Kensington, New South Wales, Australia.

Leopold, L. B. and Maddock, T., 1953. The hydraulic geometry of stream channels and some physiographic implications. Professional Paper 252, pp. 1-57. U.S. Geological Suvey, Washington, D.C.

Leopold, L. B. and Wolman, M. G., 1960. River meanders. Bulletin, Geological Society of America, Vol. 71, pp. 769-794.

McConkey, S. A. and Singh, K. P., 1992. Alternative approach to the formulation of basin hydraulics geometry equations. Water Resources Bulletin, Vol. 58, No. 2, pp. 305-312

Posey, C. J., 1950. Gradually varied flow. In: Engineering Hydraulics, edited by H. Rouse, Wiley, New York.

Sherif, M. M. (Project Leader), et al., "Assessment of the effectiveness of Al Bih, Al Tawiyean, and Ham Dams in Groundwater Recharge using Numerical Models," Final Report Vol. 1: Main Report, Ministry of Agriculture and Fisheries, Dubai, UAE, June 2005.

Shih, S. F., 1996. Integration of remote sinsing and GIS for hydrological studies. Chapter 2 in Geographical Information Systems in Hydralogy, edited by V. P. Singh and M. Fiorentino, Kluwer Academic Publishers, Dordrecht, the Netherlands.

Stall, J. B. and Fok, Y. S., 1968. Hydraulic geometry of Illinois streams. Research Roport 15, Water Resources Research Center, University of Illinois, Urbana, Ill.

Stall, J. B. and Yang, C. T., 1970. Hydraulic geometry of 12 selected stream systems of the United States. Report 32. Water Resources Research Center, Unversity of Illinois, Urbana, Ill.

Singh, K. P. and Broeren, S. M., 1989. Hydrologic geometry of streams and stream habitat assesment. Journal of Water Resources Planning and Management, Vol. 115, No. 5, pp. 583-597.

Singh, V. P., 1996. Kinematic Wave Modeling in Water Resources: Surface-Water Hydrology. Wiley, New York.

Singh, V. P., 1992. Elementary Hydrology, Prentice Hall.

Taylor, A. B. and Schwarz, H. E., 1952. Unit Hydrograph lag and peak low related to basin characteristics. Transactions, American Geophysical Union, Vol. 33, pp. 235-246.

Traver, R. G. and Miller, A. C., 1993. Open channel interpolation of cross sectional properties. Water Resources Bulletin, Vol. 29, No. 6, pp. 767-776.

Steady, uniform flow in a well-maintained channel.

Chapter 11

개수로에서의 저항

개수로에서의 흐름저항은 7장에서 간단히 언급하였다. 그러나 7장에서는 일반적인 개념들만을 다루었고 개수로에서의 저항특성에 대한 적용에 대해서는 다루지 않았다. 관수로에서 저항을 결정하는 일반적인 개념들은 자유수면을 가지는 개수로인 경우에도 동일하게 적용된다. 그러나 특정 문제에 적용할 때는 상당히 다르다. 개수로에서의 저항요인은 대개 관수로의 경우에 비해 확실하지 않다. 7장의 7.4.2.2에서 언급했듯이 개수로 흐름은 대부분 거친 표면에서 난류흐름의 상태로 나타난다. 개수로 경계면은 관수로 경계만큼 균일하지 않으며 횡단면은 일정하지 않을 것이다. 이러한 요인들 때문에 유속의 난류성분들이 관수로에서보다 복잡한 영향을 미칠 수가 있다. 따라서 개수로에서 저항력의 복잡성을 정확히 나타낼 수 있는 저항 요인을 찾는 것은 어려운 일이다. 경험론은 관수로의 경우와 마찬가지로 실제 개수로에 저항이론을 적용하는데 중요한 역할을 한다.

11.1 개수로에서의 정상등류

개수로에서 정상등류의 경우는 7장 7.2에서 간단히 언급하였다. 7장에서 수로에서의 등류는 동적평형상태를 나타낸다고 설명하였으며, 그림 11.1에 묘사되어 있다. 수로전체에 걸쳐서 수심은 같으므로 유체정역학적 힘들은 힘의 크기는 같고 방향은 반대라는 것을 알 수 있다. 그러므로 흐름의 영향을 미치는 중력은 흐름을 방해하려는 저항력과 정확하게 대응된다. 이러한 상태는 저항으로 인한 에너지 손실과 수로바닥면의 변화로 인해 얻은 에너지가 정확하게 균형을 이루기 때문에 비에너지 평형상태라고 볼 수 있다. 따라서 수로에서 등류흐름은 그림에서 보는 것과 같이 에너지경사선, 수로바닥 그리고 수면의 경사와 항상 동일하게 나타낸다. 7.2에서 언급한 바와 같이, 전체 수로에 걸쳐서 발생하는 일정한 수심을 등류수심이라 한다.

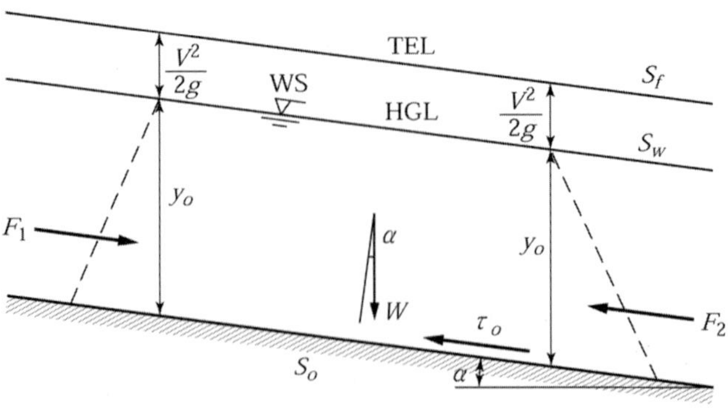

그림 11.1 정상등류 동적평형상태에서의 작용력

그림 11.1에서 보여주는 수로의 범위에 Newton의 운동 제2법칙을 적용하면, 아래와 같은 식을 얻는다.

$$\sum \mathbf{F} = m\mathbf{a} \tag{11.1}$$

여기서, $\mathbf{F}$는 힘 벡터, $\sum \mathbf{F}$는 힘의 합계, m은 질량, $\mathbf{a}$는 가속도이다.

그러나 동적 평형의 상태에서는 가속도 $\mathbf{a} = 0$이 되며 $\sum \mathbf{F} = 0$이다.

두 힘이 같은 방향으로 작용하면 다음과 같이 나타낼 수 있다.

$$A\cos\alpha L\sec\alpha\gamma\sin\alpha = \tau_o P\cos\alpha L\sec\alpha \tag{11.2}$$

여기서, A는 횡단면면적, L은 길이, P는 윤변, α는 수로바닥경사 각도, γ는 물의 단위중량, τ_o는 경계면 전단응력이다.

따라서

$$A\gamma\sin\alpha = \tau_o P \tag{11.3a}$$

또는

$$\tau_o = \gamma R\sin\alpha \tag{11.3b}$$

여기서, R은 동수반경 $= A/P$, $S_f = \Delta h/L = S_o = \Delta z/L = \tan\alpha$은 0이다. 그리고 $\tan\alpha = \sin\alpha/\cos\alpha$ 그러면 $\sin\alpha = S_o\cos\alpha$이다.

따라서

$$\tau_o = \gamma R S_o\cos\alpha \tag{11.3c}$$

α의 작은 값에 대하여, $\cos\alpha \approx 1$이므로, 식(11.3c)를 아래와 같이 쓸 수 있다.

$$\tau_o = \gamma R S_o \tag{11.4}$$

위 식은 7장의 식(7.9)와 같다. 수로에서 등류흐름을 적용할 때 일반적으로 $S_o = S_f$이므로 하상경사를 사용한다. 따라서 우리는 7.2에서 보여준 정상등류흐름에 대한 일반적인 식들을 개수로에서 적용할 수 있고, 7장 7.3에서 보여준 저항식들은 이 식들에 근거한다.

수로에서 등류흐름을 지배하는 가장 유용한 저항식은 Chezy 공식이다. (7.17);

$$V = C\sqrt{RS_o} \tag{11.5}$$

여기서, C는 Chezy 저항계수($L^{1/2}/T$)이다. 7장 7.3에서 Chezy 공식의 C를 Darcy 공식과 같은 다른 저항 방정식들의 가장 일반적인 형식으로 나타낼 수 있다고 설명하였다. 특히, $C=\sqrt{8g/f}$ 이면, Chezy 공식은 Darcy 공식과 본질적으로 같다고 나타냈다. f와 C에 대한 관계는 Henderson(1966)에 의해 증명되었던 것과 같이 C에 대한 일종의 Moody 도표가 개발됨에 따라 Chezy 계수 C의 거동을 검사하는데 사용할 수 있다. 이 도표는 그림 11.2에 나타나 있다. 그림에서 Darcy f 계수와 같은 Chezy 계수 C는 Reynolds수가 약 10^5 이상의 범위에서 일정하게 된다고 설명하고 있다. 물론, 이 범위는 7장에서 논의되었던 Nikuradse의 거친관 실험의 범위와 같다. 자유수면에서 흐름은, 수로 또는 홍수지대와 같이 대체로 높은 Reynolds수와 거친경계표면 부분에서 떨어진다. 따라서 Chezy 계수 C는 보통 Reynolds수 또는 유체특징의 함수에 대하여 고려하지 않는다.

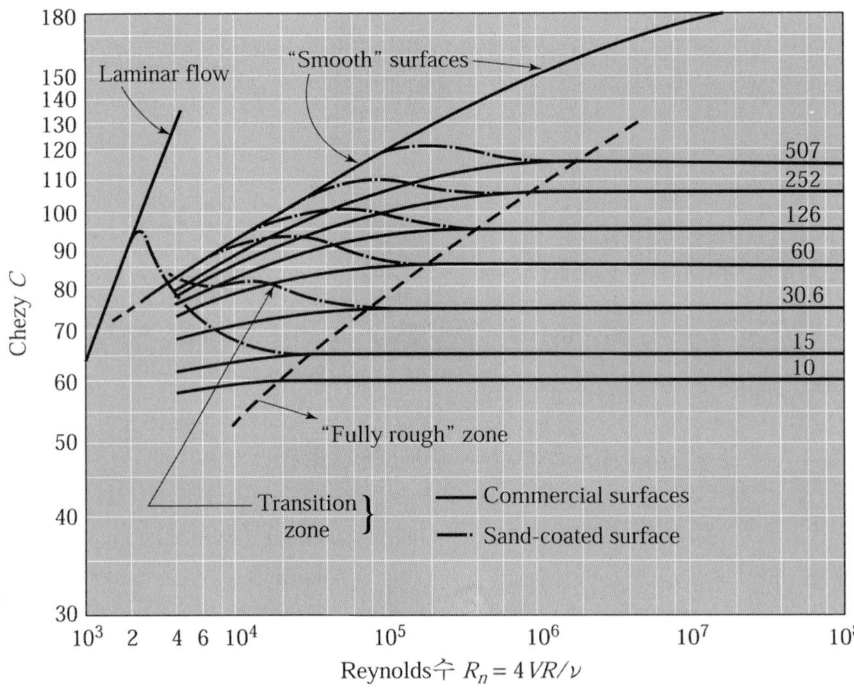

그림 11.2 Chezy 계수 C에 대한 수정 Moody 도표(Henderson, 1966)

$C-f$ 관계는 저항 요소 C가 Darcy 계수 f와 마찬가지로 경험을 통해 얻어야만 한다는 것을 강조하고 있다. Chezy 공식은 등류흐름에서 주어진 유량이 이동할 수로와 암거설계시 사용한 긴 역사를 가지고 있다. 여기서, 몇몇 연구자들(Henry Darch와 H.E. Bazin)은 일찍이 1855년에서 1860년 사이에 수로에의 시험을 통하여 C에 대해 연구하였다. Chezy 공식

은 19세기동안 인도대륙의 운하설계를 시작했던 영국 엔지니어들에 의해 수로설계시 광범위하게 사용되었다. 이런 몇몇 경험적인 관계에 의해 저항계수 C는 발달되었다. 특히 19세기 중반 미국의 Mississippi강의 관측 데이터를 이용한 Kutter 공식(or Ganguillet and Kutter formula)이 유명하다.

$$C = \frac{[1.811/n] + \{41.65 + [0.00281/S_o]\}}{1 + [nR^{1/2}]\{41.65 + [0.00281/S_o]\}} \tag{11.6}$$

이 식에서 나타난 계수 n은 거친경계면 수로의 저항계수를 말하는 경험적인 상수이다. 1890년에 아일랜드 엔지니어 Robert Manning(1816~1897)은 개수로에서 현존하는 많은 정보와 저항과 관계있는 자료들을 통합하였다. 그리고 속도는 저항계수로서 동수반경의 2/3승과 경사의 1/2승의 곱에 의해 변할 수 있다고 제안하였다. 그 후에, Manning의 조도계수는 일반적으로 Kutter 계수 n의 역수로 나타낼 수 있으며, Chezy 계수 C에 대하여 간단한 식으로 나타낼 수 있다.

$$C = \frac{1}{n} R^{1/6} \ (\text{SI단위}) \tag{11.7a}$$

또는

$$C = \frac{1.49}{n} R^{1/6} \ (\text{FPS단위}) \tag{11.7b}$$

이와 같은 식은 Manning에 의해 제안되기 전에 이미 전 세계에서 사용되었다. 그러나 식(11.7a와 b)가 정확하게 Kutter 공식(Morris and Wiggert, 1972)에서 나타낸 n과 같은 의미를 나타내는지에 대해서는 약간의 논쟁이 있다.

식(11.a와 b)를 Chezy 공식 안에 대입시켜 나온 식을 Manning 공식이라 한다.

$$V = \frac{1}{n} R^{2/3} S_o^{1/2} \quad (\text{SI단위}) \tag{11.8a}$$

$$V = \frac{1.49}{n} R^{2/3} S_o^{1/2} \quad (\text{FPS단위}) \tag{11.8b}$$

또한, $Q = AV$이므로

$$Q = \frac{1}{n} A R^{2/3} S_o^{1/2} \quad (\text{SI단위}) \tag{11.9a}$$

$$Q = \frac{1.49}{n} A R^{2/3} S_o^{1/2} \quad (\text{FPS단위}) \tag{11.9b}$$

위에서 언급했던 것과 같이, 이른바 Manning의 조도계수 n은 수로경계면의 거칠기에 따른 저항과 관련된 요소를 고려하였다. 그러나 위의 식에서 Manning의 조도계수 n은 차원적으로 일정하기 위해 $L^{-1/3}T$의 단위를 가지게 된다.

이 사실은 Manning의 "일정한"은 실제로 일정하지 않다는 것을 의미하므로 Manning 공식의 큰 약점 중 하나를 나타낸다. 따라서 Chezy 계수와 마찬가지로 Manning의 조도계수 n값은 단위계에 의존하게 될 것이다. 많은 안내서는 다양한 상태에 대하여 n값을 선택하는데 도움을 준다. Manning 공식은 완전한 난류의 거친 흐름인 경우에 어울린다고 언급하였듯이 유체특징에 대한 함수로 나타낼 수 없다. 이러한 사실은 전통적으로 경계면의 거친 속성과 관련이 있고, 다양한 수로표면들에 대한 Manning의 조도계수 n값을 제시하였다. 앞서 나왔던 단위에 관한 논쟁은 n이 동수반경 자체의 함수관계보다는 다양한 식생이 분포에 대한 n과 유속×동수반경에 대한 곡선관계로 제시되고 있다(Coyle, 1975, Palmer, 1945 ; see Chapter 16). 덧붙여 말하자면, 실제 상태 사진의 형식으로 안내서에서 제시된 n값들은 U.S. Geological Survey(1976, 1989)의 Chow(1959)에 의해 규정되어진 것이다. 이렇게 발표된 것은 현장에서 일하는 전문가들에 의해 자주 사용되었다.

최근에, 자유표면흐름에서 저항의 문제는 7장과 8장에서 언급됐던 Nikuradse가 연구한 완전한 난류와 거친 흐름에서 확인되었다. 따라서 에너지 손실은 표면의 상대조도(k_s/y)와 관련이 있고, 수심이 증가할 때 저항효과는 줄어든다(그림 11.3). 앞의 식들에서, k_s는 대표조도(절대조도)이고 y는 수심이다. Strickler(1923)는 Manning의 조도계수 n과 수로 바닥의 중앙 입자 크기 사이의 관계를 다음과 같이 나타내었다.

$$n = 0.034 d_m^{1/6} \tag{11.10}$$

여기서, d_m은 바닥 재료의 중앙입자직경, ft단위(그림 11.3에서 k_s).

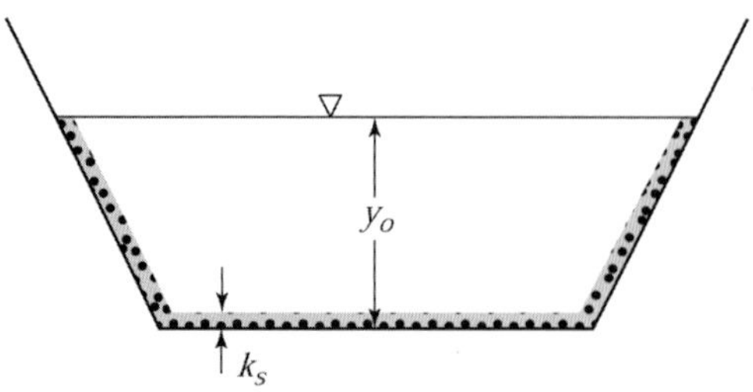

그림 11.3 개수로에서의 조도

자연수로

Henderson(1966)은 7장에서 언급했던 Nikuradse 거친관 실험 자료들로부터 유도된 것과 거의 동일한 식을 제시하였다. 이러한 유사점은 사다리꼴 수로에 대한 Nikuradse 거친관 공식의 형식을 더욱 발달시켰던 Keulegan(1938)에 의해 뒷받침되었다(Sturm, 2001). 이러한 상대조도에 대한 분석은 Manning의 조도계수가 대부분의 수로에서 수심에 대한 함수가 아니라는 가정에서 이루어졌다. 따라서 일반적으로 주어진 수로 하도에 대해 수심을 고려하지 않고 일정한 n값을 사용하게 된다. 최근 Sturm(2001)은 Manning의 조도계수 n값에 대한 R/k_s의 불변성의 한계를 $4 < R/k_s < 500$(Yen, 1992), 또는 $3.6 < R/k_s < 360$(Hager, 1999)로 제안하였다.

Manning 공식은 Nikuradse에 의해 개발된 난류거친관 공식과 일치한다. 따라서 엄밀히 말해 거친 경계면 상태에 따른다는 결론에 이른다. 그러나 경험적으로 대부분의 개수로에서는 이러한 조건을 만족한다. <표 11.1>은 일반적인 수로상태에 대하여 FPS단위의 대표 조도계수를 나타낸다.

표 11.1 수로에서의 Manning의 조도계수

Channel Type	Condition	Manning n
Timber lined	Planed, carefully laid	0.010 ~ 0.012
Timber lined	Unplanned	0.012 ~ 0.014
Concrete lined	Unfinished	0.014 ~ 0.020
Concrete lined	Finished	0.011 ~ 0.016
Metal lined	Steel, painted	0.012 ~ 0.017
Metal lined	Steel, riveted	0.015 ~ 0.020
Metal lined	Corrugated	0.022 ~ 0.026
Natural earth	Straight, good condition	0.018 ~ 0.020
Natural earth	Regular, weathered	0.022 ~ 0.025
Natural earth	Regular, stones and weeds	0.028 ~ 0.040
Natural earth	Winding, irregular	0.035 ~ 0.050
Natural earth	Sluggish, deep pools	0.050 ~ 0.080
Natural earth	Weedy, obstructed with debris	0.050 ~ 0.150
Overbanks	Short grass	0.025 ~ 0.035
Overbanks	High grass	0.030 ~ 0.050
Overbanks	Mature crops	0.035 ~ 0.050
Overbanks	Light brush and trees	0.040 ~ 0.080
Overbanks	Medium to dense brush	0.070 ~ 0.160

11.2 등류수심 계산

홍수조절 수로와 운반수로는 대체로 등류수심으로 특정 유량을 운반하도록 설계된다. 이와 같이, 유량, 수심, 수로 형상이 포함된 식(11.9)은 개수로에서 중요한 공식이다. 일반적으로 설계를 하는 경우 다음 두 가지 경우 중 한가지로 계산한다. (a) 수로형상과 경사를 알고 있고 등류수심을 계산한다. 또는 (b) 특정 등류수심에서 주어진 유량을 만족하는 수로의 차원을 계산한다. 위의 두 경우 모두 식(11.9)의 Manning 공식을 사용할 수 있다. Manning 공식은 경사항에서 수로형상과 조도항을 분리시키는 것이 편리하다. 그러면 아래와 같이 나타낼 수 있다.

$$Q = KS_o^{1/2} \tag{11.11}$$

여기서,

$$K = \frac{1}{n} AR^{2/3} \quad \text{(SI단위)} \tag{11.12}$$

여기서, K는 통수능이다.

수로경사는 주로 지표면의 지형에 일정하기 때문에 수로용량을 검토하는데 편리하다. 반면에, 공학자들은 통수능(K)을 구성하는 요소들을 조사하여 밝힌다. 다양한 유출량에 대한 수로용량은 주어진 횡단면에서 K에 대한 수심을 도시하여 계산할 수 있다. 모든 구성요소의 경사는 동일하기 때문에, 통수능은 복합수로단면에서 여러 수로 구성 요소들 사이의 유출량을 비교하는데 사용될 수 있다(U.S. Army Corps of Engineers, 1993).

등류 수심에 대한 식(11.9)를 풀기 위하여 아래와 같이 나타낼 수 있다.

콘크리트 사다리꼴 수로

$$AR^{2/3} = \frac{nQ}{S_o^{1/2}} \quad \text{(SI단위)} \tag{11.13a}$$

또는

$$AR^{2/3} = \frac{nQ}{1.49 S_o^{1/2}} \quad \text{(FPS단위)} \tag{11.13b}$$

등류상태에서 식(11.13)의 우변은 모두 주어지는 값이고, 좌변의 수로폭 또는 수심은 구하여야 한다.

예제 11.1 등류수심에서 유량 $100\,\text{m}^3/\text{s}$이 흐르고 있는 폭 $5\,\text{m}$인 직사각형 수로가 있다. 수로경사는 $0.005\,\text{m/m}$이고, Manning의 조도계수 n값은 0.035(미터단위)이다. 이 때 등류수심을 구하시오.

풀이

식(11.13a)에서, $b=$ 수로폭, $y_o=$ 등류수심이므로,

$$AR^{2/3} = \frac{nQ}{S_o^{1/2}}$$

$$by_o\left[\frac{by_o}{2y_o+b}\right]^{2/3} = \frac{0.035\times 100}{(0.005)^{1/2}} = 49.5$$

$$5y_o\left[\frac{5y_o}{2y_o+5}\right]^{2/3} = 49.5$$

$$y_o = 6.65\,\text{m}$$

식(11.13)은 수치기법 또는 시행착오법으로 풀 수 있다. 이 관계는 하나의 실근을 가지며 부드럽고 일정하기 때문에 등분(bisection), 분할(secant)등과 같은 대부분의 수치기법을 통해 해를 얻을 수 있다. 현대 많은 계산기들은 비선형 방정식의 해를 구하기 위한 해찾기 기능들을 가지고 있으며, 더욱이 이러한 방정식은 Microsoft Excel 또는 Corel Quattro Pro 같은 스프레드시트 프로그램을 사용하여 해결하는 것이 이상적이다.

y(m)	A(m^2)	P(m)	R(m)	$AR^{2/3}$	Error
2	10	9	1.111111	10.7277	-38.7693
6.65	33.25	18.3	1.81694	49.51012	0.013123

스프레드시트의 마지막 칸에 있는 오차는 앞의 칸에서 공식의 오른쪽 변(즉, $\frac{nQ}{S_o^{1/2}}$)을 뺀 값이다. 일단 최초의 가정으로 계산이 이루어지면 다음 줄로 복사한다. 그러면, 허용오차 범위 안에 들 때까지 두 번째 줄의 y가 다른 가정된 값으로 변하게 된다. 실제로, 첫 번째 줄 아래로 복사하는 것은 필요하지 않고, y값을 계속 변화시켜 해를 얻을 때까지 그 줄에서 계산할 수 있다.

예제 11.2 폭 10 ft, 측면경사 2 H/1 V, 등류수심에서 유량 500 cfs 이 흐르고 있는 사다리꼴 수로가 있다. 수로경사가 0.0025 ft/ft이고 조도계수가 0.03일 때 등류수심은?

풀이

식(11.13b)을 이용하면, b= 바다폭, t= 측면경사의 수평부분

$$AR^{2/3} = \frac{nQ}{1.49S_o^{1/2}} \quad \text{또는}$$

$$(by_o + ty_o^2)\left[\frac{by_o + ty_o^2}{b + 2y_o(1+t^2)^{1/2}}\right]^{2/3} = \frac{0.03 \times 500}{1.49 \times (0.0025)^{1/2}} = 201.34$$

$$(10y_o + 2y_o^2)\left[\frac{10y_o + 2y_o^2}{10 + 4.47y_o}\right]^{2/3} = 201.34$$

스프레드시트로 계산하거나 계속 풀어보면,

$$y_o = 4.87\ \text{ft}$$

예제 11.3 지름 3 ft의 원형 암거가 경사 0.005 ft/ft으로 놓여져 있고 25 cfs 의 유량이 흐른다(그림 11.4). 암거의 조도계수가 0.012일 때, 등류수심은 얼마인가?

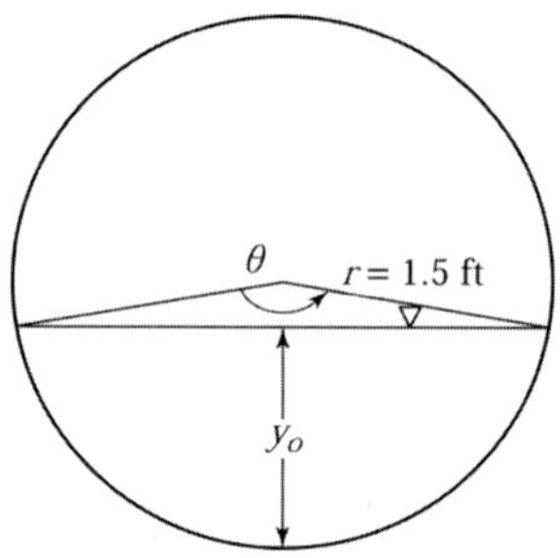

그림 11.4 예제 11.3의 암거

풀이

Manning 공식을 이용하면,

$$AR^{2/3} = \frac{nQ}{1.49S_o^{1/2}} = \frac{0.012(25)}{1.49(0.005)^{1/2}} = 2.847$$

<표 10.1>로부터, 원형의 횡단부분을 찾을 수 있다.

$$\theta = 2\cos^{-1}\left(1 - 2\frac{y}{d}\right) \quad \text{그리고} \quad A = \frac{d^2}{8}(\theta - \sin\theta) \quad \text{동시에,} \quad P = \frac{d}{2}\theta.$$

풀이과정은 스프레드시트에 의해 푼다. 설정은 아래 표에 따르고, θ는 Manning 관계에 만족할 때까지 반복한다.

θ(rad)	$A(\text{ft}^2)$	$P(\text{ft})$	$R(\text{ft})$	$AR^{2/3}$
2.5	2.13	3.75	0.57	1.47
3.0	3.21	4.50	0.71	2.56
3.1	3.44	4.65	0.74	2.81
3.11	3.46	4.66	0.74	2.84

따라서, $\theta = 3.11\,\text{rad}$ 이고 위에 주어진 공식으로부터:

$$\theta = 2\cos^{-1}\left(1-2\frac{y}{d}\right) = 3.11 = 2\cos^{-1}\left(1-2\frac{y}{d}\right)$$

그러면, $1.555 = \cos^{-1}(1-2(y/d))$ 또는 $0.0158 = 1-2(y/d)$ 또는 $0.492 = y/d$, 그러므로, $y = 0.492d = 1.48\,\text{ft}$.

예제 11.4 등류수심 $2\,\text{m}$, $100\,\text{m}^3/\text{s}$ 의 유량이 흐르도록 설계된 사다리꼴 수로가 있다. 지질공학적으로 고려한다면 측면경사 $2H/1V$보다 가파르지 않아야하고 바닥경사 $0.001\,\text{m/m}$ 되어야 한다. 조도계수는 0.035이다. 위 조건에 맞는 수로의 폭을 구하시오.

풀이

$$(by_o + ty_o^2)\left[\frac{by_o + ty_o^2}{b+2y_o(1+t^2)^{1/2}}\right]^{2/3} = \frac{0.035\times 100}{(0.001)^{1/2}} = 110.68$$

$$(b(2)+8)\left[\frac{b(2)+8}{b+8.94}\right]^{2/3} = 110.68$$

$b = 33.8\,\text{m}$

11.3 다른 적용들

설계를 할 경우에 수로지형에 주어지는 몇 몇 제약들은 보편적이다. 예를 들면, 토질과 지질공학항목의 하상재료들이 저항할 수 있는 허용전단응력을 제한하고, 수로경계면에서의 침식을 감소시키는 최대허용속도를 제한할 수 있다. 그러면 $\tau_o = \gamma RS_o$이므로, 요구되는 동수반경은 바닥경사를 알고 있으면 구할 수 있다. 동수반경과 경사를 알면, Manning 공식은 허용속도를 구하는데 사용된다. 그러므로, 연속성(continuity)은 특정 유량에 대한 단면적을 제한한다. 따라서 Manning 공식은 여전히 한정된 면적을 조건으로 하는 설계에 사용되는 지배적인 저항방정식이다(Problems 11.15, 11.16, 11.18, 11.20, 11.28).

반면에, 주어진 등류수심과 관련된 요구되는 수로경사는 수로에 대한 계산이 필요할지도 모른다. 이러한 경우에, 경사조건에 대한 Manning 공식의 해결책은 다음공식에 따른다.

$$S = \left[\frac{nQ}{AR^{2/3}}\right]^2 \quad \text{(SI단위)} \tag{11.14}$$

몇몇 경우에, 계산에서 속도를 사용할 수 있다.

$$S = \left[\frac{nV}{R^{2/3}}\right]^2 \tag{11.15}$$

특정 유량에 상응하는 등류수심으로 주어진 수로형상을 고려한 경사를 계산하는데 Manning의 저항 공식을 사용하는 것은 개수로 수리학에서 중요하다. 3장에서(3.8.2절) 흐름 상태는 무차원인 Froude수가 1보다 크거나 작을 경우에 따라 사류(supercritical) 또는 상류(subcritical)로 분류되었다(즉, 흐름속도가 동일한 수심의 얕은 중력파의 속도보다 크거나 적을 때). 이런 상태는 그림 11.5에 나타나 있다.

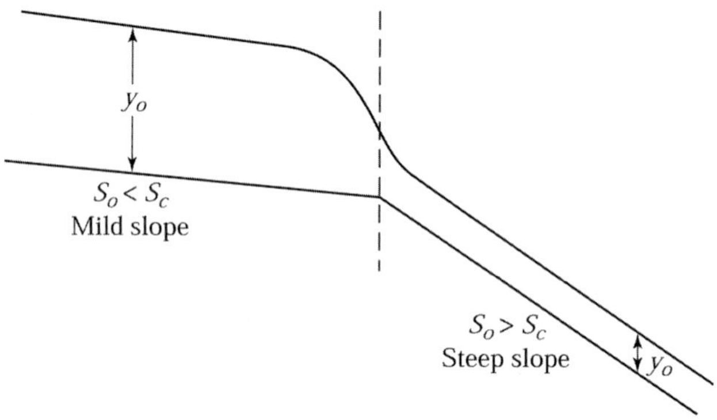

그림 11.5 수로에서의 급경사와 완경사

등류의 경우에, 등류수심은 필요한 유속을 유지하기에 충분히 급한 경사일 때 발생된다. 그 결과, 등류수심이 사류라면, 그림에서 보여주는 것과 같이 "급경사(steep)"로 불리는 수로경사이다. 반대로, 사류 속도가 특정한 수로에서 유지되는 것이 아니라면, 수로경사는 "완경사(mild)"로 설계되었고, 등류수심은 그림 11.5에서와 같이 상류이다. 수리학에서 "급경사" 또는 "완경사"의 명칭은 수로에서 사류 또는 상류로 사용되며 수로경사가 등류수심과 정확하게 한계치이면, 경사는 "한계경사"로 설계한다.

위에서 분석한 내용으로부터 정상등류, 흐름의 상태, 사류 또는 상류인 경우 저항상태로 고려할 수 있다고 할 수 있다. Manning(또는 Chezy) 공식으로 결정되는 경사는 유량뿐만 아니라 수로의 조도(channel roughness)와 횡단면 지형의 함수이다. 따라서 완경사 또는 급경사인 특정 수로의 특성은 고정되어 있지 않다(즉, 같은 수로에서 하나의 유출량에 대한 흐름이 사류일 수도 있고 그렇지 않을 수도 있다). 마찬가지로, 수로는 특정 흐름의 변화에 대한 하나의 상태일 수도 있으며 지형 또는 조도는 다른 상태에서 변화할 것이다. 이 결과는 다음 장에서 충분히 다룰 것이다.

앞선 내용을 다른 관점에서 보면, 등류는 힘과 에너지 모두 동적 평형의 상태일 때, 식(11.14)로부터 경사를 계산할 수 있다. 또한 경사는 에너지 손실률당 수로의 단위 길이로 나타낸다.

이는 바닥경사(S_o)와 마찰경사(S_f)의 평행상태에 대한 그림 11.5에서 잘 나타나 있다. 아래첨자 문자들은 식(11.14)와 식(11.15)에서 사용하는 경사조건이다.

11.4 수로 효율

개수로의 수로 효율은 일정 유량을 소통시키는데 있어서 저항 또는 에너지 손실에 근거하여 결정될 수 있다. 다른 관점에서 보면, 수로의 효율은 수로 지형과 거칠기 상태의 함수로 생각할 수 있다. Manning 공식은 주어진 경사, 조도, 횡단면적에 대하여 수로의 용량은 동수반경에 변화함을 알 수 있다. 동수반경은 A/P와 같기 때문에, 수로의 용량 또는 효율은 윤변에 반비례한다. 이는 수로에서의 저항손실이 물과 수로경계면 사이의 마찰접촉으로부터 발생한다는 사실을 뒷받침한다. 따라서 에너지 손실은 작은 윤변을 가진 수로에서는 적을 것이고 큰 윤변을 가진 수로에서는 클 것이다.

예를 들어, $20\,\mathrm{m}^2$의 횡단면적을 갖는 개수로는 그림 11.6에서 보는 바와 같이 여러 가지 방법으로 굴착이 가능하다. 모든 단면은 같은 면적을 갖지만 윤변의 길이는 다르다. (a), (b), (c) 그리고 (d)에 대한 윤변은 각각 $22\,\mathrm{m}$, $14\,\mathrm{m}$, $13\,\mathrm{m}$ 그리고 $14\,\mathrm{m}$이다. 따라서 주어진 직사각형 단면일 때, (c)의 경우일 때가 윤변이 제일 작다. 그러므로 에너지 손실이 제일 적게 될 것이다.

위에서 언급한 바와 같이, 최대수리효율이 윤변이 최소일 때 발생한다는 것은 명확하다. 이러한 단면을 수로단면이라 한다. 피복된 수로의 경우, 주어진 면적에 최대유량과 최소윤변일 때 가장 경제적인 단면으로 피복의 비용을 줄일 수 있다. 주어진 횡단면적에 대한, 최적수리단면은 최소윤변을 갖는 것이다. 이는 주어진 윤변에 대하여 최대면적을 갖는 것이다. 사다리꼴 단면의 경우 윤변을 최소화하기가 쉽다. 사다리꼴에 대한 면적과 윤변 구하는 기본 식을 나타내면 다음과 같다.

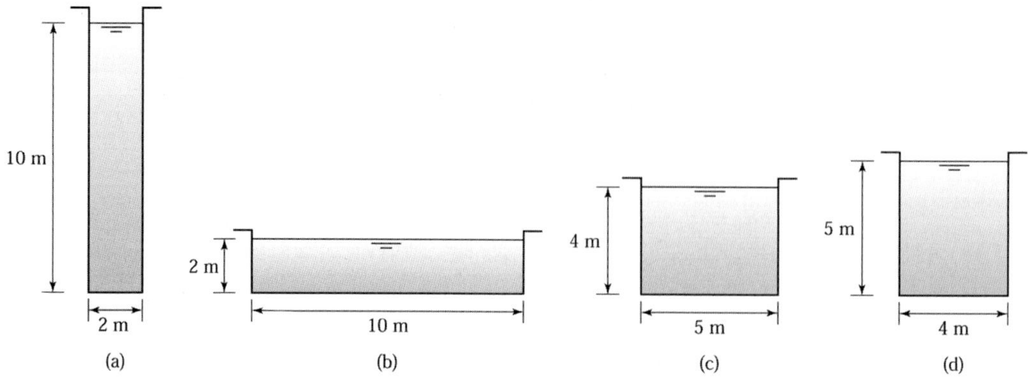

그림 11.6 20 m^2 직사각형 단면의 종류

$$A = by + ty^2 \tag{11.16}$$

$$P = b + 2y(1+t^2)^{1/2} \tag{11.17}$$

우리는 b와 고정된 횡단면적과 측면경사에 대한 최소 P에 이르는 y관계를 결정할 수 있다. b에 대해 식(11.16)을 풀면,

$$b = \frac{A - ty^2}{y} \tag{11.18}$$

상류의 식(11.18)을 식(11.17)에 대입시키면,

$$P = \frac{A - ty^2}{y} + 2y(1+t^2)^{1/2} \tag{11.19}$$

그렇다면 고정된 A와 t에 대한 y에 관해 P를 최소화 시키면,

$$\frac{dP}{dy} = 0$$

$$\frac{d}{dy}[Ay^{-1} - ty + 2y(1+t^2)^{1/2}] = -\frac{b}{y} - 2t + 2(1+t^2)^{1/2} = 0$$

또는

$$b = 2y[(1+t^2)^{1/2} - t] \tag{11.20}$$

식(11.20)은 최적수리효율이 발생하는 사다리꼴 단면의 폭과 수심의 관계를 나타낸다. 그러나 이 공식의 방법은 아주 깊고, 폭이 좁은 수로 설계시 비현실적이기 때문에 자주 쓰지

않는다.

대신에, 식(11.20)은 아래와 같이 쓸 수 있다.

$$b+2ty=2y\sqrt{1+t^2} \tag{11.21}$$

위 식은 수로의 측면길이 L을 두 배한 것과 같은 수면폭(top width)을 포함한다.

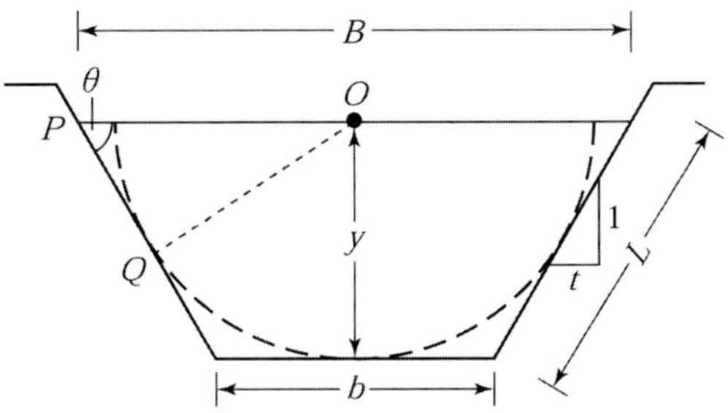

그림 11.7 사다리꼴수로의 최적수리단면

그림 11.7과 관련된 식을 쓰면,

$$\begin{aligned} OQ &= OP\sin\theta \\ &= \frac{B}{2}\frac{1}{\sqrt{1+t^2}} = \frac{b+2ty}{2}\frac{1}{\sqrt{1+t^2}} \end{aligned}$$

b에 대한 식(11.20)으로부터 상류라 가정하면,

$$OQ=\frac{2y[\sqrt{1+t^2}-t]+2ty}{2}\frac{1}{\sqrt{1+t^2}}=y$$

따라서 그림 11.7에서 보는 것과 같이 수로축의 중심인 O와 반경 y로 하는 바닥과 측면에 접하는 반원을 그릴 수 있다.

윤변의 최소화는 측면경사의 수평요소 t와 관련이 있어, 최적효율 사다리꼴 단면의 측면경사는 아래와 같이 나타낼 수 있다.

$$t=\frac{1}{\sqrt{3}} \tag{11.22}$$

위와 일치하는 경사각도는 60°이다. 이 경우 최적효율단면은 6각형의 절반이다.

이 경사는 제방재료의 각도에 의존하는 자연하천에서는 너무 심한 급경사이다.

상류에서의 식(11.22)를 식(11.20)에 대입하면 가능한 최적효율의 사다리꼴 단면을 정의할 수 있다.

$$b = 1.155y \tag{11.23}$$

주어진 측면경사 t에 대한 직사각형단면의 동수반경을 구하면,

$$R = \frac{A}{P} = \frac{by + ty^2}{b + 2y(1+t^2)^{1/2}} \tag{11.24}$$

상류에서의 식(11.23)을 식(11.24)에 대입시키면, 최적효율 사다리꼴 단면의 동수반경을 나타낼 수 있다. 간단히 표시하면,

$$R = \frac{y}{2} \tag{11.25}$$

식(11.25)는 최적효율 사다리꼴 단면은 등류수심의 절반과 동수반경이 같다는 것을 의미하며, 이는 여러 세기 동안 많은 경험으로 알려지게 되었다. 이를테면, 남아메리카와 인도의 문명의 잔재로부터 물의 공급과 운하관개 설계시에 이와 같은 원리가 적용되었던 것이 밝혀졌다.

직사각형 수로인 경우($t = 0$), 식(11.20)은 다음과 같이 간략화된다.

$$b = 2y \tag{11.26}$$

식(11.26)은 최적효율 직사각형 수로의 수심은 수로폭의 절반이라는 것을 의미한다. 이것은 아주 만족스러운 결과지만, 수로가 콘크리트나 침식되지 않는 안정된 재료로 덮여있을 때 적용된다.

예제 11.5 사다리꼴 수로는 $150\,\mathrm{m^3/s}$ 흐르는 유량과 $2\,H/1\,V$의 측면경사로 된 수로 경사 0.0025 mm로 설계되었다. 만약 수로가 최대수리효율로 설계되었다면(측면경사제한 조건 만족), 수심과 폭은 얼마인가? Manning의 조도계수 n값은 0.035이다.

풀이

식(11.20)을 쓰면,

$$b = 2y[(1+t^2)^{1/2} - t]$$

$t = 2$, $b = 0.472y$ 이다.

그러면, Manning 공식으로부터

$$AR^{2/3} = \frac{nQ}{S_o^{1/2}} = \frac{0.035 \times 150}{(0.0025)^{1/2}} = 105$$

또는

$$(by + ty^2)\left[\frac{by + ty^2}{b + 2y(1+t^2)^{1/2}}\right]^{2/3} = 105$$

그러나 $b = 0.472y$ 일 때,

$$2.472y^2(0.5y)^{2/3} = 105$$

$$y = 4.85\,\mathrm{m}$$

그리고

$$b = 0.472\,y = 2.29\,\mathrm{m}$$

같은 개념으로 삼각형단면에 대해 적용시켜보면, 최대유효삼각단면을 위하여 주어진 면적에 대해 윤변을 최소화 시킨다. <표 10.1>에서 삼각형단면을 참조하면,

$$A = ty^2$$

$$P = 2y\sqrt{1+t^2} = 2\sqrt{\frac{A}{t}}\,\sqrt{1+t^2}$$

$$P^2 = 4A\left(t + \frac{1}{t}\right) \tag{11.27}$$

식(11.27)을 일정하다고 가정한 A를 t에 대해 미분하면,

$$2P\frac{dP}{dt} = 4A\left(1 - \frac{1}{t^2}\right) = 0 \tag{11.28}$$

또한

$$\frac{1}{t^2} = 1 \quad \text{또는} \quad t = 1 \tag{11.29}$$

그러므로 어떤 삼각형 단면이라도 가장 효율적인 정점이 있어야 한다. 그림 11.8을 참조하면, $OQ = y/\sqrt{2}$ 이다. 중심 O와 $y/\sqrt{2}$의 반경을 가진 반원이 삼각형의 2개 측변에 접하는 것을 나타낸다.

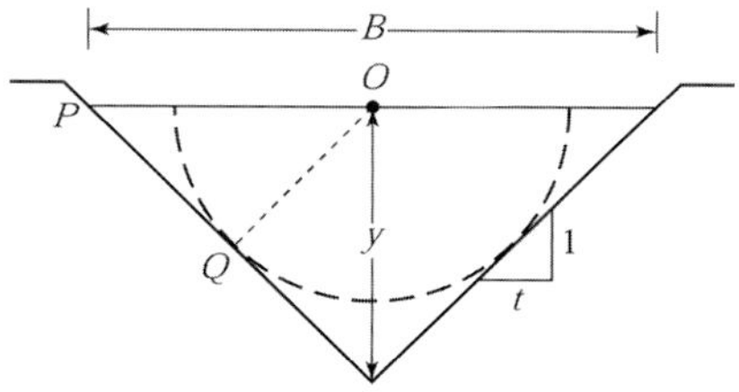

그림 11.8 삼각수로단면에서 최적수리단면

삼각형단면에서 가장 효율적인 동수반경은

$$R = \frac{A}{P} = \frac{ty^2}{2y\sqrt{1+t^2}} = \frac{y}{2\sqrt{2}} \tag{11.30}$$

다른 단면들과 비교하여, 원형과 반원형인 단면은 주어진 면적에 대해 최소윤변을 가져야 하는 것에 유의해야 한다. 주어진 윤변에 대해, 원형단면이 횡단면적이 가장 크며 수압으로 다른 단면들과 비교해볼 때 가장 효율적이다. 그러나 건설과 유지에 관련되는 어려움들로 인해 현실에서 암거 이외의 원형단면을 보는 것은 드문 일이다. 따라서 사다리꼴단면이 가장 실용적이다.

11.5 정상류 부등류흐름에서의 저항

지금까지 개수로에서 정상류와 등류일 때 저항의 관계들을 알아봤다. 물론, Chezy와 Manning 공식은 특정 수심과 속도에서 특정 유량을 통과시키는 수로나 운하의 설계를 하는 경우에 많이 사용되고 있다. 그러나 이 식들은 정상류와 부등류 흐름에 대해서도 적용이 가능한 것을 알 수 있다. 일반적으로 Manning(또는 Chezy) 공식은 수두손실 또는 정상류 흐름에서의 에너지 경사를 계산하는데 사용한다.

그림 11.9는 부등류에 대한 그림으로 수로를 따라서 수심이 점차 변하는 것을 고려해야 한다. 이 상태를 점변류 흐름으로 볼 수 있으나 정상류와 부등류를 계산하는 경우 가속도를 무시해서는 안 된다. 부등류의 경우 주의할 점은 수로바닥의 경사, 수면, 에너지 경사선이 같지 않다는 것이다.

점변류 흐름의 경우 Newton의 제2법칙에 적용하면,

$$\sum F_s = ma_s$$

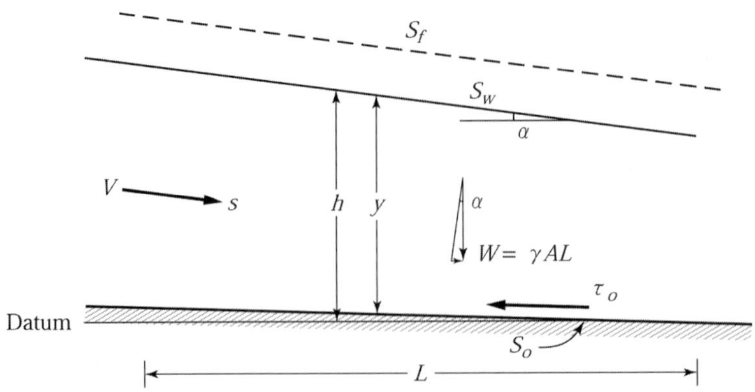

그림 11.9 개수로 내 정상부등류

여기서, 아래첨자 s는 흐름의 방향을 나타낸다. 유도의 목적은 수면을 따라서 흐름의 작용선을 고려하기 위한 것이다. 따라서 그림 11.9를 참조하여 11장 9절의 과정을 따르면,

$$\gamma AL\sin\alpha - \tau_o LP = \rho ALa_s \tag{11.31}$$

식(11.31)의 좌변항에서 두 힘은 평행한 면에서 작용한다. 이는 현실에서의 문제가 작은 경사일 경우에 일정하다는 가정이다(Henderson, 1966).

여기서 주의해야 할 것은 가속도를 고려해야 한다는 것이며 5장에서 언급했듯이, 정상류 흐름의 경우 전달조건은 $v\dfrac{\partial v}{\partial s}$가 필요하다. 식(11.31)의 양변을 AL로 대해 나누면, 아래와 같이 나타낼 수 있다.

$$\gamma\sin\alpha - \frac{\tau_o}{R} = \rho v\frac{\partial v}{\partial s} \tag{11.32}$$

이를 정리하면

$$\tau_o = \gamma R\sin\alpha - \rho Rv\frac{\partial v}{\partial s} \tag{11.33}$$

여기서, $\rho = \gamma/g$ 이므로

$$\tau_o = \gamma R\sin\alpha - \gamma R\left(\frac{v}{g}\right)\frac{\partial v}{\partial s} \tag{11.34}$$

여기서 주의해야 할 것은 흐름방향 s을 고려해야 한다는 것이다. 작용선의 각(α)은 수면의 수평각이다.

다시 나타내면,

$$\tan\alpha = \frac{\sin\alpha}{\cos\alpha} = S_w$$

여기서, S_w는 수면의 경사이다. 따라서 $\sin\alpha = S_w\cos\alpha$이다. 그러므로 식(11.34)를 다음과 같이 나타낼 수 있다.

$$\tau_o = \gamma RS_w\cos\alpha - \gamma R\left(\frac{v}{g}\right)\frac{\partial v}{\partial s} \tag{11.35}$$

여기서, $S_w = -dh/ds$는 작은 각으로 1에 근사하기 때문에 0으로 볼 수 있다. 이를 다시 나타

내면,

$$\tau_o = -\gamma R\left(\frac{dh}{ds} + \frac{v}{g}\frac{\partial v}{\partial s}\right) \tag{11.36}$$

또는

$$\tau_o = -\gamma R\frac{d}{ds}\left(h + \frac{V^2}{2g}\right) \tag{11.37}$$

식(11.36)을 적분한 후 식(11.37)의 속도수두에 포함되어 있는 유속계수 α를 1로 가정하면,

$$\frac{d}{ds}\left(h + \frac{V^2}{2g}\right) = S_f$$

따라서

$$\tau_o = -\gamma R S_f \tag{11.38}$$

식(11.36)까지의 일련의 연산과정(예를 들면, $\sin\alpha$에 대하여 dh/ds 대체)은 식(11.31)에 의해 제시된 동수경사에 의해 흐름이 생긴다는 기본적인 원리를 설명한다.

지금까지의 속도저항공식(Darcy-Weisbach, Chezy, Manning, etc.)들은 수로조건에서 마찰경사와 마찬가지로 정상류, 부등류의 경우에 대하여 식(11.38)의 형태에 기반을 두고 있다.

11.6 요약

본 장에서는 7장과 8장에서 기술된 관수로에 대한 기본적인 저항개념이 개수로 또는 자유수면 흐름에서도 동일하게 쓰인다는 것을 설명하였다.

그러나 공식을 실제 적용하는 경우에는 다소 다르다. Chezy 공식은 저항손실에 따른 속도를 고려하는 것이 일반적이고, 수로에서 특정한 공식을 사용하여 계산을 하는 경우에는 Darcy 공식보다 Manning 공식을 사용한다. Manning의 조도계수 n과 Darcy 계수 f의 결과와 Chezy 공식의 관계를 통해 Darcy와 Manning 공식이 같음을 증명하였다. Manning 공식의 결과인 Chezy C에 대한 관계는 수로흐름에 대한 연구를 더욱 발전시켰으며, 20세기 초 독일에서 수행된 관 저항에 대한 연구를 앞당겼다.

본 장에서 Manning의 저항공식은 개수로에서 정상류, 등류인 경우에 적용되며 이와 같은 경우를 대표하는 식이다. 기본적인 저항공식들은 저항과 에너지 조건에서 동적 평형을

이루는 경우 나타낼 수 있다고 증명되었다. 가장 먼저 설계를 위한 공식의 다양한 적용들이 증명되었다. 그러나 이러한 경우 등류와 같은 특별한 상태에서만 나타낼 수 있다. Manning 공식은 수로바닥과 에너지경사선이 같기 때문에 에너지손실률을 계산하는데 사용되며 부등류 흐름인 경우에도 적용된다. 공식의 일반화는 설계의 용도를 넘어 수리학에서 유용하고 강력하게 사용된다.

도움말 Reading Aid

11.1 개수로에서 저항요인들의 개량화가 관로에서보다 복잡한 이유를 설명하시오.

11.2 개수로에서 등류흐름과 부등류흐름에 대하여 정의하시오. 관로의 경우에 대해서도 성립하는가?

11.3 개수로에서 등류흐름일 때, 중력이 저항력보다 크게 될 것인가 작을 것인가? 이를 설명하시오.

11.4 개수로에서 흐름방향에 따라 수심이 증가된다면, 중력이 저항력보다 크게 될 것인가 작아질 것인가?

11.5 동적평형상태인 수로구간에서 물의 가속도는 얼마인가?

11.6 개수로에서 Chezy 계수 C가 Reynolds수의 함수인지 아닌지 설명하시오.

11.7 SI단위계와 FPS단위계로 사용되는 동수반경에 대해서 Chezy 계수와 Manning의 조도계수의 관계를 표현한 2개의 식들을 쓰시오. 그리고 식들의 차수를 검토하시오.

11.8 Manning의 조도계수가 일정하다고 볼 수 있나? 아니면 적용되는 단위계에 따라 다를 수 있나?

11.9 가압된 흐름(pressurized flow)상태의 임의의 관에 대해서, 동수반경은 유량에 의해 변화하는가? 설명하시오.

11.10 개수로에서, 동수반경과 수리수심은 유량에 따라 변하는가? 설명하시오.

11.11 수로바닥의 평균입자입경으로부터 Manning의 조도계수 n을 추정하여 나타낸 식을 쓰시오.

11.12 통수능 K에 대한 공식을 쓰시오. 그리고 차수를 검토해보시오.

11.13 수로 단면 설계시 고려해야할 주요 변수들은 무엇인가?

11.14 개수로에서 침식성 지반일 때, 수로경사를 급경사로 해야 할 것인가 완경사로 해야 할 것인가? 그 이유는 무엇인가?

11.15 급경사인 개수로에 대해서, 수심은 한계수심보다 커야하는가 아니면 작아야 하는가?

11.16 주어진 단면의 개수로에서, 수로바닥 경사와 수심과의 관계는? 그들은 비례관계인가 아니면 역수관계인가?

11.17 주어진 수로단면에 대해서 높은 수리효율을 어떻게 확보할 수 있는지 설명하시오. 최적수리단면을 정의하시오.

11.18 사다리꼴단면의 최적수리효율에 대한 식을 유도하시오. 왜 개수로 단면을 최적수리

단면으로 설계하는 것이 항상 가능하지 못한가?

11.19 사다리꼴단면에서 가장 효율적인 측면경사는 무엇인가? 수로바닥폭 b, 동수반경 R, 수심 y의 항으로 나타내시오.

11.20 가장 효율적인 직사각형단면인 개수로에 대해서 수로 폭 b와 수심 y의 관계는 어떠한가?

11.21 가장 효율적인 삼각형 단면에 대한 식을 유도하시오.

11.22 원형단면과 반원형단면을 왜 최적수리단면으로 간주하는가? 실용성과 이런 단면들의 타당성에 대해 답하시오.

11.23 에너지 선의 경사, 수면경사와 수로 바닥 경사 관계는 등류와 부등류인 경우 어떠한가?

11.24 점변류에 대한 전단응력에 관한 식을 유도하시오.

연습문제

11.1 흙으로 된 사다리꼴 단면수로의 바닥 폭은 2 m, 측면경사 1.5 H/1 V이다. 50 $\mathrm{m^3/s}$의 유량으로 흐르고 수로경사는 0.0025 m/m 이다. 조도계수가 0.030일 때 등류수심은 얼마인가?

11.2 폭 3 m의 구형수로에서 25.3 $\mathrm{m^3/s}$의 유량이 흐르고 등류수심은 1.2 m 이다. $n = 0.022$ 일 때 수로경사를 구하여라. 만약 유량이 40 $\mathrm{m^3/s}$ 증가되었을 때 등류수심은 얼마인가?

11.3 흙으로 된 사다리꼴 단면수로의 바닥 폭은 5 ft이고 측면경사는 2 H/1 V이다. 등류수심에서 흐르는 유량은 200 cfs 이다. 하도경사가 0.0001 ft/ft이고 Manning의 조도계수 n이 0.025일 때, 등류수심을 구하시오.

11.4 흙으로 된 운하의 바닥 폭은 4 m 이고, 측면경사는 2 H/1 V, 유량 6 $\mathrm{m^3/s}$가 흐르도록 설계되었다. 수로의 경사가 0.39 m/km 라면, 등류수심은 얼마인가?

11.5 사다리꼴 단면수로의 측면 경사가 1.5 : 1, 바닥 폭 25 ft, 수로경사 0.00088일 때 등류수심을 구하시오. 유량 1510 $\mathrm{ft^3/s}$ 이고, $n = 0.017$이다.

11.6 콘크리트로 피복된 직사각형 수로의 폭은 1.5 m 이고, 등류수심에서 유량은 15 $\mathrm{m^3/s}$ 이다. 하도경사가 0.01 m/m 라면, 등류수심은 얼마인가?

11.7 사다리꼴 단면수로는 3.4 ft의 등류수심에서 250 cfs 의 유량으로 흐르도록 설계되었다. 하도경사는 0.005 ft/ft이고 측면경사는 2.5 H/1 V보다 가파르지 않아야 한다. 흙으로 된 수로이고, Manning의 조도계수 n값은 0.03 이다. 등류수심에 영향을 미치는 최소 수로 바닥 폭은 얼마인가?

11.8 사다리꼴 단면수로의 바닥 폭은 10 ft이고 측면 경사는 2 : 1이다. 수로는 부드러운 시멘트로 피복되어있고, $n = 0.011$ 이다. 수심이 2 ft인 등류흐름이고, 하도 경사가 0.0001일 때, 유량을 구하시오.

11.9 2 m 폭의 직사각형 단면수로에서 등류흐름이고 수심이 45 cm 일 때, 아래의 경우에 대한 유량($\mathrm{m^3/s}$)을 구하시오.

(a) 하도경사 25 cm/km, $n = 0.025$
(b) 하도경사 5 cm/km, $n = 0.025$
(c) 하도경사 25 cm/km, $n = 0.05$

11.10 부분적으로 채워져 있는 관의 직경은 1.0 m 이고, 1 : 2000으로 일정한 경사를 갖고 있다. 관에 대한 조도계수가 $n = 0.016$ 일 때, 최대유량을 계산하시오.

11.11 직사각형 단면수로에서 폭 15 ft, 등류수심 6 ft, 유량 530 cfs, Manning의 조도계수 n값은 0.025이다. 수로 길이의 ft당 에너지 손실율 ft 얼마인가?

11.12 100 m 의 바닥 폭과 하도경사 8 cm/km 을 가진 직사각형 단면 운하가 있다. 수심이 6 m 이고 860 $\mathrm{m^3/s}$ 의 유량이 흐를 때, Manning의 조도계수 n과 Chezy 계수 C와 마찰계수 f를 구하시오. 또, 하상바닥에서 평균전단응력을 구하시오.

11.13 직경 D인 원형 수로는 $0.81D$인 수심 y에서 최대유속이 발생된다는 사실을 Chezy 공식을 사용하여 나타내시오.

11.14 지름 $D = 0.6\,\mathrm{m}$, 하도경사 1 : 200인 하수관이 있다. 이 관에서 최대속도는 얼마인가? 최대속도일 때 유량은 얼마인가? 여기서, $C = 55$ 이다.

11.15 바닥 폭 10 ft, 측면경사 $2H/1V$인 사다리꼴 단면수로가 있다. Sieve 방법의 입자 입경분석에 따르면, 하상전단응력 $0.5\,\mathrm{lb/ft^2}$, Manning의 조도계수 $n = 0.03$ 이다. 수로의 등류수심이 5 ft이라면, 유량은 얼마인가?

11.16 바닥폭 15 ft, 측면경사 $2H/1V$인 사다리꼴 단면수로가 있다. Sieve 방법의 입자입경 분석의 결과에 따르면, 이 수로의 하상전단응력은 $0.75\,\mathrm{lb/ft^2}$로 나타난다. 또 등류수심 7 ft에서 1000 cfs 의 유량이 흐르도록 설계하였다.
(a) 하도경사는 얼마이가?
(b) Manning의 조도계수 n값은 얼마인가?

11.17 폭 20 ft인 직사각형 단면수로는 등류수심 10 ft에서 400 cfs 의 유량이 흐르도록 설계되었다. 이때 조도계수가 0.03이라면, 수로 경계면의 전단응력($\mathrm{lb/ft^2}$)은 얼마인가?

11.18 54,430 ha 면적에 $60\,\mathrm{m^3/ha/day}$ 양의 물을 공급해주어야 하는 수로(rigid boundaries)를 설계하여야 한다. 측면경사는 1 : 1이고, $n = 0.025$, 하도경사는 10 cm/km 이다. 아래 경우일 때 수로 치수를 구하시오.
(a) 최대 허용속도가 0.7 m/s 일 때
(b) 경계면에서 최대 허용 전단응력$= 0.05\,\mathrm{lb/ft^2}$
(c) $V = 0.36y^{0.64}$

11.19 하도경사가 0.005 ft/ft인 직사각형 단면수로가 있다. 수로 폭 10 ft, 유량 300 cfs 이다. 수로에서 관찰된 수심은 6 ft, 지점 1000 ft 에서 하류를 관찰하였을 때 수심이 4.5 ft라면, Manning의 조도계수 n를 추정하시오.

11.20 사다리꼴 단면수로는 유량 $25\,\mathrm{m^3/s}$, 경사 0.0015 m/m 로 설계되었다. 이 수로는 피복되어있지 않고, 침식도 일어나지 않고, 최대 허용속도는 1.5 m/s 이다. 측면경사는 $2H/1V$ 이고, Manning의 조도계수 n은 0.03이다. 수심과 수로바닥 폭은 얼마인가?

11.21 가장 효율적인 사다리꼴 단면수로일 때, 측면경사가 $1/\sqrt{3}$ 이어야 하는지 설명하시오.

11.22 가장 효율적인 사다리꼴 단면수로일 때, 동수반경은 수심의 반절인지에 대해 설명하시오.

11.23 직사각형 수로는 유량 120 cfs, 경사 0.001 ft/ft로 설계되었다. 만약 수로를 금속으로 피복시킨다면, 금속의 값을 최소화시키기 위해서 얼마로 해야 하는가?

11.24 $12\,\mathrm{m^2}$의 면적을 가진 직사각형 단면에서 최적수리단면을 구하시오.

11.25 한 쪽 면은 수직이고 다른 면은 2 : 1 경사를 가진 콘크리트 수로에서 유속 0.715 m/s 로 $10\,\mathrm{m^3/s}$ 의 유량이 흐르고 있다. 만약 굴착비용 $2.0\,\$/\mathrm{m^3}$와 lining비용 $6.0\,\$/\mathrm{m^3}$일 때, 건설비용을 최소화시키기 위한 필요한 수로경사와 수로의 치수를 결정하시오($n = 0.014$).

11.26 수로 경사 0.0005 ft/ft인 사다리꼴 단면수로는 등류수심으로 1800 cfs 의 유량이 흐를 수 있도록 설계되었다. 측면 경사는 $1.5H/$

1 V이고, Manning의 조도계수 n은 0.035이다. 이 수로가 일반적으로 수로가 양질의 흙으로 된 수로라면, 최대수리효율을 위한 치수는 얼마인가?

11.27 지표면 지형 때문에, 긴 원형 터널을 측면경사가 1 : 1인 사다리꼴 단면수로로 대체하려한다. 조도계수와 수로경사는 터널 단면에서의 최대유량단면($\theta = 308°$)과 사다리꼴 수로 단면의 최적수리단면($R = y/2$)은 모두 같다. 수로 대신에 터널 건설이 총 공사비가 증가될 것인지의 여부를 결정하시오. 사다리꼴 수로 건설비용은 4$/m^3, 터널 공사비용은 20$/m^{3}이다.

11.28 사다리꼴 단면수로는 최대수리효율에서 75 m^3/s의 유량이 흐르도록 설계되었다. 측면경사는 2H/1V이고 Manning의 조도계수 $n = 0.30$ 이다.

(a) 최대 속도가 1.75 m/s 라면, 수로의 치수는 얼마인가?

(b) 하도경사는 얼마인가?

11.29 사다리꼴 단면에서 수로경사 10 cm/km, 유량 30 m^3/s로 설계하였다. 이때 최적효율단면을 구하시오. Chezy의 $C = 40$ (미터단위)

11.30 거친 목재로 만들어지고 최적효율삼각형 단면을 가진 가통(flume)($n = 0.016$)은 등류상태일 때 수심은 1.5 ft이고 수로경사는 0.001이다. 유량을 계산하시오.

참고문헌

Chow, Ven Te., 1959. Open-Channel Hydraulics. McGraw-Hill Book Company, New York.

Coyle, J. J., 1975. "Grassed waterways and outlets." Engineering Field Manual, United States Soil Conservation Sevice, Washington, D.C.

Hager, W. H., 1999. Wastewater Hydraulics. Springer-Verlag Publishing Company, Berlin.

Henderson, F. M., 1966. Open Channel Flow. Macmillan Publishing Company, New York.

Horton, Robert E., 1916. Some better Kutter's formula coefficients. Engineering News 75(8): 373-374.

Keulegan, G. H., 1938. Laws of turbulent flow in open channels. J. of Research of National Bureau of Standard, 21: 707-741.

Morris, H. M. and Wiggert, J. M., 1972. Applied Hydraulics in Engineering, Wiley, New York.

Palmer, V. J., 1945. A method for designing vegetated waterways. Agricultural Engineering. 26(12): 516-520.

Strickler, A., 1923. Some contributions to the problem of velocity formula and roughness coefficients for rivers, canals, and closed conduits. Mitteilungen des eidgenossischen Amtes fur Wasserwirschaft, 16, Bern, Switzerland.

Sturm, T. W., 2001. Open Channel Hydraulics. McGraw-Hill Book Company, New York.

United Sates Army Corps of Engineers, Hydrologic Engineering Center, Davis, Calif.

Uinted Sates Geological Survey, 1967. Roughness Characteristics of Natural Channels. USGS Water Supply Paper 1849, Washington, D.C.

Uinted Sates Geological Survey, 1989. Guide for Selecting Manning's Foughness Coefficients for Natural Channels and Flood Plains, United States Geological Survey Water-Supply Paper 2339, Washington, D.C.

Yen, B. C., 1992. Hydraulic resistance in open channels. Channel Flow Resistance: Centennial of Manning's Formula. B. C. Yen(Ed.). Water Resources Publications, Littleton, Colo.

Energy generated at an overfall(Niagara Falls).

Chapter 12
개수로의 에너지 원리

개수로에서 어느 한 점에서의 에너지는 운동에너지, 압력에너지, 그리고 위치에너지로 구분할 수 있다. 압력에너지와 위치에너지의 합은 소위 포텐셜에너지라 한다. 그러나 개수로에서 수면은 대기와 접해있고, 수면에서의 압력은 거의 일정하다. 그러한 이유 때문에 자유수면을 압력의 기준으로 간주하는 것이 편리하다. 수리학에서 에너지는 일반적으로 수두(수심과 같은 값)라는 용어로 표현한다. 흐르는 물의 한 점에서 압력수두는 그 특정 지점까지의 연직 깊이이다($p = \gamma h$ 따라서 $p/\gamma = h$). 그러므로 흐름에서 주어진 횡단면의 총 압력 수두는 그 단면에서의 수심이다. 물론 이 표현은 정수압 원리를 적용한 것으로 정수압 원리를 적용하지 않은 상태에서는 이 표현은 맞지 않을 것이다. 그러나 개수로 흐름 대부분의 경우에서는 정수압 원리를 적용하게 된다. 그러므로 한 횡단면에서 총 에너지를 나타내는 경우 정적에너지(static energy)인 압력에너지는 흐름의 수심으로, 운동에너지는 그 점에서의 속도수두로 표현하는 것처럼 임의의 기준점으로부터 한 점까지의 높이로서 표현된다. 1장에서 언급한 바와 같이, 에너지는 생성 및 소멸될 수 없지만 다른 형태로 변환될 수 있다.

개수로에서 에너지는 실제로 정적인 형태로 도입된다. 개수로에 물을 공급하는 저수지 수위는 전체 수로 어느 지점에서의 최대 수위보다 더 높아야한다. 한 지점에서 다른 지점으로 흐르는 과정은 다른 지형요소와 다른 하상경사를 가지기 때문에 에너지도 다른 형태로 변환될 수 있다. 물의 흐름과 수로와의 경계면에서 마찰 저항 때문에 일부 에너지는 열로 변환되어 소멸되고 결국 대기로 방출되게 된다. 그 외 사용 가능한 에너지는 마찰저항을 극복하고 물을 그 최종 목적지까지 충분히 이송할 수 있어야 한다.

12.1 총에너지와 비에너지

개수로의 임의 단면에서 비에너지(specific energy ; E)는 수로바닥을 기준으로 물의 단위 중량당 에너지이며, 길이의 차원을 가진다. 반면 총에너지(total energy ; E_T)는 소위 평균해수면이라 불리는 수평기준면으로부터의 에너지이다. 그러므로 비에너지와 총에너지는 일반적으로 다르다.

그림 12.1에서 보는 것과 같이 단면1에서의 비에너지는 속도수두와 수심의 합과 같다. 즉,

$$E_1 = y_1 + \alpha_1 \frac{V_1^2}{2g} \tag{12.1}$$

여기서, α_1은 운동에너지 보정계수 또는 유속계수이다.

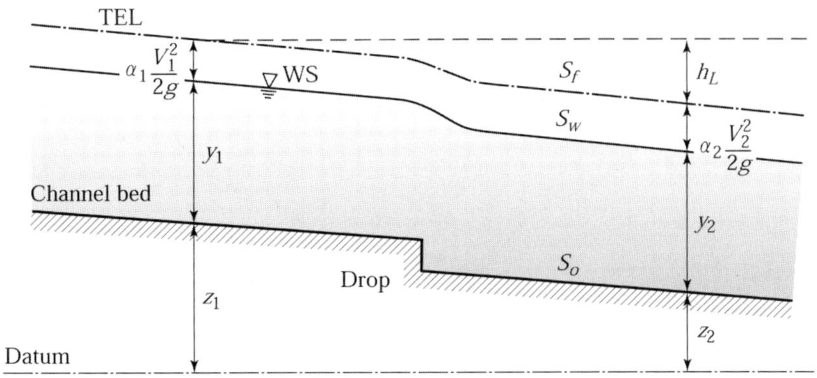

그림 12.1 개수로에서 비에너지와 총에너지

동일 단면에서 총에너지는

$$E_{T_1} = z_1 + y_1 + \alpha_1 \frac{V_1^2}{2g} \tag{12.2}$$

비에너지 산정의 기준은 하상 바닥면이기 때문에, 한 단면에서 다음 단면으로 이동하면서 비에너지는 상당히 변할 수 있다. 또한 수로 바닥에서 둔덕(humps)과 급격한 고도차 등으로 인해 갑작스럽게 비에너지 변화가 나타날 수 있다. 반면에, 총에너지는 제한된 에너지 손실 때문에 다소 적은 변화가 나타나게 된다. 그러나 와(渦, eddy), 난류영역, 정상파(standing wave)와 같은 경우에는 총에너지선이 상대적으로 급격하게 저하될 수 있다. 단면 2에서 식(12.1)과 식(12.2)는 다음과 같이 다시 쓸 수 있다.

$$E_2 = y_2 + \alpha_2 \frac{V_2^2}{2g} \tag{12.3}$$

$$E_{T_2} = z_2 + y_2 + \alpha_2 \frac{V_2^2}{2g} \tag{12.4}$$

5장에서 언급한 바와 같이, 유속계수(α)는 평균유속을 사용하여 운동에너지항을 계산할 때, 속도분포의 비균일성을 고려하기 위해 사용된다. 따라서 유속계수는 수로 형태, 조도 그리고 수로경사의 함수이다. 유속계수는 전체적으로 균일 단면 형상일 때 1.05이며, 비균일 단면 형상일 때에는 1.2까지 다양하게 나타날 수 있다(Hwang and Houghtalen, 1996). 자연 하천에서 유속계수를 산정하는 일반적인 방법은 그림 12.2처럼 유속분포가 다르다고 판단되는 수로를 세 영역으로 나누는 것이다. 유속계수는 U.S. COE(1982)처럼 산정된다.

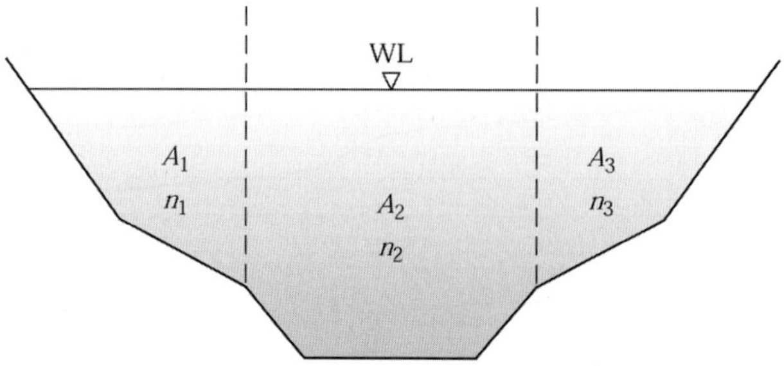

그림 12.2 수로 횡단면의 세 구간 분할

$$\alpha = \frac{V_1^3 A_1 + V_2^3 A_2 + V_3^3 A_3}{V_m^3 (A_1 + A_2 + A_3)} \tag{12.5}$$

V_m은 가중평균유속이면 다음과 같이 계산할 수 있다.

$$V_m = \frac{V_1 A_1 + V_2 A_2 + V_3 A_3}{A_1 + A_2 + A_3} \tag{12.6}$$

유속계수는 실제 상황에서 대부분 적용하지만, 본 책에서 균일단면 형상일 때에도 모든 경우에 가상의 유속계수를 적용할 것이며, 유속계수는 1로 가정하여 사용한다. 또한 앞으로 속도수두를 포함한 식에서도 유속계수는 1로 가정하여 사용할 것이다. 유량을 면적으로 나눈 식을 유속에 대입하면, 비에너지는 다음과 같이 나타낼 수 있다.

$$E = y + \frac{Q^2}{2gA^2} \tag{12.7}$$

정상류에서 한 단면에서 다음 단면으로 흐르는 동안 평균유속은 변하지만 유량은 일정하기 때문에 식(12.7)을 이용하면 에너지를 나타내는데 편리하다. 게다가 유량이 주어지고, 면적이 y의 함수이므로, 수로의 면적을 알고 있다면 식(12.7)에서 오직 수심만 미지수로 남게 된다.

예제 12.1 측면경사가 3 : 2이고, 수로 바닥폭이 1 m인 사다리꼴 단면수로에서 수심 2 m, 유량 12.0 m^3/s으로 흐르고 있다. 비에너지를 계산하시오.

풀이

$A = (b + ty)y = (1.0 + 1.5 \times 2.0) \times 2.0 = 8.0\,m^2$

$$E = y + \frac{Q^2}{2gA^2} = 2.0 + \frac{(12.0)^2}{2 \times 9.81 \times (8.0)^2} = 2.11\,m$$

예제 12.2 깊이 1m, 폭이 2m인 직사각형 단면수로에서 $4.0\,m^3/s$ 유량이 흐르고 있다. 그림 12.3과 같이 수평기준면은 수로 바닥으로부터 2m 아래에 위치하고 있을 때, 총에너지와 비에너지를 계산하시오.

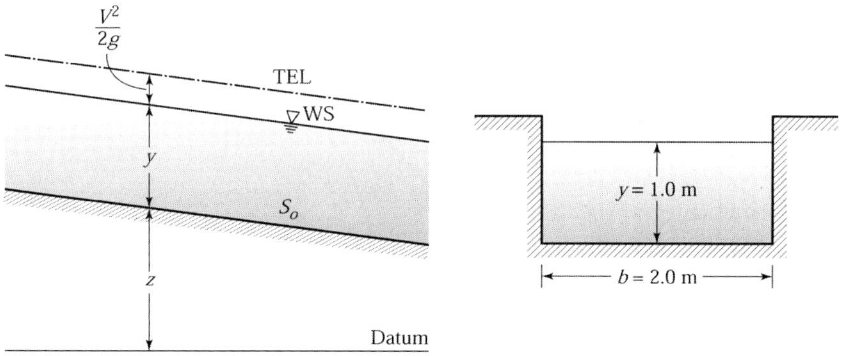

그림 12.3 직사각형 단면(예제 12.2)

풀이

$A = by = 2.0 \times 1.0 = 2.0\,m^2$

$$E_T = z + y + \frac{Q^2}{2gA^2} = 2.0 + 1.0 + \frac{(4.0)^2}{2 \times 9.81 \times 4} = 3 + 0.204 = 3.20\,m$$

$$E = y + \frac{Q^2}{2gA^2} = 1.0 + \frac{(4.0)^2}{2 \times 9.81 \times 4} = 1.0 + 0.204 = 1.20\,m$$

총에너지 E_T는 임의 기준면이 수로바닥과 일치할 경우만 비에너지 E와 같아진다. 일반적으로 수로바닥이 수평면이 아니므로, E_T와 E의 에너지 차는 수로를 따라 종적으로 나타나게 된다.

12.2 비에너지 곡선

비에너지 곡선(specific energy diagram ; SED)은 주어진 단면에서 수심에 대한 비에너지의 변화를 도해적으로 나타낸 것이다. 식(12.7)은 다음과 같이 쓸 수 있다.

$$E = E_s + E_k \tag{12.8}$$

여기서, E_s, E_k는 정적에너지(静的에너지, static energy)와 운동에너지이며, 특히

$$E_s = y \tag{12.8a}$$

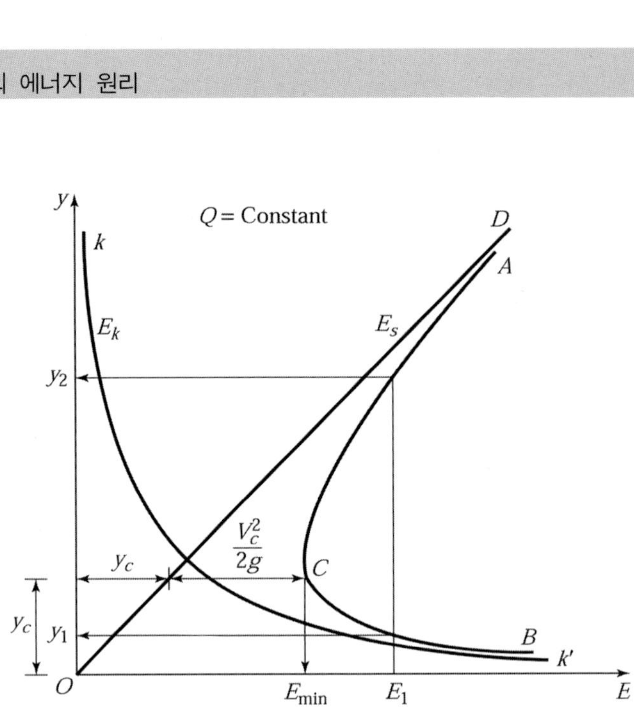

그림 12.4 비에너지곡선

$$E_k = \frac{Q^2}{2gA^2} \tag{12.8b}$$

그림 12.4에서 보는 바와 같이 정적에너지는 수심에 대해 선형적으로 변화하며, 직선 OD는 원점을 지나며, 45° 각도를 이루고 있다. 수심이 증가할수록 정적에너지도 증가하게 된다. 반면 운동에너지는 수심에 대해 비선형적으로 변화하며, 수심이 증가하면 운동에너지는 감소하거나 그 반대로 증가하기도 한다. 그림 12.4에서 보는 바와 같이 식(12.8b)는 kk' 곡선을 나타낸다. 비에너지는 정적에너지와 운동에너지의 합으로 정의된다. 직선 OD와 kk' 곡선의 횡적 합계는 비에너지도 ACB를 도시하게 된다. 비에너지곡선 ACB에서 세로좌표는 수심이며, 가로좌표는 수로바닥으로부터 계산된 비에너지의 양으로 나타낸다.

특정 유량을 가진 주어진 단면에서 수심이 증가하면, 정적에너지는 증가하고 운동에너지는 감소한다. 높은 정수두(靜水頭, static head)는 낮은 운동에너지와 결합되거나 반대의 상황이 발생한다. 비에너지 곡선 ACB는 수심이 증가할수록 직선 OD에 접근해간다. 낮은 수심은 높은 운동에너지와 결합한다. 비에너지 곡선 ACB는 수심이 낮아질수록 kk' 곡선에 접근해간다.

그림 12.4에서 보는 바와 같이 임의의 비에너지 E_1에서 서로 다른 두 수심(대응수심) y_1, y_2를 만나게 된다. 비에너지곡선은 특정 유량에 대하여 그려지므로, 이 두 수심은 같은 유량을 가지게 된다. 게다가 대응수심은 동일 비에너지와 동일 유량에 대하여 두 개의 수심을 가지게 된다. 낮은 대응수심이 y_1, 높은 대응수심이 y_2일 수 있으며, 그 반대일 수도 있

다. 그림 12.4에서 보는 바와 같이 특정 지점 C에서 최소 비에너지($E_{\min}$)가 나타난다. 최소 비에너지가 나타나는 곳은 주어진 횡단면에서 주어진 유량을 이송하기 위한 최소의 에너지가 필요한 곳이다. 개수로 수리학에서 이와 같은 사실이 매우 중요한 역할을 할 것이라 추측할 수 있다. 사실 최소에너지 조건과 관련이 있는 수심은 한계수심(critical depth, y_c)이라 하며 한계수심은 여러 가지 이유로 개수로 문제들을 분석하는데 중요한 역할을 한다. 그 중 하나를 예로 든다면 소위 한계수심(그림 12.4에서 점 C)은 비에너지곡선에서 오직 하나의 수심(y_c) 값을 가지고 있다는 것이다. 이외에 한계수심과 최소에너지와 관련된 중요 사항은 앞으로 차차 서술될 것이다.

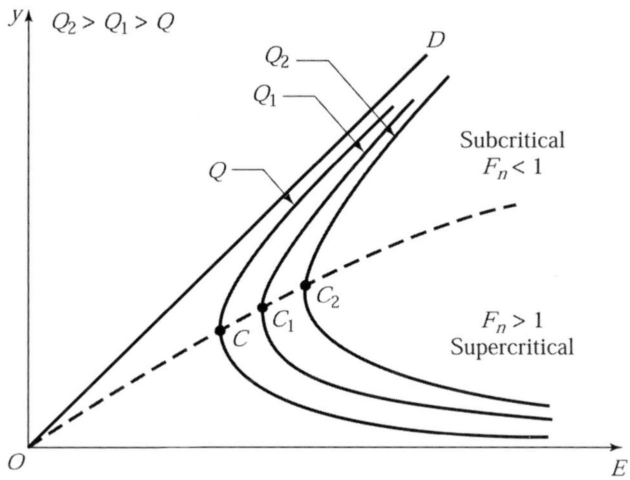

그림 12.5 유량별 비에너지도

그림 12.4에서 제시한 비에너지곡선은 각각의 특정 유량 Q에 대하여 작성한 것이다. 유량 Q가 Q_1에서 Q_2로 증가됨에 따라 비에너지도 ACB는 동일 단면에서 더 큰 유량에 대한 최소 비에너지의 상승을 나타내며 그림 12.5와 같이 우측상단으로 상승하게 된다. 유사한 곡선들을 유량 Q의 변화에 따라 작성할 수 있다. 원점 O로부터 유량의 변화에 따른 최소 비에너지를 나타내는 점(C, C_1, C_2, …)들을 연결한 곡선은 비에너지곡선을 2개 흐름영역으로 나눈다. 상부 흐름영역은 상류(常流, subcritical flow) 상태를 나타내고 한계수심보다 높은 수심을 가진다. 하부 흐름영역은 사류(射流, supercritical flow) 상태를 나타내고 한계수심보다 낮은 수심을 가지며 한계유속보다 높은 유속을 가진다. 사류 영역에서 비에너지는 수심이 증가함에 따라 한계수심에 도달할 때까지 감소하며, 수심이 한계수심을 지나면 상류 영역으로 진입하면서 비에너지는 다시 증가하게 된다.

예제 12.3 예제 12.1에 대한 비에너지곡선을 작성하시오. 주어진 수심 2m에 대하여 대응수심을 구하고, 동일 유량 이송에 필요한 최소 비에너지와 한계수심을 구하시오.

풀이

서로 다른 수심을 가정하고, 식(12.8a, b)에 대입하여 계산한다. 비에너지곡선은 그림 12.6과 같이 작성된다. 그림 12.6으로부터 수심 $y_1 = 2\mathrm{m}$ 에 대한 대응수심 y_2는 1.02m이며, 한계수심 y_c는 1.38m이고, 최소 비에너지 $E_{\min}$은 1.789m이다. 그림 12.6의 비에너지곡선은 측정의 정확성을 높이기 위해 왜곡 축척으로 작성된 것이다. 그림으로부터 주어진 수심 2m는 상류수심이며, 그 대응수심은 1.02m는 사류수심을 확인할 수 있다.

표 12.1 비에너지 계산(예제 12.3)

y(m)	A(m^2)	$Q^2/2gA^2$(m)	E(m)
0.2	0.26	108.57	108.77
0.6	1.14	5.65	6.25
0.8	1.76	2.37	3.17
1.0	2.5	1.174	2.174
1.2	3.36	0.65	1.85
1.3	3.835	0.499	1.8
1.4	4.34	0.390	1.78
1.5	4.875	0.309	1.809
2.0	8.0	0.115	2.115
2.5	11.875	0.052	2.552
3.0	16.5	0.027	3.027

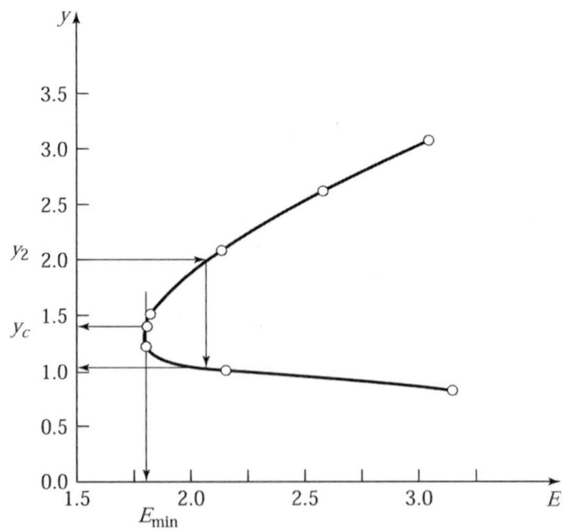

그림 12.6 비에너지도(예제 12.3)

예제 12.4 폭 4m인 직사각형 단면수로에서 유량 $12\mathrm{m}^3/\mathrm{s}$가 수심 2.5m로 흐르고 있다. 비에너지곡선을 작도하고 한계수심과 대응수심을 구하시오. 만약 동일 유량에 대해서 수로 폭이 3m로 줄어들 경우 비에너지곡선을 작성하고 한계수심을 구하시오.

풀이

$$E = y + \frac{Q^2}{2gA^2}$$

직사각형 단면수로에 대해서 단위폭당 유량 q을 Q/B로 정의하면,

$$E = y + \frac{q^2}{2gy^2} \text{ 이고, } q = \frac{12}{4} = 3\mathrm{m}^2/\mathrm{s}$$

수심 y을 가정하여 계산하면, <표 12.2>와 같이 계산된다. 그림 12.7과 같이 작성된 비에너지곡선에서 한계수심 y_c는 0.97m이며, 대응수심은 0.47m이다. 수로 폭이 3m로 감소하는 경우, 단위폭당 유량 q'은 $4\mathrm{m}^2/\mathrm{s}$이다. 그림 12.7에서 보는 바와 같이 한계수심은 1.18m이다.

표 12.2 비에너지 계산(예제 12.4)

y(m)	$q^2/2gy^2$(m)	E(m)	$q'^2/2gy^2$(m)	E'(m)
0.2	11.468	11.668	20.39	20.59
0.4	2.867	3.27	5.10	5.50
0.5	1.835	2.335	3.26	3.76
0.75	0.815	1.565	1.45	2.2
1.0	0.459	1.459	0.815	1.815
1.5	0.204	1.704	0.362	1.862
2.0	0.115	2.115	0.204	2.204
2.5	0.073	2.573	0.130	2.63
3.0	0.051	3.051	0.091	3.091

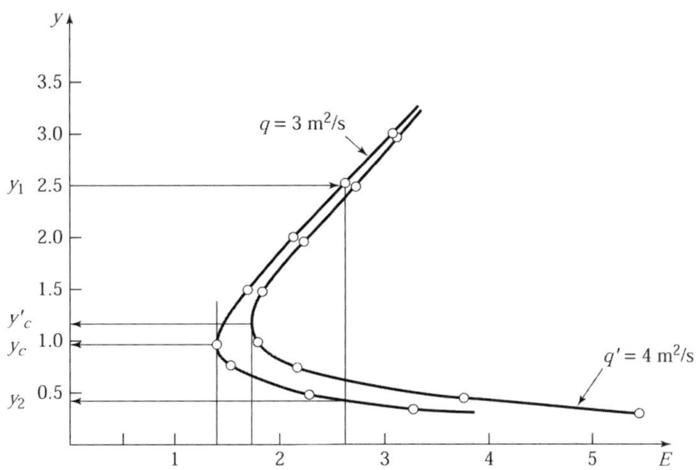

그림 12.7 비에너지 계산(예제 12.4)

12.3 에너지 공식의 수치해법

직사각형 단면수로에서 비에너지의 단순화된 식은 대응수심을 직접적으로 풀어가는 것을 더 쉽게 해준다. 예를 들면, 위에서 예로 주어진 것처럼 $y = 2.5\,\text{m}$ 일 때, $E = 2.5 + \dfrac{(3)^2}{2g(2.5)^2} = 2.57\,\text{m}$ 이다. 대응수심은 다음과 같이 계산할 수 있다.

$$2.57 = y_2 + \frac{(3)^2}{2gy_2^2} = y_2 + \frac{0.459}{y_2^2}$$

위의 비선형 식에서 y_2는 Newton의 반복법, False position, 간단한 이분법(Bisection method)과 같은 일부 계산법을 이용하여 구할 수 있다. 우리는 Newton의 반복법을 사용하여 계산할 것이다. 위 에너지 공식을 동등한 3차 곡선방정식으로 변환하면

$$f(y) = y_2^3 - 2.57y_2^2 + 0.459 = 0$$

$$f'(y) = 3y_2^2 - 5.14y_2$$

알고리즘은 다음과 같이 공식화되어있다.

$$y_{n+1} = y_n - \frac{f(y_n)}{f'(y_n)}$$

한계수심 $y_c = 0.97\,\text{m}$ 이고, 주어진 수심 $2.5\,\text{m}$는 상류(subcritical flow) 수심일 때, 위 알고리즘이 더 작은 사류(supercritical flow) 상태의 값으로 수렴하는지 확인할 필요가 있다. 그러므로 한계수심보다 작은 수심 $y = 0.5\,\text{m}$로 가정하여 계산하면 $y = 0.5 - \left(\dfrac{-0.0595}{-1.82}\right) = 0.467\,\text{m}$가 된다. 이 값은 최초 가정한 값보다 다소 작게 나타나며, 다시 이 값을 식에 대입하여 계산하면 $-0.00064\,\text{m}$를 구할 수 있다. 따라서 여기서 가정한 값이 올바르다고 결론지을 수 있다. 위에서 언급된 계산 방법은 직사각형 이외에 다른 단면형을 가진 경우에도 적용가능하며, 면적은 수심의 함수로서 표현될 수 있다.

예를 들어 사다리꼴 단면수로에서 식은 다음과 같이 표현될 수 있다.

$$E = y + \frac{Q^2}{2g(by + ty^2)^2} \tag{12.9}$$

여기서, t는 측면 수로경사의 수평성분이며, b는 사다리꼴 단면의 바닥폭이다. 식(12.9)를

풀이하면 다음 5개항을 가진 식으로 표현할 수 있다.

$$t^2y^2 + (2tb - Et^2)y^4 - (2tEb - b^2)y^3 - Eb^2y^2 + \frac{Q^2}{2g} = 0 \tag{12.10}$$

식(12.10)은 오직 두 개의 실근(사류수심과 그 대응수심인 상류수심)을 가진다. 이 식은 등류수심 계산을 언급한 11장에서처럼 스프레드시트(spreadsheets)를 이용하여 쉽게 계산할 수 있다. 그러나 그 계산이 정확하게 수렴하는 것을 반드시 확인해야 한다.

12.4 한계류 조건

그림 12.4에서 제시한 바와 같이 주어진 유량에 대해 특정 단면에서 한계류 조건(critical flow conditions)은 최소 비에너지가 발생되는 곳이다. 좀 더 일반적인 한계류 조건에 대한 공식은 아래의 식과 같다. 작은 하상경사를 가진 수로에서 비에너지는 다음과 같이 주어진다.

$$E = y + \frac{Q^2}{2gA^2} \tag{12.11}$$

또는 직사각형 단면의 수로에서는

$$E = y + \frac{q^2}{2gy^2} \tag{12.12}$$

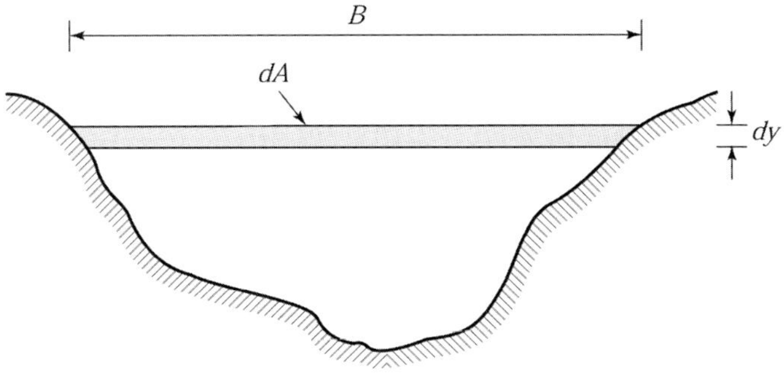

그림 12.8 개수로의 일반 수로단면

횡단면적 A는 수심의 함수이며, 식(12.11)을 수심 y에 대하여 미분하면, 다음과 같다.

$$\frac{dE}{dy} = 1 - \frac{Q^2}{gA^3}\frac{dA}{dy} \tag{12.13}$$

그림 12.8에서 보는 바와 같이 일반적인 횡단면에서, 미분요소 dA/dy는 수면폭(B)와 같다고 가정할 수 있다. dA/dy를 수면폭 B로 대입하여 정리하면 식(12.13)은 다음과 같이 된다.

$$\frac{dE}{dy} = 1 - \frac{Q^2 B}{gA^3} \tag{12.14}$$

한계류 조건에서 비에너지는 최소이므로, $dE/dy = 0$ 가 된다. 따라서

$$\frac{Q^2 B}{gA^3} = 1 \tag{12.15}$$

식(12.15)는 한계류 조건에 대한 수학적 표현식이다. 이전에 3장과 6장에서 무차원 Froude 수(F_n)를 소개하였다. 얕은 중력파(gravity wave) 속도와 흐름 유속의 비($F_n = V/\sqrt{gy}$)로 나타낼 수 있는 무차원 Froude수에 대해 접근하는 방법은 매우 다양하다(Henderson, 1966). 그 자체로서 개수로에서 중력의 중요성을 명시한 것이다. 사실, 무차원 해석에서 Froude수는 관성력과 중력의 비로 표현할 수 있다(Morris and Wiggert, 1972). $V = Q/A$를 식(12.15)에 대입하면 다음과 같이 나타낼 수 있다.

$$\frac{V^2 B}{gA} = 1 \tag{12.16}$$

A/B비는 수리학에서 수리수심(hydraulic depth, D)으로 간주할 수 있다. 수리수심(D)은 직사각형 단면수로에서만 실제 흐름의 수심(y)과 같고, 다른 단면에서는 서로 같지 않으므로 혼동해서는 안 된다. 수리수심(D)은 수리학 원리들을 설명하기에 편리하다. A/B를 수리수심 D로 대체하면, 식(12.16)은 다음과 같이 된다.

$$\frac{V^2}{gD} = 1 = F_n^2 \tag{12.17}$$

Froude수의 제곱은 수리수심의 항으로 표현할 수 있다. 그러므로 Froude수가 1일 때 한계조건을 만족시킨다는 것은 명백하다. F_n^2은 식(12.15)에서 유도된 것이다. 물론, 광폭 수로

나 직사각형 단면수로에서 수리수심(D)은 흐름의 수심(y)과 같다. 그러므로 $F_n^2 = \dfrac{V^2}{gy_c} = 1$ 그리고 $V = q/y$, 그 때 한계수심에서는 $\dfrac{q^2}{gy_c^3} = 1$이다. F_n^2에 대한 일반형은 한계조건에 관하여 흐름의 상태를 결정하는 데 사용할 수 있다. 요소분석(elementary analysis)에서 F_n^2은 상류에서 1보다 작으며, 사류에서는 1보다 크게 나타난다.

12.4.1 한계유속

한계조건에 대한 일반식은 $\dfrac{V^2}{gD} = 1 = F_n^2$이다. 그러므로 한계유속(critical velocity)은 일반 단면형에서 $V_c = \sqrt{gD}$이다. 한계조건에서 속도수두는 $\dfrac{V_c^2}{2g} = \dfrac{D}{2}$와 같다. 광폭수로나 직사각형 단면수로에서 수리수심(D)이 수심(y)과 같다면($D = y$), 그 때 $V_c = \sqrt{gy_c}$ 그리고 $\dfrac{V_c^2}{2g} = \dfrac{y_c}{2}$가 된다. 한계유속은 광폭수로나 직사각형 단면수로에서 얕은 중력파 속도와 같다.

12.4.2 한계수심

주어진 유량에 대하여 일부 단면형에 대하여 한계수심(critical depth, y_c)은 주어진 유량을 이송하는데 최소 비에너지가 요구되는 흐름의 수심으로 정의할 수 있다. 직사각형 단면이 아닌 일반형 단면에서 한계수심을 결정하기 위하여 식(12.15)를 이용할 수도 있다. 사다리꼴 단면형에 대하여, 식(12.15)를 다시 쓰면 편리하게 한계수심을 계산할 수 있다.

$$\frac{Q}{\sqrt{g}} = (b + ty_c)y_c\sqrt{\frac{(b + ty_c)y_c}{b + 2ty_c}} \tag{12.18}$$

여기서, t는 단위 연직증가량에 대한 수평 성분의 증가량이다. 이 식은 12.4장에서 언급했던 시행착오법(trial and error method)으로 계산할 수 있다. 그러나 지난 수십 년간 한계수심을 계산할 목적으로 특히 사다리꼴 단면과 원형 단면에 대해 많은 그래프와 계산도표가 개발되었다. 이 그래프들은 부차원 비에너지곡선을 기본으로 하고 있으며, 다음 장에서 더 언급될 것이다. 유용한 그래프를 그림 12.9에 나타내었다(Sturm, 2001).

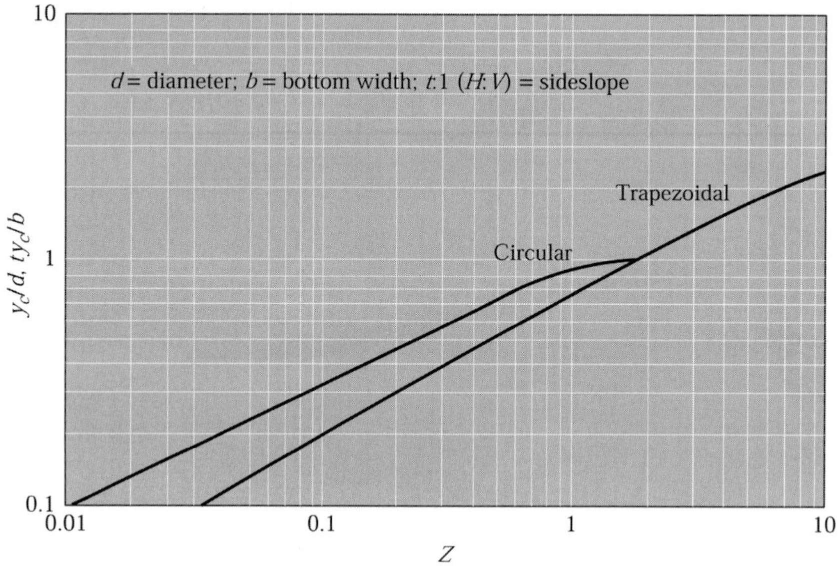

그림 12.9 직사각형 단면과 원형 단면 수로에서의 한계수심(Henderson, 1966); $Z_{\text{circ}} = Q/[g^{1/2}d^{5/2}]$; $Z_{\text{trap}} = Qt^{3/2}/[g^{1/2}b^{5/2}]$

직사각형 단면과 광폭 수로에 대하여, Froude수에 대한 식을 직접 풀이하는 해법을 이용하여 한계수심 y_c를 구할 수 있다. $q^2/gy_c^3 = 1$임을 알기 때문에, 한계수심에 대한 식을 간단히 구할 수 있다.

$$y_c = \sqrt[3]{\frac{q^2}{g}} \tag{12.19}$$

식(12.19)는 오직 광폭 수로나 직사각형 단면수로에서만 적용할 수 있고, 다른 단면형 수로에서는 적용해서는 안 된다. 광폭 수로라는 의미는 수면폭 B가 수심 y에 비해 매우 크고, 동수반경 R이 수심 y와 같은 수로를 뜻한다($R = y$).

12.4.3 한계에너지

한계에너지(critical energy)는 한계상태에 있을 때의 에너지이다.

$$E_{\min} = y_c + \frac{V_c^2}{2g} \tag{12.20}$$

한계에너지는 주어진 단면에서 특정 흐름을 유지하기 위한 최소 에너지이다. 12.4.1절에서 어떠한 단면에서도 $V_c^2/2g = D/2$임을 제시하였으므로, 식(12.20)을 다음과 같이 나타낼 수 있다.

$$E_{\min} = y_c + \frac{D}{2} \tag{12.21}$$

직사각형이 아닌 단면수로에서 실제 흐름의 수심 y와 수리수심 D를 혼동하지 않는 것은 매우 중요하다. 식(12.21)은 수면폭과 단면적이 계산되어야만 하기 때문에 직사각형이 아닌 단면수로에서 최소에너지 계산을 쉽게 하기 어려울 수 있다. $V_c = Q/A_c$을 계산하는 것이 더 용이할 수 있으며, 식(12.20)을 직접 적용하는 경우는 매우 드물다. 물론 광폭 수로와 직사각형 단면수로에서 수리수심과 수심이 같으므로($D = y$),

$$E_{\min} = y_c + \frac{y_c}{2} = \frac{3}{2}y_c \tag{12.22}$$

오직 직사각형 단면수로에 적용 가능하지만, 식(12.22)는 여러 가지로 유용하다. 최소비에너지($E_{\min}$)가 주어지면, 한계수심(y_c)은 $\frac{2}{3}E_{\min}$으로 계산할 수 있다.

예제 12.5 직사각형 단면수로에서 수로폭이 $5\ \text{ft}$이고, 유량이 $50\ \text{ft}^3/\text{s}$이다. 한계수심과 최소 비에너지를 구하시오. 수심이 $0.5\ \text{ft}$일 때, 비에너지와 대응수심을 결정하시오. 또한 유량이 $75\ \text{ft}^3/\text{s}$로 증가할 경우, 한계수심을 구하시오.

풀이

직사각형 단면수로에서 단위폭당 유량 $q = Q/B = 10\ \text{ft}^2/\text{s}$이다.

상류 대응수심을 계산하면

$$y_c = \sqrt[3]{\frac{q^2}{g}} = \sqrt[3]{\frac{(10)^2}{32.2}} = 1.46\ \text{ft}$$

이며, $E_{\min} = 3/2y_c = 2.19\ \text{ft}$이다. 수심 $0.5\ \text{ft}$일 때 비에너지는

$$E = 0.5 + \frac{(10)^2}{2g(0.5)^2} = 6.71\ \text{ft}$$

상류 대응수심에 대해 풀이하면

$$6.71 = y_2 + \frac{(10)^2}{2g(y_2)^2} = y_2 + \frac{1.55}{(y_2)^2}$$

시행 착오법으로 계산하면 $y_2 = 6.68\ \text{ft}$를 계산할 수 있다. 유량이 $75\ \text{ft}^3/\text{s}$로 증가하면, 단위폭당 유량 $q = 15\ \text{ft}^2/\text{s}$이며

$$y_c = \sqrt[3]{\frac{q^2}{g}} = \sqrt[3]{\frac{(15)^2}{32.2}} = 1.91\ \text{ft}$$

계산된 수심에 대한 비에너지를 작도하면 그림 12.10과 같이 나타낼 수 있다.

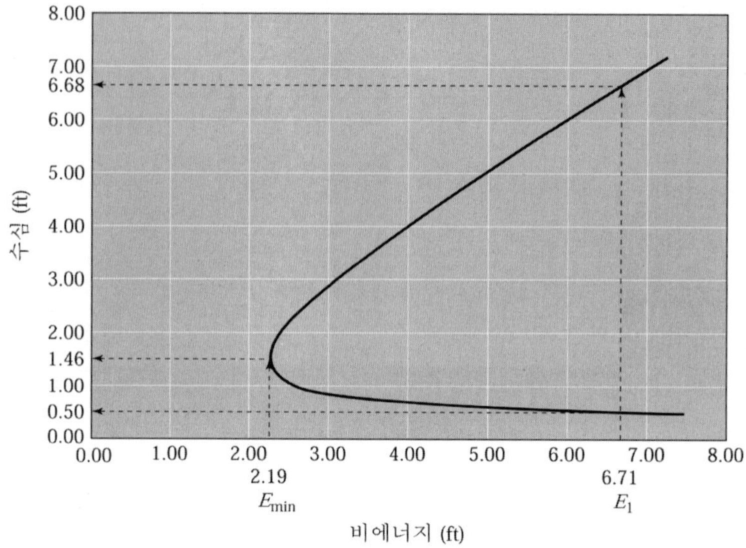

그림 12.10 예제 12.5의 SED 해석

예제 12.6 그림 12.11과 같이 직경 0.9m의 콘크리트 원형관에서 유량 $0.566\,\mathrm{m^3/s}$가 흐를 때, 한계수심을 구하여라. 유량이 $1.0\,\mathrm{m^3/s}$으로 증가할 경우, 최소 에너지가 나타나는 수심은 얼마인가?

풀이

원형관에서의 유수 단면적과 수면 폭은 <표 10.1>에서 제시한 것과 같다.

$$A = d^2/8(\theta - \sin\theta) = 0.10125(\theta - \sin\theta)$$

$$B = d\sin\theta/2 = 0.9\sin\theta/2$$

표에서 $\theta = 2\cos^{-1}\left(1 - 2\dfrac{y}{d}\right)$를 주어지므로, 수심을 구할 수 있다.

$$y = \frac{d}{2}(1 - \cos\theta/2)$$

한계수심을 식(12.15)를 이용하여 계산하면

$$\frac{Q^2B}{gA^3} = 1 \quad 또는 \quad \frac{(0.566)^2(0.9\sin\theta/2)}{g(0.101(\theta - \sin\theta))^3} = 1$$

시행착오법으로 θ에 대한 식을 풀이하면 $\theta = 0.309\,\mathrm{rad}(177°)$를 계산할 수 있다. θ를 y에 대한 식에 대입하여 풀이하면 한계수심 $y_c = 0.44\,\mathrm{m}$를 도출할 수 있다.

또 다른 풀이법으로 그림 12.9를 이용하는 방법이 있다. Z값에 대한 계산은

$$Z = \frac{Q}{g^{0.5}d^{2.5}} = \frac{0.566}{(9.81)^{0.5}(0.9)^{2.5}} = 0.235$$

Z값을 이용하여 그림 12.9로부터 $y_c/d = 0.5$를 구할 수 있으며, 이를 이용하여 $y_c = (0.5)d = 0.45\,\text{m}$를 계산할 수 있다. 그림 12.9에서 유량 $Q = 1\,\text{m}^3/\text{s}$, $Z = 0.415$일 때, $y_c/d = 0.68$이며 $y_c = 0.68(0.9) = 0.61\,\text{m}$을 도출할 수 있다.

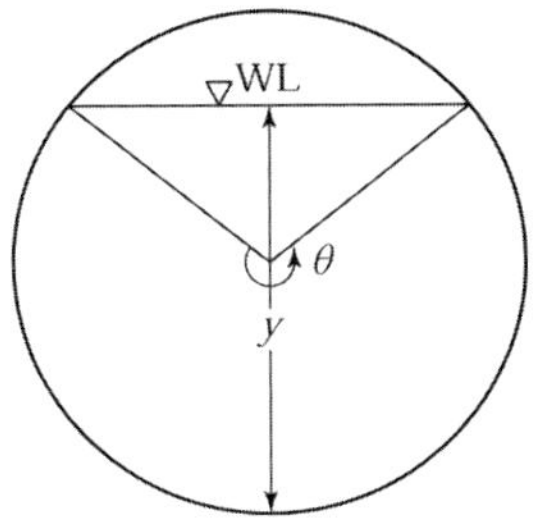

그림 12.11 예제 12.6의 콘크리트 관

예제 12.7 측면경사가 3 : 2이고, 수로 바닥폭이 $3\,\text{m}$인 사다리꼴 단면수로에서 유량이 $10\,\text{m}^3/\text{s}$가 흐른다. 이 유량을 발생시키기 위한 최소 에너지와 한계수심을 계산하시오. 수로가 폭이 $3\,\text{m}$인 직사각형 단면수로로 변경됐을 때, 동일 유량을 이송시키기 위한 최소 에너지는 얼마인가?

풀이

사다리꼴 단면수로에서 한계수심을 계산하기 위해서 시행착오법으로 식(12.18)을 풀이하면

$$\frac{Q}{\sqrt{g}} = (b + ty_c)y_c\sqrt{\frac{(b + ty_c)y_c}{b + 2ty_c}}$$

$$\frac{10}{\sqrt{9.81}} = (3 + 1.5y_c)y_c\sqrt{\frac{(3 + 1.5y_c)y_c}{3 + 3y_c}}$$

또는

$$\frac{[(3 + 1.5y_c)y_c]^{3/2}}{(3 + 3y_c)^{1/2}} = 3.19278$$

스프레드시트를 이용하여 계산하면 아래와 같은 해를 구할 수 있다.

y	$(3+1.5y)y$	$[(3+1.5y)y]^{3/2}$	$3+3y$	$[(3+3y)]^{1/2}$	Ratio	Error
1	4.5	9.545942	6	2.44949	3.897114	0.704414
0.89	3.85815	7.578245	5.67	2.381176	3.182564	-0.01014

예제 11.1의 경우처럼 가정된 y값을 이용하여 스프레드시트의 첫 번째 줄 계산이 완성되며, 그 이후 계산은 단지 허용오차 범위 내로 계산이 될 때까지 y값을 변경하면서 스프레드시트를 아래로 계산해 나아간다.

또 다른 방법으로는, 그림 12.9를 이용하여 구하는 것이다. Z값은 아래와 같이 계산할 수 있다.

$$Z = \frac{Qt^{1.5}}{g^{0.5}b^{2.5}} = \frac{10(1.5)^{1.5}}{g^{0.5}(3)^{2.5}} = 0.38$$

사다리꼴 단면형의 그래프를 이용하면, $ty_c/b = 0.45$를 구할 수 있으며, 이로부터 $y_c = 0.9\,\text{m}$임을 계산할 수 있다. 그래프를 읽은 대략적인 값은 분석적으로 유도된 $0.89\,\text{m}$와 허용오차 범위 내에서 근사적으로 읽을 수 있다.

유수 단면적은 $A = by + ty^2 = 3(0.89) + 1.5(0.89)^2 = 3.858\,\text{m}^2$이고,

유속은 $V_c = Q/A_c = 10/3.858 = 2.59\,\text{m/s}$이며, 이 때 $E_{\min} = y_c + V_c/2g = 1.23\,\text{m}$이다.

직사각형 단면수로에서는 $q = 10.0/3.0 = 3.33\,\text{m}^2/\text{s}$

$$y_c = \sqrt[3]{\frac{q^2}{g}} = 1.04\,\text{m}$$

$E_{\min} = 1.5y_c = 1.56\,\text{m}$ 주어진 유량을 소통시키기 위한 최소에너지는 직사각형 단면수로가 사다리꼴 단면수로보다 더 큰 것을 알 수 있다. 이것은 다음 장에서도 중요하게 다루는 요소이다.

12.4.4 한계경사

한계경사(critical slope, S_c)는 한계류 조건을 발생시키는 수로바닥의 경사를 말한다. 한계경사는 수로 형상, 유량, 수로 내 저항 및 조도에 영향을 받는다. 11장에서 제시한 Chezy 평균유속 공식은

$$V = C\sqrt{RS_o} \tag{12.23}$$

Chezy 공식은 등류흐름에 적용할 수 있다. 등류수심이 한계수심과 같다고 가정하면, 식(12.23)에서 경사 S_o는 한계경사 S_c로 대체할 수 있다.

$$V_c = C\sqrt{RS_c} \tag{12.24}$$

경사에 대하여 식을 정리하면

$$S_c = \frac{V^2}{C^2 R} \tag{12.25}$$

Chezy 계수 C와 Manning의 조도계수의 관계($C = (1/n)R^{1/6}$ (SI단위계))를 적용하면,

$$S_c = \frac{V^2 n^2}{R^{4/3}} \tag{12.26a}$$

FPS단위계로 나타내면,

$$S_c = \frac{V^2 n^2}{2.22 R^{4/3}} \tag{12.26b}$$

한계경사를 계산할 때 유량을 직접 대입하는 것이 편리할 수 있다. $V = Q/A$이므로, 식(12.26a)에 대입하면

$$S_c = \frac{Q^2 n^2}{A^2 R^{4/3}} \tag{12.27}$$

한계경사의 개념은 수리학에서 매우 중요하다. 식(12.25)와 식(12.26a, b)는 한계경사가 수로 형상의 함수일 뿐만 아니라, 유량과 조도의 함수라는 것을 나타내고 있다. 주어진 수로경사가 주어진 유량에 대하여 식(12.25)로 계산한 한계경사보다 작으면, 그 경사는 한계수심을 더 이상 유지하지 못하게 되고 이를 완경사라고 한다. 반대로, 수로경사가 계산된 한계경사보다 클 때에는 급경사라고 한다. 급경사와 완경사라는 용어는 수리학에서 특별한 의미를 지닌다. 위에서 언급한 바에 의하면 수로경사가 완만하다면 그 수로는 오직 상류의 흐름 상태만을 유지할 수 있을 것(이때 수로의 등류수심은 한계수심보다 크다)이다. 마찬가지로 만약 수로경사가 급하다면 그때는 그 수로는 한계유속보다 큰 유속을 유지할 수 있을 것이며, 따라서 이때 등류수심은 한계수심보다 작고 흐름은 사류일 것이다. 이러한 사항은 다음과 같이 요약할 수 있다.

$S_o < S_c$, $y_o > y_c$, $V < V_c$, 완경사, 상류흐름
$S_o = S_c$, $y_o = y_c$, $V = V_c$, 한계경사, 한계상태 흐름
$S_o > S_c$, $y_o < y_c$, $V > V_c$, 급경사, 사류흐름

이와 같은 정리는 개수로에 적용되는 흐름저항과 에너지에 관한 중요한 개념들을 포함하고 있다. 이것은 미래에 개수로 흐름과 관련한 직종에서 근무하는 학생들에게 명심시켜야 할 만큼 매우 중요한 사항이다.

예제 12.8 사다리꼴 단면수로에서 바닥폭이 6 m 이며, 측면 경사가 1 V/1 H이다. 유량 $100\,\mathrm{m^3/s}$에 대한 관측 수심은 2.5 m 이며, 수로경사는 0.0011 m/m 이다. Chezy 계수 C는 100 (미터단위)이다.

(a) 위에서 서술된 흐름 상태는 상류 흐름인가 사류 흐름인가?
(b) 이 흐름 상태에 대한 한계경사를 계산하시오.
(c) 유량이 $25\,\mathrm{m^3/s}$로 감소될 때, 한계경사는 얼마인가?

풀이

(a) 식(12.18)을 이용하여 한계수심을 계산하면, 측면경사 $t=1$, $Q=100\,\mathrm{m^3/s}$, $g=9.81\,\mathrm{m/s^2}$

$$\frac{100}{\sqrt{9.81}}=[6y_c+y_c^2]\sqrt{\frac{6y_c+y_c^2}{6+2y_c}}$$

시행착오법으로 풀이하면, $y_c=2.61\,\mathrm{m}$ 이다. 게다가, 주어진 수심 2.5m는 사류수심이다.

(b) 한계경사를 나타낸 식(12.25)를 이용하여 풀이하면

$$S_c=\frac{V_c^2}{C^2R_c}$$

$$A_c=by_c+ty_c^2=6(2.61)+(2.61)^2=22.47\,\mathrm{m}^2$$

$$P_c=b+2y_c\sqrt{1+t^2}=6+2(2.61)\sqrt{2}=13.38\,\mathrm{m}$$

$$R_c=22.47/13.38=1.68\,\mathrm{m}$$

$$V_c=100/22.47=4.45\,\mathrm{m/s}$$

$$S_c=\frac{(4.45)^2}{(100)^2(1.68)}=0.001179\,\mathrm{m/m}$$

수로바닥경사는 한계경사보다 낮으므로, 수로는 완경사를 이루고 있다.

(c) $Q=25\,\mathrm{m^3/s}$ 에 대해서 y_c를 구하기 위해 그림 12.9를 이용하면 Z를 다음과 같이 계산할 수 있다.

$$Z=\frac{Qt^{1.5}}{\sqrt{g}\,b^{2.5}}=\frac{25(1)^{1.5}}{\sqrt{g}\,(6)^{2.5}}=0.09$$

이 값을 이용하면 $ty_c/b\fallingdotseq 0.19$ 이고, y_c는 1.14m이다.

이 때, $A_c=8.14\,\mathrm{m}^2$, $P_c=9.22\,\mathrm{m}$, $R_c=0.88\,\mathrm{m}$, $V_c=3.07\,\mathrm{m/s}$ 이다.

그래서 $S_c=\dfrac{(3.07)^2}{(100)^2(0.88)}\,\mathrm{m/m}=0.00109$ 이므로, 수로경사는 한계경사보다 조금 더 경사가 급하다.

12.5 비에너지가 일정한 경우의 수심 - 유량 관계

지금까지는 일정한 유량을 가정하여 비에너지의 변화를 살펴보았다. 지금부터는 일정한 비에너지(E_o) 상태를 가정한다. 식(12.7)에서 주어진 유량 Q는

$$Q=A\sqrt{2g}\,(E_o-y)^{1/2} \tag{12.28}$$

최대 유량 조건에 대하여, 식(12.28)을 수심 y에 대하여 미분하고, 그 식을 0과 같다고 하면 다음과 같다.

$$\frac{dQ}{dy}=\sqrt{2g}\left[\frac{A}{2}(E_o-y)^{-1/2}(-1)+\frac{dA}{dy}(E_o-y)^{1/2}\right]=0 \tag{12.29}$$

$dA/dy=B$를 대입하면, 위 식은 다음과 같이 다시 쓸 수 있다.

$$E_o-y=\frac{A}{2B} \tag{12.30}$$

식(12.30)을 식(12.28)에 대입하면,

$$\frac{Q^2B}{gA^3}=1 \tag{12.31}$$

식(12.31)은 어떠한 비에너지에 대하여 최대유량은 한계류 상태에서 나타난다는 것을 의미한다. 그림 12.12는 일정 비에너지 상태에서 $Q-y$관계곡선을 나타내고 있다.

광폭수로나 직사각형 단면수로에서는 식(12.28)은 다음과 같이 다시 쓸 수 있다.

$$q^2=2gy^2(E_o-y) \tag{12.32}$$

식(12.32)를 수심 y에 대하여 미분하면, 다음과 같은 식을 얻을 수 있다.

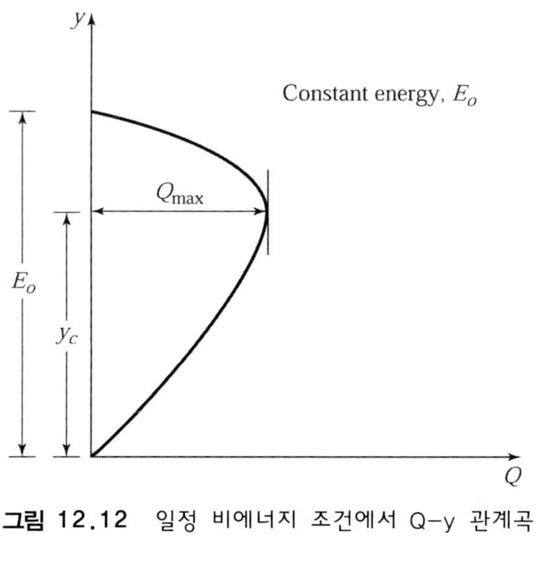

그림 12.12 일정 비에너지 조건에서 Q-y 관계곡선

$$2q\frac{dq}{dy} = 4gyE_o - 6gy^2 = 0 \tag{12.33}$$

위 식을 정리하면 다음과 같은 식으로 표현할 수 있다.

$$y = \frac{2}{3}E_o \tag{12.34}$$

식(12.34)는 광폭 수로나 직사각형 단면수로에서 한계류 조건을 나타낸 12.4.3절의 결과와 동일하다. 그러므로 한계류 조건은 주어진 유량에 대하여 최소 비에너지를 갖는 상태이거나 또는 주어진 비에너지에 대하여 최대 유량이 나타나는 상태라는 것으로 결론지을 수 있다.

12.6 에너지 원리의 적용

개수로에서 흐름 형태와 관련된 많은 문제들이 비에너지공식과 비에너지곡선(SED)을 이용하여 쉽게 풀 수 있다. 일부 문제는 짧은 거리 내에서의 흐름과 관련된 저항손실을 무시함으로서 간단한 Bernoulli 방정식이나 비에너지곡선의 분석으로 해결할 수 있다. 비에너지곡선의 사용은 개수로에서 흐름과 에너지 사이의 관계를 이해하는 데 큰 도움이 된다. 비에너지곡선은 흐름의 유형, 한계수심, 에너지 손실과 대응수심과 같은 다양한 주요 흐름 특성들을 나타낸다.

12.6.1 수로 바닥의 변화

자연상태에서 하상의 저하와 상승, 수로의 확대와 축소는 빈번하게 발생한다. 수로에서 이와 같은 변화 후 수심과 에너지는 초기 흐름 특성에 의존하게 된다. 예를 들어, 그림 12.13a에서 보는 바와 같이 작은 하상저하(Δz)를 가진 개수로를 생각해 보자. 초기의 상류단 수심(y_1)은 한계수심보다 크다. 또한 그 흐름은 상류 상태이며 Froude수는 1보다 작다. 하상저하가 나타나기 전의 상류단 비에너지(E_1)는

$$E_1 = y_1 + \frac{V_1^2}{2g}$$

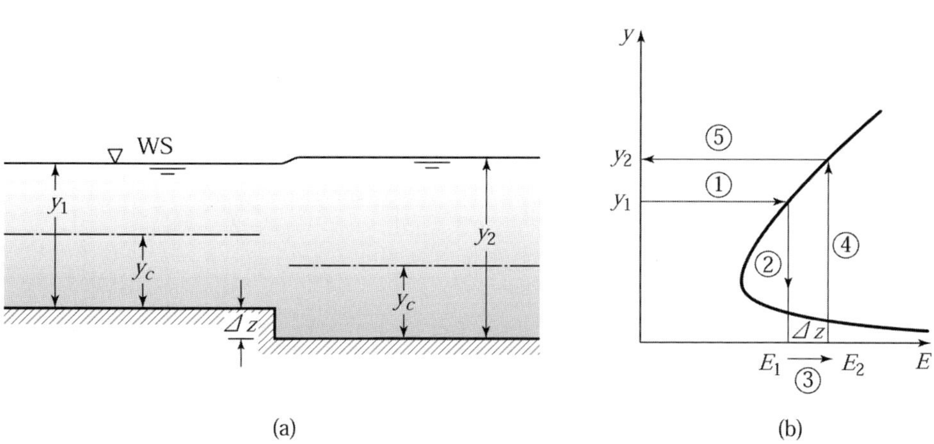

그림 12.13 수로 바닥의 저하(상류) (a) 수위 변화, (b) 풀이 과정

하상저하가 짧은 거리에서 나타나서 마찰손실을 무시할 수 있다고 가정하고 기타 미소손실 역시 무시할 수 있다고 가정하자. 이 가정들은 하상저하 전·후 총에너지는 동일한 것으로 표현할 수 있게 한다. 비록 이 가정들은 몇몇 문제에 대해서만 한정되지만 이 경우는 상기 가정의 적용에 문제가 없다. 교량에 의한 흐름저항, 보와 같은 횡단 구조물이나 굴착에 의한 하상의 저하와 상승 때문에 발생하는 수로 경계에서의 대부분의 변환은 상대적으로 짧은 거리에 걸쳐 발생한다. 비록 전체적으로 정확한 것은 아니지만, 여기에서 제시하고 있는 변환의 영향 계산방법은 개략적인 방법으로서 사용이 가능하다.

이러한 조건하에서, 그림 12.13b에서 보는 바와 같이, 하상저하 후의 수심을 예측하기 위한 계산절차를 설명하기 위해서 비에너지곡선을 사용할 수 있다. 첫 단계로 초기 상태가 상류인지 사류인지 판단하기 위해서 한계조건과 주어진 조건(수심, 유속 또는 Froude수)을 비교하는 것이다. 현재 우리는 이미 그 단계를 마쳤고, 초기상태를 상류로 결정하였다. 주어진 수심 y_1을 이용하여 초기 비에너지(E_1)를 계산할 수 있다. 기준면인 하상으로부터 산정되는 비에너지는 하상저하 이후 Δz만큼 증가해야 한다. E_1에서 Δz만큼 증가된 새 비에너지 E_2가 위치한 곳에서 수심 y_2와 일치하게 된다. 수심 y_2는 하상저하 후 본래 수심 y_1보다 커지게 된다. 수위는 실제적으로 수로바닥에서 하상저하가 발생하는 곳에서 상승하는 것을 알 수 있다. 그러나 이것이 항상 지금과 같이 나타나지는 않는다. 분명히, 하상저하 후 수위는 하상저하 크기에 따라 다르게 된다.

이제부터는 급격한 하상의 상승을 가정해 보자. 그림 12.14a에서 제시한 것처럼 이러한 경우는 하상저하 문제보다 더 복잡하다. 상류단 조건이 상류상태로 가정하면, 초기 비에너지 E_1은 하상의 상승 단계에 있어서 흐름에 영향을 미치는 에너지를 나타내게 된다. 그러나 하상의 상승 후 에너지 E_2를 결정하기 위해서 이번에는 E_1에서 Δz만큼 감산하게 된다.

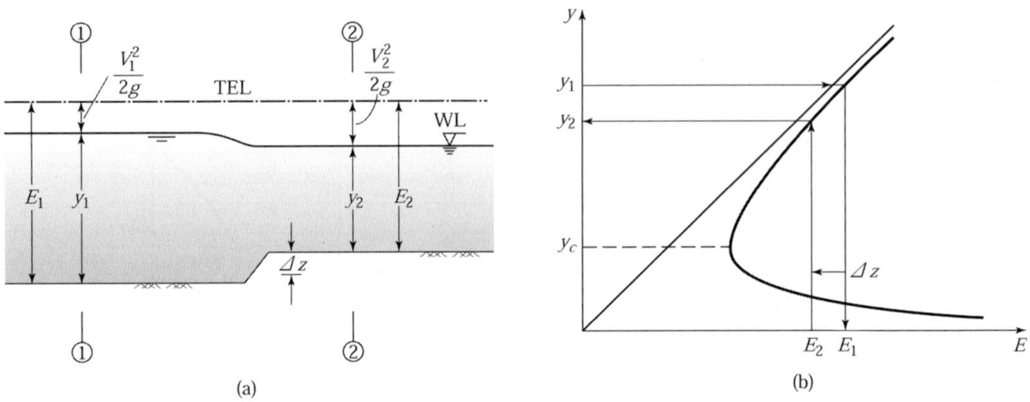

그림 12.14 수로 바닥의 상승(상류 ; subcritical flow) (a) 수위 변화, (b) 비에너지도

게다가, 총에너지는 보존되는 반면, 비에너지는 그림 12.14b에서 보는 바와 같이 감소하게 된다. 최종 수심은 그림에서 보는 바와 같이 초기 수심보다 낮게 나타날 것이다.

물론 이러한 변환 또는 하상의 상승 문제에 있어서 하상의 상승지역 전반에 걸쳐 Bernoulli 방정식을 적용함으로서 해석적으로 풀이할 수 있다. 본래 하상 바닥면을 기준면으로 하여 Bernoulli 방정식을 하상의 상승구간 전반에 걸쳐 적용하면, 다음과 같은 식을 얻을 수 있다.

$$E_{1T} = E_{2T}$$

여기서, E_T는 총에너지를 나타낸다. 이 때

$$y_1 + \frac{V_1^2}{2g} = \Delta z + y_2 + \frac{V_2^2}{2g} \tag{12.35}$$

$$E_{1T} = \Delta z + y_2 + \frac{V_2^2}{2g} = \Delta z + E_2 \tag{12.36}$$

여기서, 하상의 상승 후 나타나는 비에너지 $E_2 = y_2 + (V_2^2/2g)$이다. 하상의 상승 후 비에너지는 하상 바닥면을 기준으로 하는 총에너지와 같다. 그림 12.14b에 나타난 것처럼 하상 상승 후 비에너지는 초기 비에너지에서 하상의 상승만큼 감소한 것임을 알 수 있다 ($E_2 = E_1 - \Delta z$).

이 때, Bernoulli 방정식을 적용한 총에너지의 항 중에서 하상 상승 후의 수심은 다음과 같이 주어진다.

$$y_2 = E_{1T} - \left(\Delta z + \frac{V_2^2}{2g}\right) = E_{1T} - \left(\Delta z + \frac{Q^2}{2gA^2}\right) \tag{12.37}$$

직사각형 단면에서 식(12.37)은 다음과 같이 된다.

$$y_2 = E_{1T} - \left(\Delta z + \frac{V_2^2}{2g}\right) = E_{1T} - \left(\Delta z + \frac{q^2}{2gy_2^2}\right) \tag{12.38}$$

모든 손실이 무시되었기 때문에 하상의 상승구간 전후에 총에너지가 보존되는 것을 알 수 있다. 따라서 하상의 상승구간에 걸쳐 흐름에 영향을 미치는 에너지는 상류단의 에너지에 의해 제한된다.

그러나 그림 12.15a에서 보는 바와 같이 수심 y_1이 한계수심 y_c보다 작고, Froude수가 1보다 큰 사류흐름이라고 가정해보자. 그림 12.15a에서처럼 하상이 Δz만큼 급격하게 상승한다고 하자. 그림 12.15b는 하상의 상승 후 수심 y_2를 계산하기 위한 과정을 보여주고 있다. 비에너지는 초기의 비에너지 E_1에서 하상의 상승 후 Δz만큼 감소하여 비에너지 E_2를 나타내게 된다. 이를 이용하여 y_2를 계산할 수 있다. 수심 y_2는 초기 수심보다 상승하며, 그림 12.15b에서 보는 바와 같이 하상의 상승 후 수위는 반드시 상승한다는 것을 알 수 있다.

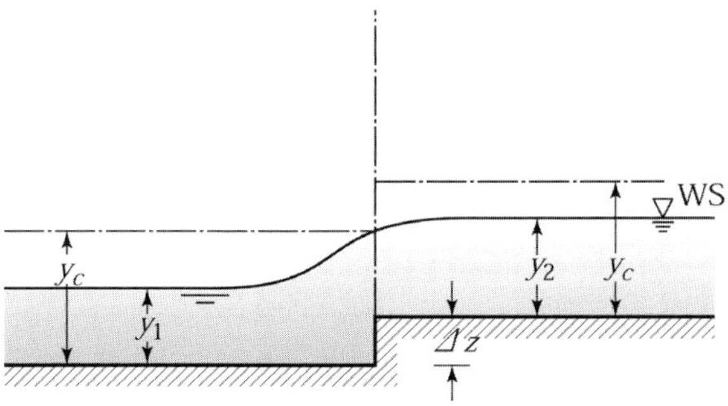

(a)

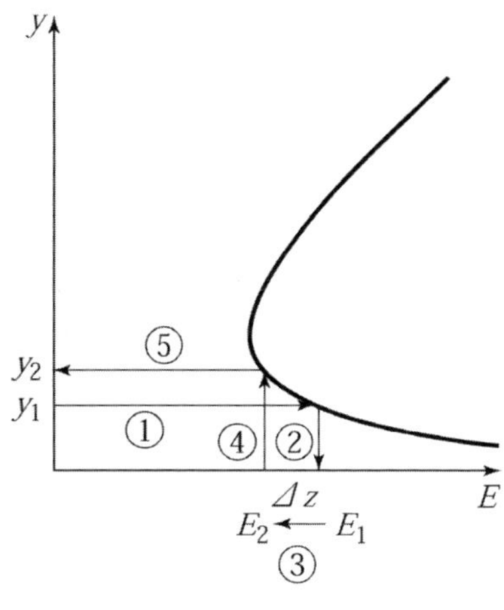

(b)

그림 12.15 수로 바닥의 상승(사류 ; supercritical flow) (a) 수위 변화 (b) 풀이 과정

12.6.2 초크(chokes)

하상의 상승 문제에서 하상의 상승 후 비에너지는 실제로 상승 전 비에너지보다 낮게 된다. 12.4.3절에서 최소 비에너지 개념을 소개하였다. 따라서 흐름을 소통시키기에 에너지가 충분하지 못한 한도까지 수로가 수축되거나 하상이 상승하는 경우를 상상할 수 있을 것이다. 그림 12.16a에서 보는 바와 같은 상황을 가정해 보자. 그림 12.14a에서 먼저 제시한 것과 같이 동일한 조건을 부여하였다. 상류단 흐름은 상류이며, 하상의 상승은 하상 변화 구간에 걸쳐 수심을 저하시키게 된다. 이제 하상 변화 크기가 점진적으로 증가하는 그림 12.16b와 12.16c와 같은 경우를 가정해보자. 하상 변화량이 증가하면 할수록, 그림 12.17과 같이 한계수심에 도달할 때까지 수심이 감소하고, 에너지는 상류단 초기 에너지에서 점점 더 감소하게 된다. 하상 상승 구간에서 비에너지는 그림 12.17과 같이 한계수심 y_c와 관련된 최소 에너지와 동일한 지점까지 감소하게 된다. 만약 하상의 상승이 더 증가한다면, 하상 상승을 극복하여 흐름을 발생할 수 있을 정도로 충분한 에너지가 생기지 않을 것이다. 이 경우는 그림 12.17과 같이 Δz_d만큼의 감소로 초기 비에너지 곡선에서 에너지가 좌측에 나타나게 된다. 이 경우 하상의 상승 전 상류단 수심은 소위 수면형 상승이라 불리는 y_1'까지 증가할 것이며, 이것은 또한 에너지가 E_1에서 E_1'로 증가하도록 영향을 미치게 된다. 수면형은 하상이 상승할 때 최소 비에너지 상태에 도달하며, 수심은 한계수심에 근접하게 될 것이다.

Toledo Bend Reservoir, LA.
(Courtesy of Frank Dutton, www.toledo-bend.com)

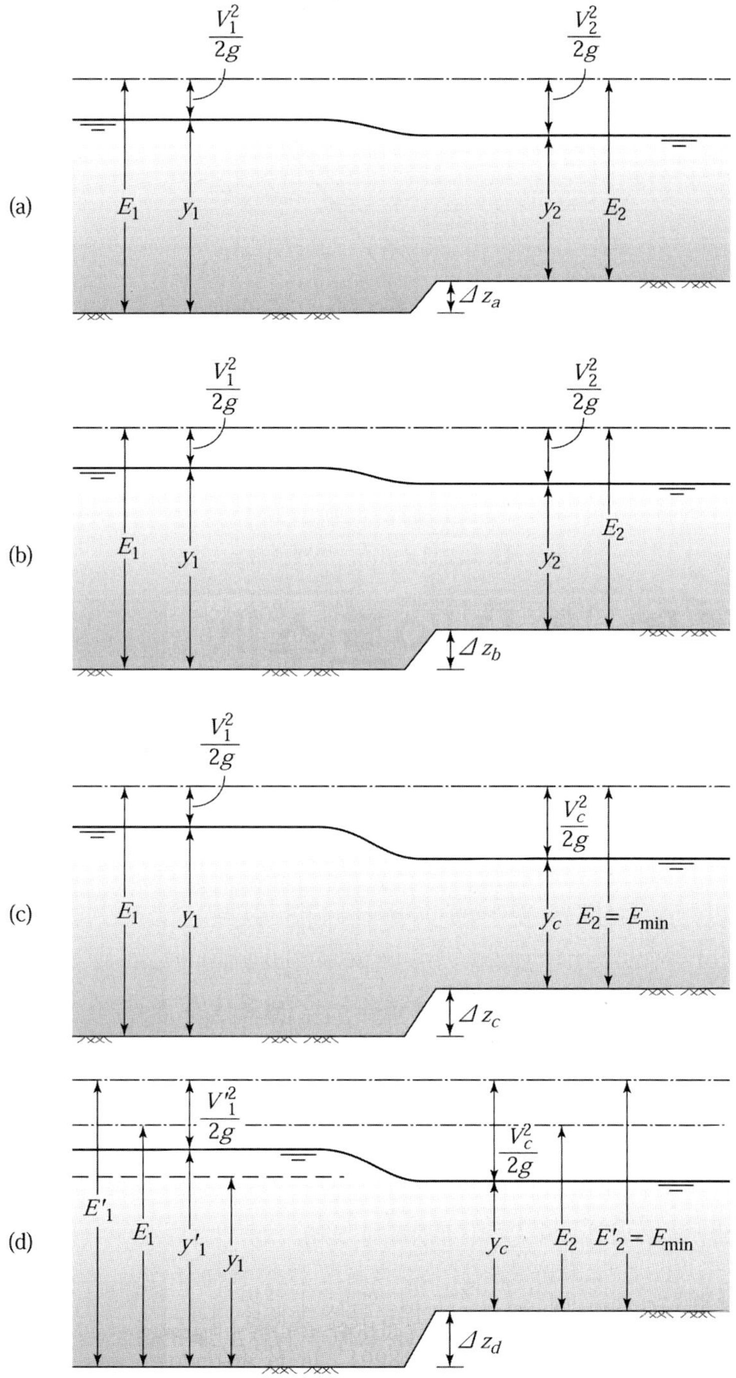

그림 12.16 수로 바닥의 상승(사류 ; supercritical flow)
(a) 하상의 단계적 상승1 (b) 하상의 단계적 상승2 (c) 하상의 단계적 상승3 (d) 비에너지 변화

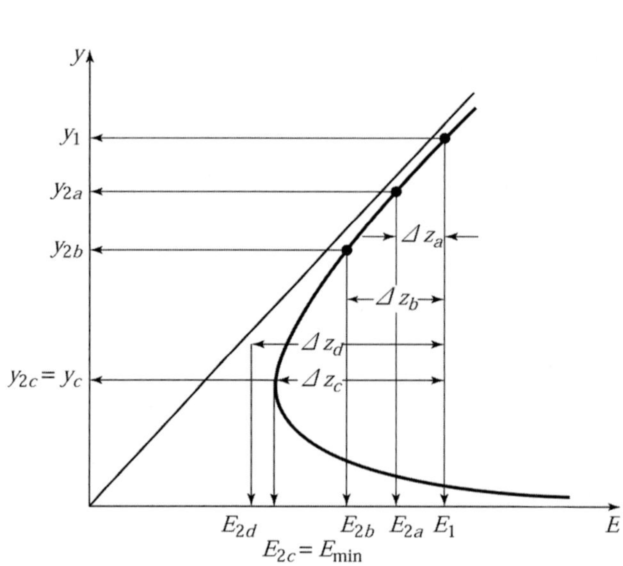

그림 12.17 비에너지도

저수지 같은 흐름의 발생지점이나 수로 입구까지 수심 증가 영역이 확대되어 나타나게 된다면 수면형이 상승하는 문제는 복잡해질 수 있다. 이러한 경우는 저수지 수위가 상승하거나 유량은 감소해야하며, 비에너지 곡선은 좌측으로 이동해야 한다. 하상이 상승하기 전 발생하는 수심과 하상 상승 부에서 발생하는 한계수심은 감소한 유량에 따라 조절될 것이다. 그러므로 하상 상승폭이 주어진 유량에서 한계수심을 발생시킬 수 있는 범위 이상 커지게 되면, 다음 두 가지 상황에 직면하게 될 것이다. 첫째, 상승한 수면 곡선은 하상 변화 구간의 상류부에서 형성될 것이다. 둘째, 수면 상승이 상류부 통제점에 도달하게 되면 유량은 감소하거나 통제점이 잠기게 될 것이다. 위 두 상황에서 한계류 조건은 하상 변화 구간 내에서 발생하게 된다.

앞서 언급한 상황은 초크(choke)라고 개수로 수리학에서 알려진 조건과 똑같다. 초크의 분석은 수리학에서 매우 중요한 부분이다. 위에서 언급한 바와 같이 초크가 수로 횡단면이 축소되는 어떠한 상황에서든 발생할 수 있으며, 하상의 저하와 하폭의 증가 같은 통수 면적이 증가하는 경우에서는 발생하지 않는 다는 것은 명시해야 한다. 공학자들은 흐름을 제한하기 위한 수로 변이구간을 설계시에 당연히 초크 발생을 피하고 싶어한다. 만약 사류 흐름 상태에서 초크가 발생하게 되면 상황은 더 복잡하게 되며, 상류단 흐름은 수심이 충분히 증가하면 사류에서 상류 흐름으로 전환될 것이다. 이 내용은 다음 장에서 역시 자세히 언급될 것이다.

흐름의 수축 문제를 다루는 과정은 다음과 같이 요약할 수 있다. 우선 상류단 흐름이 상류인지 사류인지 결정한다. 이 때, 흐름 수축 구간으로 흐름을 소통시킬 상류단에서의 초기 에너지(그림 12.6a에서 E)를 계산한다. 다음은 초크 발생 여부를 판단하기 위한 흐름이 수축면적을 검토할 필요가 있다. 이를 위해서 한계수심을 계산하고, 그에 대응하는 최소 비에너지를 계산한다. 흐름 축소부에서 총에너지의 최소값은 하상의 상승과 같은 기준면의 변화량을 추가하여 계산하게 된다. 이 에너지는 흐름 축소부를 통해 흐름을 소통시킬 수 있도록 하기 위한 최소 요구량이며, 이 값은 상류단에서의 총에너지와 비교될 수 있다. 초기 에너지가 최소 에너지보다 크다면, 그 흐름은 초크 발생 없이 흐름 축소부를 통해 흘러갈 수 있고, 수심은 위에서 제시한 방법으로 계산할 수 있다. 이 조건 하에서 초기 흐름이 상류(subcritical flow)라면, 한계수심은 감소할 것이다. 하지만 초기 흐름이 사류(supercritical flow)라면, 도수(hydraulic jump)가 상류부에서 발생할 가능성이 크다. 당연히 수로폭이나 수로 지형의 변화는 동일한 영향을 미칠 수 있다. 실제로 초기 에너지선(energy grade line, EGL)보다 위로 에너지선의 상승을 일으킬 수 있을 정도의 충분한 흐름 수축은 초크를 유발시키게 된다. 예를 들면, 위어(weir)나 수문(sluice gate) 같은 흐름을 통제하는 수공 구조물들은 초크로서의 기능을 하게 된다.

예제 12.9 $100\,\mathrm{ft^3/s}$의 등류 흐름이 수로 폭이 $5\,\mathrm{ft}$인 직사각형 단면에서 $5\,\mathrm{ft}$의 수심으로 흐르고 있다. 그림 12.18a와 같이 $0.5\,\mathrm{ft}$만큼의 수로 바닥 상승이 형성되어 있다. 수로 바닥이 상승된 곳에서의 수심을 계산하시오. 또한 한계수심을 유발하는 수로 바닥 상승량을 계산하시오.

풀이

단위폭당 유량 $q = 100/5.0 = 20.0\,\mathrm{ft^2/s}$ 이다.

$$y_c = \sqrt[3]{\frac{q^2}{g}} = 2.32\,\mathrm{ft}, \quad E_{\min} = 1.5(2.32) = 3.48\,\mathrm{ft}$$

따라서 상류단 수로 바닥면을 기준으로 수로 바닥 상승부에 걸쳐서 흐름을 소통시키기 위해 필요한 최소 에너지는 $E_{\min} + \Delta z = 3.48 + 0.5 = 3.98\,\mathrm{ft}$가 될 것이다. $y_c < y_1$ 때문에 초기 수심 $5\,\mathrm{ft}$는 상류(subcritical flow) 수심이다. 흐름에 대한 초기 에너지는 다음과 같다.

$$E_1 = y + \frac{q^2}{2gy^2} = 5 + \frac{(20)^2}{2g(5)^2} = 5.25\,\mathrm{ft}$$

$E_1(5.25\,\mathrm{ft}) > E_{\min}(3.98\,\mathrm{ft})$ 때문에, 초크는 없을 것이다.

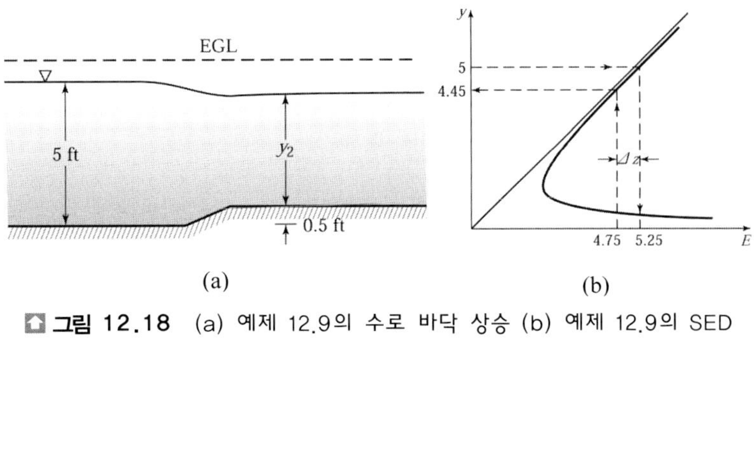

그림 12.18 (a) 예제 12.9의 수로 바닥 상승 (b) 예제 12.9의 SED

수로 바닥 상승부 전후에 걸쳐 손실을 무시하고 Bernoulli 방정식을 적용하면,

$$y_1+\frac{q_1^2}{2gy_1^2}=\Delta z+y_2+\frac{q_2^2}{2gy_2^2}$$

수로 바닥 0.5 ft 상승에 의해 수로 바닥으로부터 비에너지는 0.5 ft 감소한다.

$$5+\frac{400}{2g(5)^2}=y_2+\frac{400}{2g(y_2)^2}+0.5$$

$$4.75=y_2+\frac{6.21}{(y_2)^2}$$

시행착오법으로 풀이하면, $y_2=4.43$ ft를 계산할 수 있다. 수로 바닥 상승 후 수위는 $4.43+0.5=4.93$이 된다. 그러므로 초기 상류단 수위를 기준으로 0.07 ft 수위가 감소한다.

한계수심 발생을 위한 Δz : 이미 한계수심 y_c와 $E_{\min}$에 대해 2.32 ft, 3.48 ft로 계산했으므로, 그림 12.18b를 이용하여 간단히 문제를 해결할 수 있다. 한계수심은 유효에너지 E_1이 $E_{\min}$과 같을 때 수로 바닥 상승부에서 발생한다. 그러므로 수로바닥 상승 전후에 걸쳐 총에너지는 E_1, $E_{\min}$, 미지수 Δz를 이용하여 다음과 같이 다시 쓸 수 있다.

$$E_1=E_{\min}+\Delta z$$

$$5.25=3.48+\Delta z \quad \text{또는} \quad \Delta z=1.77\text{ ft}$$

예제 12.10 10 ft 폭의 직사각형 단면수로에 유량이 500 cfs로 12 ft의 등류 수심으로 흐르고 있다. 높이 10 ft의 직사각형 턱이 그림 12.19와 같이 수로를 횡단하여 위치하고 있다. 에너지 손실을 무시한, 턱을 지난 이후의 수심을 계산하시오.

풀이

$Q=500$ cfs 이므로, $q=Q/b=500/10=50$ cfs/ft이다. $y_c=\sqrt[3]{q^2/g}=4.26$ ft이므로, y_1은 상류 수심이다. 이 때 $E_{\min}=3/2y_c=1.5(4.26)=6.39$ ft이다. 총 필요에너지는 $E_{\min}+\Delta z=6.39+10=16.39$ ft이다. 유효에너지는

$$E_1=y_1+\frac{q^2}{2g(y_1)^2}=12+\frac{50^2}{2g(12)^2}\ ;\ E_1=12.27\text{ ft}$$

$E_1<E_{\min}$ 때문에, 턱은 초크의 역할을 수행하고 있다. 턱 전후에 걸쳐 최소 필요에너지는 상류단 수로 바닥을 기준으로 16.39 ft이다. 이 값을 E_1으로 하고, y_1에 대하여 풀이하면

$$E_1=y_1+\frac{q^2}{2g(y_1)^2}=16.39\text{ ft}$$

$$E_1=y_1+\frac{50^2}{2g(y_1)^2}=y_1+\frac{38.82}{(y_1)^2}=16.39\text{ ft}$$

따라서 $y_1=16.2$ ft

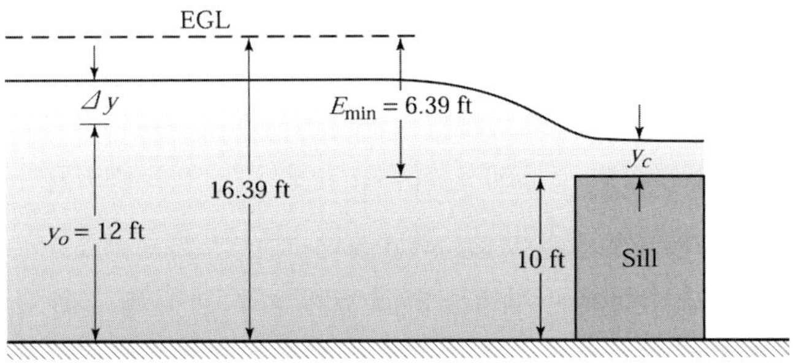

그림 12.19 예제 12.10의 수로 내 설치된 턱

예제 12.11 예제 12.10과 동일한 상황에서 그림 12.20과 같이 턱 대신에 수로에 연직 수문이 위치하고 있다. 수문이 그림과 같이 1.5 ft 열려 있는 상황이라면, 수문 통과 후의 수심은 얼마인가? 단, 수문과 관련된 에너지 손실은 모두 무시한다.

풀이

$q = 50\,\mathrm{cfs/ft}$, $y_c = 4.26\,\mathrm{ft}$, $y_1 = 12\,\mathrm{ft}$은 동일한 조건이다. 그림 12.20에서 수문 이후의 수심은 손실을 무시했을 때 수문 밑의 수심의 대응수심이 거의 나타나지 않을 것이다. 그러므로 수문에서의 에너지는

$$E_2 = y_2 + \frac{q^2}{2g(y_2)^2} = 1.5 + \frac{50^2}{2g(1.5)^2} = 18.75\,\mathrm{ft}$$

$$E_1 = E_2\text{이므로, } 18.75 = y_1 + \frac{50}{2g(y_1)^2} = y_1 + \frac{38.82}{(y_1)^2}$$

따라서 $y_1 = 18.6\,\mathrm{ft}$를 구할 수 있다.

비록 수문이 choke로 작용하고 있더라도($E_2 = 18.75\,\mathrm{ft} > E_1 = 12.27\,\mathrm{ft}$), 물리적으로 고정된 수문 높이 1.5 ft가 한계수심 $y_c = 4.26\,\mathrm{ft}$ 보다 낮기 때문에, 수문에서는 한계수심이 발생하지 않는다. 수문 밑으로 흐르는 흐름이 사류흐름이 되도록 하기 위해서는 수문의 조작이 필요하다. 에너지 손실이 없이 일정하므로, 수문 이후의 수심은 상류단 수심과 같아질 것이며, 수문은 효율적인 구조물이 아니다.

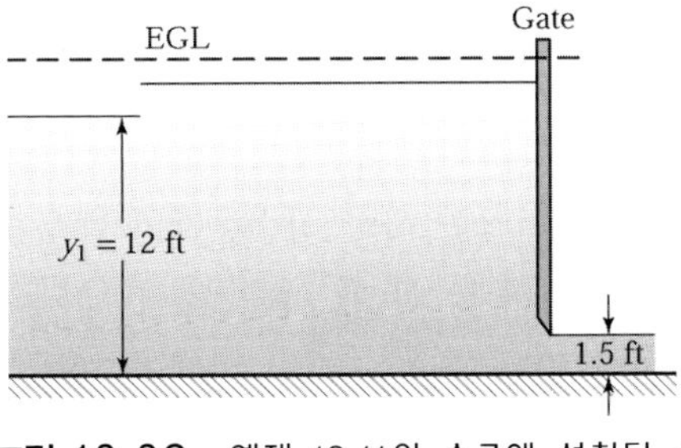

그림 12.20 예제 12.11의 수로에 설치된 수문

12.6.3 하폭의 확대 및 축소

천이의 또 다른 형태는 수로 지형의 변화이다. 그림 12.21a처럼 수로를 가정해보자. 단순화시키기 위해서 직사각형 단면에서 하폭이 b에서 b_1으로 축소된다고 가정하자. 초기 수심은 y_1이며, 상류 흐름이다. 단위폭당 유량 q는 단면이 축소되면서 q_1로 증가하고, 비에너지 곡선은 새로운 흐름 조건을 나타내는 그림 12.21c와 같이 변하게 된다. 수로 바닥의 고도는 전체 구간에 대해서 일정하며, 그림 12.21b와 같이 비에너지 E_o 역시 일정하게 유지된다. 그러나 하폭의 축소로 단위폭당 유량의 증가로 인해 한계수심은 상승하게 된다. 그림 12.21c에서 나타난 1단계, 2단계, 3단계는 하폭의 수축 후 수심 y_2를 결정하기 위한 순서이다. 수위는 그림 12.21b에서 보는 바와 같이 하폭의 수축하면서 감소하게 된다.

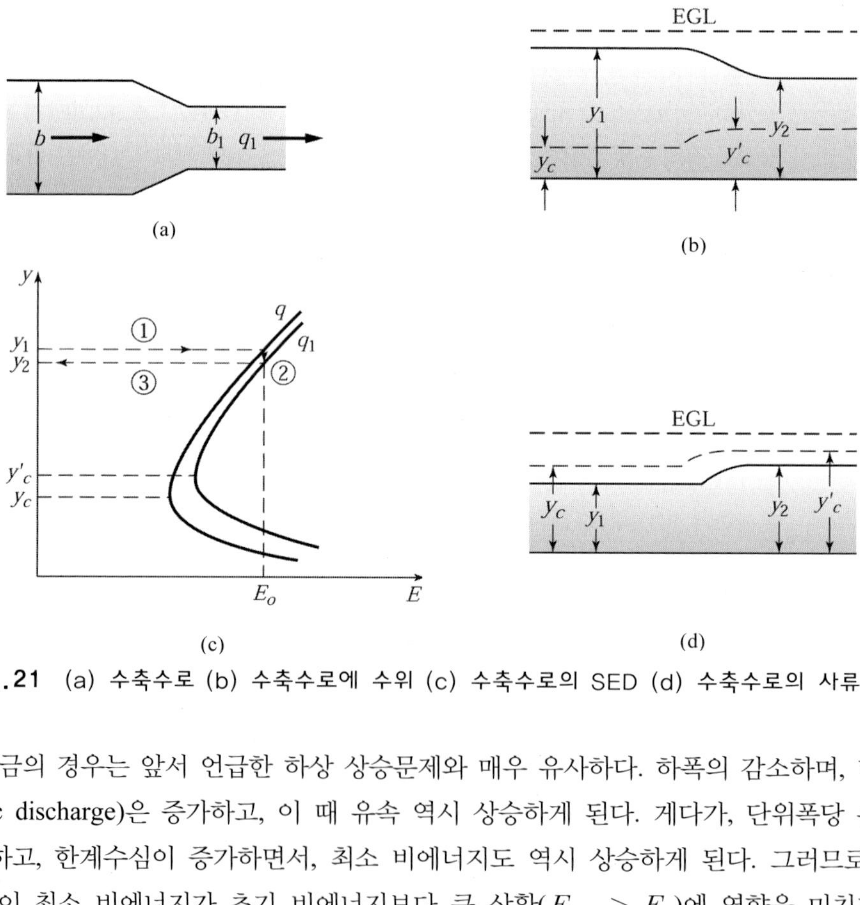

그림 12.21 (a) 수축수로 (b) 수축수로에 수위 (c) 수축수로의 SED (d) 수축수로의 사류수위

물론 지금의 경우는 앞서 언급한 하상 상승문제와 매우 유사하다. 하폭의 감소하며, 비유량(specific discharge)은 증가하고, 이 때 유속 역시 상승하게 된다. 게다가, 단위폭당 유량 q가 증가하고, 한계수심이 증가하면서, 최소 비에너지도 역시 상승하게 된다. 그러므로 수로의 수축이 최소 비에너지가 초기 비에너지보다 큰 상황($E_{\min} > E_1$)에 영향을 미치기에 충분하다면, 그 초크는 확실히 결과에 반영될 것이다. 반대로, 수로 확대의 경우에 대해서

단위폭당 유량은 감소하고 비에너지곡선은 좌측으로 이동할 것이다. 이 경우 하상이 점차 감소하는 이전에 언급한 문제와 유사하며, 초크가 발생할 수 없다.

흐름이 사류라면, 하폭 축소 후 나타나는 수심 y_2는 초기 수심보다 높게 나타나며, 수위 또한 하폭 수축 후 증가하게 된다. 이전에 언급한 것처럼, 하폭의 수축 구간 내에서의 수심 상승은 13장에서 소개될 사류흐름에서 상류 흐름으로 급격히 변화(도수, hydraulic jump)하는 좀 더 복잡한 문제를 해결하는 데 도움이 될 수 있다.

물론, 관로 내 흐름에서 수로의 축소와 확대 같은 수로 변화에 의해 일부 미소손실은 발생할 것이다. 이 손실들은 8장에서 언급한 방법과 동일하게 다룰 수 있다. 일반적인 수로의 수축계수 범위는 점진적으로 수축하는 수로 0.1부터 급축소 하는 수로 0.6까지이며, 반면 확대계수는 점진적으로 확대되는 수로 0.3부터 급확대 되는 수로 0.8까지 다양하게 분포하고 있다(U.S. Army Corps of Engineers, 1982). 예를 들면, 교량이 횡단하는 변이 구간에 대해서 일반적으로 축소계수는 0.3, 확대계수는 0.5를 사용한다.

예제 12.12 6 m의 직사각형 단면수로에서 유량 $30\,\mathrm{m^3/s}$가 수심 2.5 m로 흐르고 있다. 한계수심을 발생시키기 위한 수로 폭을 계산하시오.

풀이

이 전에 언급한 바와 같이, 수축 단면에서 $E_1 = E_{\min}$이다. 그러므로

그림 12.22a와 12.22b를 참고하면

$$E_1 = y_1 + \frac{q_i^2}{2gy_1^2} = 2.5 + \frac{(5.0)^2}{2\times 9.81\times (2.5)^2} = 2.7\,\mathrm{m}$$

이 때 $E_1 = E_2 = 3/2y_{c2}$이므로, $y_{c2} = 1.80\,\mathrm{m}$이다.

$$\frac{q_2^2}{g} = y_{c2}^3 \quad \therefore q_2 = \sqrt{gy_{c2}^3} = 7.56\,\mathrm{m^2/s}$$

$$b_2 = Q/q_2 = 30.0/7.56 = 3.97\,\mathrm{m}$$

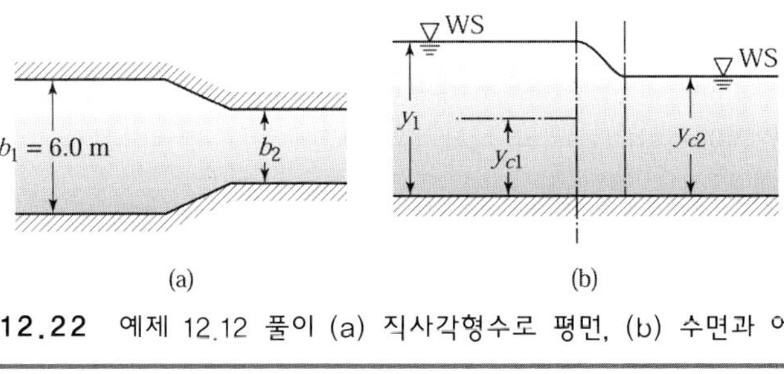

그림 12.22 예제 12.12 풀이 (a) 직사각형수로 평면, (b) 수면과 에너지선

한계상태 또는 한계상태에 매우 근접한 흐름은 안정된 흐름이 아니라는 것을 명심해야 한다. 비에너지의 미소변화(minor changes)는 수심의 상당한 변화를 초래하게 된다. 이것은

한계상태에 인접한 비에너지곡선의 수직방향 형태에 기인한 것이다. 수로의 조도, 횡단면, 유사 등 여러 변화 요인이 흐름을 불안정하게 만들기 때문에 한계수심에 가까운 수심이 나타날 때 수면에서는 수면이 요동치며 수면파가 발생한다. 다시 말해서, 수표면 수위의 큰 변화는 수로 바닥의 고도나 다른 지형적 요인들의 작은 변화에 의해서도 발생할 수 있다.

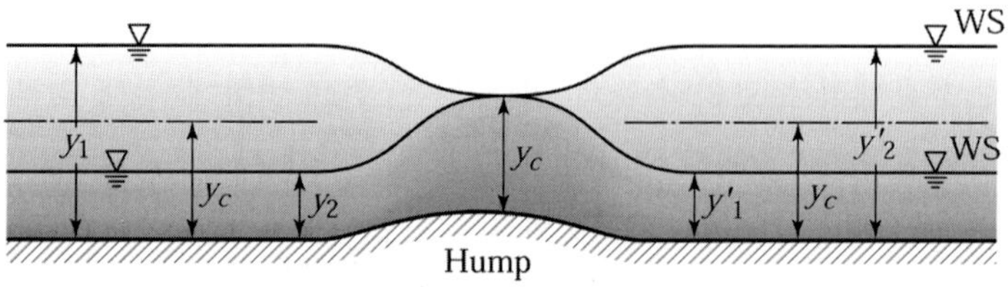

그림 12.23 제한된 길이의 한계류를 발생시키는 둔덕(hump)를 통과하는 수면

그림 12.23과 같이 수로 바닥에 제한된 길이의 하상 상승장치(이 장치는 한계류를 발생시키기 때문에 한계높이를 가지고 있다고 함)가 되어 있는 경우를 생각해 보자. 이 경우 하류 흐름은 하류의 흐름 조건에 따라 상류 또는 사류가 나타나게 될 것이다. 만약 하류단 흐름 조절이 없다면, 수심의 증가 또는 감소가 계속해서 발생하는 흐름이 될 것이다. 사류 흐름은 상류 흐름이 되려는 경향이 있으며, 또한 그 반대의 상황도 마찬가지다. 그러나 상류단 흐름이 하류단 흐름 상태로 흘러 갈 수 있는지 여부에 대해 잘 알아두어야 한다. 이러한 유사한 분석은 수로의 축소 및 확대의 경우에 적용할 수 있다.

실제로 많은 경우 개수로를 미리 축소시키는 것이 타당할 것이다. 고속도로가 수로를 가로지르는 상류단 흐름에 영향을 미치지 않고 주어진 비에너지를 가진 주어진 유량을 유지하기 위한 최소 단면을 파악하는 것은 매우 중요한 일이다. 최소 단면은 한계류 조건에서 발생하게 된다.

예제 12.13 수로 바닥폭이 10 ft이고, 측면 경사가 2 : 1인 사다리꼴 단면수로에서 수로경사 0.0005, Manning의 조도계수 n이 0.03일 때 유량 500 cfs가 흐르고 있다. 수로를 사다리꼴 단면에서 10 ft 폭의 직사각형 단면수로로 변경하고자 한다. 직사각형 단면수로에서의 수심은 얼마인가? 단, 수축계수는 0.3이다.

풀이

직사각형 단면수로에서 Manning 공식을 적용하면

$$(10y_o + 2y_o^2)\left[\frac{10y_o + 2y_o^2}{10 + 2y_o\sqrt{1+4}}\right]^{2/3} = \frac{0.03(500)}{1.49(0.0005)^{1/2}} = 450.2$$

등류수심 $y_o = 7.2\ \text{ft}$이며, 유수 단면적 $A = 175.68\ \text{ft}^2$이고, $P = 42.20\ \text{ft}$, $R = 4.16\ \text{ft}$, $V = 2.84\ \text{ft/s}$, $B = 38.8\ \text{ft}$, $E = 7.32\ \text{ft}$, $F_n = 0.236$이다. 따라서 초기 흐름은 상류

(subcritical flow)이다.

직사각형 단면수로에서는 $q = Q/b = 500/10 = 50\,\mathrm{cfs/ft}$이다. $y_c = \sqrt[3]{q^2/g} = 4.27\,\mathrm{ft}$이다. $E_{\min} = 1.5(y_c) = 6.40\,\mathrm{ft} < E_1$이므로 초크는 발생하지 않는다. 직사각형 단면으로 변환 전후에 걸쳐 에너지 공식을 적용하면

$$E_1 = y_2 + \frac{q^2}{2gy_2^2} + h_L$$

$$E_1 = y_2 + \frac{q^2}{2gy_2^2} + 0.3\left(\frac{q^2}{2gy_2^2} - \frac{V_1^2}{2g}\right)$$

$$7.32 = y_2 + \frac{(50)^2}{2gy_2^2} + 0.3\left(\frac{(50)^2}{2gy_2^2} - \frac{(2.84)^2}{2g}\right) = y_2 + \frac{1.3(38.82)}{y_2^2} - 0.3(0.125)$$

$$7.32 = y_2 + \frac{1.3(38.82)}{y_2^2} - 0.0375 = 7.35 = y_2 + \frac{50.466}{y_2^2}$$

시행착오법으로 풀이하면 $y_2 = 5.9\,\mathrm{ft}$ 이다.

예제 12.14 만약 예제 12.13의 직사각형 단면의 폭이 8이라면, 초크현상을 피하기 위하여 수로바닥은 얼마나 낮아져야 하는가?

풀이

예제 12.13에서 $E_1 = 7.32\,\mathrm{ft}$이었다. 문제의 직사각형 단면은 폭이 8 ft이고, $q = 62.5\,\mathrm{cfs/ft}$, $y_c = 4.95\,\mathrm{ft}$, $E_{\min} = 7.42\,\mathrm{ft}$이다. 따라서 수축(choke)이 발생할 수 있다. 수축(choke)을 제거하기 위하여, $E_{\min}$과 E_1을 정확히 같아야 한다. 그러므로 $7.32 + \Delta z = 7.42$, $\Delta z = -0.1\,\mathrm{ft}$이다. 수로 하상은 반드시 0.1 ft만큼 낮아져야 한다.

예제 12.15 직사각형 수로에 10 ft의 폭으로 물이 흐르고 있다. 수로에서 수심이 5 ft이고, 유속이 3 ft/s로 측정되었다. 만약, 상류단 흐름에 영향을 주지 않는 조건(수축이 일어나지 않는 조건) 하에서 흐름을 변화시키기 위해 작은 직사각형 하도를 설계한다면 최소 바닥폭은 얼마가 되겠는가? 부대손실은 무시하시오.

풀이

$A = 50\,\mathrm{ft}^2$, $Q = 150\,\mathrm{cfs}$, $q = 15\,\mathrm{cfs/ft}$. 한계수심 $y_c = 1.91\,\mathrm{ft}$이고, 최소 비에너지는 $E_{\min} = 2.865\,\mathrm{ft}$이다. 천이되기 전의 비에너지는 5.14 ft이다. 한계수심은 $2/3 \times 5.14\,\mathrm{ft} = 3.42\,\mathrm{ft}$이다. 따라서 비유량은 $Q/b = 35.88\,\mathrm{cfs/ft}$이 되며 $b = 150/35.88 = 4.18\,\mathrm{ft}$가 된다.

12.6.4 위어와 여수로

위어(weir)는 상류단 수심을 조절하기 위해 고안된 구조물이다. 위어는 수로 내 흐름에서 하류단 수축을 통제하는 기능을 가지고 있다. 위어는 정점에서 한계수심의 발생 여부에 따라서 광정위어와 예연위어로 나뉜다. 한계수심이 발생한다면, 한계 단면이 유량을 통제하게 된다. 예연위어의 경우 한계수심은 정수압 분포 때문에 정점에서 조금 떨어져서 나타나게 되어 한계수심을 통제할 수 없다. 광정위어의 개념은 월류댐(overflow spillway) 설계를 근간으로 하고 있다. 예연위어는 삼각형(V-형), 직사각형, 사다리꼴 형태로 구성이 가능하다.

12.6.4.1 직사각형 위어

위어는 수로 전체 폭을 사용하는 직사각형 예연위어가 있으며, 이것은 말뚝, 목재 또는 콘크리트를 사용하여 제작할 수 있다. 그림 12.24에서 보는 바와 같이 위어의 설치에 따른 수면형을 볼 수 있다. 지금부터 위어를 월류하는 유량에 대한 식을 유도해 보자. 그림 12.24에서 가리키는 것처럼, 위어의 정점을 기준선(datum)으로 하여 위어 정점과 동일한 높이를 가지는 점2를 하향 수면 곡선 위의 한 점으로 지정하고, 상류단의 점1과 점2에 대한 에너지 식을 쓰면

$$y_1 + \frac{V_1^2}{2g} = y_2 + \frac{V_2^2}{2g} \tag{12.39}$$

$y_2 = 0$ 이므로, 식을 다시 쓰면

$$V_2 = \sqrt{2gy_1 + V_1^2} \tag{12.40}$$

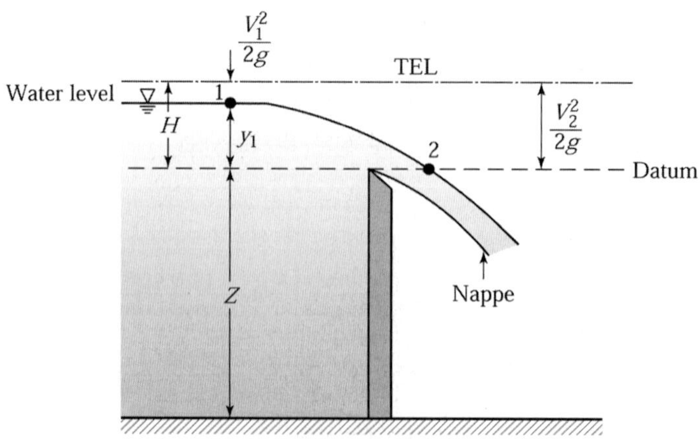

그림 12.24 예연위어의 원리

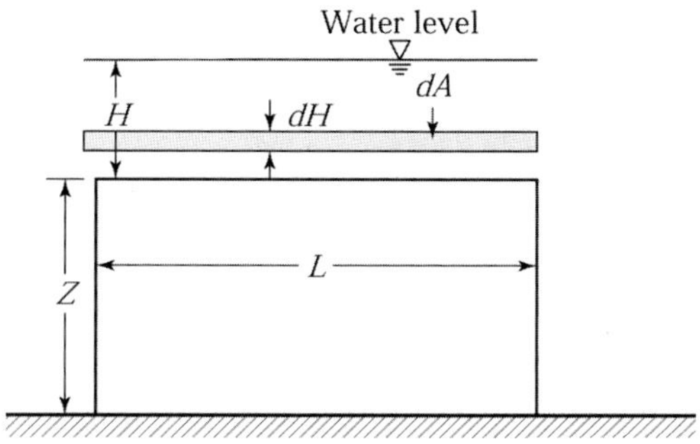

그림 12.25 예연위어의 흐름 횡단면

$y_1 + (V_1^2/2g) = H$로 치환하여, 식(12.40)을 오리피스 공식의 형태로 정리하면

$$V_2 = \sqrt{2gH} \tag{12.41}$$

실제 적용에서 보통 위어에서 상류단 방향으로 어느 정도 거리가 떨어진 지점에서의 초기 유속 V_1은 무시 가능한 것으로 가정하게 되며, 이 가정은 이 장에서 소개될 모든 경우에 대해서 적용된다.

그림 12.25는 위어의 폭 L, 횡방향 위어를 따른 흐름의 종방향 미분 요소 dH를 가진 위어 정점 부근을 묘사하고 있다. 미분요소를 통해 유량 dQ가 흐른다고 하면

$$dQ = VdA = Ldh\sqrt{2gH} \tag{12.42}$$

H에 대하여 종방향 적분을 하면, 위어에서 총유량에 대한 식을 구할 수 있다.

$$Q = \sqrt{2g}\,L\int_0^H H^{1/2}dH = \frac{2}{3}\sqrt{2g}\,LH^{3/2} \tag{12.43}$$

식(12.43)은 예연위어에서 모든 손실이 무시된 이상적인 흐름이 존재할 때의 식을 나타낸다. 그러나 위어의 상류에서 하류로 수위 저하가 나타남으로 인해 마찰 또는 수축 손실 같은 에너지 손실들이 발생할 것이다. 위어를 월류하는 실제 흐름은 식(12.43)에서 주어진 이상유체의 흐름과는 다르다. 위어를 통과하는 흐름에 대한 손실을 고려하기 위해서 유량계수(coefficient of discharge, C_d)를 사용하게 된다.

$$Q = C_d\frac{2}{3}\sqrt{2g}\,LH^{3/2} \tag{12.44}$$

실험을 통해 유량계수를 다음 식과 같이 추정하였다(Henderson, 1966).

$$C_d = 0.611 + 0.08\frac{H}{Z} \tag{12.45}$$

여기서, Z는 위어의 높이이다.

식(12.45)는 H/Z 비율이 2.0까지 적용 가능하지만, H/Z비가 1을 초과하는 경우에 대해서는 사용을 주의하여야 한다. 이러한 경우에 대해서, 하류단 방류수는 수위가 높을 수 있으며 위어를 월류하는 유량의 자유 흐름을 방해할 수 있다. 이것을 소위 수중위어(drowned weir)라고 일컫는다. 위어식은 월류댐같은 $H/Z< 0.4$인 높은 수두의 위어에도 적용가능하다.

Massachusetts주의 Lowell시에서 19세기 후반에 J. B. Francis(1815~1892)는 실험을 통하여 유량계수를 하나의 상수로서 나타내는 Francis 위어 공식을 도출하였다.

$$Q = CLH^{3/2} \tag{12.46}$$

계수 C는 간단하게 Francis 위어계수로 알려져 있고, 위어의 설비와 기타 주변 환경에 의해 발생하는 손실에 의해 계산된 유량계수는 더 낮아질 수 있다. 예를 들면, 도로를 월류하여 흐르는 흐름은 도로 주변의 식생, 포장도로의 조도, 도로 난간으로 발생하는 부가 손실들에 의해 예연위어에서의 흐름처럼 흐를 수 있다. H/Z비율이 0.1일 때, 식(12.45)에서 C_d는 0.62가 계산되고, 이를 식(12.44)에 대입하여 다른 계수들을 정리하면 C 값은 FPS단위계로 3.32, SI단위계로 1.84를 구할 수 있다. 그러나 이 값은 자연에 위치한 위어에서 다른 손실들이 발생하게 된다면 실제로는 더 작게 나타날 수 있다.

직사각형 위어가 수로의 전체 폭에 대해 설치되지 않고, 그림 12.26과 같이 흐름의 수축이 발생하는 위어를 고려해보자. 흐름은 전체 수로 폭에서 직사각형 단면 위어의 출구부로 집중된다. 물론, 이러한 흐름의 수축은 위어의 길이가 영향을 미치지 못하게 되기 때문에 위어에서 수두 손실을 증가시키게 된다. Francis는 이러한 영향들이 $0.1H$ 만큼씩 수축이 될 때마다 유효 위어 길이가 감소함으로서 미소손실(minor loss)과 같은 방법으로 취급할 수 있음을 발견하였다. 흐름의 수축에 대하여 유효 위어 길이는 다음과 같이 주어진다.

$$L' = (L - 0.2H) \tag{12.47}$$

$$Q = CL'H^{3/2} \tag{12.48}$$

여기서, L은 그림 12.26에서 축소된 통수 단면의 폭이다.

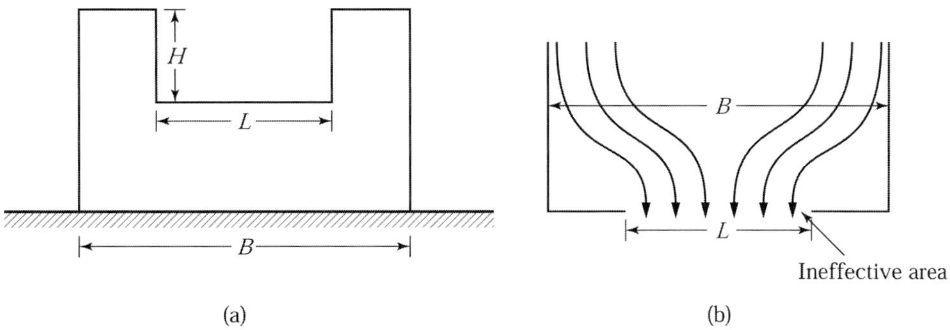

그림 12.26 (a) 끝단이 축소된 직사각형 예연위어 (b) 직사각형 예연위어를 통과하는 유선수렴의 평면도

예제 12.16 직사각형 예연위어가 폭이 20 ft인 수로에 설치되어 있다. 수로의 최저부(invert)는 *NGVD*(National Geodetic Vertical Datum)으로 100 ft이며, 위어는 이보다 15 ft가 높다. 이러한 조건에서 월류부(headwater) 수위유량곡선(rating curve)를 구하시오.

풀이

H값의 범위는 5 ft까지 계산한다. 따라서 H/Z값은 최대 0.333이 되고, 유량계수의 범위는 다음과 같다.

$$C_d = 0.61 + 0.08(0.066) = 0.615(\text{minimum})$$

$$C_d = 0.61 + 0.08(0.333) = 0.636(\text{maximum})$$

이 때, Francis C값은 $C = 0.667(8.02)(0.615) = 3.29$에서 $C = 0.667(8.02)(0.636) = 3.40$까지 변한다. 일반적으로 Francis계수는 평균값을 사용하므로 3.34를 사용한다. 식(12.46)을 이용하여 월류부의 수심과 유량관계를 표로 나타내면 다음과 같다($L = 20$ ft).

Headwater Elevation(ft)	H(ft)	Q(cfs)
116	1	66.8
117	2	188.9
118	3	347.1
119	4	534.4
120	5	746.8

여기서 주의해야 할 것은 위어의 수두는 하류부 곡선에 의해 수두가 한계수심으로 근접하는 것을 막기 위하여 위어의 모서리에서 상류방향으로 충분한 거리에서 측정되었다는 것이다. 때때로 이 거리는 $4H$로 계산된다.

12.6.4.2 삼각 위어

직사각형 단면 위어는 일반적으로 상대적으로 고유량이 흐르는 지역에 수위 조절장치로서 사용된다. 적은 유량이 흐르는 경우는 V-자형 또는 삼각 위어가 일반적으로 사용된다.

특히, 삼각 위어(triangular weirs)는 저유량 흐름 소통시 유량을 관측하기에 매우 용이하다. 저유량 소통 지역에서 삼각 위어가 유효하게 사용되려면 관측을 더 용이하게 하기 위해서 상류단에서 더 큰 수두가 형성되어야 한다. 예를 들면, 제방을 통한 침투수나 자분정(artesian well), 봄에 흐르는 저유량 흐름을 관측하기 위해서 삼각 위어는 직사각형 단면 위어보다 높은 정확도를 가지고 있기 때문에 더 많이 사용하게 된다.

삼각 위어는 그림 12.27에서 보는 바와 같다. 그림과 같은 수로 형상에 대해서 다음과 같은 관계를 발견할 수 있다.

$$\frac{X}{L} = \frac{H-y}{H}$$

또는

$$X = \frac{L(H-y)}{H} \tag{12.49}$$

V-자형 단면에 대하여 각도 θ의 항으로 나타내면 다음과 같다.

$$\tan\frac{\theta}{2} = \frac{L}{2H} \tag{12.50}$$

식(12.50)을 식(12.49)에 대입하면

$$X = 2\tan\frac{\theta}{2}(H-y) \tag{12.51}$$

미분 요소 dA를 통하여 유출되는 유량은 다음과 같다.

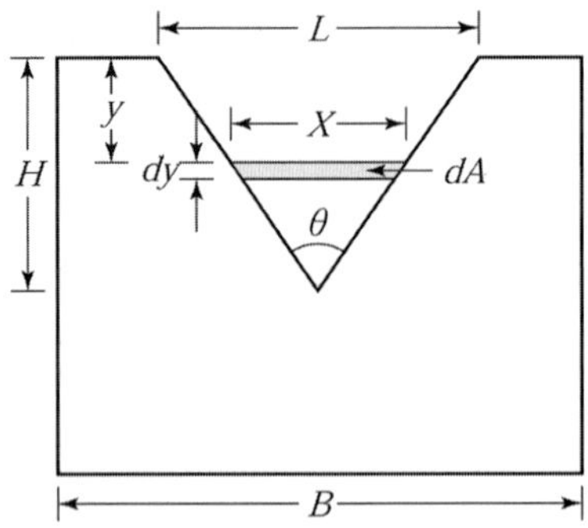

그림 12.27 삼각형 또는 V자형 위어의 원리

$$dQ = VdA = \sqrt{2gy}(Xdy) \tag{12.52}$$

$$= \sqrt{2g}\,Xy^{1/2}dy = \sqrt{2g}\,2\tan\frac{\theta}{2}(H-y)y^{1/2}dy \tag{12.53}$$

삼각 위어를 통해 유출되는 총유량은 다음과 같다.

$$Q = \int_0^H dQ = \int_0^H \sqrt{2g}\,2\tan\frac{\theta}{2}(Hy^{1/2} - y^{3/2})dy$$

적분식을 계산하면 다음과 같은 식을 도출할 수 있다.

$$Q = \frac{8}{15}\sqrt{2g}\tan\frac{\theta}{2}H^{5/2} \tag{12.54}$$

V-자형 위어에서 일반적인 각도는 90°, 60°, 45°이다. 90° 위어에 대해서, 흐름은 다음과 같이 계산할 수 있다.

$$Q = \frac{8}{15}\sqrt{2g}\,H^{5/2} = 0.533\sqrt{2g}\,H^{5/2} \tag{12.55}$$

60° 삼각 위어에서 유량은 다음과 같다.

$$Q = 0.308\sqrt{2g}\,H^{5/2} \tag{12.56}$$

그러나 직사각형 위어에서는 이상적인 조건하에서의 유량 공식은 위어 부근에서 수면 저하와 관련된 마찰 손실과 흐름 수축을 고려하기 위해 유량 계수가 필요하다. 삼각 위어 유량계수는 직사각형 위어처럼 대략 0.6정도로 근사하게 나타난다. 예를 들면, 90°와 60° 삼각 위어의 C_d는 0.57에서 0.60정도이다(Roberson et al., 1998).

12.6.4.3 사다리꼴 위어

그림 12.28의 사다리꼴 위어(trapezoidal weirs)는 Cipolletti 위어라고도 불리며, 직사각형 위어와 삼각 위어가 결합된 구성이다. 일반적인 Cipolletti 위어는 $1\,H : 4\,V$의 측면 경사를 가지고 있으며, 통수 면적이 축소된 직사각형 위어가 유량을 충분히 소통시키기에 부적합할 때 사용된다. 사다리꼴 위어를 통한 흐름은 삼각위어와 직사각형 위어의 유출 유량을 합산하여 계산할 수 있다.

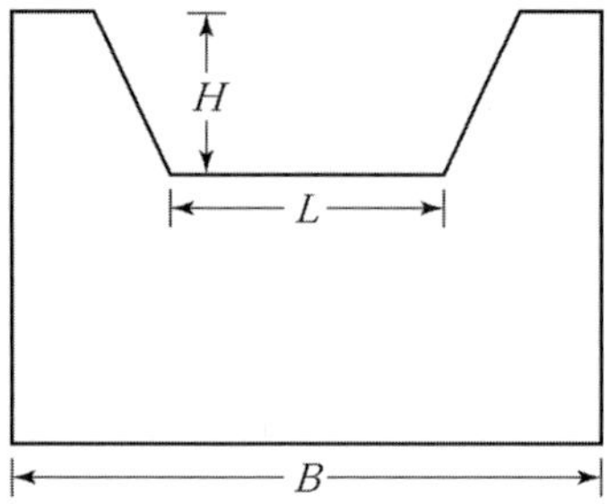

그림 12.28 사다리꼴 또는 Cipolletti 위어

Flow over a weir(Courtesy of Royalty-Free/CORBIS)

$$Q = CLH^{3/2} + C_d \frac{8}{15}\sqrt{2g}\tan\frac{\theta}{2}H^{5/2} \tag{12.57}$$

그러나 미개척국(U.S. Bureau of Reclamation)은 Cipolletti 위어의 통수유량은 다음과 같은 Hwang and Houghtallen(1996)의 식을 이용하여 산정할 것을 권장하고 있다.

$$Q = C_w LH^{3/2} \tag{12.58}$$

USBR은 실험을 통하여 위어 계수(C_w)를 이상적인 조건에서 FPS단위계일 때 3.367을 제시하였다. 그러나 이전의 경우처럼, 이 값은 미소손실 등에 의해 더 작은 값이 도출될 수 있다.

12.6.4.4 월류 여수로

직사각형 예연위어는 그림 12.29에서 보는 바와 같은 월류 여수로(overflow spillway)의 설계와 분석의 기초를 이루고 있다. 설계수두(design head) H_d는 실제 월류 정점이다. 공칭수두(nominal head)는 위어 정점에서의 수두이다. $H \ll Z$인 높은 위어의 경우를 가정하면, 월류 유량은 다음과 같이 산정할 수 있다.

$$Q = CLH^{3/2} = 3.32\,LH^{3/2} \tag{12.59}$$

반면 월류 정점에서의 실제 수두 항에 대해서, 위어 정점 높이부터 월류 정점까지 상승량에 대한 실험치(0.11 H)를 사용하면 유량은 다음과 같이 나타낼 수 있다(Henderson, 1966).

$$Q = 3.97\,LH_d^{3/2} \tag{12.60}$$

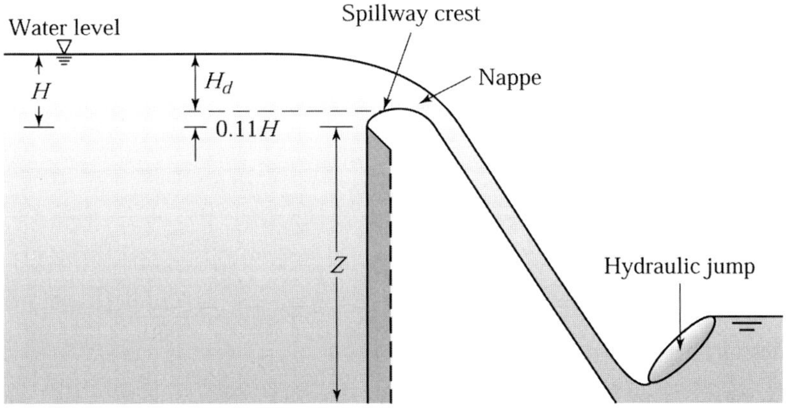

그림 12.29 월류 여수로의 원리

Grand Coulee Dam.(Courtesy of VSBR and Charles Hubbard.)

여수로의 경사면은 위어 위의 제트류가 콘크리트 면에 흐르도록 설계되어진다. 또한 고유속의 흐름 수축부와 경사면 사이에서 발달하는 부압(negative pressure)에 의한 콘크리트의 공동현상(cavitation) 발생 가능성을 줄이기 위한 것이다. 실험에 의해 유도된 곡선은 정점과 경사면을 연결하는데 이용한다. 월류 여수로의 이론적 설계는 USBR Hydraulic Laboratory와 U.S. Army Corps of Engineers Hydraulic Laboratory에서 실험을 통해서 이루어졌다(Morris and Wiggert, 1972).

급경사를 가진 월류 여수로에서 준임계단면(pseudocritical section)부터 정점까지 월류 수심은 등류수심으로 감소된다. 그러나 그 수심은 월류 여수로의 끝 선단(toe)나 바닥에 도달하기 전에 수심 y_o까지 미치지 못할 수 있다. 매우 높은 월류 여수로 같은 경우 월류 유량이 댐 표면에서 고유속을 가지며, 월류 여수로의 끝 선단(toe)에 도달하기 전에 대기 중의 공기와 혼합하여 흐름이 고유속의 공기와 흐름의 혼합물로서 흐르기 때문에 부가적인 문제가 발생하게 된다. USBR은 이 제트류의 이론 유속을 제시하였다(Bradley and Peterka, 1957).

$$V_t = \sqrt{2g(Z-H/2)}\ (\mathrm{ft/s}) \tag{12.61}$$

여기서, Z는 상류단 수위에서 하류단 수위까지 총낙하 높이이며, H는 월류 여수로 정점에서의 실제 수두이다. 그러나 실제 유속은 반드시 실험에 의해서 산정되어야 한다. USBR에서 수행된 실험들과 이론 유속에 대한 곡선은 매우 유용하게 사용된다(Bradley and Peterka, 1957 ; Henderson, 1966).

매우 작은 댐($Z<$ 6 m 또는 20 ft)의 경우에서는, 월류 여수로 표면에서의 손실은 큰 오차 없이 무시될 수 있다. 이러한 경우, 월류 여수로 선단 수심은 12.6.1절에서 언급한 하상의 상승에 의한 조절 방법과 마찬가지로 여수로를 관리하게 된다. 여수로 도달 전 수심을 알고 있는 경우에는 여수로 전후에 걸쳐 마찰 손실을 무시하여 에너지 공식을 적용하여 여수로 선단에서의 미지 수심을 풀이하는 방식으로 문제를 해결한다.

또 다른 고려사항으로는 여수로를 지난 하류단 흐름이 사류흐름이라는 점이다. 대부분의 경우, 여수로 선단에 매우 근접한 수로는 세굴로부터 보호되어야 하고, 대부분의 실제 사례에서 효과를 나타낸 과도한 운동에너지를 감소시키기 위해 선단 부근에서의 도수와 수로에서의 정상적인 상류 수심으로 복귀를 용이하게 하는 설비가 있어야 한다. 이에 대한 자세한 내용은 다음 장에서 이루어질 것이다.

12.6.4.5 광정 위어

위어에서 폭과 마찰 특성에 의해 위어 정점에서 실제 한계수심이 발생한다면 그 위어는 광정 위어(braod-crest weir)라 간주하게 된다. 물론, 이 경우 한계 단면은 실제 위어 정점 위의 유효 에너지가 유량을 조절한다. 그림 12.30과 같이 직사각형 위어를 가정하면, 한계수심에서의 유속 $V=\sqrt{gy_c}$ 이므로, 한계류 면적을 통한 유출 유량은 다음과 같다.

$$Q = AV = Ly_c\sqrt{gy_c} = L\sqrt{g}\,y_c^{3/2} \tag{12.62}$$

L은 수로 단면의 폭 또는 위어 정점의 길이이다. 식(12.62)를 Francis 공식으로 변환하면,

$$E_c = H = 3/2y_c$$

이 식을 대입하면

$$Q = \sqrt{g}\,L(2/3H)^{3/2} \tag{12.63}$$

FPS단위계에서는 식(12.63)은 다음과 같이 된다.

$$Q = 3.09\,LH^{3/2} \tag{12.64}$$

이 식은 계수 C값이 3.09인 Francis 공식이다. 그러나 광정 위어에서는 수축과 마찰 손실이 종종 매우 크게 나타날 수 있기 때문에, C값은 2.5까지 감소될 수 있다.

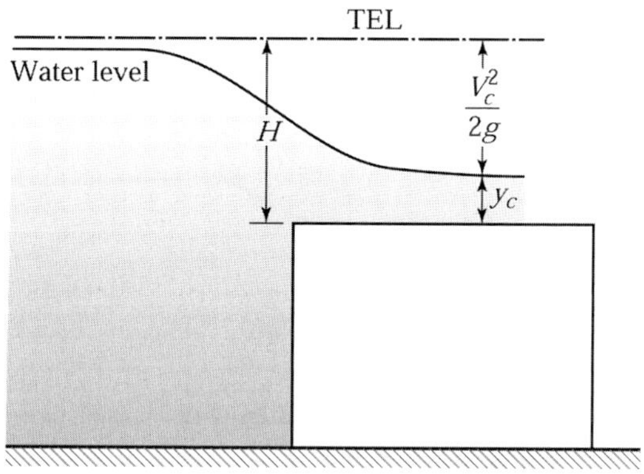

그림 12.30 광정 위어의 원리

12.7 유량 문제

수리 통제(hydraulic control)의 또 다른 양상은 그림 12.31에서 보는 바와 같이 호수나 저수지와 연결된 통제되지 않은 수로의 고찰을 통해 설명될 수 있다. 수로 내 유량은 호수에서의 에너지 레벨과 수로에서의 저항 능력의 결합을 통해 산정할 수 있다. 이러한 경우는 넓은 호수에서 좁은 수로를 통해 흐르는 흐름이기 때문에 횡단면은 극히 제한적인 경우만 나타나게 된다. 따라서 수로 내에서 흐름의 통제와 호수의 출구점에서 한계수심이 발생하는 것을 예상할 수 있다. 그러나 이러한 조건은 오직 수로 경사가 급할 경우에만 발생된다. 만약 수로가 완경사를 이루고 있다면, 그림 12.31b에서 보는 것처럼 상류상태에서 발생하는 수로 내 등류수심이 통제하고, 한계 단면을 잠기게 만들 것이다. 완경사의 경우 유량은 급경사 수로의 경우보다 적은 유량이 발생하게 된다.

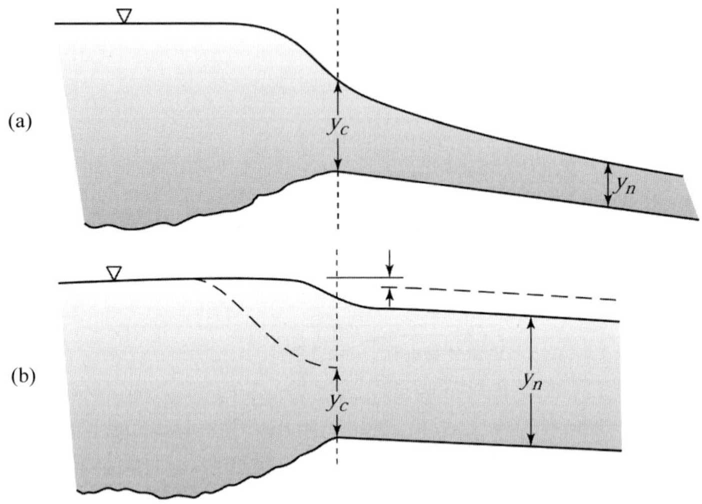

그림 12.31 (a) 급경사부의 통제되지 않은 저수지 출구 (b) 완경사부의 통제되지 않은 저수지 출구

예제 12.17 바닥폭이 10 ft, 측면경사가 2 : 1인 사다리꼴 수로에 의해 배수되는 호수가 있다. 수로는 0.0015 ft/ft의 경사로 흐르며 Manning의 조도계수 n은 0.035이다. 만약 호수가 수로 유입부의 최저부(invert)보다 10 ft 위에 위치해 있다면, 수로의 유량은 얼마나 되겠는가?

풀이

먼저, 수로가 급경사인지 완경사인지를 판단해야 한다. 이 문제는 시행착오법(trial-and-error solution)으로 풀어야 한다. 한계수심을 $y_c = (2/3)E = 6.67$ ft이라 가정하자. 그러면 $A = 155.67\ \text{ft}^2$, $B = 36.68$ ft가 된다. 따라서

$$\frac{Q^2 B}{gA^3} = 1 = \frac{Q^2 \times 36.68}{32.2 \times (155.67)^3}$$

이 때 $Q = 1819.78$ cfs이며, $V = 11.69$ ft/s, $E = 8.79$ ft가 된다. 이 때 E값은 10 ft보다 작아 한계수심을 다시 가정하여 풀어야 한다.

$y_c = 7.5$ ft라고 가정하자. 그러면 $A = 187.5\ \text{ft}^2$, $B = 40$ ft, $Q = 2303.56$ cfs, $V = 12.28$ ft/s, $E = 9.84$ ft가 된다. 이 때 E값 역시 아직 10 ft보다 작다. 다시 $y_c = 7.6$ ft라고 가정하면, $A = 191.5\ \text{ft}^2$, $B = 40.4$ ft, $Q = 2365$ cfs, $V = 12.35$ ft/s, $E = 9.97$ ft가 되어 10 ft에 거의 근접하게 된다. 이때의 $P = 43.97$, $R = 4.35$이며, Manning 공식을 이용하여 한계경사를 구하면 다음과 같다.

$$S_c = \left[\frac{0.035 \times 12.35}{1.49 \times (4.35)^{2/3}}\right] = 0.0118$$

이 값은 수로경사 0.0015보다 크므로, 완경사로 계산할 수 있다. 따라서 수로의 흐름은 한계수심이 아닌 등류수심으로 해석할 수 있다. 그러나 수로 유입부에서 등류수심과 속도수두, 그 밖의 손실의 합은 호수 내의 총 에너지를 초과할 수 없다. 따라서 유입부 손실을 무시하면 다음과 같이 정리할 수 있다.

$$10 = y_2 + \frac{V_2^2}{2g} = y_2 + \frac{\left(\frac{1.49}{n} R^{2/3} S^{1/2}\right)^2}{2g}$$

$$= y_2 + \frac{\left(\frac{1.49}{0.035}\left(\frac{10y_2 + 2y_2^2}{10 + 4.47y_2}\right)^{2/3} (0.0015)^{1/2}\right)^2}{2g}$$

$$= y_2 + 0.0422\left(\frac{10y_2 + 2y_2^2}{10 + 4.47y_2}\right)^{4/3}$$

시행착오법에 의해 $y_2 = 9.6\,\text{ft}$를 구할 수 있다. 이 값으로부터 $A = 280.32\,\text{ft}^2$를 구할 수 있으며, $E = 10 = y_2 + \frac{V_2^2}{2g}$에서 $\frac{V_2^2}{2g} = 0.4\,\text{ft}$를 구할 수 있다(유입부 손실 무시). 따라서 $V = \sqrt{0.4(2g)} = 5.07\,\text{ft/s}$가 되며, $Q = VA = 1421\,\text{cfs}$를 구할 수 있다.

우리는 실제 유량이 한계수심이 통제된 급경사의 수로에서 발생할 수 있는 최대 유량의 60% 정도라는 것을 알 수 있다. 또한 이 경우 등류수심(9.6 ft)이 한계수심(7.6 ft) 보다 2 ft 크게 되므로 한계 단면이 등류수심에 의해 잠기게 된다.

마지막으로 수로에서 축소나 유입손실을 고려한다면 보다 정확한 계산이 가능할 것이며, 적절한 손실계수는 0.1에서 0.3으로 에너지방정식의 유속수두항에 곱하여 사용할 수 있다.

12.8 무차원 비에너지도 작성

일반적인 경우, 단위폭당 유량 q는 수로를 따라 상당히 많이 변하게 되므로 특정 유량에 대해 변화 범위를 포함할 수 있도록 비에너지 곡선을 작성해야 할지도 모른다. Crausse(1952)는 비에너지 공식에 대한 무차원 분석을 수행하였으며, 다양한 단위폭당 유량 q에 대해 단일 곡선을 제시하였다. 직사각형 단면수로와 광폭 수로에 대해서, 비에너지 공식은 다음과 같이 나타낼 수 있다.

$$E = y + \frac{q^2}{2gy^2} \tag{12.65}$$

양변을 한계수심 y_c로 나누면

$$\frac{E}{y_c} = \frac{y}{y_c} + \frac{q^2}{2gy^2 y_c} \tag{12.66}$$

$E/y_c = E'$, $y/y_c = y'$으로 놓고, $q = \sqrt{gy_c^3}$을 식(12.66)에 대입하면

$$E' = y' + \frac{1}{2y'^2} \tag{12.67}$$

식(12.67)은 비에너지식을 무차원화 시킨 것이다. 종축으로 y'으로 하여 E'을 그리면, 그림 12.32에서 보는 바와 같이 다양한 크기의 $E-y$ 곡선을 구할 수 있다. 이 무차원 곡선은 한계수심을 알고 있는 경우 어떠한 문제라도 적용할 수 있다. 이전에 언급한 바와 같이, 그림 12.32는 그림 12.9에서 제시한 도표를 기본으로 하고 있다.

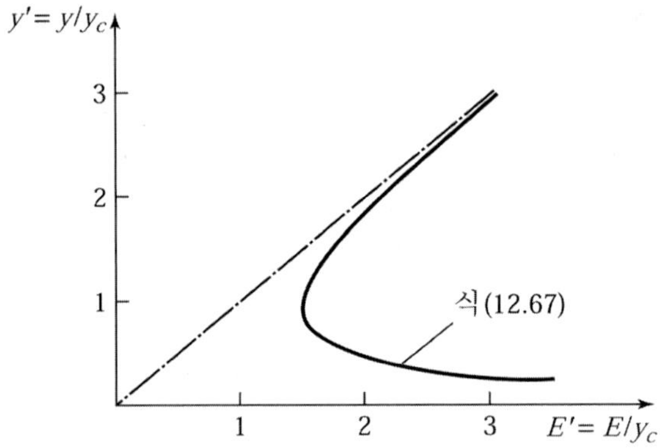

그림 12.32 무차원 비에너지도 작도

도움말 Reading Aid

12.1 개수로에서 일반적으로 볼 수 있는 여러 에너지 형태들을 서술하시오.

12.2 총에너지 E_T를 정의하고, 에너지보존의 일반식을 쓰시오. 개수로 등류 흐름에서 하상 경사, 수면 경사 그리고 총에너지 경사는 어떠한 관계를 이루는가?

12.3 개수로에서 총에너지와 비에너지의 차이는 무엇인가? 비에너지를 y와 Q에 대한 식으로 나타내시오.

12.4 비에너지도는 무엇을 의미하는가? 정적 에너지와 운동 에너지는 수심에 의하여 어떻게 변하는가?

12.5 수심이 증가함에 따라, 운동에너지가 증가될 것이라 생각하는가 아니면 그 반대인가? 또한 그 이유는?

12.6 대응수심을 정의하시오. 무엇이 흐름을 고수위나 저수위로 흐르게 하는가?

12.7 최소 비에너지상태에서 Froude수는 얼마인가?

12.8 수심이 한계수심보다 높아진다면, Froude수가 1보다 커진다고 생각하는가 아니면 그 반대인가? 또한, 유속은 한계유속보다 커진다고 생각하는가 아니면 그 반대인가?

12.9 여러 유량 Q에 대해서 비에너지도를 작성하시오. 비에너지도에서 유량 Q의 증가 영향을 설명하시오.

12.10 개수로에서 한계상태에 대한 일반식을 유도하시오. 또한 직사각형 단면수로에서 한계수심에 대한 식을 작성하시오.

12.11 개수로에서 한계수심을 결정하기 위한 여러 다른 방법들을 설명하시오.

12.12 광폭 직사각형 단면수로에서 최소비에너지를 한계수심의 항으로 나타내시오.

12.13 수리수심(hydraulic depth)을 이용하여 사다리꼴 단면수로에서 한계 유속을 나타내고, 직사각형 단면수로에 수심(flow depth)을 이용하여 한계 유속을 나타내시오.

12.14 한계류 조건이 주어진 유량에 대해서 최소 에너지에서 만족하는지 또는 주어진 에너지에 대해서 최대 유량에서 만족하는지를 증명하시오.

12.15 수로 바닥의 급격한 하강이 발생했을 때, 비에너지는 증가한다고 생각하는가 아니면 그 반대인가? 그 이유는?

12.16 상류(subcritical flow) 상태로 흐르는 수로 바닥에서 적은 수로 바닥의 상승이 발생했을 때, 수심이 상승한다고 생각하는가 아니면 그 반대인가? 그 이유는?

12.17 사류(supercritical flow) 상태로 흐르는 수로 바닥에서 적은 수로 바닥의 저하가 발생했을 때, 수심이 상승한다고 생각하는가 아니면 그 반대인가? 그 이유는?

12.18 유량이 일정할 때 직사각형 단면수로의 폭이 증가하는 것은 비에너지와 총에너지에 어떻게 영향을 미치겠는가?

12.19 직사각형 단면수로에서 수로 폭이 증가된다면, 다음과 같은 조건에서 수심이 증가한다고 생각하는가 아니면 그 반대인가?: (a) 상류(subcritical flow) 상태 (b) 사류(supercritical flow) 상태

12.20 한계 상태에서 흐름이 불안정한 이유와 그 흐름이 상류나 사류 상태로 변화하는 이유를 설명하시오.

12.21 비에너지공식의 무차원식을 유도하시오. 비에너지도의 무차원화 도표의 유용성에 대해서 예를 제시하시오.

연습문제

12.1 수로 바닥폭이 6 m 이고, 측면 경사가 1 : 1인 사다리꼴 단면수로에서 8.0 m^3/s 의 유량이 흐르고 있다. 수심이 2.0 m 일 때, 비에너지를 계산하시오. 관측 수심에 대한 대응수심은 얼마인가?

12.2 수로 바닥폭(b)이 6 ft이고, 측면 경사가 $t = 2$인 사다리꼴 단면수로에서 다음과 같은 조건에서 한계수심을 계산하시오.

(a) $Q = 150\ ft^3/s$

(b) $Q = 75\ ft^3/s$

(c) $Q = 300\ ft^3/s$

12.3 시멘트 직사각형 수로 폭이 6 m 이고, 11.0 m^3/s 의 유량이 흐르고 있다. 한계수심과 한계유속을 계산하시오.

12.4 높이 h의 광정위어가 폭 b인 수로에 설치되어 있다. 상류단 수심이 y_1이고, 상류단 속도수두와 마찰손실을 무시했을 때, 상류단 수심에 관하여 이론 유량 공식을 작성하시오. 단, 광정 위어 위에서 한계류가 발생한다고 가정한다.

12.5 수로 바닥폭이 7 ft이고, 측면 경사가 3 : 2인 사다리꼴 단면수로에서 300 ft^3/s 의 유량이 흐르고 있다. 비에너지가 5.7 ft일 때, 이러한 조건을 만족시키는 경사와 대응수심을 계산하시오. 단, $n = 0.025$

12.6 수로 폭이 5 m 인 직사각형 단면수로에서 유량 25 m^3/s 가 흐르고 있다. 임의 지점에서 관측한 유속은 2.5 m/s 이다.

(a) 임의 유속 관측 지점에서 비에너지는 얼마인가?

(b) 그 지점에서 대응수심은 얼마인가?

(c) 수로에서 한계수심은 얼마인가?

12.7 수로 바닥폭이 5 m 이고, 측면 경사 $t = 2$, 수로 경사가 0.0005인 사다리꼴 단면수로에서 등류수심으로 50 m^3/s 의 유량이 흐르고 있다. 단, Manning의 조도계수 n은 0.021(미터단위)

(a) 비에너지는 얼마인가?

(b) 흐름이 상류(subcritical flow)인가, 사류(supercritical flow)인가?

(c) 등류수심에 대한 대응수심은 얼마인가?

(d) 한계수심은 얼마인가?

12.8 직사각형 단면수로에서 유량 5.66 m^3/s 이 흐르고 있다. (a) 수로 폭 3.66 m 일 때, (b) 수로 폭 2.74 m 일 때 한계수심과 한계유속을 구하시오. 만약 (a)에서 조도계수 $n = 0.02$ 일 때, 한계 유속을 발생시키는 경사는 얼마인가?

12.9 폭이 7.5 ft인 직사각형 단면수로에서 200 ft^3/s 의 유량이 평균 유속 3.0 ft/s 로 흐르고 있다. (a) 비에너지를 구하시오. (b) 비에너지가 최소인 수심을 구하시오. (c) 비에너지가 최소인 유속을 구하시오. (d) 유수의 최소 비에너지를 구하시오. (e) 흐름의 상태를 판별하시오.

12.10 한계유속이 2.0 m/s 일 때 직사각형 단면수로에서 흐름이 한계수심을 나타낸다. 수심은 얼마인가?

12.11 양쪽 벽면 경사가 $1:n$(세로 : 가로)으로 동일한 삼각 단면수로에서 비에너지의 항으로 한계수심과 한계유속을 나타내시오.

12.12 광폭수로에서 단위폭당 유량이 $32\,\mathrm{ft^2/s}$이다. 한계수심과 그에 대응하는 비에너지를 계산하시오. 이 비에너지가 사이 각 90°인 삼각 단면수로에서의 최소 에너지와 같다면, 삼각 단면수로에서의 한계유량과 한계수심을 계산하시오.

12.13 반경 $0.6\,\mathrm{m}$인 원형 단면수로에서 유속 $3.0\,\mathrm{m/s}$에서 한계수심을 나타낸다. 수심은 얼마인가?

12.14 포물선 단면에 대해서 y_c과 $E_{\min}$의 관계를 구하시오.

12.15 직경 $1.2\,\mathrm{m}$의 콘크리트 원형관 암거에서 $0.8\,\mathrm{m^3/s}$의 유량이 흐르고 있다. 한계수심과 비에너지를 계산하시오.

12.16 반원형 수로바닥과 좌우측의 연직 벽면을 가진 복단면 수로에서 벽면 사이 거리는 $1.2\,\mathrm{m}$이다. 유량이 $0.8\,\mathrm{m^3/s}$일 때, 비에너지 $1.0\,\mathrm{m}$에 대응하는 대응수심을 계산하시오. 등류 흐름을 형성시키기 위해 필요한 수로 경사를 구하시오. 단, $n=0.02$

12.17 $y=2x^2$의 포물선 단면수로에서 $8\,\mathrm{m^3/s}$의 유량이 흐르고 있다. 한계수심과 한계유속을 계산하시오.

12.18 문제 12.15에서 $n=0.025$일 때, 유량 $0.8\,\mathrm{m^3/s}$에 대한 한계경사를 계산하시오.

12.19 문제 12.17에서 한계경사를 계산하시오. 단, $n=0.025$

12.20 사이 각 90°의 삼각 단면수로에서 비에너지 $3.0\,\mathrm{m}$에 대한 $Q-y$ 곡선을 작도하시오. 한계수심과 그에 대응하는 유량을 계산하시오.

12.21 직사각형 단면수로에서 $250\,\mathrm{ft^3/s}$의 유량이 흐르고 있다. 수심은 $5\,\mathrm{ft}$이고 수로 폭은 $10\,\mathrm{ft}$이다. 수로 바닥 표고가 점차 $0.5\,\mathrm{ft}$ 증가한다면, 수로 바닥이 상승한 곳에서의 수심을 구하고 흐름을 판별하시오.

12.22 직사각형 단면수로에서 수심 $3.0\,\mathrm{m}$, 유속 $3.0\,\mathrm{m/s}$로 흐르고 있을 때, (a) 수로 바닥이 점진적으로 $30\,\mathrm{cm}$ 상승했을 때 변화된 수면고는 얼마인가? (b) 수로 바닥이 점진적으로 $30\,\mathrm{cm}$ 하강했을 때 수면고는 얼마나 변하겠는가?

12.23 문제 12.22에서 상류단 흐름에 영향을 미치지 않는 최고 바닥 상승고는 얼마인가? 상류단 흐름에 영향 없이 $0.3\,\mathrm{m}$ 수로 바닥 상승이 있는 수로에서 최소 폭은 얼마인가? 상류단 폭은 $6.0\,\mathrm{m}$인가?

12.24 수로 바닥폭이 $6\,\mathrm{ft}$이고 측면 경사가 3 : 2인 사다리꼴 단면수로에서 수심 $3.5\,\mathrm{ft}$, 평균유속 $3.5\,\mathrm{ft/s}$의 흐름이 있을 때, 하류단 임의 단면에서 $0.75\,\mathrm{ft}$ 수로 바닥이 상승한다면,

(a) 수로 바닥이 상승한 단면에서의 수심은 얼마인가?

(b) 상류단 흐름에 영향을 미치지 않는 수로 바닥의 최대 허용 상승 변화량은 얼마인가?

12.25 직사각형 단면수로에서 수로 폭 $5\,\mathrm{ft}$에서 $10\,\mathrm{ft}$로 점진적으로 확대된다. 수로 확대 구간 상류에서 수심은 $4\,\mathrm{ft}$이고, 유속은 $4\,\mathrm{ft/s}$이다. 단면이 확대된 이후의 수심을 계산하시오. 확대계수는 0.5를 사용하시오.

12.26 수로 바닥폭이 6.0 m 이고, 측면 경사가 3 : 2인 사다리꼴 단면수로에서 수심 3.0 m 로 $20\,m^3/s$ 의 유량이 흐르고 있다. 수로 폭 8.0 m 의 직사각형 단면수로로 점차 변화하면서 수로 바닥이 0.5 m 저하하고 있다. (a) 모든 손실을 무시하고 직사각형 단면 내에서의 수심을 구하시오. (b) 직사각형 단면수로에서의 흐름 유형은 무엇인가?

12.27 수로 폭 8 ft인 직사각형 단면수로에서 수심 5 ft, 유속 3 ft/s 의 흐름에 대해서 (a) 상류단 흐름에 영향 없이 한계수심을 유발시키기 위한 수로 바닥 내 언덕 높이를 구하시오. (b) 또한 언덕 높이가 (a)의 값의 절반일 때 언덕 위 수심은 얼마인가?

12.28 수로 폭 8 m 인 직사각형 단면수로에서 수심 3.5 m 로 $100\,m^3/s$ 로 유량이 흐르고 있다. 수로 폭이 7 m 로 점진적으로 감소한다면,

(a) 수축 단면에서의 수심은 얼마인가? 수축 계수는 0.3을 이용하시오.
(b) 상류단 흐름의 교란 없이 상승할 수 있는 최대 수로 바닥 높이는 얼마인가?

12.29 고속도로에 홍수가 발생하였다. 그림 P12.29에서 보는 바와 같이 고속도로 상류단 점 A의 수면고는 30 m 로 관측되었다. 포장도로의 최고점 B는 29.5 m 이다. 이와 같은 수면고를 가지는 50 m 길이 고속도로 위의 유량을 산정하시오. 한계류 조건이 포장도로 표면 정점에서 발생할 때, 고속도로 정점에서의 수심은 얼마인가? 단, 점 A의 속도수두는 무시한다.

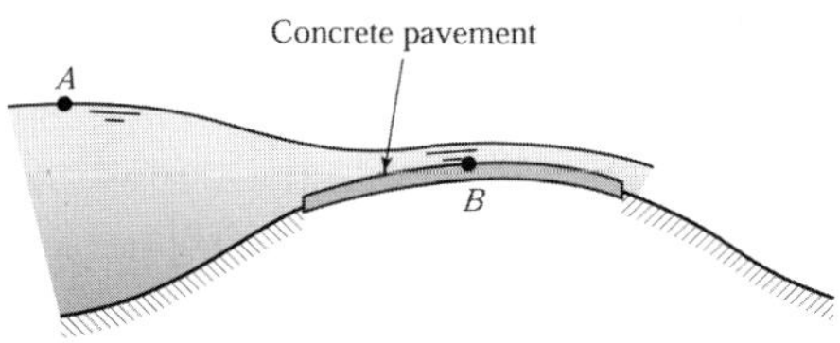

그림 P12.29

12.30 폭이 10 ft인 직사각형 단면수로에서 수심이 6 ft인 흐름이 1.5 ft만큼 수로 바닥이 상승하는 구간을 지나게 된다. 이 때 수로 바닥 상승하는 구간에서 수위는 그림 P12.30과 같이 0.5 ft 저하된다. 손실을 무시했을 때, 수로에서의 유량은 얼마인가?

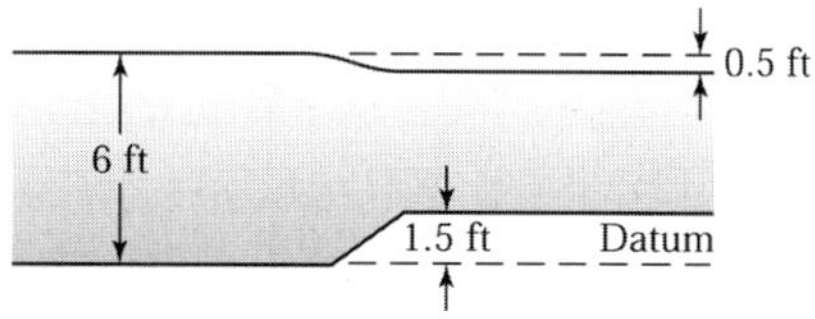

그림 P12.30

12.31 직사각형 예연위어가 폭 10 m 의 수로에 설치되어 있다. 위어의 높이는 7 m 이다. 위어 위에서의 수두가 1.5 m 로 관측됐다면, 수로에서의 유량은 얼마인가?

12.32 문제 12.31의 위어가 3 m 의 통로를 가진 직사각형 위어였다면, 수로에서의 유량은 얼마가 되겠는가?

12.33 문제 12.31의 위어가 광정 위어와 같은 기능을 한다면, 수로에서의 유량은 얼마가 되겠는가?

12.34 문제 12.31의 구조물이 직사각형 위어이고 폭이 6 m 라면, 수로에서의 유량은 얼마가 되겠는가?

12.35 문제 12.31의 구조물이 사다리꼴 위어이고 관측이 FPS단위계로 이루어졌다면, 수로에서의 유량은 얼마가 되겠는가? 수로 바닥폭은 5 ft이다.

12.36 여수로는 홍수 조절용 저수지를 대상으로 설계되었다. 상류단 수위가 800 ft를 초과하지 않으면서, 50,000 cfs 의 200년 빈도 사상을 소통시킬 수 있도록 설계하였다. 수로는

500 ft의 폭을 가진 직사각형 단면으로 접근할 수 있다.

(a) 설계 specification에 도달하는 월류댐의 정점 높이는 얼마인가?

(b) 여수로와 밀접한 관계를 가지고 있는 이론 위어 정점 높이는 얼마인가?

12.37 7 m 높이의 여수로가 유량 관측을 위해 직사각형 단면수로에 설치되어 있다. 여수로 정점에서의 실제 수두가 0.92 m이고 Francis C값이 3.32일 때,

(a) 수로에서의 비유량은 얼마인가?

(b) 여수로에서의 손실을 무시했을 때, 여수로 끝 선단에서의 수심은 얼마인가?

12.38 수로 폭이 20 ft인 직사각형 단면수로에서 300 cfs의 유량이 흐르고 있다. 수로경사는 0.0025이며, Manning의 조도계수 n은 0.030이다. 15 ft 높이의 작은 여수로가 수로에 설치되어 있다. 여수로의 Francis C값이 3.1이라면

(a) 수로에서의 등류수심은 얼마인가?

(b) 여수로 하류에서 수심이 상승하는가?

(c) 손실을 무시했을 때, 여수로 끝 선단에서의 수심은 얼마인가?

(d) 이 경우 한계수심은 얼마인가?

12.39 수로 폭 250 ft인 직사각형 단면수로에서 10,000 cfs의 유량이 흐르는 것으로 추정된다. 100 ft 높이의 여수로가 수로 내에 설치되어 있으며, Francis C값이 3.25로 계산되었다.

(a) 여수로 하류에서 수심이 상승하는가?

(b) 여수로 끝 선단에서 이론 유속은 얼마인가?

12.40 small spring으로부터의 유량은 삼각 V-자형 위어에서 관측되었다. 위어에서 관측 수두가 5 cm라면, 아래와 같은 조건에서 유량은 얼마인가?

단, 유량계수는 0.58을 사용하시오.

(a) 삼각 위어의 사이각은 90°인 경우?

(b) 삼각 위어의 사이각은 60°인 경우?

12.41 그림 P12.41에서 보는 바와 같이 호수에서 매우 긴 비조절 수로로 흐름이 유입되고 있다. 수로는 8 ft 폭을 가진 직사각형 단면수로이며, 경사는 0.005 ft/ft, 조도계수는 0.030이다. 호수 출구점 수위가 수로 바닥을 기준으로 12 ft라면, 수로 유량은 얼마인가?

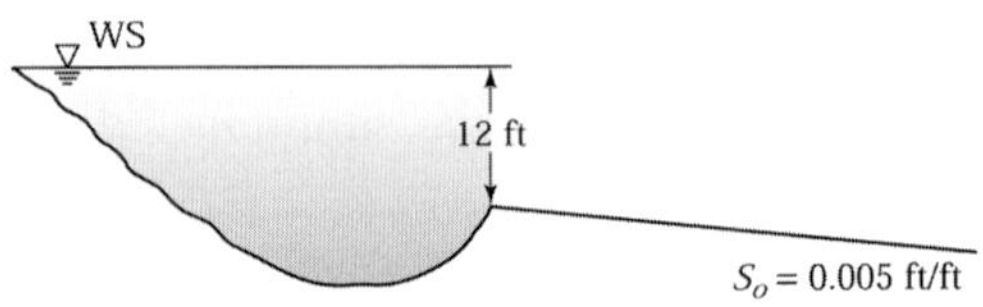

그림 P12.41

참고문헌

Bradley., J. N. and Peterka, A. J., 1957. The hydraulic design of stilling basins, Proceedings of the American Society of Civil Engineers, 83(HY5): 1401-1406.

Crausse, E., 1952. Sur une Propriété des veines liquides horizontal en canal uniforme. Compt. rend. de l'Acad. Française, vol. 234.

Gerhatr, P. M., Gross, R. J., and Hochstrein, J. I., 1992. Fundamentals of Fluid Mechanics, 2nd ed. Addison-Wesley Publishing Company, Inc., New York, NY.

Henderson, F. M., 1966. Open Channel Flow, Macmillan, New York.

Hwang, N. H. C. and Houghtalen, R. J., 1996. Fundamentals of Hydraulic Engineering systems, 3rd ed., Prentice Hall, Upper Saddle River, N. J.

Morris, H. M. and Wiggert, J. M., 1972. Applied Hydraulics in Engineering, Wiley, New York.

Roberson, J. A., Cassidy, J. J., and Chaudhry, M. H., 1998. Hydraulic Engineering, Second Edition, Wiley, New York, NY.

Sturm, T. W., 2001. Open Channel Hydraulics, McGraw-Hill, New York.

U.S. COE, 1982. HEC-2 Water Surface Profile Computations, User's Manual, U.S. Army Corps of Engineers, Hydrologic Engineering Center, Davis, Calif.

Flow over Toledo Bend spillway and downstream hydraulic jump.

Chapter 13

개수로의 운동량 법칙

운동량방정식은 Newton의 제2법칙에서 유도된다. 흐름에 대한 운동량방정식의 수학적 형태는 에너지방정식과 비슷한 면이 있다. 그렇지만, 운동량방정식과 에너지방정식은 다음 2가지 면에서 다르다. (1) 이들 방정식에 포함된 유속보정계수(velocity distribution coefficients)가 다르고, (2) 에너지방정식은 Newton의 제2법칙을 공간적으로 적분하지만, 운동량방정식은 시간에 대해서 적분한다. 따라서 Bernoulli 방정식은 1차원에 한정적이지만, 운동량방정식은 다차원에서 적용될 수 있다.

에너지는 스칼라량인 반면에 운동량은 벡터량이다. 일반적으로 에너지 법칙이 적용하기에 더 간단하고 쉽다. 그러나 도수의 경우와 같이 에너지 변화가 많은 문제에 대해서는 운동량방정식을 적용하는 것이 더 유리하다

13.1 운동량 함수

5장에서 설명한 바와 같이, 운동량방정식은 단면 1과 2사이에 있는 유체에 대해 Newton의 제2법칙을 적용하여 유도할 수 있다.

$$\mathbf{F}_x = m\mathbf{a}_x \tag{13.1}$$

여기서, $\mathbf{F}_x$ = 작용하는 총 힘, m = 유체의 질량, $\mathbf{a}_x$ = 유체의 가속도이다. 개수로의 1차원 흐름에 대해, 식(13.1)이 아래와 같이 되는 것은 5장에서 이미 설명하였다.

$$F = \rho Q(V_2 - V_1) \tag{13.2}$$

여기서, ρ = 유체의 밀도, Q = 유량, V = 유속이다.

5장에서 대부분의 수로에서 단면내의 유속분포가 균일하지 않다는 내용을 설명하였으며, 이를 고려하기 위해 운동량보정계수 β를 도입하였다. 하지만, 대부분의 실제 흐름은 난류이므로, β값이 거의 1에 가까워서 실제 흐름에서는 β를 고려하지 않아도 된다는 사실 역시 5장에서 언급하였다. 식(13.2)에는 이 내용이 적용되었다. 여기에 개수로 흐름의 경우 정수압에 의한 힘만이 작용한다고 가정할 수 있다면, 식(13.2)는 다음과 같이 쓸 수 있다.

$$\frac{Q^2}{gA_1} + A_1\overline{h_1} = \frac{Q^2}{gA_2} + A_2\overline{h_2} \tag{13.3}$$

여기서, A는 단면적, $\overline{h}$는 수면에서 단면의 도심까지 깊이, g는 중력가속도이다. 아래 첨자

1과 2는 각각 단면 1과 2를 의미한다. $[L^3]$ 차원을 가지는 $\frac{Q^2}{gA}+A\bar{h}$항을 운동량 함수 (momentum function) M이라고 한다.

식(13.3)의 양변은 단면1과 단면2에 대한 운동량함수를 의미한다. 양변에 γ를 곱하면, 다음과 같이 쓸 수 있다.

$$F_1 = F_2 \tag{13.4}$$

여기서,

$$F = \gamma\left(\frac{Q^2}{gA}+A\bar{h}\right) \tag{13.5}$$

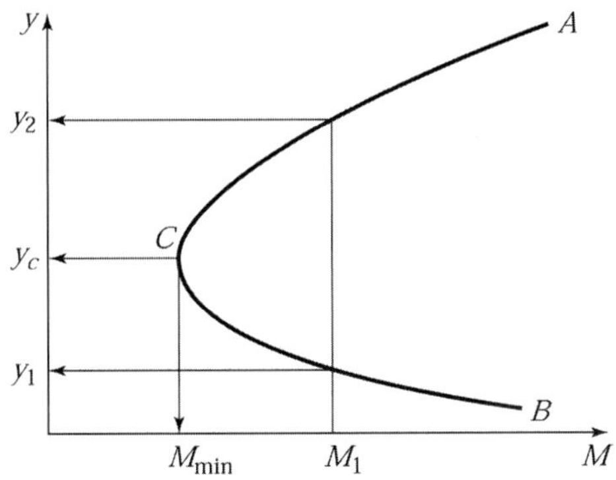

그림 13.1 운동량함수(momentum function)

식(13.5)의 첫 항($\gamma Q^2/gA$)은 단위시간당 수로 단면을 통과하는 흐름의 동수역학적 힘 (dynamic force)을 의미하고, 두번째 항($\gamma A\bar{h}$)은 정수역학적 힘(hydrostatic force)을 의미한다. 여기서 F는 비력(pressure-momentum force, 比力)이라 부르며, 수로 단면과 유량이 주어졌을 때 F는 수심만의 함수이다.

운동량함수-수심 관계 곡선($M-y$ 관계곡선)은 수심 y에 대한 운동량 M의 변화를 표시한 그래프이다. 전형적인 $M-y$ 관계 곡선을 그림 13.1에 예시하였다. 비에너지 곡선과 같이, 이 곡선에는 AC와 BC, 두 개의 구간이 있다. 어떤 특정 M값, 즉 M_1은 두 개의 수심 y_1, y_2를 갖는다. 같은 유량에 대해 동일한 운동량함수 값을 갖는 두 수심을 공액수심 (conjugate depth 또는 sequent depth)이라 한다. 그림 13.1과 같이 C점에서 운동량함수 (momentum function) 또는 비력(momentum-impulse force)은 최소이고, 수심은 한계수심이다. 뒤에서 다시 설명하겠지만, 두 공액수심은 도수 전과 후의 수심을 의미한다. 대응수심과 마찬가지로, 공액수심 중에서 수심 y_1은 한계수심 y_c보다 낮고, 반대로 다른 수심 y_2는 한계수심보다 높다.

운동량함수(momentum function)가 최소가 될 때의 흐름 조건을 결정하기 위해 식(13.5)를 y에 대해 미분하고, 그 결과를 0으로 놓으면 다음과 같은 식이 된다.

$$\frac{dM}{dy} = -\frac{Q^2}{gA^2}\frac{dA}{dy} + \frac{d}{dy}(A\bar{h}) = 0 \tag{13.6}$$

$d(A\bar{h})$항은 수심 변화 dy에 따른 자유표면을 축으로 한 단면 1차 모멘트의 변화량이다. 그러므로

$$\frac{d(A\bar{h})}{dy} = \frac{\left[A(\bar{h}+dy) + B\frac{(dy)^2}{2}\right] - A\bar{h}}{dy} \tag{13.7}$$

$B(dy)^2/2$항을 무시하면, 식(13.7)은 다음과 같이 간단하게 된다.

$$\frac{d}{dy}(A\bar{h}) = A \tag{13.8}$$

또한

$$\frac{dA}{dy} = B \tag{13.9}$$

이고, 식(13.8)과 (13.9)를 식(13.6)에 대입하면, 다음과 같이 된다.

$$\frac{dM}{dy} = -\frac{Q^2 B}{gA^2} + A = 0 \tag{13.10}$$

식(13.10)은 아래와 같이 쓸 수 있다.

$$\frac{Q^2 B}{gA^3} = 1 \tag{13.11}$$

식(13.11)은 한계류 조건에서 비력(momentum-impulse force)이 최소임을 보여준다. 그러므로 일정한 유량을 가진 단면에서 비에너지와 비력은 한계류 조건에서 최소가 된다.

$M-y$ 관계 곡선은 $M = \dfrac{Q^2}{gA} + A\bar{h}$로부터 구할 수 있다. 주어진 단면과 유량에 대해, 서로 다른 수심 y를 가정하고, 하상 경사가 작아서 $\bar{y} \approx \bar{h}$로 취급한다면 y에 대응하는 비

력 값을 계산할 수 있다.

예제 13.1 폭이 2.0m인 직사각형수로에 유량 $4.0\,m^3/s$가 흐르고 있다. 수심이 1.0m일 때, 비력(momentum-impulse force), 한계수심, 공액수심을 결정하시오.

풀이

$$M = \frac{Q^2}{gA} + A\bar{h} = \frac{16}{9.81 \times 2} + 2 \times 0.5 = 1.815\,m^3$$

그러므로 $F = \gamma M = 9810\,N/m^3 (1.815\,m^3) = 17805\,N$

한계수심과 공액수심을 결정하기 위해서는 운동량함수 곡선을 그려야 한다.

여러 y값에 대해 운동량함수를 계산한 결과는 <표 13.1>과 같다. 그림 13.2는 계산 결과를 이용하여 작성한 $M-y$관계 곡선으로, 이 곡선으로부터 한계수심이 0.74m이고, 공액수심이 0.54m라는 것을 알 수 있다. 또, 한계수심은 다음과 같이 구할 수 있다.

$$y_c = \sqrt[3]{\frac{q^2}{g}} = \sqrt[3]{\frac{4.0}{9.81}} = 0.74\,m$$

표 13.1 서로 다른 y값에 대한 비력(예제 13.1)

y(m)	0.2	0.4	0.6	0.8	1.0	1.2	1.4	1.6
M(m^3)	4.12	2.2	1.72	1.66	1.815	2.12	2.54	3.07

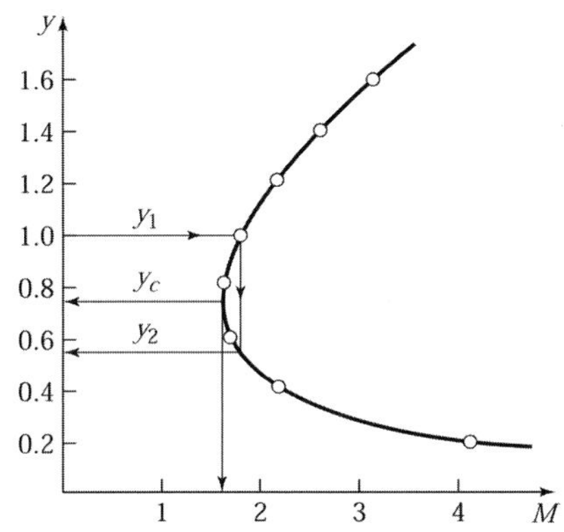

그림 13.2 $M-y$관계곡선(예제 13.1)

예제 13.2 꼭지각이 90°인 삼각형 수로에 $10.0\,m^3/s$의 유량이 흐르고 있다. $M-y$ 관계 곡선을 그리시오.

풀이

수로 단면은 그림 13.3a와 같이 주어져 있다.

식(13.5)의 양변을 γ로 나누고, $\bar{h} = y/3$을 대입하면, 운동량함수는 다음과 같다.

$$M = \frac{10.194}{y^2} + \frac{y^3}{3}$$

여러 가지 y값을 위 식에 대입하여 계산하면 <표 13.2>와 같다. 그림 13.3b는 $M-y$ 관계 곡선을 나타낸 것이다.

표 13.2 서로 다른 y값에 대한 운동량함수(예제 13.2)

y	0.5	0.8	1.0	0.5	0.75	2.0	2.2	2.5	3.0	4.0	5.0
M	40.8	16.1	10.53	5.66	5.12	5.22	5.66	6.84	10.13	21.97	42.07

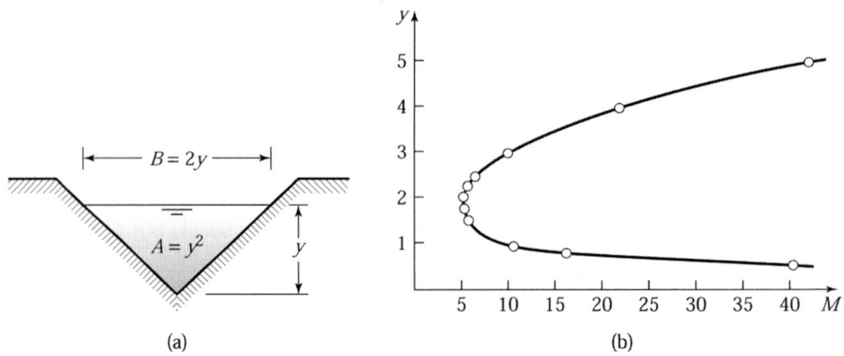

그림 13.3 삼각형 단면과 $M-y$관계곡선(예제 13.2)

13.2 도수(정상파)

도수(hydraulic jump) 또는 정상파(standing wave)로 불리는 급격한 수위상승 현상은 250여 년 이전부터 연구되어 왔다. 일찍이 Biden(1819)은 초기 연구를 통해 도수 높이에 대한 관측 결과를 발표하였다. 그 후 많은 선구자들이 도수 연구에 공헌하였다; 그들 중 눈에 띄는 사람으로는 Bresse(1860), Darcy와 Bazin(1865), Gibson(1913), Lindguist(1927), Citrini(1939), Blaisdell(1948), Forster와 Skrinde(1950) 등이 있다. 지금까지도 도수에 관한 주제로 많은 연구를 하고 있다. 대부분의 해석적 연구는 수평 수로와 경사가 작은 수로에 대해 수행되었는데, 이러한 경우에서는 중력이 도수 발생에 미치는 영향이 없거나 아주 작아 중력의 영향은 무시할 수 있었다. 다행히도, 많은 실제 문제에서 하상경사의 효과를 무시해도 큰 문제는 없다. 하지만, 하상경사가 상대적으로 큰 경우에 중력은 역학적 평형에 큰 영향을 미친다.

13.2.1 도수 발생 조건

한계 수심보다 낮은 수심 y_1에서 한계수심보다 높은 수심 y_2까지 변할 때에만 도수가 발생한다. 다시 말해, 흐름상태가 사류에서 상류로 바뀌면(즉, Froude수가 $F_n > 1$에서 $F_n < 1$로 변하면) 도수가 발생한다. 물론, 강제적인 요인이 없다면 흐름 상태는 결코 바뀌지 않는다. 수로 폭이 증가하거나 감소하는 경우, 하상 경사가 바뀌는 경우, 또는 흐름을 통제하는 수리 구조물이 존재하는 경우에는 흐름 상태가 바뀔 수 있다.

그림 13.4a와 같이 하상경사가 $S_{o1} > S_c$(S_c는 한계 경사)에서 $S_{o2} < S_c$로 변하는 경우를 생각해보자. 유입흐름은 수심이 y_c보다 작은 y_{o1}인 사류이다. 하상 경사가 S_{o2}로 감소한 지점 이후의 흐름은 수심이 y_c보다 큰 y_{o2}인 상류가 된다. 따라서 수심은 $y_{o1} < y_c$에서 $y_{o2} > y_c$로 상승되어, 도수가 발생할 것이다. 도수 발생의 다른 예는 그림 13.4b, c, d에 예시하였다.

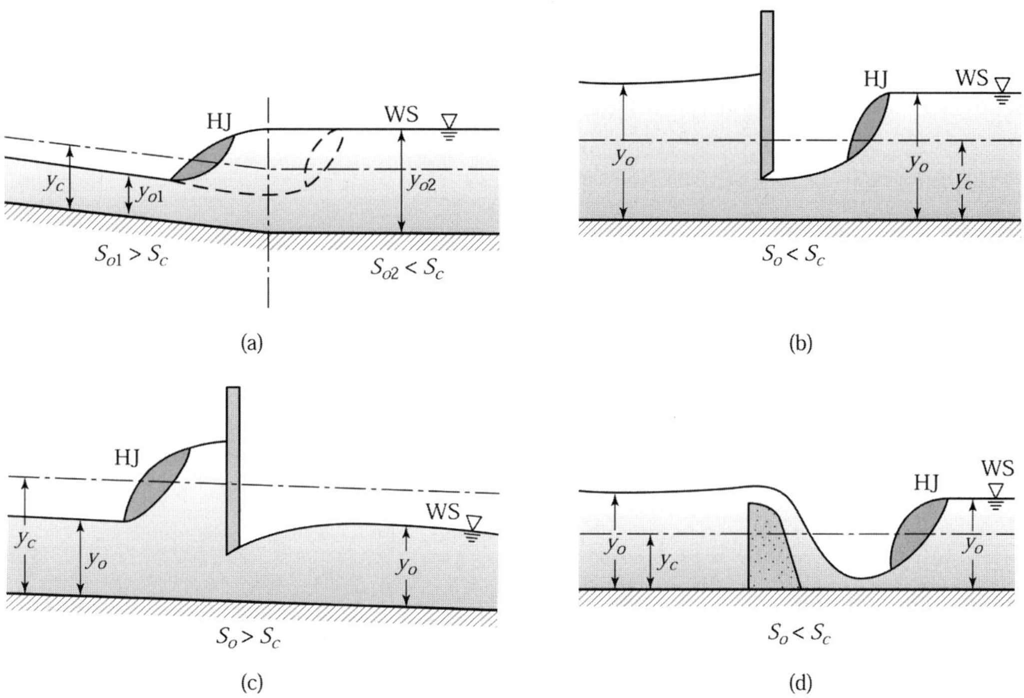

그림 13.4 도수 발생의 예

13.2.2 도수의 적용 사례

도수발생시 흐름의 회전 특성 때문에 많은 에너지가 손실된다. 꼭 필요한 경우가 아니면 개수로 흐름에서 에너지는 가능하면 유지하는 것이 바람직하다. 실제로 도수를 적용하는 예로는 다음과 같은 경우가 있다.

1. 댐과 위어의 월류부와 수문 하부 및 기타 수리 구조물을 통해 물이 흐를 때 높은 유속으로 인한 파손 가능성을 방지하고 세굴 요인을 제거하기 위해 에너지를 감세시킬 필요가 있는 경우
2. 수로에서 관개 작업의 효율을 높이고, 펌프의 양정 높이(pumping head)를 줄이기 위해 수위를 상승시킬 필요가 있는 경우
3. 수리 구조물의 기초에 작용하는 양력(uplift pressure)을 감소시킬 필요가 있는 경우. 이 경우 수심이 증가하면, 물받이(apron) 위에 있는 물 무게를 증가시켜 콘크리트 물받이 두께를 축소시키는 효과도 얻을 수 있다.
4. 통제단면 등 특정 지점에서 특정 흐름조건을 만족시킬 필요가 있을 경우
5. 그림 13.4b와 같이 수문 직상류와 직하류 사이의 수위차를 크게 하여 수문 하부에서 유출되는 유량을 증가시킬 필요가 있는 경우
6. 물의 정화를 위해 화학약품 혼합이 필요한 경우와 급수계통이 공기에 의해 차단되는 것을 방지하기 위해 기포를 제거할 필요가 있는 경우. 도수는 이 외에도 염료공장과 같이 액체를 혼합해야 하는 산업에서 광범위하게 사용된다.

13.3 공액수심

도수 전후의 수심은 함께 발생한다는 의미에서 공액수심으로 불린다. 도수 직상류와 직하류 단면의 비력이 정확하게 같을 경우가 가장 이상적이다.

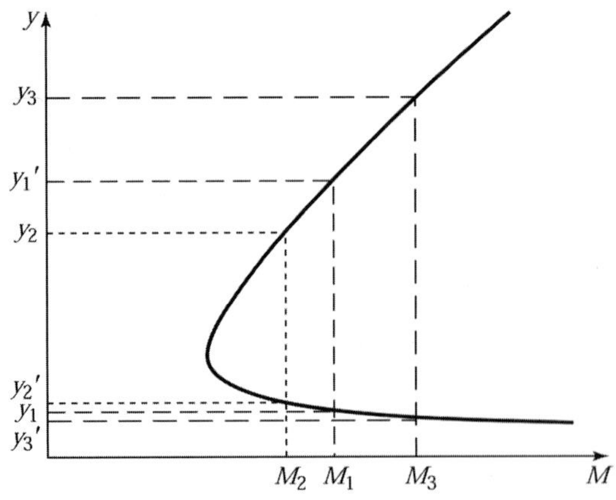

그림 13.5 도수에 대한 운동량함수와 공액 수심의 관계

Grand Coulee 댐, 워싱턴 주
(사진 허가: David pearson/Visuals)

그림 13.5와 같이 공액수심사이의 관계는 $M-y$ 관계 곡선을 이용하여 설명할 수 있다. 그림에 나타낸 것처럼 운동량함수 값 M_1에 대한 사류수심을 y_1으로 하고, y_1의 상류 공액수심을 y_1'이라고 하자. 이제 수로의 실제 상류수심을 y_1'보다 작은 y_2로 가정한다. 그림과 같이, 수심 y_2에 대한 사류공액수심은 y_2'인데, 이것은 수심 y_1보다 크다.

(a)

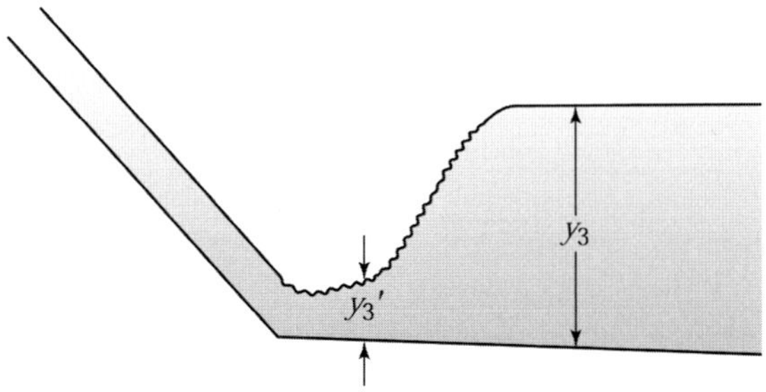

(b)

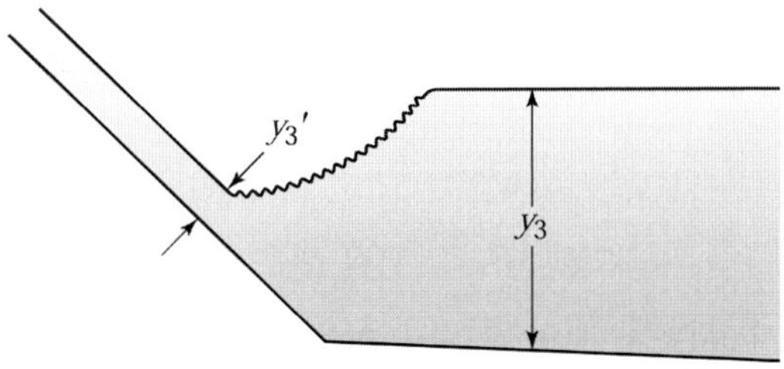

그림 13.6 (a) 상류로 밀리는 도수 (b) 급경사 하상에서 발생하는 도수

그러므로 도수가 일어나기 위해서는, 그림과 같이 운동량함수가 M_1에서 M_2로 감소함에 따라 사류수심은 y_1에서 y_2'으로 증가해야만 한다. 수심 y_1이 y_2'에 도달할 때가지 유속이 감소하고 사류수심은 상승하는데, 그 동안 도수가 하류로 이동할 수 있기 때문에 이런 현상을 "이동도수(running jump)"라고 부른다. 반대로, 사류수심은 y_1에 정지해 있고, 상류수심이 y_3이라고 가정하자. 그림과 같이 y_3에 대한 사류 공액수심은 y_3'이고, y_1'보다 작다. 이것은 도수 후에 단면에 작용하는 합력이 도수 전 보다 큰 경우에 해당된다. 이럴 경우에는 수심이 y_3'에 이를 때까지 도수가 상류로 밀려가는 경향이 있다(그림 13.6). 더욱이 그림 13.6b와 같이, 도수가 점점 상류로 이동하여 급경사 하상에서 일어날 수도 있다. 하지만, 필요한 수심에 도달하기 전에 사류 흐름의 시점(예를 들면 연직 수문)과 만날 가능성이 매우 높다. 이런 경우 도수는 수중도수(submerged or drowned jump)가 된다.

예를 들면, 연직수문 하류에서 도수(13.7절 참조)는 그림 13.7과 같이 나타낸다. 대상 수로의 하상경사가 완만하다(즉, 하류 수심 y_2가 한계수심 y_c보다 높다)고 하면 수문 직하류의 수축단면에서 수심 y_1은 y_c보다 작기 때문에 도수가 발생할 수 있다.

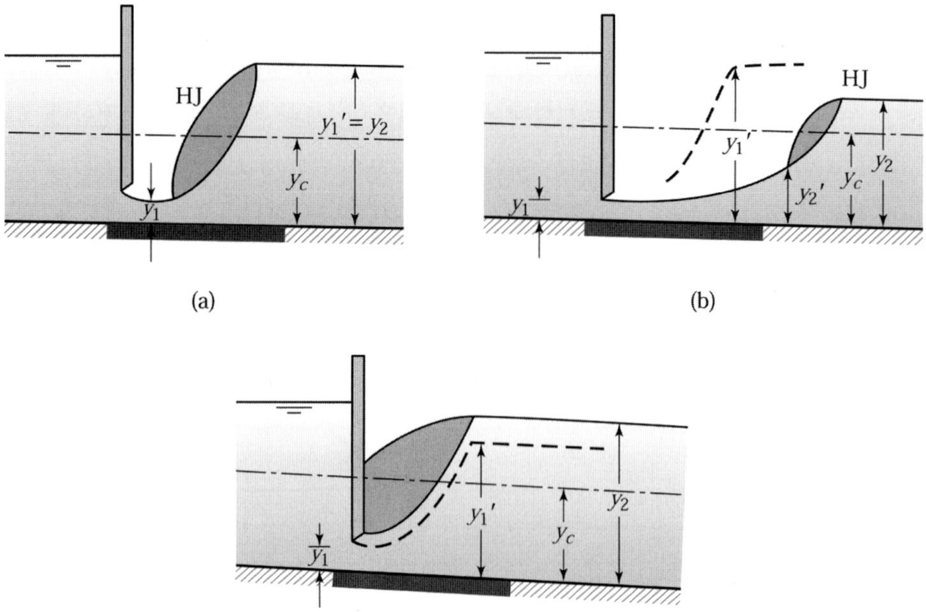

(a) (b) (c)

그림 13.7 연직 수문 하류에서 발생하는 도수의 위치

조건에 따라 도수 발생 지점과 도수형태가 달라질 수 있다. 이상적인 경우는 그림 13.7a와 같이 도수의 공액 수심 $y_1{}'$이 하류 수심 y_2와 일치할 때 나타난다. 만약 그림 13.7b와 같이 y_2가 $y_1{}'$보다 작으면, 도수는 $y_1{}'$이 y_2와 같아지는 지점까지 하류로 움직인다. 따라서 그림 13.7b와 같이 수문 직하류에서 도수 지점까지 수면형은 상승 곡선이 된다. 그림 13.7c와 같이 y_2가 $y_1{}'$보다 크면, 도수는 상류로 이동하고, 수중도수(submerged or drowned jump)를 형성한다.

그림 13.8은 하류흐름에 대한 수위-유량곡선과 도수에 대한 수위-유량곡선을 하나의 그래프에 그린 것이다. 그림 13.8a와 같이 도수 후의 수심 $y_1{}'$과 하류 수심 y_2가 모두 같아서 두 곡선이 일치하는 경우는 자연 상태에서 거의 없는 이상적인 상태이다. 이 경우 도수는 강제적으로 안정시키지 않아도 항상 같은 장소에서 발생한다.

그림 13.8b는 도수의 수위-유량곡선이 하류흐름의 수위-유량곡선보다 항상 높은 경우로, 도수는 하류로 이동한다. 반대로 그림 13.8c의 경우, 도수는 상류로 이동하거나 잠긴다.

저유량에서는 하류흐름의 수위-유량곡선이 도수의 수위-유량곡선보다 아래에 있고, 이에 반해 고유량에 대해서는 하류흐름 수위-유량곡선이 더 높은 경우도 가끔 있다(그림 13.8d). 이 경우, 저유량 사상에서 발생한 도수는 수문과 멀리 떨어질 것이고, 반대로 고유량 사상

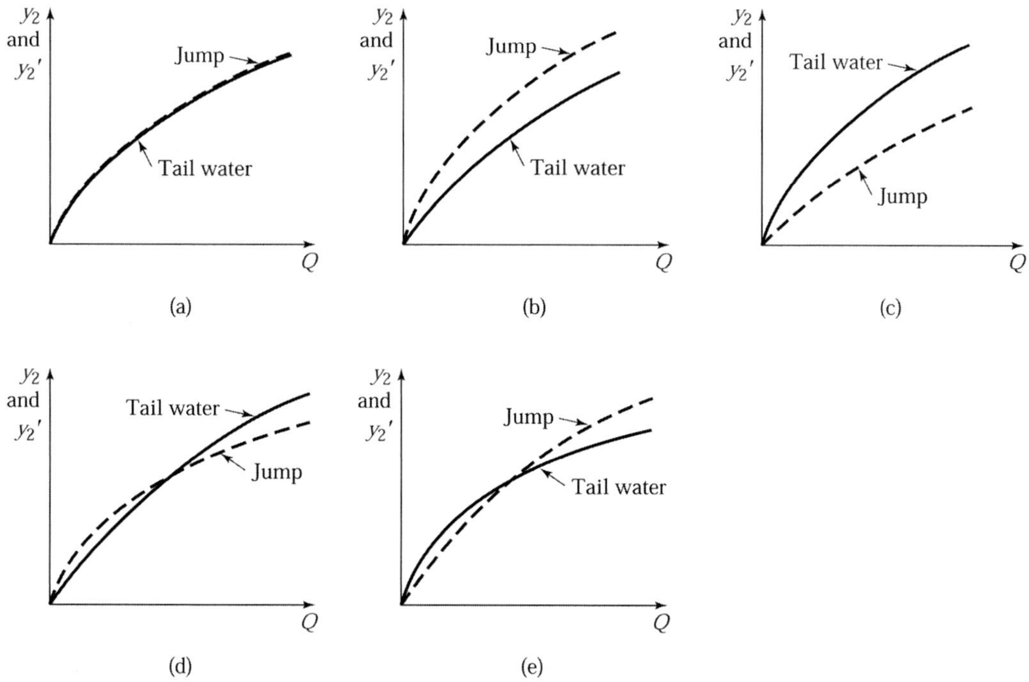

그림 13.8 하류흐름 수위–유량곡선과 도수 수위–유량곡선의 관계

에서는 상류로 이동하거나 잠길 것이다. 그림 13.8e는 반대의 경우로, 하류흐름 수위-유량곡선이 저유량 사상에서는 높고, 고유량 사상에서 낮으며, 도수는 저유량에서 잠기고, 고유량에서는 멀리 떨어질 것이다.

어떤 단면에 대해 도수 전후의 수심 중 하나를 안다면, 식(13.3)은 다른 수심을 계산하는데 사용할 수 있다. $M-y$ 관계 곡선도 역시 미지의 공액 수심을 결정하는데 사용할 수 있다. Massey(1961)와 Thiruvengadam(1961)에 의해 사다리꼴과 원형 수로에 대한 도수의 도해법이 개발되었고, 이는 많은 개수로 수리학 교과서(예를 들면, Sturm, 2001)에 수록되어 있다. 두 개의 공액수심은 반대로 변한다. 즉, 도수 전 수심이 증가하면, 도수 후 수심은 감소하고, 반대로 도수 전 수심이 감소하면 도수 후 수심은 증가한다. 사류 흐름에서는 수심이 감소함에 따라 비력은 증가하고, 상류 흐름에서는 수심이 감소하면 동시에 비력도 감소한다.

예제 13.3 바닥 폭이 3 m 이고 측면경사가 1 : 1, 하상경사가 12 cm/km 인 사다리꼴 수로에 10.0 m^3/s 의 유량이 흐른다. 이 수로에서 도수 전 수심이 0.6 m 일 때, 운동량함수, 한계수심 공액수심을 계산하시오.

풀이

$$M_1 = \frac{Q^2}{gA_1} + A_1\overline{h_1} = \frac{100}{9.81 \times 2.16} + (1.8 \times 0.3 + 2 \times 0.5 \times 0.36 \times 0.2) = 5.33\,\mathrm{m}^3$$

표 13.3 $M-y$관계 곡선을 위한 계산(예제 13.3)

y	A	$\overline{h}$	Q^2/gA	$A\overline{h}$	M
0.2	0.64	0.098	15.927	0.063	15.99
0.4	1.36	0.192	7.495	0.261	7.756
0.6	2.16	0.283	4.72	0.612	5.332
0.8	3.04	0.372	3.35	1.13	4.48
1.0	4.0	0.458	2.55	1.832	4.382
1.2	5.04	0.543	2.02	2.736	4.756
1.5	6.75	0.667	1.51	4.50	6.01
2.0	10.0	0.867	1.02	8.67	9.69
2.5	13.75	1.061	0.74	14.583	15.32

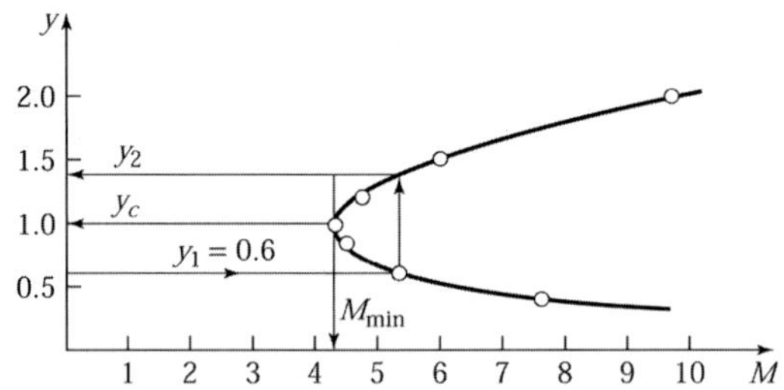

그림 13.9 $M-y$관계 곡선(예제 13.3)

한계수심은 운동량함수가 최소일 때의 수심이다. 수심을 다르게 가정하여, 운동량함수를 계산하면 <표 13.3>과 같다. 그림 13.9는 운동량함수곡선을 나타낸 것으로, $M_{\min} = 4.35\,\mathrm{m}^3$에서 $y_c = 0.934\,\mathrm{m}$, 공액수심은 $1.36\,\mathrm{m}$이다.

13.3.1 직사각형 또는 폭이 넓은 수로의 공액수심

식(13.3)은 단면의 종류와 상관없이, 공액수심을 계산하는데 사용할 수 있다. 하지만 폭이 넓거나 혹은 직사각형 단면에 대해서는, 두 공액수심 간의 관계를 직접 유도할 수 있다.

그림 13.10과 같이 도수가 발생하는 직사각형 단면의 수평 수로를 생각해보자. 마찰력을 무시하면, 운동량방정식은 다음과 같다.

$$\frac{Q^2}{gA_1} + A_1\overline{h_1} = \frac{Q^2}{gA_2} + A_2\overline{h_2} \tag{13.12}$$

직사각형에 대한 값 by_1, by_2, bq와 $y/2$를 A_1, A_2, Q와 $\bar{h}$에 대입하고, 각 항을 b로 나누면, 식(13.12)는 다음과 같이 된다.

$$\frac{y_1^2}{2}-\frac{y_2^2}{2}-\frac{q^2}{g}\left(\frac{1}{y_2}-\frac{1}{y_1}\right)=0 \tag{13.13}$$

또, 식(13.13)은 다음과 같이 표현할 수 있다.

$$\frac{y_1^2-y_2^2}{2}-\frac{q^2}{g}\left(\frac{y_1-y_2}{y_2y_1}\right)=0 \tag{13.14}$$

$$\frac{(y_1+y_2)(y_1-y_2)}{2}-\frac{q^2}{g}\left(\frac{y_1-y_2}{y_2y_1}\right)=0 \tag{13.15}$$

$$\frac{(y_1+y_2)}{2}-\frac{q^2}{g}\left(\frac{1}{y_2y_1}\right)=0 \tag{13.16}$$

식(13.16)에 $2y_1y_2$를 곱하면, 다음과 같이 쓸 수 있다.

$$y_2y_1^2+y_2^2y_1-\frac{2q^2}{g}=0 \tag{13.17}$$

따라서 2차식의 근의 공식에 의해 해는 다음과 같다.

$$y_1=\frac{y_2}{2}\left[-1+\sqrt{1+\frac{8q^2}{gy_2^3}}\right] \tag{13.18a}$$

$$y_1=\frac{y_2}{2}\left[-1+\sqrt{1+8F_{n2}^2}\right] \tag{13.18b}$$

$$y_1=\frac{y_2}{2}\left[-1+\sqrt{1+8\left(\frac{y_c}{y_2}\right)^3}\right] \tag{13.18c}$$

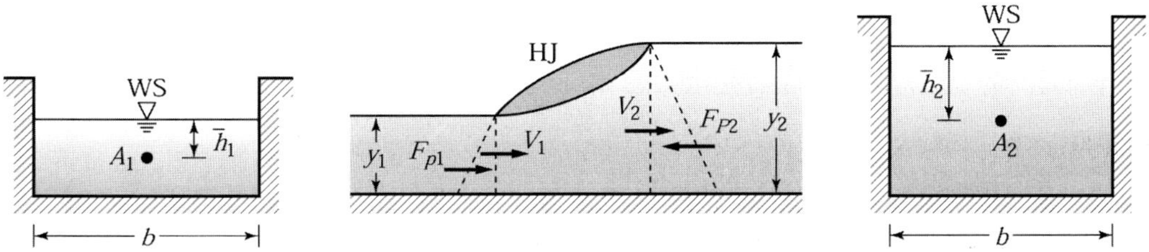

그림 13.10 직사각형 수로와 넓은 수로에서의 공액 수심

식(13.18b)와 (13.18c)는 식(13.18a)의 다른 형태일 뿐이다. 식(13.18b)는 Froude수 F_n을 사용한 것이고, 식(13.18c)는 한계수심 y_c를 사용한 것이다. 물론, 식(13.18)의 성분에서 두 공액수심 y_1과 y_2는 서로 바꿀 수 있다. 다시 말하면, 만약 초기 수심 y_1을 알고 있고, 최종 수심 y_2가 미지수라면, 다음과 같이 쓸 수 있다.

$$y_2 = \frac{y_1}{2}\left[-1+\sqrt{1+\frac{8q^2}{gy_1^3}}\right] \tag{13.19a}$$

$$y_2 = \frac{y_1}{2}\left[-1+\sqrt{1+8F_{n1}^2}\right] \tag{13.19b}$$

$$y_2 = \frac{y_1}{2}\left[-1+\sqrt{1+8\left(\frac{y_c}{y_1}\right)^3}\right] \tag{13.19c}$$

위 식은 Belanger 운동량방정식으로 알려져 있다. 이 식을 유도할 때 사용된 가정은 다음과 같다. (1) 도수 전후 단면에서 유속분포는 균일하다. (2) 도수 전후 단면에서 압력은 정수압 분포이다. (3) 수로경사는 수평이거나 중력의 영향을 무시할 수 있을 정도로 매우 작다. (4) 바닥 전단응력은 무시할 수 있다.

도수 전과 후의 Froude수로 표현하면, 식(13.19b)는 다음과 같이 쓸 수 있다.

$$F_{n1}^2 = \frac{8F_{n2}^2}{(\sqrt{1+8F_{n2}^3}-1)^3} \tag{13.20}$$

예제 13.4 폭이 넓은 수로에 단위폭당 $4.0\,\mathrm{ft^2/s}$ 의 유량이 흐른다. 도수 전 수심이 $0.5\,\mathrm{ft}$일 때 도수가 형성된다. 도수 후의 수심을 구하시오.

풀이

식(13.19a)를 적용하면

$$y_2 = \frac{0.5}{2}\left[-1+\sqrt{1+\frac{8(4.0)^2}{32.2(0.5)^3}}\right] = 1.18\,\mathrm{ft}$$

도수 후의 수심은 $1.18\,\mathrm{ft}$이다.

예제 13.5 수문 상류 측의 수심이 $10\,\mathrm{ft}$이고, 하류수로는 폭이 $10\,\mathrm{ft}$인 직사각형 단면으로 Manning의 조도계수 n이 0.03, 경사가 0.001이다. 수문 하류 수축단면(vena contracted section)의 수심은 $1\,\mathrm{ft}$이다.

(a) 이 상태는 수문이 물속에 잠기는가?, 잠기지 않는가?

(b) $M-y$ 관계곡선을 그리시오.
(c) 도수를 수로상에서 일으키기 위한 수로의 최소 경사는 얼마인가? 즉, 도수가 잠기지 않기 위한 최소 수로경사.
(d) 도수를 일으키기 위한 수로의 최대경사는 얼마인가?

풀이

첫 번째의 경우, 수문에서 오리피스 방정식을 적용하면

$$V=\sqrt{2gH}$$

여기서, $H=$ 수문의 수두차 $=y_1-y_2=10-1=9\,\text{ft}$

그러므로 $V=\sqrt{2g(9)}=24.07\,\text{ft/s}$

따라서 $q=24.07\,\text{cfs/ft}$, $y_c=2.62\,\text{ft}$, $Q=240.7\,\text{cfs}$

Manning 공식을 사용하여 등류 수심을 구하면 다음과 같다.

$$10y_o\left[\frac{10y_o}{2y_o+10}\right]^{2/3}=\frac{0.3\times 240.7}{1.49(0.001)^{1/2}}=153.25$$

등류 수심의 값은 구하면 7.41 ft가 되고, 이것은 한계수심보다 크다.

y_2에 대한 공액수심을 구해보면,

$$y_2'=\frac{1}{2}\left[-1+\sqrt{1+\frac{8\times(24.07)^2}{g(1)^3}}\right]$$
$$=5.52\,\text{ft}<y_o\text{; 도수가 물에 잠긴다.}$$

마찬가지로, $y'_o=0.61<y_2$ 여기서 같은 결론을 얻을 수 있다. 그러므로 수문은 잠기게 된다.

$M-y$ 관계곡선은 그림 13.11과 같다.

도수가 물에 잠기지 않는 최소 경사를 구하기 위해서는, $y_o=y_2=5.52\,\text{ft}$가 필요하다 ; 그러므로 $A=55.1\,\text{ft}^2$, $P=21.02\,\text{ft}$, $R=2.62\,\text{ft}$, $V=4.37\,\text{ft/s}$

Manning 공식을 사용하여 경사는 다음과 같이 계산된다.

$$S_o=\left[\frac{0.03\times 4.37}{1.49(2.62)^{2/3}}\right]^2=0.00214\,\text{ft/ft}$$

경사가 점점 커져 한계경사 보다 급해지면 하류흐름이 사류가 되므로 도수가 일어나지 않는다. 따라서 도수가 일어날 수 있는 경사의 최대치는 한계경사S_c가 된다.

$S_{\max}=S_c$이고 $y_c=2.62\,\text{ft}$, $A=26.2\,\text{ft}^2$, $P=15.24\,\text{ft}$, $R=1.72\,\text{ft}$, $V=9.19\,\text{ft/s}$가 된다.

Manning 공식을 사용하여 한계 경사를 구하면

$$S_c=\left[\frac{0.03\times 9.19}{1.49(1.72)^{2/3}}\right]^2=0.0166\,\text{ft/ft}$$

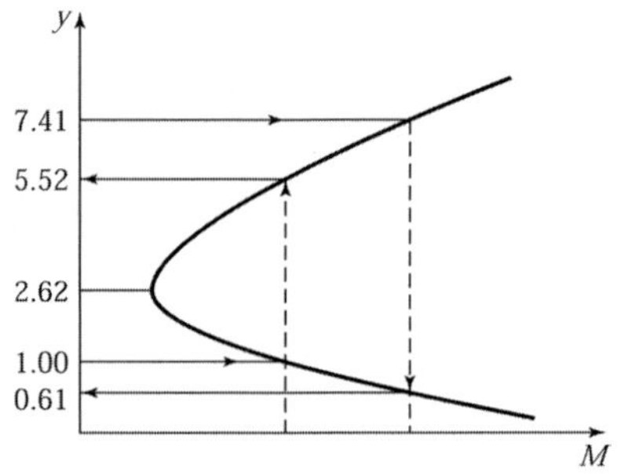

그림 13.11 예제 13.5에 대한 $M-y$관계곡선

13.3.2 공액수심과 대응수심

공액수심은 동일한 비력(pressure-momentum force)을 가지는 반면, 대응수심은 동일한 비에너지를 갖는다. 흐름이 사류에서 상류로 바뀌게 되면, 도수를 통해 상당한 에너지가 소실된다. 그러므로 도수 직전과 직후의 두 공액수심은 결코 대응 수심이 될 수 없고, 역도 마찬가지다.

그림 13.12a와 b에서 주어진 비력과 비에너지 관계곡선을 각각 살펴보자. 두 곡선 모두 동일한 유량에 대한 것이다. 그림 13.12a와 같이 두 수심 y_1과 y_2는 공액수심이다. 하지만 각 수심에 대한 비에너지 E_1과 E_2는 서로 다르다. 사류수심 y_1이 상류수심 y_2 보다 더 큰 에너지를 가지고 있다. 따라서 도수에 의한 에너지 손실 $\varDelta E$는 $E_1 - E_2$이다.

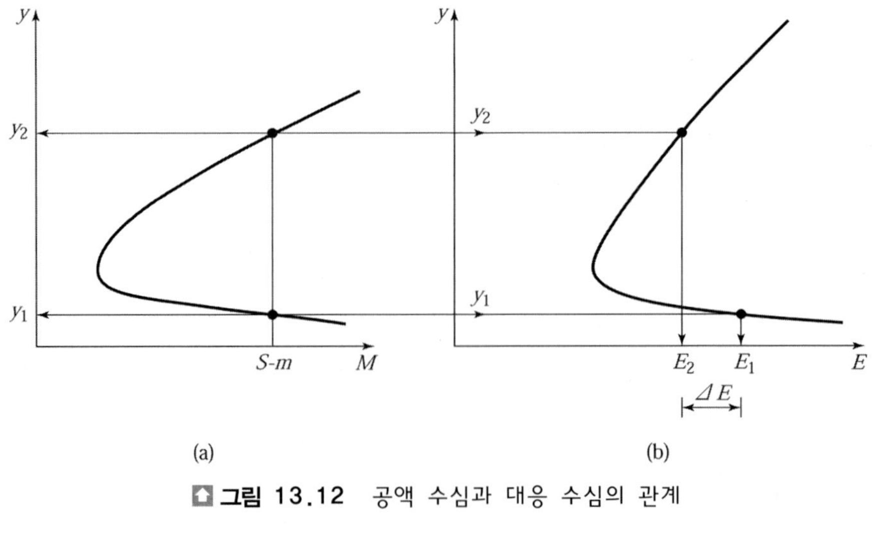

그림 13.12 공액 수심과 대응 수심의 관계

이제 그림 13.13a와 같이 흐름이 상류에서 사류로 바뀌는 반대 경우를 살펴보자. 이 경우 비에너지는 거의 일정하지만 비력은 감소한다. 수문 상하류 비력의 차이는 수문에 작용하는 힘 때문에 발생하게 된다.

그림 13.13b에서 수문 직상류와 직하류의 두 수심 y_1과 y_2는 같은 비에너지 E를 가지고 있다. 그러나 두 수심은 $M-y$ 관계곡선으로부터 서로 다른 비력 M_1과 M_2를 갖는 것을 알 수 있다. 따라서 수문에 작용하는 동력학적 힘은 $\gamma M_1 - \gamma M_2$(즉, $F_1 - F_2$)와 같다. 이 경우, 정수압에 의해 수문에 작용하는 힘도 여전히 존재하므로, 동역학적 힘과 함께 반드시 고려하도록 주의해야 한다.

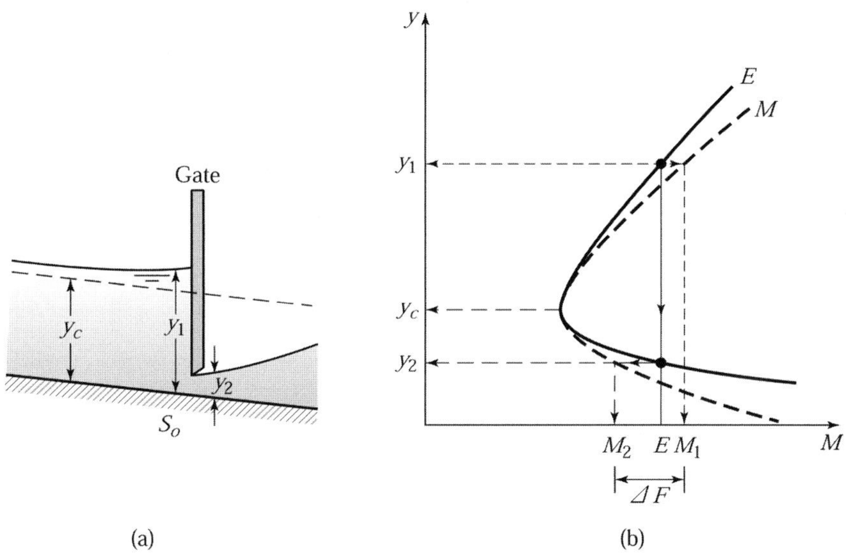

그림 13.13 수문에서의 비에너지와 비력

예제 13.6 Manning의 조도계수 n이 0.025(B.G.), 폭이 10 ft인 직사각형 수로에 연직 수문(Sluice gate)이 설치되어 있다. 수문 직하류의 수심이 0.75 ft이고 수문에서 가까운 하류에서 도수가 발생한다. 도수 전후의의 수심이 각각 1 ft와 5 ft일 때, (a) 수문 직상류의 수심은 얼마인가? (b) 도수가 수로상에서 발생하기 위한 최소 수로경사는 얼마인가? (c) 도수가 발생할 수 있는 최대 허용경사는 얼마인가?

풀이

비유량을 계산해보면

$$q = \left[\frac{y_1+y_2}{2} g y_1 y_2\right]^{1/2} = \left[\frac{1+5}{2}(32.2)(1\times 5)\right]^{1/2} = 21.98\,\mathrm{cfs/ft}$$

도수 후의 수심이 등류수심이 되어야 하므로 등류수심은 5 ft이다. 따라서 등류유속 $V=\dfrac{21.98}{5}=4.4\,\text{ft/s}$, $A=50\,\text{ft}^2$, $P=20\,\text{ft}$, $R=20\,\text{ft}$

Manning 공식을 이용하여 수로경사를 구하면,

$$S_o=\left[\frac{0.025(4.4)}{1.49(2.5)^{2/3}}\right]^2=0.001606$$

수문 직하류 흐름의 비에너지는

$$E_1=0.75+\frac{(21.98)^2}{2g(0.75)^2}=14.09\,\text{ft}$$

수문 직상류의 유속이 0이라면, 이 값은 수문 하류에서 발생하는 사류수심 0.75 ft에 대한 대응수심, 즉 수문 직상류의 수심과 같다.

수문이 물에 잠기지 않을 최소 수로경사는 수문 하류 축소부 수심에 대한 공액수심과 등류수심이 같아질 때의 경사이다. 축소부 수심에 대한 공액수심을 구하면,

$$y_2{}'=\frac{0.75}{2}-\left(1+\sqrt{\frac{8(21.98)^2}{g(0.75)^3}}\right)=5.96\,\text{ft}$$

이 수심은 실제 도수 수심 5 ft보다 크다는 것을 알 수 있다. 따라서 수로경사가 작아지면 (즉, 도수 후 수심이 커지면) 도수발생 위치를 수문 쪽으로 더 가깝게 이동시킬 수 있다. 즉, 도수가 수로에서 발생하는 최소 수로경사는 등류수심이 5.96 ft가 되는 경사이다.

수심 5.96 ft, $A=59.6\,\text{ft}^2$, $P=21.96\,\text{ft}$, $R=2.72\,\text{ft}$, $V=3.69\,\text{ft}$를 이용하여 Manning 공식으로부터 최소 수로경사를 구하면 다음과 같다.

$$S_o=\left[\frac{0.025(3.69)}{1.49(2.72)^{2/3}}\right]^2=0.00101\,\text{ft/ft}$$

다음에 도수가 발생할 수 있는 최대 허용경사를 구하기 위해 먼저 한계수심을 계산하면

$$y_c=\sqrt[3]{\frac{q^2}{g}}=2.47\,\text{ft}$$

한계유속은 8.9 ft/s, Manning 공식을 이용하여 한계경사를 구하면 이것이 도수가 발생할 수 있는 최대 허용경사이다.

$$S_c=\left[\frac{0.025(8.9)}{1.49(1.65)^{2/3}}\right]^2=0.0114$$

13.4 도수의 에너지 손실

도수는 속도수두를 상당히 감소시키므로 이에 따라 수심이 증가하게 된다. 도수의 사수역에는 표면의 회전, 물의 교란, 난류 와(eddy) 등이 존재한다고 알려져 있다. 이러한 격렬한 흐름 형태는 상당한 에너지 손실 ΔE가 동반된다. 앞 장에서 설명했듯이 도수 전·후의 비에너지 차이는 비에너지 관계곡선으로부터 도해적으로 구할 수 있다. 수평수로에서 물의

단위중량당 에너지 손실은 다음과 같다.

$$\Delta E = \left(y_1 + \frac{V_1^2}{2g}\right) - \left(y_2 + \frac{V_2^2}{2g}\right) \tag{13.21}$$

13.4.1 직사각형 수로 또는 넓은 수로에서의 에너지 손실

식(13.21)은 어떤 단면, 어떤 흐름 형태에 대해서도 성립하는, 에너지 손실에 관한 일반식이다. 이것은 개수로의 어떤 두 단면사이에도 적용될 수 있다. 하지만 두 단면이 서로 충분히 가깝지 않은 좀 더 일반적인 경우에 대해서 성립하기 위해서는, 위치 수두도 고려해야 한다. 직사각형 단면 또는 폭이 넓은 단면에 대해서는 보다 더 간략한 형태의 에너지 손실 공식을 유도할 수 있다. 식(13.21)부터 시작하면, 폭이 넓은 직사각형 단면에 대한 유속은 q/y로 대치될 수 있다. 그러므로

$$\Delta E = (y_1 - y_2) + \frac{q^2}{2g}\left(\frac{1}{y_1^2} - \frac{1}{y_2^2}\right) \tag{13.22}$$

식(13.16)으로부터, 다음과 같이 쓸 수 있다.

$$\frac{q^2}{2g} = \frac{y_1 y_2 (y_1 + y_2)}{4} \tag{13.23}$$

식(13.22)에 대입하면,

$$\Delta E = (y_1 - y_2) + \frac{y_1 y_2 (y_1 + y_2)}{4}\left(\frac{y_2^2 - y_1^2}{y_1^2 y_2^2}\right) \tag{13.24}$$

$$= -(y_2 - y_1) + \left(\frac{y_1 + y_2}{4}\right)\left(\frac{y_2^2 - y_1^2}{y_1 y_2}\right) \tag{13.25}$$

$$= (y_2 - y_1)\left[-1 + \frac{(y_1 + y_2)^2}{4 y_1 y_2}\right] \tag{13.26}$$

$$= (y_2 - y_1)\left(\frac{y_2^2 - 2y_1 y + y_1^2}{4 y_1 y_2}\right) \tag{13.27}$$

또는

$$\Delta E = \frac{(y_2 - y_1)^3}{4y_1y_2} \tag{13.28}$$

식(13.28)은 도수의 이론적 에너지 손실에 대한 공식이다. 도수 전 에너지에 대한 에너지 손실의 비는 다음과 같이 표현할 수 있다(Ranga Raju, 1981).

$$\frac{\Delta E}{E_1} = \frac{8F_{n1}^4 + 20F_{n1}^2 - (8F_{n1}^2 + 1)^{3/2} - 1}{8F_{n1}^2(2 + F_{n1}^2)} \tag{13.29}$$

Peterka(1963)는 몇 가지 실험을 수행하여 그림 13.14와 같이 에너지 손실 ΔE를 도수 발생 전의 에너지 E_1과 수심 y_1으로 무차원화 시켜 도수 전 Froude수에 따라 도시하였다.

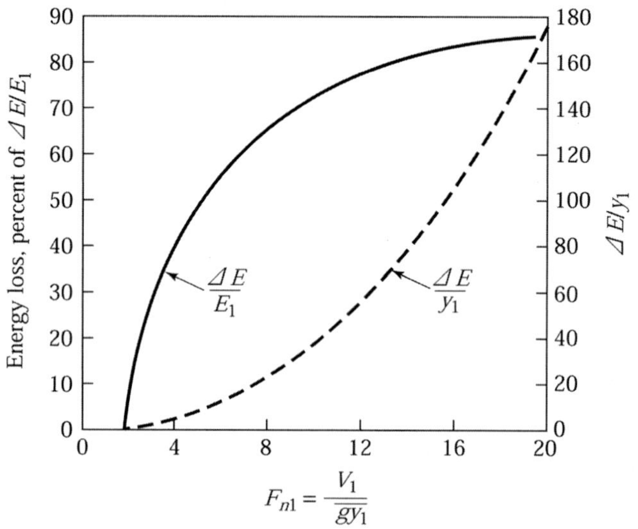

그림 13.14 Froude수에 따른 에너지 손실(Peterka, 1963)

예제 13.7 폭이 넓은 수로에 단위폭당 유량 $2.2\,\mathrm{m^2/s}$이 흐르고 있다. 도수 발생 후 수심이 $2.1\,\mathrm{m}$이다. 한계수심, 도수 전 수심, 에너지 손실 그리고 도수로 인해 단위폭당 손실된 마력을 구하시오.

풀이

$$y_c = \sqrt[3]{\frac{q^2}{g}} = \sqrt[3]{\frac{(2.2)^2}{9.81}} = 0.79$$

$$y_1 = \frac{y_2}{2}\left[-1 + \sqrt{1 + 8\left(\frac{y_c}{y_2}\right)^3}\right]$$

$$y_1 = \frac{2.1}{2}\left[-1+\sqrt{1+8\left(\frac{0.79}{2.1}\right)^3}\right] = 0.204\,\text{m}$$

$$\Delta E = \frac{(2.1-0.204)^3}{4\times 2.1\times 0.204} = 3.98\,\text{m}$$

$$\text{손실마력} = \frac{\gamma q \Delta E}{745} = \frac{1000\times 9.81\times 2.2\times 3.98}{745} = 115.3\,\text{HP}$$

위의 값은 수로의 단위폭당 구한 손실마력이다.

13.5 도수의 기하학적 구조

13.5.1 높이와 효율

도수의 높이 h_J는 도수 직후와 직전의 수위차$(y_2 - y_1)$로 정의된다. 일반적으로 y_1이 감소함에 따라 y_2는 증가하고, 도수의 높이는 증가한다.

도수의 효율 η_J는 도수 후의 에너지 E_2를 도수 전의 에너지 E_1로 나눈 값으로 정의할 수 있다.

$$\eta_J = \frac{E_2}{E_1} \tag{13.30}$$

예제 13.8 예제 13.7에서 도수높이와 도수전후의 비에너지 비를 구하시오.

풀이

$$h_J = y_2 - y_1 = 2.1 - 0.204 = 1.896\,\text{m}$$

$$\eta_J = \frac{E_2}{E_1} = \frac{2.1 + \dfrac{(1.048)^2}{2\times 9.81}}{0.204 + \dfrac{(10.78)^2}{2\times 9.81}} \times 100 = 35.2\%$$

또한 비에너지 비는 아래와 같이 나타낼 수도 있다.

$$\eta_J = 1 - \frac{\Delta E}{E_1} \tag{13.31}$$

식(13.29)를 식(13.31)에 대입하면 η_J는 상류 측의 Froude수 F_{n1}항으로 나타낼 수 있다.

$$\eta_J = \frac{1+(8F_{n1}^2+1)^{3/2}-4F_{n1}^2}{8F_{n1}^2(2+F_{n1}^2)} \tag{13.32}$$

13.5.2 도수길이와 수면형

도수는 그 발생지점에서 심한 세굴을 유발한다. 따라서 도수는 이러한 파손을 방지해 주는 감세지(stilling basin) 내에서 일어나도록 해야 한다. 감세지 물받이(apron)의 길이와 측벽 높이는 예상되는 도수의 길이와 수면형에 따라 설계된다. 실제로 유량에 따라 길이와 수면형은 변하지만 가능한 모든 유량 조건에 대해 도수가 감세지 내에서 일어나도록 해야 한다.

현실적으로 도수의 시작과 끝을 정확히 표시하는 것은 어렵다. 난류 흐름, 롤러(roller)와 와(eddy), 수면의 불규칙적인 교란 및 공기 유입 등으로 인해 도수 양끝을 정확히 결정하는 것은 매우 복잡하다.

상류 측 Froude수 F_{n1}와 도수 길이 L_J의 관계에 대해 많은 실험적 연구가 수행되었다. 도수의 길이는 y_1 또는 y_2로 무차원화 되었다. 그러나 y_1을 측정하는 것보다 y_2를 측정하는 것이 매우 어렵기 때문에, 실험 결과는 대부분 유입 Froude수 F_{n1}에 대한 L_J/y_1의 관계를 제시하고 있다. 그림 13.15는 미개척국(U.S. Bureau of Reclamation)이 추천하는 F_{n1}과 L_J/y_2의 관계이다. 이 그림을 사용할 때, y_2가 정확히 정의될 수 없으므로 도수 길이에 대한 약간의 오차가 예상된다.

Hager(1992)는 난류가 도수의 끝에서 감소된다는 특징을 사용하여 다음 식을 개발했다.

$$\frac{L_J}{y_1} = 220\tanh\frac{F_{n1}}{22} \tag{13.33}$$

다른 연구자들은 다음과 같은 식도 제안하였다.

$$L_J = a(y_2 - y_1) \tag{13.34}$$

여기서, a값은 연구자에 따라 다르며, 5.0에서 6.9까지의 값을 갖는다.

그림 13.15에서 보는 바와 같이 롤러의 길이 L_r는 일반적으로 도수의 길이 L_J보다 작다. L_r은 $0.4L_J$($F_{n1}=3.0$ 일 때)에서 $0.7L_J$($F_{n1}=9.0$ 일 때)까지 변한다.

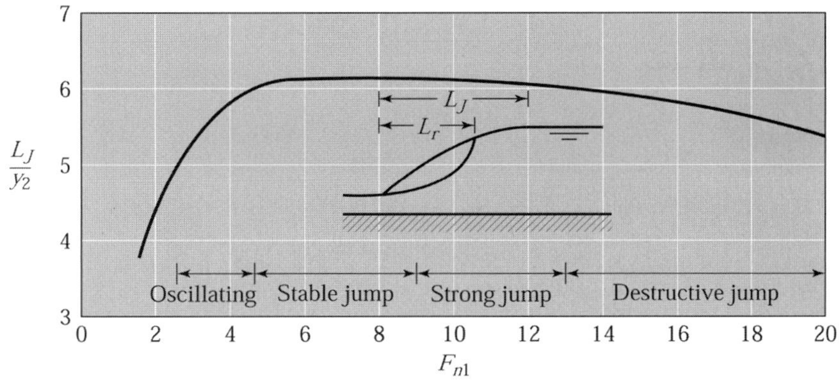

그림 13.15 도수의 길이(USBR)

수로 폭이 도수 전 수심의 10배 보다 더 크다는 조건 하에, Hager(1992)는 L_r을 구하기 위한 식을 다음과 같이 제안했다.

$$\frac{L_r}{y_1} = -1.2 + 160\tanh\frac{F_{n1}}{20} \tag{13.35}$$

투수성 기초위에 감세지가 놓여있을 때, 도수의 수면 형태는 감세지 위의 물의 무게를 결정하는데 중요하다. 감세지 바닥 위의 물은 양력을 억제하는 역할을 한다. 또한 측벽의 높이도 도수의 수면형태에 따라 변하게 된다.

접근 Froude수 별 도수의 수면형태는 그림 13.16(Bakhmeteff와 Matzke, 1936)에 주어져 있다. 감세지 바닥의 압력은 정수압 분포로 가정하여 구해도 큰 오차가 발생하지 않는다고

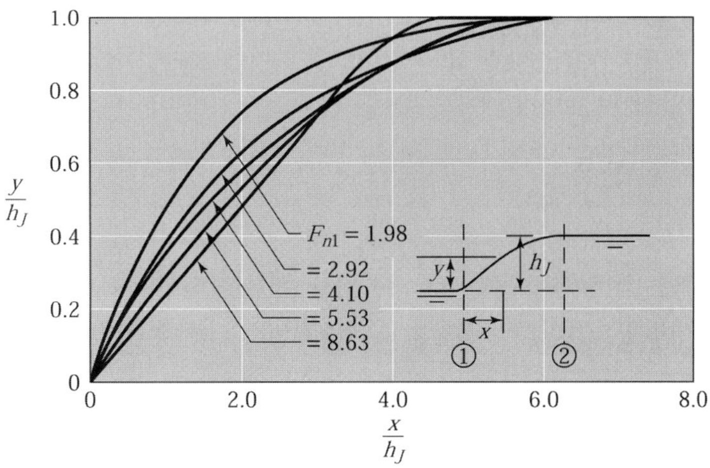

그림 13.16 도수의 수면형(Bakhmetef와 Matzke, 1936, 이후)

알려져 있다. 도수 시점으로 부터 측정된 거리 x와 수심 y의 관계는 다음과 같은 경험식으로 나타낼 수 있다(Hager,1992).

$$Y = \tanh(1.5X) \tag{13.36}$$

여기서, $X = x/L_r$, $Y = (y - y_1)(y_2 - y_1)$ 이고 $L_r =$ 롤러의 길이이다.

Rajaratnam과 Subramanya(1968)는 도수의 수면형태에 대해 광범위한 연구를 수행하였다. 그들은 여러 연구로부터 얻은 자료를 사용하여, $y/(0.75(y_2 - y_1))$와 $x/\overline{X}$는 그림 13.17과 같이 1 : 1 관계가 있다는 것을 증명하였다. 여기서 $\overline{X}$는 도수의 시점에서부터 수심 y가 $0.75(y_2 - y_1)$가 되는 단면까지의 거리이다. 거리 $\overline{X}$는 y_1 및 F_{n1}과 다음과 같은 경험적 관계를 갖는다.

$$\frac{\overline{X}}{y_1} = 5.08F_{n1} - 7.82 \tag{13.37}$$

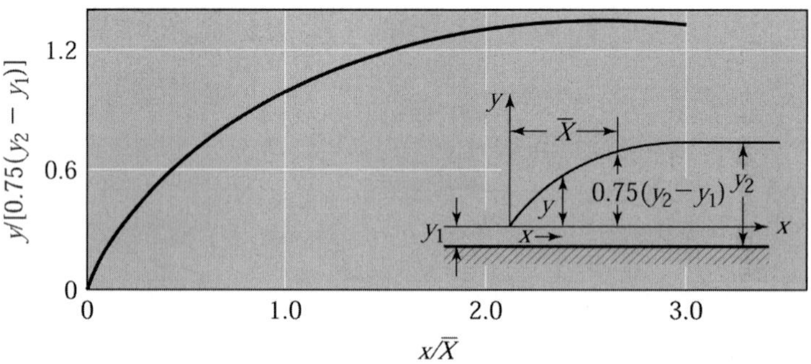

그림 13.17 직사각형 수로에서 도수의 수면형태(Bakhmetef와 Matzke, 1936)

13.6 도수의 분류

도수는 흔히 도수 전 Froude수에 따라 분류한다. 분류상 인접한 유형 사이에서 F_{n1}의 범위에 약간의 중복이 있을 수 있기 때문에 도수 유형별 F_{n1}의 범위를 명확히 구분하는 것은 어렵다. 일반적으로 도수는 그림 13.18과 같이 5가지 유형으로 일어난다. 각 도수 유형 별로 특징적인 흐름특성이 있다.

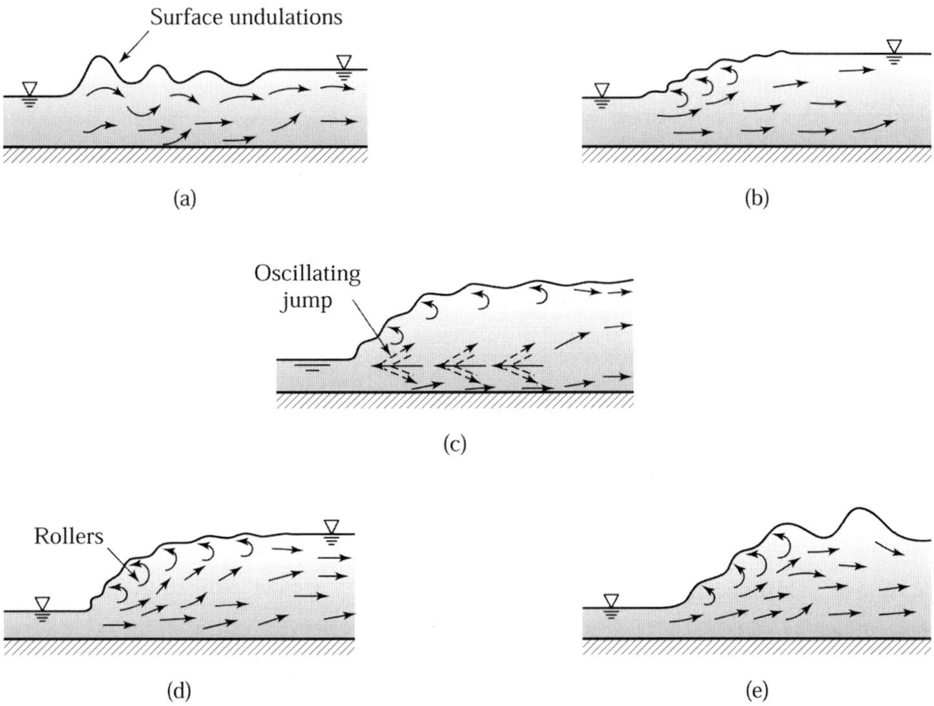

그림 13.18 여러 가지 도수 유형

파상도수(undular jump)($1 < F_{n1} < 1.7$) : 수면에 약간의 파랑이 인다. 두 공액수심은 크기가 비슷하고, 사류상태에서 상류상태로 급격하게 변하지 않으며, 천이구간의 수면에는 약간의 파랑이 발생한다(그림 13.18a).

연약도수(weak jump)($1.7 < F_{n1} < 2.5$) : F_{n1}이 1.7을 초과함에 따라, 많은 와(eddy)와 롤러가 수면에서 일어난다(그림 13.18b). 롤러 길이(L_r)는 도수의 총길이(L_J)에 비해 작고, 통상 작은 에너지 손실이 발생한다. 도수 전·후의 수심 비(y_2/y_1)는 2.0과 3.1 사이에 있다.

진동도수(oscillating jump)($2.5 < F_{n1} < 4.5$) : 유입되는 제트류는 바닥에서부터 표면까지 진동한다. 이 진동 양상은 도수의 끝단을 벗어나 상당한 거리동안 지속되는 수면파의 원인이 되고, 제방 침식의 원인이 될 수 있다(그림 13.18c). y_2/y_1의 비율은 3.1과 5.9사이에 있다.

정상도수(stable jump)($4.5 < F_{n1} < 9.0$) : 이와 같은 종류의 도수는 많은 이점을 갖고 있다. 가장 중요한 점은 하류흐름 조건에 관계없이 고정된 위치에 있다는 것이다(완전한 평형 도수). 도수의 위치는 y_2의 변화에 민감하지 않다. 이 도수에서는 앞서 설명한 도수

들에 비해 에너지 감세효과와 하류 수위 상승이 더욱 뚜렷하다(그림 13.18d). y_2/y_1의 비율은 5.9와 12.0사이에 있다.

강한도수 또는 거친도수(strong or rough jump)($9.0 < F_{n1}$) : 도수가 효과적으로 나타나지만, F_{n1}의 증가에 따라 흐름은 더욱 격렬해진다. 이 경우에는 감세지의 규모가 매우 커야 되고, 비용도 많이 든다. 일반적으로 실무에서 $F_{n1} = 12.0$을 초과하는 도수는 허용되지 않는다. 도수의 에너지 감쇄능력이 크며, y_2/y_1는 12 이상이고 20을 초과할 수도 있다(그림 13.18e).

13.7 하부 개방형 수문

하부 개방형 수문(underflow gate or sluice gate)은 앞의 예에서 에너지 원리를 설명하고 도수의 특성을 검토하기 위해 사용되어 왔다. 지금부터는 이런 구조물에 대해 좀 더 자세히 살펴보기로 하겠다. 연직수문은 저수지에서 종종 사용되는 조절장치이다. 12장에서 논의된 위어나 여수로와 달리 연직수문(sluice gate)은 수위 보다는 유량 조절장치이다. 수문은 여수로 또는 다른 조절 구조물의 출구를 통해 나가는 유량을 엄격히 통제하는데 사용된다.

실제에서는 저수지의 수위가 급격하게 상승하지 않도록 저유량과 중간유량일 때는 수문으로 유량을 조절하고, 고유량일 때는 위어 같은 월류장치로 조절한다. 위어의 경우와 같이, 수문은 하류 통제점의 역할을 한다.

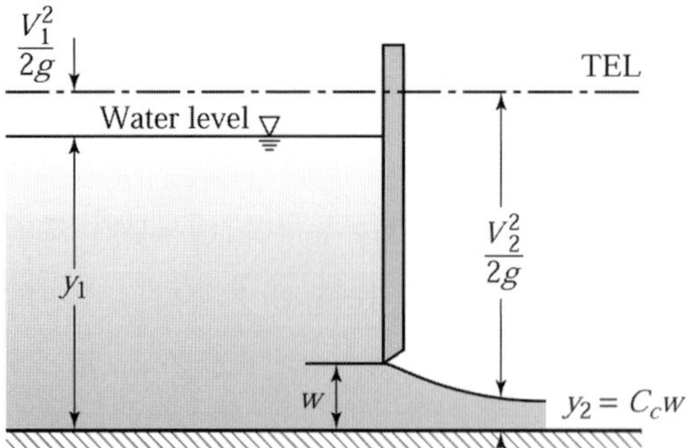

콜럼비아강 Chiet Joseph 댐의 방사형 수문

그림 13.19 연직수문(sluice gate)의 수리학적 원리 (사진 허용 : Robert Ashworth, Bellingham, WA.)

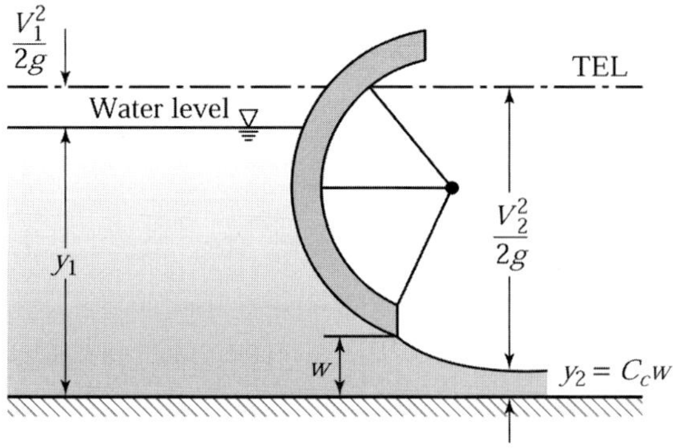

그림 13.20 방사형 수문

일반적으로 하부 개방형 수문에는 두 가지 유형 즉, 연직수문(그림 13.19)과 방사형 수문(radial or tainter gate)(그림 13.20)이 있다. 수리학적 기본원리는 두 유형 모두 같지만, 차이점은 열기 위해서 연직으로 들어 올리는 연직수문보다 회전시키는 원형수문이 조작하기에 쉽다는 것이다. 이러한 이유로, 방사형 수문은 크고 무거운 수문이 필요한 곳에서 일반적으로 사용된다.

연직수문의 원리는 그림 13.19에 나타나 있다. 본질적으로 수문은 오리피스처럼 작용하므로 해석 형태도 같다. 유량은 다음처럼 수문 전·후에 대해 에너지방정식을 적용하여 결정할 수 있다(손실무시).

$$y_1 + \frac{Q^2}{2gA_1^2} = y_2 + \frac{Q^2}{2gA_2^2} \tag{13.38}$$

그렇다면

$$\frac{Q^2}{2g} = \frac{(y_2 - y_1)(A_1^2 A_2^2)}{A_2^2 - A_1^2} \tag{13.39}$$

대부분의 경우 수문은 직사각형 단면이므로 식(13.39)를 단순화 하면

$$\frac{q^2}{2g} = \frac{y_1^2 y_2^2}{y_2 + y_1} \tag{13.40}$$

그러므로

$$q = y_1 y_2 \sqrt{\frac{2g}{y_1 + y_2}} \tag{13.41}$$

이전 경우와 마찬가지로, 식(13.41)은 유선의 수축에 의한 국부적인 에너지 손실을 무시하는 이상적인 경우에 대한 식이다. 이들 손실은 수축계수(C_c)를 도입함으로써 고려할 수 있다. 수축계수는 대부분의 경우, 대략 0.59에서 0.62까지 변한다(Henderson, 1966). 연직수문의 경우는 그림 13.19에서 보는 바와 같이 수축이 분명히 존재한다. 따라서 하류 수심(y_2)는 수문개방고와 수축계수의 함수로서 다음과 같이 쓸 수 있다.

$$y_2 = C_c w$$

그러므로 식(13.41)은 다음과 같이 된다.

$$q = C_c w y_1 \sqrt{\frac{2g}{y_1 + y_2}} \tag{13.42}$$

식(13.42)를 전개하여 다음과 같이 쓸 수 있다.

$$q = C_c w \sqrt{\frac{y_1}{y_1 + y_2}} \sqrt{2gy_1} \tag{13.43}$$

유량계수 C_d를 도입하고, 오리피스 방정식 형태로 식(13.43)을 다시 쓰면 다음과 같다.

$$q = C_d w \sqrt{2gy_1} \tag{13.44}$$

수문을 통과하는 유량은 수문 상류 측 수심과 수문 개방고만 알면 식(13.44)에서 계산할 수 있다. C_d를 계산할 때 수축계수는 0.60 근처의 값을 사용한다(Henderson,1966).

앞의 예제에서는, 식(13.44)로 계산해야 될 유량을 다음의 오리피스 방정식을 사용하여 근사적으로 구했다.

$$q = Vy_2 = y_2 \sqrt{2gH} \tag{13.45}$$

여기서, $H = y_1 - y_2$이다. $y_2 = C_c w$의 관계를 사용하면, 수문 아래에서 흐름이 수축되는 현상을 고려할 수 있고, 부차 손실은 전통적인 방법으로 계산하여 고려할 수 있다(즉, $\Delta H = k_e(V^2/2g)$, 여기서 k_e는 유입 손실계수로 0.1 또는 0.2의 값을 갖는다).

위의 논의에서는 수문 출구가 수문 조작 동안 잠기지 않는다고 가정하였다. 하부 개방형 수문이 여수로 상단에 설치될 경우 이 가정은 항상 성립한다. 대부분의 다른 경우에도 수문의 하류조건은 가능하다면 출구가 잠기지 않도록 설계된다. 그렇지 않으면, 수문의 효율이 심각하게 저하될 것이다. 에너지 손실을 무시한다면 수문 상·하류 사이의 에너지 관계, 식

(13.38)로부터 두 수심 y_1과 y_2는 단지 주어진 에너지에 대한 대응수심이라는 것을 알 수 있다. 상류(upstream)측이 상류(subcritical)이기 때문에, 수문 아래 흐름은 사류(supercritical)가 되어야 한다. 따라서 하류 수로의 경사가 완만하다면, 수문의 하류에서 도수가 발생해야 한다. 수문 바로 아래에서 혹은 약간 떨어진 하류에서 도수가 일어난다면, 수문은 잠기지 않고, 유량은 식(13.43) 또는 (13.45)에 의해 구할 수 있다. 하지만, 하류 조건이 도수가 발생하지 않도록 되어 있다면(즉, 그림 13.21과 같이 도수가 물에 잠겨 있다면), 수문은 잠기고, 유출 유량은 상당히 감소한다.

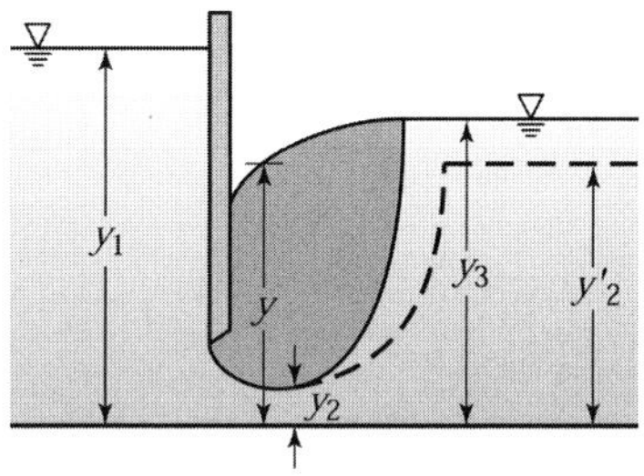

그림 13.21 잠긴 연직수문

수문이 잠긴 경우, 유량의 근사치는 Henderson(1966)이 제안한 방법으로 구할 수 있다. 이 방법은 수문 상하류사이의 에너지방정식(도수 전)과 도수 전후의 운동량방정식(잠긴 상태)을 동시에 고려한다. 그림 13.21을 참조하면, 직사각형 수로의 경우 에너지방정식과 운동량방정식은 다음과 같다.

$$y_1+\frac{q^2}{2gy_1^2}=y+\frac{q^2}{2gy_2^2} \tag{13.46}$$

$$\frac{y^2}{2}+\frac{q^2}{gy_2}=\frac{y_3^2}{2}+\frac{q^2}{gy_3} \tag{13.47}$$

위 식에서 수심(y)는 잠긴 도수의 가상 수심으로, 정수역학적 에너지와 힘을 나타낸다. 공통항 q는 식에서 소거되고, 다른 항들은 알고 있으므로 가상 수심 y를 구할 수 있다. 그러고 나서 이 값을 다시 대입하여 q를 구할 수 있다.

예제 13.9 그림 13.22와 같이 폭 $10\,\text{m}$, 수로경사 $0.0025\,\text{m/m}$, 조도계수 0.025인 직사각형 수로에 연직수문이 있다. 유량은 $55\,\text{m}^3/\text{s}$이다. 이와 같은 조건하에서 수문이 잠기지 않도록 하기 위한(수문의 하류에서 도수가 발생한다) 수문의 최대 개방고는 얼마인가? 이러한 조건에서 수문 직상류 수심은 얼마인가? 수축계수는 0.6을 사용하시오.

풀이

첫째 Manning 공식을 이용하여 등류수심을 구한다.

$$AR^{2/3} = \frac{0.025(55)}{(0.0025)^{1/2}} = 27.5 = 10y_o\left(\frac{10y_o}{2y_o+10}\right)^{2/3}$$

$y_o = 2.1\,\text{m}$, $y_c = \sqrt[3]{q^2/g} = 1.46\,\text{m}$ ($q = 55/10 = 5.5\,\text{m}^3/\text{m}$)이다. 등류수심이 한계수심보다 크므로 수로경사는 완경사이고 따라서 도수가 발생할 것이다. 수문이 잠기지 않을 축소부 최대 수심은 등류수심의 공액 수심이 될 것이다.

그래서 $y_o{}' = \frac{2.1}{2}\left(-1+\sqrt{1+\frac{8(5.5)^2}{g(2.1)^3}}\right)$, 즉 $y_o{}' = 0.96\,\text{m}$ 이다. 따라서 수문의 최대 개방고는 $w = 0.96/0.6 = 1.6\,\text{m}$ 이다. 수문 개방을 줄이면 하기 수심이 작아지고 도수 좀 더 하류에서 발생하게 된다. 수문을 더 크게 개방하면 도수는 발생하지 않을 것이다.

식(13.42)를 이용하여 수문 상류 측 수심을 구하면

$$q = C_c w y_1\sqrt{\frac{2g}{y_1+y_2}} = 5.5 = 0.6(1.6)y_1\sqrt{\frac{19.62}{y_1+0.96}}$$

또는 $32.82 = \frac{19.62(y_1)^2}{y_1+0.96}$ 이다. 2차방정식을 풀면

$y_1 = 2.35\,\text{m}$ 이다.

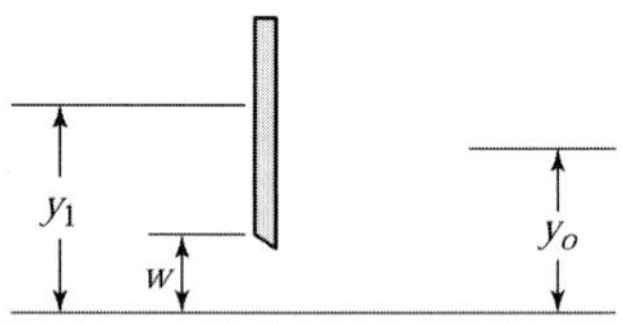

그림 13.22 예제 13.9의 연직수문

13.8 강제도수(Forced Jumps)

수로의 수위는 상황에 따라 변할 수 있다. 강우 사상은 수로의 특정 구간에서 수위 상승을 초래할 수 있다. 여러 유역에 내린 강우는 수로로 유출되고 이로 인해 수위가 계속 변하게 된다.

모든 힘은 도수 전 후의 수심에 따르기 때문에, 도수는 두 공액수심이 변할 때 안정성을 잃게 될 것이다. 그림 13.1의 $M-y$ 관계곡선으로부터, 하류수심(y_2)이 증가하면 비력은 증가할 것이고, 도수는 상 하류에서 작용하는 두 힘이 같아지는 지점까지 상류(upstream)로 이동할 것이다. 만약 y_2가 감소하면 도수는 하류로 움직일 것이다. 사류(supercritical)수심의 변화에 따른 해석도 이와 비슷하다.

실제로, 우리는 특수한 위치(감세지)에서 안정되게 도수가 발생하도록 하는 것이 필요하다. 그렇지 않고, 도수가 수로 상·하류로 움직인다면, 수로 바닥과 측벽에 많은 악영향을 끼칠 것이다. 그러므로 도수가 지정된 위치로부터 이동하지 않도록 하는 장치가 필요하다. 이러한 도수를 강제도수라고 부른다. 도수 위치를 통제하기 위해 다양한 방법들이 사용되며, 이들 중 중요한 것을 이제부터 살펴보기로 하겠다.

13.8.1 수로바닥의 급상승 및 급하강

도수 위치는 수로바닥을 급격히 상승시키거나 하강시킴으로써 조절할 수 있다. 수로에 이러한 장치를 설치하면, 도수는 하상이 급변하는 지점이나 그 근처에서 발생하게 된다.

그림 13.23a와 같이 수로바닥이 급격히 하강하는 경우를 생각해 보자. 하류에서 세 가지 수위가 발생할 수 있다. 가장 높은 하류수위(case1)는 낙차공 상류(upstream) 쪽에서 도수가 일어나고, 반면에 가장 낮은 하류수위(case3)는 낙차공 하류에서 도수가 일어난다. case2는 하류 수위가 case1과 case3 사이에 있는 것으로, 일반적으로 낙하공 위에서 형성되는 파상형 도수를 나타낸다. 연속방정식과 운동량방정식으로부터 직사각형 수로에 대해 다음과 같이 쓸 수 있다.

$$q = y_1 V_1 = y_2 V_2 \tag{13.48}$$

$$F_{p1} + F_{p2} + F_{p3} = \frac{\gamma}{g} q (V_2 - V_1) \tag{13.49}$$

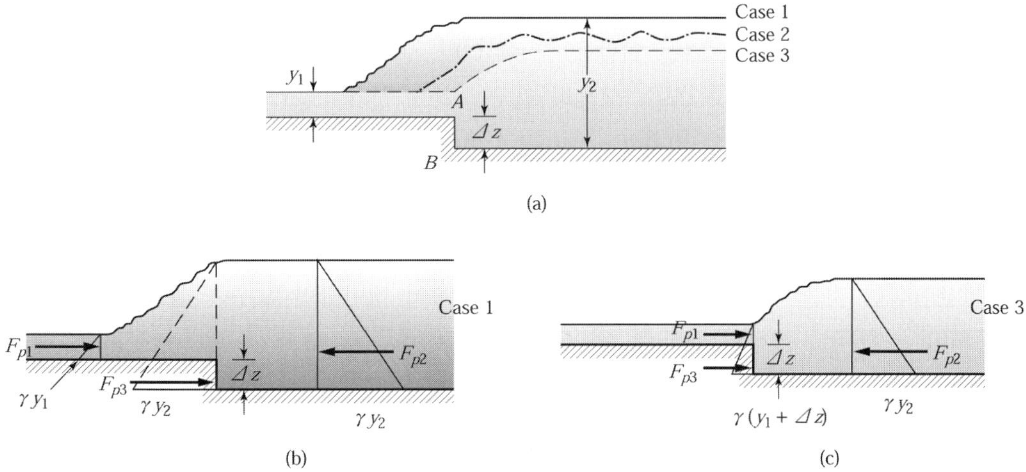

그림 13.23 수로바닥 급하강시의 도수

여기서,

$$F_{p1} = \gamma \frac{y_1^2}{2} \tag{13.50a}$$

$$F_{p2} = \gamma \frac{y_2^2}{2} \tag{13.50b}$$

$$F_{p3} = \gamma \left(y_2 - \frac{\Delta z}{2} \right) \Delta z \quad \text{(for Case1)} \tag{13.50c}$$

그리고

$$F_{p3} = \gamma \left(y_1 - \frac{\Delta z}{2} \right) \Delta z \quad \text{(for Case3)} \tag{13.50d}$$

위 식으로 Δz을 계산할 수 있다. Froude수는 y_1, y_2, Δz와 다음과 같은 관계가 있다.

$$F_{n1}^2 = \frac{[(y_2/y_1) - (\Delta z/y_1)]^2}{2(1 - y_1/y_2)} \quad \text{(for Case1)} \tag{13.51a}$$

$$F_{n2}^2 = \frac{(y_2/y_1)^2 - (1 + \Delta z/y_1)^2}{2(1 - y_1/y_2)} \quad \text{(for Case3)} \tag{13.51b}$$

실제에서는 일반적으로 비유량(q)과 하류 수심(y_2)이 주어졌을 때, 도수를 극단적 두 case 사이에 있게 하기위한 Δz를 결정하는 문제가 된다. 도수의 위치는 모든 가능한 유량에 대해 검토되어야 한다. 수로 바닥의 급하강은 하류수심이 상대적으로 높을 때만 고려할 수 있다.

수로바닥의 급상승은 하류수위가 부족한 곳에 적용할 수 있다. 둔덕(hump)은 도수가 하류 끝단으로 진행하는 것을 막는 역할을 할 수 있다. 급하강에 대한 경우의 해석은 급상승의 경우에도 적용할 수 있다. 도수 시점의 위치를 둔덕 상류 $5(\Delta z + y_2)$ 지점으로 고정시켜 놓고 수행한 실험을 통해 경험식이 개발되었다. Forster와 Skrinde(1950)는 그림 13.24와 같이 Δz, y_1, y_2를 알고 있을 때 급상승하는 하상에서 발생하는 도수를 예측하기 위한 그래프를 개발했다. 해당되는 $\Delta z/y_1$선에 점이 찍히면, 도수가 정확하게 둔덕 상류 $5(\Delta z + y_2)$ 지점에서 발생한다는 것을 의미한다. 점이 해당 선의 왼쪽에 찍힌다면 도수는 상류(upstream)로 이동되고, 오른쪽에 찍히면 하류로 이동된다.

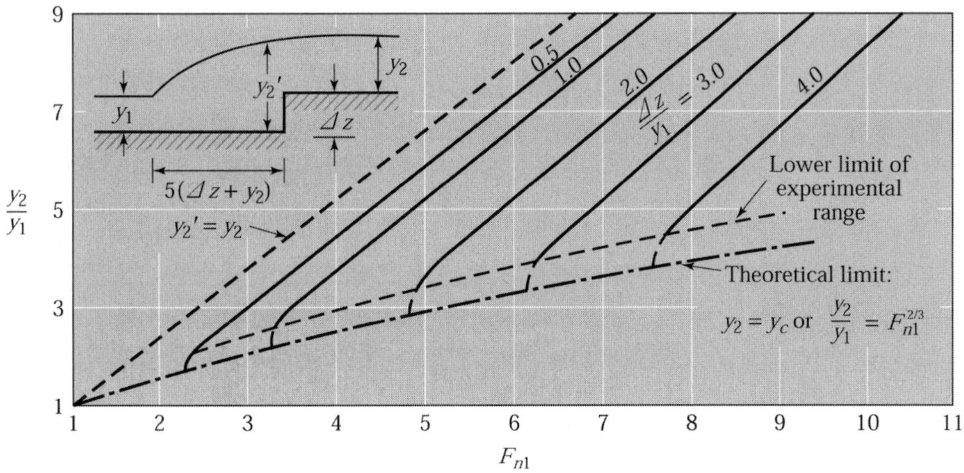

그림 13.24 급상승하는 하상에서의 도수(Forster와 Skrinde, 1950)

13.8.2 감세블록(Baffle Block)

도수는 비력이 같은 두 단면을 연결한다. 감세블록은 도수 양단면에 작용하는 힘에 차이가 있을 때 힘의 평형을 맞추기 위해 감세지에 종종 설치한다. 대부분 사다리꼴 모양이고 일렬로 또는 엇갈리게 설치한다. 그림 13.25와 같이 단위폭의 직사각형 수로에 설치된 일렬 감세블록에 대해 운동량방정식을 적용하면 다음과 같이 쓸 수 있다.

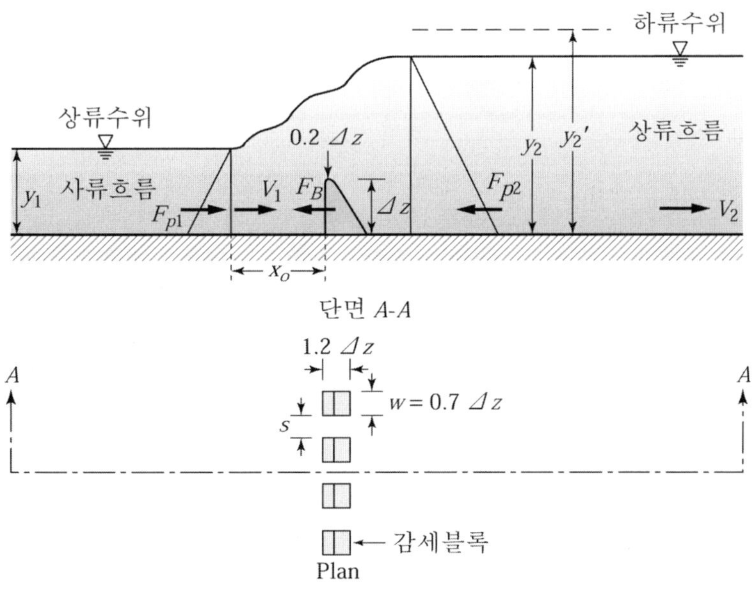

그림 13.25 감세블록에 의한 도수 조절

$$F_{p1} - F_{p2} - F_B = \frac{\gamma}{g} q (V_2 - V_1) \tag{13.52}$$

감세블록에 작용하는 수로의 단위폭당 힘(F_B)은

$$F_B = \frac{\gamma}{g} q (V_1 - V_2) - \gamma \frac{y_2^2 - y_1^2}{2} \tag{13.53}$$

감세블록의 높이(Δz), 상류(upstream) 수심(y_1), 블록의 상류(upstream)에 형성되는 도수의 길이(x_o), 차단율($w/(w+s)$)(그림 13.25 참조)에 대해 경험식과 실험식이 많이 개발되었다. Basco와 Adams(1971), Ranga Raju(1980) 등은 이 관계에 대해 많은 연구를 수행했다. Ranga Raju(1980) 등은 감세 블록과 턱을 가진 바닥에 대한 설계절차를 수립하였다. 요즘 보편적으로 사용하는 것은 여러 가지 범위의 상류(upstream) Froude수별로 정리해 놓은 미개척국(U.S Bureau of Reclamation) 방법이다. 전형적인 설계 예를 그림 13.26에 도시하였다.

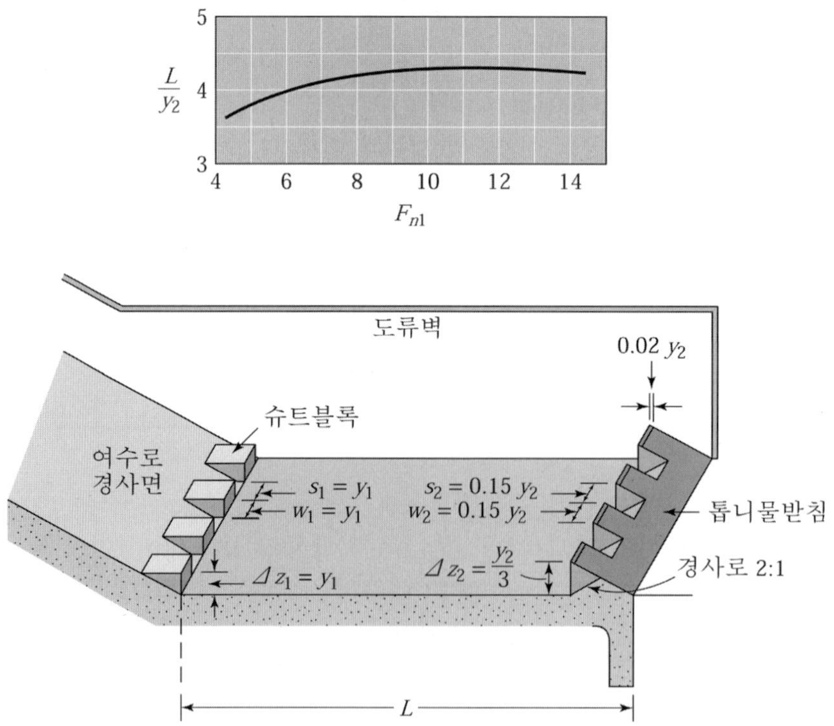

그림 13.26 $F_{n1} > 4.0$, 여수로 높이 $\leq 60.0\text{m}$, $q \leq 45.0\text{m}^3/\text{s}$ 인 바닥의 설계(Peterka, 1963)

13.9 확대단면의 도수

앞선 장(12.5절)에서 낙차공, 단차, 확대 및 수축에 기인한 수면변화는 설명하였다. 하지만 흐름 상태는 변하지 않은 채로 유지되었다. 이것은 연구영역 전체에 걸쳐 흐름의 원 상태가 사류(supercritical)이거나 상류(subcritical)이거나 그대로 유지되었다는 것을 의미한다. 이 절에서는 단면이 갑자기 또는 서서히 확대되어 사류에서 상류로 바뀌는 흐름에 대해 고찰하고자 한다. 이런 경우에도 도수는 발생할 것이다. 경우에 따라서는, 단면 확대 없이는 감세지에서 도수가 발생하지 않는 경우도 있다. 그러한 환경 하에서 형성된 도수는 종종 공간 도수(spatial hydraulic jump)라 불린다.

13.9.1 급확대되는 직사각형 수로에서의 공간 도수

그림 13.27a와 같은 경우를 보면 수로 폭의 급확대로 인해 단위폭당 유량은 감소하고, 흐름은 상류(subcritical)흐름으로 변한다. 확대 전의 초기 수심은 y_1이다. 하류 수심 y_2는 다음과 같이 연속방정식과 운동량방정식으로 계산할 수 있다.

$$F_{p1} + F - F_{p2} = \frac{\gamma}{g} Q(V_2 - V_1) \tag{13.54}$$

또는

$$\gamma b \frac{y_1^2}{2} + \gamma (B-b) \frac{y_1^2}{2} - \gamma B \frac{y_2^2}{2} = \frac{\gamma}{g} Q^2 \left(\frac{1}{By_2} - \frac{1}{By_1} \right) \tag{13.55}$$

위 식은 다음과 같이 쓸 수 있다.

$$y_1^2 - y_2^2 = \frac{2Q^2}{gB} \left(\frac{A_1 - \dfrac{A_2 b}{B}}{A_1 A_2} \right) \tag{13.56}$$

ψ_y는 y_2/y_1이고, ψ_b는 b/B라고 하자. 그렇다면 식(13.57)은 다음과 같이 표현될 수 있다(Ranga Raju, 1981).

$$\psi_y^3 - \psi_y (1 - 2F_{n1}^2 \psi_b) + 2F_{n1}^2 \psi_b^2 = 0 \tag{13.57}$$

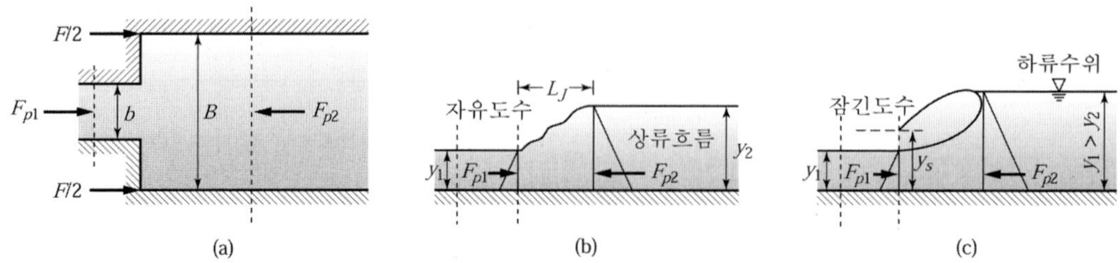

그림 13.27 확대 단면에서의 도수

그림 13.28은 식(13.57)의 해를 표현한 것이다. ψ_y는 균일 수로에 이를 때까지 ψ_b가 증가함에 따라 감소한다. Herbrand(1973)는 확대 수로에서의 공액 수심 y_2와 균일 수로에 대한 공액 수심 y_{2b}의 비에 대한 실험적인 관계를 다음과 같이 제시했다.

$$\frac{y_2}{y_{2b}} = \psi_b^{3/8} \tag{13.58}$$

위의 논의는 그림 13.27b와 같이 도수 시작점이 수로의 확대 단면에 위치하는 자유 도수에 대해 적용 가능하다. 하류 수심이 그림 13.28에서 얻어진 공액 수심보다 크다면 도수의 시작점은 좁은 단면수로로 이동할 것이다. 이런 상황을 방지하기 위해 연직수문을 급확대

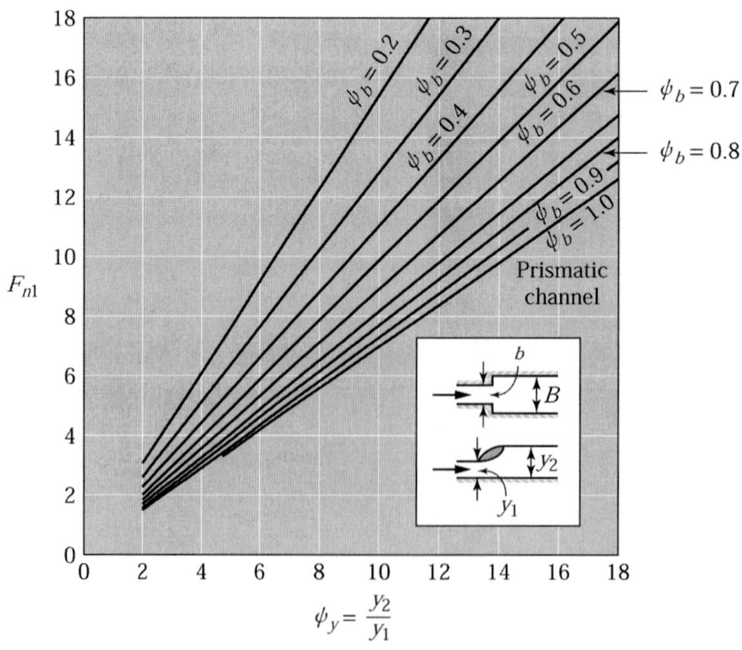

그림 13.28 급확대 단면에서 공액 수심의 비

직전에 둘 수 있다. 이렇게 하면 그림 13.27c와 같이 잠긴도수를 형성할 것이다. 이 경우, y_s와 y_t의 비는 다음과 같이 주어진다(Ranga Raju, 1981).

$$\frac{y_s}{y_t} = \sqrt{1 - 2F_{nt}^2\left(\frac{y_t}{\psi_b y_1} - 1\right)} \tag{13.59}$$

여기서, F_{nt}는 하류의 Froude수이다.

13.9.2 서서히 확대되는 직사각형 수로에서의 공간 도수

그림 13.29와 같이, 수직벽을 가진 수로의 폭이 서서히 확대되는 경우를 생각해 보자. 유선은 방사선형이고, 도수의 수면형은 1/4 타원형이라는 가정 하에, Arbhabhirama와 Abella (1971)는 다음을 유도하였다.

$$r_o y_o = \frac{1}{2}\left(\sqrt{1 + 8F_{nc}^2} - 1\right) \tag{13.60}$$

여기서, $r_o = r_2/r_1$, $y_o = y_2/y_1$이고,

$$F_{nc}^2 = (F_{n1}^2 r_o + C_p) \tag{13.61}$$

이다. 여기서 C_p는 다음과 같이 표시되는 측면 압력보정계수이다.

$$C_p = \frac{r_o y_o (r_o - 1)\left\{r_o\left(\frac{y_o^2}{3} + 0.118 y_o + 0.0480\right) + 0.5\right\}}{(r_o y_o - 1)} \tag{13.62}$$

도수의 길이 L_J는 $(r_2 - r_1)$로 주어진다. L_J와 y_1사이의 관계는 실험적으로 다음과 같이 주어진다.

$$\frac{L_J}{y_1} = 3.70\, F_{n1}^{1.35} \tag{13.63}$$

$3 \le F_{n1} \le 10$일 때 식(13.63)에서 좋은 결과를 얻었다. r_1과 y_1을 안다면, 시행착오법으로 식(13.60)과 (13.63)을 풀어 y_2를 결정할 수 있다.

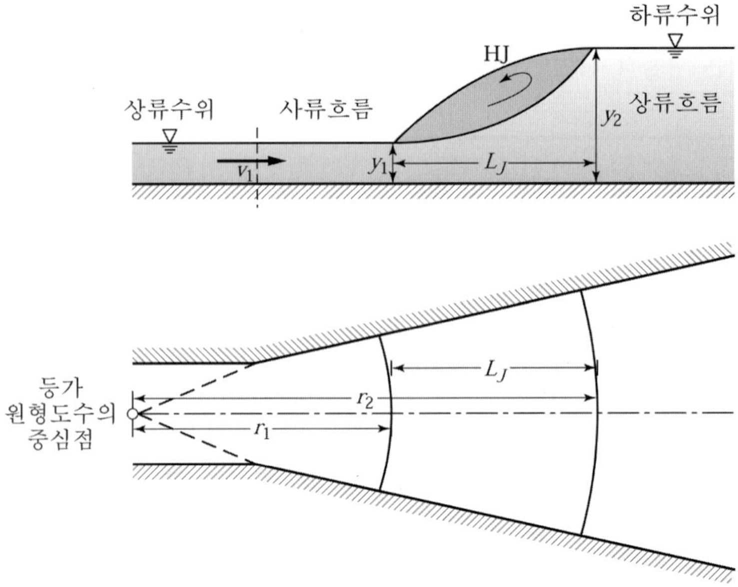

그림 13.29 점진적 확대 수로에서의 도수

13.10 하상경사가 있는 직사각형수로의 도수

도수는 매우 가파른 하상경사를 가진 수로에서도 발생할 수 있다. 또 다른 예로 경사진 면이 있는 월류 위어나 여수로가 있다. 이런 경우는 물 무게의 흐름 방향성분을 무시할 수 없다. 경계층 마찰을 무시하고, 정수압 분포를 가정하면, 그림 13.30에 운동량방정식을 적용하면 다음과 같다.

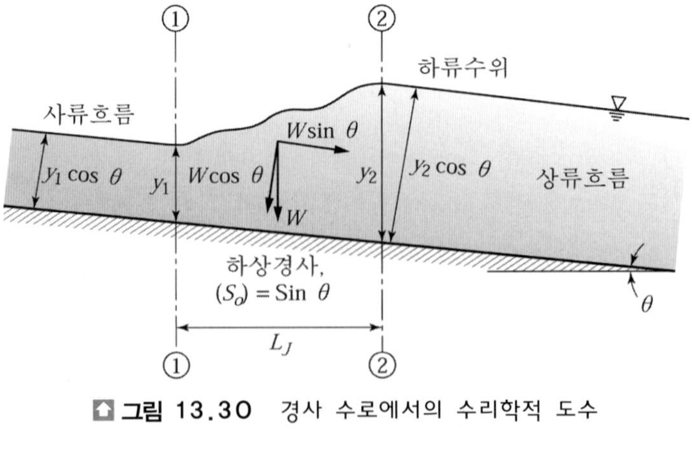

그림 13.30 경사 수로에서의 수리학적 도수

$$\gamma\frac{y_1^2}{2}\cos^3\theta-\gamma\frac{y_2^2}{2}\cos^3\theta+W\sin\theta=\frac{\gamma}{g}q(V_2-V_1) \tag{13.64}$$

여기서,

$$V_1=\frac{q}{y_1\cos\theta},\quad V_2=\frac{q}{y_2\cos\theta}$$

도수의 무게, W는 다음과 같다.

$$W=K\gamma L_J\left(\frac{y_1+y_2}{2}\right) \tag{13.65}$$

여기서, K는 도수 표면의 불균일성을 설명하기 위해 도입된 인자이다. 식(13.65)를 식(13.64)에 대입하고 식(13.64)에 $F_{n1}=V_1/\sqrt{gy_1\cos\theta}$ 의 관계를 이용하여 정리하면 다음과 같다.

$$\left(\frac{y_2}{y_1}\right)^3-(2G^2+1)\frac{y_2}{y_1}+2G^2=0 \tag{13.66}$$

여기서,

$$G=\frac{F_{n1}}{\sqrt{\cos\theta-\dfrac{KL\sin\theta}{y_2-y_1}}} \tag{13.67}$$

식(13.66)을 풀면 다음과 같다.

$$\frac{y_2}{y_1}=\frac{1}{2}(\sqrt{1+8G^2}-1) \tag{13.68}$$

일반적으로 K와 $L_J/(y_2-y_1)$는 F_{n1}과 하상경사(S_o)의 함수라고(Stevens, 1944) 알려져 있다. 또한 식(13.66)에서 $G=\varphi(F_{n1},\ \theta)$임을 알 수 있다. 따라서 식(13.68)로부터 y_2/y_1도 F_{n1}과 θ의 함수임을 얻 수 있다. 경사 수로에 대한 실험을 통해 여러 하상경사에 대해 y_2/y_1, L_J 및 F_{n1} 사이의 경험적 관계를 그림 13.31과 그림 13.32에서와 같이 나타내었다. 그림 13.32의 점선은 자료가 제한적이어서 보간에 의해 구한 것이다. 그림 13.30에서 도수 길이(L_J)는 도수의 실제 길이보다 작은 롤러 길이(L_r)를 택했다. 그래서 수면은 도수가 끝난 후에도 더 올라가게 된다.

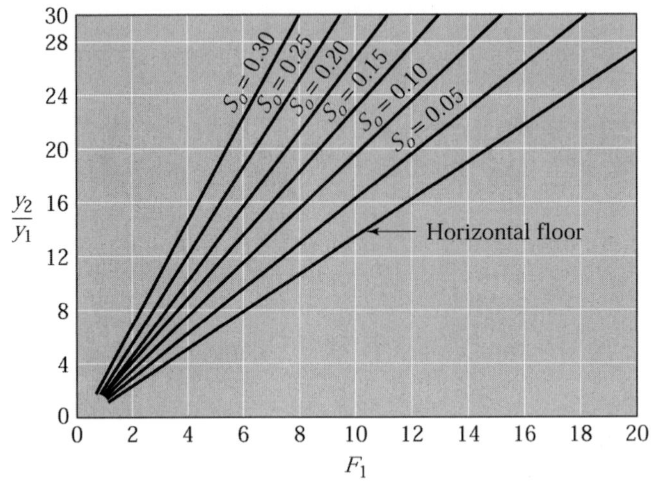

그림 13.31 경사면에서 공액수심 사이의 관계

Rajaratnam(1967)는 식(13.66)를 사용하여 G를 결정하여 공액수심 비를 얻기 위해 그림 13.31를 대신하여 사용할 수 있는 경험적 관계를 제안했다.

$$G^2 = K_1^2 F_{n1}^2 \tag{13.69}$$

$$K_1 = 10.0^{0.027}\theta \tag{13.70}$$

여기서, θ는 수로 바닥의 접선과 수평선 사이의 각도이다.

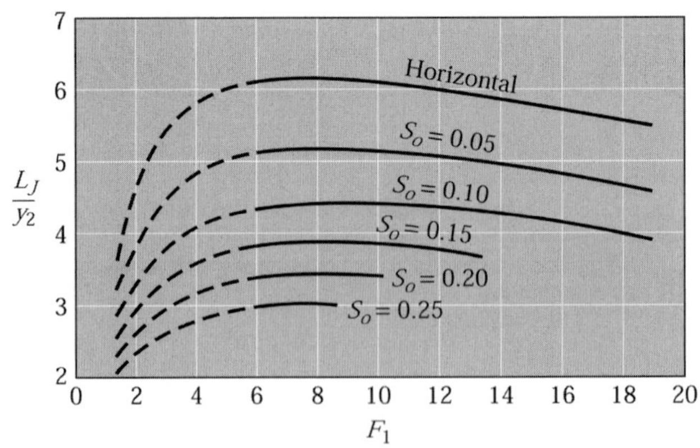

그림 13.32 경사면에서 도수의 길이

13.11 사각도수

수로의 연직 경계가 그림 13.33과 같이 편향되어 있다면, 사각도수(oblique jump) 또는 충격파 도수(shock wave jump)가 발생하게 될 것이다. 흐름의 초기수심 y_1은 파면(wave front) AB를 따라 y_2로 증가될 것이다. 파각(wave angle) β는 경계 경사각 θ의 함수이다. θ가 0으로 줄어든다면 기본적인 도수가 될 것이다. 그림 13.33을 참고하면 다음과 같다.

$$V_1 \cos\beta = V_2 \cos(\beta - \theta) \tag{13.71}$$

위의 식에서 좌변과 우변은 각각 파면 양측에서의 파면에 평행한 유속성분을 나타낸다. 파면에 수직한 유속성분은 $V_1 \sin\beta$와 $V_2 \sin(\beta - \theta)$이다. 연속방정식을 적용하면 다음과 같다.

$$y_1 V_1 \sin\beta = y_2 V_2 \sin(\beta - \theta) \tag{13.72}$$

운동량방정식을 적용하면 다음과 같다(Chaudhry 1993).

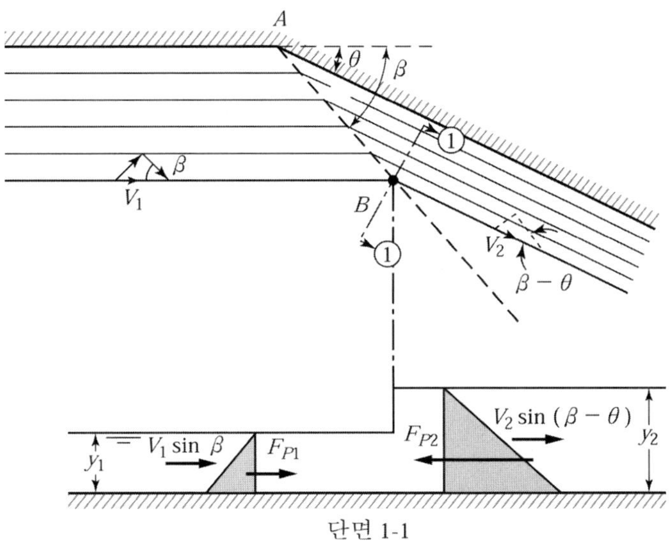

그림 13.33 사각도수

$$\sin\beta = \frac{1}{F_{n1}}\sqrt{\frac{1}{2}\frac{y_2}{y_1}\left(\frac{y_2}{y_1}+1\right)} \tag{13.73}$$

또한,

$$\frac{y_2}{y_1} = \frac{\tan\beta}{\tan(\beta-\theta)} \tag{13.74}$$

도수 전의 Froude수, F_{n1}은

$$F_{n1} = \frac{V_1}{\sqrt{gy_1}} \tag{13.75}$$

도수 전 파면에 수직한 방향의 Froude수는 다음과 같다.

$$(F_{n1})_N = \frac{V_1\sin\beta}{\sqrt{gy_1}} = F_{n1}\sin\beta \tag{13.76}$$

식(13.19b) 대신에 식(13.76)을 사용하면 도수전후 수심의 비는

$$\frac{y_2}{y_1} = \frac{1}{2}\left(-1+\sqrt{1+8F_{n1}^2\sin^2\beta}\right) \tag{13.77}$$

식(13.74)과 식(13.77)로부터 y_2/y_1을 제거하면 다음과 같이 F_{n1}, θ 및 β 사이의 관계를 얻을 수 있다.

$$\tan\theta = \frac{\tan\beta\left(\sqrt{1+8F_{n1}^2\sin^2\beta-3}\right)}{2\tan^2\beta+\sqrt{1+8F_{n1}^2\sin^2\beta-1}} \tag{13.78}$$

Ippen(1951)은 식(13.77)의 관계를 몇 개의 그래프로 나타내었다. 사각도수에 대한 포괄적인 연구와 조사는 Ippen(1951), Ippen과 Harleman(1956) 및 Rouse(1938)에서 찾아볼 수 있다.

도움말 Reading Aid

13.1 개수로 내 두 특정 단면 사이의 수체에 대한 운동량방정식을 기술하시오.

13.2 개수로 흐름에서 비력의 의미는 무엇인가? 비력의 두 가지 성분을 설명하고, 차원을 결정하시오.

13.3 운동량방정식으로부터 비력이 최소일 때 한계류 조건을 만족한다는 것을 증명하시오.

13.4 $M-y$ 관계곡선은 무엇인가? $M-y$ 관계곡선에서 한계수심은 어떻게 되는가 설명하시오.

13.5 공액수심의 정의와 그들 상호간의 관련성을 설명하시오. 어느 한쪽 공액수심이 증가하면 나머지 수심은 어떻게 변화되는가?

13.6 다른 변수들이 상수라고 한다면 유량 변화가 비력곡선에 어떻게 영향을 주는지 논하시오.

13.7 정상파의 뜻은 무엇인가? 수평수로에서 정상파의 평형은 급경사수로와 어떻게 다른가?

13.8 도수의 형성 조건에 대해 설명하시오. 몇 개의 예를 그림과 함께 제시하시오.

13.9 사류에서 수로의 하상경사가 급격히 증가하거나 감소할 때 도수가 형성될 수 있는가? 그 이유는?

13.10 도수 안의 유속분포에 대해 논하시오. 도수의 동수경사선과 총 에너지선을 그리시오.

13.11 도수의 유용성을 예를 들어 설명하시오. 도수를 산업에서 실제 적용하고 있는가?

13.12 수평 직사각형 수로 안에서 도수 전후의 수심관계는 Froude수의 함수로 표현됨을 증명하시오. 이 때 사용된 가정은 무엇인가?

13.13 공액수심과 대응수심의 차이점을 설명하시오. 두 개의 공액수심이 대응수심이 될 수 있는가? 그 이유는?

13.14 도수의 에너지 손실을 구하기 위한 일반식을 쓰시오. 다음에 광폭수로와 직사각형 수로에서 도수로 인한 에너지 손실 공식을 유도하시오.

13.15 도수의 효율과 높이를 정의하시오. 도수의 높이가 증가할 때, 효율은 증가할 것인가 또는 감소할 것인가? 그 이유는?

13.16 도수의 수면형과 길이 결정을 위한 원리는 무엇인가? 롤러길이 L_r와 도수길이 L_J를 도수높이의 함수로 표시하는 실용적 공식을 제시하시오.

13.17 상류의 Froude수에 따라 도수를 분류하시오. 상류의 Froude수가 3.5와 6인 두 개의 도수 중 어느 것이 감세지 안에서 발생할 수 있다고 보는가? 그 이유는?

13.18 수문 하류에서 형성되는 도수의 가능한 발생 위치에 대해 검토하시오. 하류수위보다 수위-유량관계곡선 항상 높다면 도수는 어떻게 이동하는가?

13.19 그림을 이용해 수로 바닥의 급강하 또는 급하강을 실용적으로 어떻게 이용하는지 설명하시오.

13.20 감세블록의 주기능을 설명하시오. 광폭수로의 단위폭당 감세블록에 가해지는 힘을 결정하는데 사용되는 식을 제시하시오.

13.21 경사 하상에서 발생하는 도수에 작용하는 힘이 수평하상에서 발생하는 도수에 작용하는 힘과 다른 이유를 설명하시오. 급경사 하상에서 발생하는 도수의 예를 두 개만 드시오.

13.22 사각도수는 어떻게 형성되는가? 사각도수에서 공액수심 사이의 관계식을 유도하시오.

연습문제

13.1 저면(底面) 폭 2.0m, 경사 1 : 1, 유량 $6.0\,\mathrm{m^3/s}$의 사다리꼴 수로에서 도수가 일어난다. 도수의 초기수심과 최종수심은 각각 0.5m와 2.0m이다. 콘크리트 블록이 도수를 안정시키기 위해 놓여있다. 만약 블록과 수로바닥 사이의 마찰계수 C_f가 0.6이라면 이들 블록의 최소 무게를 계산하시오.

13.2 문제 13.1에서 주어진 유량을 가진 수로 단면에 대한 $M-y$ 곡선을 그리시오. 그리고 한계수심을 구하시오.

13.3 $y=2x^2$의 포물선 수로에 대한 $M-y$ 곡선을 그리시오. 그리고 수로에 $6\,\mathrm{m^3/s}$가 흐를 때 초기수심 1.25m에 대한 공액수심을 구하시오.

13.4 문제 13.1과 13.2에 주어진 수로 단면에 대해 유량 $4\,\mathrm{m^3/s}$, $6\,\mathrm{m^3/s}$, $8\,\mathrm{m^3/s}$에 해당하는 $M-y$ 관계곡선을 하나의 그래프에 그리시오. 그리고 각각의 한계수심을 구하시오.

13.5 문제 13.4에서 운동량함수 값이 $5.0\,\mathrm{m^3}$일 때, 각 유량에 대한 공액수심들을 구하시오.

13.6 0.0003 ft/ft의 하상경사를 갖는 폭이 넓은 수로에 $30\,\mathrm{ft^3/s/ft}$의 비유량이 흐른다. 수로에 수문이 0.2 ft 열려 있다. 수문 하류에서 도수발생 여부를 결정하시오. 단, Chezy계수 $C=40$

13.7 사면경사 1 : 1, 저면(底面) 폭 6.0m인 사다리꼴 수로가 있다. 높이 0.5m의 도수가 수로에서 형성된다. 만약 수로에 $10.0\,\mathrm{m^3/s}$의 유량이 흐른다면 도수의 초기수심, 최종수심 및 한계수심을 구하시오.

13.8 바닥 폭 3.0m, 사면경사 1 : 1인 사다리꼴 수로에 유량 $8.0\,\mathrm{m^3/s}$이 흐르고 있다. 비력곡선을 그리시오. 도수는 하류수심이 1.75m를 초과하지 않도록 발생시켜야 한다. 상류측 수심의 최대값을 구하시오. 도수로 인한 수두와 동력의 손실을 각각 구하시오.

13.9 직각삼각형 수로에 유량이 $10.0\,\mathrm{m^3/s}$ 흐른다. 하류수심이 3.0m을 초과하지 않기 위한 도수의 최소 상류측 수심은 얼마인가? 이러한 조건하에서 손실된 동력을 계산하시오.

13.10 사면경사가 2 : 1인 삼각형 수로에서 도수가 일어난다. 도수의 높이는 1.0m이고, 도수의 상류 쪽에서의 Froude수는 2.5이다. 도수 후의 Froude수와 도수로 인한 동력의 손실을 구하시오.

13.11 폭이 6.0 ft인 직사각형 수로에 유량 $35\,\mathrm{ft^3/s}$가 흐른다. 한계수심을 계산하시오. 만약 정상파가 수심이 0.5 ft인 지점에 형성된다면 수위 상승은 얼마나 될 것인가?

13.12 폭이 일정한 직사각형 수평수로에 수문이 있다. 수문 개방 시, 물은 20.0 ft/s의 유속으로 빠져나가 초기수심이 0.60 ft인 정상파가 생긴다. 이때 한계수심, 파고 및 도수에 의한 손실을 구하시오.

13.13 6.5 ft의 폭을 가진 직사각형 수로에서 도수가 발생한다. 공액수심은 0.5 ft와 4.0 ft이

다. 비유량, 도수에 의한 에너지 손실, 한계수심 및 최소 비에너지를 구하시오.

13.14 높이 15 ft의 여수로가 그림 P13.14와 같이 600 cfs의 유량이 흐르는 폭 15 ft의 직사각형 수로에 놓여 있다. 초기 등류수심은 6 ft이다. 여수로에 대한 Francis C는 여수로의 실제 수두에 대해 3.33이다.

(a) 여수로 상류에서 수심은 얼마까지 상승할 것인가?

(b) 여수로 면에서의 손실을 무시한다면, 끝부분에서의 수심은 얼마인가?

(c) 도수가 여수로 하류부에서 일어날 것인가?

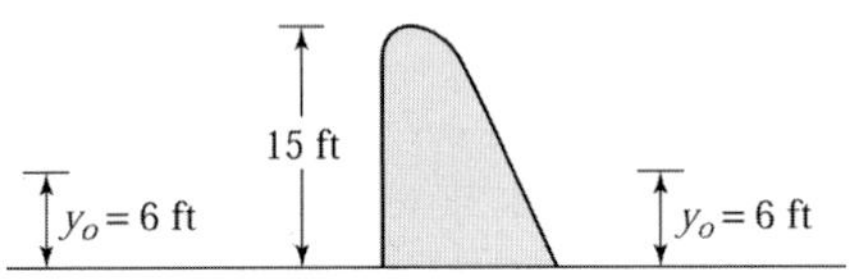

그림 P13.14

13.15 높이 25 ft의 여수로가 폭 20 ft인 직사각형 수로에 놓여 있다. 여수로 사면의 경사는 1 V/4 H이다. 하류 수로의 경사는 0.000845이고 Manning의 조도계수 n은 0.03으로 추정된다. 만약 여수로 수두가 3 ft이고 C값이 3.1이라면

(a) 여수로 면의 손실을 $0.1\left(\dfrac{V_2^2 - V_1^2}{2g}\right)$로 가정하면 여수로 끝부분에서의 수심은 얼마인가?

(b) 도수가 여수로의 하류에 일어날 것인가? 만일 그렇다면 발생 위치는 여수로 끝단인가 아니면 끝단에서 좀 떨어진 지점인가?

(c) 만약 도수가 일어난다면 공액수심들의 값은 얼마인가?

13.16 그림 P13.16에서 보는 바와 같이 물이 3 m 깊이로 담겨 있다. 수문은 0.55 m로 개방되어있고 수로는 Manning의 조도계수 n이 0.035인 폭이 넓은 직사각형이다. 수문에 대한 수축계수는 0.6을 사용한다.

(a) 만약 수문이 열려 있다면(즉, 잠겨 있지 않다면), 유량은 얼마인가?

(b) 이러한 현상이 유지되기 위한 하류의 최소 수로경사는 얼마인가?

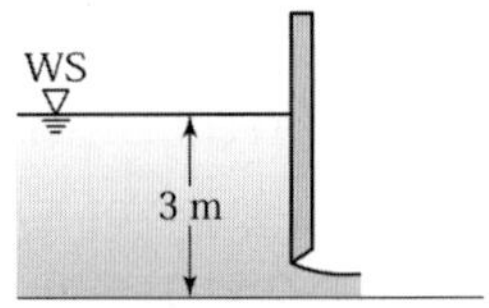

그림 P13.16

13.17 문제 13.16에서 수로 경사가 0.0015 m/m이고, 폭이 50 m이다. 다른 모든 값들은 위 문제와 동일하다.

(a) 유량은 문제 13.16에서 계산된 것과 같을 것인가?

(b) 만약 수문 하류에서 도수가 일어난다면, 수문에서 충분히 떨어진 지점에서 발생할 것인가? 공액수심은 얼마인가?

13.18 연직수문 상류에 수심 10 ft로 물이 저장되어 있다. 수로는 직사각형이고, 폭은 15 ft이다. 수문에 대한 수축계수는 0.60이다.

(a) 수문을 통과하는 비유량(q)이 20 cfs/ft이라면, 가능한 두 가지 수문개방 높이는?

(b) 이들 두 가능성 중 어느 것이 보다 더 합리적인가?

13.19 연직수문 상류에 물이 14 ft 깊이로 저장되어 있다. 수로는 폭이 10 ft인 직사각형 수로이고, Manning의 조도계수 n은 0.025, 수로경사는 0.0175이다. 수문을 통과하는 비유량(q)은 28.93 cfs이고 수축계수는 0.60이다. 수문하류에서 도수가 일어날 것인가? 일어난다면, 두 공액수심은 얼마인가?

13.20 여수로는 70.0 ft^2/s의 비유량(q)을 가진다. 도수가 그림 P13.20에서 보이는 것과 같이 여수로의 물받이를 일어난다. 만약 여수로

의 상류수심(upstream depth)이 15.0 ft라면 도수의 공액수심을 구하시오. 여수로에서의 마찰 손실은 무시한다.

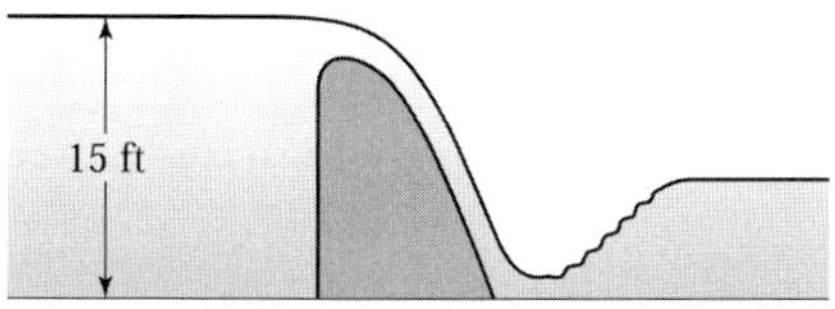

그림 P13.20

13.21 이전 문제에서 여수로의 폭이 20.0 ft이고 여수로에 가해지는 수평방향 힘의 값과 방향을 구하시오.

13.22 한계 흐름 상태의 조건들에 대해 논하시오.

13.23 운동량 법칙을 사용하여 사면경사가 1 : 1인 삼각형 개수로의 공액수심과 유량의 관계를 구하시오.

13.24 y_1와 y_2가 직각삼각형 수로에서 도수의 두 공액수심이라면, 상류(upstream) 쪽의 Froude수 F_{n1}가 다음과 같이 표현됨을 증명하시오.

$$F_{n1}^2 = \frac{2}{3}\left(\frac{y_2}{y_1}\right)^2 \left\{ \frac{1-\left(\frac{y_2}{y_1}\right)^3}{1-\left(\frac{y_2}{y}\right)^3} \right\}$$

13.25 문제 13.9에 주어진 삼각형 단면에 대하여 (y_2/y_1) : 2, 3, 4, 5, 6의 값에 대한 F_{n1}을 구하시오. 그리고 (y_2/y_1)과 F_{n1} 사이의 관계를 도시하시오. 만약 초기수심과 상류(upstream) Froude수가 각각 0.5 m와 5.0이라면 그 때의 초기 손실수두를 구하시오.

13.26 폭이 5.0 m인 직사각형 수로에 비유량(q) 4.0 m^2/s가 흐르고 있다. 도수는 그림 P13.26에서 보이는 것과 같이 콘크리트 블록이 놓여있다. 도수의 초기수심은 0.5 m이다. 만약 도수 후의 수위가 2.0 m라면 블록에 작용하는 힘을 구하시오. 콘크리트가 제거하면 수심은 얼마가 될 것인가.

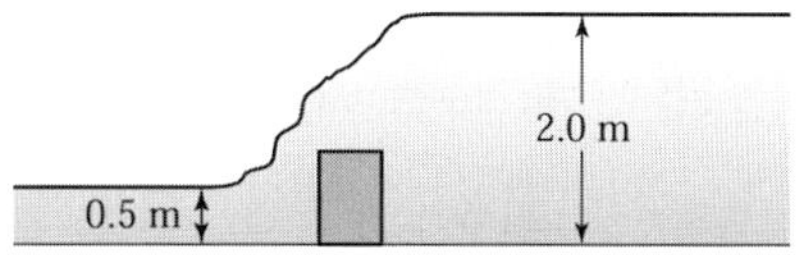

그림 P13.26

13.27 직각삼각형 수로의 유량과 도수에 의한 두 공액수심을 알고 있을 때 도수의 에너지 손실을 구하는 공식을 유도하시오.

13.28 폭이 6.0 ft인 직사각형 수로를 통해 유량이 200.0 ft^3/s 흐른다. 만약 3.5 ft의 에너지 수두가 도수를 통해 손실될 때 이 수로에서 형성되는 도수의 두 공액수심을 구하시오.

13.29 45 ft^3/s의 유량이 4.5 ft폭의 수평 직사각형 수로를 따라 흐른다. 도수는 수심이 0.25 ft 지점에서 일어난다. 수위 상승과 도수로 인한 마력 손실을 구하시오.

13.30 폭이 10 ft인 콘크리트 수로에서 $y_1 =$ 0.4 ft의 깊이로 물이 흐른다. 단위폭당 유량은 10.0 ft^2/s이다. 하상경사가 0.0과 0.15일 때, 도수의 높이를 각각 구하시오.

13.31 직사각형 수로에서 발생하는 수중 도수의 해석에 운동량법칙과 연속방정식을 적용하여 $\frac{y_s}{y_2} = \sqrt{1 + 2F_{n2}^2\left(1 - \frac{y_2}{y_1}\right)}$ 를 증명하시오. y_s는 수중깊이, y_1는 수문 개방고, y_2는 하류수심, $F_{n2}^2 = \frac{q^2}{g y_2^3}$, 바닥 마찰은 무시한다.

13.32 폭이 6.0 ft인 직사각형 수로에 수문이 그림 P13.32에서 보이는 것과 같이 위치해 있다. 수문의 전, 후의 수위 차이는 4.8 ft이다. 콘크리트 블록은 도수가 일어나게 하기 위해 바닥에 놓여 있다. 만약 도수의 상류수심(upstream depth)이 1.2 ft라면 블록에 작용하는 힘을 구하시오. 수문의 수축계수는 0.60을 사용하시오.

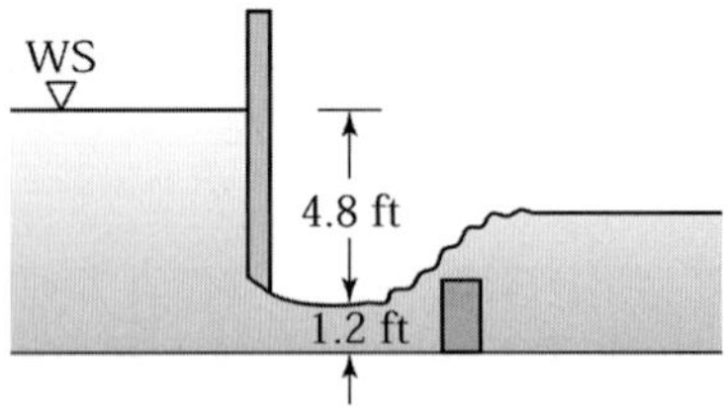

그림 P13.32

13.33 물이 수문 뒤에 5 m의 깊이로 담겨 있다. 수문은 0.5 m 개방되어 있고 수축계수는 0.60이다. 수로는 수문을 통해 1.5 m의 등류수심을 갖는 직사각형 단면이다.

(a) 도수가 수문의 하류에서 일어난다면 공액수심은 얼마인가?

(b) 광정 위어로서의 역할을 하는 끝 턱이 그림 P13.33에 보이는 것과 같이 수문 하류에 있다면 도수에 영향을 주지 않을 최대 높이는 얼마인가?

(c) 도수가 잠기지 않게 하기 위한 턱 높이의 조건은?

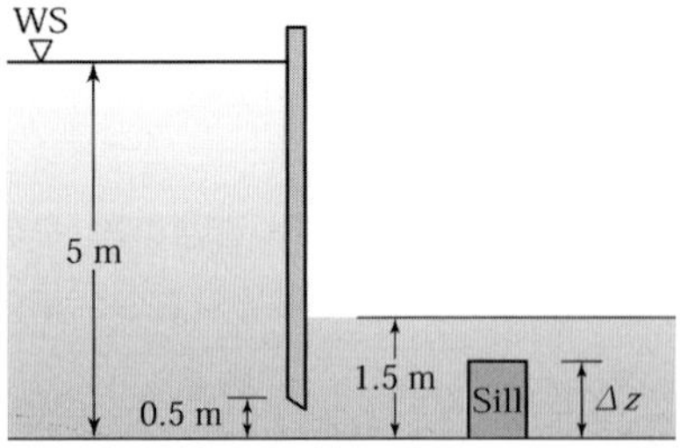

그림 P13.33

13.34 폭이 8 ft인 직사각형 수로에 12 ft 높이의 작은 여수로가 그림 P13.34와 같이 위치하고 있다. 흐르는 유량은 200 cfs이다. 여수로의 Francis 계수 C값은 3.30이다. 도수는 Francis 계수 C값 3.33을 가진 예연위어의 기능을 하는 끝 턱을 사용하여 여수로 하류에서 일어나도록 한다. 여수로에서 에너지 손실은 무시하시오.

(a) 턱의 높이는 얼마인가?

(b) 턱에 작용하는 힘은 얼마인가?

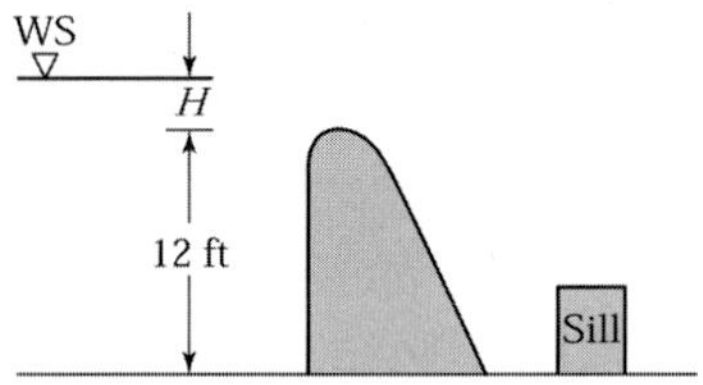

그림 P13.34

13.35 문제 13.34에서 도수의 상류 수심(upstream depth)이 1.1 ft가 되기 위한 턱의 높이는? 이때 턱에 작용하는 힘은 얼마인가?

13.36 비유량이 25.0 ft^2/s이 흐르는 폭 7.5 ft인 직사각형 수로에서 도수가 일어난다. 만약 하류수심이 6.5 ft라고 하면 도수의 높이와 효율을 구하시오.

13.37 바닥 폭이 2.0 m이고 3 : 2의 사면경사를 가진 사다리꼴 수로에 0.5 m의 수심으로 10.0 m^3/s의 유량이 흐른다. 상류인지 사류인지 결정하시오. 만약 도수가 일어난다면 도수의 높이와 효율을 구하시오.

13.38 폭이 3.0 m인 직사각형 수로에 4.0 m 수심으로 8.0 m^3/s의 유량이 흐른다. 자유도수가 폭이 4.0 m로 증가하는 수로 단면에서 발생하게 한다. y_2와 y_1의 관계는 아래와 같다.

$$\frac{y_2}{y_{2b}} = \psi_b^{3/8}$$

y_2는 수로의 확장 단면에서의 공액수심, y_{2b}는 만약 수로 폭이 변하지 않았을 경우의 공액수심, ψ_b는 초기 단면폭, b는 단면폭 B가 확장된

길이이면 확대된 단면에서의 공액수심을 구하시오.

13.39 예제 13.6에서 도수의 하류단에 턱을 설치할 필요가 있다고 하자. 만약 턱의 높이가 1.5 ft라면 도수에 어떤 영향을 미칠 것인가? 턱은 광정 위어의 역할을 한다고 가정하시오.

13.40 폭이 2.0 m 인 직사각형 개수로에 수문이 위치하고 있다. 수문 전, 후의 수심은 각각 3.0 m 와 4.0 m 이다. 수로에는 $2.85\,m^3/s$ 의 유량이 흐른다. 수문을 통한 에너지 손실은 없다고 가정하고 수문에 작용하는 힘을 구하시오.

참고문헌

Arbabhirama, A. and Abella, A. U., 1971. Hydraulic jump within gradually expanding channel. Jour of Hyd. Div., Proc. ASCE, Vol. 97, No. NY1, pp. 31-41.

Bakhmeteff, B. A. and Matzke, A. E., 1936. The hydraulic jump in terms of dynaimc similarity. Transactions, American Society of Civil Engineers, Vol. 101, pp 630-647.

Basco, D. R. and Adams, J. R., 1971. Drag forces on baffle blocks in hydraulic jumps, Jour of Hyd. Div., Proc. ASCE, Vol. 97, No. 12, pp. 2033-2035.

Blaisdell, F. W., 1948. Development and hydraulic design, Saint Anthony Fall-stilling basin. Tramsactions, American Society of Civil Engineers, Vol. 123, pp. 483-520.

Bresse, J. A. Ch., 1860. Cours de mécaíque appliquée, 2e partie, Hudraulique (Course in Applied Mechanics, pt. 2, Hudrulics), Mallet-Bachelier, Paris.

Biden, G., 1819. Observations sure hauteur du raced hydraulic en 1818 (Observations on the height of the hydraulic jump in 1818); a report pressented at the Dec. 12, 1819, meeting of the Royal Academy of Science of Turin and later incorporated as a part of (2), pp. 21-80.

Chaudhry, M. H., 1993. Open Channel Flow, Prentice Hall, Englewood Cliffs, N.J.

Citrini, D., 1939. R1 Salto di Biden (The hydraulic jump). L'Energia electrica, Milano, Vol. 16, no. 6, pp. 441-465, June and no. 7, pp. 517-527, July. Contains a resume of work done up to 1939.

Darcy, H. and Basin, H., 1865. Recherche experimentalism relatives aux Remus et a propagation des odes (Experimental research on backwater and wave propagation). Vol. 12, Recherche Hydraulic es (Hydraulic Researches), Academie des Sciences, Paris.

Forster, J. R. and Skrinde, R. A., 1950. Control of hydraulic jump by sills. Trans., Amer. Soc. Civil Engr., 125; 973-1022.

Gibson, A. H., 1913. The formation of standing waves in on open stream. paper 4081, Minutes of Proceedings of the Institution of Civil Engineers, London, Vol. 3, pp. 233-242.

Hager, W. H., 1992. Energy Dissipaters and Hydraulic Jump. Kluwer Academic, Dordrecht, The Netherlands.

Henderson, F. M., 1966. Open Channel Flow, Macmillan, New York.

Herbrand, K., 1973. The special hydraulic jump. Jour. of Hyd. Research, Vol. 11, No. 3, pp. 205-210.

Ippen, A. T., 1951. Mechanics of supercritical flow, 1st paper of high-velocity flow in open channels: A symposium. Transactions, American Society of Civil Engineers, Vol. 126, pp. 268-295.

Ippen, A. T. and Harleman, D. R. F., 1956. Verification of theory for oblique standing waves. Transactions, American Society of Civil Engineers, Vol. 121, pp. 678-694.

Lindquist, E. G. W., 1927. Anordningar for effektive energiomvandling vid forten av over falls dammar (Arrangements for effective energy dissipation at the toes of dams). Anniversary Volume, Royal Technical University, Stockholm, Sweden.

Massey, B. S., 1961. Hydraulic jump in trapezoidal channels, and improved method. Water Power (June 1961): 232-237.

Peterka, A. J., 1963. Hydraulic Design of Stilling Gasins and Energy Dissipators, Engineering Monograph No. 25, U.S. Bureau of Reclamation, Denver, Co.

Rajaratnam, N., 1967. Hydraulic jumps. Chapter in Advances in Hydroscience, Vol. 4, Chow V. T. (ed.). Academic Press, New York and London.

Rajaratnam, N. and Subramanya, K., 1968. Profile of the hydraulic jump. Jour. of Hyd. Div., Proc. ASCE, Vol. 94, pp. 55-112.

Ranga Raju, K. G., 1981, Flow through Open Channels. Tata McGraw-Hill Publishing Company Limited, New Delhi.

Ranga Raju, K. G., Mittal, M. K., Verma, M. S., and Ganeshan, V., 1980. Analysis of flow over baffle blocks and end sills. Jour. of Hyd. Research, Vol. 18, No. 2, pp. 000.

Rouse, H., 1938. Fluid Mechanics for Hudraulic Engineers. McGraw-Hill Book Company, Inc., New York.

Stevens, J. C., 1944. Discussion on the hydraulic jump in sloping channels by Carl E. Kinsvatter. Transactions, American Society of Civil Engineers, Vol. 109, pp. 1225-1246.

Sturm, T. W., 2001. Open Channel Hydrualics, McGraw-Hill Book Company, New York.

Thiruvengadam, A., 1961. Hudraulic jump in circular channels. Water Power (December, 1961): 496-497.

Non-uniform flow at Bonne Carre Spillway.

Chapter 14 점변류

수로단면, 조도, 하상경사가 일정하면 개수로 흐름은 등류가 되려는 경향이 있다. 이러한 조건 아래에서는, 흐름을 발생시키는 힘, 즉 유체 무게의 흐름방향 성분은 수로의 저항, 즉 바닥과 측면의 마찰력과 균형을 이룬다. 그 결과, 수심이 흐름방향으로 일정해지고, 등류가 형성되게 된다. 수로에 어떤 변화가 생기면, 흐름은 힘들이 다시 평형을 이루는 새로운 등류상태가 될 때까지 천이(부등류)구간을 거치게 된다. 새로운 등류수심과 이전 등류수심의 차이는 상당히 클 수도 있고, 그렇게 크지 않을 수도 있다. 때로는 흐름상태(상류 또는 사류)가 변할 수도 있다. 부등류(Nonuniform flow)는 등류와 등류 사이 뿐 아니라, 수문, 위어, 댐과 같은 수리 구조물 주변에서도 발생한다.

앞 장에서는 짧은 구간에서 수심이 급격하게 변하는 급변류(rapidly varied flow)에 대해 알아보았다. 수심의 변화가 완만하면 흐름은 점진적으로 변하고 유선의 곡률은 무시할 수 있다. 수심이 증가하거나 감소함에 따라, 평균유속 또한 감소하거나 증가한다. 이렇게 흐름이 완만하게 변화할 경우에는, 압력의 연직분포를 정수압분포라 가정할 수 있다. 급변류와 달리, 점변류(gradually varied flow)의 에너지 손실은 경계면에서의 마찰이 주 요인이다.

이 장에서는, 유량이 일정한 균일단면수로(prismatic channel)에서 발생하는 점변류만 다루기로 하겠다. 측방향 유출입이 존재하는 부등류(spatially varied flow)는 다루지 않기로 한다.

14.1 점변류 방정식

등류에서는 수면경사, 하상경사, (총)에너지경사가 모두 같다. 따라서 수로의 어느 지점에서든 수위를 쉽게 알 수 있다. 그러나 부등류에서는 수면경사, 하상경사, (총)에너지경사가 모두 다르므로 수위 산정이 쉽지 않다. 수심 또는 수위는 수로단면(channel section)의 기하학적 또는 수리학적 매개변수(geometric, hydraulic parameter)를 계산하는데 꼭 필요하므로, 개수로 흐름에서는 수심이나 수위를 예측하는 것이 가장 중요한 문제이다.

점변류의 전형적인 예는 수문 상류에서 찾아 볼 수 있다(그림 14.1a). 흐름이 수문에 가까워지면서, 수심이 점진적으로 증가하고 평균 유속은 감소한다. 그림 14.1에는 흔히 볼 수 있는 다양한 점변류의 예를 정리하여 놓았다.

14.1.1 기본 가정

점변류를 분석할 때, 일반적으로 다음과 같은 가정을 한다 : (1) 수로는 균일하고 흐름은 정상(steady)상태이다(즉, 수심이 시간에 대해 일정하다). (2) 하상경사, S_o는 상대적으로 작다. (3) 유속의 연직 분포는 거의 균일하고, 따라서 운동에너지 보정계수는 거의 1에 가깝다. (4) 유선은 평행하고 압력분포는 정수압 분포이다. (5) 수로의 조도는 흐름 방향으로 일정하고 수심에 따라 변하지 않는다.

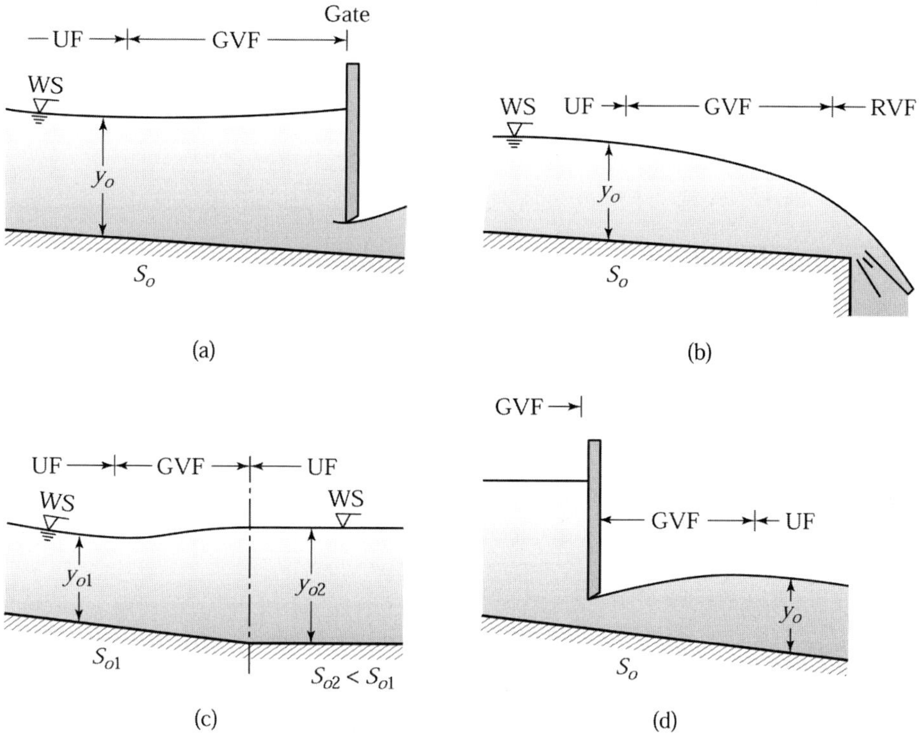

그림 14.1 개수로에서 점변류의 예

14.1.2 점변류 공식의 유도

그림 14.2a에서 보이는 것과 같이 길이가 dl인 수로의 한 구간을 생각해 보자. 주어진 구간에서 평균 유속 V가 dV만큼 변하는 동안, 수심 y는 dy만큼 변한다. 정상상태 점변류의 경우, 종단 1차원 수면곡선은 간단한 상미분방정식(ordinary differential equation)으로 설명할 수 있다. 에너지 관계를 고려하면, 다음과 같은 식을 얻게 된다.

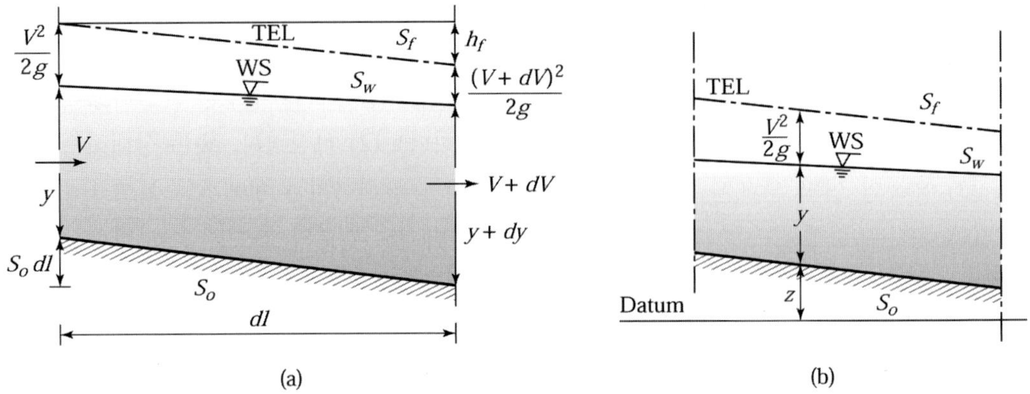

그림 14.2 점변류 공식 유도를 위한 표기법

$$E = y + \frac{Q^2}{2gA^2} \tag{14.1}$$

또한, 12.4절을 통해 우리는 일반 단면에 대해 다음 식이 성립한다는 것을 알고 있다.

$$\frac{dE}{dy} = \frac{d}{dy}\left(y + \frac{Q^2}{2gA^2}\right) = 1 - \frac{Q^2 B}{gA^3} = 1 - F_n^2 \tag{14.2}$$

그림 14.2b에서 보듯이, 수평기준선에서 측정된 물의 단위무게당 전체 에너지, 즉 총수두 (total head)는 다음과 같다.

$$H = z + y + \frac{V^2}{2g} = z + E \tag{14.3}$$

여기서, E는 비에너지이다. 흐름 방향 총수두의 변화는 다음과 같이 나타낼 수 있다.

$$\frac{dH}{dl} = \frac{dz}{dz} + \frac{dE}{dl} = \frac{dz}{dl} + \frac{dE}{dy}\frac{dy}{dl} \tag{14.4}$$

H와 z는 모두 흐름 방향으로 감소하므로 dH/dl과 dz/dl을 각각 $-S_f$와 $-S_o$로 대체하면, 다음과 같은 식을 얻는다.

$$-S_f = -S_o + \frac{dE}{dy}\frac{dy}{dl} \tag{14.5}$$

그리고 dE/dy 대신에 $1 - F_n^2$을 대입하면, 다음과 같이 적을 수 있다.

$$S_o - S_f = (1 - F_n^2)\frac{dy}{dl} \tag{14.6}$$

식(14.6)을 dy/dl에 대해 정리하면 다음과 같다.

$$\frac{dy}{dl} = \frac{S_o - S_f}{1 - F_n^2} \tag{14.7}$$

식(14.7)은 개수로에서 발생하는 점변류에 대한 일반 지배방정식이고, 따라서 이 장에서 핵심이 되는 식이다. 이 식의 좌변, dy/dl은 흐름방향 거리에 대한 수심의 변화를 나타낸다.

식(14.7)의 S_f를 Chezy 식을 이용해 대입하면, 다음과 같다.

$$\frac{dy}{dl} = \frac{S_o - \dfrac{V^2}{C^2 R}}{1 - F_n^2} \tag{14.8a}$$

Manning 공식을 이용하면 다음과 같다.

$$\frac{dy}{dl} = \frac{S_o - \dfrac{V^2 n^2}{R^{4/3}}}{1 - F_n^2} \quad \text{(SI단위)} \tag{14.8b}$$

$$\frac{dy}{dl} = \frac{S_o - \dfrac{V^2 n^2}{2.22 R^{4/3}}}{1 - F_n^2} \quad \text{(FPS단위)} \tag{14.8c}$$

여기서, C와 n은 각각 Chezy와 Manning의 조도계수이다. Chezy의 C와 Manning의 조도계수 n은 사용된 단위계에 따라 값이 달라진다는 사실을 주의해야 한다(11.1절 참조). − C는 달라지지만, n은 변하지 않음. 대신 식이 바뀜. 일반적으로 C와 n값은 11장의 표와 같이 FPS단위계로 주어진다.

직사각형 단면에서 Froude수는 $F_n = \dfrac{V}{\sqrt{gy}}$로 나타낼 수 있다. 따라서 식(14.8)은 다음과 같이 쓸 수 있다.

$$\frac{dy}{dl} = \frac{S_o - S_f}{1 - \dfrac{V^2}{gy}} = S_o\left[\frac{1 - \dfrac{S_f}{S_o}}{1 - \dfrac{V^2}{gy}}\right] \tag{14.9}$$

폭이 넓은 수로에서는, 동수반경 R이 y와 같다고 가정할 수 있으므로, Chezy식을 사용하여 에너지 경사를 나타내면 다음과 같다.

$$S_f = \frac{V^2}{C^2 R} = \frac{q^2}{C^2 y^3} \tag{14.10a}$$

등류인 경우는 에너지 경사와 수로 경사가 같으므로 다음과 같이 나타낼 수 있다.

$$S_o = \frac{q^2}{C^2 y_o^3} \tag{14.10b}$$

따라서 위의 두 식으로부터 다음 관계가 성립한다.

$$\frac{S_f}{S_o} = \left(\frac{y_o}{y}\right)^3 \tag{14.11}$$

또한, 직사각형 단면에서 주어진 유량에 대해 한계수심을 구하는 공식을 이용하면, $\dfrac{V^2}{gy}$은 다음과 같이 나타낼 수 있다.

$$\frac{V^2}{gy} = \frac{q^2}{gy^3} = \left(\frac{y_c}{y}\right)^3 \tag{14.12}$$

식(14.11)과 (14.12)를 식(14.9)에 넣으면, 다음을 얻을 수 있다.

$$\frac{dy}{dl} = S_o \left\{ \frac{1 - \left(\dfrac{y_o}{y}\right)^3}{1 - \left(\dfrac{y_c}{y}\right)^3} \right\} \tag{14.13}$$

똑같은 과정을 Manning 공식을 이용하여 수행하면, 식(14.11)은 다음과 같이 나타낼 수 있다.

$$\left(\frac{S_f}{S_o}\right) = \left(\frac{y_o}{y}\right)^{10/3} \tag{14.14}$$

식(14.12)과 (14.14)를 식(14.9)에 넣으면, 다음을 얻을 수 있다.

$$\frac{dy}{dl} = S_o\left\{\frac{1-\left(\frac{y_o}{y}\right)^{10/3}}{1-\left(\frac{y_c}{y}\right)^{3}}\right\} \tag{14.15}$$

식(14.13)과 (14.15)는 폭이 넓은 수로에서만 성립한다. 그러나 식(14.7)~(14.8)에 포함된 일반적 원리는 어떤 단면에서도 성립된다. 이 식들에는 세 가지 수심, 즉 등류수심(y_o), 한계수심(y_c), 실제 부등류수심(y)이 포함되어 있다. 식(14.7), (14.8)과 (14.15)는 수리학에서 과정 방정식(process equation)으로 알려져 있으며 1차원 정상상태 점변류의 수면곡선 형태를 정량적, 정성적으로 분석하는 데에 사용할 수 있다. 정성적 분석의 예로, dy/dl의 부호만 알면 흐름방향으로 수면곡선이 상승하는지 하강하는지를 알 수 있다.

예제 14.1 폭 10.0 ft, 수심 3.0 ft, 하상경사 5×10^{-5} ft/ft 인 직사각형 수로에 100 ft^3/s 의 유량이 흐르고 있다. $C=50$으로 가정하고 수심의 변화율을 구하시오.

풀이

식(14.7)을 이용하여 dy/dl을 구하면

$$V=\frac{Q}{by}=\frac{100}{10\times3}=3.33\text{ ft/s}$$

$$R=\frac{A}{P}=\frac{10\times3}{10+6}=1.875\text{ ft}$$

$$S_f=\frac{V^2}{gy}=0.114$$

그러므로

$$\frac{dy}{dl}=\frac{5(10^{-5})-2.36(10^{-3})}{1-0.114}=\frac{-2.31\times10^{-3}}{0.886}=-2.61\times10^{-3}$$

(−)는 흐름방향으로 수심이 감소하는 것을 의미한다.

예제 14.2 수심 2 m, 하상경사 15 cm/km 인 폭이 넓은 수로에 1.0 m^2/s 의 비유량이 흐른다. 이때 수심의 변화율을 구하고 수심의 증감 여부를 판단하시오. $n=0.021$(미터단위)로 가정한다.

풀이

폭이 넓은 수로에 대한 식을 이용하여

$$y_c=\sqrt[3]{\frac{q^2}{9.81}}=0.467\text{ m}$$

$$y_o=\left(\frac{qn}{(S_o)^{1/2}}\right)^{3/5}=\left(\frac{1(0.21)}{(0.00015)^{1/2}}\right)^{3/5}=1.38\text{ m}$$

식(14.15)를 이용하면 다음을 얻을 수 있다.

$$\frac{dy}{dl} = (0.00015)\left(\frac{1-\left(\frac{1.38}{2}\right)^{10/3}}{1-\left(\frac{0.467}{2}\right)^{3}}\right) = 0.000108\,\mathrm{m/m}$$

수심은 $10.8 \times 10^{-5}\mathrm{m/m}$로 증가한다.

14.1.3 수면경사 S_w

dy/dl은 거리에 따른 수심의 변화율을 나타낸다. dy/dl이 0이면, 거리에 따라 수심이 변하지 않으므로, 수면은 하상과 평행하고, 흐름은 등류가 된다. 이러한 경우에 S_w는 S_o과 같아진다. dy/dl은 하상에 대한 수면의 경사라고 정의할 수도 있다. 따라서 수평에 대한 수면의 경사를 의미하는 수면경사 S_w는 다음 관계로부터 구할 수 있다.

$$S_w = S_o - \frac{dy}{dl} \tag{14.16}$$

14.2 수면곡선

수면곡선의 분류를 통해 정상상태의 개수로 부등류 해석이 가능하고 각 종 흐름통제로 인해 발생하는 흐름에 대한 분석이 가능하다. 이 책에서는 흐름통제(control)라는 용어가 좀 더 광범위한 의미(즉, 주어진 유량에 대해 부등류를 발생시키거나 그 형태를 변화시키는 역할을 하는 지점)로 사용되기도 한다. 일반적인 의미(수위와 유량의 관계가 1 : 1로 정의되는 지점)로도 물론 사용된다. 따라서 수면곡선의 분류를 통해 우리는 유량을 안다면 관측된 수면곡선에 영향을 미치는 통제점의 위치와 특성을 파악할 수 있게 된다. 전 절에서 유도된 정상상태 점변류의 지배방정식은 흐름의 종류(상류, 사류)나 하상경사의 종류에 관계없이 적용할 수 있다.

식(14.15)와 같은 식을 이용하면, 주어진 유량과 수로경사에 대해 등류수심, 한계수심, 실제수심의 상호 비교를 통해 흐름 방향의 수면 형상 변화를 정성적으로 분석할 수 있다. 수면형상 분석에 앞서 다음과 같은 기초적인 하상경사-수심 관계를 다시 한 번 살펴보는 것이 도움이 될 것이다.

1. $y > y_o$ 이면 $S_f < S_o$ 이다.
2. $y < y_o$ 이면 $S_f > S_o$ 이다.
3. $y_o > y > y_c$ 이면 $S_o < S_f < S_c$ 이다.
4. $y < y_c$ 이면 $S_f > S_c$ 이고 $F_n > 1$ 이다.
5. $y > y_c$ 이면 $S_f < S_c$ 이고 $F_n < 1$ 이다.

여기서, S_f는 에너지 선의 경사이고 S_c는 한계경사(주어진 유량에 대한 등류가 한계류가 되는 하상경사)이다.

이제 우리의 관심 대상이 되는 부등류 수심과 수로경사는 각각 5가지 경우라는 것을 알 수 있다. 즉, 부등류 수심은 위에서 설명한 바와 같고, 수로경사는 완경사($y_o > y_c$), 한계경사($y_o = y_c$), 급경사($y_o < y_c$), 수평경사 그리고 역경사이다.

14.2.1 경사에 따른 수로의 구분

수로경사에 따라 수로는 다음과 같이 5가지 경우로 구분할 수 있다.

1. **완경사(M) 수로** : 이 경우는 하상경사(S_o)가 한계경사(S_c)보다 작다. 그림 14.3a에서 보는 바와 같이 등류수심(y_o)는 한계수심(y_c)보다 크고, 등류조건에서 Froude수(F_n)는 1 보다 작다.
2. **급경사(S) 수로** : 이 경우는 수로경사가 한계경사보다 급하다. 그림 14.3b에서 보는 바와 같이 등류수심은 한계수심보다 작고 등류조건에서 Froude수(F_n)는 1보다 크다.
3. **한계경사(C) 수로** : 이 경우는 수로경사가 한계경사와 정확히 같다. 그림 14.3c에서 보는 바와 같이 등류수심은 한계수심과 같고 등류조건에서 Froude수(F_n)는 1이다.

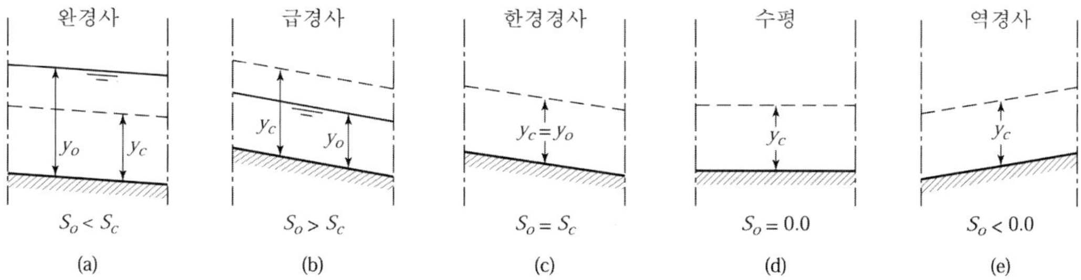

그림 14.3 하상경사에 따른 수로의 분류

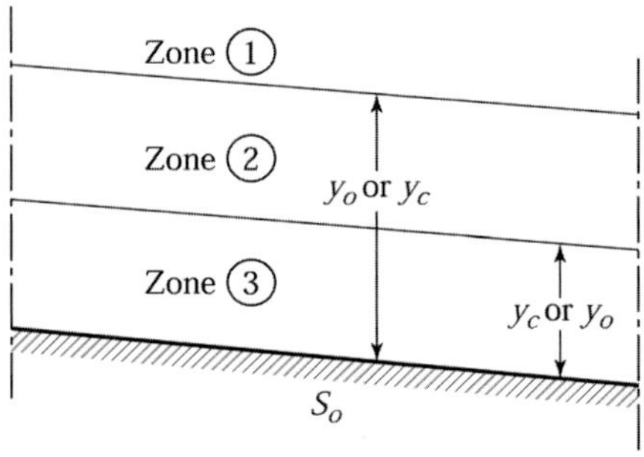

그림 14.4 등류수심(y_o)과 한계수심(y_c)에 따른 구역의 분류

4. **수평경사(H) 수로** : 이 경우는 그림 14.3d에서 보는 바와 같이 하상경사가 0, 즉 하상이 수평이다. 한계수심은 산정할 수 있지만, 등류수심은 무한대가 된다. Chezy나 Manning 공식에 $S_o = 0$을 대입하면 등류수심이 무한대가 되는 것을 쉽게 알 수 있다.
5. **역경사(A) 수로** : 이 경우는 그림 14.3e에서 보는 바와 같이 수로경사가 0보다 작다. 수평경사의 경우와 마찬 가지로 이 경우도 등류수심을 정의할 수 없다.

마지막 두 가지 경우는 모두 수로경사가 한계경사 보다 작다는 면에서 첫 번째 경우의 특수한 예라는 것을 알 수 있다. 그러나 이 두 경우에서는 등류수심을 정확하게 정의할 수 없다는 면에서 첫 번째 경우와 구분된다. 그러나 H나 A 계열의 수로인 경우, 수심은 반드시 한계수심 보다 커야 한다. 수로경사를 줄이면 수심은 깊어지게 된다. 따라서 수평경사 구간에서는 인접한 상하류 구간(수평경사나 역경사가 아니어야 함) 보다 수위가 높아지게 된다. 이는 역경사 수로의 경우도 마찬가지로 성립한다.

14.2.2 등류수심 및 한계수심과 비교를 통한 수위 구역 구분

부등류의 수위 영역은 등류수심과 한계수심에 따라 세 개의 구역으로 나눌 수 있다. 그림 14.4에 나타낸 바와 같이, 구역1은 등류수심과 한계수심 모두 보다 높은 영역으로 정의된다. 구역2는 등류수심과 한계수심 사이이고 구역3은 등류수심과 한계수심 모두 보다 낮은 영역이다. 이 분류는 등류수심과 한계수심의 상대적 크기에 관계없이 성립한다. 즉, 어떤 경사의 수로에 대해서도 성립한다.

수평경사나 역경사 수로인 경우 등류수심이 정의되지는 않지만 다른 경사에 비해 상대적으로 높은 수위를 유지하게 된다는 것을 지적한 바 있다. 이런 경우는 구역1이 존재하지 않고 한계수심을 기준으로 위는 구역2 아래는 구역3이 된다. 한계경사 수로인 경우는 등류수심이 한계수심과 같으므로, 구역2가 존재하지 않는다. 결론적으로 그림 14.4의 세 구역은 다음과 같이 정의할 수 있다.

1. 구역1 : 수위가 등류 수위나 한계류 수위 보다 높은 곳에 위치한다. 즉, $y > y_o > y_c$ 또는 $y > y_c > y_o$.
2. 구역2 : 수위가 등류 수위와 한계류 수위 사이에 있다. 즉, $y_o > y > y_c$ 또는 $y_c > y > y_o$.
3. 구역3 : 수위가 등류 수위나 한계류 수위 보다 낮은 곳에 위치한다. 즉, $y_o > y_c > y$ 또는 $y_c > y_o > y$.

14.2.3 *dy/dl*에 따른 수면곡선의 분류

수심의 흐름 방향 변화율(dy/dl)에 따라 점변류에서 수면형의 변화 양상은 다음과 같이 6가지로 구분할 수 있다.

1. $dy/dl > 0$인 경우
   하류로 갈수록 수심이 증가한다. 수면은 그림 14.5a와 같이 상승 곡선을 형성한다.
2. $dy/dl < 0$인 경우
   하류로 갈수록 수심이 감소한다. 수면은 그림 14.5b와 같이 하강 곡선을 형성한다.
3. $dy/dl = 0$인 경우
   흐름이 등류이다. 수면은 그림 14.5c와 같이 하상과 평행이다.
4. $dy/dl = -\infty$인 경우
   그림 14.5d와 같이 수면이 하상과 직각이 되게 형성된다. 실제 자연에서 그림과 똑같은 수면형이 발생하는 경우는 없다. 그러나 완경사 수로 끝에 낙차공이 있는 경우나 완경사 수로와 급경사 또는 한계경사 수로 사이의 천이 구간에서는 이런 형태의 수면곡선이 형성될 수 있다.
5. dy/dl이 정의되지 않는 경우. 즉, $dy/dl = \infty/\infty$인 경우
   수심이 0인 경우가 이에 해당할 수 있다. 그러나 개수로 흐름에서 수심이 0인 경우는 거의 없으므로, 적용되는 경우가 극히 제한적이다.

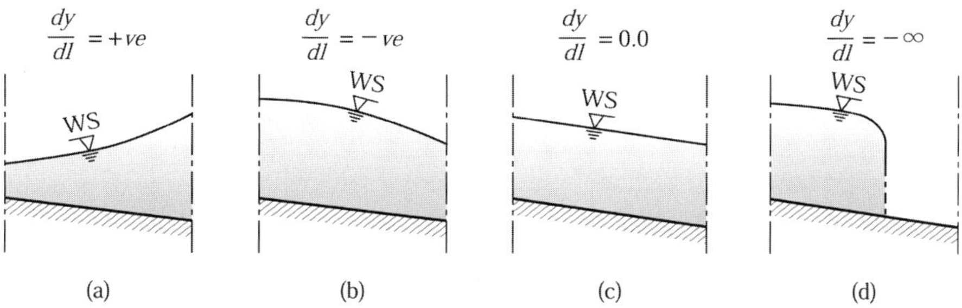

그림 14.5 dy/dl에 따른 수면형의 분류

6. $dy/dl = S_o$인 경우

이 경우, 수면은 수평이 된다. 이는 상승 곡선의 특수한 경우이다.

14.2.4 점변류 방정식의 도해적 해석

식(14.7), (14.8) 그리고 (14.15)를 그래프로 표현한 것이 그림 14.6이다. 수면이 변할 때는 반드시 여기에 도시된 곡선 중 하나를 따르게 되어 있다. 하상 경사가 완경사인 수로(그림 14.6a)를 생각해 보자. 이 경우에 있어서 세 구역은 다음과 같이 정의된다.

구역1 : $y > y_o > y_c$

구역2 : $y_o > y > y_c$

구역3 : $y_o > y_c > y$

구역1에 완경사 방정식을 적용하면 M1 곡선이 형성되고. 구역2, 구역3에 적용하면 각각 M2, M3 곡선이 형성된다. 쉽게 설명하기 위해 폭이 넓은 단면 또는 직사각형 단면의 수로에 대한 식(14.13)을 가지고 생각해 보자.

$$\frac{dy}{dl} = S_o \left\{ \frac{1 - \left(\frac{y_o}{y} \right)^3}{1 - \left(\frac{y_c}{y} \right)^3} \right\} \tag{14.17}$$

수심 y가 등류수심 y_o에 접근함에 따라 식(14.17) 우변의 분자는 0이 된다. 따라서 dy/dl 또한 0이 되고 흐름은 등류에 점점 가까워지게 된다. 따라서 수면이 등류 수위에 가까워질 때는 그림 14.6a, b, c에서 보는 바와 같이 항상 등류 수위에 점진적으로 근접하게 된다.

완경사 수로를 예로 들어 수면곡선의 번호를 부여하는 방법을 자세히 설명하기로 하겠다. 우선 첫 번째로 수위가 구역1($y > y_o$)에 있는 경우를 생각해 보자. 그러면 $S_f < S_o$이고, $F_n < 1$이다. 따라서 일반 단면에 대해 정성적으로 수면곡선의 거동을 알아보기 위해 식(14.7)을 이용하여 dy/dl의 부호를 분석해 보면 다음과 같다.

$$\frac{dy}{dl} = \frac{S_o - S_f}{1 - F_n^2} = \frac{+}{+} = +$$

따라서 수심은 흐름(+) 방향으로 증가하게 된다. 위에서 이를 완경사 수로의 첫 번째 경우라 하였으므로 이 경우에 대한 수면곡선을 $M1$이라 칭하기로 한다. $M1$ 곡선은 배수곡선이라 부르기도 하는데 이는 초크 효과가 있는 하류 통제점(downstream control)이 존재

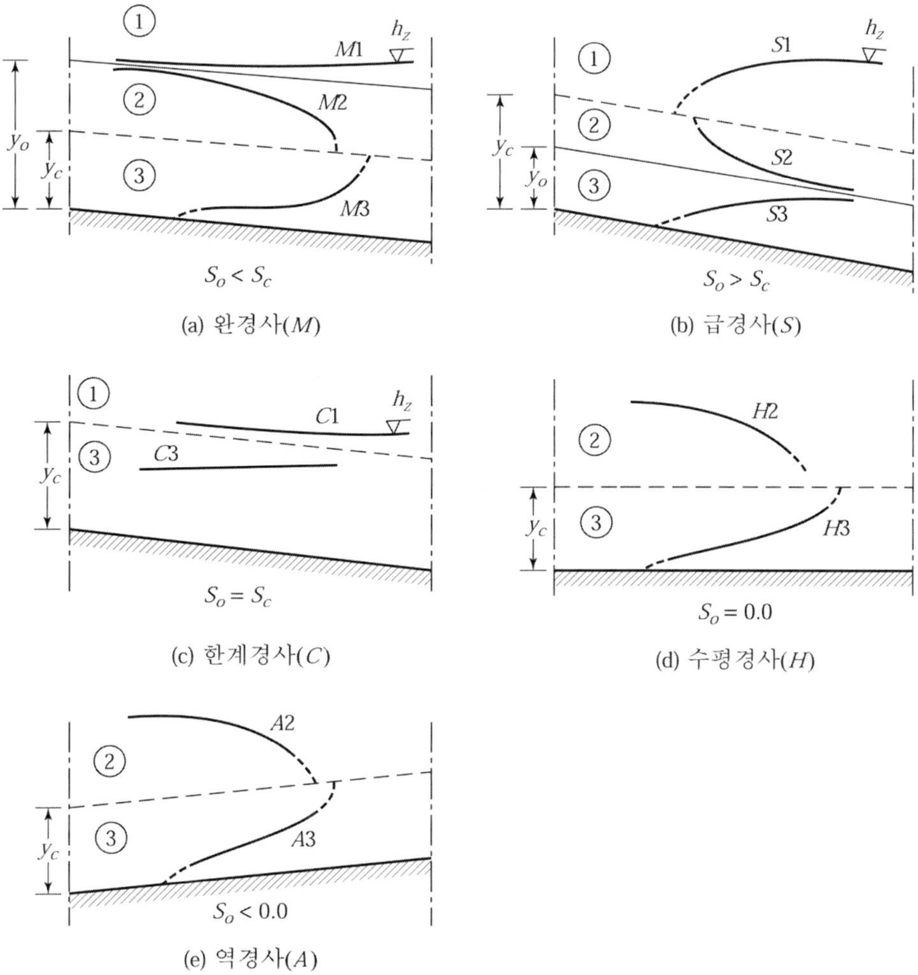

그림 14.6 개수로의 수면형

할 때 초크 효과로 인해 통제점 뒤(상류)쪽 수위가 등류 수위 보다 크게 된다는 의미에서 붙여진 이름이다. 이것이 댐이나 sluice gate와 같은 하류 초크로 인해 발생하는 전형적인 배수곡선이다.

이는 $M1$ 곡선이 상승 곡선이라는 것을 의미한다. $M1$ 곡선에서 거리가 무한대가 되면 수심 또한 무한대가 된다. 예를 들어, 식(14.17)에 $y = \infty$를 대입하면 다음과 같이 된다.

$$\frac{dy}{dl} = S_o\left\{\frac{1-0}{1-0}\right\} = S_o \tag{14.18}$$

따라서 $M1$ 곡선은 무한히 먼 지점에서 수평이 된다.

구역2에서는 $M2$ 곡선이 등류 수위에 점진적으로 접근한다. $M2$ 곡선의 어느 점에서든

지 수심은 등류수심 보다는 작고 한계수심 보다는 크다. 식(14.7)을 이용하게 되면,

$$\frac{dy}{dl} = \left\{ \frac{-ve}{+ve} \right\} = -ve \tag{14.19}$$

여기서, $-ve$와 $+ve$는 각각 $-$와 $+$를 나타낸다.

따라서 $M2$ 곡선은 그림 14.6a에서 보는 바와 같이 거리가 증가함에 따라 수심이 감소하는 하강 곡선이다.

한계수심에서는 F_n이 1이 된다. 따라서 $M2$ 곡선이 한계수심에 가까워지면, dy/dl은 $-\infty$로 접근한다. 따라서 $M2$ 곡선은 한계수심선에 직각으로 되려는 경향이 있다. $M2$ 곡선은 저하곡선(drawdown curve)이라 부르기도 한다. 이런 수면곡선은 상류측 등류수심을 하류측 낮은 수심으로 끌어내리는 작용을 하는 하류 통제점의 영향으로 발생하게 된다. 저하곡선은 하류로 가면 극한적으로 한계수심선에 직각으로 접근하는데, 낙차공 상류에 형성되는 수면 형상이 그 예이다.

비슷한 분석을 $M3$ 곡선에 대해서도 수행할 수 있다. 이 곡선은 상승곡선이다. 이는 한계수심선에 직각으로 접근하고(자연 현상에서는 반드시 그렇지는 않다), 수로 바닥으로는 예각으로 접근한다. $M3$ 곡선은 구역3에 위치하므로, 곡선 상의 모든 점에서 수심이 한계수심이나 등류수심보다 작다. 따라서 완경사 수로에 사류가 흐르는 경우가 이에 해당한다. 이 경우는 상류 측 한계수심 단면의 통제를 받는 것이 원칙이나. 하류 측 상류(subcritical) 수심 역시$M3$ 곡선의 발달 또는 존재 여부에 중요한 역할을 할 수 있다.

수심이 아주 크게 되거나 또는 등류수심이나 한계수심에 근접하게 될 때, 정상상태 부등류(steady nonuniform flow)의 수면곡선에 대해 식(14.17)을 해석하는 것이 중요하다. 먼저 수심이 등류수심에 근접하면, $S_f \rightarrow S_o$가 되고 따라서 $dy/dl \rightarrow 0$이 되어 수심은 일정하게 되고 등류수심선이 점근선이 된다. 마찬가지로 수심이 무한대로 접근하게 되면, S_f, $F_n \rightarrow 0$이 되고, $dy/dl \rightarrow S_o$가 되어 수면곡선은 수평에 가까워지게 된다. 수심이 한계수심에 근접하는 경우에는, $F_n \rightarrow 1$이 되고 $dy/dl \rightarrow \infty$가 되어 이론적이기는 하지만, 한계수심선과 직각으로 만나게 된다. 실제로 이런 수면 형상이 발생하는 것은 불가능하고, 수면은 직각에 가까운 큰 각도로 한계수심선에 접근하게 된다(Henderson, 1966). 이러한 사항들을 염두에 두고 수면곡선을 그리면, 완경사 수로에 대한 수면곡선을 그림 14.6a와 같아질 수 있다.

$M3$ 곡선(사류)에 대해서는 더 특별한 주의를 기울여야한다. 이 곡선은 y_c를 향해 상승한다. 그러나 사류 상태인$M3$ 곡선과 하류의 상류(subcritical flow) 사이에는 천이가 있어야 하므로 수심이 한계수심에 이르기 전에 도수가 발생하게 된다. 앞에서 언급한 내용으로부터도 수심이 y_c로 근접할 때 수면곡선에 불연속(도수)이 필연적으로 발생한다는 것을 알

수 있다. 이와 같은 수면곡선은 보통 완경사 수로에서 강제적으로 사류상태를 조성하는 여수로나 수문과 같은 구조물 하류 측에서 발생한다.

나머지 수면곡선들도 같은 과정을 통해 그릴 수 있다. 급경사 수로에 대한 S 곡선들은 그림 14.6b에 도시하였고 한계경사 수로에 대한 C 곡선들은 그림 14.6c에 도시하였다. 비슷한 방법으로 그림 14.6d와 e에는 각각 수평경사 수로와 역경사 수로의 수면곡선들을 도시해 놓았다. 다시 한 번 강조할 것은 이러한 수면곡선들은 단지 점변류 방정식을 그래프로 나타낸 것에 지나지 않는다는 점이다. 따라서 모든 수면형은 지배방정식을 만족시키기 위해 해당 수면곡선형을 아주 가깝게 따라야 한다.

이번에는 급경사 수면곡선에 대해 좀 더 자세히 살펴보기로 하겠다. 완경사의 경우와 마찬가지로 $S1$ 곡선($y > y_c > y_o$)을 배수곡선이라 부르기도 한다. 그렇다면 이 경우 하류 통제점은 어떤 종류든지 초크임에는 틀림없다. 그러나 이 경우 등류는 사류 상태가 되므로 상류 경계가 등류 조건이 될 수 없다. 하류 측 상류(subcritical flow)와 상류 측 사류 사이에 천이 흐름이 반드시 존재해야 한다. 따라서 $S1$ 곡선은 상류 측에 댐이나 수문 같은 구조물 경계가 존재하지 않는 한 반드시 상류 측에 도수를 동반하게 된다.

$S2$ 곡선은 상류 측 한계단면과 하류 측 사류 등류수심을 연결해 주기 때문에 하강곡선(dropdown curve)이라 부르기도 한다.

수평경사 또는 한계경사인 경우, 등류수심이 존재하지 않는다. 따라서 유형 1의 수면곡선($y > y_o$)은 존재할 수 없다. 유형 2의 수면곡선은 상류 측으로 y가 무한대로 접근함에 따라 수평선에 접근하게 된다. 한계경사인 경우, $y_o = y_c$이므로 유형 2의 곡선($y_o > y > y_c$)은 존재할 수 없다.

14.2.5 요약

점변류 방정식을 자세히 분석해 보면, 하상경사에 관계없이 구역1이나 구역3에 있는 수면곡선은 모두 상승 곡선($dy/dl = +ve$)임을 알 수 있다. 또한, 구역2의 모든 곡선은 하강곡선($dy/dl = -ve$)이다. 반면에 모든 수면곡선은 등류수심선에는 점진적으로 근접하고, 한계수심선에는 직각으로 접근하며, 수로바닥으로는 대부분 예각으로 접근한다. 구역1에 있는 모든 곡선들은 무한히 먼 곳에서 수평으로 되려는 경향이 있다. $H1$, $A1$, $C2$ 곡선은 존재하지 않는다.

이러한 규칙들은 그림 14.6에 도시된 수면곡선들을 작성하는 기초가 된다. 예를 들어, 그림 14.6b의 $S2$ 곡선은 구역2에 있으므로 하강 곡선이어야 한다. 이 곡선은 등류 수심에 점진적으로 근접하고 한계수심선에는 직각으로 접근한다. 이러한 세 가지 제약조건을 만족시키면 그림 14.6b와 같이 이 곡선을 올바르게 그릴 수 있게 된다. 이러한 분석은 다른 모든 수면곡선에 대해서도 똑같이 적용된다.

예제 14.3 폭 10 ft 직사각형 수로에 유량 $150\ ft^3/s$ 가 1.85 ft/s 의 유속으로 흐르고 있다. 수로 경사는 0.0009 ft/ft이고 조도계수는 0.025이다. 이 통제점을 정하고, 형성되는 수면곡선을 판별하라.

풀이

$Q = 150\ ft^3/s$; 그러면 $q = 150/10 = 15\ cfs/ft$

$150 = 1.85(A)$

$A = 81.08\ ft^2$

$y = (81.08/10) = 8.1\ ft$

$y_c = \sqrt[3]{q^2/g} = 8.1\ ft < y$ 한계수심을 구한다.

$A_c = 19.1\ ft^2$

$R_c = 1.38\ ft$

$V_c = (gy_c)^{0.5} = 7.85\ ft/s$

$$S_c = \frac{(0.025)^2 \times (7.85)^2}{(1.49)^2 \times (1.38)^{4/3}} = 0.01129\ ft/ft$$

$S_c > S_o$이므로 수로경사는 완만하고 $M1$, $M2$, $M3$ 곡선을 예상할 수 있다. 어느 곡선에 해당하는지는 주어진 수심과 등류수심을 비교함으로써 알 수 있다. 이를 위해 수심대신에 에너지경사를 사용하게 되면,

$y = 8.1\ ft$

$A = 81.08$

$R = 3.09\ ft$

$V = 1.85\ ft/s$

$$S_f = \frac{(0.025)^2 \times (1.85)^2}{(1.49)^2 \times 3.09^{4/3}} = 0.000214\ ft/ft$$

$S_f < S_o$이고 $y > y_o$이므로 $M1$곡선이다. 또한 Manning 공식을 이용하여 등류수심 y_o를 구할 수 있다.

$$q = y_o \frac{1.49}{n} R^{2/3} S_o^{1/2}$$

$$15 = \frac{1.49}{0.025} y_o \left(\frac{y_o}{10 + 2y_o} \right)^{2/3} (0.0009)^{1/2}$$

$$8.39 = y_o \left(\frac{10y_o}{10 + 2y_o} \right)^{2/3}$$

시행착오법으로 풀어보면 $y_o = 4.65\ ft < y(8.1\ ft)$

곡선의 통제점은 하류에 위치하며 초크를 발생시키게 된다. 그 예로는 수문, 댐, 큰 하천과 합류점 등이 있다. 상류는 등류수심에 근접하거나 다른 수면곡선과 연결될 수 있다.

예제 14.4 유량 $20\,\mathrm{m^3/s}$, 등류수심 $2.5\,\mathrm{m}$, 폭 $5\,\mathrm{m}$의 직사각형 수로가 있다. 조도계수는 0.024이고 바닥경사는 $0.0005\,\mathrm{m/m}$이다. 만약 수로를 가로지르는 높이 $8\,\mathrm{m}$의 여수로가 있다면 여수로 하류에서 $M3$곡선이 전개되는가?

풀이

주어진 값에서

$$A = 2.5(5) = 12.5\,\mathrm{m^2}$$
$$V = 20/12.5 = 1.6\,\mathrm{m/s}$$
$$q = Q/B = 4\,\mathrm{m^2/s}$$
$$y_c = \sqrt[3]{q^2/g} = 1.18\,\mathrm{m}$$
$$A_c = 1.18(5) = 5.9\,\mathrm{m^2}$$
$$V_c = q/y_c = 3.39\,\mathrm{m/s}$$
$$P_c = B + 2(y_c) = 7.36\,\mathrm{m}$$
$$R_c = A_c/P_c = 0.80\,\mathrm{m}$$
$$S_c = \frac{(0.025 \times 3.39)^2}{(0.8)^{4/3}} = 0.00967$$

$S_c > S_o$이므로 수로경사는 완만하고, $M3$ 곡선을 예상할 수 있다. 등류수심 y_o 계산 값과 y_c값을 비교하면 예상 곡선을 판별할 수 있다. 여수로에서

$$E_1 = H + E_c = 8 + 3/2(y_c) = 9.77\,\mathrm{m}$$

따라서

$$9.77 = y_2 + \left\{q^2/[2gy_2^2]\right\} = y_2 + (0.815/y_2^2)$$
$$y_2 = 0.294\,\mathrm{m}$$

등류수심에 대한 공액수심은

$$y_o{}' = \frac{2.5}{2}\left[-1 + \sqrt{1 + \frac{8(4)^2}{g(2.5)^3}}\right]$$
$$y_o{}' = 0.44\,\mathrm{m}$$

공액수심이 $0.44\,\mathrm{m}$ 여수로의 하류단수심 $0.29\,\mathrm{m}$보다 크고, 수로경사는 완만하므로 $M3$ 곡선의 형태를 가지며 여수로의 하류단수심에서 수로의 등류수심에 대한 공액수심까지 수심이 증가하며 흐름이 형성된다.

14.3 수면곡선의 작성

실제 자연에서는 여러 형태의 수면곡선을 관찰할 수 있다. 다음은 이런 수면곡선들을 개략적으로 작성하는데 고려해야 할 몇 가지 중요한 점들을 정리하여 놓은 것이다.

1. 대상 수로의 각 구간에 해당하는 수로경사의 종류(완경사, 급경사, 한계경사, 수평수로, 역경사)를 결정한다. 하상경사를 모를 경우에는 등류수심과 한계수심을 비교하여 결정할 수 있다.
2. 한계수심을 표시한다(한계수심은 수로경사와 관계없이 수로 전 구간에 걸쳐 일정하다). 그리고 수리구조물이 있는 지점 또는 경사가 변하는 지점에서 조금 떨어진 구간에 그림 14.7a와 같이 등류수심을 표시한다.
3. 각 구간의 수로경사에 해당하는 수면곡선(그림 14.6 참조) 중에서 적절한 곡선을 선택한다. 수심이 한계수심보다 깊고 하류로 가면서 증가해야 한다면 구역1(그림 14.4)에 있는 곡선 중에서 선택하면 된다. 수심이 한계수심 보다 얕은 구역에서 증가하면 구역3에 있는 곡선 중에서 선택한다. 수심이 감소해야 한다면 구역2에 있는 곡선 중에서 선택하면 된다.
4. 모든 수면곡선은 곡선별 유효 영역을 벗어나게 연장할 수 없다. 예를 들어, M 곡선들은 완경사 구간을 벗어나서는 안되고, C 곡선들은 한계경사 구간에만 존재할 수 있다.
5. 사류상태에서 상류상태로 변할 때는 반드시 도수를 동반하게 된다(그림 14.7c). 그러나 상류상태에서 사류상태로 변할 때는 그림 14.7b와 같이 저하곡선을 통해 한계수심을 통과하게 된다.
6. 수문이나 댐의 상류측 수위는 한계류나 등류의 수위보다 높아야하며 이때 배수곡선이 형성된다.
7. 완경사 수로, 수평 수로, 역경사 수로에서 도수가 발생할 때, 도수 상류측에는 수로경사에 따라 $M3$, $H3$, $A3$ 곡선이 반드시 존재하게 된다(그림 14.7c). 급경사 수로에서 도수가 발생한 후에는 $S1$곡선이 형성된다(그림 14.7d). 이 수면곡선들은 도수 전후의 수면를 연결하는데 있어 기본이 되는 곡선들이다. 즉, 이 수면곡선들은 도수 전후의 비력이 같도록 도수 시점과 종점의 수심을 조정하는 역할을 하게 된다. 도수 상하류측에 형성되어 있는 흐름이 같은 크기의 비력을 가지고 있다면, 도수 상하류단에 어떤 형태의 부등류 수면곡선도 나타나지 않는 경우가 이론적이기는 하지만 가능은 하다.
8. 상류는 하류 통제점(downstream control)의 지배를 받고, 사류는 상류 통제점(upstream control)의 지배를 받는다. 수로 중간에 설치된 수문(intermediate gate)은 상하류 양

방향에 대해 통제점으로 작용할 수 있다.

9. 완경사 수로의 하류단에 위치한 낙차공에서 자유낙하가 일어나는 경우에는 그림 14.7e와 같이 낙차공 상류 쪽 $4y_c$ 지점에서 한계수심이 발생한다.
10. 인접한 두 구간의 수로경사가 같은 종류(완경사 혹은 급경사)이고 그 차이가 크지 않더라도 한 쪽 수로의 수면곡선이 다른 쪽까지 연장되지 않는다. 길이가 긴 두 수로가 연결되어 있을 때, 두 수로의 경사가 모두 완경사이면 연결부의 수심은 하류측 수로의 등류수심이 되어 하류측 수로의 수심은 연결부부터 등류수심을 유지하고 상류측 수심은 상류로 가면서 등류수심으로 점근하게 된다. 반면, 두 수로의 경사가 모두 급경사이면, 상류측 수로에는 등류가 연결부까지 형성되고 하류측 수심은 하류로 가면서 등류수심으로 점근하게 된다.

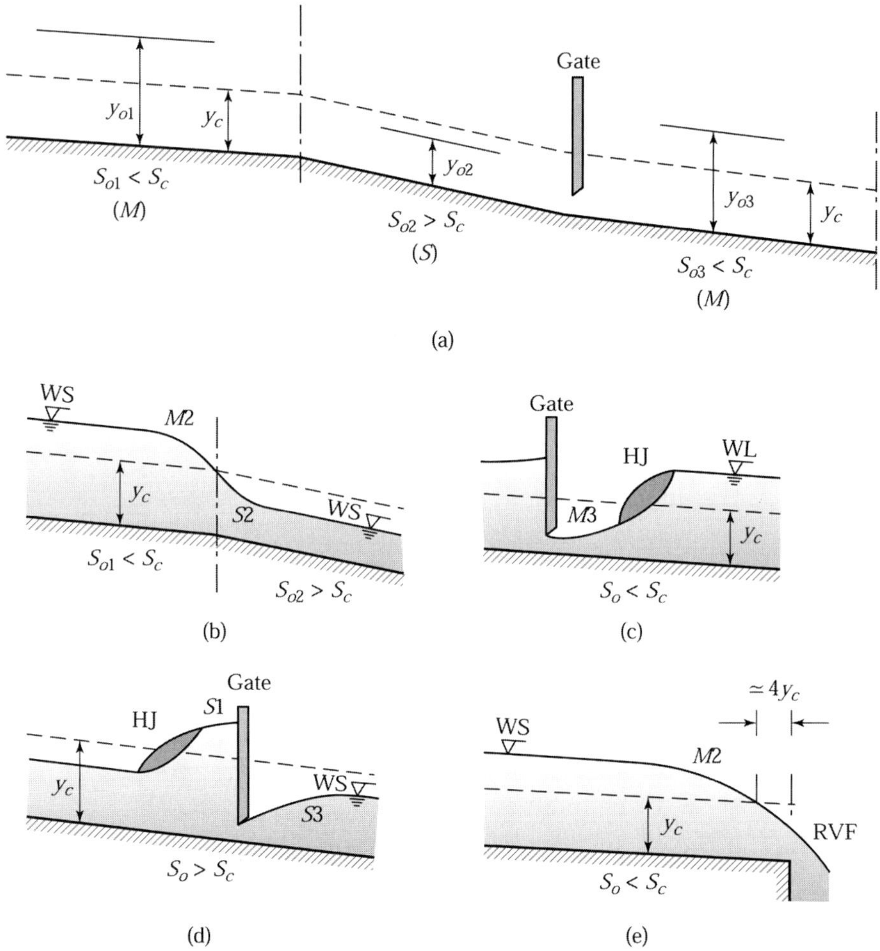

그림 14.7 수면곡선의 작성

예제 14.5 그림 14.8a와 같이 폭이 넓은 수로가 경사가 다른 3구간으로 구성되어 있다. 수면곡선을 작성하시오.

풀이

첫 번째 구간의 경사는 한계경사보다 작아 완경사 수로이다. 따라서 이 구간에서 등류 수심은 한계수심보다 크다. 한계수심은 수로경사에 관계없이 일정하다. 두 번째 구간의 경사는 첫 번째보다 더 완만하지만 수평은 아니다. 따라서 이 구간의 등류수심은 첫 번째 구간의 등류수심보다 크다. 세 번째 구간의 경사는 급경사이고 등류수심이 한계수심보다 작다. 그림 14.8b는 풀이의 첫 단계를 나타내고 있다. 한계수심과 각 구간의 등류수심이 개략적으로 도시되어 있다. 한 구간의 수면곡선이 다른 구간으로 넘어가지 않도록 경사가 변하는 지점에 연직선을 그려 넣었다. 경사의 종류와 관계없이 어떤 수면곡선도 연직선을 넘어갈 수는 없다는 원칙은 인접한 두 구간의 경사가 같은 종류이고 경사의 차가 조금밖에 나지 않는 경우라 할지라도 예외 없이 적용된다.

y_{o1}에서 y_{o2}로 연결하기 위해서는 상승하는 곡선이 필요하다. 첫 번째 구간과 두 번째 구간은 모두 완경사이므로 M 계열 곡선이어야 하고 이 중 한계수심보다 높은 영역에 있으면서 수위가 상승하는 곡선이어야 할 것이다. 이 조건에 맞는 유일한 곡선은 $M1$ 곡선이다. 이제 문제는 $M1$ 곡선을 어디에 위치시킬 것인가이다. 즉, 곡선의 끝이 두 구간의

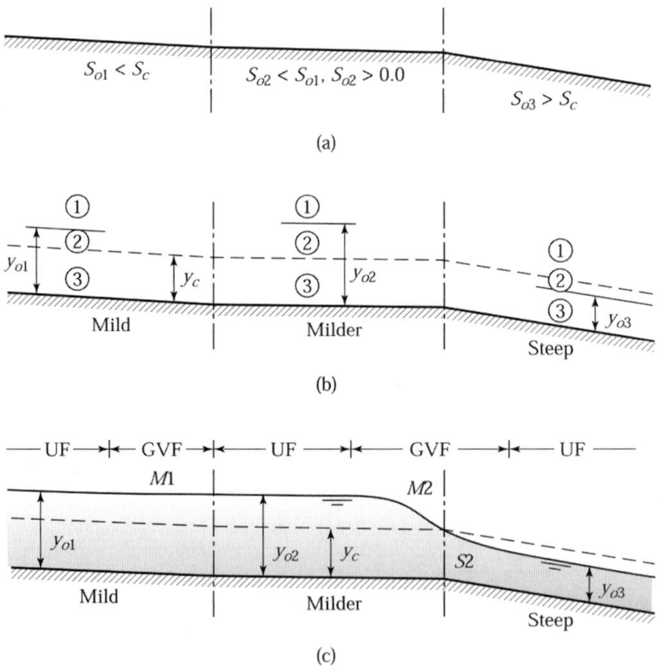

그림 14.8 예제 14.5의 폭이 넓은 수로에 대한 수면곡선
(a) 세 구간으로 구성된 개수로 종단
(b) 한계수심과 등류수심 및 수로경사 종류
(c) 수면곡선

경계에 그려 놓은 연직선이 되도록 첫 번째 구간에 위치시킬 것인가 또는 이 연직선에서부터 시작하도록 두 번째 구간에 위치시킬 것인가 하는 문제이다. $M1$은 항상 등류수심 위쪽인 구역1에 있어야 하므로 $M1$을 구역2에 속하게 하는 두 번째 의견은 옳지 못하다. 따라서 $M1$은 그림 14.8c와 같이 첫 번째 구간에 위치하게 된다.
두 번째 구간과 세 번째 구간의 수면을 연결하기 위해서는 하강곡선이 필요하다. 하강곡선은 구역2에만 존재할 수 있으므로, 그림 14.8c에 도시한 바와 같이 $M2$에 이은 $S2$ 곡선이 이 경우에 맞는 수면곡선이다. 이 두 곡선은 구간경계를 나타내는 연직선과 한계수심선의 교차점에서 만나게 된다.

예제 14.6 그림 14.9a에 제시된 수로에 대해 수면곡선을 작성하시오.

풀이

첫 번째 구간은 완경사이고 두 번째 구간은 급경사이다. 한계수심, y_c는 전 수로에 걸쳐 일정하며, 그림 14.9b에서 보는 바와 같이 y_{o1}은 y_c보다 크고 y_{o2}는 y_c보다 작다. 흐름이 수문으로 접근함에 따라 유속은 줄고 수심은 증가하게 된다. 따라서 수심이 한계수심과 등류수심 보다 크면서 하류로 갈수록 증가하는 M 계열의 곡선이 필요하다. 그림 14.9c에서 보는 바와 같이 $M1$ 곡선이 이 조건에 부합되는 곡선이다. 다음에 수문으로부터 방류된 물은 급경사 수로를 흐르게 되어있다. 이때 수문에서 방류되는 수심이 등류수심보다 작게 설정되어 있으므로 등류수심에 도달할 때까지 그림 14.9c와 같이 $S3$ 곡선이 형성되고 그 이후에 등류상태를 유지하다 급격한 낙차가 있는 부분에서 급변류로 바뀌게 된다.

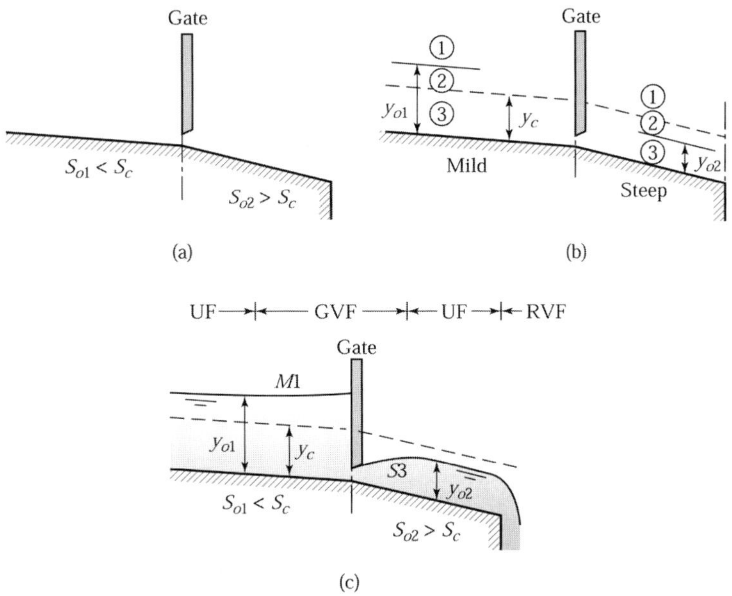

그림 14.9 예제 14.6에 대한 수면곡선
(a) 수로와 수문의 배치 (b) 한계수심과 등류수심 (c) 수면곡선

예제 14.7 앞의 예제에서 첫 번째 구간이 급경사이고 두 번째 구간이 완경사인 경우에 대해 수면곡선을 작성하시오.

풀이

첫 번째 구간의 등류수심(y_{o1})은 한계수심(y_c) 보다 작고, 두 번째 구간의 등류수심(y_{o2})은 한계수심보다 크다. 수문 직상류에서 수면은 한계수심 보다 위쪽에 위치하게 되어 사류로 흐르던 흐름이 상류로 바뀌는 과정을 거치게 된다. 사류에서 상류로 바뀔 때는 반드시 도수를 수반하므로, 등류수심에서 도수가 발생하여 공액수심이 되고 그 수심에서부터 $S1$ 곡선으로 수문까지 연결되게 된다(그림 14.10b). 도수 후에 수심은 증가하고 이에 따라 유속은 감소하게 된다.

수문 하단의 높이가 한계수심보다 작게 설정되어 있어, 두 번째 구간이 등류가 발생하기에 충분할 만큼 길다면 수문하류에는 $M3$ 곡선이 형성되고 이어 도수가 발생하게 된다. 수로 끝 낙차공 근처로 접근하게 되면 $M2$ 곡선이 형성되고 이 $M2$ 곡선은 한계수심선과 만나는 지점(낙차공에서 상류로 약 $4y_c$ 지점)에서 끝나고 그 이후는 급변류가 형성된다. 최종적인 수면곡선은 그림 14.10b와 같다.

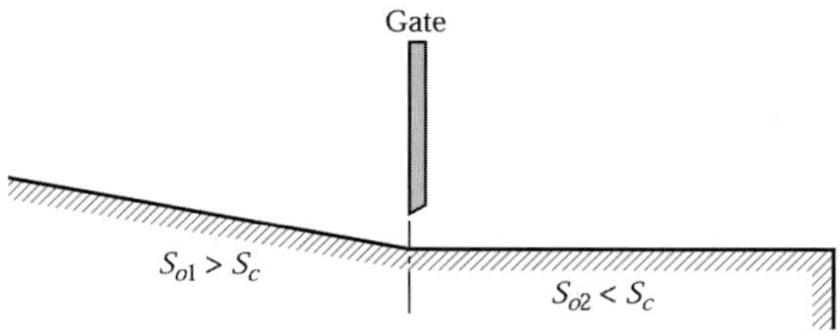

(a)

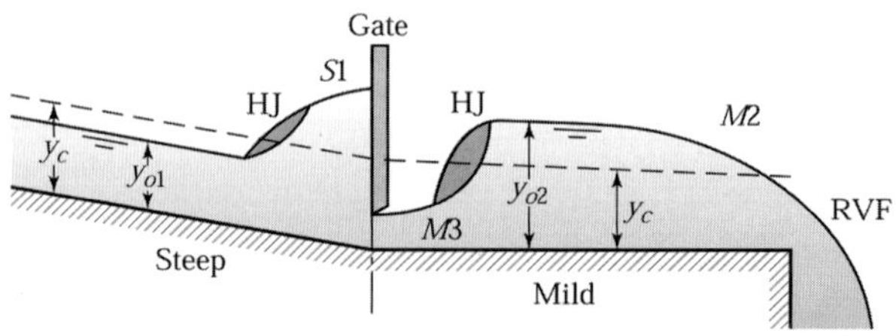

(b)

그림 14.10 예제 14.7에 대한 수면곡선 (a) 수로와 수문의 배치 (b) 수면곡선

예제 14.8 폭이 넓은 수로가 그림 14.11a와 같이 저수지를 시점으로 세 개의 긴 구간으로 구성되어 있다. 첫 번째 구간과 마지막 구간 중간에는 수문이 설치되어 있다. 세 구간의 수로경사는 각각 $S_{o1} = 0.008$, $S_{o2} = 0.00309$, $S_{o3} = 0.0005$이다. 비유량(단위폭당 유량)은 $0.675\,\text{m}^2/\text{s}$이고, Manning의 조도계수 n은 0.015를 사용한다. (a) 한계수심과 각 구간의 등류수심을 구하고 (b) 수로 종단을 따라 수면곡선을 작성하시오.

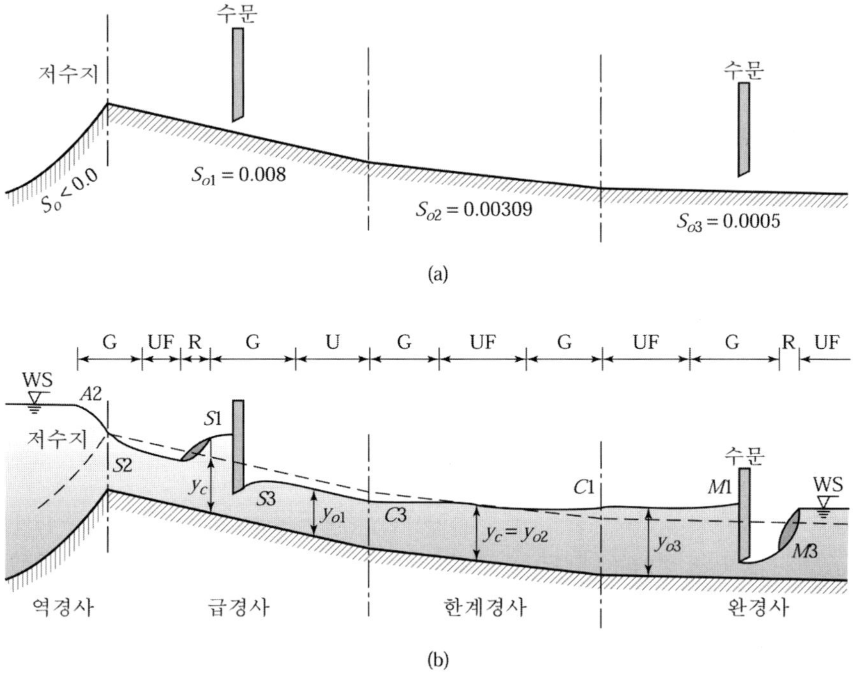

그림 14.11 예제 14.8에 대한 수면곡선 (a) 수로 및 수문의 배치 (b) 수면곡선

풀이

수면곡선을 작성하기 위해서는 문제에서 구하라는 말이 없어도, 한계수심과 등류수심을 먼저 구해야 한다.

(a) 폭이 넓은 단면에 대한 공식을 이용하여 한계수심을 구하면 다음과 같다.

$$y_c = \sqrt[3]{\frac{q^2}{g}} = \sqrt[3]{\frac{(0.675)^2}{9.81}} = 0.36\,\mathrm{m}$$

등류수심은 폭이 넓은 수로인 경우 Manning 공식을 이용하면 다음 식으로 구할 수 있다.

$$y_o = \left(\frac{q^2 n^2}{S_o}\right)^{0.3}$$

따라서

$$y_{o1} = \left(\frac{(0.675)^2(0.015)^2}{0.008}\right)^{0.3} = 0.27\,\mathrm{m}$$

$$y_{o2} = \left(\frac{(0.675)^2(0.015)^2}{0.00309}\right)^{0.3} = 0.36\,\mathrm{m}$$

$$y_{o3} = \left(\frac{(0.675)^2(0.015)^2}{0.0005}\right)^{0.3} = 0.62\,\mathrm{m}$$

한계수심과 각 구간의 등류수심을 비교해 보면 첫째 구간은 급경사, 둘째 구간은 한계경사, 마지막 구간은 완경사인 것을 알 수 있다.

(b) 수문은 첫 번째 구간과 마지막 구간에 하나씩 설치되어 있다. 우선 한계수심과 등류수심을 그려 넣는다. 일반적으로 수로 전 구간에 걸쳐서 수위가 저수지의 수위 보다 높

은 지점은 없다. 또한 수문 직상류의 수위를 그림 14.11b와 같이 그려 넣어야 한다. 저수지에서 물이 급경사 수로로 방류되면 하강곡선이 형성되게 된다. 저수지 출구 직상류에서는 $A2$ 곡선이 한계수심 위에 형성되고, 수로 입구 직하류에서는 $S2$ 곡선이 한계수심 아래에 형성된다. 따라서 저수지와 수로 사이 천이구역의 수면 형태는 $A2$ 곡선과 $S2$ 곡선으로 이루어지고 그 이후에 흐름은 등류 상태가 된다. 이 때 등류 수심은 한계수심 보다 작다. 수문 상류에서는 그림 14.11b와 같이 도수가 발생하고 이어 $S1$ 곡선을 따라 수위가 상승하면서 수문에 이르게 된다. 수문 하류에서는 $S3$ 곡선을 거쳐 등류 상태가 된다.

두 번째 구간으로 접근할 때는 수위가 y_{o1}에서 y_{o2}로 증가해야 하므로 상승 곡선이 필요하게 된다. $C3$ 곡선이 y_c 아래에서 수심을 y_{o1}에서 $y_{o2}(=y_c)$로 증가시킬 수 있는 유일한 곡선이다. 수로가 등류를 유지할 수 있도록 충분히 길면 그림 14.11b와 같이 수심은 등류수심에 도달하게 된다.

두 번째와 세 번째 구간의 연결부에서도 수심을 y_{o2}에서 y_{o3}로 증가시키기 위한 상승 곡선(한계수심 위에 존재해야 함)이 필요하다. $C1$ 곡선이 이에 해당하고, 이 곡선은 두 번째와 마지막 구간 경계까지 이어진다. 마지막 구간 시점부터는 수심이 y_{o3}인 등류가 유지된다. 두 번째 수문 상류 쪽에는 $M1$ 곡선이 형성되고, 수문 하류 쪽에는 $M3$ 곡선에 이어 도수가 형성된다. 그림 14.11b는 수로 전 구간의 수면곡선을 개략적으로 도시한 것이다.

14.4 도수의 위치와 수면곡선

펌프 양정(pumping) 높이를 감소시켜 취수를 용이하게 하기 위해 하상경사를 급경사에서 완경사로 줄여 수위를 증가시키는 경우를 종종 볼 수 있다. 이런 경우에는 그림 14.12와 같이 필연적으로 도수를 수반한다. 도수발생 지점은 등류수심 y_{o1}과 y_{o2}에 따라 달라질 수 있다(그림 14.12 참조). 다음은 그림 14.12에 도시되어 있는 case1과 case2 중 어떤 것이 발생할 것인가를 결정하는 과정이다.

1. 주어진 도수 전 수심 y_{o1}을 이용하여, 도수 후 공액수심(y')을 계산한다.
2. y'이 y_{o2}보다 작으면 case1이 발생하고 $S1$곡선이 y'과 $A-A$ 단면의 수심 y_{o2}를 연결하게 된다.
3. y'이 y_{o2}보다 크게 되면 case2가 발생한다. $A-A$ 단면까지 등류수심 y_{o1}이 유지되고 그 이후에 도수 후 수심이 y_{o2}가 되도록 $M3$ 곡선이 형성된다. 도수 전 수심은 도수 후 수심 y_{o2}를 이용하여 계산할 수 있다. 즉, $M3$ 곡선은 그림 14.12와 같이

$A-A$ 단면의 수심 y_{o1}과 y_{o2}에 대한 공액수심을 연결하는 역할을 하게 되는 것이다.

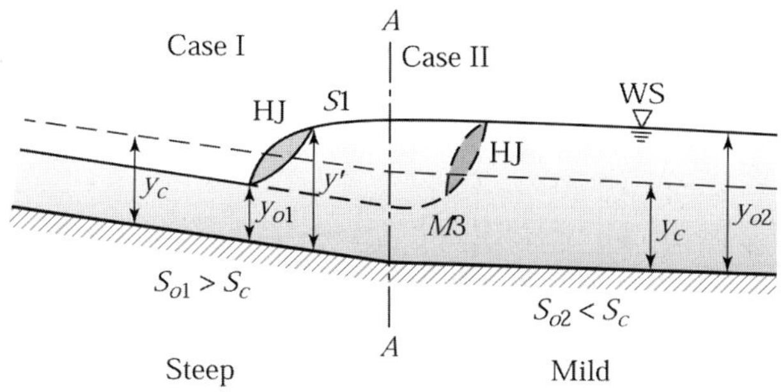

그림 14.12 급경사에서 완경사로 변하는 구간에서 도수의 위치

예제 14.9 밑변의 길이가 5.0 m 이고 측벽경사가 1 : 1인 사다리꼴 단면수로에 $13.0 \text{m}^3/\text{s}$ 의 유량이 흐르고 있다. 수로는 3개의 긴 구간으로 구성되어 있는데 각 구간의 하상경사는 각각 $S_{o1} = 0.0001$, $S_{o2} = 0.007$, $S_{o3} = 0.0009$ 이다. 수문은 그림 14.13a에 도시한 바와 같이 첫 번째 구간과 두 번째 구간의 경계 지점과 마지막 구간의 끝부분에 각각 하나씩 설치되어 있다. Chezy 계수를 50(미터 단위)으로 취하고, 수로 종단을 따라 수면곡선을 작성하시오.

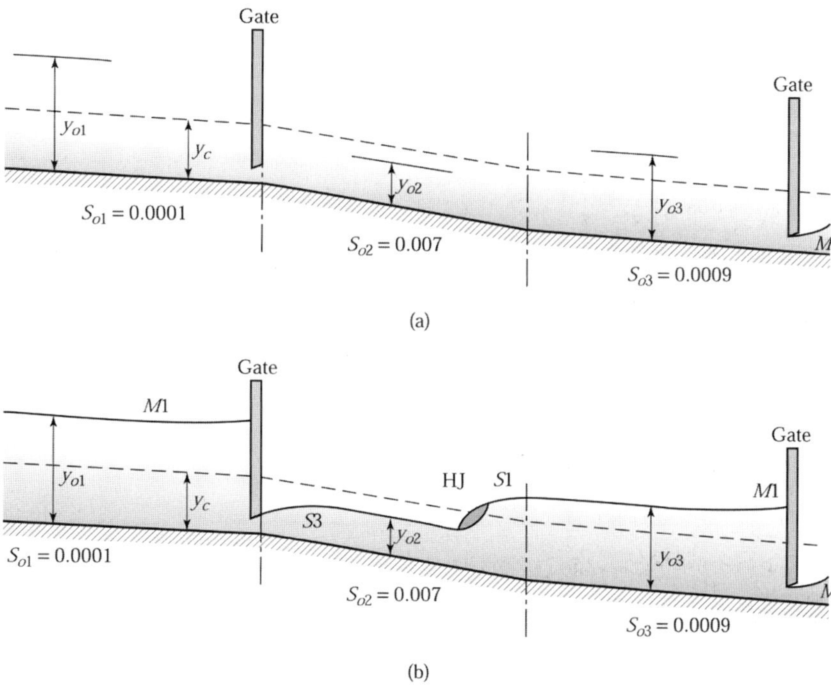

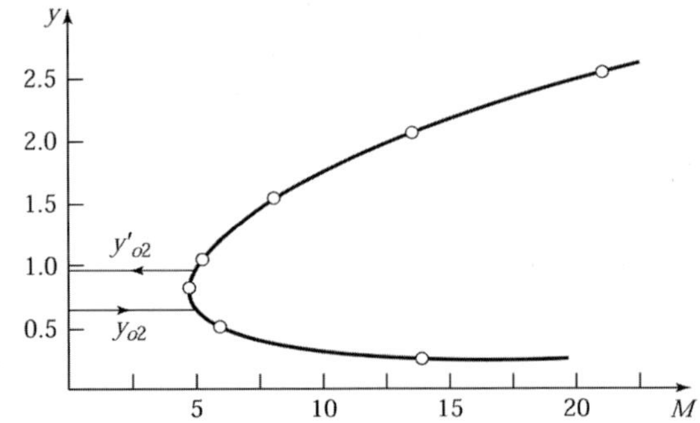

(c)

그림 14.13 예제 14.9에 대한 수면곡선

(a) 수로종단과 한계수심 및 등류수심 (b) 수면곡선 (c) 도수지점을 결정하기 위한 비력 곡선

풀이

먼저 한계수심과 각 구간의 등류수심을 계산하도록 한다. 수로 단면이 사다리꼴이므로 직사각형 단면이나 폭이 넓은 수로에 대한 식은 적용되지 않는다. 우선 그림 12.9를 이용해서 한계수심을 구한다. $Z=\dfrac{Qt^{3/2}}{g^{0.5}b^{2.5}}=\dfrac{13(1)^{3/2}}{(9.81)^{0.5}(5)^{2.5}}=0.074$이므로 그림 12.9에서 $\dfrac{ty_c}{b}=0.17$을 구할 수 있다. 따라서 $y_c=0.85\,\text{m}$이다. Chezy 식은 $Q=AC\sqrt{RS_o}$이므로

$$Q=(by_o+ty_o^2)C\sqrt{\left\{\left(\frac{by_o+ty_o^2}{b+2y\sqrt{1+t^2}}\right)\right\}\times S_o}$$

$$0.26=(5y_o+y_o^2)\sqrt{\left\{\left(\frac{5y_o+y_o^2}{5+2\sqrt{2y_o}}\right)\right\}\times S_o}$$

시행착오법으로 각 구간의 y_o를 구하면 $y_{o1}=2.55\,\text{m}$, $y_{o2}=0.76\,\text{m}$, $y_{o3}=1.38\,\text{m}$이다. 각 구간의 등류수심과 한계수심을 비교해 보면 첫 번째와 세 번째 구간은 완경사이고 두 번째 구간은 급경사이다. 한계수심과 등류수심은 그림 14.13a에 도시되어 있다. 도수가 두 번째 구간이나 세 번째 구간에서 발생해야 한다. 도수가 수심 y_{o2}에서 발생한다면 y_{o2}를 알고 있으므로 이에 상응하는 공액수심(y'_{o2})을 계산할 수 있다.

그림 14.13c의 비력곡선으로부터 y'_{o2}은 약 0.95 m임을 알 수 있다. 이는 y_{o3}(2.55 m) 보다 작으므로 도수는 급경사 수로에서 발생함을 알 수 있고, 그림 14.13b에서 보는 바와 같이 도수 후에는 $S1$ 곡선이 형성된다. 수면곡선을 작성할 때는 각 수면곡선이 적절한 구역(그림 14.4 참조)에 위치하고 있는지 항상 확인해야 한다.

예제 14.10 폭이 넓은 직사각형 수로에 비유량 $4.0\,\text{m}^2/\text{s}/\text{m}$가 흐르고 있다. 수로는 세 개의 긴 구간으로 구성되어 있고 하상경사는 각각 0.008, 0.004, S_c이다. 수문이 마지막 구간의 하류단에 설치되어 있다. Manning의 조도계수 $n=0.016$ (미터 단위)를 사용해서 수로 종단을 따라 수면곡선을 그리시오.

풀이

폭이 넓은 수로에 대한 식을 이용하여 한계수심과 등류수심을 구하면 다음과 같다.

$$y_c = \sqrt[3]{\frac{q^2}{g}} = \sqrt[3]{\frac{(4.0)^2}{9.81}} = 1.177\,\mathrm{m}$$

$$y_{o1} = \left(\frac{q^2 n^2}{S_{o1}}\right)^{0.3} = \left(\frac{(4.0)^2(0.016)^2}{0.008}\right)^{0.3} = 0.818\,\mathrm{m}$$

$$y_{o2} = \left(\frac{q^2 n^2}{S_{o2}}\right)^{0.3} = \left(\frac{(4.0)^2(0.016)^2}{0.0004}\right)^{0.3} = 2.01\,\mathrm{m}$$

$$y_{o3} = y_c = 1.177\,\mathrm{m}$$

그림 14.14a는 한계수심과 등류수심을 나타낸 것이다. 도수발생 지점이 첫 번째 구간인지 두 번째 구간인지를 알기 위해 y_{o1}에 상응하는 공액수심 y'_{o1}을 계산한다. 즉,

$$y'_{o1} = \frac{y_{o1}}{2}\left\{-1 + \sqrt{1 + \frac{8q^2}{g y_{o1}^3}}\right\}$$

$$= \frac{0.818}{2}\left\{-1 + \sqrt{1 + \frac{8(4.0)^2}{9.81(0.818)^3}}\right\} = 1.629\,\mathrm{m}$$

y'_{o1}은 y_{o2}보다 작으므로 도수는 첫 번째 구간에서 발생하고 두 번째 구간 시점의 수심이 y_{o2}가 되게 하기 위해 도수 후에 $S1$ 곡선이 형성된다. 이후 흐름은 세 번째 구간과의 연결부에 접근하기 전까지 등류(등류수심 y_{o2})를 유지하게 된다. 세 번째 구간과 연결부에서는 수위를 감소시키기 위해 하강곡선이 필요하다. $C2$ 곡선은 존재하지 않으므로 두 번째 구간 끝부분에 $M2$ 곡선이 형성된다. 수문 상류 쪽에는 $C1$ 곡선이 수평으로 형성된다. 그리고 수문 하류 쪽에는 그림 14.14b에서 보는 바와 같이 $C3$ 곡선이 역시 수평으로 형성된다.

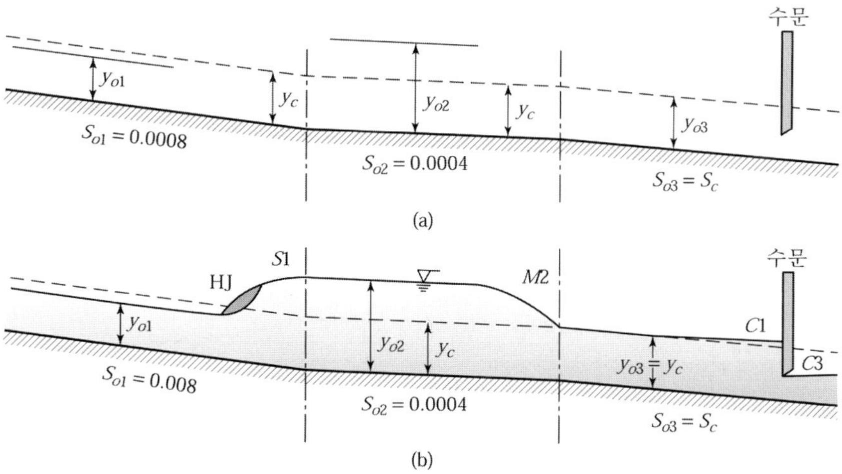

그림 14.14 예제 14.10에 대한 수면곡선
(a) 수로종단과 한계수심 및 등류수심 (b) 수면곡선

예제 14.11 실제로 발생할 수 있는 여러 가지 수로 조건을 설정하여 이에 대한 수면곡선을 작성하시오.

풀이

그림 14.15a~그림 14.15i를 참조하면,

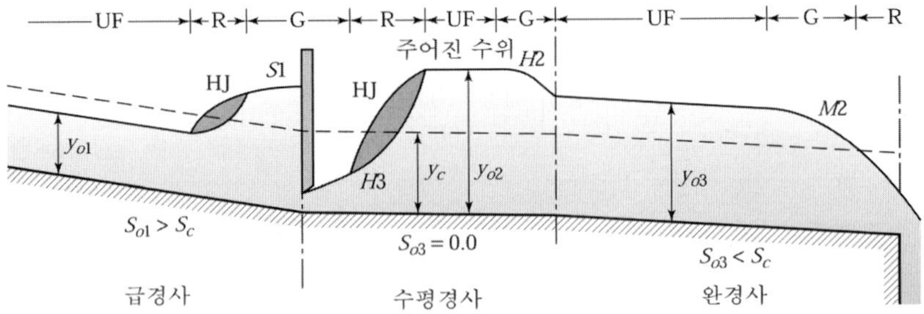

(a)

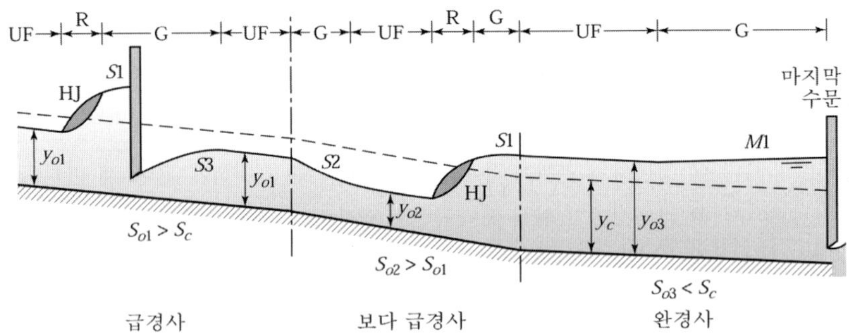

(b)

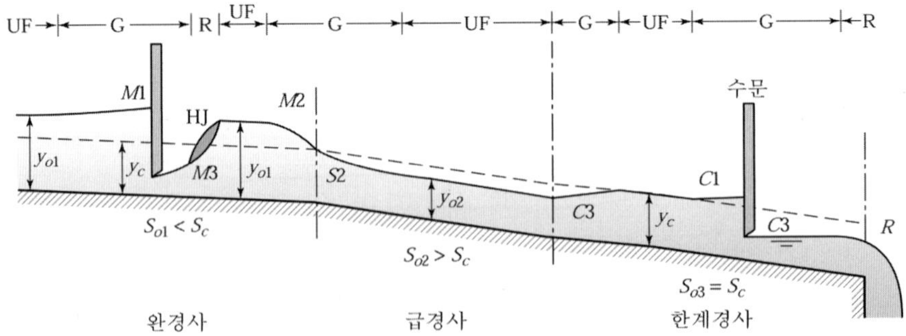

(c)

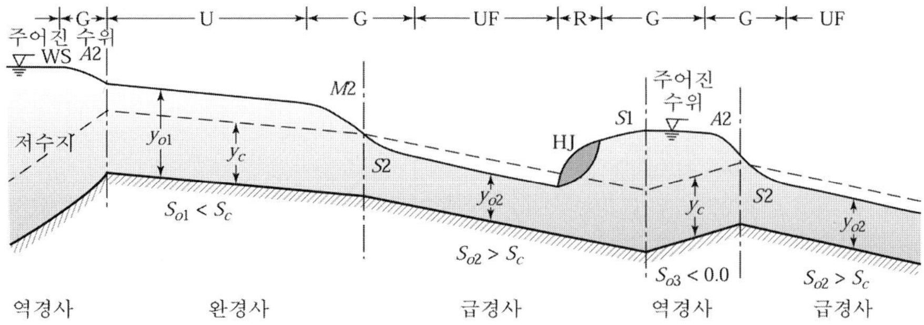
G
U
G
UF
R
G
G
UF
주어진 수위
WS
A2
저수지
M2
주어진 수위
S1
A2
HJ
S2
S2
y_{o1}
y_c
y_{o2}
y_c
y_{o2}
$S_{o1} < S_c$
$S_{o2} > S_c$
$S_{o3} < 0.0$
$S_{o2} > S_c$
역경사
완경사
급경사
역경사
급경사

(d)

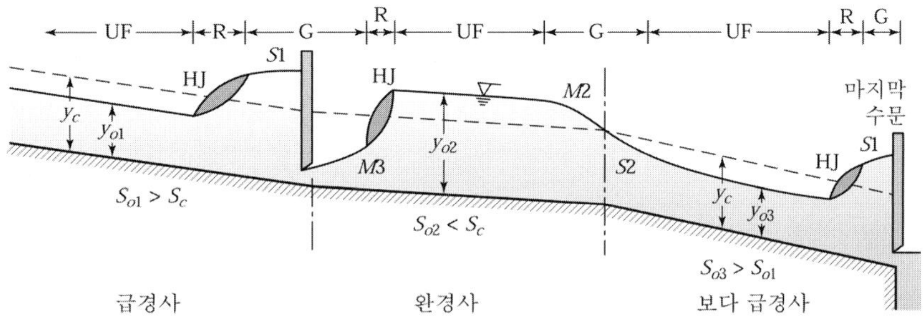
UF
R
G
R
UF
G
UF
R
G
S1
HJ
HJ
M2
마지막 수문
y_c
y_{o1}
y_{o2}
M3
S2
HJ
S1
y_c
y_{o3}
$S_{o1} > S_c$
$S_{o2} < S_c$
$S_{o3} > S_{o1}$
급경사
완경사
보다 급경사

(e)

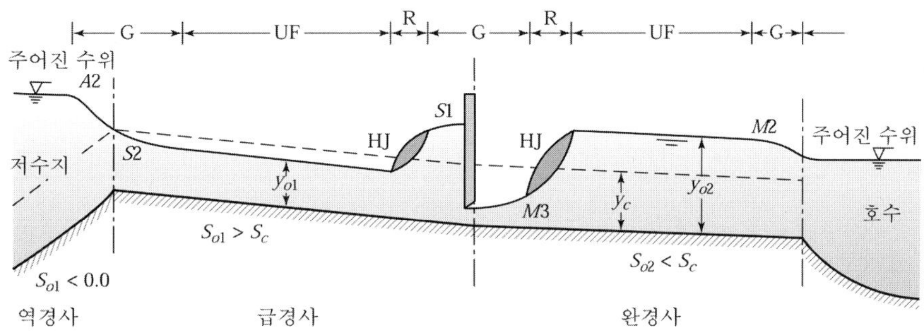
G
UF
R
G
R
UF
G
주어진 수위
A2
S1
M2
주어진 수위
HJ
HJ
저수지
S2
y_{o1}
y_c
y_{o2}
M3
호수
$S_{o1} > S_c$
$S_{o2} < S_c$
$S_{o1} < 0.0$
역경사
급경사
완경사

(f)

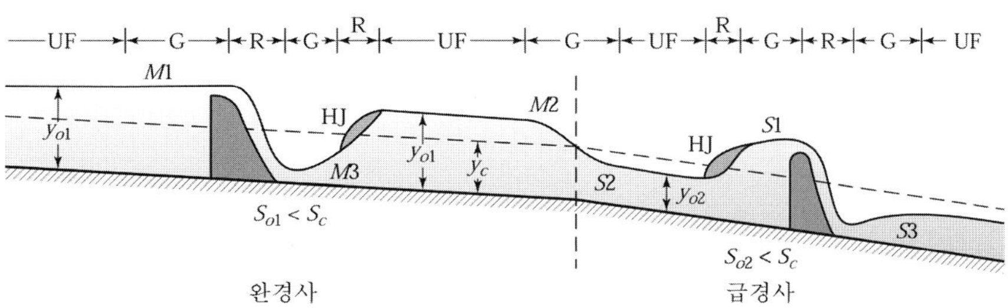
UF
G
R
G
R
UF
G
UF
R
G
R
G
UF
M1
M2
HJ
HJ
S1
y_{o1}
y_{o1}
y_c
M3
S2
y_{o2}
S3
$S_{o1} < S_c$
$S_{o2} < S_c$
완경사
급경사

(g)

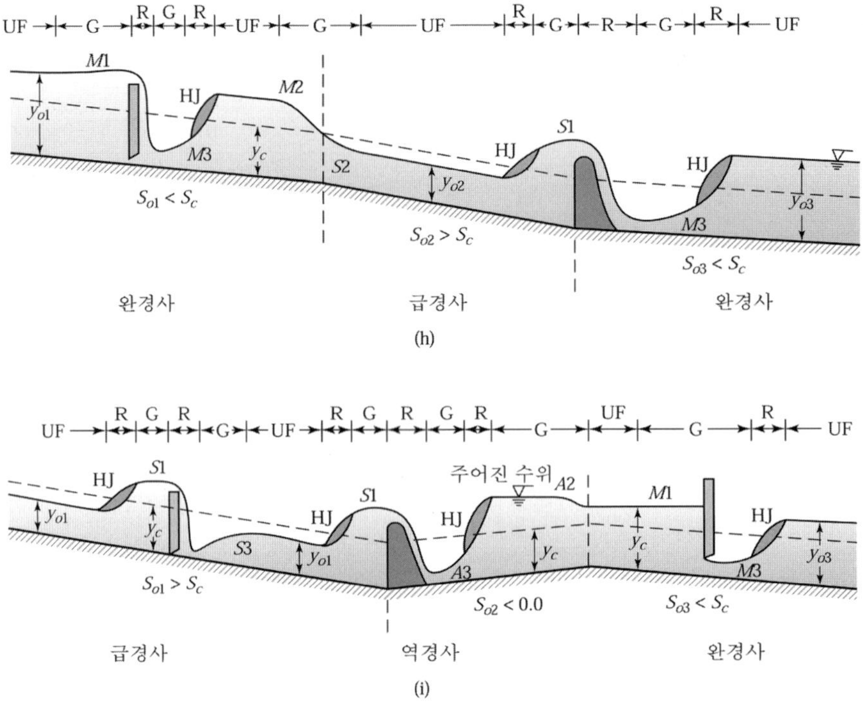

그림 14.15 여러 가지 수면곡선의 예

14.5 통제단면(Control Sections)

통제단면이란 유량과 수심이 1 : 1 관계를 가지고 있는 단면을 일컫는 말이다. 통제단면의 예로는 수문, 위어, 낙차공 등이 있다. 하나의 유량에 대해서는 하나의 한계수심만이 존재하므로 한계수심이 발생하는 단면 역시 통제단면이라 할 수 있다. 상류(subcritical flow)는 통제단면이 하류 쪽에 있게 되어 흐름이 하류조건에 의해 지배받는다. 반면에 사류(supercritical flow)인 경우는 흐름이 일반적으로 상류측 흐름 조건에 의해 지배받는다.

수로 중간에 위치한 수문은 상류측과 하류측 구간에 대해 모두 통제단면으로 작용할 수 있다. 하상 경사가 완경사에서 급경사로 변하는 지점 역시 통제단면이다. 통제단면은 반드시 한계류가 발생하는 단면일 필요는 없다. 그러나 한계류가 발생하는 단면은 항상 통제단면이 된다. 통제단면의 몇 가지 예를 그림 14.16에 도시하여 놓았다. 여기서 통제단면은 정사각형 모양의 점으로 표시하였다. 그림에서는 또한 기본적으로 수면곡선이 통제단면의 수위를 서로 연결하는 선이라는 것을 보여주고 있다. 따라서 수면곡선을 그리는 것의 기본은 통제단면을 결정하고 통제단면과 통제단면 사이를 수면곡선으로 연결하는 것이다.

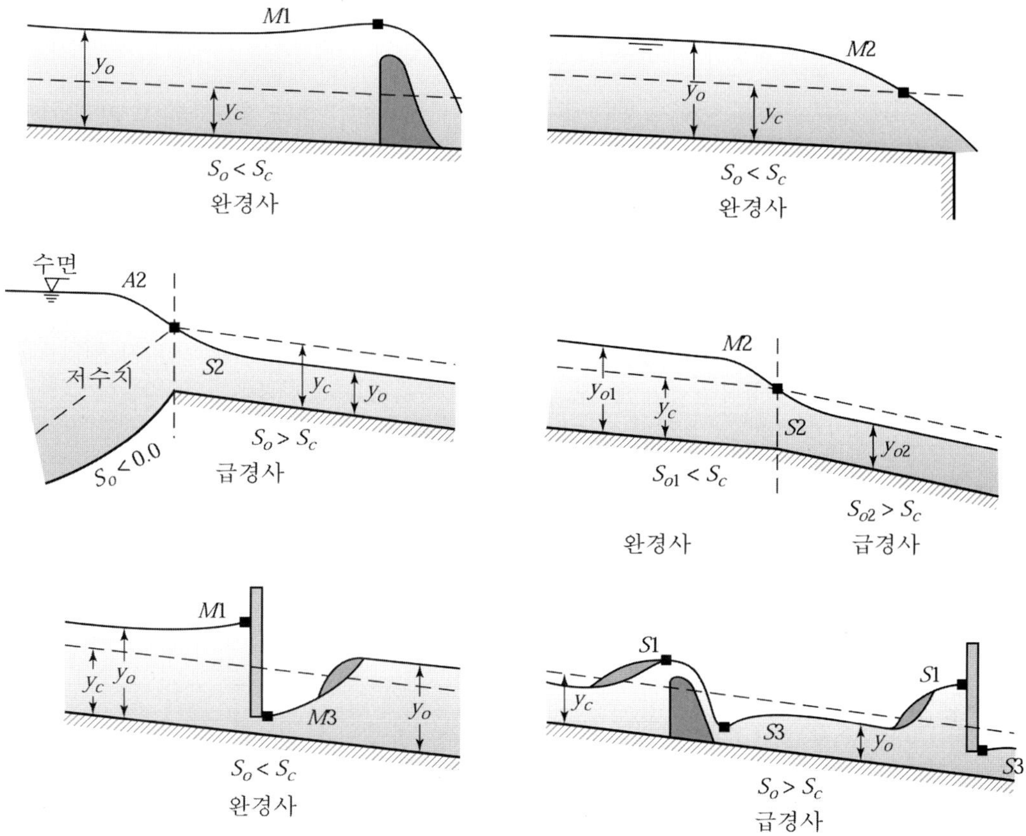

그림 14.16 통제단면의 예

도움말 Reading Aid

14.1 개수로에서 점변류의 의미는 무엇인가? 점변류 발생의 예를 그림을 이용하여 몇 가지 드시오.

14.2 개수로에서 급변류와 점변류의 주요 차이점에 대해 논하시오.

14.3 흐름을 점진적으로 변하게 하는 조건을 서술하시오. 점변류는 정상류로 간주하는가 아니면 비정상류로 간주하는가?

14.4 하상경사가 일정한 균일수로에서 점변류는 어떻게 확인하는가?

14.5 하상경사가 일정하고 마찰이 없는 개수로에서 점변류는 발생할 수 있을까? 왜 가능한가? 왜 가능하지 못한가?

14.6 점변류 방정식 유도에 중요한 가정을 서술하시오. 일반적인 경우의 에너지 원리로부터 점변류 방정식을 전개하시오. 그 다음에 사각형 단면과 폭이 넓은 단면에 대한 식을 유도하시오.

14.7 일정경사의 개수로에서 거리에 따른 수심변화는 에너지 선의 경사와 Froude수로 나타낼 수 있음을 증명하시오.

14.8 수면경사 S_w를 결정하는 관계식을 유도하시오. S_w가 음수이면 상승곡선과 하강곡선 중 어떤 수면곡선을 예상할 수 있는가?

14.9 수면곡선을 (1) 수로바닥경사와 (2) dy/dl을 따라서 분류하시오.

14.10 한계수심과 등류 수심에 따라 구분되는 개수로의 영역을 정의하시오. 여러 경사에서 존재하지 않는 구간을 서술하고, 왜 존재하지 않는지를 논의하시오.

14.11 상승곡선과 하강곡선의 의미는 무엇인가? 수평곡선은 어떤 범주에 속하는가?

14.12 다음 조건에 관한 예를 드시오.

(1) $\frac{dy}{dl} = 0$ (2) $\frac{dy}{dl} = +ve$ (3) $\frac{dy}{dl} = -ve$ (4) $\frac{dy}{dl} = \infty$

14.13 개수로의 다양한 하상경사의 유형에 따라 모든 수면 곡선의 분류에 대해 설명하시오. 점변류 방정식을 이용하여 이 곡선의 특징을 논의하시오.

14.14 다음의 수면곡선형을 작성하고, 상승곡선인지 하강곡선인지 밝히시오. 이 중 3가지에 대한 예를 드시오: (1) $M1$곡선 (2) $S1$곡선 (3) $S3$곡선 (4) $C1$곡선 (5) $A2$곡선 (6) $A3$곡선 (7) $H3$곡선

14.15 $M3$곡선은 완만한 경사에서 도수 전에 나타나고 $S1$곡선은 급경사에서 도수 후에 나타나는 이유를 설명하시오. 상류에서 통제단면의 위치는 상류인가 하류인가?

14.16 통제단면은 무엇인가? 자연에서 만날 수 있는 통제단면의 예를 드시오.

14.17 어떻게 수문이 상류와 하류를 조절하는지 설명하시오. 통제단면이 수로의 입구와 끝부분에 위치하는 예를 드시오.

14.18 개수로 수리학에서 통제단면이 중요한 이유는 무엇인가? 통제단면이 두 수로구간 사이에 위치하게 되는 예를 드시오.

연습문제

14.1 하상 폭 2.0m, 수심 2.0m와 측면 경사가 1:1인 사다리꼴 수로에 $20.0\,m^3/s$의 비유량이 흐른다. 하상경사가 8cm/km이고 Chezy의 조도계수가 60이다(m단위). 거리에 따른 수심 변화율을 구하시오.

14.2 비유량이 $6.0\,m^2/s$이고 하상경사가 12 cm/km로 흐르는 직사각형 수로가 있다. 수심은 1.2m이고 Manning의 조도계수는 0.017(m단위)이다. 거리에 따른 수심변화율을 구하시오.

14.3 문제 14.2에서 수평을 기준으로 수면경사를 결정하시오.

14.4 폭 12ft이며 Manning의 조도계수 n값은 0.025이고 수로경사가 0.002ft/ft인 직사각형 수로가 있다. 비유량은 750cfs이다. 어떤 지점의 유속이 8ft/s로 측정되었다.

(a) 이 구간의 수면곡선을 분류하시오.

(b) 수면곡선을 통제하는 것은 무엇이며, 위치는 어디인가? (상류 또는 하류)

(c) 이 수면곡선의 상류와 하류에 있을 거라고 예상되는 것은 무엇인가?

14.5 Manning의 조도계수 n값은 0.035이고, 수로경사 0.0065m/m, 폭 5m인 직사각형 수로에 $21.0\,m^3/s$의 유량이 흐른다. 어떤 한 지점에서 수심이 3m로 관측되었다.

(a) 이 구간의 수면곡선을 분류하시오.

(b) 수면곡선을 통제하는 것은 무엇이며, 위치는 어디인가? (상류나 하류)

(c) 이 수면곡선의 상류와 하류에 있을 거라고 예상되는 것은 무엇인가?

14.6 폭 10ft, 측면경사 2:1의 사다리꼴 수로에 물이 흐른다. Manning의 조도계수 n값은 0.025이고, 유량은 1000cfs, 하상경사는 0.009 ft/ft이다. 어떤 한 지점에서의 수심이 7ft로 관측되었다.

(a) 이 구간의 수면곡선을 분류하시오.

(b) 수면곡선을 통제하는 것은 무엇이며, 상류나 하류 중 어디에 위치하는가?

(c) 이 수면곡선의 상류와 하류에 있을 거라고 예상되는 것은 무엇인가?

14.7 0.025의 경사로 흐르는 직사각형 수로에 비유량 $10\,m^2/s$가 흐르고 있다. Manning의 조도계수 n값은 0.015이다. 한 지점에서 관측된 유속이 3m/s라면,

(a) 이 구간의 수면곡선을 분류하시오.

(b) 수면곡선을 통제하는 것은 무엇이며, 상류나 하류 중 어디에 위치하는가?

(c) 이 수면곡선의 상류와 하류에 있을 거라고 예상되는 것은 무엇인가?

14.8 폭 4m이고, 측면경사 2:1의 사다리꼴 수로에 물이 흐른다. Manning의 조도계수 n값은 0.025이고, 수로경사는 0.0025, 유량은 $10\,m^3/s$이다. 특정 지점에서의 수심이 0.5m로 관측되었다.

(a) 이 구간의 수면곡선을 분류하시오.

(b) 수면곡선을 통제하는 것은 무엇이며, 위치는 어디인가? (상류나 하류)

(c) 이 수면곡선의 상류와 하류에 있을 거라고 예상되는 것은 무엇인가?

14.9 직경 10 ft인 콘크리트 원형수로에 유량이 100 cfs로 흐른다. Manning의 조도계수 n 값은 0.013이고, 경사는 0.0025 ft/ft이다. 특정 지점에서의 수심이 3 ft로 관측되었다.

(a) 이 구간의 수면곡선을 분류하시오.
(b) 수면곡선을 통제하는 것은 무엇이며, 위치는 어디인가? (상류나 하류)
(c) 이 수면곡선의 상류와 하류에 있을 거라고 예상되는 것은 무엇인가?

14.10 저수지에서 시작하여 호수에서 끝나는 완만한 경사의 개수로가 있다. 호수의 수위가 다음과 같을 때 수로의 수면곡선을 작성하시오.

(a) 등류수심선보다 위에 있을 때
(b) 등류수심선과 같을 때
(c) 등류수심선보다 밑에 있을 때

14.11 문제 14.10에서 수로가 급경사이면 어떻게 되겠는가?

14.12 그림 P14.12와 같이 두 개의 긴 완경사 개수로가 있다. 두 번째는 첫 번째 경사보다 더 완만하며 끝부분은 자유낙하지점이다.
다음 경우에 따라 수면곡선을 작성하시오.

(a) 수문이 없을 때
(b) 수문이 두 경사가 만나는 부분에 있을 때
(c) 두 경사의 중앙에 수문이 각각 위치할 때

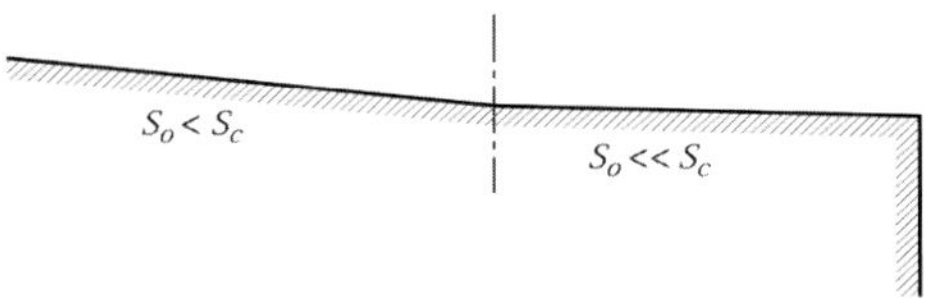

그림 P14.12

14.13 문제 14.12에서 수로경사는 급경사이고, 두 번째 구간은 첫 번째 경사 보다 더 급경사인 경우에 대해 푸시오.

14.14 그림 P14.14와 같이 급경사 구간이 긴 완경사 구간에 연결되어 있다.
다음 경우에 따라 수면 곡선을 그리시오.

(a) 수문이 없을 때
(b) 수문이 두 경사가 만나는 부분에 있을 때
(c) 두 번째 경사의 끝부분에 수문이 있을 때

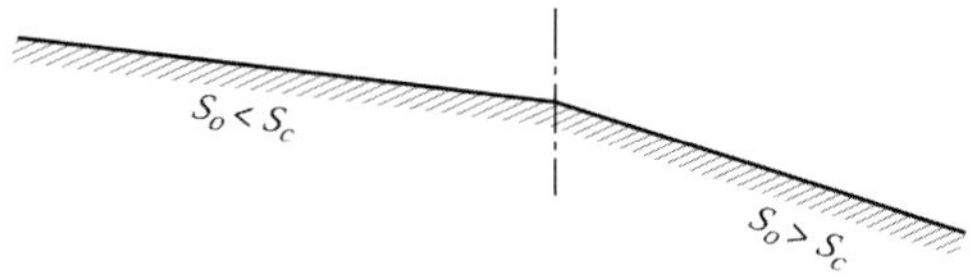

그림 P14.14

14.15 문제 14.14를 두 구간의 경사를 바꾸어 푸시오.

14.16 짧은 수평구간에 의해 나누어진 두 개의 긴 구간이 존재하는 개수로가 있다. 첫 번째 구간은 급경사, 마지막구간은 완경사이고, 처음 구간과 두 번째 구간의 끝부분에 수문이 각각 위치하고 있다. 수평구간 흐름의 수심이 완경사 구간의 등류수심보다 1.5 m 만큼 높다고 가정할 때 수면곡선을 작성하시오.

14.17 수위가 일정한 큰 저수지에서 그림 P14.17과 같이 폭이 넓은 개수로에 물이 공급되고 있다. 첫 번째 구간은 급경사이고, 두 번째는 완만하고, 마지막 구간은 역경사이다. 이 수로의 끝부분에서 물은 자유 낙하를 한다. 두 개의 수문은 각각 첫 번째 구간과 두 번째 구간의 끝에 존재한다. 역경사 구간의 수위가 두 번째 수문의 직상류 수위보다 0.8 m 위에 있다고 할 때 수면곡선을 작성하시오.

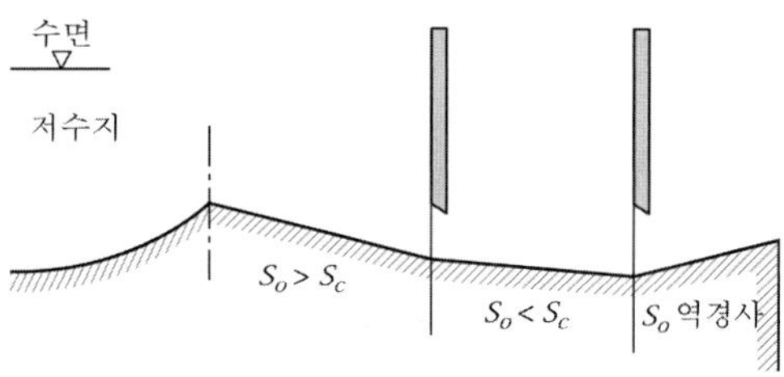

그림 P14.17

14.18 상류의 완경사구간, 하류의 급경사구간 사이에 한계경사구간이 있다. 하상경사가 변하는 지점에 두 개의 수문이 있다. 수로를 따라 수면곡선을 작성하시오.

14.19 그림 P14.19와 같이 큰 저수지에서 연결된 급경사, 완경사, 한계경사의 세 구간이 연결된 개수로가 있다. 두 개의 수문은 급경사 구간과 한계 경사 구간의 중앙에 위치한다. 이 수로를 따라 수면곡선을 작성하시오.

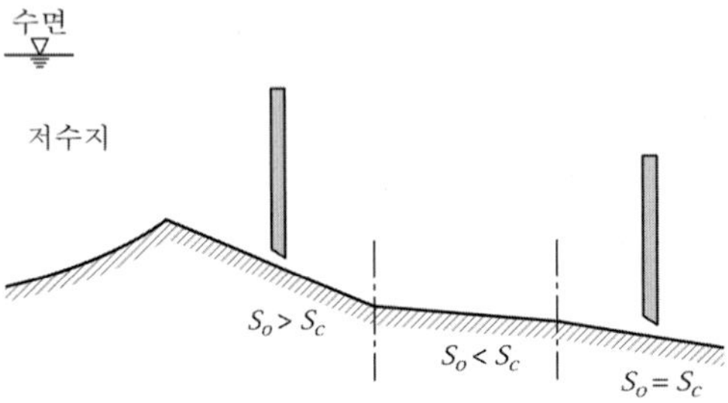

그림 P14.19

14.20 유량을 측정하기 위한 위어가 긴 급경사 개수로의 중간에 위치하고 있다. 수문 직 상류에서 수위를 상승시키기 위해 수문이 수로 끝단에 설치되어 있다. 수면곡선을 작성하시오.

14.21 수문 아래로 나온 물이 완경사 수로로 흘러간다. 이 구간 끝에는 선박이 필요로 하는 수심을 얻기 위해 위어를 설치하였다. 위어 다음에, 이 수로는 급경사를 가지고 있다. 이 수로를 따라 수면곡선을 작성하시오.

14.22 두 개의 구간을 포함하고 있는 폭이 넓은 직사각형 수로가 있다. 첫 번째 구간은 0.005 ft/ft의 경사를 가지고 있고, 두 번째 구간은 0.0002 ft/ft의 경사를 가지고 있다. 단위폭당 유량이 25 ft^2/s로 흐른다. 도수가 발생하는지 아닌지, 생긴다면 어디서 발생하는지를 결정하시오. 이 수로를 따라 수면곡선을 그리시오. Manning의 조도계수 n은 0.015이다.

14.23 수문을 경계로 경사가 0.01 m/m의 구간과 경사가 0.0004 m/m의 구간으로 나누어진 삼각형 수로가 있다. 이 수로는 10 m^3/s를 방출하고 측면경사가 3 : 2이다. 한계수심과 등류수심을 구하고 수면곡선을 작성하시오. chezy 계수 C는 50(미터단위)이다.

14.24 저면폭이 8 ft이고 측면경사가 1 : 1인 사다리꼴 수로에 유량이 300 ft^3/s으로 흐른다. 이 수로는 그림 P14.24에서 보는 바와 같이 경사가 0.0004 ft/ft인 구간과 경사가 0.03 ft/ft인 구간을 포함하고 있다. 수문은 상류 수심을 높이기 위해 두 번째 구간의 중간지점에 위치한다. 한계수심과 등류수심을 결정하고 수면곡선을 작성하시오. n은 0.03이다.

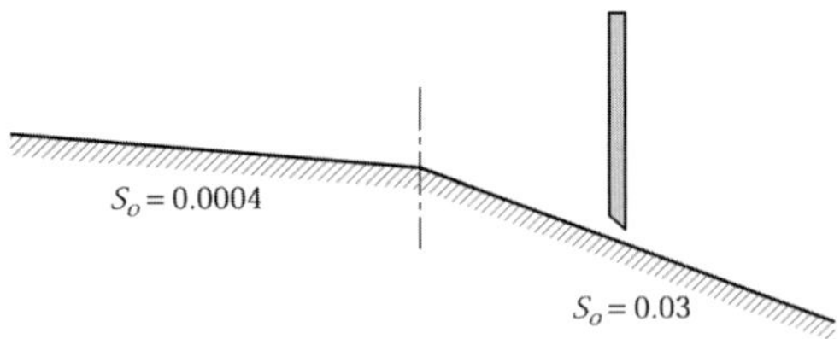

그림 P14.24

14.25 연직수문 뒤에 물이 수심 4 m로 저장되어 있다. 수문은 0.5 m 열려 있고 하류 수로는 0.005 m/m의 경사로 형성되어 있다. 이 수로는 폭이 3 m인 직사각형이고 Manning의 조도계수 n은 0.035이다.

(a) 이 경우 수문 하류에서 도수는 일어나는가? 일어난다면 공액수심은 얼마인가?

(b) 수문 양쪽에 형성되는 수면곡선을 그리시오.

14.26 25 ft 높이의 여수로가 폭 20 ft인 직사각형 수로에 놓여 있다. 하류수로의 n값은 0.03이고 경사는 0.000845이다. 이 여수로에 유량이 300 cfs로 흐른다면

(a) 여수로 상류의 전체 수심은 얼마인가? Francis 상수 C는 3.3으로 가정하시오.
(b) 손실을 무시할 때 여수로 끝단의 수심은 얼마인가?
(c) 여수로의 하류에서 도수가 발생하는가? 그렇다면 공액수심은 얼마인가?
(d) 상류와 하류의 수면곡선을 작성하시오.

14.27 저면 폭 5 m 이고, 측면경사 3 : 2인 사다리꼴 수로에 유량 $16.0\,\mathrm{m^3/s}$ 이 흐른다. 한계수심을 찾아라. 수로는 경사가 다른 세 구간으로 구분되어 있다. 흐름의 등류수심은 각각 1.2 m, 0.7 m, 0.94 m 이다. 수문은 두 번째 구간의 중앙지점에 위치한다. 수면곡선을 작성하시오.

14.28 폭이 넓은 수로가 두 구간으로 되어 있다. 첫 번째 구간은 완경사이고, 두 번째 구간은 급경사이다. 경사가 바뀌는 지점의 수심은 1.5 ft이다. 첫 번째 구간과 두 번째 구간의 등류수심은 각각 1.8 ft, 0.6 ft이다. 단위폭당 유량과 첫 번째 구간과 두 번째 구간의 경사를 구하시오. Manning의 조도계수 n은 0.016이다.

14.29 일정한 수위를 유지하고 있는 큰 저수지로부터 측면경사가 3 : 2인 삼각형 수로에 물이 공급된다. 수로는 급경사이고 Manning의 조도계수 n은 0.014라 가정하여 유량과 수로경사를 구하시오. 수로입구수심과 등류수심은 각각 1.2 m 와 0.9 m 이다.

14.30 폭이 2.5 m 이고 측면경사가 1 : 1인 사다리꼴 수로가 그림 P14.30에서 보는 바와 같이 세 개의 긴 구간으로 구성되어 있다. 세 구간의 경사는 각각 0.0045, 0.00008, 0.009이고, 첫 번째와 두 번째 구간 경계에 수문이 위치하고 있다. 첫 번째 구간의 경사는 한계경사와 같고 Chezy의 계수 C는 45(미터단위)이다. 유량을 구하고 두 번째와 세 번째 구간 경계부의 수심이 0.9 m 일 때 수면곡선을 작성하시오.

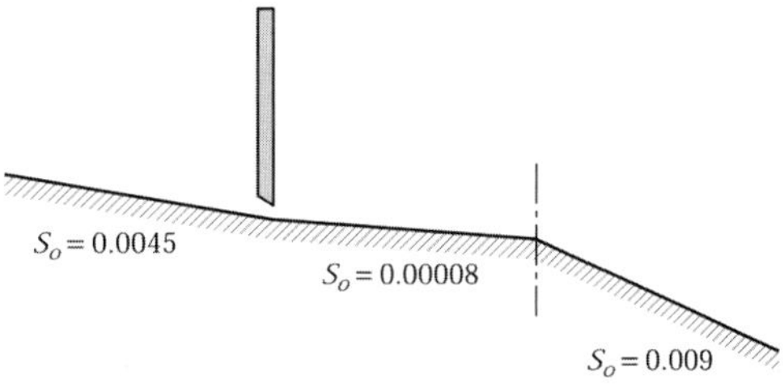

그림 P14.30

14.31 큰 저수지로부터 경사가 0.01 ft인 길고 넓은 수로에 물이 유입되고 있다. 저수지의 수위는 수로입구 직상류에서 10 ft이다. Chezy 계수는 60이다. 저수지로부터 나오는 유량을 구하시오.

14.32 문제14.31에서 경사가 0.004일 때, 유량과 한계수심을 구하시오.

수로의 유입손실은 $0.1\dfrac{V^2}{2g}$ 이다.

14.33 저면 폭이 2.0 m 이고 측면경사가 3 : 2인 사다리꼴 수로에 큰 저수지로부터 물이 공급되고 있다. 수로입구에서 하상고는 저수지 수위 보다 2.8 m 낮고, Manning의 조도계수 n은 0.018이다. 경사가 0.008일 때 이 수로의 유량을 구하시오.

참고문헌

Hendreson, F. M., 1966. Open Channel Flow. MacMilan Publishing Company, New York, NY.

Tennessee River and Highway Bridge.

Chapter 15 수면곡선의 계산

15.1 수치적분법
15.2 직접축차계산법
15.3 표준축차법
15.4 HEC-RAS
15.5 지형정보시스템 적용

14장에서는 다양한 하상경사(완경사, 급경사, 한계경사, 수평경사, 역경사)를 갖는 수로에서 형성되는 수면곡선에 대해서 논의하였다. 일반적으로 12가지 수면곡선($M1$, $M2$, $M3$, $S1$, $S2$, $S3$, $C1$, $C3$, $H2$, $H3$, $A2$, $A3$)에서 수심은 점진적으로 변한다. 각 수면곡선은 특정 조건이 충족될 경우에만 적용이 가능하다. 곡선 이름에 1이나 3이 표기된 수면곡선은 상승(수심이 흐름 방향으로 증가)하는 곡선이고, 2가 표기된 곡선은 하강하는 곡선이다. 이러한 곡선들은 일반적인 점변류 지배방정식(식(14.7))을 따르고, 모든 수면곡선은 이 지배방정식을 여러 가지 흐름 조건과 하상경사에 대해 그래프 형태로 나타낸 것이다.

이 장에서는 수면곡선의 수심과 길이를 계산하는 방법을 설명할 예정이다. 수면곡선의 계산에는 크게 다음과 같은 두 종류가 있다:

(1) 주어진 두 수심사이의 거리 결정
(2) 주어진 수심으로부터 일정 거리 떨어진 지점의 수심 결정

수면곡선을 따라 거리 또는 수심을 결정하기 위해서는 점변류의 미분 지배방정식을 적분해야 한다. 점변류에서 수심과 유속은 위치에 따라 변하기 때문에, 대부분의 실제 흐름에서 연속방정식과 점변류의 지배방정식을 연립하여 정확한 해를 구하는 것은 매우 어려운 일이다. 그러므로 이 방정식의 해를 구하기 위해 수치적 방법을 종종 사용한다. 적용 범위가 제한적이기는 하지만 특정 흐름 조건 하에서는 계산량도 훨씬 적으면서 어느 정도 신뢰할 만한 해를 제공하는 여러 가지 간편법들도 사용되고 있다. 이런 수면곡선의 계산방법은 여러 가지가 있지만, 어떤 특정한 경우에 대해서는 다른 방법들보다 더 사용하기 용이하거나 정확한 방법이 있을 수 있다. 따라서 계산 방법을 선택하기 이전에 문제를 주위 깊게 살피는 것이 매우 중요하다. 일반적으로 모든 계산은 통제단면(수심-유량관계가 1 : 1로 정의되는 단면)에서부터 시작하고, 통제단면이 영향을 미치는 방향으로 진행된다. 수면곡선을 계산하기 위한 여러 가지 방법이 있으나, 이 장에서는 이 중 세 가지 방법을 설명한 후, 수면곡선을 계산하기 위해 미 공병단에서 개발한 컴퓨터 소프트웨어 HEC-RAS를 소개하기로 하겠다.

15.1 수치적분법(Numerical Integration Method)

Manning 공식이 에너지 경사(S_f)를 계산하기에 충분히 정확하다고 가정할 수 있다면, S_f는 다음과 같이 표현할 수 있다(SI단위계):

$$S_f = \frac{Q^2 n^2}{A^2 R^{4/3}} \tag{15.1}$$

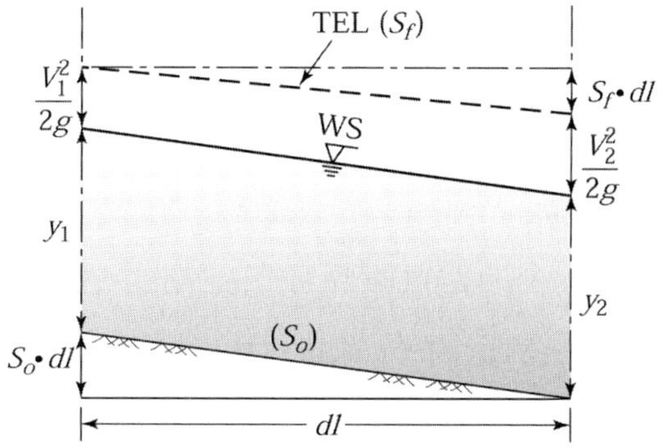

그림 15.1 부등류수면곡선

여기서, Q는 유량, A는 단면적, R은 동수반경, n은 Manning의 조도계수이다. 식(15.1)과 식(14.7)을 조합하면 다음 식을 얻을 수 있다.

$$\frac{dy}{dl} = \frac{S_o - \dfrac{Q^2 n^2}{A^2 R^{4/3}}}{1 - \dfrac{Q^2 B}{g A^3}} \tag{15.2}$$

위 식에서 A, B, R은 수심 y의 함수이기 때문에 식(15.2)은 비선형 방정식이다. 폭이 넓은 직사각형 단면에 대해서는 식(15.2)를 다음과 같이 쓸 수 있다.

$$\frac{dy}{dl} = \frac{S_o - \dfrac{q^2 n^2}{y^{10/3}}}{1 - \dfrac{q^2}{g y^3}} \tag{15.3}$$

식(15.3)은 수심(y)이 거리(l)의 함수, 즉 $y = \phi(l)$ 이라 가정하여 수치적으로 풀 수 있다. 즉,

$$y_{i+1} = y_i + dy \tag{15.4a}$$

혹은

$$y_{i+1} = y_i + \frac{dy}{dl} dl \tag{15.4b}$$

여기서, 아래 첨자 i는 특정 단면을 나타내는 변수이다. 거리 dl이 충분히 작다면, dy/dl은 길이 증가량(dl) 범위에서 선형적으로 변화한다고 할 수 있다. 그러므로

$$y_{i+1} = y_i + \frac{y'_{i+1} + y'_i}{2} dl \tag{15.5}$$

여기서, $y_i' = \dfrac{dy_i}{dl}$, $y'_{i+1} = \dfrac{dy_{i+1}}{dl}$ 이다.

식(15.3)과 식(15.5)를 다음 과정을 따라 수치적분하면 수면곡선을 구할 수 있다.

1. 주어진 수심(y_i)에서 시작하고 식(15.3)을 사용해서 y'_i을 계산한다.
2. 처음 계산할 때, 초기값을 $y'_{i+1} = y'_i$로 가정한다.
3. 식(15.5)을 사용해서 y_{i+1}를 계산한다 : 이 값은 대략적인 값이다.
4. 식(15.3)을 사용해서 y'_{i+1}를 계산한다. y_{i+1}을 다시 구하기 위해 새로운 y'_{i+1}을 값을 식(15.5)에 대입한다.
5. 3단계와 4단계에서 구한 y_{i+1}의 값이 서로 충분히 같지 않으면, 3단계와 4단계를 반복한다.
6. 3단계와 4단계에서 계산된 값이 허용오차 범위 내에 있으면, 이때의 y_{i+1}값이 해이다. dl만큼 떨어진 다음 단면을 계산한다. 전 구간에서 구한 y_{i+1}이 다음 구간 계산 시 y_i로 된다. 수면곡선이 계산될 때까지 위의 단계를 반복한다.

Prasad(1970)은 dl값을 30 ~ 150 m 사이에서 택할 것을 추천하였다. 그러나 수심이 한계수심과 근접할 때는 훨씬 더 짧은 간격을 취해야 한다. 수계산도 그리 복잡하지는 않지만, 수면곡선 계산을 위한 컴퓨터 프로그램이 다양하게 개발되어 있다. 앞서 언급한 시행착오법을 사용할 때와 마찬가지로, 수계산은 스프레드시트를 사용하면 훨씬 쉽게 할 수 있다.

예제 15.1 0.0006의 경사를 가진 폭이 넓은 사각형 수로에 $3.5\,\mathrm{m^3/s}$의 유량이 흐르고 있다. 그림 15.2에서 보는 것과 같이 수문이 수로 중앙에 설치되어 있다. 수문 직하류 수축단면의 수심은 0.25 m이다. 수면곡선을 그리고 수문 하류에 형성된 상승곡선의 길이를 계산하시오. 단, Manning의 조도계수 $n = 0.02$이다.

풀이

수면곡선을 그리기 위해서 한계수심과 등류수심을 먼저 계산한다.

$$y_c = \sqrt[3]{\frac{q^2}{g}} = \sqrt[3]{\frac{3.5^2}{9.81}} = 1.08\,\mathrm{m}$$

폭넓은 사각형 수로에서 등류수심은 다음과 같이 계산된다.

$$y_o = \left(\frac{q^2 n^2}{S_o}\right)^{0.3} = \left(\frac{(3.5)^2 (0.02)^2}{0.0006}\right)^{0.3} = 1.88\,\mathrm{m}$$

수면곡선은 그림 15.2와 같이 그릴 수 있다. 등류수심이 도수 후 수심이 되므로 도수 전 수심은 다음과 같이 계산할 수 있다.

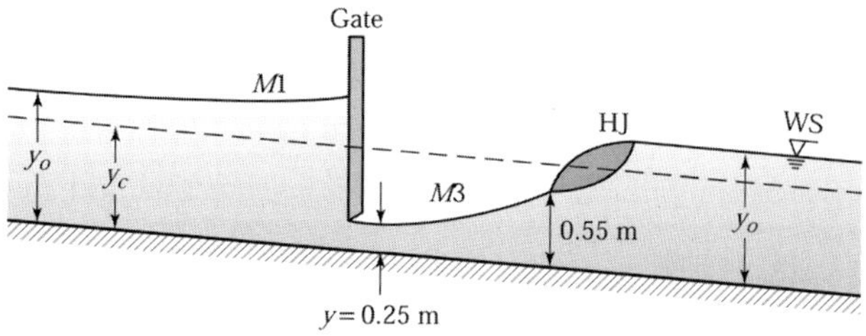

그림 15.2 수면곡선(예제 15.1)

$$y_1 = \frac{y_o}{2}\left(-1 + \sqrt{1 + 8\left(\frac{y_c}{y_o}\right)^3}\right) = \frac{1.88}{2}\left(-1 + \sqrt{1 + 8\left(\frac{1.08}{1.88}\right)^3}\right) = 0.55\,\text{m}$$

그러면, 그림 15.2에서와 같이 수심 0.25 m 에서 0.55 m 까지 $M3$곡선이 형성된다. $M3$곡선 길이를 계산하기 위해 위에서 설명한 계산과정을 따라한다. $dl_1 = 40\,\text{m}$ 로 정하고, $y_i = 0.25\,\text{m}$ 로 하면,

$$y'_i = \frac{0.0006 - \dfrac{(3.5)^2 \times (0.02)^2}{(0.25)^{10/3}}}{1 - \dfrac{(3.5)^2}{9.81 \times (0.25)^3}} = \frac{-0.497}{-78.92} = 0.0063$$

$y'_{i+1} = y'_i$ 라고 가정하면,

$$y_{i+1} = 0.25 + 0.0063 \times 40 = 0.502\,\text{m}$$

$$y'_{i+1} = \frac{0.0006 - \dfrac{(3.5)^2 (0.02)^2}{(0.502)^{10/3}}}{1 - \dfrac{(3.5)^2}{9.81 \times (0.502)^3}} = \frac{-0.0481}{-8.87} = 0.0054$$

그러면

$$y_{i+1} = 0.25 + \left(\frac{0.0054 + 0.0063}{2}\right) \times 40 = 0.484\,\text{m}$$

새로운 y_{i+1}값을 사용하여, y'_{i+1}을 다시 계산하면,

$$y'_{i+1} = \frac{0.0006 - \dfrac{(3.5)^2 (0.02)^2}{(0.484)^{10/3}}}{1 - \dfrac{(3.5)^2}{9.81 \times (0.484)^3}} = \frac{-0.0544}{-10.014} = 0.0054$$

그러므로 마지막 y_{i+1}값이 구하고자 하는 값이다.

이제 $y_i = y_{i+1} = 0.484\,\text{m}$ 로 두고, $dl_2 = 15\,\text{m}$ 라 가정하자. 이때 dl_2는 y_{i+1}이 0.55 m 근방에서 결정될 수 있도록 가정한 것이다. 그러면,

$$y_{i+1} = 0.484 + 0.0054 \times 15 = 0.565\,\text{m}$$

$$y'_{i+1} = \frac{0.006 - \dfrac{(3.5)^2 (0.02)^2}{(0.565)^{10/3}}}{1 - \dfrac{(3.5)^2}{9.81 \times (0.565)^3}} = \frac{-0.032}{-5.923} = 0.0054$$

그러므로 계산된 $y_{i+1} = 0.565\,\mathrm{m}$은 정확하다.

0.55 m의 수심에 대한 정확한 곡선 길이는 보간법으로 구한다. $M3$곡선 마지막 15 m구간의 수심증가량은 $0.0054 \times 15 = 0.081\,\mathrm{m}$이다. 보간법으로 전 계산단면(0.55 m)과 도수 시점(0.484 m)의 수심차 0.066 m에 필요한 곡선의 길이를 구하면

$$dl_2 = 15 \times \frac{0.066}{0.081} = 12.2\,\mathrm{m}$$

따라서 도수 전 $M3$ 곡선의 전체 길이는 $dl_1 + dl_2 = 40 + 12.2 = 52.2\,\mathrm{m}$이다.

15.2 직접축차계산법(Direct Step Method)

직접축차계산법은 단면형이 일정한 수로에 적용이 가능하다. 그림 15.1에서 표시된 기호들을 이용하면 다음과 같이 쓸 수 있다.

$$S_o dl + y_1 + \frac{V_1^2}{2g} = y_2 + \frac{V_2^2}{2g} + S_f dl \tag{15.6}$$

그러므로

$$(S_o - S_f)dl = \left(y_2 + \frac{V_2^2}{2g}\right) - \left(y_1 + \frac{V_1^2}{2g}\right) = E_2 - E_1 \tag{15.7}$$

하상경사(S_o)와 달리, 에너지 경사(S_f)는 단면마다 달라진다. 두 단면 사이에서 수면곡선 길이를 계산하기 때문에 식(15.7)에서 에너지 경사(S_f)는 평균값($\overline{S_f}$)을 사용해야 한다.

$$\overline{S_f} = \frac{S_{f1} + S_{f2}}{2} \tag{15.8}$$

윗 식에서 각 단면의 에너지 경사(S_f)는 식(15.1)로 계산한다. 그러면, 식(15.7)은 다음과 같이 쓸 수 있다.

$$dl = l_{1-2} = \frac{E_2 - E_1}{S_o - \overline{S_f}} = \frac{\Delta E}{S_o - \overline{S_f}} \tag{15.9}$$

통제단면에서 부터 계산을 시작하고 통제단면의 영향이 미치는 방향으로 계산을 진행한다. 상류(subcritical flow)인 경우, 통제단면(수심을 알고 있는 단면)이 하류에 위치하므로 계산은 상류방향으로 진행된다. 사류(supercritical flow)에서는 같은 이유로 계산이 하류방

향으로 진행된다.

수심을 알고 있는 두 단면 사이의 거리를 계산하기 위해 우선 대상 구간을 수심을 기준으로 몇 개의 소구간으로 나눈다. 각 소구간에 대해 곡선의 길이를 계산하여 모두 더하면 구하고자 하는 두 단면 사이의 길이가 된다. 각 소구간의 수심 변화는 50 cm (1.5 ft)를 초과해서는 안 된다. 수심과 유속의 변화가 심한 곳에서는 dy를 더 작게 잡아야 한다.

직접축차계산법은 수많은 반복적인 계산이 필요하기 때문에 풀이는 Microsoft Excel 또는 Corel Quttro Pro로 같은 컴퓨터 프로그램을 이용하여 구하는 것이 좋다. 일단 스프레드시트에 계산식을 입력해서 모든 가정 수심에 대해 자동적으로 계산을 수행하도록 끌어내리기(pull-down) 기능을 사용한다. 다음 예제는 직접축차계산법을 사용하여 수면곡선을 계산하는 방법을 설명하고 있다.

예제 15.2 폭이 30.0 ft, 하상경사가 1 : 12100인 직사각형 수로 중간에 댐이 설치되어 있다. 댐 직상류의 수심이 9.8 ft일 때, 배수곡선의 길이를 구하시오. 등류수심은 6 ft, Manning의 조도계수 n은 0.025이다.

풀이

강의 유량은 등류흐름 조건으로 계산한다.

$$A = 30 \times 6 = 180\ \text{ft}^2,\ P = 30 + 2 \times 6 = 42\ \text{ft},\ R = A/P = 4.28\ \text{ft}$$

$$V = \frac{1.49}{n} R^{2/3} S_o^{1/2} = \frac{1.49}{0.025} \times (4.28)^{2/3} \times \left(\frac{1}{12100}\right)^{1/2} = 1.43\ \text{ft/s}$$

$$Q = AV = 180 \times 1.43 = 257.4\ \text{ft}^3/\text{s}$$

흐름 상태를 결정하기 위해 한계수심을 계산한다.

$$y_c = \sqrt[3]{\frac{(8.58)^2}{32.2}} = 1.31\ \text{ft}$$

표 15.1 M1곡선의 길이에 대한 스프레드시트(예제 15.2)

y(ft)	A(ft^2)	V(ft)	E(ft)	ΔE(ft)	R(ft)	$S_f \times 10^{-5}$	$\overline{S_f} \times 10^{-5}$	$(S_o - \overline{S_f}) \times 10^{-5}$	dl(ft)
9.8	294	0.87	9.81	−0.8	5.92	1.98	2.26	6.00	−13333
9.0	270	0.95	9.01	−0.99	5.62	2.54	1.905	5.21	−19002
8.0	240	1.07	8.02	−1.0	5.21	3.56	3.05	3.07	−25840
7.0	210	1.22	7.02	−0.99	4.77	5.22	4.39	1.520	−65131
6.0	180	1.43	6.03		4.28	8.26	6.78		
Total									−123306 ft

등류수심이 한계수심보다 크기 때문에($y_o > y_c$), 하천은 완만한 경사를 가지고, 수면이 상승되는 $M1$ 곡선이 형성된다. 댐의 상류수심(통제단면)은 9.8 ft이다. 그림 15.3와 같은 $y_1 = 9.8$ ft와 $y_5 = y_o = 6.0$ ft 사이의 $M1$곡선의 길이를 계산해야 한다. 주어진 두 수심 y_1과 y_5 사이에 3개의 수심(y_2, y_3, y_4)을 추가해 4개의 소구간으로 나눈다. <표 15.1>과 같이 필요한 길이를 스프레드시트로 구성하면 $M1$ 곡선에 대한 계산은 완료된다.

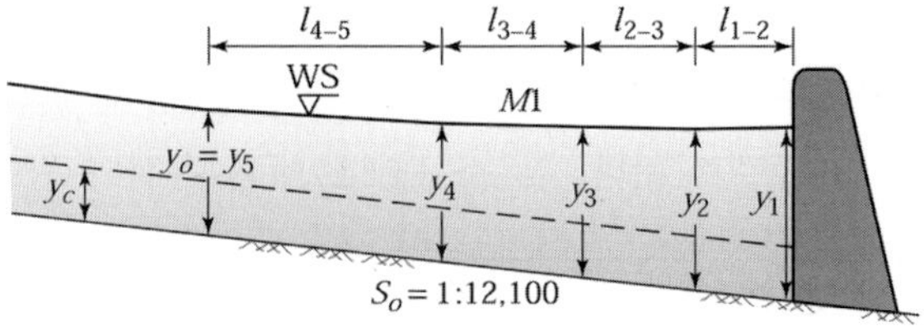

그림 15.3 수면곡선과 중간 지점 수심(예제 15.2)

그러므로 $M1$곡선의 전체길이는 23.4 mile이다.

점변류에서는 에너지 경사(S_f)가 지점마다 변화하기 때문에 수심 간격(dy)이 같더라도 해당 거리(dl)는 다 다르다. 수심이 등류수심으로 근접할 때, 수면곡선은 등류수심선에 서서히 가까워진다. 이에 따라 에너지 경사(S_f)는 하상경사(S_o)에 접근한다. 흐름이 등류에 가까워지면, 같은 수심차(dy)라도 필요한 거리(dl)가 훨씬 길어지게 된다. 앞의 예제에서도 같은 수심차 dy(1 ft)라도 등류로 가까워질수록 해당 거리(dl)가 더 길어진다는 것을 확인한 바 있다. 마지막 구간의 간격($y_4 - y_5$)도 1 ft이지만 이전 구간보다 2배 긴 거리(dl)가 필요하였다.

예제 15.3 길이 72.5 m의 원형 단면 철근콘크리트 암거가 0.02의 경사면에 놓여 있다. 암거에 흐르는 유량과 조도계수가 각각 7.14 m^3/s, $n = 0.012$ 일 때, 수면곡선을 구하시오. 유입구에서 흐름은 한계류라고 가정하시오.

풀이

등류수심은 Manning 공식으로 계산한다.

$$Q = A\frac{1}{n}R^{2/3}S_o^{1/2}$$

<표 10.1>에서 원형단면의 관계식을 사용하면,

$$7.14 = \frac{r^2}{2}(\theta - \sin\theta)\frac{1}{0.012}\left[\frac{(r^2/2)(\theta - \sin\theta)}{r\theta}\right]^{2/3} S_o^{1/2}$$

여기서, $r = 0.915\,\text{m}$. 시행착오법으로 $\theta = 2.87\,\text{rad}$, $A = 1.0884\,\text{m}^2$이다. 따라서 등류수심은

$$y_o = r(1 - \cos(\theta/2)) = 0.793\,\text{m}$$

한계수심은 한계흐름 식으로부터 계산한다.

$$\frac{Q}{\sqrt{g}} = A\sqrt{\frac{A}{B}} = \frac{A^{3/2}}{B^{1/2}}$$

$$\frac{7.14}{\sqrt{9.81}} = \left(\frac{r^2}{2}(\theta - \sin\theta)\right)\sqrt{\frac{(r^2/2)(\theta - \sin\theta)}{2r\sin\theta/2}}$$

$$2.28 = \frac{((r^2/2)(\theta - \sin\theta))^{3/2}}{(2r\sin\theta/2)^{1/2}}$$

혹은

$$11.388 = \frac{(\theta - \sin\theta)^{3/2}}{(\sin\theta/2)^{1/2}}$$

시행착오법으로 풀면, $\theta = 4.075\,\text{rad}$ 이다. 그러므로 한계수심(y_c)는 1.327 m 이다. 한계수심(y_c)은 그림 12.9에서도 물론 얻을 수 있다. $y_c > y_o$이므로, 급경사 수로이다.

물이 한계수심으로 암거로 유입되고 그 후에 흐름은 등류수심으로 접근한다. $S2$곡선(하강곡선)은 한계수심(y_c)과 등류수심(y_o)을 연결시켜 준다. 이제 암거 방류구에서 수심을 결정해야 한다. 계산은 통제단면(한계흐름)에서 시작되고 암거 하류 방향으로 진행된다. <표 15.2>에서 보여주는 것과 같이 방류단면에 도달할 때까지 몇 개의 수심을 가정해서 수면곡선의 길이를 계산한다.

표 15.2 $S2$ 곡선의 길이를 계산하기 위한 스프레드시트(예제 15.3)

y(m)	A(m²)	V(m/s)	E(m)	ΔE(m)	R(m)	$S_f \times 10^{-5}$	$\overline{S_f} \times 10^{-5}$	$(S_o - \overline{S_f}) \times 10^{-5}$	dl(m)	$\sum l$(m)
1.32	2.04	3.50	1.95		0.55	392				
				0.11			529	1471	7.47	7.47
1.10	1.65	4.34	2.06		0.51	666				
				0.36			933	1067	33.74	41.21
0.91	1.31	5.44	2.42		0.46	1200				
				0.29			1412	588	49.32	90.53
0.84	1.18	6.05	2.71		0.43	1624				
				0.20			1343	657	30.44	71.65
0.86	1.21	5.88	2.62		0.44	1487				

<표 15.2>에서 수심이 0.84 m 에 도달할 때까지 90.5 m 의 거리가 필요하지만 암거의 전체 길이는 72.5 m 이다. 그러므로 이 단계의 수심(0.84 m)은 무시하고 더 큰 수심(0.86 m)을 다시 가정한다. 대략적이지만 다른 방법은 마지막 계산 단계에서 계산한 값을 이용해 거리의 비율로 수심을 계산하는 것이다. 예제에서 7.0 cm (수심이 91 cm ~ 84 cm 구간)의 수심차(Δy)에서 필요한 거리는 49.32 m 이다. 그러나 실제로는 31.29 m (72.5–41.21)의 거리에 대한 수심차(dy)가 필요하다. 보간법으로 수심차(Δy)를 구하면 $dy = (7 \times 31.29)/(42.32) = 4.44\,\text{cm}$ 이다. 따라서 방류구에서 수심은 $91.0 - 4.44 = 86.56\,\text{m}$ 이다.

예제 15.4 직접축차계산법을 사용하여 예제 15.1의 문제를 푸시오.

풀이

$M3$곡선의 시작과 끝에 해당하는 수심은 0.25 m 와 0.55 m 이다. 여기에 중간 수심을 두 개 더 생각하여, $y_1 = 0.25\,\text{m}$, $y_2 = 0.35\,\text{m}$, $y_3 = 0.45\,\text{m}$, $y_4 = 0.55\,\text{m}$ 로 한다. 계산 과정은 다음 <표 15.3>과 같다.

$M3$곡선의 최종 길이는 49.59 m 이고, 예제 15.1의 수치적분법으로 구한 $M3$곡선의 길이(52.2 m)와 근사하다. 풀이 방법에 따라서 곡선 길이가 다소 다르게 계산될 수 있다.

표 15.3 예제 15.4의 $M3$곡선의 길이 계산을 위한 스프레드시트

y(m)	$V = q/y$(m/s)	E(m)	ΔE(m)	$S_f \times 10^{-3}$	$\overline{S_f} \times 10^{-3}$	$(S_o - \overline{S_f}) \times 10^{-3}$	dl(m)
0.25	14	10.24		498			
			-4.79		330	-329.4	14.54
0.35	10	5.45		162			
			-1.92		116	-115.4	16.63
0.45	7.771	3.531		70			
			-0.920		53	-52.4	17.56
0.55	6.361	2.611		36			
						$\sum l = 48.73\,\text{m}$	

예제 15.5 측면경사가 2 : 1이고 수로 바닥 폭이 5.0 ft인 사다리꼴 단면에 150 ft^3/s 의 유량이 흐르고 있다. 수로는 0.0008 ft/ft의 경사를 가지고 있으며 수로 끝은 자유낙하(free overfall)로 되어있다. 자유 낙하부 전에 형성된 수면곡선의 종류와 길이를 구하시오. Manning의 조도계수 n은 0.025이다.

풀이

형성된 수면곡선의 종류를 확인하기 위해 먼저 등류수심과 한계수심을 계산한다.

$$Q = A\frac{1.49}{n}R^{2/3}S_o^{1/2} = (by_o + ty_o^2)\frac{1.49}{n}\left(\frac{by_o + ty_o^2}{b + 2y_o\sqrt{1+t^2}}\right)^{2/3}S_o^{1/2}$$

$$150 = (5y_o + 2y_o^2)\frac{1.49}{0.025}\left(\frac{5y_o + 2y_o^2}{5 + 2y_o\sqrt{5}}\right)^{2/3}(0.0008)^{1/2}$$

$$88.98 = \frac{(5y_o + 2y_o^2)^{5/3}}{(5 + 4.472y_o)^{2/3}}$$

시행착오법으로 풀거나 스프레드시트를 이용하면, $y_o = 4.0$ ft

표 15.4 $M2$곡선의 스프레드시트(예제 15.5)

y(ft)	A(ft^2)	P(ft)	R(ft)	$S_f \times 10^{-3}$	$\overline{S_f} \times 10^{-3}$	V(ft/s)	E(ft)	ΔE(ft)	$(S_o - \overline{S_f}) \times 10^{-3}$	dl	l(ft)
2.25	21.37	15.05	1.42	8.68	6.255	7.01	3.01	0.16	5.75	-29.4	-27.82
2.75	28.87	17.29	1.67	3.83	2.870	5.19	3.17	0.33	2.070	-159.4	-187.2
3.25	37.37	19.53	1.91	1.91	1.475	4.01	3.50	0.41	0.675	-607.4	-794.6
3.75	46.87	21.76	2.15	1.04	0.934	3.20	3.91	0.17	0.134	-1269	-2064
3.95	50.95	22.65	2.25	0.828	0.814	2.94	4.08	0.05	0.014	-3571	
4.0	52	22.88	2.27	0.800		2.88	4.13				

한계 수심은 그림 12.9를 이용하여 푼다.

$$Z = \frac{Qt^{3/2}}{g^{0.5}b^{2.5}} = \frac{150(2)^{3/2}}{g^{0.5}5^{2.5}} = 1.34$$

그림 12.9를 이용하면, $\frac{ty_c}{b} = 0.90$, $y_c = 2.25$ ft이다. 그러므로 수로는 완경사이고, $M2$곡선은 등류수심(y_o)과 한계수심(y_c) 사이에서 형성된다. $M2$곡선이 등류수심(y_o)으로 접근하기 때문에, $M2$곡선의 길이는 $y_c = 2.25$ ft 지점과 $y = 3.95$ ft 지점 사이의 거리이다. 계산은 <표 15.4>에서 정리되어 있다.

흐름이 등류로 근접할 때 계산된 곡선 길이가 마지막으로 선택한 수심에 얼마나 민감한가를 설명하기 위해, 이 예제에서는 계산을 등류수심이 될 때까지 계속하였다. 계산은 엑셀 스프레드시트를 사용하면 손쉽게 수행할 수 있다. 표에서 보는 것처럼 처음 $y = 3.375$ ft와 $y = 2.25$ ft 사이 구간에서 수심차 1.5 ft에 해당하는 거리는 약 800 ft이지만, 마지막 $y = 4.0$ ft와 $y = 3.95$ ft 사이 구간에서 수심차 0.5 ft에 해당하는 거리는 3571 ft다. 따라서 흐름이 등류로 변하는 경향이 있을 때는 정확도가 확연히 줄어들기 때문에 수면곡선 계산을 하지 않는 것이 좋다. 이 경우 등류흐름 가정이 수로 설계에 영향을 주지 않기 때문이다.

예제 15.6 댐이 그림 15.4에서 보는 것처럼 폭이 3.0m, 하상경사가 0.001인 직사각형 수로에 설치되어 있다. 수로에는 $8.5\,\mathrm{m^3/s}$의 유량이 1.5m의 등류수심으로 흐르고 있다. 댐 직상류의 수심이 2.5m라면, 등류흐름과 비교하여 유속이 20% 감소하는 지점을 찾으시오.

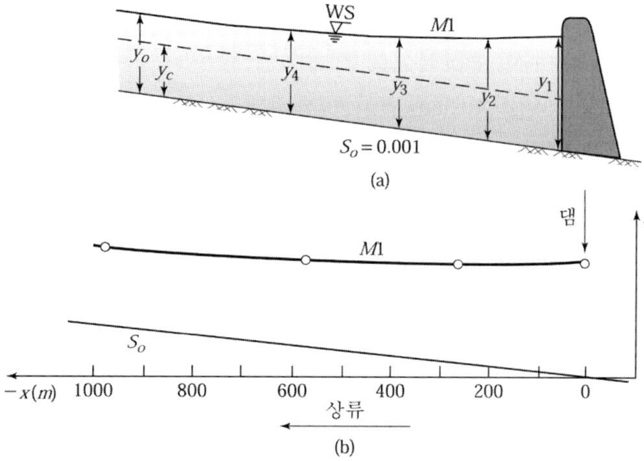

그림 15.4 $M1$곡선의 계산(예제 15.6) (a) 수면곡선 (b) 계산 결과 그림

풀이

등류수심(y_o)은 1.5m이다. 하상경사의 범위를 알기 위해서 한계수심(y_c)을 계산한다. 단위폭당 유량(q)는 $2.83\,\mathrm{m^2/s}$이다.

$$y_c = \sqrt[3]{\frac{q^2}{g}} = 0.935\,\mathrm{m}$$

$y_o > y_c$이므로 하상은 완경사이고 $M1$곡선이 댐 상류에 형성된다. 등류흐름 단면과 20%의 유속감소가 있는 단면 사이에 연속방정식을 적용한다.

$$y_o \times V_o = y \times 0.8\,V_o \ , \ y = y_o/0.8 = 1.875\,\mathrm{m}$$

그림 15.4a에서 보는 것과 같이 $y_1 = 2.5\,\mathrm{m}$와 $y_4 = 1.875\,\mathrm{m}$ 구간에 해당하는 $M1$곡선의 길이를 계산해야 한다. 두 개의 중간 수심($y_2 = 2.3\,\mathrm{m}$, $y_3 = 2.1\,\mathrm{m}$)을 추가한다. 계산은 댐 단면에서 시작하고 <표 15.5>에서 보는 것과 같이 필요한 길이를 계산하기 위해서 댐 상류로 계산을 진행한다.

필요한 $M1$곡선의 길이는 987m이다. 곡선은 그림 15.4b에 그려 놓았다. 수심 간격 dy를 다르게 잡아 계산하여 최종 결과를 비교하면 좋은 연습이 될 것이다.

표 15.5 $M1$곡선을 위한 스프레드시트(예제 15.6)

y(m)	A	V	E	ΔE	P	R	$S_f \times 10^{-5}$	$\bar{S}_f \times 10^{-5}$	$S_o - \bar{S}_f \times 10^{-5}$	dl
2.5	7.5	1.133	2.565		8.0	0.937	28.76			
				−0.188				31.93	68.1	−276
2.3	6.9	1.232	2.377		7.6	0.907	35.11			
				−0.184				39.39	60.6	−303
2.1	6.3	1.349	2.193		7.2	1.875	43.68			
				−0.202				50.62	49.4	−408
1.875	5.6	1.511	1.991		6.7	0.833	57.57			
										$\sum l = -987\,\mathrm{m}$

15.3 표준축차법(Standard Step Method)

부등류 수면곡선을 계산할 때 직접축차법은 균일 단면수로에 대해서만 적용이 가능하다. 이와 같이 균일 단면에서 수면곡선을 계산하는 경우도 많이 있지만, 대부분의 경우에는 단면이 불규칙해 좀 더 일반적인 방법이 필요하다. 실무에서 대부분 적용하고 있는 수면곡선 계산방법은 표준축차법이다. 표준축차법은 수로단면의 형상과 조건에 상관없이 정상류이면 적용이 가능하다.

표준축차법을 적용하기 위해서는 수면곡선이 계산될 모든 지점의 횡단면 자료가 필요하다. 일차원 에너지방정식은 수심과 유속을 알 수 있는 통제단면에서 시작하여 단면과 단면 사이에 차례로 적용할 수 있다. 잘 알고 있는 바와 같이 흐름이 상류(常流) 상태이면 통제단면은 하류에 위치하고, 사류흐름의 통제단면은 상류에 위치한다. 따라서 상류흐름에서는 수면곡선 계산이 다음 상류 측 단면으로 진행되고 사류흐름에서는 그 반대이다.

그림 15.5에서, 흐름은 상류흐름으로 가정하고 단면1에서 필요한 모든 조건을 알고 있다고 가정한다. 그러면 상류 측 단면2의 조건(수심, 유속)을 결정할 수 있다. 표준축차법을 적용할 때, 보통 위치 에너지 항으로 수위를 사용한다. 따라서 에너지방정식은 다음과 같이 쓸 수 있다.

$$WS_1 + \alpha \frac{V_1^2}{2g} + h_L = WS_2 + \alpha \frac{V_2^2}{2g} \tag{15.10}$$

여기서, WS는 수위, h_L은 단면1과 단면2 사이의 손실수두이다.

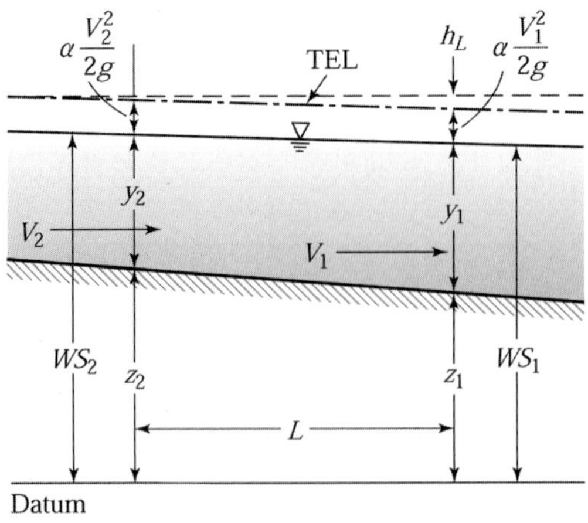

그림 15.5 표준축차법 설명을 위한 단면 모식도

에너지 손실은 두 단면 사이에서 발생하는 마찰손실과 미소손실(단면 확대 및 축소)을 포함하므로 수로의 조도 값 역시 필요하다. 단면의 하상 표고를 알고 있으므로 수심은 수위로부터 계산할 수 있다. 단면2의 수위 값을 가정하고 가정된 수위를 이용해 이 단면에 대한 모든 수리량을 계산한다. 그러면 식(15.10)의 항 중 손실수두을 제외한 모든 항의 값을 구할 수 있으며, 손실수두는 이 식으로부터 계산할 수 있다. 이렇게 계산된 손실수두는 단면2에서 가정된 수위 값을 근거로 하고 있기는 하지만, 단순히 두 단면 사이의 수두 차를 구했다는 의미에서 '관측 손실수두'라 부르기로 한다. 이 손실은 수로에서 발생하는 손실을 직접 구한 것이 아니라는 것에 유의해야 한다. 수로에서 발생하는 손실은 마찰에 의한 손실과 부차손실의 합으로 나타낼 수 있는데 이를 '계산 손실수두'라 부르기로 한다. 마찰에 의한 손실은 마찰저항식(보통 Manning 공식)으로 계산하고 다음에 미소손실을 추가하여 수로구간의 총 에너지 손실을 계산한다. 즉, '계산 손실수두'는 다음과 같다.

$$h_L = \overline{S_f}L + C\left|\alpha_2\frac{V_2^2}{2g} - \alpha_1\frac{V_1^2}{2g}\right| \tag{15.11}$$

여기서, $\overline{S_f}$는 두 단면 사이의 평균 마찰경사(friction slope), L은 두 단면 사이의 수로 길이, C는 확대 및 축소 계수이다. 평균 마찰손실 경사는 보통 Manning 공식을 사용하여 계산하는데, 각 단면에서 계산된 경사를 평균하거나 관련 수리량을 평균하여 Manning 공식에 대입하여 계산할 수 있다.

관측 손실수두와 계산 손실수두를 비교하여 그 차이가 허용 범위 내에 있지 않다면, 단면2의 수위를 새로 가정하여 계산을 반복한다. 단면2의 새로운 수위를 추정하기 위해 우선 다음 식으로 WS_2를 구한다.

$$WS_1 + \alpha\frac{V_1^2}{2g} + h_{Lcal} = WS_2 + \alpha\frac{V_2^2}{2g} \tag{15.12}$$

여기서, h_{Lcal}은 이전 단계에서 계산된 총 손실수두이며, $\frac{V_2^2}{2g}$는 이전 단계에서 계산된 단면2의 유속수두이다. 단면1의 모든 값을 알고 있기 때문에 식(15.12)를 WS_2에 대해서 풀 수 있다. 관측 손실수두와 계산 손실수두가 같다면 이때의 수위가 단면2의 수위이다. 이제 이전 단계의 수위 값과 식(15.12)로 구한 WS_2를 평균하여 단면2의 새로운 수위 값으로 추정한다.

표준축차법에서도 직접축차법과 마찬가지로 두 단면사이의 에너지 경사가 선형이라고 가정하고 있다는 것을 염두에 두고 있어야 한다. 그러므로 단면들은 서로 너무 멀리 떨어져서는 안 되며, 단면 특성이 두드러지게 변하는 구간에서는 특성 변화를 반영할 수 있도록 단면을 선택해야 한다. 즉, 가능하면 한 단면과 다음 단면 사이가 가깝도록 하되 아무리 멀어도 1 mile 이상 떨어지지 않도록 하며, 수로의 기하학적 형상, 조도, 경사가 심하게 변하는 부분에서는 이를 반영할 수 있도록 단면을 선택해야 한다.

직접축차법과 마찬가지로, 표준축차법의 계산절차는 많은 반복계산으로 구성되어 있기 때문에 풀이는 엑셀 프로그램의 스프레드시트를 사용하는 것이 좋다. 그러나 아래 주어진 예제에서는 풀이 방법을 설명하기 위해 스프레드시트를 사용하지 않았다. 일단 학생들이 예제를 통해 풀이 방법을 완전히 이해한 후에는, 스프레드시트를 이용하거나, 다음 장에서 설명할 컴퓨터 소프트웨어 패키지를 사용하여 문제를 풀면 된다.

예제 15.7 그림 15.6에서 보는 것과 같은 두 단면이 있다. 단면1은 하류에 위치해 있고 단면2는 직선수로 상류 1000 ft 지점에 위치하고 있다. Manning의 조도계수는 0.05이고 유량은1000 cfs 이다. 하류 단면의 수위가 그림과 같이 10 ft라면, 상류단면에서의 수심과 수위를 계산하시오.

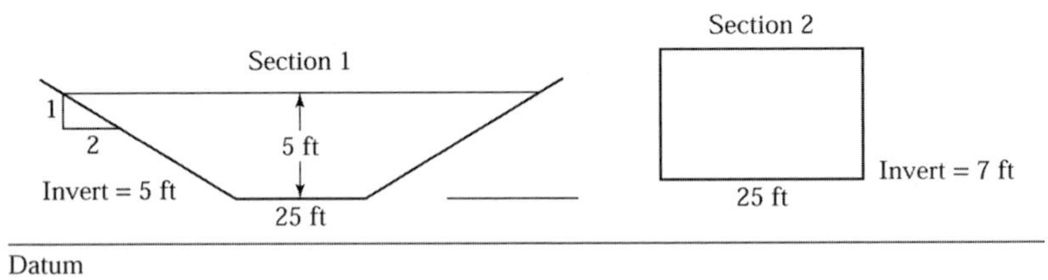

그림 15.6 표준축차법을 위한 두 개의 수로단면

풀이

상류와 하류의 두 단면이 모두 규칙단면이므로 에너지 보정계수(α)는 모두 1로 둔다. 먼저, 단면1에 대한 수리량을 계산한다.

$$y_1 = 5\text{ ft},\ A_1 = 175\text{ ft}^2,\ V_1 = 1000/175 = 5.71\text{ ft/s},$$

$$P_{w1} = 47.4\text{ ft},\ R_{h1} = 175/47.4 = 3.69\text{ ft}$$

$$E_1 = Z_1 + y_1 + \frac{V_1^2}{2g} = 5 + 5 + \frac{(5.71)^2}{2g} = 10.506\text{ ft}$$

$$S_{f1} = \left(\frac{nV_1}{1.49(R_{h_1})^{2/3}}\right)^2 = \left(\frac{0.05(5.71)}{1.49(3.69)^{2/3}}\right)^2 = 0.00644\text{ ft/ft}$$

먼저 단면2의 수심을 5 ft라고 가정하자. 그러면,

$$y_2 = 5\text{ ft},\ A_2 = 125\text{ ft}^2,\ V_2 = 8\text{ ft/s},\ P_{w2} = 35\text{ ft},\ R_{h2} = 3.57\text{ ft}$$

$$E_2 = 7 + 5 + \frac{(8)^2}{2g} = 12.994\text{ ft}$$

$$S_{f2} = \left(\frac{0.05(8)}{1.49(3.57)^{2/3}}\right)^2 = 0.0132\text{ ft/ft}$$

관측 손실수두과 계산 손실수두을 비교하면,

$$h_{Lobs} = E_2 - E_1 = 12.994 - 10.506 = 2.488\text{ ft}$$

$$h_{Lcal} = \overline{S_f}L + Cabs\left(\frac{V_2^2}{2g} - \frac{V_1^2}{2g}\right)$$

단면 확대로 인한 손실계수 0.3을 사용하면

$$h_{Lcal} = \frac{0.00644 + 0.0132}{2}(1000) + 0.3(0.994 - 0.506) = 9.966\text{ ft}$$

두 에너지손실 값이 현저하게 다르므로, 단면2에서 새로운 수위 값을 추정하여 다시 계산한다.

위에서 논의한 알고리즘을 적용하면,

$$WS_1 + \frac{V_1^2}{2g} + h_{Lcal} = WS_2 + \frac{V_2^2}{2g}$$

$$10 + 0.506 + 9.966 = WS_2 + 0.9937$$

$$WS_2 = 19.48\text{ ft}$$

따라서 단면2의 새로운 수위 값을 $\frac{19.48 + 12.0}{2} = 15.74\text{ ft}$ 로 가정한다.

새로 추정한 WS_2를 사용하여 단면2에 대한 수리량을 다시 계산한다.

$$y_2 = 8.74\text{ ft},\ A_2 = 218.5\text{ ft}^2,\ R_{h2} = 5.14\text{ ft},\ V_2 = 4.58\text{ ft}$$

$$E_2 = 7 + 8.74 + \frac{(4.58)^2}{2g} = 16.065\text{ ft}$$

$$S_{f2} = \left[\frac{0.05(4.58)}{1.49(5.14)^{2/3}}\right]^2 = 0.00266\text{ ft/ft}$$

그러면,

$$\overline{S_f} = \frac{0.00644 + 0.00266}{2} = 0.00455\text{ ft/ft}$$

단면1과 단면2의 관측 손실수두과 계산 손실수두을 비교하면,

$$h_{Lobs} = 16.065 - 10.506 = 5.56\text{ ft}$$

$$h_{Lcal} = 0.00455(1000) + 0.3\,abs(0.325 - 0.506) = 4.61\text{ ft}$$

두 손실은 여전히 일치하지 않으므로 새로운 WS_2값을 다음과 같이 가정한다.

$$10 + 0.506 + 4.61 = WS_2 + 0.325$$

$$WS_2 = 14.79\text{ ft}$$

그러면, $\frac{14.79 + 15.74}{2} = 14.26\text{ ft} = WS_2$ (단면2의 수위로 새로 추정한 값)

단면2에 대해, $y_2 = 7.26\text{ ft},\ A_2 = 206.5\text{ ft}^2,\ R_{h2} = 4.97\text{ ft},\ V_2 = 4.84\text{ ft/s}$

$$E_2 = 7 + 7.26 + \frac{(4.84)^2}{2g} = 14.62\text{ ft}$$

$$S_{f2} = \left[\frac{0.05(4.84)}{1.49(4.97)^{2/3}}\right]^2 = 0.00311\text{ ft/ft}$$

$$\overline{S_f} = \frac{0.00644 + 0.00311}{2} = 0.00478\ \mathrm{ft/ft}$$

에너지 손실을 비교하면,

$$h_{Lobs} = 14.62 - 10.506 = 5.12\ \mathrm{ft}$$

$$h_{Lcal} = 0.00478(1000) + 0.3(0.364 - 0.506) = 4.82\ \mathrm{ft}$$

두 값은 0.3 ft(약 5%)의 차이가 있다. 한 번 더 반복하면, 단면2의 수위를 14.11 ft로 추정할 수 있다. 이를 이용하여 두 손실수두를 구하면 각각 $h_{Lobs} = 4.98$ ft, $h_{Lcal} = 4.90$ ft이다. 두 값의 차이는 단지 $14.26 - 14.11 = 0.15$ ft이므로 허용 오차범위 내에 있다고 할 수 있다.

15.4 HEC-RAS

HEC-RAS(Hydrologic Engineering Center River Analysis System)는 정상류의 수면곡선을 계산하기 위해 미육군 공병단에서 개발한 소프트웨어 패키지이다(HEC, 2001). 이 프로그램은 HEC-2로 알려진 이전 모형을 개선한 것으로 미국 뿐 아니라 전 세계 많은 나라에서 수면곡선 계산의 표준이 되었다. 기본적인 계산 방법은 15.2절에서 언급한 표준축차법을 사용하고 있다. 표준축차법은 일차원이기 때문에 HEC-RAS는 이 방법을 준-2차원으로 만들 수 있는 계산 기법을 사용하였다. 계산절차는 다음과 같다.

하천 수계는 그림 15.7과 같이 모식화 되어 있다. 이 모식도는 본류와 지류의 모든 측량단면의 배치 상태를 보여주고 있다. 상류흐름(일반적인 경우)인 경우, 계산은 최 하류단면(계산을 시작할 수 있는 조건이 명시된)에서 시작되고 표준축차법을 사용하여 상류로 진행된다. 프로그램은 호수와 같이 수위를 알고 있는 지점, 등류수심 혹은 한계수심이 발생하는 지점에서부터 계산을 시작한다. 지류 수위는 합류점의 본류 수위로부터 계산한다.

단면 측량자료는 최하류 단면부터 입력해야 한다. 이제 그림 15.8에 제시된 단면을 보자. 그림에서처럼 이 단면은 조도와 수로형상에 따라 세 부분으로 나눌 수 있다. 전체 유량은 통수능을 기준으로 세 부분에 분배된다(11장 참조). 통수능은 다음과 같이 계산 할 수 있다.

$$K = \frac{1}{n} A R_n^{2/3} \quad \text{(SI단위계)} \tag{15.13}$$

그러면 유량은 $Q = K S_f^{1/2}$로 계산할 수 있다. 통수능을 사용하면 에너지경사(S_f)가 단면의 세 부분에서 모든 같아야 하는 이유 때문에 계산이 쉬워진다. 에너지 및 수위가 흐름 직각방향으로 동일하도록 유량이 단면의 세 지역에 분배된다. 따라서 비록 에너지방정식은

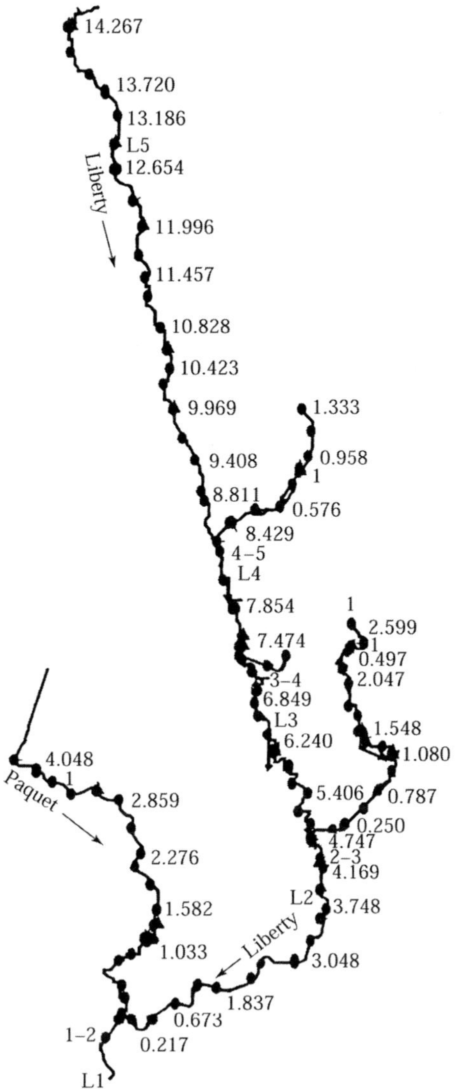

그림 15.7 Louisiana Bayou Liberty에 대한 HEC-RAS 모식도

일차원적이지만, 단면 특성의 횡단방향 변화를 약간 조정할 수 있다. 또한 3개로 구분된 각 부분 단면 내에서도 Manning의 조도계수 n값의 변화를 줄 수 있다.

HEC—RAS을 위한 입력파일을 만들기 위해서 사용자는 단면이 나누어지는 지점을 명시해야 한다. 이 점들은 그림에서 보듯이 더 많은 식생이 분포되어 있는 홍수터와 본류의 경계에 지정하는 것이 일반적이다. 이런 점들을 선택하는 것에 있어서 다소간의 주관적 판단이 필요한 경우도 있다. 그림 15.8에서 홍수터에 대해서는 Manning의 조도계수 n값으로 0.1을 사용했고, 주수로에 대해서는 0.04를 사용하였다.

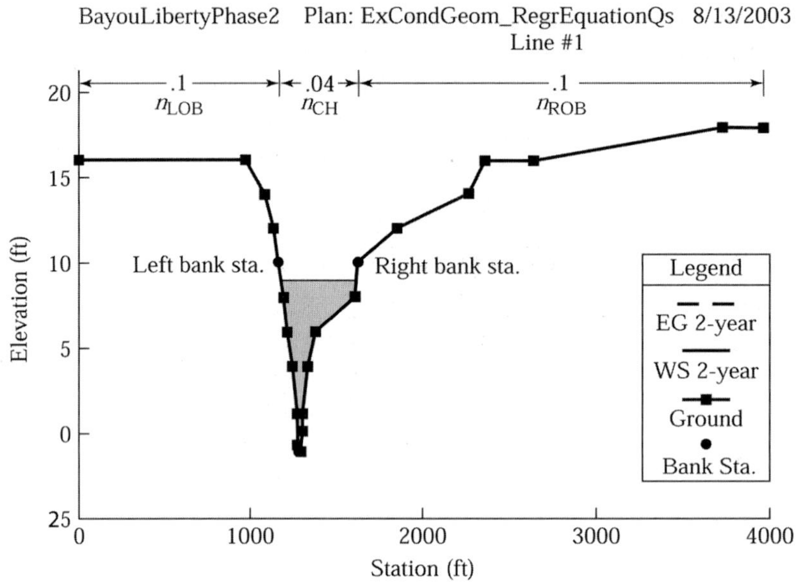

그림 15.8 전형적인 HEC-RAS 단면

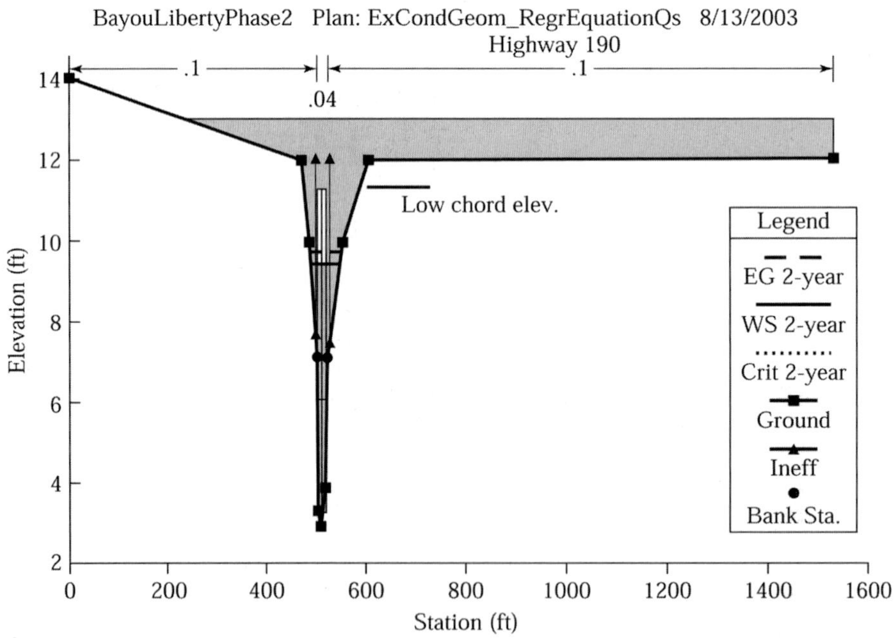

그림 15.9 HEC-RAS에서 교량 단면

이 프로그램은 교량의 개구부, 교각 및 암거와 같은 수로의 수축부나 장애물을 처리할 수 있는 기능을 가지고 있다. 프로그램에서 교량의 단면은 그림 15.9에서 볼 수 있는데, 이 그림에서 도로제방에 두 개의 직사각형 단면의 암거 개구부가 있는 것을 알 수 있다.

사용자들은 이런 경우들을 처리하기 위한 많은 옵션 중에서 하나를 선택할 수 있다. 흐름이 교량의 상부구조물이나 상판 혹은 암거의 윗부분에 닿지 않고 통과하면, 유효 흐름 단면에서 흐름을 방해하는 구조물의 면적을 빼는 것을 제외하고는 일반적인 경우와 마찬가지로 표준축차법으로 계산할 수 있다. 반면에 수위가 교량 하부에 이르거나 교량을 넘어간다면, 다른 방법으로 접근해야 한다. 이런 경우에 발생하는 압력흐름과 위어흐름은 12장과 16장에서 설명하는 바와 같이 계산한다. 이러한 흐름이 발생하더라도 부분적으로 발생하고 대부분은 저수위 흐름인 경우(수위가 교량의 하부에 이르지 않는 흐름)라면, 에너지방정식을 적용해도 되고, 준 경험식인 Yarnell 방정식(HEC, 2001)을 적용해도 된다.

$$\Delta H = 2K(K + 10\omega - 0.6)(\alpha + 15\alpha^4)\frac{V_2^2}{2g} \tag{15.14}$$

여기서, ΔH는 교량의 상류쪽과 하류쪽의 수위 차이, K는 교각의 형상계수(앞뒤가 둥근형 0.9, 사각형 교각 1.25), ω는 상류 수심에 대한 속도수두의 비, α는 교각 같은 흐름 지장물이 없을 때 단면적에 대한 흐름 지장물이 있는 경우 단면적의 비, V_2는 교량 하류의 유속이다. 교각과 같이 흐름을 심각하게 방해하는 장애물이 있는 경우에, HEC-RAS는 운동량 방정식도 적용할 수 있도록 되어 있다.

상류의 저수위(低水位) 흐름은 A종 저수위 흐름(class A low flow) 이라고 부른다. 수로가 수축하여 한계수심을 발생시키거나 하류수위가 충분히 낮으면 B종 저수위 흐름이 발생

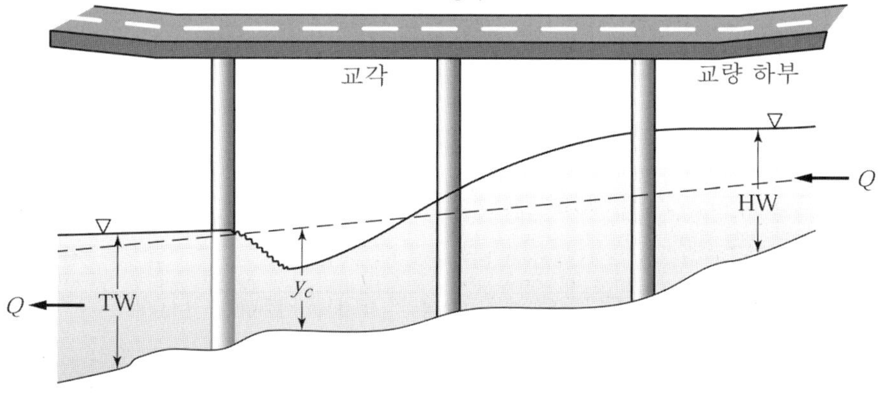

그림 15.10 교량에서 B종 저수위 흐름

한다(그림 15.10). 교량 아래나 암거 내에서 부분적으로 사류가 발생한다면, 도수가 교각 근처에서 발생한다. 일반적으로 기술자들은 이런 명백한 이유 때문에 B종 저수위 흐름이 발생하지 않도록 설계한다. 위에서 언급한 것처럼, HEC-RAS는 에너지 손실을 정확하게 계산할 수 없는 경우라도 운동량방정식을 추가해서 이 문제를 해결할 수 있도록 방법론을 개선하였다. 교량단면에서 정상류 가정이 성립하지 않을 때가 이런 경우에 해당될 수 있을 것이다. 교량단면이 축소하는 경우뿐만 아니라, 고수위 흐름과 저수위 흐름에 대해서도 모두 원하는 옵션을 선택할 수 있다.

필요한 조건만 충족된다면, 일차원 비정상류 옵션도 선택 가능하다. 이 과정은 UNET (HEC, 1993)으로 알려진 이전의 패키지를 수정한 것이다. 이 과정에서는 1차원 비정상 천수 방정식(unsteady shallow flow equation)을 사용한다.

HEC-RAS는 이전 HEC-2에는 없는 그래픽 윈도우 인터페이스를 포함하고 있다. 이런 인터페이스는 사용자가 자료를 입력할 때 실시간으로 단면을 그릴 수 있어, 입력 자료의 오류를 즉각적으로 분별할 수 있게 되어 있다. 수위 곡선도 그림 15.11과 같이 인터페이스 내에서 그릴 수 있다. 이 프로그램은 각각의 단면에서 표준축차법을 수행할 때 15번까지 반복계산을 하게 되어 있다. 한계수심, 한계유속, 흐름 단면적, 실제 유속과 속도수두는 각 단계마다 계산된다. 오류나 잘못 계산된 수면곡선은 즉각적으로 확인할 수 있다. 또한, 사용자가 수로개선과 홍수터 침식을 위해 단면을 수정할 수 있다. 수리 구조물의 영향도 평가가 가능하다. 수로 개선을 위한 준설량도 자동적으로 계산된다.

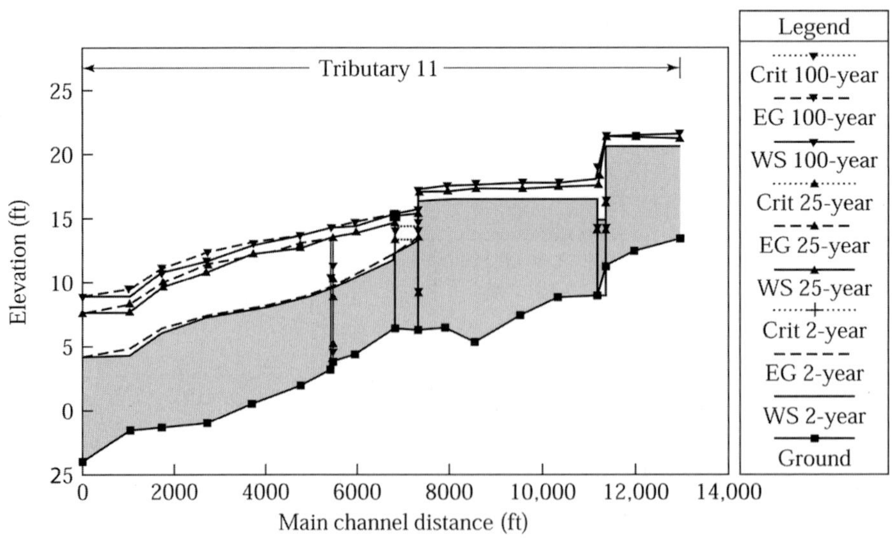

그림 15.11 HEC-RAS를 이용해 그린 수면 곡선

HEC-RAS는 공공 영역 소프트웨어이고, 수문기술센터(Hydrologic Engineering Center) 웹사이트에서 쉽게 얻는 것이 가능하다. HEC-RAS는 수리 관련 업무에 종사하는 대부분의 전문가가 사용하고 있고, 미국의 연방정부가 투자하는 프로젝트와 연방 홍수 보험 프로그램에서는 사용이 필수적이다. 1차원인 에너지방정식과 경험식인 Manning 공식을 사용하는 취약점이 있으나, 정상상태 흐름은 거의 모든 경우에 적용 가능하다. 계산결과의 정확도는 수위에 대해 +/−0.1 ft이다.

15.5 지형정보시스템 적용

수리 모델링은 지형정보시스템(GIS) 기술을 사용하여 상당히 편리해졌다. GIS는 모델링에 필요한 모든 자료를 한꺼번에 나타내고 동시에 분석하는 것을 가능하게 해준다. 그림 15.12는 미국 루이지애나 남동부 유역에 대한 토지피복도(landcover map), 지형자료(topographic coverage), 횡단면 선에 대한 GIS 자료를 보여주고 있다. 최신 장비 덕분에 수리 모델링에 사용하기에 충분할 만큼 조밀하고 정확한 자료 수집이 가능해졌다. 고해상도 항공사진(1 ~ 5 m 해상도), 인공위성(Landsat Thematic Mapper)으로부터 수집한 지표면 영상

그림 15.12 강과 홍수터의 3차원 이미지

및 자세한 지형자료들은 수리모델링에 용이하게 사용될 수 있도록 수집, 분석 및 공간적 처리과정을 거친다. MrSID로 알려진 LizardTech's Multi-Resolution Seamless Image Database와 같은 강력한 이미지 처리와 집약된 소프트웨어는, ArcView GeoMedia와 같은 대중적인 GIS 패키지에서, 기술적으로 진보된 자료 저장 및 공간분석 알고리즘과 결합되어 있다. LiDAR(Light Detection And Ranging)이라고 알려진 항공 레이져 시스템은 정밀하고 고해상도 지형자료를 수집하기 위한 기술로 최근 들어 급속도로 대중화되었다. 디지털 형식으로 지표면의 높고 낮음을 m 단위 미만의 공간 해상도와 10 ~ 30 mm의 정밀도로 적용하여 처리된 지형 자료는 LiDAR의 기본 생산품이다. GIS의 발전이 없었다면 이런 자료들을 이용하는 것이 불가능했을 것이다.

HEC-RAS 수리모델 패키지는 GIS와 상호연계를 용이하게 하기 위해 과거 수차례 개선되었다. HEC-GeoRAS는 GUI(graphical user interface)를 통해서 ArcView GIS 패키지에 HEC-RAS를 연계시킨 것이다. 인터페이스는 HEC-RAS을 위한 입력 지형자료 준비를 쉽게 해 주며 모의결과를 처리한다. HEC-GeoRAS을 사용하기 위해 사용자는 ArcView 환경에서 HEC-RAS가 작동하기에 필요한 일련의 선으로 구성된 주제도를 만들어야 한다. 흐름중심선과 제방선은 추가적인 주제도이다. 원한다면 HEC-RAS를 실행하고 분석하는데 유용한, 토지이용과 지형자료를 이용하여, 추가적인 벡터와 격자형 주제도(raster theme)를 생성할 수 있다. 특별히 관심 있는 것은 횡단면선이다. 이것들은 흐름중심선의 위치와 표고 정보가 공간적으로 기록된 벡터 자료형태로 구성되어 있다. 일단 이 프로그램을 수행하면, 지형자료를 사용하여 횡단면선을 자동적으로 확장할 수 있으며 새로운 횡단면선은 지형자료를 통해서 보정되고 흐름장의 3차원 이미지(그림 15.13)가 생성된다. 사실 실제 물이 흐르는 하도만 측량하고 HEC-GeoRAS에서 횡단면선과 그 단면에 필요한 제방을 생성하는 것이 일반적으로 사용되는 방법이다.

그림 15.13 하천과 홍수터의 3차원 이미지(출처 : HEC 웹사이트)

프로그램을 실행한 후 수면곡선과 유속자료를 포함한 모의 결과는 GIS 환경으로 다시 전달되며 전달된 모의 결과는 홍수터 지도, 홍수위험 계산, 홍수 경보 및 준비를 위한 자료를 위해 재처리된다. 이 프로그램은 특히 모형 보정에 효과적이다. 즉, 알고 있는 호우 사상과 연계하여 관측수면곡선을 지형범위 안으로 삽입하여 위치시킬 수 있다. 그러면 여러 가지 Manning의 조도계수 n을 가지고 반복적으로 모의를 수행할 수 있고, 적당한 조도계수를 얻을 때까지 관측수위와 비교할 수 있다.

도움말 Reading Aid

15.1 개수로에서 발생할 수 있는 점변류 수면곡선을 제시하시오.

15.2 수면곡선 계산의 주요한 유용성은 무엇인가?

15.3 흐름이 상류(subcritical flow)이면 계산은 상류부터 시작하는가 아니면 하류에서 시작하는가? 이유는?

15.4 수치적분 방법을 사용해서 수면곡선의 길이를 계산하는 순서를 적으시오.

15.5 주어진 유량에 대해서 수로의 통수능과 하상경사 사이의 관계는 무엇인가?

15.6 직접축차법이 적용 가능한 수면곡선은 무엇이며, 어떤 종류의 단면인가?

15.7 직접축차법을 사용하여 수면곡선 길이를 계산하는 방정식을 유도하시오.

15.8 수면곡선 길이 계산에서 수심증가량(dy)을 같게 하도록 추천하는 이유를 설명하시오.

15.9 등류수심 근처로 갈수록 같은 수심증가(dy)에 대해 곡선의 길이가 더 길어지는가 아니면 더 짧아지는가? 이유는?

15.10 일반적으로 $M1$곡선과 $M2$ 곡선 중 어떤 곡선의 길이가 더 짧은가? 이유는?

15.11 각각의 수면곡선 계산 방법의 장점과 한계를 논의하시오.

15.12 표준축차법에서 단면사이의 허용 가능한 최대거리는 얼마인가? 그런 이유는 무엇인가?

15.13 표준축차법에서 관측 손실과 계산 손실의 차이점을 설명하시오.

15.14 수면곡선을 계산하는 방법에서 직접축차법과 표준축차법의 유사점과 차이점을 설명하시오.

15.15 인터넷 검색이나 다른 자료 조사를 통해 HEC-RAS의 적용 범위, 장점 및 한계를 요약하시오.

15.16 HEC-RAS 적용에 필요한 자료와 정보를 논의하시오. 그러한 정보들은 어떻게 구할 수 있는가?

15.17 HEC-RAS에서 어떤 경우에 운동량방정식을 사용하는가?

15.18 인터넷 검색을 수행하여 수리학 분야에서 GIS가 어떻게 유용하게 사용되는지 설명하시오.

연습문제

15.1 하상경사가 14×10^{-4}이고, 비유량이 3.6 $m^3/s/m$인 넓은 직사각형 단면의 하천이 있다. 하천에 댐이 있고, 그곳에서의 수위상승은 1.0 m이다. 수치적분법을 이용하여, 댐의 500 m 상류에서 수심을 추정하시오. Manning의 조도계수 n은 0.025를 사용하시오.

15.2 그림 P15.2와 같이 하상경사가 0.01이고, 비유량이 $5.0\,m^2/s/m$인 넓은 수로가 있다. 수문은 수로 중간에 위치하며, 수축 단면에서 수심은 0.4 m이다. 수면곡선을 그리고 수치적분법을 사용하여 수문 이후에 생기는 상승곡선의 범위를 추정하시오. $n=0.025$ 이다.

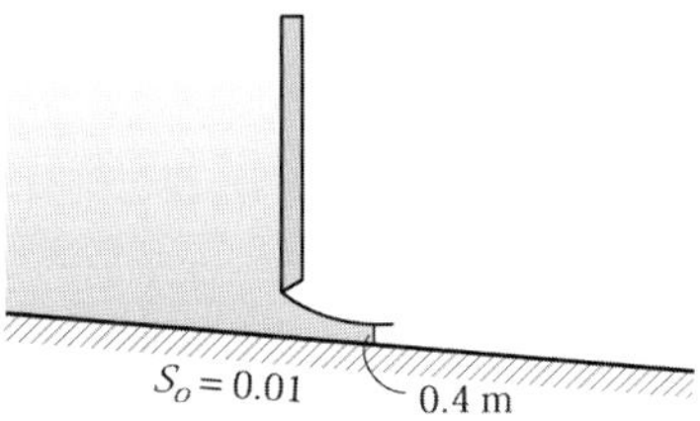

그림 P15.2 수문이 설치된 수로(문제 15.2)

15.3 경사가 12×10^{-4}인 폭이 넓은 수로에 비유량 $32\,ft^3/s/ft$가 흐르고 있다. Manning의 조도계수는 0.018이다. 수로의 끝은 자유낙하이며 수로 끝의 수심은 $1.1y_c$이다. 수치적분법을 사용하여 낙하단면에서 상류 400 ft 지점의 수심을 결정하시오.

15.4 하상경사가 14×10^{-4}이고, 비유량이 3.6 $m^3/s/m$인 폭이 넓은 직사각형 수로가 있다. 하천 하류에 위치한 댐에서 수위상승이 1.0 m로 측정되었다. 댐에서 상류로 수심이 2.2 m가 되는 지점까지 거리를 직접축차법을 사용하여 결정하시오.

15.5 하상경사가 20 cm/km이고, 비유량이 $4.1\,m^2/s$인 폭이 넓은 하천이 있다. 하천에 댐이 설치되어 있고, 댐에서의 수위상승은 1.55 m이다. Chezy 계수는 45(미터단위)이다. 배수곡선의 길이를 구하시오.

15.6 그림 P15.6와 같이, 폭이 넓은 수로에 수위를 상승시키는 위어가 놓여 있다. 수로에서의 비유량은 $3\,m^2/s$이고, Chezy 계수는 50(미터단위)이다. 위어에서 수심이 4.5 m로 일정하게 유지된다고 가정하여, 다음 2가지의 경우에 대해 직접축차법을 사용하여 배수곡선의 길이를 추정하시오.

(a) 하상경사 = 5 cm/km
(b) 하상경사 = 10 cm/km

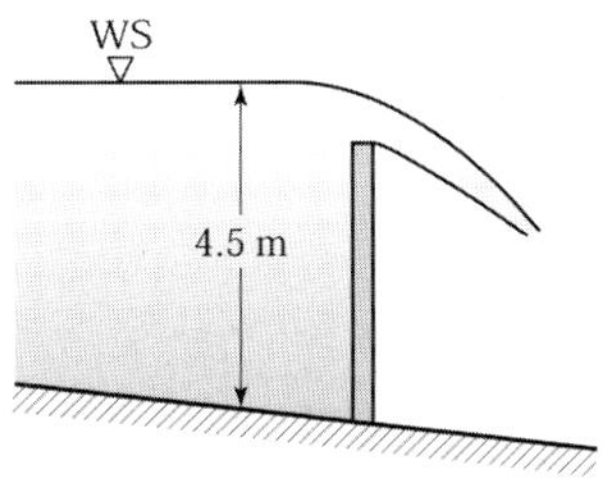

그림 P15.6 수로를 가로질러 설치되어 있는 위어

15.7 하상경사가 8 cm/km인 폭이 넓은 직사각형 수로에 흐르는 비유량이 $1.5\,m^3/s/m$이다. 수로는 자유낙하로 끝난다. 자유 낙하단에서의 수심을 한계수심으로 가정하여 수면곡선의 길이를 결정하시오. Chezy 계수는 40(미터단위)을 사용하시오.

15.8 20 cm/km의 하상경사와 1 : 1의 측면경사를 가진 삼각형수로의 유량은 $0.6\,m^3/s$이다. Chezy 계수는 50(미터단위)이고, 수로는 자유 낙하로 끝난다. 등류수심과 한계수심을

결정하시오. 또, 낙하단에서 수심을 한계수심이라 가정하고 수면곡선의 길이를 구하시오.

15.9 폭이 넓은 수로가 있다. 하상경사는 20 cm/km이고, 비유량은 $2.2\,\text{m}^2/\text{s}$이다. 그림 P 15.9와 같이 수문은 수로 중간에 위치하고, 그 수축 단면에서의 수심은 1.0 m이다. 도수발생 여부를 결정하시오. 만일 도수가 발생한다면 수문 하류에서 얼마만큼 떨어진 거리에서 발생하는지 직접축차법을 이용하여 결정하시오. Manning의 조도계수 n은 0.02(미터단위)를 사용하시오.

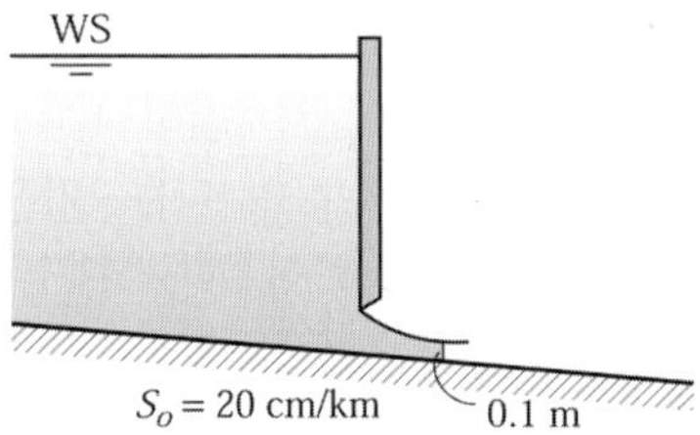

그림 P15.9 폭이 넓은 수로에 설치된 수문

15.10 15 cm/km의 하상경사를 가진 사다리꼴 수로의 유량은 $12.0\,\text{m}^3/\text{s}$이다. 수로 하상 폭은 6.0 m이고, 사면경사는 2 : 1이다. Chezy 계수는 40(미터단위)이다. 그림 P15.10과 같이 수로에 댐이 설치되어 있고, 그곳에서 수심은 3.2 m이다. 수면곡선을 그리고, 그 길이를 추정하시오.

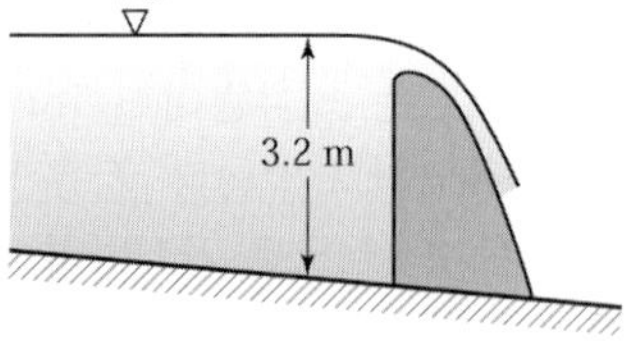

그림 P15.10 수로에 설치된 댐

15.11 문제 15.10에서, 댐의 8.0 km 상류 지점에서 수심을 계산하시오.

15.12 하상경사가 0.045이고 Manning의 조도계수 n이 0.025인 폭이 넓은 수로를 흐르는 유량이 $2.0\,\text{m}^3/\text{s}$이다. 수로에 댐이 설치되어 있고, 그곳에서 수심은 1.6 m이다. 수면곡선을 그리고 댐과 도수 발생지점 사이의 거리를 추정하시오.

15.13 하상경사가 0.008이고 Manning의 조도계수 n이 0.025인 폭이 넓은 직사각형 수로를 흐르는 비유량은 $2.5\,\text{m}^3/\text{s}/\text{m}$이다. 어떤 지점에서 하상 경사가 0.05로 변한다면, 이로 인해 발생하는 수면곡선을 그리고 수면 곡선의 길이를 추정하시오.

15.14 바닥 폭이 2.0 m이고 측면경사가 3 : 2인 사다리꼴 수로에 흐르는 유량은 300,000 m^3/day이다. 하상경사는 12×10^{-5}이고, Manning의 조도계수 n은 0.018이다. 하상경사가 20×10^{-3}으로 커질 때, 수면곡선을 그리고, 두 구간에서 수면곡선의 길이를 결정하시오.

15.15 그림 P15.15에서 보는 바와 같이, 수위가 수로 하상에서 6.0 m 위에 형성된 큰 저수지에서 물이 폭이 넓은 직사각형 수로로 유입되고 있다. 수로의 하상경사는 0.01이고 Manning의 조도계수 n은 0.021(미터단위)이다. 수면곡선을 그리고 수로 입구로부터 하류에 형성된 수면곡선의 길이를 추정하시오.

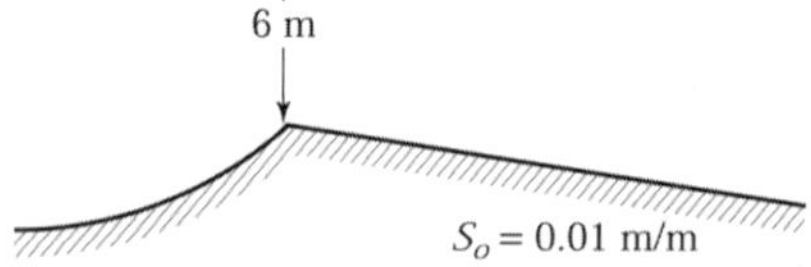

그림 P15.15 수로 상류에 설치된 저수지

15.16 $2.1\,\text{m}^2/\text{s}$의 비유량이 연직수문을 통해 폭이 넓은 수로로 유입되고 있고, 수축 단면에서 수심은 0.2 m이다. 수로 하상경사는 8×

10^{-4}이고, Chezy 계수는 40(미터단위)이다. 도수 발생여부를 결정하시오. 도수 길이를 도수 높이의 7배로 가정한다면, 수문 하류에 필요한 콘크리트 물받이의 최소 길이는 얼마인가?

15.17 하상 경사가 4.85×10^{-3}인 폭이 넓은 직사각형 수로에 비유량 $2.5\,\mathrm{m}^2/\mathrm{s}$이 흐르고 있다. Chezy 계수는 45(미터단위)이다. 수로에 댐이 설치되어 있고, 그곳에서 수심은 1.8 m로 측정되었다. 수면곡선을 그리고, 배수곡선의 길이를 추정하시오.

15.18 하상 폭이 6.0 ft인 직사각형 수로를 흐르는 유량이 $30\,\mathrm{ft}^3/\mathrm{s}$이고, 등류수심은 4.0 ft이다. Manning의 조도계수 $n = 0.025$로 가정하여, 하상 경사를 결정하시오. 수로 중간 지점에서, 하상 경사가 완만해져 등류수심이 6.0 ft로 증가되었다. 수면곡선을 그리고, 수심이 변하는 구간의 길이를 추정하시오.

15.19 바닥 폭 4.0 ft, 측면 경사 2 : 1, 하상경사 12×10^{-4}인 사다리꼴 수로가 있다. 수로에 흐르는 유량은 $90\,\mathrm{ft}^3/\mathrm{s}$이고, Manning의 조도계수 n이 0.021이다. 수로에 댐이 설치되어 있고, 그곳에서 수위상승은 2.22 ft이다. 댐의 1500 ft 상류에서 수심을 결정하시오. 수면곡선의 전체 길이는 얼마인가?

15.20 하상경사가 50 cm/km이고, Manning의 조도계수 n이 0.015인 폭 12 m의 직사각형 수로에 물이 등류 수심 1.0 m로 흐르고 있다. 수로에 댐이 설치되어 있고, 그곳에서 수심은 2.0 m이다. 직접축차법을 사용하여, 댐의 2.0 km 상류에서 수심을 계산하시오.

15.21 바닥 폭 7.0 m, 측면경사 3 : 2의 사다리꼴 수로가 0.001의 경사로 놓여 있고, 30.0 m^3/s의 유량이 흐른다. 수로의 하류는 자유 낙하단으로 되어 있고, 그곳에서 수심은 한계수심으로 가정한다. Manning의 조도계수 n이 0.02라면, 낙하단에서부터 수심이 등류 수심의 0.9배가 되는 단면까지 수면곡선을 계산하고 도시하시오. 직접축차법을 사용하시오.

15.22 매우 폭이 넓은 수로에서 하류단은 자유 낙하단으로 되어 있고, 그 곳의 수심은 등류수심의 0.67배가 된다. 낙하단에서부터 수심이 등류수심의 0.9배가 되는 지점까지 거리를 추정하시오. 비유량은 $4\,\mathrm{m}^3/\mathrm{s}$, 하상경사는 10 cm/km, Manning의 조도계수 n은 0.025이다. 직접축차법을 사용하시오.

15.23 그림 P15.23과 같이 광정 위어가 폭이 4 m인 직사각형 수로에 설치되어 있다. 하상경사가 1.8×10^{-3}인 수로에 $500\,\mathrm{m}^3/\mathrm{s}$의 유량이 흐른다. Manning의 조도계수 $n = 0.032$이다. 위어의 월류 턱 높이는 2.0 m이다. 위어 유량은 다음과 같이 주어진다.

$$Q = 1.705\,C_d B h^{3/2}$$

여기서, B는 위어의 폭, C_d는 유량계수로 0.86이고, h는 위어의 월류수두이다. 직접축차법을 사용하여 배수곡선의 길이를 결정하시오.

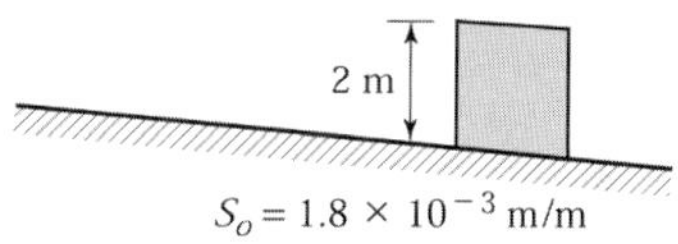

그림 P15.23 광정 위어

15.24 문제 15.3에 주어진 자료를 참고하여, 직접축차법을 사용하여 $M2$ 곡선의 길이를 추정하시오.

15.25 하상경사 18×10^{-5}, 측면 경사 2 : 1인 사다리꼴 수로에 600 ft/s의 유량이 흐르고 있다. 수로는 최적 수리단면으로 자유낙하 한다. 직접축차법을 사용하여, 끝단에서 상류 2750 ft

의 수심을 결정하시오. Manning의 조도계수 n은 0.025를 사용하고 끝단에서 한계수심이 발생한다고 가정하시오.

15.26 바닥 폭 2.5 m, 측면경사 1 : 1인 사다리꼴 수로가 0.0045의 하상 경사를 가지고 있다. 등류수심과 한계수심이 모두 0.9 m이다. 그림 P15.26과 같이 수로 중간에 수문이 위치하고 있다. 수문 직상류의 수심은 1.4 m이다. 직접축차법을 이용하여 배수곡선의 길이를 결정하시오. Chezy 계수 C는 45(SI단위)를 사용하시오.

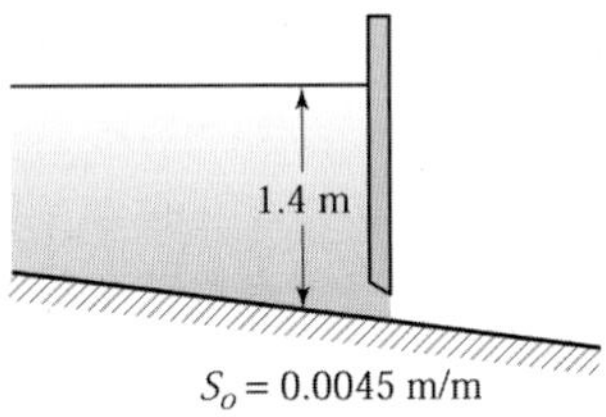

그림 P15.26 수로에 설치된 수문

15.27 측면경사 1 : 1, 바닥 폭 3 m인 사다리꼴 수로가 하상경사 0.0004와 0.03인 두 개의 구간으로 구성되어 있다. 수로의 Chezy 계수는 55(SI단위)이고, 12.0 m^3/s의 유량이 흐르고 있다. 이 수로에서 점변류 구간의 길이를 결정하시오.

15.28 측면경사가 1 : 1이고 하상경사가 0.002인 삼각형 수로에 100 ft^3/s의 유량이 흐르고 있다. 수문은 수로 끝단에 위치하고, 그 곳에서 수심은 7.0 ft이다. 수문 상류측 상승곡선의 길이를 결정하시오. Manning의 조도계수 n은 0.022이고 직접축차법을 사용하시오.

15.29 폭이 넓은 수로가 자유낙하로 끝난다. 수로에는 4.2 $m^3/s/m$의 비유량이 흐르고, 하상경사는 16 cm/km이다. 낙하단에서 수심은 한계수심과 같고 Manning의 조도계수가 0.022라고 가정하여, 낙하단에서 상류로 형성되는 수면곡선의 길이를 구하시오.

15.30 7.0 m의 바닥 폭과 3 : 2의 측면 경사를 지닌 사다리꼴 수로의 하상경사는 0.001이다. 수로에는 30 m^3/s의 유량이 흐르고, Manning의 조도계수 n은 0.02이다. 수위를 상승시키기 위해 수로에 댐이 설치되어 있다. 댐에서 수심이 2.5 m일 때, 댐으로부터 수심이 2.0 m가 되는 지점까지 거리를 구하시오.

15.31 하상경사가 15×10^{-4}인 폭이 넓은 수로에 25 ft^2/s의 비유량이 흐르고 있다. 수문이 수로 입구에 위치하고 있고, 그곳 수축단면에서 수심은 1 ft이다. 도수가 물받이 내에서 일어나도록 콘크리트 물받이의 길이를 결정하시오. Manning의 조도계수 n은 0.018를 사용하고, 도수의 길이는 도수 높이의 7배가 된다고 가정하시오.

15.32 한계경사를 갖는 폭이 넓은 직사각형 수로에 40 ft^2/s의 비유량이 흐르고 있다. Manning의 조도계수가 0.022일 때 하상경사를 결정하시오. 수문이 수로 중간에 위치하고 있다. 수면곡선을 그리고, 수문 이후 점변류 구간의 길이를 결정하시오. 수문 이후 수축된 단면에서 수심은 1.5 ft이다.

15.33 16×10^{-4}의 하상경사를 가진 폭이 넓은 하천에 보가 설치되어 있다. 하천의 비유량은 150 ft^2/s이다. 보에서 수위 상승은 5.0 ft이다. 수심이 14.0 ft가 되는 지점까지 거리를 구하시오. Manning의 조도계수 n은 0.026을 사용하시오.

15.34 그림 P15.34와 같이 6.5 m^2/s의 비유량이 흐르는 폭이 넓은 직사각형 수로에 예연위어가 설치되어 있다. 수로는 20 cm/km의 하상경사와 0.026의 Manning의 조도계수 n을

가지고 있다. 위어의 월류 높이는 3.0 m 이고, 위어를 월류하는 단위폭당 유량은 다음과 같이 구한다.

$$q = \frac{2}{3} C_d \sqrt{2g}\, h^{3/2}$$

여기서, 유량계수 $C_d = 0.7$ 이고, h는 위어의 월류 수두이다. 등류 및 한계 수심을 결정하시오. 수심이 4.75 m 가 되는 지점까지 거리를 추정하시오.

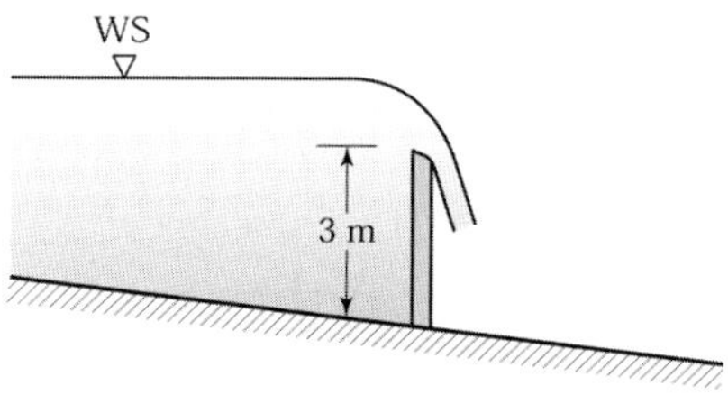

그림 P15.34 예연위어

15.35 하상경사가 10^{-4}인 폭이 넓은 직사각형 하천에 댐이 설치되어 있다. 하천에 2.833 m^2/s 의 비유량이 흐른다. 댐 직상류 수심이 3.5 m 일 때, 배수 곡선의 길이를 추정하시오. 등류 유속에 비해 18%의 유속감소가 일어나는 지점까지 거리는 얼마인가? Chezy 계수는 70 이다(미터단위).

15.36 하상경사가 10 cm/km 이고 Manning의 조도계수 n이 0.032인 매우 폭이 넓은 하천에 10 m^2/s 의 비유량이 흐르고 있다. 댐 직상류 수위가 55 m 이고, 그때 수심이 14.0 m 이다. A, B 마을이 각각 댐의 상류 20 km 와 45 km 에 건설될 예정이다. 두 마을이 잠기지 않을 (기준점에서)표고를 각각 구하시오. 표준축차법을 사용하시오.

참고문헌

Chow, V. T., 1959. Open Channel Hydraulics. McGraw-Hill Book Company, New York.

French, R. H., 1986. Open Channel Hydraulics. McGraw-Hill Book Company, New York.

Hydrologic Engineering Center, 1993 UNET, One-Dimensional Unsteady Flow through a Full Network of Open Channels, Users Manual, U.S. Army Corps of Engineers, Davis, Calif.

Hydrologic Engineering Center, 2001, HEC-RAS River Analysis System, Users Manual, U.S. Army Corps of Engineers, Davis, Calif.

Prasad, R., 1970. Numerical method of computing flow profiles. Jour. of Hyd. Div., Proc. ASCE. Vol. 96, No. Ayl, pp. 75-86.

Highway culverts and bridge crossing.

Chapter 16

수리구조물의 설계

수리구조물과 그 시스템의 설계는 여러 가지 기술적 요소가 결합된 복잡한 작업이다. 수리구조물의 설계를 위해서는 기본적으로 안전성, 효율성, 신뢰성, 비용대비 효과 및 환경영향 등의 요소들이 고려되어야 한다. 물론 안전성은 이 중에서 가장 중요한 문제이므로, 모든 기술적 과제는 안전을 충분히 고려하여 설계되어야 한다. 안전성이란 신뢰성과 관계되는 것으로 특정기간 동안에 구조물이 기능을 효율적으로 수행하는 능력을 의미한다. 수리구조물은 안전성과 기능적 요구조건에 부합하면서도 최대한 비용효과 측면에서 효율적으로 설계되고 건설되어져야 한다. 아울러 최근에는 사업추진 시 지역사회나 관련 단체의 여론 또는 의견도 고려되어야 한다.

16.1 기본 원리

수자원사업의 설계 시 고려할 주요 요소들은 일반적으로 불확실성을 가진 확률변수이므로 위험관리 차원에서 접근되어야 한다. 이는 수리구조물이 수명기간(또는 내용연수) 동안에 파괴될 확률이 존재한다는 것을 의미한다. 안전성과 기능성(또는 신뢰성과 효율성)의 두 가지 관점이 주요 설계기준이 되지만 파괴확률과도 연관되어 있다. 일반적으로 사업의 신뢰성에 대한 설계기준은 안전성보다 낮게 책정되고 있다. 즉, 우리는 특정사업이 물리적으로 공공에 심각한 피해를 야기하는 경우 보다는 수명 기간 중에 기능을 발휘하지 못하는 경우에 더 높은 확률을 허용하고 있다. 예를 들어, 용수공급용 저수지는 특정 용수수요를 만족하는 용량으로 설계하므로 설계유입량을 고려하여야 한다. 이러한 설계유입량은 보통 설계갈수량과 같은 저유량(低流量)에서 결정된다. 그러나 설계홍수량 규모의 유입이 발생했을 때 댐이 월류 또는 붕괴하지 않으려면 안전성 측면에서 저류용량의 확대나 비상여수로 등이 추가로 고려될 것이다. 그러므로 위의 예에서는 갈수량과 홍수량이라는 두 가지의 설계기준과 그에 따른 실패확률이 존재하게 된다.

수자원사업의 설계에서 불확실성을 고려하기 위한 또 하나의 기법으로는 설계공식에 의해 엄밀히 계산된 값 이상의 값을 고려하는 것이다. 이러한 추가적 안전도를 여유고(餘裕高, freeboard)라고 한다. 여유고는 제방을 포함한 각종 수리구조물의 첨단부와 설계과정에서 얻어진 최대수위 사이의 차이를 말한다. 적정 여유고의 산정은 사업의 유형에 따라 달라진다. 예를 들면, 미육군공병단(USACE : U.S. Army Corps of Engineers, 1970)에서는 사다리꼴단면 수로의 여유고 피복공이나 사석공으로 처리된 경우 2.5 ft(약 76 cm), 흙 제방의 경우는 3 ft(약 91 cm)를 추천하고 있다. 미국토목학회(ASCE : American Society of Civil Engineers, 1992)에서는 제방의 설계 시 최소 여유고를 약 1 ft(약 30 cm) 정도로 권고하고 있다. 여유고는 설계과정에서 발생할 수 있는 설계오류와 설계에서 사용된 유량측정 자료와 같은 자료오차 등을 감안하여 결정된다. 또한 바람에 의해 생성되는 파랑의 영향과 같이 예측이 불가능한 다양한 요인들도 고려되어야 한다.

수자원사업의 설계에서 위험도란 사업이 수명기간 내에 물리적으로 파손되거나 기능을 상실하게 되는 확률을 말한다. 일반적으로 위험도는 특정 해(年)의 파괴확률로서 나타내고 있다. 초과확률(超過確率, exceedance probability)이란 임의의 유량이 특정 연도에 어떤 값과 같거나 초과하는 확률을 말하며, 알려진 수준의 정확도로 그 확률을 결정하게 된다. 연파괴확률(年破壞確率)과 추정치들에 대한 신뢰수준을 산정하기 위해서 복잡한 통계적 기법들이 개발되어 왔다. 연초과확률의 역수인 재현기간(再現期間, return period)은 특정 유량규모가 발생하는 데에 걸리는 평균기간을 의미한다. 따라서 10%의 연초과확률을 갖는 유량은 재현기간이 10년이며 연초과확률이 2%일 때에는 50년, 1%일 때에는 100년의 재현기간을 의미한다.

임의의 설계유량이 N년 동안 한번이라도 초과할 확률(위험도)은 다음과 같이 나타낼 수 있다.

$$R = 1-(1-p)^N \tag{16.1}$$

여기서, R은 위험도, p는 설계유량의 초과확률을 나타낸다. 식(16.1)을 이용하면 위험도를 간단히 산정할 수 있다.

수자원사업의 설계유량은 이 책에서 제시된 방법 이외에도 다양한 통계적 기법들에 의해 결정되고 있다. 본 장에서는 개수로에서 일반적으로 접하게 되는 몇 가지 수리구조물 및 사업을 위한 설계원리에 대해 다루도록 한다.

예제 16.1 200년 빈도의 제방을 설계하려 한다. 즉, 200년간 평균적으로 월류가 한번을 초과하지는 않는 제방을 의미한다. 제방이 건설된 후 처음 50년 동안 적어도 한번 이상 월류할 확률(즉, 위험도)은 얼마인가?

풀이

초과확률 : $p = 1/200 = 0.005$

여기서 매년 안전할 확률은$(1-0.005)$이고, 50년간 안전할 확률은 $(1-0.005)^{50}$이므로 위험도는 다음과 같이 구할 수 있다.

위험도 : $R = 1-(1-0.005)^{50} = 0.222$ 또는 22.2%

16.2 배수와 통제를 위한 수리구조물의 설계

16.2.1 우수관거의 설계

기술자들이 실제 업무에서 접하게 되는 가장 중요한 분야를 든다면 도시개발과 관련된 영역이라 할 수 있다. 여기에는 도로, 주차장, 건물의 건설은 물론이고 기존 구도심이나 새로운 상업·주거지구의 개발에 따라 필요한 각종 공공시설물의 건설을 포함하고 있다. 어떤 형태의 건설이든 이러한 개발사업에서 중요한 분야 중 하나는 단지개발(site development)이라 할 수 있다. 단지개발이란 건설사업이 실행될 부지의 확보를 의미하며, 택지, 상가단지, 사무단지 등의 개발과 같은 많은 사업들은 확장된 개념의 부지확보를 전제로 한다. 확장된 개념이란 단순히 용지의 확보만이 아니라 부지 내에서 배수시설의 건설은 물론이고, 성토 및 절토에 의한 용지의 평탄화 작업, 각종 식생 및 삼림의 제거, 상하수도와 전력 등 기반시설의 완비, 주차장 건설 등을 포괄하는 의미이다. 아울러 단지 내에서 유출되는 우수를 집수하여 단지 바깥이나 별도의 저류시설로 이송하기 위한 시설도 포함하게 된다.

대부분의 경우는 개발후의 첨두유량이 개발전에 비해 증가하지 않아야 하므로 이러한 문제는 매우 복잡하다고 할 수 있다. 이는 일반적으로 개발후 증가된 첨두유량의 일부를 단지 내에 저류해야 한다는 것을 뜻한다. 따라서, 일반적으로 유출은 차집을 통해 단지 내 위치한 유수지(detention pond)로 이송되게 된다. 유수지에 저류된 물은 개발 전보다 적은 비율로 하천으로 방류하게 된다. 본 장에서는 지하관망을 통한 우수차집시스템(storm water collection system)의 설계에 대해 다루기로 한다.

16.2.1.1 유량의 산정

우수관거(storm sewer)에 의해 이송될 유량은 일반적으로 다음과 같이 합리식에 의해산정할 수 있다.

$$Q = CIA \tag{16.2}$$

여기서, Q=첨두유량($\mathrm{m^3/s}$), I=강우강도($\mathrm{mm/hr}$), A=유역면적($\mathrm{m^2}$), C=유출계수 이다. FPS단위계를 사용한다면 $I = \mathrm{in/hr}$, $A = \mathrm{acres}$이고, 첨두유량은 식(16.2)에 환산계수을 곱하여 $\mathrm{ft^3/s}$로 나타낼 수 있다. 식(16.2)는 강우강도를 이용하여 직접유량을 구하기 때문에 지면저류나 지체 또는 감쇠효과를 고려할 수는 없다. 이 때문에 합리식은 주로 소유역에 대해 적용되고 있다.

합리식이 적용 가능한 유역면적은 10~3000 acre(즉, $0.04 \sim 12\,\mathrm{km}^2$에 해당)로 제한해야 한다는 의견이 있다(Wurbs and James, 2002). 최근에는 다양한 적용사례를 바탕으로 대략 $0.2\,\mathrm{km}^2$(50 acre에 해당) 이하의 면적에 대하여 적용 가능한 것으로 알려져 있다. 만약 이보다 큰 면적의 유역에 대해 적용하려면, 전체유역을 여러 개의 소유역 단위로 구분하고 소유역별 첨두유량을 산정한 후, 하도추적에 의해 유역 출구점에서의 첨두유량을 산정하도록 권고되고 있다.

합리식은 유역의 전면적이 유출에 기여한다는 조건하에서 유역전반에 걸쳐 동일 강우강도에 의해 유출된 첨두유량이 특정시간에 발생된다는 전제에 기반하고 있다. 여기서 특정시간이란 단순하게 유역 내에서 가장 먼 지점의 유량이 유역출구까지 흘러가는데 필요한 시간을 의미한다. 수문학에서는 이를 도달시간(time of concentration)이라고 정의하고 있다. 물론 도달시간은 유역 내에서 출구까지 가장 긴 거리 L을 평균유속 V로 나눈 L/V로 간단히 구할 수 있다. 그러므로 강우지속기간은 최소한 도달시간과 같아야 하며, 도달시간은 유역내의 식생피복 상태와 지형(유로연장, 지형경사 등)에 큰 영향을 받게 된다. 이제까지 도달시간을 산정하는 다수의 경험공식이 제안되어 왔으며, 이들 중 많은 공식이 Mishra and Singh(2003)에 의해 정리되었다. 가장 널리 쓰이고 있는 오래된 공식 중 하나가 다음의 Kirpich식이다.

$$T_c = \frac{0.06628\, l^{0.77}}{Y^{0.385}} \tag{16.3}$$

여기서, $T_c=$ 도달시간(hr), $l=$ 최장 유로연장(km), $Y=$ 지형경사(m/m)이다. 자주 사용되는 또 다른 공식으로는 지표류(地表流, sheet overland flow)에 대하여 미국자원보전국(NRCS : National Resources Conservation Service)에서 제안한 다음 식이 있다.

$$T_c = \frac{0.007(nl)^{0.8}}{(P_2)^{0.5} S^{0.4}} \tag{16.4}$$

여기서, $n=$ 지표류에 대한 Manning의 조도계수, $l=$ 최장유로연장(ft), $P_2=$ 2년 빈도 24시간 지속기간의 강우(inch), $S=$ 지면경사(ft/ft)이다. 식(16.3)이나 식(16.4)는 환산계수에 의하여 다른 단위체계로 변환할 수 있다. 상기의 두 식은 지표류의 유하거리가 비교적 짧은($\approx 90\,\mathrm{m}$) 경우에 유효한 것으로 밝혀져 있다. 이 책에서의 단위는 SI단위를 중심으로 소개하나 때로는 FPS단위계를 사용하게 되므로, 단위 사용 시에 주의를 요한다.

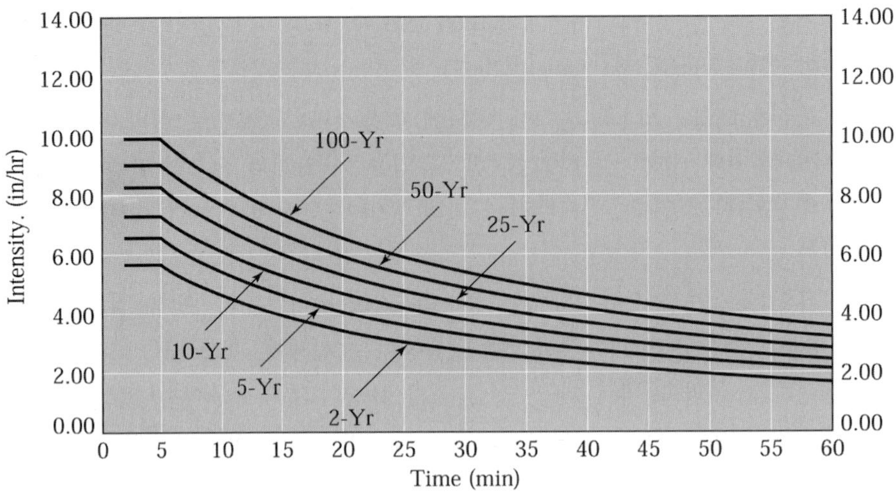

그림 16.1 강우강도-지속기간-빈도(IDF) 곡선(출처 : Source : http://bana.ua.edu~rain)

도달시간은 강우강도(降雨强度)의 선택을 통해 분석할 수 있다. 설계 강우강도는 대상유역의 우량관측 자료로부터 유도된 강우강도-지속기간-빈도(IDF ; intensity-duration-frequency) 관계를 이용하여 도출된다. IDF 곡선은 미국기상국(NWS ; National Weather Service)에 의해 개발되어 제시되었으며, 미국에서는 지방자치단체나 주정부에서 발간한 표준규범 및 지침에서 활용되고 있다. IDF 관계는 대상지역에서 관측된 5분부터 24시간까지의 지속기간별 우량자료에 대해 통계분석을 거쳐 도출되었다. 관측자료에 적합한 확률밀도함수를 결정한 후에 각각의 지속기간별-빈도별 강우량은 확률밀도함수를 이용하여 결정하게 된다. 이들 강우량은 빈도별로 지속기간에 따라 도시되거나 표로 나타내게 된다. 그림 16.1은 일반적인 IDF 곡선을 나타내고 있다. 그림에서 강우강도와 지속기간은 반비례의 관계를 나타내고 있다.

유량계수(C)는 대상유역에 내린 총우량에서 손실량을 제외한 유출량을 의미한다. 따라서 유량계수는 대상유역의 토지피복과 관련이 있으며, 도달시간의 산정에도 자주 이용되고 있다. 토지이용등급에 따른 C값의 기준은 각종 설계기준과 규정은 물론이고 대부분의 수문학 교재에서도 찾을 수 있다. 일반적으로 임야나 공원과 같이 미개발지역에 대해서는 0.15~0.20, 주차장이나 업무지구와 같은 완전히 개발이 이루어진 지역에서는 0.7~0.95의 값이 제시되고 있다.

합리식은 설계강우강도의 지속기간이 대상유역의 도달시간과 최소한 같아야 한다는 가정을 전제로 하고 있다. 이러한 가정 하에 균일한 강우강도를 갖는 강우가 대상유역에 분포하며, 그로 인해 첨두유출량의 발생시간은 유역의 도달시간과 일치하게 된다. 일반적으로 설계기준의 지침에는 설계 시 채택하여야 할 빈도가 제시되어 있다. 일반적으로는 우배수의 설계에서 10년 빈도가 사용되며, 때로는 더 낮은 빈도가 사용되기도 한다.

16.2.1.2 유입구 설계

박류(薄流, sheet flow)와 같은 얕은 수심의 지표면 유출은 반드시 지표면에서 집수되어 우배수용(雨排水用) 유입구에 의해 지하관으로 흐르게 된다. 유입구의 설계와 제원은 몇 가지 유형이 존재한다. 가장 일반적인 형태는 쇠살대 유입구(grate inlet), 연석 유입구(curb inlet), 혼합형 유입구 등이 있다. 쇠살대 유입구(그림 16.2)는 주거지나 주차장, 또는 도로의 갓길 등에 설치되어 주거지 또는 도로표면으로부터 흘러드는 물을 모으게 된다. 대부분 유입구 윗부분에는 쇠살대를 설치하여 이물질에 의한 막힘을 방지하는 것이 일반적이다. 유입구는 한쪽 면이 보도의 연석으로 둘러싸인 길 가장자리에 놓여있는지 아닌지에 따라 3면 유입식과 4면 유입식으로 구분된다. 예를 들어 유입구가 주차장에 설치되었다면 보통 주차지역 사이의 낮은 부분에 설치되게 된다. 그러한 유입구는 종종 집수정 또는 함몰 유입구로 불리며 유입되는 유량을 모두 받아들일 수 있게 설계된다. 연석 유입구(그림 16.3)는 도로를 따라 설치되어 있는 연석의 측면에 단순히 개구부를 뚫은 것으로 집수면이 한 면으로 되어 있다. 개구의 높이는 안전을 고려하여 15 cm를 초과하지 않도록 한다(Wurbs and James, 2002). 혼합형 유입구(그림 16.4)는 연석에 설치되어 연석의 측면에는 연석 유입구와 같이 차단물이 없는 유입구로 되어있지만 아랫면의 도로부분에는 쇠살대를 설치하여 이물질이 투입되는 것을 방지하고 있다. 유입구들은 종종 함몰부가 아닌 평지에 위치하기도 하는데 이런 경우에는 유량의 일부만을 집수하게 될 것이다. 우수 유입구의 설계기준은 미국연방도로관리국(FHWA : Federal Highway Administration)의 Hydraulic Engineering Circular 22(2001)에서 제시하고 있다.

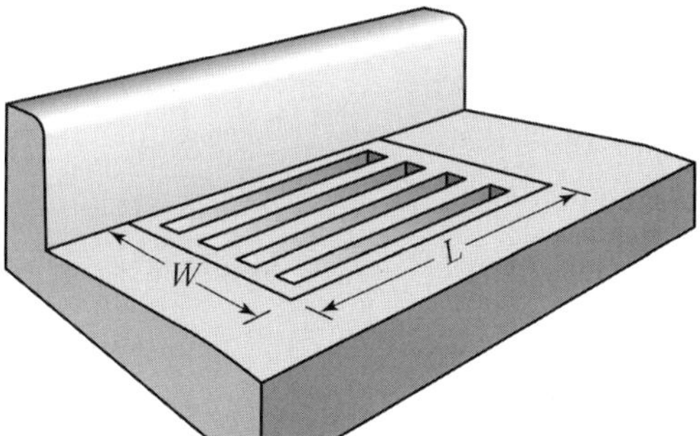

그림 16.2 쇠살대 유입구

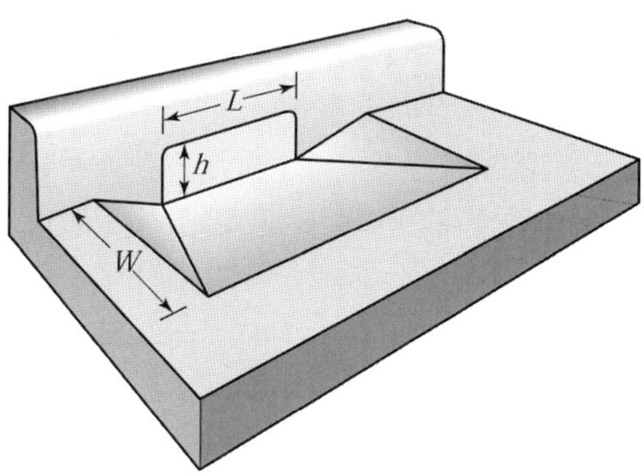

그림 16.3 연석 유입구

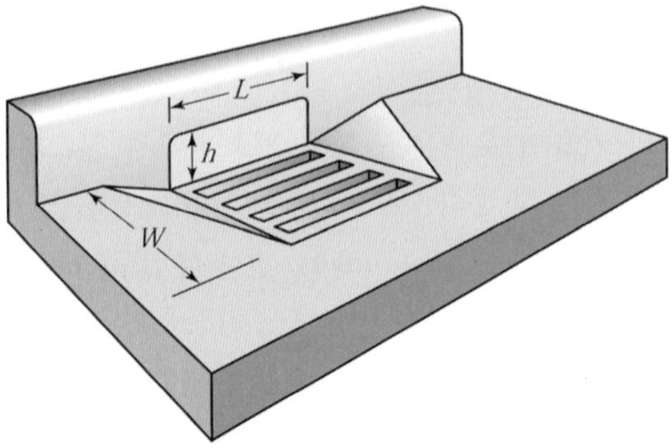

그림 16.4 혼합형 유입구

집수정에 설치된 쇠살대유입구

(1) 집수 유입구(Sump Inlets)

지면위 낮은 장소에 위치한 유입구의 경우, 유입구의 턱을 넘는 물은 광정위어의 흐름 원리로 해석할 수 있다(12장 참조).

$$Q = CLH^{3/2} \tag{16.5}$$

여기서, $L=$ 연결된 위어의 총 길이(유입부의 모든 면), $C=$ 위어계수($C < 3.09$), $H=$ 위어의 높이이다. 끝부분이 축소되는 위어의 기본제원은 그림 16.2~16.4의 L과 W에서 보듯이 위어의 길이가 $L+1.8W$로 설정된다(Wurbs and James, 2002). 이 경우에 위어 수심은 유입구를 통해 배수되는 주차장이나 도로상의 허용 가능한 웅덩이의 깊이가 된다. 유입구는 일반적으로 웅덩이 깊이가 6인치(15.24 cm)를 초과하지 않도록 설계한다. 특히 쇠살대유입구의 경우 이물질에 의해 위어의 일부분이 막히는 문제를 해결하기 위해 폐쇄계수(clogging factor)가 적용되기도 한다. 만일 이물질이 포함된 물이 특정 위치에서 문제를 일으킬 경우에는 위어의 길이를 10% 또는 그 이상으로 줄일 수 있다.

유입량이 매우 클 경우 유입구 턱을 월류하는 위어 흐름은 유입구 개구부 용량을 초과하여 유입구가 잠길 수 있으며 이러한 경우에는 오리피스의 기능을 하게 된다. 이러한 경우에 흐름은 암거를 해석하는 데에 사용되는 오리피스 공식을 적용하게 되며, 웅덩이의 깊이는 오리피스 수심으로 결정할 수도 있다(16.2.3.3 참조).

(2) 쇠살대 유입구(Inlets on Grade)

만일 유입구가 쇠살대의 상부에 놓여있다면, 설계상의 초점은 유입구로 흘러들어올 총 유입량의 크기가 될 것이다. 이때의 비율을 유입구 효율이라고 한다(FHWA, 2001). 만일 유입구가 쇠살대나 혼합형이라면 물은 전면과 측면 모두를 통해 집수될 것이다. 전면부 집수율은 FHWA(2001)에 의해 다음과 같이 제시되어 있다.

$$Q_f = 1 - C_f(V - V_o) \tag{16.6}$$

여기서, Q_f = 전면부 집수율

C_f = 축소계수($\approx$ 0.3, FPS단위인 경우는 $\approx$ 0.1)

V = 유입흐름의 평균유속(L/T)

V_o = 통과유속(유입구로 흐르지 않고 통과할 수 있는 최소유속)

이 때, V_o는 유입구 형상과 지형의 함수이다. 그림 16.5는 FHWA Circular 22(2001)에서 제시된 것으로 다양한 유입구의 제원과 쇠살대 길이, 접근유속 등에 대한 V_o를 나타내고 있으며 식(16.6)에 대한 도해적 해법으로 사용할 수 있다. 측면부 집수율은 다음과 같다.

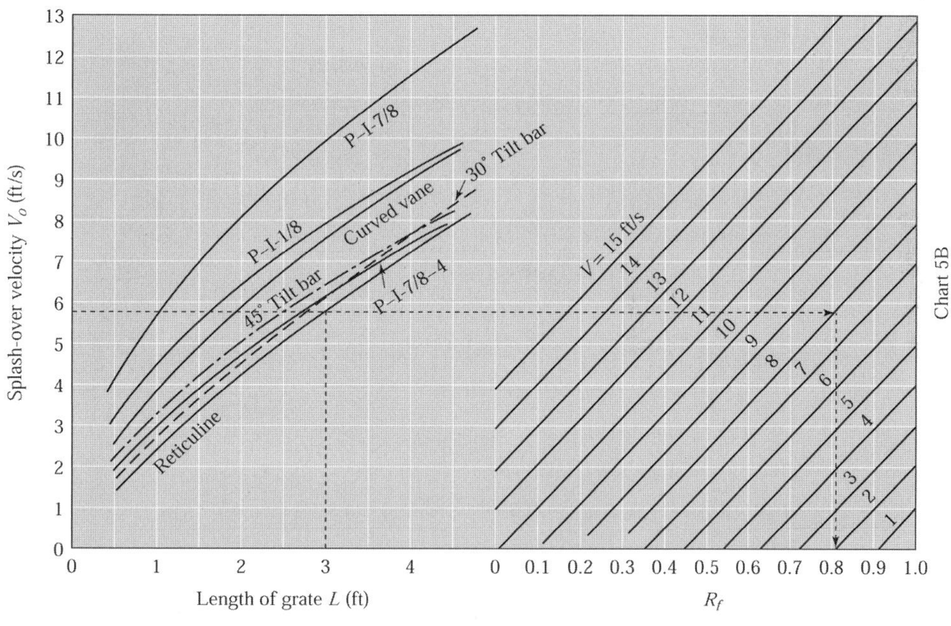

그림 16.5 쇠살대유입구 전면부 집수효율(FHWA, 2001)

연석 유입구

유입구 월류시 거리의 침수

$$Q_s = \frac{1}{\left(1 + \frac{k_s V^{1.8}}{S_o L^{2.3}}\right)} \tag{16.7}$$

여기서, Q_s = 측면부 집수율

k_s = 측면계수 ≈ 0.08(SI단위계) (FPS단위계는 ≈ 0.15)

S_o = 유입구 방향의 노면경사

L = 유입구의 쇠살대 길이

예제 16.2 면적 10ha의 미개발 지역을 쇼핑센터로 개발하려 한다. 여기서 1ha은 $0.01\,km^2$이다. 지형도로부터 관측한 지역특성은 다음과 같다.

길이 = 3,500 m

평균기울기 = 5%

그림 16.1로부터 현재와 미래조건의 C값을 결정하여 이 지역의 10년 빈도 유량을 산정하시오. 또한, 미래조건 유량에 대한 집수정 유입구(sump inlet)를 설계하시오.

풀이

이 지역에 대한 도달시간을 찾기 위해 Kirpich 공식(식16.3)을 이용한다.

$l = 3{,}500\,m = 3.5\,km$, 기울기$(Y) = 5\% = 0.05\,m/m$

$$T_c = \frac{0.06628\,L^{0.77}}{Y^{0.385}} = \frac{0.06628(3.5)^{0.77}}{(0.05)^{0.385}} = 0.55\,hr = 33\,min$$

그림 16.1으로부터, 지속시간 33분에 대한 10년 빈도의 강우강도는 $I = 3.5\,in/hr = 8.89\,cm/hr$이다. 일반적으로 미개발 지역은 $C = 0.25$이므로, $A = 10\,ha = 100{,}000\,m^2$에 대하여 유량을 계산하면 다음과 같다.

$$Q = CIA = 0.25(8.89)(100{,}000)(1/360{,}000) = 0.617\,m^3/s$$

개발지역에 대한 $C = 0.6$을 이용하여 유량을 계산하면,

$$Q = 0.6(8.89)(100{,}000)(1/360{,}000) = 1.48\,m^3/s$$

도달시간 산정을 위한 Kirpich 공식의 단점은 유출시간이 새로운 토지이용 상태를 반영하기 위하여 도달시간을 바꿀 수 없다는 점이다.

유입구의 크기를 계산하기 위해서 광정위어 공식을 적용하면,

$$Q = CLH^{3/2}$$

집수정 깊이(H)를 6in(15.24cm)로 놓고, $C = 3.1$을 이용하면 다음과 같다.

$$1.48 = 3.1\,L(0.15)^{3/2}$$

위어 길이 L을 구하면, $L = 8.22\,m$가 계산된다. 이것으로부터, 끝단 축소를 무시하고, 유입구가 열려 있는 상태라고 가정할 때, 유입구는 대략 $2\,m \times 2\,m$가 된다. 만일, 이러한 요소를 고려한다면 유입구는 조금 더 크게 만들어야 한다. 주차장에서는 한 지점보다 여러 곳에 집수정을 두어 보다 적은 유량을 집수함으로서 더 작은 크기의 유입구를 사용하는 것이 적절할 수 있다.

예제 16.3 예제 16.2에서 언급된 조건을 노상(路上)에 대하여 유입구를 FPS단위계로 설계하시오.

풀이

예제 16.2에서 설계유량은 $1.48\,\mathrm{m^3/s}$이다. 그러나 설계곡선(그림 16.5)은 FPS단위계이기 때문에, 설계유량을 변환하여 $Q=52.3\,\mathrm{cfs}$을 얻을 수 있다. 단일 유입구에 의해 차단되는 유량을 결정하기 위하여 유속을 산정해야 한다. 33분 지속시간에 대한 설계강우강도가 $3.5\,\mathrm{in/hr}$이기 때문에 $C=0.6$으로 하여 유량깊이(y)를 산정하면 다음과 같다.

$$0.6(3.5)=2.1\mathrm{in}$$

이 값은 포장된 주차장에 대하여 유효하다. 다음으로, 유속은 주차장의 흐름을 박류(sheet flow)라 하고 광폭사각형으로 가정하면($y=R$) 다음과 같다.

$$V=\frac{1.49}{n}y^{2/3}S^{1/2}$$

일반적으로 거친 포장의 표면에 대하여 Manning의 조도계수(n)는 0.015이고, 기울기가 0.05이므로 유속(V)은 $6.94\,\mathrm{ft/s}$가 된다. 이제는 그림 16.5에서 제시된 것들 중에 유입구 형태를 선택해야 한다. 만일, 다음 등급의 격자길이인 $3\,\mathrm{ft}$를 선택하면 $V_o=5.8\,\mathrm{ft/s}$가 되고, 식(16.6)을 이용하면 다음과 같다.

$$Q_f=1-C_f(V-V_o)=1-0.1(6.94-5.8)=88.6\%$$

여기서, 식(16.7)에서 주어진 차단된 측방흐름(side flow intercepted)은 다음과 같다.

$$Q_s=\frac{1}{\left(1+\dfrac{k_sV^{1.8}}{S_oL^{2.3}}\right)}=11.3\%$$

여기서, 유입구에 다가오는 흐름을 박류로 가정하였기 때문에 대부분의 흐름이 전면흐름(frontal flow)이 된다고 가정하는 것이 합리적이며, 이 경우 측방차단은 매우 적으므로 고려하지 않는다. 따라서 $3\,\mathrm{ft}$의 단일 창살격자 유입구는 유량의 90%를 조절하게 된다. 원한다면, 창살길이를 단일 창살로 모든 유량을 조절할 수 있도록 늘일 수도 있고, 반대로 창살길이를 줄이고 또 하나의 창살을 추가할 수도 있다.

16.2.1.3 우수관 설계

일반적으로 우수관의 설계는 유량을 최대(즉, 압력흐름)로 하는 것은 바람직하지 않다. 그 이유는, 원형단면에서 물이 가득 찬 상태로 흐르게 되어 관내 압력흐름이 발생한다면 경우에 따라서는 에너지경사선이 상승하여 우수관의 유입구에서 역류할 가능성이 있기 때문이다. 대부분의 설계지침에서는 흐름이 단면의 50%를 초과하지 않도록 규정하고 있으나, 최대치로 80%를 제시하기도 한다(Sturm, 2001).

우수관 설계에서 고려하여야 할 또 다른 조건은 충분한 유속을 확보하는 것이다. 이는 적은 유량에서도 유사나 다른 물질들을 소통시킴으로써 관의 폐쇄가 일어나지 않을 정도로 하기 위해서이다. 과거의 경험에 의하면, 유속이 $2\,\mathrm{ft/s}\,(0.61\,\mathrm{m/s})$를 초과하면 충분하다고 보며, 3 ft/s (0.91 m/s) 정도의 유속을 권고하기도 한다(ASCE, 1982 ; Sturm, 2001). 당연히 최소유속은 최소유량에서 결정된다. 따라서 최대유량이 관 단면의 50%(또는 80%)를 초과하지 않고, 최소유량에서 적어도 2(또는 3) ft/s 의 유속이 가능하도록 관의 크기와 재질을 선택하여야 한다.

우수관의 설계는 먼저 최대설계유량 조건에 부합하는 관의 크기를 선택하여야 하며 Manning 공식을 적용하여 구할 수 있다.

$$Q=\frac{1}{n}AR^{2/3}S^{1/2} \quad \text{(SI단위계)} \tag{16.8}$$

원형단면에 대하여 관의 직경이 D 일 때, $A=\dfrac{\pi D^2}{4}$ 이고 $R=\dfrac{D}{4}$ 가 되므로,

$$\begin{aligned} Q&=\frac{1}{n}\frac{\pi D^2}{4}\left(\frac{D^{2/3}}{4^{2/3}}\right)S^{1/2} \\ &=\frac{1}{n}(0.312)D^{8/3}S^{1/2} \end{aligned}$$

D 에 관해서 풀면 다음과 같다.

$$\begin{aligned} &D=1.55\left(\frac{Qn}{S^{1/2}}\right)^{3/8} \quad \text{(SI단위계)} \\ &\text{또는 } D=1.55\left(\frac{Qn}{(1.49)\,S^{1/2}}\right)^{3/8} \quad \text{(FPS단위계)} \end{aligned} \tag{16.9}$$

대부분의 우수관이 콘크리트관을 사용하지만 강관(steel pipe)과 PVC관을 사용하기도 한다. 파이프 재질의 선택은 수명, 유지보수, 비용 등의 조건에 달려 있다. 일반적으로는 콘크리트가 가장 무난한 선택이라 할 수 있다.

다음 단계는 선택된 관에 대한 등류수심을 계산하여야 한다. 등류수심은 사각형 또는 사다리꼴 단면의 경우에 사용하는 방법과 유사한 방식으로 계산할 수 있다. 먼저 Manning 공식을 다음과 같이 변형할 수 있다.

$$\begin{aligned} &AR^{2/3}=\frac{nQ}{S^{1/2}} \quad \text{(SI단위계)} \\ &AR^{2/3}=\frac{nQ}{1.49\,S^{1/2}} \quad \text{(FPS단위계)} \end{aligned} \tag{16.10}$$

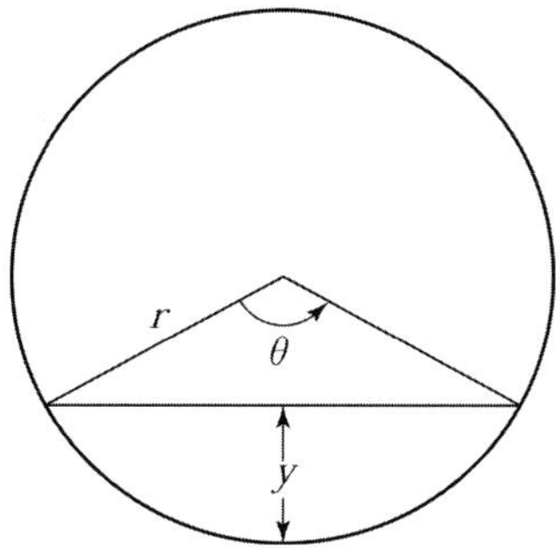

그림 16.6 우수관거의 단면 선택

보다 자세한 이해를 돕기 위해 그림 16.6을 예로 들자. 먼저 <표 10.1>에 의해 각 θ를 다음과 같이 계산한다.

등류수심 y_o에 대하여 $\theta = 2\cos^{-1}\left(1 - 2\frac{y_o}{D}\right)$ radian

다음은 <표 10.1>에 의해 단면적과 윤변을 계산한다.

$$A = (\theta - \sin\theta)\frac{D^2}{8}\ ,\ \ P = \theta\frac{D}{2}$$

등류수심의 해는 y/D를 가정하고 식(16.10)의 좌항을 계산하여 고정된 값인 우항과 비교하는 과정의 반복계산에 의해 구하게 된다. 이 절차는 스프레드시트에 의해 해를 구하는 것이 편리할 수 있다. 일단 등류수심이 구해진 후, y/D가 필요한 값을 초과한다면 이 값을 해로 결정할 수 있다. 이 외에도 유속과 한계수심 등, 필요한 수리학적 특성값들도 설계가 적절한지 결정하기 위한 비교로서 계산될 수 있다. 계산된 등류수심으로 최소유량을 예측할 수 있으며, 최소유량일 때의 단면적과 유속을 계산할 수 있다. 만일 유속이 너무 작아서 적절치 않다면 더 작은 관이 선택되어야 할 것이며, 이는 곧 최대유량의 조건에도 영향을 미치게 된다. 이 과정은 관의 크기가 상기 두 가지 조건을 모두 만족시킬 때까지 계속하여야 한다.

만일 비원형관이 사용된다면, 관의 크기는 위에서 주어진 것과 같이 직접적으로 결정될 수 없다. 배수나 암거로 사용되는 비원형관은 일반적으로 타원형이나 아치형 단면을 가진다. 이러한 형상의 단면들은 원형단면과 같이 간단하지 않기 때문에 각종 관들에 대한 형상적 특성과 배수용량이 사전에 시험되어 제시되고 있다. 예를 들어, 미국 콘크리트관협회(ACPA : American Concrete Pipe Association)는 타원형 및 아치형 콘크리트관에 대한 콘크리트관 지침서를 출판하였다(APCA, 2000). 일반적으로 비원형관은 지반의 두께가 매우 얕거나 관에 가해지는 하중이 매우 큰 곳에서 주로 사용되며, 이러한 곳은 원형관을 사용하기가 힘들다. 그림 16.7은 전형적인 타원형관 설치형태를 보여주고 있다. 가장 일반적인 설치형태는 관 상부의 지반조건을 고려한 수평적 배치이다. 각종 크기의 타원형관에 대한 형상적 관계가 <표 16.1>에 제시되어 있으며, <표 16.2>는 수리학적 특성치를 나타내고 있다. 아치형관은 타원형관과 비슷한 상황에서 사용되지만 아치형관이 상부지반 특성과 하중특성에 대해 더 유리하다. 그림 16.8은 전형적인 아치형관의 단면을 보여주고 있으며 <표 16.3>과 <표 16.4>는 각각 단면형상과 수리학적 특성치를 나타내고 있다.

비원형 단면은 관의 수리학적 특성치에도 중요한 영향을 미친다. 물론 마찰손실은 <표 16.2>와 <표 16.4>에 주어진 관의 실제 동수반경을 사용하여 Manning 공식으로부터 계산될 수 있다.

표 16.1 타원형 콘크리트관의 규격과 중량

ASTM C 507-Reinforced Concrete Elliptical Culvert, Storm Drain and Sewer Pipe					
Equivalent Round Size, inches	Minor Axis, inches	Major Axis, inches	Minimum Wall Thickness, inches	Water-Way Area, square feet	Approximate Weight, pounds per foot
18	14	23	$2\frac{3}{4}$	1.8	195
24	19	30	$3\frac{1}{4}$	3.3	300
27	22	34	$3\frac{1}{2}$	4.1	365
30	24	38	$3\frac{3}{4}$	5.1	430
33	27	42	$3\frac{3}{4}$	6.3	475
36	29	45	$4\frac{1}{2}$	7.4	625
39	32	49	$4\frac{3}{4}$	8.8	720
42	34	53	5	10.2	815
48	38	60	$5\frac{1}{2}$	12.9	1000
54	43	68	6	16.6	1235
60	48	76	$6\frac{1}{2}$	20.5	1475
66	53	83	7	54.8	1745
72	48	91	$7\frac{1}{2}$	29.5	2040
78	63	98	8	34.6	2350
84	68	106	$8\frac{1}{2}$	40.1	2680
90	72	113	9	46.1	3050
96	77	121	$9\frac{1}{2}$	52.4	3420
102	82	128	$9\frac{3}{4}$	59.2	3725
108	87	136	10	66.4	4050
114	92	143	$10\frac{1}{2}$	74.0	4470
120	97	151	11	82.0	4930
132	106	166	12	99.2	5900
144	116	180	13	118.6	7000

표 16.2 타원형 콘크리트관의 흐름 특성계수값

Pipe Size $R\times S(HE)$ $S\times R(VE)$ (Inches)	Appoximate Equivalent Circular Diameter (Inches)	A Area (Square Feet)	R Hydraulic Radius (Feet)	Value of $C_1=\frac{1.486}{n}\times A\times R^{3/4}$			
				$n=0.010$	$n=0.011$	$n=0.012$	$n=0.013$
14×23	18	1.8	0.367	138	125	116	108
19×30	24	3.3	0.490	301	274	252	232
22×34	27	4.1	0.546	405	386	339	313
24×38	30	5.1	0.613	547	497	456	421
27×42	33	6.3	0.686	728	662	607	560
29×45	36	7.4	0.736	891	810	746	686
32×49	39	8.8	0.812	1140	1036	948	875
34×53	42	10.2	0.875	1386	1260	1156	1067
38×60	48	12.9	0.969	1878	1707	1565	1445
43×68	54	16.6	1.106	2635	2395	2196	2027
48×76	60	20.5	1.229	3491	3174	2910	2686
53×83	66	24.8	1.352	4503	4094	3753	3464
58×91	72	29.5	1.475	5680	5164	4734	4370
63×98	78	34.6	1.598	7027	6388	5856	5406
68×106	84	40.1	1.721	8560	7790	7140	6590
72×113	90	46.1	1.845	10300	9365	8584	7925
77×121	96	52.4	1.967	12220	11110	10190	9403
82×128	102	59.2	2.091	14380	13070	11980	11060
87×136	108	66.4	2.215	16770	15240	13970	12900
92×143	114	74.0	2.340	19380	17620	16150	14910
97×151	120	82.0	2.461	22190	20180	18490	17070
106×166	132	99.2	2.707	28630	26020	23860	22020
116×180	144	118.6	2.968	36400	33100	30340	28000

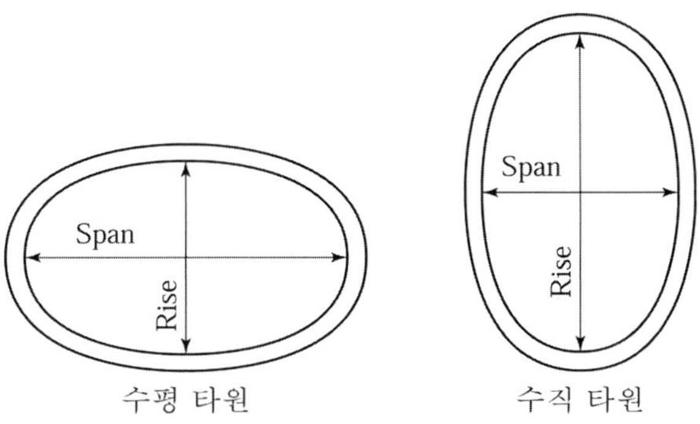

그림 16.7 타원형관의 배치

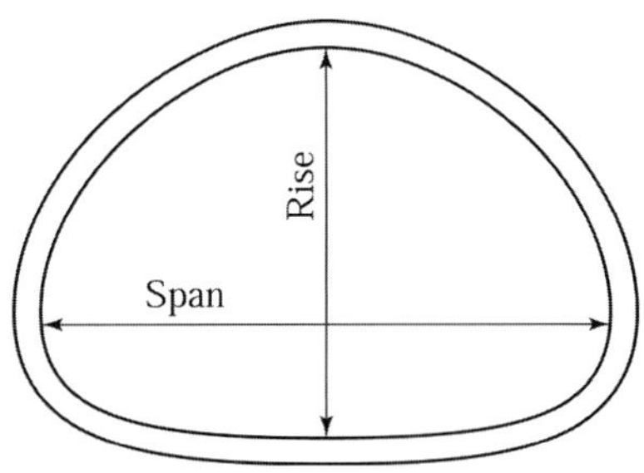

그림 16.8 아치형관의 단면

표 16.3 아치형 콘크리트관의 규격과 중량

ASTM C 506–Reinforced Concrete Arch Culvert, Storm Drain, and Sewer Pipe					
Equivalent Size, inches	Minimum Rise, inches	Minimum Span, inches	Minimum Wall Thickness, inches	Water–Way Area square feet	Approximate Weight, pounds per foot
15	11	18	$2^1/_4$	1.1	–
18	$13^1/_2$	22	$2^1/_2$	1.65	170
21	$15^1/_2$	26	$2^3/_4$	2.2	225
24	18	$28^1/_2$	3	2.8	320
30	$22^1/_2$	$36^1/_4$	$3^1/_2$	4.4	450
36	$26^5/_8$	$43^3/_4$	4	6.4	595
42	$31^5/_{16}$	$51^1/_8$	$4^1/_2$	8.8	740
48	36	$58^1/_2$	5	11.4	880
54	40	62	$5^1/_2$	14.3	1090
60	45	73	6	17.7	1320
72	54	88	7	25.6	1840
84	62	102	8	34.6	2520
90	72	115	$8^1/_2$	44.5	2750
96	$77^1/_4$	115	9	51.7	3110
108	$87^1/_8$	138	10	66.0	3850
120	$96^7/_8$	154	11	81.8	5040
132	$106^1/_2$	$168^3/_4$	10	99.1	5220

표 16.4 아치형 콘크리트관의 흐름 특성계수값

Pipe Size $R \times S$	Approximate Equivalent Circular Diameter (Inches)	A Area (Square Feet)	R Hydraulic Radius (Feet)	Value of $C_1 = \frac{1.486}{n} \times A \times R^{2/3}$			
				$n=0.010$	$n=0.011$	$n=0.012$	$n=0.013$
11×18	15	1.1	0.25	65	59	54	50
$13^1/_2 \times 22$	18	1.6	0.30	110	100	91	84
$15^1/_2 \times 26$	21	2.2	0.36	165	150	137	127
$18 \times 28^1/_2$	24	2.8	0.45	243	221	203	187
$22^1/_2 \times 36^1/_4$	30	4.4	0.56	441	401	368	339
$26^5/_8 \times 43^3/_4$	36	6.4	0.68	736	669	613	566
$31^5/_{16} \times 51^1/_8$	42	8.8	0.80	1125	1023	938	866
$36 \times 58^1/_2$	48	11.4	0.90	1579	1435	1315	1214
40×65	54	14.3	1.01	2140	1945	1783	1646
45×73	60	17.7	1.13	2851	2592	2367	2193
54×88	72	25.6	1.35	4641	4219	3867	3569
62×102	84	34.6	1.57	6941	6310	5784	5339

Pipe Size $R \times S$	Approximate Equivalent Circular Diameter (Inches)	A Area (Square Feet)	R Hydraulic Radius (Feet)	Value of $C_1 = \frac{1.486}{n} \times A \times R^{2/3}$			
				$n=$ 0.010	$n=$ 0.011	$n=$ 0.012	$n=$ 0.013
72 × 115	90	44.5	1.77	9668	8789	8056	7436
77 1/4 × 122	96	51.7	1.92	11850	10770	9872	9112
87 1/8 × 138	108	66.0	2.17	16430	14940	13690	12640
96 7/8 × 154	120	81.8	2.42	21975	19977	18312	16904
106 1/2 × 168 3/4	132	99.1	2.65	28292	25720	23577	21763

예제 16.4 기울기가 1%인 5-acre 면적을 쇼핑센터로 개발할 예정이다. 개발후 유출계수(C)가 0.85이고 10년 빈도 설계 강우강도가 3.7in/hr라 가정할 때, 이 유량을 소통할 수 있도록 콘크리트 우수관의 최적크기를 결정하고, 최소유량 2cfs에 대하여 설계하시오. 본 문제는 FPS단위를 이용하도록 한다.

풀이

최대유량의 경우 : $Q = CIA = 0.85(3.7)(5) = 15.7\,\text{cfs}$

따라서, $Q_{\max} = 15.7\,\text{cfs}$, $Q_{\min} = 2\,\text{cfs}$, $S = 1\%$, 콘크리트관($n = 0.012$).

우선, 초기직경을 계산하면 다음과 같다.

$$D = 1.55\left(\frac{Qn}{(1.49)S^{1/2}}\right)^{3/8} = 1.55\left(\frac{15.7(0.012)}{(1.49)(0.01)^{1/2}}\right)^{3/8} = 1.69\,\text{ft} \text{ 또는 } 20.28\,\text{in}$$

반올림하여 이용 가능한 가장 근접한 관은 21in가 된다.

다음은 선택한 관에 대한 등류수심을 계산한다.

$$AR^{2/3} = \frac{nQ}{1.49S^{1/2}} = \frac{0.012(15.7)}{1.49(0.01)^{1/2}} = 1.26$$

$y_o/D = 0.8$(허용최대치)을 가정하면,

$$\theta = 2\cos^{-1}\left(1 - 2\frac{y_o}{D}\right) = 4.429\,\text{rad}$$

따라서

$$A = (\theta - \sin\theta)\frac{D^2}{8} = 2.06\,\text{ft}^2,\ P = \theta\frac{D}{2} = 3.875\,\text{ft},\ R = \frac{A}{P} = 0.53\,\text{ft}\text{이 되고,}$$

$AR^{2/3} = 2.06(0.53)^{2/3} = 1.35$이 된다.

여기서, 가정된 깊이비(y_o/D)로 계산된 값이 문제에서 주어진 유량, 기울기, 조도계수로부터 구한 값보다 크다는 것을 알 수 있다. 따라서 가정된 값은 실제 깊이보다 크며 등류수심은 관직경의 80%보다 작다는 것을 확인할 수 있다.

다음 단계로 등류수심을 구한다.

$y_o/D = 0.7$로 가정하면, $\theta = 3.96\,\text{rad}$, $A = 1.8\,\text{ft}^2$, $P = 3.465\,\text{ft}$, 이때 $AR^{2/3} = 1.16$이 되

고, 이 값은 너무 작은 값이다. $y_o/D=0.75$로 가정하면, $\theta=4.19\,\text{rad}$, $A=1.935\,\text{ft}^2$, $P=3.666\,\text{ft}$, 이때 $AR^{2/3}=1.26$이 되고, 이 값은 일치한다. 결과적으로, $y_o=(0.75)(1.75)=1.31\,\text{ft}$가 된다.

여기에서 구한 수심이 사류(射流)가 되는지 확인이 필요하다. 그림 12.9을 이용하여 다음을 계산한다.

$$\frac{Q}{\sqrt{g}\,D^{5/2}}=\frac{15.7}{\sqrt{g}\,(1.75)^{5/2}}=0.68$$

그림 12.9에서 $y_c/D=0.82$ 또는 $y_c=1.43\,\text{ft}$임을 알 수 있다. 등류수심 1.31 ft는 사실상 사류가 된다. 본 예제에서 관의 내부에 사류가발생한다는 사실은 고려할 수도 있고 않을 수도 있다. 만일 우수관 유출구가 자유수면이고, 도수가 관내부에서 발생되지 않는다면, 유출구는 발생되는 사류속도를 조절할 수 있도록 설계되어지며, 그때는 사류조건을 수용할 수 있다. 그렇지 않다면 상류(常流) 조건에서 관이 운영되도록 재설계해야 한다.

다음은 최소유량의 조건을 확인하기 위해, 최소유량 2 cfs에 대한 등류수심을 다음과 같이 찾아야 한다.

$$AR^{2/3}=\frac{nQ}{1.49S^{1/2}}=\frac{0.012(2)}{1.49(0.01)^{1/2}}=0.16$$

$y_o/D=0.2$을 가정하면, $\theta=2\cos^{-1}\left(1-2\dfrac{y_o}{D}\right)=1.85\,\text{rad}.$

따라서, $A=(\theta-\sin\theta)\dfrac{D^2}{8}=0.342\,\text{ft}^2$, $P=\theta\dfrac{D}{2}=1.618\,\text{ft}$, $R=\dfrac{A}{P}=0.21\,\text{ft}$이 된다.

이때, $AR^{2/3}=0.12<0.16$이다. 다시 $y_o/D=0.25$로 가정하면, $\theta=2.09\,\text{rad}$, $A=0.47\,\text{ft}^2$, $P=1.828\,\text{ft}$, $R=0.257\,\text{ft}$. 여기서, $AR^{2/3}=0.20>0.16$이 된다. $y_o/D=0.225$로 가정하고 이에 따라, $\theta=1.977\,\text{rad}$, $A=0.405\,\text{ft}^2$, $P=1.729\,\text{ft}$, $R=0.234\,\text{ft}$. 이때, $AR^{2/3}=0.153\approx0.16$이 되고 가정을 수용한다. 여기서, $V=Q/A=4.94\,\text{ft/s}$이 되고, 이 값은 관내의 자동세척 목적을 위하여 허용될 수 있다.

예제 16.5 예제 16.4의 상황에서 사용될 수 있는 등가 아치관(equivalent arch pipe)을 구하시오.

풀이

예제 16.4에서 구한 21 in 원형콘크리트관은 조건을 만족하였다. <표 16.4>를 이용하여 콘크리트 등가 아치관은 26 in 암거폭, 15.5 in 높이를 가지는 것을 알 수 있다. 관의 면적은 2.2 ft^2이고, 동수반경(動水半徑)은 0.36 ft가 된다. 여기서, 관을 가득채운 유량은 Manning 공식으로부터 알 수 있다.

$$Q=\frac{1.49}{n}AR^{2/3}S_o^{1/2}=\frac{1.49}{0.012}2.2(0.36)^{2/3}(0.01)^{1/2}=13.8\,\text{cfs}$$

관의 계산된 유량이 15.7 cfs의 설계유량보다 작기 때문에 보다 큰 관을 선택해야 한다. 다음 크기의 관(암거폭 = 28.5 in, 높이 = 18 in)을 선택하여 Manning 공식에 의해 유량을 계산하면 20.4 cfs가 된다. 이때, 관을 가득채운 유량이 설계유량 15.7 cfs보다 크기 때문에 설계호우기간 동안 가득차서 흐르지는 않을 것이다. 실제로 설계유량이 관을 가득채운 유량의 약 76% 정도이므로, 80% 이상 흐르지 않아야 된다는 조건을 만족하게 된다.

16.2.2 암거

암거의 설계와 분석은 실무에서 토목기술자들이 직면한 가장 중요한 문제이다. 암거설계는 고속도로 건설뿐만 아니라 단지개발과 댐 설계에 있어서도 중요하다. 암거는 홍수조절이나 지체저류를 위한 저류지(貯留池)의 유출구조물로 많이 사용되고 있다. 본 절에서 암거의 수리학적 이론은 홍수량 배제를 위해 건설된 암거의 설계사례를 참고하여 설명하도록 한다. 본 절에서는 암거내의 흐름이 단순히 등류수심일 정도의 저유량(低流量)인 경우는 다루지 않는다.

홍수시 암거의 기능은 기본적으로 그림 16.9에 나타난 것과 같이 제방의 상류측 수위에 의해 형성되는 수두에 의해 유동하는 폐쇄관과 같다. 일반적으로, 암거의 수리학적 통제(control, 統制)는 유입구, 통관(암거본체), 방류구 등 세 부분으로 구분하여 해석할 수 있다. 만일 흐름의 통제가 방류구나 암거통관에서 이루어진다면 암거내의 흐름은 단면을 가득 채워 압력흐름이 된다. 문헌에 의하면 이들의 유형이 비슷하기 때문에 방류구와 통관을 통제하는 경우를 하나로 통합하여 방류구 통제로 언급하는 경우가 많다. 특히 도로설계나 댐건설과 같은 대부분의 실제 경우에서 암거는 설계유량이 가득차서 배수하도록 설계된다. 물론 압력흐름인 경우의 암거를 통한 유속은 오리피스식으로 구할 수 있다.

$$V = \sqrt{\frac{2gH}{k}} \tag{16.11}$$

원형관의 유량은 다음과 같이 구할 수 있다.

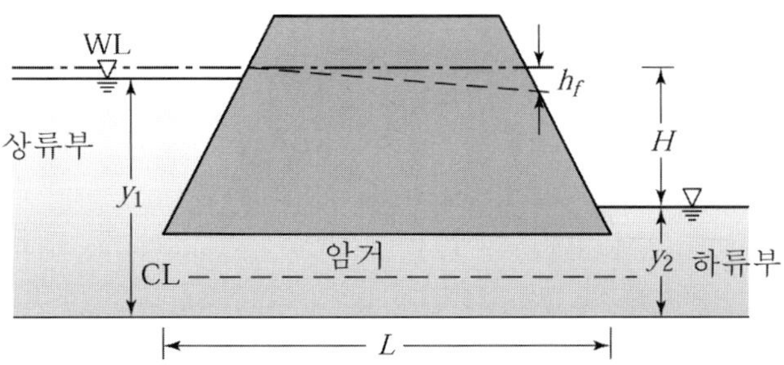

그림 16.9 폐쇄도관으로서 작용하는 암거

$$Q = A\sqrt{\frac{2gH}{k}} = \frac{\pi D^2}{4}\sqrt{\frac{2gH}{k}} \tag{16.12}$$

여기서, D= 암거직경, g= 중력가속도, H= 암거수두, k= 속도수두에 대한 총에너지 손실계수이다. 손실계수는 유입손실, 유출손실 그리고 암거통관에서의 마찰손실의 합이다. 위의 식은 다음 식으로 표시되어 사용되기도 한다.

$$Q = CA\sqrt{2gH} \tag{16.12a}$$

여기서, 손실계수 $C = \sqrt{1/k}$ 이다. 가득찬 흐름 상태에서의 C값은 0.7에서 0.9의 값을 갖는 것으로 알려져 있다(Corps of Engineers 미육군 공병단, 1982). 암거의 수두는 상류부 에너지와 하류부 통제(control)의 차에 의해 계산된다. 그러므로 이러한 경우는 적절한 통제를 결정하는 하나의 문제로 축소되게 된다.

16.2.2.1 방류수 통제시의 암거흐름

만일 암거가 그림 16.10에서 보는 바와 같이 방류구 하류수위로 인해 압력흐름이 형성된다면 암거는 방류수 통제를 받고 있다고 말할 수 있다. 그렇지만, 이 때의 하류수위는 통제해야 할 방류구를 실제로 만수시킬 정도는 아니다. 일반적인 가정은 방류수의 수위가 방류구 중심선보다 위쪽에 있다면 암거는 방류수 통제를 받게 된다는 것이다. 한편, 미국 연방도로국(FHWA, 1985)에서는 방류수의 통제수심보다 엄격한 값이라 할 수 있는 $(y_c + D)/2$ (여기서, y_c= 암거의 한계수심, D= 암거직경)를 사용할 것을 권고하고 있다. 암거의 수두는 에너지경사선의 차이보다는 상류부 수위와 방류수의 수위차에 의해 계산하는 것이 더 일반적이다. 이렇게 근사적 방법이 사용되는 것은 상류의 유속수두가 방류수의 유속수두에 비해 매우 작다고 가정하기 때문이다.

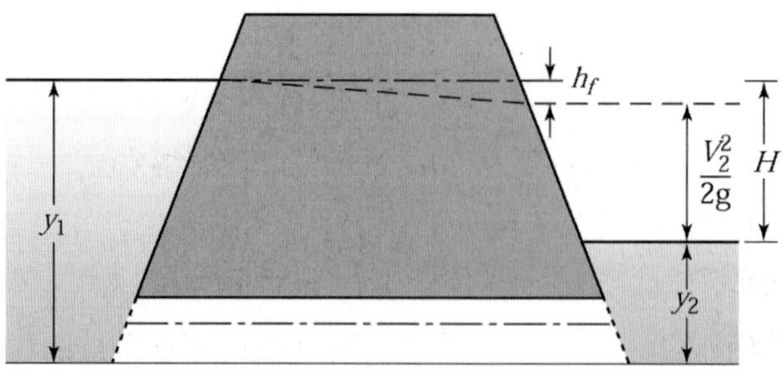

그림 16.10 방류수 통제를 받는 암거

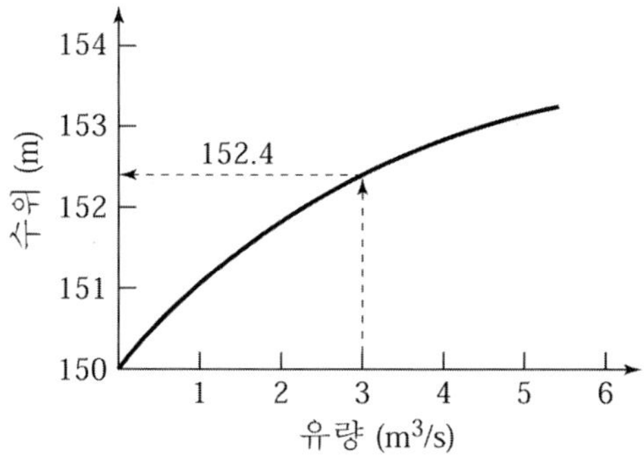

그림 16.11 방류수위-유량 관계곡선

암거를 해석함에 있어서 첫 번째 단계는 암거 방류구의 하류부 하도수심(또는 수위)을 계산하는 일이 될 것이다. 이를 위해서는 암거의 방류구 수위에 영향을 미치는 하류부의 급경사 수로(초크 등)와 같은 통제(control) 뿐만 아니라 수로의 상태에 대한 정보도 필요하다. 그러므로, 기술자가 방류구 지점에서 흐름상의 통제를 결정하기 위해서는 충분한 거리의 하류하도를 미리 조사하여야 한다. 만약 암거 주위에 통제가 없다면, 흐름은 수로에 의해 통제될 것이고 등류수심이 수면형을 계산하는 데에 사용될 것이다. 그러나 하류에 통제가 존재한다면 수면곡선은 15장에서 설명한 방법들에 의해 하류통제로부터 상류방향으로 암거가 위치한 곳까지 계산되어야 할 것이다. 통상적인 방법은 등류수심 또는 수면곡선을 이용하여 암거의 방류구에서 하도에 대한 방류수위-유량 관계곡선을 도출하는 것이다. 방류수위-유량 관계곡선이 그림 16.11에 나타나 있다. 이 곡선은 암거내에 흐르는 각종 크기의 유량과 방류수심간의 관계를 결정하는 것뿐만 아니라 하류수심이 암거 방류구에서 통제수심을 초과하여 암거를 방류수 통제로 하는 지점을 결정하는 데에 사용될 수 있다.

일반적으로 암거내의 설계유량을 바탕으로 상류부 수위를 계산하는 것은 기존 암거는 물론이고 새로운 암거의 설계 시 일부분으로 수행될 수 있다. 방류수위-유량 관계곡선은 하류하도에서의 수위를 결정하는데 사용되며, 암거의 방류구에서 통제수위를 초과하지 않는다고 가정하면 다음의 절차대로 수행된다. Q를 설계유량이라고 한다면,

$$Q = \frac{\pi D^2}{4}\sqrt{\frac{2gH}{k}} \tag{16.13}$$

이때 암거의 길이와 재질을 알고 있다고 가정하면 손실계수 k는 다음과 같이 계산된다.

$$k = k_{ent} + k_{exit} + k_f \tag{16.14}$$

여기서, $k_{ent}=$ 유입손실계수, $k_{exit}=$ 유출손실계수, $k_f=$ 마찰손실계수이다. 유입구에서의

마찰외 에너지손실(minor energy loss)은 유입구 형상관 관계되는 함수이다. 만일 유입구가 제방이나 도류벽(導流壁, head wall)과 같은 높이라면 $k_{ent} = 0.1$(COE 미 공병단, 1982), 또는 0.2(Roberson et al., 1988)이다. 돌출된 유입구에서 손실계수는 증가하는데, 암거로 유입시 유선의 간섭현상으로 인해 유효단면이 감소하기 때문이다(8장에서 설명하였으며 그림 8.5를 참조). 돌출정도와 돌출부위가 직각형인지 곡선형인지에 따라 손실계수는 0.3에서 0.9정도가 적당하다(COE, 1982). 일반적으로 곡선형 유입구는 상대적으로 낮은 손실계수를 갖는다. 암거 출구와 관련된 손실은 보통 방류구 통제단에 있는 암거에서 손실계수가 1이므로 속도수두와 같다. 그러므로 동일한 높이에서 곡선형 유입구는 다음과 같은 총손실계수를 갖게 된다(COE, 1982).

$$k = 1.1 + k_f$$

마찰손실계수는 8장에서 제시한대로 거친관에서 흐르는 발달된 난류에 대한 Manning 공식을 이용하여 결정할 수 있다. 이런 조건에서는 마찰손실 $k_f(V^2/2g)$을 Manning 공식에 의해 구한 값과 동일하게 놓을 수 있다.

$$k_f \frac{V^2}{2g} = S_f L \tag{16.15}$$

여기서, L은 암거 길이, S_f는 Manning 공식으로부터 구한 마찰경사이다.

따라서 SI단위계를 사용하면,

$$S_f = \frac{n^2 V^2}{R^{4/3}} \tag{16.16}$$

그러므로

$$\begin{aligned} k_f &= \frac{S_f L 2g}{V^2} = \frac{\frac{n^2 V^2}{R^{4/3}} L 2g}{V^2} \\ &= \frac{n^2 L 2g}{R^{4/3}} \end{aligned} \tag{16.17}$$

SI단위계를 사용할 때 식(16.17)은 다음과 같다.

$$k_f = \frac{19.62 n^2 L}{R^{4/3}} \tag{16.18}$$

반면에 FPS단위계를 사용하면 단위환산계수 1.49를 제곱하여야 하며,

$$k_f = \frac{29.1n^2L}{R^{4/3}} \tag{16.19}$$

k_f에 대해서 식(16.18)를 사용하면 총손실계수는 다음과 같다.

$$k = 1.1 + \frac{19.62n^2L}{R^{4/3}} \tag{16.20}$$

그러므로 암거에 흐르는 유량은 다음의 식으로부터 계산될 수 있다.

$$Q = A\sqrt{\frac{2gH}{1.1 + \dfrac{19.62n^2L}{R^{4/3}}}} \tag{16.21}$$

가장 일반적으로 사용되는 암거는 철근콘크리트관(RCP: reinforced concrete pipe)과 파형금속관(CMP : corrugated metal pipe)이며 강철과 같은 다른 재료들이 사용되기도 한다. 앞절에서 설명한 바와 같이, 상부의 피복두께가 얇거나 구조적 하중으로 인해 원형암거가 적합하지 않은 곳에서는 비원형관(타원형 또는 아치형)이 사용된다. 이러한 관들의 규격과 중량, 그리고 수리학적 특성들이 <표 16.1>~<표 16.4>에 주어져 있다. 몇몇 재료들에 대한 Manning의 조도계수 n은 <표 16.5>에 나타나 있다. 타원형과 아치형 관에 대한 유입손실계수는 원형관과 비슷한 값을 가진다.

표 16.5 각종 재료별 암거의 Manning의 조도계수

Culvert Material	n Value
Reinforced concrete pipe	
new, smooth finish	0.011~0.012
old, unfinished, rough	0.013~0.017
Concrete box	0.014~0.018
Corrugated metal pipes	
2.66×0.5 in corrugations	0.022~0.027
6×1 in corrugations	0.022~0.025
5×1 in corrugations	0.025~0.026
3×1 in corrugations	0.027~0.028
Cast iron	
good condition	0.011~0.012
poor condition	0.013~0.015
Riveted steel	0.017~0.020

예제 16.6 그림 16.12와 같이 10m 길이의 원형 철근콘크리트관(RCP : reinforced concrete pipe) 암거가 제방 아래를 횡단하고 있다. 암거의 직경은 1m이고 유출부의 바닥은 150m이다. 설계유량 $3\text{m}^3/\text{s}$에 대하여, 그림 16.11에 제시된 방류수위-유량곡선(tailwater rating curve)를 이용하여 암거가 하류부 수심조절(tailwater control)이 되는지를 결정하고, 상류부 수위(headwater elevation)를 구하시오.

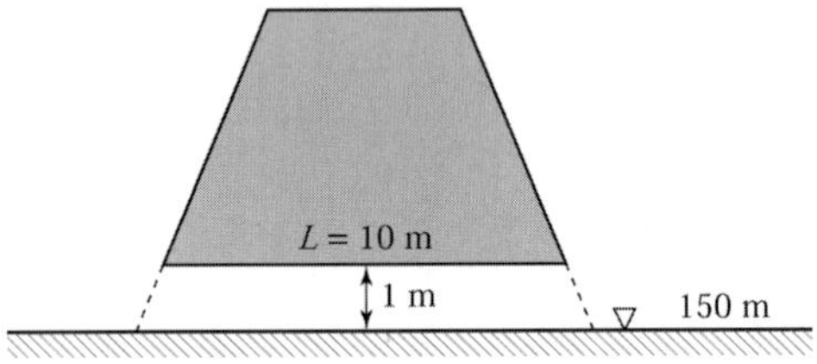

그림 16.12 예제 16.6에 대한 암거

풀이

방류수위-유량곡선을 이용하여, 설계유량 $3\text{m}^3/\text{s}$에 대하여 하류부 수심이 약 152.4m임을 알 수 있다. 암거의 중심선은 $150\text{m}+D/2$이므로, 직경 $D=1\text{m}$에 대한 중심선은 150.5m이다. 다른 방법으로, 그림 12.9에 주어진 연구결과를 이용하면, 암거에 대한 한계수심은 약 0.8m된다. 여기서, FHWA의 기준, $\dfrac{y_c+D}{2}$은 0.9m(또는 수위 150.9m)와 같다. 결과적으로, 하류수심은 암거중심선이나 FHWA의 조절수위보다 위에 있게 되어, 사실상 유출구는 모두 물에 잠기게 된다. 따라서, 암거는 하류부 수심조절에 관여하게 되며 암거면적은 다음과 같다.

$$A=\pi D^2/4=0.785\text{m}^2$$

암거길이는 10m이고 재료는 매끄러운 콘크리트이므로, <표 16.5>를 이용하여, Manning의 조도계수 $n=0.012$임을 알 수 있다.
여기서, 마찰손실계수는 다음과 같다.

$$k_f=\frac{19.62(0.012)^2(10)}{(1/4)^{4/3}}=0.18$$

따라서, 직각유입구(flush inlet)에 대한 총손실계수는 $k_t=0.1+0.18+1=1.28$이 된다. 암거의 유량은 식(16.21)에 의해 구할 수 있으며, 아는 값을 치환하고 H에 대하여 풀면 설계수심은 0.95m가 된다. 결과적으로 설계유량 $3\text{m}^3/\text{s}$에 대한 상류부 수심은 $152.4+0.95=153.35\text{m}$가 된다.

16.2.2.2 통관통제시의 암거

방류수위가 방류구의 중심선 밑에 위치한다면, 암거는 자체에서 누적된 수두손실에 의해 가득찬 상태로 흐르게 된다. 그림 16.13은 이러한 통관통제(barrel control)의 상황을 나타내고 있다. 이러한 상태에서는 보통 파형금속관과 같은 매우 거친 재료가 효과적이다. 물론,

앞 절에서 제시된 바와 같이 암거내 수두손실은 암거의 조도, 직경(또는 동수반경) 및 길이의 함수이다. 수두손실은 $h_f = k_f(V^2/2g)$ 또는 $h_f = S_f L$이며 마찰경사 S_f는 Manning 공식으로부터 계산할 수 있다. 하류수위에서 시작하여 암거통관에서의 수두손실을 계산하는 것은 단순한 문제이다. 방류수위에서 시작하여 암거를 통과하는 수면곡선을 계산하는 과정에는 에너지경사선이 사용된다. 만약 암거의 안쪽 수위가 윗면까지 도달한다면 압력흐름이 형성될 것이다. 이 때문에 압력흐름을 유도할 만큼의 암거길이를 '수리학적으로 긴' 암거라고 하며, 그렇지 않은 경우를 '수리학적으로 짧은' 암거라고 한다. 5m 이상의 파형금속관 암거는 보통 수리학적으로 길다고 간주된다. 매끈한 재질의 암거는 그 길이가 웬만큼 길지 않으면 이러한 기능을 하기 어렵다.

만일 암거가 통관통제의 기능을 한다면 흐름은 그림 16.13에 나타난 것과 같이 상류수위와 방류구의 중심수위와의 차에 의해 수두가 결정되는 것만 제외하면, 앞에서 설명한 것과 같은 방식으로 계산된다. 통제수위가 여전히 하류부에서 결정된다는 사실은 많은 문헌들이 통관통제를 방류수 통제와 같은 유형으로 취급하는 이유가 된다. 방류수 통제 또는 다른 대안적 통제수위라도(암거의 중심수위 또는 $(y_c + D)/2$) 통제수위의 선택이 유일한 차이가 될 것이다.

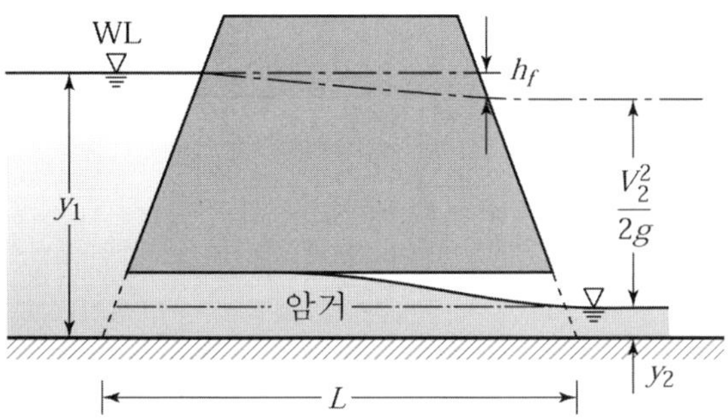

그림 16.13 통관통제를 받는 암거

타원형 콘크리트관

예제 16.7 그림 16.14와 같이 높이 2m, 기울기 1.5 : 1(H: V)인 제방을 횡단하는 원형암거를 설계하였다. 제방의 상단폭은 1m이다. 이 지역에 대한 10년 빈도 설계유량은 $4\,m^3/s$이며, 하류수위는 25.5m이다. 유출구의 하도바닥은 기준면으로부터 25m 위에 있다. 제방이 설계조건하에서 월류되지 않기 위한 파형금속관(CMP : corrugated metal pipe)의 최소 크기를 구하시오.

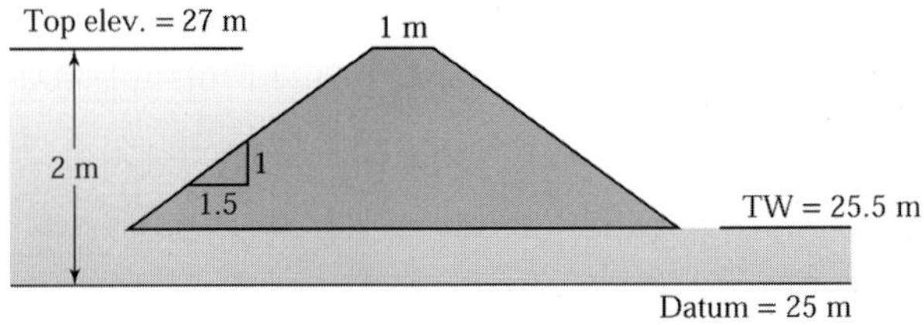

그림 16.14 암거와 제방

풀이

제방의 형상으로부터 암거길이가 7 m 임을 알 수 있다. <표 16.5>로부터 CMP에 대한 Manning의 조도계수 $n = 0.0225$를 산정한다. 여기서, 암거에 대한 총손실계수는 다음과 같다.

$$k_t = 0.1 + 1 + \frac{19.62(0.0225)^2(7)}{(D/4)^{1.333}}$$
$$= 1.1 + \frac{0.0695}{(D/4)^{1.333}} = 1.1 + \frac{0.441}{D^{1.333}}$$

암거유량은 식(16.21)에 의해 구할 수 있다. 아는 값을 대입하면 다음과 같다.

$$4 = \frac{\pi D^2}{4}\sqrt{\frac{2gH}{1.1 + \frac{0.441}{D^{1.333}}}}$$

다시 정리하면,

$$5.09 = D^2\sqrt{\frac{2gH}{1.1 + \frac{0.441}{D^{1.333}}}}$$

먼저 방류수 통제라고 가정하면 상류부 최대수심은 $27 - 25.5 = 1.5$ m가 된다. 이때, 시행착오법을 이용해 D에 대하여 풀면 대략적으로 $D = 1.1$이 된다.

암거 중심선은 25.55 m로서 하류부 수심보다 높아져서 암거는 상·하류부 수심조절 상태가 된다. 상·하류부 수심조절 상태를 이용하면, 최대수두인 $2\,\text{m} - 0.55\,\text{m} = 1.45\,\text{m}$을 구할 수 있다. 여기에서 구한 최대수두를 이용하여 암거 통수능을 $4.15\,\text{m}^3/\text{s}$로 결정할 수 있다. 최종 확인을 위해, 그림 12.9로부터 암거 내 한계수심 0.99를 결정한다. 이 값을 이용하여, $1.1 - 0.99 = 0.11$ m와 같이 흐름이 가득차기 전 암거 내 수두손실을 대략적으로 산정한다. 이 값은 마찰경사 $0.11/7 = 0.015\,\text{m/m}$와 잘 맞아 떨어진다. 본 계산에서 주목할 점은 수두손실을 산정하기 위하여 수심이 에너지를 대신하여 사용되었다는 것이며 근사치가 된다.

여기서, 에너지 손실계수를 이용하게 되면, 암거의 손실자료로부터 암거수두손실이 $k_f(V^2/2g)$가 되는 것을 알고 있다. <표 10.1>에 주어진 값을 이용하여 한계유속인 4.68 m/s를 결정한다.

이때, 수두손실은 적어도 $\left(\frac{(0.441)}{(1.1)^{1.333}}\right) \times \left(\frac{(4.68)^2}{2g}\right) = 0.44\,\text{m} > 0.11\,\text{m}$가 된다.

결과적으로, 암거는 유입구 수심조절이거나 하류부 수심조절(위에서 언급한대로)인 경우에 흐를 수 없게 된다. 그러므로 상·하류 수심조절이라는 가정이나 계산은 옳다는 것을 뜻하게 된다.
설명을 하나 더 추가한다면 여유고는 고려하지 않았다. 제방설계를 하는 경우에 설계유량의 계산에서 발생되는 오차를 보정하거나 구조물에 부딪치는 수면파를 고려하기 위하여 여유고를 2 ft(0.66 m)까지 두는 것이 일반적이다.

원형 콘크리트 암거

고속도로 아래의 콘크리트 박스암거

16.2.2.3 유입구 통제시 부분만수하는 암거

암거는 저유량 또는 유입구 통제시 부분적으로 만수될 수 있다. 그림 16.15에 나타나 있듯이 암거유입구의 단면수축으로 인해 유입구에서 한계수심을 발생하거나, 암거의 경사가 급하여 통관내부의 흐름이 사류가 형성되는 경우에 유입구 통제가 발생한다. 다음과 같이 몇몇 계수들이 암거가 유입구 통제의 역할을 하는지의 여부를 결정하게 된다.

1. 단면수축이 유입구에서 한계수심(y_c)을 일으키기에 충분하여야 함
2. 암거는 급한 경사를 가져야 함
3. 암거의 길이는 수리학적으로 짧아야 함
4. 암거 방류구는 만수상태가 아니어야함. 즉, 하류부 하도가 급한 경사를 유지하거나, 방류구의 빈공간에서 도수가 일어나야 함

그림 16.15b에 나타낸 것과 같이, 암거 유입구는 유입구 통제를 위해 비만수(unsubmerged) 상태가 되어야 하는 것은 아니다. 실제로 상류수위가 1.2 D보다 낮아야만 유입구가 만수되지 않는다고 알려져 왔다(Roberson et al., 1998).

한 가지 흥미로운 점은 앞선 처음의 두 조건이 다른 조건들에 비해 우세하다고 할 때, 방류구는 만수되거나(또는 통제수위보다 위에 위치), 또는 암거가 수리학적으로 긴 상태가 된

다는 것이다. 이러한 경우에, 암거는 압력흐름이 되고 그림 16.16과 같이 도수가 일어날 것이다. 만일 하류수심이 충분히 깊다면 도수는 유입구 근처까지 일어날 것이고 한계수심은 잠기게 된다. 이러할 경우 통제는 유입구에서 방류수나 통관쪽으로 이동하게 된다. 이와 같은 상황이 발생하면 일반적으로 암거는 조압(surge) 상태가 된다. 즉, 다시 유입구 통제가 될 때까지 흐름이 역류하여 상류수위를 높이고 도수현상이 발생되며, 이러한 과정이 반복될 것이다. 가능하면 이러한 상황은 피해야 한다.

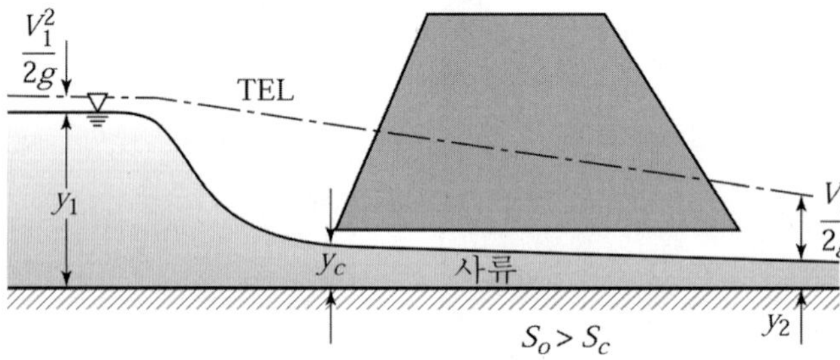

(a)

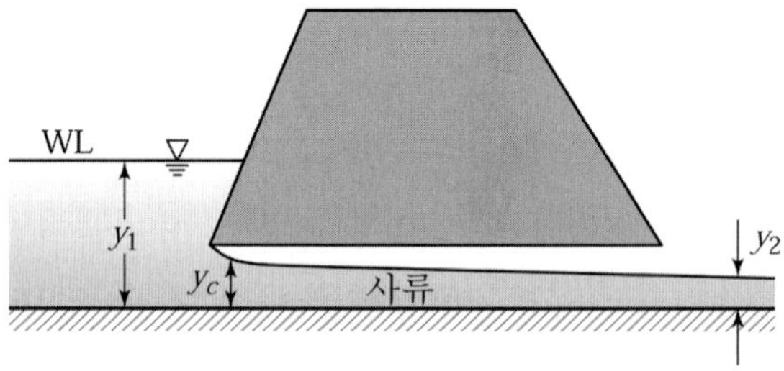

(b)

그림 16.15 (a) 암거의 유동(유입구통제–비만수시) (b) 암거의 유동(유입구통제–만수시)

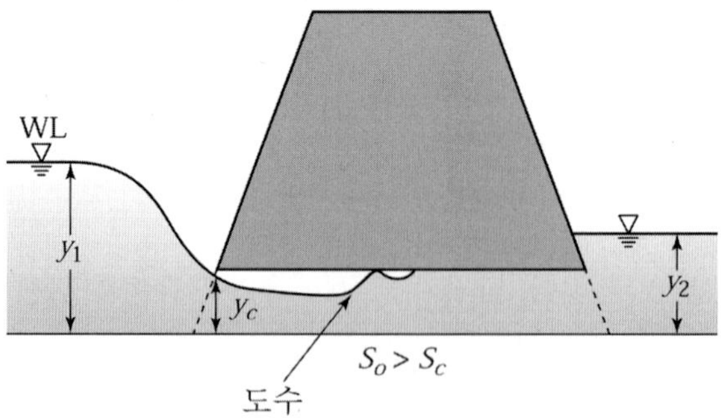

그림 16.16 암거통관 내에서의 도수

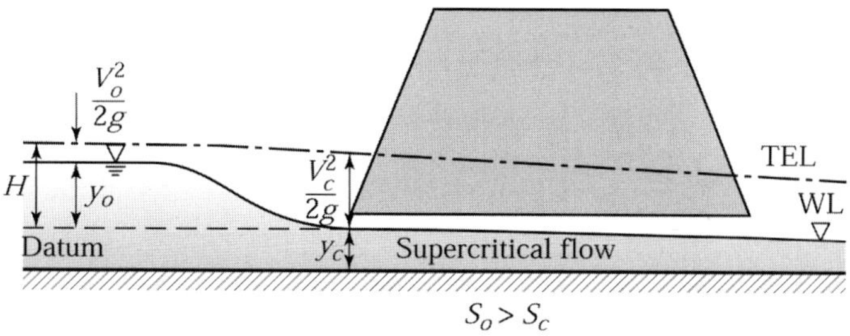

그림 16.17 암거의 유입구 통제

유입구 통제(inlet control)의 경우에 유입구에서의 한계수심은 당연히 암거내를 흐르는 유량을 통제하게 된다. 통제지점의 수두에 따라서 암거의 수두로 상류측 에너지를 측정하게 된다. 그림 16.17을 참조하면, 에너지방정식은 유입구를 통해 흐르는 기준면에 대해 다음과 같다.

$$H = y_o + \frac{V_o^2}{2g} = \frac{V_c^2}{2g} = \frac{Q^2}{2gA_c^2} \tag{16.22}$$

앞에서 예로 든 단면수축의 경우, 유선이 암거로 유입함에 따른 유효단면의 손실을 반영하기 위해 단면축소손실계수가 적용되어야 한다. 일반적으로 곡선형 입구는 연직수문(sluice gate)의 경우와 같은 계수가 사용된다($C_c = 0.62$). 따라서 식(16.22)는 다음과 같이 나타낼 수 있다(Morris and Wiggert, 1972).

$$H = y_o + \frac{V_o^2}{2g} = \frac{Q^2}{2g(0.62A_c)^2} \tag{16.23}$$

그러므로

$$Q = 0.62A_c\sqrt{2gH} \tag{16.24}$$

여기서, H는 단순히 유입구 기준면에 대해서 측정된 상류측 에너지이다.

박스형 암거일 경우에는 간략하게 표시될 수 있으며, 암거의 유입구 통제는 직사각형단면의 한계수심에 대한 관계로 나타낼 수 있다.

$$\frac{V_c^2}{gy_c} = 1 \quad \text{또는} \quad V_c = \sqrt{gy_c} \tag{16.25}$$

직사각형 단면에 대하여 $y_c = \frac{2}{3}H$이므로 $V_c = \sqrt{\frac{2gH}{3}} = 0.577\sqrt{2gH}$이다. 암거의 개구는 곧 하도 횡단면의 단면축소를 의미하기 때문에 축소계수를 반드시 적용해야 한다. 실무에서 주로 사용되는 계수는 동일수위의 곡선형 유입구의 경우 1.0, 동일수위의 직각형 유입구의 경우 0.90이다.

만일 암거가 타원형 또는 아치형관일 경우에는 상황이 달라진다. 단면이 원형에서 타원형이나 아치형으로 바뀌는 경우에는 유입구 통제가 심하게 영향을 받을 수 있다. 직사각형 단면이 아닌 경우, 한계수심은 Froude수로부터 결정할 수 있다.

$$\frac{Q^2B}{gA^3} = 1 \tag{16.26}$$

타원형 또는 아치형관에 대해 관계된 형상계수들은 <표 16.1~16.4> 및 식(16.6)에서 y_c에 대해 반복적으로 해석하여 결정하여야 한다. 일반적으로 유입구의 한계수심은 타원형 및 아치형관인 경우가 원형관인 경우보다 작다. 그러므로 유입구 통제인 경우에는 타원형 및 아치형관보다는 원형관을 선택함으로써 곡선형 암거의 운용이 가능한 경우가 있다.

예제 16.8 직경 1m, 길이 3m인 철근콘크리트관(RCP : reinforced concrete pipe) 암거를 경사 0.02m/m 위에 건설하였다. 암거의 상하류부는 폭 4m인 직사각형단면으로서 상하류 수로의 경사는 0.005m/m이고, Manning의 조도계수 n은 0.025이다. 암거의 하류방향으로 수로는 상당히 길게 뻗어 있다. 설계유량 $2.5\text{m}^3/\text{s}$에 대하여 암거가 유입구 통제(inlet control)를 할 수 있는지 결정하시오. 만일 그렇다면, 이 경우의 상류수위를 결정하시오.

풀이

먼저 수로에서 등류수심을 계산하여 암거 유출부에서 하류부 수심을 결정한다.

$$4y\left(\frac{4y}{2y+4}\right)^{2/3} = \frac{nQ}{S^{1/2}} = \frac{0.025(2.5)}{(0.005)^{1/2}} = 0.88$$

시행착오법을 이용하여 등류수심(y_o)을 구하면 0.45m로, 암거의 중심선보다 낮은 값을 나타낸다.

다음으로, 암거 내의 한계수심을 그림 12.9로부터 구하면 약 0.81m가 되며, 유출구 수심은 FHWA 기준 $\left(\frac{y_c + D}{2} = 0.9\text{m}\right)$으로부터 구할 수 있다. 그러므로 유입구 통제가 가능하다. 또한, 유출구에서 암거 내 수심이 한계수심과 거의 같거나 작으므로, 통관통제(barrel control)로 전환되기 전에 암거양쪽에서 수두손실이 0.19m$(= 1\text{m} - 0.91\text{m})$보다 크다는 것을 개략적으로 알 수 있다.

이것은 대략적으로 마찰경사 $0.19/3 = 0.063\text{m/m}$을 요구하게 되는데, 암거경사보다 3배나 큰 급경사가 된다. 수면곡선에서 설명한 내용으로부터 마찰경사는 $S2$형 수면곡선에 대한 하상경사보다 항상 작아야 된다는 것을 이미 알고 있다. 결과적으로 통관제어는 불가능하다고 할 수 있다.

여기서, 저유량(low flow) 조건하에서 암거가 운영될 가능성을 배제하기 위하여, 암거의 유입구에서 한계수심이 발생 가능한지를 검토해야 한다. 이러한 경우가 발생되기 위해서는 암거경사는 급경사이어야 한다(즉, y_c가 y_o보다 커야 한다). 이 때, 매끄러운 콘크리트관에 대하여 $n=0.012$으로 하고 Manning 공식을 적용하면 다음과 같다.

$$AR_h^{2/3}=\frac{0.012(3)}{(0.02)^{1/2}}=0.250$$

<표 10.1>에 주어진 원형단면에 대한 관계를 이용하여 시행착오법에 의해 등류수심(y_o)를 풀면 약 0.52 m가 된다. $y_o < y_c$이기 때문에, 암거경사는 사실상 급경사가 되고 등류수심은 유입구에서 통제된다.

유입구 상류의 수심을 기준면으로부터 구하면 식(16.24)에 의해 계산할 수 있다.

$$Q=0.62A_c\sqrt{2gH}$$

$$3=0.62(0.636)\sqrt{2gH}$$

여기서, H는 유입구 기준면으로부터 2.95 m이다.

$H>1.2D$이기 때문에 유입구는 물에 잠길 것으로 예상된다.

16.2.3 낙하식 유입구

낙하식 유입구(drop inlet)는 그림 16.18에 나타난 것과 같은 구조로서 미학적 또는 레크리에이션 용도로 물을 저류하는 경우에 주로 이용되지만, 홍수 시에 방류량을 조절해야 하는 곳에서도 사용된다. 낙하식 유입구는 이러한 목적을 위해서 미국자원보전국(NRCS : National Resources Conservation Service ; 예전의 Soil Conservation Service(SCS)의 명칭이 변경되었음)에 의해 개발되었으며 일반적으로 'SCS 낙하식 유입구'로 알려져 있다. 낙하식 유입구는 월류위어와 암거의 개념을 합성한 것으로 수면이 저유량인 경우에는 위어에 의해 최소수위로 유지되며, 고유량인 경우에는 암거에 의해 조절될 것이라는 전제에 기반을 두고 있다. 낙하식 유입구는 그림 16.18과 같이 저유량 시 수위를 조절하는 연직관(riser)과 고유량 시 수위를 조절하는 도수관(conduit)으로 구성되어 있다. 연직관의 입구부는 삼면 또는 사면으로 유입되는 위어와 같은 기능을 하며, 어떤 경우는 한쪽 측면에 수문을 설치하는 경우도 있다. 그림 16.19는 위어와 암거에 대한 상류부 수위-유량곡선(headwater rating curve)을 나타내고 있다. 그림에서 두 개의 곡선이 교차하는 점에서는 위어가 흘려보내는 유량이 암거의 소통능력보다 더 크게 나타나게 되며, 통제는 위어에서 암거로 바뀌게 된다. 이렇게 되면 유량은 전 절의 암거에서 설명한 것과 같은 방법으로 계산되게 된다. 물론,

이때의 암거는 방류구 통제의 한 유형이 될 것이고 수두는 방류구 통제수위(방류수위 또는 중심수위)로부터 상류수위로 계산될 것이다. 암거통제의 초기단계에서 암거의 효과적인 상류부 수위는 수위가 암거박스의 높이를 초과하지 않는 한 실제 저수지 수위에는 도달하지 않을 것이다.

낙하식 유입구의 유량을 결정할 때 실무적으로는 다음과 같이 진행된다. 첫 단계로, 암거 내의 유량은 최소수두; 즉, 0.25 ft(0.08 m) 정도로 결정한다. 그리고 이 값보다 적은 유입량에 대해서는 유량통제가 위어나 연직관의 유입구 에서 이루어진다고 가정할 수 있다. 유입량이 이 값에 근사할 때에는 통제가 암거 쪽으로 이동될 것이다. 다음 단계로, 상류부 수위는 방류구의 통제수위를 이용하여 수위가 암거박스의 높이를 초과할 때까지 계산할 수 있을 것이다. 일단 연직관이 만수되면 저수지의 수위는 상류부수위의 값과 같아진다.

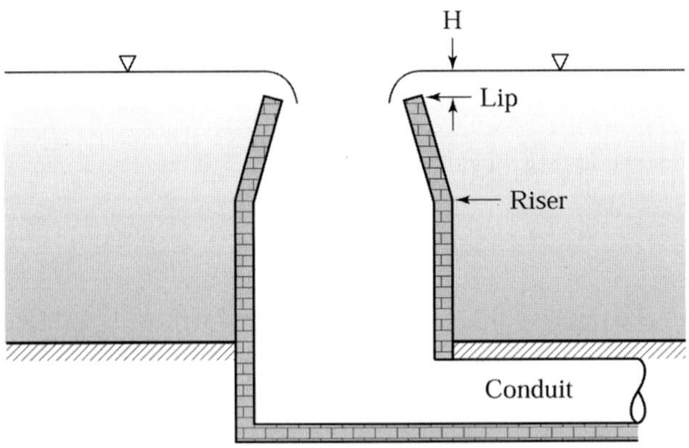

그림 16.18 낙하식 유입구의 구조

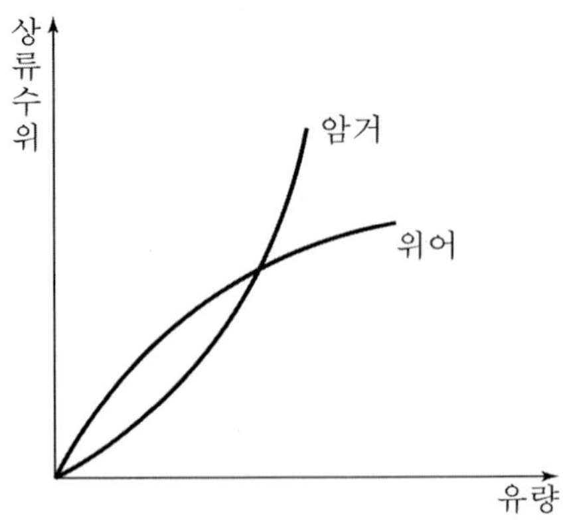

그림 16.19 위어와 암거의 상류부 수위-유량 관계곡선

낙하식 유입구의 설계는 고유량 시 필요한 관의 크기뿐만 아니라 저유량 시 유입구통제를 위한 연직관의 제원과 높이를 결정하는 문제도 포함하게 된다. 최종설계는 이러한 제반 상황과 비용 및 안전도를 고려하여 결정하게 된다.

예제 16.9 높이 30 ft, 기저폭 50 ft인 소형댐으로부터 유출량을 조절하기 위하여 낙하식 유입구(drop inlet)를 설계하고자 한다. 하류하도의 최저부 높이는 150 ft이고 하도수위-유량 관계곡선은 그림 16.20과 같다. 저수지로 유입되는 저유량과 최대유입량은 각각 10 cfs와 1000 cfs로 산정되었다. 저수지의 수위를 제방마루 아래로 5 ft와 7 ft 사이에 유지하도록 조절하고자 한다.

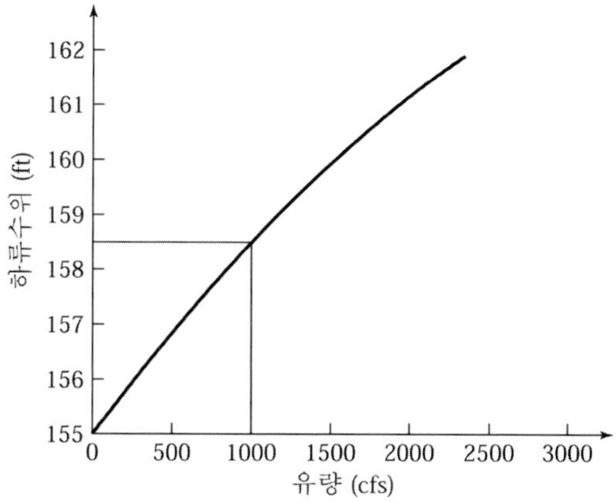

그림 16.20 하류부 하도수위-유량 관계곡선

풀이

먼저 저유량(low flow)에 대하여 계산하기 위해 연직관의 단면과 높이를 결정해야 한다. 예연위어에 대하여 $C = 3.1$로 가정하고 Francis 공식을 이용하면, $Q = CLH^{3/2}$이 된다. 여기에서, 위어길이 L을 알기 위해서는 연직관의 입구단면을 선택해야 한다. 연직관 입구단면을 10 ft × 10 ft로 하고 한쪽 면은 부속물과 수위조절장치를 위해 사용한다고 가정하자. 이 경우에 흐름은 단지 다른 삼면에서만 발생하게 되며 $L = 30$ ft가 된다.

다음으로, H에 대하여 풀면, $10 = 3.1(30)H^{3/2}$, $H = 0.226$ ft(또는 2.71 in)를 구할 수 있다. 이 값은 구조물의 규모로 보면 합리적이라 할 수 있다. 결과적으로, 제방의 높이는 150 + 30 = 180 ft이므로, 연직관 입구의 높이는 180 − 7 − 0.226 = 172.77 ft이다.

고유량(high flow)에서는 수위가 175 ft 보다 상승하지 않아야 한다. 그림 16.20에 주어진 하류부 수위-유량곡선(tail-water rating curve)을 이용하면, 1000 cfs 유량에서 하류부 수위가 158.5 ft가 됨을 알 수 있다. 이때, 하류부 수위조절을 가정하였을 때, 상류부 최대수위인 175 ft에 대하여 관의 유효수두는 $H = 175 - 158.5 = 16.5$ ft가 된다. 여기서, 본 예제는 수두 16.5 ft를 가지고 유량 1000 cfs를 소통시키는 암거의 크기를 결정하는 것이다. 제방의 기저폭이 50 ft이므로 관과 연결된 박스는 제방측면에 대하여 정확하게 위치하지 않는다. 이러한 문제점을 해결하기 위해서는, 관을 제방까지 별도로 15 ft 연장하여 총길이가 65 ft가 되도록 만들어야 한다. 그리고 다음의 암거공식을 이용한다.

$$Q = A\sqrt{\frac{2gH}{k_t}}$$

총손실계수를 속도수두에 대한 비로서 계산하면, 출구손실은 1이 되고, 흐름이 암거입구로 직접 유입되는 것이 아니라 연직관 바닥으로부터 굽어져서 암거로 유입되는 것을 고려하게 되면 입구손실은 0.25까지 증가한다. 이때, 마찰손실은 $k_f = \frac{29.1n^2L}{R^{4/3}}$가 된다.

관이 콘크리트로 만들어졌다고 가정한다면, 마찰계수는 $k_f = \frac{29.1(0.012)^2(65)}{(D/4)^{4/3}} = \frac{0.272}{(D/4)^{4/3}}$, 총손실계수는 $k_t = 1.25 + \frac{0.272}{(D/4)^{4/3}}$이 된다.

결과적으로, $1000 = \frac{\pi D^2}{4}\sqrt{\frac{2g(16.5)}{1.25 + \frac{0.272}{(D/4)^{4/3}}}}$

또는 $1273.24 = D^2\sqrt{\frac{1062.6}{1.25 + \frac{0.272}{(D/4)^{4/3}}}}$ 이다.

윗 식을 D에 대하여 풀면 $D = 6.5$ ft, 좌변은 1167이 되고, $D = 7.0$ ft인 경우 좌변은 1360이 된다. 사실상 D는 6.5 ~ 7 ft사이에 있으나, 사용가능한 암거크기를 선택하기 위해서 $D = 7$ ft(84 in)를 선정하게 된다. 수위조절을 검토하면 유출부는 잠기게 되고 하류부에서 수위조절이 됨을 알 수 있다.

16.2.4 저류시설물의 설계시 고려사항

저류시설물(Impoundment Facility)은 구조물 상류에 수면형이 I인 배수곡선을 일으키기 때문에 매우 신중하게 설계해야 한다. 본 장 이전에 설명되었던 모든 수리구조물들이 이러한 범주에 포함된다. 암거와 위어를 포함한 대다수의 구조물은 방류구에서 사류가 발생하므로, 이러한 상황을 해석할 수 있는 방법들이 고려되어야 한다. 감세지(減勢池)와 같은 에너지 저감시설들이 종종 통제된 도수를 일으키도록 설계되기도 하며, 이는 하류하도에서 빠른 유속의 사류가 보통의 상류상태로 전환되는 역할을 하게 된다. 그림 16.21과 같은 감세지는 사류를 받아들이기 위해 구조물의 직하류에 설치되는 단순한 콘크리트 구조물로서 주로 사각형 모양을 갖는다. 이러한 구조물의 설계목표는 감세지 내에서 안정적인 도수를 일으키고 하류하도에서는 상류수심을 안정적으로 만족하는 사류의 발생조건을 조성하는 것이다. 그러므로 설계유량에 대해 구조물로부터 특정거리에 위치한 하류의 상류수심(常流水深)에 대한 사류(射流)의 공액수심을 일으키도록 설계하여야 한다. 감세블록(baffle block) 또는 피어(pier)로 알려진 콘크리트 블록은 그림 16.21(b)에서와 같이 감세지의 바닥부에 설치하는데, 이는 사류의 분사에 의한 운동량을 흡수하고 수심형성을 촉진하여 $M3$ 수면곡선의 길이를 단축시키기 위한 것이다. 끝턱(end sill)은 도수가 감세지의 끝부분에서 일어나지 않도록 하기위한 안전장치로 사용된다. 감세지의 설계는 13장에서 설명했던 도수의 원리와 14장의 수면곡선형을 응용한 것이다. 감세블록과 끝턱의 설계는 Peterka(1964)에 의해 주로 실험에서 방류구의 시나리오를 달리하여 얻은 결과이다. 감세지에 대한 상세한 내용은 13장을 참조하기 바란다.

감세지 설계는 실무적으로 전문영역에 속하나, 본 장에서는 배수위가 특정 한도를 초과하지 않도록 하는 일반적인 수리구조물(암거와 같은)의 설계에 대해 자세히 알아보도록 하자. 결국 도로 아래에 암거를 설치함으로써 어느 지역이 역류하거나 범람하지 않게 되므로, 저류구조물의 설계에서 배수의 수심과 거리 계산은 중대한 요소라 할 수 있다.

설계란 보통 적절한 수면곡선형을 계산하는 것 뿐만 아니라, 이전의 절들에서 다룬 구조물의 기본 원리들을 통합하는 것이다. 예를 들어, 도로 아래로 유량을 보낼 암거를 설계하는 경우에 수위가 도로를 넘치지 않을 뿐 아니라 도로에서 상류쪽으로 떨어진 특정 지점에서도 계획된 수위를 초과하지 않아야 할 것이다(그림 16.22). 실제로 이러한 상황은 암거를 설계하는 경우에 일반적으로 접하게 된다. 첫 번째 단계는 어느 정도의 수위(도로면 또는 상류의 특정지점)를 유지하도록 암거를 설계할 것인가를 결정하는 것이다. 이를 위해서, 하류쪽 조절수위로서 도로면을 이용하여 도로의 상류방향으로 특정지점까지 수면곡선을 계산하면 된다. 만일 수위가 특정지점에서 계획된 조절수위를 초과한다면 조절점은 상류지점이 될 것이다. 반대로 초과하지 않는다면 조절지점은 그대로 도로면까지의 수위로 결정하게 된다. 다음단계는 상류지점에 영향을 미칠 수 있는 암거의 설계수두를 결정하는 것이다. 만일 상류지점이 조절지점이라면 반복시행 절차를 거쳐야 한다. 즉, 암거에서 초기수위를 가정한 후에 상류지점에서 계획된 조절수위에 도달할 때까지 시행착오적으로 수면곡선을 계산해야 한다. 일반적으로는 주거지역의 고도보다 이하가 되도록 약간의 여유고를 설정하고 있다. 예를 들어서, 주거지의 1층 높이가 100 ft라면 조절수위는 97 ft 내지 98 ft가 될 것이다. 암거에서의 설계수두가 계산되면 앞에서 예를 들었던 대로 설계가 진행된다.

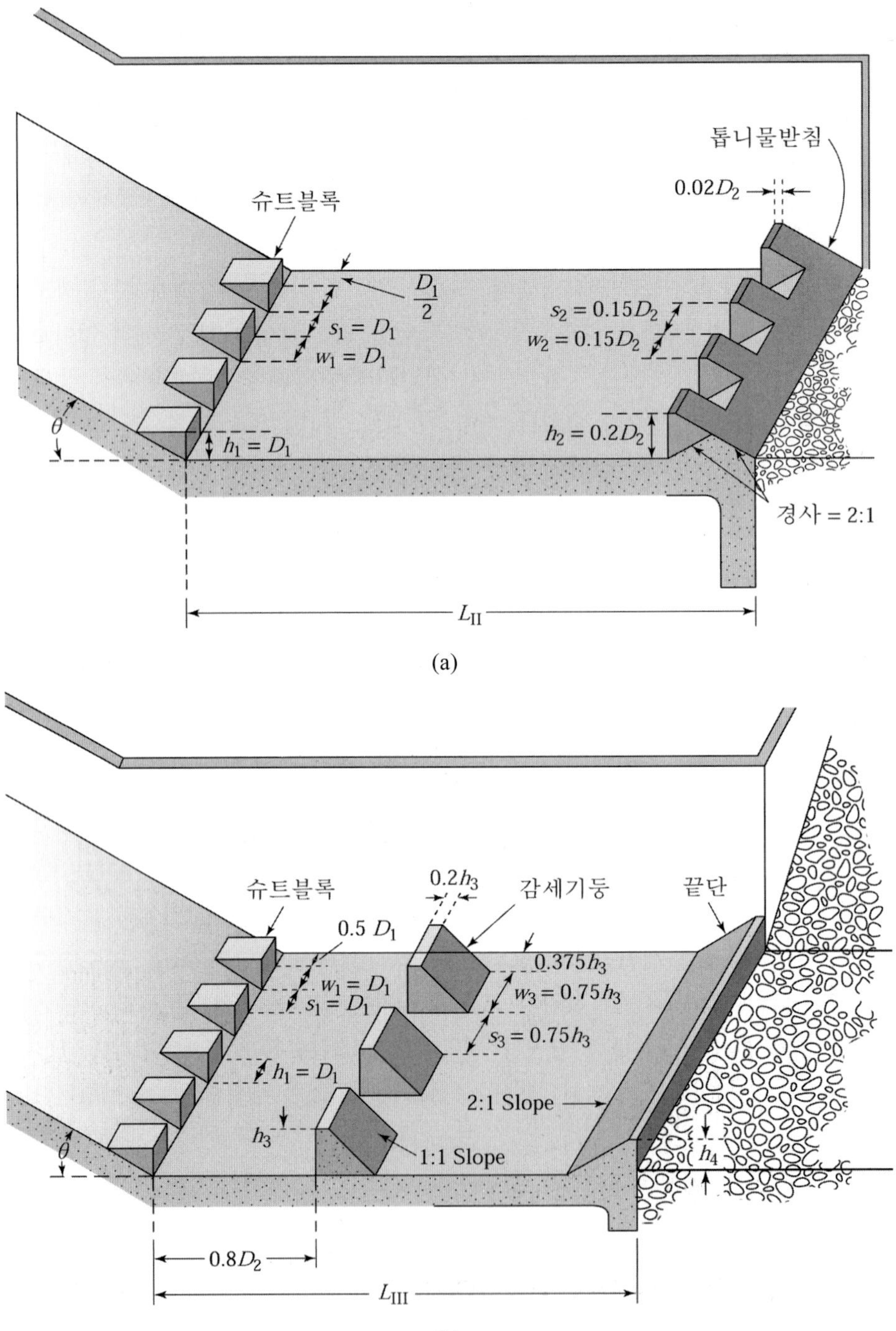

그림 16.21 (a) 감세블록을 설치하지 않은 감세지 (b) 감세블록을 설치한 감세지

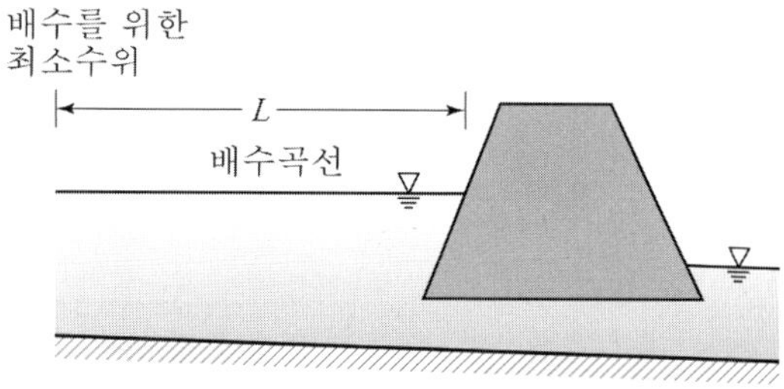

그림 16.22 암거 상류의 배수곡선

예제 16.10 그림 16.23과 같이 기저부가 고도 100 ft, 첨두부가 115 ft에 위치한 제방을 횡단하는 길이 30 ft인 RCP를 설계하고자 한다. 제방상류 1,500 ft에 쇼핑센터가 위치하고 있으며 허용최대홍수위가 115.5 ft(여유고 포함)이다. 수로의 기울기는 0.0075 ft/ft이고, Manning의 조도계수 n은 0.035, 폭 10 ft인 직사각형 단면이다. 10년 빈도 설계유량인 150 cfs를 소통시킬 수 있는 RCP의 최소직경을 결정하시오.

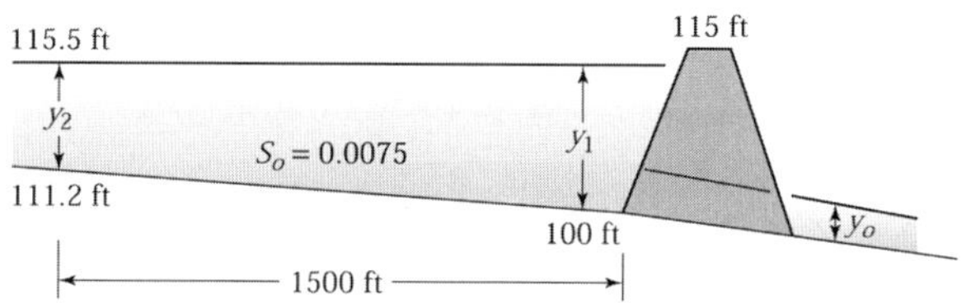

그림 16.23 예제 16.10의 조건

풀이

그림 16.23은 개략적인 조건을 나타내고 있다. 수로가 균일한 직사각형 단면이므로, 수면곡선을 계산하기 위해 직접축차계산법을 이용하였으며, 단순화하기 위하여 계산과정은 한 단계만을 소개하도록 한다. 우선 하류부 높이를 115 ft(= 15 ft)로 가정하고 다음과 같이 계산한다.

$$Q = 150\,\text{cfs}\ ;\ q = Q/B = 15\,\text{cfs/ft}$$

$$y_c = \sqrt[3]{\frac{q^2}{g}} = 1.91\,\text{ft}$$

$y = 15$ ft 놓으면, $V = q/y = 1.0\,\text{ft/s}$, $E = y + \dfrac{V^2}{2g} = 15.01\,\text{ft}$,

$$A = 150\,\text{ft}^2;\ P = 2y + B = 40\,\text{ft};\ R_h = A/P = 3.75\,\text{ft}$$

$$S_f = \left(\frac{nV}{1.49R_h^{2/3}}\right)^2 = \left(\frac{0.035(1.0)}{1.49(3.75)^{2/3}}\right)^2 = 0.0000947\,\text{ft/ft}$$

1,500 ft 상류에서는,

$$y = 4.3\,\text{ft},\ V = 3.49\,\text{ft/s},\ E = y + \frac{V^2}{2g} = 4.49\,\text{ft},$$

$$A = 43\,\text{ft}^2,\ P = 18.6\,\text{ft},\ R_h = 2.31\,\text{ft},\ S_f = 0.00219\,\text{ft/ft}$$

여기서, $\Delta E = 15.01 - 4.49 = 10.52\,\text{ft}$이고, $\overline{S_f} = (0.0000947 + 0.00219)/2 = 0.00114\,\text{ft/ft}$,

$$\Delta L = \Delta E / S_o - \overline{S_f} = 10.52/(0.0075 - 0.00114) = 1655\,\text{ft}$$

앞에서 가정($y = 15\,\text{ft}$)과 같이 상류방향 1,500 ft 떨어진 지점에서 수위가 4.3 ft까지 감소되는 범위에 배수곡선이 있지 않다. 결과적으로, 제방지점에서 조절수위를 쇼핑몰이 위치한 곳에서 요구수위 4.3 ft가 되도록 감소해야 한다. 그러므로 제방지점에서 수위를 14 ft로 가정하여, 다시 계산하면,

$$y = 14\,\text{ft},\ \ V = 1.07\,\text{ft/s},\ \ E = 14.02\,\text{ft},$$

$$A = 140\,\text{ft}^2\,;\ P = 38\,\text{ft}\,;\ R_h = 3.68\,\text{ft},\ \ S_f = 0.000111\,\text{ft/ft}$$

$$\Delta E = 9.53\,\text{ft},\ \ \overline{S_f} = 0.00115\,\text{ft/ft},\ \ \Delta L = 1500\,\text{ft}$$

기본적인 1단계 계산을 통하여, 쇼핑몰지점에서 요구되는 수위이하로 유지하기 위하여 제방배면 수위가 14 ft를 초과할 수 없도록 산정하였다.

이러한 조건을 만족하기위한 암거설계는 예제 16.6에서와 같이 진행한다. 먼저 제방의 하류하도에 대한 하류부 수심을 결정한다. 하류부에서 단면수축이 없다고 가정하고 등류수심을 구한다.

$$10y_o\left(\frac{10y_o}{2y_o+10}\right)^{2/3} = \frac{nQ}{1.49S_o^{1/2}} = \frac{0.035(150)}{1.49(0.0075)^{1/2}} = 40.68$$

시행착오법에 의해, $y_o = 2.7\,\text{ft}$ 를 결정한다.

이때, 먼저 하류부 수위조절을 가정하면 다음과 같다.

$$Q = A\sqrt{\frac{2gH}{k_t}} = \frac{\pi D^2}{4}\sqrt{\frac{2g(11.3)}{k_t}}$$

RCP에 대한 Manning의 조도계수$(n) = 0.012$, 암거길이 $= 30\,\text{ft}$, 직각곡선형 유입구(flush rounded entrance)로 가정하면 다음과 같다.

$$k_t = k_{ent} + k_{exit} + k_f = 1.1 + \frac{29.1(0.012)^2(30)}{(D/4)^{4/3}} = 1.1 + \frac{0.798}{D^{4/3}}$$

$$150 = \frac{\pi D^2}{4}\sqrt{\frac{727.72}{1.1 + \dfrac{0.798}{D^{4/3}}}}$$

시행착오법에 의해 풀면 대략적으로 $D = 2.85\,\text{ft}$가 된다. 이 직경을 이용하면 암거 하류단의 중심선은 101.2 ft에 위치하게 되고(암거경사를 1 : 134로 고려하여), 하류부 수심($= 2.7\,\text{ft}$)은 102.475 ft가 되어 암거중심선보다 위에 있게 된다. 결과적으로 하류부 수심은 암거의 끝단에서 거의 잠기게 되고(2.7 ft vs. 2.85 ft), 하류부 수위조절에 대한 가정이 올바른 것임을 확인할 수 있다.

위에서 설명한 예제는 수리학적 통제(control)가 흐름과 하도의 조건에 따라 그 위치를 변경하는 방법에 대해 설명하고 있다. 이러한 문제는 개수로의 구조물과 통제를 설계할 때에 항상 직면하게 된다. 단지를 개발하는 경우를 예로 들면, 일반적으로 소규모 유수지는

초과유출을 저류하게 되지만 미관과 레크리에이션 기능도 가질 수 있다. 그러나 이러한 시설물에서 배수(背水)가 발생하더라도 우수배제시스템의 자연스러운 운영이나 암거 또는 다른 배수구조물의 흐름을 방해하지 않는 방식으로 설계되어야 한다. 그러므로 설계 대안이 다수일 때 설계과정에서 수면곡선의 계산이 주요 요소가 된다. 대부분의 설계에서 수면곡선의 계산은 HEC-RAS와 같은 표준화된 컴퓨터 소프트웨어를 사용하고 있다.

16.2.5 수로설계

오늘날 하천의 홍수조절용 수로나 용수배분 수로와 같은 사업들은 수리학적 효율성뿐만 아니라 국가와 지역사회에 합당한 환경기준에 맞추어 설계하여야 한다. 이는 하천이 미학적으로 자연스런 모습이어야 하고 주변의 환경과 잘 조화되어야 한다는 것을 의미한다. 주변 생태계에 의도치 않은 피해가 발생하지 않도록 하고, 가능하다면 생태계에 도움이 되는 방안을 고려해야 한다. 종종 수로의 유지관리에 치중하여 측면경사를 매우 완만하게 설계하는 경우도 있다. 또한 최근에는 주변지역으로부터 수로로 유입되는 각종 오염물질(탄화수소나 금속류)이나 영양물질의 흐름을 차단할 수 있도록 수로를 따라서 내수성 식물을 식재하는 완충지대를 설치하기도 한다. 이러한 환경적 문제들은 순수 수리학적 사항들과 마찬가지로 관심을 받고 있으며 경우에 따라서는 더 큰 비중을 두기도 한다.

16.2.5.1 침식성 수로와 최소소류력

수로설계의 목표는 하상에서 침식을 최소화하여 수로경계면이 안정적으로 유지되도록 하는 최적의 수로단면을 결정하는 것이다. 즉, 하도를 피복하지 않도록 설계하여 건설과 유지관리에 드는 비용을 최소화하는 것이 목적이다. 이러한 원칙으로 설계된 수로들은 상기에서 언급한 공학적 기준과 환경적 기준을 모두 만족하게 될 것이다. 이는 결과적으로 경계면에 작용하는 전단응력이 경계면의 각종 입자들을 이송시키는 힘보다 작도록 설계하게 된다. 만일 최대 허용전단응력이 결정된다면, 앞에서 유도된 기본적인 저항력 관계식들이 수로의 설계유속을 결정하도록 사용될 수 있다. 그렇게 되면 10장에서 사용된 방법들이 단면의 적정제원을 결정하는 데에 사용될 수 있다. 본 장에서는 이러한 문제들을 자세히 다루게 될 것이며, 수로설계와 관련된 몇몇 다른 사항들도 소개하도록 한다.

하도에서의 기본적 저항력 관계식들은 11장에서 설명하였다. 7장에서 유도되었던 기본적인 전단응력 공식은 하도에 대하여 유효하다.

$$\tau_o = \gamma R_h S \tag{16.27}$$

여기서, $\tau_o =$ 전단응력, $R_h =$ 동수반경(L), $S =$ 에너지경사선의 경사(정상등류상태에서는 하상경사와 같음)이다.

식(16.27)의 관계를 기반으로 Chezy 공식이 유효하며, 정상등류상태 하에서 하도설계를 위한 Manning 공식을 유도할 수 있다.

$$Q = \frac{1}{n} A R_h^{2/3} S^{1/2} \tag{16.28}$$

여기서, n은 <표 11.1>에서 주어진 Manning의 조도계수이다. 식(16.28)은 11장의 간단한 설계 시나리오에서 하도의 제원을 결정하는 데에 사용된 바 있다. 또한, 식(16.28)은 수리학적으로 최대로 효율적이면서도 최대허용유속과 같은 변수들을 도출할 수 있는 최소제원을 결정하는 방법을 설명하고 있다.

침식성 수로(erodible channel)의 설계에서 전단응력을 적용하는 기본공식은 Lane(1955)에 의해 제시되었다. 이러한 기본 개념들을 통해 수로단면의 안정성과 관련하여 중요하면서도 흥미로운 몇 가지 결과들을 유도해 낼 수 있었다. 첫째는 수로경계면에서 입자의 초기운동의 개념을 다루는 것이다. 7장에서 저항력을 설명하였지만 기본적인 문제는 유속과 경계면에 적용되는 전단응력과의 관계를 설정하는 것이다. 이렇게 전단응력을 구하면 흐름에 의해 움직이는 입자 크기의 관계를 규명할 수 있을 것이다.

가장 일반적으로 사용되는 수로단면의 형태는 사다리꼴이다. 물론 경우에 따라서는 사각형이나 삼각형과 같은 단면이 사용되기도 한다. 제방의 경사가 수직으로 유지될 수 있는 경우에는 사각형 단면을 콘크리트로 피복하여 사용되기도 한다. 삼각형 단면은 비교적 적은 유량의 우배수로와 같은 경우에 사용된다. 사다리꼴 단면(그림 16.24)에서 하천바닥에 작용하는 전단응력은 식(16.27)에 의해 주어지나 응력벡터 전체가 측면에 작용하지는 않을 것이다. Lane은 제방에 작용하는 최대전단력이 바닥에 작용하는 것의 약 1/3 정도라고 제안하였다(Chin, 2000).

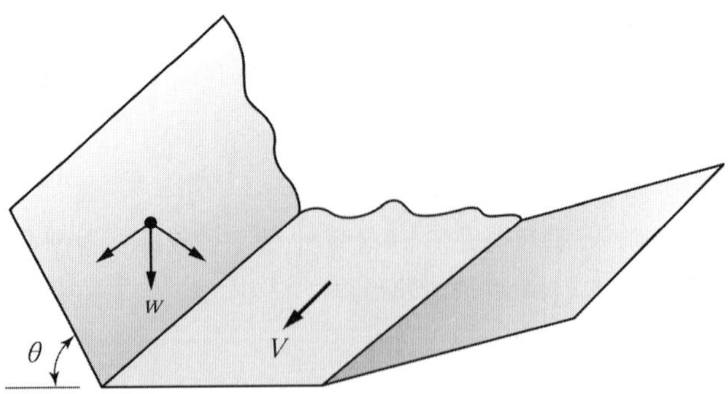

그림 16.24 하상과 하안의 입자들에 작용하는 힘들

$$\tau_o = 0.76\gamma R_h S \tag{16.29}$$

이러한 상황에서 광폭사각형 단면은 첫 번째 근사치(즉, $R_h = y$)를 사용할 수 있다는 것이 경험적으로 입증되어 왔다(Chin, 2000 ; Henderson, 1996). 하도바닥이나 측면비탈에 작용하는 평균전단력은 소류력(掃流力)으로 알려져 있으며, 식(16.27) 및 식(16.29)에 의해 계산될 수 있다(보통 동수반경은 수심 y로 대체된다).

수로의 바닥인 하상(河床)과 제방의 비탈면인 하안(河岸)에 박혀있는 입자들은 하상을 구성하고 있는 주변 입자에 의한 마찰을 통해 이러한 힘들에 저항한다. 이 저항력은 다음과 같이 나타낼 수 있다(Chin, 2000).

$$F_f = cw_s \tag{16.30}$$

여기서, F_f = 마찰력, c = 마찰계수, w_s = 수중입자의 단위중량($\gamma_s - \gamma$)이다. 그러면 입자가 이동하는 시점에 작용하는 전단력은 저항력과 같게 될 것이다. 즉,

$$cw_s = \tau_o A_s \tag{16.31}$$

여기서, A_s = 입자의 유효면적이다. 따라서 한계전단응력 τ_c는 다음과 같다.

$$\tau_c = \frac{cw_s}{A_s} \tag{16.32}$$

마찰계수는 간단히 토양입자의 안식각(安息角)의 탄젠트인 기울기로 표현되기도 한다($c = \tan\phi$). 따라서, 식(16.32)는 다음과 같이 표현할 수 있다(Chin, 2000).

$$\tau_c = \frac{w_s}{A_s}\tan\phi \tag{16.33}$$

식(16.33)에서 사용되는 유효면적은 일반적으로 입자의 영향면적으로 정의된다. 영향면적은 유사의 직경과 노출된 표면의 단위면적당 입자수의 함수인 묶음인자(packing factor) r로서 정의할 수 있다. 영향면적은 d^2/r; $r < 1$과 같다. 입자의 수중에서의 단위중량이 $\gamma_s - \gamma$인 것을 상기하면, 식(16.33)은 다음과 같다(Handerson, 1966).

$$\tau_c = \frac{\pi}{6} rd(\gamma_s - \gamma)\tan\phi \tag{16.34}$$

다음 장에서 설명하게 되는 Shields(1936)의 연구에 의하면, 조립질(粗粒質) 입자에 대하여 r의 값은 근사적으로 0.15가 될 것으로 추론할 수 있다.

식(16.34)는 하상에 대한 한계전단응력을 산정하기 위해 직접 사용될 수 있으나, 중력성분의 또 다른 힘이 하안에 있는 입자를 비탈 아래로 쓸어내리는 경향이 있다. 만약 하안의 경사각이 θ로 주어진다면(그림 16.24), 하안의 아래쪽으로 작용하는 이 힘의 성분은 그림에서 나타나듯이 $w_s \sin\theta$가 될 것이다. 그러면 입자들을 움직이는 합력은 다음과 같다(Chin, 2000).

$$F = [(\tau_o A_s)^2 + (w_s \sin\theta)^2]^{1/2} \tag{16.35}$$

앞서의 경우처럼, 이 힘에 저항하는 마찰력들은 입자들의 중량에 마찰계수를 곱하면 되고, 이 힘의 운동방향 성분은 $w_s \tan\pi \cos\theta$가 될 것이다. 그러면 입자가 운동하는 순간에 다음과 같은 관계를 갖게 된다(Chin, 2000).

$$[(\tau_o A_s)^2 + (w_s \sin\theta)^2]^{1/2} = w_s \tan\phi \cos\theta \tag{16.36}$$

위의 식으로부터, 하안의 한계전단응력은 다음과 같이 나타낼 수 있다(Chin, 2000).

$$\tau_{bc} = \frac{w_s}{A_s} \tan\phi \cos\theta \left(1 - \frac{\tan^2\theta}{\tan^2\phi}\right)^{1/2} \tag{16.37}$$

식(16.37)을 $(w_s/A_s)\tan\phi$로 나누어 주면, 한계 하안전단응력과 한계 하상응력의 비는 Handerson(1966)이 제시한 소류력 비율인 K에 의해 나타낼 수 있다.

$$K = \cos\theta \left(1 - \frac{\tan^2\theta}{\tan^2\phi}\right)^{1/2} \tag{16.38}$$

또한, $\sin\theta$와 $\tan\theta$의 삼각함수 관계를 이용하면 K는 다음과 같다(Chin, 2000 ; Handerson, 1966 ; COE, 1970).

$$K = \frac{\tau_{bc}}{\tau_c} = \left(1 - \frac{\sin^2\theta}{\sin^2\phi}\right)^{1/2} \tag{16.39}$$

Lane(1955)은 입자크기, 모난 정도(angularity), 안식각과 관련된 유사의 자료를 제시하고, 최대허용소류력과 유사특성간의 관계를 설명하였다. 이들 관계는 Chow(1959)와 Chin(2000)을 포함한 많은 문헌에서 그림 형태로 주어지고 있다.

관측에 의하면 한계전단력의 관계는 수로의 만곡정도에도 다소 영향을 받는 것으로 알려져 있다(Lane, 1955). Lane은 윗 식에서 만곡에 대한 보정계수로서, 직선수로 1.0, 약간 만곡수로 0.9, 만곡이 매우 심한 수로에 대해서는 0.6이란 값을 제시하였다.

예제 16.11 사다리꼴 단면수로를 $d_{75}=1.5\,\mathrm{in}$, 비중 = 2.65인 충적지형에 직선으로 설계하고자 한다. 지형의 자연경사는 $0.002\,\mathrm{ft/ft}$이고 토양의 안식각은 $35°$이다. 초기 설계에서 기저폭 $10\,\mathrm{ft}$와 경사 $2H:1V$를 요구하였다. 설계유량이 $500\,\mathrm{cfs}$라면 설계는 안정수로인지 판정하시오.

풀이

먼저, 수로의 등류수심을 결정하여야 한다. Manning의 조도계수(n)을 산정하기 위하여 Strickler 공식을 이용하면, 즉, $n=0.034\,d^{1/6}$(d의 단위는 ft), $d_{75}=1.5$에 대하여 $n=0.024$가 된다. 이때, Manning 공식을 이용하면 다음과 같다.

$$(10y_o+2y_o^2)\left(\frac{10y+2y_o^2}{10+4.47y_o}\right)^{2/3}=\frac{0.024(500)}{1.49(0.002)^{1/2}}=180.09$$

시행착오법을 이용하면, $y_o \cong 4.6\,\mathrm{ft}$, 동수반경 $R_h=2.89\,\mathrm{ft}$가 된다.

하상에 작용한 전단응력을 구하면 다음과 같다.

$$\tau_o=\gamma R_h S=\gamma(2.89)(0.002)=0.36\,\mathrm{lb/ft^2}$$

여기서, 물의 비중은 $\gamma=62.4\,\mathrm{lb/ft^3}$ (물의 비중). 하안에 작용한 전단응력은 τ_o의 76%(즉, $0.27\,\mathrm{lb/ft^2}$)가 된다.

이때, 하상에 대한 한계 허용전단응력은 식(16.34)에 의해 얻을 수 있다. 여기서, $\gamma=0.15$이다.

$$\tau_c=0.0785d_{75}(\gamma_s-\gamma)\tan\phi=0.707\,\mathrm{lb/ft^2}$$

그리고 하안에 대한 한계값은 식(16.39)로부터 구할 수 있다.

$$\tau_{bc}=\tau_c\left(1-\frac{\sin^2\theta}{\sin^2\phi}\right)^{1/2}$$

$$=0.707\left(1-\frac{\sin^2 26.5}{\sin^2 35}\right)^{1/2}=0.707\left(1-\frac{0.1991}{0.329}\right)^{1/2}=0.44\,\mathrm{lb/ft^2}$$

하안에 작용하는 한계소류력 $0.44\,\mathrm{lb/ft^2}$과 전단응력 $0.27\,\mathrm{lb/ft^2}$을 비교하면, 설계안전도(safety factor)는 1.63이 된다.

16.2.5.2 허용전단력과 세굴의 관계 - Shield의 분석법

토양특성과 수심을 알고 있다면 하상과 하안의 한계전단응력과 허용전단응력 및 소류력은 식(16.33)과 식(16.37)에 의해 계산할 수 있다. 그러나 토양의 특성이 알려져 있는 경우에는 일반적으로 세굴이 발생하기 전의 최대유속이나 수심을 계산하는 것이 바람직하다. 그러므로 경계면의 전단력은 흐름인자들과 토양입자의 특성과 연관되어야 한다. 7장에서 설명한 바와 같이, 이러한 분석에 있어서 주요 인자의 하나는 전단속도이다.

$$v^* = (\tau_o/\rho)^{1/2} \tag{16.40}$$

7장에서 v^*가 속도의 단위를 가지고 있으며, 밀도 ρ뿐 아니라 경계면의 전단력 τ_o와 함께 유속분포에 관련된 힘들에 관계한다는 점을 설명하였다. 아울러 무차원수인 벽면 Reynolds수 R_n^*을 소개하였으며 벽면으로부터의 거리와 전단응력에 의해 다음 식으로 유도되었다.

$$R_n^* = \frac{yv^*}{\nu} \tag{16.41}$$

여기서, $y=$ 경계면으로부터의 거리, $\nu=$ 동점성계수이다.

그러나 자유수면 흐름에서 에너지 개념을 다룰 때는 상류인지 사류인지의 흐름조건을 고려해야 하며, Froude수와 유사한 무차원수가 다음과 같이 적용될 수 있다(Handerson, 1966).

$$F^* = \frac{v^{*2}}{gy} \tag{16.42}$$

우리의 관심사가 직경 d인 수로 경계면상의 토양입자에 작용하는 전단응력이기 때문에, 식(16.41)과 식(16.42)에 있는 길이 요소는 유사의 직경과 대체될 수도 있다. 여기서 수로경계면을 포함한 입자의 특성(직경과 중량 또는 단위중량)과 흐름에 의한 전단력에 대해 이동하지 않고 저항하는 힘 사이에 어떤 관계가 존재한다고 볼 수 있다. 그러므로 각기 다른 종류의 유사에 대하여 R_n^*에 대한 F^*를 그려볼 수 있다. 이 관계를 규명하기 위해 Shield (1936)가 최초로 실험적인 분석을 수행하였으며, 유사의 단위중량 S_s가 입자 Froude수와 결합될 때 다음과 같이 보다 간단한 형태로 나타낼 수 있다는 것을 알았다.

$$F_s = \frac{v^{*2}}{gd(S_s - 1)} \tag{16.43}$$

그는 위와 같은 형태에서 모든 유사들에 대한 실험적 결과들을 $R_n^* - F_s$ 관계도표상에 하나의 선으로 나타낼 수 있다는 것을 알게 되었다. Shields 도표(Shields diagram)로 알려진 이 유명한 도표가 그림 16.25이다. 수정된 입자 Froude수 F_s는 Shields 유입함수(entrainment function)로 알려져 있는데, 주어진 전단응력에서 단위중량 S_s인 입자직경 d인 유사가 이동하게 되는 것을 알려주게 된다.

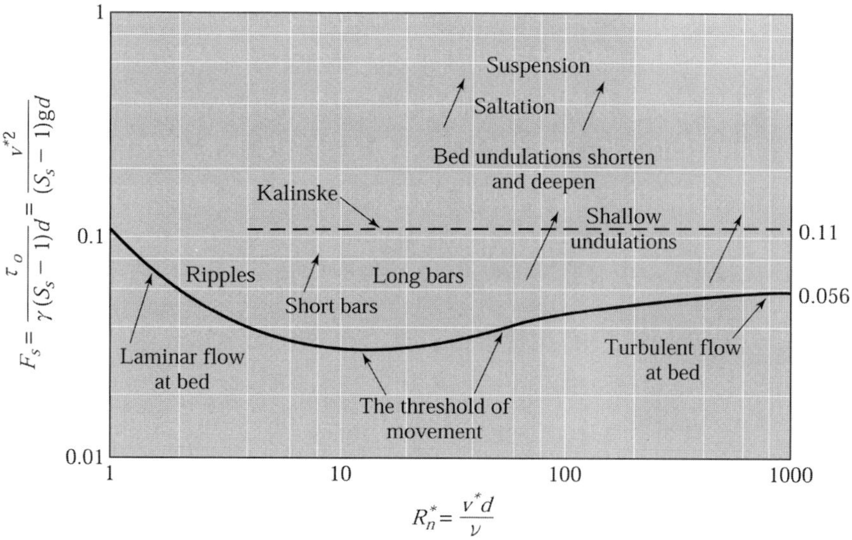

그림 16.25 Shields의 유입함수

Shields 도표는 안정된 단면형을 가진 자연수로의 설계에 있어서 유용하게 사용된다. 그림 16.25의 Shields 도표는 곡선이 도표의 우측면(입자가 큰 유사)의 수평선에 점근하는 형태가 8장의 Moody 도표와 비슷한 특성을 보인다. 이러한 경우에 점근값은 대략 0.056 정도이고 대략 400보다 큰 R_n^* 값에서 사용할 수 있다. 이 지점에서의 입자 직경은 대략 0.25 in(즉 0.089 cm)로 나타낼 수 있다(Henderson, 1966).

$$F_s = \frac{v^{*2}}{gd(S_s-1)} = \frac{\tau_o}{\rho gd(S_s-1)} = \frac{\tau_o}{\gamma d(S_s-1)} = 0.056 \tag{16.44}$$

이제, 바닥의 유사가 석영(quartz)인 하도에서, $d = 0.25\,\text{in}$, $S_s = 2.65$라고 하고 식(16.27)을 이용하면, 식(16.44)은 다음과 간단히 표시할 수 있다(Henderson, 1966).

$$d = 11RS \tag{16.45}$$

식(16.45)는 동수경사와 하상경사가 주어졌다면, 안정적 수로를 유지하기 위한 유사 직경의 한계값을 나타낸다. 광폭을 가진 사각형단면에서는 근사적으로 식(16.45)는 다음과 같이 나타낼 수 있다.

$$d = 11yS \tag{16.46}$$

예제 16.12 유량 300cfs이고 사다리꼴 단면인 직선수로를 설계하고자 한다. $d_{75}=1$, 안식각 32°, 지형경사는 0.0045 ft/ft이다. 세굴이 발생되지 않는 최소단면을 구하시오.

풀이

$d=0.0833$ ft, $S=0.0045$ ft/ft이고 식(16.45)을 이용하면, $R=1.68$ ft이다. 1차 근사계산을 위해서 광폭의 직사각형을 가정하면 등류수심은 1.68 ft이다.

Manning의 조도계수를 산정하기 위하여 Strickler 공식을 이용하면, $n=0.034(0.0833)^{1/6}=0.022$가 되고 유속은 다음과 같이 구할 수 있다.

$$V=\frac{1.49}{0.022}(1.68)^{2/3}(0.0045)^{1/2}=6.42\ \text{ft/s}$$

단면적은 $300/6.42=46.73\ \text{ft}^2$이고, 이것으로부터 윤변을 유도하면 $46.73/1.68=27.81$ ft가 된다.

광폭 직사각형 가정을 무시하고, 11장에서 설명한 방법을 이용하여 사다리꼴 단면을 구하면 관계는 다음과 같다.

$$A=by+ty^2,\ b=\frac{A-ty^2}{y}=\frac{46.73-ty^2}{y}$$

여기서, $t=$ 사면경사이다.

$$P=b+2y\sqrt{1+t^2}=\frac{46.73-ty^2}{y}+2y\sqrt{1+t^2}$$

각도를 토양의 안식각보다 작게 사면경사를 선택하면, 즉 $t=2(\theta=26.6°)$로 하면 다음과 같다.

$$P=27.81=\frac{46.73-2y^2}{y}+4.47y$$

2차방정식을 풀면, $y=2.05$ ft와 $y=9.2$ ft가 계산된다. $y=2.05$ ft일 때, $b=18.7$ ft가 되고, $y=9.2$ ft일 때는 b가 음수이므로 사용할 수 없다.

본 설계에서 등류수심은 2.05 ft이고, 한계수심 $y_c=2.05$ ft이므로 이상적인 조건이라 할 수 없다. 등류수심이 상류를 유지하도록 적절한 방법을 이용해 수로단면을 수정하는 것이 바람직하다.

16.2.5.3 미육군공병단의 해법

같은 기본원리를 이용하더라도 다른 접근방식이 물론 가능하다. 미국육군공병단(USACE : U.S. Army Corps of Engineers, 1970)에서는 식(16.27)에 Chezy 공식을 대입하여 유속의 함수로서 평균 국부전단응력을 하도경계면에 적용하였다. 즉, $S_f=\dfrac{V^2}{C^2R}$는 아래와 같다.

$$\tau_o=\gamma\frac{V^2}{C^2} \tag{16.47}$$

7장에서 설명했던 경험식을 Chezy의 C값에 대입하면

$$C = 32.6\log\frac{12.2R}{k} \tag{16.48}$$

그러므로 국부 경계면 전단응력에 대한 식은 유속의 함수로서 유도된다.

$$\tau_o = \gamma\frac{V^2}{\left(32.6\log\frac{12.2R}{k}\right)^2} \tag{16.49}$$

식(16.49)에서, 계수 k는 통상 등가 경계면조도를 나타낸다. 실무에서 미육군공병단은 이 계수에 유사의 d_{50} 직경을 사용하도록 권유하고 있다. 이전과 마찬가지로, 윗 식에서 동수반경은 광폭의 사각형단면의 근사해법을 이용하여 수심 y로 나타내기도 한다.

$$\tau_o = \gamma\frac{V^2}{\left(32.6\log\frac{12.2y}{d_{50}}\right)^2} \tag{16.50}$$

식(16.50)은 흐름의 매개변수(수심과 유속)와 하도경계면에서 발생하는 전단력의 관계를 명확하게 나타내고 있다. 이 식에서 사용된 유속은 아마도 하안을 포함하여 경계면의 특정 부분 주위의 국부 평균값일 것이다. 미육군공병단 지침서(1970)는 이 값을 단순히 흐름장 내 특정위치에서의 횡단면적과 유량의 비로써 결정할 것을 권고하고 있다. <표 16.6>은 다양한 토양특성의 비피복수로에 대해 미육군공병단에서 추천한 최대유속을 나타내고 있다.

표 16.6 수로의 최대 허용가능평균유속(USACE, 1970)

Channel Material	Mean Velocity(ft/s)
Fine sand	2.0
Coarse sand	4.0
Earth	
Sandy sit	2.0
Silt clay	3.5
Clay	6.0
Poor rock	
Soft sandstone	8.0
Soft shale	3.5
Good rock(igneous or hard metamorphic)	20.0

16.2.5.4 피복수로

실제로 허용유속이 초과되지 않도록 수로를 설계하기란 불가능하다. 이러한 경우에 흙으로 된 하도는 세굴을 방지하기 위해서 피복되어야 한다. 피복은 단순히 자연적 식생이거나 콘크리트, 사석, 토목섬유와 같이 흐르는 물에 저항할 수 있는 재료를 이용할 수 있다. 이러한 경우에 기술자들이 상황에 따라 각기 다른 설계기준을 적용하게 된다. 예를 들면, 풀로

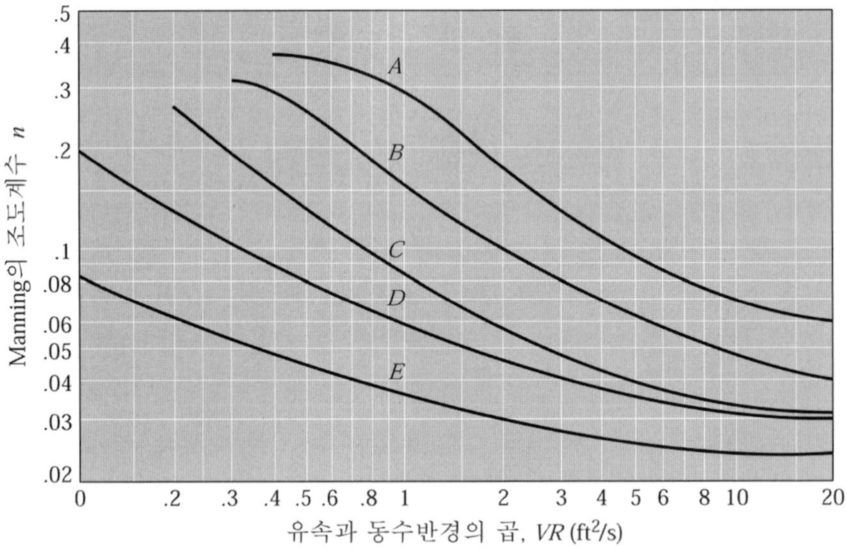

Retardance	Species	Condition
A	red canary grass	90 cm avg.
	yellow bluestem	90 cm avg.
B	smooth bromegrass	30~40 cm avg.
	Bermuda grass	30 cm avg.
	native grass mixture	
	bluestem, blue grama	unmowed
	tall fescue	45 cm avg.
	Lespedeza sericea	50 cm avg.
C	bahia	15~18 cm avg.
	Bermuda grass	15 cm avg.
	redtop	40~60 cm avg.
	centipede grass	15 cm avg.
	Kentucky bluegrass	15~30 cm avg.
D	Bermuda grass	6 cm avg.
	red fescue	30~45 cm avg.
E	Bermuda grass	4 cm avg.
	Bermuda grass	Burned stubble

그림 16.26 식생에 대한 VR과 Manning의 조도계수 n(Coyle, 1975)

덮는 식생피복을 하는 경우에 다양한 유형의 식생에 대한 허용유속을 결정하는 것은 단순하지 않을 뿐 아니라, 식생 종류별로 조도특성이나 수리학적 효율성을 알아내기는 어려운 실정이다. 식생피복 하도에 대한 설계인자는 주로 실험을 통하여 결정되어 왔다.

식생피복의 조도계수를 결정하기 가장 일반적이고 널리 쓰이는 기법은 Palmer(1945)에 의해 개발되었는데, 11장에서 논의한 것과 같이 유속, 동수반경의 곱과 Manning의 조도계수 n 사이의 관계식에 기초하고 있다. Singh(1966)의 실험에 의하면 이 관계식은 단일 식생종을 사용하는 수로경사에 대해 상대적으로 변화가 작은 것으로 나타났다. 그림 16.26은 미국자원보전국(NRCS : National Resources Conservation Service)에서 결정한 다양한 식생종에 대한 $n-VR_h$ 관계식을 그림으로 나타낸 것이다(Coyle, 1975). 그림에서 각각의 선들은 지체(遲滯) 또는 식생의 밀도나 키로 인한 흐름의 저항도에 따라 종별로 등급을 나눈 것이다(Chin, 2000). 각각의 지체등급과 연관된 일반적인 종들은 도표 아래에 제시되어 있다. <표 16.7>은 다양한 식생피복에서 허용가능 유속에 대한 NRCS의 추천값을 제시하고 있다(Coyle, 1975).

표 16.7 식생피복 수로에서의 허용가능유속(Coyle, 1975)

Species	Slope Range(%)	Soil Resistance Level	
		Erosion Resistant(m/s)	Erodible(m/s)
Bermuda grass	0~5	2.4	1.8
	5~10	2.1	1.5
	> 10	1.8	1.2
Bahia, Buffalo grass	0~5	2.1	1.5
Kentucky blue grass	5~10	1.8	1.2
Smooth brome, blue	> 10	1.5	0.9
Grama, tall fescue			
Grass mixtures, reed	0~5	1.5	1.2
Canary grass	5~10	1.2	0.9
Lespedeza sericea,	0~5	1.1	0.8
Weeping lovegrass			
Yellow bluestem,			
Redtop, Alfalfa			
Red fescue			
Common lespedeza	0~5	1.1	0.8

식생으로 피복된 하도의 설계에서는 시행착오적 절차가 필요하다. 가장 먼저 토양 및 경사, 그리고 사업으로 기대하는 수리학적 조건 등을 고려하여 사용될 식생의 종류를 선택해야 한다. 이 선택이 끝난 후에 그림 16.26으로부터 지체등급을 결정하고, 허용유속은 <표 16.7>로 부터 결정한다. 이후 설계절차는 예비계산에 사용되는 조도계수를 가정하고 수로의 제원을 11장에 나타낸 바와 같이 산정한다. 동수반경이 결정되면 VR비가 계산되고, 그림 16.26을 이용하여 계산된 비율과 연관된 Manning의 조도계수 n값을 결정한다. 만일 이 값이 가정한 값과 일치하지 않는다면, 그림으로부터 구한 n값은 다시 검사하여 새로운 수로 제원과 VR비를 계산하여야 한다. 이 절차는 두 조도의 값이 일치할 때까지 계속된다.

예제 16.13 최대유량 1,000 cfs인 사다리꼴 단면수로를 설계하고자 한다. 수로는 풀로 피복되어 있으며, 경사가 0.005 ft/ft이고 안식각이 37°인 토양위에 놓여 있다. 피복식생은 Bermuda grass(높이 30 cm)가 최적공법이라 할 때 수로단면을 결정하시오.

풀이

Bermuda grass(높이 30 cm)는 그림 16.26로부터 지체등급(retardance class)이 B임을 알 수 있다. <표 16.7>로부터, 5% 이하 기울에서 Bermuda grass에 대한 허용유속은 침식성 토양에 대하여 1.8 m/s 또는 5.9 ft/s이다. 따라서 수로의 허용단면적은 $A = Q/V = 1000/5.9 = 169.5\ \text{ft}^2$이다.

여기서, Manning의 조도계수 n을 0.05로 가정하면 유속은 다음과 같다.

$$V = \frac{1.49}{n} R^{2/3} S^{1/2} = 5.9 = \frac{1.49}{n} R^{2/3} (0.005)^{1/2}$$

이 식으로부터 $R = 4.68$ ft이므로, $VR = 5.9(4.68) = 27.6\ \text{ft}^2/\text{s}$이다. 그림 16.26에 의하면 이 값은 규모가 조금 벗어남을 알 수 있으며, 지체등급 B에 대하여 그래프에 대한 n의 한계값은 $VR = 20\ \text{ft}^2/\text{s}$에 대하여 약 0.04이다. 이 값을 이용하여 위에서와 같이 다시 Manning 공식을 풀면 $R = 3.35$ ft가 된다.

다시 정리하면, $VR = 5.9(3.35) = 19.77 \sim 20$이고 Manning의 조도계수를 만족한다. 사다리꼴 단면을 결정하면 다음과 같다.

$$A = 169.5 = by + ty^2\ ;\ P = b + 2y\sqrt{1+t^2}$$

추가적으로 $R = A/P = 3.35$ ft이기 때문에, $3.35 = 169.5/P$, $P = 50.6$ ft가 된다. 다음으로 토양 안식각이 37°, 사면경사(t)가 1.73/1에 대응되는 하안의 사면각은 30°이다. 이 값들을 이용하여 윗 식을 다시 정리하면 다음과 같다.

$$169.5 = by + 1.73y^2;\ 50.6 = b + 2y\sqrt{1+t^2} = b + 3.996y;\ b = 50.6 - 3.996y$$

$$169.5 = (50.6 - 3.996y)y + 1.73y^2$$

이것을 다시 정리하면, $50.6y - 2.266y^2 - 169.5 = 0$이 된다.

2차방정식을 풀면 $y = 18.22$ ft와 $y = 4.1$ ft가 계산된다. 각각의 값을 윤변 공식에 대입하면, $y = 18.22$ ft의 값은 불가능하다는 것을 알 수 있다. 따라서 $y = 4.1$ ft가 되고, $b = 50.6 - 3.996y = 34.2$ ft가 된다.

저항이나 지체(遲滯)의 개념은 수로와 주변 환경사이에 초지대를 설계하는데 이용될 수 있다. 이러한 초지대는 수로보호, 심미적 기능, 초과유출저류 그리고 유역으로부터 오염물 차단과 같은 여러 가지 기능을 제공하게 된다. 허용유속이나 흐름저항과 같은 수리학적 문제뿐만 아니라 저류나 감쇠 또는 홍수수문곡선의 지체와 같은 수문학적 문제들이 중간지대(buffer zones)를 설계하는데 중요한 역할을 담당한다. 추가적으로 유입되는 오염물질을 제어하고 안전하게 폐기할 수 있도록 식생의 능력을 고려하여야 한다.

16.2.5.5 사석피복

침식성 하안은 사석(rip-rap)으로 알려진 돌이나 시멘트로 된 블록으로 보호될 수도 있다. 미국공병단(USACE)의 지침서(1970)에 따르면, 사석설계에 영향을 미치는 인자들은 유속뿐만 아니라 재료의 특성(형상, 크기, 입도분포, 층 두께)과 수로의 매개변수(사면경사, 조도, 형상, 배열, 하상경사) 등을 포함하고 있다. 돌이나 시멘트로 된 사석블록은 상호 부착력과 저항력을 높이기 위해 가장자리가 날카롭고 정육면체에 가까운 모양이 되어야 한다. 미육군공병단은 입도분포로 사용되는 돌의 25% 이하는 길이가 폭이나 두께보다 2.5배 이상 길어야 한다고 권고하고 있다. 물론, 블록의 중량은 침식에 저항하는 주요 매개변수이므로 블록의 크기로부터 중량을 계산하는 다음식이 추천되고 있다(USACE, 1970).

$$D_s = \left(\frac{6W}{\pi \gamma_s} \right)^{1/3} \tag{16.51}$$

여기서, D_s = 돌의 등가직경(ft), W= 돌의 중량(lb), γ_s =돌(또는 시멘트)의 단위중량이다.

수로의 측면경사 또한 사석의 설계와 배치에 있어서 주요한 인자이다. 앞부분에서 토양입자의 침식에 대해 설명하였듯이, 사석을 이동시켜서 하안을 침식시키는 힘은 물의 흐름에 의한 전단응력과 입자(또는 블록)를 하안의 아래로 쓸어내리려는 중력성분의 조합으로 이루어진다. 물론, 블록을 하안 아래로 쓸어내리는 힘은 경사가 급할수록 증가하게 된다.

사석으로 피복된 수로

이러한 이유로, 미국공병단은 기계에서 투척된 사석은 측면경사가 2(수직) : 1(수평)보다 가파른 곳에, 수작업으로 설치된 사석은 측면경사가 1.5 : 1보다 가파른 곳에 설치하지 말 것을 권고하고 있다.

침식의 경우에 사용했던 것과 똑같은 기초적인 분석기법이 사석블록의 설계에도 적용된다. 블록에 작용하는 평균 또는 국부전단응력은 식(16.49)나 (16.50)을 사용하여 계산된다. 사석의 설계전단력은 사석이 안전히 버틸 수 있는 국부 경계면전단력의 값으로 정의되고, 하상의 수준에 따라 다음의 식으로 계산한다.

$$\tau_c = a(\gamma_s - \gamma) d_{50} \tag{16.52}$$

여기서, $a = 0.04$(USACE, 1970)이며 그 외의 매개변수들은 앞서 정의되었다. 하안에 대한 설계전단력은 식(16.39)에 의해 계산된다.

$$\frac{\tau_{bc}}{\tau_c} = \left(1 - \frac{\sin^2\theta}{\sin^2\phi}\right)^{1/2} \tag{16.53}$$

미국공병단의 설계에 따르면, 돌이나 시멘트 블록은 중량등급 W_{50}의 하한값이 설계전단력에 저항할 수 있는 힘보다 작지 않은 입도로 분포되어야 한다. W_{100}블록의 하한값은 W_{50}블록의 하한값보다 2배 이상 작으면 안된다. 사석층의 두께는 보통 최소한 12 in(즉, 30 cm) 이상은 되어야 하고, 가장 큰 블록의 직경보다 작거나 W_{50}블록 직경의 1.5배 중 큰 것보다 작아서는 안 된다. 사석을 수중에 설치한다면 불확실성이 있으므로 사석층의 두께는 50% 정도 증가시켜야 한다.

예제 16.14 최대유량이 650 cfs인 사다리꼴 단면수로를 설계하고자 한다. 수로의 기저폭이 10 ft, 사면경사가 1.5/1, 경사가 0.00262, 등가직경이 1 in, 안식각이 38°이다. 사석공(rip-rap lining)이 필요한지 결정하고, 필요하다면 크기를 구하시오.

풀이

먼저 Manning 공식을 이용하여 수심과 유속을 결정한다.

$$AR^{2/3} = \frac{nQ}{1.49\sqrt{S_o}} = (10y_o + 1.5y_o^2)\left(\frac{10y_o + 1.5y_o^2}{10 + 3.6y_o}\right) = \frac{n(650)}{1.49\sqrt{0.00262}}$$

입자크기 1 in (0.0833 ft)에 대한 Manning의 조도계수 n은 Strickler 공식을 이용하여 구하면, $n = 0.034 d_m^{1/6} = 0.022$가 된다. 따라서 위식의 우변은 187.5가 된다.

시행착오법으로 구하면, $y_o = 5$ ft가 되고, 단면적은 $A = 87.5\ \text{ft}^2$, 유속 $V = 7.42$ ft/s가 된다. <표 16.6>에서 조립토(coarse earth)의 허용유속보다 크므로 사석공이 요구된다.

다음은 식(16.49)를 이용하여 하상의 전단응력은 다음과 같이 구할 수 있다.

$$\tau_o = \gamma \frac{V^2}{\left(32.6\log\frac{12.2R}{d_{50}}\right)^2} = \gamma \frac{(7.42)^2}{\left(32.6\log\frac{12.2(3.125)}{0.0833}\right)^2} = 0.456\,\mathrm{lb/ft^2}$$

여기서, 안전계수(factor of safety) 1.5를 적용하기 위해서는 $\tau_c = 0.684\,\mathrm{lb/ft^2}$이 되어야 한다. 식(16.52)에서 사석비중을 2.65로 가정하면 사석직경의 중앙값은 다음과 같이 구할 수 있다.

$$\tau_c = a(\gamma_s - \gamma)d_{50} = 0.684 = 0.04(2.65\gamma - \gamma)d_{50}$$

$d_{50} = 0.166\,\mathrm{ft} = 2\,\mathrm{in}$이다. 한계전단응력은 안식각 $\phi = 38°$, 안전계수 = 1.5, 하안사면각 $\theta = 33.69°$을 식(16.38)에 대입하면 다음과 같다.

$$\frac{\tau_{bc}}{\tau_c} = \left(1 - \frac{\sin^2\theta}{\sin^2\phi}\right)^{1/2} = \frac{\tau_{bc}}{0.684} = \left(1 - \frac{\sin^2(33.69)}{\sin^2(38)}\right)^{1/2} = 0.434$$

결과적으로 $\tau_{bc} = 0.296\,\mathrm{lb/ft^2}$이다.

식(16.29)에 의하면 하안의 전단응력은 하상의 전단응력의 약 76%가 되어, $\tau_{obc} = 0.76(0.456) = 0.346\,\mathrm{lb/ft^2}$가 된다. 이 값은 한계전단응력 $\tau_{bc} = 0.296\,\mathrm{lb/ft^2}$보다 크므로 하안에 대해서도 사석공이 필요하다.

안전계수 1.5를 다시 적용하면 $\tau_{bc} = 1.5(0.346) = 0.519\,\mathrm{lb/ft^2}$이 된다. 결과적으로, $0.519 = 0.04(2.65\gamma - \gamma)d_{50}$이 되고, 이로부터 $d_{50} = 1.5\,\mathrm{in}$가 된다.

도움말 Reading Aid

16.1 수리구조물을 설계할 때, 고려하여야 하는 기본 요소에 대해 토론하시오.

16.2 수리구조물을 설계할 때 고려해야 할 요소로서 설계기준, 구조물의 기능, 안전성 중에서 가장 중요한 요소는 무엇인가?

16.3 수리구조물을 설계할 때 위험기반적 접근을 해야 하는 이유는 무엇인가? 그리고 수자원 분야가 다른 분야에 비해 상대적으로 불확실성이 높은 이유는 무엇인가?

16.4 일정한 저수용량을 가진 댐을 설계하는 과정에서 안전을 고려한 사례를 제시하시오.

16.5 수자원사업에서 여유고가 가지는 의미는 무엇인가? 여유고로 추천하는 값의 사례를 제시하시오.

16.6 수리구조물의 수명을 몇 년 정도 기대할 수 있다고 보는가? 여러 종류의 수리구조물의 수명에 대해 토론하시오.

16.7 수리구조물의 크기는 수명과 안전에 영향을 미치는가?

16.8 수자원사업에서 위험도가 가지는 의미는 무엇인가? 초과확률과 재현기간이란 무엇인가?

16.9 수리구조물의 수명동안에 특정 유량이 초과할 확률에 대한 표현은 무엇인가?

16.10 주거지역 또는 쇼핑센터와 같은 사업을 설계할 경우에 필요 항목에 대한 예를 제시하시오.

16.11 우수관거에서 이용하는 합리식 공식을 설명하시오. 공식의 변수를 정의하고 차원이 일치하는지 검토하시오.

16.12 합리식 적용에 대해 검토하고 방법의 한계를 설명하시오.

16.13 도달시간을 정의하고 영향을 미치는 주요 인자를 설명하시오.

16.14 유출계수를 정의하고 영향을 미치는 인자들에 대해 토론하시오. 개발지역과 미개발지역에서 유출계수의 실제적인 범위를 제시하시오.

16.15 배수구 설계시에 사용되는 공식은 무엇인가? 이 공식에 사용한 변수에 대해 설명하시오. 막힘상수(clogging factor)로 적절한 값은 얼마인가?

16.16 우수관을 설계할 경우에 압력차에 의한 흐름으로 설계하지 않는 이유는 무엇인가? 이러한 시스템에서 제안하는 흐름의 깊이는 무엇인가?

16.17 우수관에서 어느 특정 값 이상에서는 속도가 일정하게 유지된다고 설계하는 이유는 무엇인가? 우수관시스템에서 최저 속도로 제안되는 값은 얼마인가?

16.18 원형 우수관거시스템에서 주로 사용되는 공식은 무엇인가? 관의 하상경사란 무엇인

가? 관의 경사를 증가시키는 것이 좋은가 아니면 작게 하는 것이 좋은가?

16.19 암거 설계 시 세 가지 각기 다른 통제상태(control states)에 대해 정의하시오. 어떤 통제상태에서 암거로써 작용을 하는가?

16.20 암거가 만수흐름일 경우의 유량공식에 대해 설명하시오. 그리고 이 공식의 세 가지 변수를 정의하시오.

16.21 하류 수위통제(tail-water control) 경우에 흐름의 설계 시 고려할 사항과 설계과정에 대해 설명하시오. 암거내의 에너지 손실에 대해 설명하시오.

16.22 식(16.21)의 인자들에 대해 설명하고, 차원의 일치성에 대해 검토하시오.

16.23 암거내에서 수두손실에 영향을 미치는 요인에 대해 검토하시오. 수리학적으로 길거나 짧은(hydraulically short) 암거의 의미는 무엇인가?

16.24 유입구가 지배단면일 때 암거의 기능에 영향을 미치는 요소는 무엇인가?

16.25 유입구가 통제상태일 때의 암거에서 사각형단면과 비사각형단면(nonrectangular)의 한계수심을 계산하는 방법은 무엇인가?

16.26 어떤 경우에 낙하식 유입구(drop inlet) 구조를 사용하는가? 이러한 시스템의 이점은 무엇인가?

16.27 낙하식 유입구의 흐름능력를 결정하는 단계에 대해 설명하시오.

16.28 감세지의 주요기능은 무엇인가? 감세블록(baffle block)이 감세지 아래에 위치하는 이유는 무엇인가?

16.29 저류시설을 설계할 때 주요 고려사항에 대해 토론하시오.

16.30 수리구조물을 설계할 때 고려되어야 하는 환경과 윤리 기준에 대해 토론하시오.

16.31 침식성수로의 단면을 설계하는 데 고려되어야 할 중요 요소는 무엇인가?

16.32 소류력을 정의하시오. 그리고 수로바닥과 측면에서의 소류력을 구하는 공식을 적으시오.

16.33 패킹계수(Packing factor) r이란 무엇인가? 굵은 입자를 가진 물질에서 r값은 어떻게 되는가?

16.34 Shields 도표와 사용법에 대해 설명하시오.

16.35 수정된 실제 Froude수를 구하는 공식을 적고 각각의 요소에 대해 설명하시오. 이 공식에 대해 차원의 일치성을 검토하시오.

16.36 광폭의 직사각형 수로에서 깊이와 경사가 주어졌을 때, 안정수로를 위해 유사의 직경을 얼마로 제한하는가?

16.37 식(16.50)의 유용성과 가정에 대해 설명하시오. 그리고 이 공식의 요소들에 대해 정의하시오.

16.38 수로바닥과 측면에 피복(被服)이 왜 필요한지 설명하고, 피복의 종류를 들어라.

16.39 사석설계(rip-rap design)에서 영향을 미치는 주요 인자는 무엇인가? 사석으로 불규칙한 형태와 날카로운 모서리를 가진 직육면 형태 중에서 어느 것이 바람직할까?

16.40 수면 아래의 사석층(rip-rap layer)의 최소두께는 얼마인가?

연습문제

16.1 홍수조절용댐의 여수로가 초과확률 0.015인 홍수량에 대해 설계되었다. 이 유역에 이보다 큰 홍수가 얼마나 자주 발생하겠는가? 100년간 여수로의 위험도는 얼마인가?

16.2 50년 동안 5% 미만의 위험도를 기준으로 수리구조물을 설계하고자 한다. 설계유량의 초과확률과 재현기간은 얼마인가?

16.3 예연사각형위어가 주운사업에서 수심의 깊이를 통제할 목적으로 사용된다. 수로의 깊이는 항해하는 선박을 위해 최소 10m를 유지하고자 한다. 수로경사는 수평이고 폭은 6m, 반대편의 표고는 10m이다. 20년 재현기간의 설계유량은 $1.5\,\mathrm{m^3/sec}$이다.

(a) 초과확률은 얼마인가?

(b) 앞으로 10년 동안 선박이 적어도 한번은 항해하지 못할 확률?

(c) 설계조건을 만족시키기 위한 예연위어의 높이는 얼마인가? 유량계수는 0.61로 가정하시오.

16.4 주거지 목적으로 1acre 면적을 개발하고자 한다. 미개발상태에서 최고로 긴 하천길이는 300ft, 평균경사가 3%, Manning의 조도계수가 0.1이다. 개발후의 Manning의 조도계수는 0.05로 줄었다. 이 지역에서의 2년 빈도, 24시간 빈도의 강우량은 3.5in이다. 그림 16.1을 사용하여 이 지역에서 현재와 미래의 10년 사상의 첨두유량을 구하시오. 현재와 미래의 유출계수는 각각 0.25와 0.6을 사용하도록 한다.

16.5 문제 16.4에서 미래상태의 유출에 대비한 유입구와 관을 설계하시오. 관은 콘크리트이고 경사는 지표면의 경사와 동일하게 하시오.

16.6 문제 16.4와 같은 수준의 유입구를 원한다고 가정하자. 한개 또는 여러 개로 구성된 유입구 시스템을 설계하시오.

16.7 5ha지역의 초기조건은 다음과 같다. 가장 긴 수로의 길이는 1500m, 평균경사는 3.5%이다. 그림 16.1을 사용하여 현재와 미래의 10년, 25년 사상에서의 첨두유량을 계산하시오. 현재와 미래의 유출계수 C는 각각 0.3과 0.7로 하시오.

16.8 문제 16.7로부터 계산된 흐름이 하나의 도로로 흐른다고 하자. 재현기간 10년 호우의 유량에 대비한 맨홀시스템과 콘크리트관을 설계하시오. 경사는 지표면경사와 동일하게 하시오.

16.9 콘크리트 하수관이 2.5%의 경사로 놓여있고, 최대 설계유량이 5cfs이고 최저유량은 0.5cfs라 한다. 관의 크기는 얼마로 하면 되는가?

16.10 경사 3%에서 최대유량이 $1.5\,\mathrm{m^3/sec}$인 콘크리트 우수관을 설계하고자 한다. 이 관에서의 최저속도는 $0.1\,\mathrm{m^3/sec}$로 할 때 최소직경을 결정하시오.

16.11 문제 16.10에서의 적절한 아치형관을 결정하시오.

16.12 제방이 그림 P16.12와 같이 100 ft길이의 6 ft×6 ft로 된 콘크리트 암거를 가로지르고 있다. 상류의 수위는 8 ft이고 하류의 최저부는 4 ft이다. 만일 암거의 상류쪽 끝부분의 깊이가 8 ft이면, 암거를 통하는 유량은 얼마인가? 암거는 하류부통제(tail water control)를 받지 않는다고 가정하시오.

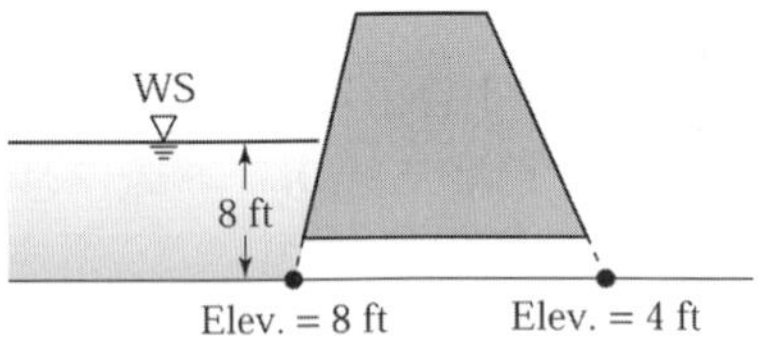

그림 P16.12 암거

16.13 작은 연못이 수문에 의해 조절된다고 한다. 수문 뒤의 수심은 14 ft이고 수로는 폭 10 ft, 경사 0.0175, Manning의 조도계수 0.025로 된 사다리꼴 단면이다. 단위폭당 수문을 통과하는 유량은 28.93 cfs/ft이다.

(a) 수문의 하류부에서 도수가 형성되는가?

(b) 수문확장에 영향을 미치는 상류부까지의 거리는 얼마인가?

16.14 그림 P16.14와 같이 고속도로 제방이 수문(문제 16.13)의 하류를 통과하고 있다. 제방은 길이 75 ft이고 48 in의 RCP로 교차되고 있다. 하류 조건은 문제 16.13과 같으며 긴 거리를 흐른다고 한다. 제방이 수문을 통해 영향을 미치지 않는 곳은 하류수문으로부터의 거리가 얼마인가? 암거의 유입구는 제방과 함께 물이 통과한다고 가정하시오.

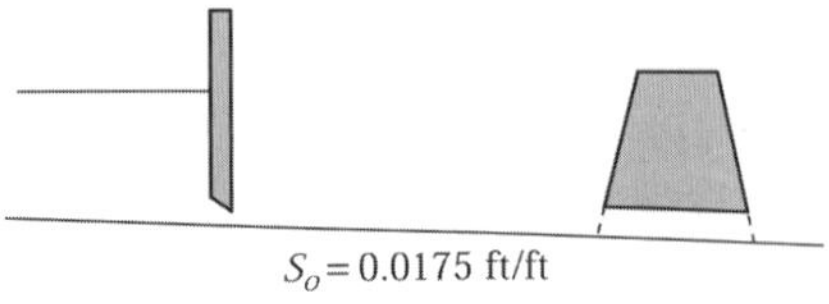

그림 P16.14 수문과 제방

16.15 폭 8 ft인 직사각형단면의 수로가 길이 75 ft인 파형금속관(CMP ; Corrugated metal pipe) 36개를 포함하는 고속도로 제방과 교차하고 있다. 이 수로는 0.001의 경사와 조도계수가 0.035, 그리고 제방하류까지 방해없이 흐르고 있다. 설계유량이 100 cfs 라 하자.

(a) 암거입구가 가득차서 흐른다면 암거의 설계수두는 얼마인가?

(b) 암거는 상류로 얼마까지 영향을 미치는가?

16.16 그림 P16.16에서 폭 12 ft인 직사각형단면의 수로가 고속도로 제방과 교차하고 있다. 설계유량은 200 cfs 이고 하류에서의 수로는 0.001경사로 긴 거리를 흐른다. Manning의 조도계수는 0.030이다. 하류에 위치한 암거의 고도는 0 ft이고 길이는 100 ft이다. 제방의 최고 고도는 22 ft이며 제방 위에서 2 ft 밑으로 만수위로 설계하고자 한다. 이를 위해 RCP의 최저직경을 설계하시오.

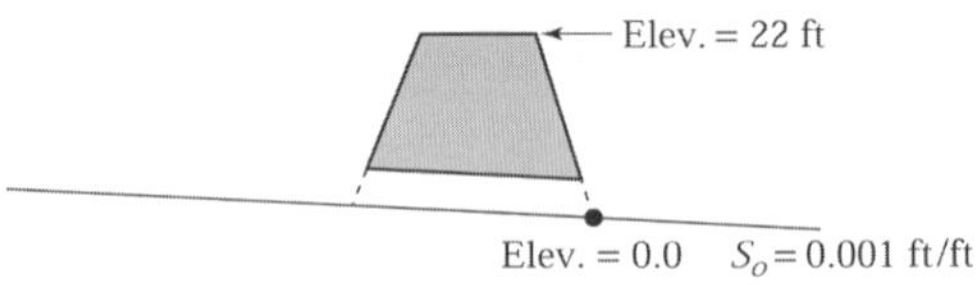

그림 P16.16 고속도로 제방

16.17 문제 16.16에서 아치형의 등가 아치관(equaivalent arch pipe)은 얼마인가?

16.18 1 V/2 H 측면경사와 12 ft의 바닥 폭을 가진 사다리꼴 수로에서 고속도로 제방을 가로지르는 암거를 설계하고자 한다. 수로경사는 0.005이고 Manning의 조도계수는 0.035이다. 암거의 하류저부의 고도는 0 ft이고 길이 75 ft의 RCP이다. 쇼핑센터는 그림 P16.18과 같이 17 ft 높이에 주차장을 가진 제방의 2000 ft 상류에 위치한다. 쇼핑센터의 주차장에 호우가 없을 때 700 cfs 의 설계유량을 대상으로 암거를 설계하시오. 축차계산법을 사용하시오.

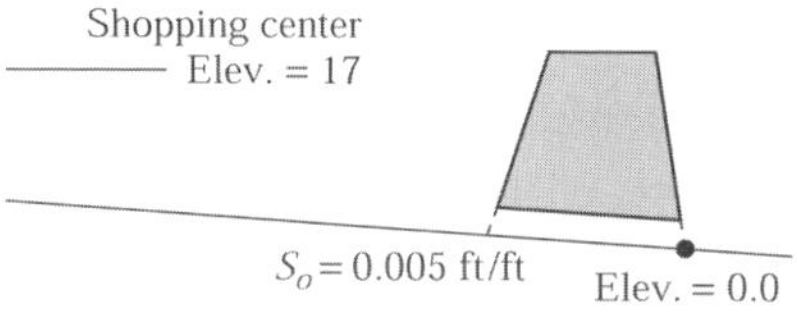

그림 P16.18 제방과 쇼핑센터

16.19 고속도로 제방을 직경 36 in이고 길이 90 ft인 RCP가 횡단하고 있다. 1000 ft 상류에 위치한 다른 고속도로에는 직경 48 in이고 길이 75 ft인 CMP가 횡단하고 있다. 두 개의 제방사이의 수로는 경사가 0.005, 조도계수가 0.04, 바닥폭이 15 ft이다. 첫 번째 암거의 하류끝의 저부는 0 ft이다. 첫 번째 암거의 수두가 10 ft이고 두 번째 암거의 하류부는 5 ft 깊이일 때 이 시스템을 흐르는 유량은 얼마인가? 암거의 유입구는 물이 가득차서 흐른다고 가정하시오.

16.20 저류지의 유출이 그림과 같이 SCS 연직유입관에 의해 조절된다. 통관통제라고 가정하고 구조물로부터 수위가 45 ft가 되는 지점까지 수위유량곡선을 작성하시오.

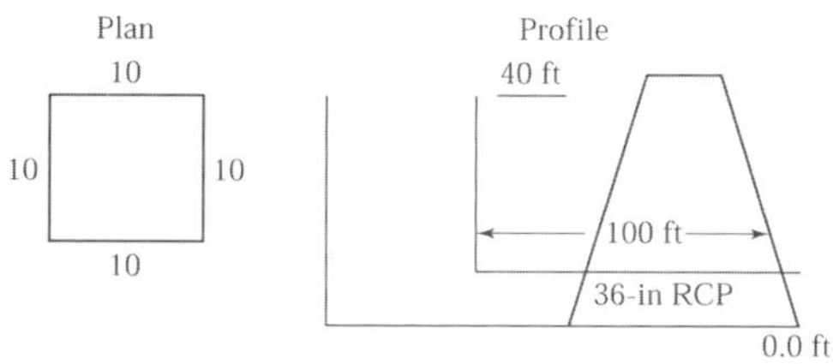

그림 P16.20 문제 16.20에서의 연직 유입관

16.21 그림에서 SCS 연직유입관에 의해 저수지의 유출이 조절된다. 설계유량은 450 cfs 이고 하류부의 고도는 10 ft이다. 만일 제방높이가 42 ft이고, 수위가 제방상단에서 2 m 이하라고 할 때 연직관거(riser)와 RCP를 설계하시오.

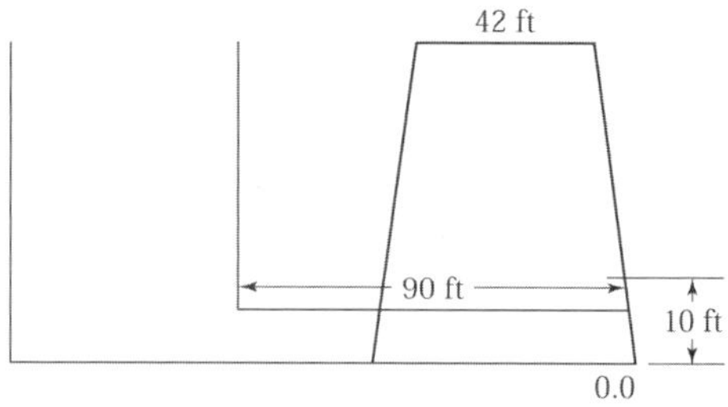

그림 P16.21 연직유입구

16.22 조그만 저수지의 유량조절을 목적으로 유입구를 설계한다. 설계유량은 10 m^3/sec이고 이 저수지에서의 목표 수위는 기준면에서 15 m 높이로 한다. 하류부 수위를 5 m로 유지하고 할 경우에 연직관거와 RCP를 설계하시오. 관의 길이는 25 m라 한다.

16.23 바닥폭이 10 ft이고 측면경사가 1 V/2H인 사다리꼴 단면의 수로를 설계하고자 한다. 체분석에 의한 입도분석에 의하면 바닥에서의 허용전단응력이 0.5 lb/ft^2라는 결과를 얻었다. 그리고 Manning의 조도계수는 0.03이다. 만일 수로의 등류수심을 5 ft로 설계하면 유량은 얼마인가?

16.24 운하를 건설하기 위해 절토한 결과 바닥의 d_{75} 입자크기가 2 cm이다. 이 지형의 자연경사는 0.00025이고 안식각은 32°이다. 설계유량 50 m^3/sec이고 설계수심이 2 m 이하로 할 경우에 최대소류력법을 이용하여 최소 하도폭과 적절한 측면경사를 결정하시오. 운하는 약간 만곡하게 설계한다고 하자.

16.25 사다리꼴 단면의 운하를 건설하기 위해 절토한 결과 d_{75} 입자크기가 0.33 in이다. 안식각은 30°, 전체 경사 0.001이며, 흐르는 유량은 1000 cfs이다. 그림 P16.25의 Shield도표의 제한값을 사용하여 안정수로에서 요구되는 수로폭을 결정하시오.

16.26 사다리꼴 단면의 수로에서 유량 800 cfs가 흐르고 있다. 이 수로는 풀로 피복되어 있고(grass-lined) 경사 0.0035, 안식각 35°이다. 환경측면에서 최적의 피복조건은 높이가 50 cm인 Lespedeeza grass라고 한다. 수로의 제원을 결정하시오.

16.27 안식각 30°이고 경사가 0.002인 충적토의 수로에 사다리꼴 단면으로 최대유량 1,770 cfs인 수로를 설계하고자 한다. 평균높이 6 m인 Bermuda grass를 최적의 피복이라고 한다. 이러한 조건을 만족시키는 운하에서의 수로제원을 결정하시오.

16.28 미사 점토질의 충적층(silty clay alluvium)에 경사 0.0024인 사다리꼴 수로를 설계하고자 한다. 안식각은 35°이고, Manning의 조도계수는 0.025이다. 깊이를 4.9 ft로 하고 최대유량 700 cfs가 흐르도록 설계하고자 할 때, 사석이 필요하다면 수로바닥과 측면에서의 사석 크기를 계산하시오.

16.29 d_{50}가 0.25 in인 충적토에서 최대유량 500 cfs가 흐르도록 사다리꼴 단면의 수로를 설계하고자 한다. 수로경사는 0.025이고 바닥의 폭은 7.5 ft 이하로 제한되어 있다. 바닥과 측면을 사석으로 보호해야 한다면 사석의 크기를 결정하시오.

참고문헌

American Concrete Pipe Associantion, 2000. Concrete Pipe Design Manual, compact disc available from APCA.

American Society of Civil Engineers (ASCE), 1982. Gravity Sanitory Sever Design and Construction, Manual No. 60, ASCE, New York, NY.

American Society of Civil Engineers, 1992. Design and Construction of Urban Storm Water Management Systems. ASCE, New York.

Chow, V. T., 1959. Open Channel Hydraulics. McGraw-Hill Book Company, New York.

Chin, D. A., 2000. Water-Resources Engineering. Prentice Hall, Upper Saddle River, N.J.

Coyle, J. J., 1975. Grassed waterways and outlets, Engineering Field Manual, United States Soil Consevation Sevice, Washington, D.C.

Department of the Army, Corps of Engineers, 1982. HEC-2 Water Surface Profiles, Users Manual, Corps of Engineers, Hydrologic Engineering Center, Davis, Calif.

Department of the Army, Corps of Engineers, 1970. Hydraulic Design of Flood Control Channels, Engineering Manual EM 1110-2-1601, Corps of Engineers, Office of the Chief of Engineers, Washington, D.C.

Federal Highway Administration, 1985. Hydraulic Design of Highway Culverts, Hydraulic Design Series No. 22, U.S. Department of Transportation, Washington, D.C.

Federal Highway Administration, 2001. Urban Drainage Design Manual, 2nd ed. Hydraulic Engineering Circular No. 22, U.S. Department of Trnasportation, Washington, D.C.

Haestad Methods, 1999. Computer Applications in Hydraulic Engineering Third Edition, Haestad Press, Waterbury, CT.

Henderson, F. M., 1966. Open Channel Flow, Macmillan Publishing Company, New York.

Hwang, N. H. C. and Houghtalen, R. J., 1996. Fundamentals of Hydraulic Engineering Systems. Prentice Hall, Upper Saddle River, N.J.

Lane, E. W., 1955. Design of satble channels. Transactions of the American Society of Civil Engineers, 120(1955): 1234-1279.

Mishra, S. K. and V. P. Singh, 2003. Soil Conservation Sevice Curve Number (SCN-CN) Methodology, Kluwer Academic Publishers, Dordrecht, The Neterlands.

Morris, H. M. and Wiggert. J. M., 1972. Applied Hydraulics in Engineering. Wiley, New York.

Palmer, V. J., 1945. A method for designing vegetated waterways. Agicultural Engineering, 26(12):516-520.

Peterka, A. J., 1964. Hydraulic Design of Stilling Basins and Energy Dissipators, U.S. Bureau of Reclamation, Engineering Monograph 25, United States Department of Interior, Washington, D.C.

Roberson, J. A., Cassidy, J. J., and Chaudhry, M. H., 1998. Hydraulic Engineering. Wiley, New York.

Shields, A., 1936. Application of similarity principles and turbulence research to bed-load movement, Mitteilungen der Preuss, Versuchsanst fur Wasserbau und Schiffbau, No. 26, Berlin,

Germany.

Singh, V. P., 1996. Kinematic Wave Modeling in Water Resources. Wiley, New York.

Sturm, T. W., 2001, Open Channel Hydraulics, McGraw-Hill, Boston, MA.

United States Army Corps of Engineers, 1970. Hydraulic Design of Flood Control Cannels, Engineering Manual 1110-2-1601, Department of the Army, Office of the Chief of Engineers, Washington, D.C.

Wrubs, R. A., and James, W. P., 2002. Water Resources Engineering. Prentice Hall, Upper Saddle River, N.J.

INDEX

찾아보기

ㄱ

ㄴ

ㄷ

ㅁ

ㅂ

ㅅ

ㅇ

ㅈ

ㅊ

- **심명필**(沈名弼)
  미국 콜로라도주립대학교 공학박사(1984)
  (전)한국수자원학회 회장, 대한토목학회 회장
  (전)4대강살리기 추진본부장
  인하대학교 명예교수

- **이경훈**(李庚焄)
  미국 미주리주립대학교 공학박사(1989)
  광주광역시·전라남도 건설기술심의위원
  전남대학교 토목공학과 교수

- **윤병만**(尹炳晩)
  미국 아이오와대학교 공학박사(1991)
  한국수자원학회 회장
  명지대학교 토목환경공학과 교수

- **정관수**(鄭寬洙)
  미국 아리조나주립대학교 공학박사(1993)
  한국수자원학회 국제협력위원장
  충남대학교 토목공학과 교수

- **김형수**(金炯秀)
  미국 콜로라도주립대학교 공학박사(1997)
  한국수자원학회 부회장
  한국 방재협회 부회장
  인하대학교 사회인프라공학과 교수

- **박성천**(朴成天)
  전남대학교 공학박사(1994)
  (전)동신대학교 토목공학과 교수
  영산강연구센터 환경수자원분과위원장

수리학 Elementary Hydraulics 정가 30,000원

발 행 2021년 3월 10일 2판 2쇄
저 자 James F.Cruise, Mohsen M.Sherif, Vijay P.Singh
역 자 심명필 · 이경훈 · 윤병만 · 정관수 · 김형수 · 박성천
발행인 정우용
발행처 도서출판 동화기술
경기도 파주시 광인사길 201(문발동, 파주출판도시)
Tel (031)955-4211~6 donghwae@kornet.net
Fax (031)955-4217 www.donghwapub.co.kr
(등록) 1977년 12월 19일/9-16호

Printed in Korea
ISBN 978-89-425-9014-8

Conversion Factors between SI and BG Units

English	SI	SI symbol	To convert from English to SI multiply by	To convert from SI to English multiply by
		Power, Heat Rate		
horsepower	kilowatt	kW	0.7457	1.341
foot-pound/sec	watt	W	1.356	0.7376
Btu/hour	watt	W	0.2929	3.414
		Pressure		
pound/square inch	kilopascal	kPa	6.895	0.1450
pound/square foot	kilopascal	kPa	0.04788	20.89
feet of H_2O	kilopascal	kPa	2.983	0.3352
inches of Hg	kilopascal	kPa	3.374	0.2964
		Temperature		
Fahrenheit	Celsius	°C	5/9(°F − 32)	9/5 × °C + 32
Fahrenheit	kelvin	K	5/9(°F + 460)	9/5 × K − 460
		Velocity		
foot/second	meter/second	m/s	0.3048	3.281
mile/hour	meter/second	m/s	0.4470	2.237
mile/hour	kilometer/hour	km/h	1.609	0.6215
		Acceleration		
foot/second squared	meter/second squared	m/s^2	0.3048	3.281
		Torque		
pound-foot	newton-meter	N · m	1.356	0.7376
pound-inch	newton-meter	N · m	0.1130	8.85
		Viscosity, Kinematic Viscosity		
pound-sec/square foot	newton-sec/square meter	$N \cdot s/m^2$	47.88	0.02089
square foot/second	square meter/second	m^2/s	0.09290	10.76
		Flow Rate		
cubic foot/second	cubic meter/second	m^3/s	0.02832	35.32
cubic foot/second	liter/second	L/s	28.32	0.03532